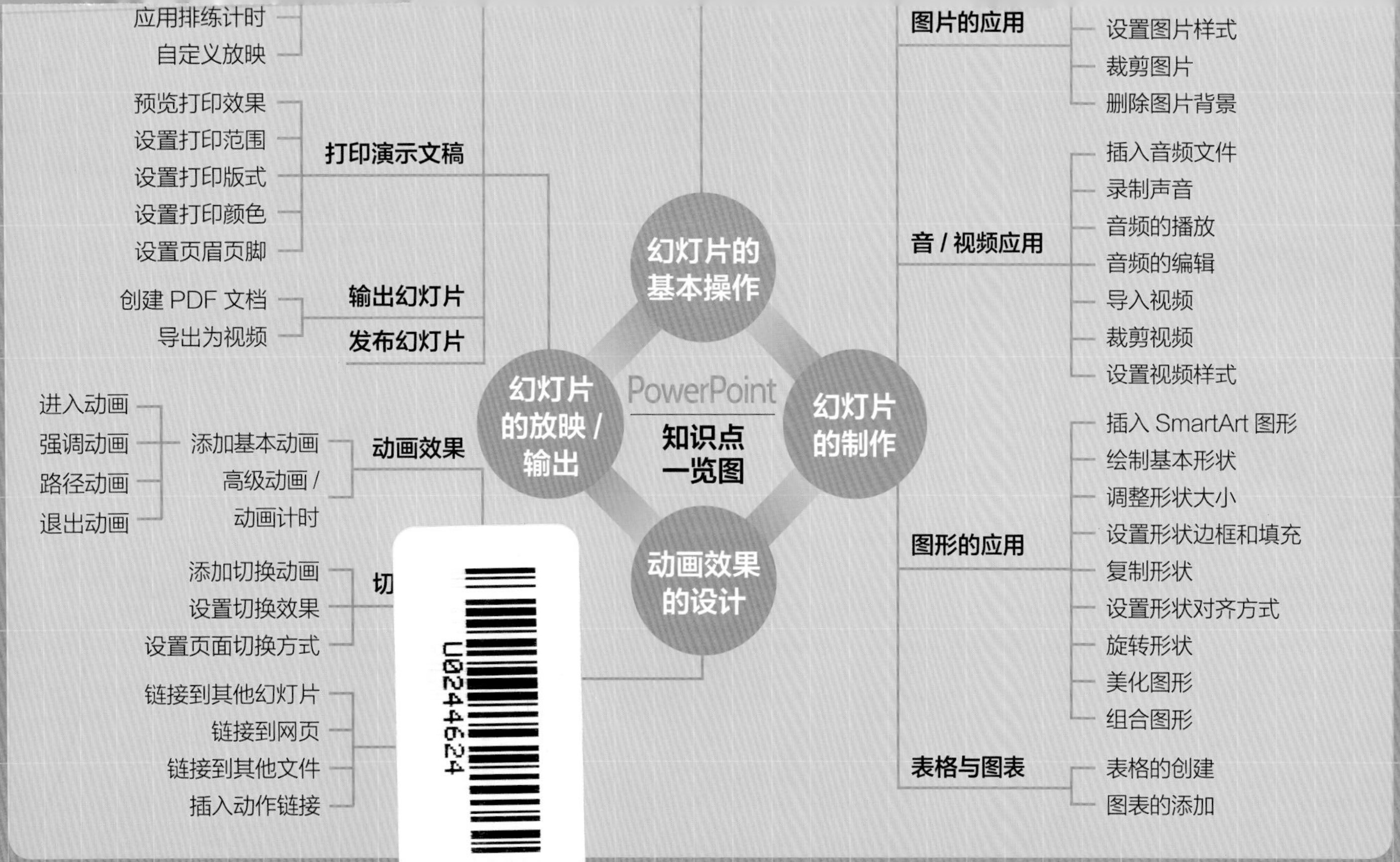

PowerPoint
知识点一览图
幻灯片的基本操作
幻灯片的制作
动画效果的设计
幻灯片的放映 / 输出
图片的应用
设置图片样式
裁剪图片
删除图片背景
音 / 视频应用
插入音频文件
录制声音
音频的播放
音频的编辑
导入视频
裁剪视频
设置视频样式
图形的应用
插入 SmartArt 图形
绘制基本形状
调整形状大小
设置形状边框和填充
复制形状
设置形状对齐方式
旋转形状
美化图形
组合图形
表格与图表
表格的创建
图表的添加
动画效果
添加基本动画
进入动画
强调动画
路径动画
退出动画
高级动画 /
动画计时
切
添加切换动画
设置切换效果
设置页面切换方式
链接到其他幻灯片
链接到网页
链接到其他文件
插入动作链接
打印演示文稿
预览打印效果
设置打印范围
设置打印版式
设置打印颜色
设置页眉页脚
输出幻灯片
创建 PDF 文档
导出为视频
发布幻灯片
应用排练计时
自定义放映

60 个 Office 通用快捷键

快捷键	作　用	快捷键	作　用	快捷键	作　用
Ctrl+ 字母		**单个按键**		**F1–F12**	
Ctrl+N	创建与当前或最近使用过的文档类型相同的新文件	Tab	移到下一个选项或选项组	F1	显示帮助窗口
Ctrl+S	保存文件	Print Screen	将屏幕上的画面复制到剪贴板	F4	重复最后一次操作
Ctrl+O	打开文件	Enter	运行选定的命令	F7	拼写检查
Ctrl+W	关闭文档	Home	移至条目开头	F8	进入扩展选定状态
Ctrl+A	选择当前区域的所有内容	←或→	向左或向右移动一个字符	F10	显示菜单快捷提示
Ctrl+C	复制所选文本或对象	End	移至条目结尾	F12	显示另存为对话框
Ctrl+X	剪切所选文本或对象	Esc	取消当前操作	Ctrl+F1	菜单功能区最大 / 最小化
Ctrl+V	粘贴文本或对象	**Ctrl / Shift / Alt 组合**		Ctrl+F2	显示“打印”窗口
Ctrl+Z	撤消上一步操作	Shift+Tab	移到上一个选项或选项组	Ctrl+F4	关闭当前窗口
Ctrl+Y	重复上一操作	Alt+Shift+Tab	切换到上一个窗口	Ctrl+F6	当有多个窗口打开时，切换到下一个窗口
Ctrl+P	打印文件	Alt+Tab	切换到下一个窗口	Ctrl+F10	将所选的窗口最大化或还原其大小
Ctrl+B	加粗字体	Ctrl+Shift+F6	切换到上一个窗口	Ctrl+F12	显示“打开”对话框
Ctrl+I	使字符变为斜体	Ctrl+Shift+Tab	切换到对话框中的上一个选项卡	Shift+F6	显示菜单快捷提示
Ctrl+U	为字符添加下划线	Ctrl+Shift+←	向左选取或取消选取一个单词	Shift+F7	查找同义词
Ctrl+F	打开查找对话框	Ctrl+Shift+→	向右选取或取消选取一个单词	Shift+F10	显示鼠标右键菜单
Ctrl+H	打开替换对话框	Alt+Print Screen	将所选窗口中的画面复制到剪贴板	Alt+F5	在将活动窗口最大化后再还原其大小
Ctrl+W	关闭活动窗口	Alt+F6	从打开的对话框切换回文档		
WIN		Shift+Home	选择从插入点到条目开头之间的内容		
WIN+D	返回电脑桌面	Shift+End	选择从插入点到条目结尾之间的内容		
WIN+F	显示“搜索”窗口	Shift+←	向左选取或取消选取一个字符		
WIN+R	显示“运行”窗口	Shift+→	向右选取或取消选取一个字符		
WIN+L	计算机锁屏	Ctrl+Shift+<	缩小字号		
WIN	显示“资源管理器”窗口	Ctrl+Shift+>	增大字号		

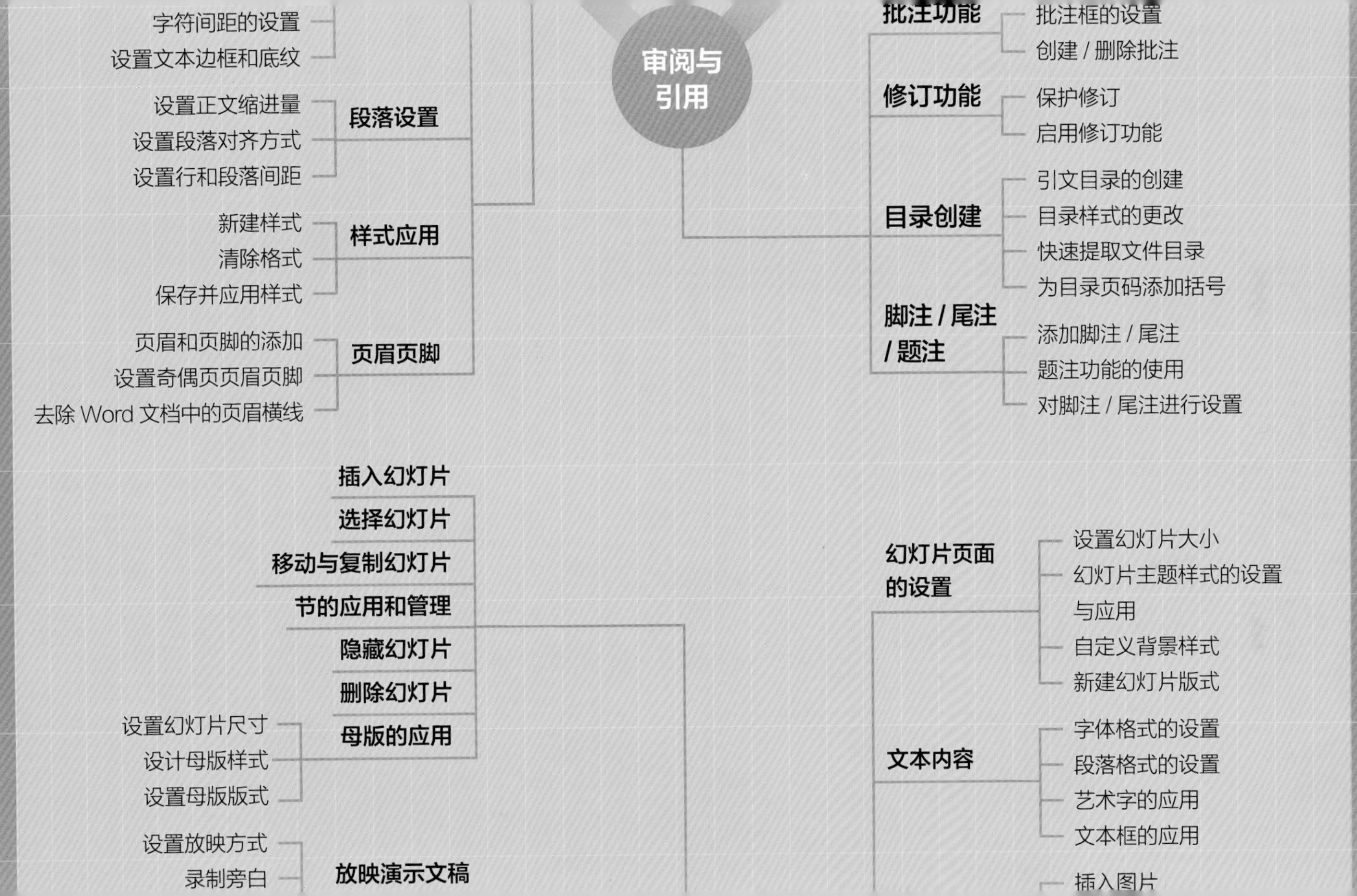
字符间距的设置
设置文本边框和底纹
段落设置
设置正文缩进量
设置段落对齐方式
设置行和段落间距
样式应用
新建样式
清除格式
保存并应用样式
页眉页脚
页眉和页脚的添加
设置奇偶页页眉页脚
去除 Word 文档中的页眉横线
审阅与引用
批注功能
批注框的设置
创建 / 删除批注
修订功能
保护修订
启用修订功能
目录创建
引文目录的创建
目录样式的更改
快速提取文件目录
为目录页码添加括号
脚注 / 尾注 / 题注
添加脚注 / 尾注
题注功能的使用
对脚注 / 尾注进行设置
插入幻灯片
选择幻灯片
移动与复制幻灯片
节的应用和管理
隐藏幻灯片
删除幻灯片
母版的应用
设置幻灯片尺寸
设计母版样式
设置母版版式
放映演示文稿
设置放映方式
录制旁白
幻灯片页面的设置
设置幻灯片大小
幻灯片主题样式的设置与应用
自定义背景样式
新建幻灯片版式
文本内容
字体格式的设置
段落格式的设置
艺术字的应用
文本框的应用
插入图片

- 排序与筛选操作
  - 按行、列排序
  - 按笔划排序
  - 自定义排序
  - 按照指定条件筛选
  - 模糊筛选
  - 多条件筛选
  - 高级筛选
- 分类汇总与合并计算操作
  - 按指定字段汇总
  - 按多字段分类汇总
  - 汇总多张报表数据
  - 显示 / 隐藏明细数据
  - 多表合并计算
- 数据透视表的操作
  - 创建数据透视表
  - 调整数据透视表布局
  - 数据透视表格式的设置
  - 数据源的设置
  - 分析数据透视表
  - 创建数据透视图
  - 筛选数据透视图中的数据项
  - 美化数据透视图

- 打印行号和列标
- 横向打印
- 工作表背景打印

图表图形

- 图表的应用
  - 创建图表
  - 添加图表元素
  - 美化图表
  - 更改图表布局
  - 创建迷你图
  - 更改迷你图类型
  - 美化迷你图
  - 清除迷你图
- 图形的绘制与编辑
  - 快速绘制基本图形
  - 插入 SmartArt 图形
  - SmartArt 图形布局的更改
  - 美化 SmartArt 图形样式
  - 对图形中的文字进行设置
  - 为 SmartArt 图形添加说明文本
- 数据报表的美化与修饰
  - 在 Excel 中插入所需要的图片
  - 图片的裁剪
  - 更改图片样式
  - 艺术字的添加
  - 设置艺术字效果
  - 清除艺术字效果

Word
知识点一览图
图文混排
文档的编辑
文档的创建
图片的应用
插入图片
组合图片
重设图片
美化图片
删除图片背景
提取文档中的图片
更改图片排列方式
调整图片大小和位置
表格的应用
插入表格
绘制表格
调整表格大小
应用表格样式
表格行列的互换
表头斜线的添加
表格边框的设置
合并和拆分单元格
调整表格 / 单元格宽度
添加或删除单元格行列
文本设置
移动文本
设置字体格式
添加文字效果
复制 / 粘贴文本
文档的操作
文档的打印
创建空白文档
保存 / 打开文档
文档的加密操作
为文档添加边框
显示 / 隐藏功能区
删除文件历史记录
设置文档自动恢复功能
更换 Word 操作窗口颜色
页面设置
添加水印
设置纸张方向
分页符的使用
设置页面颜色
填充背景图片
设置通栏或双栏混排
设置页面大小和页边距
文档视图
文档视图
草稿
大纲视图
阅读视图
页面视图
Web 版式视图

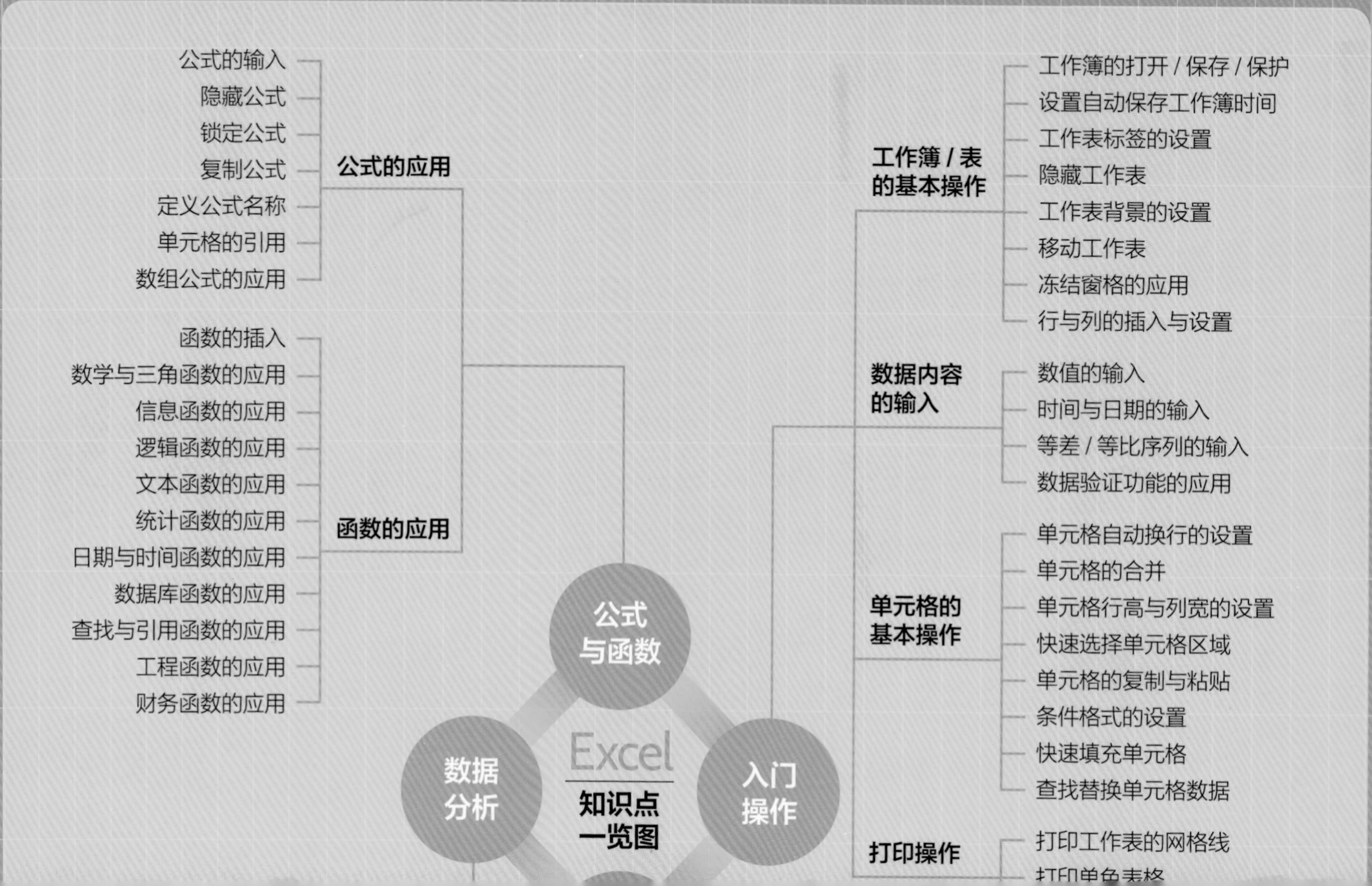

Excel
知识点一览图
公式与函数
入门操作
数据分析
公式的应用
公式的输入
隐藏公式
锁定公式
复制公式
定义公式名称
单元格的引用
数组公式的应用
函数的应用
函数的插入
数学与三角函数的应用
信息函数的应用
逻辑函数的应用
文本函数的应用
统计函数的应用
日期与时间函数的应用
数据库函数的应用
查找与引用函数的应用
工程函数的应用
财务函数的应用
工作簿 / 表的基本操作
工作簿的打开 / 保存 / 保护
设置自动保存工作簿时间
工作表标签的设置
隐藏工作表
工作表背景的设置
移动工作表
冻结窗格的应用
行与列的插入与设置
数据内容的输入
数值的输入
时间与日期的输入
等差 / 等比序列的输入
数据验证功能的应用
单元格的基本操作
单元格自动换行的设置
单元格的合并
单元格行高与列宽的设置
快速选择单元格区域
单元格的复制与粘贴
条件格式的设置
快速填充单元格
查找替换单元格数据
打印操作
打印工作表的网格线
打印单色表格

2016
全技巧
视频版

Office实战技巧精粹辞典

全技巧视频，支持手机端
+电脑端双模式在线观看

王国胜 / 编著

中国青年出版社

图书在版编目（CIP）数据

Office 2016实战技巧精粹辞典：全技巧视频版/王国胜编著. —北京：中国青年出版社，2018.8
ISBN 978-7-5153-5104-9
I.①O… II.①王… III.①办公自动化—应用软件 IV.①TP317.1
中国版本图书馆CIP数据核字（2018）第091726号

策划编辑 张 鹏
责任编辑 张 军

Office 2016实战技巧精粹辞典：全技巧视频版
王国胜／编著

出版发行：中国青年出版社
地 址：北京市东四十二条21号
邮政编码：100708
电 话：（010）50856188 / 50856199
传 真：（010）50856111
企 划：北京中青雄狮数码传媒科技有限公司
印 刷：三河市文通印刷包装有限公司
开 本：880 x 1230 1/32
印 张：19
版 次：2019年1月北京第1版
印 次：2019年1月第1次印刷
书 号：ISBN 978-7-5153-5104-9
定 价：99.80元
（附赠独家秘料，含语音视频教学+案例文件+办公模板+素材文件+PDF电子书+海量实用资源）

本书如有印装质量等问题，请与本社联系 电话：（010）50856188 / 50856199
读者来信：reader@cypmedia.com 投稿邮箱：author@cypmedia.com
如有其他问题请访问我们的网站：http://www.cypmedia.com

Rev. Roll

启卷

用最短的时间掌握更多的 Office 办公技能

在生活和工作中，大家都离不开Office办公软件，使用它不仅能够制作个人简历、记录生活开销、组织演讲报告、发送电子邮件，还能够分析市场调查数据、预测投资理财风险、设计产品推广画册、实施网络无纸化办公等。伴随着滚滚向前的历史车轮，Microsoft Office也与时俱进的带给每一位用户更多的惊喜。

Microsoft Office 2016是运用于Microsoft Windows视窗系统的一套办公室套装软件，是继Microsoft Office 2013后的新一代套装软件，其组件包含了Word、Excel、PowerPoint、Access、Outlook、OneNote、Visio、Project等。本书将对最常见的使用频率最高的Word 2016、Excel 2016、PowerPoint 2016三个组件进行介绍。本书中各篇的操作技巧均是从成千上万读者的提问中筛选出来的。因此，每一个技巧均具有一定的代表性、实用性和可操作性。

小·德子告诉你为什么要学习！

① 当步入社会后会发现，只有不断的学习才不会被取代。

② 这世上的路有千万条，最后你终会发现，学习是最容易走的那条路。

③ 穷则思变，差则思勤！

④ 你所仰慕的人，才华横溢。这足够成为你学习的动力。

总之，只有通过学习，你才有机会成为更优秀的人，成为父母口中的骄傲，成为炫耀的资本。这个理由还不足够充分吗！

1 Office2016常用组件的应用方向

在实际办公应用中，Microsoft Office软件套装中的各组件各有所长，它们的配合使用将能完全满足每一位用户的需要。

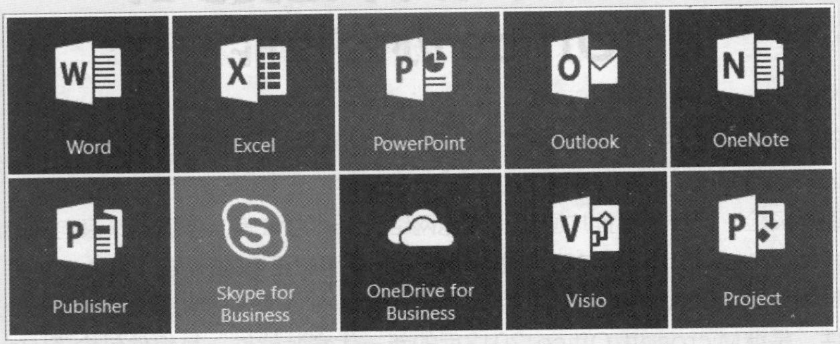

例如，Word是文字处理软件，利用它用户可以轻松创建出具有专业水准的文档，并且能快速美化图片和表格，甚至还能直接发表blog、创建书法字帖等。

Excel是电子表格处理软件，利用它可以对大量数据进行分类、排序、筛选、分类汇总以及绘制图表，此外还可以进行统计分析和辅助决策等。

Powerpoint是演示文稿制作软件，利用它可以编辑演讲报告、制作产品推广画册，设计教学课件等。最终将设计好的幻灯片通过投影仪等设备进行现场放映。

Access是数据库管理软件，利用它可以创建数据库和程序来跟踪与管理信息。

Project 是项目管理软件，利用它可以对项目和任务进行管理，能有效地加强协同工作的能力。

Visio是绘制流程图工具，利用它可以对复杂信息、系统和流程进行可视化处理。

Outlook是个人信息管理程序和电子邮件通信软件。它将日历、约会事件和工作任务整合在了一起，从而用户可以把日程信息进行更好的共享。

用户只要能够熟练掌握各组件的应用技巧，并实现各组件之间的相互转化与调用，就可以完成日常办公中的99%的任务。

2 学习Office办公软件的思路与方法

在学习Microsoft Office的过程中要从基础操作学起，以不断地增加自己的成就感。同时，要多练习多操作。如果拥有独立的电脑，那么就可以在学习的过程进行模仿操作。其实，学会Microsoft Office软件并不难，难的在于如何将所学知识熟练的应用到工作与生活中。因此，灵活应用各个知识点是非常重要的。

接下来，我们探讨一下如何学好微软Office办公软件。

1. 有针对性的学习

如果你的工作职责只需要掌握好Word软件，那么就可以先从Word下手进行学习，根据自己的需要进行有目的的学习，这样既能提高学习兴趣，又能将所学知识应用到实际工作中，久而久之你将迈入高手的行列。在掌握了单个软件后，再来考虑如何利用其他软件为Word服务，比如使用Excel的计算功能为文档中表格数据的处理效力。以此类推，便可掌握多种办公软件，从而消除之前的一系列烦恼。正所谓“技多不压身”，你的办公操作能力强，办事效率高，自然就会得到上司或领导的赏识。

2. 对知识点的跟踪练习

在学习每个知识点时，千万不能只学不练，换句话讲，就是头脑接收的是新知识，而操作采用的老套路。这样便造成了学与用的脱节。因此建议学习新知识后要上手练习，以保证将这些操作技巧熟记于心。在学习本书中的技巧时，读者可以事先将光盘中的素材文件拷贝到电脑中，这样在学习中可以充分利用这些素材资料，从而省去了组织素材的麻烦。与此同时，用户还可以将相关操作技巧应用到类似的工作环境中，以养成模仿学习的好习惯。

3. 寻找最佳的解决方案

在处理问题时，不要只求一招用到老，而是要变换思路，不断的寻求更简单的操作方法。在寻求多解的过程中，你将会有意想不到的收获。学习是没捷径的，但处理事情的方法是有好坏之分、难易之别。你只有用大量的知识来武装自己的头脑，才能既快速又准确的解决实际办公中遇到的各种疑难问题。

4. 学习贵在“持之以恒”

学习任何一种知识或技术时，都不可能是立竿见影的。因此，要鼓励自己坚持、坚持、再坚持。当你把一种技术至始至终学完后，你将会有一种特殊的成就感。如果你只求个形式，在随意翻几页后便以各种理由拒绝看书，那结果是可想而知。为了使我们不被时代所抛弃，在此建议要常为自己的大脑进行“充电”。你应该懂得“冰冻三尺非一日之寒”的道理吧？

3 Office TOP10实战引用技巧你会吗?

全书共508个案例操作技巧，每一个案例的选择均以应用为导向、以理论知识为基础、以小知识点为补充。书中技能全面具体的对Word 2016、Excel 2016、PowerPoint 2016的典型操作和实际应用做了详细介绍。虽然本书的写作版本为Office 2016，但由于Microsoft Office办公软件具有向下兼容性，因此有些技能仍适用于Office 2013及2010版本。

需要说明的是，本书的全部技巧都是在Windows 7/8操作系统中实现的，因此，有些技巧的操作界面可能与Windows XP操作系统的界面有些差别。

下面列举了一些常见的操作疑难，不知你是否可以作出解答。而这些问题的解答均可以在本书中找到最佳的答案。

TOP 01 你会删除自己对文档的访问踪迹吗?
TOP 02 你会将文档中指定的文字全部替换为图片吗?
TOP 03 你会将表格实施快速拆分吗?
TOP 04 你会从当前文档中提取各级目录吗?
TOP 05 你会为当前的工作表设置访问与修改权限吗?
TOP 06 你会查找包含公式、批注等内容的单元格吗?
TOP 07 你会利用函数自动划分学生成绩的等级吗?
TOP 08 你会在演示文稿中插入声音、视频及动画吗?
TOP 09 你会制作立体图表吗?
TOP 10 你会制作出组合动画效果吗?

古语有云：**求木之长者，必固其根本；欲流之远者，必浚其泉源。**在工作之余，请让您的心安静下来，随手翻阅一下本技巧辞典吧。这样在工作的时候，您就可以体验到Microsoft Office所带来的愉悦与乐趣。经过一段时间的积累后，您将晋升为办公高手。

最后，预祝您学有所成!

Contents

目录

第4章 图形与图片应用技巧

第8章 Excel单元格操作技巧

第11章 数据透视表应用技巧

第12章 Excel图形图表应用技巧

第13章 公式与函数应用技巧

第14章 Excel高级应用技巧

第18章 幻灯片放映技巧

第1章 001~033

Word文档上手必备技能

- 巧设快捷键打开Word 2016
- Word操作窗口颜色变个样
- 设置自动文件恢复功能
- 删除文件历史记录
- 功能区也玩捉迷藏
- 让文档可以在较低版本中打开
- 轻松隐藏两页之间的空白并添加水印

Question

001

巧设快捷键打开Word 2016

• Level ◆◆◆

2016 2013 2010

实例 指定打开Word 2016程序所用快捷键

启动Word 2016程序时，用户可以为Word 2016程序指定打开时的快捷键，下面对其进行介绍。

1. 选中Word 2016快捷方式图标，右键单击，从快捷菜单中选择“属性”命令。

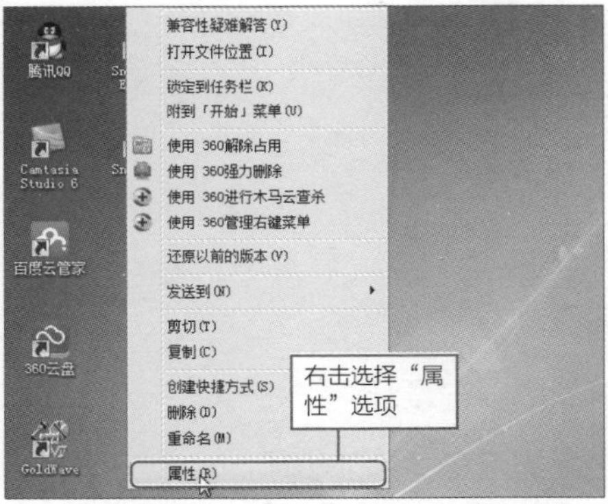

2. 打开“Word 2016属性”对话框，将鼠标定位至“快捷方式”选项卡上的“快捷键”选项后的文本框中，然后按F6键。

3. 单击“运行方式”下拉按钮，在列表中选择“最大化”选项。

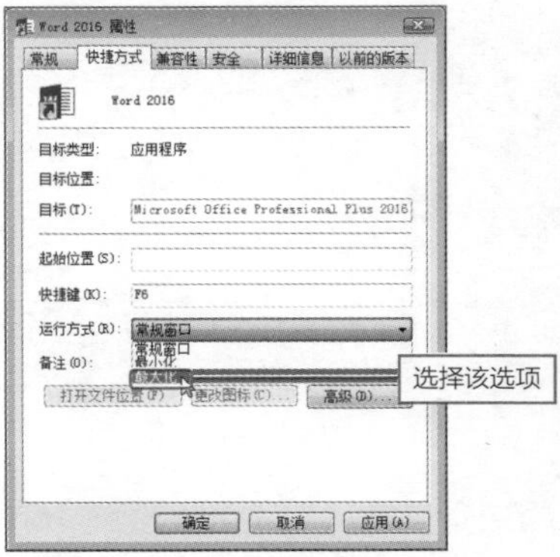

4. 设置完成后，单击“确定”按钮，按F6键，即可启动Word 2016程序。

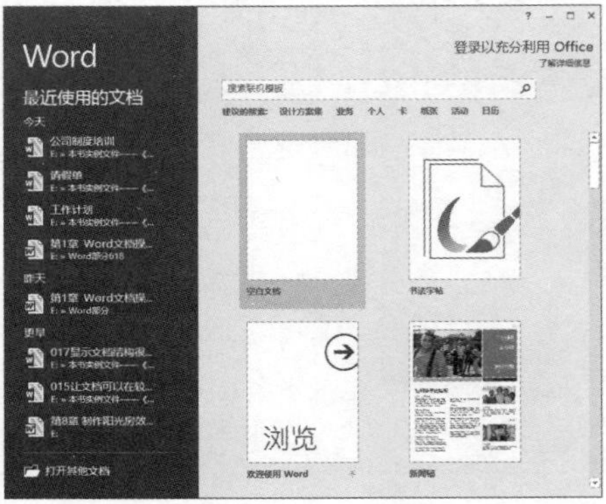

Question

002

Word操作窗口颜色变个样

语音视频教学002

Level ◆◆◆

2016 2013 2010

实例 更换Word操作窗口颜色

在Word 2016中，操作窗口界面颜色包括3种，分别为：白色、彩色、深灰色。用户可以根据自己的喜好进行更改，下面对其进行介绍。

❶ 打开“文件”菜单，选择“选项”选项。

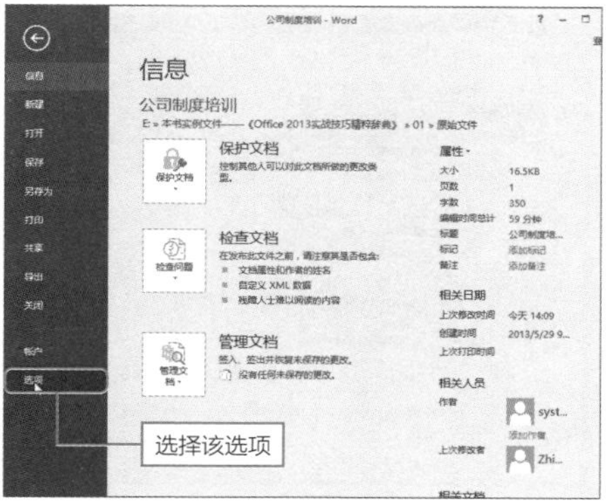

❷ 打开“Word选项”对话框，在“常规”选项中，单击“Office主题”按钮，选择合适的颜色，单击“确定”按钮即可。

❸ 白色界面效果。若选择白色配色方法，则显示效果如下。

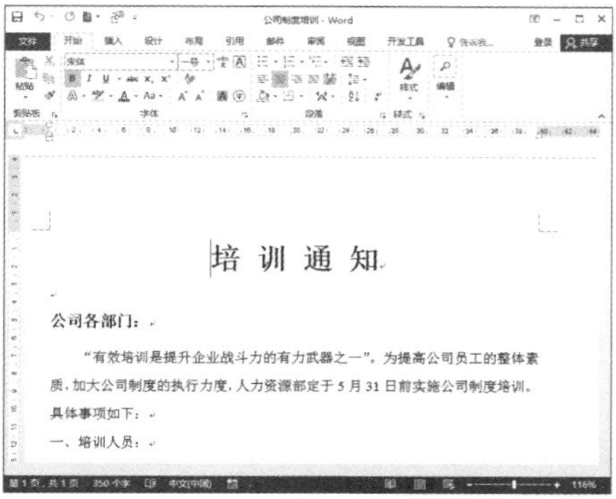

❹ 深灰色界面效果。若选择深灰色配色方法，则显示效果如下。

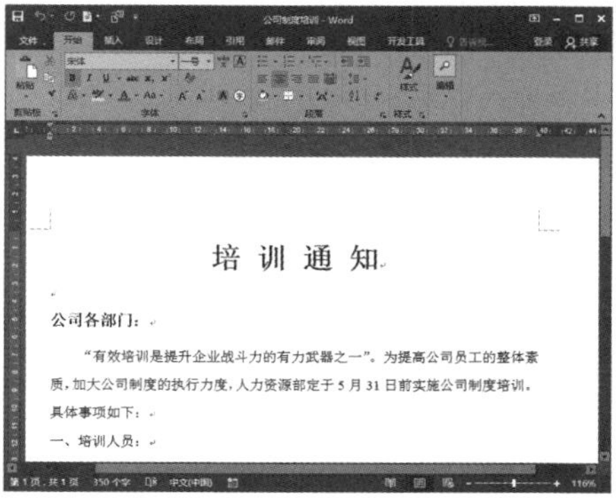

Question

003 设置自动文件恢复功能

• Level ◆◆◆

2016 2013 2010

实例 文档自动恢复功能的设置

为了防止工作中因意外断电、系统崩溃、错误关闭等原因造成的较大文档损失，可以通过对Word 2016的自动恢复功能进行适当设置将损失降低到最小，下面对其进行介绍。

1. 打开Word文档，执行“文件>选项”命令，打开“Word选项”对话框，选择“保存”选项。

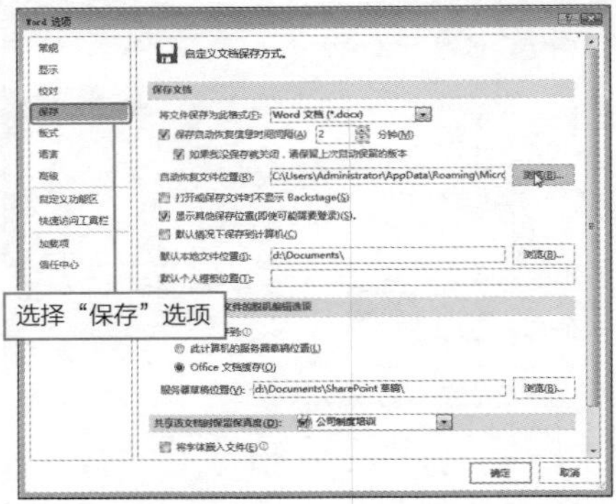

2. 勾选“保存自动恢复信息时间间隔”复选框，并在右侧的数值框中输入合适的时间间隔。

3. 然后单击“自动恢复文件位置”右侧的“浏览”按钮。

4. 打开“修改位置”对话框，选择合适保存位置，单击“确定”按钮，返回“Word选项”对话框，单击“确定”按钮。

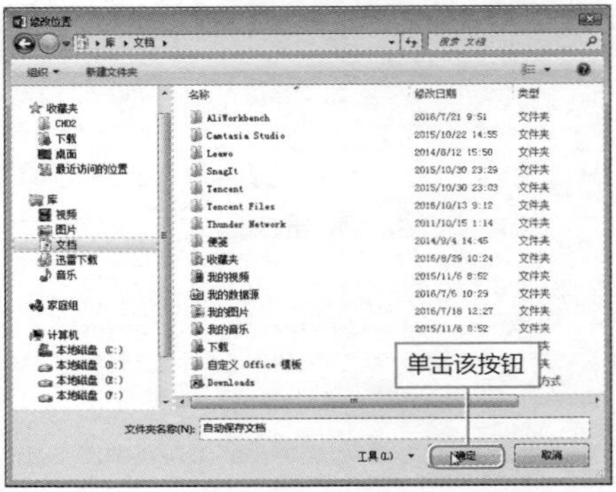

Question
004

• Level ◆◆◆

2016 2013 2010

删除文件历史记录

语音视频教学004

实例	清除使用过的文档记录

Word 2016程序有保存使用过的文档记录的功能，该功能可以方便用户再次打开一些使用过的文档，但是若文档记录过多，也会带来麻烦，下面介绍如何删除文档历史记录。

1 清除文档法。打开“文件”菜单，选择“打开”选项，选择右侧“最近使用的文档”选项。

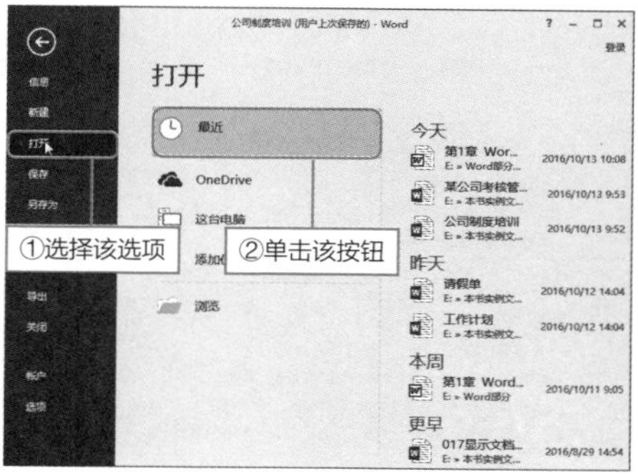

2 选择需要删除的文档记录，右键单击，选择“从列表中删除”命令，若需要全部清除，则选择“清除已取消固定的文档”命令。

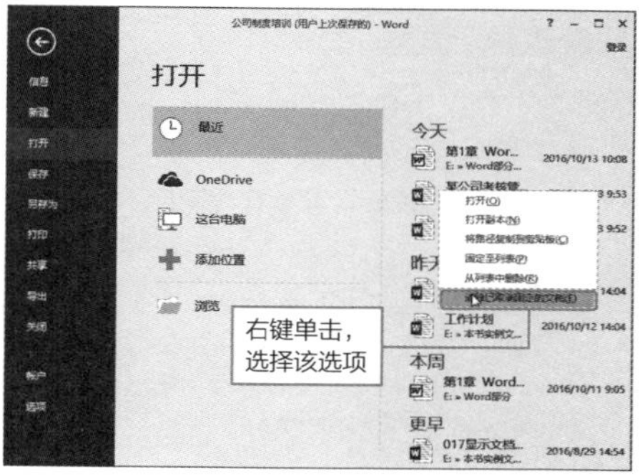

3 修改最近使用的文档数目法。执行“文件>选项”命令，打开“Word选项”对话框，选择“高级”选项。

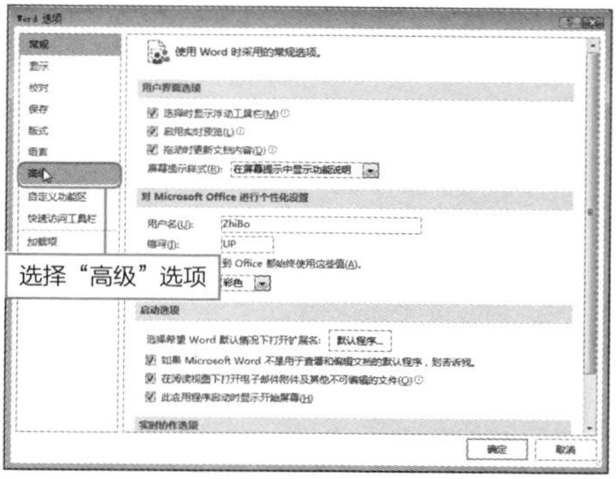

4 在“显示”选项组中的“显示此数目的“最近使用的文档””文本框中输入“0”，单击“确定”按钮，即可完成清除记录操作。

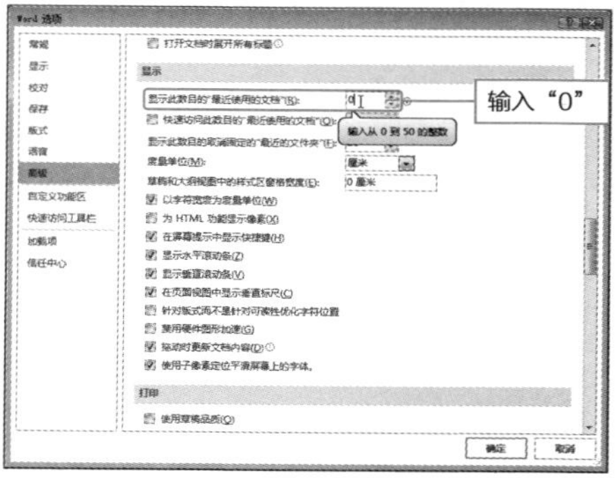

1 2 3 4 5 6 7 8 9 10 11 12 13 14 15 16 17 18 Word文档上手必备技能

Question

005 功能区也玩捉迷藏

语音视频教学005

● Level ◆◆◆

2016 2013

实例 显示/隐藏功能区

在Word 2016程序中，功能区默认位于程序窗口的顶端，其界面能够自动适应窗口的大小，但是功能区界面的大小不能任意设置，若需要更多的操作空间，可以将功能区隐藏，当需要时，可以再次将其显示。

1. 单击窗口右上角的“功能区显示选项”按钮，展开其下拉列表。

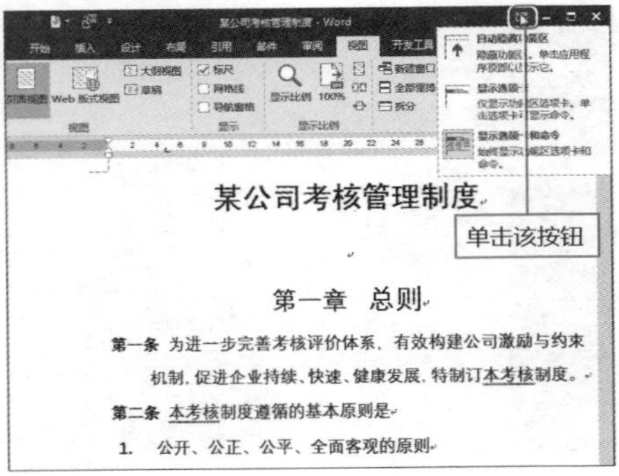

2. 自动隐藏功能区。若选择“自动隐藏功能区”选项，可将功能区全部隐藏，当需要功能区中的命令时，可在上方单击。

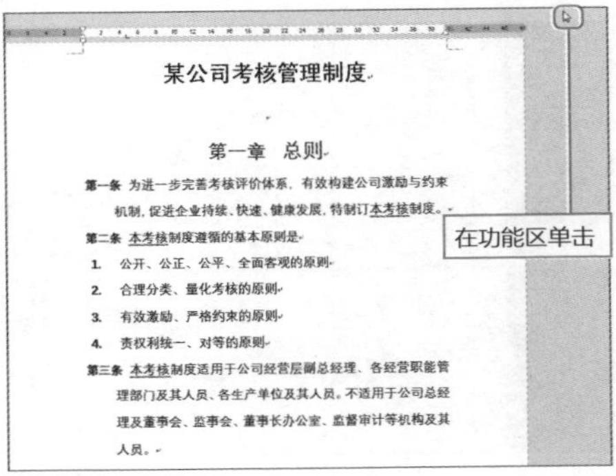

3. 只显示选项卡。若选择“显示选项卡”选项，保留选项卡，当需要功能区中的命令时，单击相应选项卡标签即可。

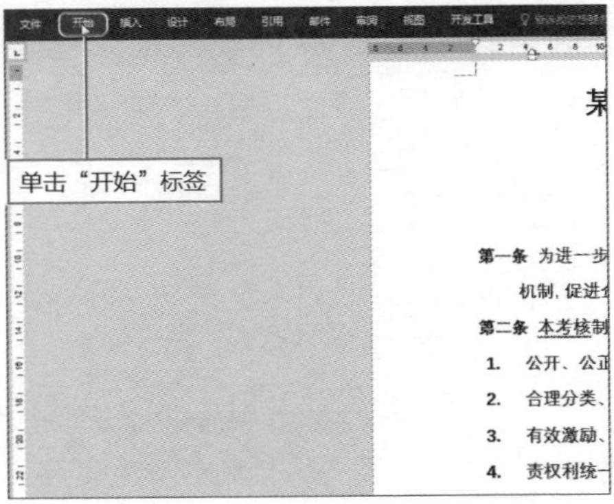

4. 显示功能区命令。若需要将隐藏的功能区命令显示出来，可展开功能区显示列表，从中选择“显示选项卡和命令”选项。

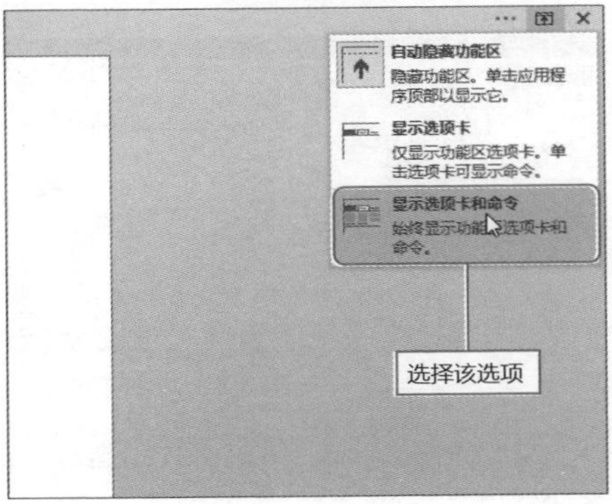

Question

006

● Level ◆◆◆

2016 2013 2010

让文档可以在较低版本中打开

语音视频教学006

实例 将文档保存为Word 97-2003文档

若用户的同事或者客户的办公软件版本较低，无法打开用户发送的文档，可以在发送之前将其另存为97-2003的格式，然后再进行发送，下面对其进行介绍。

1 打开“文件”菜单，选择“另存为”选项。

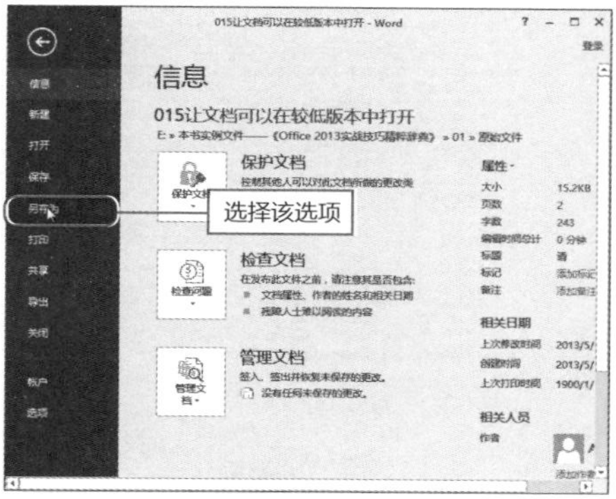

2 选择“这台电脑”选项，在右侧“最近访问的文件夹”列表中选择合适的文件夹。

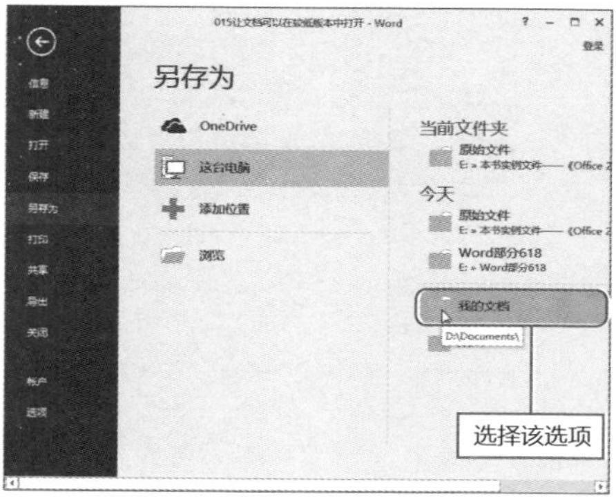

3 打开“另存为”对话框，单击“保存类型”按钮，从列表中选择“Word 97-2003文档”选项。

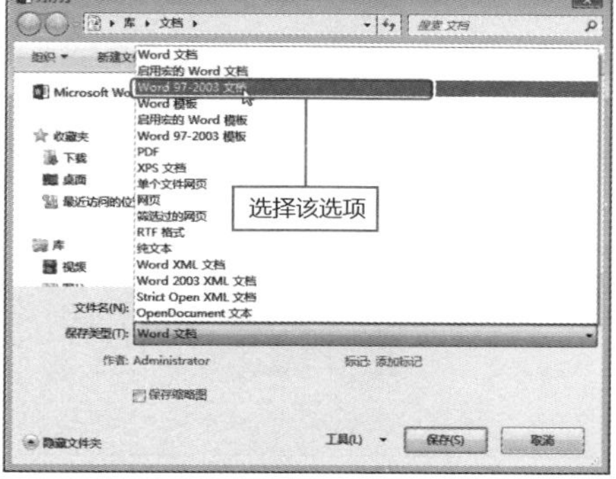

4 设置完成后，单击“保存”按钮进行保存，可以看到，标题栏右侧显示“兼容模式”字样。

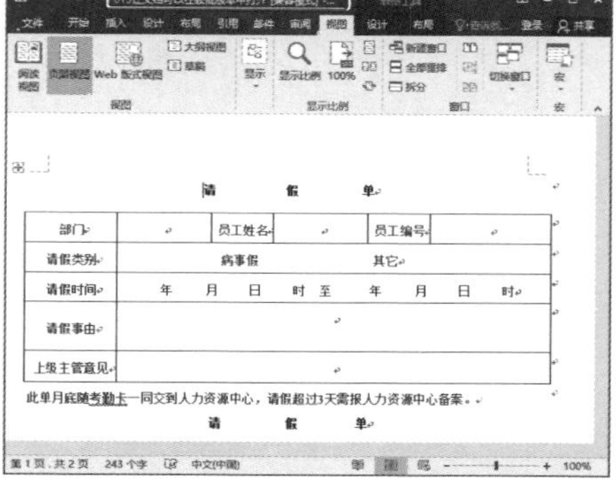

1 2 3 4 5 6 7 8 9 10 11 12 13 14 15 16 17 18 Word文档上手必备技能

Question

007 轻松隐藏两页之间的空白并添加水印

语音视频教学007

● Level ◆◆◆

2016 2013 2010

实例	隐藏两页之间空白并添加水印

在默认的页面视图情况下，每页的上下部分都留有一定的空白，在很大程度上会影响阅读速度，可以将这些空白隐藏。除此之外，还可以对一些机密文件添加水印，下面对其进行介绍。

1 隐藏两页之间空白。在两页之间的连接处双击，即可将两页之间的空白隐藏。

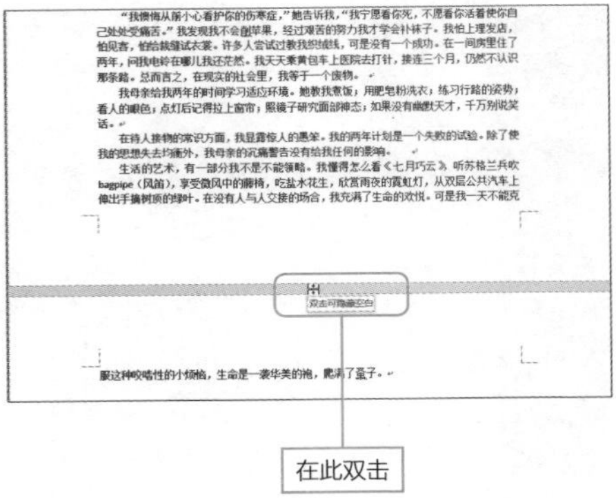

2 若想要恢复默认设置，则再次将鼠标移至两页连接处双击即可。

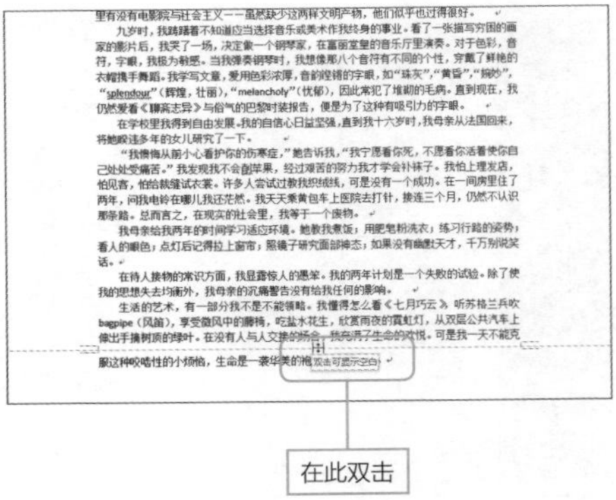

3 添加水印。切换至“设计”选项卡，单击“水印”按钮，从列表中选择“严禁复制1”选项。

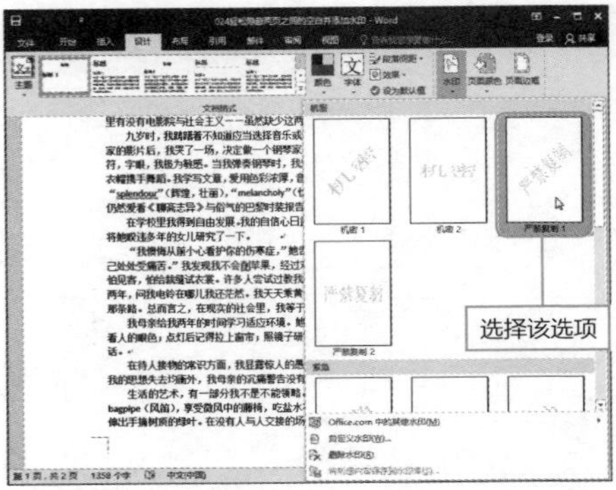

4 若用户想要自定义水印，可以在“水印”列表中选择“自定义水印”选项，在打开的“水印”对话框中进行设置即可。

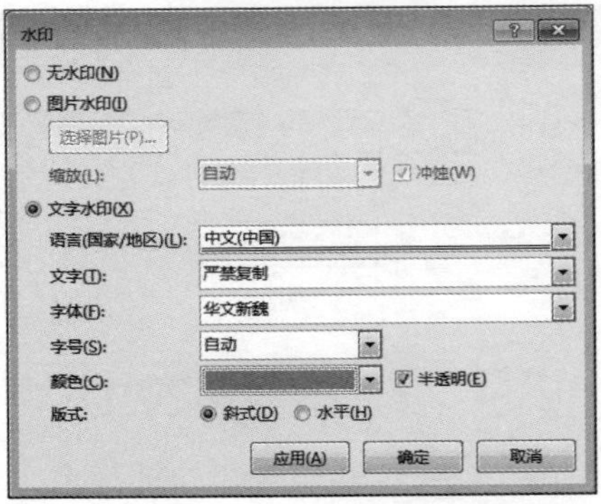

Question **008**

● Level ◆◆◆

2016 2013 2010

使用图片作为文档页面背景也不难

语音视频教学008

实例 背景图片填充

除了可以使用上一技巧讲述的方法对文档页面进行设置外，若用户有一些比较美观、大方的图片，也可以用来作为文档页面背景，下面介绍如何使用图片作为文档页面背景。

1 执行“设计>页面颜色>填充效果”命令，打开“填充效果”对话框，在“图片”选项卡，单击“选择图片”按钮。

2 弹出“插入图片”窗格，单击“来自文件”选项右侧的“浏览”按钮。

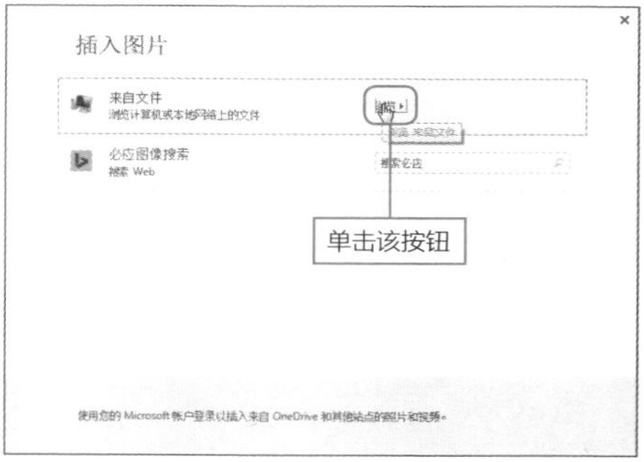

3 打开“选择图片”对话框，选择合适的图片，单击“插入”按钮。

4 返回“填充效果”对话框，单击“确定”按钮，所选图片作为文档页面背景显示。

Question

009

• Level ◆◆◆

2016 2013 2010

统计查看文件信息不求人

语音视频教学009

实例 查看Word文档基本信息的操作

编辑完成Word文档后，有时会需要对当前文档的基本信息进行统计，例如页数、字数、段落数等，下面对其进行介绍。

1 打开文档，切换至“审阅”选项卡，单击“字数统计”按钮。

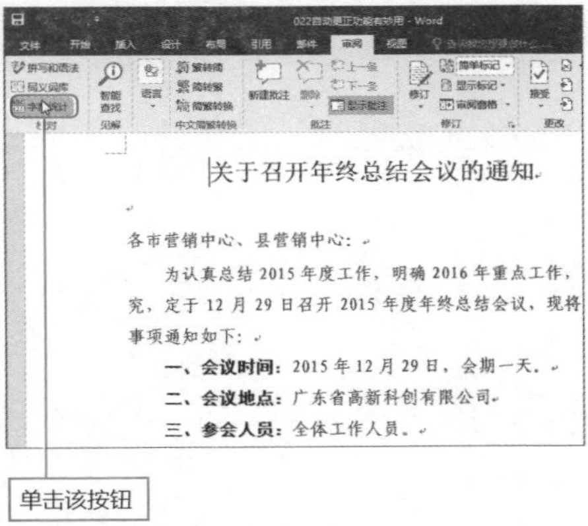

2 打开“字数统计”对话框，可看到该文档的相关信息。

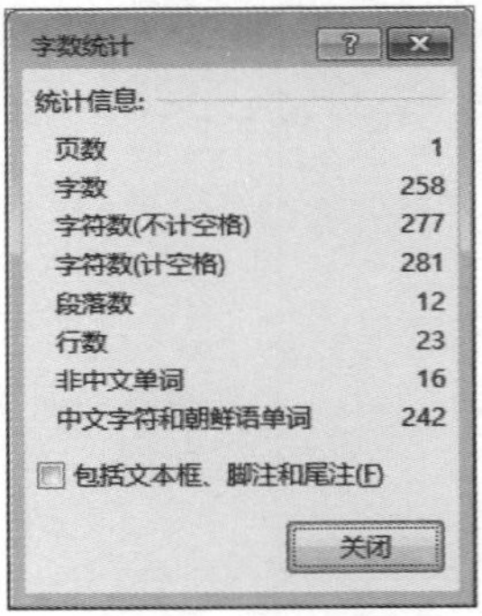

3 也可以打开“文件”菜单，选择“信息”选项，在右侧查看文档相关信息。

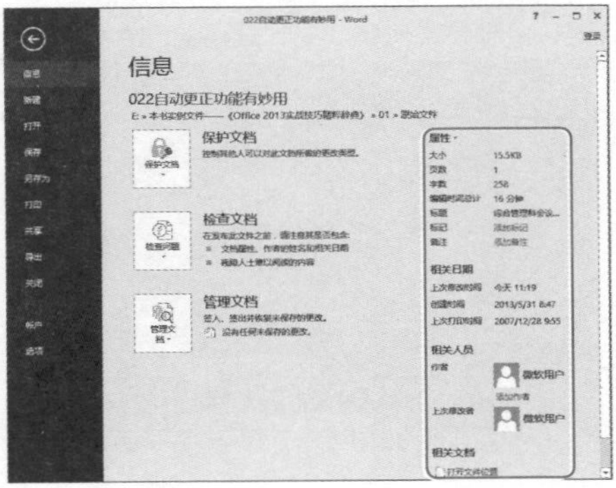

4 在状态栏的左下方，同样可以查看文档的相关信息，包括页码、字数和语言。

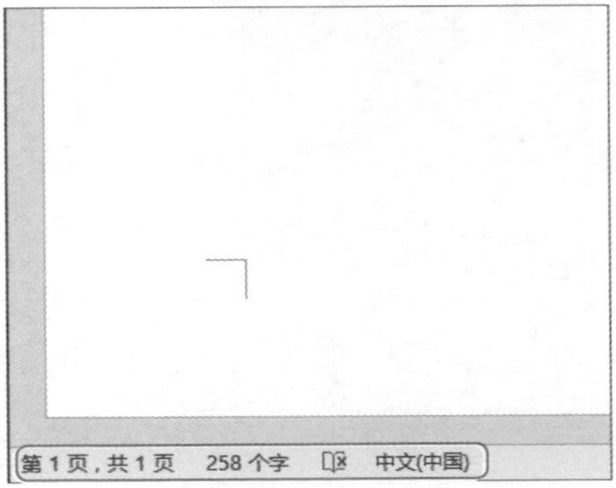

Question

010

● Level ◆◆◆

2016 2013 2010

文本排版方式巧设置

语音视频
教学010

实例 文字方向的设置

一般来说，Word 2016中的文字是以水平方式输入排版的，但是在输入古诗词或者广告用语等比较特殊的文本时，需要以垂直方式进行排版，下面介绍如何将横向排列的诗词转换为纵向排列。

最初效果

文本横向排列效果

最终效果

文本纵向排列效果

1 打开文档，选择需要纵向排列的文本，切换至“布局”选项卡，单击“文字方向”按钮，从列表中选择“垂直”选项，即可将横向排列的文本转换为纵向排列。

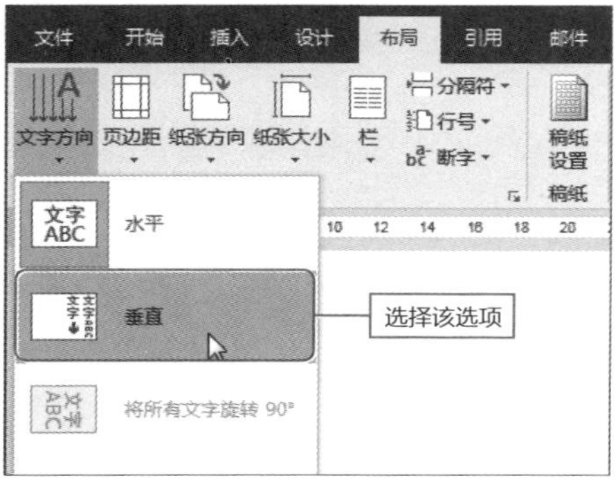

Hint

使用“文字方向”对话框进行设置

执行“布局>文字方向>文字方向选项”命令，打开“文字方向-主文档”对话框，在“方向”选项组中，单击所需版式，在“应用于”列表中选择应用范围，然后确定即可。

Question

011 纵横混排很简单

语音视频教学011

实例	纵横混排功能的应用

● Level ◆◆◆

2016 2013 2010

使用纵横混排功能可以在横排段落中插入竖排的文本，也可以在竖排段落中插入横排的文本，下面将介绍如何使用纵横混排功能。

最初效果

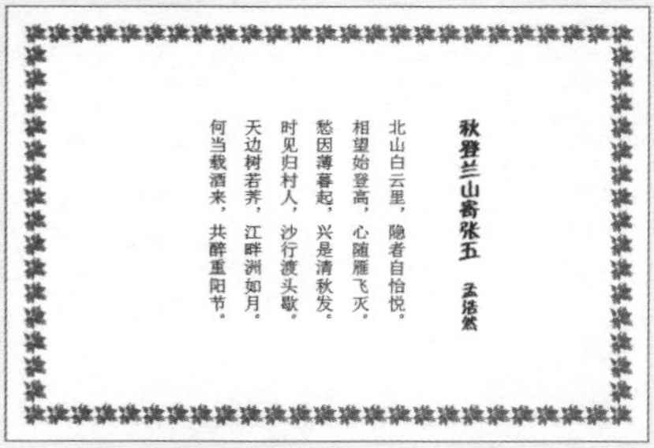
秋登兰山寄张五
孟浩然
北山白云里，隐者自怡悦。
相望始登高，心随雁飞灭。
愁因薄暮起，兴是清秋发。
时见归村人，沙行渡头歇。
天边树若荠，江畔洲如月。
何当载酒来，共醉重阳节。

文本未进行纵横排列效果

最终效果

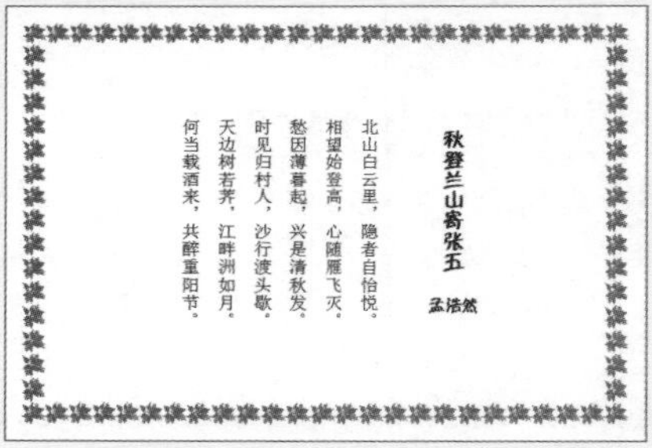
秋登兰山寄张五
孟浩然
北山白云里，隐者自怡悦。
相望始登高，心随雁飞灭。
愁因薄暮起，兴是清秋发。
时见归村人，沙行渡头歇。
天边树若荠，江畔洲如月。
何当载酒来，共醉重阳节。

文本纵横混排效果

❶ 在竖排段落中选择需要横排的文本，单击“开始”选项卡上的“中文版式”按钮，从展开的列表中选择“纵横混排”选项。

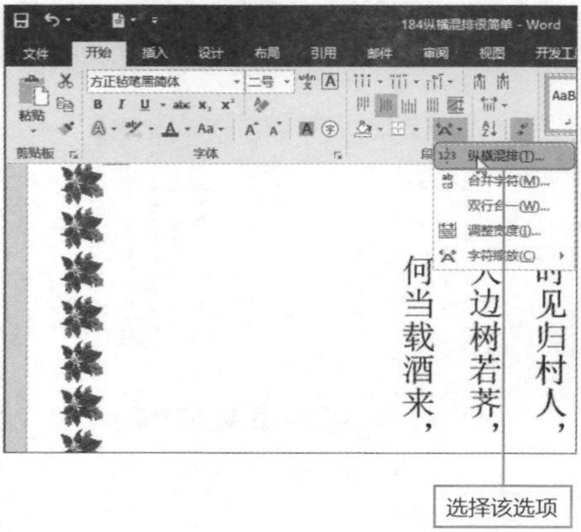

❷ 打开“纵横混排”对话框，取消对“适应行宽”选项的勾选，单击“确定”按钮，即可完成纵横混排的设置。

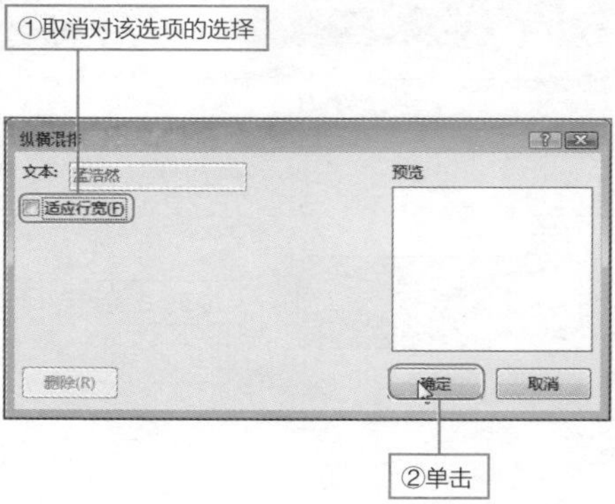

Word文档上手必备技能

Question

012 合并字符难不倒人

语音视频教学012

Level ◆◆◆

2016 2013 2010

实例 合并字符功能的应用

合并字符功能能够使多个字符只占有一个字符的宽度，也可将已经合并的字符还原为普通字符。下面对其进行介绍。

最初效果

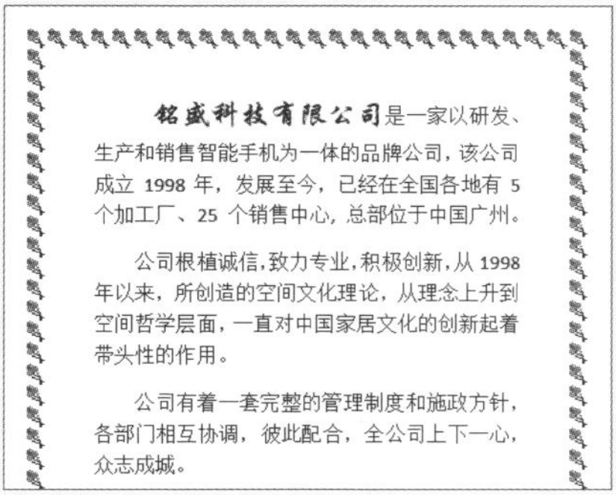
铭盛科技有限公司是一家以研发、生产和销售智能手机为一体的品牌公司，该公司成立 1998 年，发展至今，已经在全国各地有 5 个加工厂、25 个销售中心，总部位于中国广州。

公司根植诚信，致力专业，积极创新，从 1998 年以来，所创造的空间文化理论，从理念上升到空间哲学层面，一直对中国家居文化的创新起着带头性的作用。

公司有着一套完整的管理制度和施政方针，各部门相互协调，彼此配合，全公司上下一心，众志成城。

最终效果

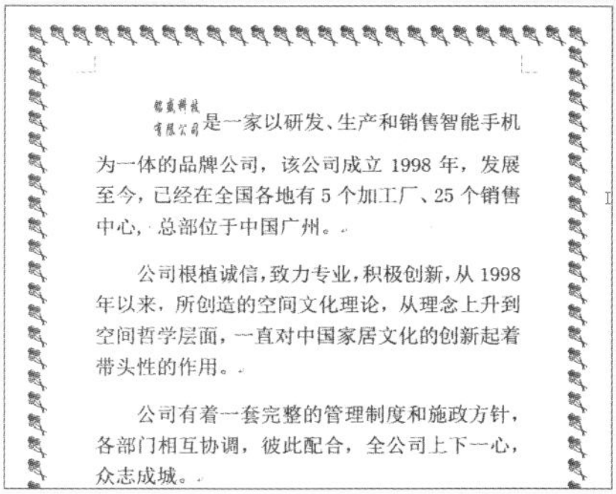
铭盛科技有限公司是一家以研发、生产和销售智能手机为一体的品牌公司，该公司成立 1998 年，发展至今，已经在全国各地有 5 个加工厂、25 个销售中心，总部位于中国广州。

公司根植诚信，致力专业，积极创新，从 1998 年以来，所创造的空间文化理论，从理念上升到空间哲学层面，一直对中国家居文化的创新起着带头性的作用。

公司有着一套完整的管理制度和施政方针，各部门相互协调，彼此配合，全公司上下一心，众志成城。

合并字符效果

❶ 选择需要合并字符的文本，单击“开始”选项卡上的“中文版式”按钮，从展开的列表中选择“合并字符”选项。

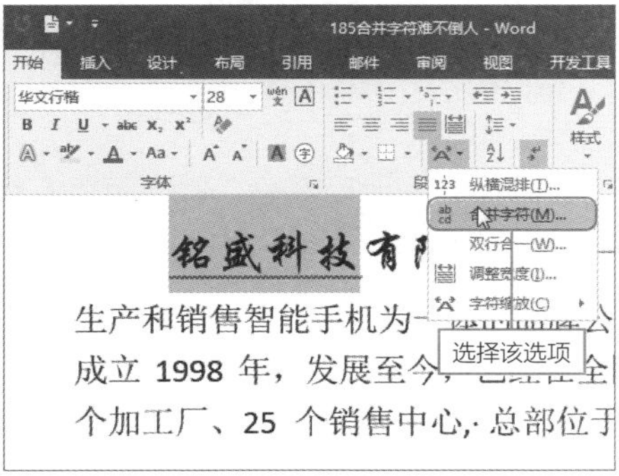

❷ 打开“合并字符”对话框，在“字体”选项，设置合并后的字体为“华文行楷”，在“字号”选项，设置合并后的字号为“20磅”，设置完成后，单击“确定”按钮即可。

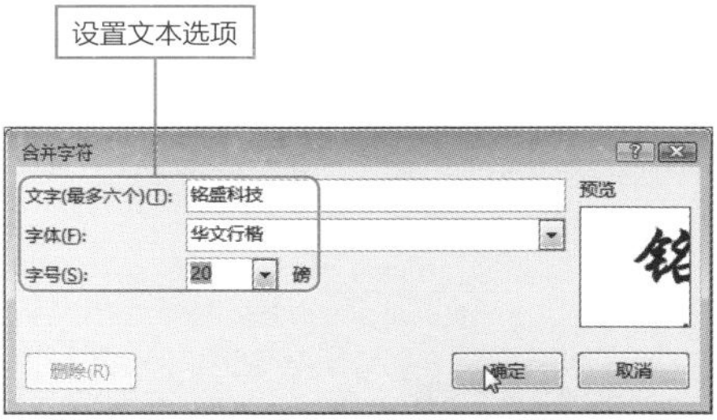

1 2 3 4 5 6 7 8 9 10 11 12 13 14 15 16 17 18
Word文档上手必备技能

3 如果选择的字符数超过6个时，那么超出的部分将不能显示，此时可以先忽略该错误，按需设置合并后的“字体”和“字号”，设置完成后，单击“确定”按钮。

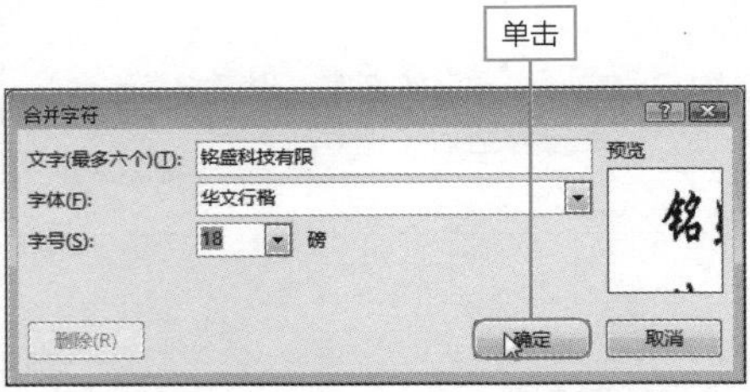

4 选择合并后的字符并右击，从中选择“切换域代码”命令。

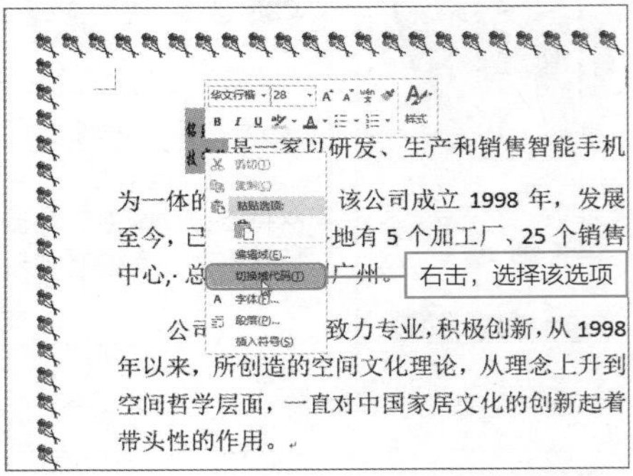

5 切换到域代码，在第一个括号中输入想要合并的字符的前半部分，在后面的括号中输入要合并字符的后半部分。

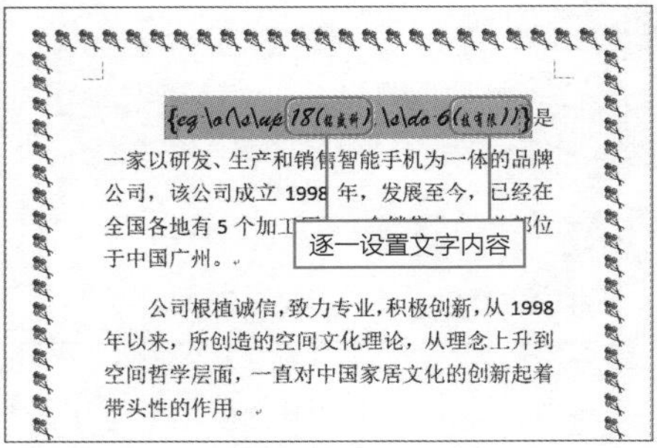

6 选择输入的文本，切换至“开始”选项卡，在“字体颜色”列表中选择“红色”选项，作为合并后字符的颜色。

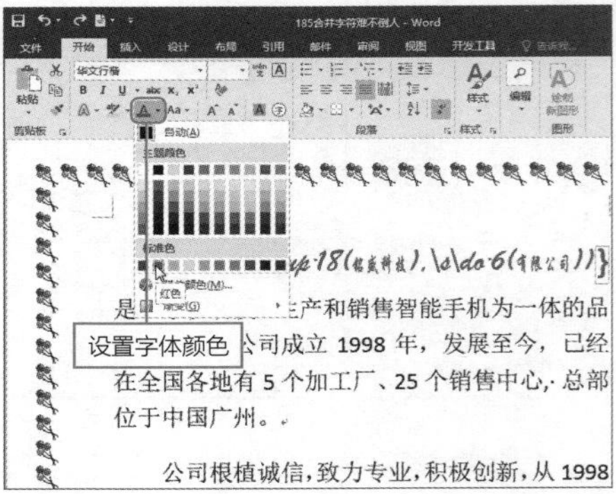

7 设置完成后，右击域代码，从中选择“切换域代码”命令，即可完成字符合并。

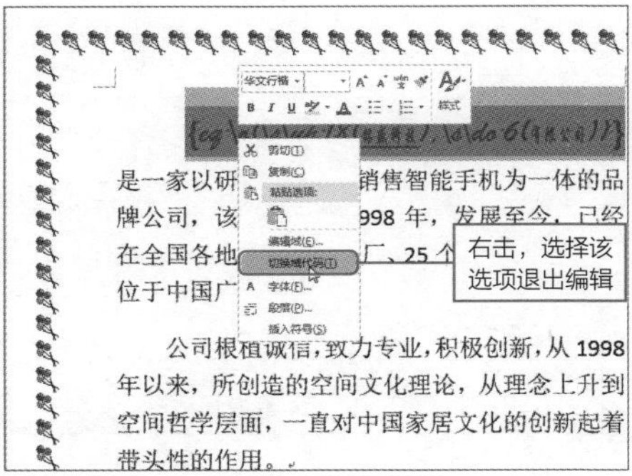

Hint

如何删除合并字符效果?

选择合并的字符，执行“开始>中文版式>合并字符”命令，打开“合并字符”对话框，单击“删除”按钮即可。

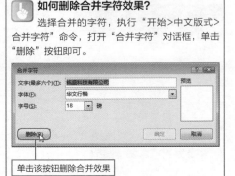

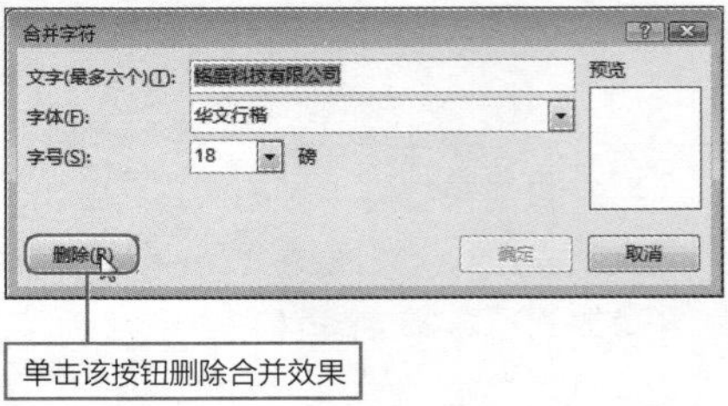

Question

013 双行合一有妙用

语音视频
教学013

● Level ◆◆◆

2016 2013 2010

实例 使用双行合一功能

双行合一功能可以将两行文字在一行文字的空间中显示，该功能在制作特殊格式的标题或者注释时会经常使用，下面对其进行介绍。

最初效果

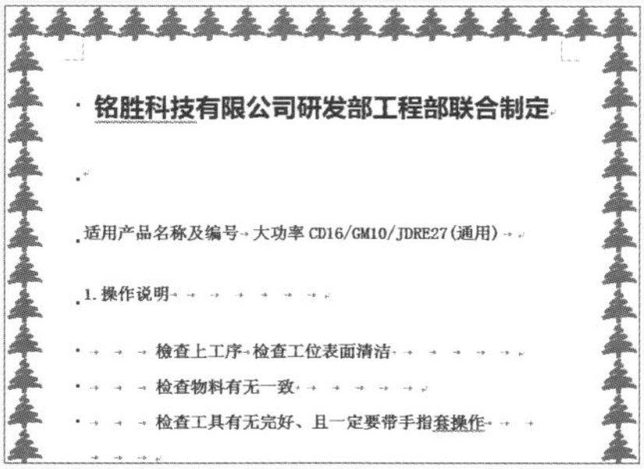

最终效果

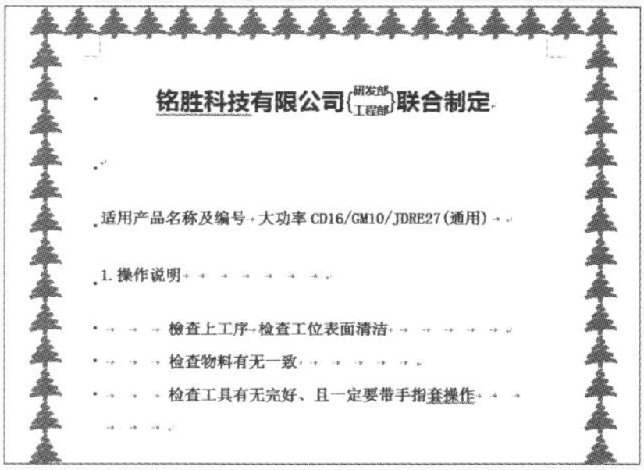

双行合一效果

❶ 选择需要进行双行合一的文字，单击“开始”选项卡上的“中文版式”按钮，从展开的列表中选择“双行合一”选项。

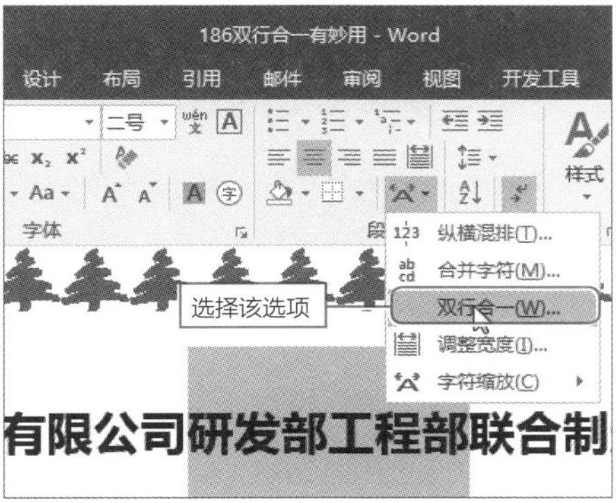

❷ 打开“双行合一”对话框，勾选“带括号”复选框，在“括号样式”列表中选择合适的括号样式，然后单击“确定”按钮即可。

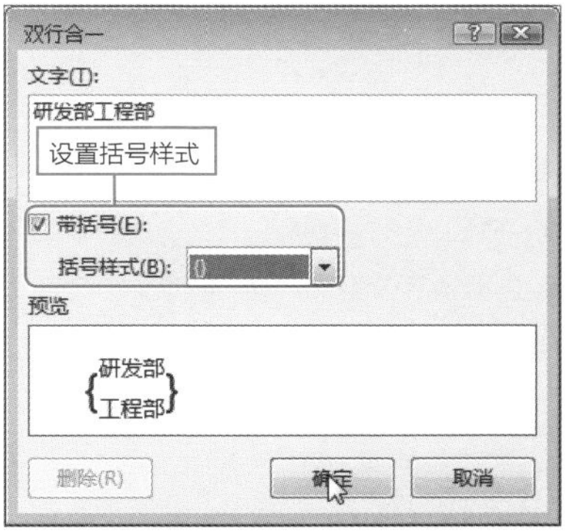

Question

014

首字下沉功能用处大

语音视频教学014

Level ◆◆◆

2016 2013 2010

实例 使用首字下沉功能

首字下沉可以在段落中加大首字符，通常用于文档或者章节的开头，在新闻稿或请帖中也会用到，可以起到强调重点和增强视觉效果的作用，下面对其进行介绍。

最初效果

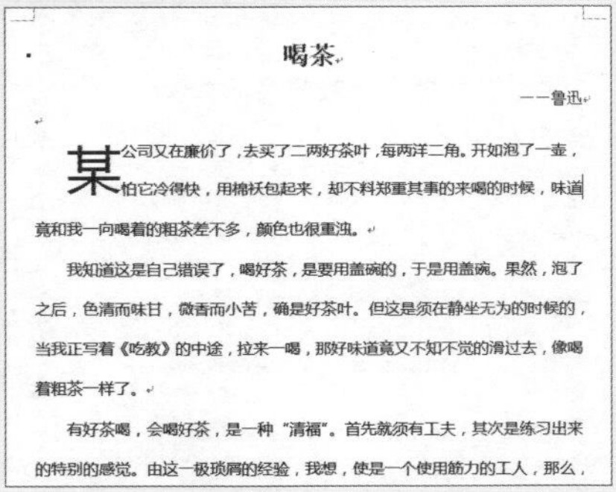

首字下沉2行的效果

最终效果

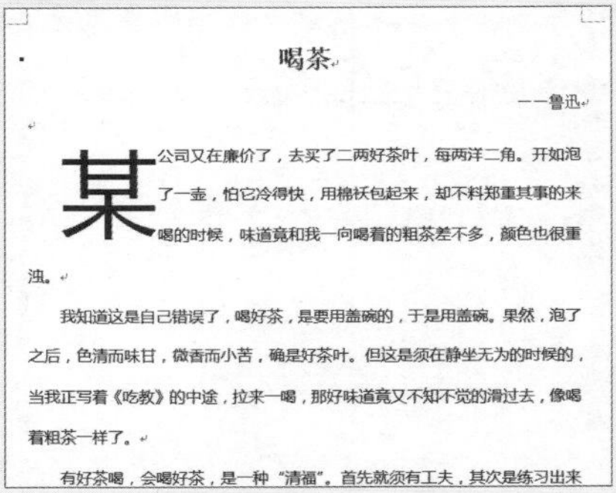

首字下沉3行的效果

1 将鼠标光标定位至需要设置首字下沉的段落中，单击“插入”选项卡上的“首字下沉”按钮，从展开的列表中选择“下沉”选项即可。

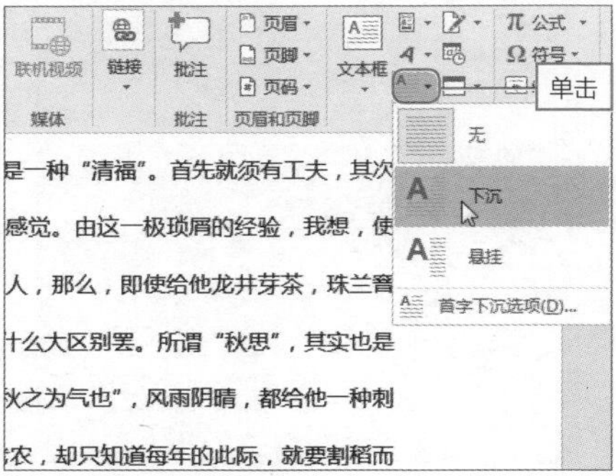

Hint

使用“首字下沉”对话框进行设置

执行“插入>首字下沉>首字下沉选项”命令，打开“首字下沉”对话框，根据需要设置下沉的字体、下沉行数，距正文距离。

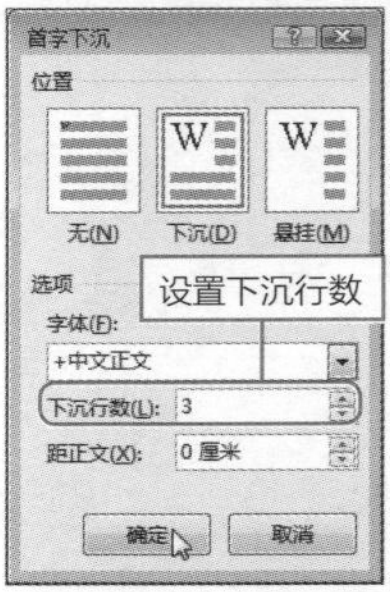

Question

015

● Level

◆◆◆

2016 2013

巧设置文档纸张大小

语音视频教学015

实例　文档纸张大小的设置

Word文档默认纸张为A4大小，根据工作需要，用户可以将纸张设置为其他尺寸，例如16开、32开等，下面介绍两种设置纸张大小的方法。

❶ 常规设置法。打开文档，执行“布局>纸张大小”命令，从列表中选择需要的纸张大小即可。

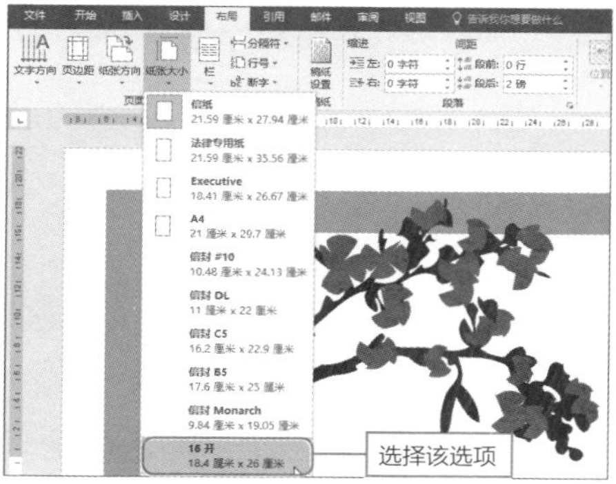

❷ 对话框设置法。单击“布局”选项卡“页面设置”组中的对话框启动器按钮。

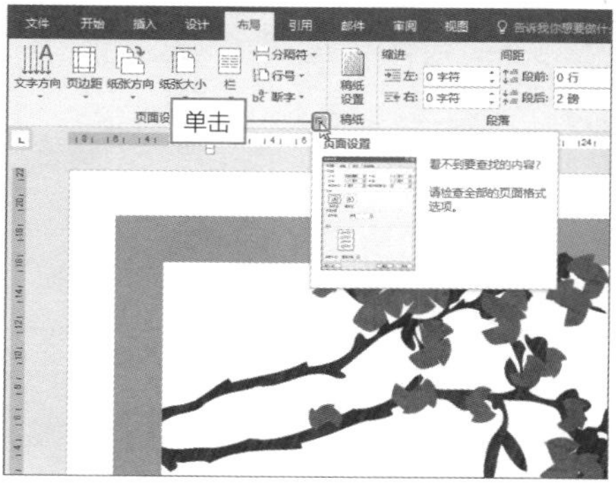

❸ 打开“页面设置”对话框，切换至“纸张”选项卡，在“纸张大小”列表中选择“自定义大小”选项。

❹ 然后在“宽度”和“高度”文本框中输入所需纸张的尺寸，单击“确定”按钮即可。

Question

016 轻松实现文档页面纵横混排

语音视频教学016

Level ◆◆◆

2016 2013

实例 在同一文档中设置不同的纸张方向

在文档中，默认的纸张方向为纵向，若需要将文档中的某一页面设置为横向，该如何操作呢？解决这个问题并不难，只需按照以下方法进行操作即可。

最初效果

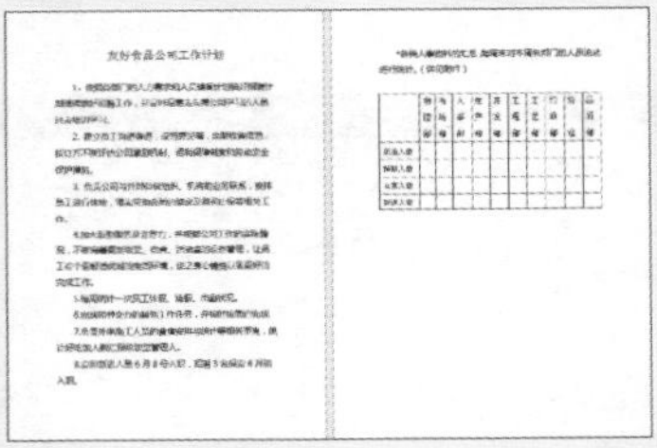

页面纵向显示

最终效果

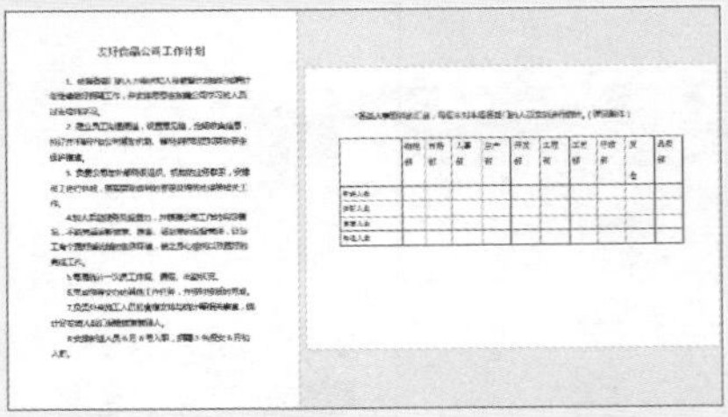

页面纵横混排

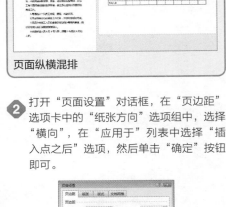

❶ 打开文档，将鼠标光标定位至需要更改页面的起始点，单击“布局”选项卡“页面设置”组中的对话框启动器按钮。

❷ 打开“页面设置”对话框，在“页边距”选项卡中的“纸张方向”选项组中，选择“横向”，在“应用于”列表中选择“插入点之后”选项，然后单击“确定”按钮即可。

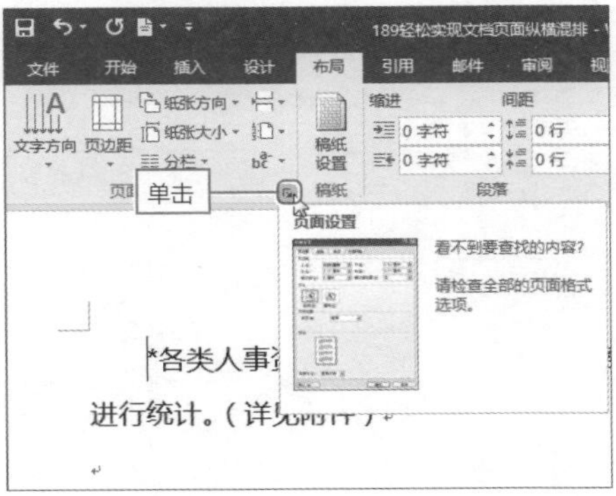

Question

017 按需调整页面边距

语音视频教学017

Level ◆◆◆

2016 2013 2010

实例 设置文档页边距

文档中页边距有两种作用，一是用于装订和美观的需要，留下一部分空白，二是可以把页眉页脚放置在空白区域中，形成更加美观的文档，下面介绍如何设置页面边距的操作。

1 精确设置法。打开文档，执行“布局>页边距”命令，从列表中选择需要的边距值即可。

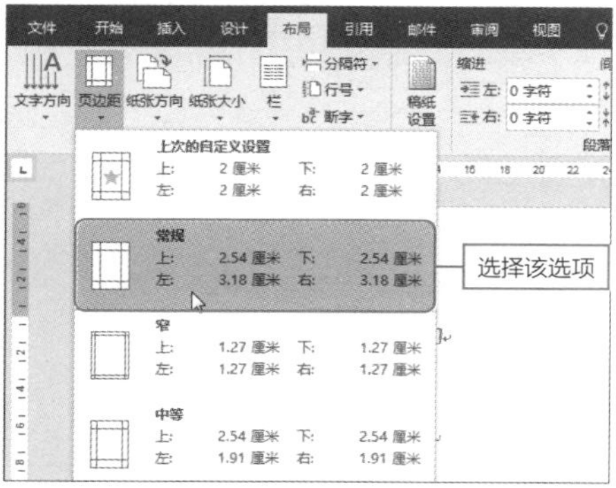

2 如果在列表中没有满意的边距值，可打开“页面设置”对话框，在“页边距”选项卡中的“页边距”选项组中，根据提示输入上、下、左、右的边距值即可。

3 利用标尺进行设置。切换至“视图”选项卡，勾选“标尺”选项。

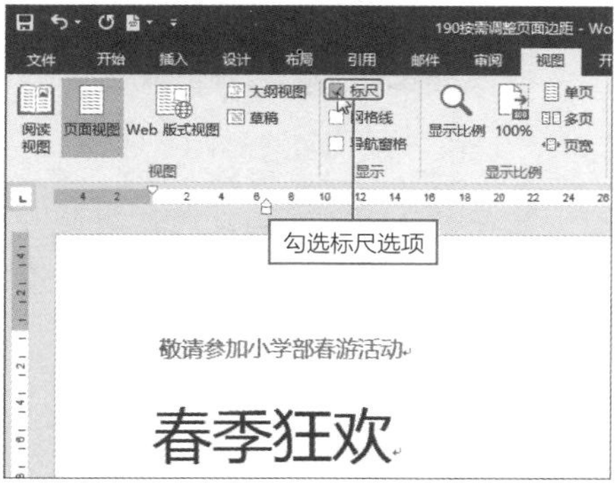

4 将鼠标光标移至标尺起始处/结尾处，当其变为双向箭头时，按住鼠标左键不放拖动鼠标可调整页边距。

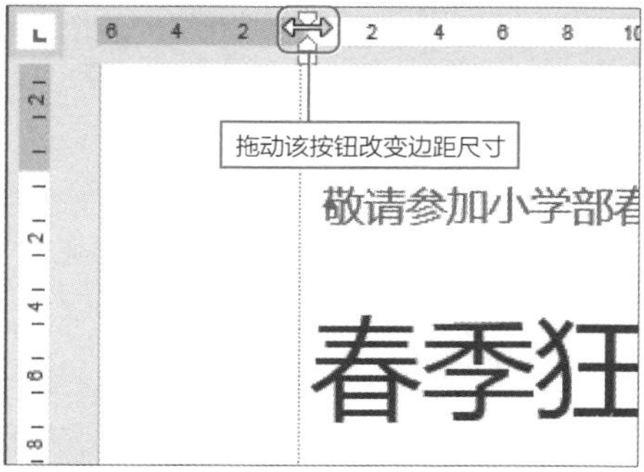

Question

018 文档通栏和多栏混排

语音视频教学018

● Level ◆◆◆

2016 2013

实例 将同一页面设置成通栏或双栏混排效果

通常对文档进行分栏后，整篇文档都会以分栏的形式显示。有时为了满足排版的需求，可以只对文档的某部分进行分栏，该如何操作呢？下面对其进行介绍。

最初效果

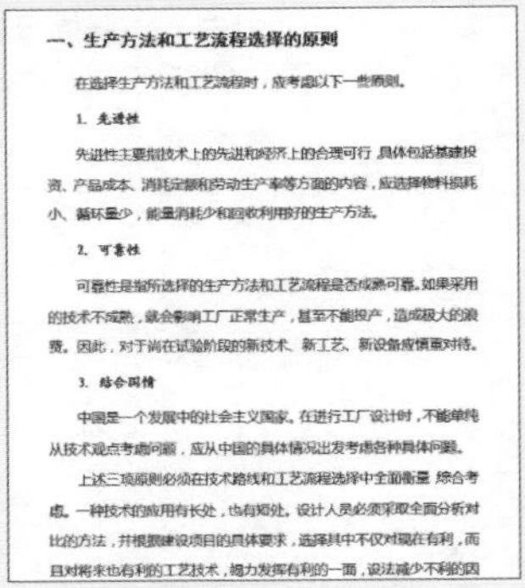

一、生产方法和工艺流程选择的原则

在选择生产方法和工艺流程时，应考虑以下一些原则。

1. 先进性

先进性主要指技术上的先进和经济上的合理可行.具体包括基建投资、产品成本、消耗定额和劳动生产率等方面的内容，应选择物料损耗小、循环量少，能量消耗少和回收利用好的生产方法。

2. 可靠性

可靠性是指所选择的生产方法和工艺流程是否成熟可靠。如果采用的技术不成熟，就会影响工厂正常生产，甚至不能投产，造成极大的浪费。因此，对于尚在试验阶段的新技术、新工艺、新设备应慎重对待。

3. 结合国情

中国是一个发展中的社会主义国家。在进行工厂设计时，不能单纯从技术观点考虑问题，应从中国的具体情况出发考虑各种具体问题。

上述三项原则必须在技术路线和工艺流程选择中全面衡量 综合考虑。一种技术的应用有长处，也有短处。设计人员必须采取全面分析对比的方法，并根据建设项目的具体要求，选择其中不仅对现在有利，而且对将来也有利的工艺技术，竭力发挥有利的一面，设法减少不利的因

文档通栏效果

最终效果

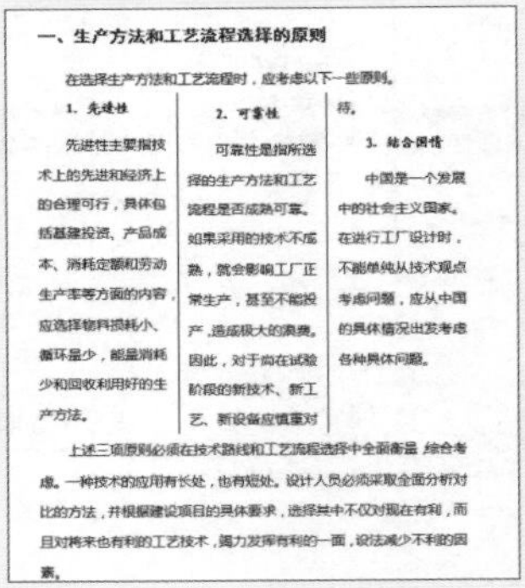

一、生产方法和工艺流程选择的原则

在选择生产方法和工艺流程时，应考虑以下一些原则。

1. 先进性

先进性主要指技术上的先进和经济上的合理可行，具体包括基建投资、产品成本、消耗定额和劳动生产率等方面的内容，应选择物料损耗小、循环量少，能量消耗少和回收利用好的生产方法。

2. 可靠性

可靠性是指所选择的生产方法和工艺流程是否成熟可靠。如果采用的技术不成熟，就会影响工厂正常生产，甚至不能投产，造成极大的浪费。因此，对于尚在试验阶段的新技术、新工艺、新设备应慎重对待。

3. 结合国情

中国是一个发展中的社会主义国家。在进行工厂设计时，不能单纯从技术观点考虑问题，应从中国的具体情况出发考虑各种具体问题。

上述三项原则必须在技术路线和工艺流程选择中全面衡量 综合考虑。一种技术的应用有长处，也有短处。设计人员必须采取全面分析对比的方法，并根据建设项目的具体要求，选择其中不仅对现在有利，而且对将来也有利的工艺技术，竭力发挥有利的一面，设法减少不利的因素。

文档混排效果

1. 选择所需段落，切换至“布局”选项卡，单击“栏”按钮，从展开的列表中选择“更多栏”选项。

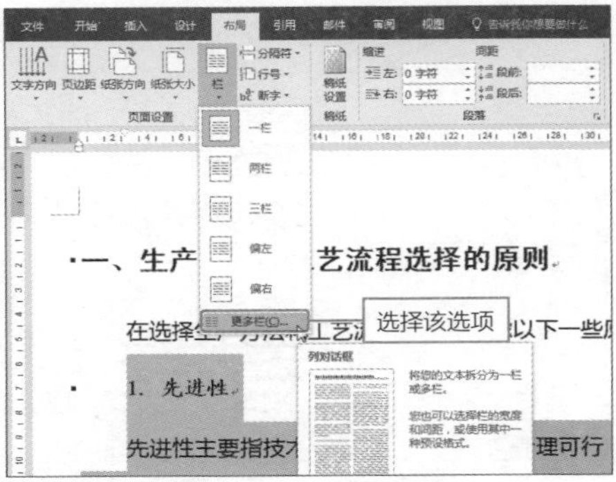

2. 打开“分栏”对话框，在“预设”选项组选择“三栏”选项，勾选“分隔线”选项，在“宽度和间距”选项，设置“间距”为2.02字符，单击“确定”按钮。

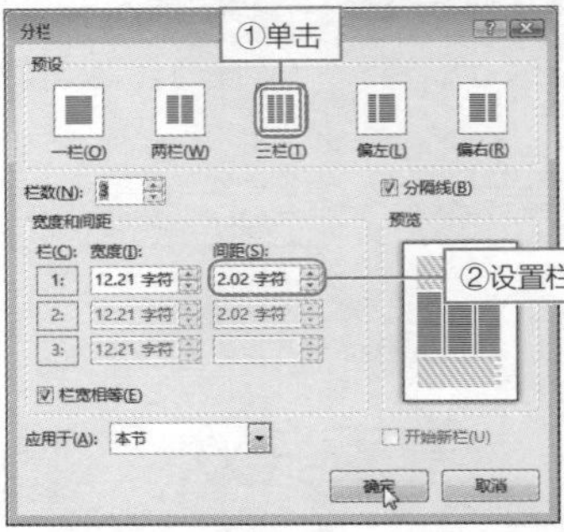

Question

019

● Level ◆◆◆

2016 2013

制作文档跨栏排版

语音视频教学019

实例 在已经分栏的情况下，设置单双栏混排

上一技巧讲述的是如何对文档某一段落实行单、双混排。本技巧介绍的是，在文档已经完成分栏的情况下，将指定内容设置为单栏的方法。

最初效果

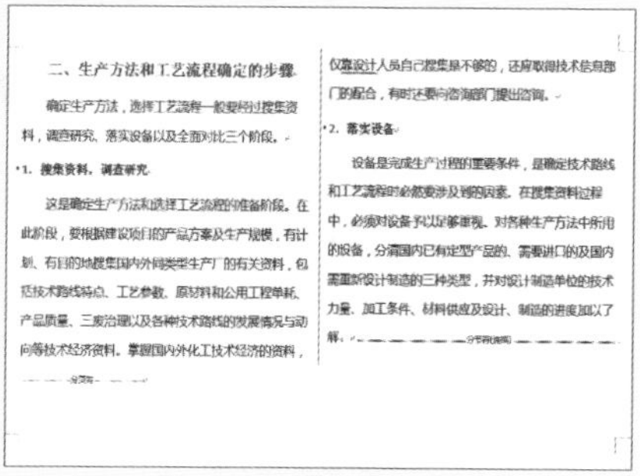

最终效果

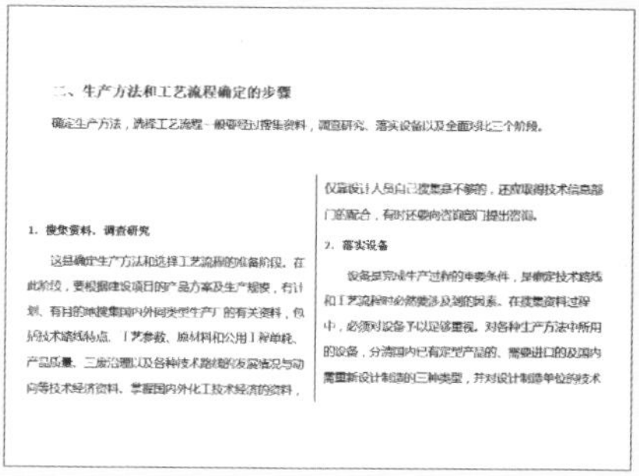

文档跨栏排版效果

❶ 将鼠标光标定位至所需段落末尾，切换至“布局”选项卡，单击“分隔符”按钮，从展开的列表中选择“连续”选项。

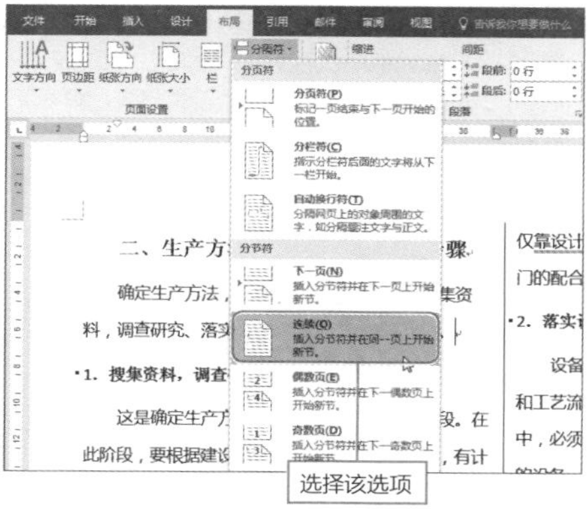

❷ 选择所需段落文本，单击“布局”选项卡上的“分栏”按钮，从列表中选择“一栏”选项即可完成操作。

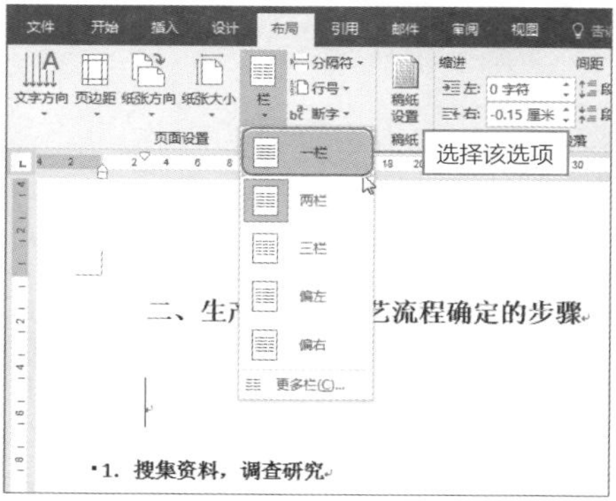

Question **020**

Level ◆◆◆

2016 2013 2010

让起始页从奇数页开始

语音视频教学020

实例 分节符的使用

想要每节都从奇数页开始，最原始的方法是查看每一节的最后一页是否为偶数页，如果为偶数页，则添加一个分页符，或者按多次Enter键至奇数页，但是这样操作非常麻烦，下面介绍一种简便的方法。

❶ 打开文档，将鼠标光标定位至第一节末尾。

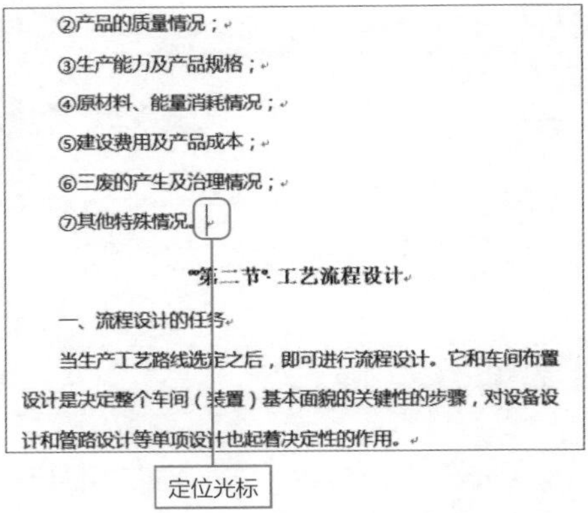

②产品的质量情况；
③生产能力及产品规格；
④原材料、能量消耗情况；
⑤建设费用及产品成本；
⑥三废的产生及治理情况；
⑦其他特殊情况。
第二节 工艺流程设计
一、流程设计的任务
当生产工艺路线选定之后，即可进行流程设计。它和车间布置设计是决定整个车间（装置）基本面貌的关键性的步骤，对设备设计和管路设计等单项设计也起着决定性的作用。
定位光标

❷ 切换至“布局”选项卡，单击“分隔符”按钮，从展开的列表中选择“奇数页”选项。

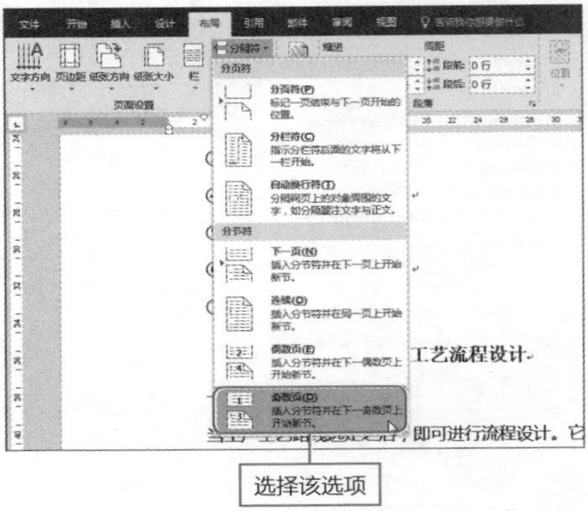

❸ 选择完成后，将在第一节的末尾添加一个“奇数页”分节符，此时，第二节的内容将自动以奇数页开始。

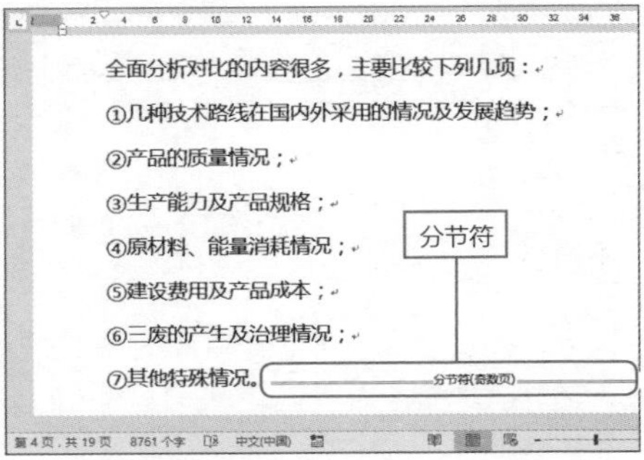

Hint

如何验证起始页从奇数页开始

将鼠标光标定位至新节，然后在Word窗口底部状态栏的左侧，可以看到当前页码数，即可查看到当前页是否为奇数页。

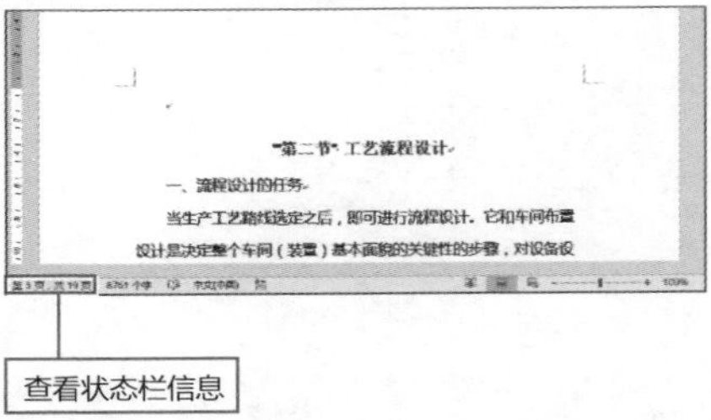

Question

021

快速分页

语音视频教学021

实例 分页符的使用

通常情况下，输入文本内容至最后一行时，文档将会自动添加新页面，方便用户继续编辑。如果想要将文档中的内容强制性放入下一页，需要通过分页符功能实现，下面对其进行介绍。

Level ◆◆◆

2016 2013 2010

1. 功能区命令分页法。将鼠标定位至分页位置，切换至“布局”选项卡，单击“分隔符”按钮，从展开的列表中选择“分页符”选项。

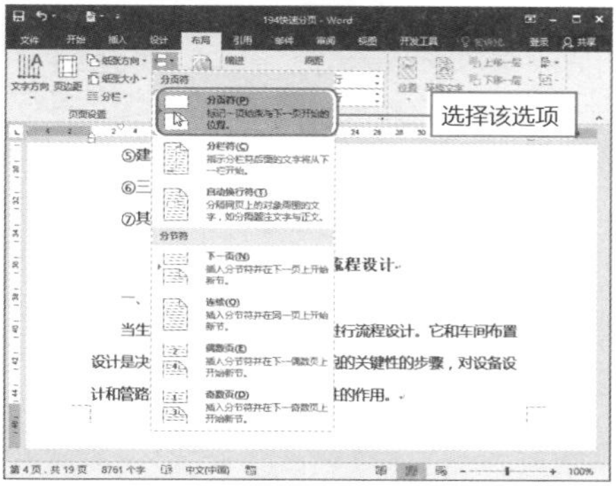

2. 此时，在光标处将插入分页符，而光标之后的内容则会自动移至下一页面。

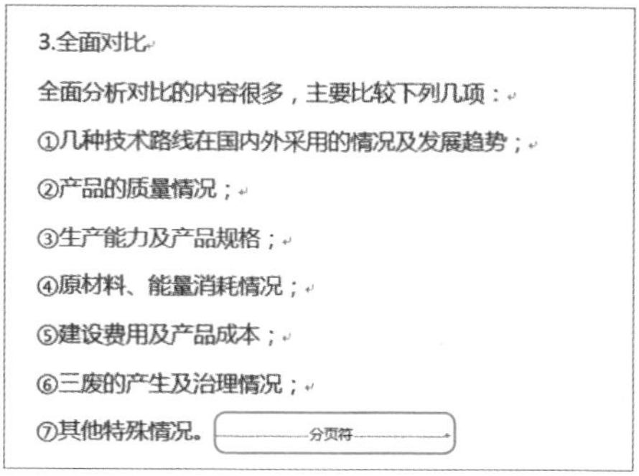

3. 段落分页法。指定分页位置后，单击“布局”选项卡上“段落”组的对话框启动器按钮。

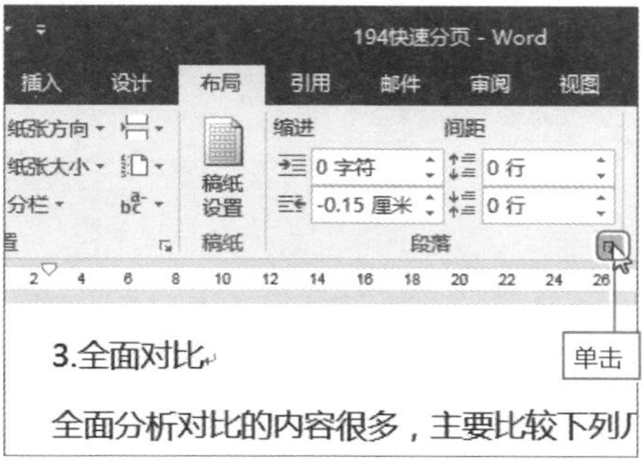

4. 打开“段落”对话框，勾选“换行和分页”选项卡中的“段前分页”选项，然后单击“确定”按钮即可。

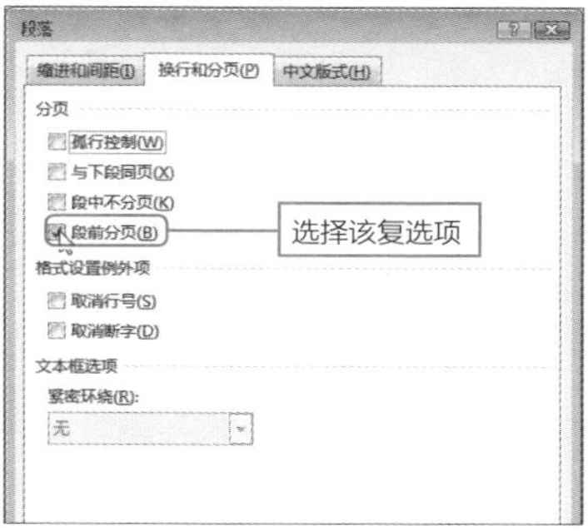

Question

022 添加页码的方式知多少

语音视频教学022

• Level ◆◆◆

2016 2013 2010

实例 添加或删除文档页码

对于篇幅较大的文档来说，插入页码可以更加明确的定位文档内容，下面将介绍如何添加和删除页码的操作。

❶ 普通页码的添加。单击“插入”选项卡上的“页码”按钮，从列表中选择“页面底端>普通数字1”命令。

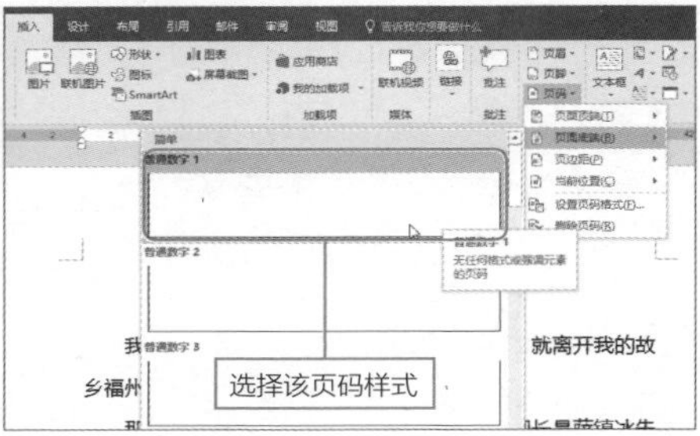

❷ 选择完成后，单击“关闭页眉和页脚”按钮，即可完成文档页码的添加。

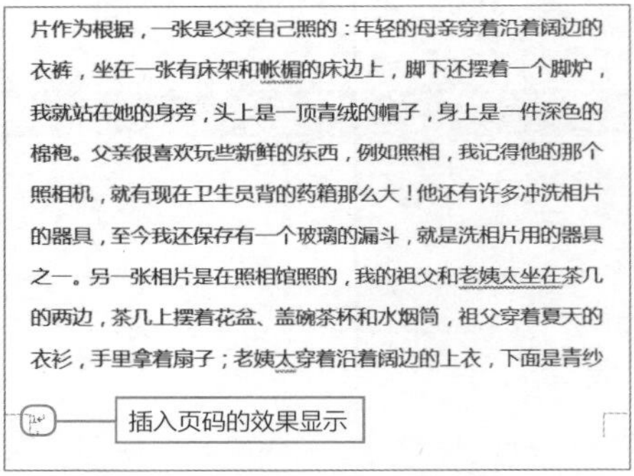
片作为根据，一张是父亲自己照的：年轻的母亲穿着沿着阔边的衣裤，坐在一张有床架和帐楣的床边上，脚下还摆着一个脚炉，我就站在她的身旁，头上是一顶青绒的帽子，身上是一件深色的棉袍。父亲很喜欢玩些新鲜的东西，例如照相，我记得他的那个照相机，就有现在卫生员背的药箱那么大！他还有许多冲洗相片的器具，至今我还保存有一个玻璃的漏斗，就是洗相片用的器具之一。另一张相片是在照相馆照的，我的祖父和老姨太坐在茶几的两边，茶几上摆着花盆、盖碗茶杯和水烟筒，祖父穿着夏天的衣衫，手里拿着扇子；老姨太穿着沿着阔边的上衣，下面是青纱

❸ 从任意页添加页码。如果想从第三页开始添加页码，则在第三页某处插入光标，执行“布局>分隔符>下一页”命令。

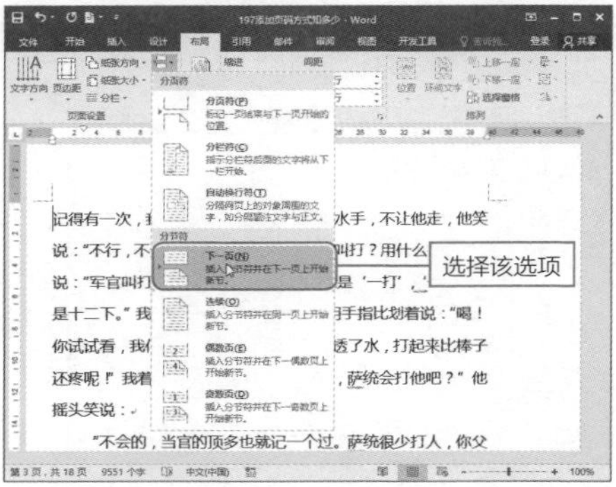

❹ 单击“插入”选项卡的“页眉”按钮，从列表中选择“空白”页眉格式。

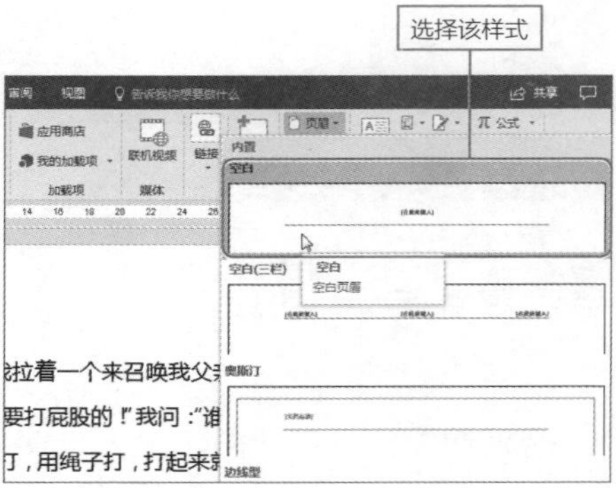

5 选择完成后，单击“页眉和页脚工具－设计”选项卡上的“转至页脚”按钮。

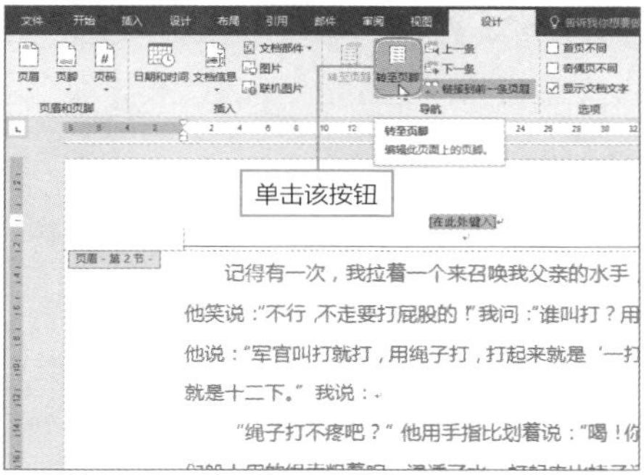

6 接着单击“链接到前一条页眉”按钮。

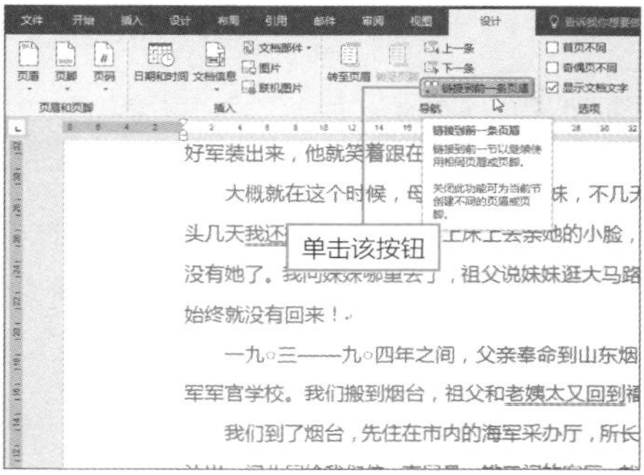

7 继续单击该选项卡上的“页码”按钮，从列表中选择“设置页码格式”选项。

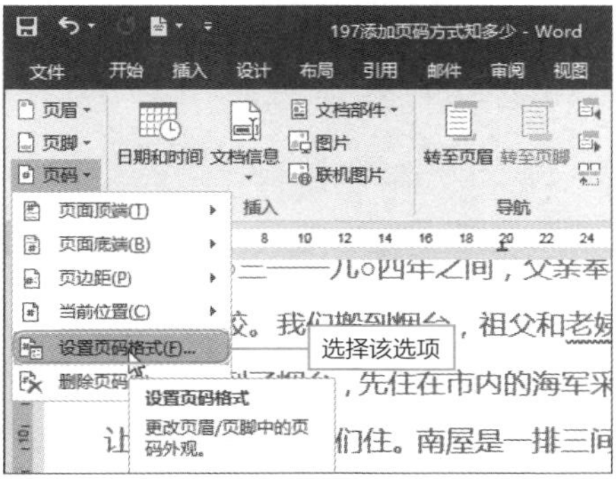

8 打开“页码格式”对话框，选中“起始页码”单选按钮，然后单击“确定”按钮。

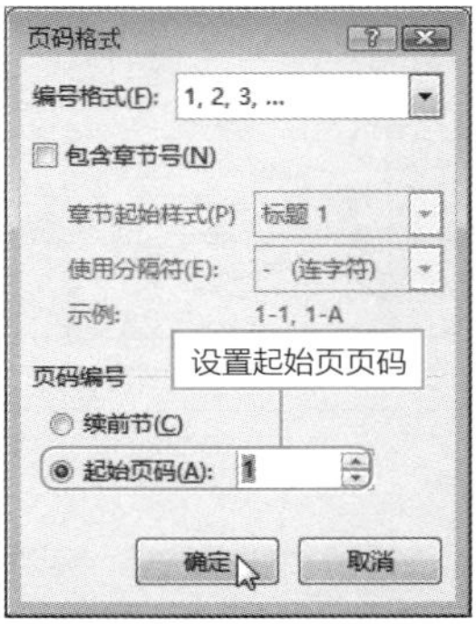

9 单击“关闭页眉和页脚”按钮即可完成页码的添加。从中可以看到，页码从第四页开始重新编号。

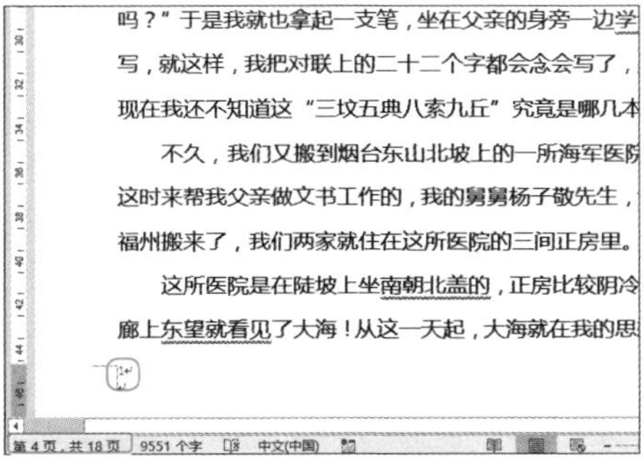

Hint

如何删除页码?

执行“插入>页码”命令，从展开的列表中选择“删除页码”选项即可。

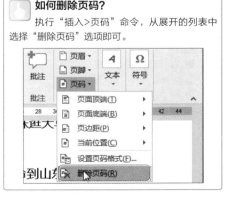

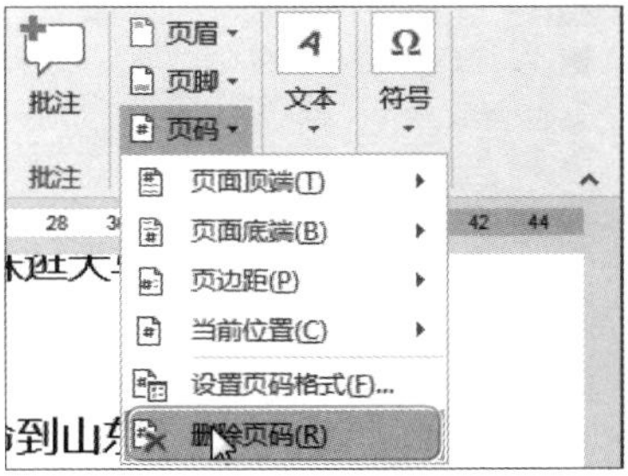

Question

023 添加不连续页码有技巧

语音视频教学023

• Level ◆◆◆

2016 2013 2010

实例 在文档中添加不连续页码

在文档中添加页码时，添加的页码都是连续的，若用户想要为某一文档的封面、目录、正文和附录独立编码，该如何操作呢？本技巧将为您答疑解惑。

❶ 执行“布局>分隔符>下一页”命令，分别在各部分末页底端插入分节符。

❷ 执行“插入>页码>页码底端”命令，从列表中选择“圆形”选项。

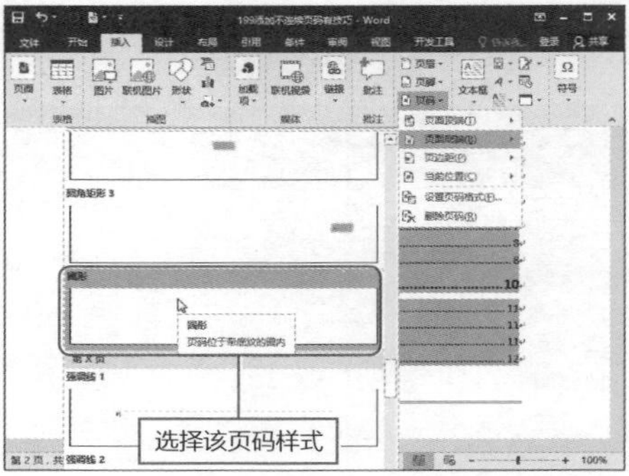

❸ 接着选择页码形状，在“绘图工具－格式”选项卡，通过“形状样式”列表中的命令，为其应用合适的形状效果。

为页码应用该形状效果

❹ 按照同样的方法为其他部分添加页码，然后单击“关闭页眉和页脚”按钮，退出编辑即可。

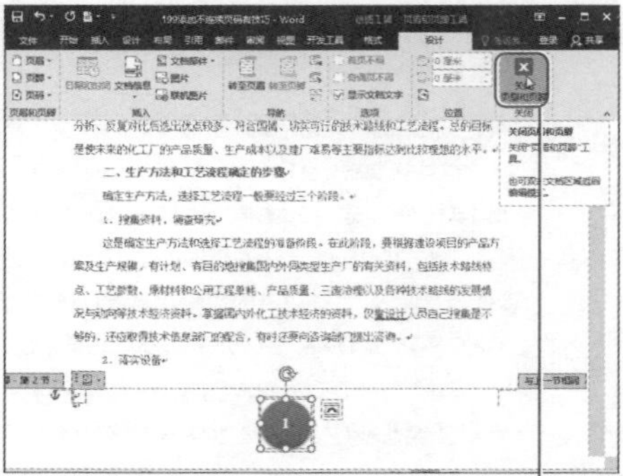

单击退出页眉页脚的编辑

Question

024 巧隐藏文档首页页码

语音视频教学024

Level ◆◆◆

2016 2013 2010

实例 设置文档首页页码不显示

对于一些大型的文档来说，有时候其封面或者目录等位于首页的页面并不需要添加页码，这时候，可以将首页页码隐藏，有两种方法可以实现，下面对其进行介绍。

❶ 打开文档，切换至“页眉和页脚工具－设计”选项卡，勾选“首页不同”选项即可。

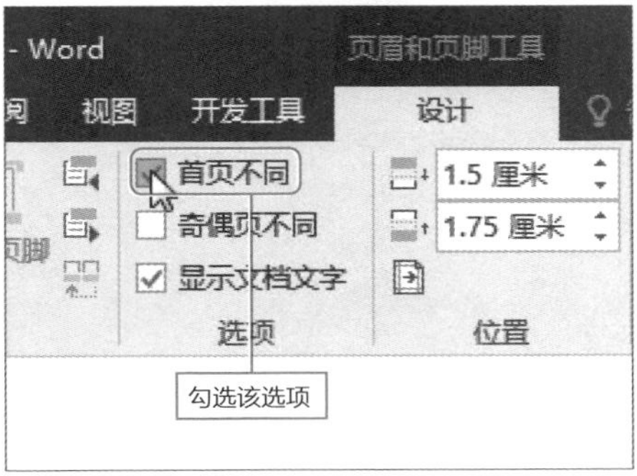

❷ 单击“页码”按钮，从列表中选择“设置页码格式”选项。

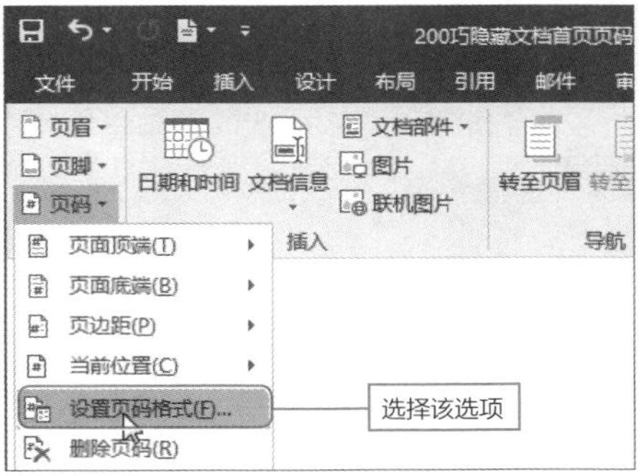

❸ 弹出“页码格式”对话框，选中“起始页码”单选按钮，设置起始编号为“0”，单击“确定”按钮即可。

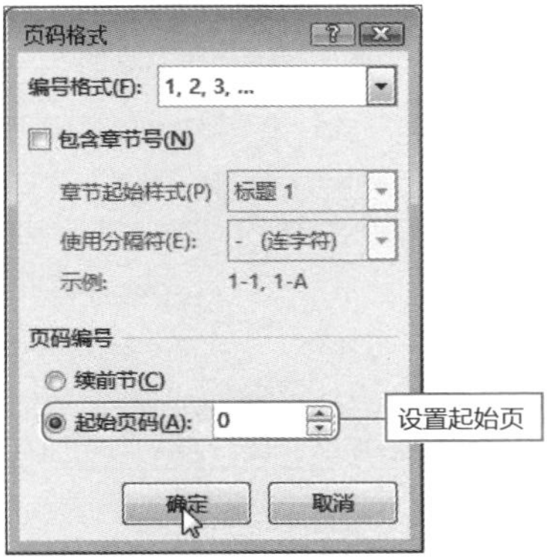

Hint

另类隐藏首页页码法

在首页添加分隔符后选择第2页，按照正常方法添加页码，在“页眉和页脚工具－设计”选项卡，单击“链接到前一条页眉”按钮使其处于非选中状态，并删除首页页码，单击“关闭页眉和页脚”按钮即可。

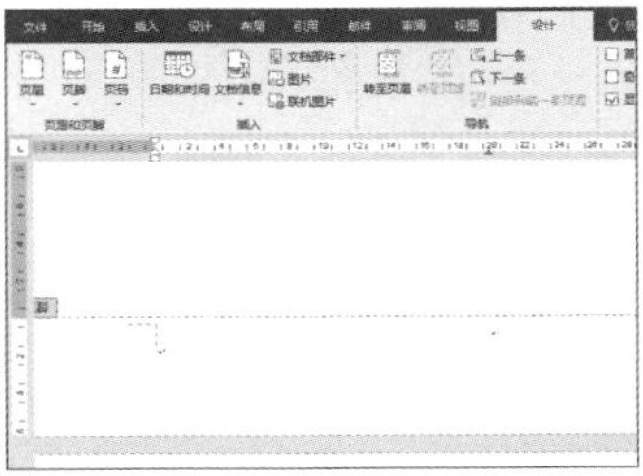

Question

025 分栏页码轻松设

语音视频教学025

● Level ◆◆◆

2016 2013 2010

实例 为分栏文档添加页码

为Word文档添加页码时，都是一个页面添加一个页码。但是如果将文档进行了分栏，需要为每栏都添加页码，又该如何操作呢？下面以页面被分为两栏为例进行介绍。

❶ 打开文档，单击“插入”选项卡上的“页脚”按钮，插入一个空白页脚。

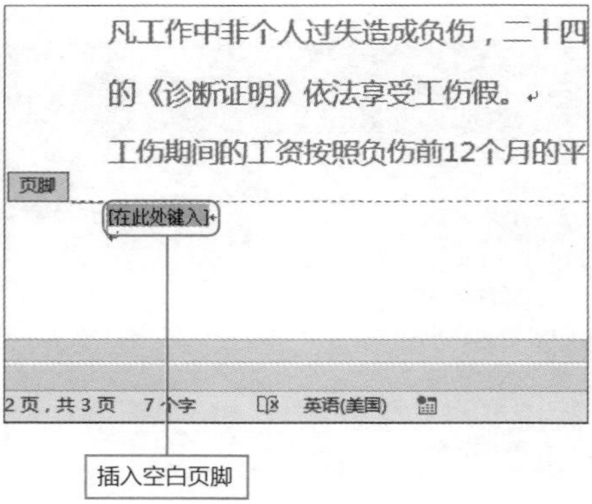

❷ 删除文本框中的文本，按空格键将鼠标光标移动至文档左栏中间位置。

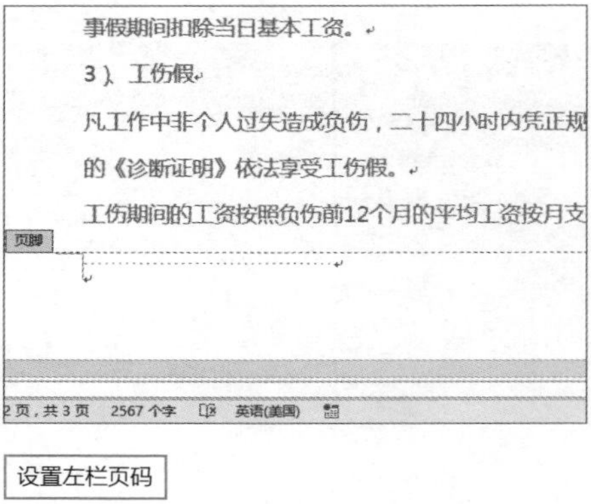

❸ 连续按两次Ctrl + F9组合键，此时，光标位置会显示两对大括号“{ { } }”。

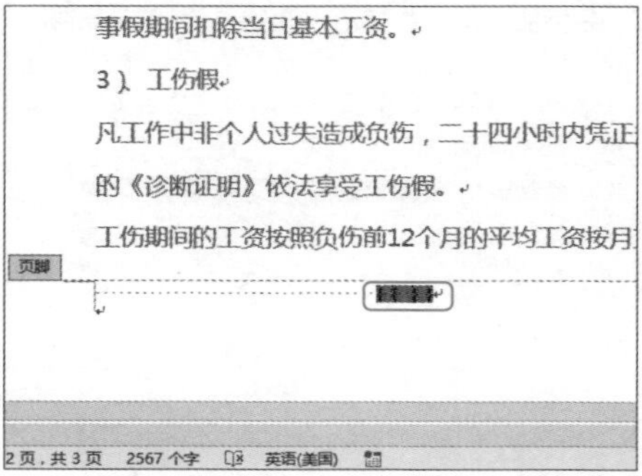

❹ 将输入法切换至英文状态，输入字符，这时文本框内显示“{={page}*2-1}”。

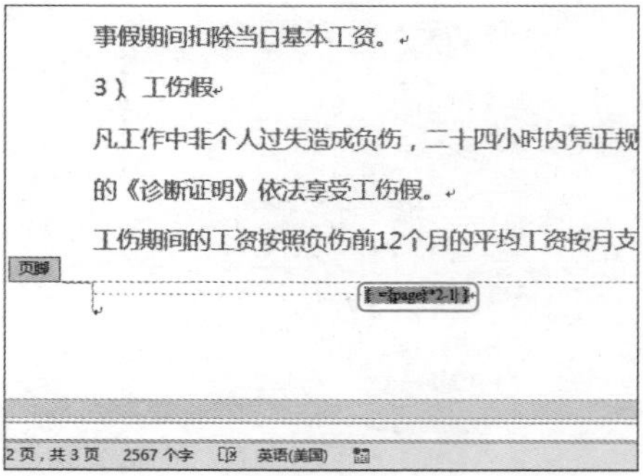

5 在左侧字符前输入“第”，右侧字符后输入“页”，使其显示为“第{={page}*2-1}页”。

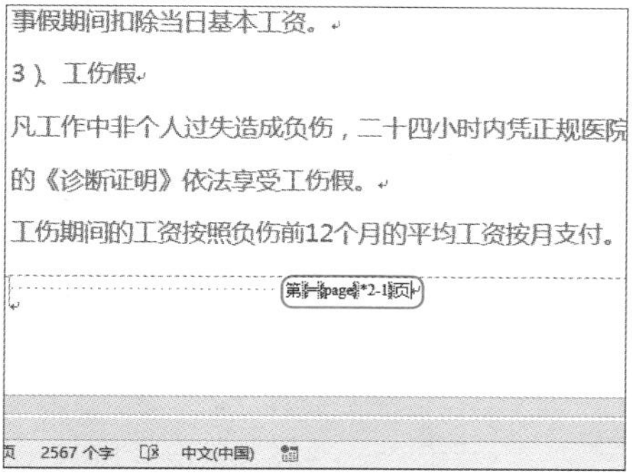

6 按空格键，将光标移至右栏中间位置，同样按两次Ctrl+F9组合键，添加两对大括号。

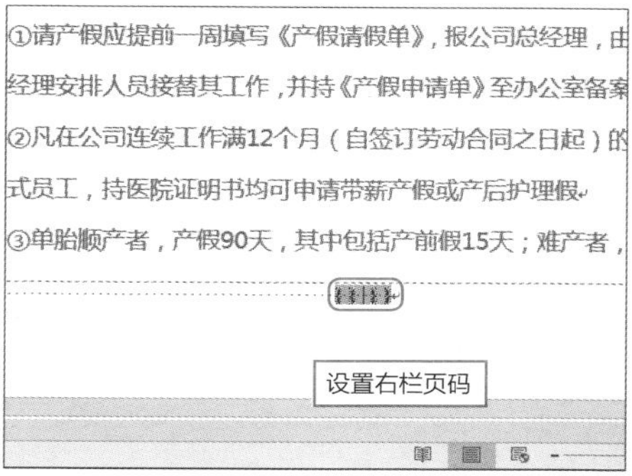

7 在文本框中输入“第{={page}*2}页”，然后删除左右两侧字符中间的空格。

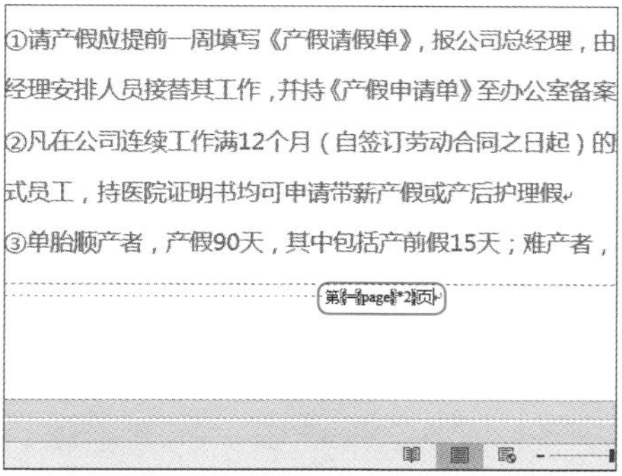

8 分别选取左、右栏中的字符，右击后选择“更新域”命令。

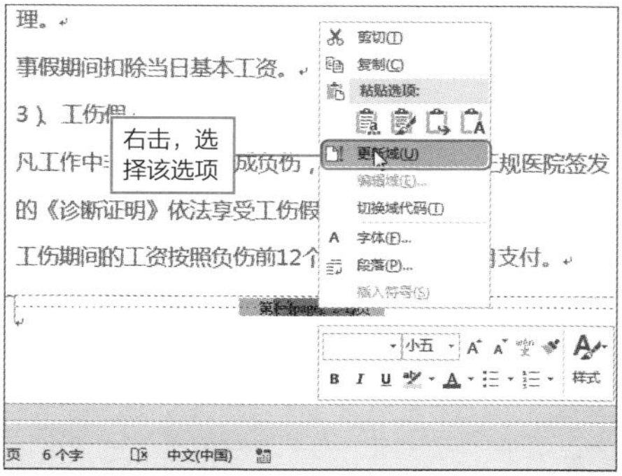

9 单击“关闭页眉和页脚”按钮，则可批量完成所有分栏页码的添加。

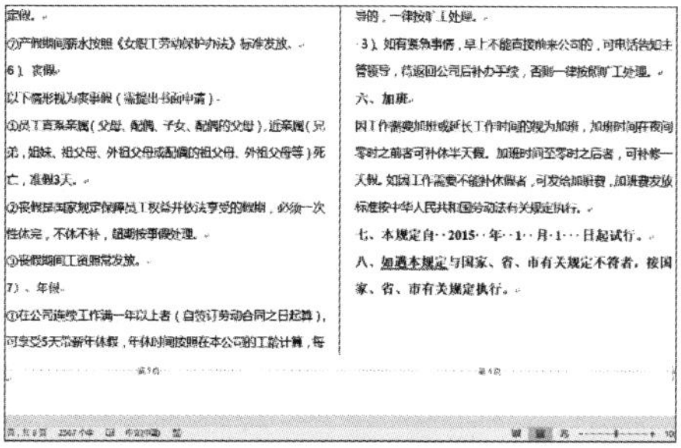

查看页码设置效果

Hint

给多栏文档添加页码

如果文档被分为三栏，并且每栏都要显示页码，这时，可以将域代码修改为“第{={page}*3-2}页”、“第{={page}*3-1}页”和“第{={page}*3}页”的形式即可。

如果分栏更多，依次类推，即可轻松设置任意分栏的页码了。

Question

026 为文档添加漂亮的页眉页脚

语音视频教学026

● Level ◆◆◆

2016 2013 2010

实例 页眉和页脚的添加

为了让整个文档看起来更加的完整和美观，可在文档中添加页眉和页脚。页眉出现在页面顶部，页脚则出现在文档底部，通常页眉为公司名称、标志、书籍名、章节名等，而页脚大多数为页码编号。

1 打开文档，单击“插入”选项卡上的“页眉”按钮，从列表中选择页眉样式，这里选择空白页眉。

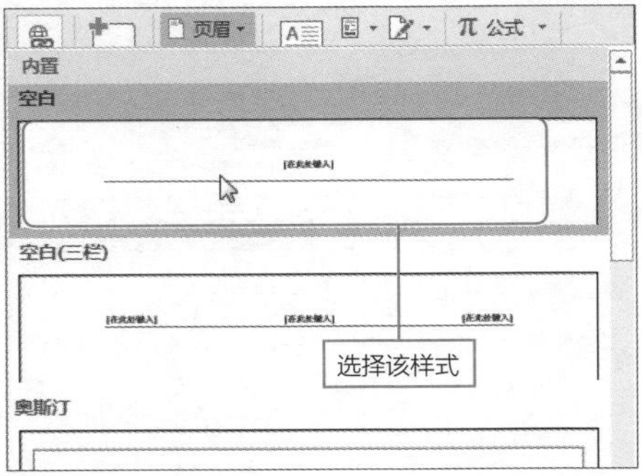

2 选择完成后，可添加空白页眉，然后在“输入文字”文本框中输入页眉文字，这里输入“兴盛贸易有限公司”。

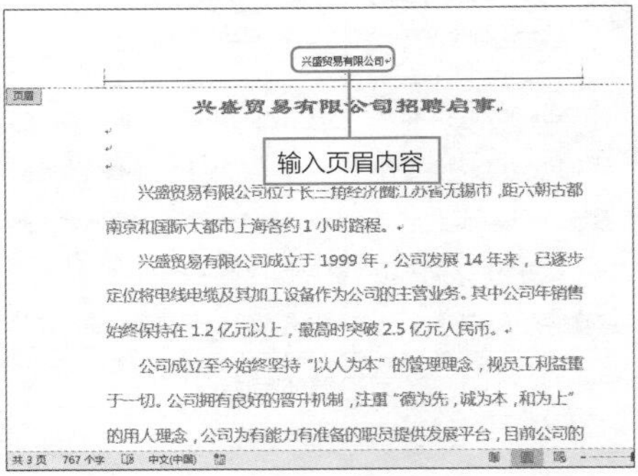

3 单击“页眉和页脚工具－设计”选项卡上的“插入“对齐方式”选项卡”按钮。

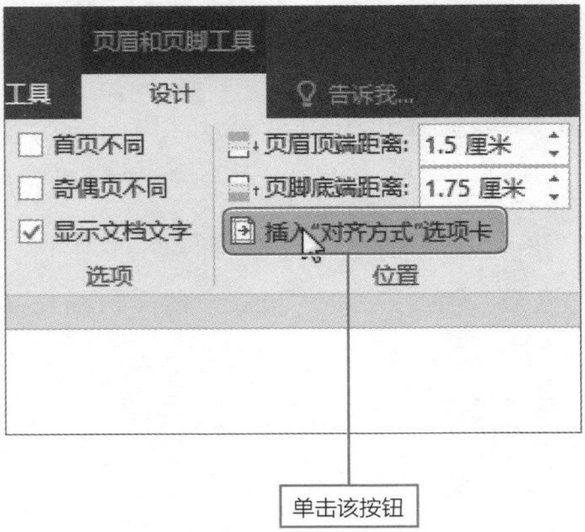

4 打开“对齐制表位”对话框，选中“右对齐”以及“3……（3）”选项并确定。

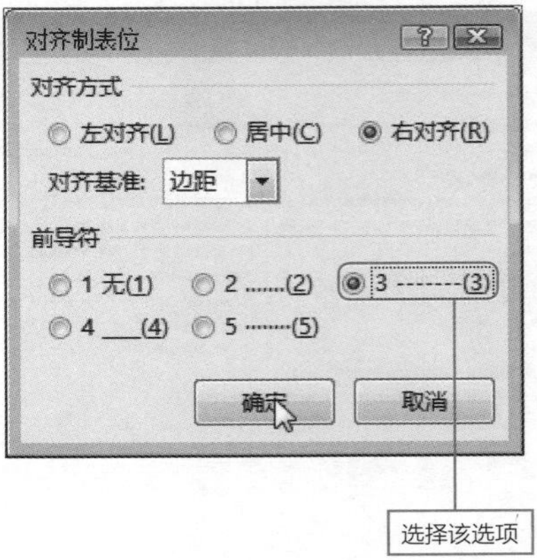

Question

027

设置奇偶页页眉页脚有技巧

语音视频教学027

实例 为奇数页和偶数页设置不同的页眉和页脚

● Level ◆◆◆

2016 2013 2010

在文档中默认添加的页眉和页脚都是统一格式，有时候为了满足排版的要求，需要将奇数页和偶数页的页眉和页脚设置为不同，下面以为奇数页和偶数页设置不同的页眉为例进行介绍。

最终效果

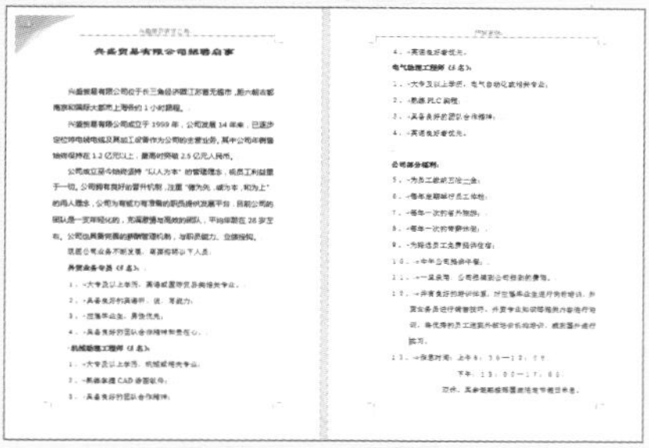

为奇数页和偶数页设置不同的页眉

❶ 打开文档，单击“插入”选项卡上的“页眉”按钮，从列表中选择满意的页眉样式，这里选择“平面（奇数页）”选项。

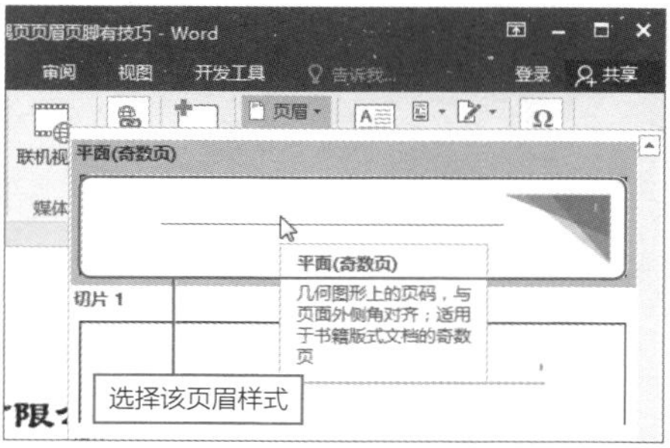

❷ 输入奇数页页眉后，接着勾选“页眉和页脚工具－设计”选项卡上的“奇偶页不同”复选框。

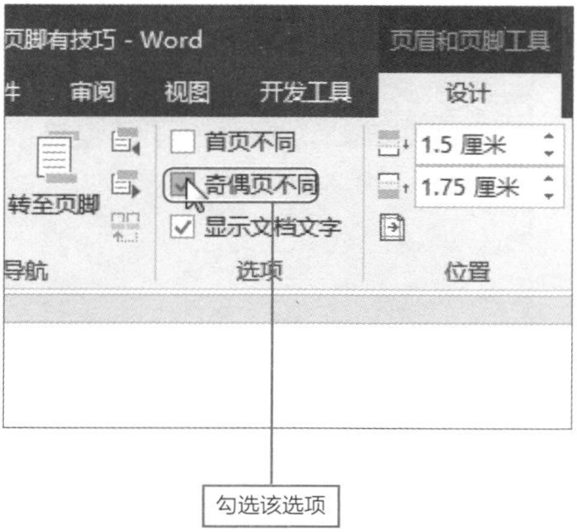

❸ 然后在偶数页输入偶数页页眉，最后单击“关闭页眉和页脚”按钮即可。

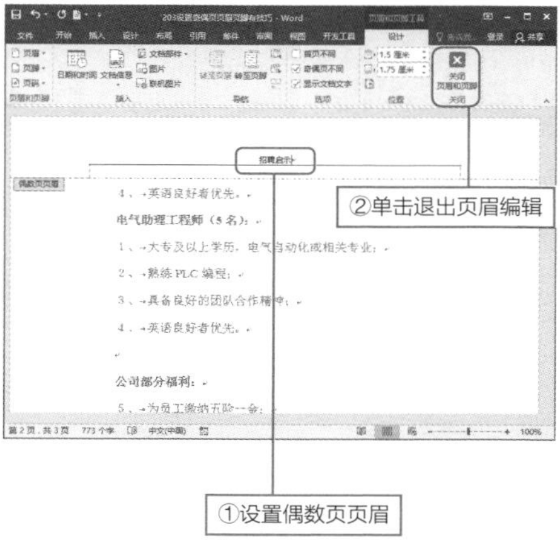

Question

028 页眉分隔线巧去除

语音视频教学028

• Level ◆◆◆

2016 2013 2010

实例 删除页眉分隔线

在添加页眉后，系统会自动在页眉下方添加分隔线，如何去除该分隔线呢？下面将介绍其操作方法。

最初效果

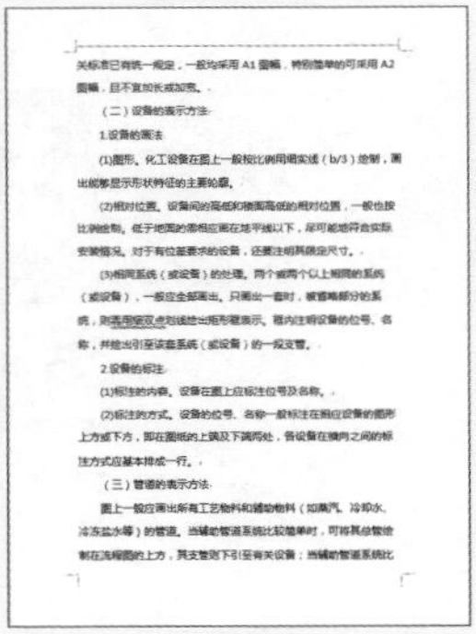

未去除页眉分隔线的效果

最终效果

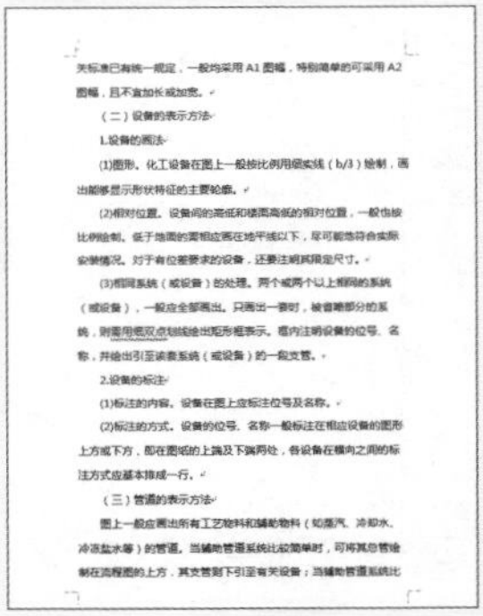

去除页眉分隔线的效果

1. 双击页面中的页眉分隔线，自动进入“页眉和页脚工具－设计”选项卡，页眉处于可编辑状态，选中分隔符。

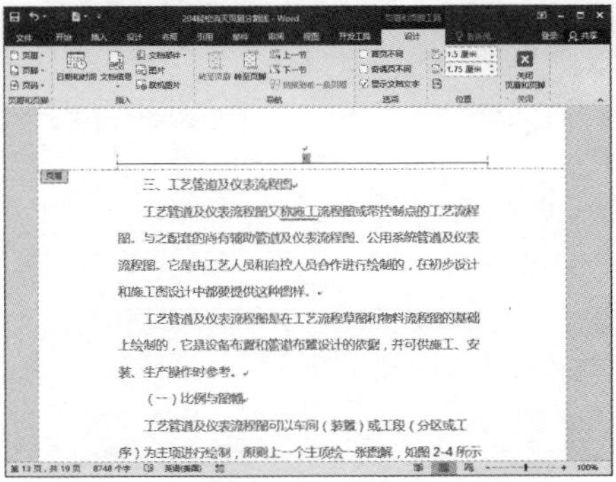

2. 切换至“开始”选项卡，单击“样式”组的“其他”按钮，从展开的列表中选择“正文”样式即可。

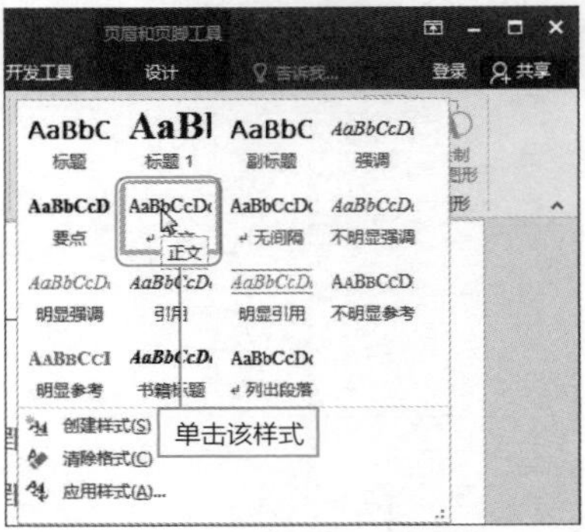

Question

029 打印背景色很简单

语音视频教学029

实例 解决文档背景色的打印问题

Level ◆◆◆

2016 2013 2010

为了文档的美观性，用户会在文档的背景上填充漂亮的颜色或图片，但是默认情况下，文档的背景是无法打印出来的。其实，用户只需简单的设置，即可将文档背景打印出来。

最初效果

设置前打印预览效果

最终效果

设置后打印预览效果

❶ 打开文档，执行“文件>选项”命令，打开“Word选项”对话框，选择“显示”选项。

❷ 勾选“打印选项”组下“打印背景色和图像”复选框，单击“确定”按钮，然后执行“文件>打印>打印”命令进行打印即可。

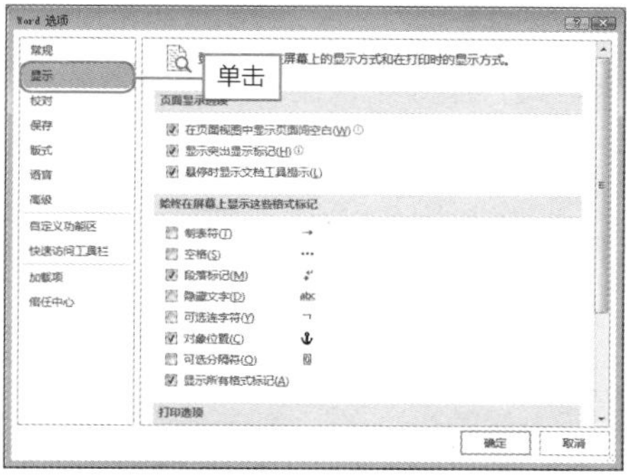

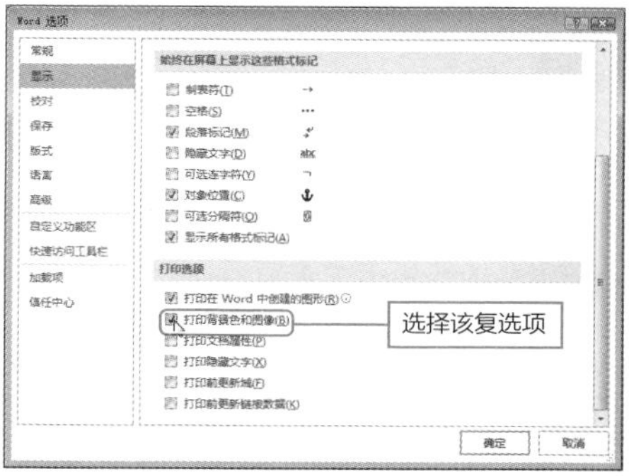

Question

030 打印文档的部分内容

语音视频教学030

● Level ◆◆◆

2016 2013 2010

实例	打印文档中指定的内容

在Word 2016中，默认的打印范围为全部打印，如果打印时只需打印指定的文本段落或页面，可通过下面介绍的方法来实现。

1 打印所选内容。打开文档，选择需要打印的文本内容。

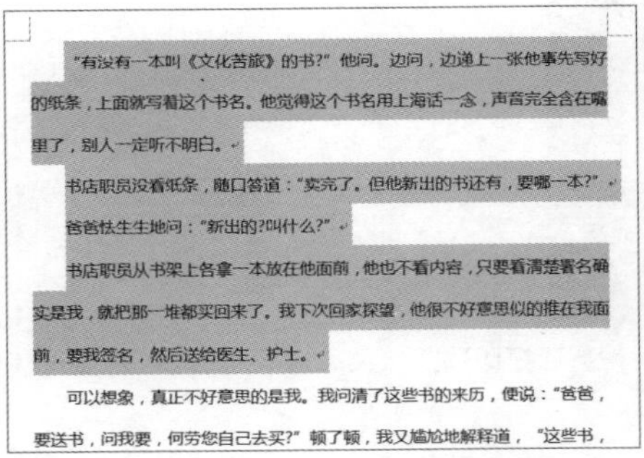

"有没有一本叫《文化苦旅》的书?"他问。边问，边递上一张他事先写好的纸条，上面就写着这个书名。他觉得这个书名用上海话一念，声音完全含在嘴里了，别人一定听不明白。

书店职员没看纸条，随口答道："卖完了。但他新出的书还有，要哪一本?"

爸爸怯生生地问："新出的?叫什么?"

书店职员从书架上各拿一本放在他面前，他也不看内容，只要看清楚署名确实是我，就把那一堆都买回来了。我下次回家探望，他很不好意思似的推在我面前，要我签名，然后送给医生、护士。

可以想象，真正不好意思的是我。我问清了这些书的来历，便说："爸爸，要送书，问我要，何劳您自己去买?"顿了顿，我又尴尬地解释道，"这些书，

2 执行"文件>打印"命令，单击"设置"选项下的"打印所有页"下拉按钮，从列表中选择"打印所选内容"选项即可。

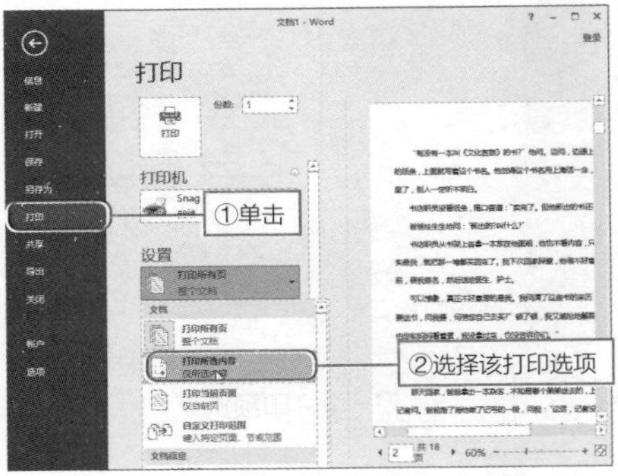

3 若想自定义打印页码，则可以选择"自定义打印范围"选项后，再设置"页数"选项，随后单击"打印"按钮即可。

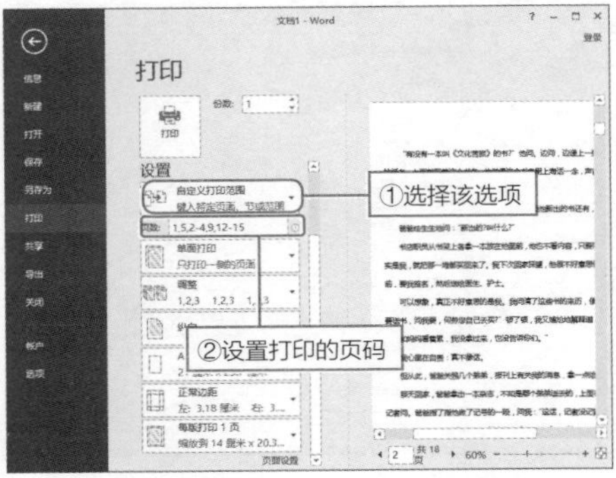

Hint 输入打印页码注意事项

在输入打印页码时，如果不是连续打印某几页，需要在输入页码数时，用逗号隔开。例如打印第1页、第5页、第9页，可以输入"1，5，9"。

如果需要打印连续页，无需使用逗号，可直接输入"2-4或12-15"。

如果连续页中间有间断，可在连续页码后用逗号隔开，例如输入"1，5，2-4，12-15"。

Question

031

打印时让文档自动缩页

语音视频教学031

实例 自动缩页后打印文档

• Level ◆◆◆

2016 2013 2010

在实际工作中，打印文档时，如果最后一页只有简单的几行，那么最后的几行占用了一页会浪费纸张，可以将文档自动缩页后再进行打印。

最初效果

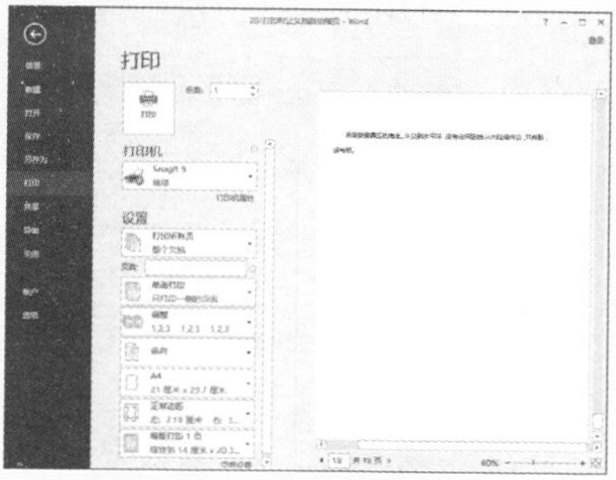

自动缩页前最后一页打印预览效果

最终效果

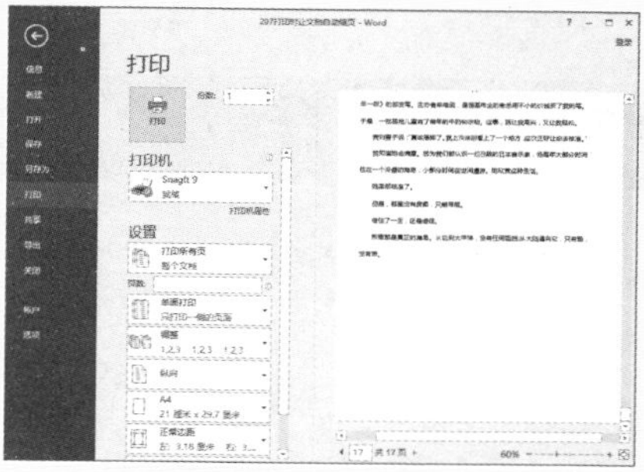

自动缩页后最后一页打印预览效果

1 打开文档，切换至“视图”选项卡，单击“打印预览编辑模式”按钮。

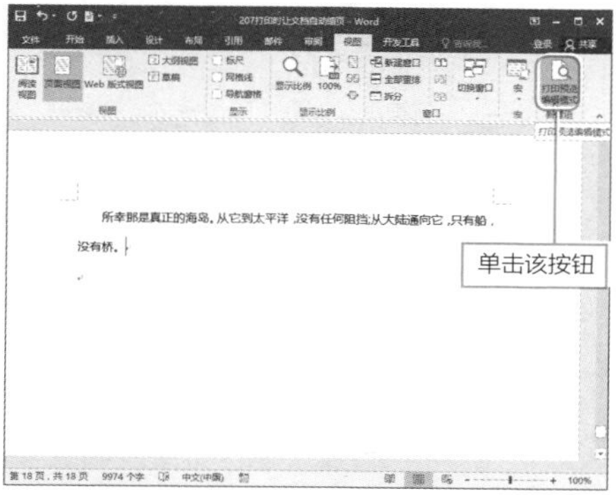

2 单击“打印预览”选项卡上的“减少一页”按钮，然后执行“文件>打印>打印”命令，打印文件即可。

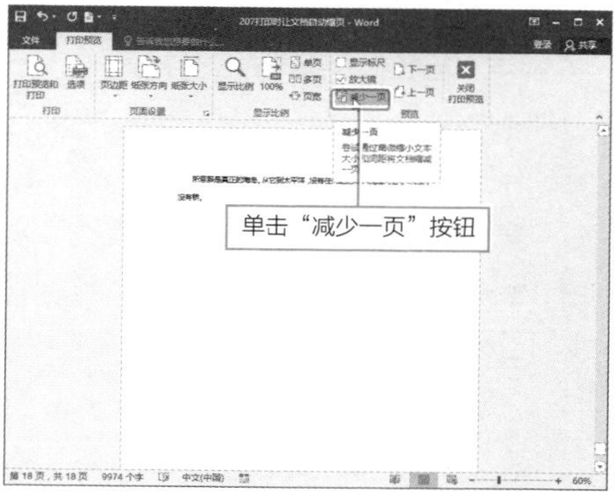

Question

032 如何正确打印日期和时间

语音视频教学032

Level ◆◆◆

2016 2013 2010

实例 日期和时间的更新与打印

如果想自动更新文档中的日期和时间，那么应在文档中插入相应的日期和时间后，将其设置为自动更新即可，下面对其具体操作进行介绍。

❶ 打开文档，切换至“插入”选项卡，单击“日期和时间”按钮。

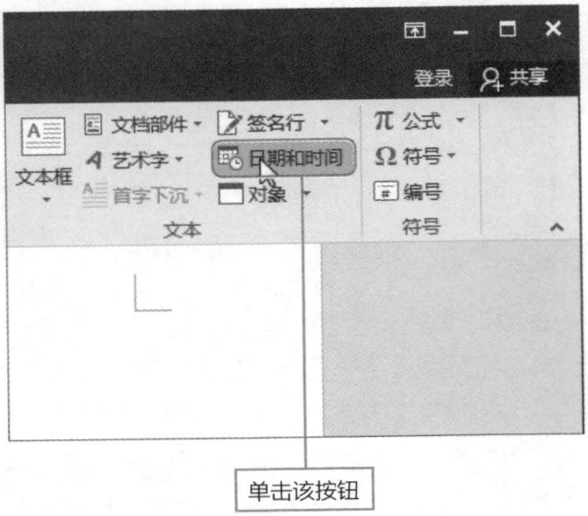

❷ 打开“日期和时间”对话框，在“可用格式”列表框中选择合适的日期格式，勾选“自动更新”选项，单击“确定”按钮。

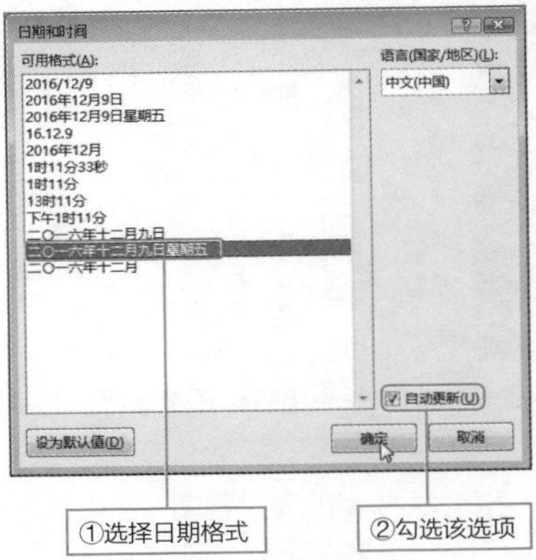

❸ 按照同样的方法插入时间，插入的日期和时间是一个域，按F9快捷键可更新域，执行“文件>打印>打印”命令打印文档。

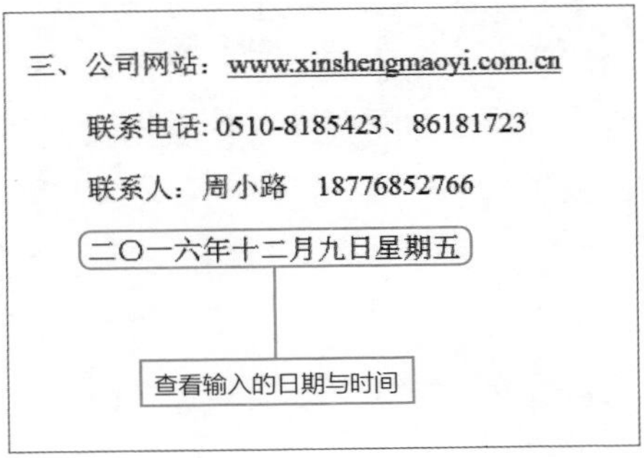

Hint

设置打印前自动更新域

打开“Word选项”对话框，选择“显示”选项，勾选“打印前更新域”选项并确定即可。

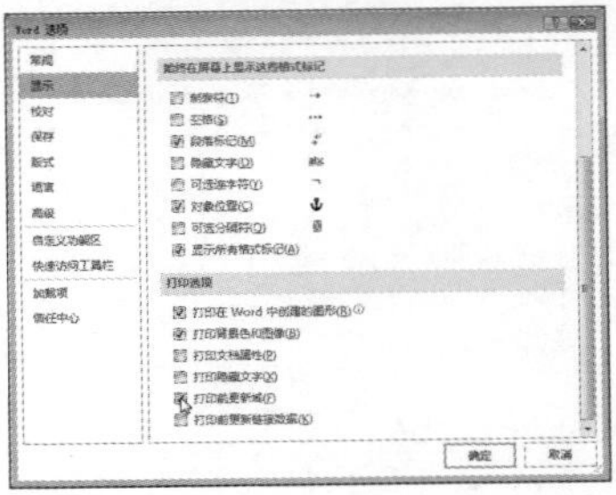

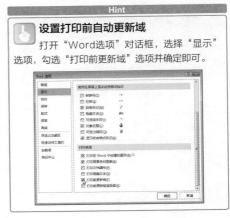

1 2 3 4 5 6 7 8 9 10 11 12 13 14 15 16 17 18 Word文档上手必备技能

Question

033

● Level ◆◆◆

2016 2013 2010

巧为Word文档设置密码保护

语音视频教学033

实例　文档的加密操作

制作文档完成后，为了防止其他用户阅读或修改文档，泄露了机密信息，可以对文档进行加密，下面介绍如何为文档设置密码保护的操作。

1. 打开文档，执行“文件>信息”命令，单击“保护文档”按钮，从列表中选择“用密码进行加密”选项。

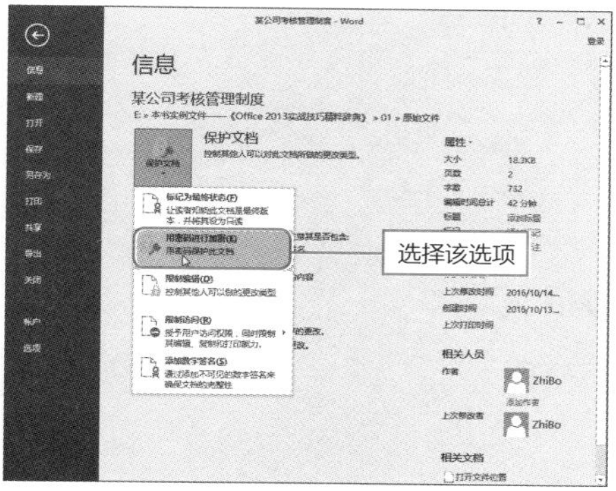

2. 打开“加密文档”对话框，在“密码”文本框中输入密码“123”，单击“确定”按钮，打开“确认密码”对话框，输入密码并确定即可。

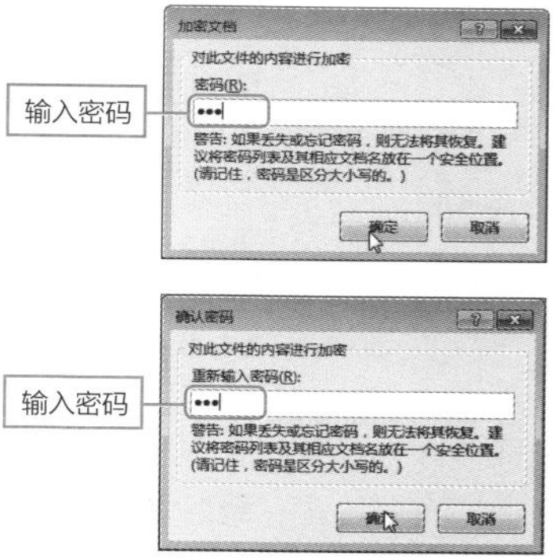

3. 设置完成后，返回文档信息界面，此时系统会显示“必须提供密码才能打开此文档”信息。

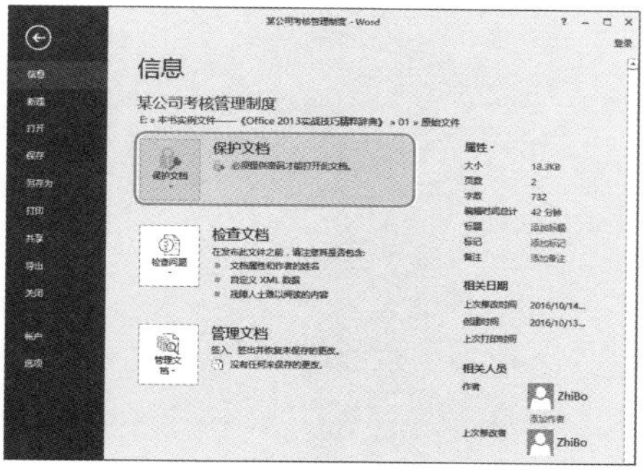

4. 再次打开文档时，会弹出“密码”对话框，输入正确的密码，单击“确定”按钮，方可打开文档。

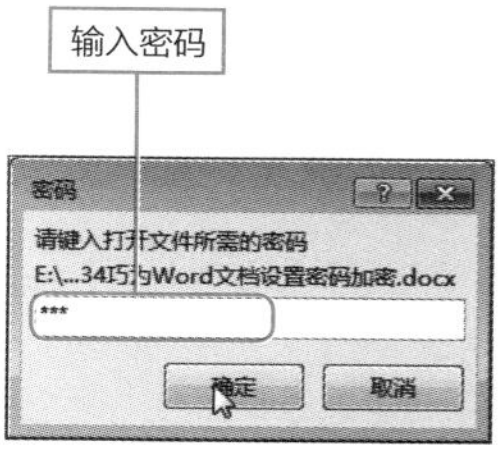

1 2 3 4 5 6 7 8 9 10 11 12 13 14 15 16 17 18 Word文档上手必备技能

第2章 034~070

Word文档编辑技巧

- 消除文本总是被改写的困惑
- 插入点快速定位法
- 选择性粘贴帮大忙
- 剪贴板大显身手
- 快速复制文本有妙招
- 移动文本和段落有技巧
- 奇妙的格式刷

Question
034 消除文本总是被改写的困惑

语音视频教学034

实例　插入/改写模式的切换

Level ◆◆◆

2016 2013 2010

在Word 文档中输入文本时，其输入模式有两种，即插入和改写。在编辑文档时，若要在文本的任意处插入文字，只需将输入状态转换成插入状态；若要改写文字，则需要将其转换为插入状态即可。

最终效果

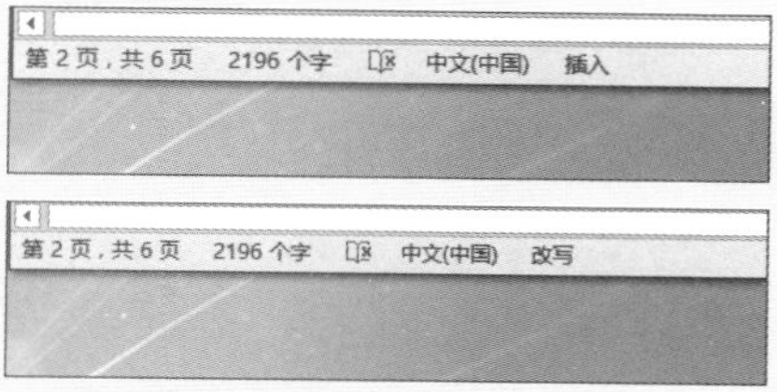

插入与改写状态预览

❶ 插入文字操作。将光标定位到需要插入文档的位置，之后输入文字即可，插入点之后的文字会跟随插入的内容向后移动。

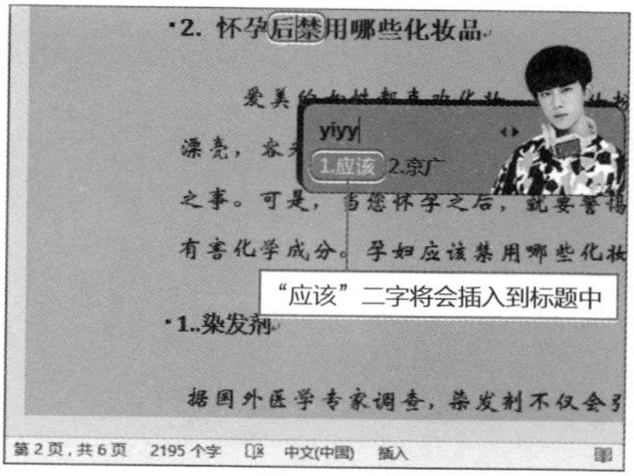

❷ 改写文字操作。单击状态栏中的“插入”按钮，即可转换成“改写”状态。随后当输入文字时，插入点之后的内容会被逐一替换，从而实现改写。

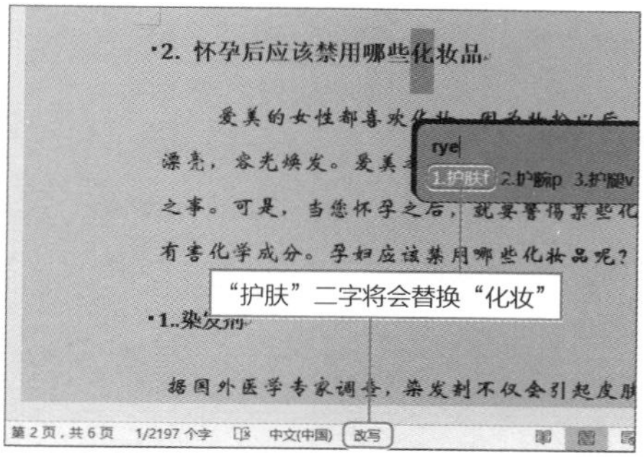

Hint

快捷键切换输入状态

除了使用鼠标单击状态栏中的“插入”、“改写”按钮外，用户还可以采用快捷键的方法进行切换，即按键盘中的insert键即可。

Question

035 插入点快速定位法

语音视频教学035

● Level ◆◆◆

2016 2013 2010

实例	将插入点定位至上次编辑位置

对文档进行编辑时，若需要将插入点定位至上一次编辑的位置进行编辑，通过拖动滚动条定位非常麻烦，下面介绍一种比较便捷的定位方法。

1. 打开需要编辑的文档，将插入点定位至需要编辑的位置，即第3段的开头。随后，又将插入点放置在第8段的末尾。

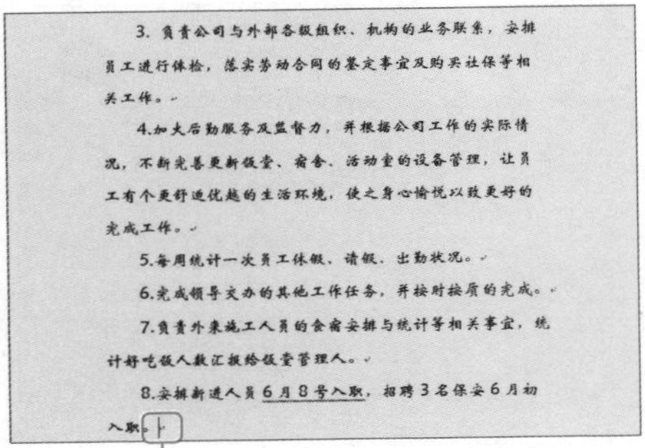
3. 负责公司与外部各级组织、机构的业务联系，安排员工进行体检，落实劳动合同的鉴定事宜及购买社保等相关工作。
4.加大后勤服务及监督力，并根据公司工作的实际情况，不断完善更新饭堂、宿舍、活动室的设备管理，让员工有个更舒适优越的生活环境，使之身心愉悦以致更好的完成工作。
5.每周统计一次员工休假、请假、出勤状况。
6.完成领导交办的其他工作任务，并按时按质的完成。
7.负责外来施工人员的食宿安排与统计等相关事宜，统计好吃饭人数汇报给饭堂管理人。
8.安排新进人员6月8号入职，招聘3名保安6月初入职。

2. 此时，若想将插入点迅速移至文章第3段开头位置，只需在键盘上按下Shift +F5组合键，即可完成快速定位操作。

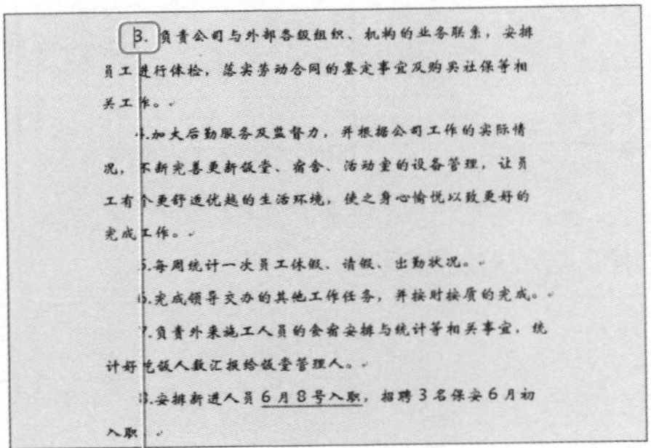
3. 负责公司与外部各级组织、机构的业务联系，安排员工进行体检，落实劳动合同的鉴定事宜及购买社保等相关工作。
4.加大后勤服务及监督力，并根据公司工作的实际情况，不断完善更新饭堂、宿舍、活动室的设备管理，让员工有个更舒适优越的生活环境，使之身心愉悦以致更好的完成工作。
5.每周统计一次员工休假、请假、出勤状况。
6.完成领导交办的其他工作任务，并按时按质的完成。
7.负责外来施工人员的食宿安排与统计等相关事宜，统计好吃饭人数汇报给饭堂管理人。
8.安排新进人员6月8号入职，招聘3名保安6月初入职。

按Shift +F5，可将光标定位至上一编辑处

Hint

常见定位功能键的使用

常见的定位功能键包括PageDown、PageUp、Home、End，其具体使用方法介绍如下：

按键	功能描述
PageDown	将光标向后移动一页
PageUp	将光标向前移动一页
Home	将光标定位至行首
End	将光标定位至行尾
Ctrl+PageDown	将光标移至上一页页首
Ctrl+PageUp	将光标移至下一页页首
Ctrl+Home	将光标移至文档头部
Ctrl+ End	将光标移至文档尾部

Question

036

● Level ◆◆◆

2016 2013 2010

选择性粘贴帮大忙

语音视频教学036

实例 选择性粘贴的设置

默认情况下，在执行粘贴操作后，系统会自动显示“粘贴标记”，单击该标记将打开粘贴选项列表，从中可根据实际需要对粘贴的对象进行相关操作。

❶ 右键快捷菜单法粘贴文本。选中需要复制的文本，按Ctrl + C组合键进行复制。

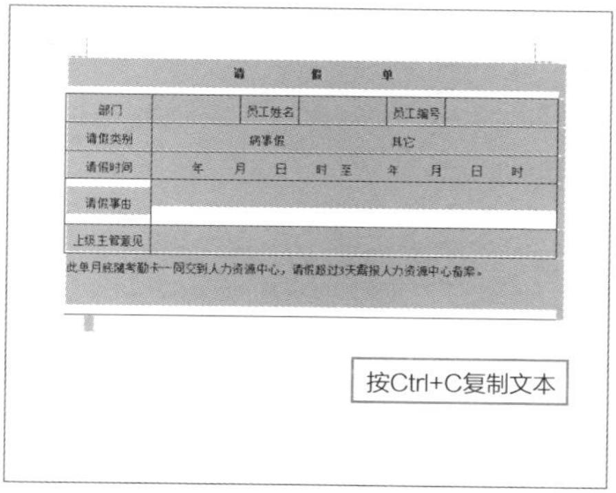

❷ 在文档合适位置，单击鼠标右键，选择“粘贴>保留源格式”命令，可以保证选中的文本按照源格式不变进行粘贴。

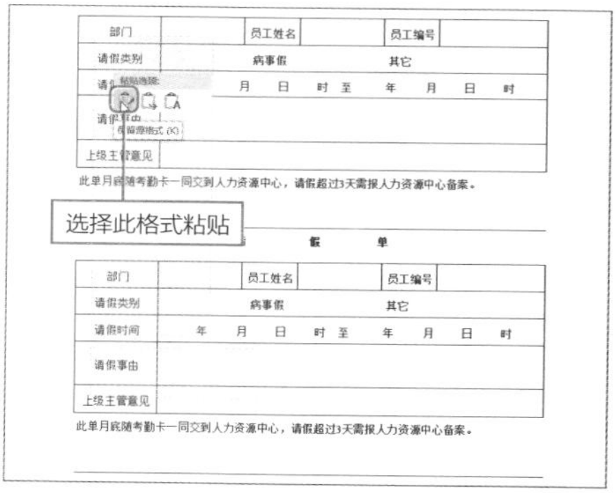

❸ 对话框法粘贴文本。选中文本并进行复制，确定插入点，然后单击“开始”选项卡上的“粘贴”下拉按钮，从列表中选择“选择性粘贴”选项。

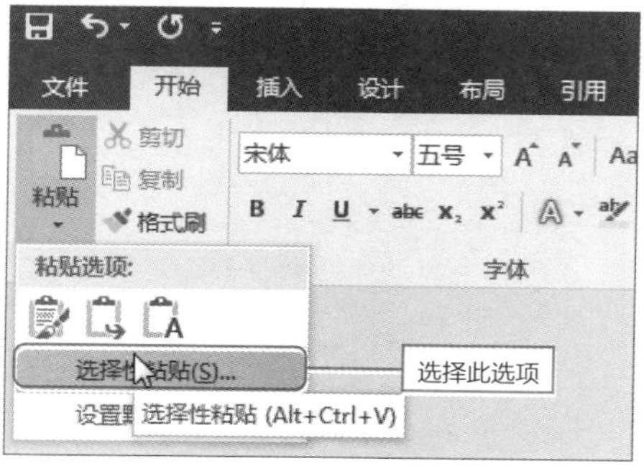

❹ 打开“选择性粘贴”对话框，选中“粘贴”单选按钮，在其右侧的列表框中选择“带格式文本（RTF）”选项，单击“确定”按钮，即可保留源格式进行粘贴。

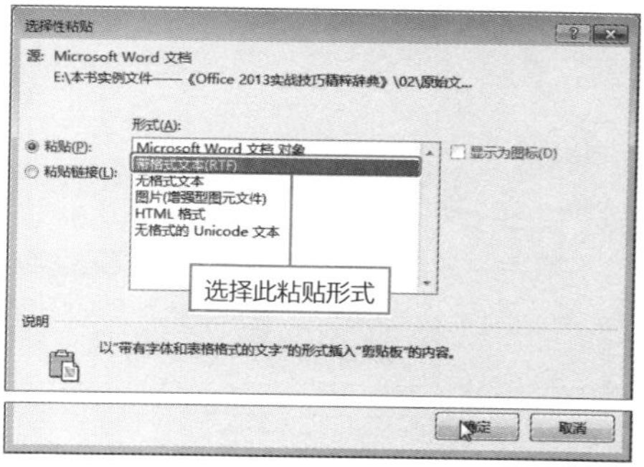

Question

037 剪贴板大显身手

语音视频
教学037

• Level ◆◆◆

2016 2013 2010

实例 使用剪贴板功能

若对多个对象实行复制和剪贴操作，则可以使用剪贴板功能。通过剪贴板可以直观地显示出程序中复制和剪切的内容。

❶ 打开文档，单击“开始”选项卡上“剪贴板”组中的对话框启动器按钮，打开“剪贴板”窗格。

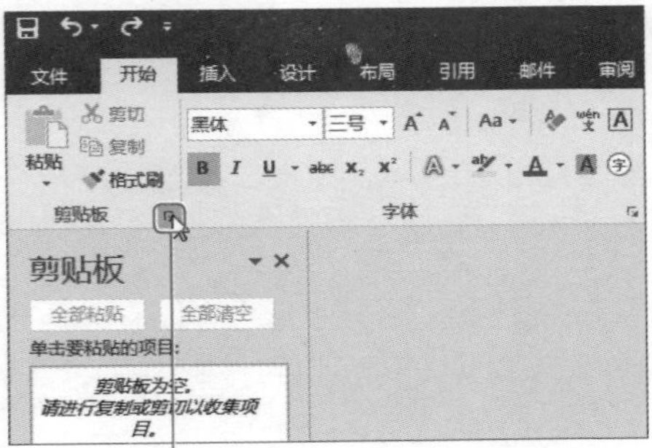

单击该按钮

❷ 选择需要复制/剪切的文本，进行复制/剪切操作，此时，被复制/剪切的文本对象将显示在窗格列表中。

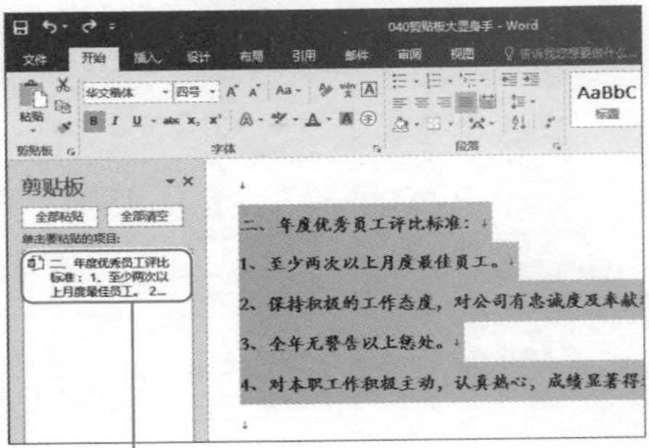

剪贴板中的内容显示

❸ 将插入点放置在需粘贴位置，然后在“剪贴板”窗格中，单击所需粘贴的内容，即可将其粘贴至插入点所在位置。

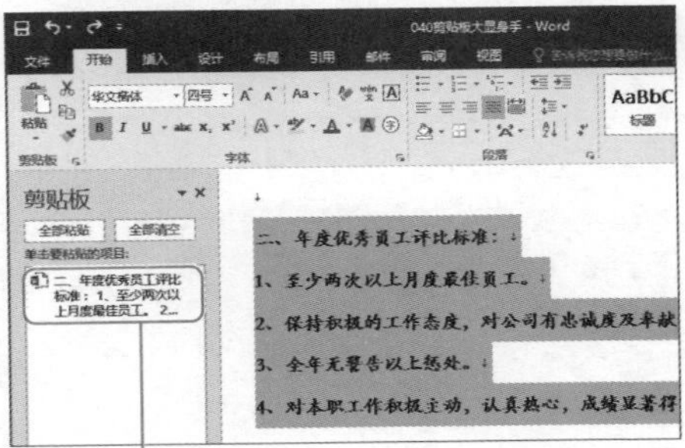

单击该内容即可将其插入到指定位置

❹ 粘贴完成后，若不再使用剪贴板中的内容，则可单击相应内容右侧下拉按钮，选择“删除”选项即可。

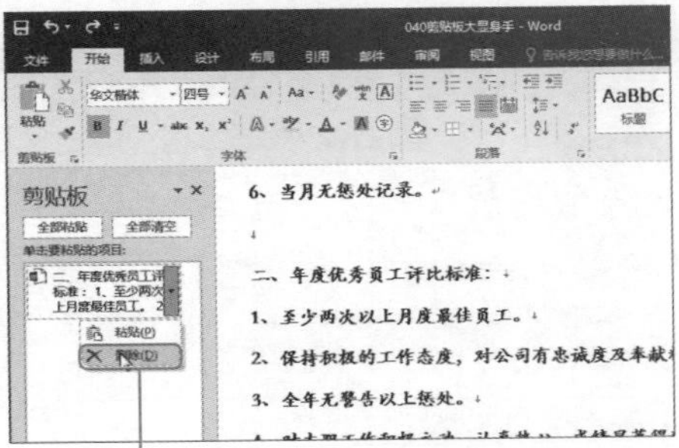

选择该选项，删除剪贴板中的内容

Question

038 快速复制文本有妙招

语音视频教学038

● Level ◆◆◆

2016 2013

实例 复制文本的多种方法

在输入文本内容时，用户可以使用复制粘贴的方法快速录入文本中已有的内容。从而提高文字录入速度，节约编辑文档时间。下面将对几种常见的便捷的复制粘贴方法进行介绍。

1. 使用功能区命令。选择复制的文本，单击“开始”选项卡上的“复制”按钮，然后选择插入位置，单击“粘贴”按钮。

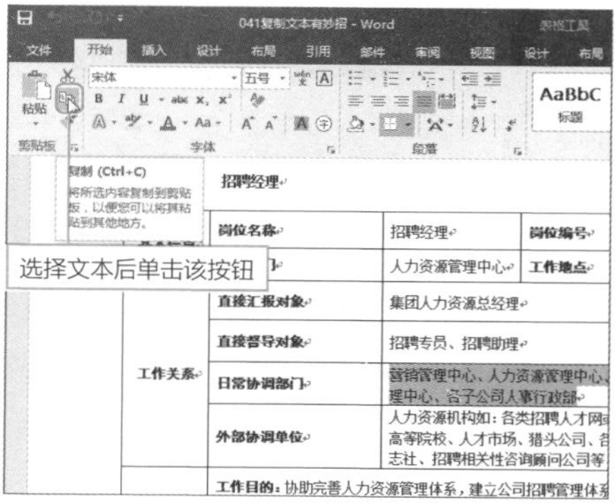

2. 使用右键命令。选中复制的文本并右击，选择“复制”命令，然后在合适位置右击，选择“粘贴”命令。

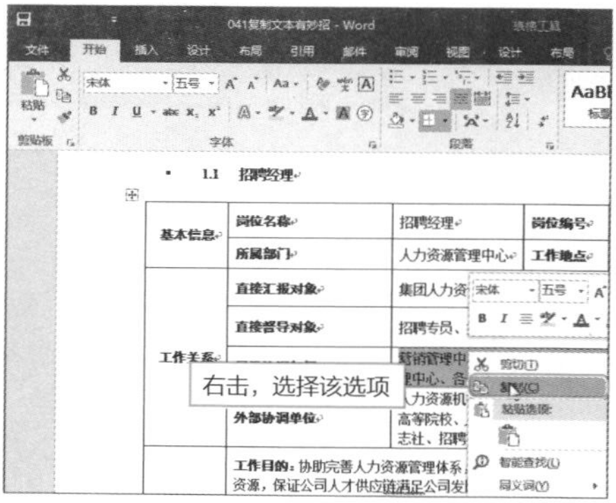

3. 使用鼠标左键操作。选中所需复制的文本，按住鼠标左键，并按住Ctrl键，拖动鼠标将插入点置于粘贴位置，然后释放鼠标即可。

4. 组合键操作。选中文本，按Ctrl+C组合键复制文本，然后按Ctrl+V组合键粘贴。使用Shift+F2组合键配合Enter键同样可以完成复制和粘贴操作。

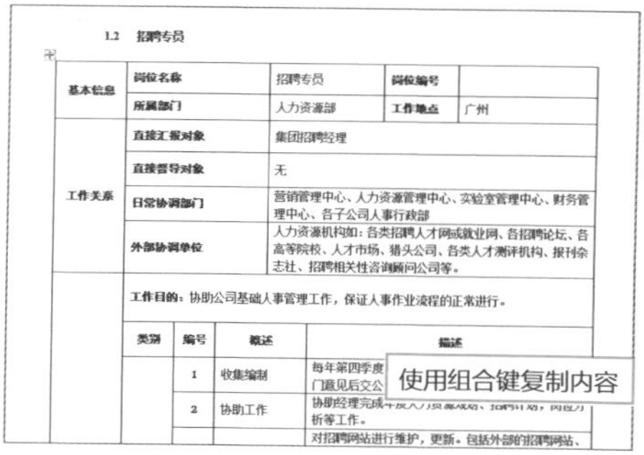

Question

039 移动文本和段落有技巧

语音视频教学039

Level ◆◆◆

2016 2013

实例 移动文本和段落

编辑文档时，若需将文本或段落从一个位置移动到另一个位置，则可以采用移动的方法。下面将对常见的几种移动操作进行介绍。

❶ 功能区命令移动法。选择文本，单击“开始”选项卡上的“剪切”按钮，然后选择插入位置，单击“粘贴”按钮。

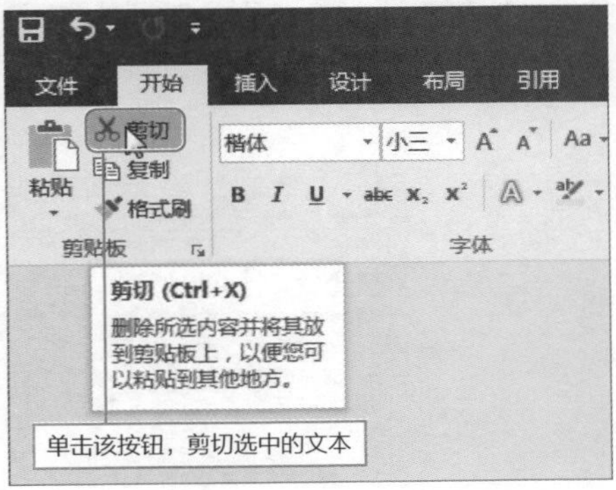

❷ 右键命令移动法。选择文本并右击，选择“剪切”命令，然后在合适位置右击，选择“粘贴”命令。

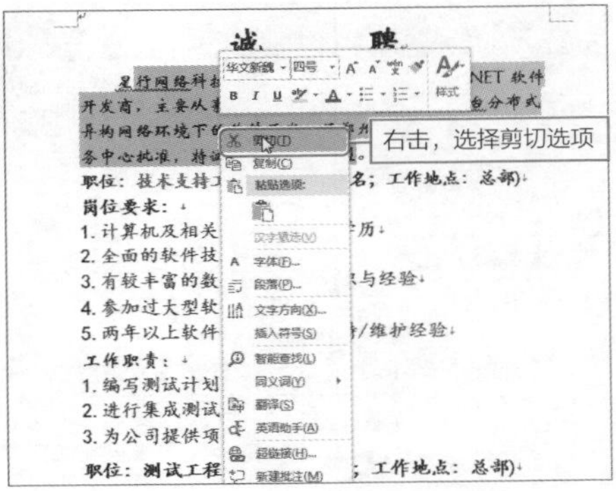

❸ 鼠标左键移动法。选择文本，按住鼠标左键，拖动鼠标将插入点置于粘贴位置，然后释放鼠标即可。

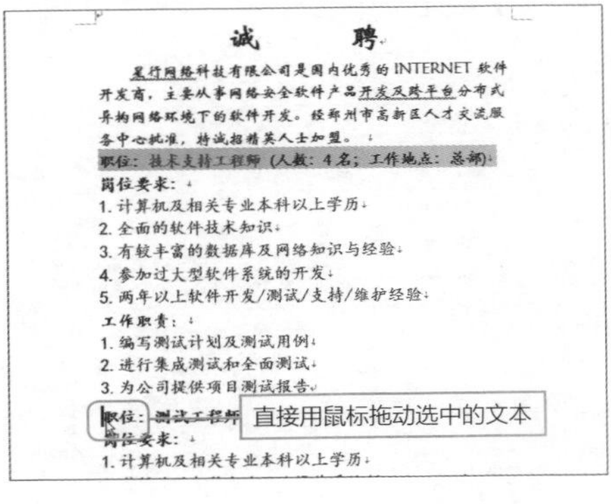

Hint

使用F2功能键配合Enter键移动文本

选择需要移动的文本并按F2键，状态栏左下角会显示“移至何处？”，接着将光标置于新的位置点，最后按Enter键即可。

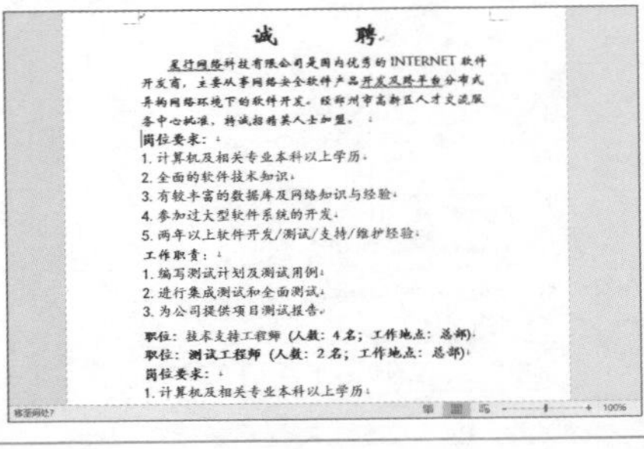

Question

040

● Level ◆◆◆

2016 2013 2010

奇妙的格式刷

语音视频教学040

实例 格式刷的应用

若用户想要快速复制文本/段落的格式，可以通过格式刷功能快速实现，下面对其进行介绍。

❶ 选择包含所需格式的文本，单击“开始”选项卡上“剪贴板”组中的“格式刷”按钮。

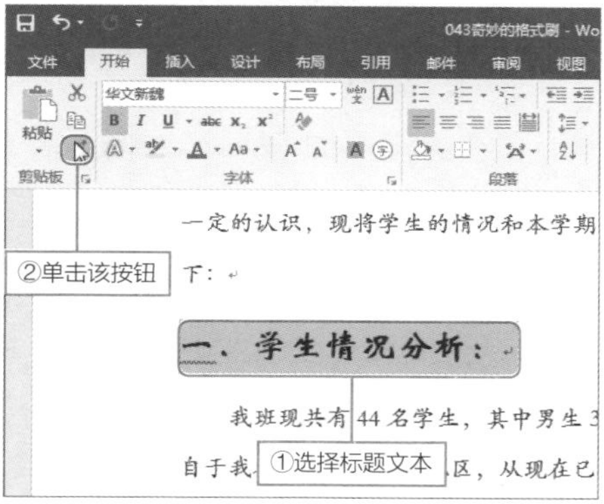

❷ 将插入点移至需要应用格式的文本起始位置，此时，鼠标光标会变为小刷子形状。

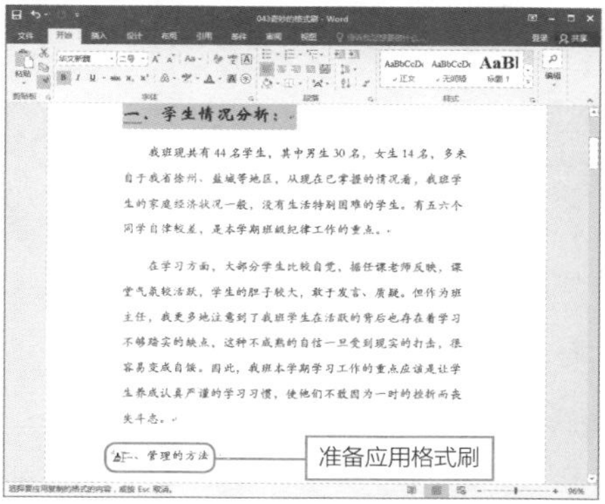

❸ 按住鼠标左键，拖动光标至文本结尾处，释放鼠标左键完成格式的复制。

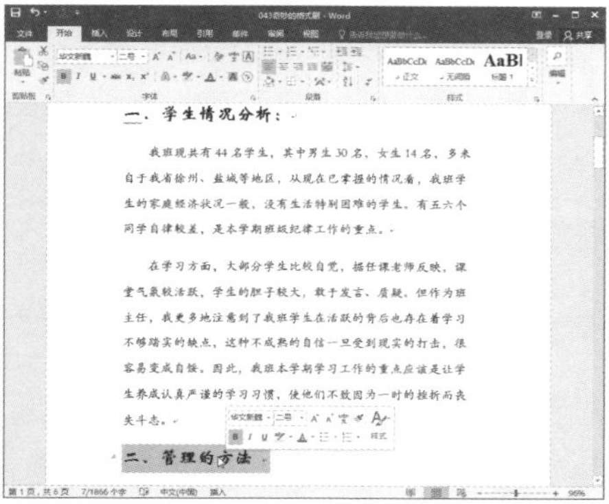

Hint

了解段落格式刷

段落格式只包含在段落格式符中，若是在单纯选中段落符时使用格式刷，则只把段落格式取到格式刷中。这时如果去刷其他文本，只会使刷过的内容段落格式与格式刷中的一致，而不会改变文字格式。

若选中内容同时包含文字和段落符，则会将文字格式和段落格式取到格式刷中，刷过内容文字和段落格式均发生改变。

若选中文本后双击“格式刷”按钮，则可多次使用，直到按Esc键取消为止。

Question

041 神奇的F4键

语音视频
教学041

● Level ◆◆◆

2016 2013 2010

实例 F4功能键的应用

编辑文档时，若需要重复上一次的操作，可通过F4功能键实现。换句话说，使用F4功能键，可以轻而易举的重复上一步的操作。

1 选择文本，执行“开始>剪切”命令。

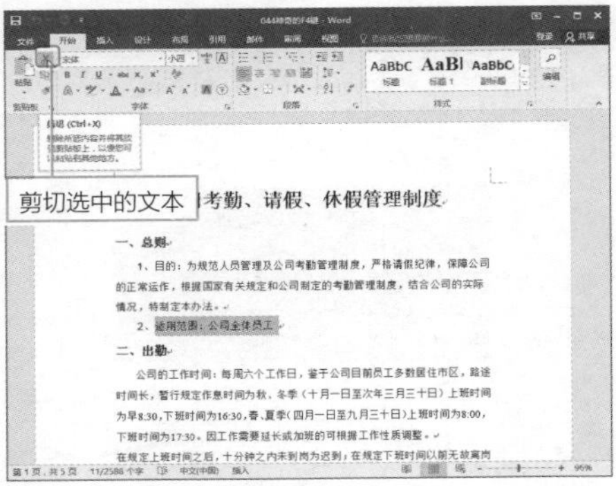

2 选择需要剪切的内容，在键盘上按F4功能键，可将选择的文本剪切。

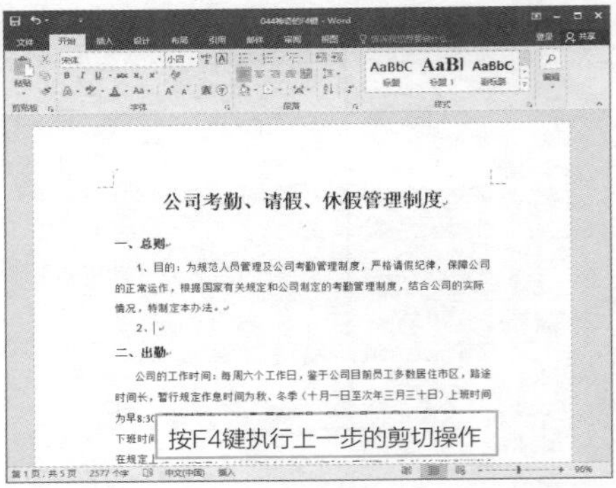

3 接下来再看一个示例。选择文本，更改文本颜色，将其变为红色。

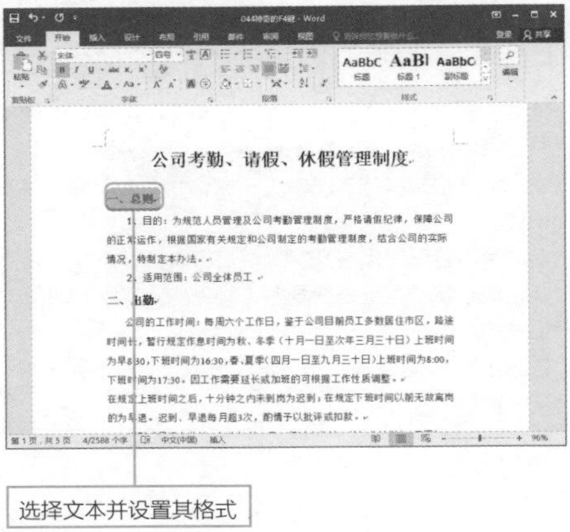

4 同样选中文本，在键盘上按F4功能键，可将选中的文本变为红色。

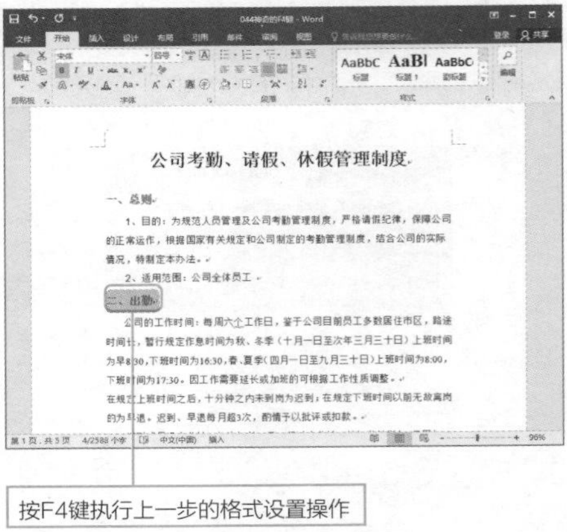

Question

042 巧用定位命令定位文档

语音视频教学042

● Level ◆◆◆

2016 2013 2010

实例 使用“定位”命令定位文档

在对文档进行编辑时，若需要快速定位到文档的某一处，可以使用文档的“定位”功能，下面对其进行介绍。

❶ 单击“开始”选项卡上“查找”右侧下拉按钮，从列表中选择“转到”选项。

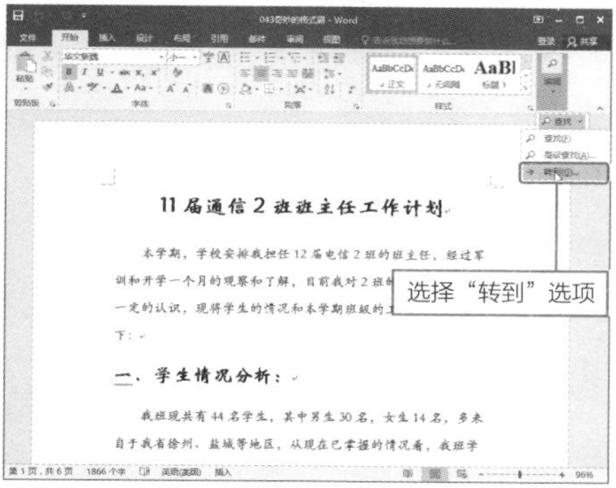

❷ 打开“查找和替换”对话框，在默认的“定位”选项卡，选择“定位目标”列表框中的“页”选项，然后在“输入页号”下方文本框中输入页数。

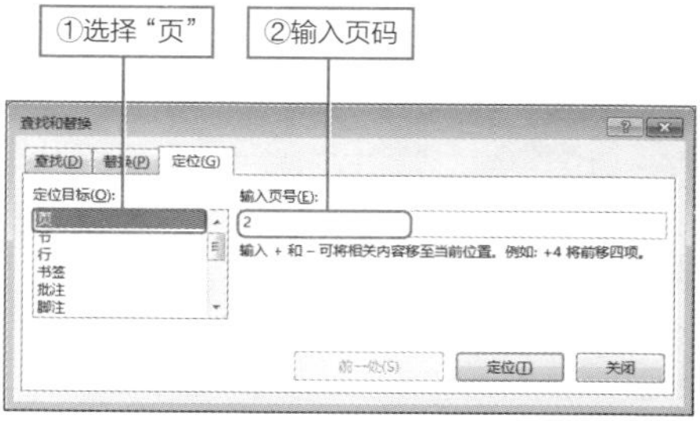

❸ 设置完成后，单击“定位”按钮，关闭对话框，可以快速定位至想要定位的页数。

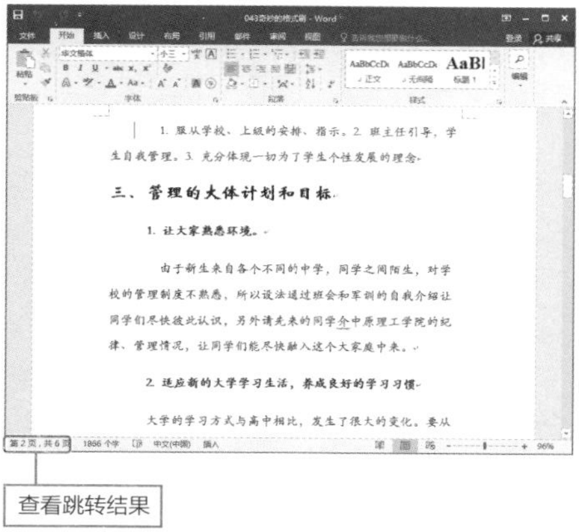

Hint

通过滚动条快速定位文档

在滚动条的合适位置右击，弹出其快捷菜单，从菜单中选择合适的命令进行定位即可。

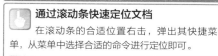

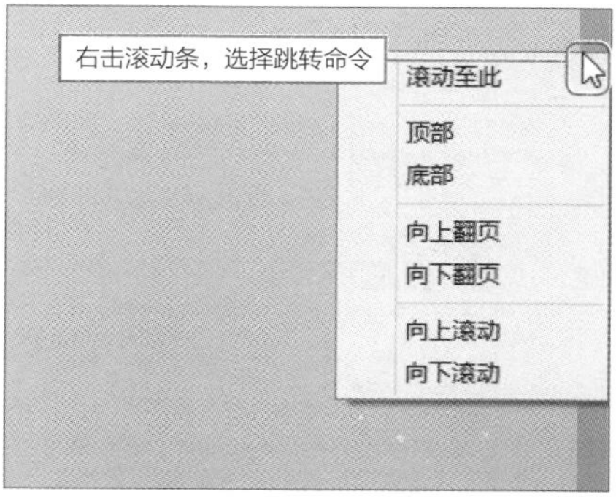

Question
043 设置文本特殊效果很简单

语音视频
教学043

实例 为字符添加底纹和带圈效果

● Level ◆◆◆

2016 2013 2010

在编辑文本内容时，为了突出显示某些内容，用户可以为其设置一些特殊效果。例如，为字符添加底纹，或者添加带圈效果，下面对其具体操作方法进行介绍。

1 添加底纹。选择文本，单击“开始”选项卡上的“字符底纹”按钮。

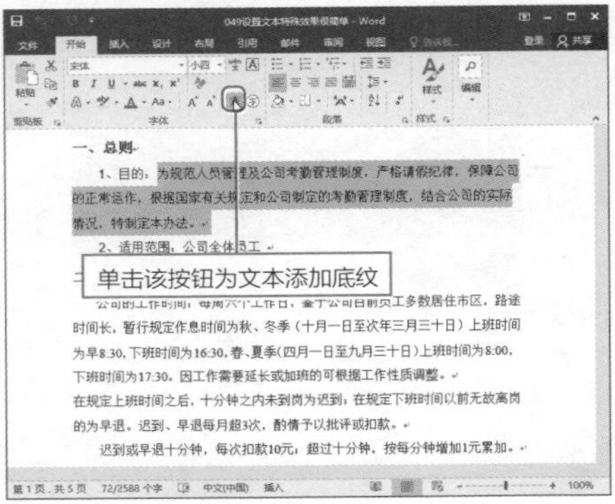

2 可以看到，所选文本已经添加了灰色底纹。

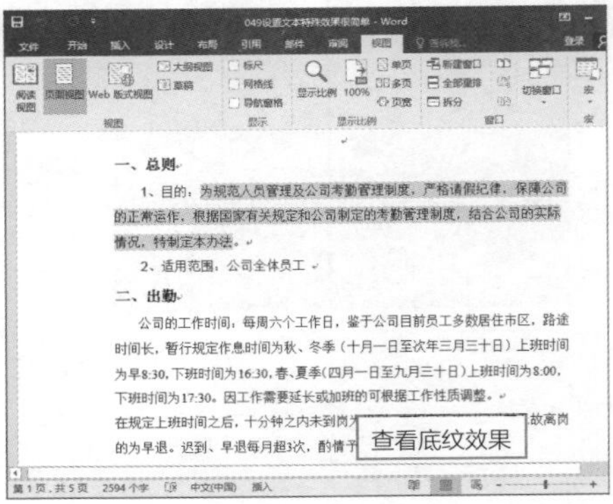

3 设置带圈效果。选择需要添加带圈效果的文本，单击“带圈字符”按钮。

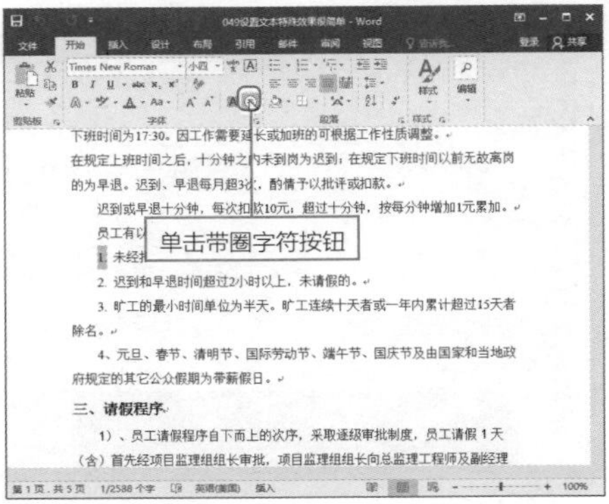

4 打开“带圈字符”对话框，选择“增大圈号”样式，设置合适的文字和圈号，单击“确定”按钮。

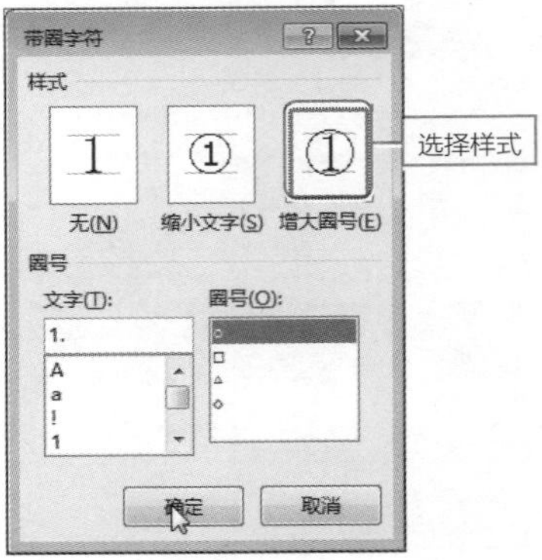

Question 044

● Level ◆◆◆

2016 2013 2010

巧设置字符间距

语音视频教学044

实例 字符间距的更改

字符间距是指文档中两个字符之间的距离，合适的字符间距是文档排版中至关重要的一环，下面将介绍这一效果的实现方法。

❶ 选择需要改变字符间距的文本，单击“开始”选项卡上“字体”组的对话框启动器按钮。

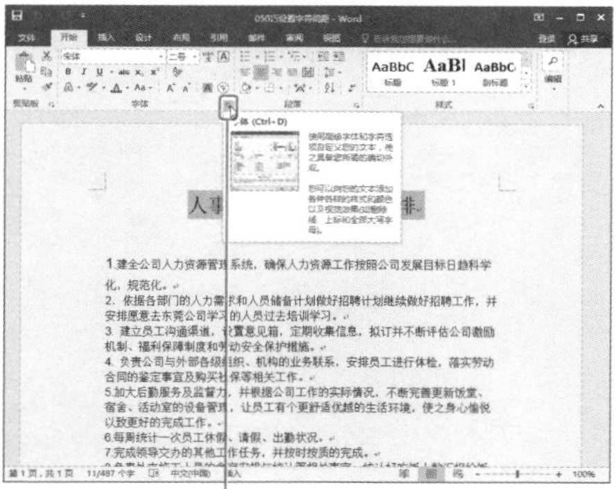

单击该按钮

❷ 打开“字体”对话框，切换至“高级”选项卡，在“字符间距”选项下，设置合适的字符间距。

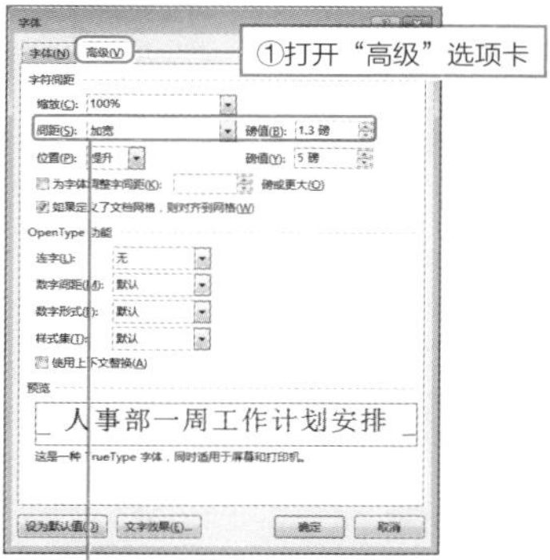

②设置间距参数

❸ 设置完成后，单击“确定”按钮，返回文档，选中文本字符间距发生了改变。

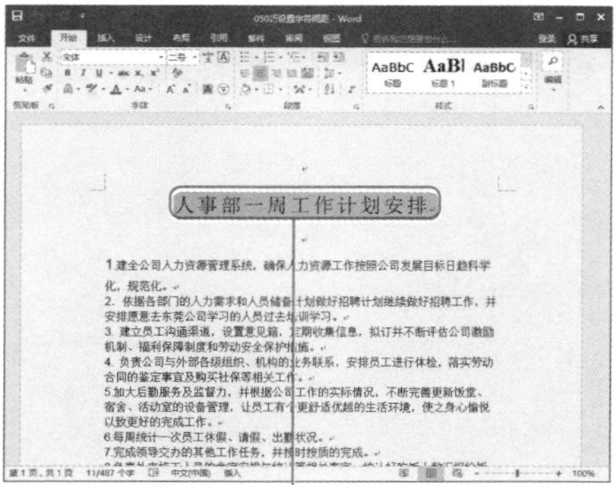

查看设置效果

Hint

对话框中“字符间距”下各选项介绍

①“缩放”选项：该选项用于调整文字横向缩放的大小。

②“间距”选项：该选项用于调整文字间的间距。

③“位置”选项：该选项用于调整字符在垂直方向上的位置。

Question 045

快速输入化学符号有技巧

语音视频教学045

实例 设置文字上、下标

● Level ◆◆◆

2016 2013 2010

在Word文档中经常会需要输入一些特殊文本，例如化学符号，这就需要通过设置文字上、下标来实现，下面对其进行介绍。

最终效果

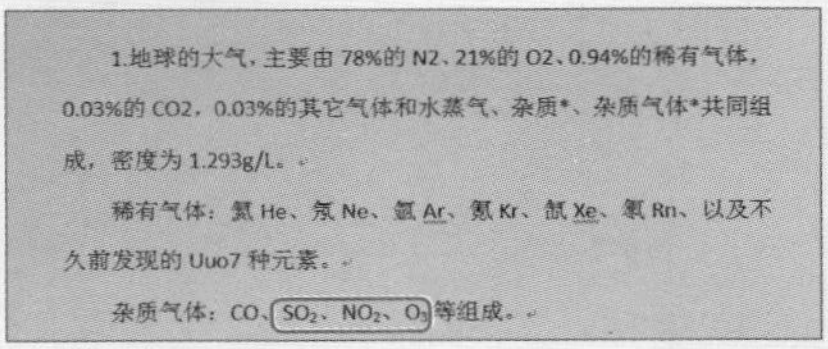
1.地球的大气，主要由 78%的 N2、21%的 O2、0.94%的稀有气体，0.03%的 CO2，0.03%的其它气体和水蒸气、杂质*、杂质气体*共同组成，密度为 1.293g/L。
稀有气体：氦 He、氖 Ne、氩 Ar、氪 Kr、氙 Xe、氡 Rn、以及不久前发现的 Uuo7 种元素。
杂质气体：CO、SO₂、NO₂、O₃等组成。

下标示例

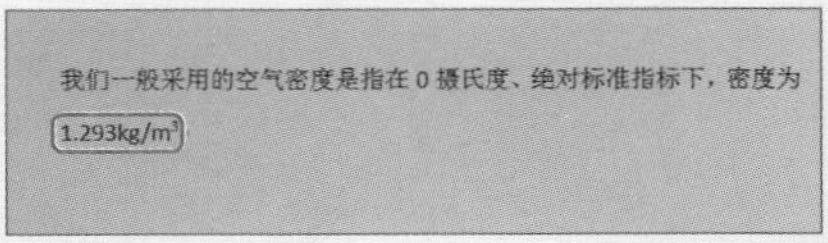
我们一般采用的空气密度是指在 0 摄氏度、绝对标准指标下，密度为 1.293kg/m³

上标示例

❶ 设置下标。选择需要设置为下标的文本，单击“开始”选项卡上“字体”组中的“下标”按钮即可。

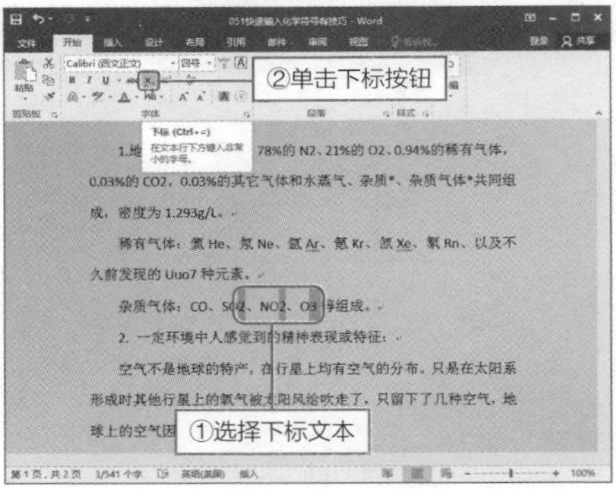
②单击下标按钮
下标 (Ctrl+=)
①选择下标文本

❷ 设置上标。若将所选文字设置为上标，则单击“上标”按钮即可。

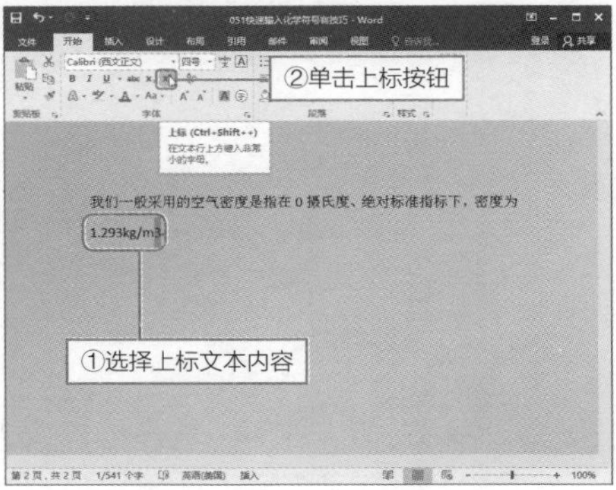

Hint

通过对话框设置上下标

打开“字体”对话框，从中勾选“上标”或“下标”复选框，即可为指定的文本内容设置上标或下标。

上标/下标复选项

Question 046

● Level ◆◆◆

2016 2013 2010

我来为文字注音

语音视频教学046

实例	使用拼音指南功能

为了其他读者方便阅读文档，在制作时，我们可以为相应的内容添加注音，其操作方法很简单，只需通过“拼音指南”功能可快速解决这个问题。

1 选择需添加拼音的文本，单击“开始”选项卡上的“拼音指南”按钮。

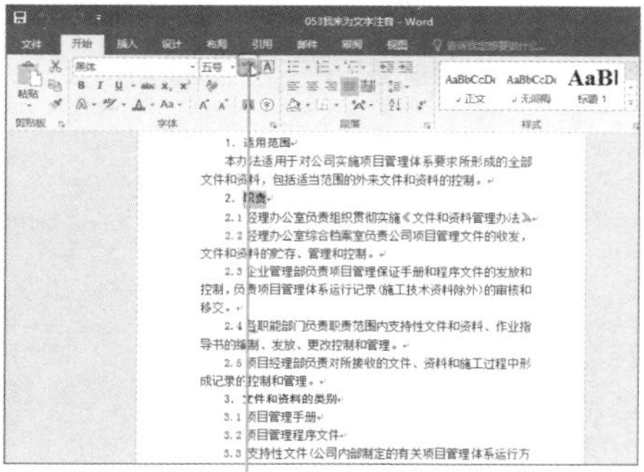

单击“拼音指南”按钮

2 打开“拼音指南”对话框，根据需要对当前选项进行设置，包括拼音的对齐方式、偏移量、字体、字号等。

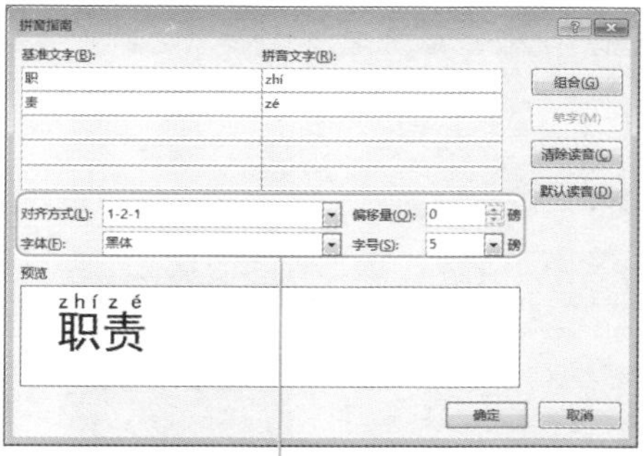

设置选项

3 设置完成后，单击“确定”按钮，查看添加拼音注释效果。

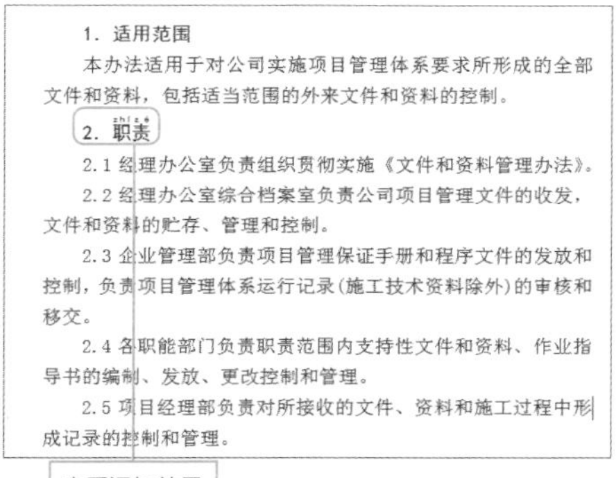

1．适用范围

本办法适用于对公司实施项目管理体系要求所形成的全部文件和资料，包括适当范围的外来文件和资料的控制。

2．职责

2.1 经理办公室负责组织贯彻实施《文件和资料管理办法》。

2.2 经理办公室综合档案室负责公司项目管理文件的收发，文件和资料的贮存、管理和控制。

2.3 企业管理部负责项目管理保证手册和程序文件的发放和控制，负责项目管理体系运行记录(施工技术资料除外)的审核和移交。

2.4 各职能部门负责职责范围内支持性文件和资料、作业指导书的编制、发放、更改控制和管理。

2.5 项目经理部负责对所接收的文件、资料和施工过程中形成记录的控制和管理。

查看添加效果

Hint

删除注音

在“拼音指南”对话框中单击“清除读音”按钮，然后单击“确定”按钮即可。

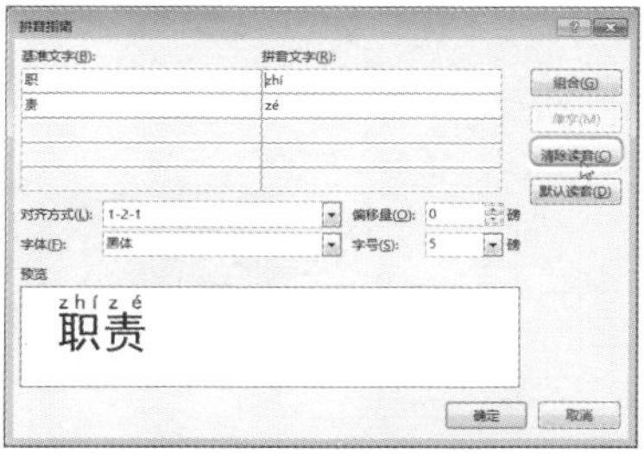

Question

047

轻松处理英文单词分行显示

语音视频教学047

● Level ◆◆◆

2016 2013 2010

实例	设置英文单词版式，使其分行显示

在编辑文档时，若遇到一个英文单词占据了大半行的情况，想要删除该英文单词后的空白区域时，又无法删除，可以通过对字体版式的设置来改变这一现状。

1 将鼠标定位至需要设置英文单词分行的段落，单击“开始”选项卡上“段落”组的对话框启动器按钮。

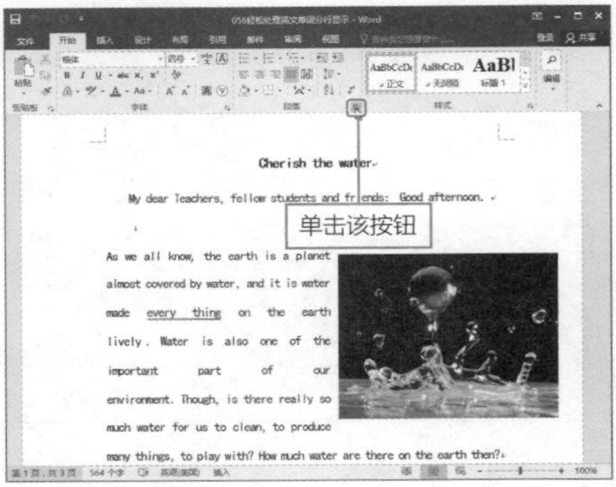

2 打开“段落”对话框，切换至“中文版式”选项卡。从中勾选“允许西文在单词中间换行”复选框。

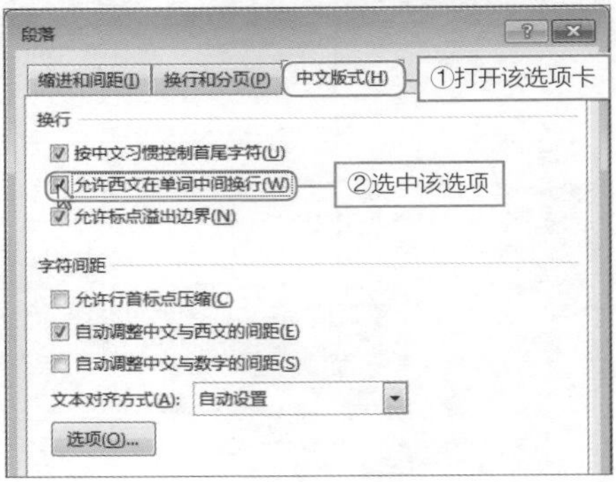

3 设置完成后，单击“确定”按钮，系统将自动换行，且在换行处打断英文单词。

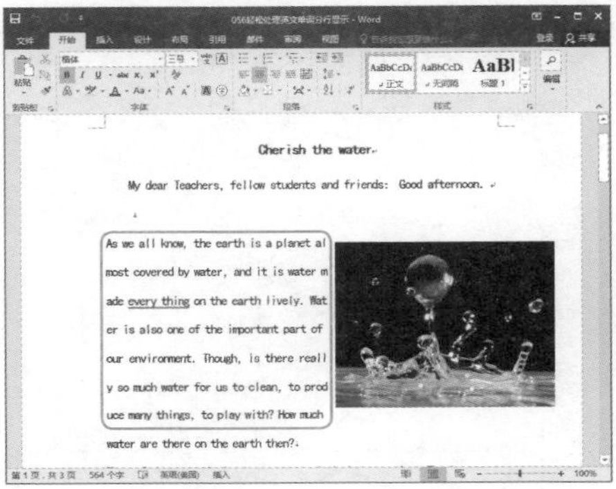

Hint

中英文输入模式的切换

若当前输入法模式处于中文状态，只需单击输入法状态栏中的中按钮，即可切换至英文状态，反之亦然。也可以直接按Shift键快速切换。

Question 048

清晰明了罗列文档条目很简单

语音视频教学048

Level ◆◆◆

2016 2013 2010

实例 项目符号/编号的添加

当文档中包含多条信息，为了让这些信息清晰明了的展现在读者面前，用户可以使用项目符号/编号进行规划整理，使其更加的条理化。

❶ 选择需添加项目符号的文本，单击“开始”选项卡上的“项目符号”按钮。

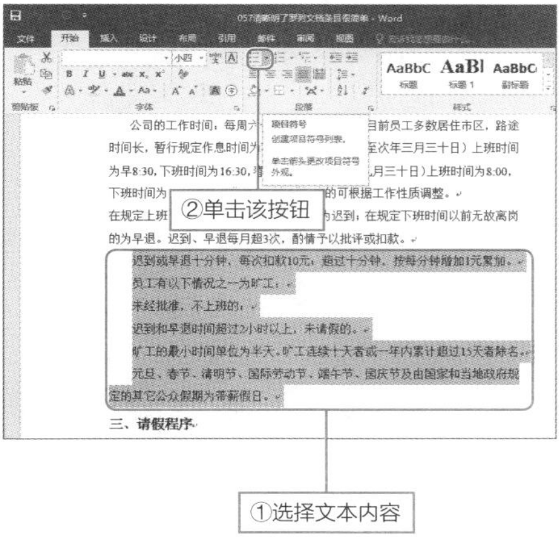

❷ 从展开的列表中选择合适的项目符号样式，即可为所选文本添加项目符号。

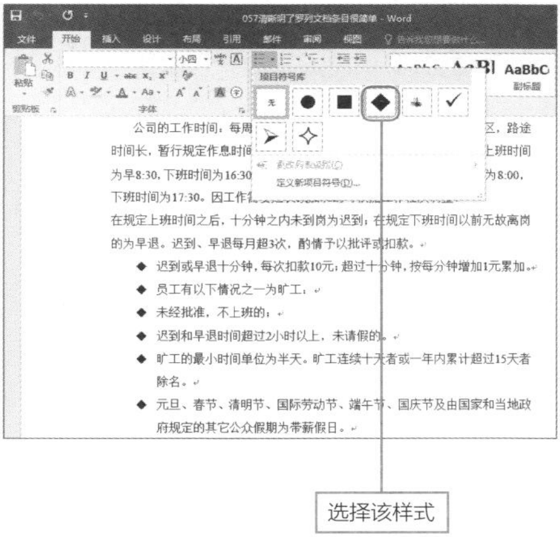

❸ 用户通过右键菜单也能添加项目编号。选择文本并右击，单击“编号”按钮。

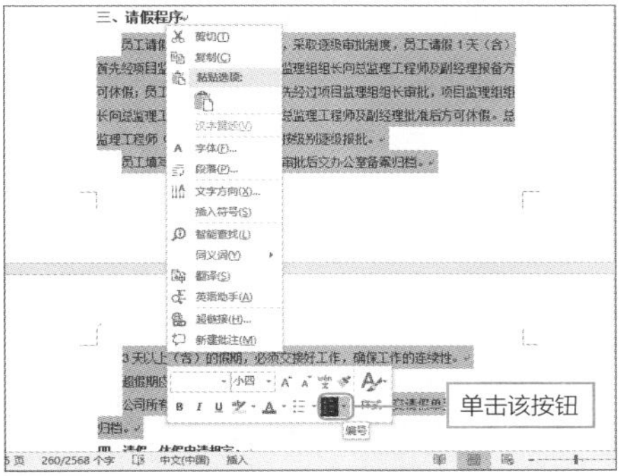

❹ 从展开的列表中选择合适的编号样式即可。

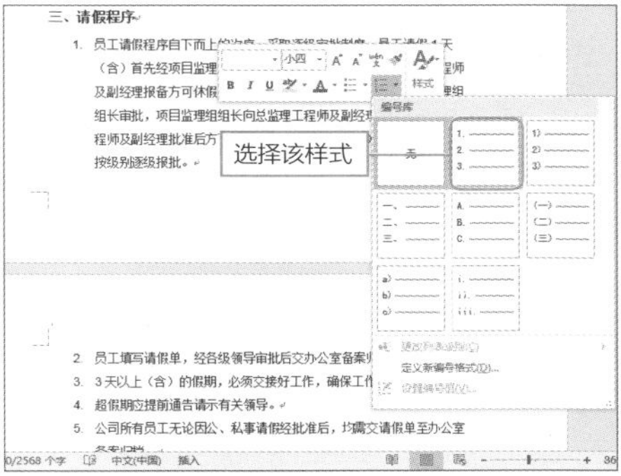

Question

049

● Level ◆◆◆

2016 2013 2010

轻松自定义项目符号

语音视频教学049

实例 自定义项目符号

若用户觉得系统提供的项目符号/编号不够美观，还可以根据需要自定义项目符号/编号，可以对项目符号/编号的颜色、大小等进行设置，下面以自定义项目符号为例对其进行介绍。

❶ 用其他符号作为项目符号。选择文本，单击“开始”选项卡上的“项目符号”按钮，从列表中选择“定义新项目符号”选项。

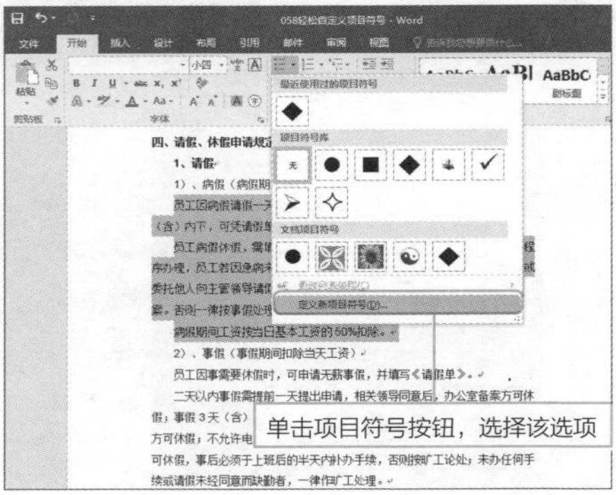

❷ 打开“定义新项目符号”对话框，单击“符号”按钮。

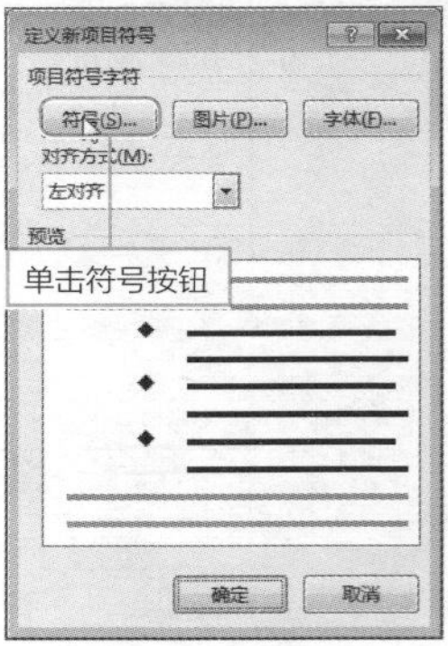

❸ 打开“符号”对话框，选择符号，单击“确定”按钮。

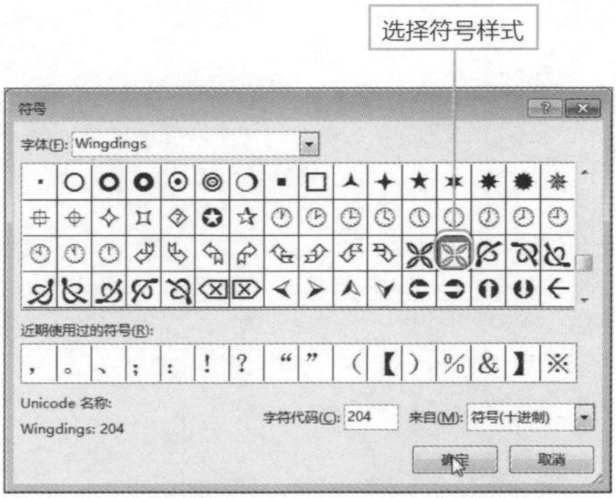

❹ 返回“定义新项目符号”对话框，单击“字体”按钮。

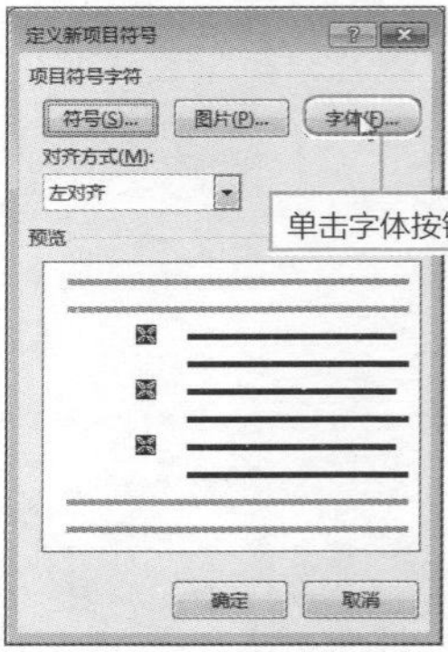

5 打开“字体”对话框，按需设置字体颜色、大小等，然后单击“确定”按钮。

6 返回文档，可以看到所选文本已经应用了自定义的项目符号。

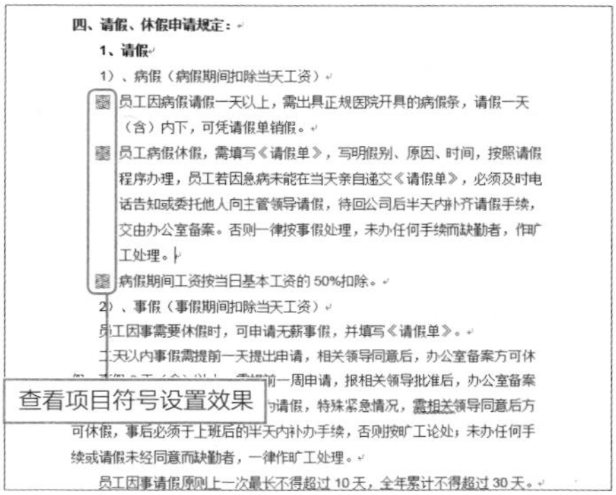

7 使用图片作为项目符号。单击“定义新项目符号”对话框中的“图片”按钮。

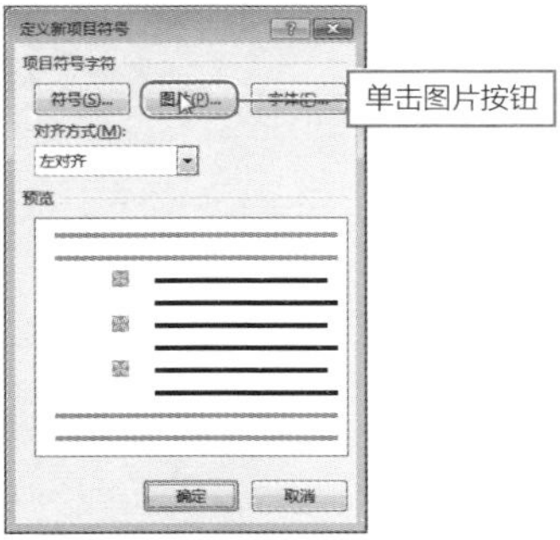

8 打开“插入图片”窗格，单击“来自文件”选项右侧的“浏览”按钮。

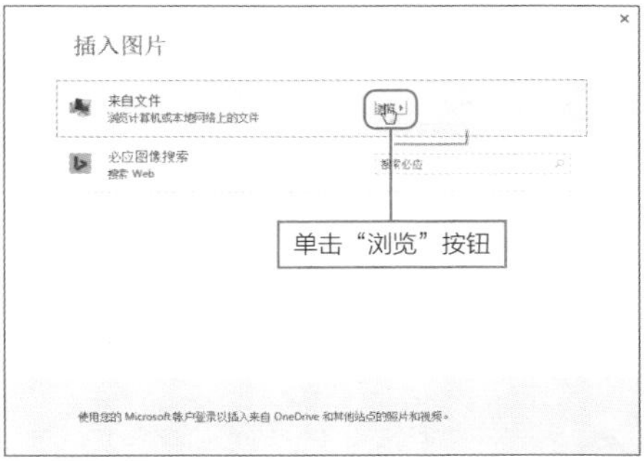

9 打开“插入图片”对话框，选择图片，单击“插入”按钮。

10 返回“定义新项目符号”对话框，单击“确定”按钮即可。

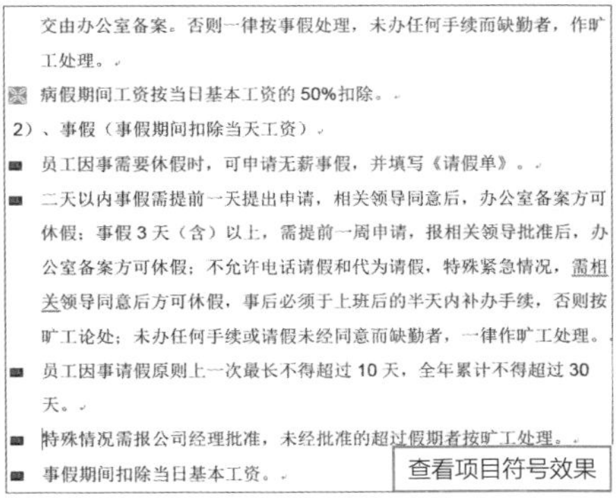
交由办公室备案。否则一律按事假处理，未办任何手续而缺勤者，作旷工处理。
病假期间工资按当日基本工资的 50%扣除。
2）、事假（事假期间扣除当天工资）
员工因事需要休假时，可申请无薪事假，并填写《请假单》。
二天以内事假需提前一天提出申请，相关领导同意后，办公室备案方可休假；事假 3 天（含）以上，需提前一周申请，报相关领导批准后，办公室备案方可休假；不允许电话请假和代为请假，特殊紧急情况，需相关领导同意后方可休假，事后必须于上班后的半天内补办手续，否则按旷工论处；未办任何手续或请假未经同意而缺勤者，一律作旷工处理。
员工因事请假原则上一次最长不得超过 10 天，全年累计不得超过 30 天。
特殊情况需报公司经理批准，未经批准的超过假期者按旷工处理。
事假期间扣除当日基本工资。
查看项目符号效果

Question 050

排序不是表格的专利

语音视频教学050

• Level ◆◆◆

2016 2013 2010

实例	Word文档的排序

在Excel中，可以轻松的对数据进行排序，但是，若想要对Word文档中的内容进行排序，该如何操作呢？

1. 选择需要排序的文本，单击“开始”选项卡“段落”组的“排序”按钮。

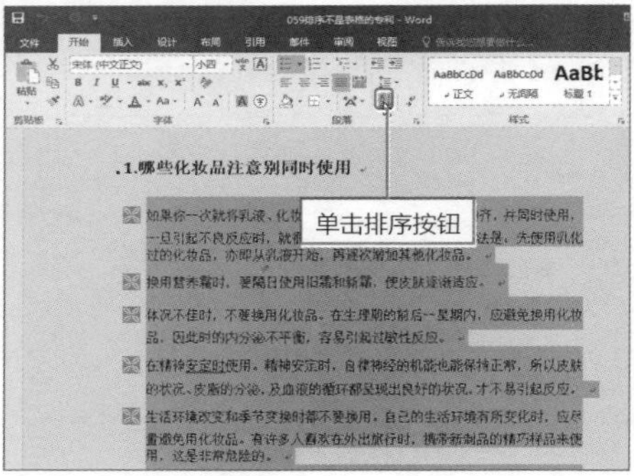

2. 打开“排序文字”对话框，设置主要关键字为“段落数”，类型为“笔划”。

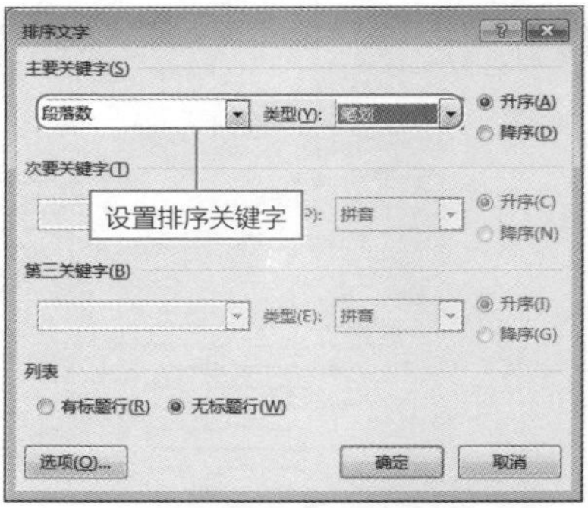

3. 若文本为英文文本，则可以单击“选项”按钮，打开“排序选项”对话框，勾选“区分大小写”复选框。

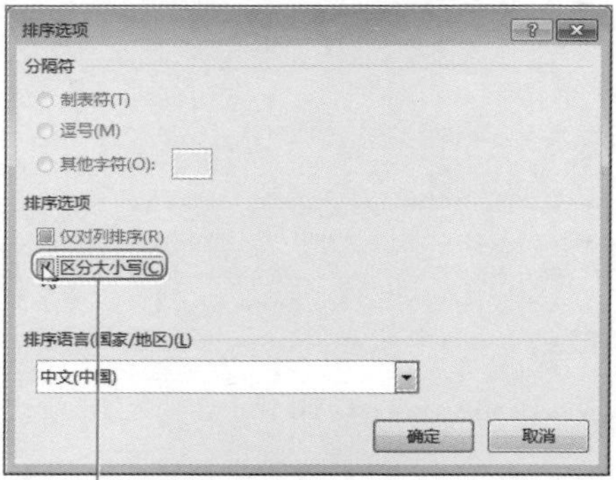

勾选该选项

4. 设置完成后，关闭“排序文字”对话框，查看排序效果。

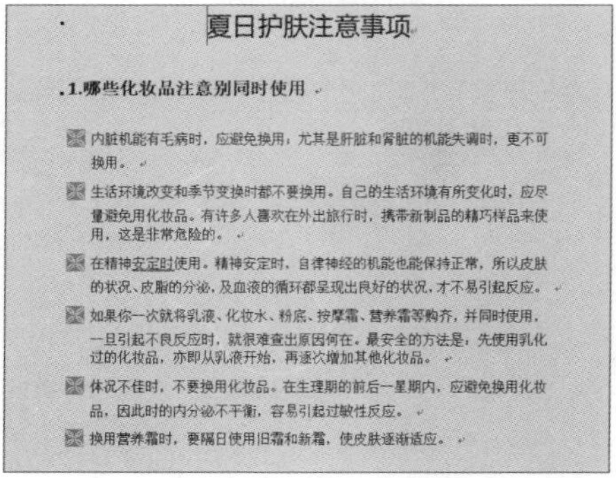

查看排序结果

1 2 3 4 5 6 7 8 9 10 11 12 13 14 15 16 17 18 Word文档编辑技巧

Question

051

● Level ◆◆◆

2016 2013 2010

显示/隐藏段落标记很简单

语音视频教学051

实例 显示/隐藏段落标记

段落标记是我们在word文档中敲击回车键后出现的弯箭头标记，该标记又称“硬回车”，在一个段落的尾部显示，那么如何显示/隐藏段落标记呢？

❶ 功能区命令法。打开文档，单击“开始”选项卡上的“显示/隐藏编辑标记”按钮。

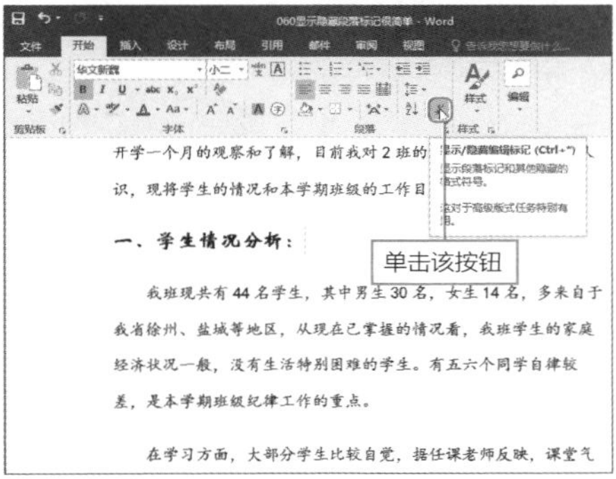

❷ 可以看到，文档中段落标记将显示出来。

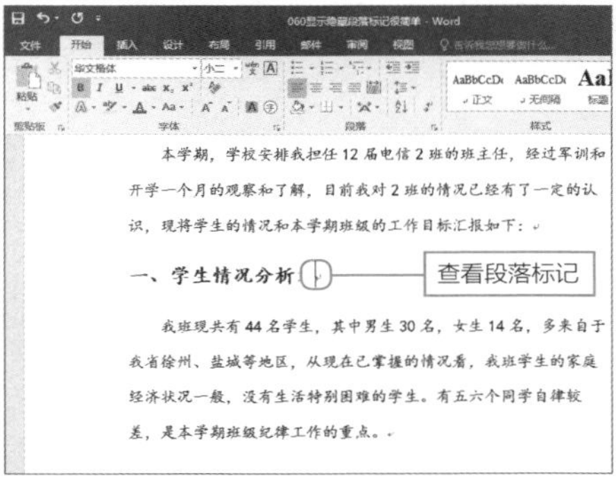

❸ 始终显示段落标记。执行“文件>选项”命令，打开“Word选项”对话框，选择“显示”选项。

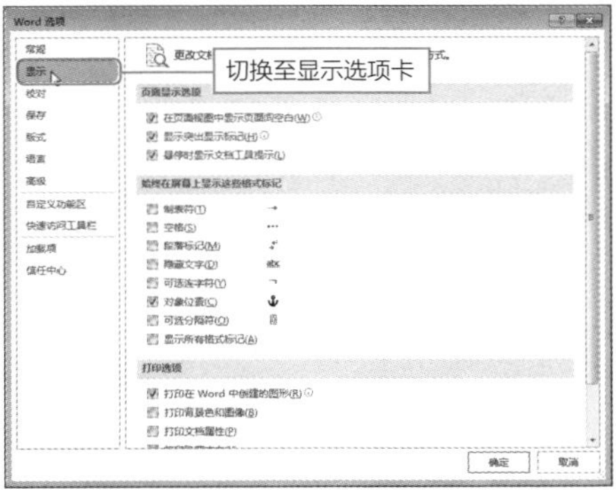

❹ 勾选“段落标记”复选框，单击“确定”按钮即可。

Question

052 一键调整文本缩进量

语音视频
教学052

● Level ◆◆◆

2016 2013 2010

实例	文本缩进量的调整

文本缩进量是指文本距边距的距离，若用户想要增加或减少文本缩进量，该如何操作呢?

❶ 功能区命令法。选择需增加缩进量的文本，单击“增加缩进量”按钮。

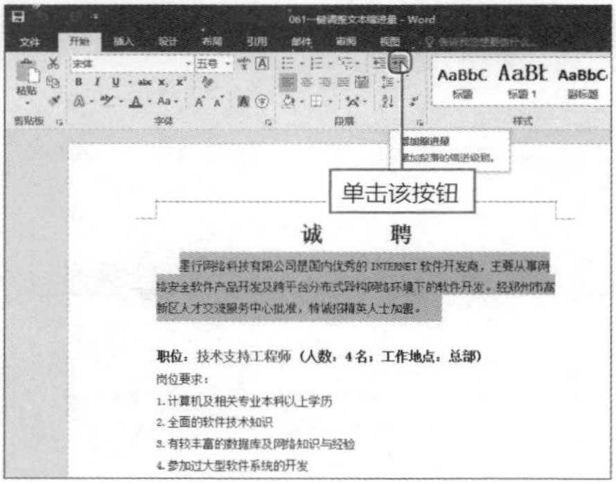

❷ 所选文本会距离左侧缩进1个字符，若需要缩进更多，重复上次操作即可。

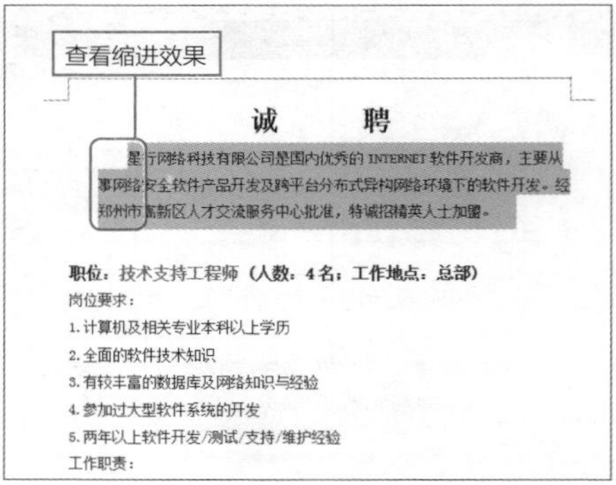

❸ 对话框设置法。单击“开始”选项卡“段落”组的对话框启动器按钮，打开“段落”对话框，通过“缩进”选项下“左侧”和“右侧”数值框调整缩进量。

❹ 若需要段落的首行缩进与其他段落不同，可以单击“特殊格式”按钮，选择“首行缩进”选项，并在右侧的“缩进值”文本框中输入合适的数值即可。

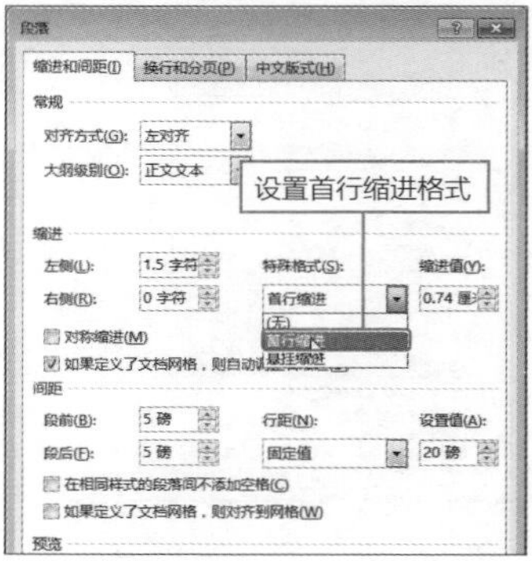

Question

053 调整段落间距也不难

语音视频教学053

实例 段落间距的设置

● Level ◆◆◆

2016 2013 2010

若用户觉得当前段落或行之间的间距过小，则可以通过设置段落间距和行间距来改变现状，下面将对其进行介绍。

1 选择文本，单击“开始”选项卡上的“行和段落间距”按钮。

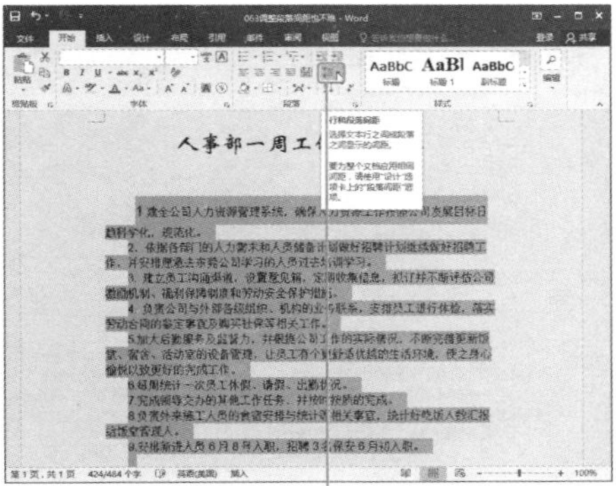

单击该按钮

2 在展开的列表中选中1.5倍行距，并选择“增加段落前的空格”选项。

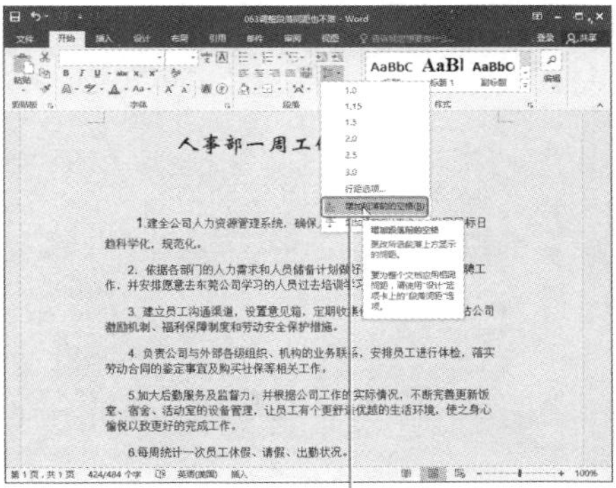

选择此选项

3 用户还可以打开“段落”对话框，在“间距”选项区中自定义间距。

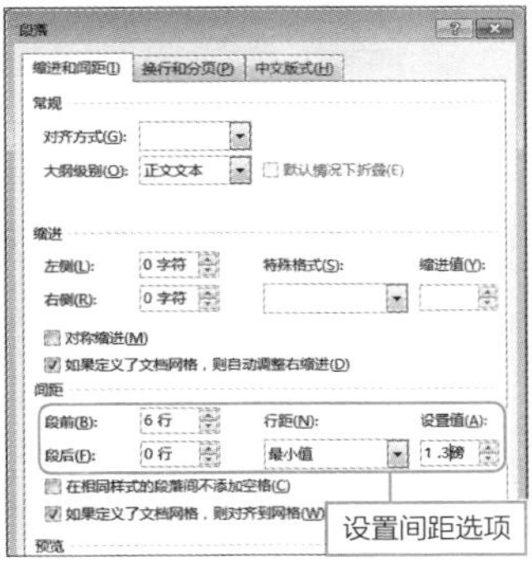

设置间距选项

4 设置完成后，单击“确定”按钮，查看设置效果。

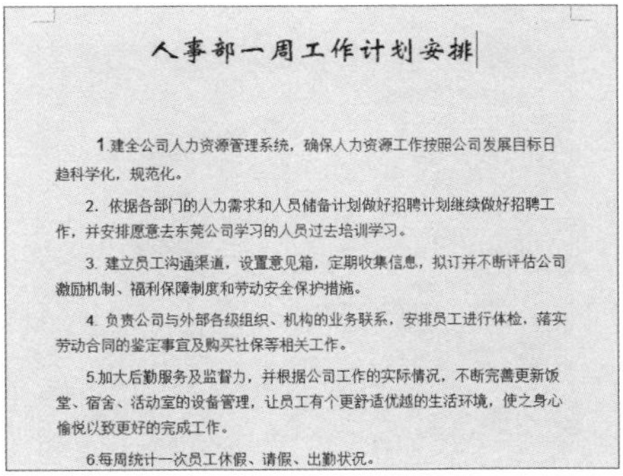
人事部一周工作计划安排
1.建全公司人力资源管理系统，确保人力资源工作按照公司发展目标日趋科学化，规范化。
2. 依据各部门的人力需求和人员储备计划做好招聘计划继续做好招聘工作，并安排愿意去东莞公司学习的人员过去培训学习。
3. 建立员工沟通渠道，设置意见箱，定期收集信息，拟订并不断评估公司激励机制、福利保障制度和劳动安全保护措施。
4. 负责公司与外部各级组织、机构的业务联系，安排员工进行体检，落实劳动合同的鉴定事宜及购买社保等相关工作。
5.加大后勤服务及监督力，并根据公司工作的实际情况，不断完善更新饭堂、宿舍、活动室的设备管理，让员工有个更舒适优越的生活环境，使之身心愉悦以致更好的完成工作。
6.每周统计一次员工休假、请假、出勤状况。

1 2 3 4 5 6 7 8 9 10 11 12 13 14 15 16 17 18 Word文档编辑技巧

Question 054

为段落添加别致的底纹和边框

语音视频教学054

Level ◆◆◆

2016 2013 2010

实例 设置段落的底纹和边框

为了美化文档中的文本，使其页面布局更加的美观，用户可以为段落添加底纹和边框，下面将对其进行介绍。

1 选择段落文本，单击"开始"选项卡上的"底纹"按钮，从列表中选择"金色，个性色4，淡色60%"选项。

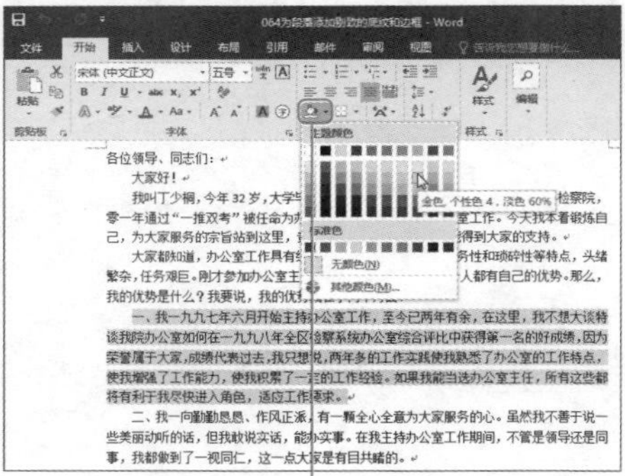

单击该按钮，在展开的列表中选择底纹颜色

2 单击"边框"下拉按钮，从列表中选择"所有框线"选项。

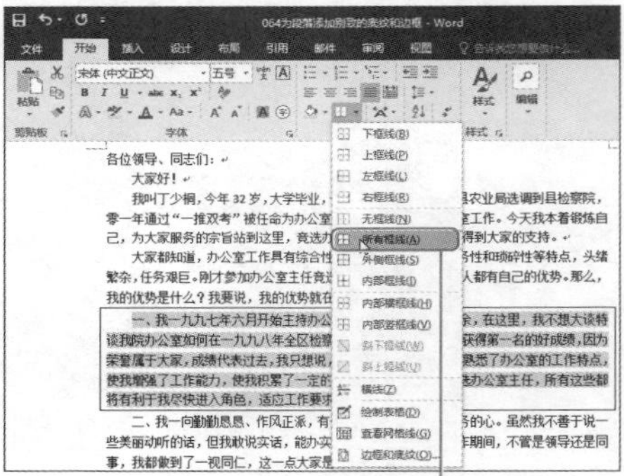

选择所有框线选项

3 或者选择"边框和底纹"选项，打开"边框和底纹"对话框，从中对"边框"和"底纹"选项卡进行设置。

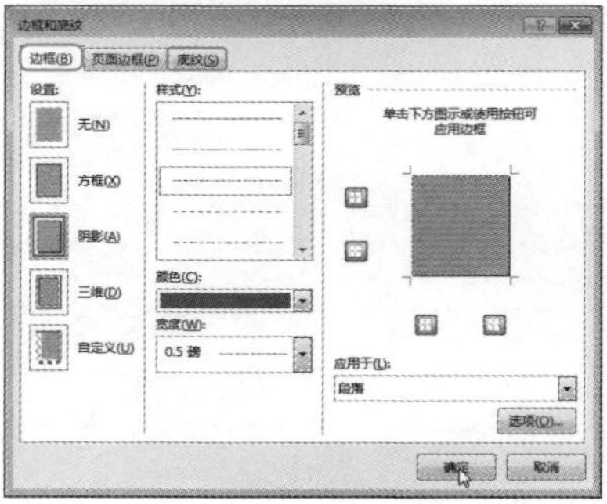

4 设置完成后，单击"确定"按钮，关闭对话框，查看设置段落边框和底纹效果。

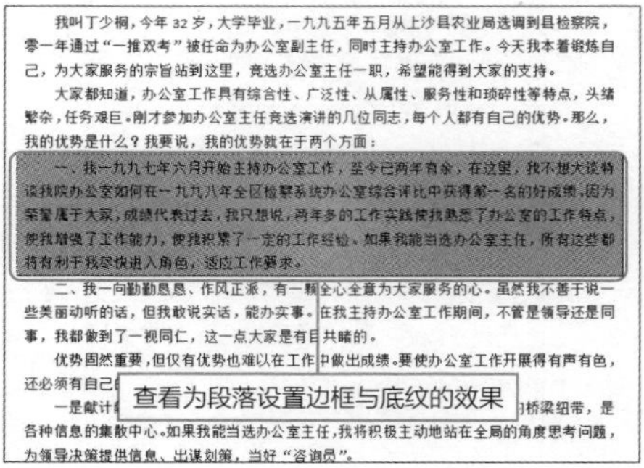

我叫丁少桐，今年32岁，大学毕业，一九九五年五月从上沙县农业局选调到县检察院，零一年通过"一推双考"被任命为办公室副主任，同时主持办公室工作。今天我本着锻炼自己，为大家服务的宗旨站到这里，竞选办公室主任一职，希望能得到大家的支持。

大家都知道，办公室工作具有综合性、广泛性、从属性、服务性和琐碎性等特点，头绪繁杂，任务艰巨。刚才参加办公室主任竞选演讲的几位同志，每个人都有自己的优势。那么，我的优势是什么？我要说，我的优势就在于两个方面：

一、我一九九七年六月开始主持办公室工作，至今已两年有余，在这里，我不想大谈特谈我院办公室如何在一九九八年全区检察系统办公室综合评比中获得第一名的好成绩，因为荣誉属于大家，成绩代表过去，我只想说，两年多的工作实践使我熟悉了办公室的工作特点，使我增强了工作能力，使我积累了一定的工作经验。如果我能当选办公室主任，所有这些都将有利于我尽快进入角色，适应工作要求。

二、我一向勤勤恳恳、作风正派，有一颗全心全意为大家服务的心。虽然我不善于说一些美丽动听的话，但我敢说实话，能办实事。在我主持办公室工作期间，不管是领导还是同事，我都做到了一视同仁，这一点大家是有目共睹的。

优势固然重要，但仅有优势也难以在工作中做出成绩。要使办公室工作开展得有声有色，还必须有自己

一是献计 桥梁纽带，是各种信息的集散中心。如果我能当选办公室主任，我将积极主动地站在全局的角度思考问题，为领导决策提供信息、出谋划策，当好"咨询员"。

查看为段落设置边框与底纹的效果

Question

055 快速创建样式很简单

语音视频教学055

实例　新建样式

Level ◆◆◆

2016　2013　2010

样式是某个特定文本（一行文字、一段文本或者整篇文档）的所有格式集合。若在文档中有多处文本需要使用相同的格式，则可以将这些格式定义为一种样式，下面将介绍如何创建新样式。

1 打开文档，单击“开始”选项卡上“样式”下拉按钮，从列表中选择“创建样式”选项。

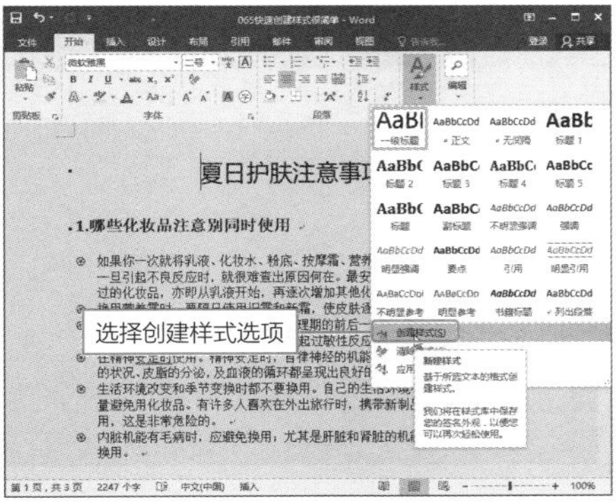

2 打开“根据格式设置创建新样式”对话框，输入名称后单击“修改”按钮。

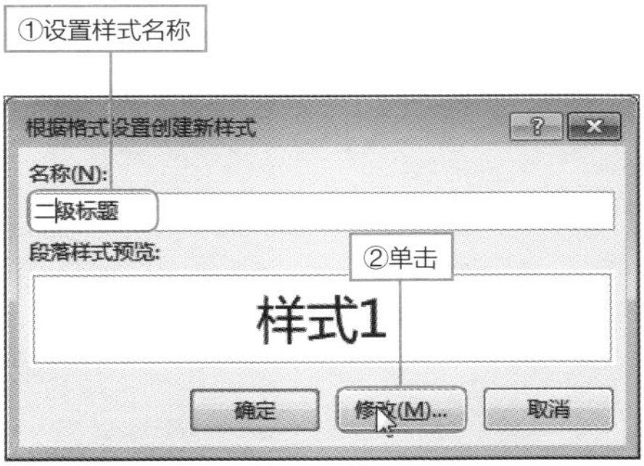

3 在对话框中设置合适的字体、字号、居中显示，然后单击“格式”按钮，从列表中选择“段落”选项。

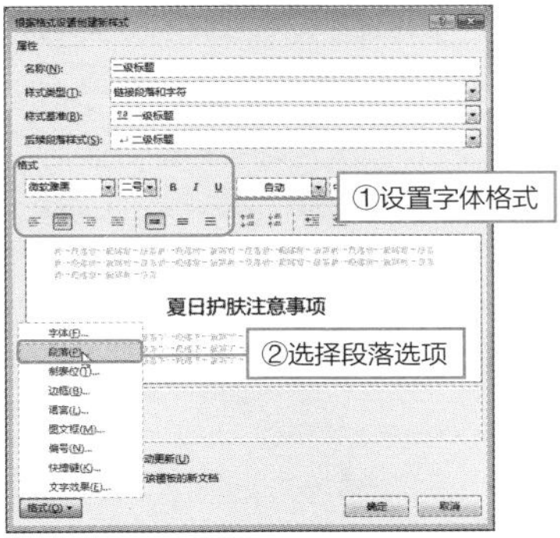

4 打开“段落”对话框，设置段落格式，单击“确定”按钮，返回上一级对话框并确定即可。

Question

056 保存并应用样式

语音视频教学056

● Level ◆◆◆

2016 2013 2010

实例 将设置好的样式保存

Word 2016还支持用户将设置好格式的文字或段落的格式保存为样式，方便以后的使用，下面对其进行介绍。

1 打开文档并选择文本，对其字体、字号和段落格式等进行设置。

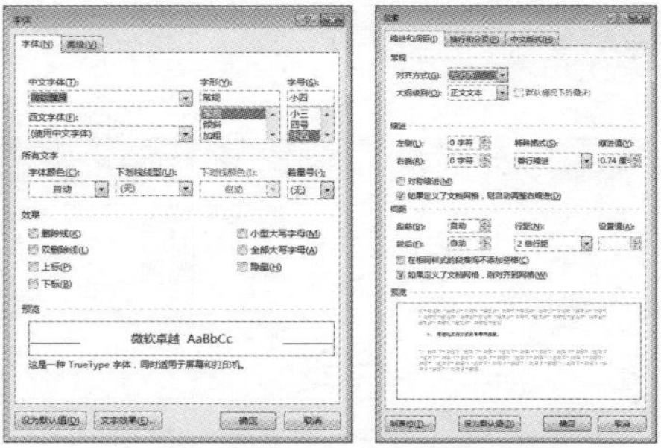

依次设置字体格式、段落格式

2 单击“开始”选项卡中“样式”组的“其他”按钮，从列表中选择“创建样式”选项。

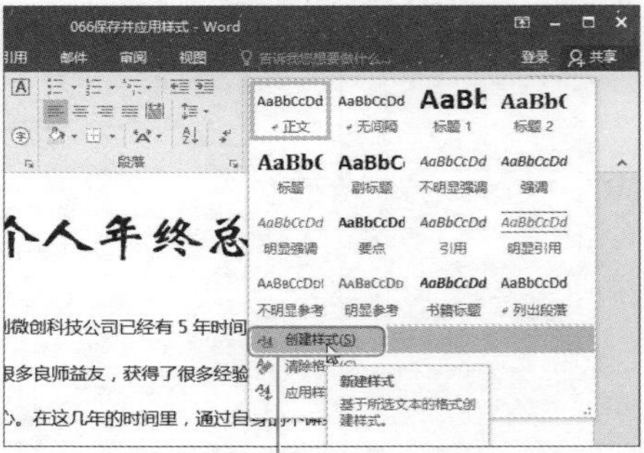

选择“创建样式”选项

3 打开“根据格式设置创建新样式”对话框，输入名称后单击“确定”按钮。

设置名称后单击该按钮

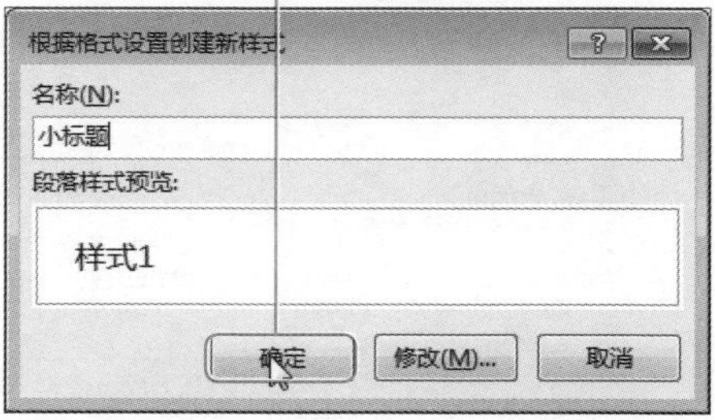

4 将插入点放置到段落文本中，在“样式”组中快速样式库中选择刚刚创建的样式，即可为当前段落应用样式。

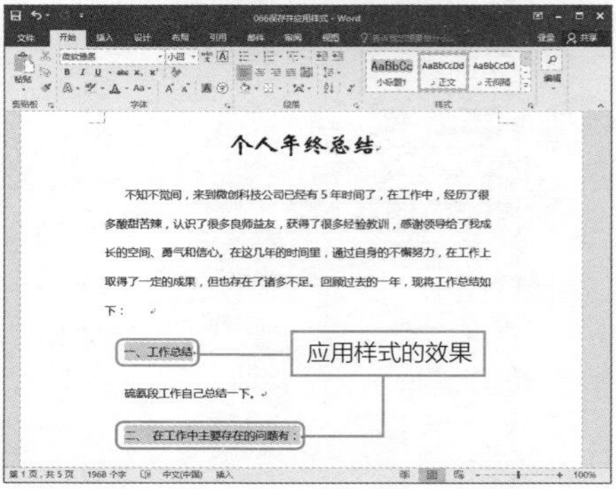

应用样式的效果

Question
057

Level ◆◆◆

2016 2013 2010

快速查找文本信息很容易

语音视频
教学057

实例 查找功能的运用

在对文档进行编辑时，若想快速找到文档中指定的内容，则可以使用查找功能。

❶ 打开文档，单击“开始”选项卡“编辑”组中“查找”右侧的下拉按钮，从列表中选择“查找”选项。

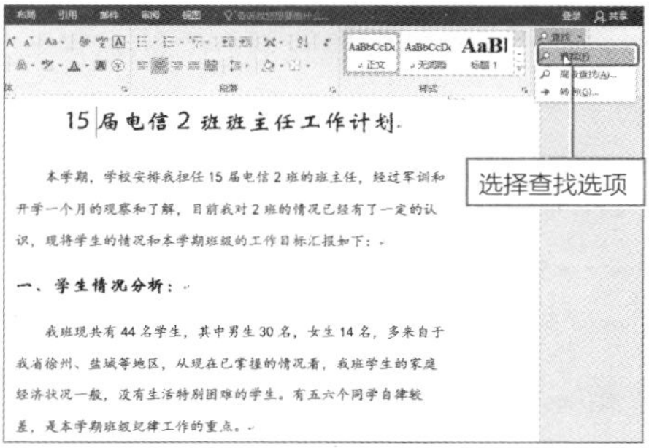

❷ 打开“导航”窗格，在“搜索文档”文本框中输入文本，单击右侧“搜索”按钮，查找到的文本会突出显示。

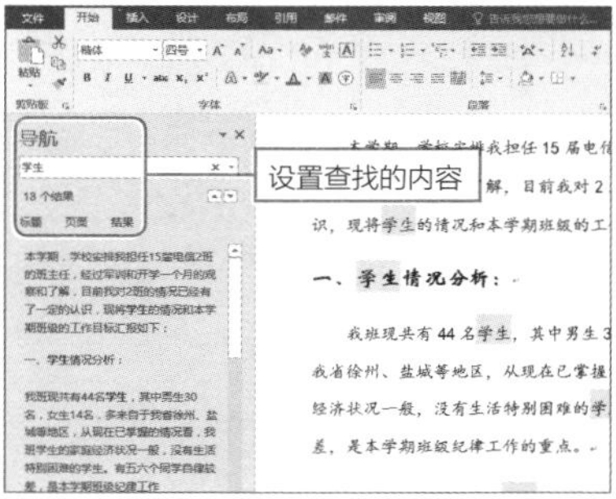

❸ 若需进行精确查找，则选择“高级查找”选项，单击打开对话框中的“更多”按钮展开对话框，然后单击“格式”按钮，选择“字体”选项。

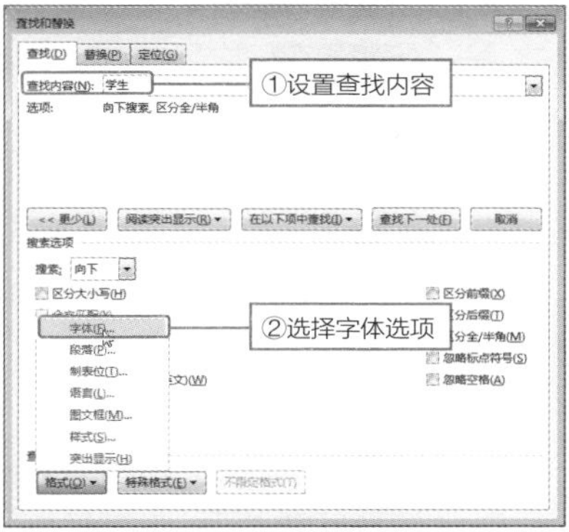

❹ 打开“查找字体”对话框，设置要查找内容的字体格式。设置完成后，单击“确定”按钮，返回上一级对话框，单击“查找下一处”按钮进行查找即可。

1 2 3 4 5 6 7 8 9 10 11 12 13 14 15 16 17 18 Word文档编辑技巧

Question 058

● Level ◆◆◆

2016 2013 2010

快速替换指定内容有秘笈

语音视频教学058

实例 “替换”功能的运用

当文档中存在多处需要修改的内容时，用户可以尝试使用替换功能进行编辑，从而省去逐一编辑的麻烦。

❶ 打开文档，单击“开始”选项卡上的“替换”按钮。

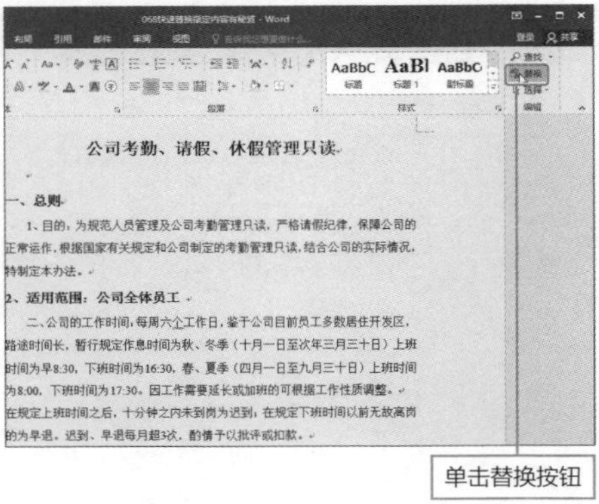

❷ 打开“查找和替换”对话框，在“查找内容”文本框中输入需查找的文本，在“替换为”文本框中输入替换的文本，单击“更多”按钮。

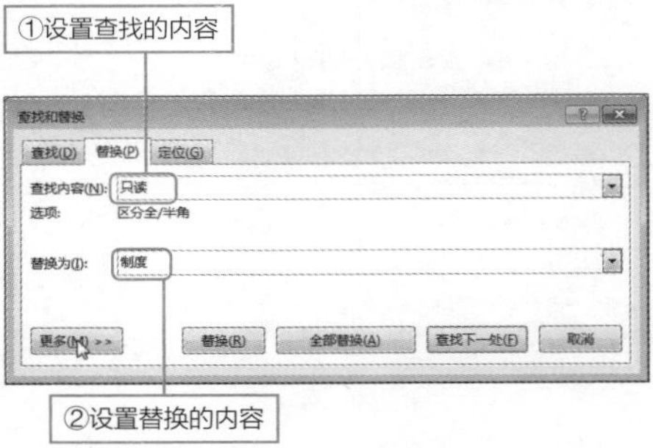

❸ 展开对话框，单击“搜索”按钮，选择“全部”选项，单击“全部替换”按钮。

❹ 弹出提示对话框，单击“确定”按钮，完成替换操作。

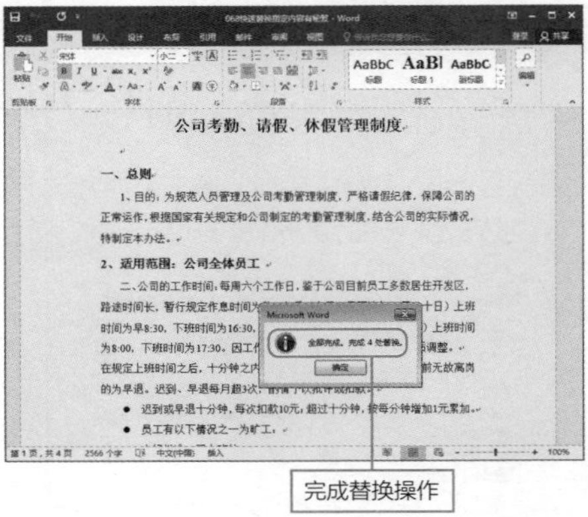

Question 059

● Level ◆◆◆

2016 2013 2010

字体格式也能实现巧妙替换

语音视频教学059

实例 使用替换功能修改字体

若文档中有多种字体，想要将指定的字体更改为另一种字体，逐一进行修改会浪费宝贵的时间，那么可以通过替换功能来实现。在此将用“楷体”替换“微软雅黑”格式的全部文本。

最终效果

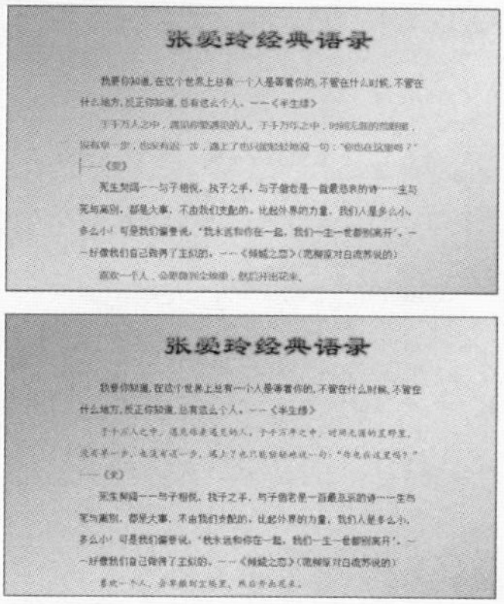

效果对比

❶ 打开“查找和替换”对话框，将光标定位至“查找内容”文本框中，单击“格式”按钮，选择“字体”选项。

❷ 打开“查找字体”对话框，选择需要查找的字体为“微软雅黑”，然后单击“确定”按钮，返回“查找和替换”对话框。

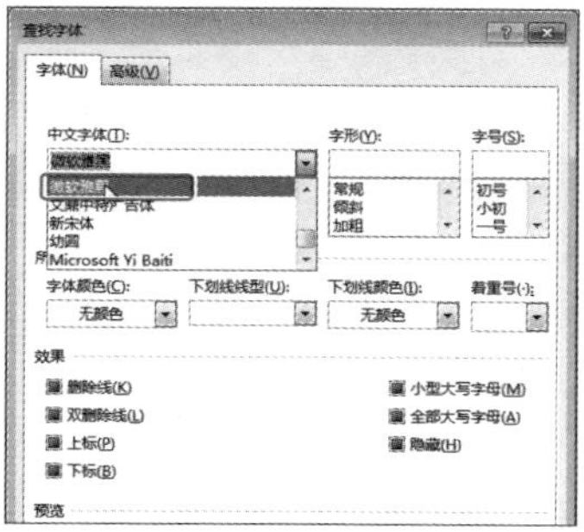

❸ 将鼠标光标定位至“替换为”文本框中，按照同样的方法设置替换为字体为“楷体”，然后单击“全部替换”按钮即可。

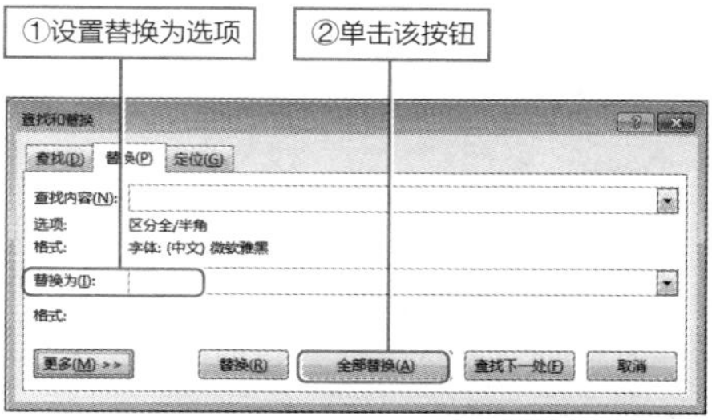

Question

060 删除空行有一招

语音视频教学060

Level ◆◆◆

2016 2013 2010

实例 快速删除文档中多余空行

将网页中的内容复制到文档后，段落之间会包含或多或少的空行，若逐一删除这些空行，会花费大量的时间和精力，可以使用查找和替换功能将其快速删除。

1 打开“查找和替换”对话框，将光标定位至“查找内容”文本框中，单击“特殊格式”按钮，选择“段落标记”选项。

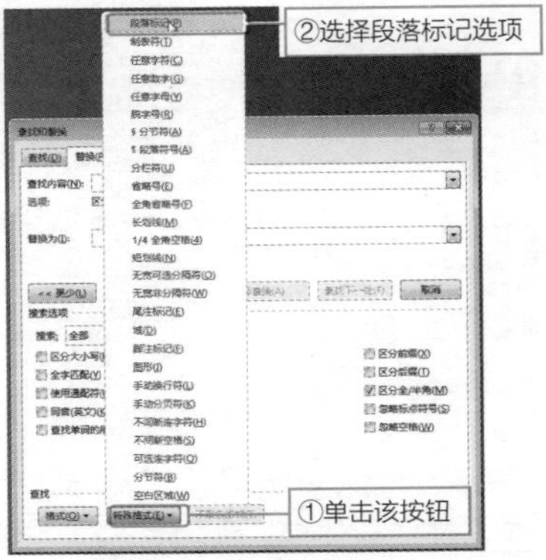

2 在“查找内容”文本框中显示“^p”段落标记，复制该标记，并将其分别粘贴至“查找内容”和“替换为”文本框中。

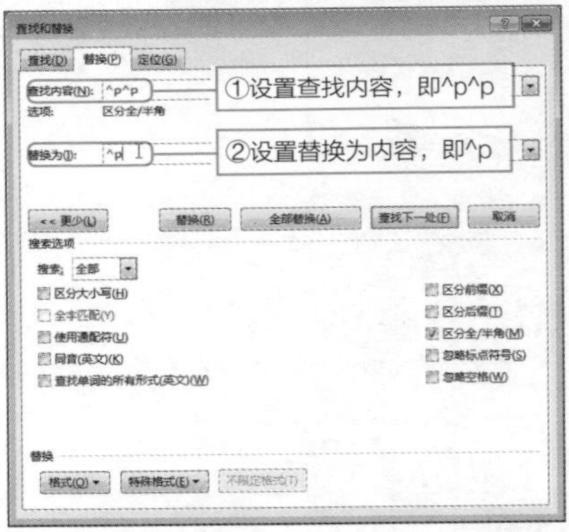

3 然后单击“全部替换”按钮，在弹出的提示对话框中单击“确定”按钮。

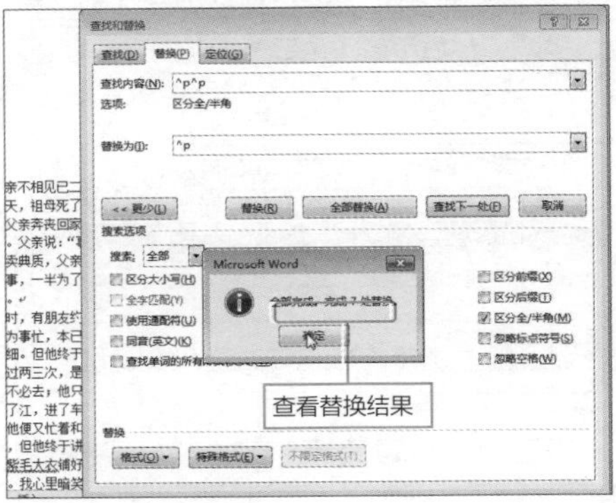

Hint

本技巧替换思路

在本技巧中，在查找内容中输入^p^p，表示是两个段落，其中第二个^p代表的就是所要删除的空行。替换为内容中输入^p，表示此操作将会保留原来正常段落的段落格式。

Hint

认识不限定格式按钮

当查找或替换内容中，存在多余的格式设置时，就需要对其进行撤销设置操作。这时，单击该按钮即可实现。

Question

061

快速删除多余空白页

语音视频教学061

Level ◆◆◆

2016 2013 2010

实例 多余空白页的删除

编辑完成长文档后，会发现文档中存在多余的空白页，那么，如何将这些碍眼的空白页删除呢？下面对其进行介绍。

1 打开包含空白页的文档，将鼠标光标定位至空白页中。

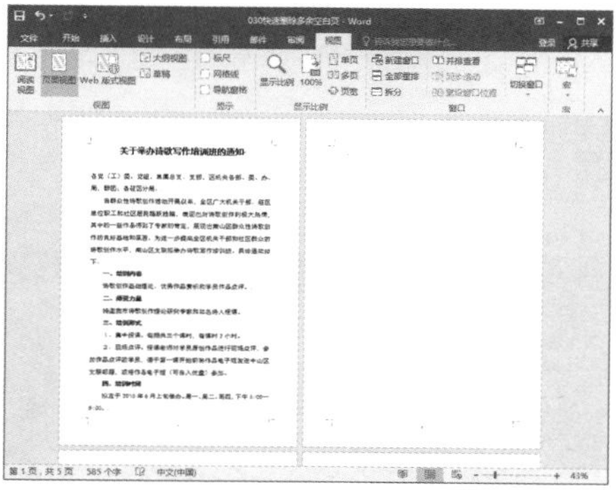

2 按BaskSpace键或Delete键可删除分页符号和空行，即可删除空白页。

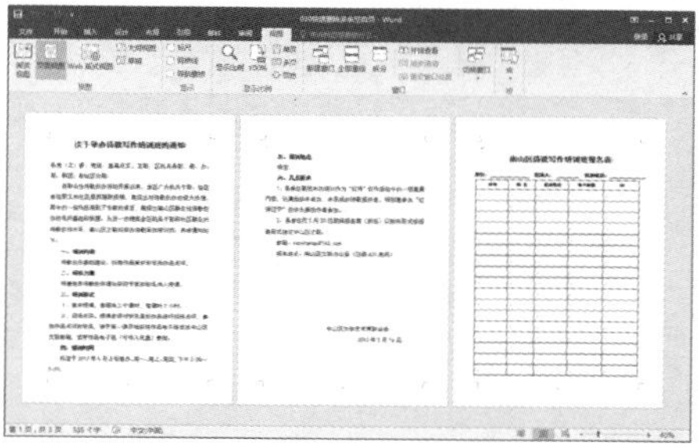

3 还可以单击“开始”选项卡上的“替换”按钮，打开“查找和替换”对话框，单击“更多”按钮。

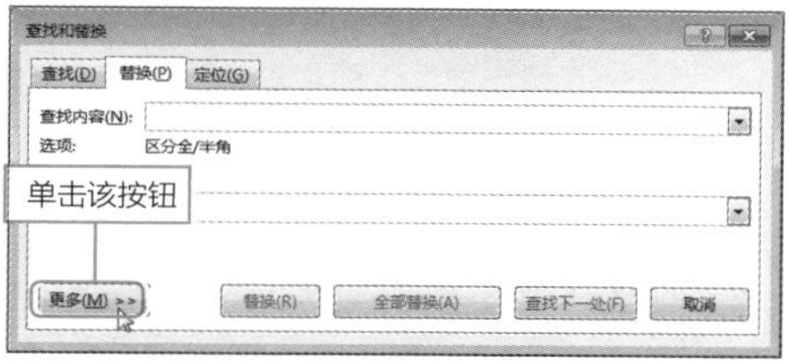

4 单击“特殊格式”按钮，从列表中选择“手动分页符”选项，然后单击“全部替换”按钮即可删除所有空白页。

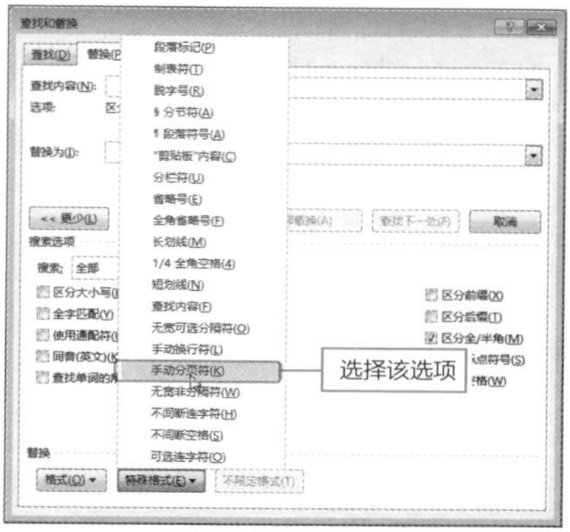

Question

062 快速删除文档所有空格

语音视频教学062

● Level ◆◆◆

2016 2013 2010

实例 删除文档内所有多余空格

对文档进行编辑时，经常会无意的多出一些空格，若对这些空格一一进行删除，既不能完全找到这些空格，又会花费大量时间，下面介绍一种一次性删除空格的方法。

❶ 打开需要编辑的文档，单击“开始”选项卡编辑组中的“替换”按钮，打开“查找和替换”对话框。

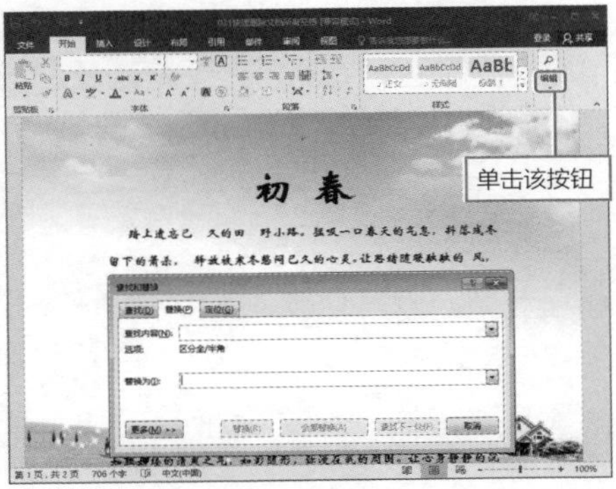

❷ 将光标置于“查找内容”文本框中，并按空格键，然后单击“替换”按钮。

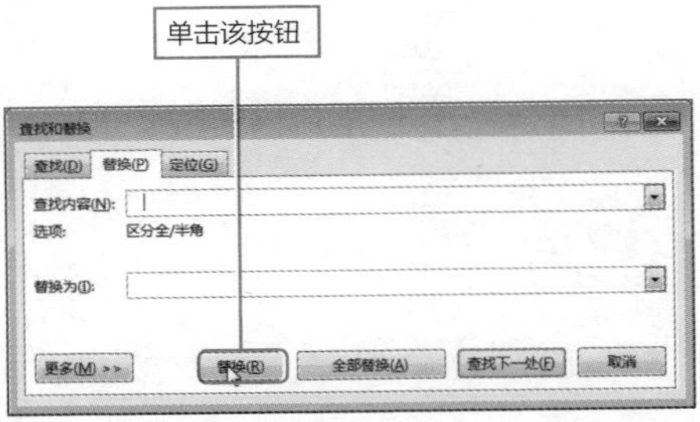

❸ 鼠标光标将自动定位至文档空格处，单击“替换”按钮，逐一删除空格即可。

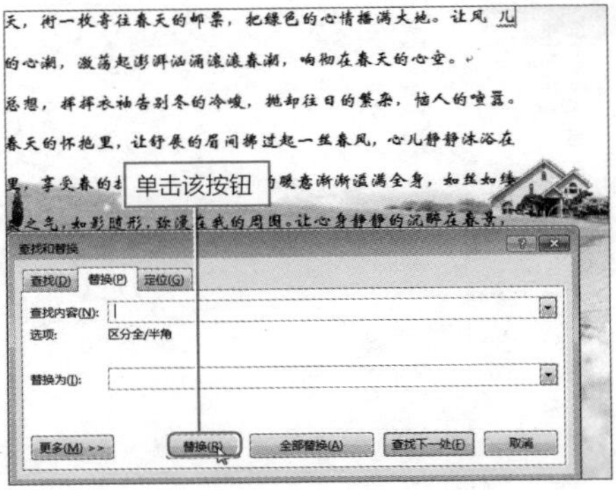

❹ 若页面中空格过多，还可以单击“全部替换”按钮，并在弹出的对话框中单击“确定”按钮，一次性完成替换操作。

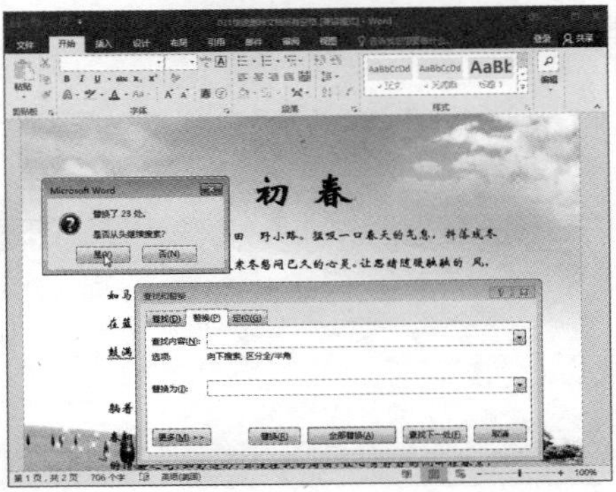

Question

063 图片与文字巧替换

语音视频
教学063

● Level ◆◆◆

2016 2013 2010

实例 将文字替换为图片

使用Word编辑文档时，还可以将指定的文字替换成相应的图片。如果逐一进行替换，会浪费太多时间和精力，可以通过查找和替换功能来实现。

1. 打开文档，复制图片，单击“开始”选项卡上的“替换”按钮，将打开“查找和替换”对话框。

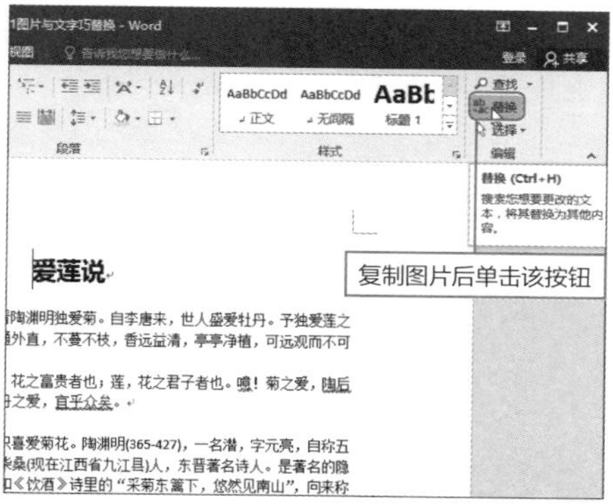

2. 在“查找内容”文本框中输入需要被替换的内容，在“替换为”文本框中输入“^c”，单击“全部替换”按钮。

3. 随后即可将指定文本替换为图片，然后根据需要调整图片大小和位置即可。

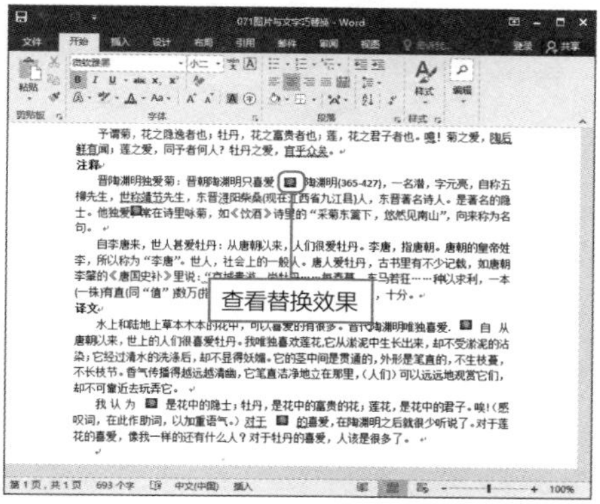

Hint

可在“查找内容”或“替换为”文本框中使用的代码

段落标记：键入^p或键入^13
制表符：键入^t或键入^9
长划线（－）：键入^+
短划线（－）：键入^=
图片或图形（仅嵌入）：键入^g
任意字符：键入^?
任意数字：键入^#
“Windows剪贴板”的内容：键入^c（只能在替换为文本框中使用）

1 2 3 4 5 6 7 8 9 10 11 12 13 14 15 16 17 18 Word文档编辑技巧

Question
064 快速更改文件中的标点符号

语音视频教学064

● Level ◆◆◆

2016 2013 2010

实例 使用“区分全/半角”功能

在一些文档中，会需要将中文状态下的逗号（，），更改为英文状态下的逗号（,），同样可以通过查找和替换功能实现，下面对其进行介绍。

最初效果

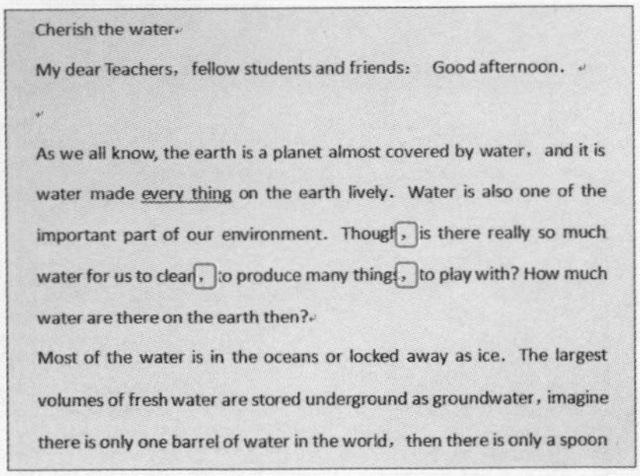
Cherish the water
My dear Teachers，fellow students and friends： Good afternoon．
As we all know, the earth is a planet almost covered by water，and it is water made every thing on the earth lively．Water is also one of the important part of our environment．Though，is there really so much water for us to clean，to produce many things，to play with? How much water are there on the earth then?
Most of the water is in the oceans or locked away as ice．The largest volumes of fresh water are stored underground as groundwater，imagine there is only one barrel of water in the world，then there is only a spoon

最终效果

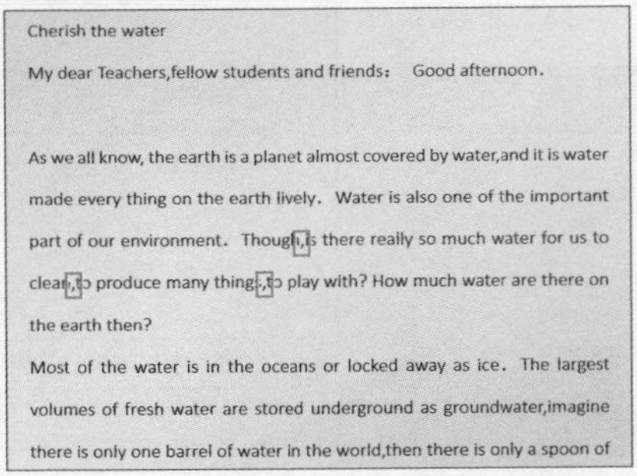
Cherish the water
My dear Teachers,fellow students and friends： Good afternoon．
As we all know, the earth is a planet almost covered by water,and it is water made every thing on the earth lively．Water is also one of the important part of our environment．Though,is there really so much water for us to clean,to produce many things,to play with? How much water are there on the earth then?
Most of the water is in the oceans or locked away as ice．The largest volumes of fresh water are stored underground as groundwater,imagine there is only one barrel of water in the world,then there is only a spoon of

1. 打开“查找和替换”对话框，在“查找内容”文本框中输入中文状态下的逗号“，”，在“替换为”文本框中输入英文状态下的逗号“,”。

2. 设置完成后，单击“全部替换”按钮，弹出提示对话框，单击“确定”按钮即可。

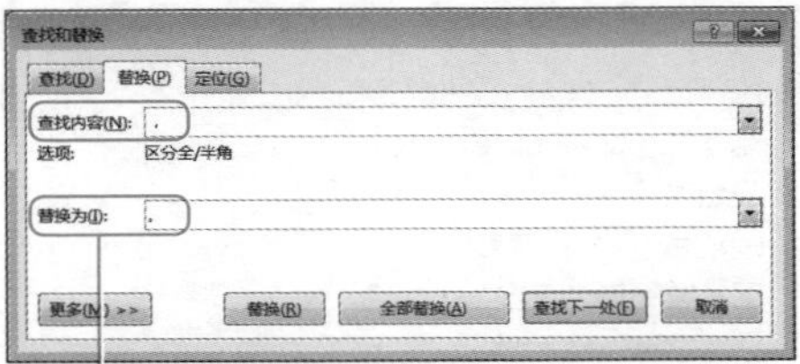

依次设置“查找内容”和“替换为”选项

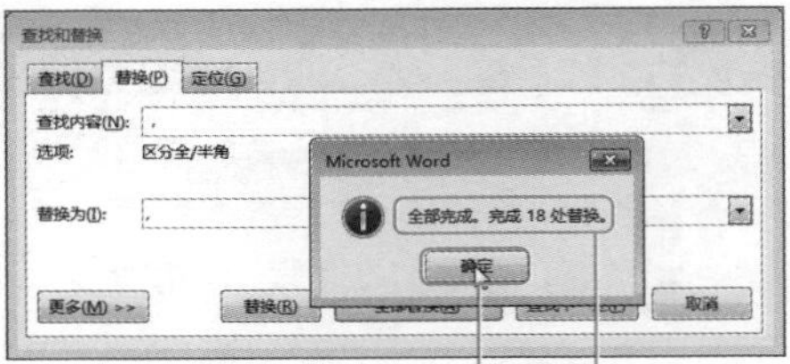

①单击该按钮

②查看替换结果

Question
065 强大的公式功能

语音视频教学065

● Level ◆◆◆

2016 2013 2010

实例 插入和编辑公式

在编写数学、物理和化学等方面的文档时，往往需要输入大量公式，这些公式不仅结构复杂，还需要使用大量特殊符号，通过常规方法很难实现输入和排版，下面介绍如何通过公式命令插入公式。

❶ 打开文档，切换至“插入”选项卡，单击“公式”按钮，从展开的列表中选择需插入的公式。

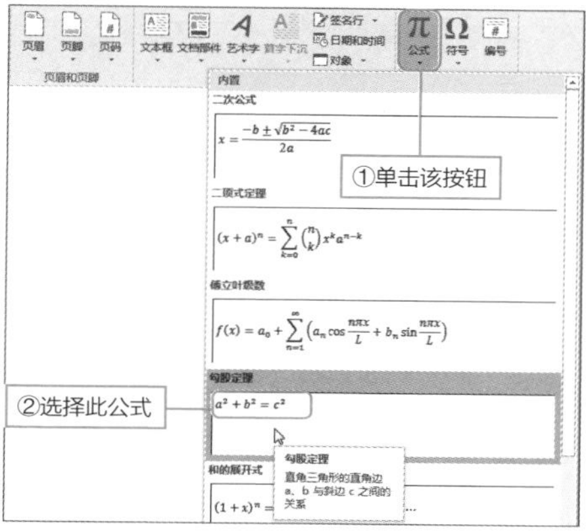

❷ 插入完成后，单击该公式，进入可编辑状态，单击右侧下拉按钮可选择公式的形式和对齐方式。

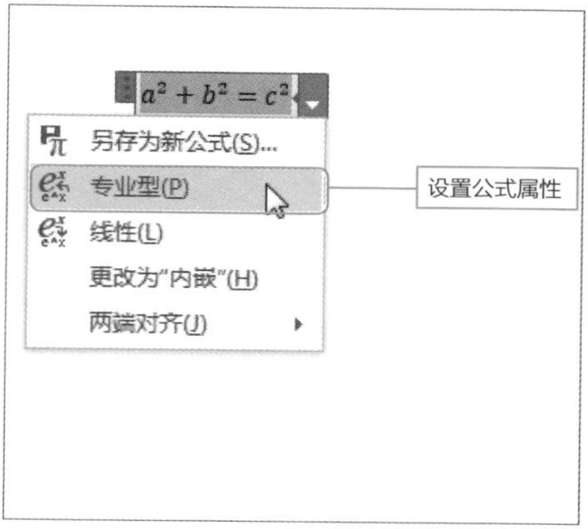

❸ 修改公式。选中公式需要修改的位置，切换至“公式工具－设计”选项卡，在“符号”组中选择要替换的公式符号即可。

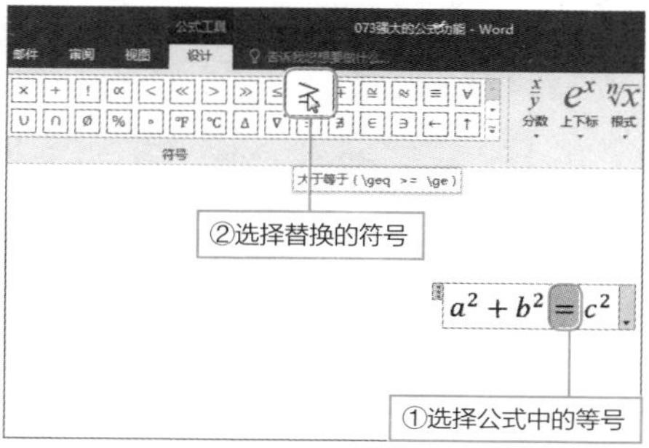

Hint

添加函数或其他结构

单击“结构”组中的“函数”按钮，从列表中选择需要的公式结构即可。

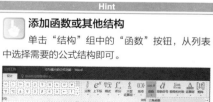

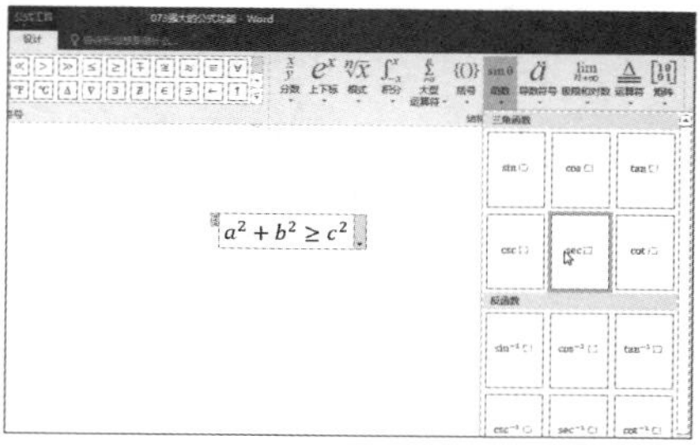

4 保存公式。单击公式右侧下拉按钮，从列表中选择“另存为新公式”命令。

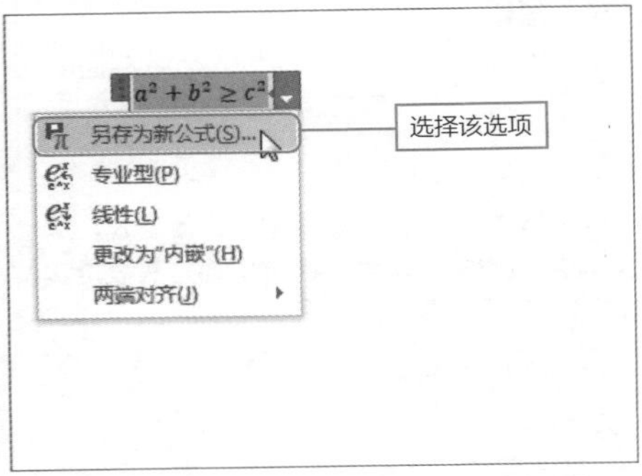

5 打开“新建构建基块”对话框，在“名称”文本框中输入名字并确定。

6 切换至“插入”选项卡，单击“公式”按钮，可以看到刚刚保存的公式。

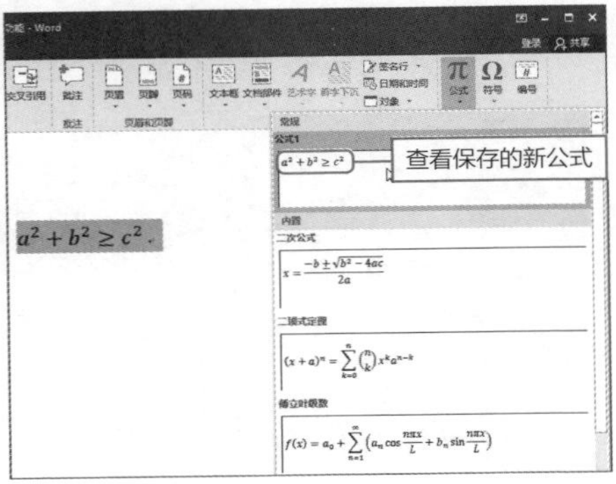

7 单击公式右侧下拉按钮，选择“两端对齐>左对齐”命令，可改变对齐方式。

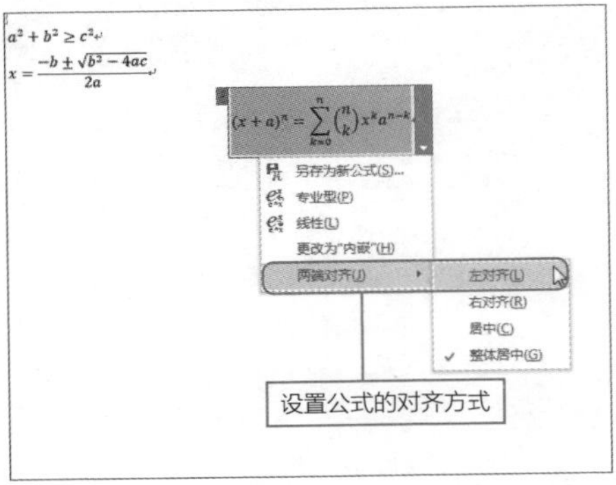

8 选择公式，通过“开始”选项卡中“字体”组中的命令更改公式字体格式。

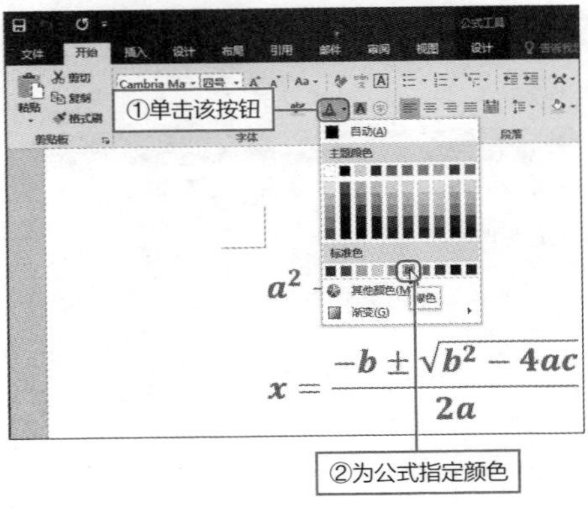

Hint

文档格式决定是否可使用“公式”命令

当Word文档的文件格式为DOC时，“插入”选项卡上“符号”组中的“公式”按钮为灰色不可用状态，只有当文档格式为DOCX时才可用。

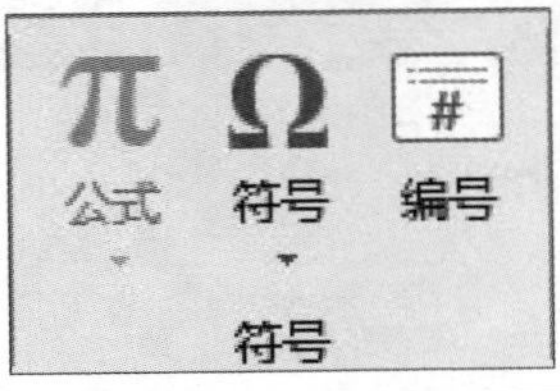

Question

066 巧妙输入特殊符号

语音视频教学066

Level ◆◆◆

2016 2013 2010

实例 特殊符号的插入

在编辑文档过程中，经常需要插入一些通过键盘无法输入的特殊字符，例如，数字序数、拼音符号等，下面对其进行介绍。

❶ 功能区命令输入法。将鼠标光标定位至需插入符号处，单击“插入”选项卡上“符号”按钮，从列表中选择合适的符号。

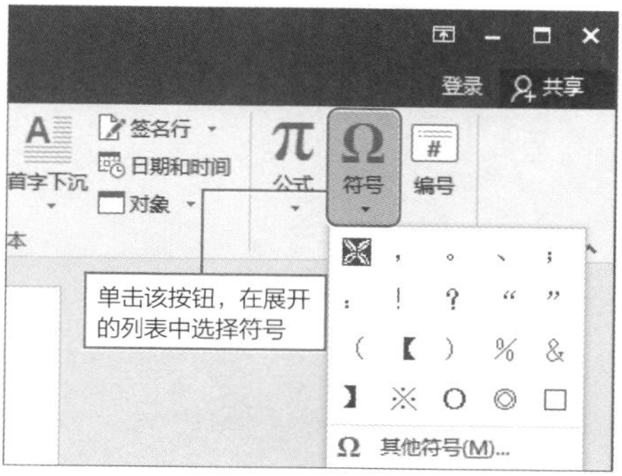

❷ 也可以选择“其他符号”选项，打开“符号”对话框，选择一种合适的符号，单击“插入”按钮。

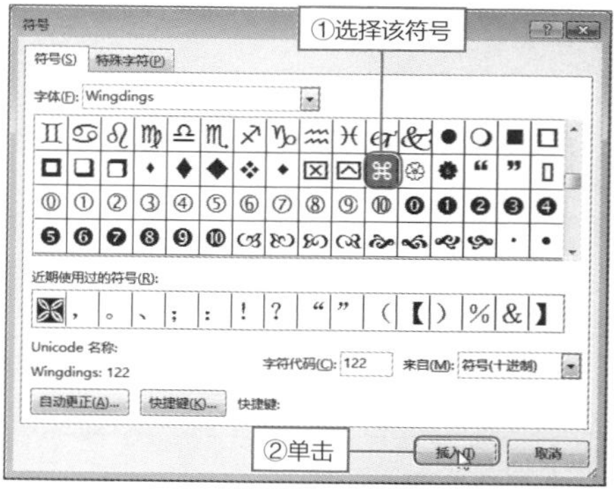

❸ 通过输入法插入符号。右击图标，在弹出的菜单中选择“表情&符号”选项，从展开的列表中选择“符号大全”选项。

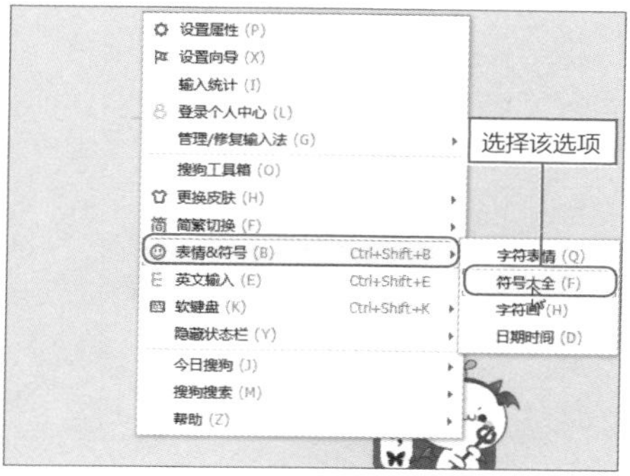

❹ 打开“搜狗拼音符号大全”窗格，选择一种合适的分类，然后在字符上单击，即可将其插入至文档。

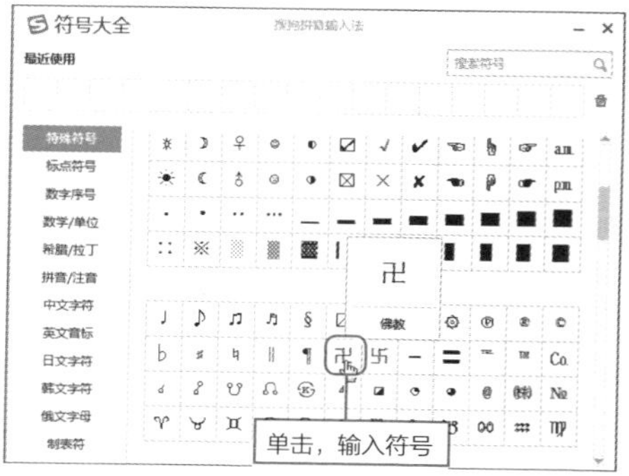

Question

067 插入试卷填空题下划线有绝招

语音视频教学067

● Level ◆◆◆

2016 2013 2010

实例	通过查找和替换功能制作试卷填空题

在编写试卷时，经常会制作填空题，那么在填空的位置就需用下划线来标识，若逐一输入下划线比较麻烦，此时，可以尝试使用查找和替换功能来实现。

效果对比

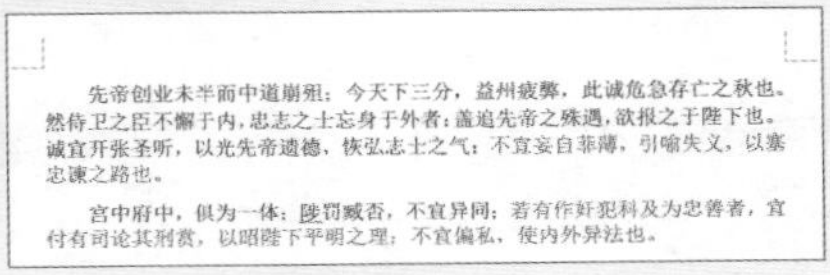
先帝创业未半而中道崩殂；今天下三分，益州疲弊，此诚危急存亡之秋也。然侍卫之臣不懈于内，忠志之士忘身于外者：盖追先帝之殊遇，欲报之于陛下也。诚宜开张圣听，以光先帝遗德，恢弘志士之气：不宜妄自菲薄，引喻失义，以塞忠谏之路也。

宫中府中，俱为一体：陟罚臧否，不宜异同：若有作奸犯科及为忠善者，宜付有司论其刑赏，以昭陛下平明之理：不宜偏私，使内外异法也。

未插入下划线之前效果

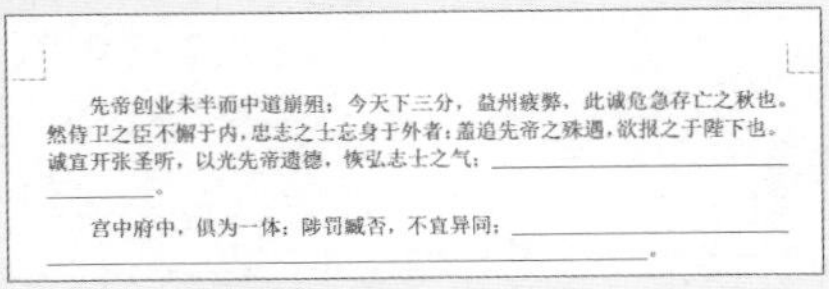
先帝创业未半而中道崩殂；今天下三分，益州疲弊，此诚危急存亡之秋也。然侍卫之臣不懈于内，忠志之士忘身于外者：盖追先帝之殊遇，欲报之于陛下也。诚宜开张圣听，以光先帝遗德，恢弘志士之气：________________。

宫中府中，俱为一体：陟罚臧否，不宜异同：________________。

插入下划线的效果

1 按Ctrl+H组合键，打开“查找和替换”对话框，插入点置于“查找内容”文本框中，单击“格式”按钮，选择“字体”选项。

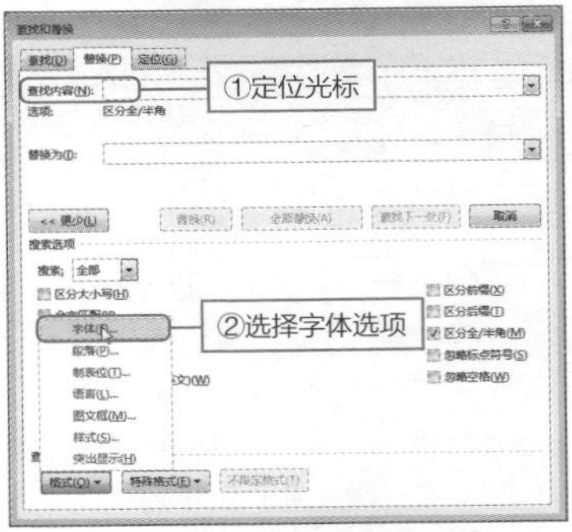

2 打开“查找字体”对话框，设置字体格式为中文字体、小四、红色，单击“确定”按钮。

3 设置“替换为”字体颜色为白色，显示下划线且颜色为黑色，确定后返回上一级对话框，单击“全部替换”按钮即可。

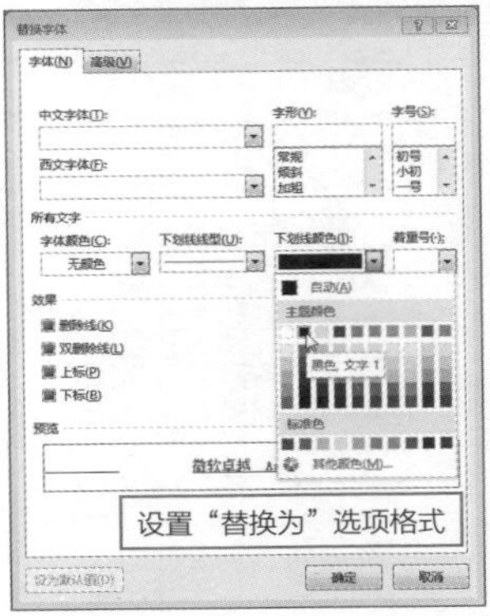

Question

068

● Level ◆◆◆

2016 2013 2010

制作具有信纸效果的文档

语音视频教学068

实例　稿纸功能的应用

通过使用稿纸功能，用户可以创建出模拟各种信纸效果的文档，例如，方格信纸、行线式信纸等，下面将对其进行介绍。

1. 打开文档，切换至“布局”选项卡，单击“稿纸设置”按钮。

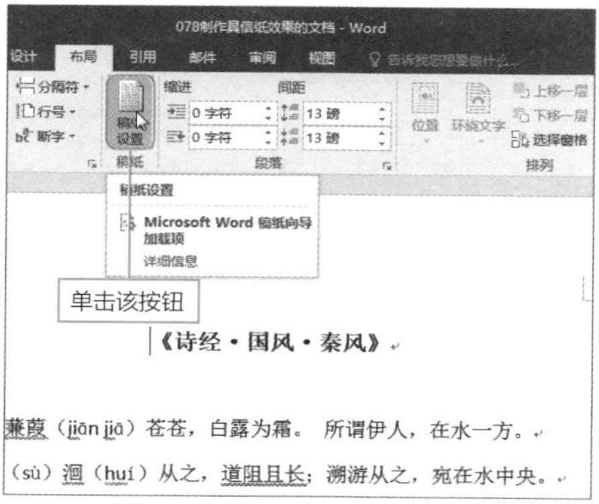

2. 打开“稿纸设置”对话框，单击“格式”按钮，从列表中选择“行线式稿纸”选项。

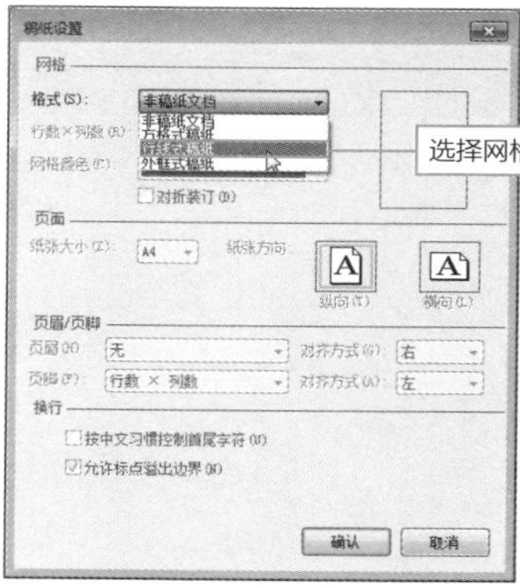

3. 单击“网格颜色”按钮，从列表中选择合适的颜色。

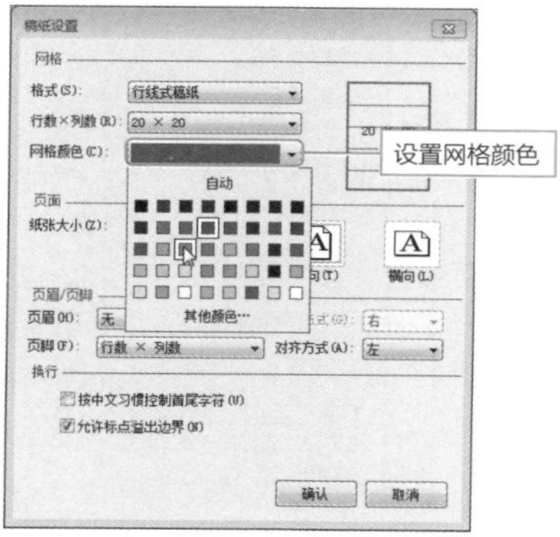

4. 随后对其他选项进行设置，设置完成后，单击“确定”按钮即可。

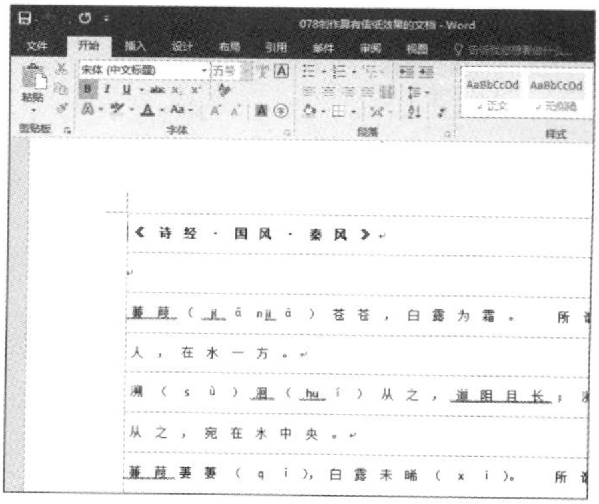

Question 069

为文档加上漂亮的花边

语音视频教学069

● Level ◆◆◆

2016 2013 2010

实例 为文档添加边框

为了增加页面的美观性，可以为其添加漂亮的边框，下面介绍如何添加页面边框。

❶ 打开文档，切换至“设计”选项卡，单击“页面边框”按钮。

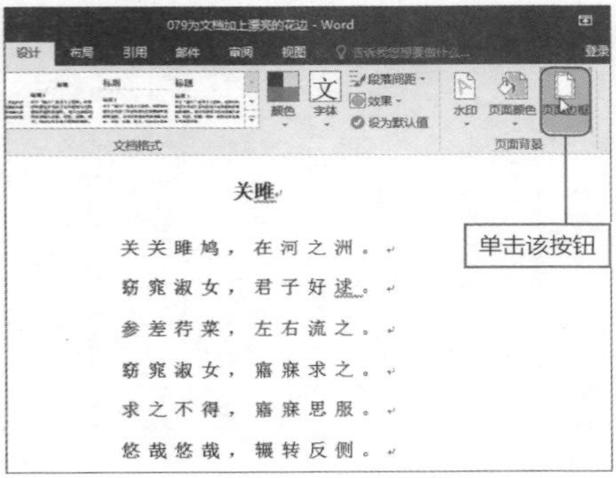

❷ 打开“边框和底纹”对话框，设置页面边框为“方框”，选择合适的艺术型。

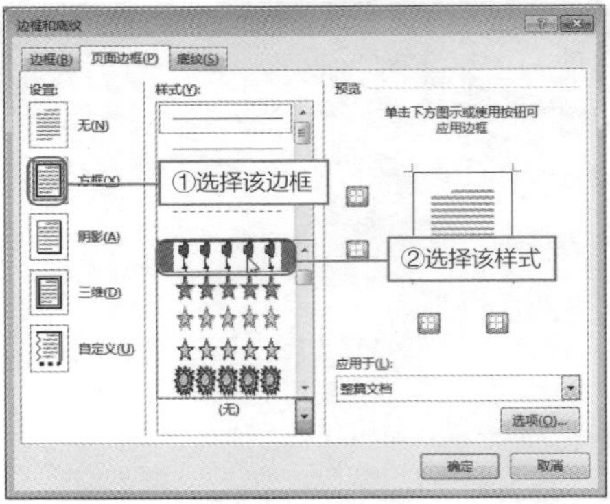

❸ 单击“应用于”按钮，从列表中选择“本节”选项。

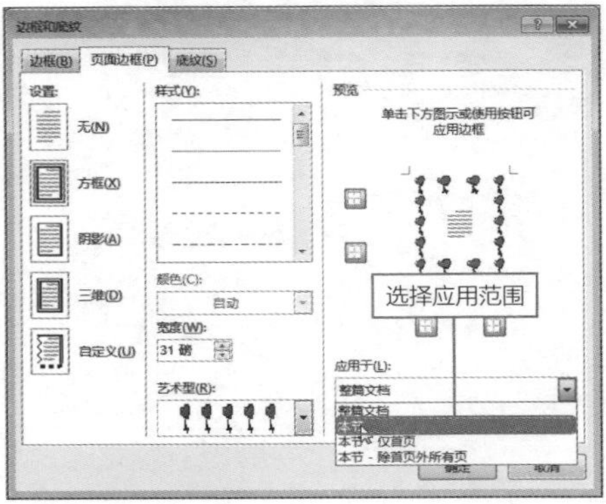

❹ 设置完成后，单击“确定”按钮，关闭对话框即可。

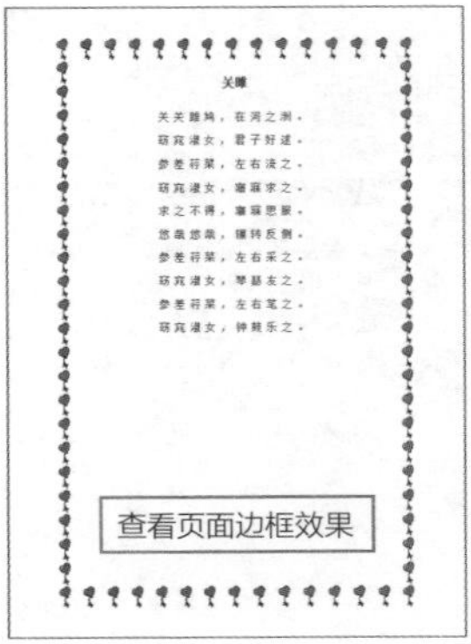

Question 070

● Level ◆◆◆

2016 2013 2010

为文档添加漂亮的封面

语音视频教学070

实例	封面的插入

当文档包含多页内容时，若需要将文档打印出来，可以为其添加一个漂亮的封面，方便文件的归类和查阅，下面介绍如何添加封面的操作。

❶ 打开文档，单击“插入”选项卡上的“封面”按钮。

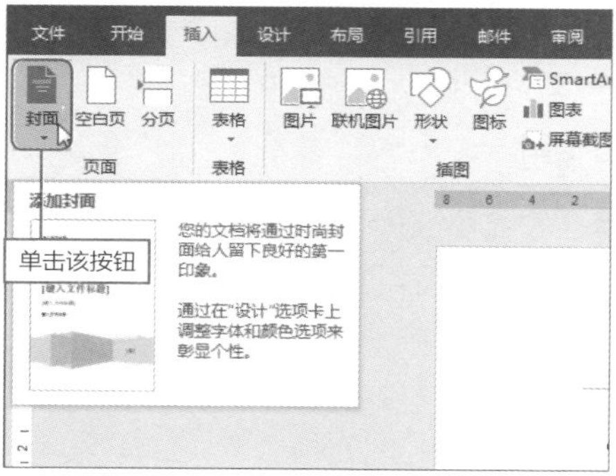

❷ 展开封面列表，从列表中选择合适的封面即可，这里选择“怀旧”选项。

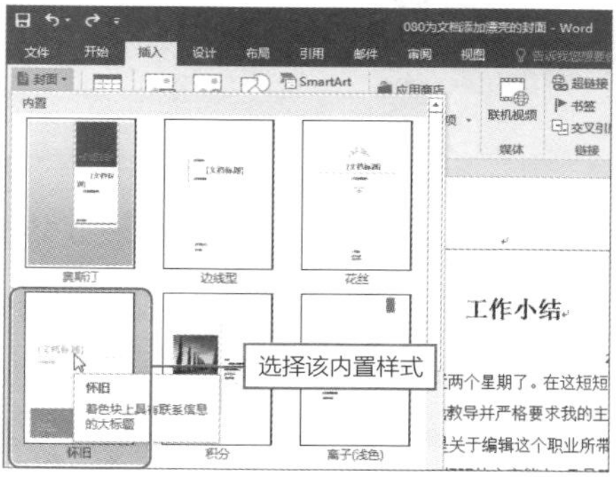

❸ 将插入所选类型的封面。

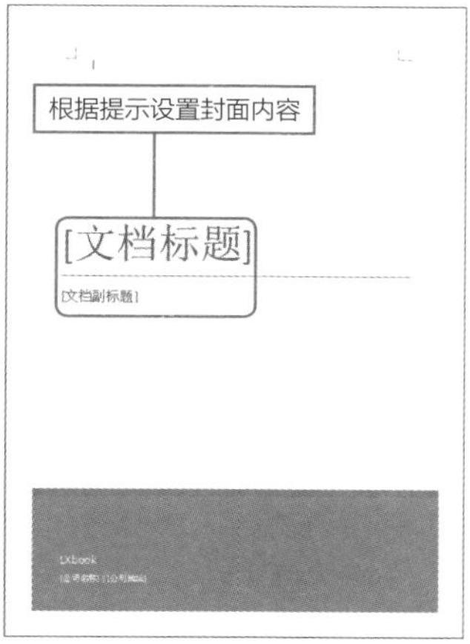

❹ 根据提示在封面的相应位置输入文字，若想要删除封面，执行“插入>封面>删除当前封面”命令即可将其删除。

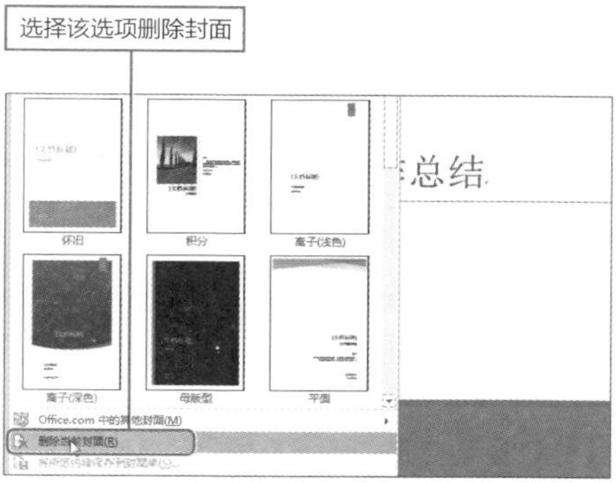

第3章 071~083

长文档的编辑技巧

- 多级列表应用体验
- 增添新多级列表很简单
- 快速保存多级列表
- 轻松创建列表样式
- 将多级列表绑定到文档样式
- 利用模板功能创建特殊文件
- 套用文件范本

Question 071

Level ◆◆◆

2016 2013 2010

多级列表应用体验

语音视频教学071

实例 应用多级列表功能

Word多级列表是在段落缩进的基础上使用Word格式中项目符号和编号菜单的多级列表功能，使用它可自动地生成最多达九个层次的符号或编号，用于为列表或文档设置层次结构。

最初效果

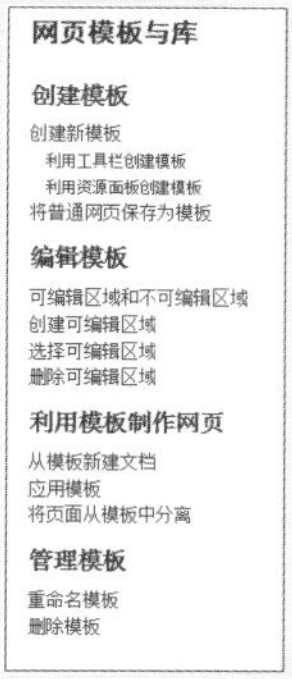

最终效果

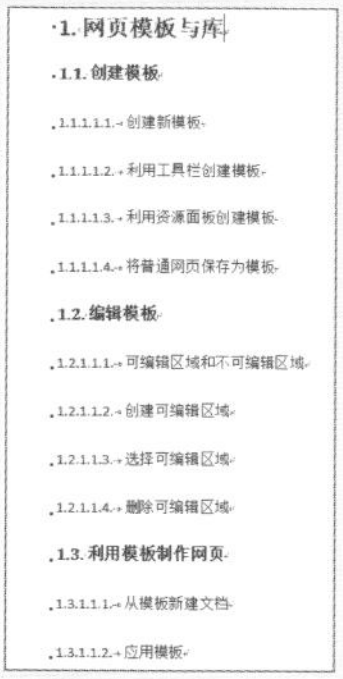

应用多级列表效果

❶ 打开文档，通过“开始”选项卡上“样式”列表中的命令，为所有各标题按需设置大纲级别。

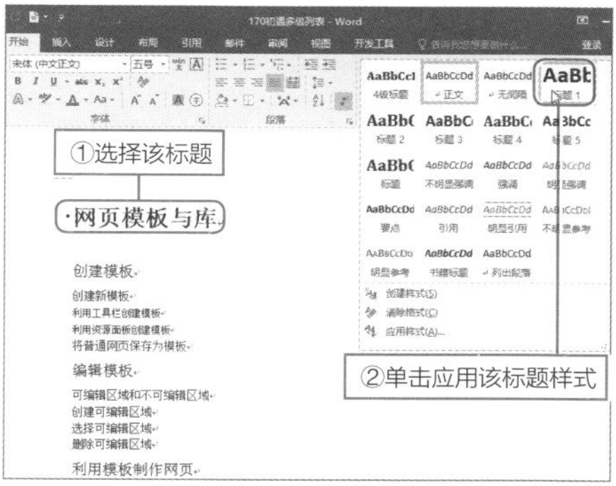

❷ 若需要进一步对段落格式进行设置，可打开“段落”对话框，在“缩进和间距”选项卡为各标题设置合适的段落格式。

❸ 选中所有标题，执行“开始>多级列表”命令，在展开的列表中选择一种合适的列表样式即可。

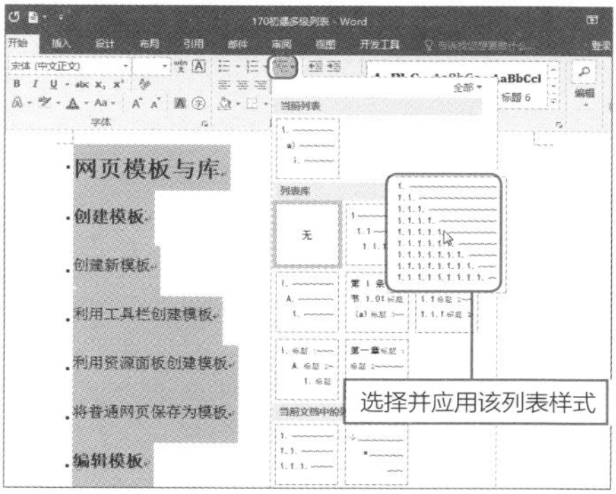

Question 072

增添新多级列表很简单

语音视频教学072

• Level ◆◆◆

2016 2013 2010

实例 创建多级列表

假设对给定的多级编号不满意，或者想要在现有编号的基础上进行修改，都需要创建一个新的多级列表，那么该如何进行设置呢？

最终效果

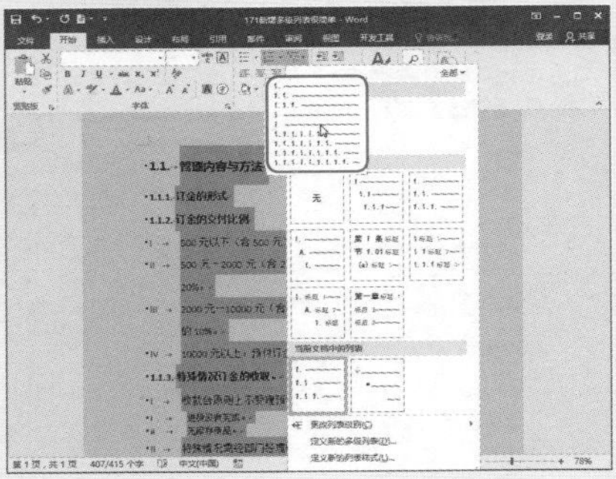

创建新多级列表效果

❶ 执行“开始>多级列表>定义新的多级列表”命令。

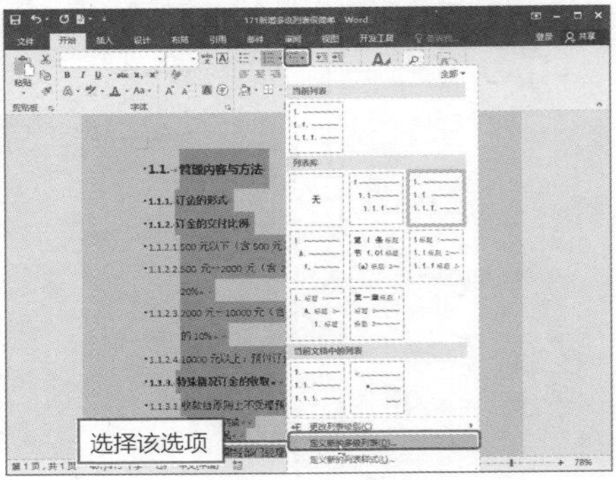

❷ 打开“定义新多级列表”对话框，选择修改的级别为“4”，删除编号格式，然后打开“此级别的编号样式”列表，选择合适的编号样式。

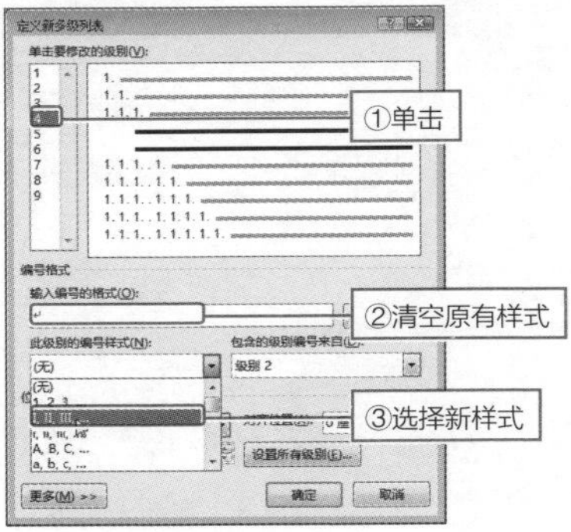

❸ 按照同样的方法，修改5级编号格式和样式，然后通过“对齐位置”数值框分别调整各级别位置，设置完成后，单击“确定”按钮即可。

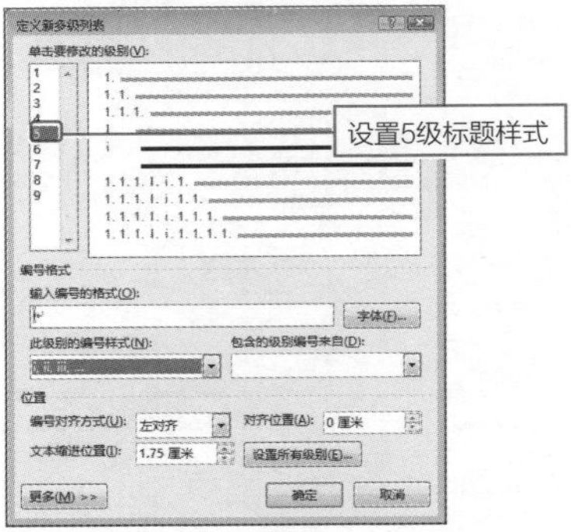

Question 073

● Level ◆◆◆

2016 2013 2010

快速保存多级列表

语音视频教学073

实例　新建多级列表的保存

假设我们在文档中创建了一个满意的多级列表，而其他文档又需要用到这个多级列表，可以将当前多级列表保存到列表库中，这样就可以在以后的工作中无需创建即可轻松使用该列表了。

1 打开包含多级列表的文档，单击“开始”选项卡上的“多级列表”按钮。

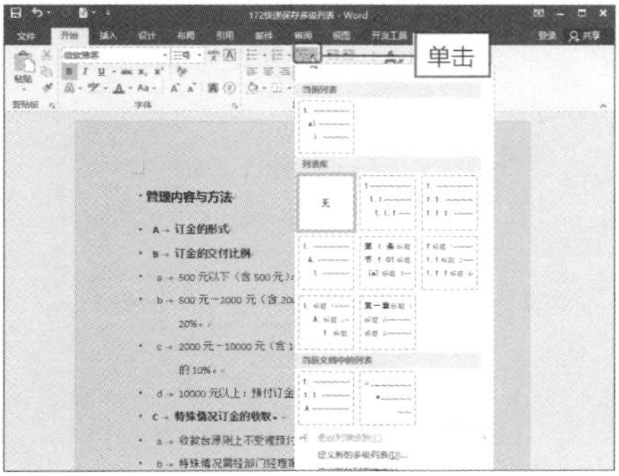

2 在需要保存的多级列表上右击，从快捷菜单中选择“保存到列表库”命令。

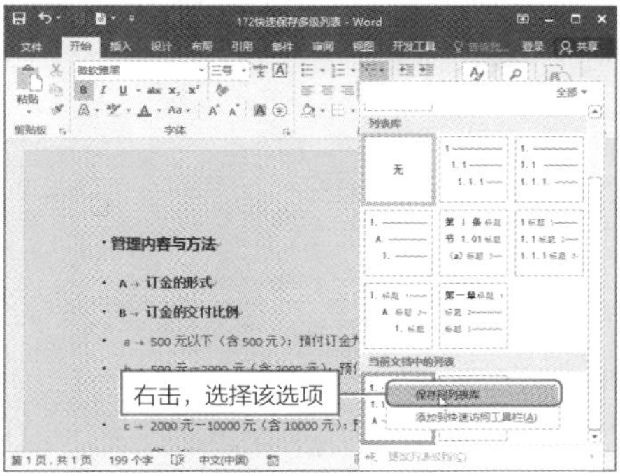

3 再次执行“开始>多级列表”命令，可以在打开列表中的“列表库”选项，看到保存的多级列表。

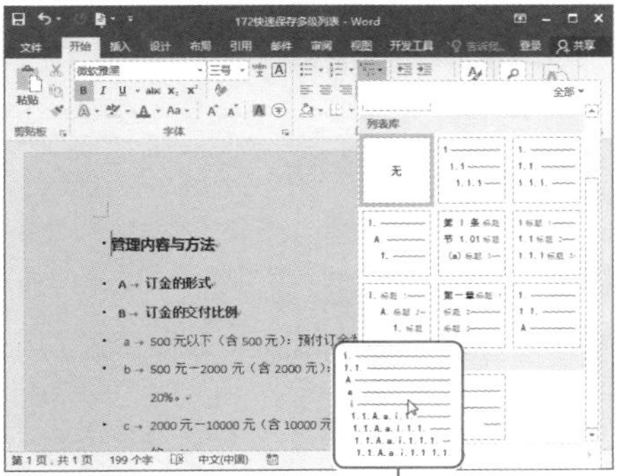

查看保存的多级列表样式

Hint

如何删除不需要的多级列表?

在该多级列表上右击，选择“从列表库中删除”命令即可。

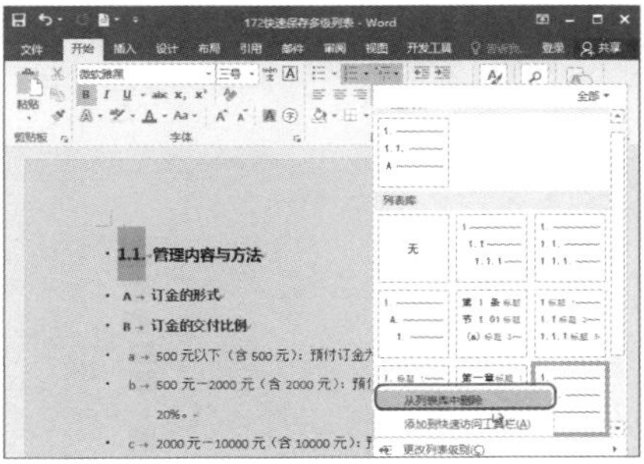

Question

074 轻松创建列表样式

语音视频教学074

● Level ◆◆◆

2016 2013 2010

实例 列表样式的创建

列表样式听起来和多级列表迥然不同，但是其本质却相差不多。下面将对列表样式的创建操作进行介绍。

❶ 打开文档，执行“开始>多级列表>定义新的列表样式”命令。在打开的对话框中选择需要应用格式的级别。

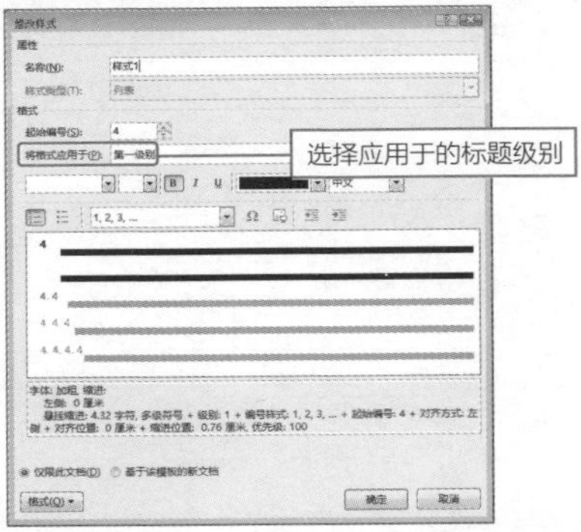

❷ 随后设置“起始编号”为4，加粗显示。按照同样的方法，设置其他级别的编号样式。

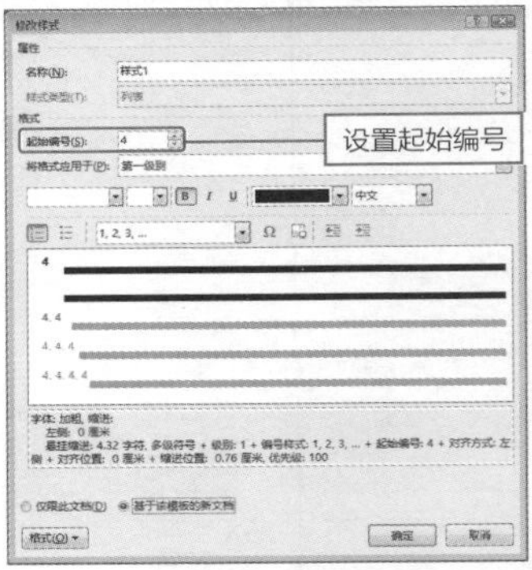

❸ 设置完成后，单击“确定”按钮，关闭对话框，打开“多级列表”菜单，可以在“列表样式”分类中看到新建的样式。

Hint

如何将新定义的列表样式保存到模板

在“定义新列表样式”对话框中的底部，有一个“基于该模板的新文档”单选按钮，选中该单选按钮，就可以将该列表样式保存到当前文档所用的模板中。

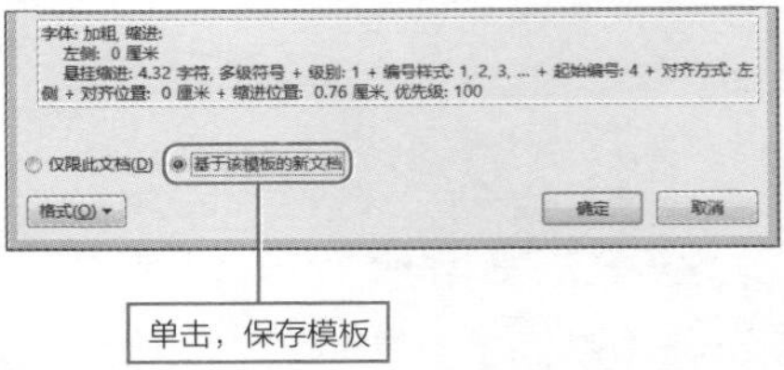

Question
075

● Level
◆◆◆

2016 2013

将多级列表绑定到文档样式

语音视频教学075

实例　多级列表与样式的绑定

为文档各标题设置多级编号前，必须对这些标题设置合适的大纲级别，也可以为标题套用内置的标题样式，但是这些样式不会带编号。

最初效果

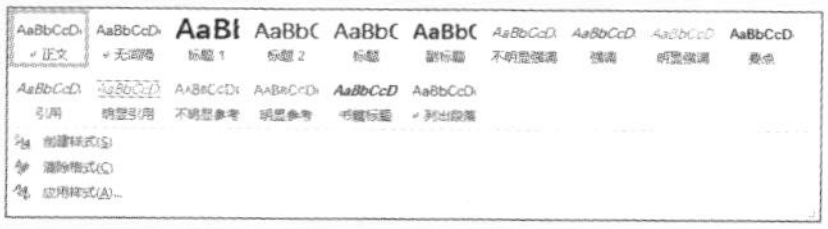

绑定前“样式”列表显示效果

最终效果

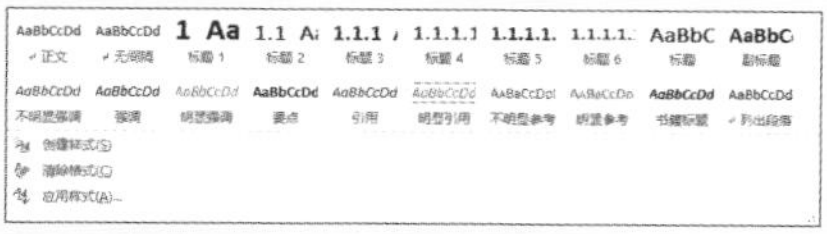

绑定后“样式”列表显示效果

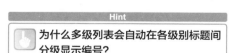

1 执行“开始>多级列表>定义新的多级列表”命令。打开相应的对话框，从中单击“更多”按钮。

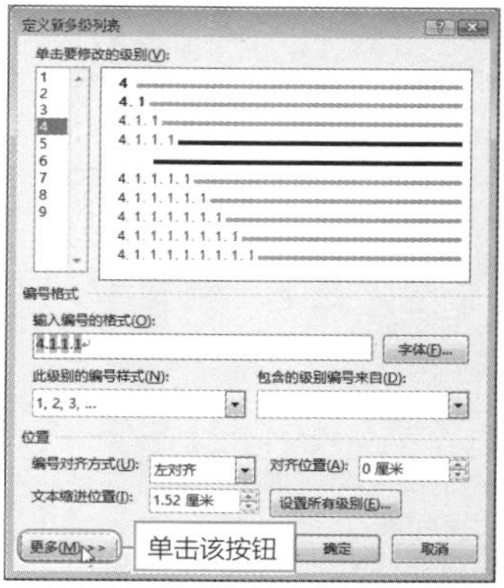

2 选择需要修改的级别后，单击“将级别链接到样式”按钮，从列表中选择需要连接到的级别即可。

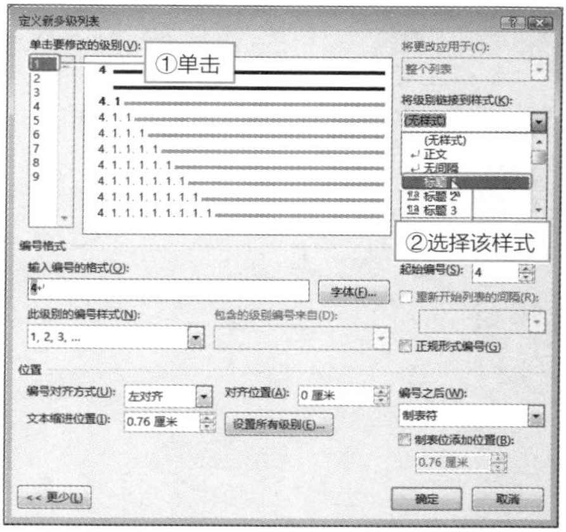

Hint

为什么多级列表会自动在各级别标题间分级显示编号?

这是由于在“定义新多级列表”对话框中默认勾选了“重新开始列表的间隔”选项所致。选中该选项，就会使系统在编号时，只要文档中出现的编号级别小于上一级别，就会从头开始编号。

Question

076 利用模板功能创建特殊文件

语音视频教学076

Level ◆◆◆

2016 2013

实例 文档模板的使用

在工作中，用户经常会需要制作一些特殊的文档，例如，简历、商业传单、生日海报、感谢卡、商业信函等。如果手动创建，会花费太多精力和时间，可以通过Word 2016内置的模板快速创建。

最初效果

利用模板创建活动宣传单效果

最终效果

利用模板创建邀请函效果

1 使用内置模板。执行“文件>新建”命令，在右侧模板列表中选择“活动宣传单”选项。

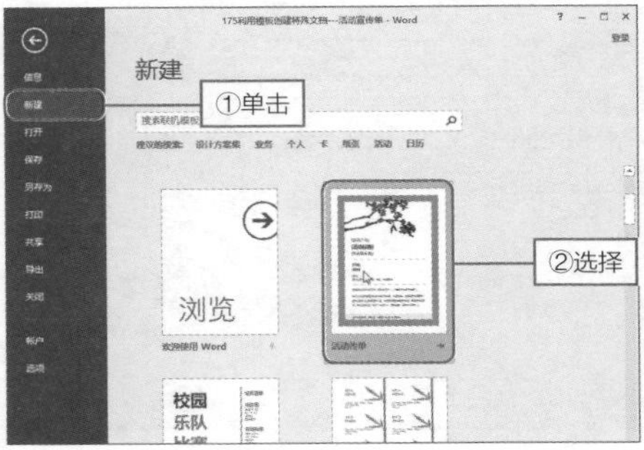

2 弹出一个预览窗口，窗口右侧包含对该模板说明信息，单击“创建”按钮。

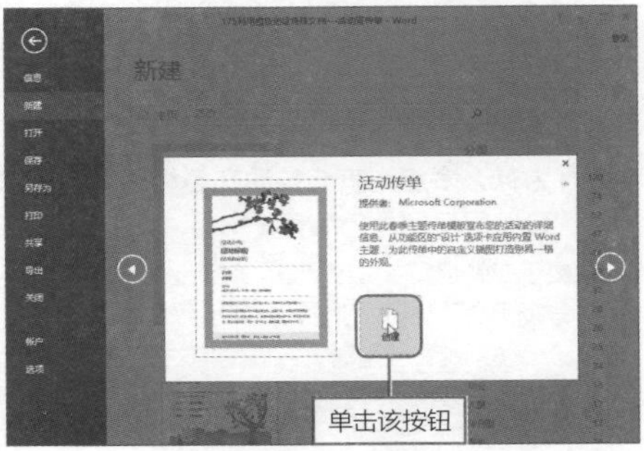

3 打开该模板，根据提示信息，按需输入文本，即可完成该文档的创建。

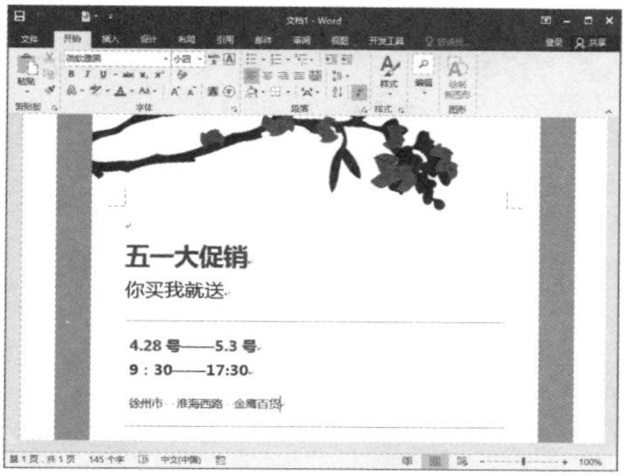

4 使用联机模板。在搜索框中输入“邀请函”，单击右侧“开始搜索”按钮。

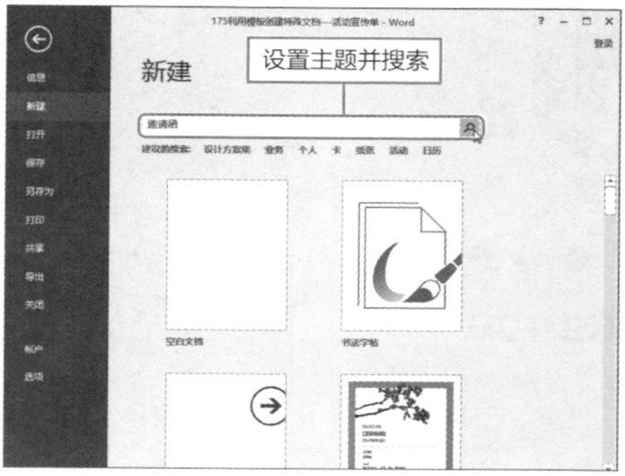

5 在列表中选择合适的模板，然后单击预览窗口中的“创建”按钮。

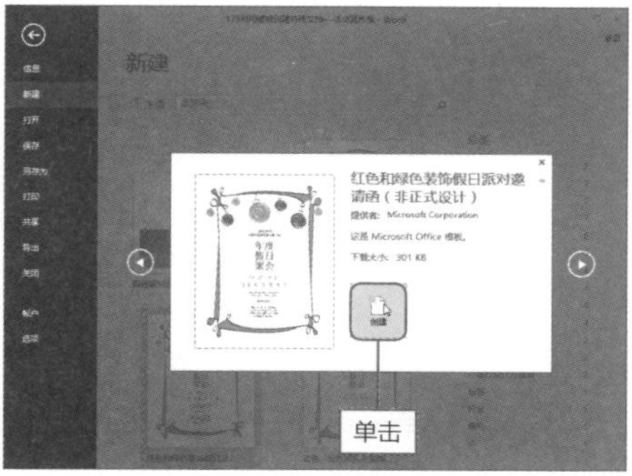

6 下载模板完成后，根据需要在模板中输入必要信息，单击“保存”按钮。

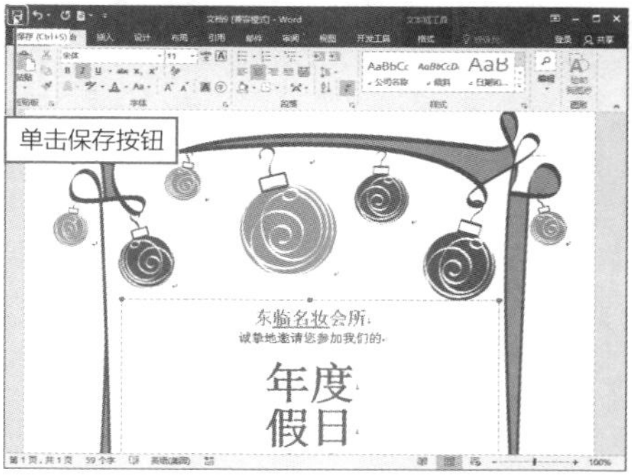

7 自动选择“另存为”选项，在“最近访问的文件夹”列表中选择合适的文件夹。

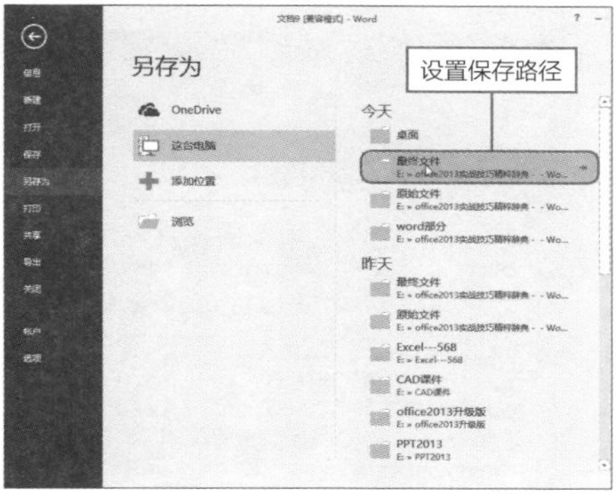

8 打开“另存为”对话框，输入文件名，单击“保存”按钮进行保存即可。

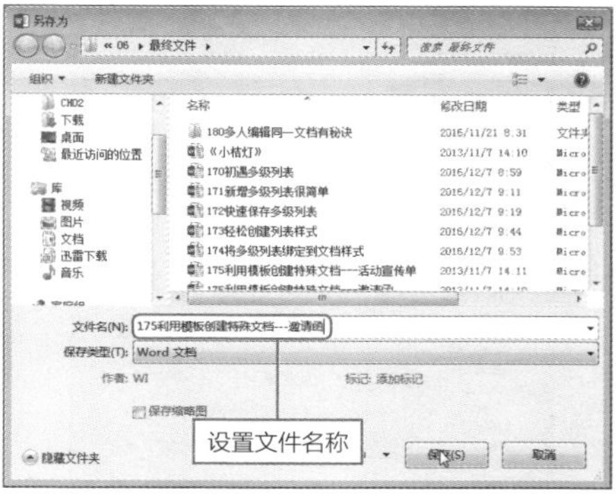

Question

077 套用文件范本

语音视频教学077

Level ◆◆◆

2016 2013

实例 自定义模板的操作

在文档中设置了文档样式后，若想要将新文档设置为相同的样式，则可以使用模板功能，该功能可以快速将多个文档设置为相同的样式，其具体操作介绍如下。

1 打开文档，选择文档标题，在“开始”选项卡上“样式”列表中的样式上右击，然后选择“修改”命令。

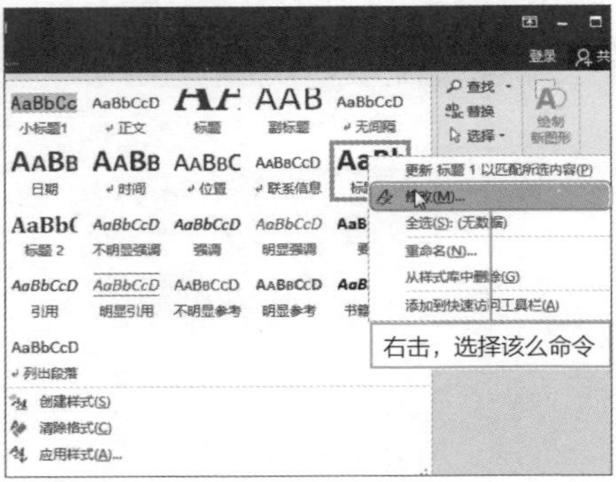

2 打开“修改样式”对话框，按需更改标题的字体、字号和颜色。

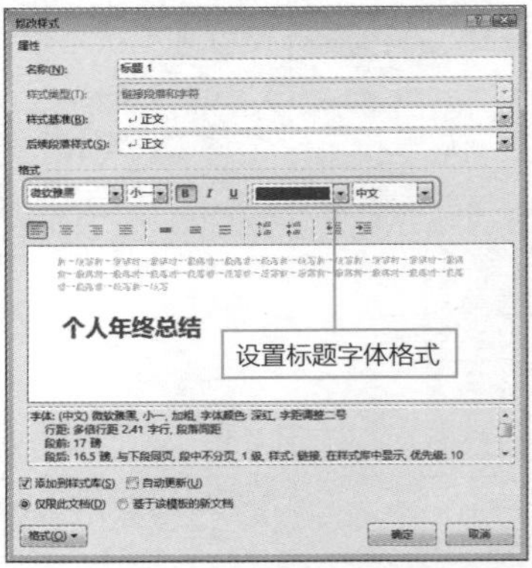

3 单击左下角的“格式”按钮，从列表中选择“段落”选项。

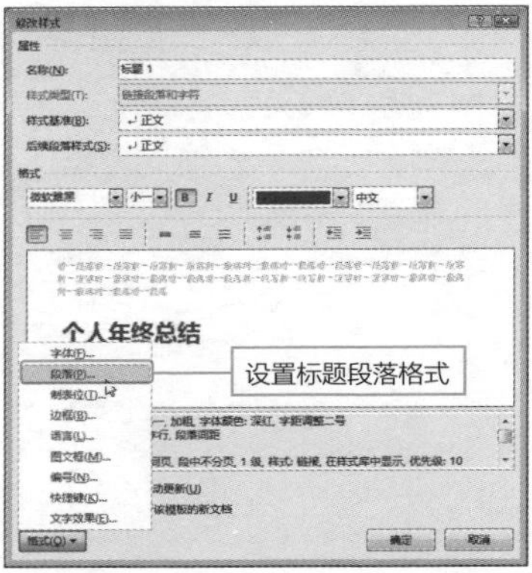

4 打开“段落”对话框，在“间距”选项，设置文本的段前、段后以及行间距，然后单击“确定”按钮。

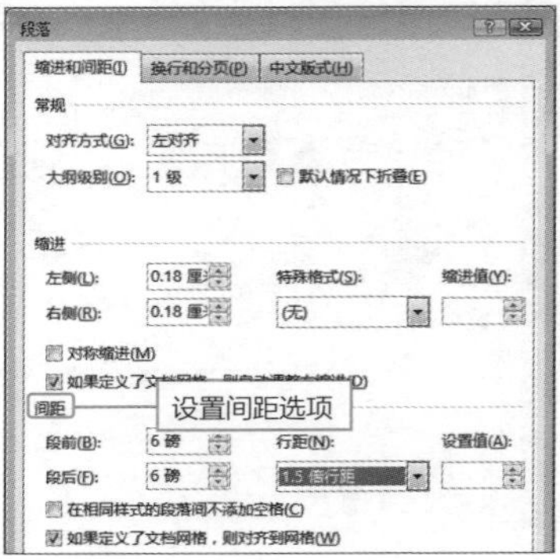

5 返回“修改样式”对话框，单击“确定”按钮，按照同样的方法修改其他标题的样式。

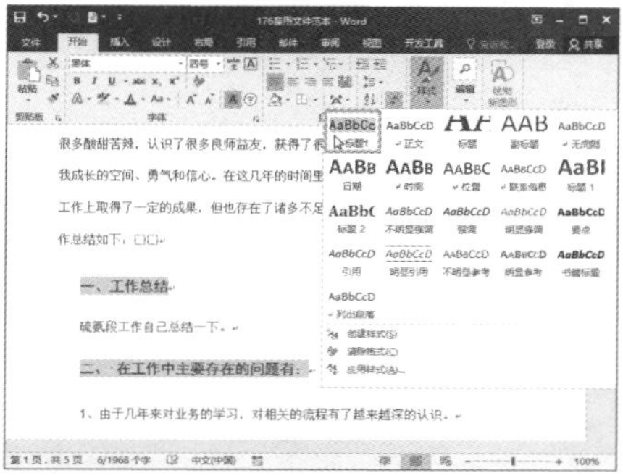

6 切换至“设计”选项卡，单击“页面颜色”按钮，从列表中选择合适的颜色作为整个文档的背景色。

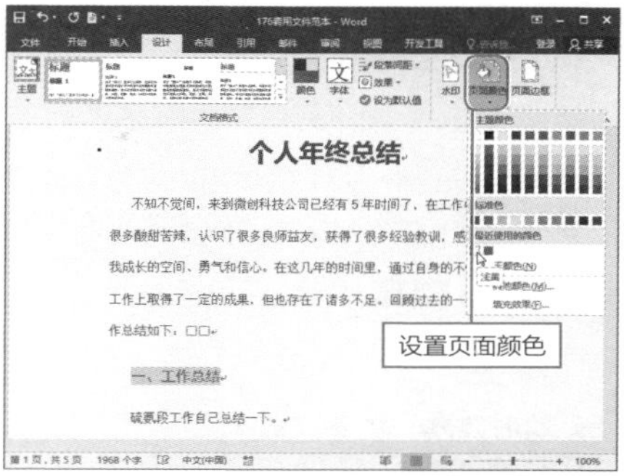

7 执行“文件>另存为”命令，选择“这台电脑”选项，然后选择“当前文件夹”下的文件夹。

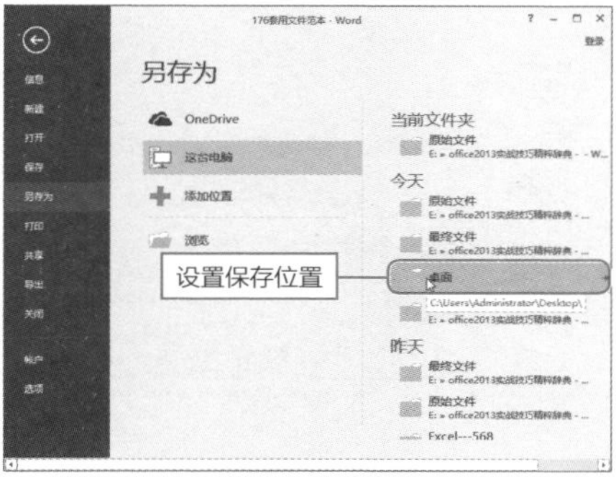

8 打开“另存为”对话框，单击“保存类型”下拉按钮，从列表中选择“Word模板”选项。

9 将该模板重新命名，单击“保存”按钮进行保存。

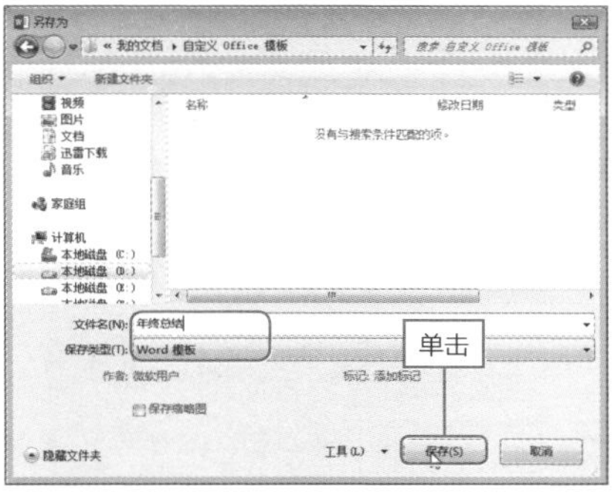

10 双击保存的模板将其打开，用户只需对文档的内容稍加修改即可创建新文档。

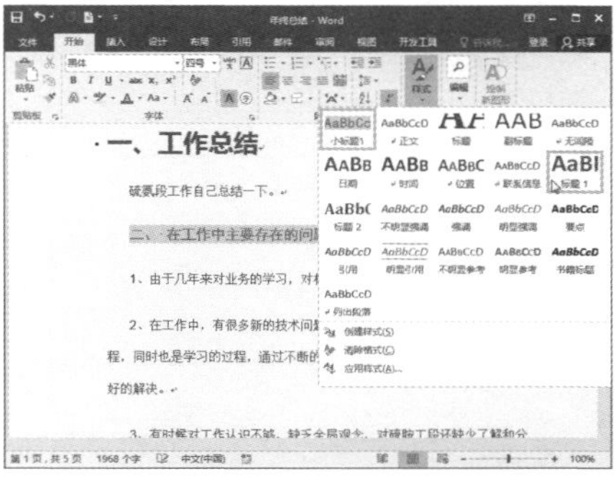

Question

078

为Word范本加密

语音视频教学078

实例 为文档模板设置打开密码和修改密码

• Level ◆◆◆

2016 2013 2010

假设用户经常需要用到某一文档模板，但是该模板中包含大量机密信息，就需要为该模板设置密码保护，下面对其进行介绍。

1 打开文档，执行“文件>另存为”命令，单击“浏览”按钮。

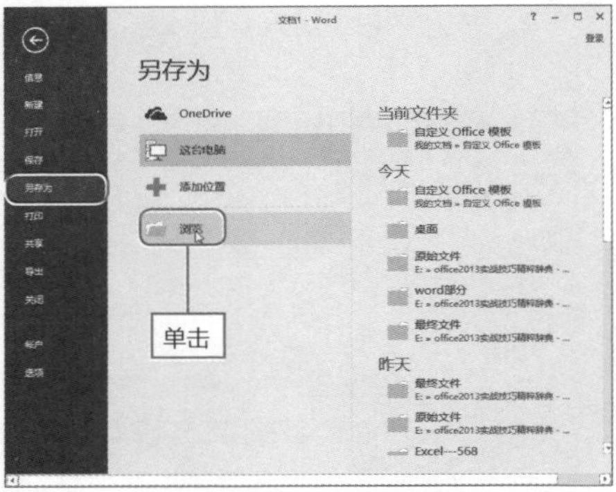

2 打开“另存为”对话框，设置保存类型和文件名，单击“工具”按钮，选择“常规选项”选项。

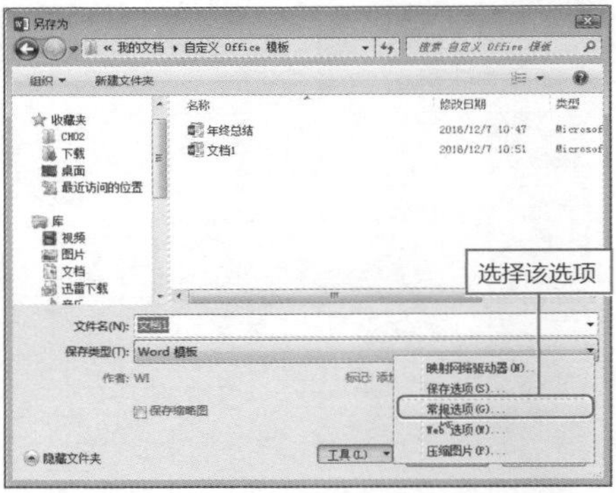

3 打开“常规选项”对话框，在“打开文件时的密码”和“修改文件时的密码”文本框中输入密码“123”，单击“确定”按钮。

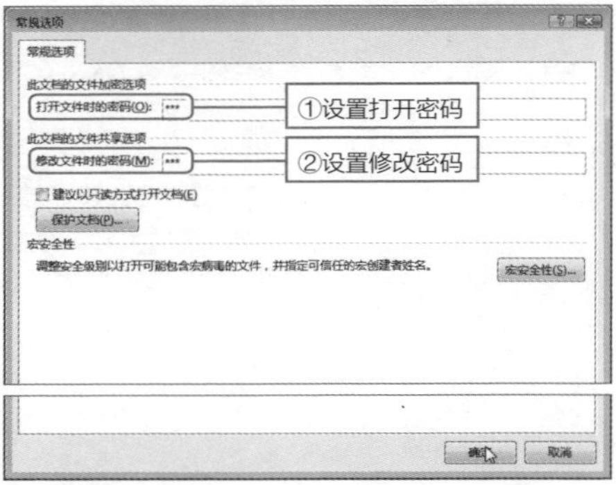

4 打开“确认密码”对话框，输入密码确认后，返回“另存为”对话框，单击“保存”按钮进行保存即可。

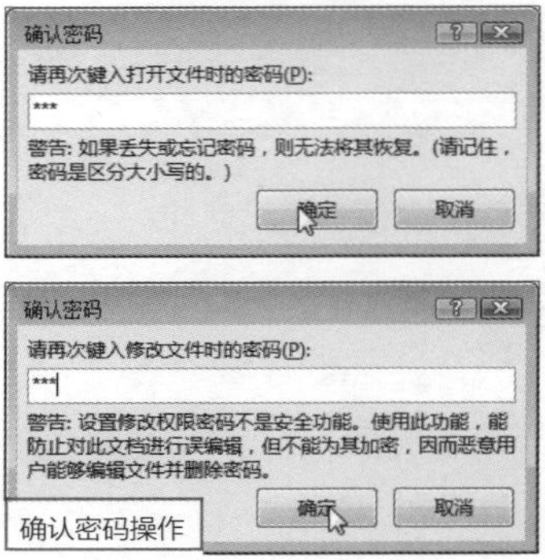

Question
079

● Level ◆◆◆

2016 2013

让样式随模板而更新

语音视频教学079

实例	自动更新文档样式设置

创建文档后，若想要应用模板中的文档格式，但又不想应用模板的页面设置，则可以通过下面的操作来实现。

1 在“Word选项”对话框中，勾选“开发工具”选项使其显示。随后单击该选项卡上的“文档模板”按钮。

2 打开“模板和加载项”对话框，单击“文档模板”选项下的“选用”按钮。

3 打开“选用模板”对话框，选择需要应用样式的模板，单击“打开”按钮。

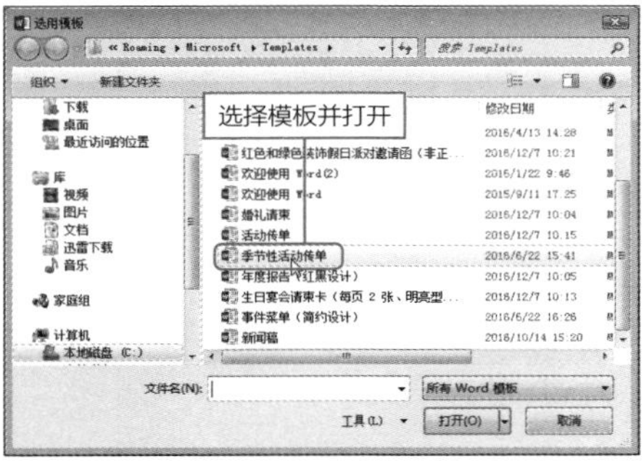

4 打开“模板和加载项”对话框，勾选“自动更新文档样式”选项并确定即可。

Question 080

快速定位Normal模板

语音视频教学080

● Level ◆◆◆

2016 2013

实例 查找文档使用模板所在位置

Normal模板是Word的默认模板，由自动图文集词条、样式、宏命令、组合键、工具栏等排版工具组成。新文档的样式都以Normal模板为基础，下面介绍如何查找Normal模板的位置。

1 执行“文件>选项>高级”命令，单击“常规”选项组下的“文件位置”按钮。

2 打开“文件位置”对话框，选择“用户模板”选项，单击“修改”按钮。

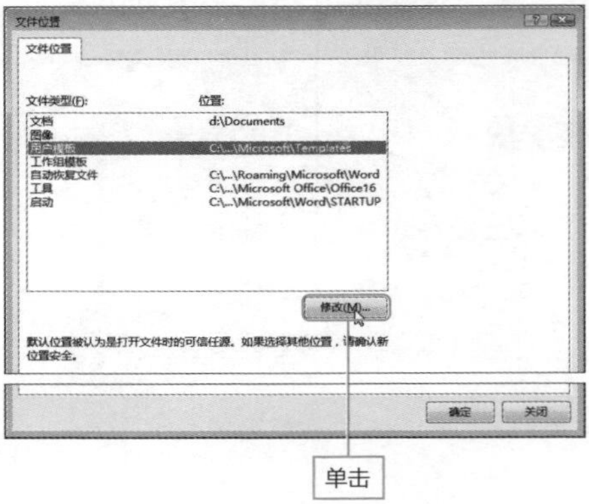

3 打开“修改位置”对话框，在空白处右击，选择“属性”命令。

4 打开“Templates属性”对话框，在“常规”选项卡中的“位置”右侧文本框中，显示模板文件的地址。

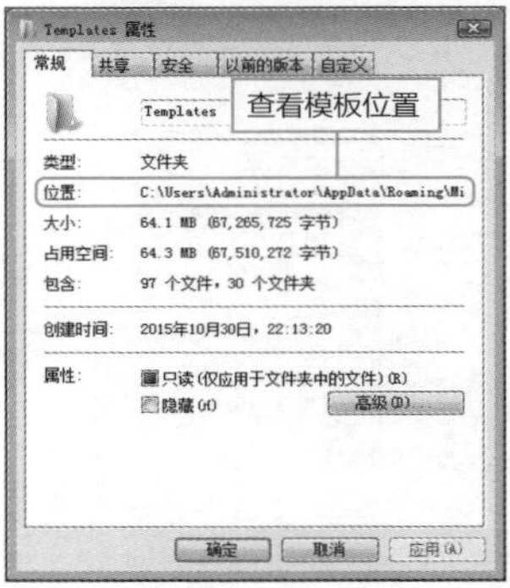

Question 081

多人同时编辑一个文档有秘诀

语音视频教学081

Level ◆◆◆

2016 2013 2010

实例　多人同时编辑一篇长文档

在实际生活中，很多工作都不是一个人能够独立完成的，需要和同事一起相互协作完成，下面介绍如何让多个人同时编辑一个文档的操作。

1. 打开文档，通过“开始”选项卡中“样式”组的命令，对文档的各标题的大纲级别进行设置。

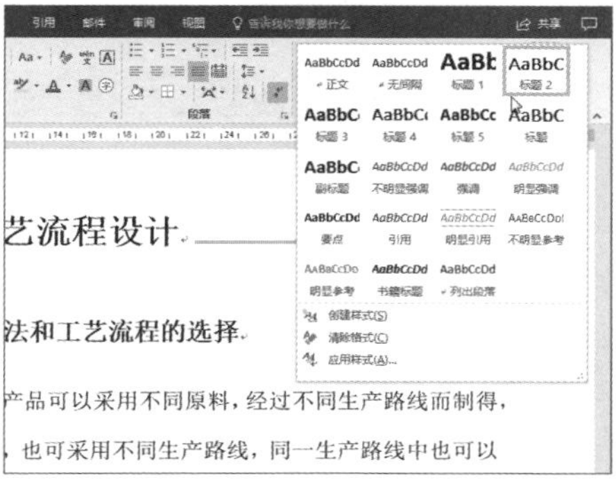

2. 设置后，切换至“视图”选项卡，单击“大纲视图”按钮，进入大纲视图模式。

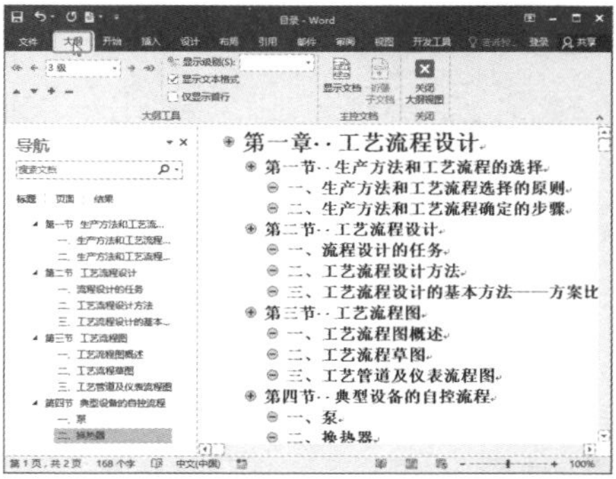

3. 单击“大纲”选项卡上的“显示文档”按钮，选择目录中需要拆分的内容。

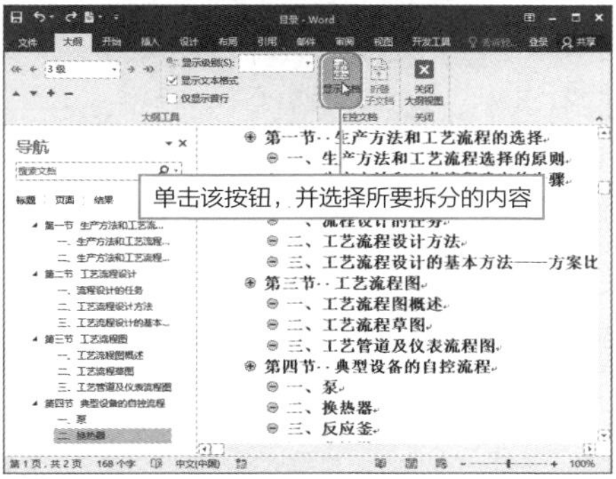

4. 单击“创建”按钮，系统将根据标题级别自动拆分成多个文档。

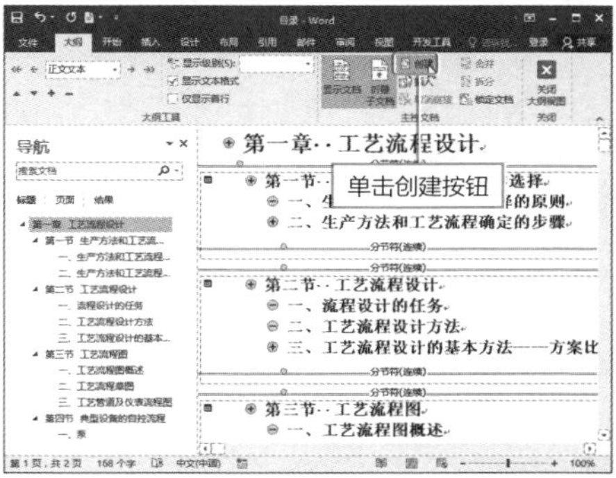

1 2 3 4 5 6 7 8 9 10 11 12 13 14 15 16 17 18 长文档的编辑技巧

5 拆分完成后，执行“文件>另存为”命令，将文档保存在目录所在文件夹中。

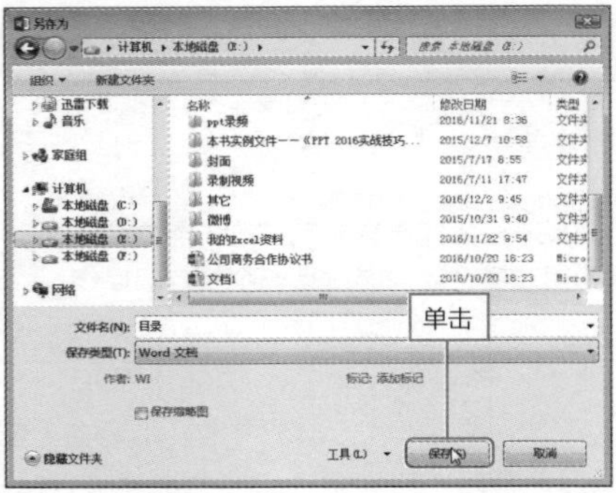

6 打开目录所在的文件夹，可以看到一个主文档和几个子文档。

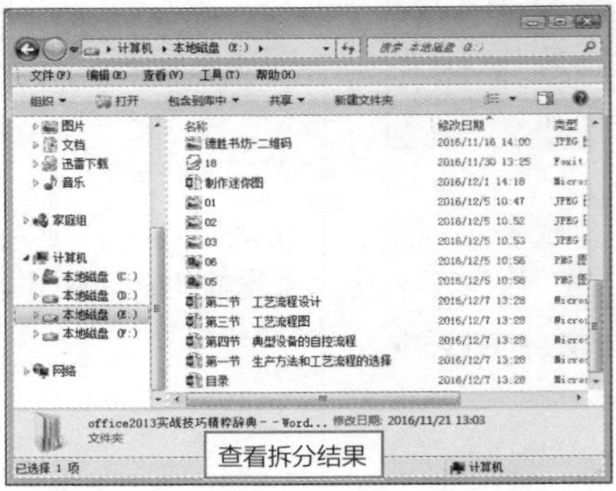

7 用户可将子文档分别发送给同事进行编辑，编辑完成后将其保存即可。

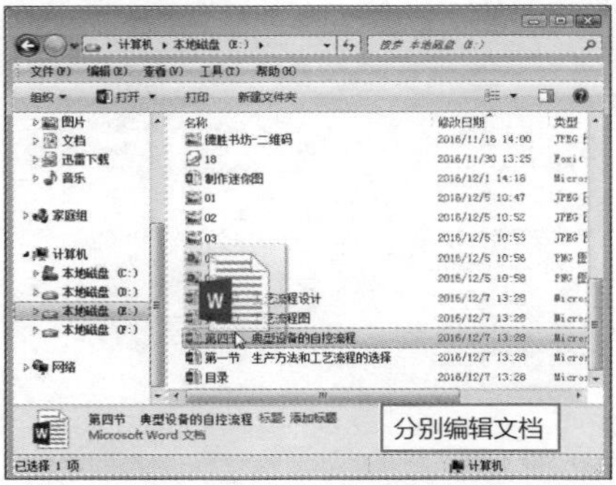

8 若需要查看子文档内容，只需打开主文档，在文档中会显示子文档链接地址，按住Ctrl键同时单击该地址可打开子文档。

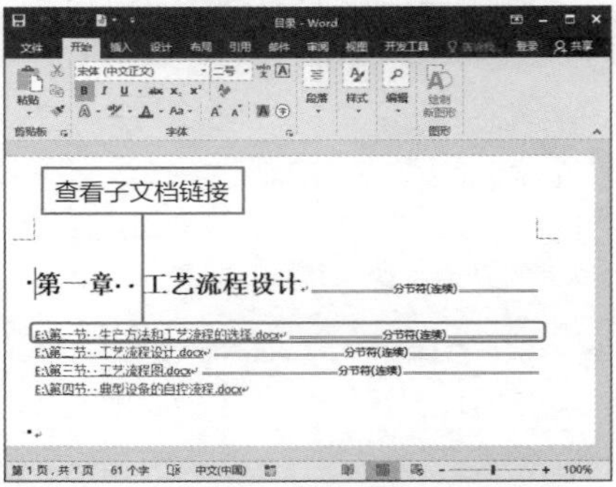

9 当子文档全部编辑完成后，单击“展开子文档”按钮，然后单击“取消链接”按钮，可在当前文档显示所有子文档内容，执行“文件>另存为”命令保存即可。

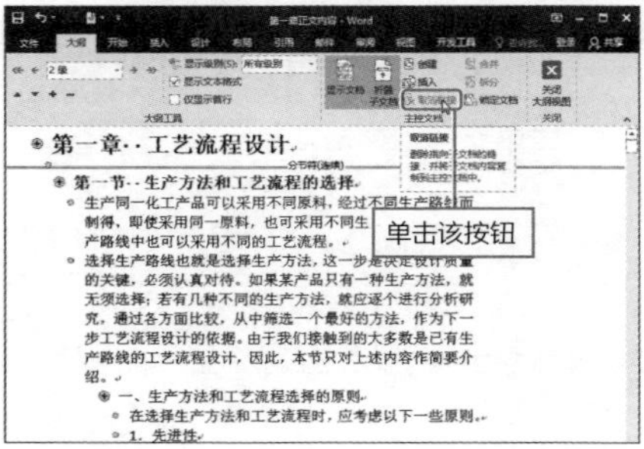

Hint

拆分子文档时的注意事项

拆分子文档是以设置的标题样式作为拆分点，并默认以首行标题作为子文档的名称。

若想自定义子文档名，可在第一次保存主文档前，双击框线左上角的图标打开子文档，在打开的Word窗口中单击“保存”按钮即可自由命名保存子文档。

在保存主文档后，子文档就不能再改名或移动了，否则主文档会因为找不到子文档而无法显示。

Question 082

Level ◆◆◆

2016 2013 2010

多个文档的合并

语音视频教学082

实例	将多个文档合并为一个文档

假设用户想要将分为多个部分保存的文档合并到一个文档中，可以通过插入对象的方法来实现，下面对其进行介绍。

1 在进行文档合并前，需将合并的文档进行编号“第1节、第2节、第3节……”。

2 双击打开第1节文档，将鼠标光标定位至文档末尾，执行“插入>对象>文件中的文字”命令。

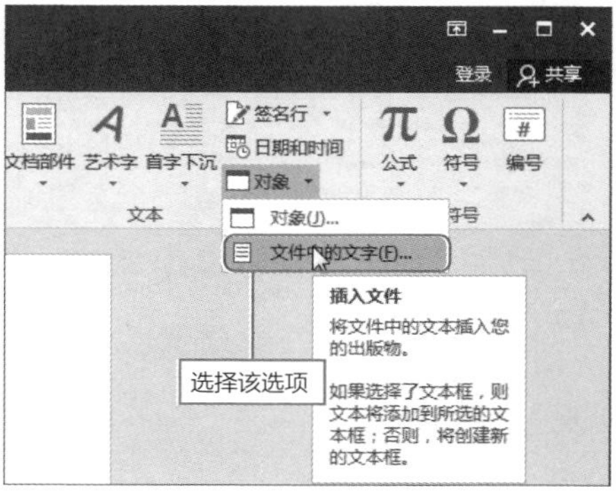

3 打开“插入文件”对话框，选择要插入的文档，单击“插入”按钮即可将其合并，接着将其保存即可。

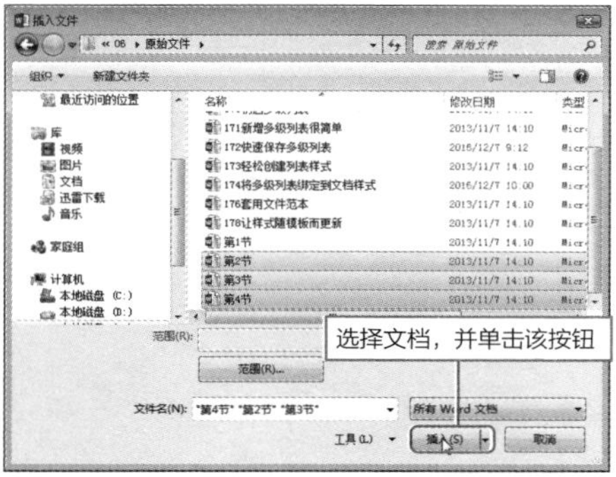

Hint

一个大型文档有哪些内容组成？

一般来说，一个大型的文档由文前、正文、文后三个组成部分构成。

其中，在正文之前的内容称为文前，主要包括扉页、题献、序言、目录、前言、致谢等部分，用于对正文进行说明和概述。

正文是指第1章、第2章等文档中正式、主要的内容，这是整个文档的核心。

文后是指附录、索引等对正文内容的参考书籍和文献进行说明的内容。

Question
083 将网页格式转换为Word文档格式

语音视频教学083

Level ◆◆◆

2016 2013 2010

实例 将网页保存为Word 2016格式

上网时，总会遇到一些非常有价值的信息，此时用户可以将其转换成Word文档并保存起来，以方便今后工作的需要。

最初效果

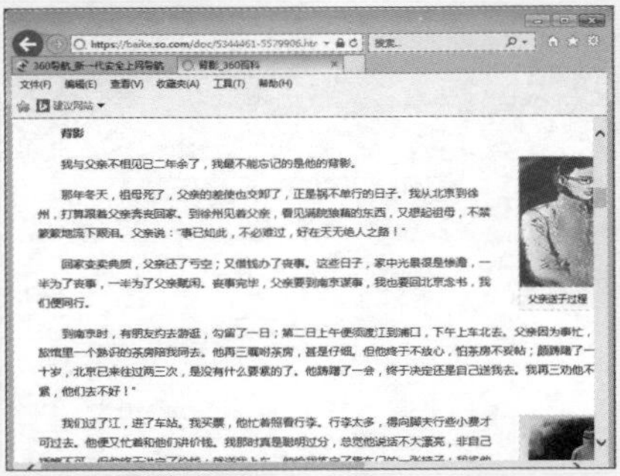

设置文本格式前效果

最终效果

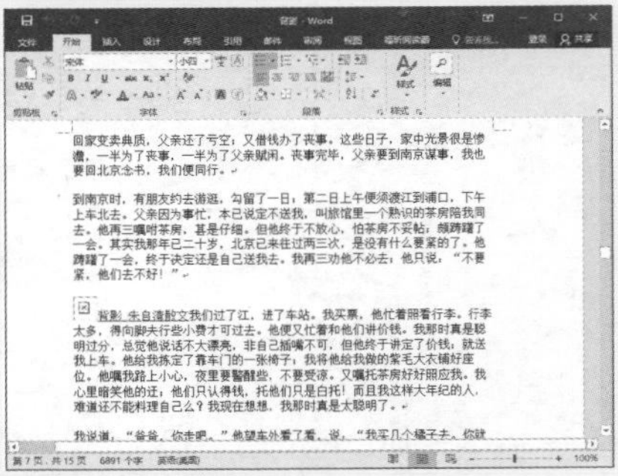

设置文本格式后效果

1 打开要保存的网页，单击“文件”下拉按钮，从列表中选择“使用Word2016编辑”选项。

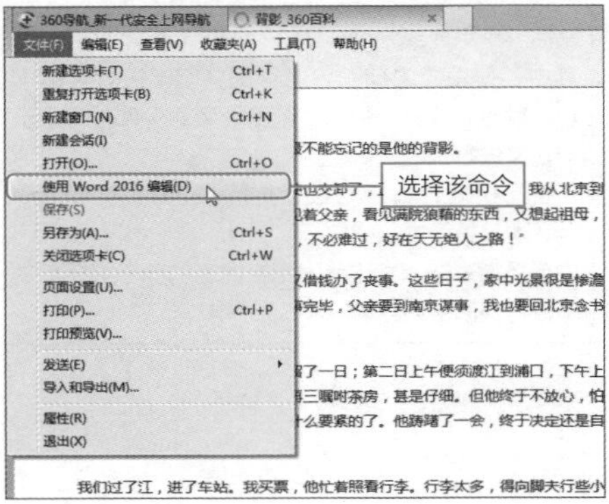

2 将窗口中的内容以只读形式保存在Word文档中，可通过“文件>另存为”命令，按照给出的提示将当前窗口中的内容以“Word文档”形式保存即可。

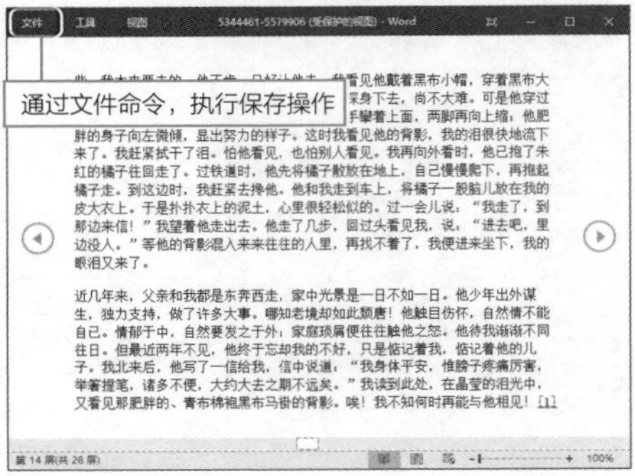

第4章 084~105

图形与图片应用技巧

- 创建图形很简单
- 手绘图形也不难
- 多种方法调整图形大小
- 巧设图形位置
- 对齐图形有秘技
- 让图形转起来
- 快速更改图形形状

Question

084 创建图形很简单

语音视频教学084

● Level ◆◆◆

2016 2013 2010

实例 自选图形的创建

在Word文档中，用户可以根据需要插入自选图形，如直线、矩形、圆形、箭头等，下面以插入横卷形图形为例进行介绍。

❶ 打开文档，切换至“插入”选项卡，单击“形状”按钮，从展开的列表中选择“横卷形”选项。

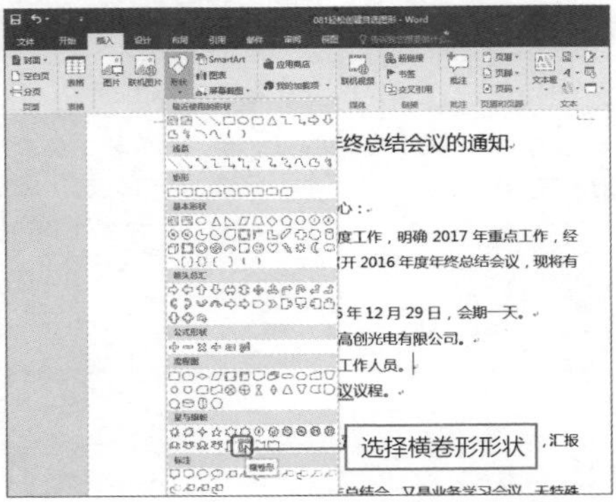

❷ 鼠标光标变为十字形，按住鼠标左键不放，绘制出合适大小的图形。

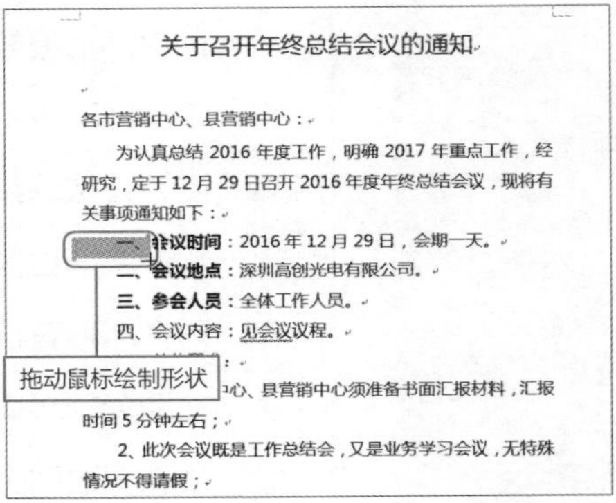

❸ 调整所绘图形的位置，随后设置图形中文本内容的格式。

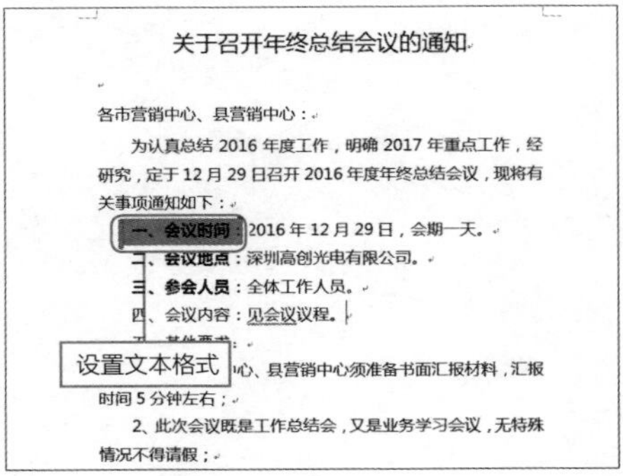

❹ 通过功能区更改图形填充色，随后用同样的方法绘制其他图形，或是通过复制的方式得到图形。

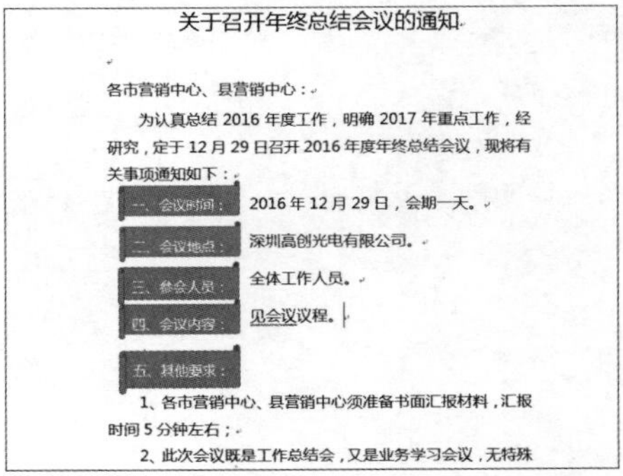

Question
085 手绘图形也不难

语音视频教学085

● Level ◆◆◆

2016 2013 2010

实例 手动绘制图形

若系统给出的自选图形都不能满足用户需求，还可以根据需要通过曲线、任意多边形或自由曲线命令手动绘制图形，下面将通过具体操作对相关的操作进行介绍。

❶ 打开文档，单击“插入”选项卡上“形状”按钮，从列表中选择“曲线”选项。

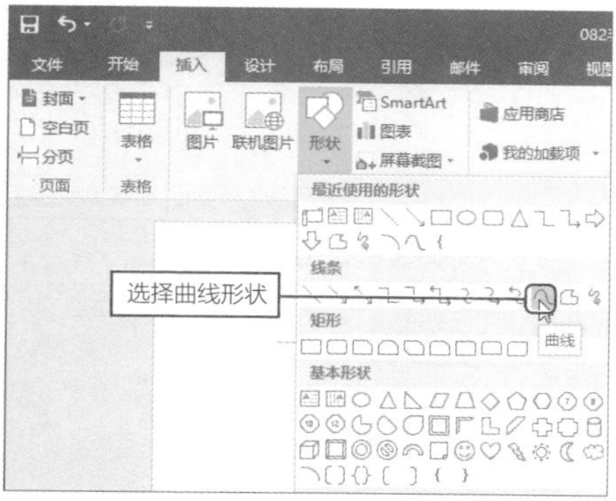

❷ 在起始处单击鼠标，接着移动鼠标绘制曲线，在转折点处再单击鼠标，继续移动鼠标进行曲线绘制，如此反复，最后使终点与起始点重合并单击左键。

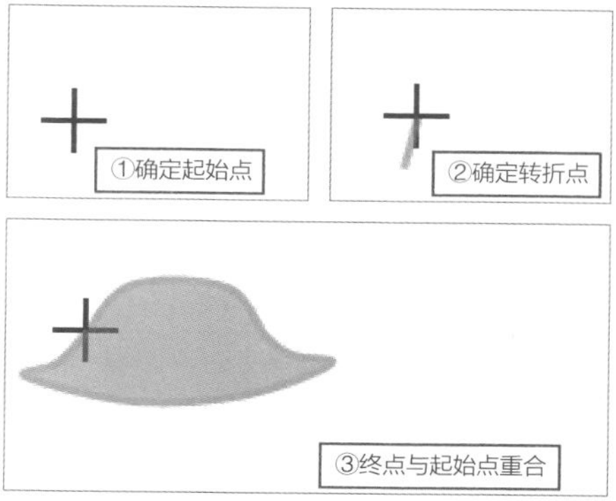

❸ 再次使用“曲线”命令，在形状中间绘制一个曲线。

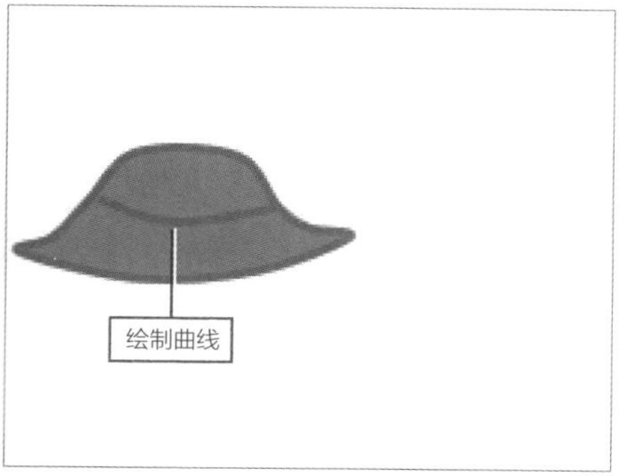

❹ 对图形进行填充，然后调整图形的大小和位置。

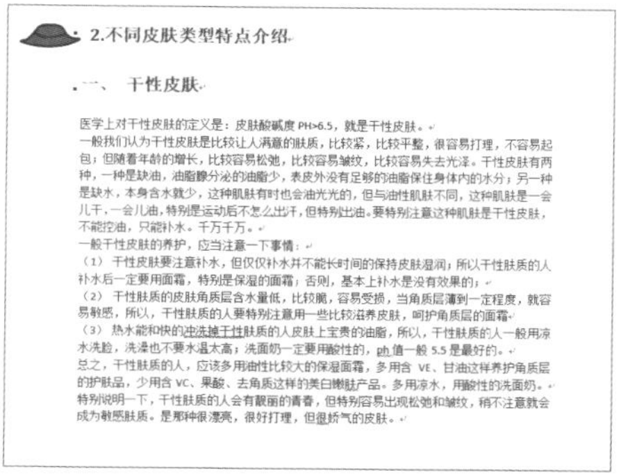

2.不同皮肤类型特点介绍

一、　干性皮肤

医学上对干性皮肤的定义是：皮肤酸碱度 PH>6.5，就是干性皮肤。

一般我们认为干性皮肤是比较让人满意的肤质，比较紧，比较平整，很容易打理，不容易起包；但随着年龄的增长，比较容易松弛，比较容易皱纹，比较容易失去光泽。干性皮肤有两种，一种是缺油，油脂腺分泌的油脂少，表皮外没有足够的油脂保住身体内的水分；另一种是缺水，本身含水就少，这种肌肤有时也会油光光的，但与油性肌肤不同，这种肌肤是一会儿干，一会儿油，特别是运动后不怎么出汗，但特别出油。要特别注意这种肌肤是干性皮肤，不能控油，只能补水。千万千万。

一般干性皮肤的养护，应当注意一下事情：

（1）干性皮肤要注意补水，但仅仅补水并不能长时间的保持皮肤湿润；所以干性肤质的人补水后一定要用面霜，特别是保湿的面霜；否则，基本上补水是没有效果的；

（2）干性肤质的皮肤角质层含水量低，比较脆，容易受损，当角质层薄到一定程度，就容易敏感，所以，干性肤质的人要特别注意用一些比较滋养皮肤，呵护角质层的面霜

（3）热水能和快的冲洗掉干性肤质的人皮肤上宝贵的油脂，所以，干性肤质的人一般用凉水洗脸，洗澡也不要水温太高；洗面奶一定要用酸性的，ph 值一般 5.5 是最好的。

总之，干性肤质的人，应该多用油性比较大的保湿面霜，多用含 VE、甘油这样养护角质层的护肤品，少用含 VC、果酸、去角质这样的美白嫩肤产品。多用凉水，用酸性的洗面奶。

特别说明一下，干性肤质的人会有靓丽的青春，但特别容易出现松弛和皱纹，稍不注意就会成为敏感肤质。是那种很漂亮，很好打理，但很娇气的皮肤。

Question

086 多种方法调整图形大小

语音视频教学086

Level ◆◆◆

2016 2013 2010

实例 图形大小的调整

插入图形后，用户可以根据需要对图形的大小进行调整。常见的用于调整图形大小的方法有多种，在此将对其进行详细介绍。

❶ 鼠标拖动法。将鼠标光标放在图形角部控制点，按住鼠标左键不放拖动鼠标，即可调整图形大小。

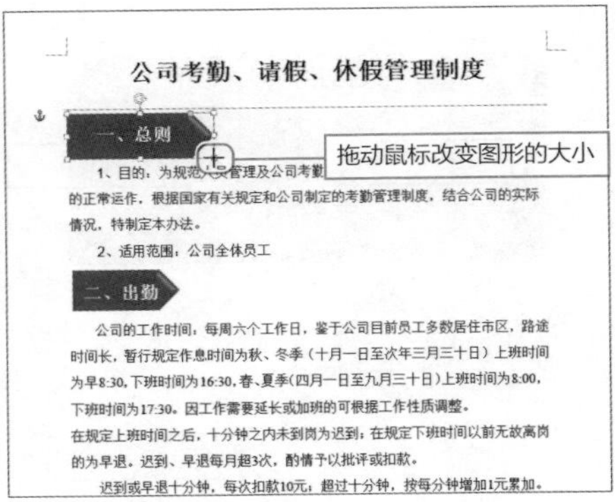

❷ 功能区命令调整。选择图形，切换至“绘图工具－格式”选项卡，通过“大小”组中的“形状高度”和“形状宽度”数值框进行调整即可。

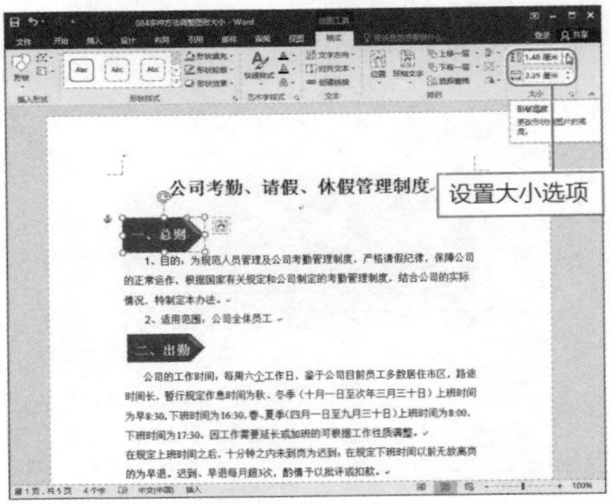

❸ 对话框法调整。单击“大小”组的对话框启动器按钮，在打开的“布局”对话框中进行调整。

Hint

鼠标+键盘快速调整图形

①Shift+鼠标：按住Shift键不放的同时，拖动图形的上、下、左、右控制点，可分别向鼠标拖动的方向调整图形。若按住Shift键不放的同时拖动角部控制点，可等比例缩放图形。

②Ctrl+鼠标：若按住Ctrl不放的同时，拖动上、下、左、右控制点，可双向缩放图形。若按住Ctrl不放的同时，拖动角部控制点，可保持中心点不变的同时缩放图形。

Question

087

• Level

◆◆◆

2016 2013 2010

巧设图形位置

语音视频教学087

实例	调整图形位置

在文档中插入图形后，若图形所处位置与整个文档不协调，需要根据实际情况调整图形的位置，下面对其进行介绍。

1. 选择图形，切换至“绘图工具－格式”选项卡，单击“位置”按钮，从列表中选择合适的布局方式。

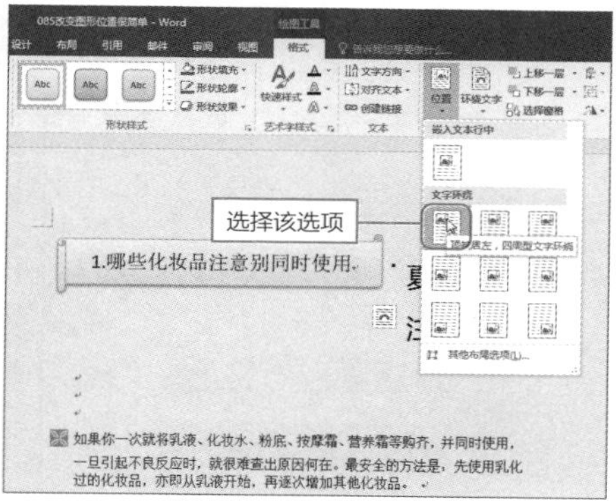

2. 或者是，单击“环绕文字”按钮，从其列表中选择合适的布局方式。

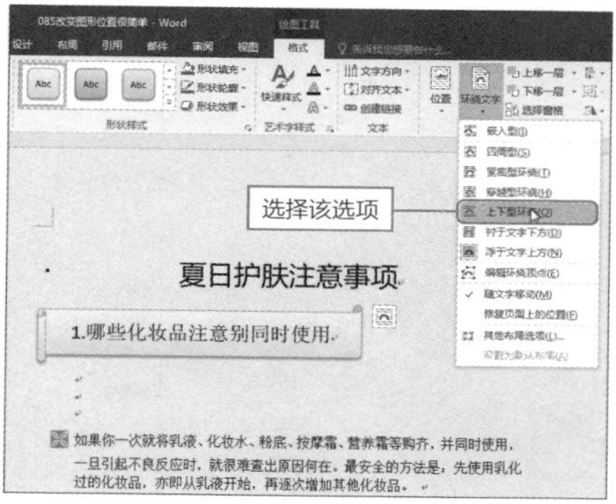

3. 选择合适的布局方式后，选择图形，按住鼠标左键不放，将其拖动至合适位置。

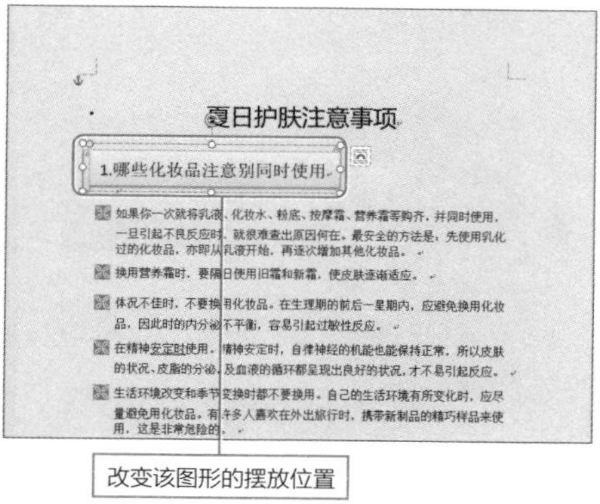

Hint

通过“布局”对话框调整图形的位置

在“位置”或“排列方式”列表中选择“其他布局选项”选项，即可打开“布局”对话框，从中设置各参数即可改变图形的位置。

1 2 3 4 5 6 7 8 9 10 11 12 13 14 15 16 17 18
图形与图片应用技巧

Question

088 对齐图形有秘技

语音视频
教学088

● Level ◆◆◆

2016 2013

实例 图形对齐方式的设置

当页面中包含多个图形时，为了美化文档的结构，让文档内容更加的清晰明了，可以设置图形的对齐方式，其具体操作介绍如下。

1 鼠标拖动法调整。选择图形，按住鼠标左键不放，将其拖动至与其他图形对齐即可。

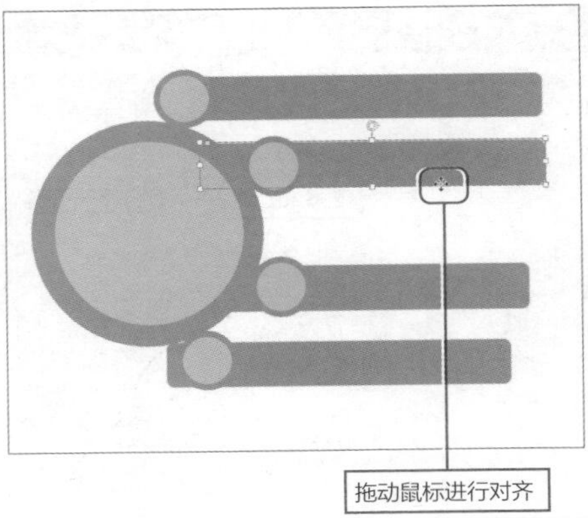

2 功能区命令法调整。选择圆角矩形图形，执行“绘图工具-格式>排列>对齐”命令，从展开的列表中选择“右对齐”选项。

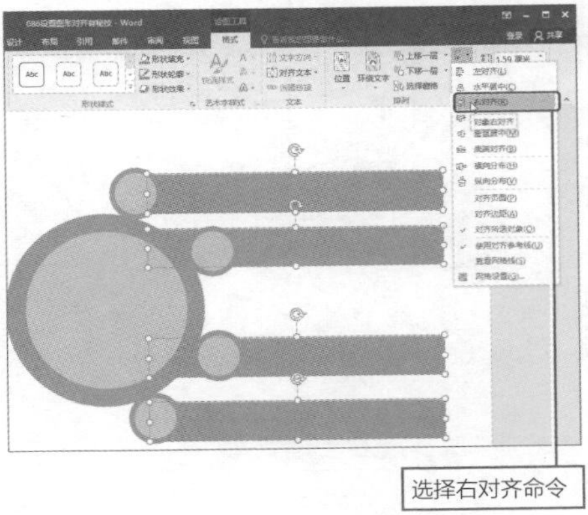

3 保持多个圆角矩形为选中状态，设置其对齐方式为“纵向分布”。

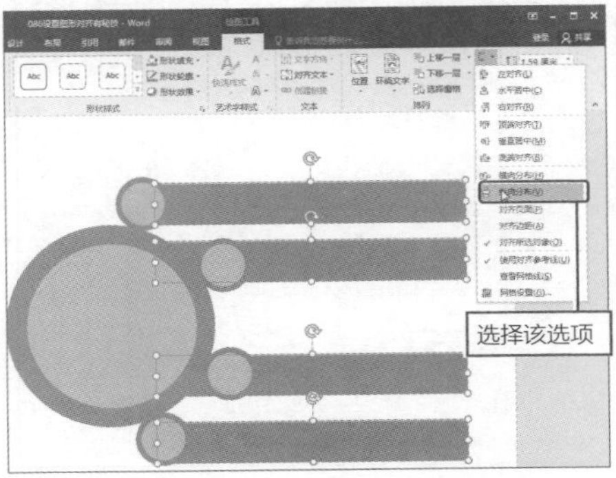

4 待图形绘制完成后，根据需要输入相应的文字内容即可。

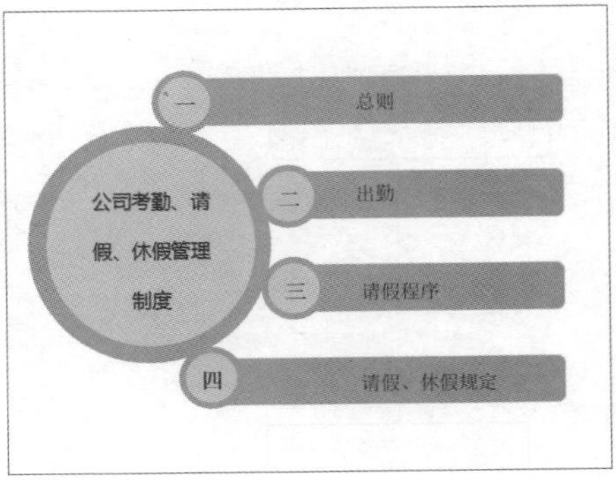

Question
089

● Level
◆◆◆
2016 2013

让图形转起来

语音视频教学089

实例	旋转图形

为了使绘制的图形更加符合要求，用户可以对图形实施旋转操作。常见的便捷的旋转操作包括鼠标拖动法、功能区命令法等。

1. 鼠标拖动法。选中需要旋转的图形，将鼠标光标移至手柄处，鼠标光标将变为一个旋转的黑色箭头。

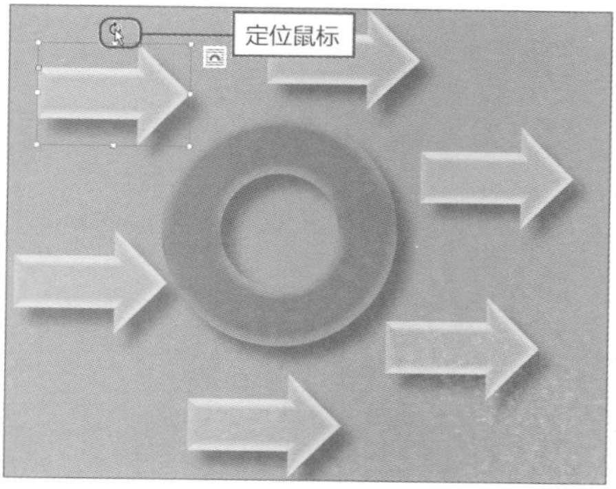

2. 按住鼠标左键不放，拖动旋转手柄，旋转到合适位置后释放鼠标左键即可完成图形的旋转。

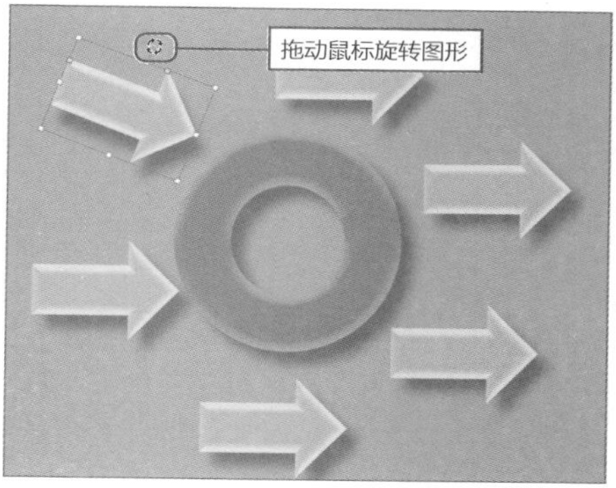

3. 功能区命令法。执行“绘图工具-格式>排列>旋转”命令，在打开的菜单中选择合适的命令，同样可以旋转图形。

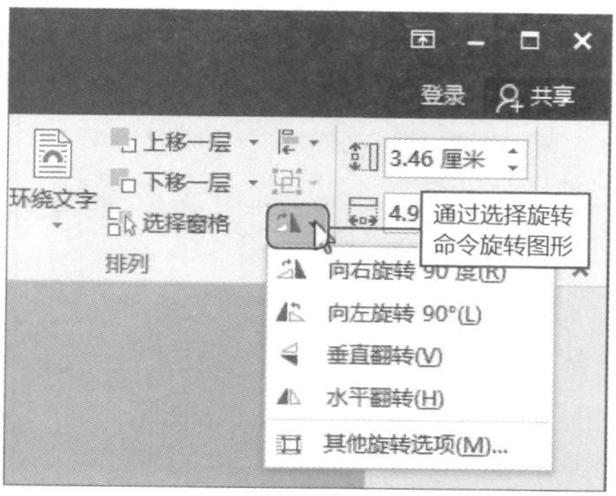

Hint

对话框设置法

若选择“其他旋转选项”选项，将打开“布局”对话框，从中设置“旋转”数值选项即可。

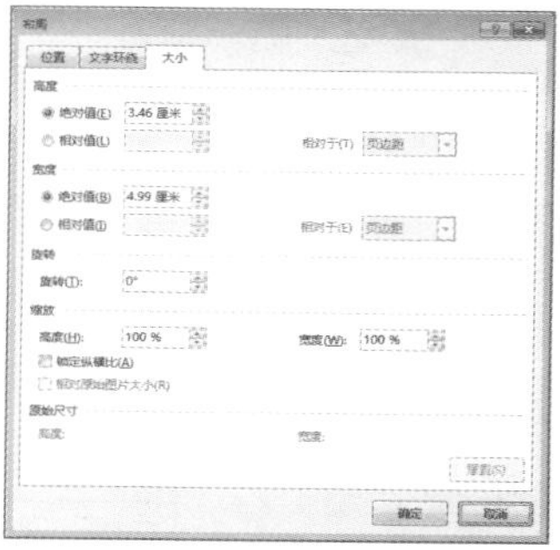

图形与图片应用技巧

Question

090 快速更改图形形状

语音视频教学090

• Level ◆◆◆

2016 2013 2010

实例 更改图形形状

当插入图形并对其美化完毕后，若需更改图形形状，删除重新进行设置势必浪费很多时间，那么该如何操作呢？此时别忘记使用系统提供的更改形状功能。

❶ 选择图形，单击“绘图工具－格式”选项卡上的“编辑形状”按钮。

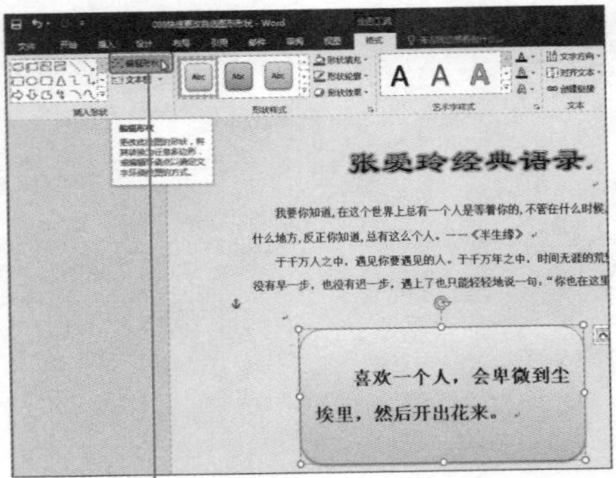

单击该按钮

❷ 从展开的菜单中选择“更改形状”命令，从其关联菜单中选择“心形”。

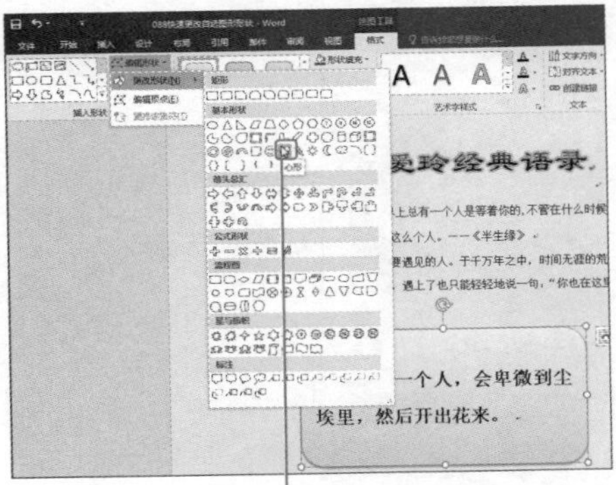

选择该图形

❸ 调整图形的大小和位置，完成图形的更改。

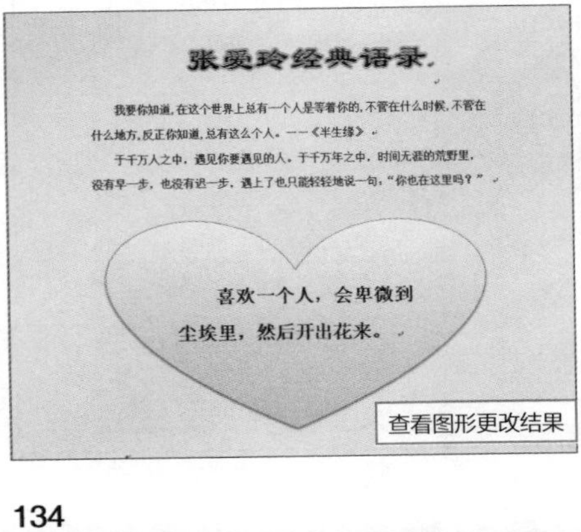

查看图形更改结果

Hint

快速调整图形叠放次序

选择图形，执行“绘图工具-格式>上移一层/下移一层”命令，然后从展开的列表中选择合适的命令即可调整图形叠放次序。

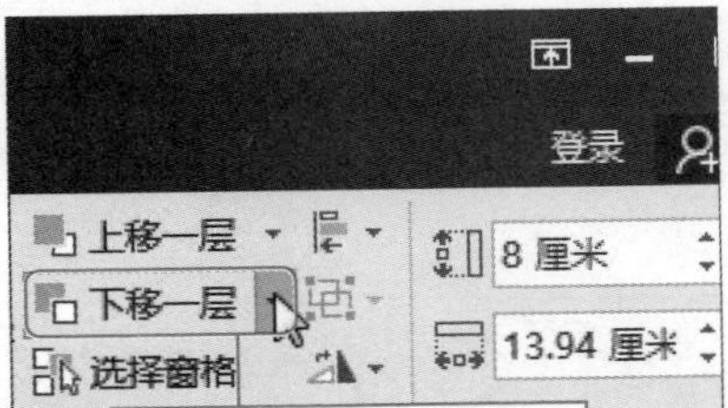

通过此功能改变图形的叠放次序

Question

091 按需编辑插入的图形

语音视频教学091

● Level ◆◆◆

2016 2013

实例　编辑图形

为了使插入的图形更加个性、更加符合文档的主题，用户可以对插入的图形实施自定义编辑操作。

❶ 选择图形，右键单击，从弹出的快捷菜单中选择“编辑顶点”命令。

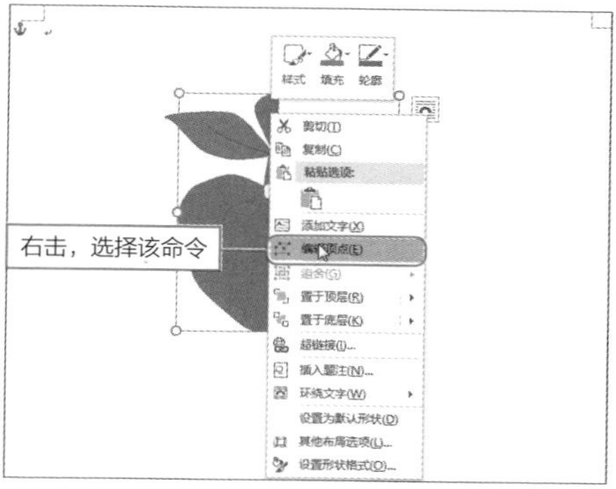

❷ 图形顶点位置显示为黑色控制点，选择需要编辑的顶点，拖动该控制点，即可对其作出调整。

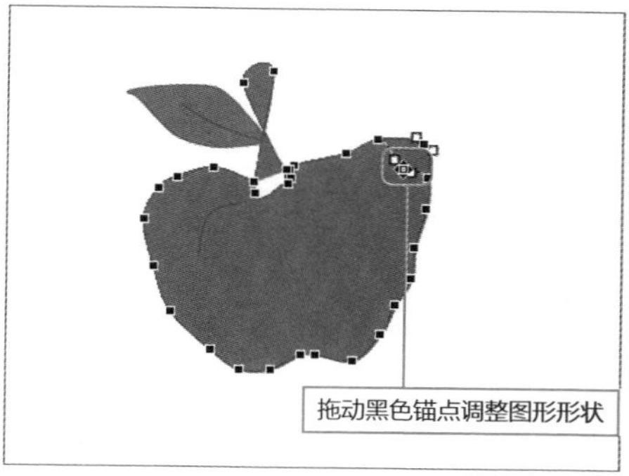

❸ 增加与删除顶点。右键单击非顶点处，在快捷菜单中，选择“添加顶点”选项，即可增添一个顶点；选择需要删除的顶点，右键单击，从快捷菜单中选择“删除顶点”命令，可将该顶点删除。

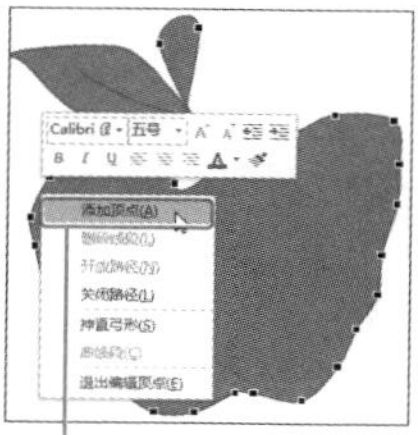

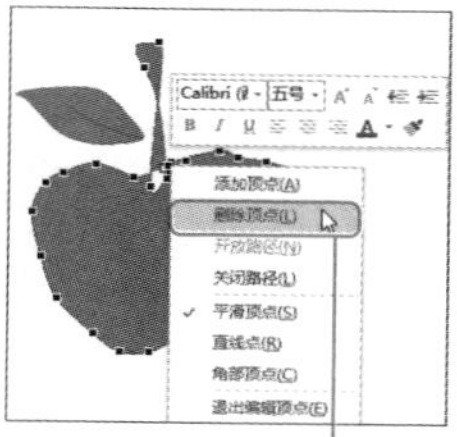

❹ 平滑顶点。选择顶点并右击鼠标，然后从快捷菜单中选择“平滑顶点”命令，通过调节手柄来调整棱角平滑度。

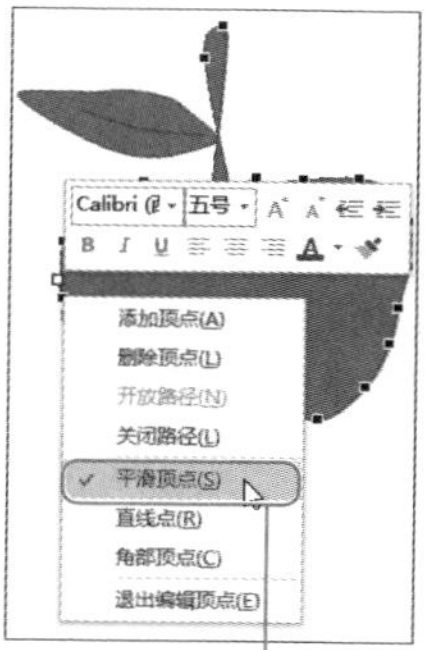

Question 092

快速改变形状样式

语音视频教学092

• Level ◆◆◆

2016 2013

实例 形状快速样式的应用

在插入图形后，若用户对默认的形状样式不满意，还可以对其进行修改，但对于初学者来说，设计出一个漂亮的样式比较麻烦，这时可以通过快速样式功能来实现形状样式的更改。

❶ 功能区命令更改法。选择形状，切换至“绘图工具－格式”选项卡，单击“形状样式”组上的“其他”按钮。

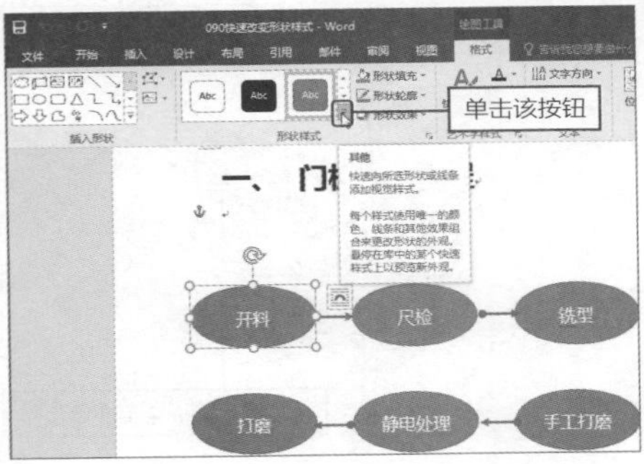

❷ 从展开的列表中选择合适的样式。

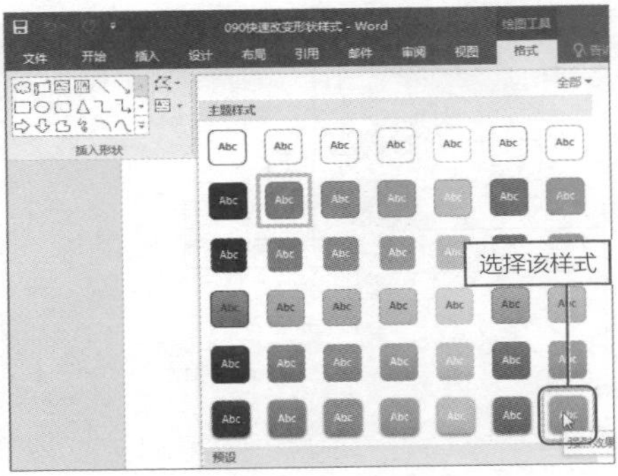

❸ 右键菜单更改法。选择形状后右击，单击浮动工具栏上的“样式”按钮，从列表中选择合适的样式。

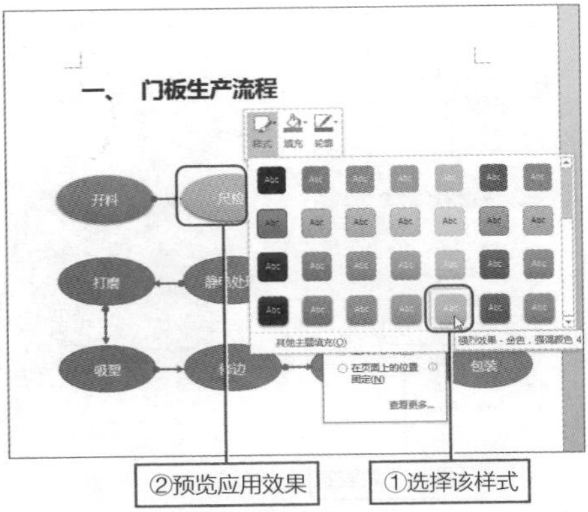

❹ 按照同样的方法，依次对各个形状进行更改即可。

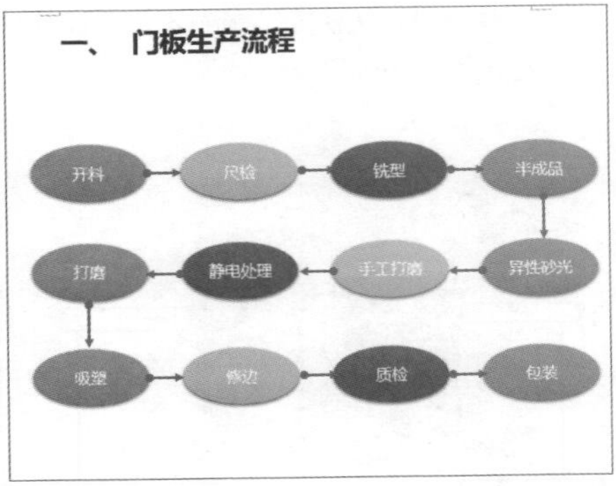

Question
093

为图形添加特殊的显示效果

语音视频教学093

实例	设置形状效果

● Level ◆◆◆

2016 2013 2010

为了让图形效果更加突出，用户可以为图形设置阴影、映像、发光等效果。下面将以三维效果的制作为例进行介绍。

❶ 选择图形，执行“绘图工具－格式>形状效果>预设”命令，从其关联菜单中选择“预设4”选项。

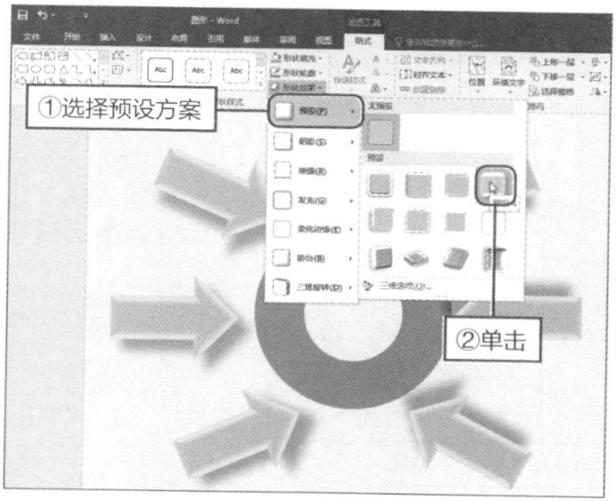

❷ 还可以选择阴影、映像等选项，从其关联菜单中选择合适的效果即可。

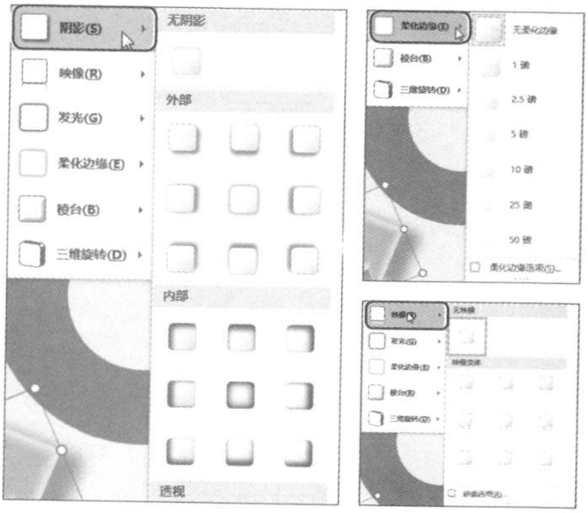

❸ 单击“形状样式”组的对话框启动器按钮，打开相应的对话框，从中对“效果”选项卡中的选项进行设置即可。

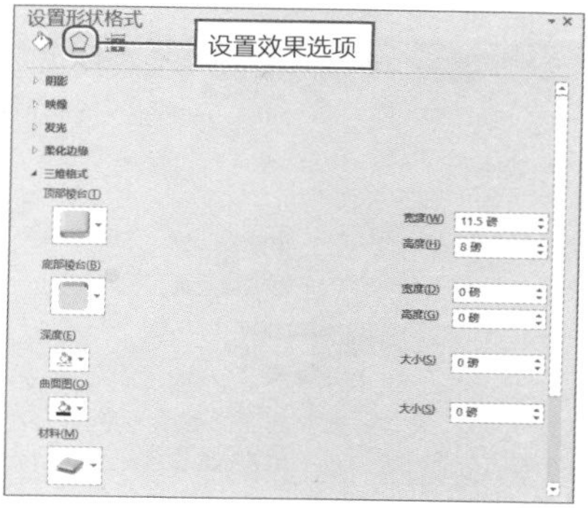

❹ 设置完成后，关闭对话框，查看设置效果。

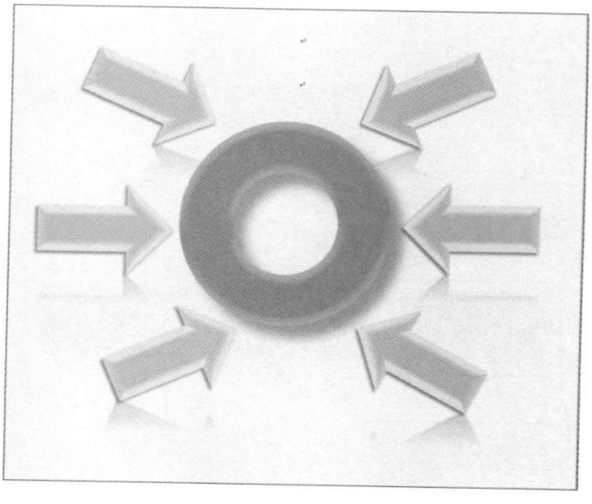

Question

094 SmartArt图形很好用

语音视频教学094

● Level ◆◆◆

2016 2013 2010

实例 应用SmartArt图形

以往在绘制流程图时，总是将多个图形进行组合，现如今有了SmartArt图形，绘制流程图时就变的不在那么困难。下面将对SmartArt图形的应用进行介绍。

1 打开文档，切换至“插入”选项卡，单击“SmartArt”按钮。

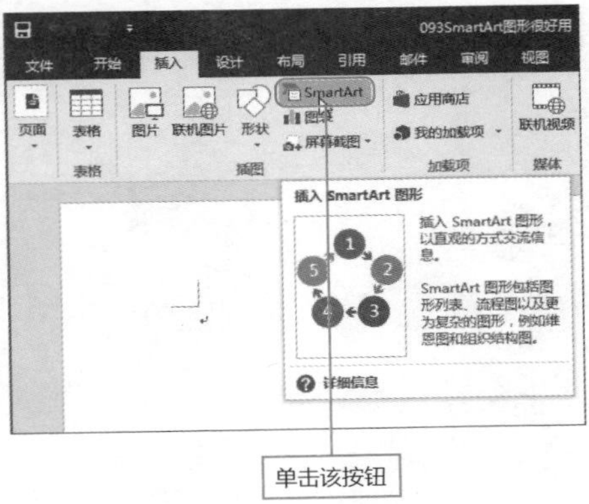

2 打开“选择SmartArt图形”对话框，在“层次结构”选项，选择“组织结构图”，单击“确定”按钮。

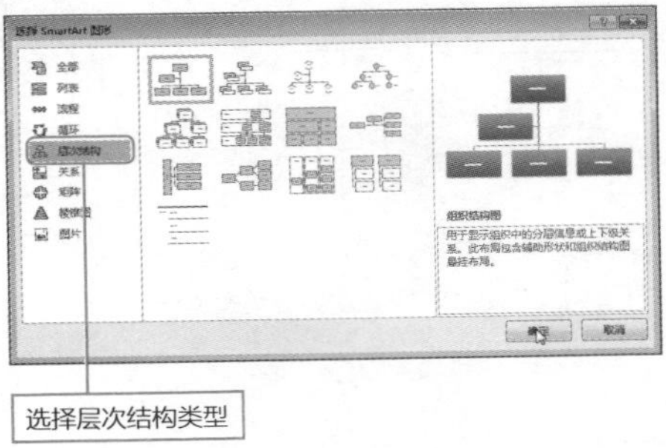

3 随后输入文本，并选择多余的形状，按Delete键执行删除操作。

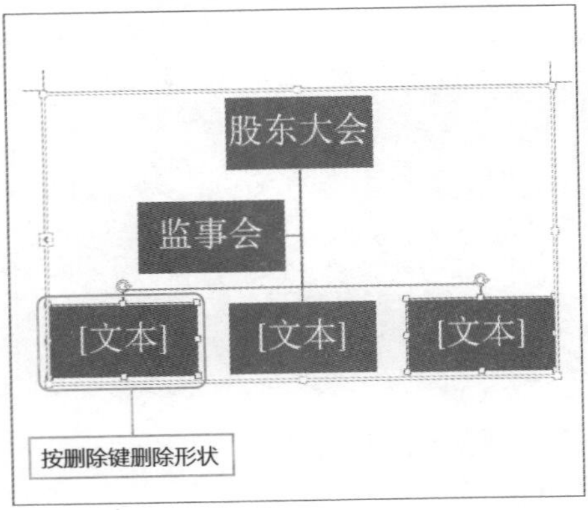

Hint

添加形状

若执行“SmartArt工具－设计>添加形状>在下方添加形状”命令，则可添加形状。

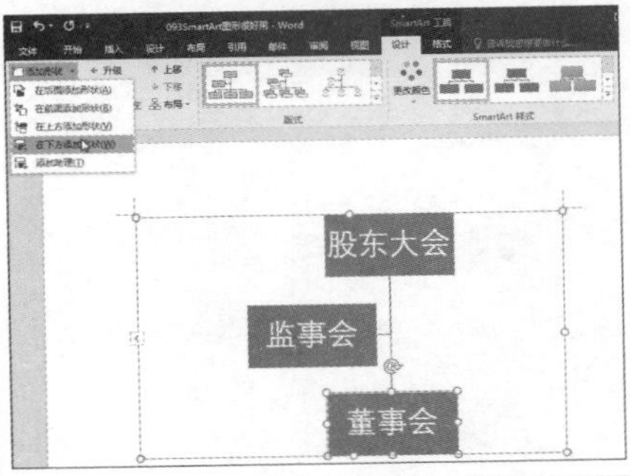

4 更改颜色。选择SmartArt图形，单击“更改颜色”按钮，从列表中选择合适的颜色。

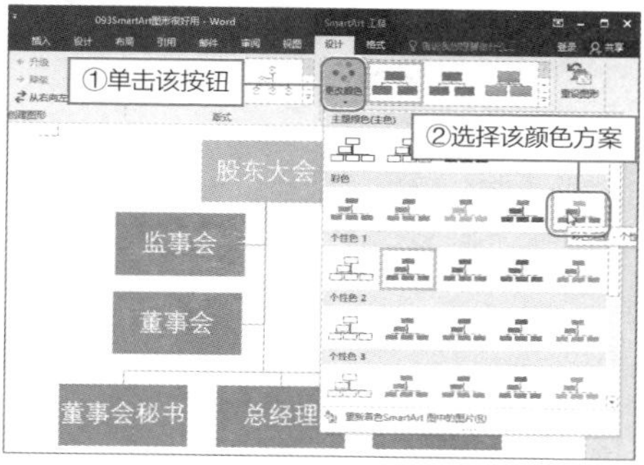

5 更改布局。单击“版式”组的“其他”按钮，从展开的列表中选择“层次结构”选项。

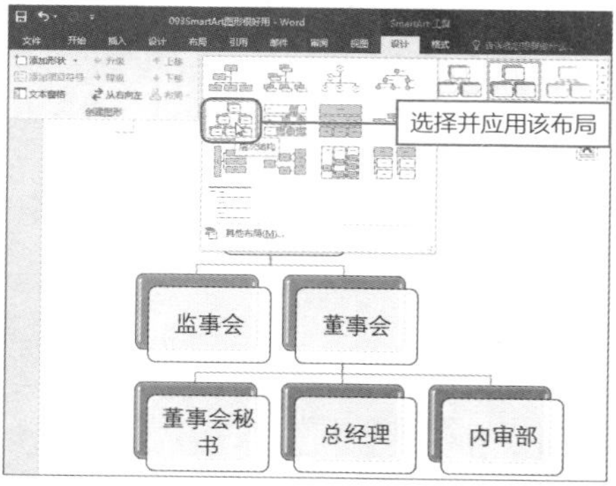

6 更改形状效果。选择SmartArt图形中的形状，通过“SmartArt工具－格式”选项卡中“形状样式”组中的各命令，可以修改SmartArt图形中形状的样式。

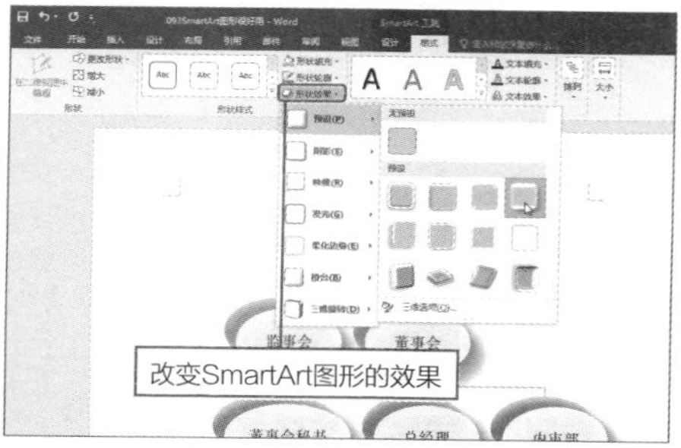

Hint

应用快速样式

单击“SmartArt样式”组的“其他”按钮，从展开的列表中选择“强烈效果”选项。

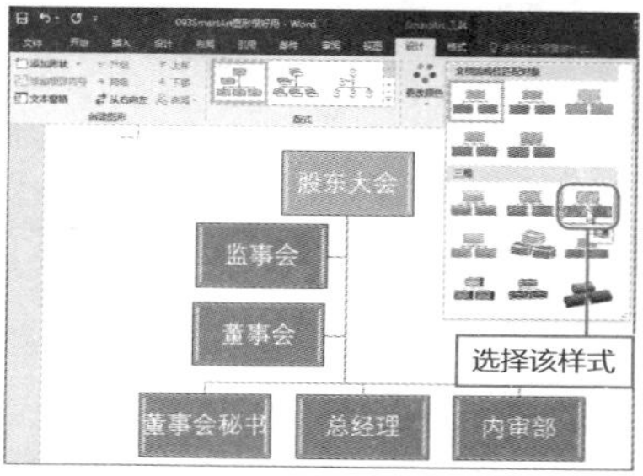

Hint

更改形状

选择SmartArt图形中的形状，执行“更改形状>椭圆”命令。

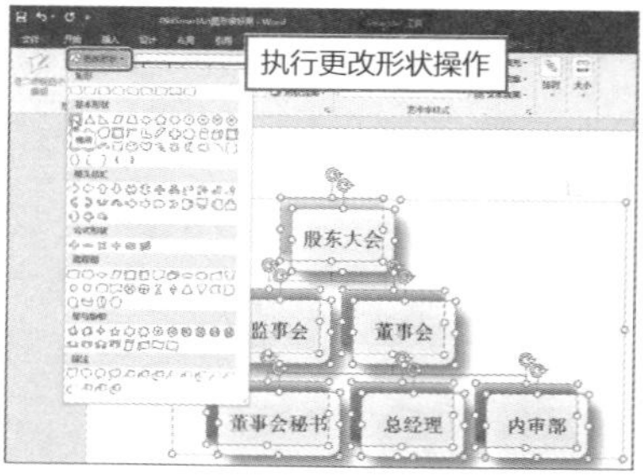

7 对图形更改完毕后，适当调整图形的大小即可。

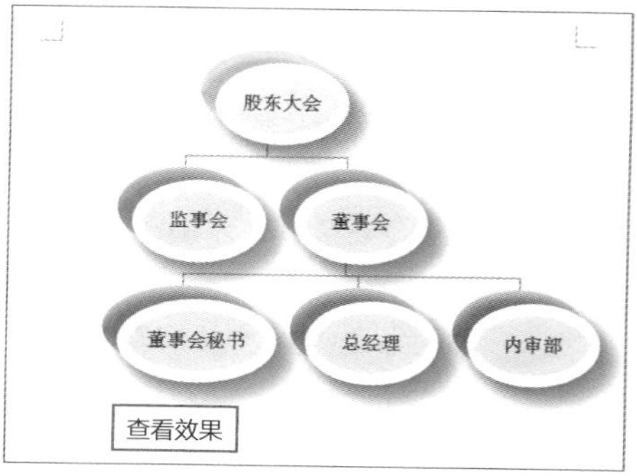

Question 095

轻松插入图片

语音视频教学095

实例	图片的插入

Level ◆◆◆

2016 2013 2010

在文档中插入图片，可以让死气沉沉的文档生动起来，同时，图片也能对文档起辅助说明作用。那么怎样才能既快又准的插入图片呢？

❶ 插入联机图片。打开文档，单击“插入”选项卡上的“联机图片”按钮。

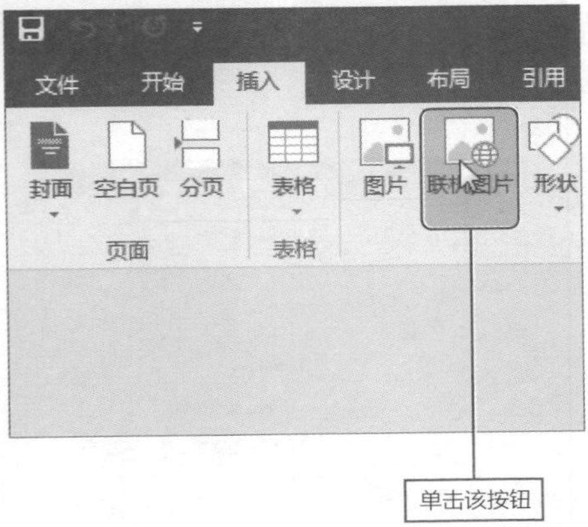

❷ 打开“插入图片”窗格，输入关键词后单击“搜索”按钮。

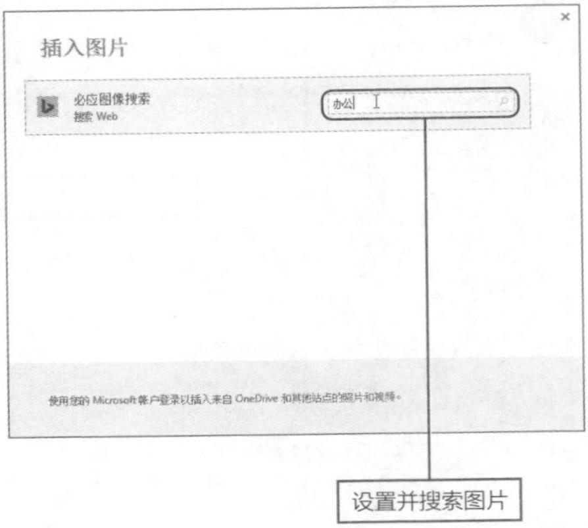

❸ 显示出搜索结果，若想要一次性插入多张图片，可按住Ctrl键的同时，依次单击需要插入的图片，然后单击“插入”按钮。

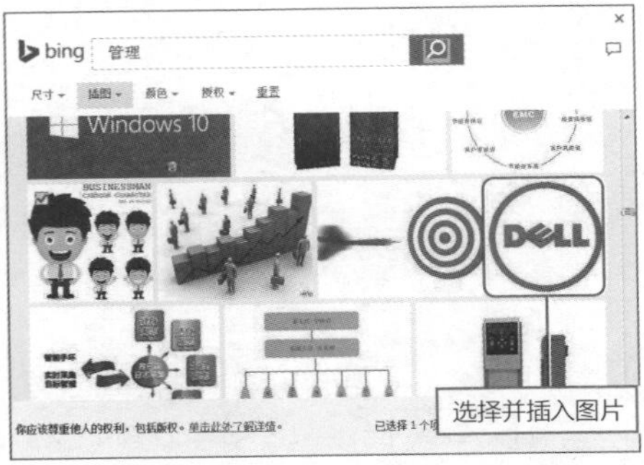

Hint

插入文件中的图片

执行“插入>图片”命令，打开“插入图片”对话框，单击“插入”按钮即可。

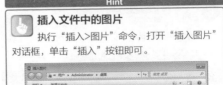

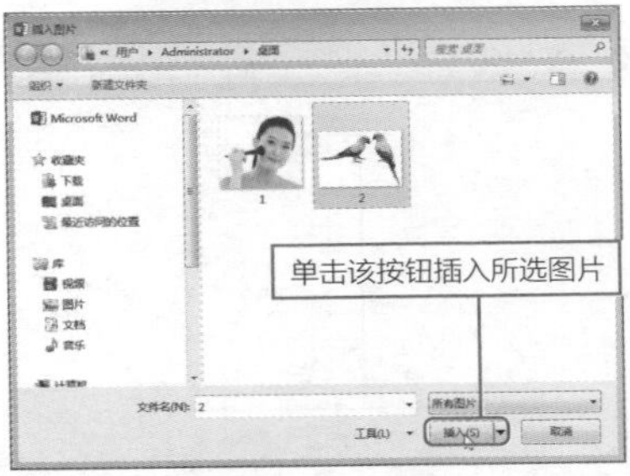

Question

096

● Level
◆◆◆

2016 2013 2010

排列图片位置有诀窍

语音视频教学096

实例	更改图片排列方式

默认情况下，插入的图片是作为字符插入到文档中的，其位置会随着其他字符的改变而改变，用户可通过设置，改变图片的环绕方式。

1. 选择图片，单击“图片工具－格式”选项卡上的“位置”按钮，从列表中选择“中间居右，四周型文字环绕”选项。

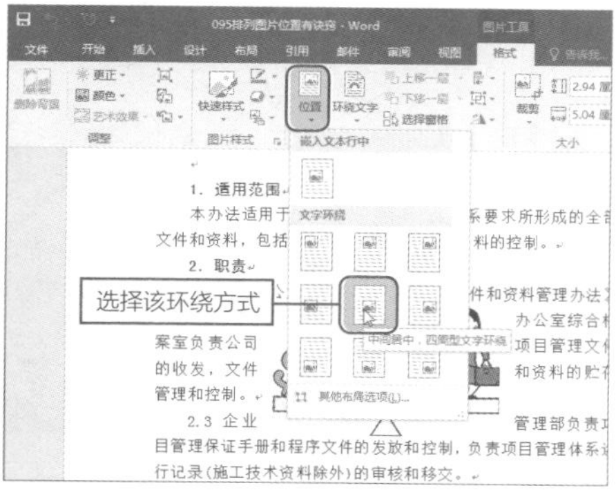

2. 或者，单击“环绕文字”按钮，从列表中选择一种合适的排列方式，这里选择“穿越型环绕”选项。

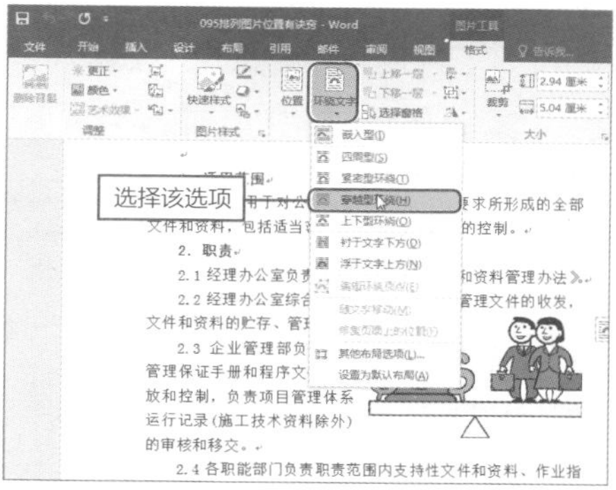

3. 或者，选择图片并右击，选择“环绕文字”命令，展开其级联菜单，从中选择合适的选项。。

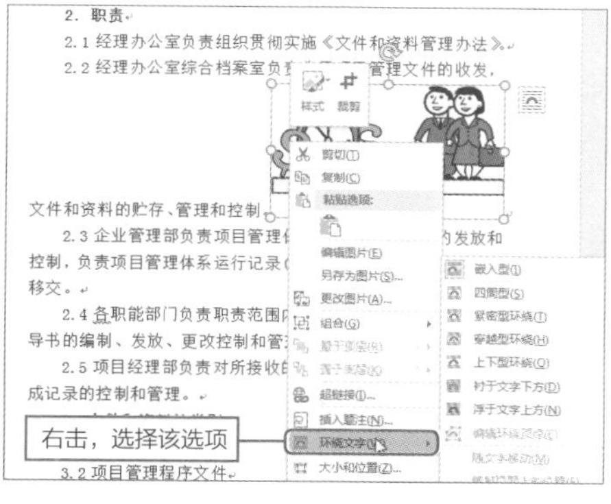

Hint

手动编辑图形

若选择“编辑环绕顶点”命令，则图片周围将出现编辑顶点，拖动顶点可对图片进行编辑。

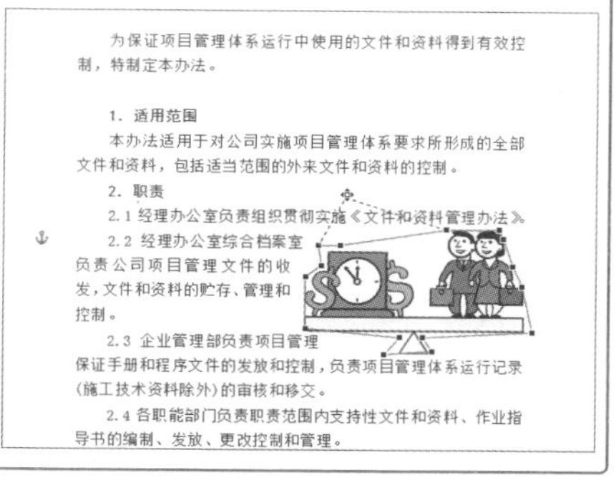

1 2 3 4 5 6 7 8 9 10 11 12 13 14 15 16 17 18 图形与图片应用技巧

Question **097**

轻松选择文字下方的图片

语音视频教学097

● Level ◆◆◆

2016 2013 2010

实例	选择文字下方的图片

编辑文档时，若图片处于文字的下方，就会很难选中图片，下面介绍两种快速选择处于文字下方图片的方法。

❶ 功能区命令选择法。打开文档，单击“开始”选项卡上的“选择”按钮，从展开的列表中选择“选择对象”选项。

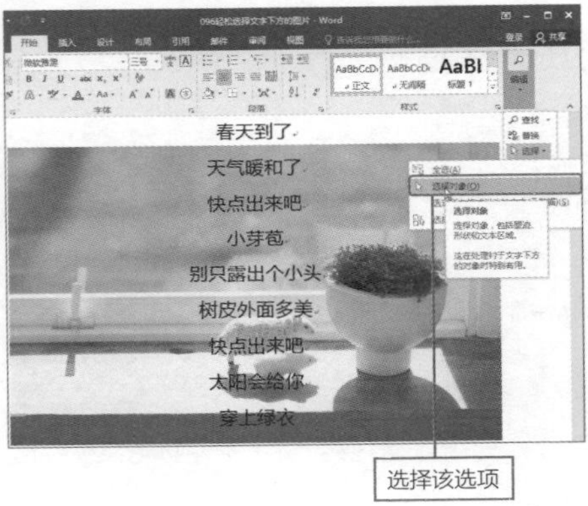

❷ 单击所需图片可将其选中，并可以进行编辑操作。

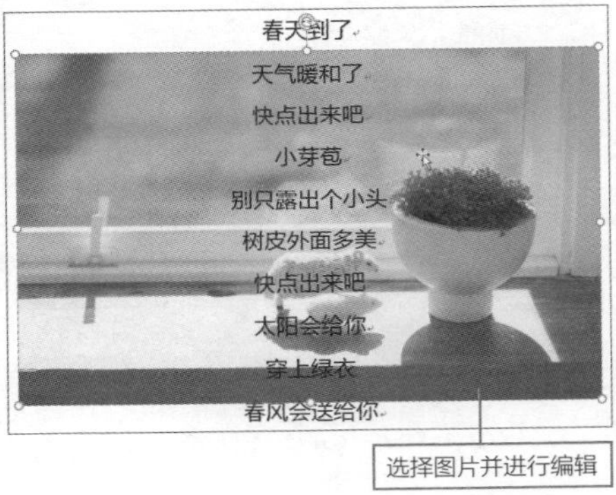

❸ 通过Enter键操作。在图片上的任意文档位置确定插入点，按Enter键。将插入点后的文本切换至下一行。

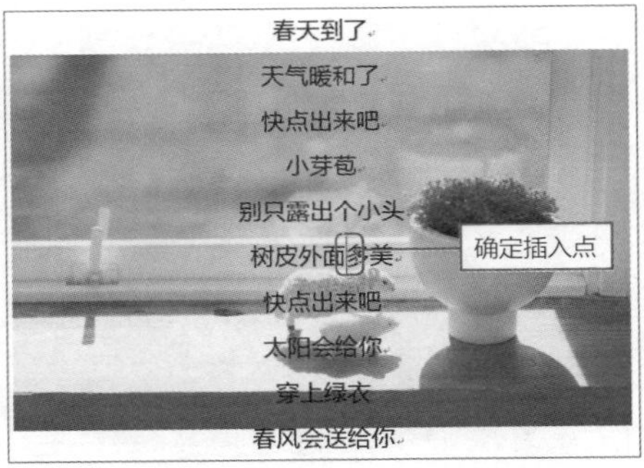

❹ 向上移动光标，当光标变成十字形时，单击图片即可选中。在此可对图片进行旋转操作。

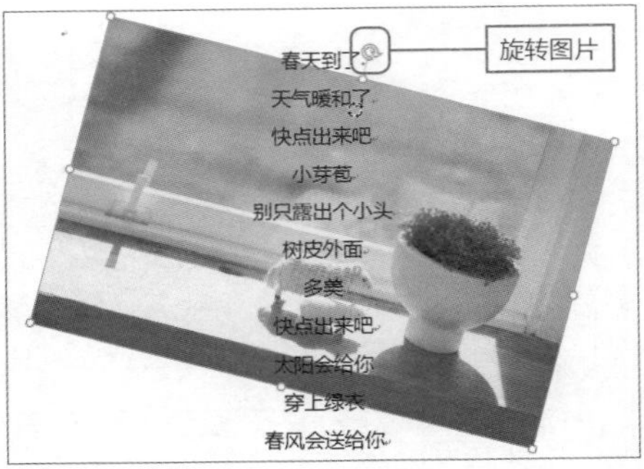

Question

098 快速更改图片背景

● Level ◆◆◆

2016 2013 2010

语音视频教学098

实例　删除图片背景

在Word 2016中，用户可以使用“删除背景”命令，轻松删除图片背景，下面将对其进行介绍。

❶ 选择图片，单击“图片工具－格式”选项卡上的“删除背景”按钮。

单击该按钮

❷ 自动进入“背景消除”选项卡，单击“标记要保留的区域”按钮，然后进行标记。

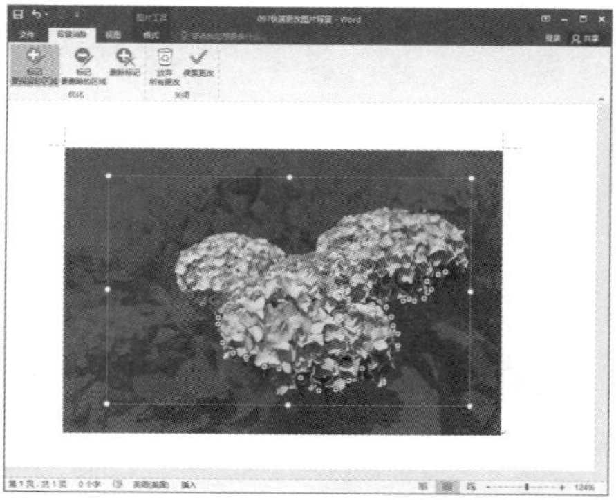

单击鼠标，标记要保留的区域

❸ 标记完成后，单击“保留更改”按钮，即可完成图片背景的删除。

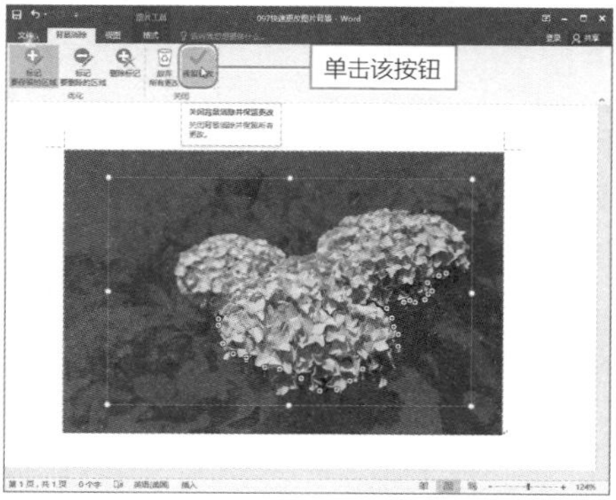

❹ 从中可以看到，只有标记的区域被保留，其他部分则全部被删除。

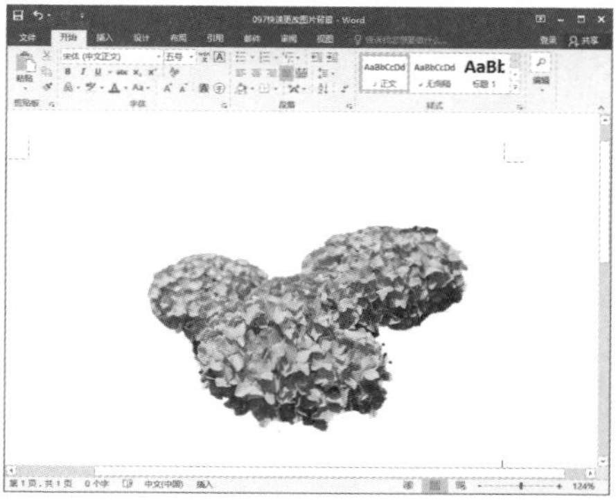

1 2 3 4 5 6 7 8 9 10 11 12 13 14 15 16 17 18
图形与图片应用技巧

Question

099

合二为一，让图片更美丽

语音视频教学099

● Level ◆◆◆

2016 2013 2010

实例	组合图片

若文档中有多个图片排列在一起，可以将其组合，方便对图片的移动和复制，下面介绍如何组合图片。

❶ 选择需组合的图片，切换至“图片工具－格式”选项卡，单击“组合”按钮，从列表中选择“组合”选项。

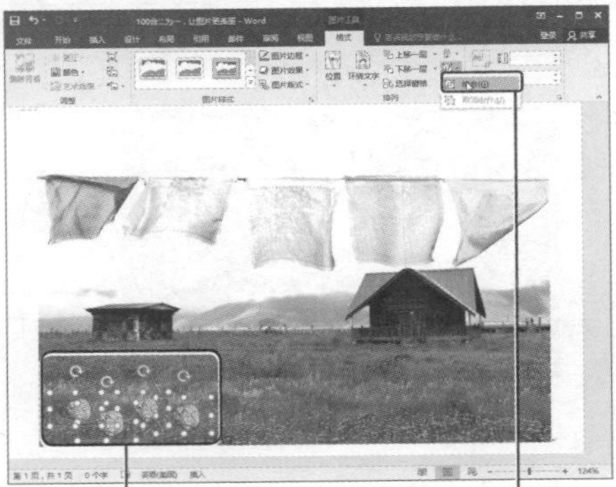

①选择图片

②选择组合选项

❷ 或者是通过右键菜单实现组合操作。选择多个图片并右击，然后选择“组合>组合”命令。

右击，执行组合操作

❸ 将多个图片组合为一个图片，可轻松移动或复制图片。

Hint

给图片减减肥

执行“图片工具－格式>压缩图片”命令，在打开的对话框中进行设置即可。

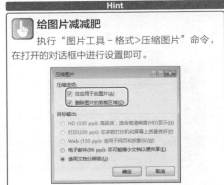

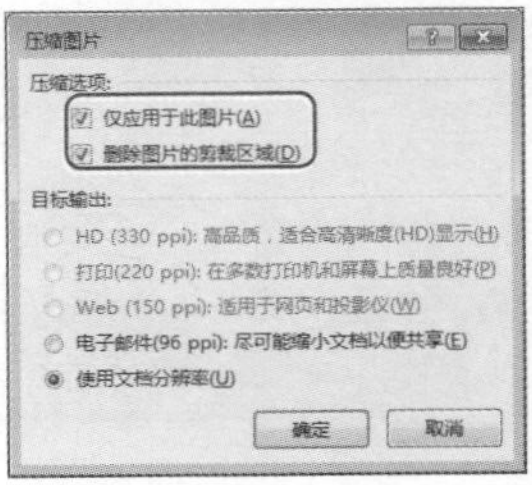

Question 100

● Level ◆◆◆

2016 2013 2010

快速复位图片

语音视频教学100

实例	重设图片

在编辑图片时，经过反复调整后的图片仍旧不能够得到用户满意，此时，可以从头开始重新设置图片，究竟该如何一键还原对图片的更改呢？

1 选择图片，切换至“图片工具－格式”选项卡，单击“重设图片”右侧下拉按钮，展开其下拉列表。

单击该按钮

2 若选择“重设图片”选项，则对图片之前的所有（除尺寸设置之外）的操作全部清除，以恢复原貌。

执行重设图片的操作效果

3 若选择“重设图片和大小”选项，将清除对图片的所有操作。

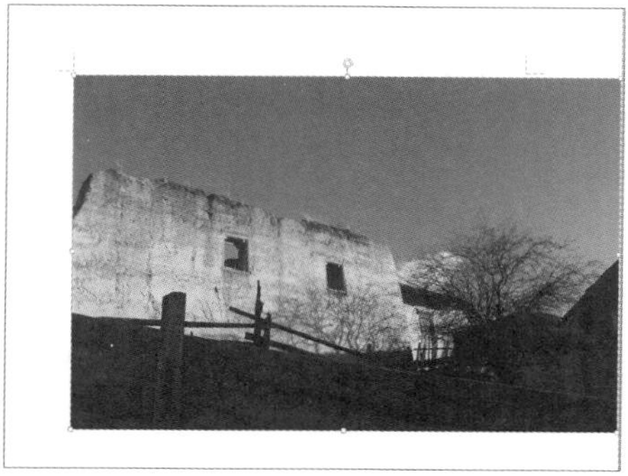

Hint

为图片应用快速样式

选择图片，切换至“图片工具－格式”选项卡，单击“图片样式”组的“其他”按钮，从展开的样式列表中选择合适的图片样式即可。

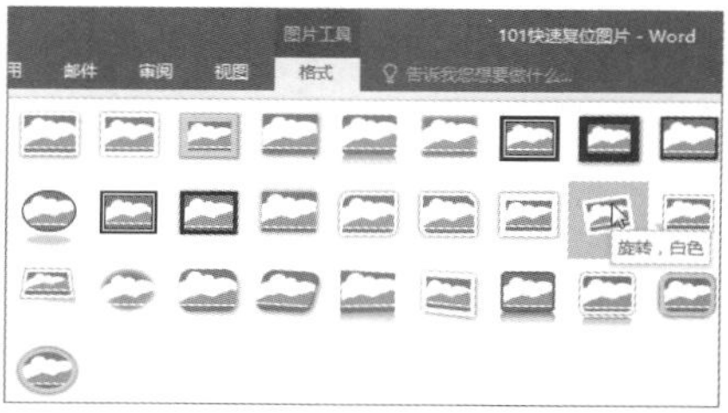

Question 101

Level ◆◆◆

2016 2013 2010

单独提取文件图片有妙招

语音视频教学101

实例 提取文档中的图片

若用户需要将文档中的图片提取出来，保存到文件夹中方便日后的使用，可以轻松实现，下面对其进行介绍。

1 选择图片并右击，从弹出的快捷菜单中选择“另存为图片”命令。

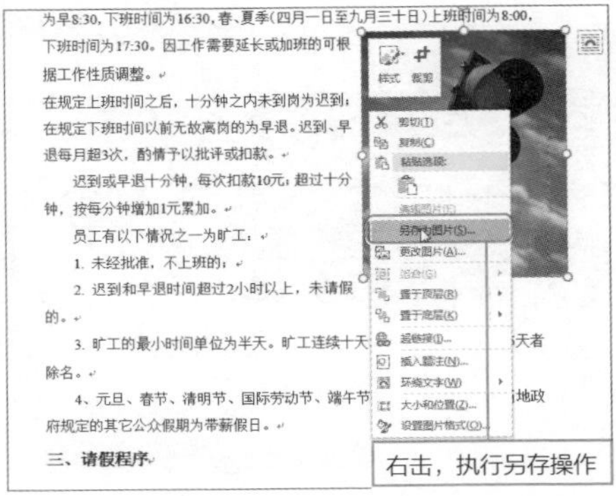

2 打开“保存文件”对话框，选择合适的保存位置，输入文件名，文件类型为默认，单击“保存”按钮保存图片。

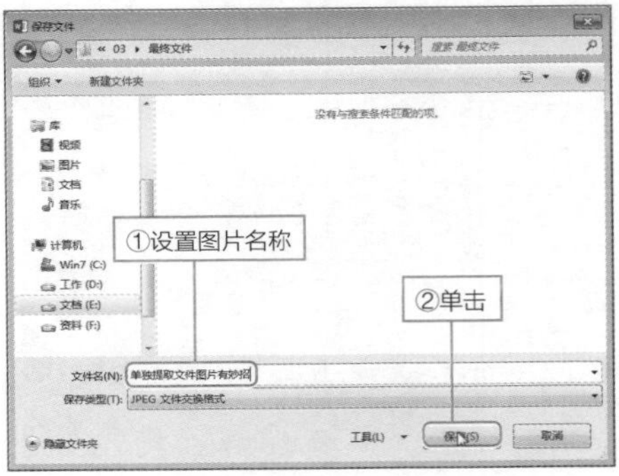

3 打开保存图片的文件夹，可以看到保存的图片，将其选中并右击，从弹出的快捷菜单中选择“预览”命令。

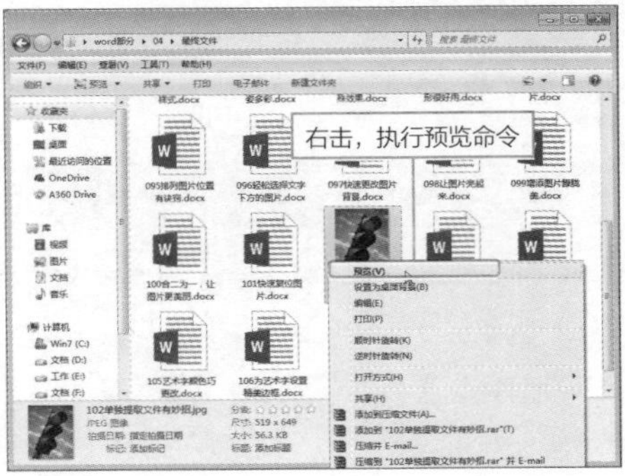

4 可在Windows照片查看器中，查看保存的图片。

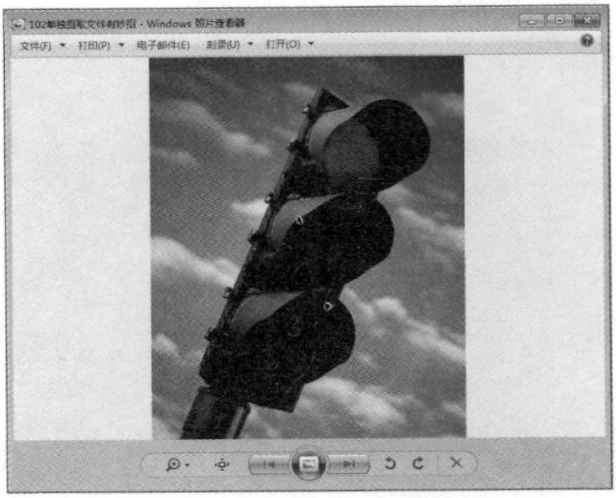

Question

102

● Level
◆◆◆

2016 2013 2010

一次插入多个图片并对齐

语音视频
教学102

实例　插入多张图片并对齐

在编辑文档时，若需要插入多张图片，逐一插入会花费大量时间。此时用户可以选择一次性插入多张图片的操作，其具体方法介绍如下。

❶ 打开图片所在的文件夹，按住Ctrl键的同时，选取多张图片，然后按Ctrl+C组合键复制图片。

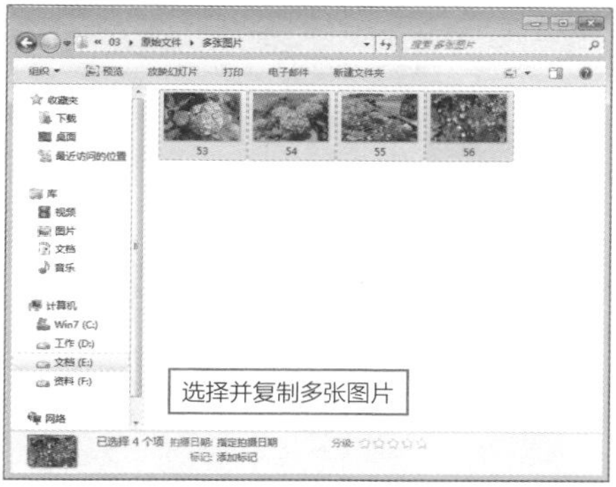

❷ 切换到需插入图片的文档，按Ctrl+V组合键粘贴图片。

❸ 调节图片的大小后，按Ctrl+A组合键全选图片。切换至“布局”选项卡，单击“分栏”按钮，选择“两栏”选项。

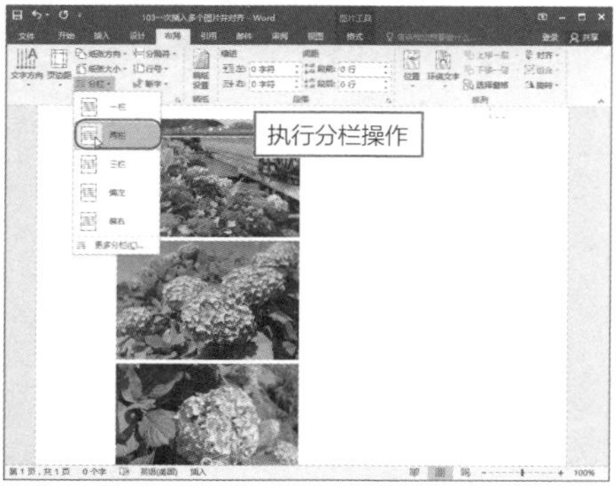

❹ 所有图片按照两栏进行排列。需要注意的是，在缩放图片时，尽可能要等比例进行缩放。

Question

103 轻松插入内置文本框

语音视频教学103

• Level ◆◆◆

2016 2013 2010

实例	插入内置文本框

在设计宣传手册、产品说明等类型的文档时，通常会使用文本框来进行版式设计，下面介绍如何插入一个内置文本框。

❶ 打开文档，切换至“插入”选项卡，单击“文本框”按钮，选择“怀旧型引言”选项。

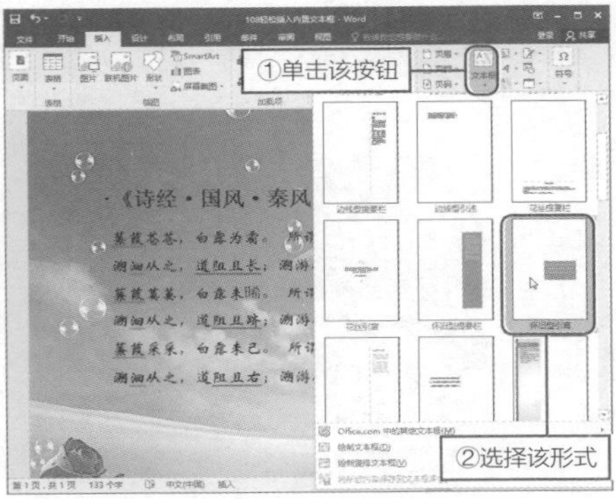

❷ 随后即可在文档中插入所选类型的文本框，按需调整文本框的大小和位置。

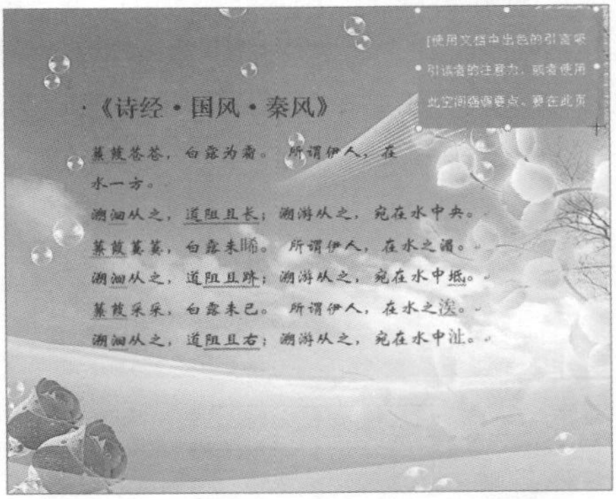

❸ 在文本框内单击后并右击，选择“删除内容控件”命令。

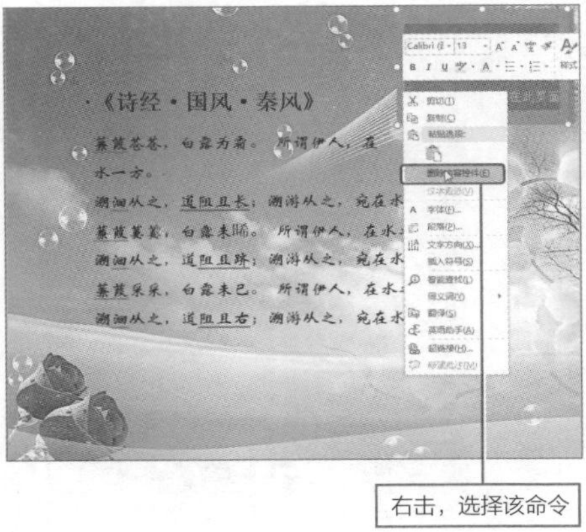

❹ 输入需要的文本，并调整文本字号的大小。

Question **104**

● Level ◆◆◆

2016 2013 2010

按需绘制文本框很容易

语音视频教学104

实例	绘制文本框

除了可以在文档中插入内置文本框外，用户还可以根据需要在文档中绘制文本框，下面对其进行介绍。

❶ 打开文档，切换至“插入”选项卡，单击“文本框”按钮，选择“绘制文本框”选项。

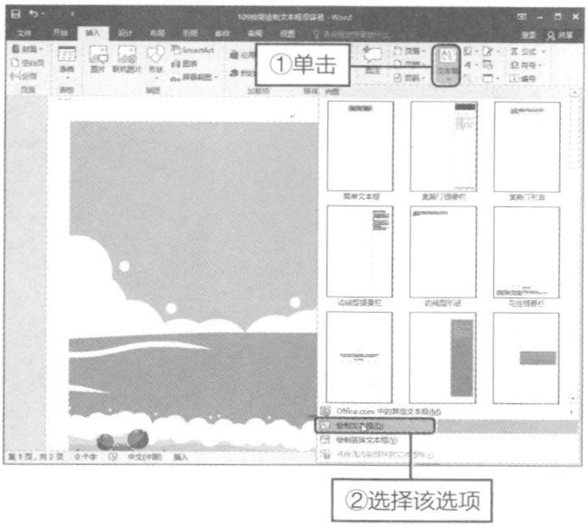

❷ 可以看到鼠标光标将变为十字形，将光标放置在合适位置。

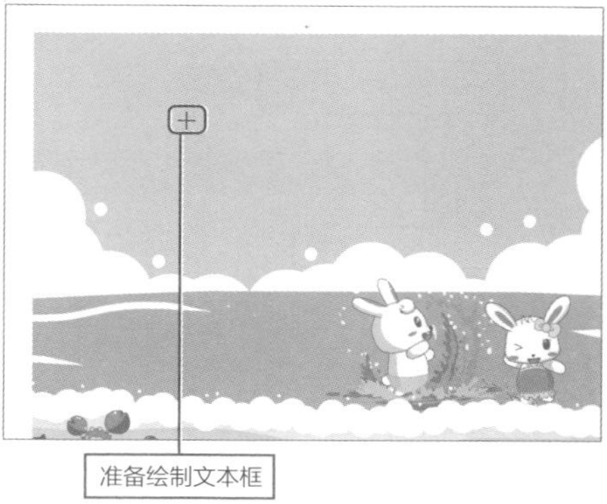

❸ 按住鼠标左键不放，拖动鼠标，绘制完成后，释放鼠标左键。

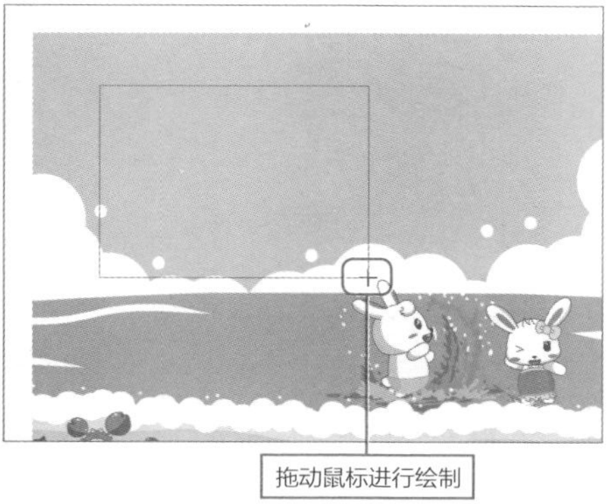

❹ 绘制完成后，可以在文本框中直接输入文本。

Question

105 自由设置文本框格式

语音视频
教学105

● Level ◆◆◆

2016 2013 2010

实例	文本框格式的设置

插入文本框后，用户可以像设置形状一样对文本框进行设置，包括更改文本框的填充色、轮廓以及效果等，下面将对其具体操作进行介绍。

1 选择文本框，切换至“绘图工具－格式”选项卡，可通过功能区中的命令对文本框格式进行设置。

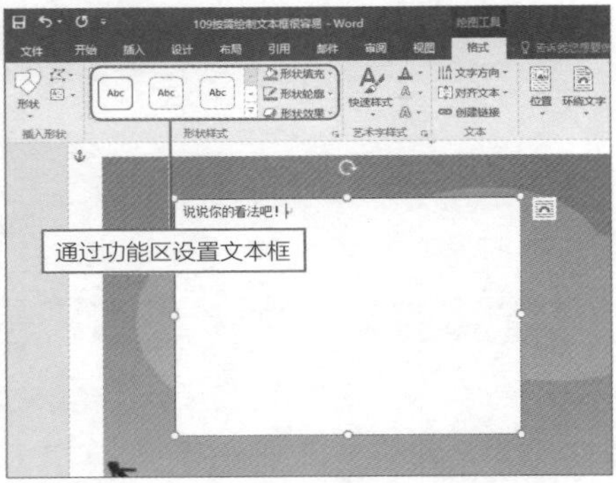

2 或者，通过对话框进行设置。即选择文本框并右击，选择“设置形状格式”命令。

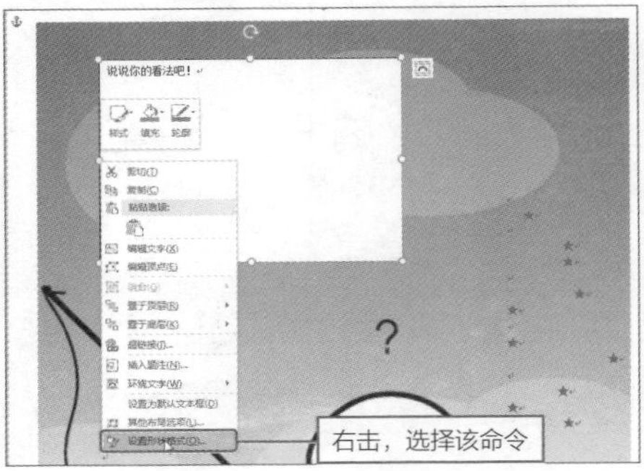

3 打开“设置形状格式”窗格，在“形状选项”中设置文本框的格式，在“文本选项”中设置文本框中文本的格式。

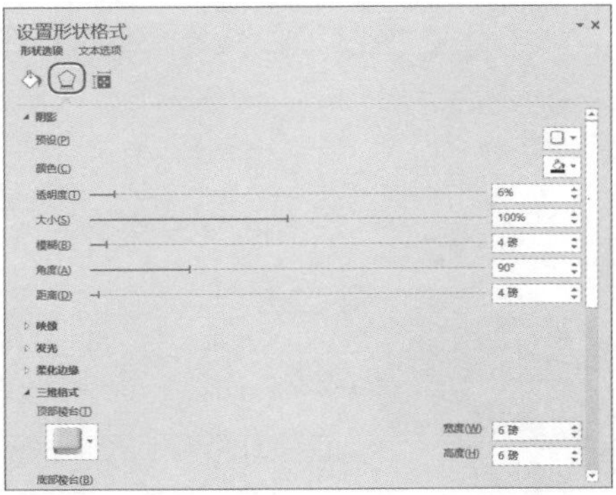

4 设置完成后，关闭对话框，查看设置效果。

第5章 106~134

表格与图表处理技巧

Question

106

• Level ◆◆◆

2016 2013 2010

一网打尽插入表格法

语音视频
教学106

实例	插入表格

在Word文档中，当用到大量数据对当前观点进行说明，或者对某一个项目进行介绍时，可以采用表格的形式进行整理。下面将介绍如何在文档中插入表格。

❶ 打开文档，切换至“插入”选项卡，单击“表格”按钮，在列表中根据需要选择行列数即可。

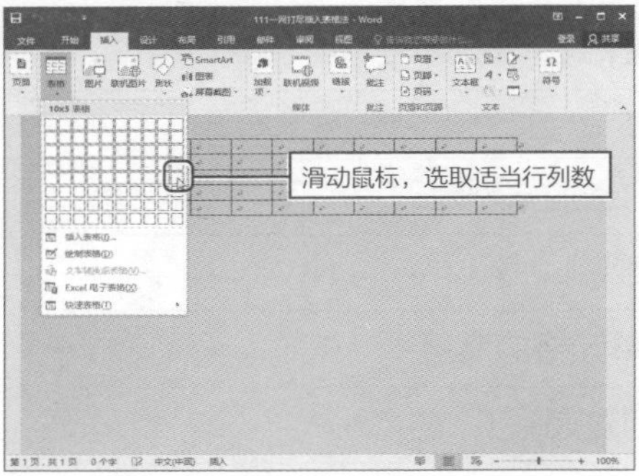

❷ 完成选择后，系统将以插入点为表格的起点，自动插入所需要的表格。

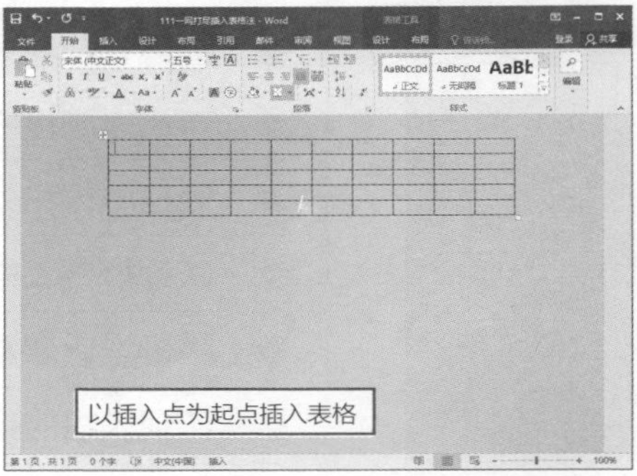

❸ 通过对话框法插入。在“插入表格”列表中选择“插入表格”选项。

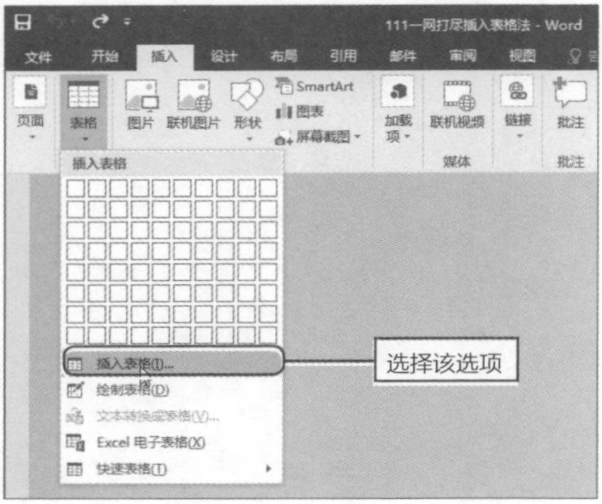

❹ 打开“插入表格”对话框，根据需要输入行列数，单击“确定”按钮即可。

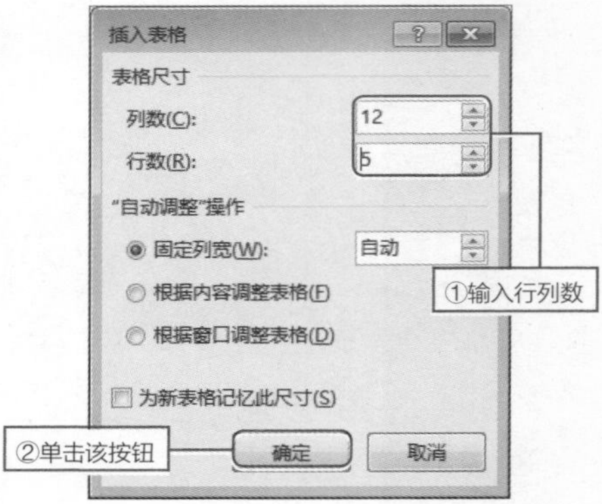

Question
107

● Level ◆◆◆

2016 2013 2010

手绘表格也不难

语音视频
教学107

实例	手动绘制表格

除了可以通过上一技巧介绍的方法插入表格外，还可以通过手动绘制的方法来插入表格，下面对其进行介绍。

1 打开文档，单击“插入”选项卡上的“表格”按钮，从列表中选择“绘制表格”选项。

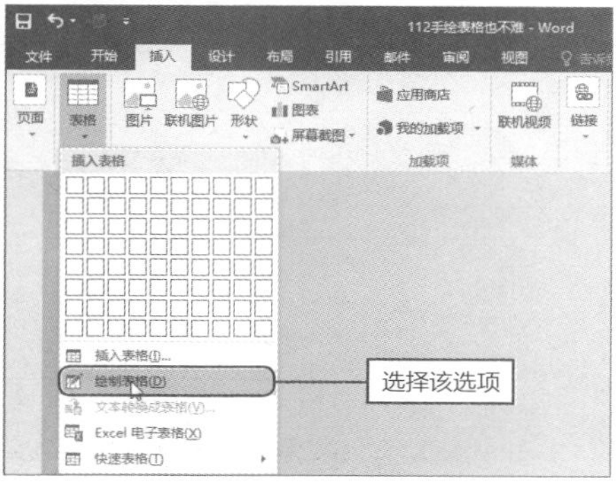

2 当鼠标光标变为铅笔形状时，按住鼠标左键不放拖动至合适位置，完成表格外框的绘制。

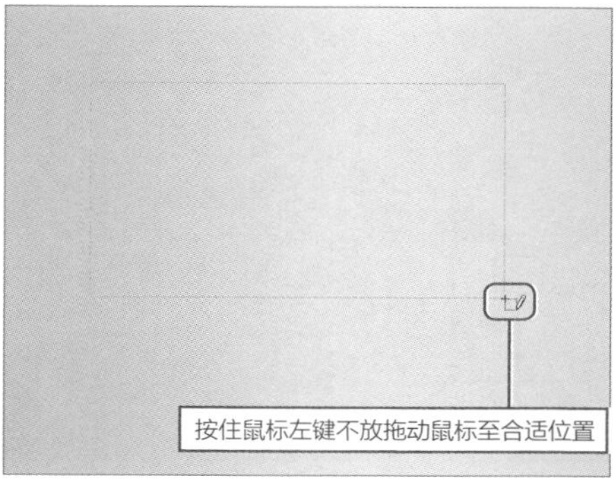

3 将鼠标光标移至左侧外框线上，指定好起始点，按住鼠标左键，拖动至右侧外框线上，绘制单元行。

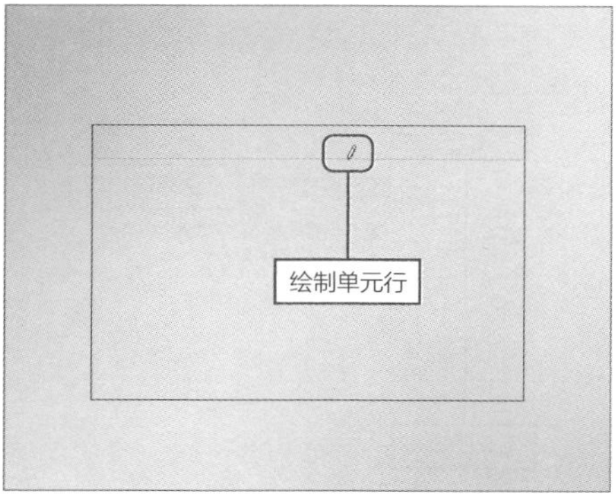

4 同样的，将鼠标光标移至上侧框线上，绘制单元列，然后按照同样的方法绘制出多个单元行和单元列即可。

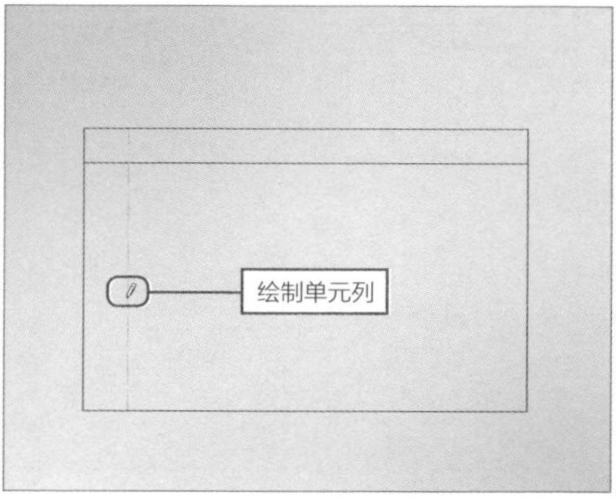

Question

108 表格中行和列的增加与删除

语音视频教学108

● Level ◆◆◆

2016 2013 2010

实例 添加或删除单元格行列

在编辑表格时，可能会需要增加或删除单元行或单元列，有多种方法可以实现，下面以增加/删除单元格行为例逐一对其进行介绍。

1 快速插入一行。将鼠标光标移至两行之间分割线左侧，单击出现的⊕按钮即可在分割线位置插入一个新行。

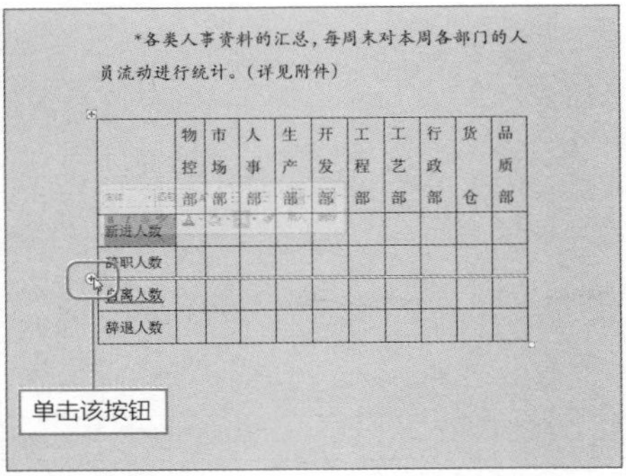

2 Enter键插入法。将鼠标光标移至单元行的右侧边框外，在键盘上按Enter键，即可在该行下方插入一个新行。

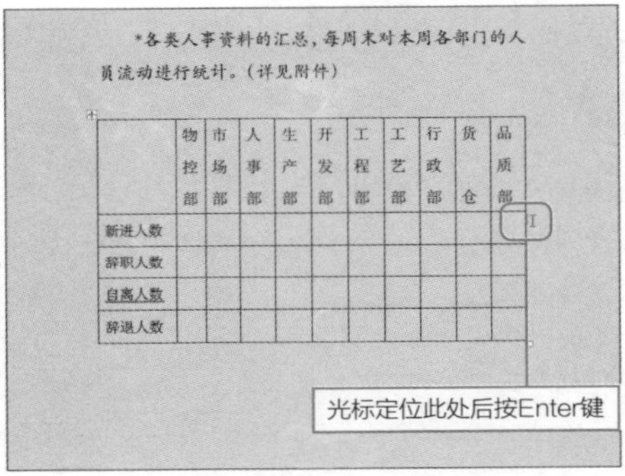

3 功能区命令插入法。选择单元行，单击"表格工具－布局"选项卡上的"在下方插入"按钮，可在所选行下方插入新行。

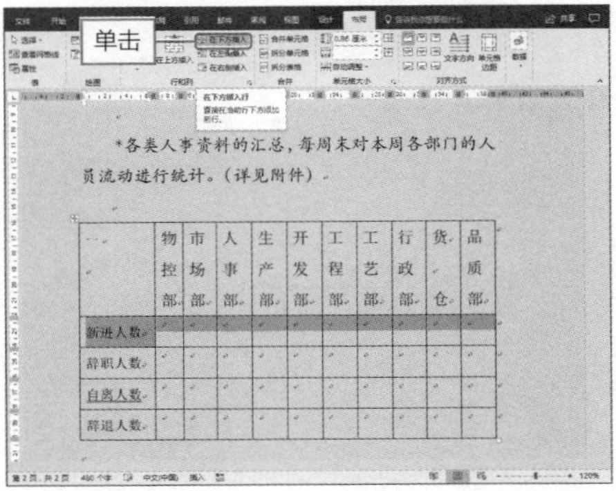

4 右键命令插入法。选择单元行并右击，选择"插入>在下方插入行"命令，可在所选行下方插入新行。

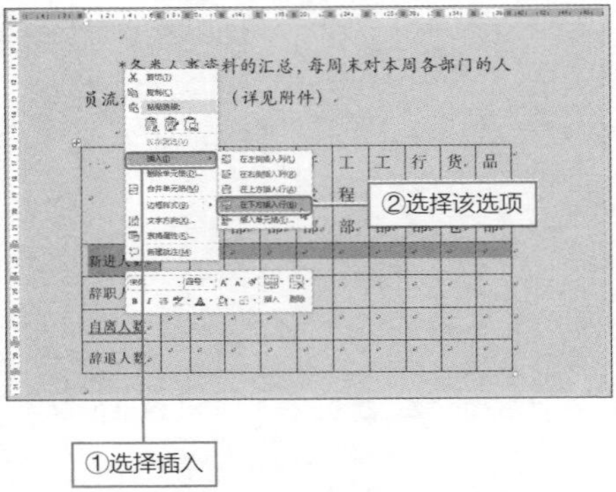

5 插入多行或多列。只需选择多行，然后使用功能区命令或右键菜单命令插入。

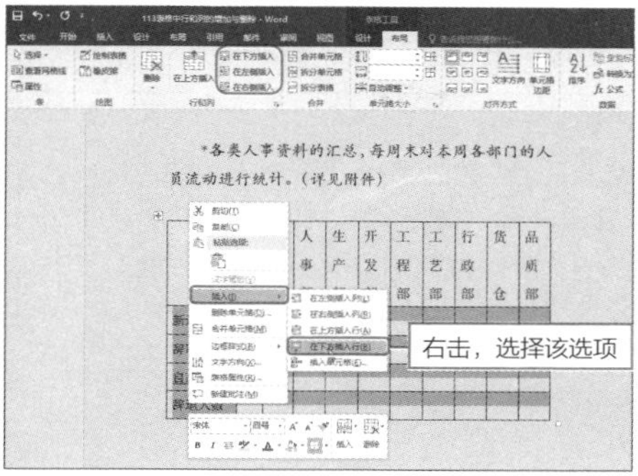

6 若选择了4行，则会在所选行下方插入4个新行。

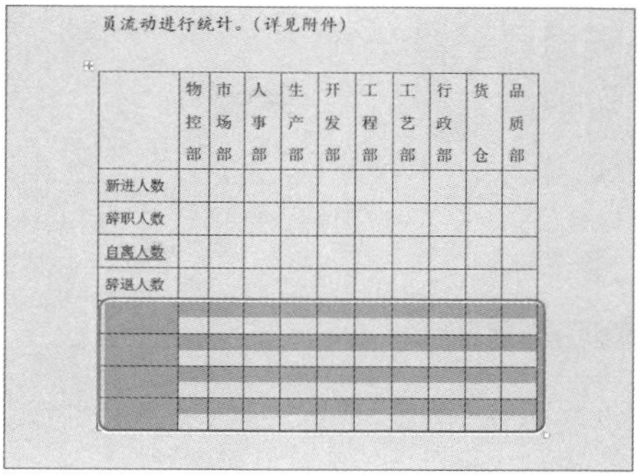

7 功能区命令删除行。选择单元行，切换至“表格工具－布局”选项卡，单击“删除”按钮，从列表中选择“删除行”选项。

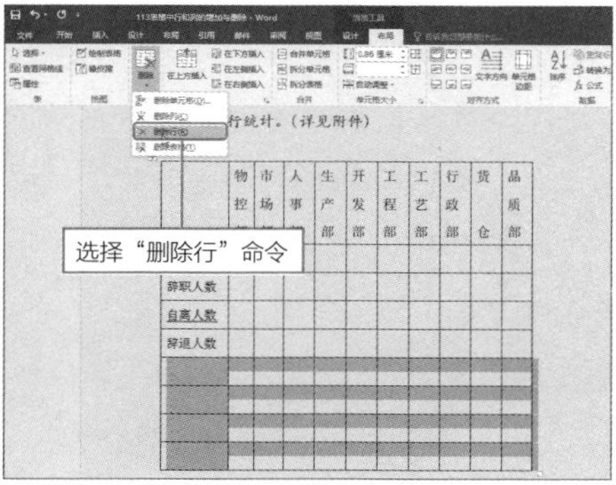

8 右键菜单命令删除行。选择单元行并右击，从快捷菜单中选择“删除单元格”命令。

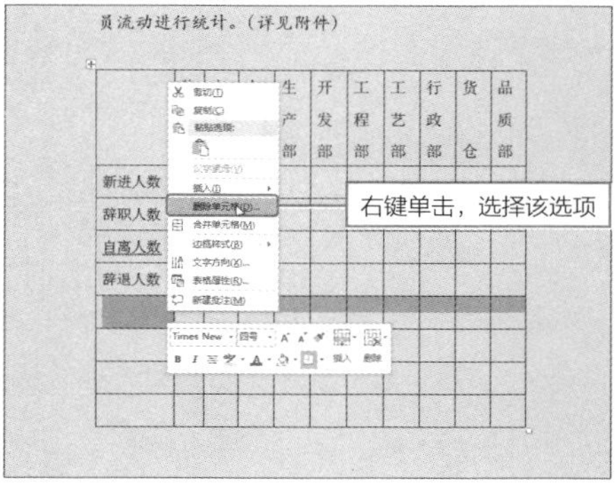

9 弹出“删除单元格”对话框，选中“删除整行”单选按钮。

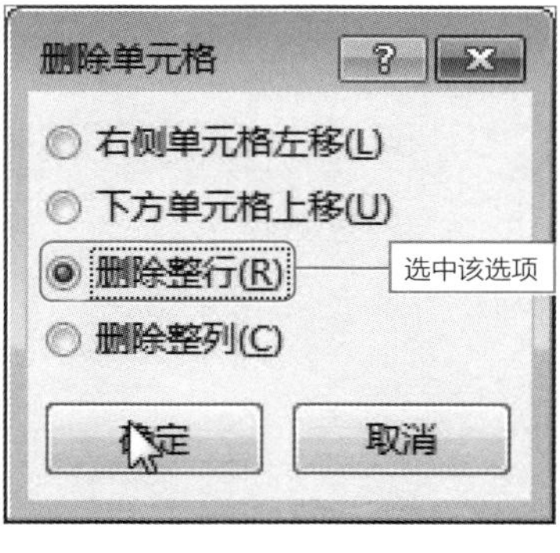

10 单击“确定”按钮，关闭对话框，即可删除所选行。

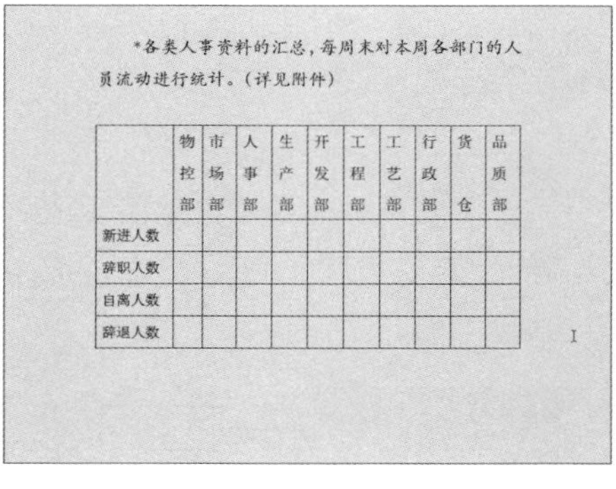

Question 109

快速拆分表格

语音视频教学109

• Level ◆◆◆

2016 2013 2010

实例 表格的拆分

插入表格后，若当前表格中数据行/数据列过多，不方便数据的比对和分析，可以根据需要将表格拆分为两个或两个以上的表格，下面对其进行介绍。

1. 将插入点置于需要被拆分成第2个表格的首行单元格中，单击“表格工具－布局”选项卡上“拆分表格”按钮。

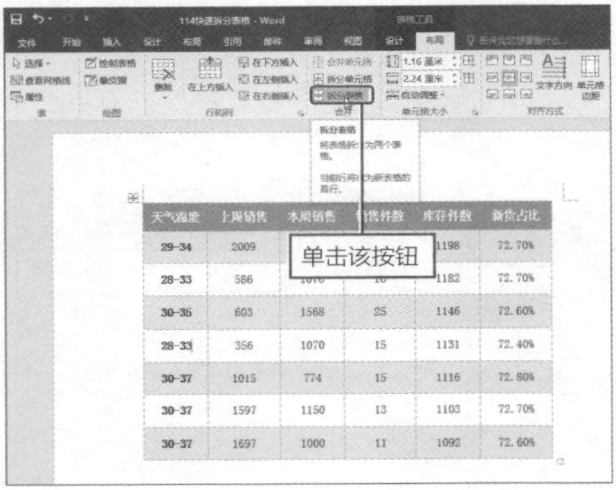

2. 完成后即可拆分该表格，同样，按下键盘上的Ctrl+Shift+Enter组合键也可拆分表格。

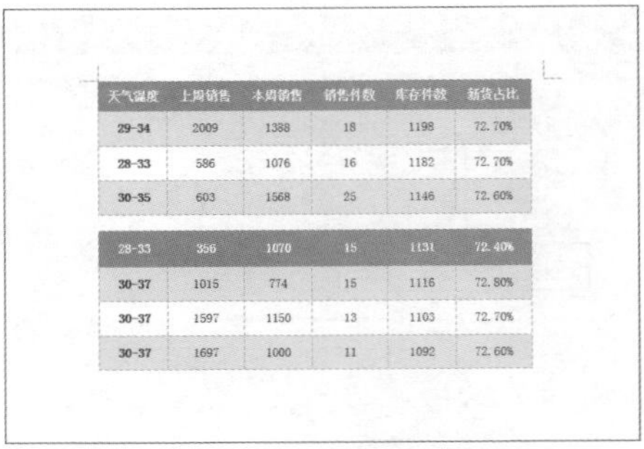

3. 左右拆分。在表格下方连续按两次Enter键，选择需要拆分为第2个表格的所有单元格内容，按住鼠标左键并拖动至表格下方回车符位置。

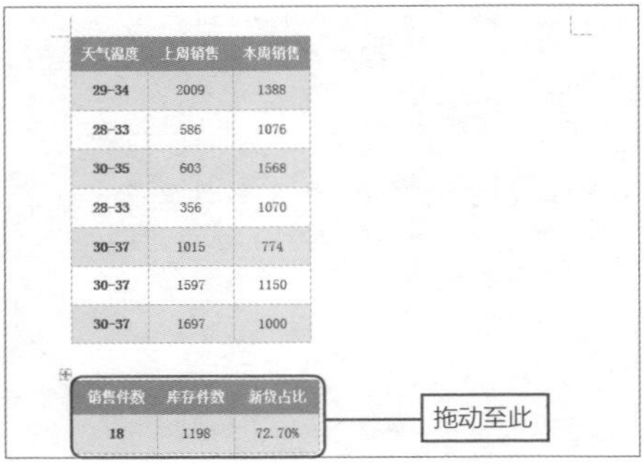

4. 释放鼠标后，表格左上角显示十字形控制柄，选择该控制柄，按住鼠标左键不放，将其拖动至第一个表格右侧，与其并列，即可实现拆分。

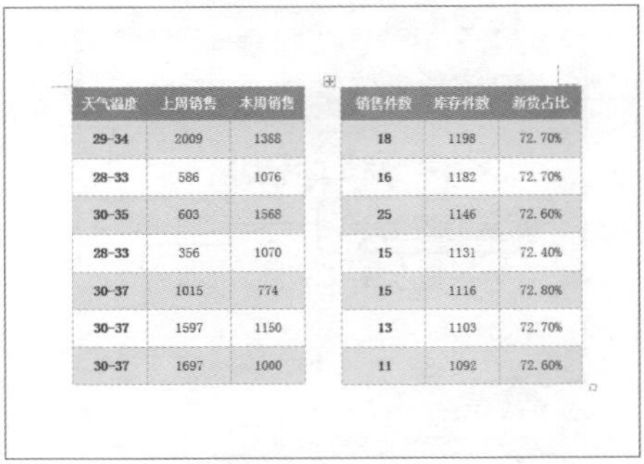

Question

110

● Level

◆◆◆

2016 2013 2010

精确设置表格/单元格的宽度

语音视频教学110

实例　调整表格/单元格宽度

编辑表格时，用户可根据表格/单元格的内容适当调整其宽度值，有两种方法可以实现，一种是通过右键操作，一种是通过功能区中的命令，下面分别对其进行介绍。

❶ 调整表格大小。选择表格并右击，从快捷菜单中选择“表格属性”命令。

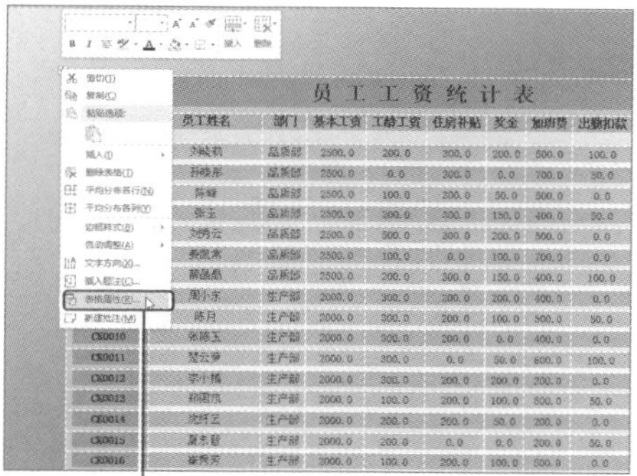

选择“表格属性”选项

❷ 弹出“表格属性”对话框，在“表格”选项卡，勾选“指定宽度”复选框，并输入新宽度。

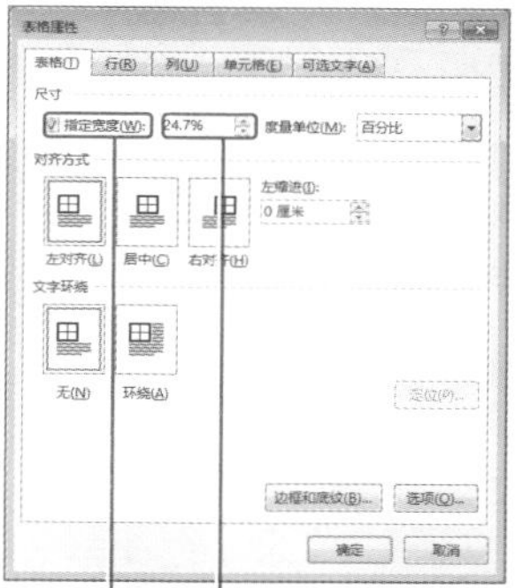

①勾选该选项　②输入数值

❸ 设置完成后，单击“确定”按钮，可调整表格宽度，也可以将鼠标光标移至右下角，然后向右拖动进行调整。

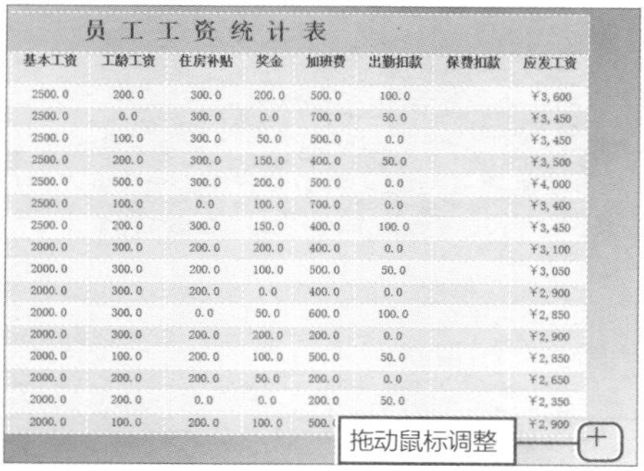
员工工资统计表

基本工资	工龄工资	住房补贴	奖金	加班费	出勤扣款	保费扣款	应发工资
2500.0	200.0	300.0	200.0	500.0	100.0		¥3,600
2500.0	0.0	300.0	0.0	700.0	50.0		¥3,450
2500.0	100.0	300.0	50.0	500.0	0.0		¥3,450
2500.0	200.0	300.0	150.0	400.0	50.0		¥3,500
2500.0	500.0	300.0	200.0	500.0	0.0		¥4,000
2500.0	100.0	0.0	100.0	700.0	0.0		¥3,400
2500.0	200.0	300.0	150.0	400.0	100.0		¥3,450
2000.0	300.0	200.0	200.0	400.0	0.0		¥3,100
2000.0	300.0	200.0	100.0	500.0	50.0		¥3,050
2000.0	300.0	200.0	0.0	400.0	0.0		¥2,900
2000.0	300.0	0.0	50.0	600.0	100.0		¥2,850
2000.0	300.0	200.0	200.0	200.0	0.0		¥2,900
2000.0	100.0	200.0	100.0	500.0	50.0		¥2,850
2000.0	200.0	200.0	50.0	200.0	0.0		¥2,650
2000.0	200.0	0.0	0.0	200.0	50.0		¥2,350
2000.0	100.0	200.0	100.0	[illegible]	[illegible]		¥2,900

拖动鼠标调整

Hint

调整单元格大小

将鼠标光标定位至需调整的单元格内，切换至“表格工具－布局”选项卡，通过“高度”和“宽度”数值框进行设置即可。

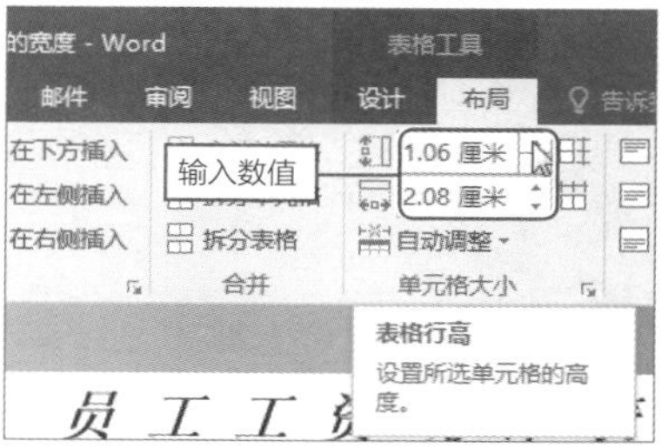

输入数值

Question

111 实现表格的行列对调

语音视频教学111

Level ◆◆◆

2016 2013

实例 表格行列的互换

在日常工作中，有时会需要将Word表格中的行列对调，Word本身并不提供行列转置功能。这该怎么办呢？其实要解决这个问题，还是有办法的，下面将对其操作进行介绍。

❶ 打开文档，单击表格左上方十字形控制柄，将表格选中。

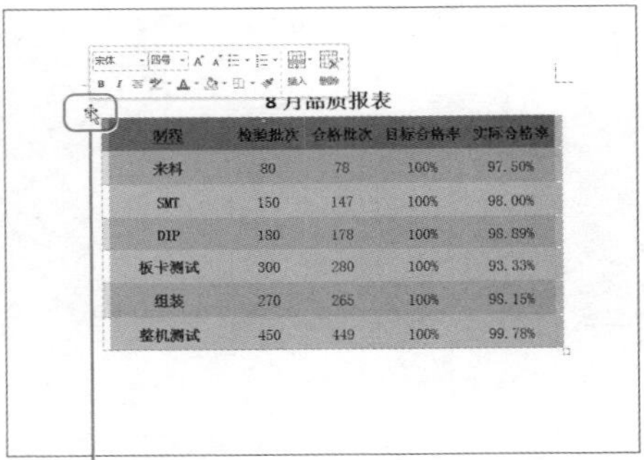

单击该按钮

❷ 在表格上右击，从快捷菜单中选择“复制”命令，复制表格内容，或者按Ctrl+C组合键复制。

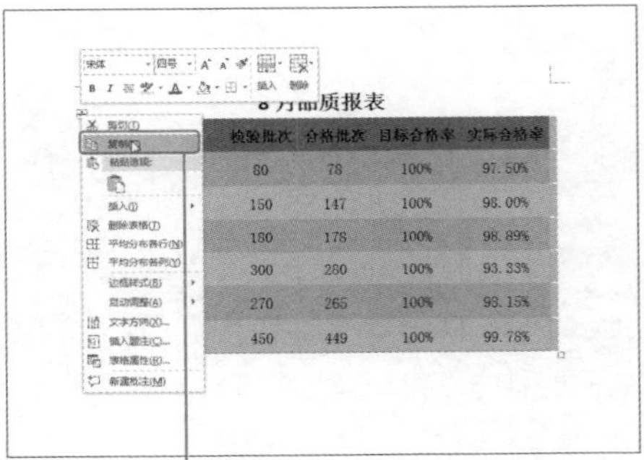

右击，选择“复制”选项

❸ 启动Excel 2016软件，选中任意单元格，在键盘上按Ctrl+V组合键粘贴表格。

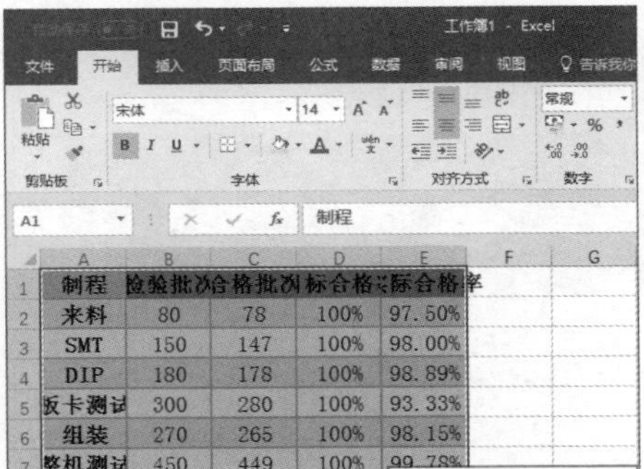

按Ctrl+V组合键粘贴

❹ 在Excel工作表中，再次选择表格中的内容，按Ctrl+C组合键进行复制。

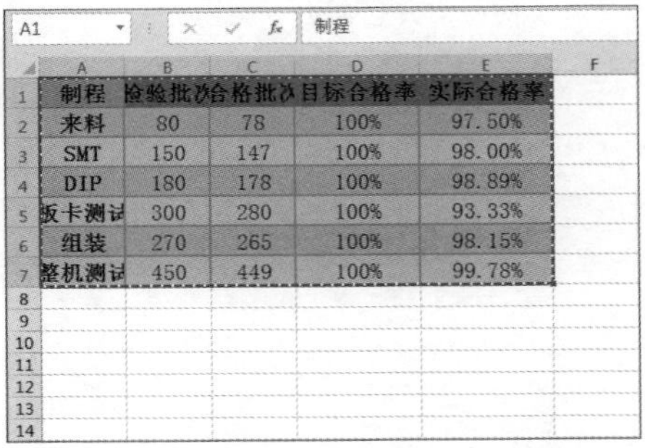

按Ctrl+C组合键复制

5 选择Excel中的任意空白单元格，右键单击，在快捷菜单中选择“选择性粘贴”命令。

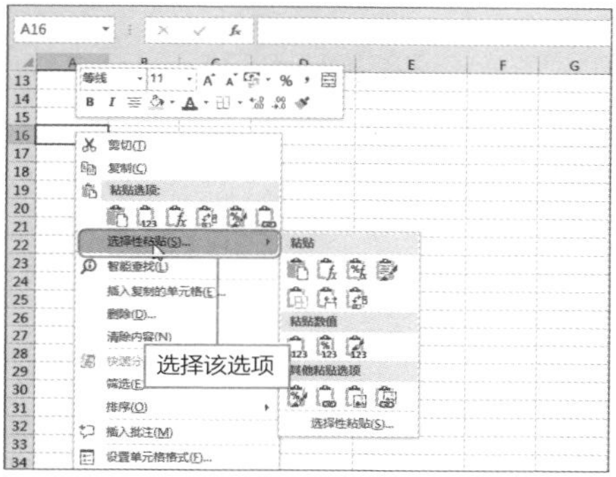

6 可以在级联菜单中选择“转置”命令。

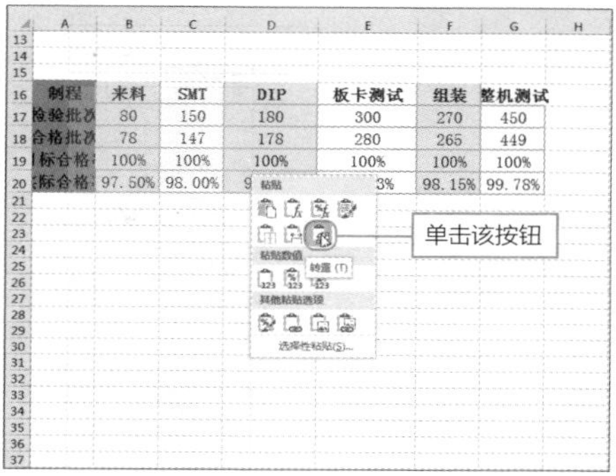

7 也可以选择“选择性粘贴”选项，在打开的对话框中勾选“转置”复选框。

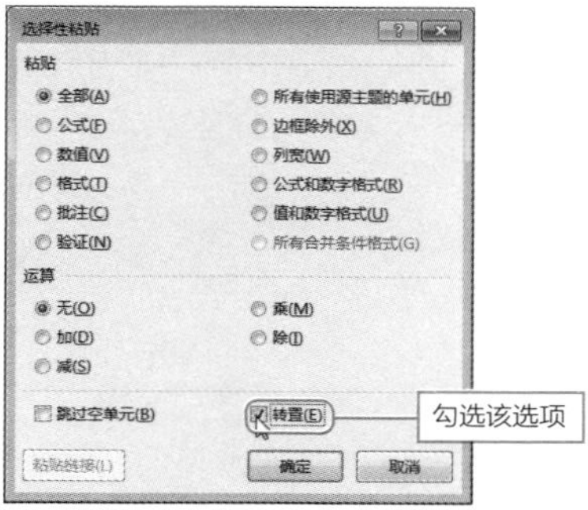

8 单击“确定”按钮，关闭对话框，复制切换行列后的表格内容。

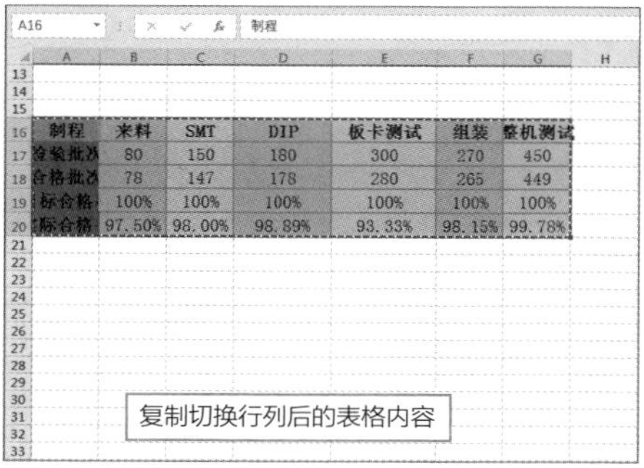

9 接下来将其粘贴到Word文档中，发现表格中单元格行高和列宽与内容不匹配。

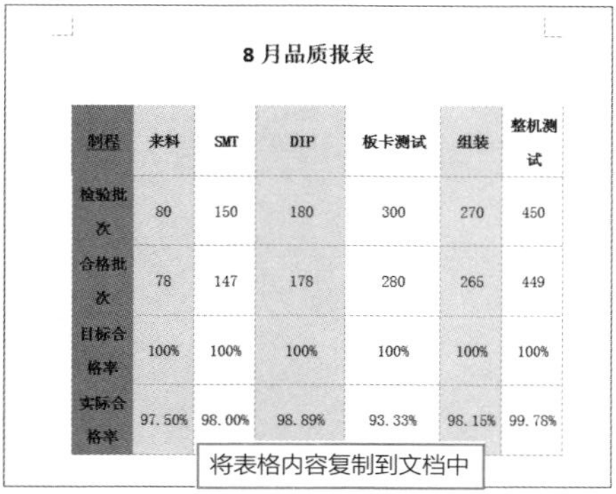

10 这时可通过“表格工具－布局>自动调整>根据窗口自动调整表格”命令进行调整。

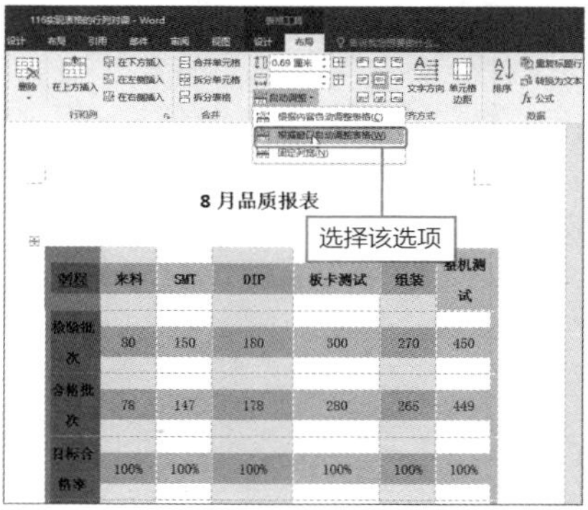

1 2 3 4 5 6 7 8 9 10 11 12 13 14 15 16 17 18 表格与图表处理技巧

Question 112

轻松绘制表头斜线

语音视频教学112

• Level ◆◆◆

2016 2013

实例 表头斜线的添加

在绘制表格时，经常会需要绘制斜线表头。在Word文档中，用户可以通过两种操作方法来绘制，一种是手工绘制，一种是使用添加边框命令绘制，下面对其进行介绍。

1 将光标定位至需绘制斜头线的单元格，执行“表格工具－设计>边框”命令，从展开的列表中选择“斜下框线”选项。

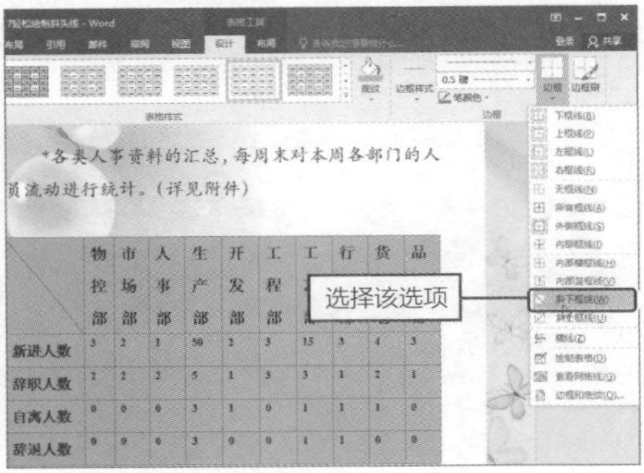

2 可在单元格中绘制斜线，输入相应的文字即可。若想要取消该斜线，则再次选择“斜下框线”选项即可。

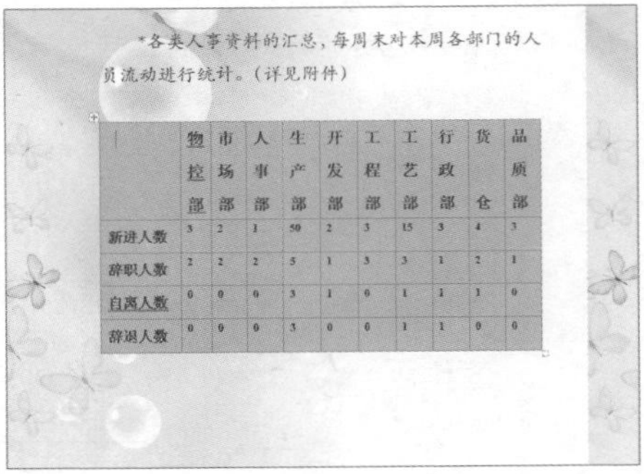

3 单击“表格工具－布局”选项卡上的“绘制表格”按钮，鼠标光标变为笔样式，拖动鼠标绘制斜线。

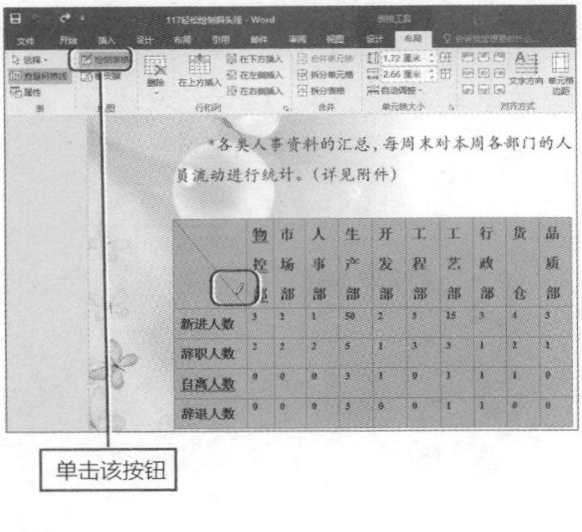

4 若想要将该斜线删除，则可单击“橡皮擦”按钮，鼠标光标变为橡皮形状，在需要删除的斜线上单击即可将其删除。

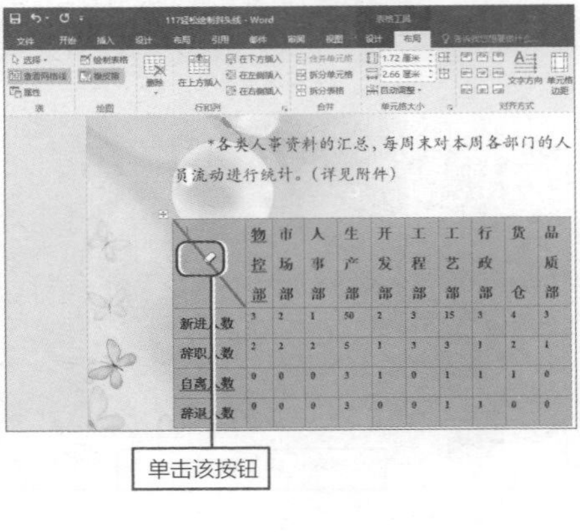

Question **113**

● Level ◆◆◆

2016 2013 2010

快速美化表格

语音视频
教学113

实例 应用表格样式

创建表格完成后，用户还可以根据需要美化表格。此时，用户可以尝试使用系统提供的快速样式进行设置，其具体操作介绍如下。

1 将鼠标光标定位至表格内，切换至“表格工具－设计”选项卡，单击“表格样式”组的“其他”按钮。

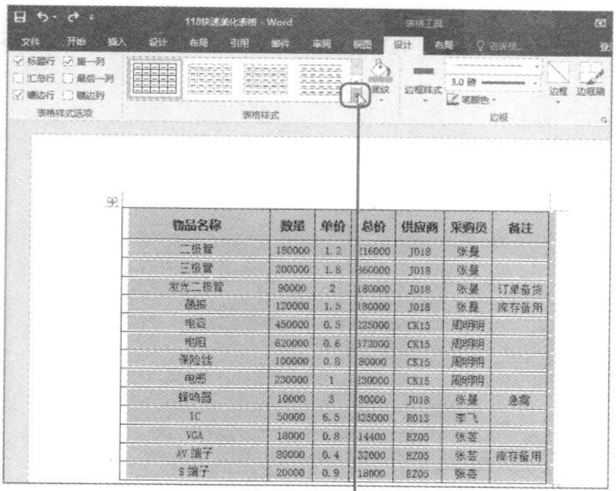

单击“其他”按钮

2 展开“表格样式”列表，从中选择合适的样式。

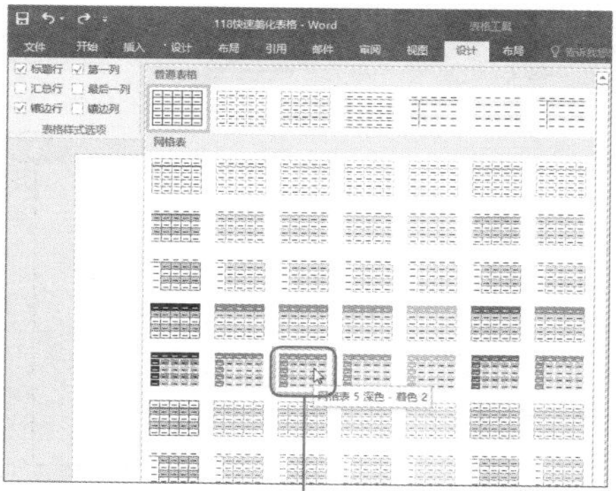

选择该样式

3 选择完成后，即可为表格应用所选样式。

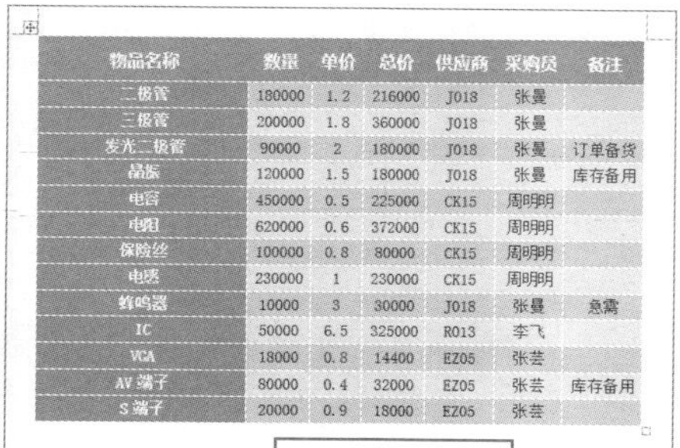

物品名称	数量	单价	总价	供应商	采购员	备注
二极管	180000	1.2	216000	J018	张曼	
三极管	200000	1.8	360000	J018	张曼	
发光二极管	90000	2	180000	J018	张曼	订单备货
晶振	120000	1.5	180000	J018	张曼	库存备用
电容	450000	0.5	225000	CK15	周明明	
电阻	620000	0.6	372000	CK15	周明明	
保险丝	100000	0.8	80000	CK15	周明明	
电感	230000	1	230000	CK15	周明明	
蜂鸣器	10000	3	30000	J018	张曼	急需
IC	50000	6.5	325000	R013	李飞	
VGA	18000	0.8	14400	EZ05	张芸	
AV 端子	80000	0.4	32000	EZ05	张芸	库存备用
S 端子	20000	0.9	18000	EZ05	张芸	

应用表格样式效果

Hint

更改单元格底纹

选择需要更改底纹的单元格，单击“表格工具－设计”选项卡上的“底纹”按钮，从列表中选择合适的颜色即可。

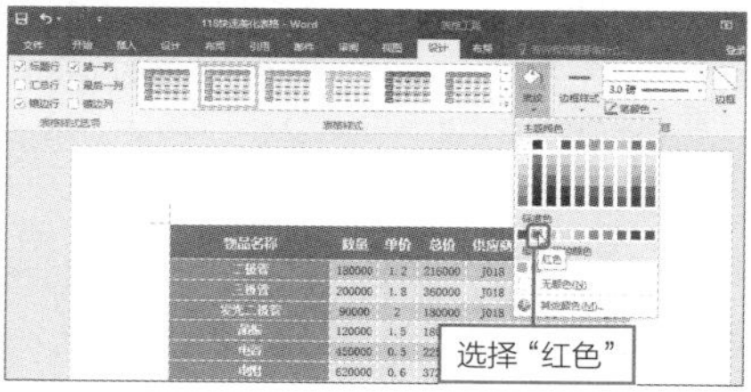

选择“红色”

1 2 3 4 5 6 7 8 9 10 11 12 13 14 15 16 17 18 表格与图表处理技巧

Question

114

设置表格边框花样多

语音视频教学114

● Level ◆◆◆

2016 2013

实例 表格边框的设置

对于表格来说，边框就如同一件漂亮的外套，设置一个精美别致的边框，会让表格增加极大的魅力，下面介绍如何设置表格边框。

❶ 应用边框样式。打开文档，单击"表格工具－设计"选项卡上的"边框样式"按钮，从展开的列表中选择合适的边框样式。

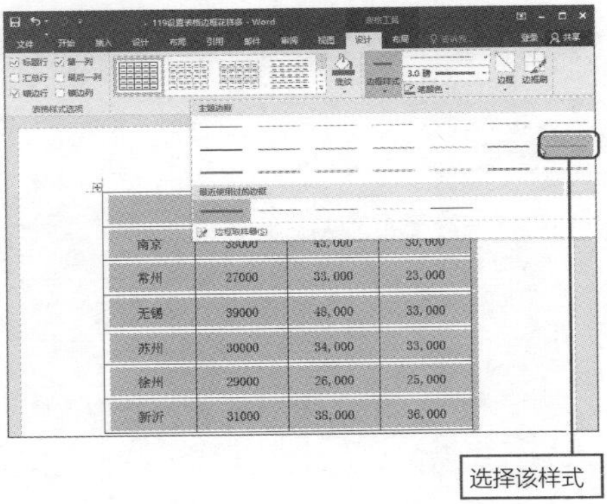

❷ 鼠标光标变为毛笔刷样式，在需要应用更改边框样式的框线上单击即可应用该样式。

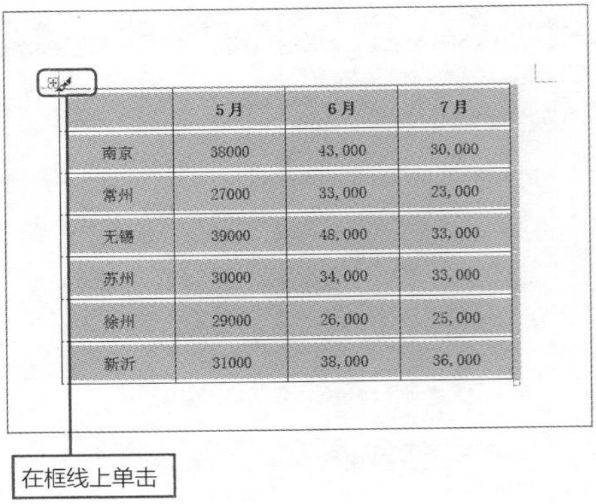

❸ 按照同样的方法，依次为其他框线应用合适的边框样式。

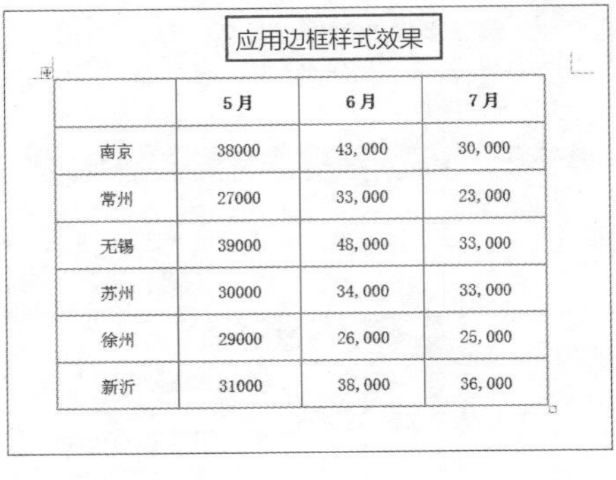

❹ 功能区命令设置边框样式。选择表格，单击"笔颜色"按钮，从展开的列表中选择合适的颜色。

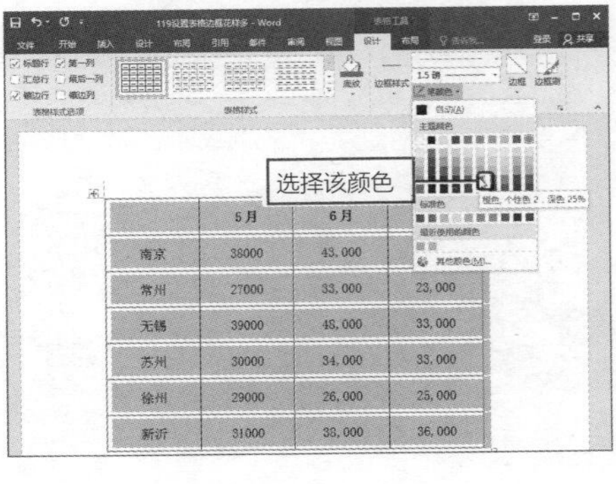

❺ 单击“笔样式”按钮，从展开的列表中选择合适的样式即可。

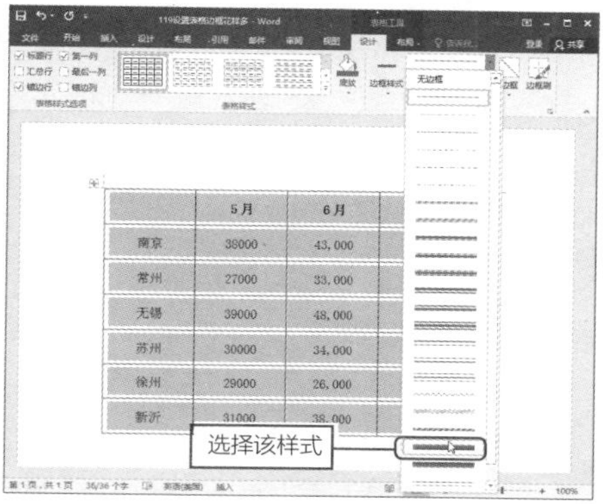

❻ 单击“笔划粗细”按钮，从展开的列表中选择合适的边框粗细。

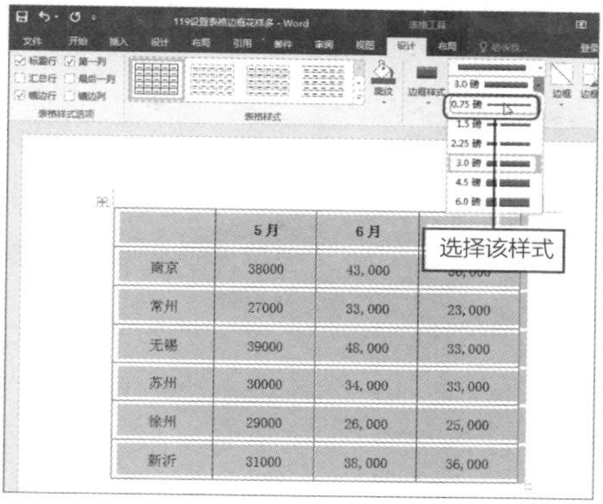

❼ 然后单击“边框”按钮，从展开的列表中选择“所有框线”选项。

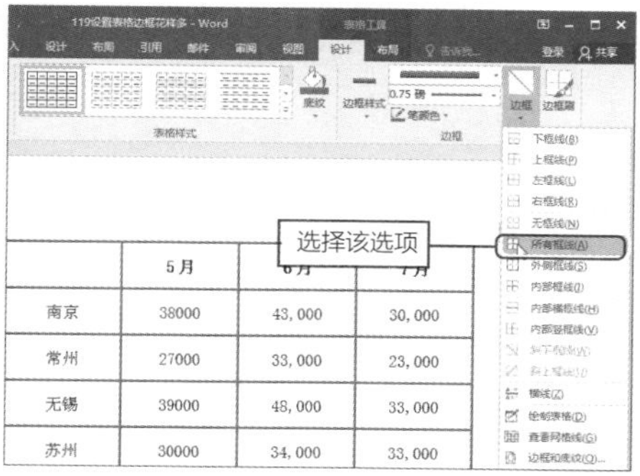

❽ 对话框设置法。单击“表格工具－设计”选项卡“边框”组的对话框启动器按钮。

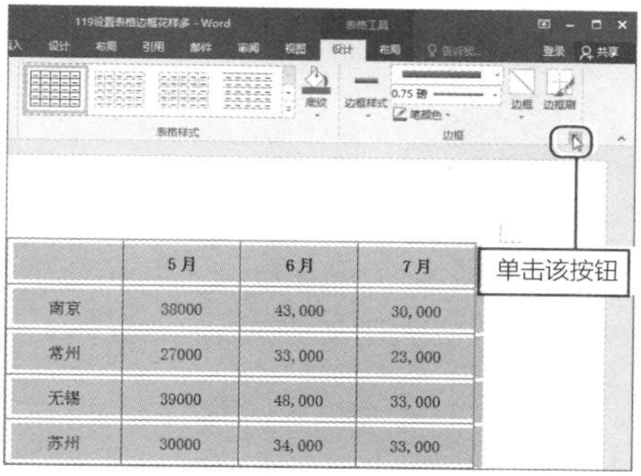

❾ 打开“边框和底纹”对话框，在“边框”选项卡，可自由设置边框的样式。

❿ 设置完成后，单击“确定”按钮，关闭对话框即可。

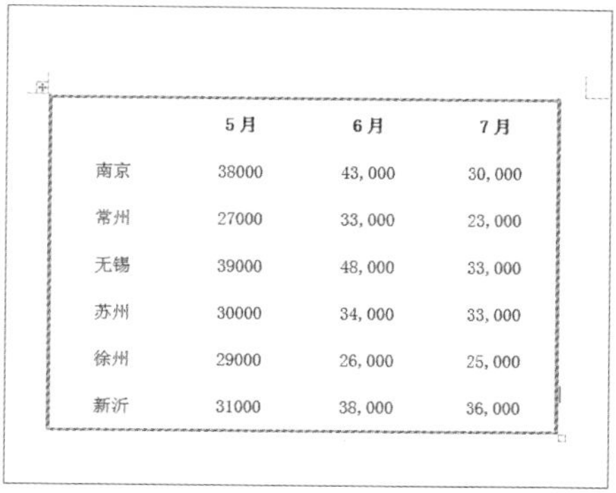

	5月	6月	7月
南京	38000	43,000	30,000
常州	27000	33,000	23,000
无锡	39000	48,000	33,000
苏州	30000	34,000	33,000
徐州	29000	26,000	25,000
新沂	31000	38,000	36,000

Question

115 使用表格进行图文混排

语音视频教学115

实例 图文混排技巧

● Level ◆◆◆

2016 2013

在Word文档中，用户可以通过表格功能，将文档中的图片和文档内容混合排列，从而使图片和文字的排列相对固定，并且比较美观，下面对其进行介绍。

1 在文档中插入一个6行2列的表格。选择文档中的第一段文字，将其拖动至表格中第1行中第1个单元格内。

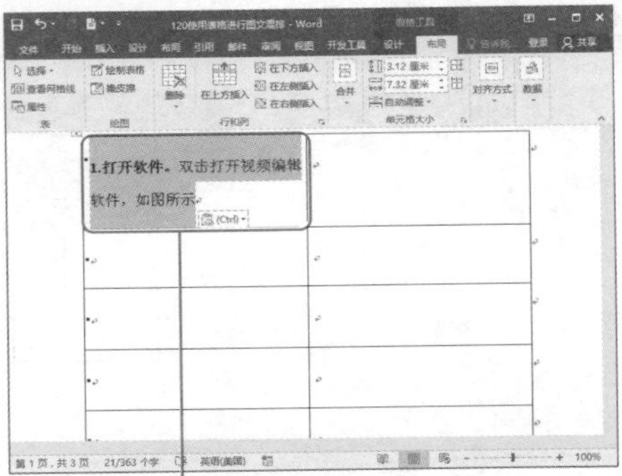

将文本拖动至单元格内

2 选择第一段文本下方的图片，将其拖动至第2行第1个单元格内。接着适当调整图片的大小和位置。

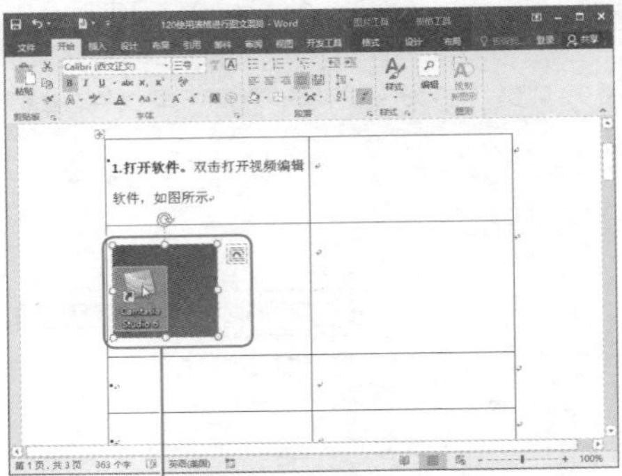

拖动图片至单元格内

3 用同样的方法，将其他文本内容移至该表格相应的单元格中。

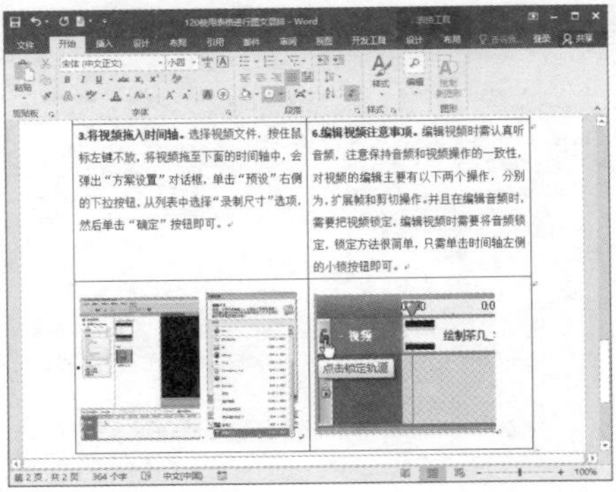

4 根据需要调整表格内文本字号的大小和段落格式，并对单元格进行适当调整。

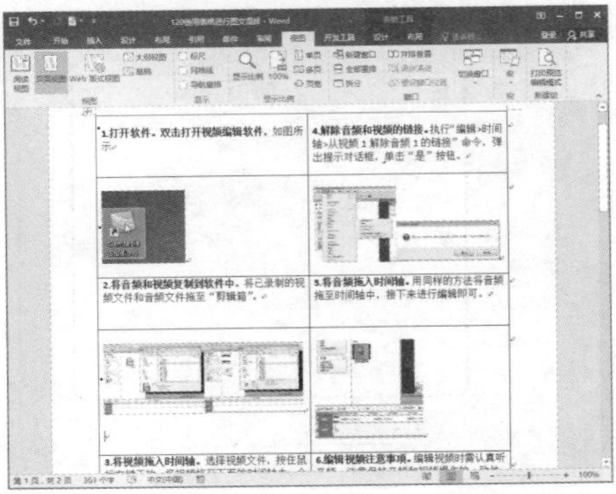

Question 116

巧妙设置错行表格

语音视频教学116

● Level ◆◆◆

2016 2013 2010

实例	制作错行表格

在制作一些综合性的表格时，常常需要在一张大的表格里包含多个不同内容的表格区域，它们看似一个整体却又各自独立，这样的表格该如何制作呢？

1 打开文档，单击“插入”选项卡上的“表格”按钮，插入一个5行2列的空白表格。

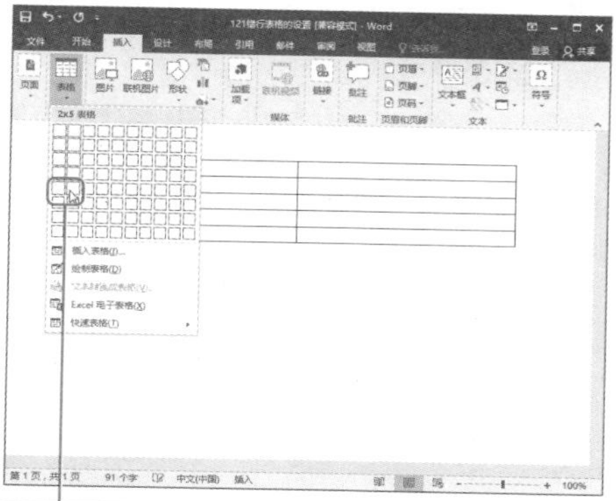

选取适当行列数

2 在表格中输入相应的内容，并输入表格的标题。

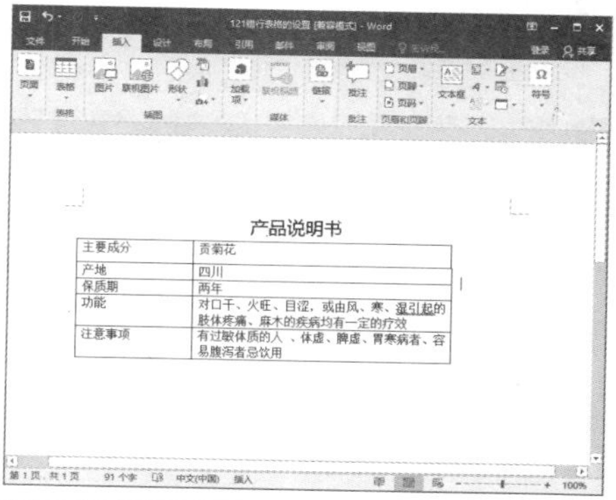

输入表格内容和标题

3 选择表格中的所有文本，单击“表格工具-布局”选项卡“对齐方式”组中的“水平居中”按钮。

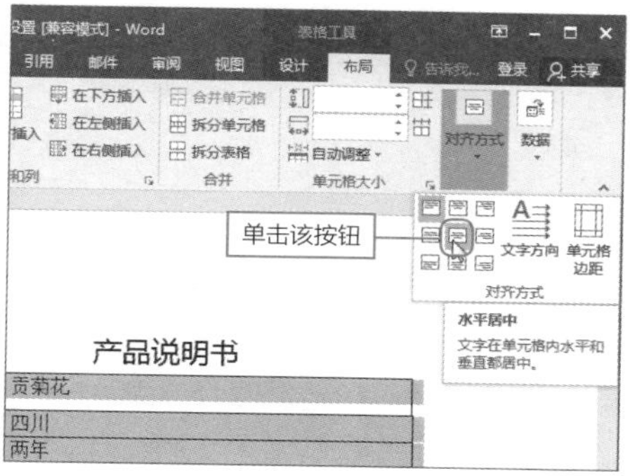

4 选择表格中的前3行，单击“表格工具-布局”选项卡上的“属性”按钮。

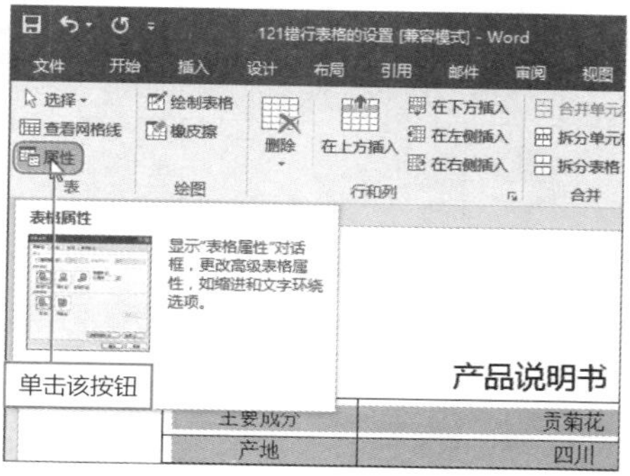

5 打开“表格属性”对话框，设置表格高度为“1”，行高值为“固定值”。

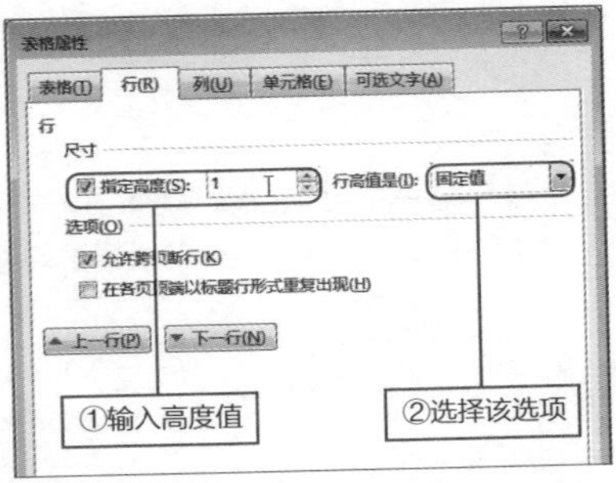

6 选择表格第4、5行，打开“表格属性”对话框将高度设为“1.5”，行高值为“固定值”。

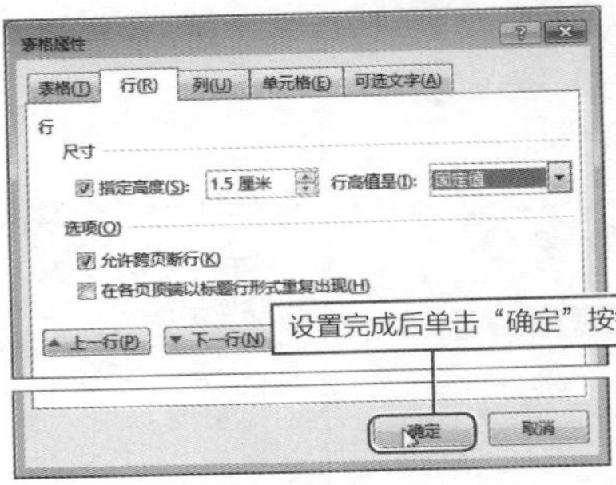

7 选择表格中的所有内容，单击“布局”选项卡上的“分栏”按钮，从展开的列表中选择“更多分栏”选项。

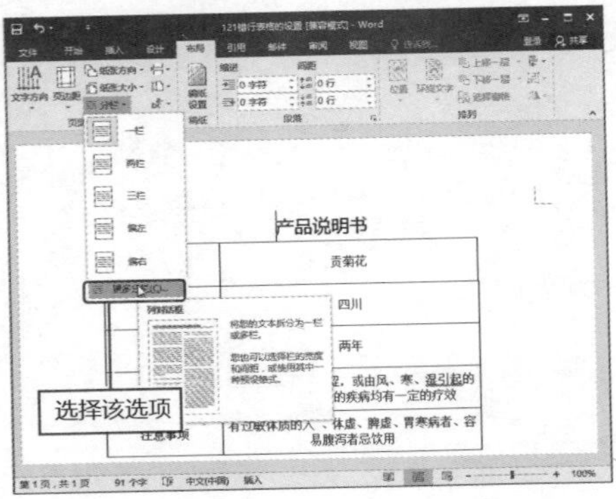

8 打开“分栏”对话框，选择“两栏”选项，勾选“分隔线”复选框，同时将间距设为0字符。

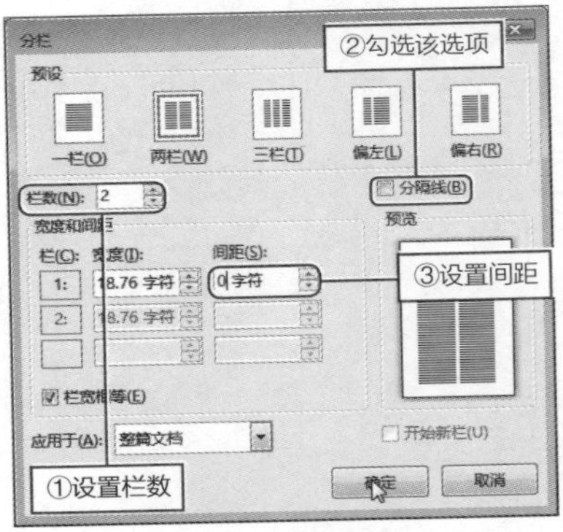

9 单击“确定”按钮，关闭对话框，查看设置效果。

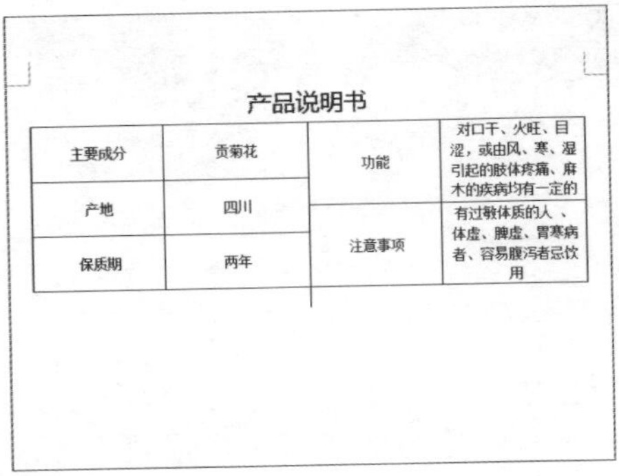

10 调整表格中文本的字号、文本的对齐方式以及表格的底纹颜色。

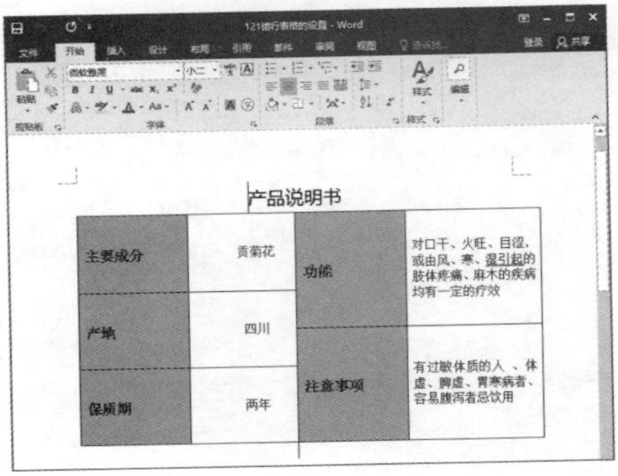

Question

117

快速在文本与表格间进行转换

语音视频教学117

• Level ◆◆◆

2016 2013 2010

实例	文本与表格之间的互相转换

在制作表格时，首先想到的就是新建一个表格，然后将文本内容复制到表格中。其实，还有更便捷的方法，那就是将文本中的内容快速转换成表格。

❶ 打开需要转换为表格的文档，在分列处按Enter键换行，或按Tab键添加空格。在此选择前者。

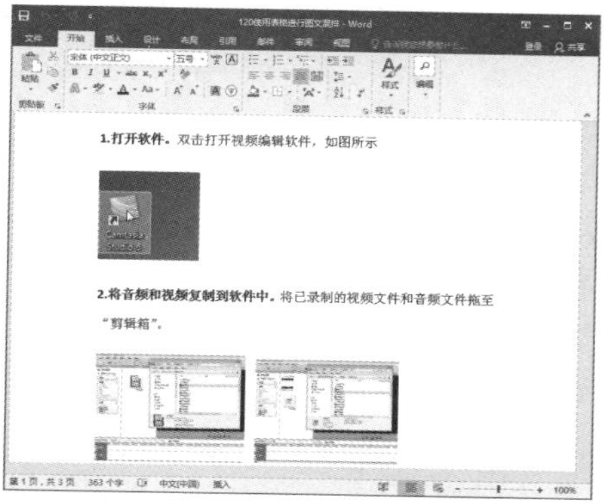

❷ 选择所有需转换的文本，切换至“插入”选项卡，单击“表格”按钮，从列表中选择“文本转换成表格”选项。

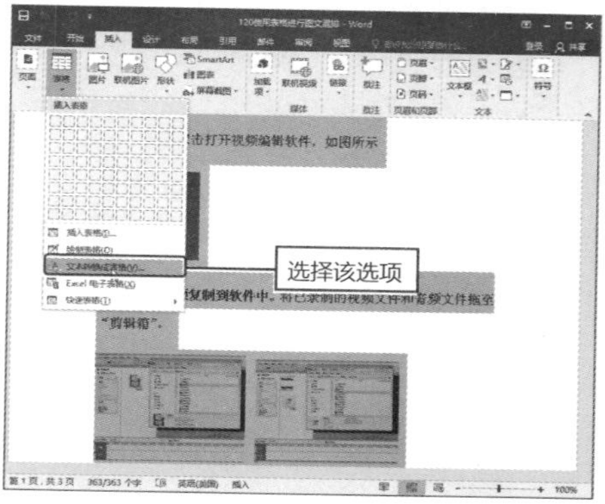

❸ 打开“将文字转换成表格”对话框，设置“列数”为2，其他保持默认，然后单击“确定”按钮，关闭对话框。

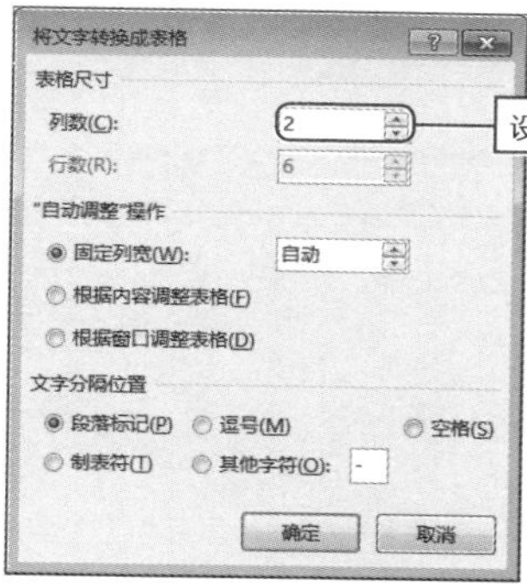

❹ 可以看到，文本转换为表格。若想要将表格转换为文本，则可执行“表格工具－布局>转换为文本”命令。

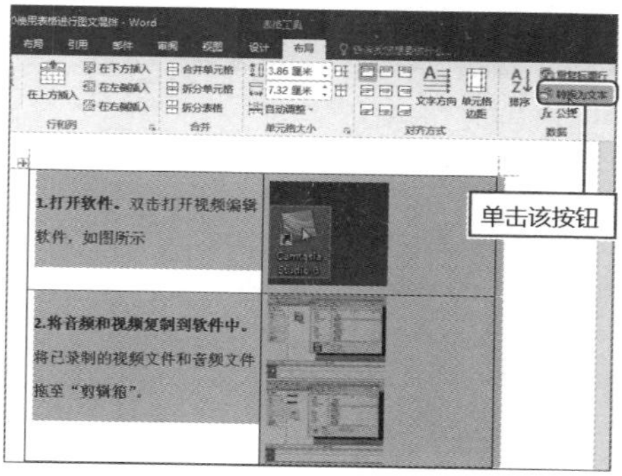

Question 118

轻松实现跨页自动重复表头

语音视频教学118

Level ◆◆◆

2016 2013 2010

实例 在Word中设置表格跨页时重复表头

对于一些大型的表格来说，通常会占据多页内容，默认情况下表格不会自动重复表头，这就使查阅表格内容变得困难，那么如何通过设置使表格在跨页时重复表头呢？

1 通过对话框进行设置。选择表头，切换至“表格工具－布局”选项卡，单击“属性”按钮。

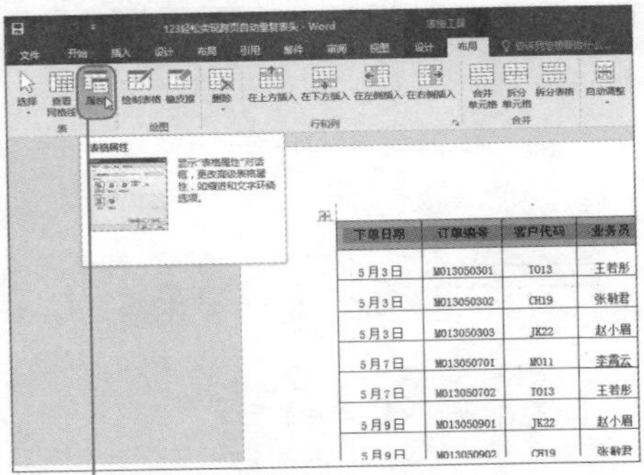

2 打开“表格属性”对话框，勾选“在各页顶端以标题行形式重复出现”选项前的复选框，单击“确定”按钮即可。

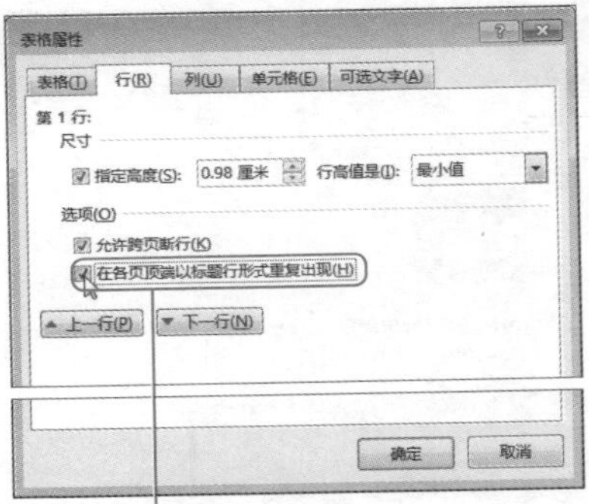

3 功能区命令进行设置。选择标题行，切换至“表格工具－布局”选项卡，单击“重复标题行”按钮即可。

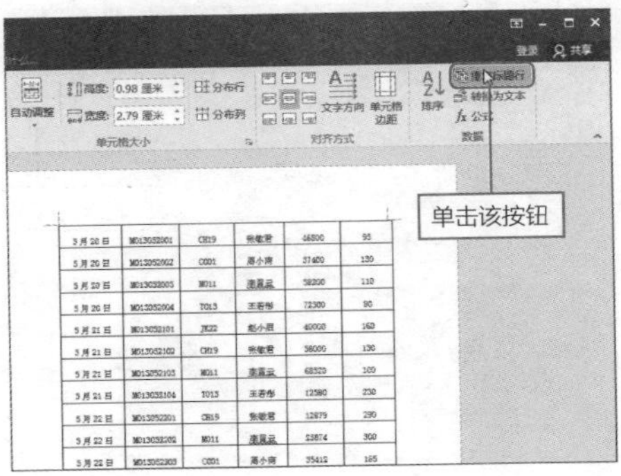

4 设置重复标题行后，表格跨页显示时，会在页面顶端显示标题行。

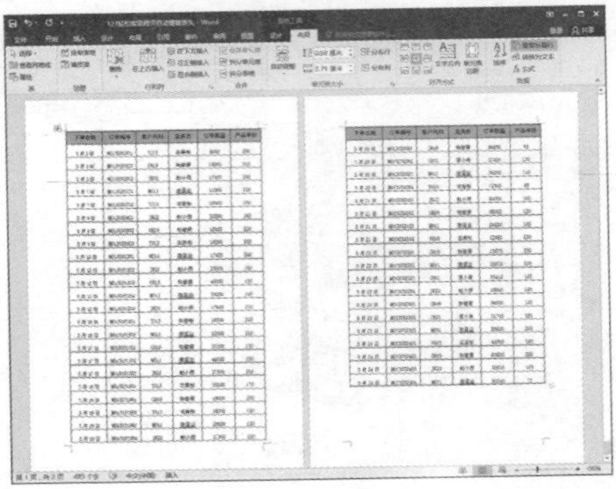

Question
119 快速对齐表格文本

语音视频教学119

● Level ◆◆◆

2016 2013 2010

实例　设置表格文本的对齐

当完成一个数据表的制作之后，总会对数据的对齐格式进行设置，以免影响到整个表格的美观性，下面将介绍如何通过适当的设置让文本对齐。

❶ 设置水平对齐。选择表格中文本，通过“开始”选项卡“段落”组中的“居中”按钮，设置文本水平居中对齐。

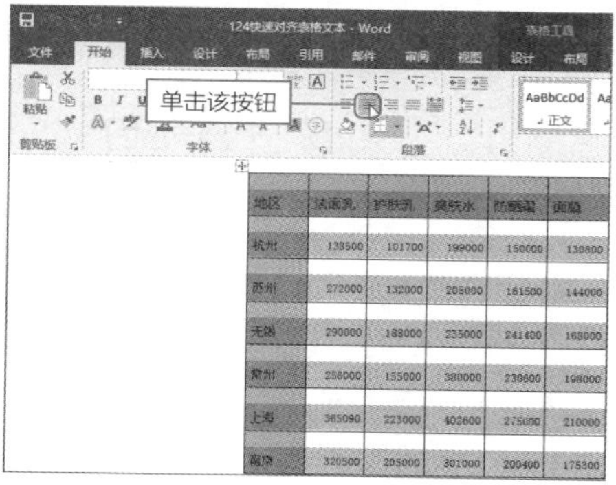

❷ 选中文本后右击，从快捷菜单中选择“表格属性”命令，在打开对话框中的“单元格”选项卡，可以设置文本的垂直对齐。

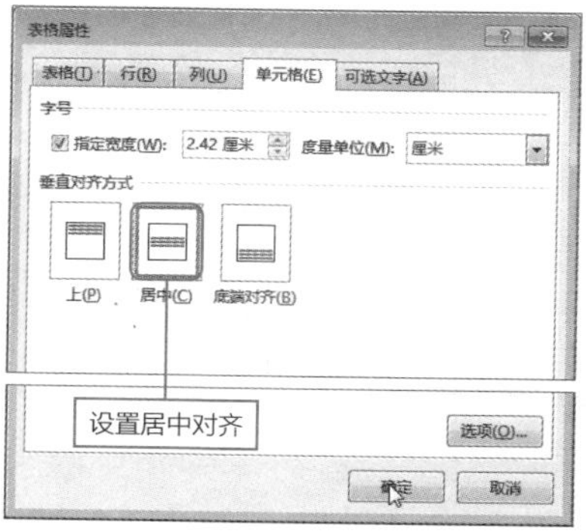

❸ 快速设置水平垂直对齐。选择表格文本后，通过“表格工具 - 布局”选项卡上“对齐方式”组中的对齐按钮设置对齐。

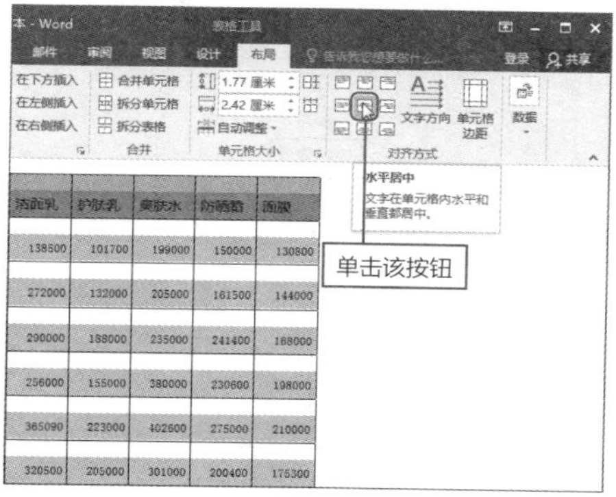

❹ 若单击“水平居中”按钮，则可将所选表格文本在水平和垂直方向上都居中对齐。

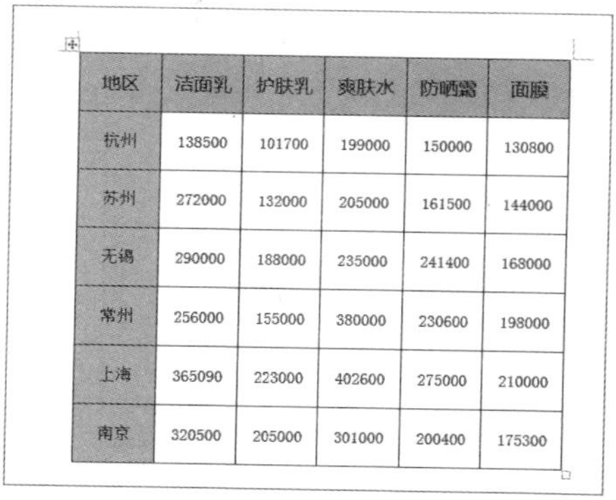

地区	洁面乳	护肤乳	爽肤水	防晒露	面膜
杭州	138500	101700	199000	150000	130800
苏州	272000	132000	205000	161500	144000
无锡	290000	188000	235000	241400	168000
常州	256000	155000	380000	230600	198000
上海	365090	223000	402600	275000	210000
南京	320500	205000	301000	200400	175300

Question
120 利用对齐制表符制作伪表格

语音视频教学120

• Level ◆◆◆

2016 2013 2010

实例 使用制表符制作表格

制表符是指水平标尺上的位置，它指定了文字缩进的距离或一栏文字开始的位置。下面将介绍如何使用制表符来制作一款另类的表格。

❶ 在文档中输入表格标题，勾选“视图”选项卡中“标尺”选项，单击文档水平标尺左侧的按钮，切换至“左对齐式制表符”。

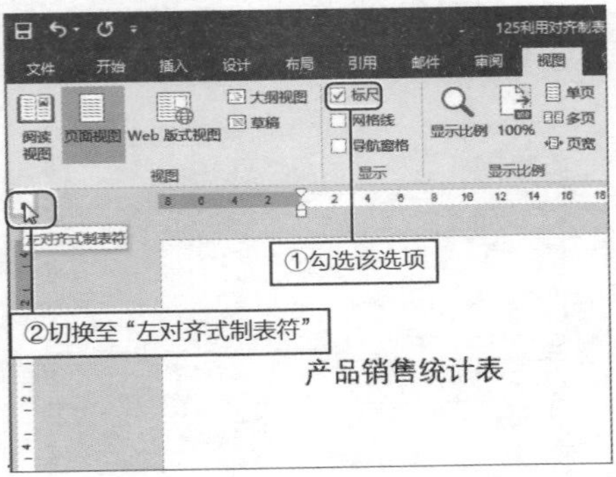

❷ 单击标尺中的“8”位置，会在该位置出现左对齐制表符符号。

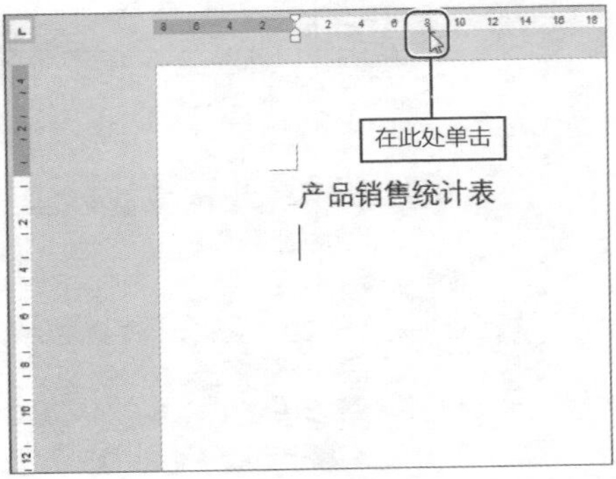

❸ 按照同样的方法，依次在14、20、26位置添加左对齐制表符。

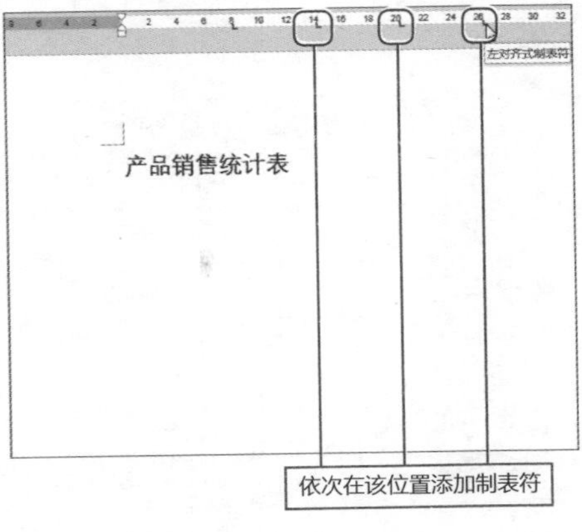

❹ 在文档第2行起始位置置入插入点，输入表格内容，这里输入“订单编号”。

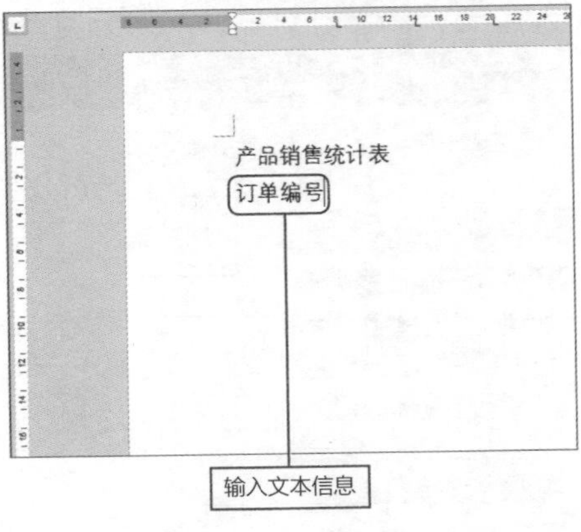

5 输入完成后，按Tab键，此时插入点将自动移至标尺“8”对应字符位置上。

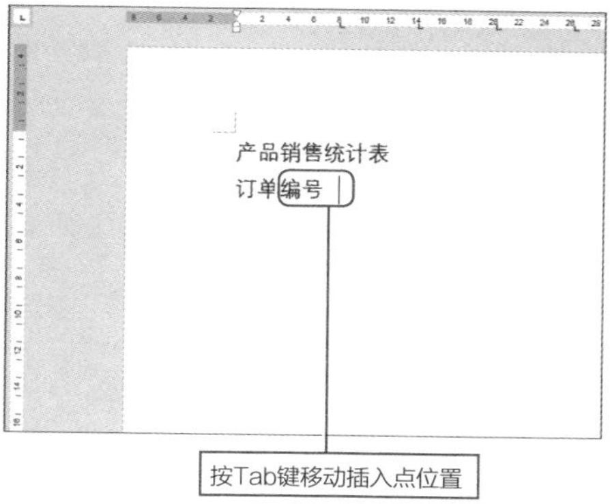

6 在插入点处输入内容后，按照同样的方法输入其他信息。

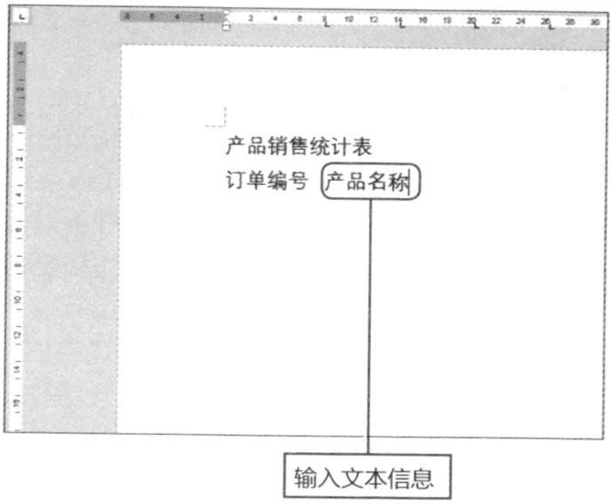

7 发现标尺14位置处文本太过拥挤，可以拖动对齐符号，将其移至合适位置。

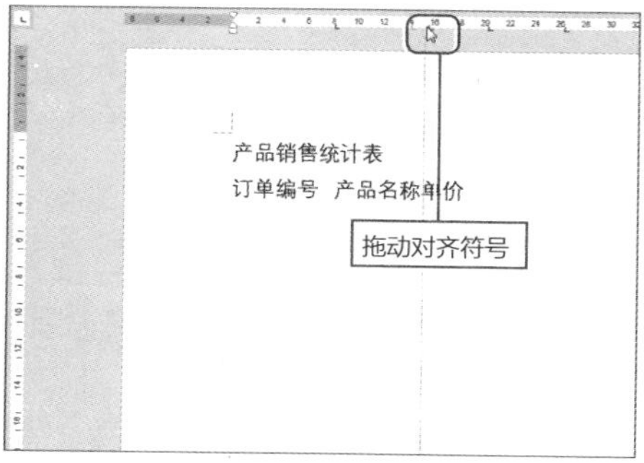

8 将插入点置于文本“单价”之前，按Tab键对齐文本，并按照同样方法调节其他文本的对齐位置。

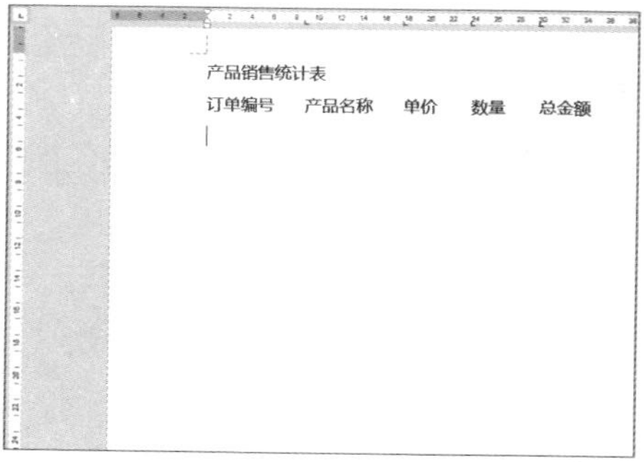

9 按Enter键换行，按照同样的方法依次输入其他文本。

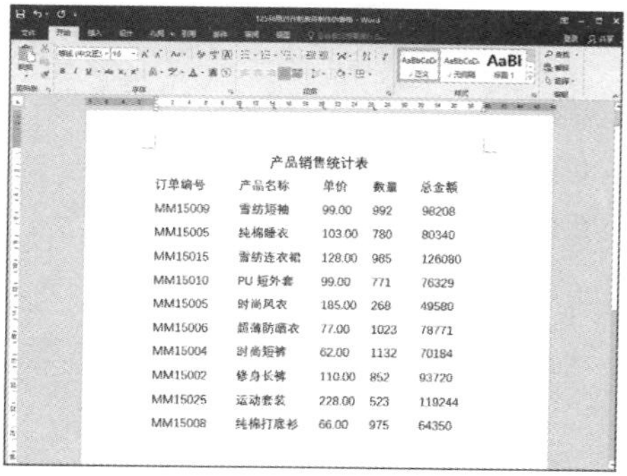

产品销售统计表

订单编号	产品名称	单价	数量	总金额
MM15009	雪纺短袖	99.00	992	98208
MM15005	纯棉睡衣	103.00	780	80340
MM15015	雪纺连衣裙	128.00	985	126080
MM15010	PU短外套	99.00	771	76329
MM15005	时尚风衣	185.00	268	49580
MM15006	超薄防晒衣	77.00	1023	78771
MM15004	时尚短裤	62.00	1132	70184
MM15002	修身长裤	110.00	852	93720
MM15025	运动套装	228.00	523	119244
MM15008	纯棉打底衫	66.00	975	64350

10 适当调整文本对齐方式和字体的大小，然后执行“开始>段落>边框>所有框线”命令为文本添加段落边框即可。

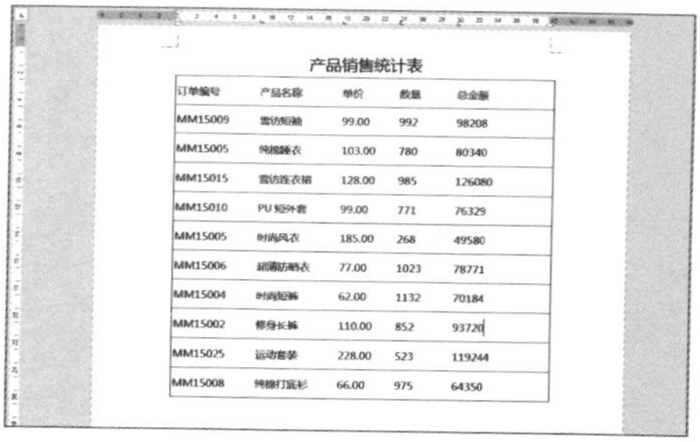

产品销售统计表

订单编号	产品名称	单价	数量	总金额
MM15009	雪纺短袖	99.00	992	98208
MM15005	纯棉睡衣	103.00	780	80340
MM15015	雪纺连衣裙	128.00	985	126080
MM15010	PU短外套	99.00	771	76329
MM15005	时尚风衣	185.00	268	49580
MM15006	超薄防晒衣	77.00	1023	78771
MM15004	时尚短裤	62.00	1132	70184
MM15002	修身长裤	110.00	852	93720
MM15025	运动套装	228.00	523	119244
MM15008	纯棉打底衫	66.00	975	64350

Question

121 选择表格单元格有技巧

语音视频
教学121

● Level ◆◆◆

2016 2013 2010

实例	选择表格中的单元格

在对表格中的数据进行编辑时，首先需要选择单元格，Word中选择表格单元格的方法和Excel略有不同，下面介绍Word中选择表格单元格的方法。

❶ 功能区命令选择单元格。将鼠标光标置于单元格中，执行“表格工具－布局>选择”命令，从列表中选择合适的命令即可。

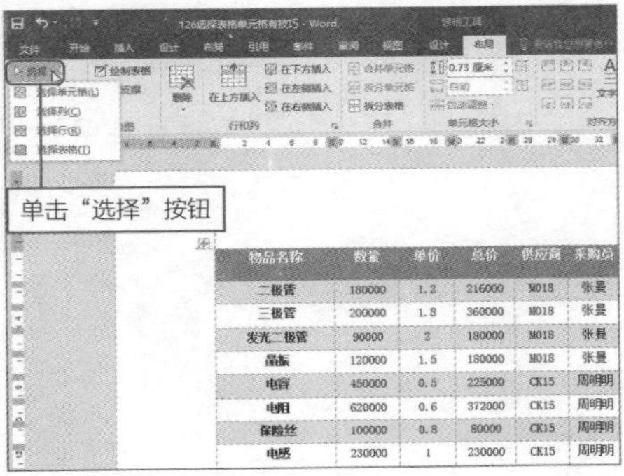

❷ 鼠标选择单元格。将鼠标光标移至要选择的单元格的左下角，当光标变为黑色箭头时，单击该单元格即可将其选中。

❸ 选取连续区域。将鼠标光标移至单元格区域左上角，按住鼠标左键不放，拖动鼠标至区域的右下角，即可选取该区域。

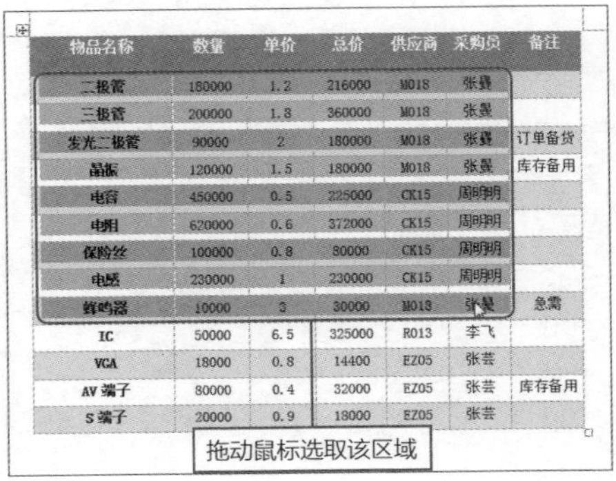

❹ 选取不连续区域。先选取一个单元格，然后按住Ctrl键不放，再依次选取其他单元格即可。

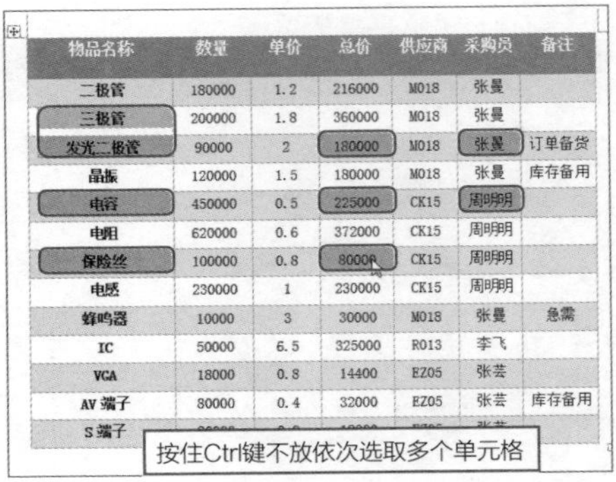

Question 122

Level ◆◆◆

2016 2013 2010

快速调整单元格行高与列宽

语音视频教学122

实例 调整单元格的行高和列宽

创建表格并输入信息后，为了让整个表格的布局看上去更加的美观，可以根据需要调整单元格的行高和列宽，下面介绍多种调整行高和列宽的方法。

❶ 拖动分割线调整。将鼠标光标放置在需调整的行分割线上，待鼠标光标变为上下双向箭头时，按住鼠标左键不放向下拖动至满意位置即可。

❷ 拖动标尺线调整。选择任意单元格，并将光标放置在垂直标尺小方块上，然后向下拖动即可调整该行行高。

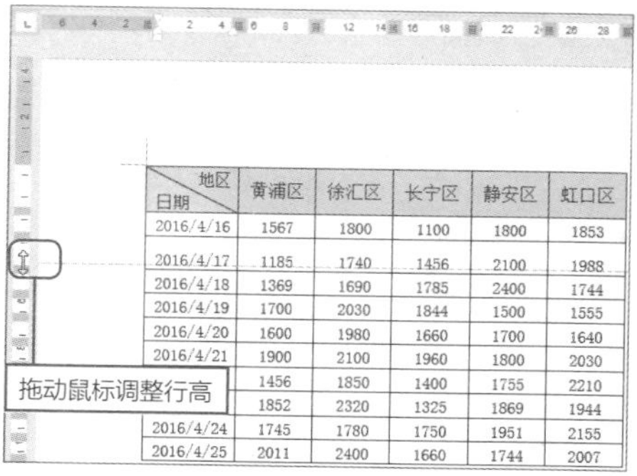

❸ 使用“自动调整”命令调整。选择要调整的行，执行“表格工具－布局>自动调整”命令，从列表中选择合适的命令即可。

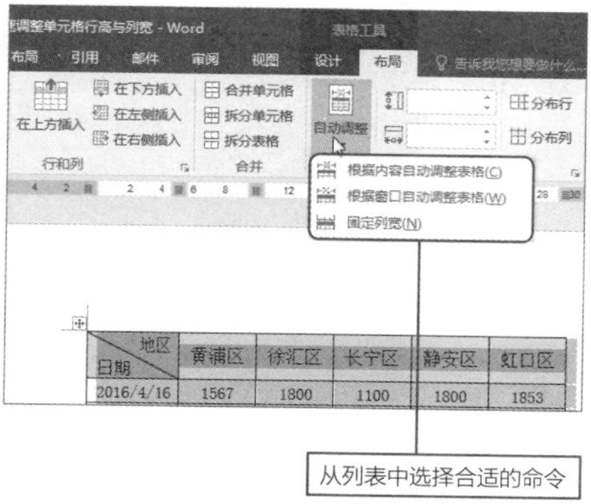

❹ 对话框法调整。选择单元格并右击，从中选择“表格属性”命令，在打开对话框中的“行”选项卡根据提示输入行高即可。

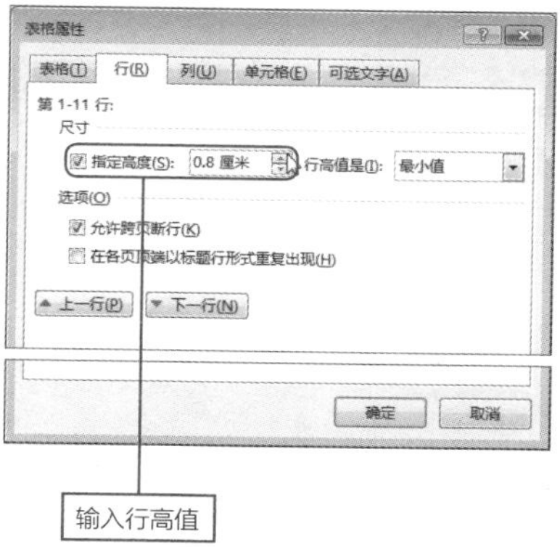

Question

123

● Level ◆◆◆

2016 2013 2010

Word表格数据巧排序

语音视频教学123

实例 对Word表格中的数据排序

虽然Word表格没有Excel那么强大的数据处理功能，但是它依旧具有一些基本的数据处理功能，下面介绍如何对Word表格中的数据进行排序。

❶ 选择需要排序的单元格，单击“表格工具 - 布局”选项卡上的“排序”按钮。

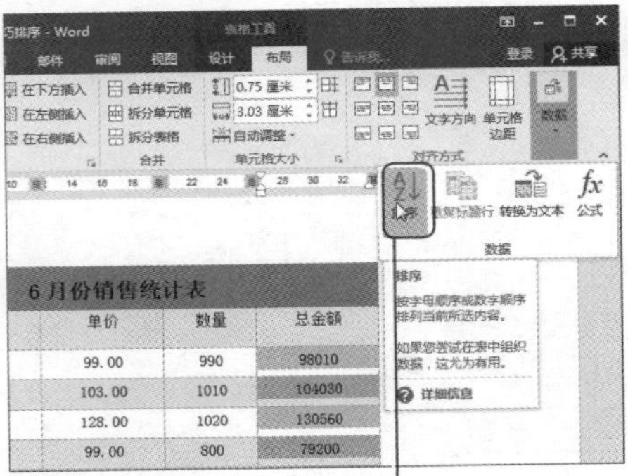

❷ 弹出“排序”对话框，设置主要关键字和排序类型，单击“选项”按钮。

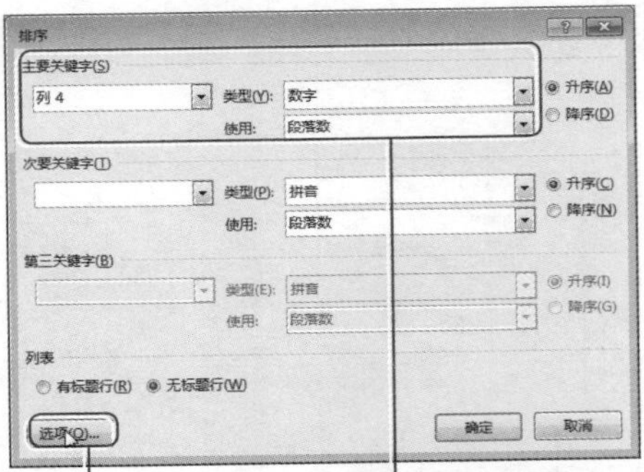

❸ 设置完成后，单击“确定”按钮，返回上一级对话框，单击“确定”按钮，查看排序效果。

6月份销售统计表			
产品名称	单价	数量	总金额
时尚风衣	185.00	300	55500
纯棉打底衫	66.00	1050	69300
PU短外套	99.00	800	79200
时尚短裤	62.00	1300	80600
超薄防晒衣	77.00	1100	84700
雪纺短袖	99.00	990	98010
修身长裤	110.00	900	99000
纯棉睡衣	103.00	1010	104030
运动套装	228.00	530	120840
雪纺连衣裙	128.00	1020	130560

Hint

排序选项设置

在“排序”对话框中，单击“选项”按钮，打开“排序选项”对话框。在此用户可对其中的参数进行详细的设置。

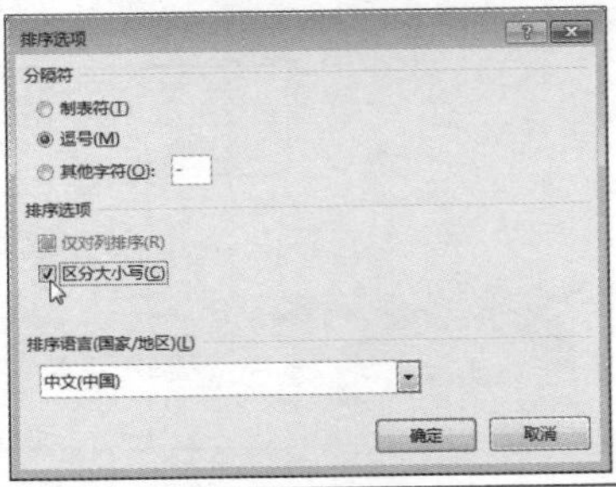

表格与图表处理技巧

Question 124

对Word表格中的实施运算

语音视频教学124

Level ◆◆◆

2016 2013 2010

实例　求表格中数据的平均值与和值

若需要对表格中的数据进行简单的计算，可以通过Word中自带的求值函数进行求值，例如求平均值、求和等，下面将举例介绍。

1 将鼠标光标定位至用于显示计算结果的单元格，单击“表格工具 - 布局”选项卡上的“公式”按钮。

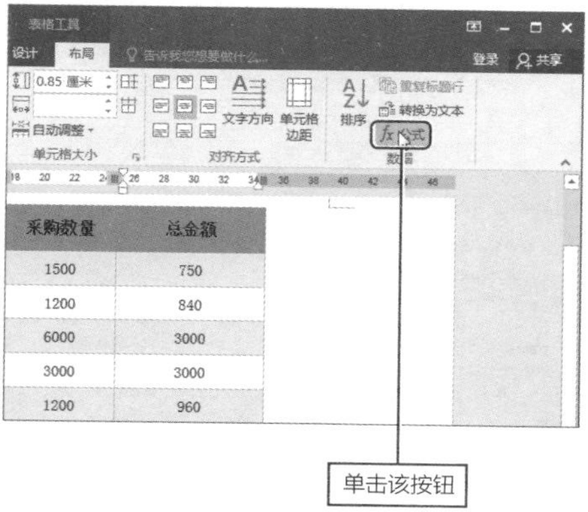

2 弹出“公式”对话框，在公式文本框中输入“=AVERAGE（ABOVE）”，然后单击“确定”按钮即可。

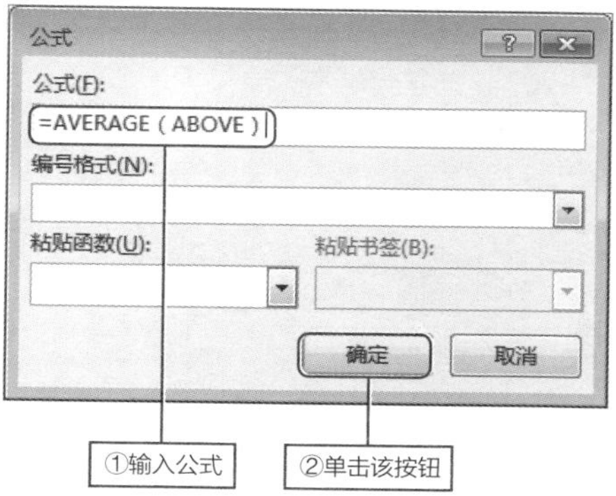

3 按照同样的方法打开“公式”对话框，输入求和公式“=SUM（ABOVE）”，然后单击“确定”按钮。

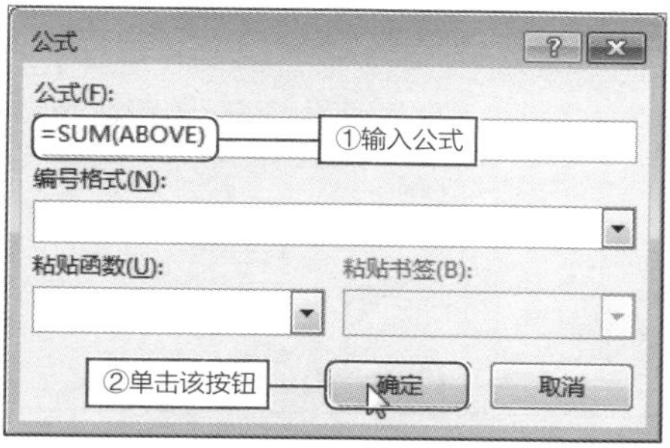

4 按照同样的方法，求其他项的平均值与总值。

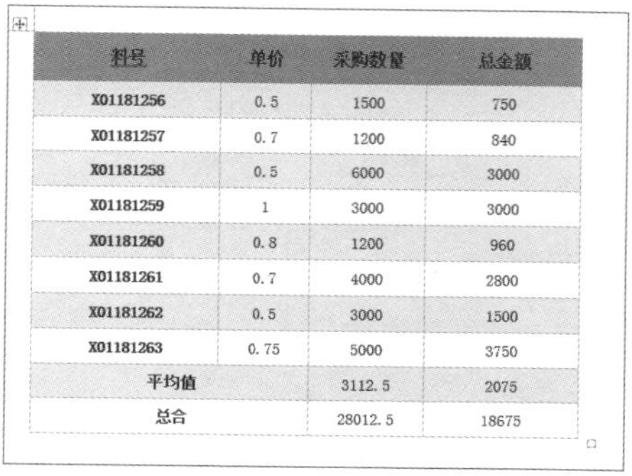

料号	单价	采购数量	总金额
X01181256	0.5	1500	750
X01181257	0.7	1200	840
X01181258	0.5	6000	3000
X01181259	1	3000	3000
X01181260	0.8	1200	960
X01181261	0.7	4000	2800
X01181262	0.5	3000	1500
X01181263	0.75	5000	3750
平均值		3112.5	2075
总合		28012.5	18675

Question 125

• Level ◆◆◆

2016 2013 2010

巧用Word擦除功能

语音视频教学125

实例 使用擦除功能合并单元格

在表格中，使用擦除功能，不仅可以擦除表格多余线头，还可以实现合并表格功能，下面介绍如何使用擦除功能。

❶ 将鼠标光标定位至单元格内，切换至“表格工具－布局”选项卡，单击“橡皮擦”按钮。

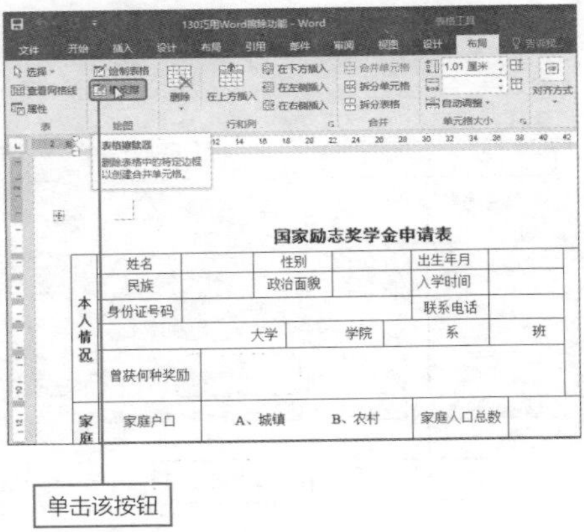

❷ 鼠标光标变为橡皮擦形状，单击需要删除的框线即可。

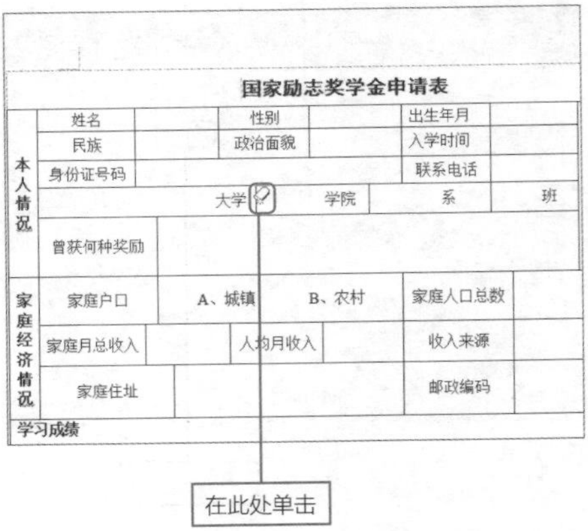

❸ 若需要合并多个单元格，可以按住鼠标左键不放，框选需要合并的区域即可。

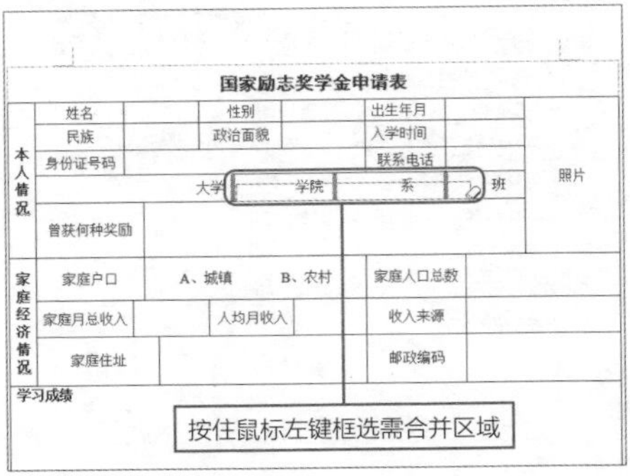

Hint

快速在铅笔和擦除工具间转换

在Word中绘制表格时，常常需要用到铅笔和擦除工具，通过功能区中的命令按钮会比较麻烦，其实在选择“绘制表格”命令后，只需按住Shift键不放，鼠标光标可以从铅笔切换到橡皮擦工具，可以擦除框线，擦除操作完成后，释放Shift键，可还原回铅笔工具。

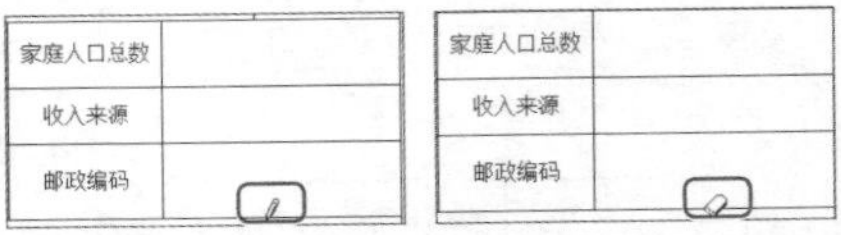

Question

126

● Level ◆◆◆

2016 2013 2010

巧妙并排放置表格

语音视频教学126

实例 表格的并排放置

在日常工作中，经常会遇到将两个或多个表格并排放置的操作，那么如何实现表格的并排放置呢？下面将对其进行具体介绍。.

❶ 使用分栏功能排列法。选择需要并排放置的表格，单击“布局”选项卡上的“分栏”按钮。

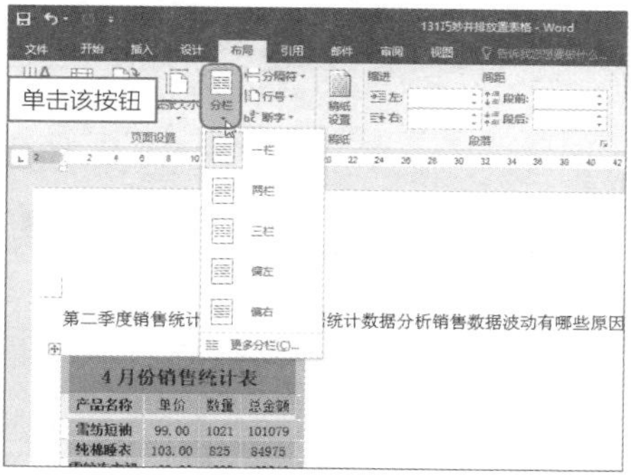

❷ 从展开的“分栏”列表中选择“三栏”选项，可以将表格分为三栏并排放置在文档页面中。

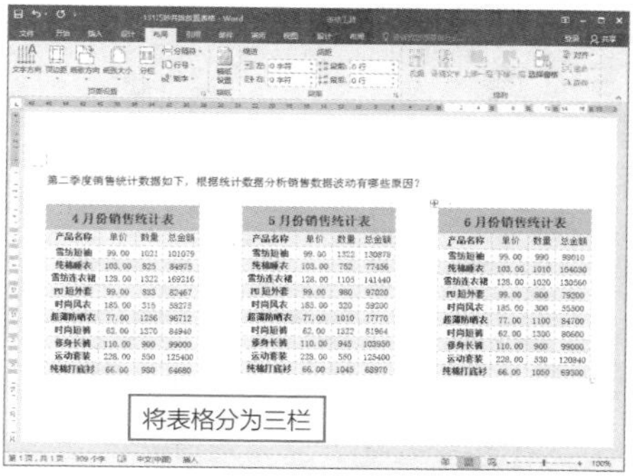

❸ 使用表格排列法。切换至“插入”选项卡，单击“表格”按钮，滑动鼠标选取1行3列。

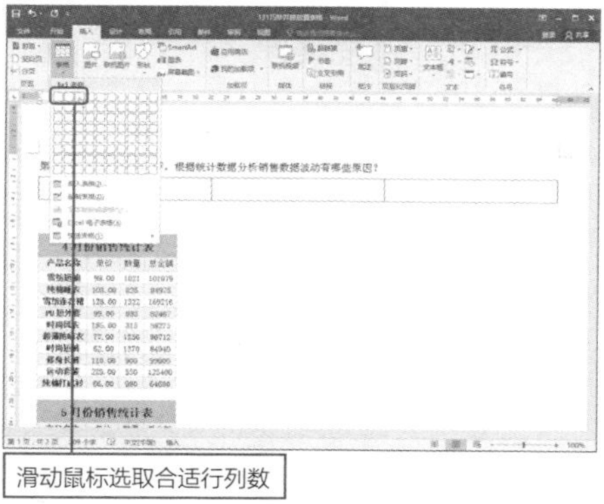

❹ 选取表格，将其逐一移动至插入的表格内，执行“表格工具－设计>边框>无框线”命令，将表格框线隐藏即可。

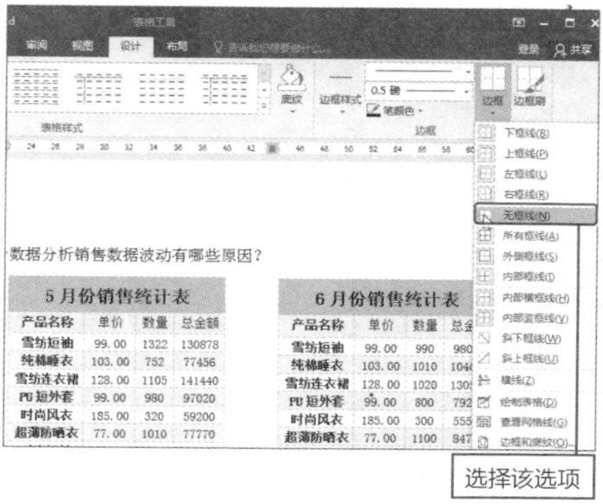

Question 127

快速移动Word表格至Excel

语音视频教学127

● Level ◆◆◆

2016 2013 2010

实例 将Word表格中数据转化到Excel

若用户想要在Excel程序中应用Word文档中表格的数据进行复杂的计算，如何快速将Word文档中的表格转化到Excel程序中呢？下面介绍几种常见的转化方法。

❶ 方法1。选择整个表格并右击，从快捷菜单中选择“复制”命令。

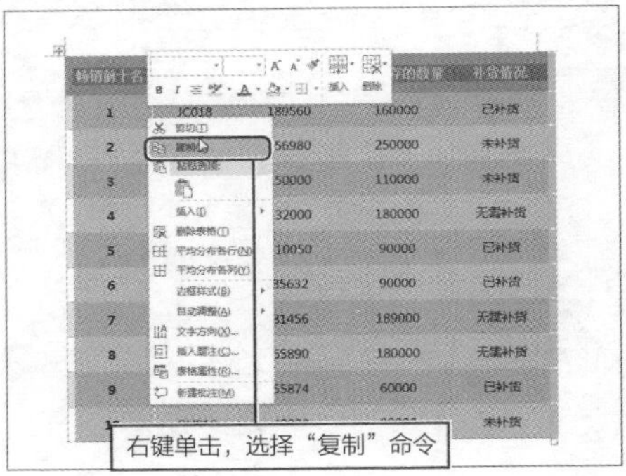

❷ 打开Excel工作表，单击“开始”选项卡上的“粘贴”按钮，从展开的列表中选择“保留源格式”选项。

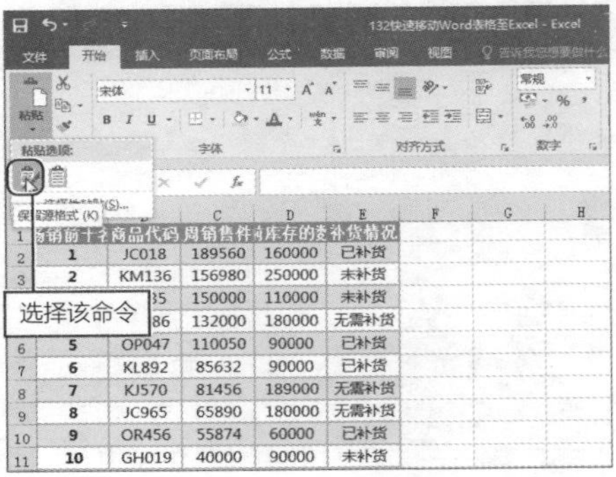

❸ 方法2。打开Excel工作表，单击“插入”选项卡上的“对象”按钮。

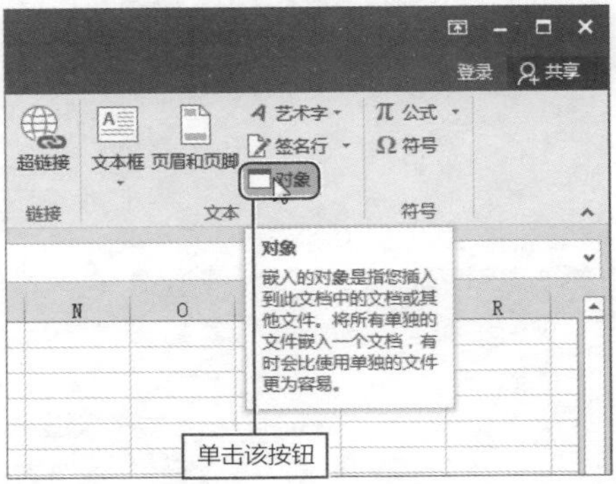

❹ 弹出“对象”对话框，切换至“由文件创建”选项卡，单击“文件名”右侧“浏览”按钮。

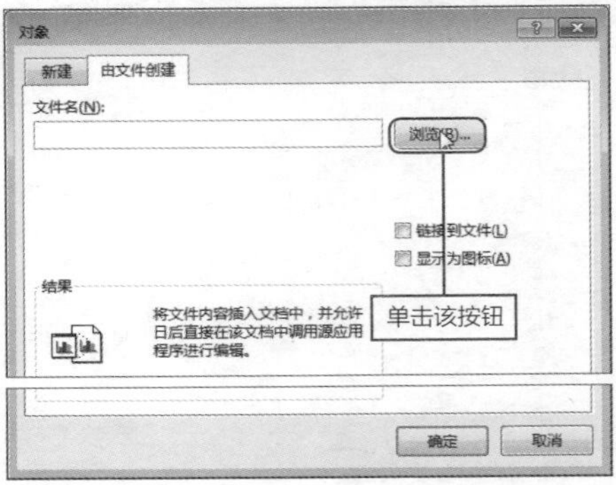

5 弹出“浏览”对话框，选择需要插入的Word文件，单击“插入”按钮。

6 返回至“对象”对话框，单击“确定”按钮。

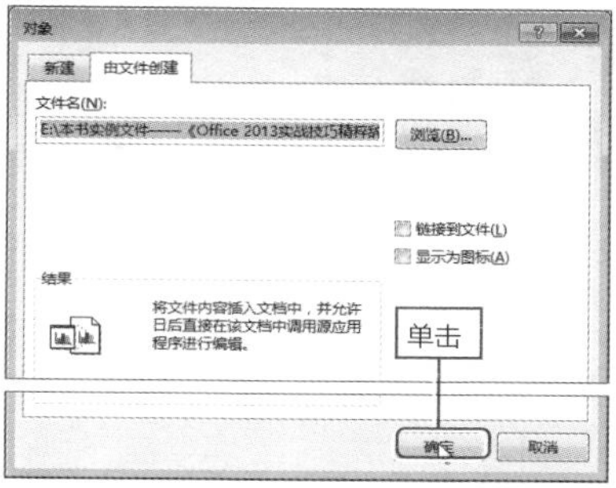

7 将其插入至Excel工作表中，若需对表格中数据进行编辑，可选择该对象右击，然后选择“文档对象>编辑”命令。

8 系统将自动启动Word程序，打开相应的Word文档，用户就可以对该表格进行修改操作。

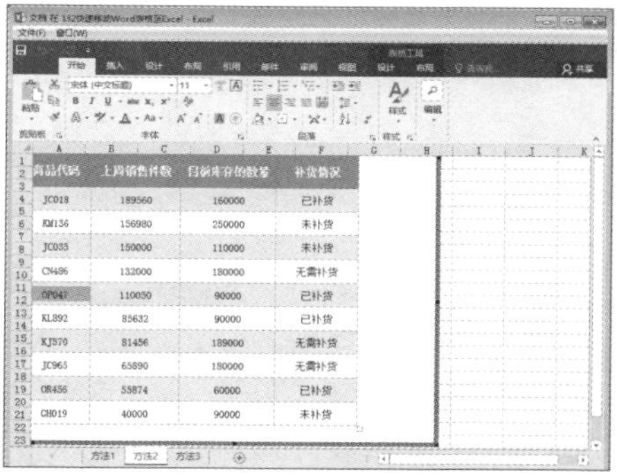

9 方法3。若想要表格以纯文本形式显示，可以在复制表格并按Ctrl+V组合键粘贴表格后，单击“粘贴选项”按钮，选择“匹配目标格式”选项。

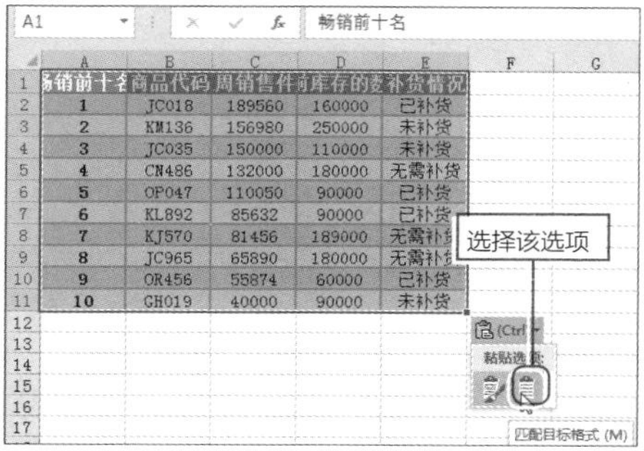

10 选择完成后，表格中的内容以纯文本形式粘贴在Excel工作表中。

	A	B	C	D	E
1	畅销前十名	商品代码	上周销售件数	目前库存的数量	补货情况
2	1	JC018	189560	160000	已补货
3	2	KM136	156980	250000	未补货
4	3	JC035	150000	110000	未补货
5	4	CN486	132000	180000	无需补货
6	5	OP047	110050	90000	已补货
7	6	KL892	85632	90000	已补货
8	7	KJ570	81456	189000	无需补货
9	8	JC965	65890	180000	无需补货
10	9	OR456	55874	60000	已补货
11	10	GH019	40000	90000	未补货

Question

128

让Word文本环绕表格

语音视频
教学128

● Level ◆◆◆

2016 2013 2010

实例 让Word文本环绕表格排放

在Word文档中，图片和文字都可以环绕排版，其实表格与文字也可实现环绕排版。创建表格后，有时为了页面漂亮，可通过以下两种方法进行环绕排放。

❶ 选择表格并右击，从弹出的快捷菜单中选择“表格属性”命令。

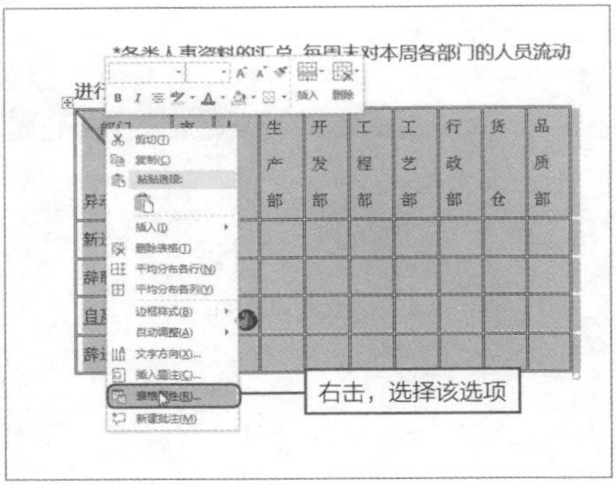

❷ 打开“表格属性”对话框，选择“环绕”方式，单击“定位”按钮。

❸ 打开“表格定位”对话框，通过里面的选项可设置表格的位置，设置完成后，单击“确定”按钮。

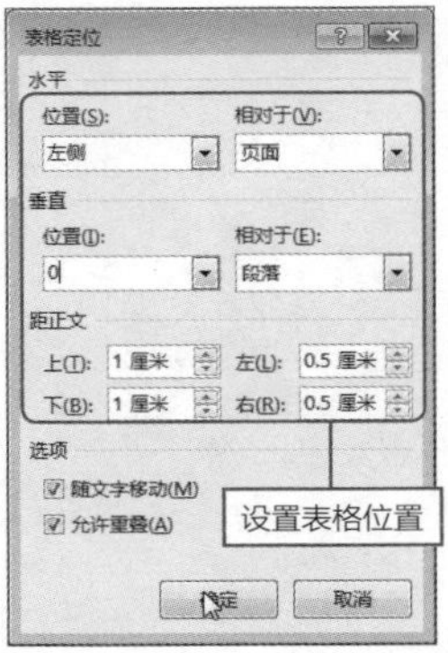

❹ 返回“表格属性”对话框，单击“确定”按钮，可以看到表格被文字环绕。

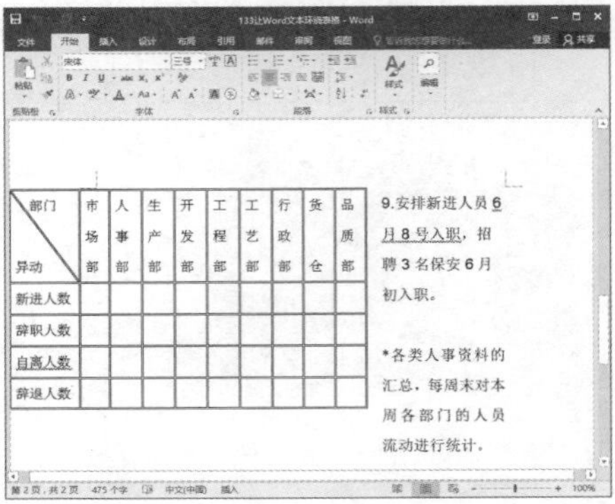

Question

129

● Level ◆◆◆

2016 2013 2010

让Word记住你的表格

语音视频教学129

实例 在Word中保存自定义表格样式

在日常工作中，往往会要求插入相同类型的表格。这种情况下，用户即可将设置好的表格保存起来，方便以后的使用，下面将以制作销售统计表为例进行介绍。

❶ 创建一个新文档，切换至“插入”选项卡，单击“表格”按钮，插入一个8行6列的表格。

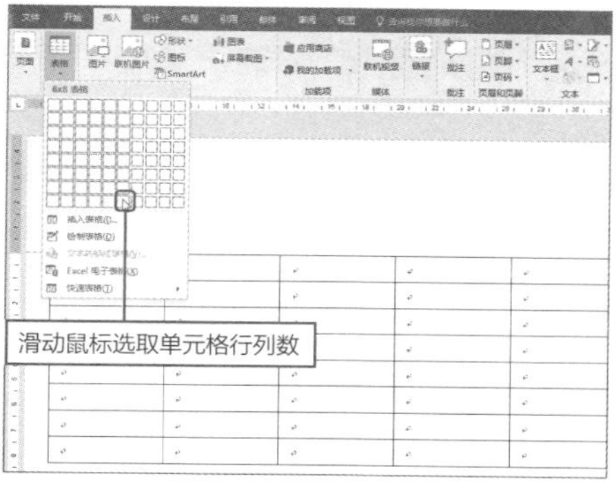

❷ 选择第1行的单元格，切换至“表格工具－布局”选项卡，单击“合并单元格”按钮。

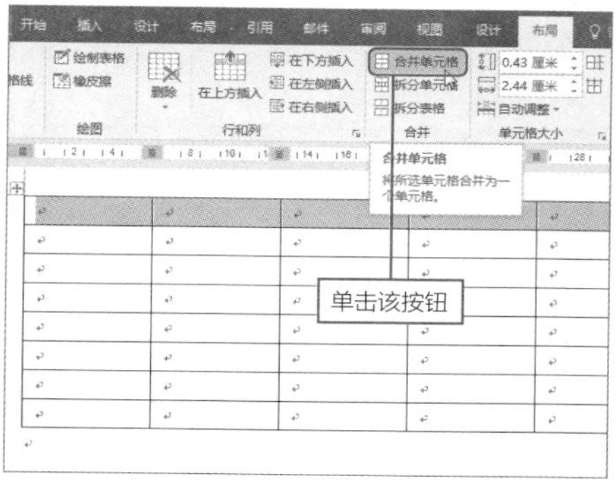

❸ 根据需要在表格内输入文本，更改标题文本的字体为“微软雅黑”，然后调整文本字号大小。

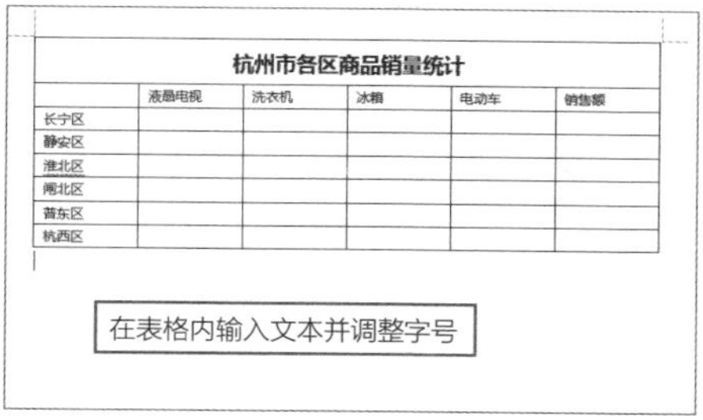

❹ 选择需要调整行高的单元格并右击，选择“表格属性”命令，在打开对话框中的“行”选项卡设置单元格行高。

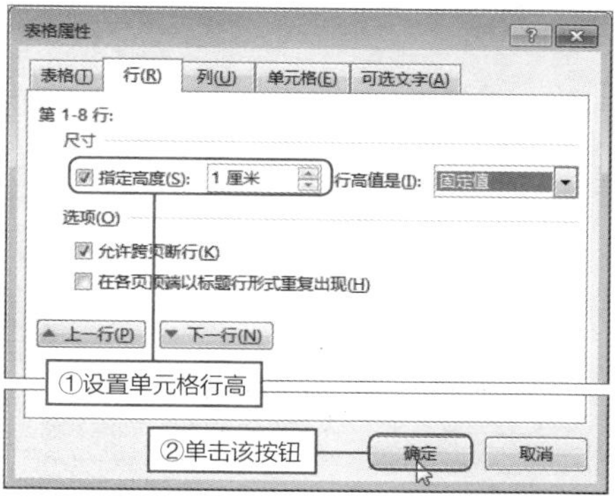

5 选择整个表格，单击“表格工具 - 布局”选项卡上的“水平居中”按钮，设置表格内的文本水平垂直居中。

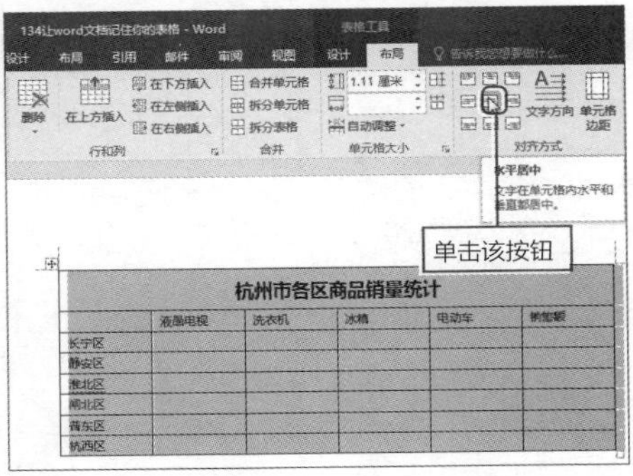

6 执行“插入>表格>绘制表格”命令，鼠标光标变为铅笔状，在第2行第1个单元格绘制一条斜线。

7 根据需要为表格设置合适的底纹和边框。

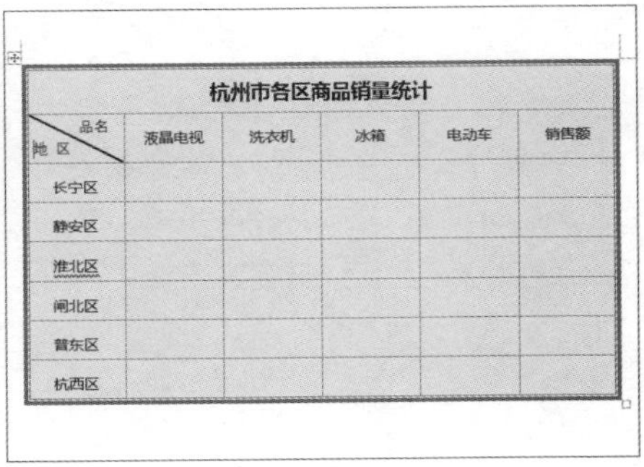

8 选择表格，执行“插入>表格>快速表格>将所选内容保存到快速表格库”命令。

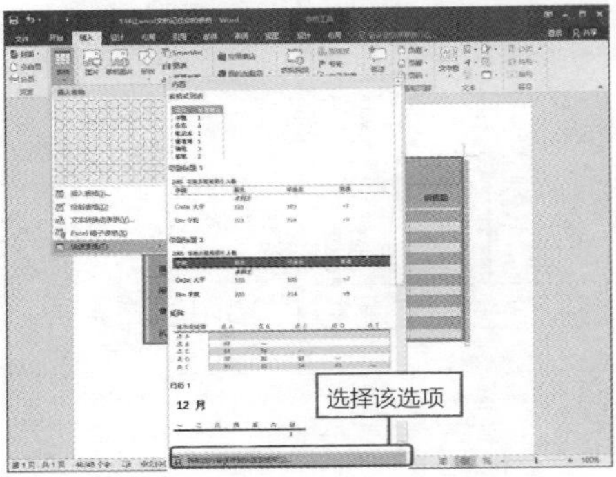

9 打开“新建构建基块”对话框，保持默认，单击“确定”按钮。

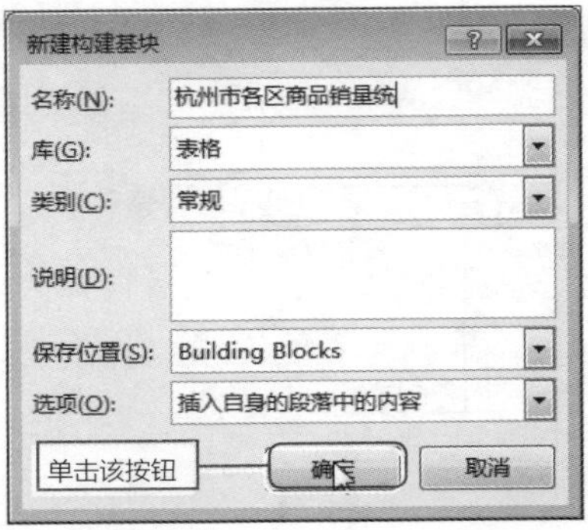

10 若需插入表格，只需执行“插入>表格>快速表格”命令，选择保存的样式即可。

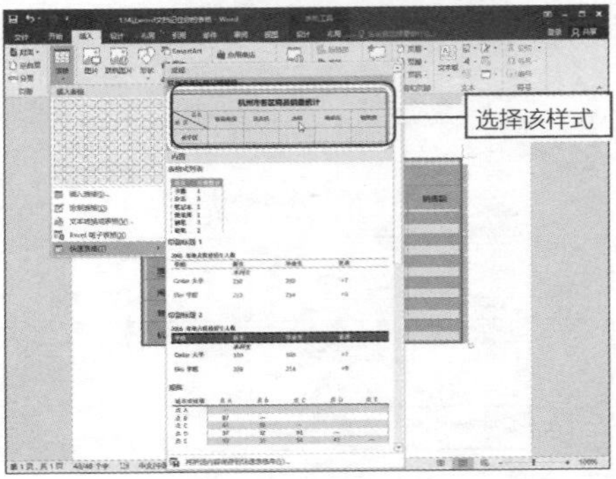

Question 130

插入Word图表有技巧

语音视频教学130

• Level ◆◆◆

2016 2013 2010

实例	Word文档中图表的应用

图表与表格不同，它是通过图形来显示数据，相对于表格来说，可以更加形象和直观的表示数据之间的关系，下面介绍如何在Word文档中插入数据。

❶ 打开文档，切换至“插入”选项卡，单击“图表”按钮。

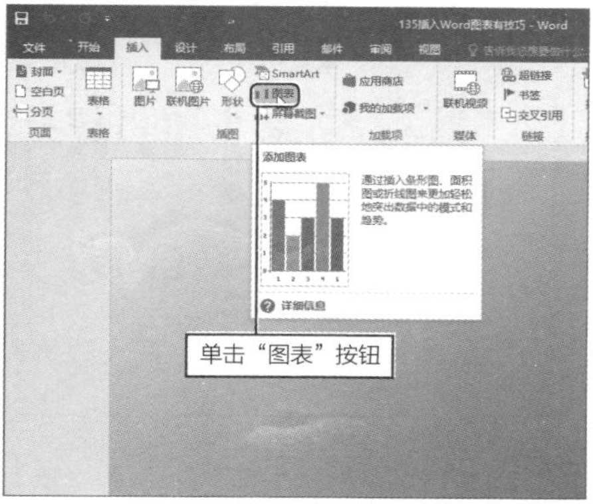

❷ 打开“插入图表”对话框，在对话框中的“柱形图”选项，选择合适的图表样式，单击“确定”按钮。

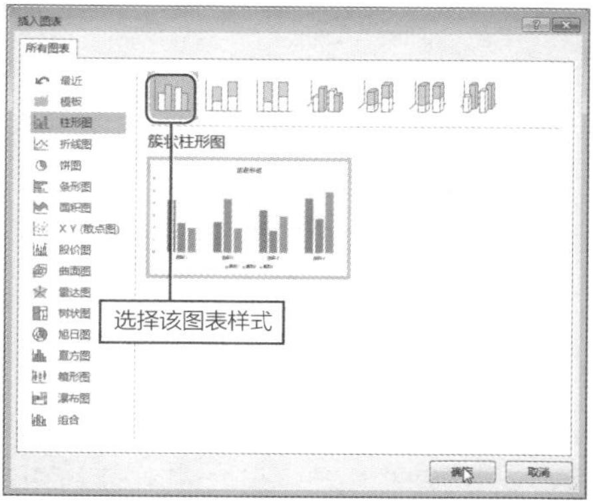

❸ 自动打开Excel程序和图表模板，在Excel图表中输入相应数据，可以看到图表中的形状大小也随之改变。

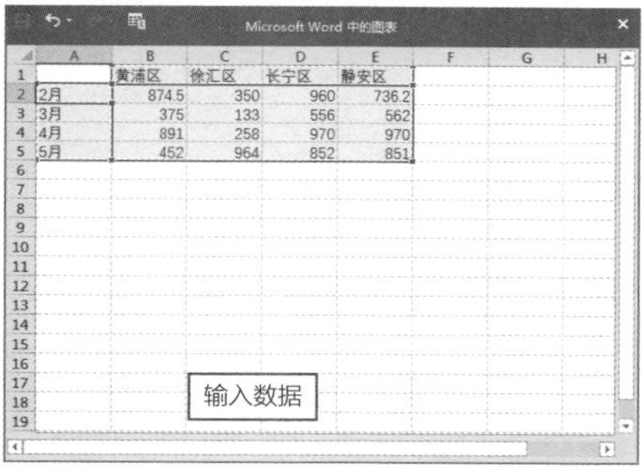

❹ 输入数据完成后，关闭Excel程序，输入图表标题，完成图表的创建。

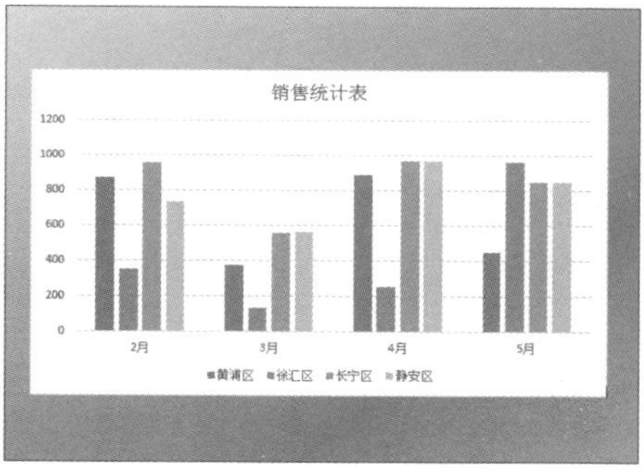

Question

131 更改图表中的数据

语音视频教学131

● Level ◆◆◆

2016 2013 2010

实例	对图表中的数据进行编辑

当插入图表后，用户还可以根据需要对图表中的数据进行更改，以符合实际情况。下面介绍如何编辑图表中的数据。

最初效果

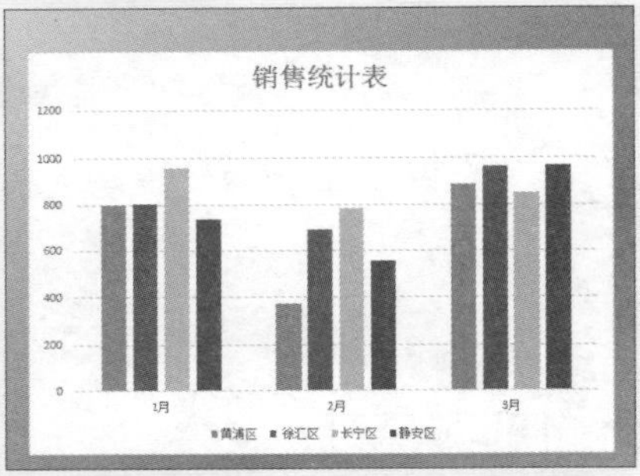

增添数据前效果

最终效果

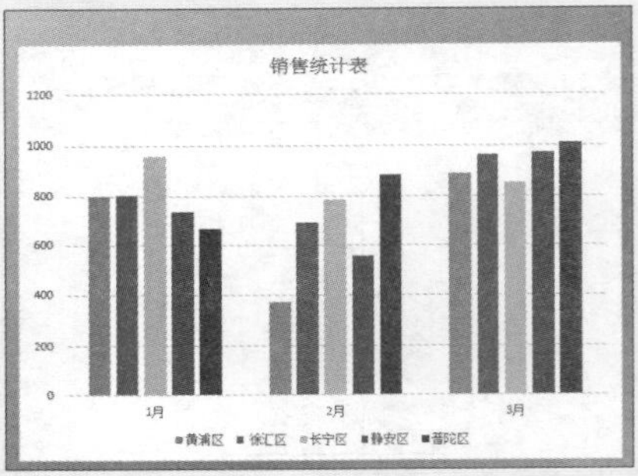

增添数据后效果

❶ 单击“图表工具－设计”选项卡上的“编辑数据”下拉按钮，从展开的列表中选择“在Excel中编辑数据”选项。

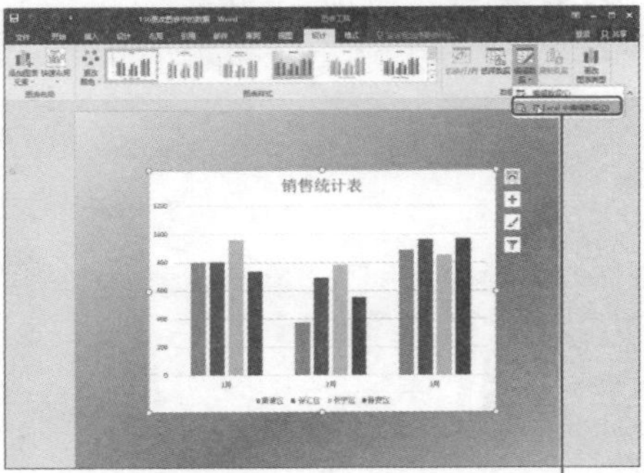

单击该按钮

❷ 在打开的Excel工作表中添加一列数据，增添数据后，单击“关闭”按钮，关闭工作表。

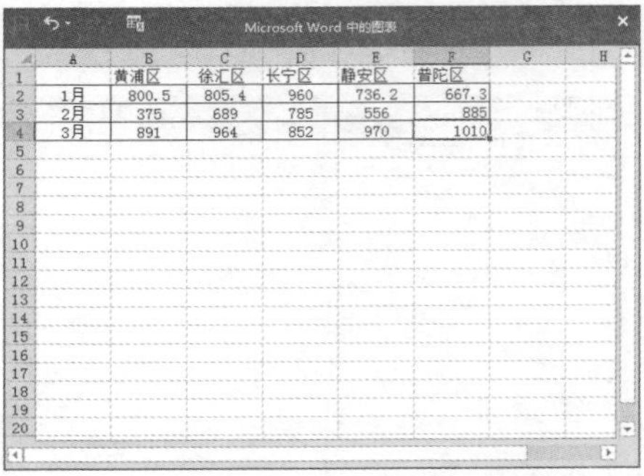

	A	B	C	D	E	F
1		黄浦区	徐汇区	长宁区	静安区	普陀区
2	1月	800.5	805.4	960	736.2	667.3
3	2月	375	689	785	556	885
4	3月	891	964	852	970	1010

输入数据

Question 132

图表类型巧变换

语音视频教学132

实例 更改图表类型

Level ◆◆◆

2016 2013 2010

完成图表的设计后，若需改变其类型，则可以通过设置轻松实现类型的转换。下面将对其具体操作方法进行介绍。

❶ 选择图表，切换至“图表工具－设计”选项卡，单击“更改图表类型”按钮。

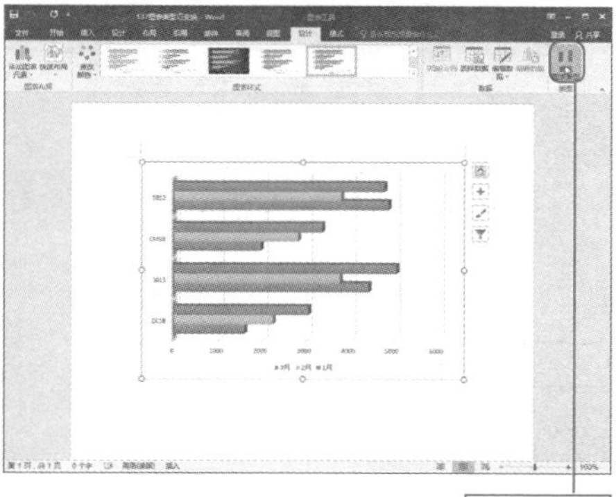

❷ 打开“更改图表类型”对话框，选择“三维堆积条形图”选项，单击“确定”按钮。

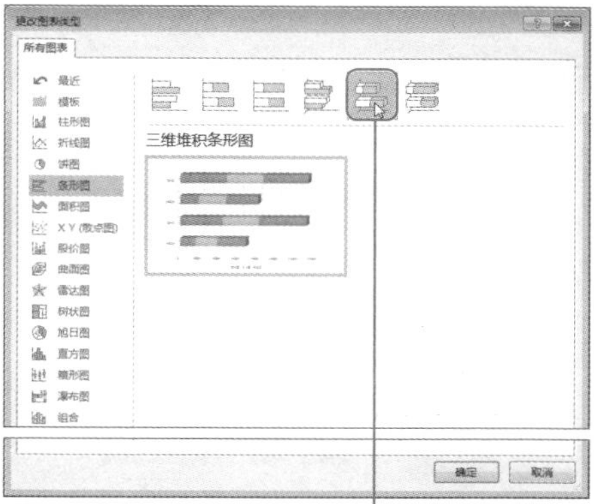

❸ 即可将所选图表更改为三维堆积条形图。

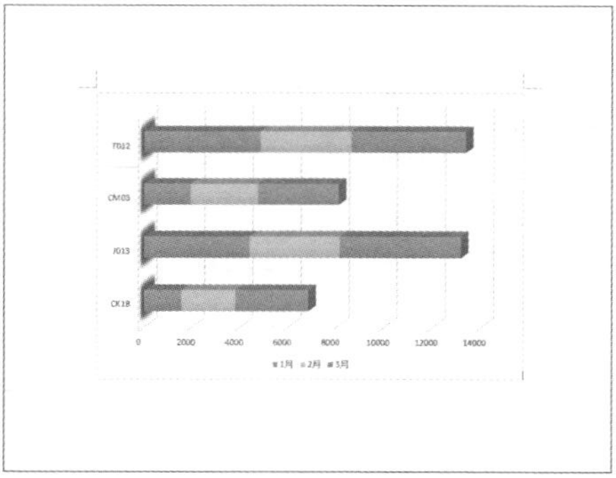

❹ 单击“更改颜色”按钮，从展开的列表中选择合适的颜色样式即可。

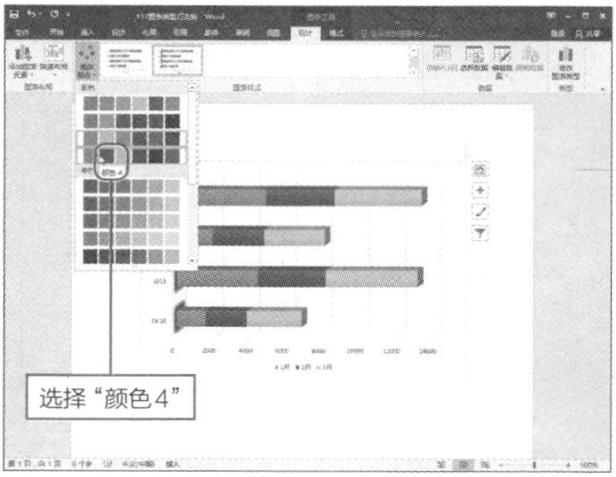

Question

133 合理安排图表布局

语音视频教学133

● Level ◆◆◆

2016 2013 2010

实例 图表布局的更改

在图表中，图表的标题、图例、坐标轴标题等，都会或多或少影响图表的整体美观，用户可以根据需要为图表安排合适的布局方式，下面对其进行介绍。

❶ 快速更改布局法。选择图表，单击“图表工具－设计”选项卡上的“快速布局”按钮，从列表中选择“布局9”选项。

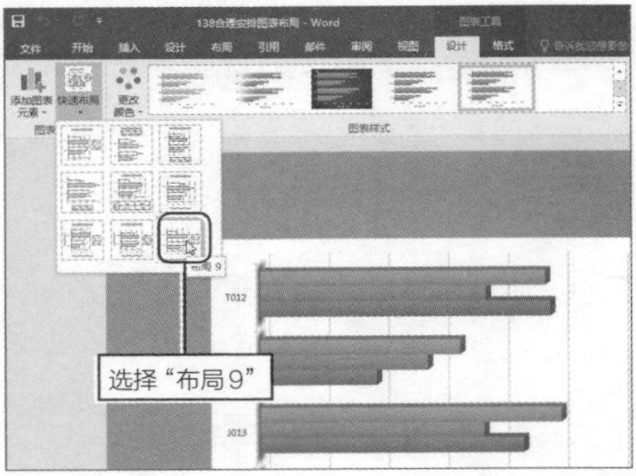

❷ 自定义布局方式。单击“添加图表元素”按钮，从列表中选择“轴标题”选项，从其级联菜单中选择“主要纵坐标轴”选项。

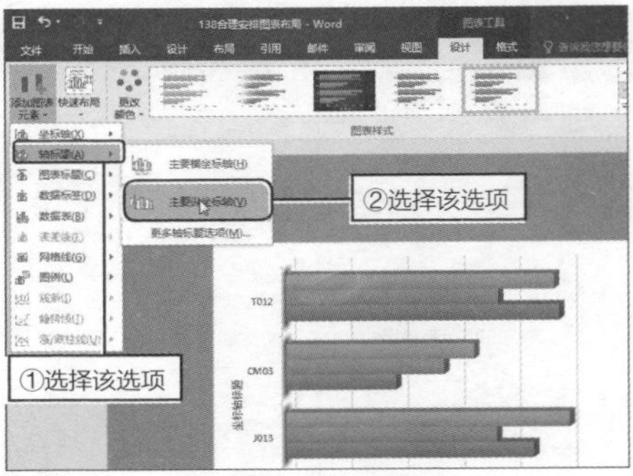

❸ 双击纵坐标轴，打开“设置坐标轴标题格式”窗格，可自定义坐标轴格式。

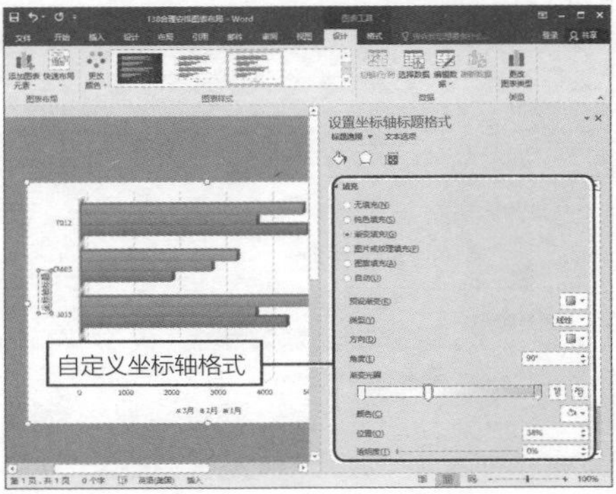

❹ 在“添加图表元素”列表中选择“数据表”选项，从级联菜单中选择“显示图例项标示”选项，可显示图表的数据表。

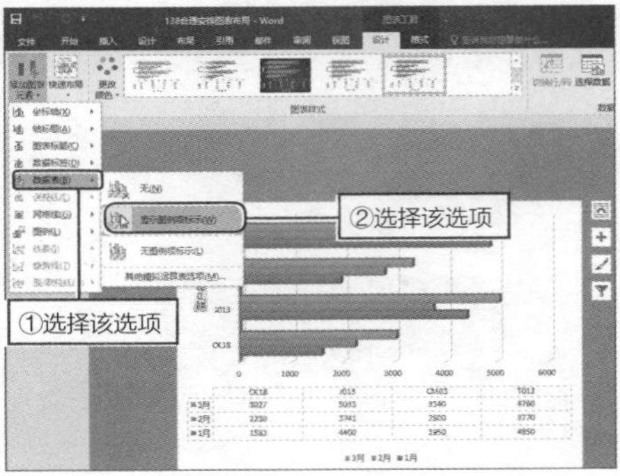

Question
134

● Level ◆◆◆

2016 2013 2010

按需设置数据系列

语音视频教学134

实例	数据系列的设置

若想让图表更加的美观，用户可以对图表的数据系列进行设置，包括数据系列填充色、三维格式等，下面对其具体操作进行介绍。

❶ 选择数据系列并右击，从弹出的快捷菜单中选择“设置数据系列格式”命令。

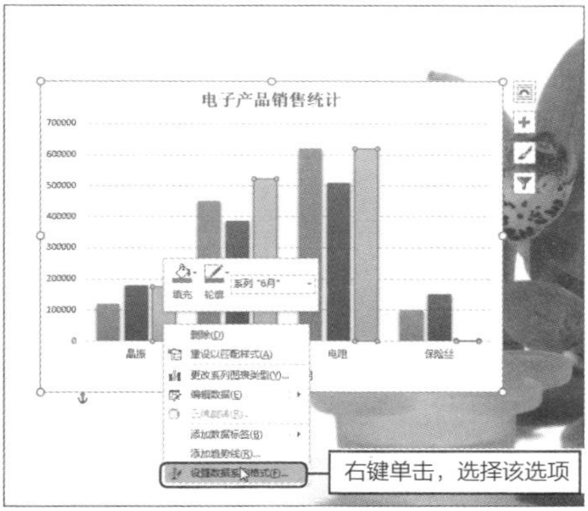

❷ 打开“设置数据系列格式”窗格，选择“填充与线条”选项卡，从中对图形进行恰当的填充设置。

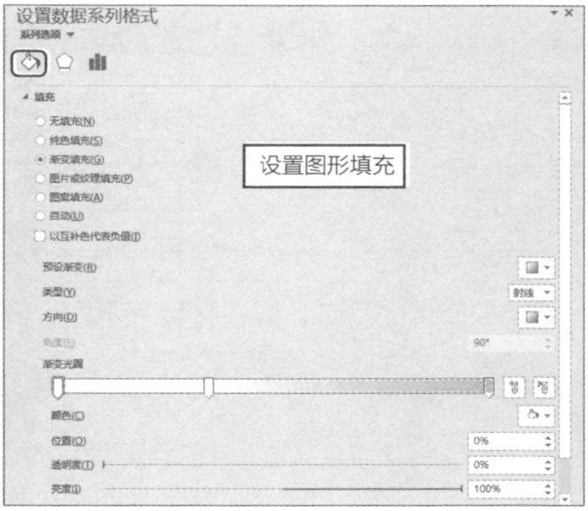

❸ 切换至“效果”选项卡，设置图形的三维格式。

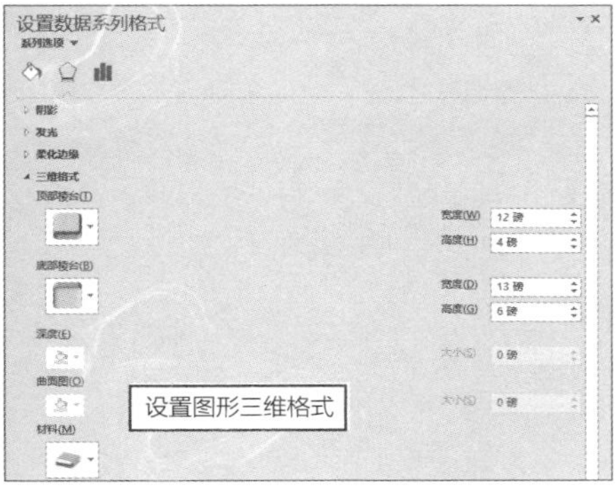

❹ 设置完成后，关闭对话框，查看设置数据系列格式效果。

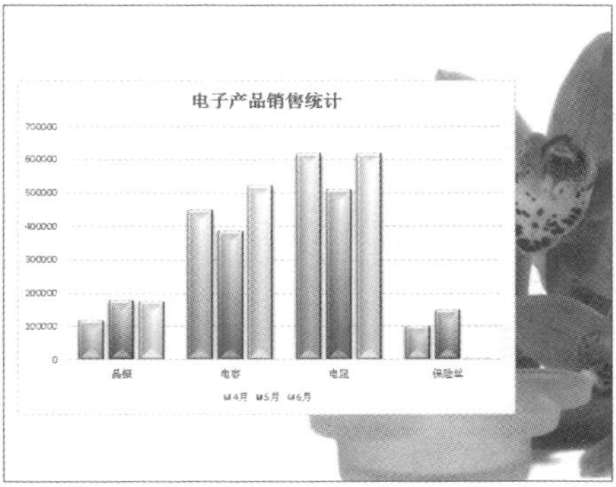

第6章 135~161

审阅与引用功能的应用

Question

135 快速对文档实施检查

语音视频教学135

● Level ◆◆◆

2016 2013 2010

实例　使用“拼写和语法”功能

当完成一个大型文档的制作后，可能会由于一些原因导致录入错误，那么用户可以先利用系统提供的“拼写和语法”功能进行大致的检查。

❶ 通过文件菜单，打开“Word选项”对话框，从中选择“校对”选项，在“在Word中更正拼写和语法时”选项区中进行勾选，并单击“设置”按钮。

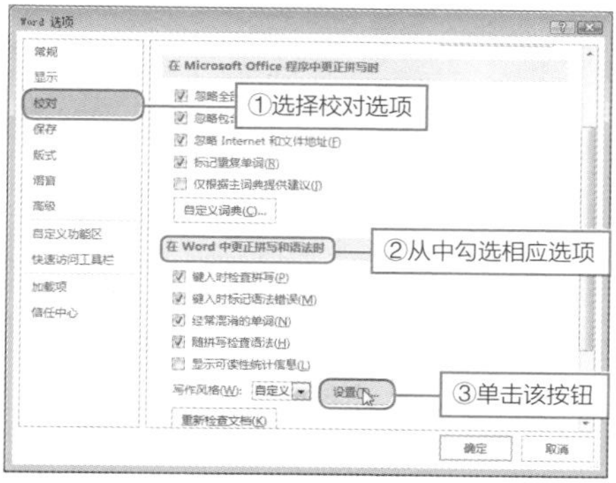

❷ 打开“语法设置”对话框，在“语法和风格选项”列表框中，勾选相应选项，单击“确定”按钮。

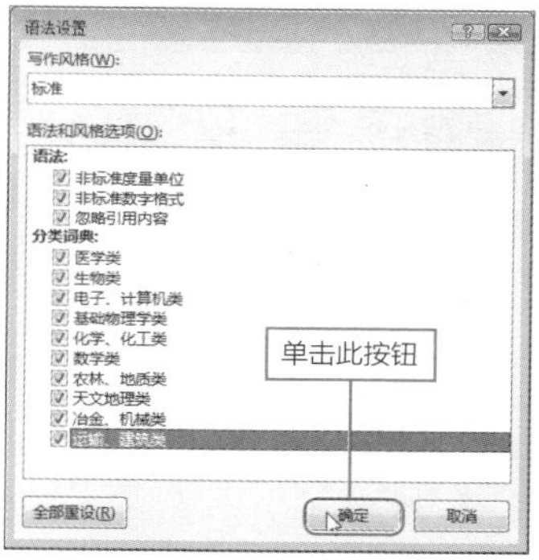

❸ 返回“Word选项”对话框，单击“确定”按钮，返回Word文档，单击“审阅”选项卡上的“拼写和语法”按钮。

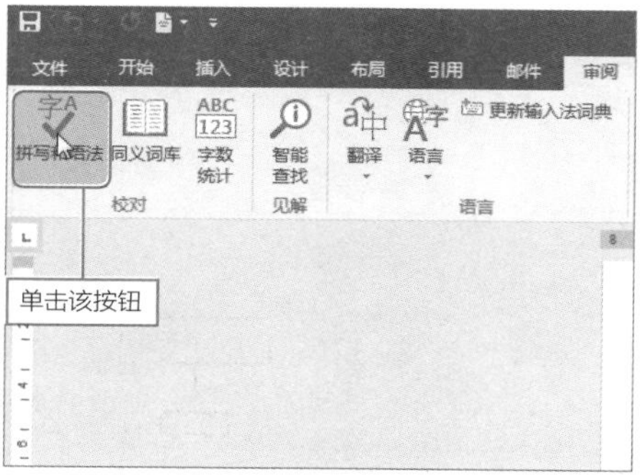

❹ 文档编辑窗口右侧出现“语法”窗格，有错误处会显示红色和绿色波浪线，用户只需根据提示进行修改即可。

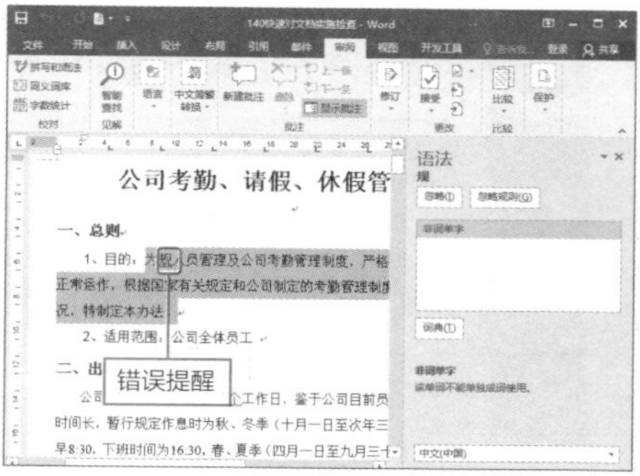

Question

136

• Level ◆◆◆

2016 2013 2010

快速查找同义词

语音视频教学136

实例 同义词的查找

在编辑文档时，用户可能会需要查找出某一词语的同义词，通过文档的“审阅”功能可以轻松实现。

❶ 打开文档，选择需要查询同义词的词语，单击“审阅”选项卡上的“同义词库”按钮。

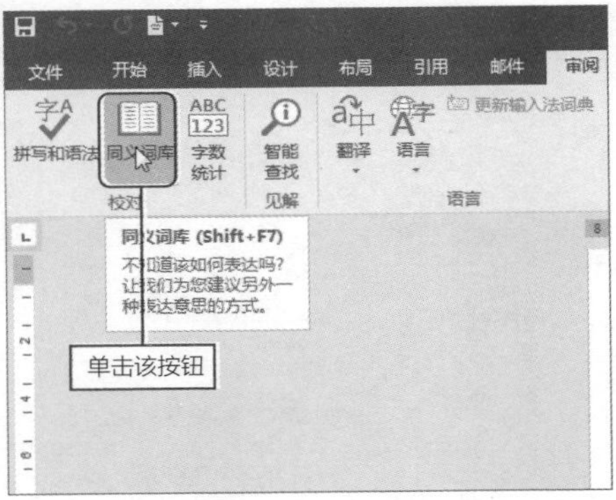

❷ 打开“同义词库”窗格，可以在列表框中看到和所选词语词义相同的单词。

Hint

如何将当前文档以PDF格式导出?

打开文档，执行“文件>导出>创建PDF/XPS文档”命令，单击“创建PDF/XPS文档”按钮，打开“发布为PDF或XPS”对话框，单击“发布”按钮进行发布即可。

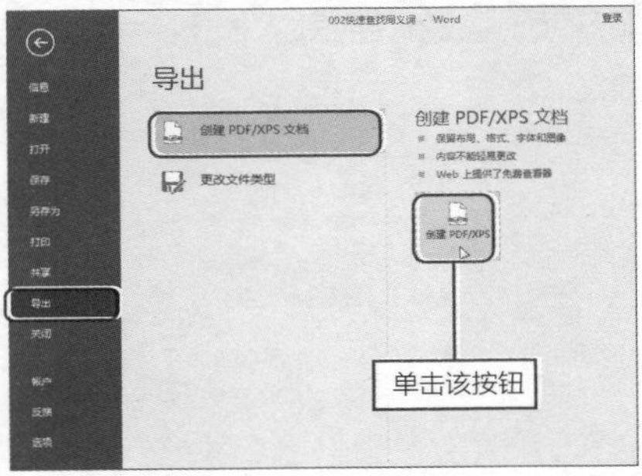

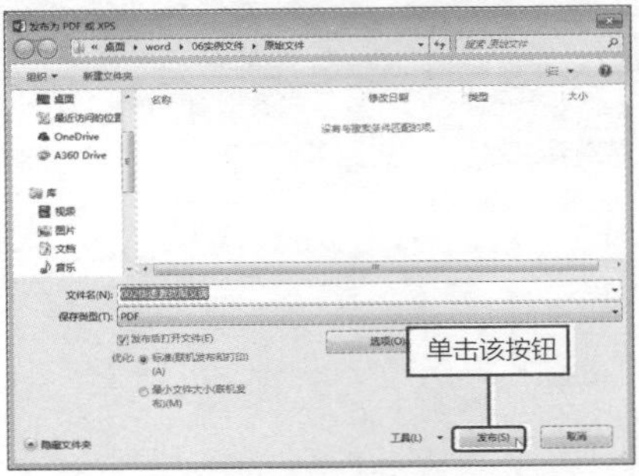

Question **137**

● Level ◆◆◆

2016 2013 2010

神奇的实时翻译

语音视频教学137

实例　翻译屏幕提示功能的应用

在查看文档的过程中，有时需要查看某些单词或词组的含义，但使用翻译功能又显的繁琐，那么此时可以进行屏幕实时翻译，其操作很简单，具体介绍如下。

❶ 在“翻译”列表中选择“翻译屏幕提示”选项，启用该功能。

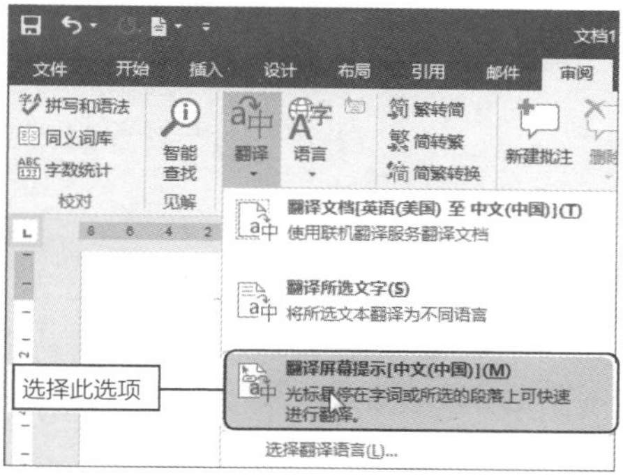

❷ 将鼠标光标放置在需要翻译的单词或者词组上。此时，便会在单词上方显示半透明译文框。

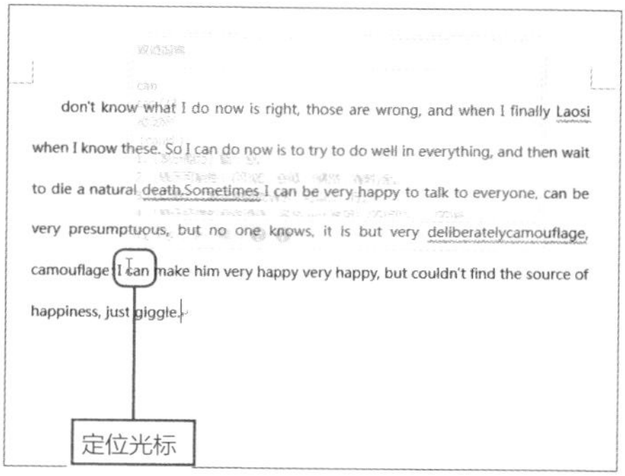

❸ 若将光标移至译文框中，则可清晰显示出翻译的内容。

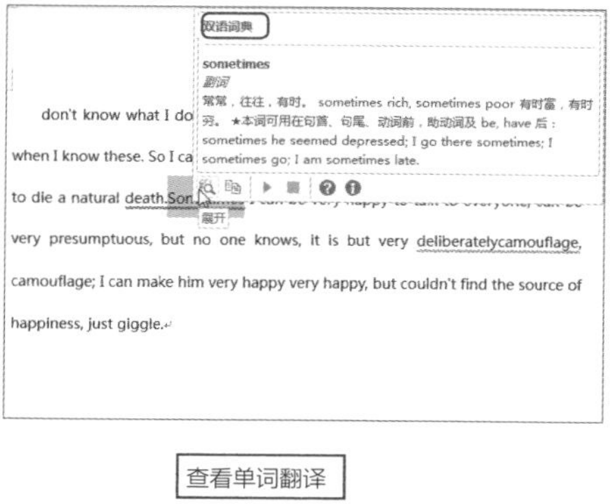

❹ 单击译文框底部的功能按钮，可以实现更多的操作，如查看详细信息、朗读单词、复制译文等。

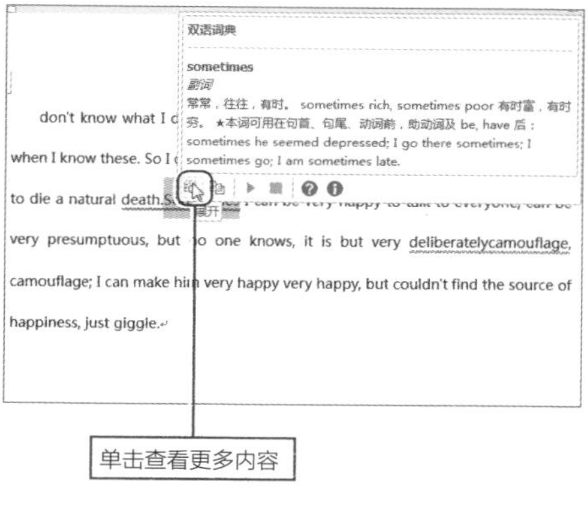

Question

138

• Level ◆◆◆

2016 2013 2010

按需自定义Word词典

语音视频教学138

实例 在Word2016中新建自定义词典

在Word中可以使用多个自定义词典来检查文档的拼写，而对于一些专门的技术名称、技术术语、外语单词以及某些单词的替换拼写等，可以自定一个词典涵盖这些单词，方便对文档的拼写检查。

1 打开文档，执行“文件>选项”命令，打开“Word选项”对话框，选择“校对”选项，单击“自定义词典”按钮。

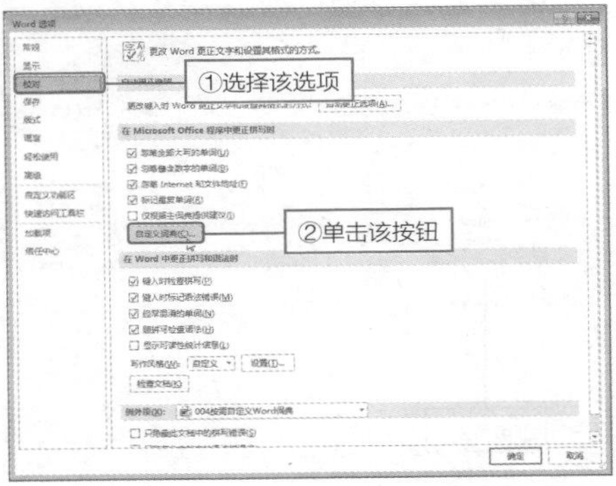

2 打开“自定义词典”对话框，单击“新建”按钮。

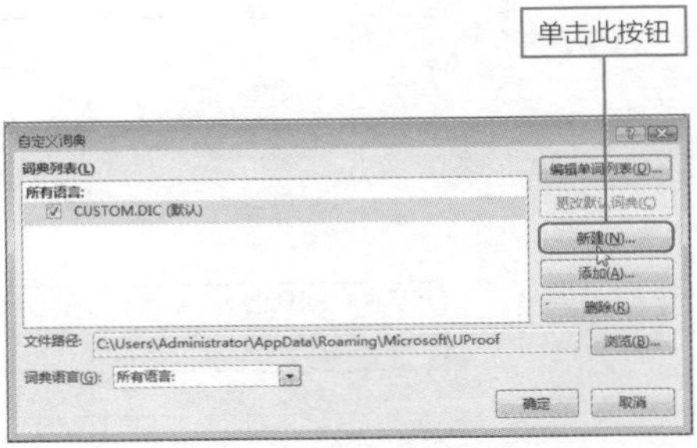

3 打开“创建自定义词典”对话框，选择保存路径和保存类型，输入文件名，单击“保存”按钮，返回“自定义词典”对话框，在“词典列表”列表框中可看到自定义的词典，单击“编辑单词列表”按钮。

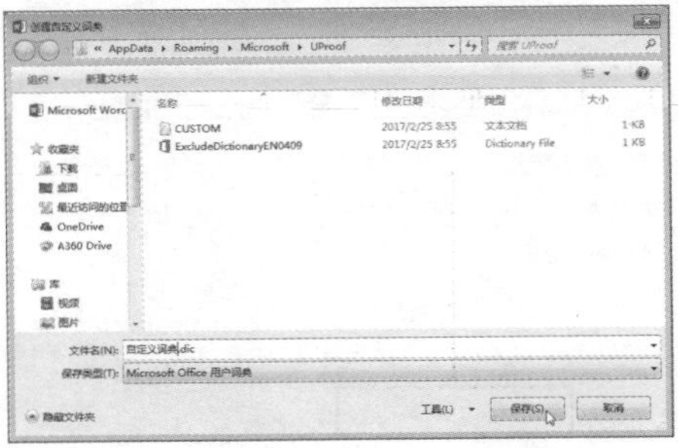

4 弹出“自定义词典”对话框，在“单词”选项输入单词后单击“添加”按钮，将其添加至“词典”列表框中，单击“确定”按钮返回“自定义词典”对话框并确认，返回“Word选项”对话框确定即可。

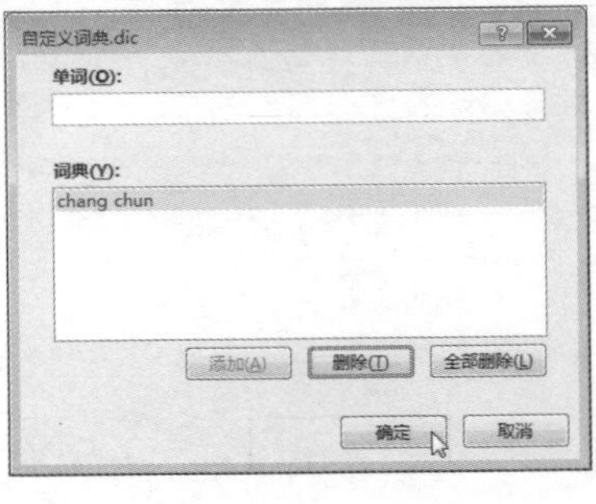

Question
139 简繁转换不求人

语音视频教学139

● Level ◆◆◆

2016 2013

实例　简繁转换功能的应用

由于工作的需要，一些人会使用繁体字与客户进行交流，所以，繁体字的录入与编辑是至关重要的。为了适应更多的转换词汇，下面将介绍一种自定义繁简转换词语的方法。

最终效果

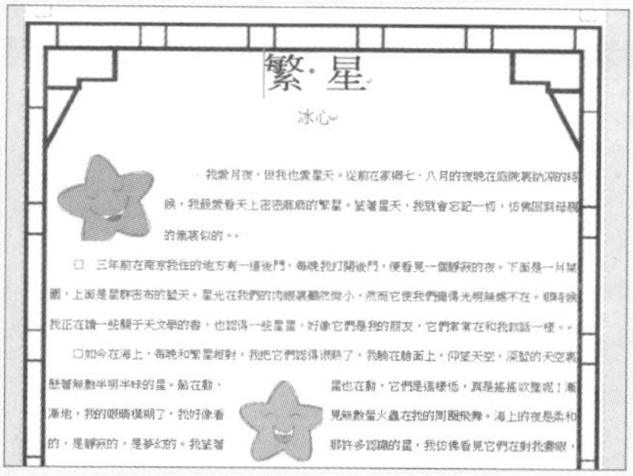

转换为繁体字的效果

❶ 打开文档，切换至“审阅”选项卡，单击“简繁转换”按钮。

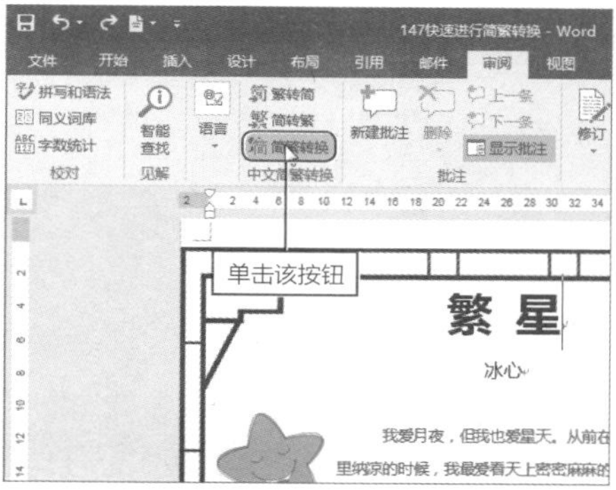

❷ 打开“中文简繁转换”对话框，选中“简体中文转换为繁体中文”选项，单击“自定义词典”按钮。

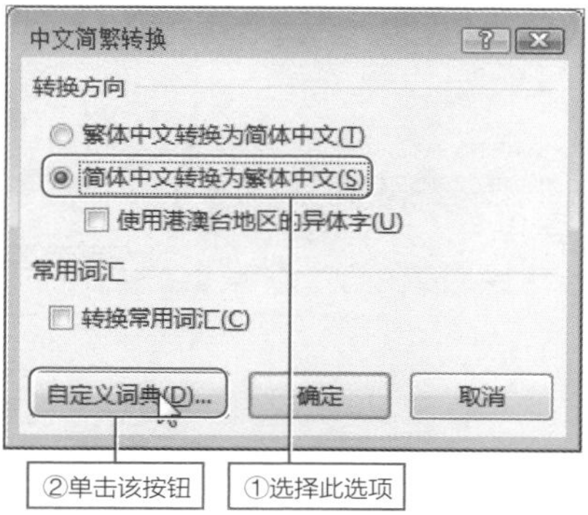

❸ 打开“简体繁体自定义词典”对话框，从中根据需要对简繁体转换的词语进行自定义，设置完成后关闭对话框。返回上一级对话框确认即可。

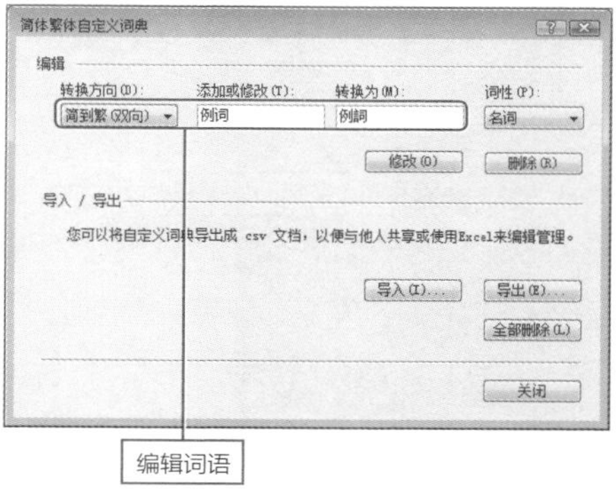

Question

140 批注的添加很简单

语音视频
教学140

实例 创建批注

在查阅文档时，若发现有不确定性的错误，需要标注出来进行查证，或者让别人审核该问题，可以通过为文档添加批注的方法来实现，下面对其进行介绍。

Level ◆◆◆

2016 2013 2010

❶ 选择需要添加批注的文本，单击“审阅”选项卡上的“新建批注”按钮。

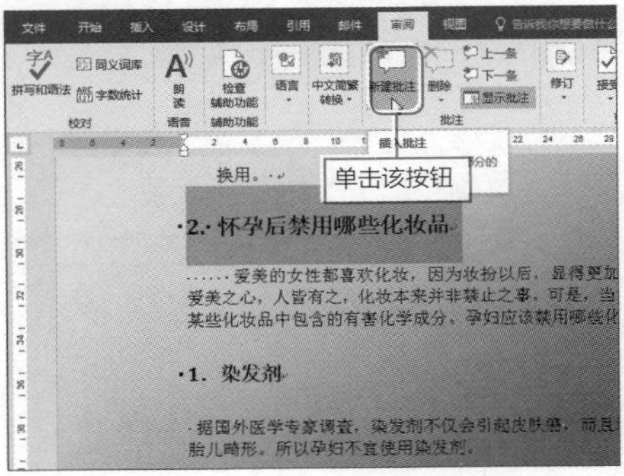

❷ 在文档右侧会显示出批注文本框，在文本框中输入文本即可。

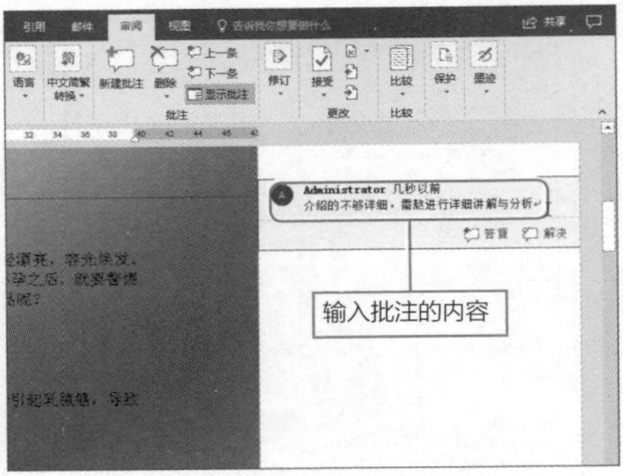

❸ 输入完成后，单击批注框外的区域，完成批注的创建。单击“删除”按钮，则可以删除当前批注。

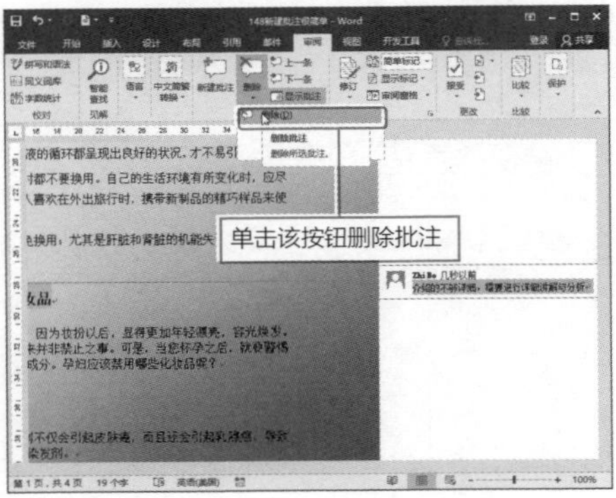

Hint

右键删除批注法

选中批注，单击鼠标右键，从弹出的快捷菜单中选择“删除批注”命令即可。

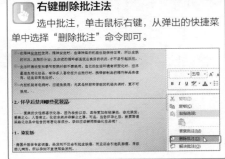

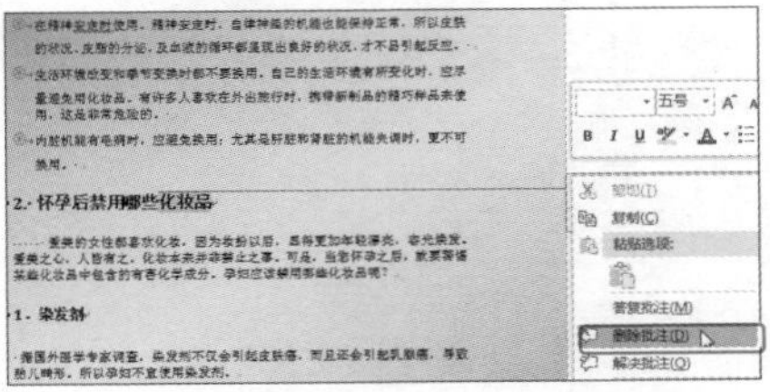

Question 141

自定义批注框文本

语音视频教学141

Level ◆◆◆

2016 2013

实例 批注框的设置

插入批注后，批注框的样式为默认效果，若用户想要自定义批注框样式，也是很容易就可实现的，下面将对其进行详细介绍。

1 选择批注，单击“审阅”选项卡上“修订”组的对话框启动器按钮。

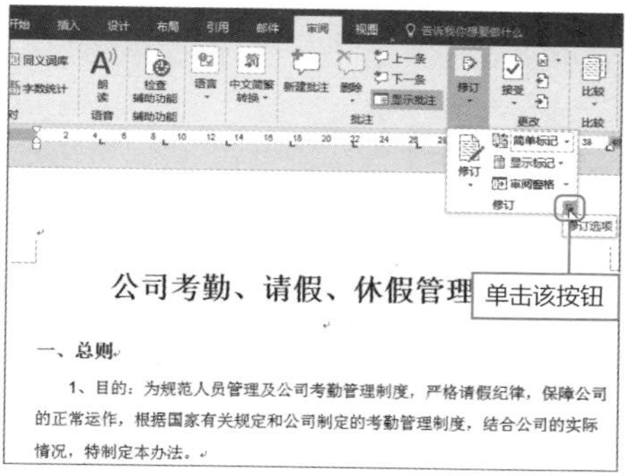

2 打开“修订选项”对话框，单击“高级选项”按钮。

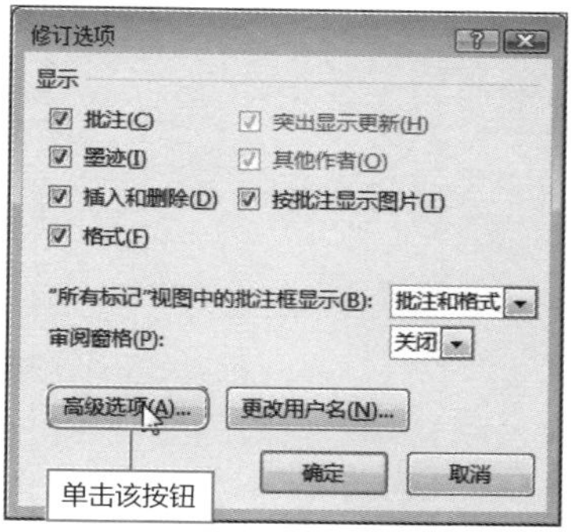

3 打开“高级修订选项”对话框，单击“批注”下拉按钮，选择“鲜绿”。

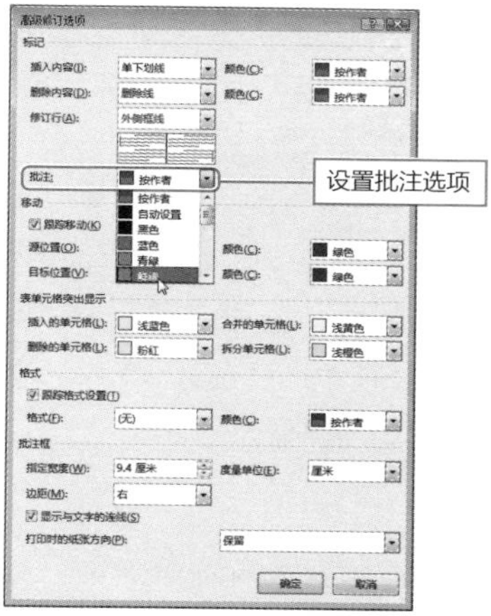

4 在“批注框”选项中设置批注框的宽度和边距，设置完成后，关闭对话框，查看设置批注框效果。

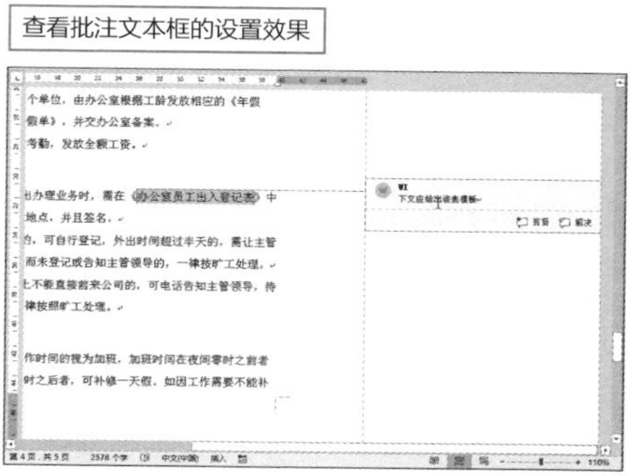

Question **142**

使用修订功能很简单

语音视频教学142

● Level ◆◆◆

2016 2013

实例 启用修订功能

默认情况下，用户修改文档内容后，关闭文档再次打开无法看到之前对文档的修改有哪些，若想要清楚的记录对文档的内容和格式的修改，可以启用修订功能，下面对其进行介绍。

1 打开文档，切换至“审阅”选项卡，单击“修订”按钮，从中选择“修订”选项。

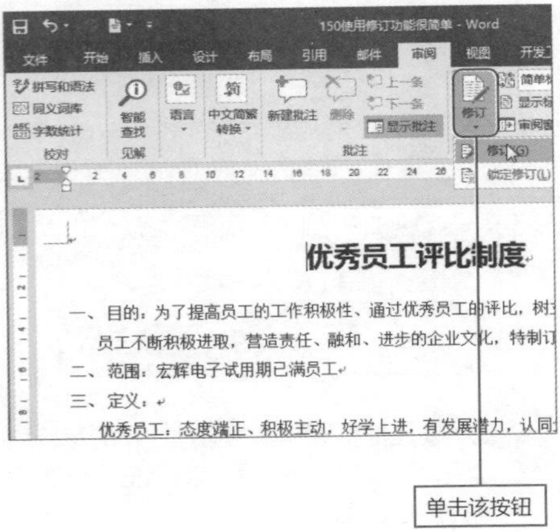

2 随后，对文档进行修改，单击文档左侧“1”修订标记，在文档右侧会显示修订的内容。

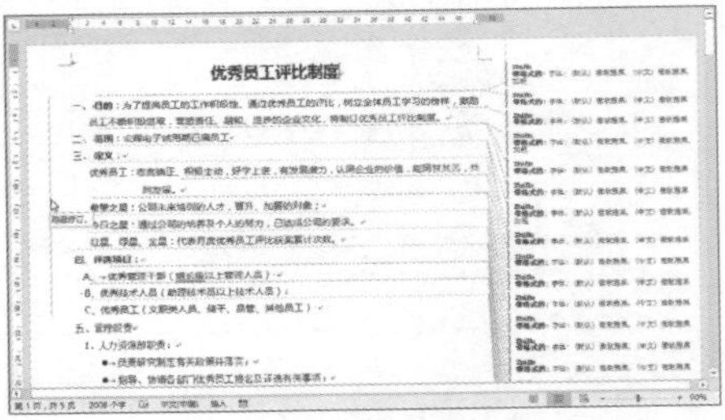

3 选择任意1条修订内容，则会显示出修订的时间和内容。

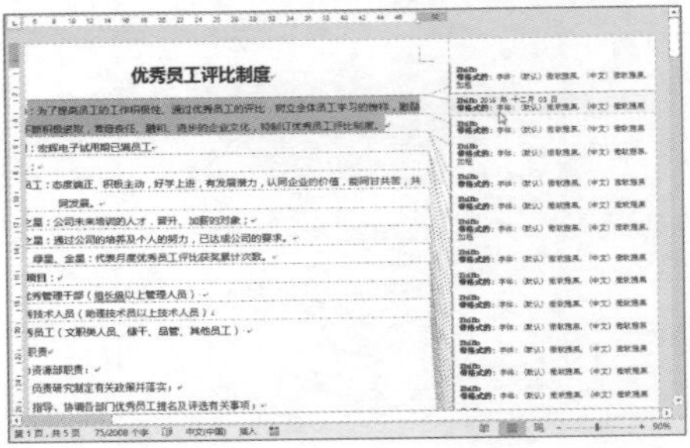

Hint

修订文章显示方式说明

在文档中，所有通过启动“修订”功能后，对文档所做的修改都会突出显示。其中，删除的内容会打上删除线，新增的内容会添加下划线，而修改了文本格式的内容则会在右侧标注中说明。

Question

143 审阅文档很简单

语音视频教学143

● Level ◆◆◆

2016 2013 2010

实例	文档的审阅

文档交由客户或者上级修改返回后，若对文档进行了更改，用户想要查看对文档的修订、接受或者拒绝修订内容，则可以通过下面介绍的方法来完成。

❶ 打开文档，切换至“审阅”选项卡，单击“更改”组中的“上一处”或“下一处”按钮，可逐一查阅修订内容。

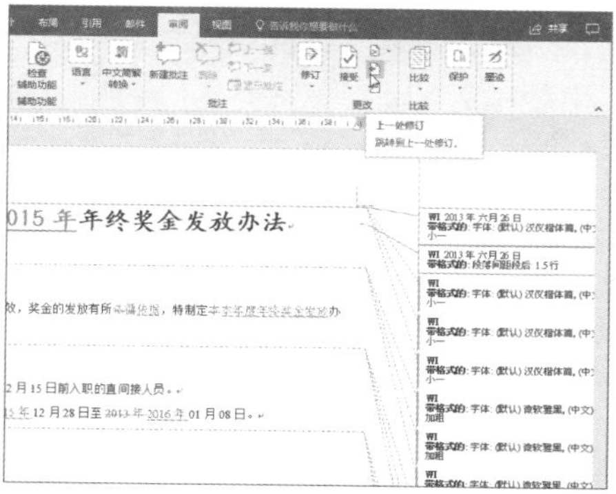

❷ 若单击“接受”按钮，从展开的列表中选择合适的命令，则可接受对文档的修订。

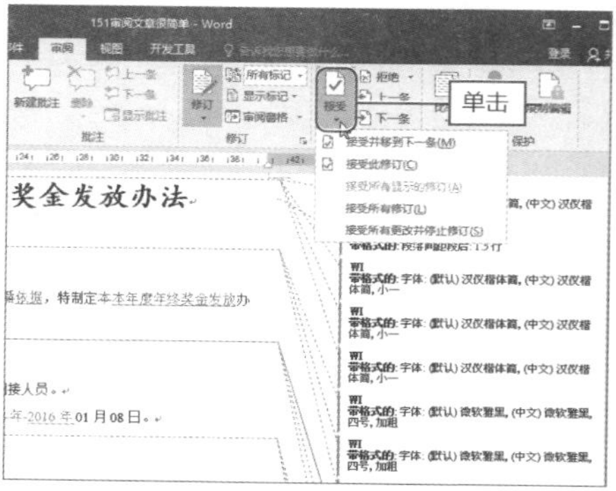

❸ 若单击“拒绝”按钮，从列表中选择合适的命令，则可拒绝对文档的修订。

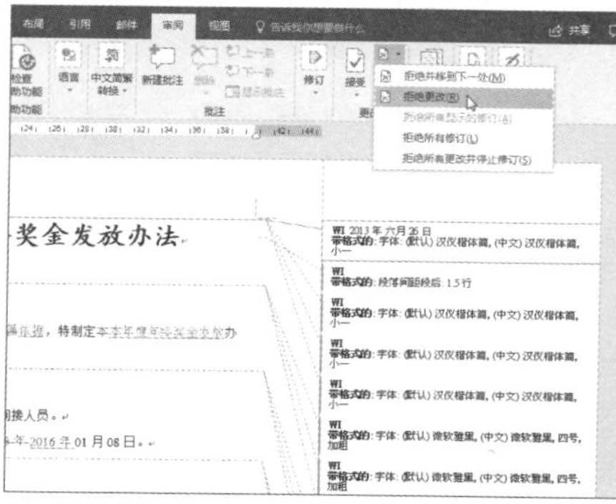

Hint

有关修订选项的设置

单击“审阅”选项卡中“修订”组的对话框启动器按钮，打开“修订选项”对话框，选择需显示的修订项，单击“高级选项”按钮，则可在打开的对话框中对标记格式进行设置。

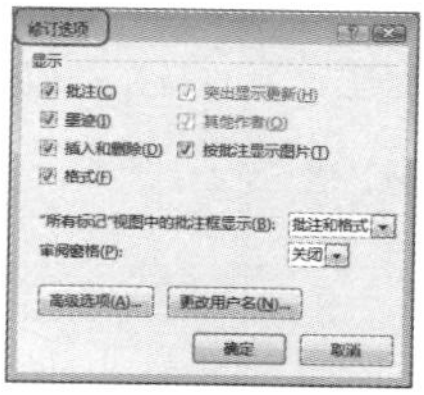

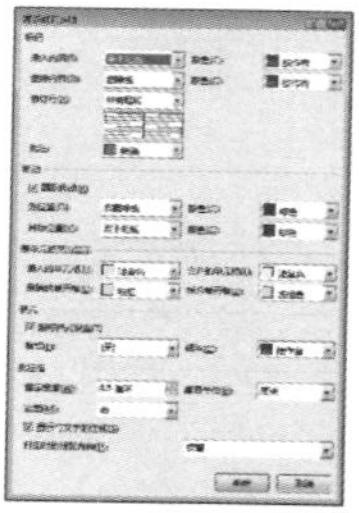

Question

144 一招保护批注和修订

语音视频教学144

• Level ◆◆◆

2016 2013 2010

实例	批注和修订的保护

当用户在文档中添加了批注或者对文档进行了修订后，为了防止他人恶意篡改文档，或是对文档的批注和修订作出误操作，那么可以对批注和修订作出相应的保护，其具体操作介绍如下。

1 打开文档，切换至“审阅”选项卡，单击“保护”组中的“限制编辑”按钮，将打开“限制编辑”窗格。

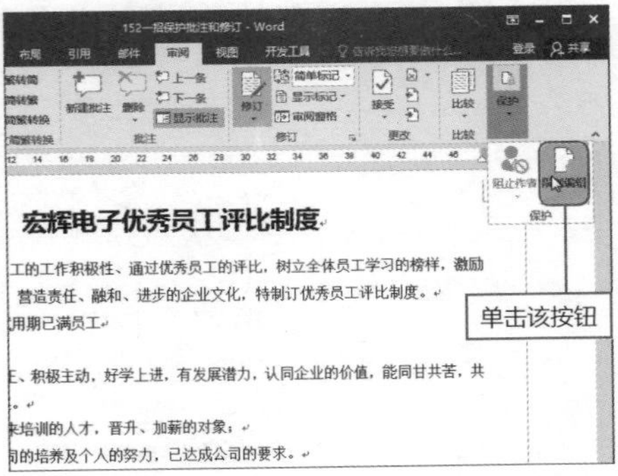

2 在“限制编辑”选项，勾选“仅允许在文档中进行此类型的编辑”选项，设置其类型为“不允许任何更改（只读）”，然后单击“是，启动强制保护”按钮。

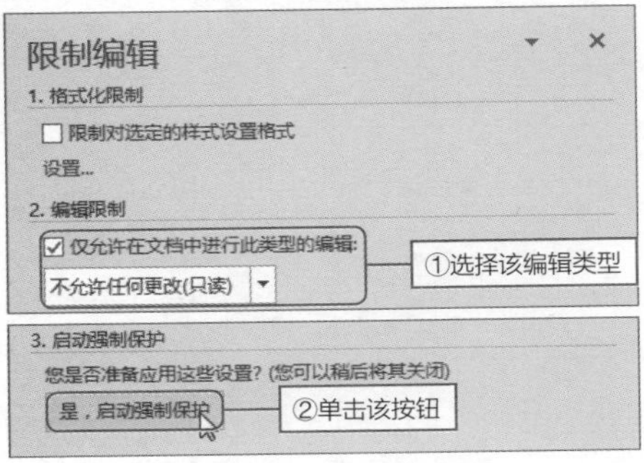

3 打开“启动强制保护”对话框，在“新密码”和“确认新密码”文本框中输入密码，这里输入“123”，然后单击“确定”按钮。

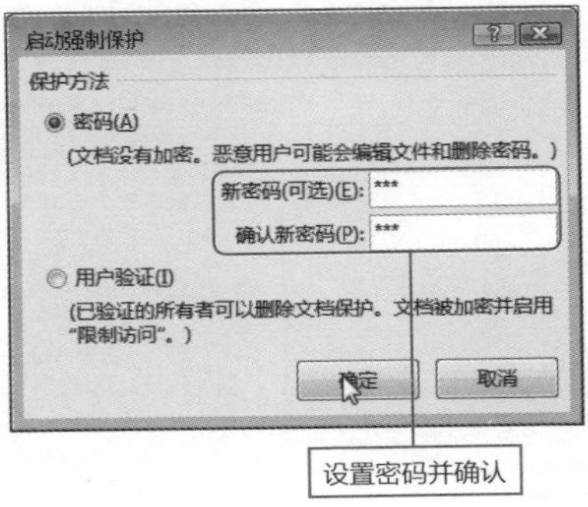

4 设置完成后，选择文档中的文本执行删除操作后，发现不能将文本删除，并且状态栏中会出现提示信息。

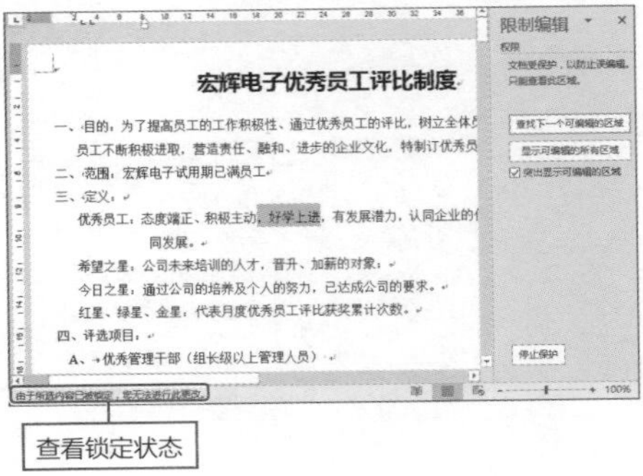

Question

145 用好Word的比较功能

语音视频教学145

● Level ◆◆◆

2016 2013 2010

实例 比较功能的应用

在阅读文档时，有时需要对多个文档进行比较，那么怎样才能很便捷的实现对比操作呢？不用着急，不妨使用Word2016中的比较功能进行体验。

❶ 打开文档，单击“审阅”选项卡上的“比较”按钮，从列表中选择“比较”选项。

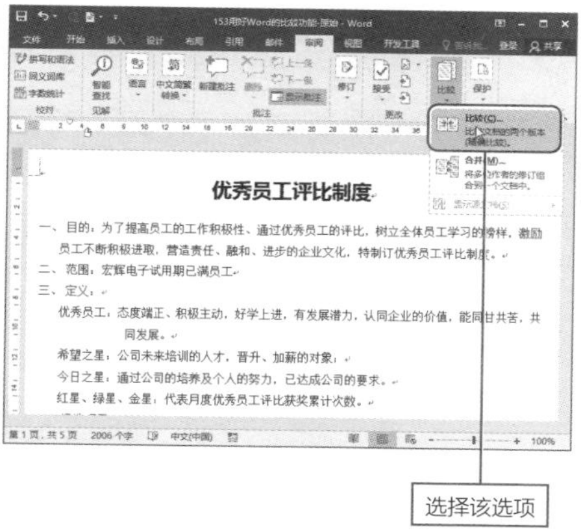

❷ 打开“比较文档”对话框，单击“原文档”下拉列表后的文件夹按钮。

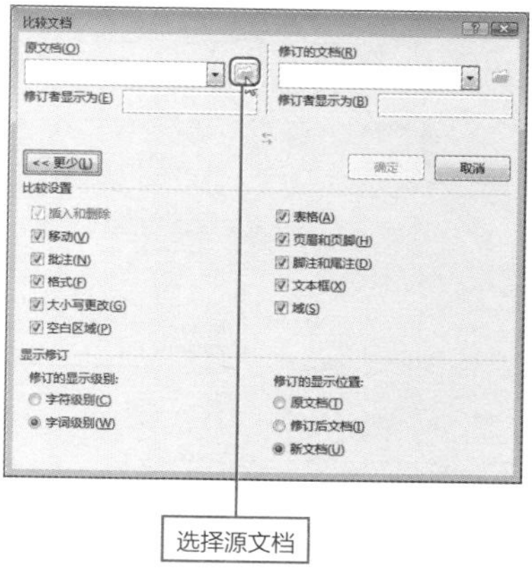

❸ 打开“打开”对话框，选择需要进行比较的原文档，单击“打开”按钮。

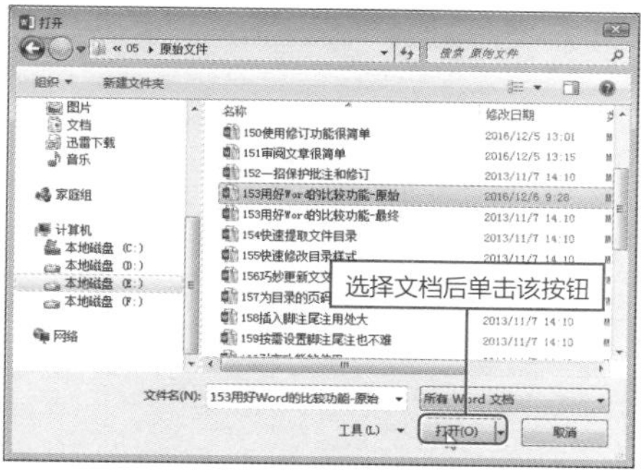

❹ 返回“比较文档”对话框，按照同样的方法选择修订的文档，单击“确定”按钮。

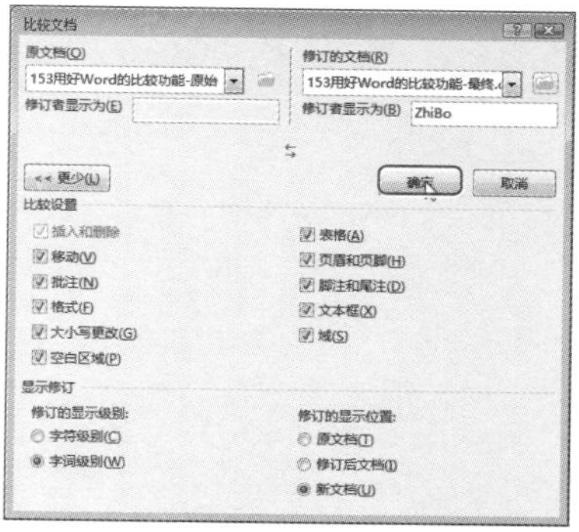

5 在打开的提示对话框中单击“是”按钮，此时，系统会新建一个名称为“比较结果1”的文档。

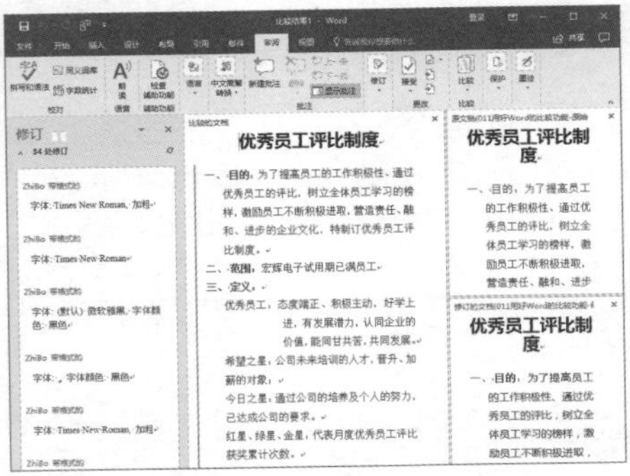

6 用户可看到文档所有修订内容，以及两文档相互比较的视图窗口，在“比较”列表中选择“合并”选项。

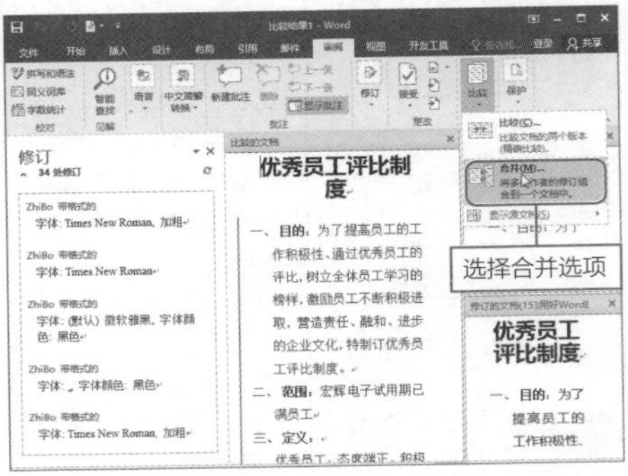

7 打开“合并文档”对话框，选择需要合并的文档，单击“确定”按钮。

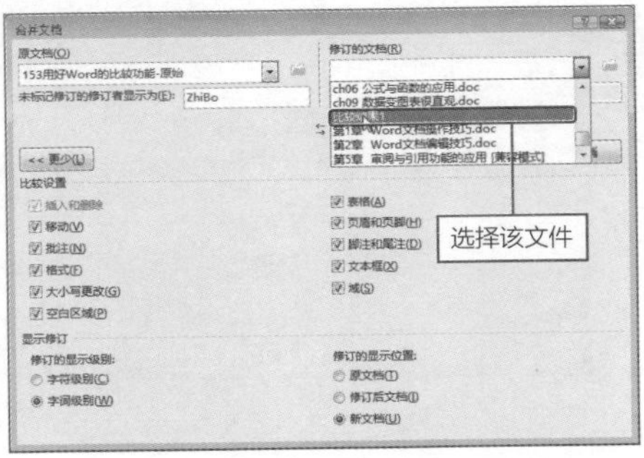

8 在打开的“合并结果”文档中，执行“审阅>接受>接受所有修订”命令。

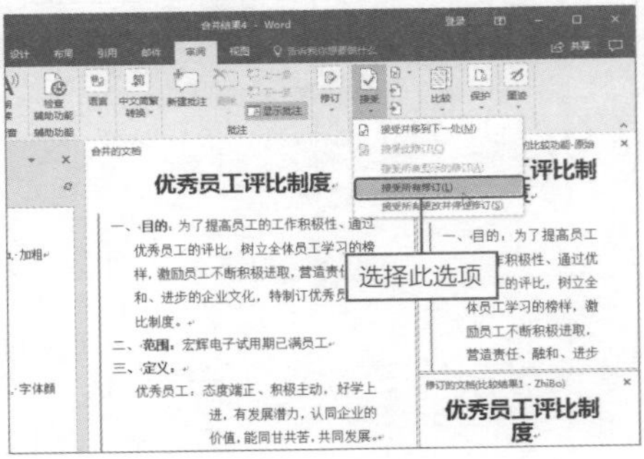

9 执行“审阅>比较>显示源文档”命令，可在级联菜单中选择合适的命令隐藏或显示文档。

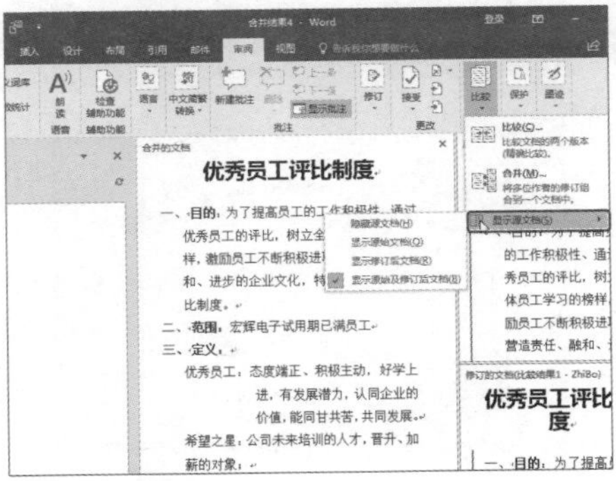

10 若选择“隐藏源文档”命令，则可将源文档隐藏。

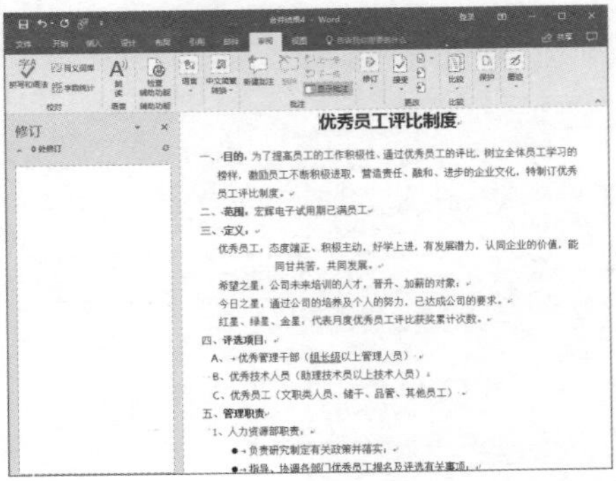

Question

146

● Level

◆◆◆

2016 2013 2010

快速提取文件目录

语音视频教学146

实例 文档目录的自动生成

对于一个内容较多的文档，为了便于用户了解文档的结构，把握文档内容，可以为文档添加目录，但是如果手工录入目录，效率会大大降低，下面介绍一种自动提取文档目录的方法。

1 打开文档，对文档中的标题分别进行设置相应的大纲级别，然后将鼠标光标定位在需插入目录的位置。

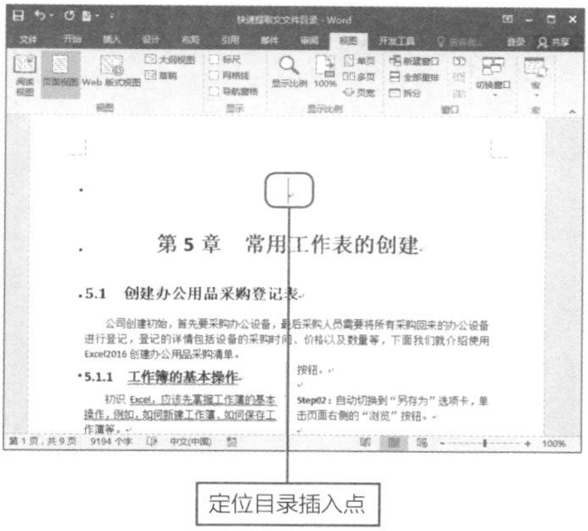

2 切换至“引用”选项卡，单击“目录”按钮，从展开的列表中选择“自定义目录”选项。

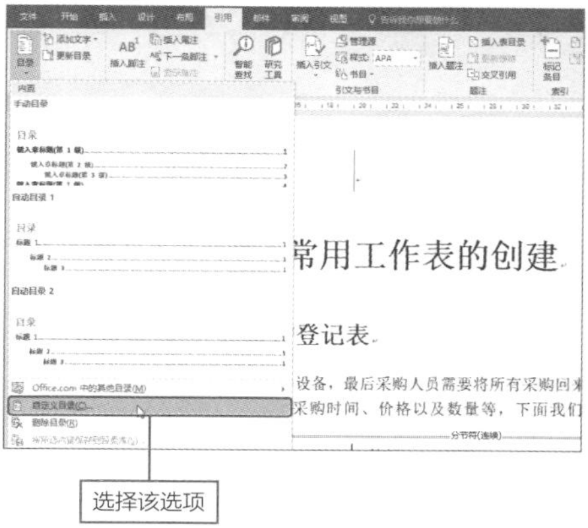

3 打开“目录”对话框，将“常规”选项组中的“显示级别”设置为4级。

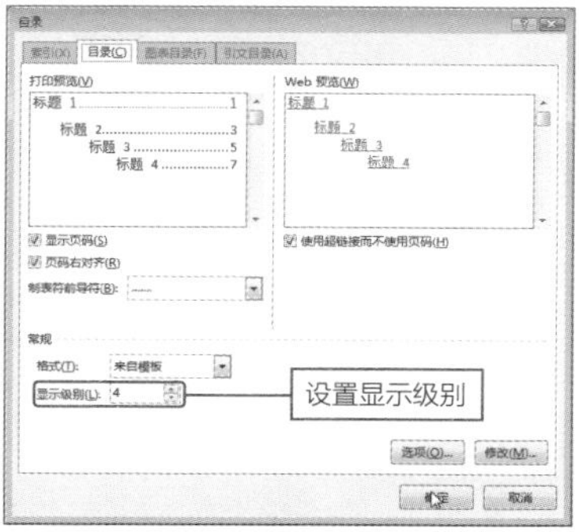

4 设置完成后，单击“确定”按钮，即可成功提取目录。

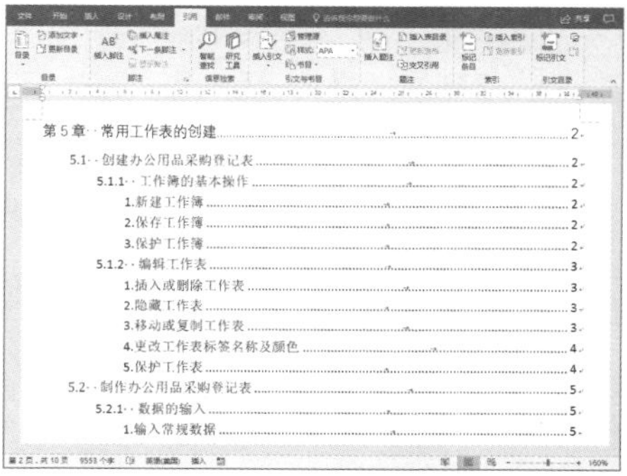

Question

147 目录样式巧变身

语音视频教学147

Level ◆◆◆

2016 2013 2010

实例 目录样式的更改

创建好文档目录后，如果用户对当前目录样式不满意，可对其进行适当的修改，用户既可以选择其他类型的目录样式，也可以自定义目录样式。下面将以后者的操作为例进行介绍。

1 打开文档，切换至“引用”选项卡，单击“目录”按钮，从列表中选择“自定义目录”选项。

2 打开“目录”对话框，单击“常规”选项组中的“格式”下拉按钮，从列表中选择“现代”样式。

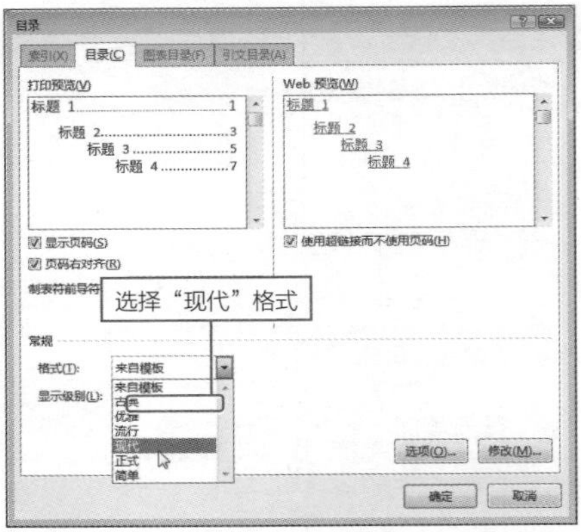

3 选择完成后，单击“确定”按钮，单击提示对话框中的“是”按钮。

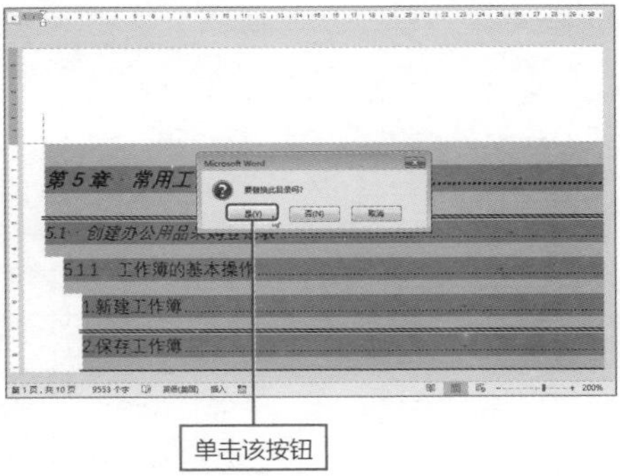

4 设置完成后，原有的目录样式即会发生改变。

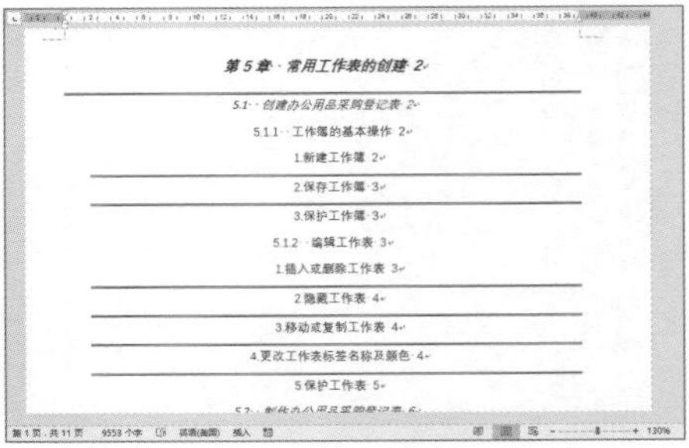

5 自定义目录样式。打开“目录”对话框，将“常规”选项组中的“格式”设置为“来自模板”，单击“修改”按钮。

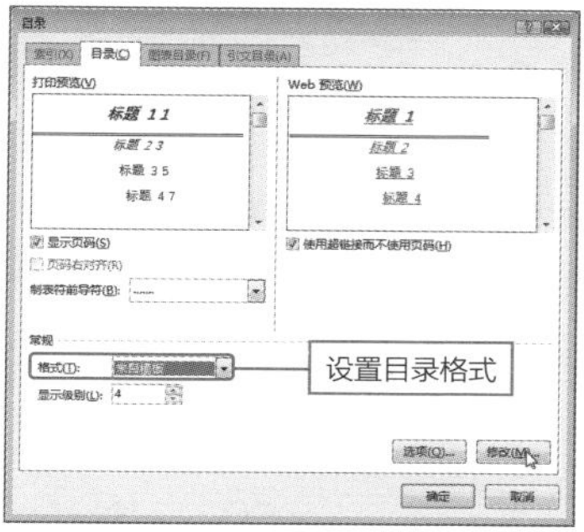

6 打开“样式”对话框，选择需修改的目录样式，这里选择“目录1”，单击“修改”按钮。

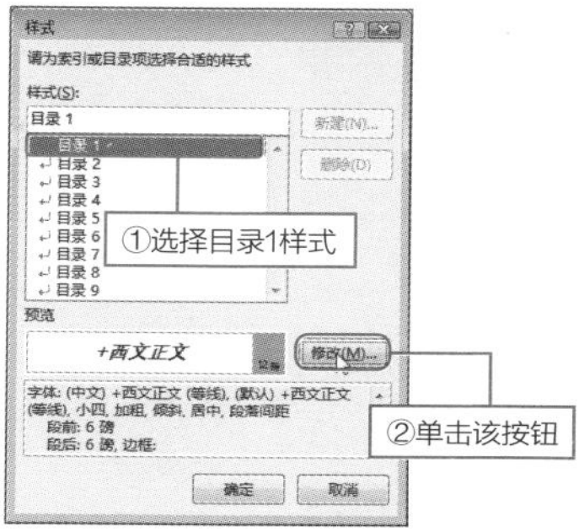

7 打开“修改样式”对话框，根据提示对相应的选项进行设置，例如文字的字体、字号以及颜色等。

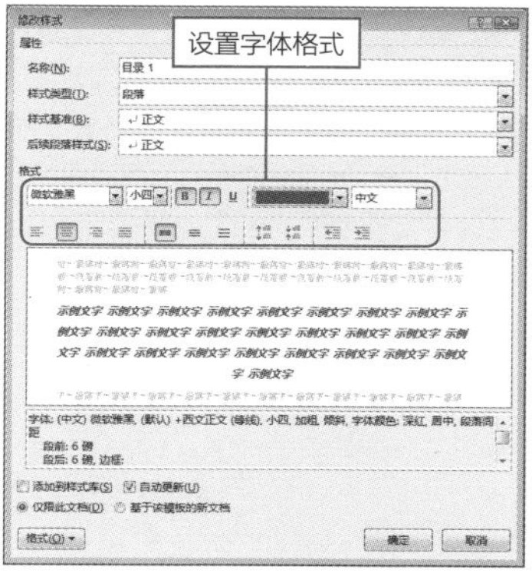

8 设置完成后，单击“确定”按钮，返回“样式”对话框，随后选择二级目录对其样式进行更改。

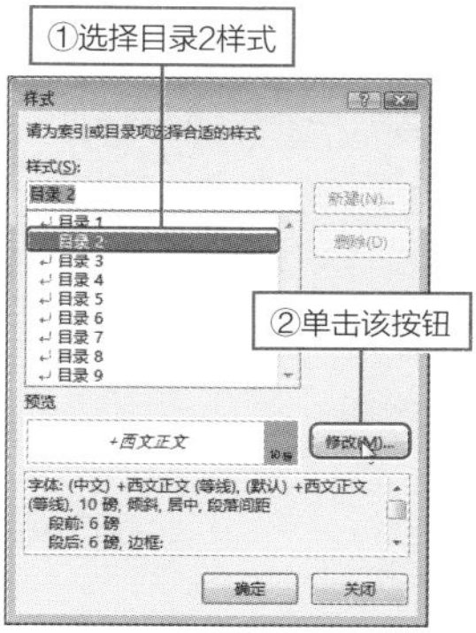

9 设置完成后，单击“确定”按钮，返回上一级对话框并确定，弹出提示对话框。

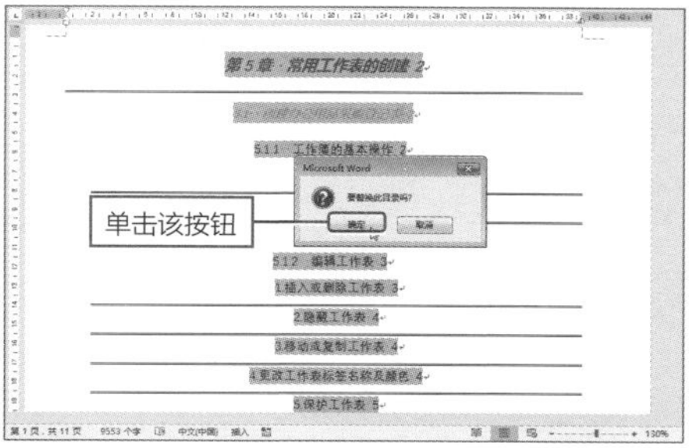

10 单击“确定”按钮，完成目录样式的创建，此时，文档目录样式也发生改变。

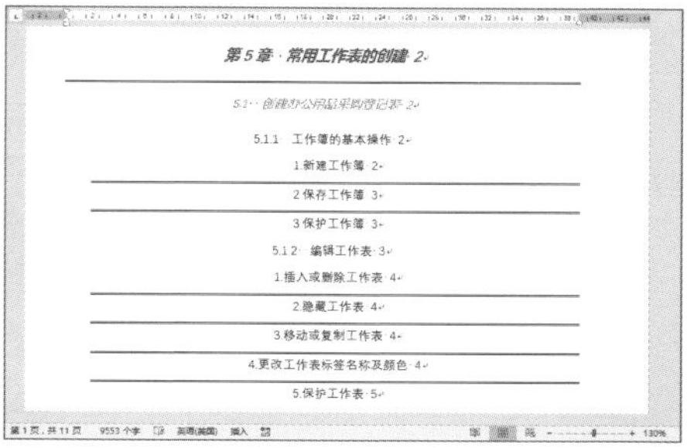

Question

148 巧妙更新文件目录

语音视频
教学148

● Level ◆◆◆

2016 2013 2010

实例	将文档目录设置为自动更新

当完成目录的提取操作后，又对文档的内容进行必要的修改，那么目录是不是还得再次提取呢？其实不用着急，用户可以采用自动更新目录的方法。

❶ 打开文档，按住Ctrl键，此时鼠标光标已变成手指形状。

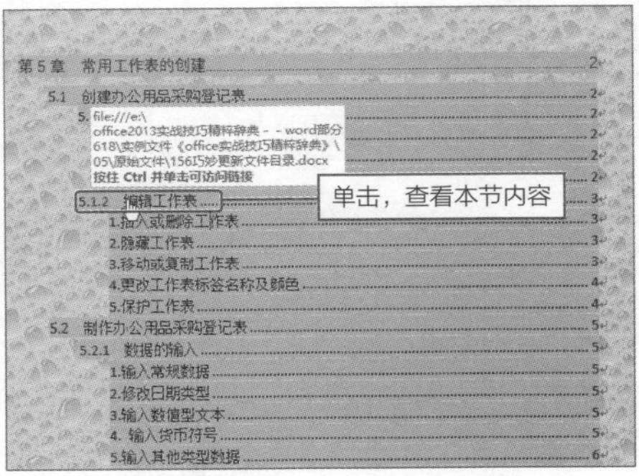

❷ 在目录中单击需要更改的内容标题，跳转至相关内容，并对其执行修改操作。

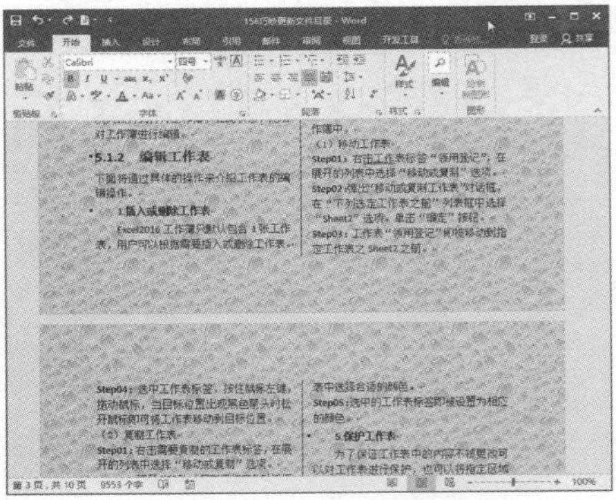

❸ 随后，执行“引用>更新目录”命令，将更新整个目录。

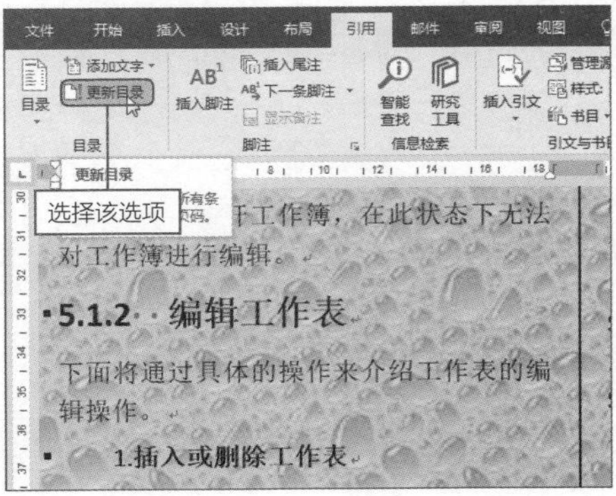

❹ 返回后可发现，被删除内容对应的标题已从目录中删除，同时，系统也对目录的页码进行了更新。

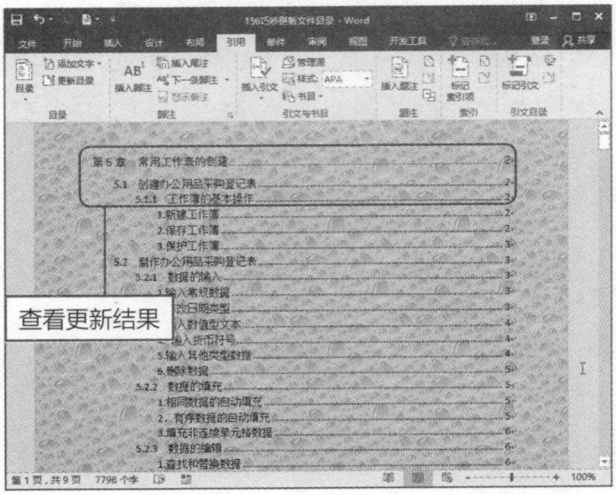

Question

149

● Level ◆◆◆

2016 2013 2010

为目录的页码添加括号

语音视频教学149

实例　为目录页码添加括号

创建目录完成后，可以对目录页码添加括号，如果逐一进行添加，将会非常的麻烦，可以通过“替换”功能，实现快速添加，下面对其进行具体介绍。

❶ 选择所有目录，单击“开始”选项卡上的“替换”按钮。

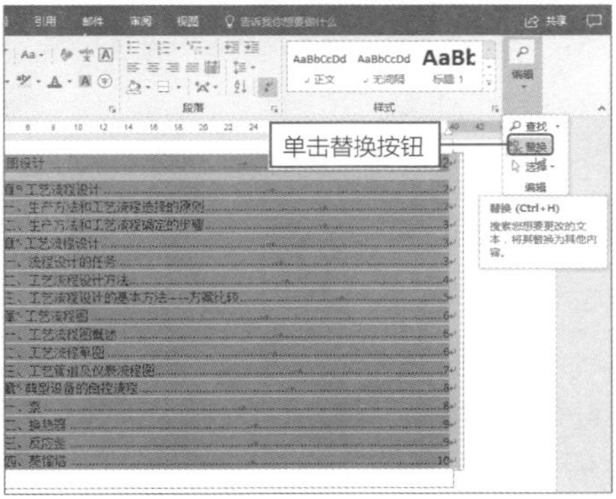

❷ 打开“查找和替换”对话框，在“查找内容”文本框中输入“([0-9]{1,})”，在“替换为”文本框中输入“（\1）”。

❸ 勾选“使用通配符”选项，单击“全部替换”按钮，弹出提示对话框，单击“否”按钮。

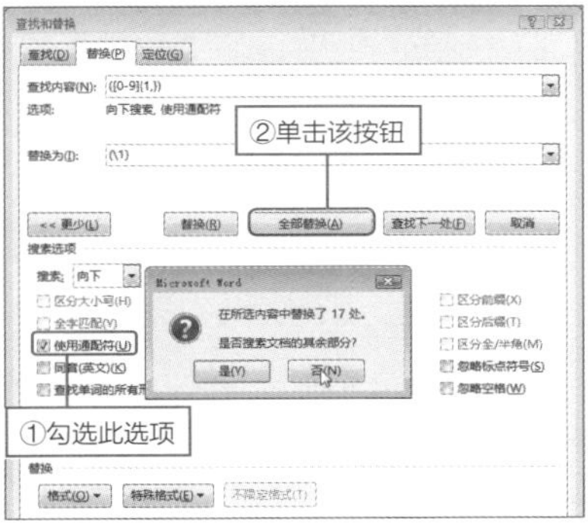

❹ 设置完成后，即可完成目录页面括号的添加操作。

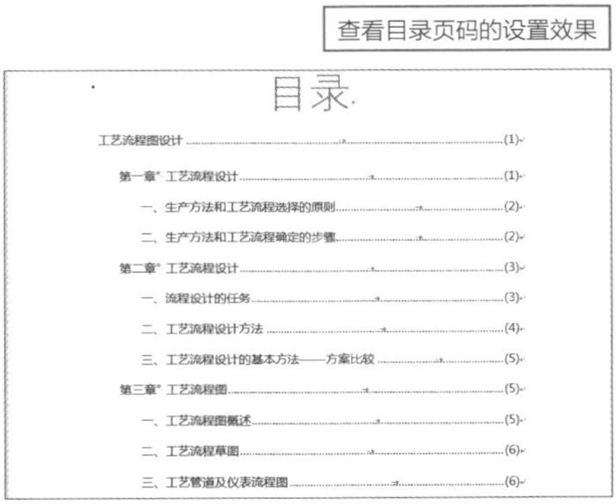

Question

150 插入脚注/尾注用处大

语音视频教学150

Level ◆◆◆

2016 2013 2010

实例 添加脚注/尾注

脚注位于页面底部，对当前页面内容起补充说明作用。而尾注位于文档的结尾，列出引文的出处等。在大型文档的创作及排版中，可能经常会用到脚注和尾注，下面将对其使用方法进行介绍。

1. 添加脚注。打开文档，切换至“引用”选项卡，单击“插入脚注”按钮。

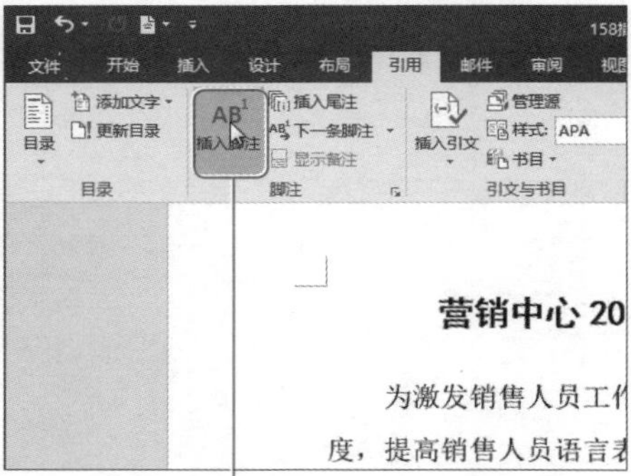

单击“插入脚注”按钮

2. 鼠标光标自动定位至文档页面底部，根据需要输入说明性内容。

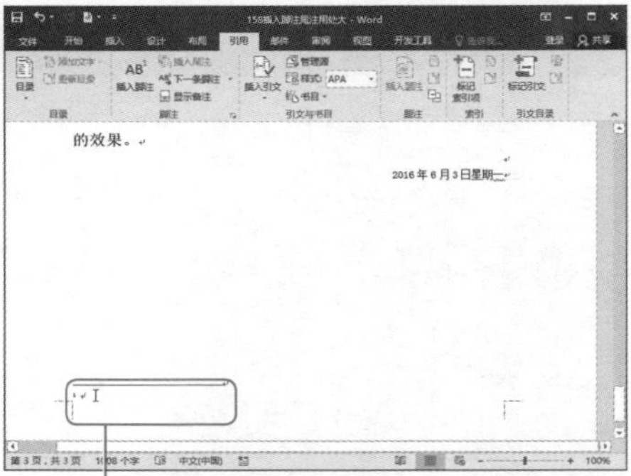

在脚注位置输入相应的内容

3. 添加尾注。单击“引用”选项卡上的“插入尾注”按钮。

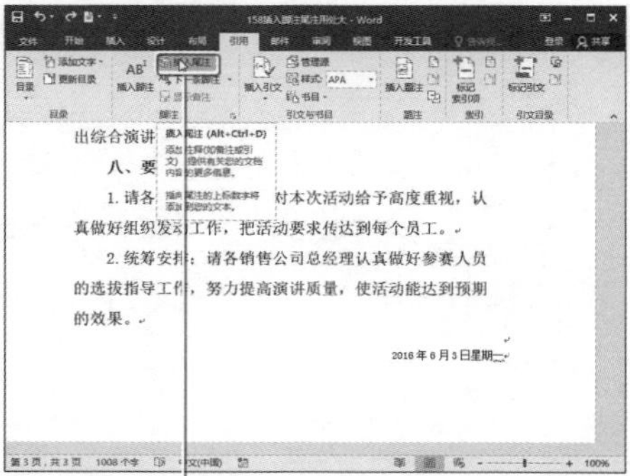

单击“插入尾注”按钮

4. 鼠标光标自动定位至文档的结尾处，根据需要输入说明性文本。

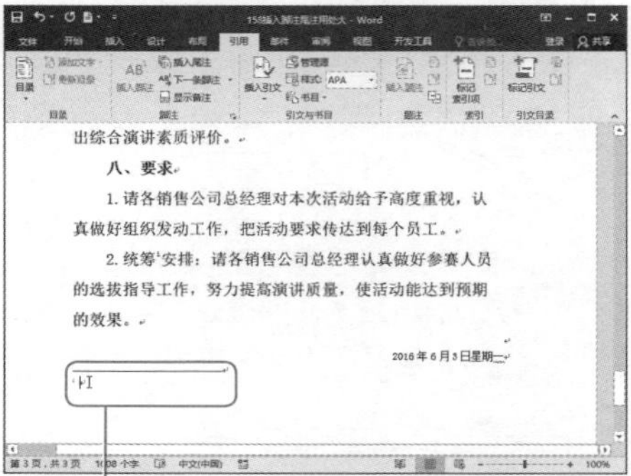

在尾注处输入相应的内容

Question 151

按需设置脚注/尾注也不难

语音视频教学151

Level ◆◆◆

2016 2013 2010

实例　对脚注/尾注进行设置

插入脚注/尾注后，用户可以根据需要对脚注/尾注进行设置，包括改变脚注/尾注位置、设置脚注/尾注的编号方式、脚注和尾注间的转换以及删除脚注和尾注，下面对这些内容进行详细介绍。

❶ 改变脚注/尾注位置。单击“引用”选项卡“脚注”组的对话框启动器按钮，单击打开对话框“位置”选项下“脚注/尾注”右侧下拉按钮，从列表中选择合适选项。

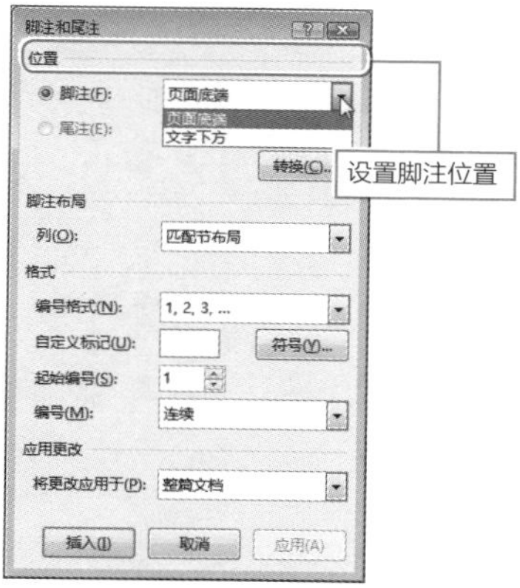

❷ 改变脚注/尾注的编号格式。在“脚注和尾注”对话框中的“格式”选项，单击“编号格式”下拉按钮，从列表中选择合适的编号格式即可。

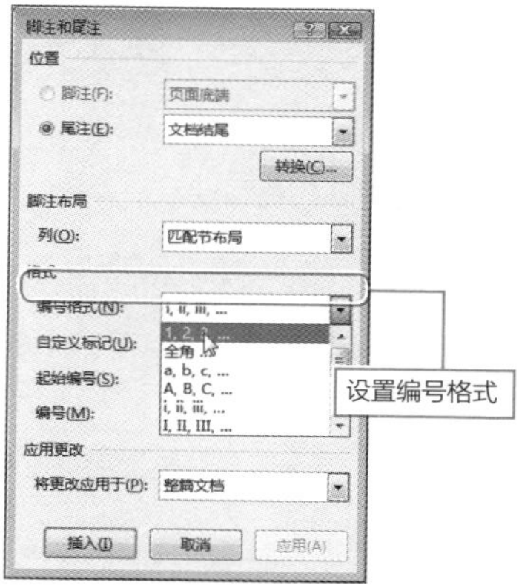

❸ 脚注和尾注间的转换。单击“脚注和尾注”对话框中的“转换”按钮，打开“转换注释”对话框，从中进行相应的选择即可。

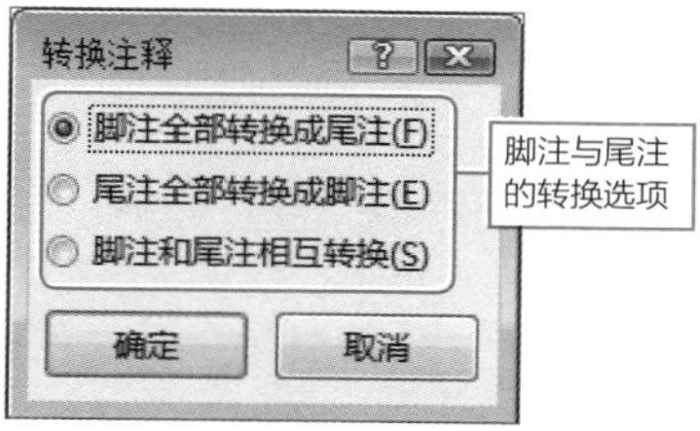

Hint

删除脚注/尾注

在正文内容中选中脚注/尾注，然后在键盘上按Delete键可将选中的脚注/尾注删除。

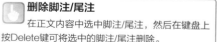

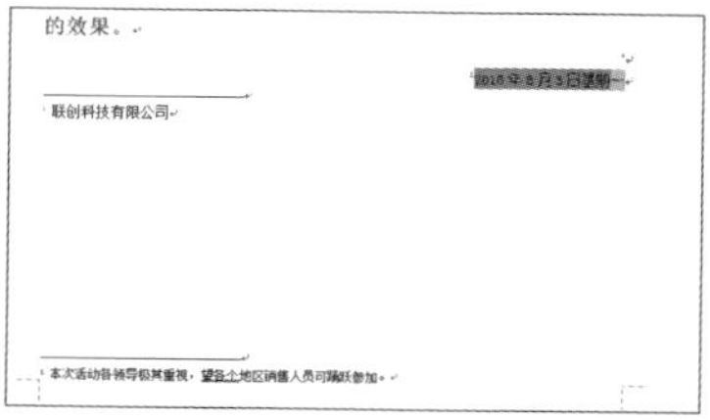

Question

152 引文功能的使用

语音视频教学152

● Level ◆◆◆

2016 2013 2010

实例	使用引文功能

在著书、撰写文章、编写论文时，为了引用介绍他人的思想观点及某一方面的情况时，可以从其他书籍、文章或有关文献资料中摘引文辞，下面将对其引文功能的使用方法进行介绍。

❶ 将鼠标光标定位至需添加引文处，单击“引用”选项卡上的“插入引文”按钮，从列表中选择“添加新源”选项。

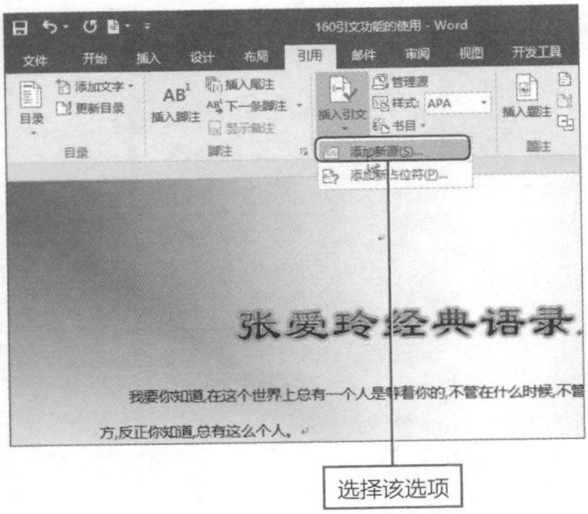

❷ 打开“创建源”对话框，根据实际情况设置源类型、作者、标题、年份等，设置完成后，单击“确定”按钮即可。

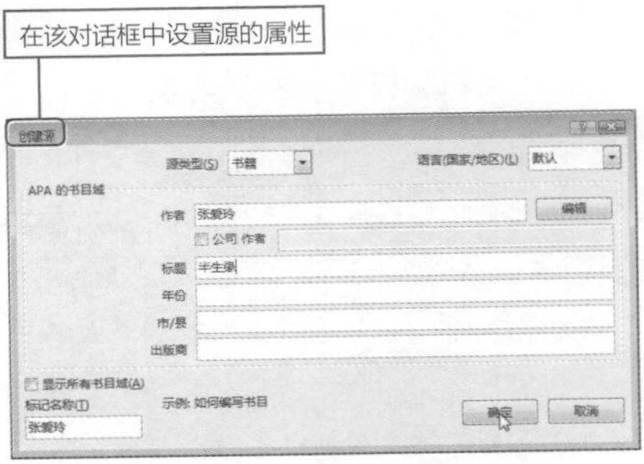

❸ 在插入点处添加引文后，若单击引文，则会出现“引文选项”按钮，从列表中选择“编辑引文”选项。

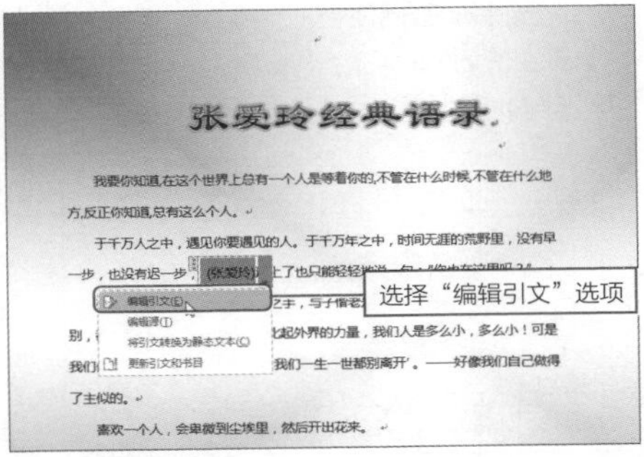

❹ 打开“编辑引文”对话框，可设置引用引文的页数，也可取消作者、年份或标题显示。

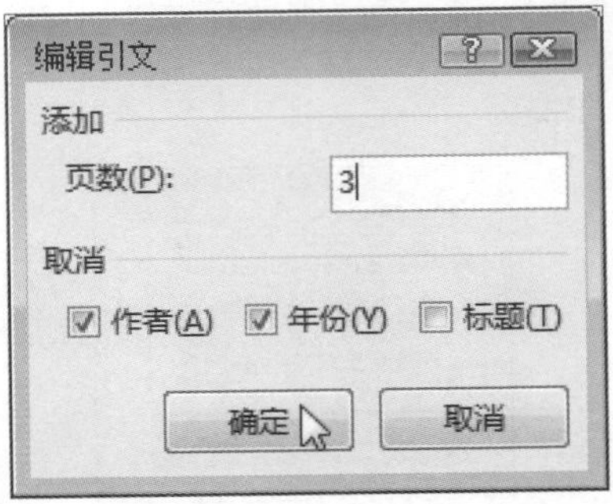

5 设置完成后，单击“确定”按钮，可以看到，引文发生了改变。

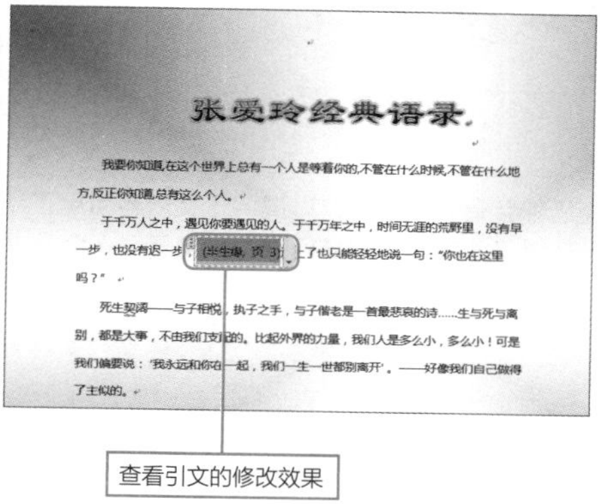

Hint

更改引文样式

单击“引用”选项卡上的“样式”按钮，从列表中选择合适的引文样式即可。

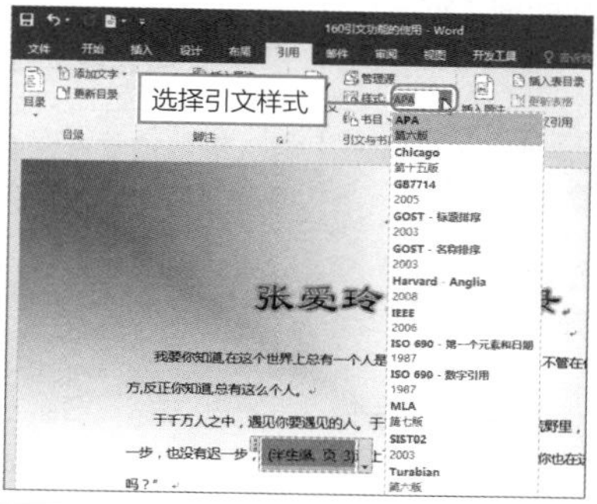

6 通过新占位符添加引文。执行“引用>插入引文>添加新占位符”命令，单击“引文选项”按钮，选择“编辑源”选项。

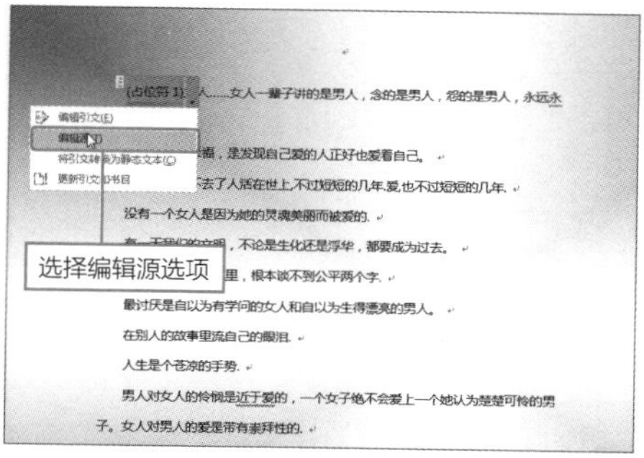

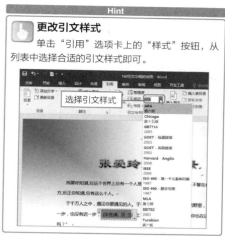

7 打开“编辑源”对话框，可对源类型、作者、标题、年份等进行编辑，编辑完成后，单击“确定”按钮。

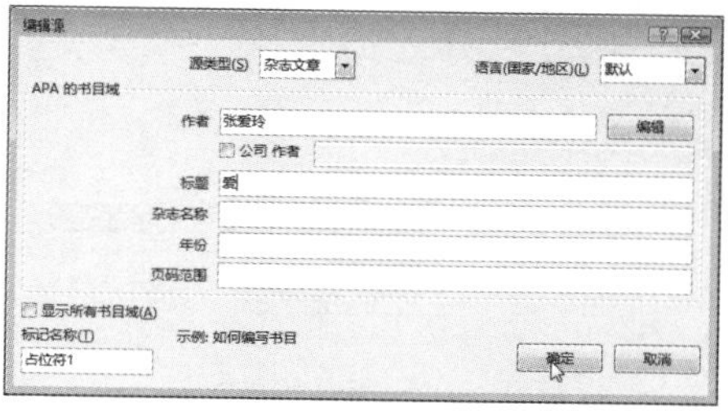

8 返回至编辑页面，查看引文。

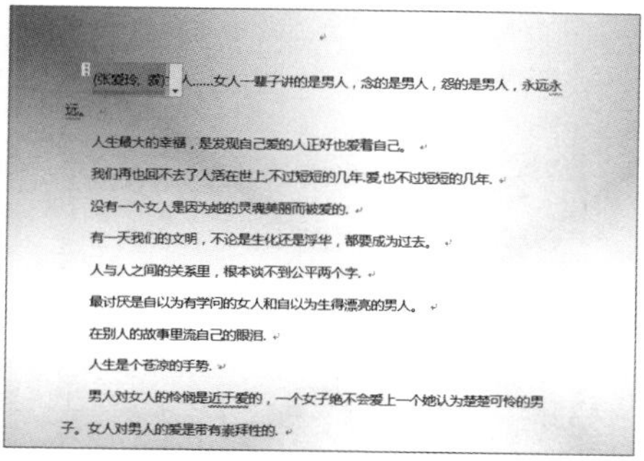

Hint

添加重复的引文

若需要添加和上文重复的引文，在“插入引文”列表中选择已经存在的引文即可。

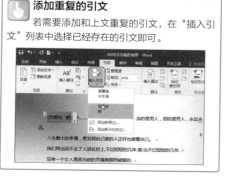

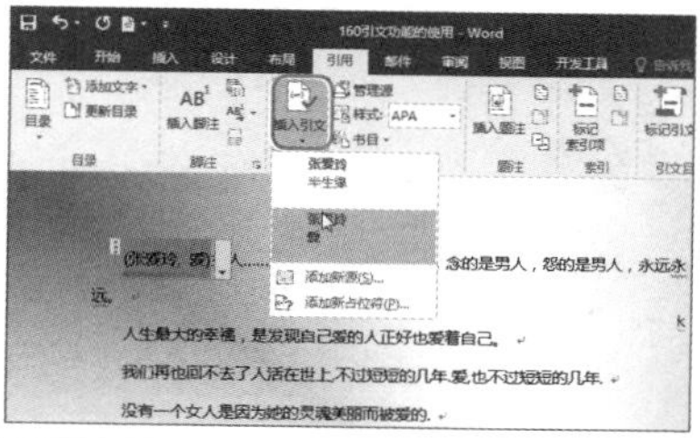

Question

153

● Level ◆◆◆

2016 2013 2010

创建引文目录有技巧

语音视频教学153

实例 引文目录的创建

在大型的论文或者书籍的最后都会有一个附录，以说明正文内容引用了哪些书籍，即为引文创建一个目录，下面介绍如何创建引文目录。

❶ 将鼠标光标定位至文章结尾处，单击“引用”选项卡上的“书目”按钮，从列表中选择“插入书目”选项。

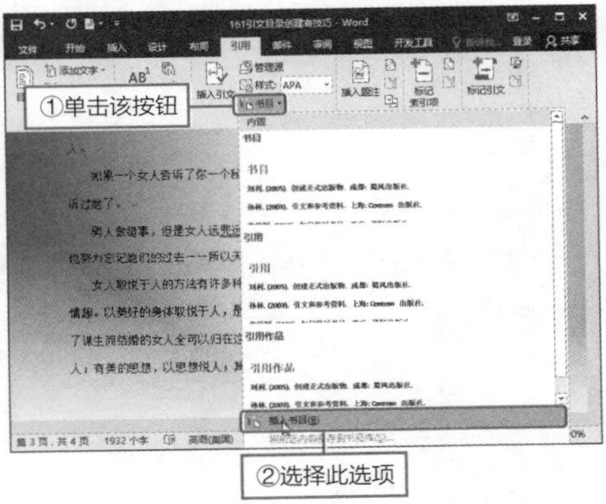

❷ 随后即可在文档结尾处插入文档中所有引文的目录。

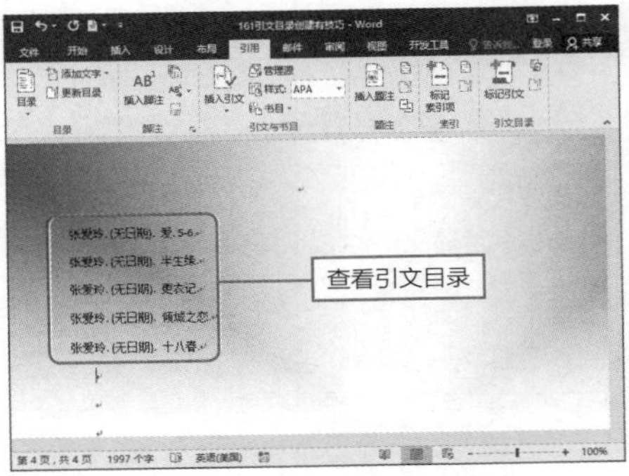

❸ 选择需要保存到目录库的目录，从“书目”列表中选择“将所选内容保存到书目库”选项。

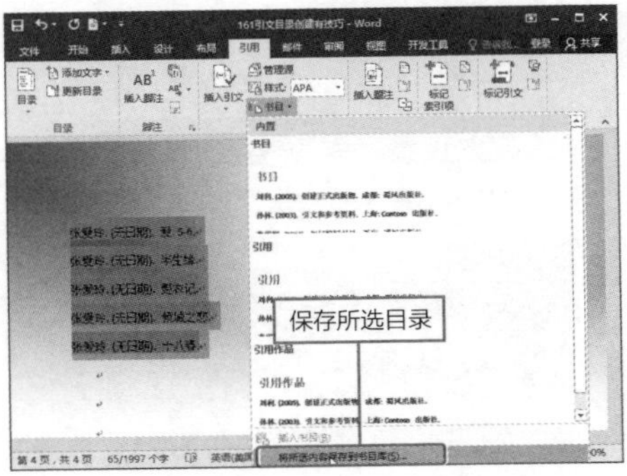

❹ 打开“新建构建基块”对话框，根据需要设置书目名称、库、类别等，设置完成后，单击“确定”按钮即可。

5 若在创建引文目录后，又新增了引文内容，则只需选择“更新域”命令。

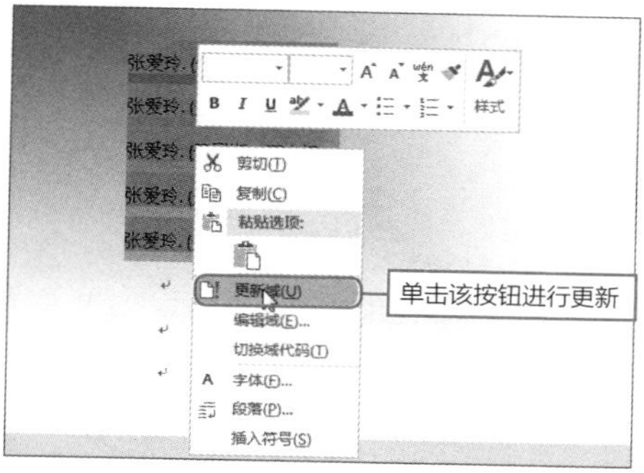

6 随后即可更新文档的引文书目。

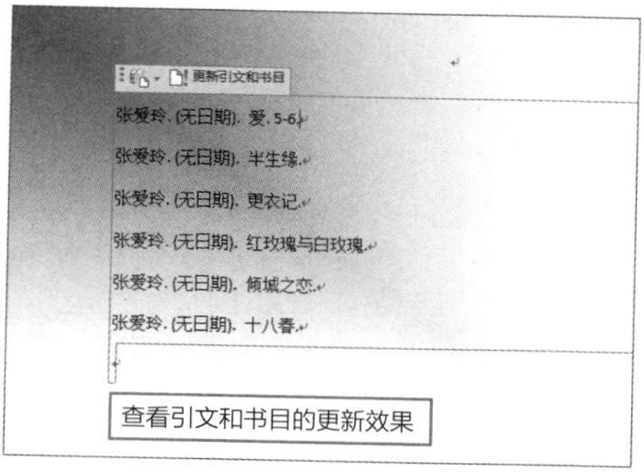

7 插入书目。打开“书目”列表，在保存的书目上右击，可以从快捷菜单中选择合适的命令在指定位置插入书目即可。

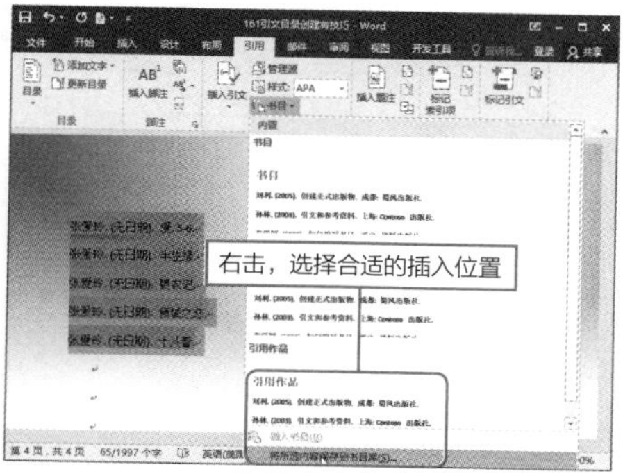

Hint

编辑书目属性

若选择“编辑属性”命令，则可对当前书目的属性进行编辑，编辑完成后确定即可。

8 删除书目。从右键列表中选择“整理和删除”命令。打开“构建基块管理器”对话框。

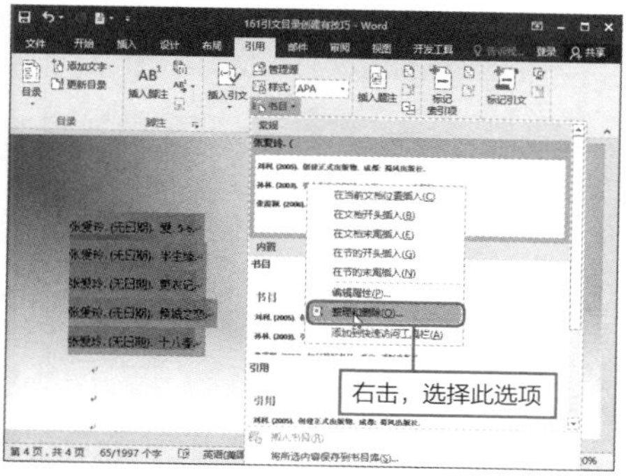

9 从中选择构建基块，随后单击“删除”按钮，即可删除当前书目。最后关闭对话框返回。

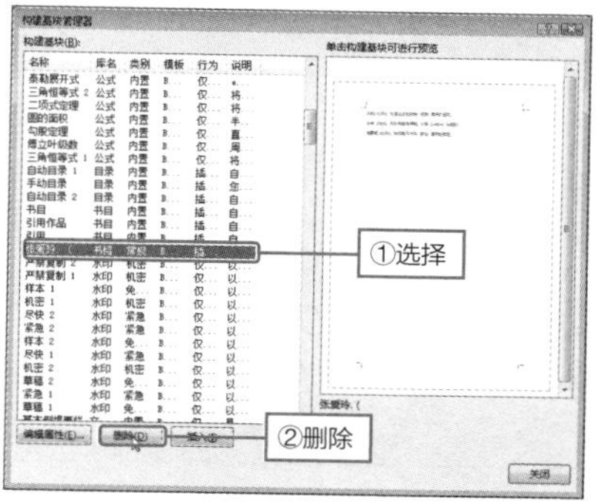

Question **154**

• Level ◆◆◆

2016 2013 2010

巧妙运用Word题注功能

语音视频教学154

实例 题注功能的使用

题注是Word为图片、表格和公式等提供的一个自动化功能，其主要目的是为这些对象进行自动化编号并且加入一个说明信息，当插入或删除某题注后，Word会自动将该项目之后的所有项目重新编号。

1. 打开文档，将插入点置于图片下方，单击“引用”选项卡上的“插入题注”按钮。

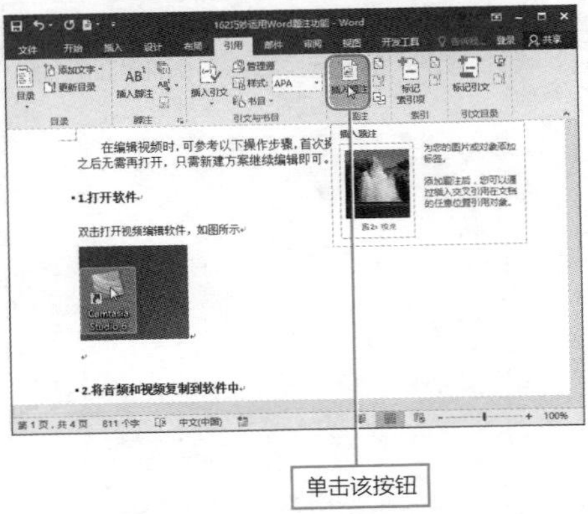

2. 打开“题注”对话框，单击“标签”下拉按钮，根据需要选择标签类型。

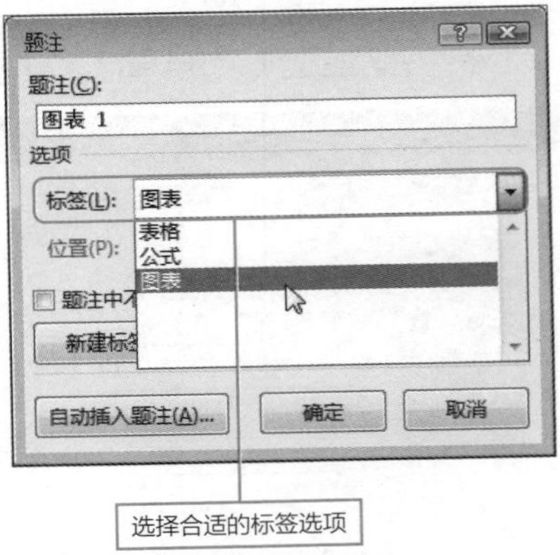

3. 如果在标签下拉列表中没有合适的类型，可单击“新建标签”按钮，在打开的对话框中，输入新标签样式。

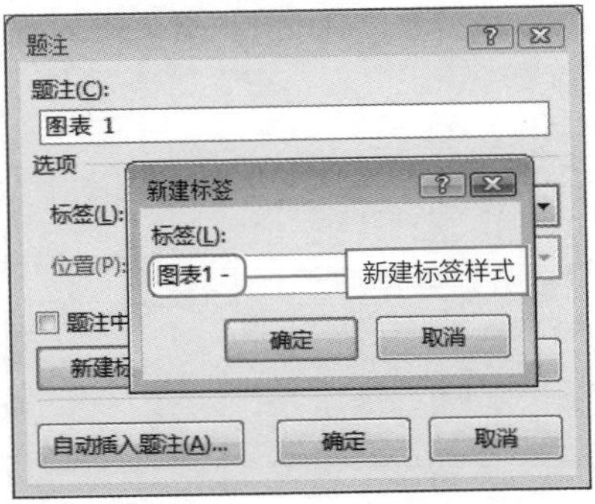

4. 设置完成后，单击“确定”按钮，返回“题注”对话框，显示新题注类型，单击“确定”按钮，完成题注的插入。

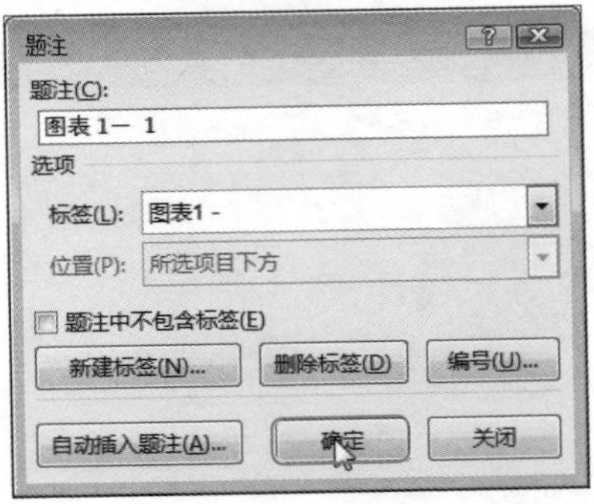

5 单击“题注”对话框中的“编号”按钮，打开“题注编号”对话框，单击“格式”下拉按钮，选择满意的编号样式即可。

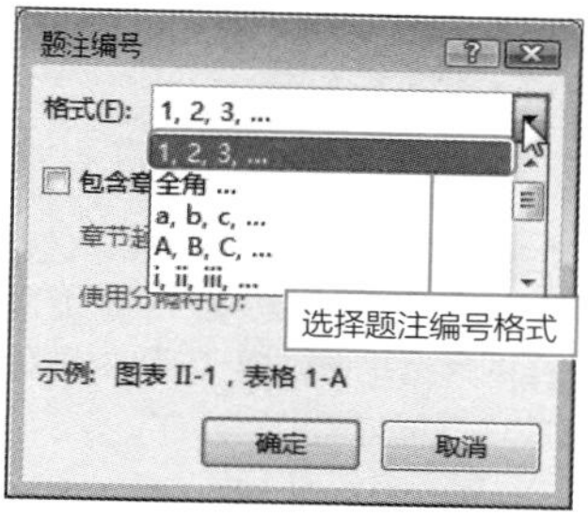

6 选择完成后，单击“确定”按钮。按Ctrl+Shift+S组合键打开“应用样式”对话框，单击“修改”按钮。

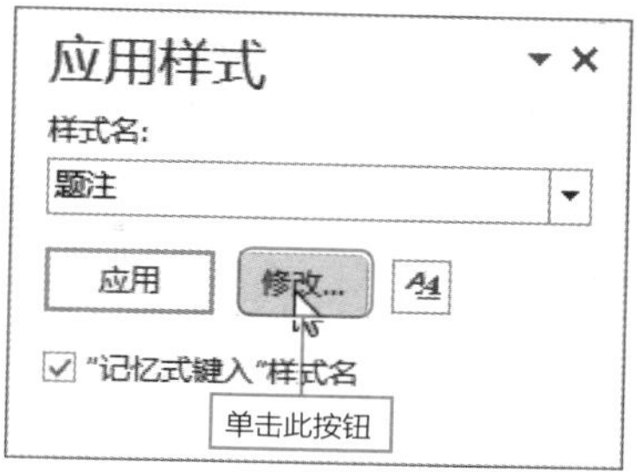

7 打开“修改样式”对话框，可对题注的字体、字号、颜色以及对齐方式等进行设置。

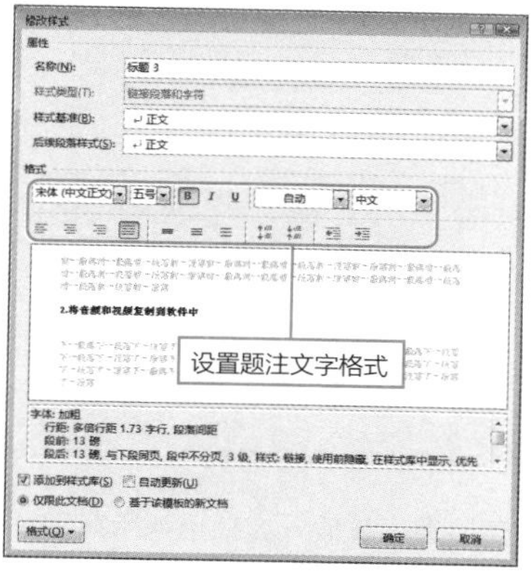

8 设置完成后，单击“确定”按钮，关闭对话框。此时题注样式发生了改变，然后在图注后输入说明性文字即可。

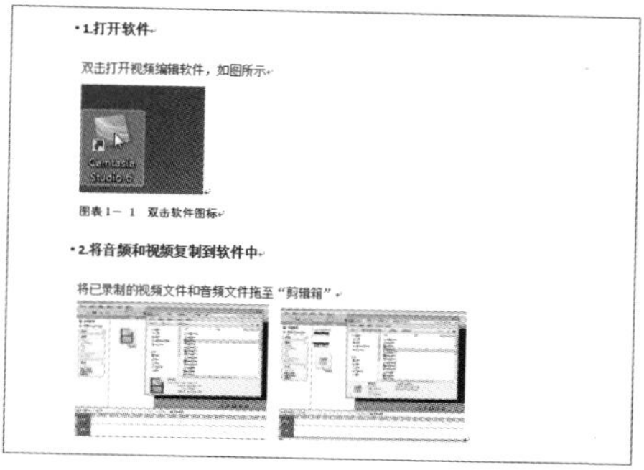

9 将鼠标定位至下一图片下方，执行“引用>插入题注”命令，在“题注”对话框中，可以看到题注编号已经自动更新。

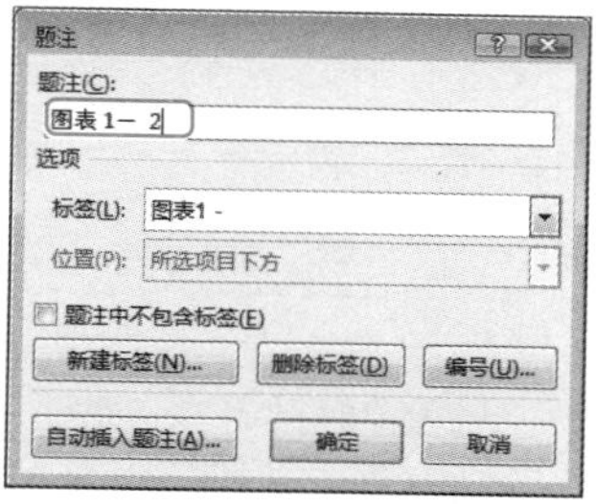

10 单击“确定”按钮，关闭对话框。在图注后添加相应内容，按照同样的方法，完成其他图注的插入。

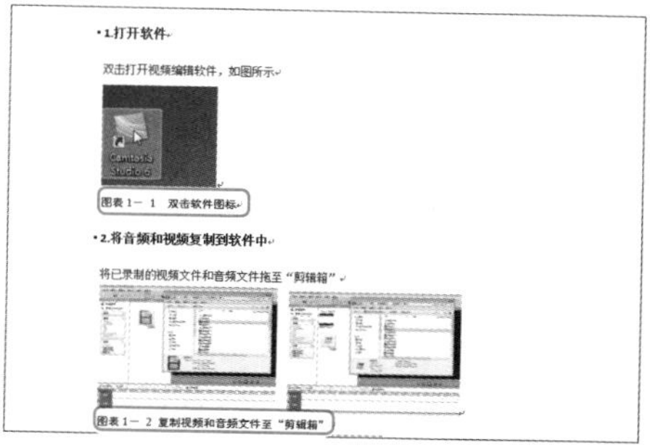

Question

155 快速制作图片/图表目录

语音视频
教学155

● Level ◆◆◆

2016 2013 2010

实例 图片/图表目录的制作

为了可以快速的浏览文档中的指定图片/图表，可以为添加了题注的图片/图表制作目录。在制作时，需要满足以下两个条件：一是需为图片/图表设置好题注标签。二是正确选择图片/图表题注所使用的样式。

1 单击“引用”选项卡中的“插入表目录”按钮。打开“图表目录”对话框，单击“修改”按钮。

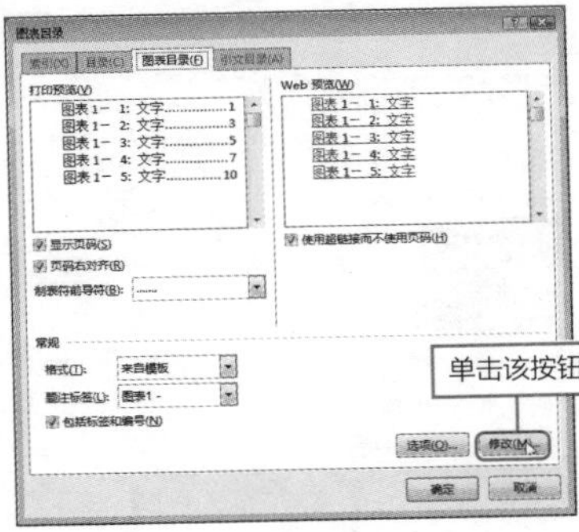

2 打开“样式”对话框，单击“修改”按钮。

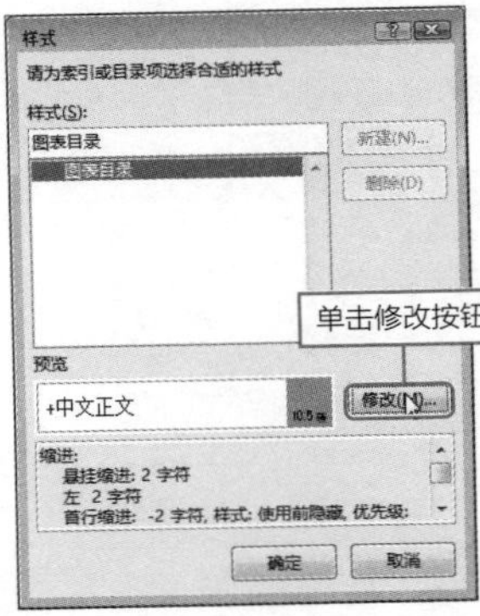

3 打开“修改样式”对话框，可对图表目录的字体、字号、颜色、对齐方式等进行设置，设置完成后，单击“确定”按钮。

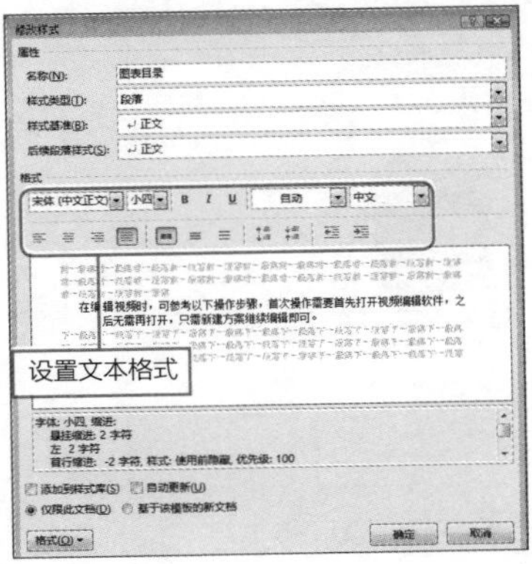

4 随后即可在插入点处插入所有图片的目录。若对图片的题注进行了更改，则可单击“更新目录”按钮更新目录。

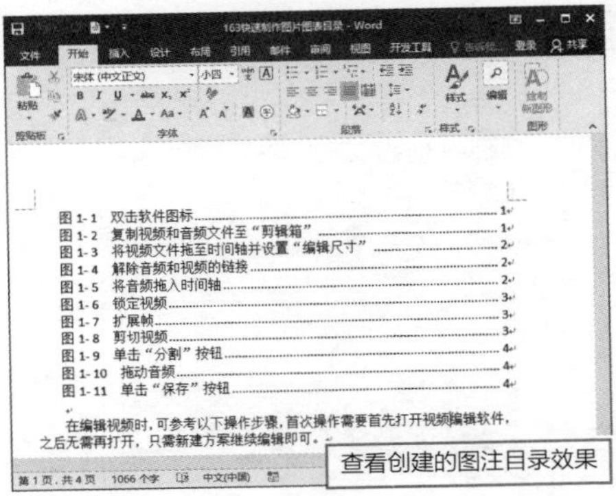

Question

156

● Level

◆◆◆

2016 2013 2010

神奇的交叉引用

语音视频教学156

实例	交叉引用功能的使用

在写作过程中经常会调整某些内容的位置或增加一些琐碎的内容，这样就无法确保文档中各标题的位置固定不变了。假设我们需要引用某个位置的内容，可以使用Word文档的交叉引用功能。

1 打开文档，将鼠标光标定位至“详情见”后面，单击“引用”选项卡上的“交叉引用”按钮。

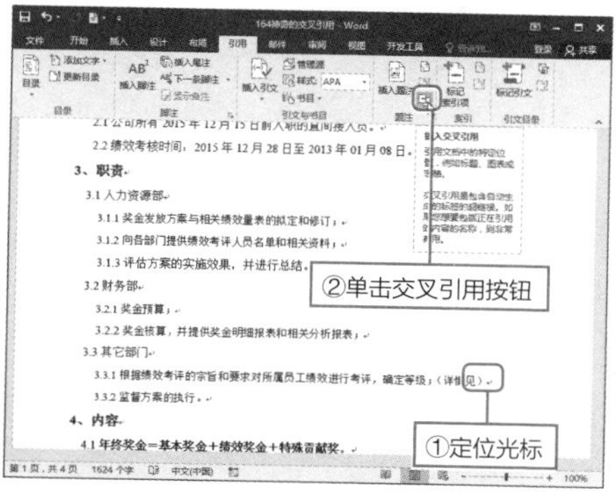

2 打开“交叉引用”对话框，设置“引用类型”为“表格”、“引用内容”为“整项题注”，在“引用哪一个题注”列表框中选择需要应用的题注。

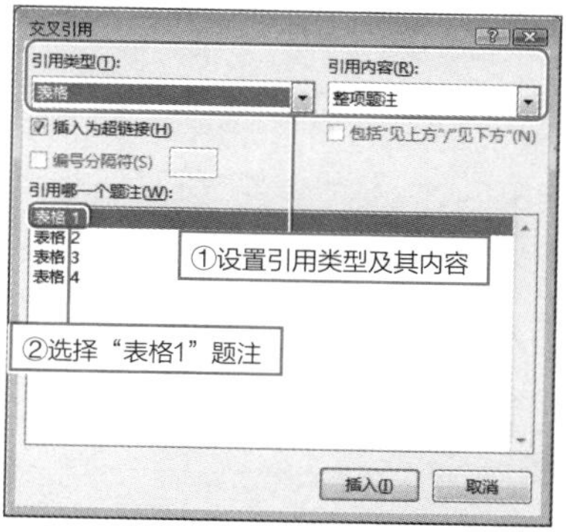

3 单击“插入”按钮，即可交叉引用该题注。随后按住Ctrl键单击交叉引用文本。

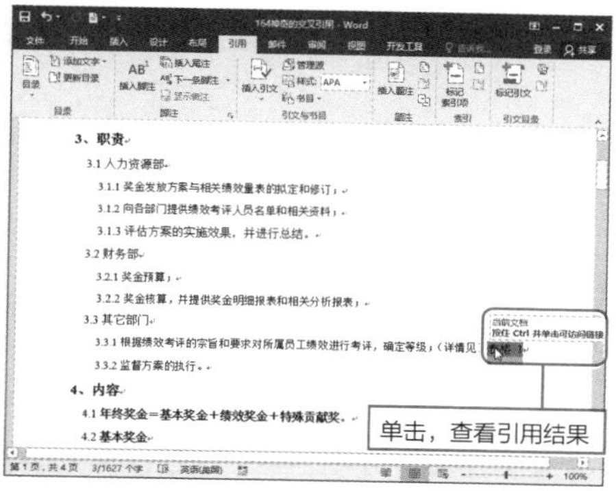

4 即可快速跳转到引用的内容处。

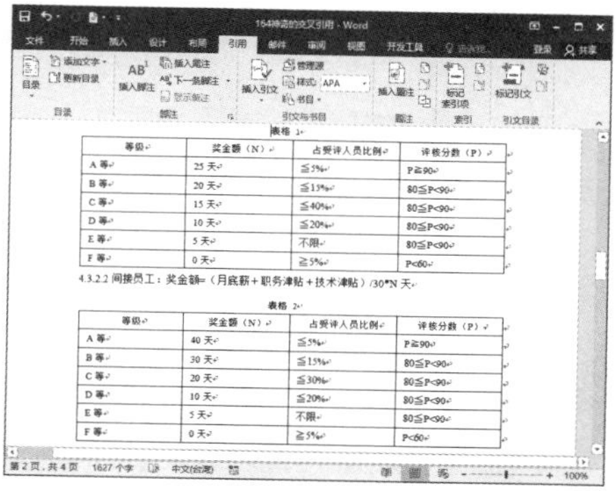

Question 157

熟练掌握索引的使用

语音视频教学157

● Level ◆◆◆

2016 2013 2010

实例 使用索引功能

对于一些大型的文档来说，需要将其重要词汇顺序排列成一个列表，并且都附有该词汇所在的页码，以方便用户在文档中快速找到该词汇，这时就需要用到Word的索引功能。

1 打开文档，选择需要标记的词语“文件”，切换至“引用”选项卡，单击“标记索引项”按钮。

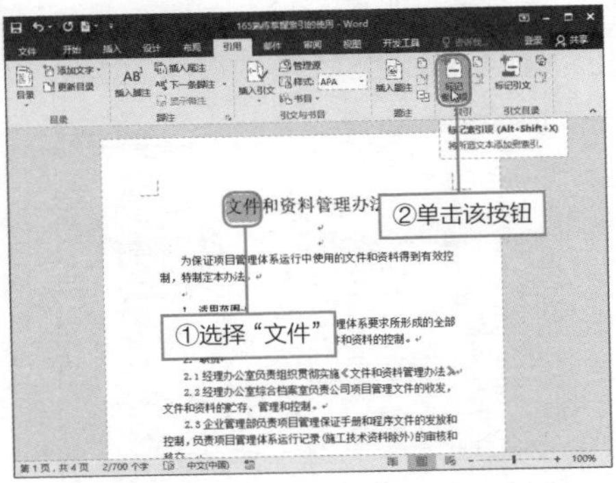

2 打开“标记索引项”对话框，在“主索引项”中自动填入“文件”，单击“标记”按钮，标记该词语。

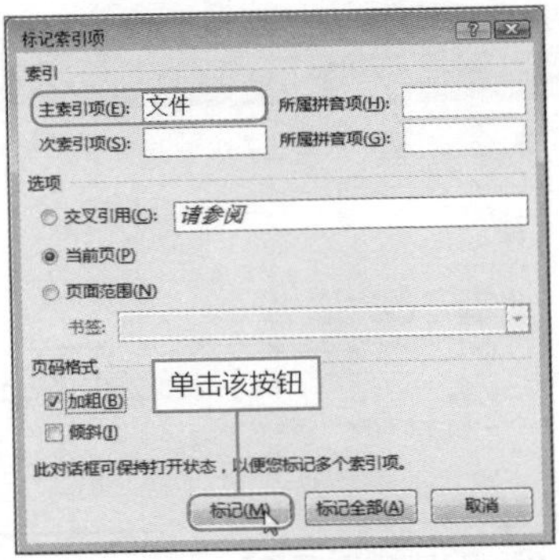

3 标记多个词语后，单击“插入索引”按钮，打开“索引”对话框，设置索引栏数、页码对齐方式、格式等。

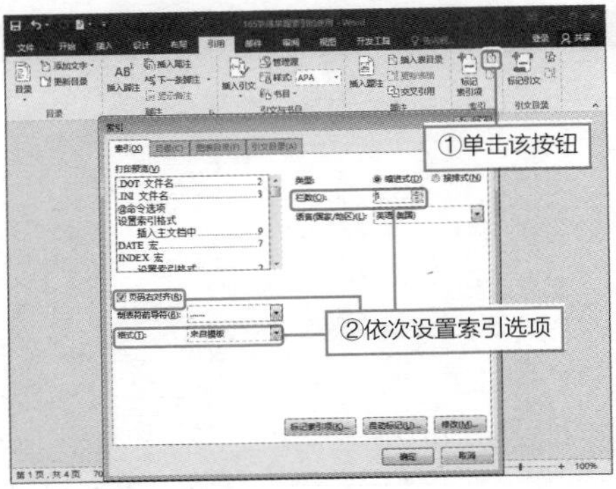

4 设置完成后，单击“确定”按钮，即可按照指定样式生成索引。

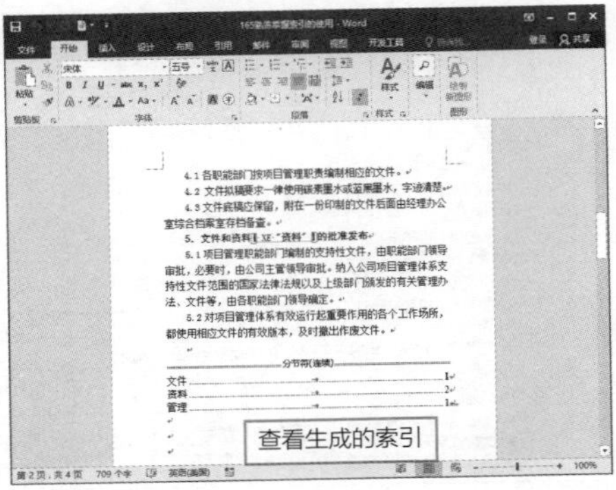

Question

158

● Level

◆◆◆

2016 2013 2010

妙用书签功能

语音视频教学158

实例 书签的添加和使用

若用户希望无论在文档任何位置，都能快速跳转至指定位置，这时可使用Word的书签功能。书签是一个标记，利用书签可以对文档中的内容快速定位，也可以进行交叉引用，下面介绍如何使用书签。

1 选择需要作为书签的内容，切换至“插入”选项卡，单击“书签”按钮。

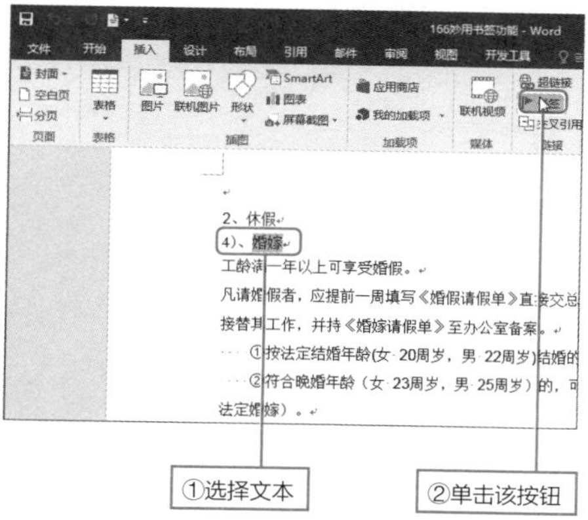

2 打开“书签”对话框，输入“书签名”，单击“添加”按钮，即可添加书签。

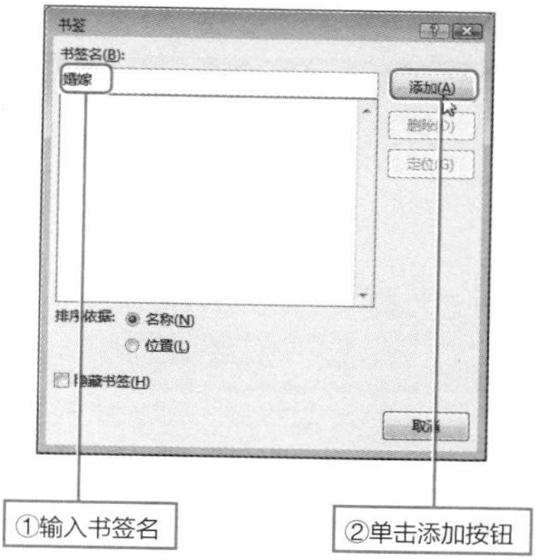

3 在文档中按Ctrl+G组合键，打开“定位”选项卡，在“定位目标”列表中选择“书签”选项。

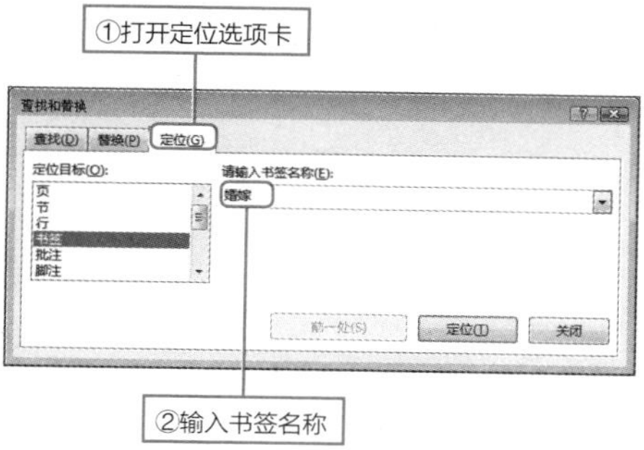

4 设置完成后，单击“定位”按钮，可快速跳跃至书签处。

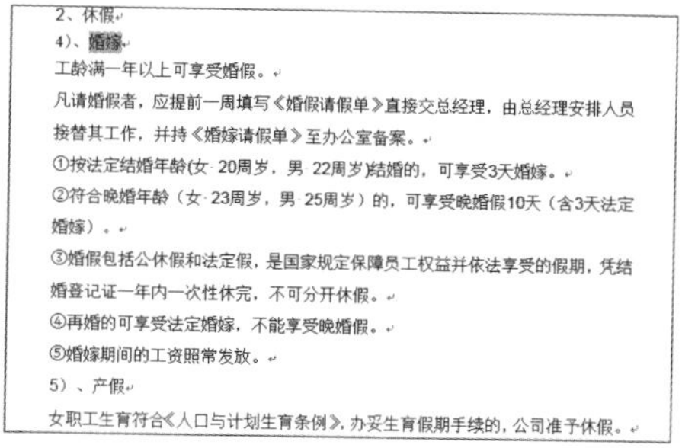
2、休假
4)、婚嫁
工龄满一年以上可享受婚假。
凡请婚假者，应提前一周填写《婚假请假单》直接交总经理，由总经理安排人员接替其工作，并持《婚嫁请假单》至办公室备案。
①按法定结婚年龄(女 20周岁，男 22周岁)结婚的，可享受3天婚嫁。
②符合晚婚年龄（女 23周岁，男 25周岁）的，可享受晚婚假10天（含3天法定婚嫁）。
③婚假包括公休假和法定假，是国家规定保障员工权益并依法享受的假期，凭结婚登记证一年内一次性休完，不可分开休假。
④再婚的可享受法定婚嫁，不能享受晚婚假。
⑤婚嫁期间的工资照常发放。
5）、产假
女职工生育符合《人口与计划生育条例》，办妥生育假期手续的，公司准予休假。

Question 159

巧妙插入域功能

语音视频教学159

• Level ◆◆◆

2016 2013 2010

实例 在文档中插入域

域作为一种占位符可以在文档的任何位置插入，使用域功能可以让用户灵活的在文档中插入各种对象，并且可以动态更新。下面将对其相关操作进行介绍。

1. 打开文档，指定插入点，切换至“插入”选项卡，单击“文档部件”按钮，从列表中选择“域”选项。

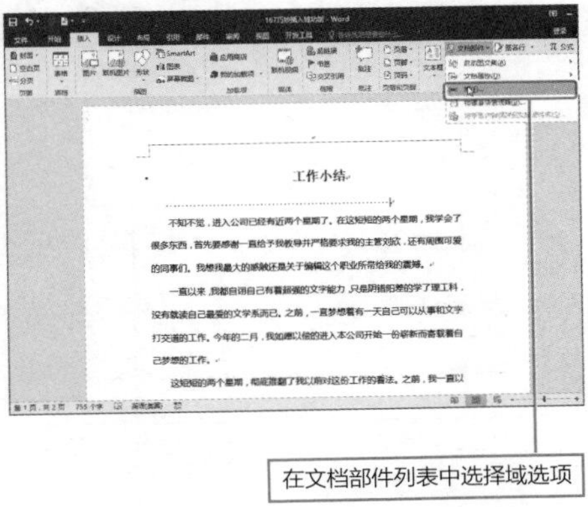

2. 打开“域”对话框，打开“类别”列表，选择“日期和时间”选项，然后在“域名”列表中选择“CreateDate”。

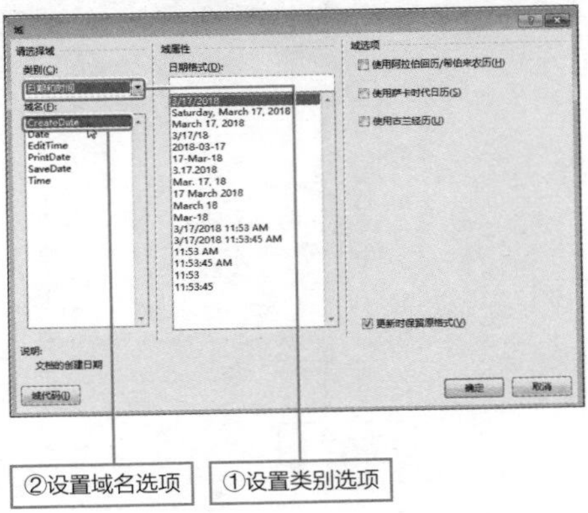

3. 在右侧“日期格式”列表中选择一种满意的日期格式，保持对“更新时保留原格式”选项的选中，单击“确定”按钮。

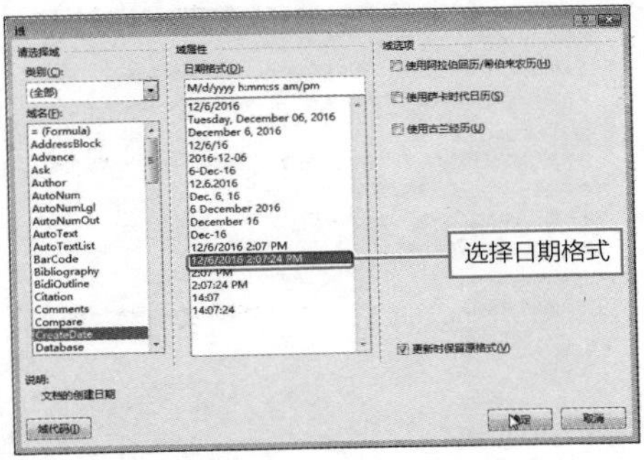

4. 此时，即可在插入点位置插入一个域，并显示插入域结果。

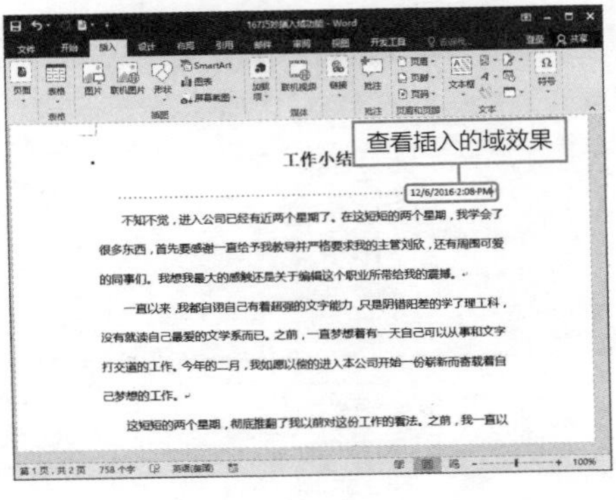

Question **160**

● Level ◆◆◆

2016 2013 2010

按需编辑域

语音视频教学160

实例 对域进行编辑

插入域后，还可以根据需要对域进行编辑，例如，更改域类别、格式等，下面就如何编辑域进行简单的介绍。

❶ 打开文档，选择域并右击，从快捷菜单中选择“编辑域”命令。

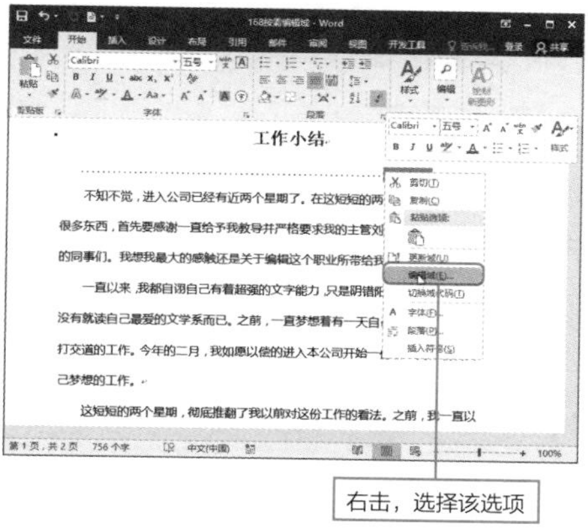

❷ 打开“域”对话框，单击“域代码”按钮，然后单击其右侧出现的“选项”按钮。

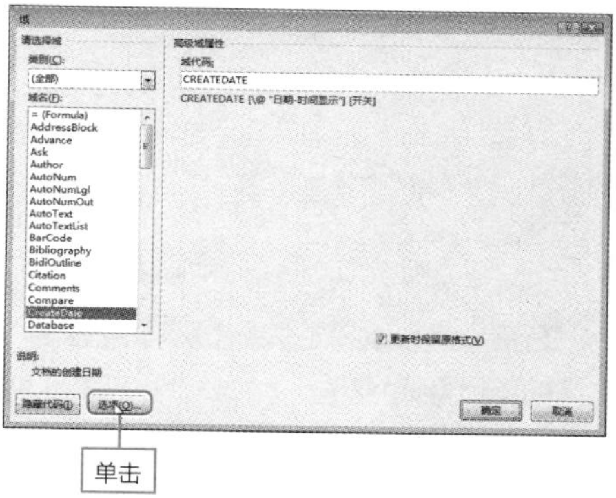

❸ 打开“域选项”对话框，删除域代码文本框中原有代码。随后选择合适的“日期/时间”格式，并单击“添加到域”按钮。

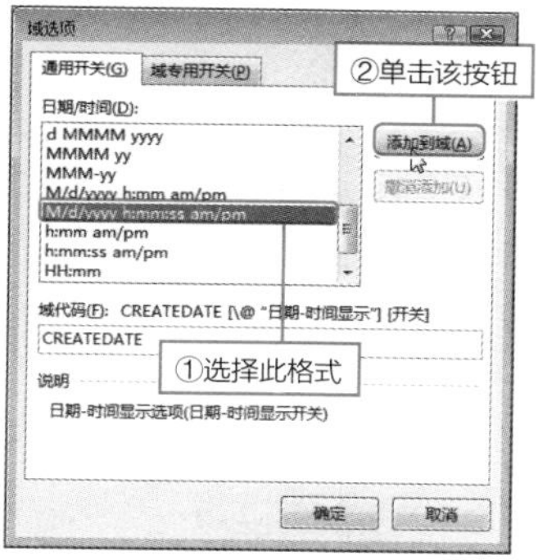

❹ 设置完成后，单击“确定”按钮，返回“域”对话框，单击“确定”按钮，可以看到域发生了变化。

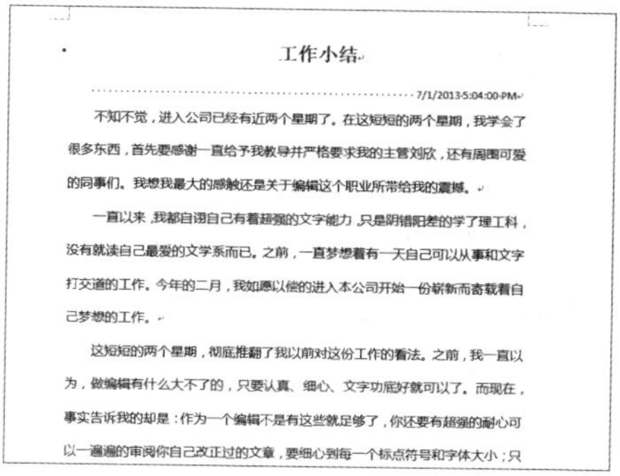

1 2 3 4 5 6 7 8 9 10 11 12 13 14 15 16 17 18 审阅与引用功能的应用

Question 161

Level ◆◆◆

2016 2013 2010

巧用Word超链接功能

语音视频教学161

实例 创建和取消Word文档超链接

在网站上阅读文章或者新闻时，单击特定的词、句子或图片，会跳跃至相关网页，非常的便于阅读。其实，在Word中也可以实现这样的功能，下面对其进行介绍。

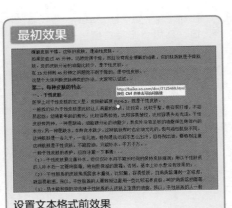

最初效果

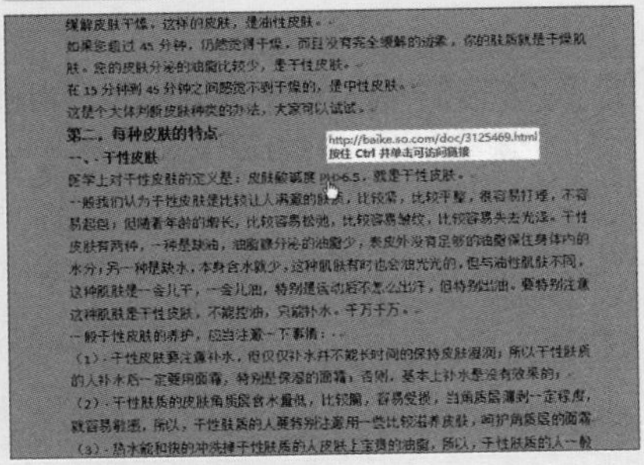

设置文本格式前效果

最终效果

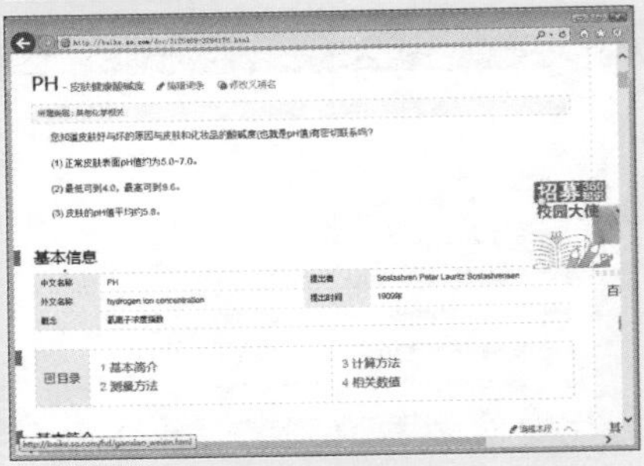

设置文本格式后效果

1. 打开文档，选择要添加链接的文本，切换至“插入”选项卡，单击“超链接”按钮。

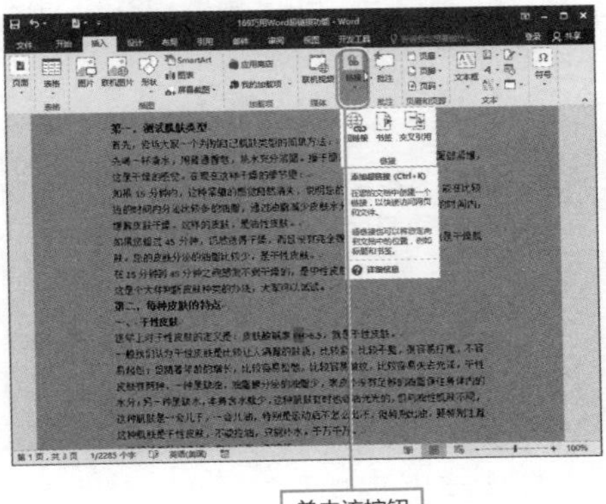

2. 打开“插入超链接”对话框，切换至需要链接的页面，复制需要链接的网址，链接网址将会显示在“地址”栏中，单击“确定”按钮即可。

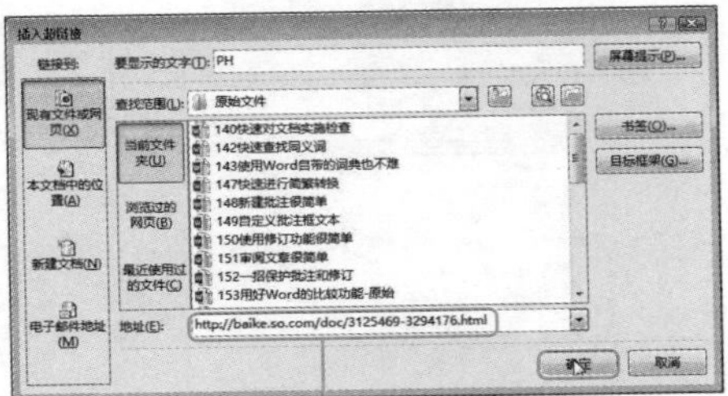

第7章 162~188

Excel基础操作技巧

- 轻松自定义Excel常规选项
- 巧设默认的保存格式
- 选择性粘贴省心省时
- 省心省力使用复制内容
- 深入探究剪贴板
- 工作簿的打开方式有讲究
- 工作簿信息权限巧设置

Question

162 轻松自定义Excel常规选项

• Level ◆◆◆

2016 2013

实例 设置默认工作簿的字体字号、工作表数量等

在Excel中，几乎所有的有关界面设置、界面显示以及保存设置等的命令，都需要在“Excel选项”对话框中进行设置，下面将对一些常见的相关设置进行介绍。

1 设置工作簿默认的字体、字号。在“Excel选项”对话框中的“常规”选项，通过“新建工作簿时”选项组中的“使用此字体作为默认字体”以及“字号”选项，可以设置工作簿的默认字体和字号。

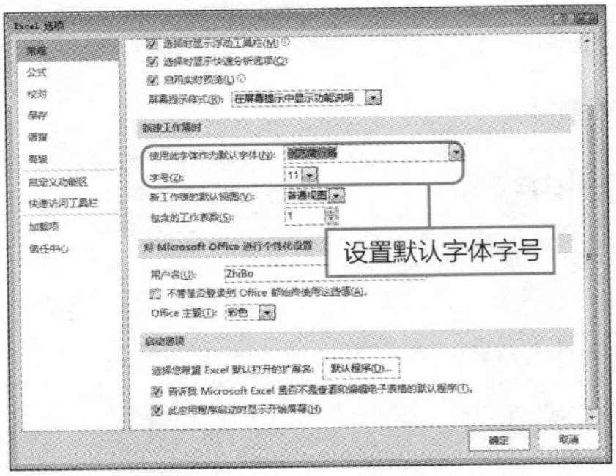

2 更改默认视图和新建工作簿时包含的工作表数。通过“新工作表的默认视图”和“包含的工作表数”选项，可以更改工作表视图和新建工作簿时包含的工作表数。

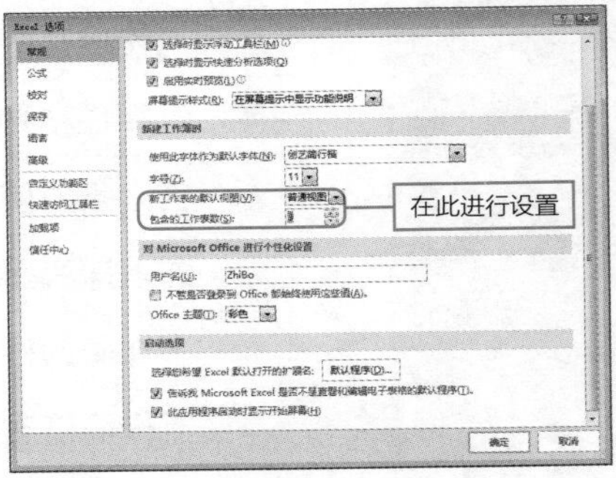

3 更改“最近使用文档”的显示数目。切换至“Excel选项”对话框中的“高级”选项。

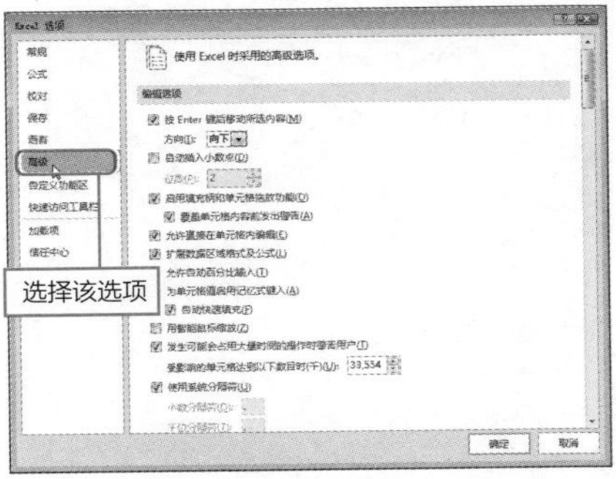

4 在“显示”选项组中的“显示此数目的"最近使用的工作簿"”右侧的数值框中输入数值即可。

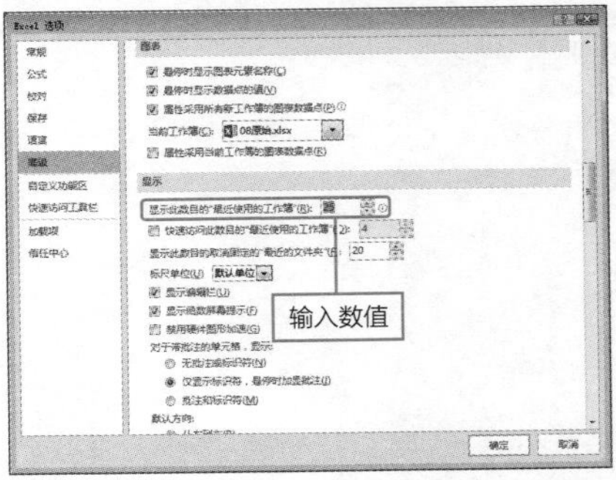

Question **163**

巧设默认的保存格式

语音视频教学163

• Level ◆◆◆

2016 2013 2010

实例	将默认保存格式设置为Excel97-2003

如果用户的同事或者客户使用的办公软件为低版本（如2003），那么每次发送给对方文件时就需要进行另存后再发送。为了省去每次另存操作的麻烦，用户可以设置Excel 2016为默认保存格式。

1 打开"文件"菜单，选择"选项"选项。打开"Excel选项"对话框。

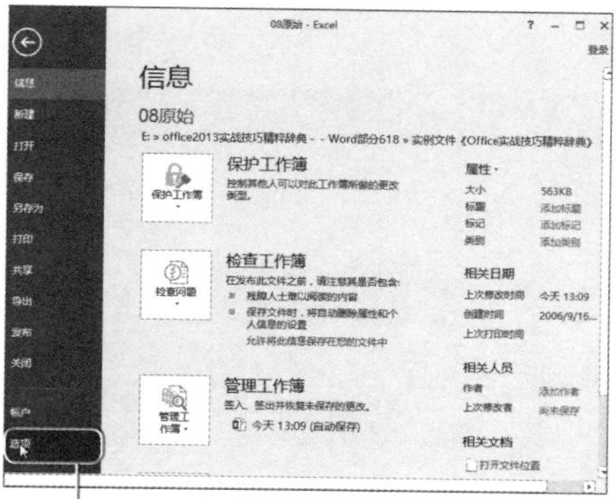

2 切换至"保存"选项卡，打开"将文件保存为此格式"下拉列表，从中选择"Excel 97-2003工作簿"选项。

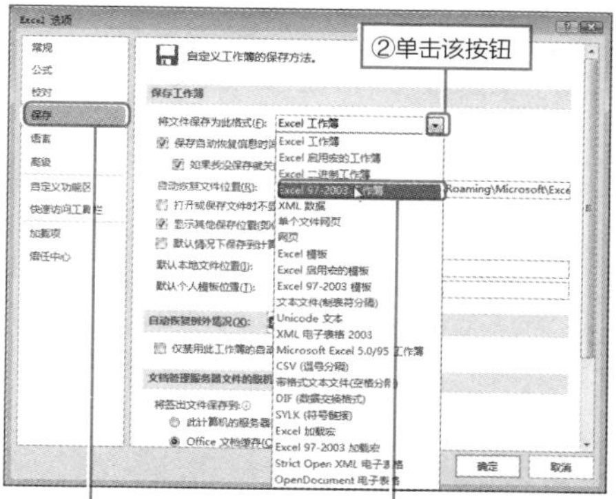

3 再次启动Excel程序，创建工作簿进行保存时，可以看到默认的保存类型显示为"Excel97-2003工作簿"类型。

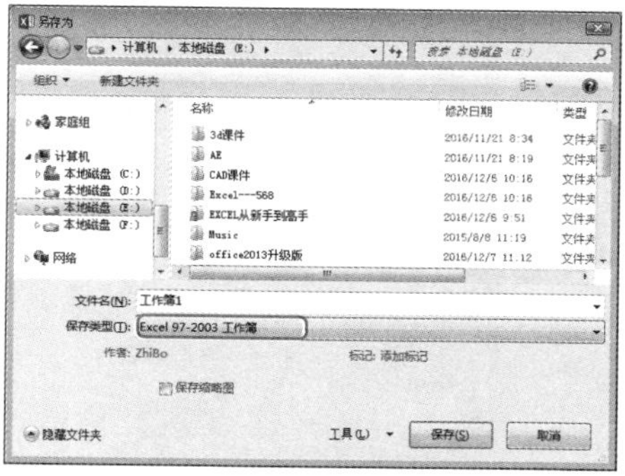

Hint

Excel保存格式的注意事项

若将Excel的保存格式设置为XLSX时，使用Excel 2003或者更低的版本就无法打开该文件。此时，只能将文件保存为兼容格式。

在系统默认情况下，低版本无法打开高版本的文件，而高版本则可以打开低版本文件。

Question

164

● Level ◆◆◆

2016 2013 2010

选择性粘贴省心省时

语音视频教学164

实例 选择性粘贴功能的应用

选择性粘贴是根据需要选择合适的粘贴方式进行粘贴。例如，可以在粘贴时，只粘贴复制的文本，而将格式忽略，下面将介绍如何使用选择性粘贴功能。

❶ 打开工作簿，选择要粘贴的内容，在键盘上按下Ctrl+C组合键，或单击“开始”选项卡上的“复制”下拉按钮，选择“复制”选项将其复制。

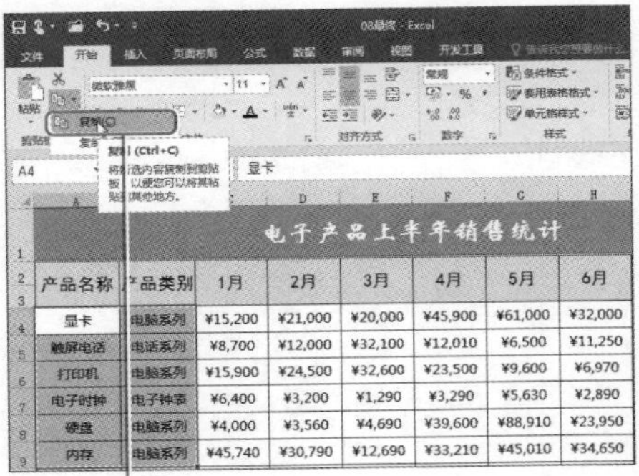

选择该选项

❷ 将鼠标光标定位至需粘贴处，单击“开始”选项卡中的“粘贴”下拉按钮，从列表中选择“选择性粘贴”选项。

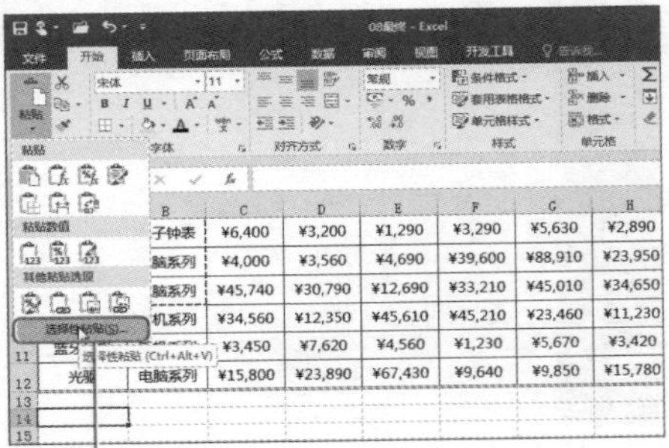

选择该选项

❸ 打开“选择性粘贴”对话框，根据需要选择合适的粘贴选项。

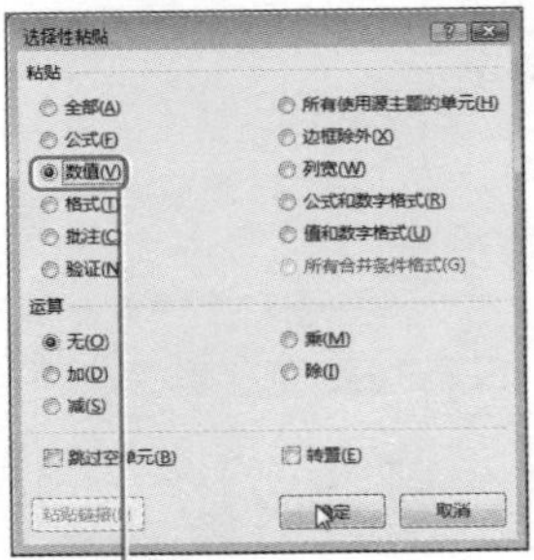

选择该选项

❹ 设置完成后，单击“确定”按钮，此时在指定的单元格中可以看到粘贴的内容。

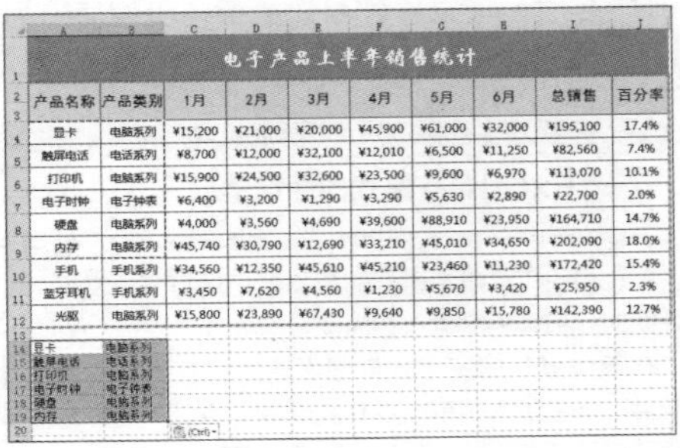

Question

165

Level ◆◆◆

2016 2013 2010

省心省力使用复制内容

语音视频教学165

实例 剪贴板的使用

剪贴板是一个临时存放数据的区域，当用户执行复制操作时，可以将复制的内容存放在剪贴板中，需要使用该数据时，单击即可将其粘贴至指定的位置。

❶ 打开工作簿，单击“开始”选项卡上“剪贴板”组中的对话框启动器按钮。

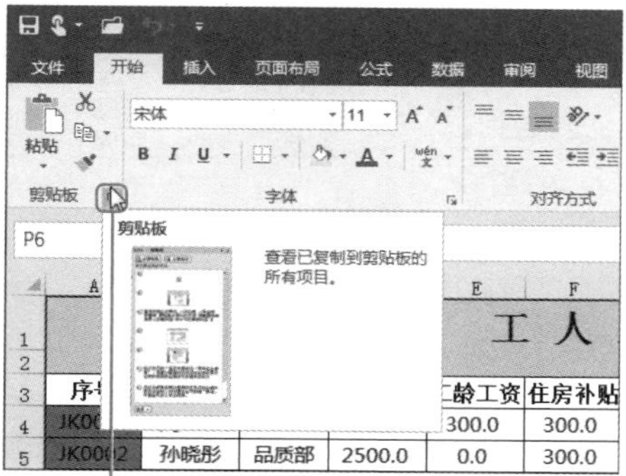

单击该按钮

❷ 打开“剪贴板”窗格，复制多个内容后，若需要粘贴某一项数据，只需将鼠标定位至需粘贴处，然后单击该项数据即可。

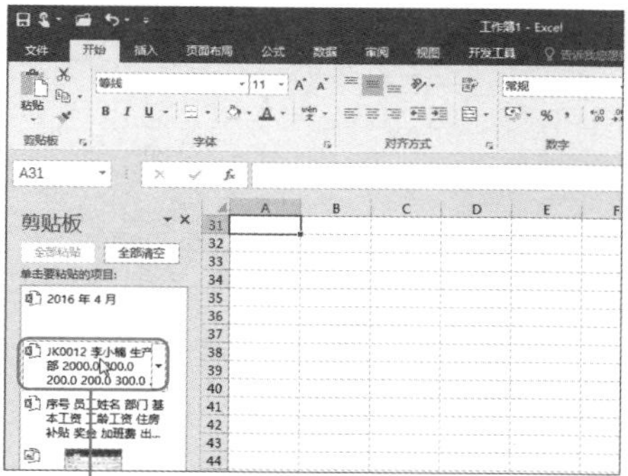

单击该项数据

❸ 在“剪贴板”窗格中，单击左下方的“选项”按钮，在展开的列表中选择合适的启动方式。

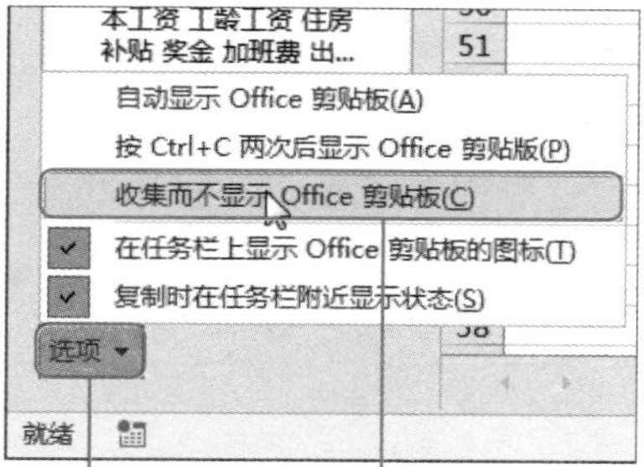

①单击该按钮　②选择该选项

Hint

有关剪贴板启动方式的说明

剪贴板的启动方式有很多种，常用的是上述步骤中介绍的方式，下面将对其他一些方式进行介绍。

“自动显示Office剪贴板”选项：该启动方式下，启动软件后可自动打开剪贴板窗格。

“按Ctrl+C两次后显示Office剪贴板”选项：在启动软件后，按两次Ctrl+C组合键即可打开该窗格。

Question **166**

深入探究剪贴板

语音视频教学166

● Level ◆◆◆

2016 2013 2010

实例 如何通过剪贴板将Word中的内容复制到Excel中

Office剪贴板在所有Office办公软件中都是通用的，用户可以利用该特点，将其他办公软件中的内容、图片或文字复制保存在剪贴板中。下面将以复制Word表格中的内容至Excel工作表为例进行介绍。

❶ 打开需要复制的Word文档，选择需要复制的区域，右键单击，从快捷菜单中选择“复制”命令。

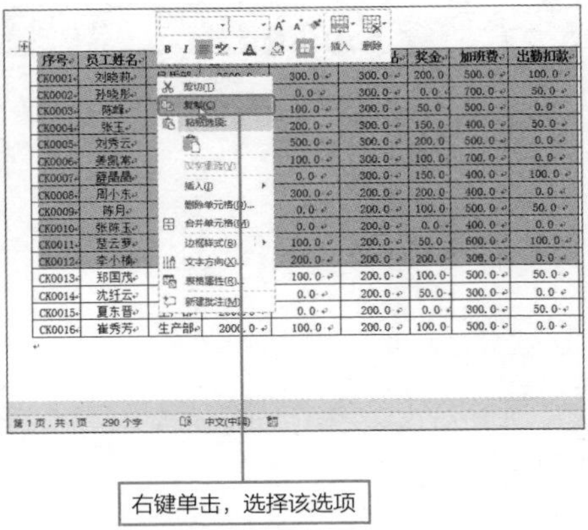

❷ 切换至Excel工作表，将鼠标定位至需粘贴处，单击剪贴板中刚刚复制的内容。

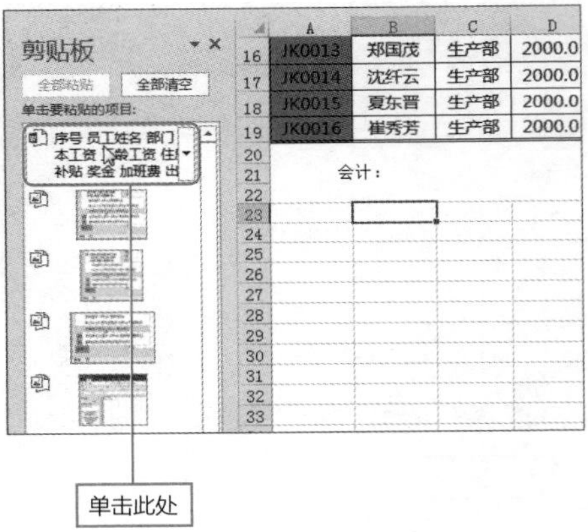

❸ 即可将Word文档中复制的数据，粘贴至指定的单元格中。

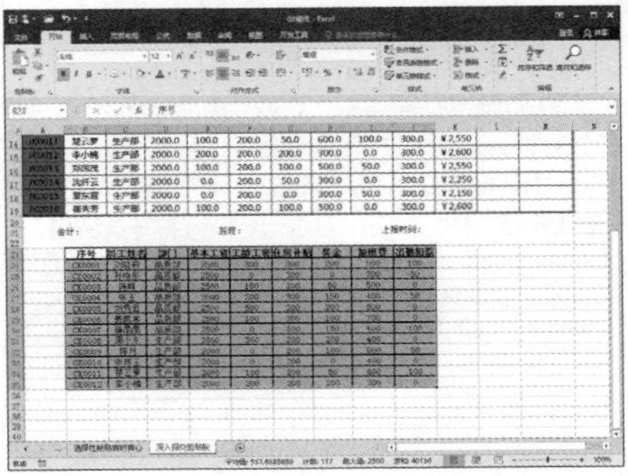

Hint

如何清除剪贴板中的内容

通常情况下，剪贴板可以储存24次复制的内容，超过24次，复制的内容就无法保存在该窗格。此时，需要将多余的内容清空。清空的方法有两种下面将对其进行介绍。

一、若只需清除多余内容，则可选中该内容，单击右侧下拉按钮，选择“删除”选项即可。

二、若需要将剪贴板中的内容全部清除，只需单击该窗格上方的“全部清空”按钮即可。

Question

167

● Level ◆◆◇

2016 2013 2010

工作簿的打开方式有讲究

语音视频教学167

实例　多种方式打开工作簿

在使用Excel的过程中，如果要打开指定的工作簿，通常会采用双击的方式，或是右键打开的方式。为了提高工作效率，在此将介绍几种更为便捷实用的方法。

❶ 打开最近使用的工作簿。执行“文件>打开”命令，单击右侧“最近使用的工作簿”列表中的工作簿名称，即可将其打开。

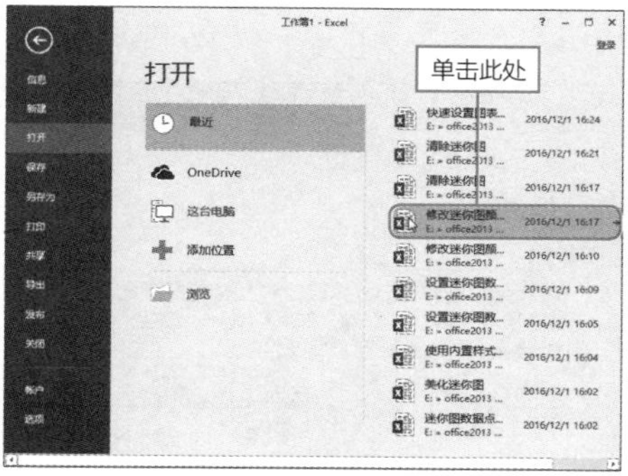

❷ 以指定方式打开工作簿。执行“文件>打开”命令，双击“打开”列表中的“这台电脑”选项。

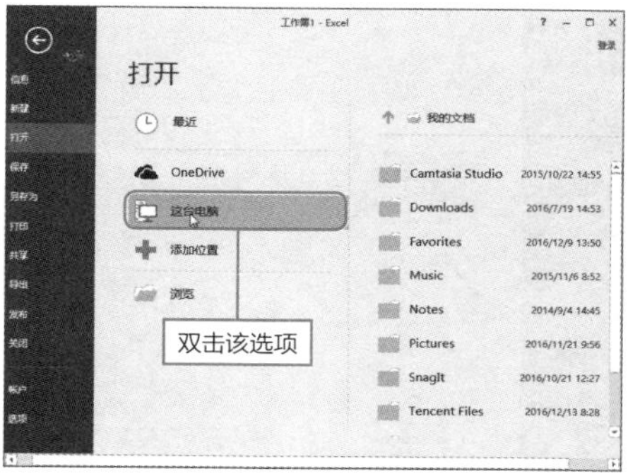

❸ 打开“打开”对话框，选择工作簿，单击“打开”右侧按钮，从展开的列表中选择合适的打开方式。

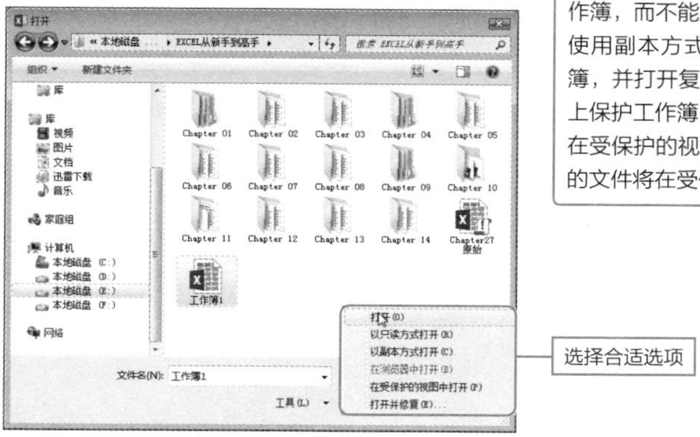

Hint

多种打开方式的比较

使用只读方式打开工作簿，只能阅读浏览工作簿，而不能对其修改。

使用副本方式打开工作簿，系统自动复制该工作簿，并打开复制后的工作簿。这样可以在极大程度上保护工作簿。

在受保护的视图中打开工作簿，是指未能通过验证的文件将在受保护的视图中打开。

Question

168 工作簿信息权限巧设置

语音视频教学168

• Level ◆◆◆

2016 2013 2010

实例 为工作簿添加访问密码

为了保证某些重要的工作簿不被其他用户查看、篡改，用户可以将此类工作簿进行加密，以实现其保密性。在此将以密码的设置为例进行介绍。

1 打开工作簿，执行“文件>信息”命令，单击“保护工作簿”按钮，从列表中选择“用密码进行加密”选项。

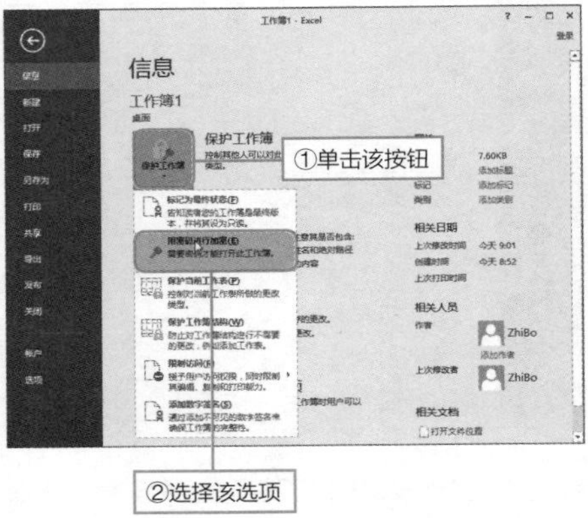

2 弹出“加密文档”对话框，在“密码”文本框中输入密码，如123，单击“确定”按钮。

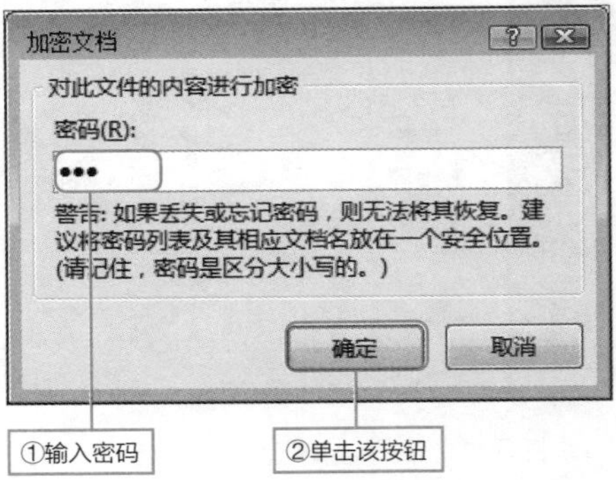

3 打开“确认密码”对话框，在“重新输入密码”文本框中再次重复输入密码，如123，单击“确定”按钮。

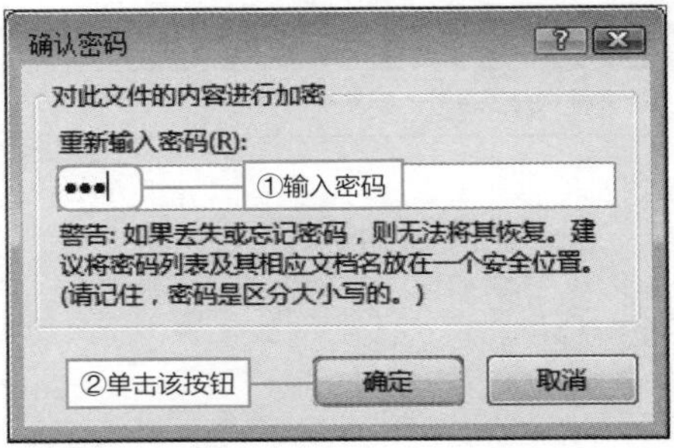

4 设置完成后，关闭工作簿，再次打开工作簿时，会弹出“密码”对话框，只有输入正确的密码才能打开工作簿。

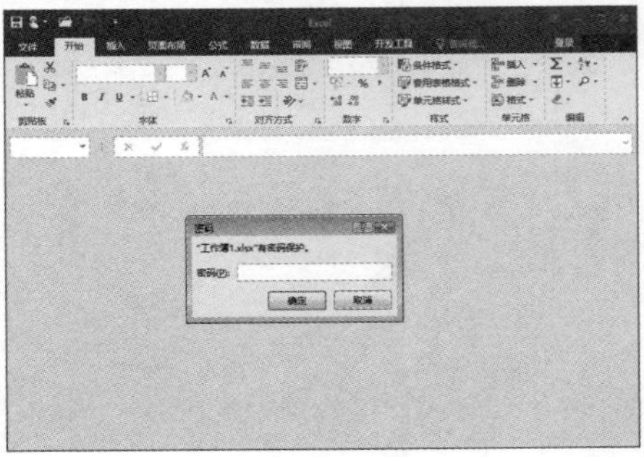

Question
169

● Level
◆◆◆

2016 2013 2010

将多个工作簿在一个窗口中平铺显示

语音视频
教学169

实例　在一个窗口中显示多个工作簿

为了方便查看多个工作簿中的数据，还可以将多个工作簿窗口同时显示在一个窗口中，下面将介绍如何实现在一个窗口中显示多个工作簿。

1 打开多个所需的工作簿，单击“视图”选项卡中的“全部重排”按钮。

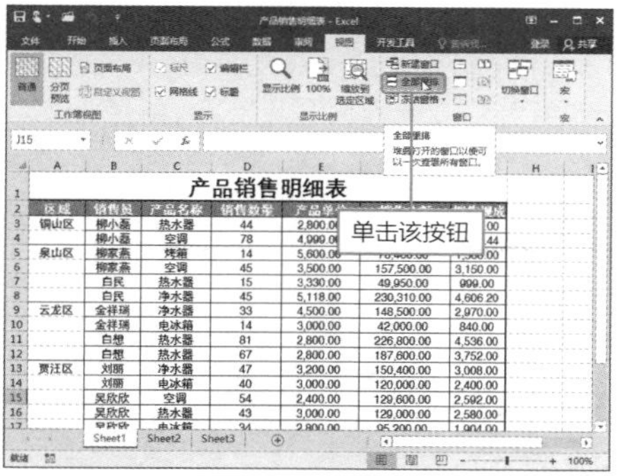

2 打开“重排窗口”对话框，选择合适的排列方式，单击“确定”按钮。

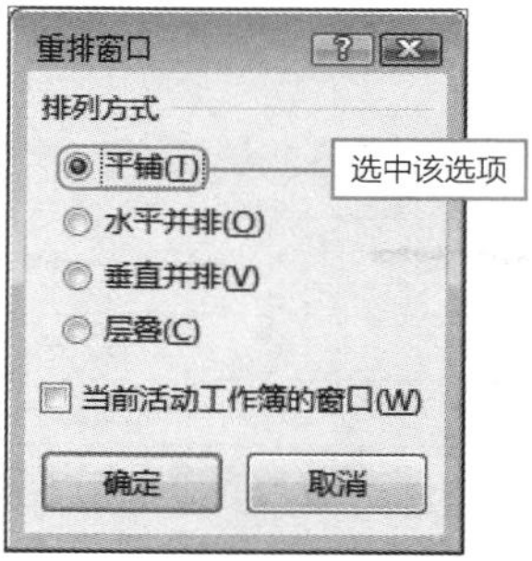

3 随后便会将打开的工作簿按照选定的方式排列在当前窗口中。

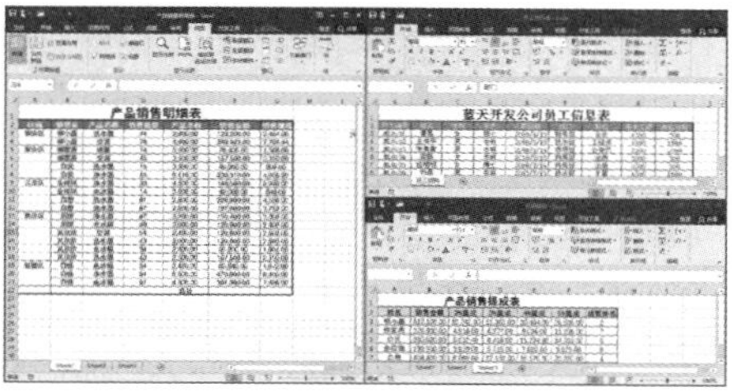

窗口平铺显示

Hint

如何恢复默认窗口

若想要取消当前工作簿的排列方式，恢复默认窗口，只需在打开的“重排窗口”对话框中勾选“当前活动工作簿的窗口”选项即可。

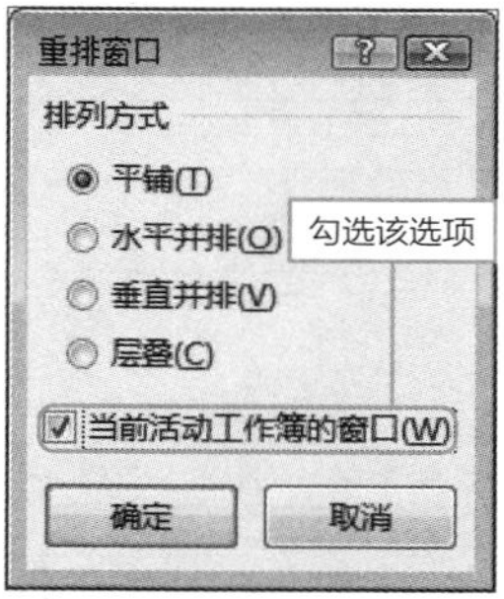

Question

170 快速选择工作表花样多

语音视频教学170

● Level ◆◆◆

2016 2013 2010

实例 选择工作表的方法

工作表是工作簿的主要组成部分。通常，一个工作簿由多个工作表组成。在日常工作中，我们总会将相关联的数据放在同一工作簿的多个工作表中。在此将介绍如何选定工作表。

❶ 选择连续多个工作表。选择第一个工作表标签，然后按住Shift键的同时，选择最后一个工作表标签，便可选中两个工作表之间的所有工作表。

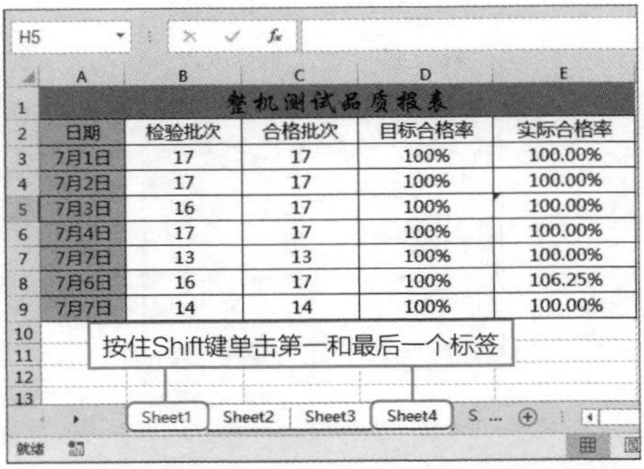

日期	检验批次	合格批次	目标合格率	实际合格率
7月1日	17	17	100%	100.00%
7月2日	17	17	100%	100.00%
7月3日	16	17	100%	100.00%
7月4日	17	17	100%	100.00%
7月7日	13	13	100%	100.00%
7月6日	16	17	100%	106.25%
7月7日	14	14	100%	100.00%

❷ 选择所有工作表。选择任意一个工作表标签并右击，从弹出的快捷菜单中选择“选定全部工作表”命令即可。

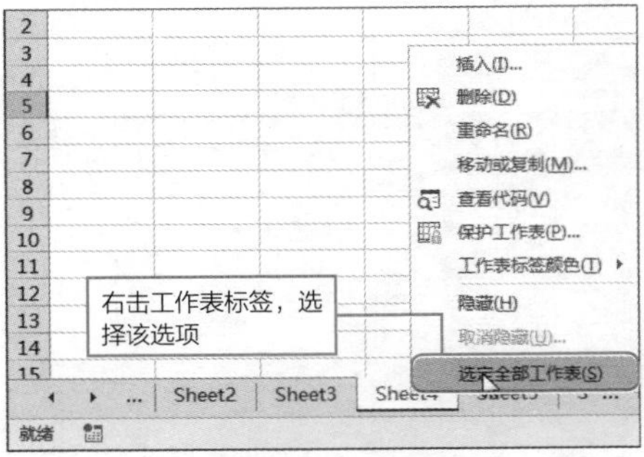

❸ 选择不连续多个工作表。在按住Ctrl键的同时，用鼠标依次单击想要选取的工作表标签即可。

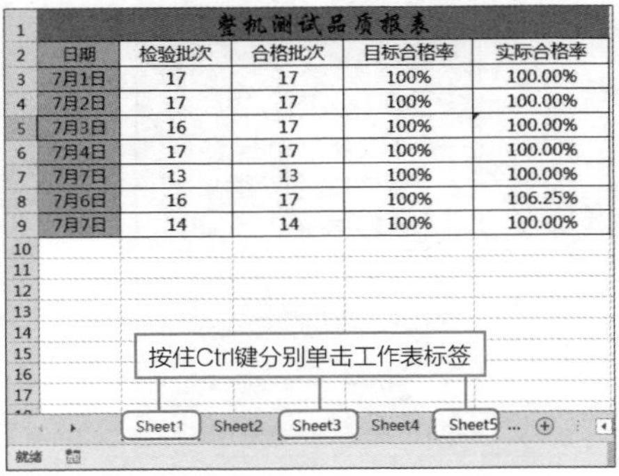

日期	检验批次	合格批次	目标合格率	实际合格率
7月1日	17	17	100%	100.00%
7月2日	17	17	100%	100.00%
7月3日	16	17	100%	100.00%
7月4日	17	17	100%	100.00%
7月7日	13	13	100%	100.00%
7月6日	16	17	100%	106.25%
7月7日	14	14	100%	100.00%

Hint

取消对工作表的选定

若未选中所有工作表，则需单击未选中工作表的标签即可取消对当前工作表的选择。若已选中所有工作表，则需单击任意一个工作表标签即可。

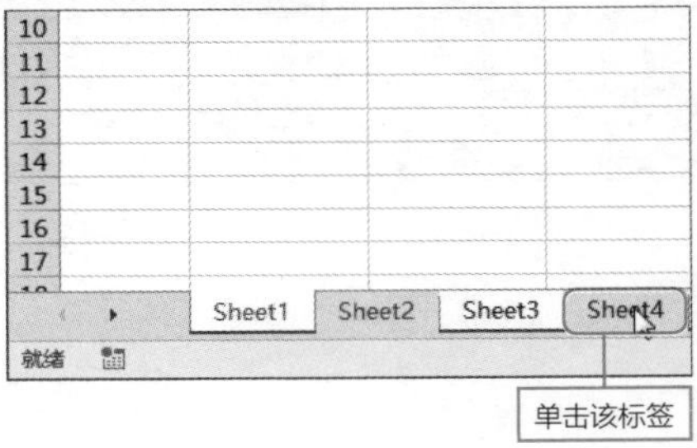

Question 171

快速插入工作表

语音视频教学171

• Level ◆◆◆

2016 2013

实例 工作表的插入

默认情况下，新建的工作簿只包含一张工作表，但有时需要多张工作表来分门别类的统计数据，这时，就应在当前工作簿中插入新的工作表。

1 功能区按钮法。单击“开始”选项卡上的“插入”按钮，从展开的列表中选择“插入工作表”选项。

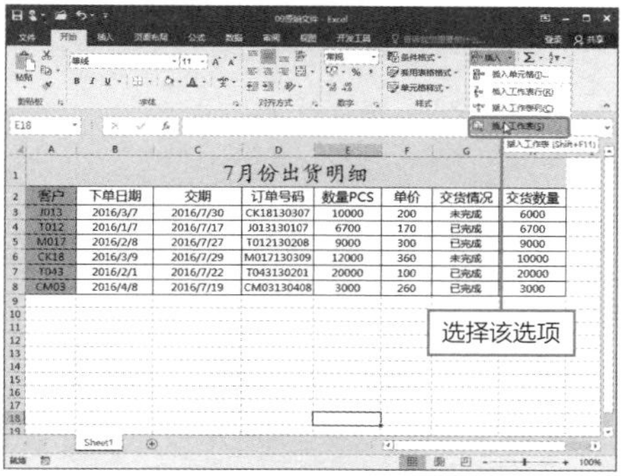

2 快速插入法。单击工作表底部工作表标签右侧的“新工作表”按钮即可插入一个新工作表。

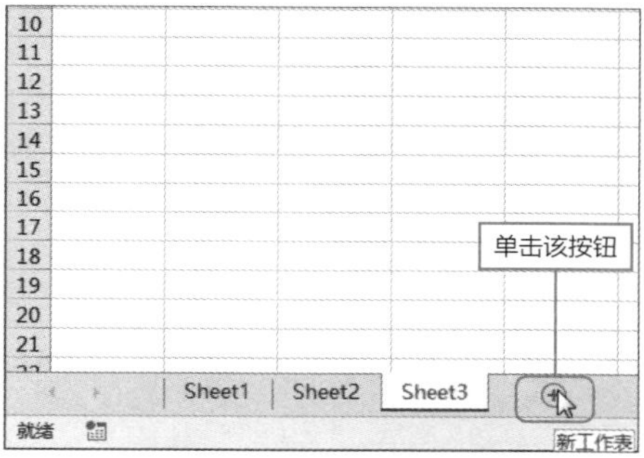

3 快捷菜单法。选中任意工作表标签，右键单击，从弹出的快捷菜单中选择“插入”命令。

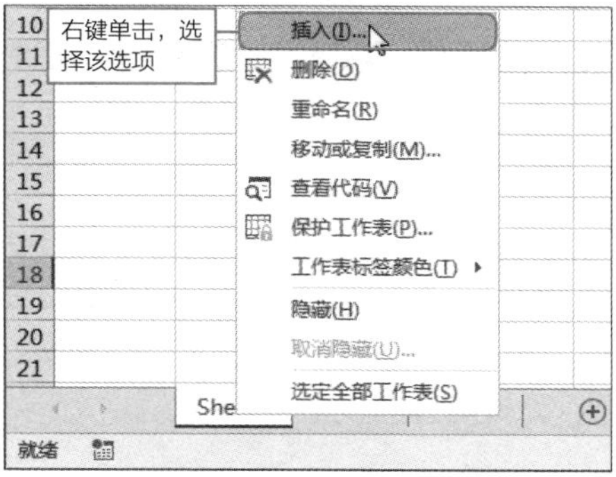

4 打开“插入”对话框，切换至“常用”选项卡，选择“工作表”选项，单击“确定”按钮即可。

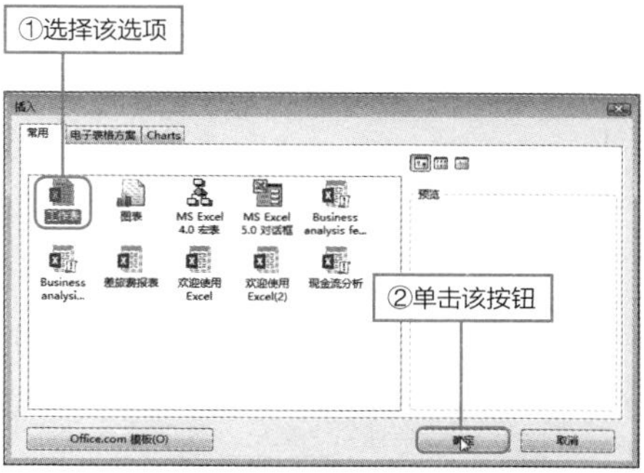

Question

172 工作表名称巧设定

语音视频
教学172

Level ◆◆◆

2016 2013

实例	重命名工作表

默认情况下，工作表的名称为Sheet1、Sheet2、Sheet3……为了在工作簿中可以快速区分工作表，可以为工作表添加一个与内容相关联的名称，下面将对其进行介绍。

1 右键菜单法。选择需要重命名的工作表标签并右击，从弹出的快捷菜单中选择“重命名”命令。

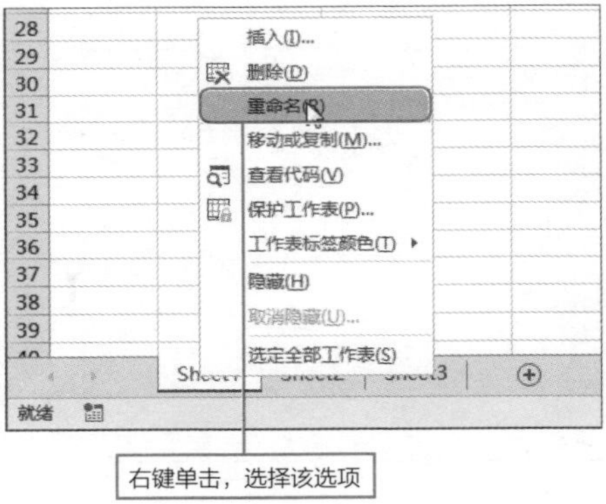

2 此时，工作表标签为可编辑状态，然后直接输入工作表名称，即可完成其重命名操作。

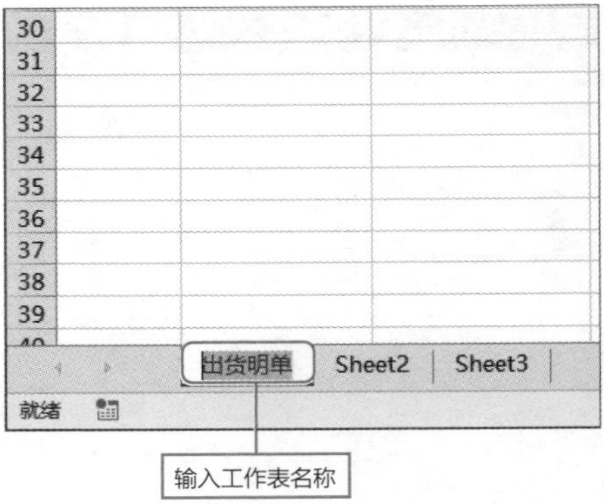

3 双击工作表标签法。双击要命名的工作表标签，当工作表标签变为可编辑状态时，输入工作表名称即可。

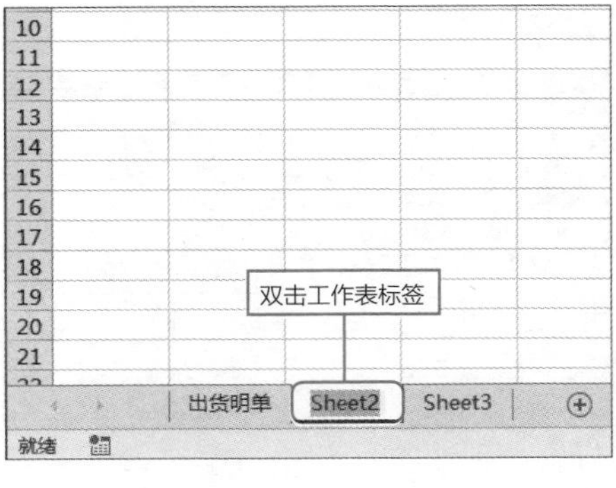

4 功能区按钮命名法。选择工作表，单击“开始”选项卡中的“格式”按钮，从列表中选择“重命名工作表”选项。

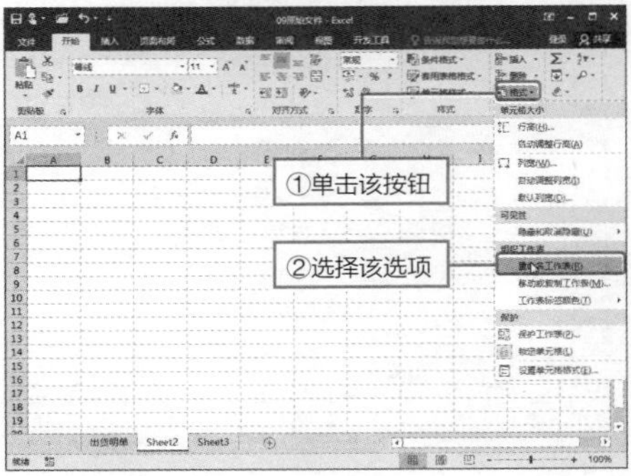

Question

173

● Level
◆◆◆

2016 2013 2010

轻松改变工作表标签属性

语音视频教学173

实例 工作表标签颜色的更改

默认情况下，工作表标签的颜色为无色，若用户想要突出显示某一工作表，可以为该工作表标签设置一个抢眼的颜色。下面将介绍工作表标签颜色的设置。

❶ 选择需要设置的工作表标签并右击，打开其右键菜单。

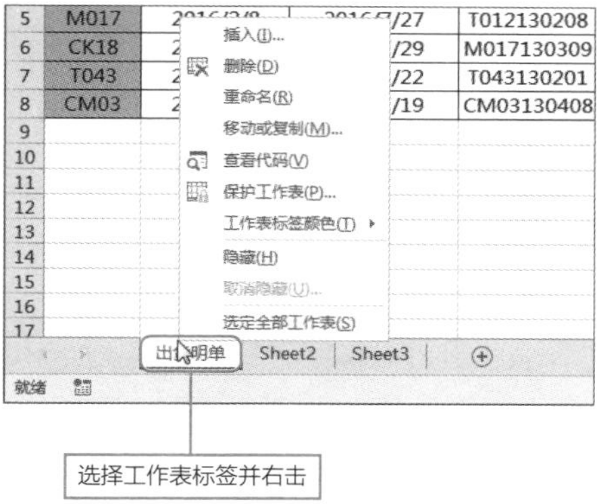

❷ 从中选择“工作表标签颜色”命令，再从其关联菜单中选择喜欢的颜色即可，如“红色”。

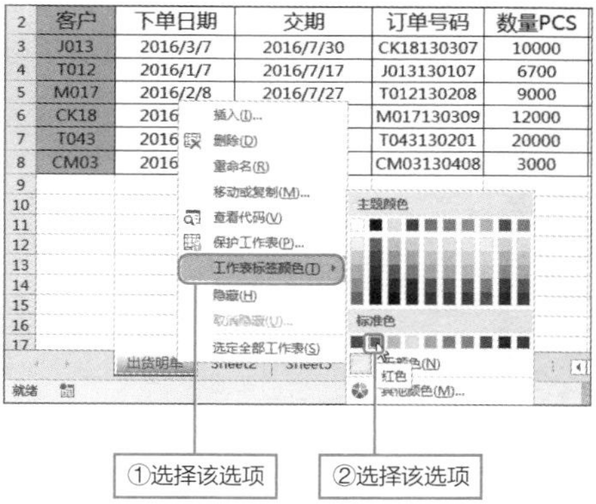

Hint

如何更改窗口颜色

若用户想要更改弹出对话框窗口的颜色，可以按照下面的方法进行更改。

Step 01 在电脑桌面上右击，从弹出的快捷菜单中选择“个性化”命令。

Step 02 打开“个性化”窗口，单击底部的“窗口颜色”按钮。

Step 03 弹出“窗口颜色和外观”对话框，选择合适的颜色，单击“保存修改”按钮即可更改对话框窗口颜色。

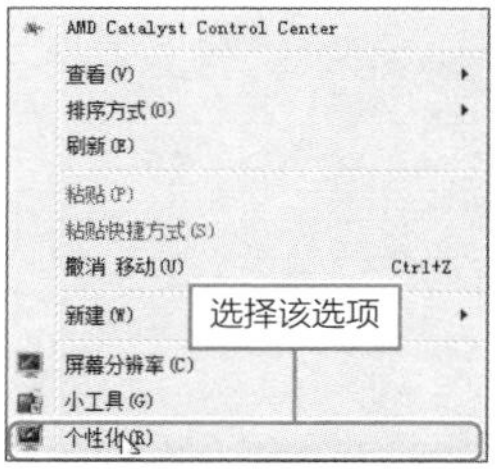

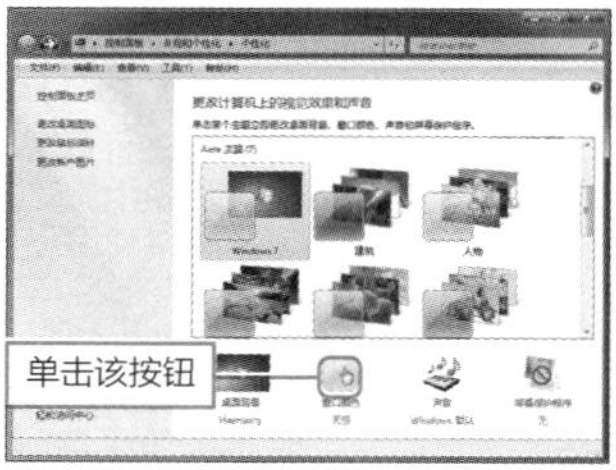

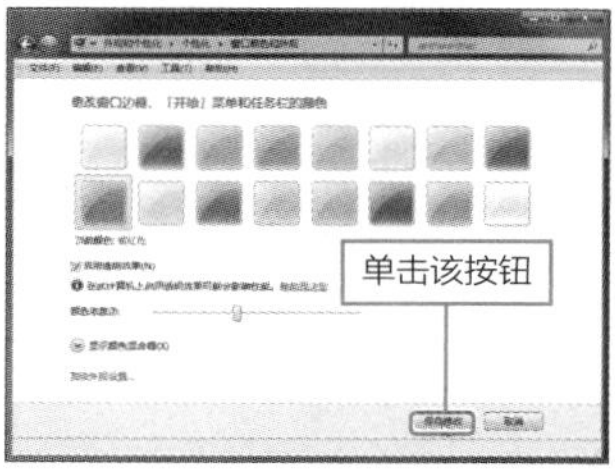

Question

174 巧妙隐藏工作表标签

语音视频教学174

● Level ◆◆◆

2016 2013 2010

实例 工作表标签的隐藏操作

若当前工作表中的数据繁多，为了便于查看到更多的数据，用户可以将编辑区中的工作表标签隐藏，下面将对这一神奇的操作进行介绍。

❶ 打开工作簿，打开“文件”菜单，选择“选项”选项。

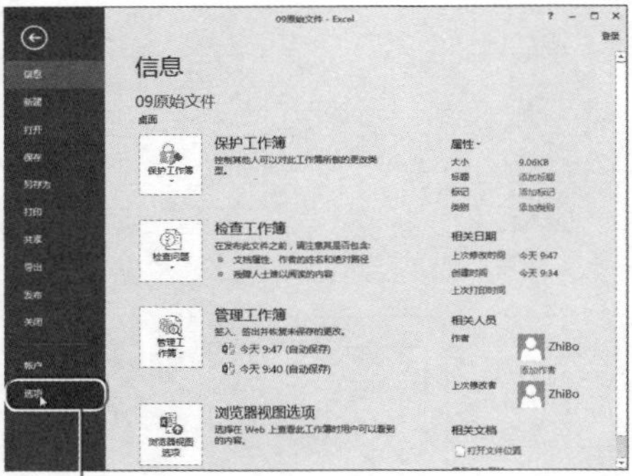

选择该选项

❷ 打开“Excel选项”对话框，选择“高级”选项。

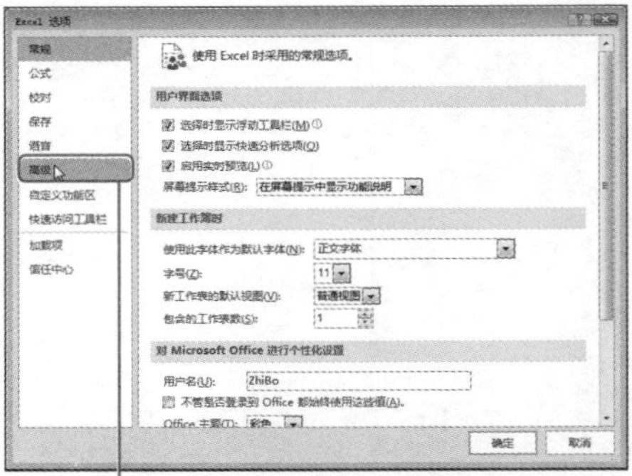

选择该选项

❸ 在“此工作簿的显示选项”选项组中，取消对“显示工作表标签”选项的选择。

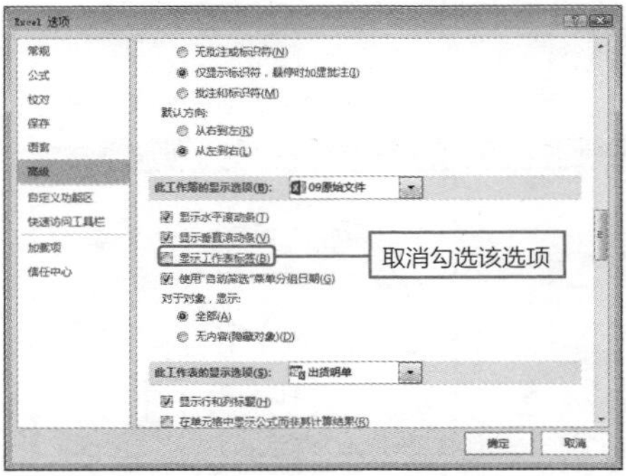

❹ 设置完成后，单击“确定”按钮，返回Excel编辑页面，可以看到，工作表标签已被隐藏。

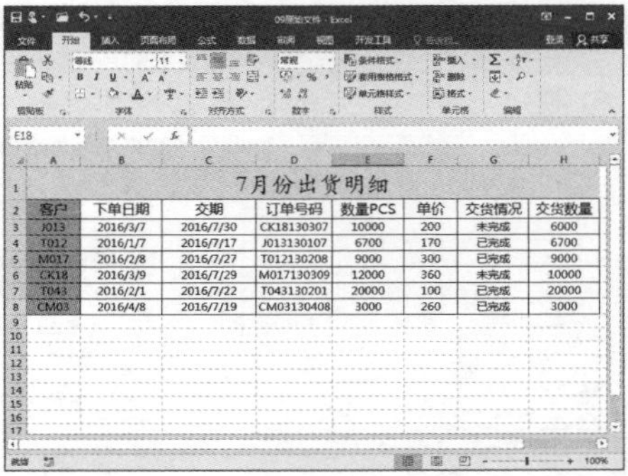

Question

175

● Level ◆◆◆

2016 2013 2010

快速移动、复制工作表

语音视频教学175

实例　工作表的复制和移动

工作表的移动和复制操作是编辑数据时必不可少的操作，那么如何移动和复制数据呢？下面将对其进行介绍。

❶ 鼠标移动工作表。单击工作表标签，将其选择，按住鼠标左键不放，将其拖动至合适的位置释放鼠标左键即可。

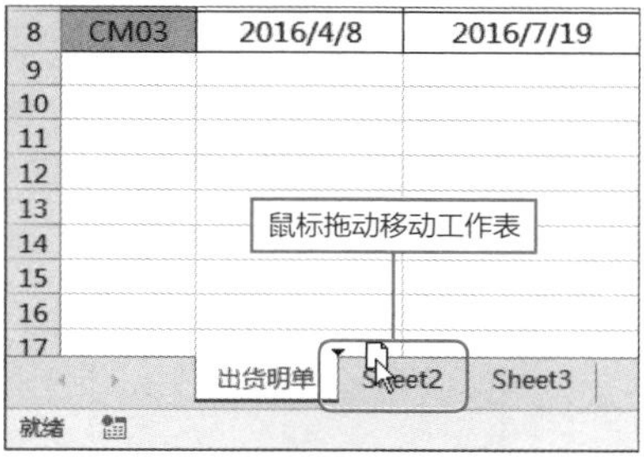

❷ 鼠标拖动复制法。若在移动工作表的同时，按住Ctrl键不放，可将所选的工作表复制。

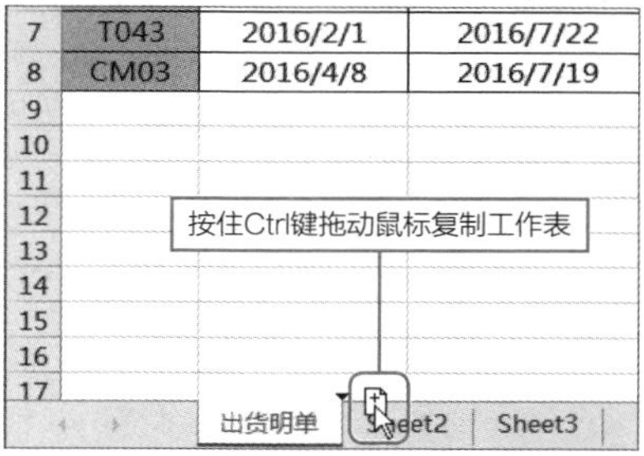

❸ 功能区命令法。选择工作表，单击“开始”选项卡上的“格式”按钮，从列表中选择“移动或复制工作表”选项。

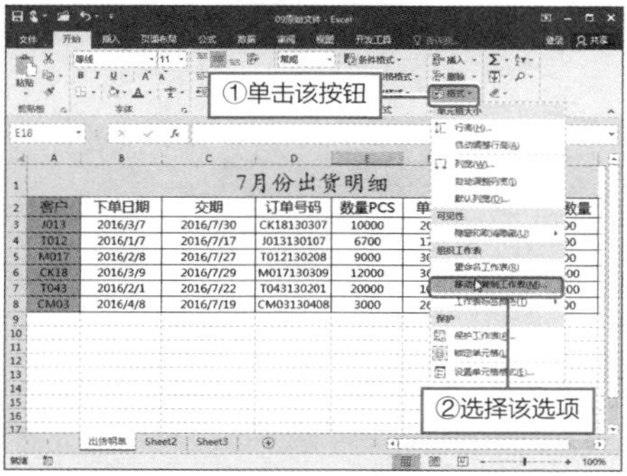

❹ 弹出“移动或复制工作表”对话框，通过“工作簿”选项，选择需要移动的工作簿，在“下列选定工作表之前”列表中设置工作表移动的位置，勾选“建立副本”复选框，则可复制工作簿，然后单击“确定”按钮即可。

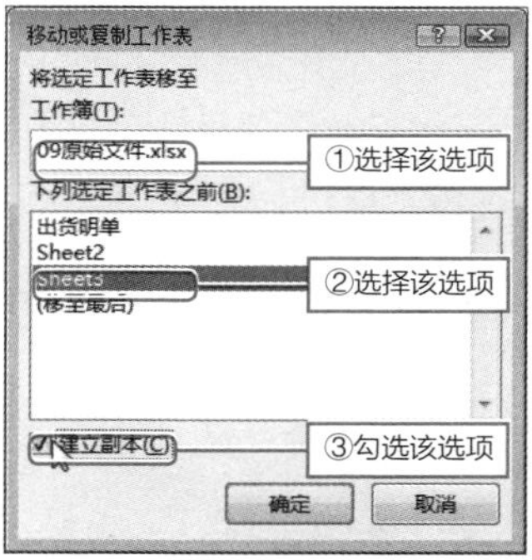

Question

176 竟然可以为单元格设置超链接

语音视频教学176

• Level ◆◆◆

2016 2013 2010

实例 为单元格添加超链接信息

在日常工作中，为了更好的将相关数据关联在一起，可以为特殊的单元格添加超链接并设置提示信息，下面将对其相关操作进行详细介绍。

1 选择需要添加提示信息的单元格，单击“插入”选项卡上的“超链接”按钮。

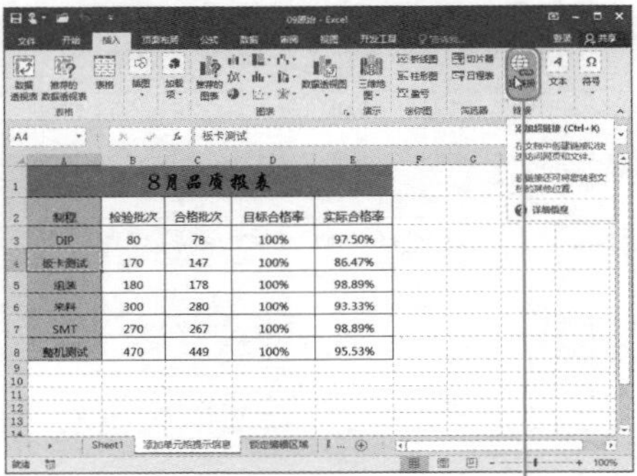

2 打开“插入超链接”对话框，在“链接到”组中选择“本文档中的位置”选项，在“或在此文档中选择一个位置”列表框中选择链接到的位置，单击“屏幕提示”按钮。

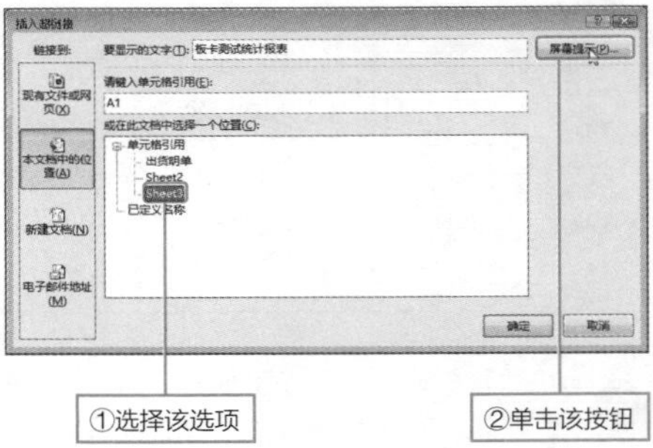

3 打开“设置超链接屏幕提示”对话框，在“屏幕提示文字”文本框中输入提示信息，单击“确定”按钮。

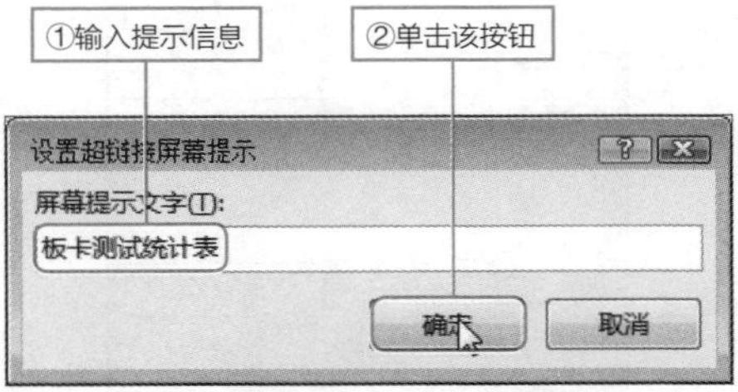

4 当鼠标光标指向设置了超链接的单元格时，会出现提示信息，并且设置了超链接的单元格中的文本颜色发生了改变。

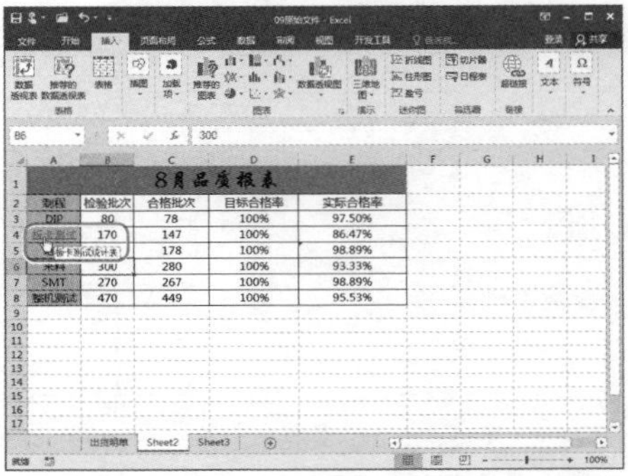

Question

177

● Level ◆◆◆

2016 2013 2010

给单元格起个名

语音视频教学177

实例 为单元格命名

一个工作表中包含有许多个单元格，对于比较特殊的单元格，可以为其添加一个别致的名称方便查找和引用，下面介绍如何定义单元格名称。

❶ 选择单元格并右击，从弹出的快捷菜单中选择“定义名称”命令。

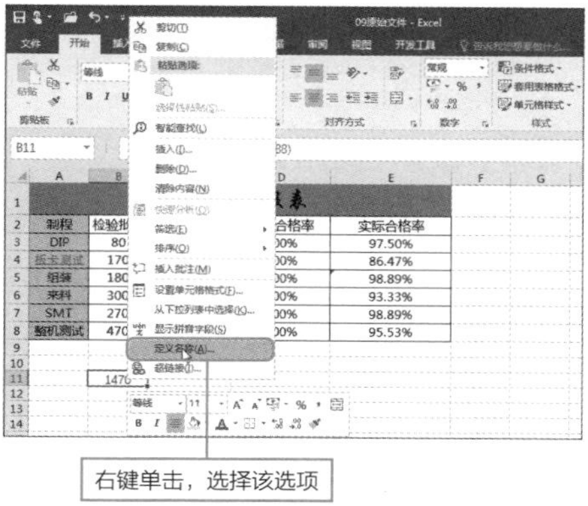

❷ 弹出“新建名称”对话框，在“名称”文本框中输入单元格名称。

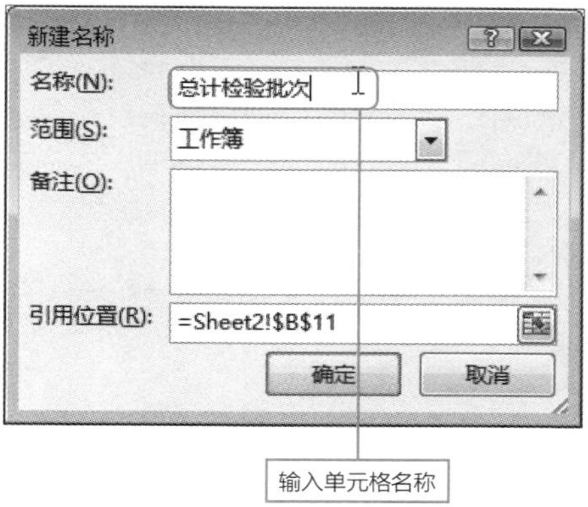

❸ 单击“范围”右侧下拉按钮，从列表中选择适用范围。

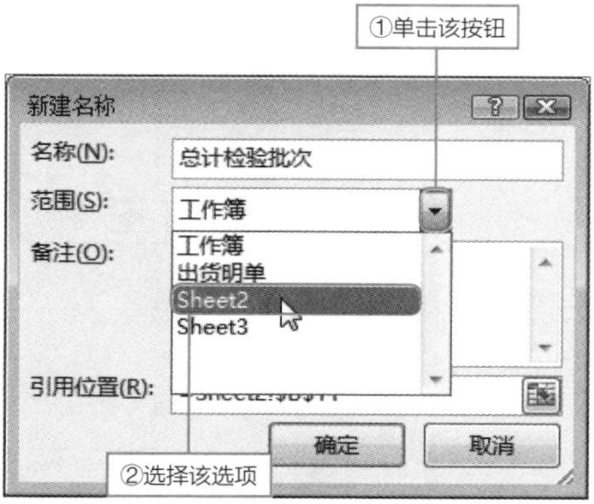

❹ 通过名称栏查找单元格。单击“名称栏”中的下三角按钮，从展开的列表中选择相应的名称即可找到指定的单元格。

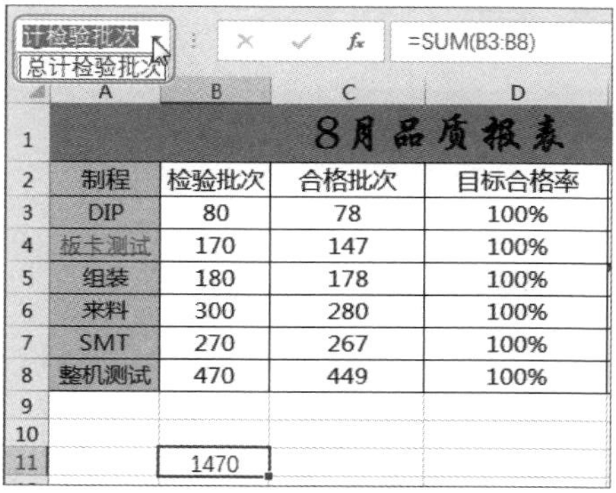

Question

178 一招杜绝他人对编辑区域的更改

语音视频教学178

Level ◆◆◆

2016 2013 2010

实例 锁定编辑区域

为了防止他人无意或者恶意的修改工作表中的部分数据，用户可以将数据所在的区域锁定或者限制操作，下面将对其相关操作进行介绍。

1 选择要锁定的单元格区域并右击，从弹出的快捷菜单中选择“设置单元格格式”命令。

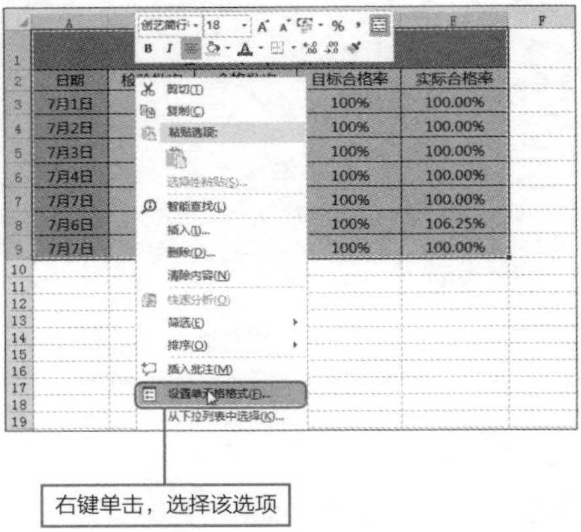

2 打开“设置单元格格式”对话框，切换至“保护”选项卡，勾选“锁定”选项，单击“确定”按钮。

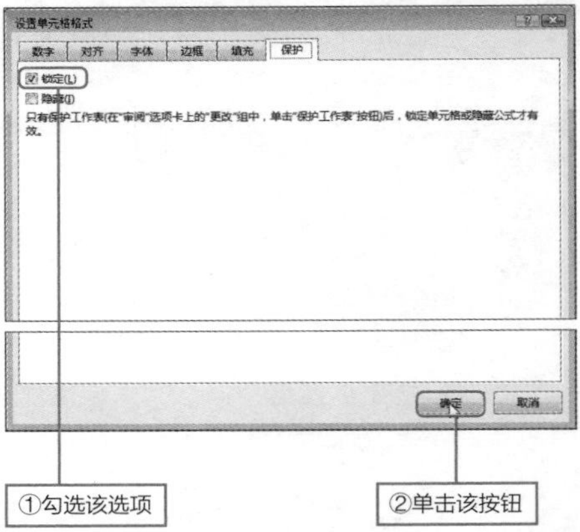

3 单击“审阅”选项卡上的“保护工作表”按钮。

4 弹出“保护工作表”对话框，在“取消工作表保护时使用的密码”选项下的文本框中输入密码，单击“确定”按钮。

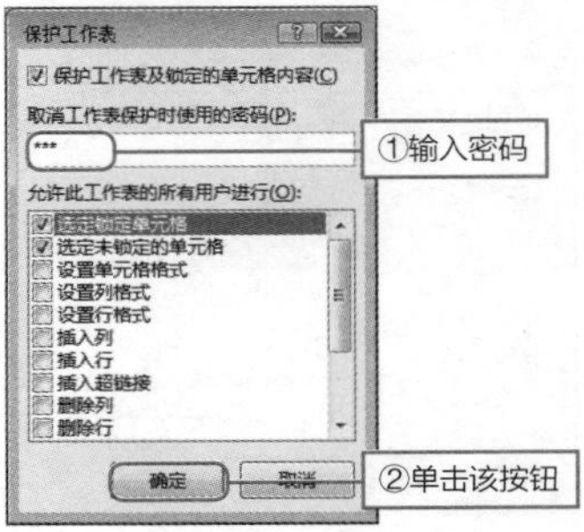

5 打开“确认密码”对话框，再次输入密码，单击“确定”按钮。

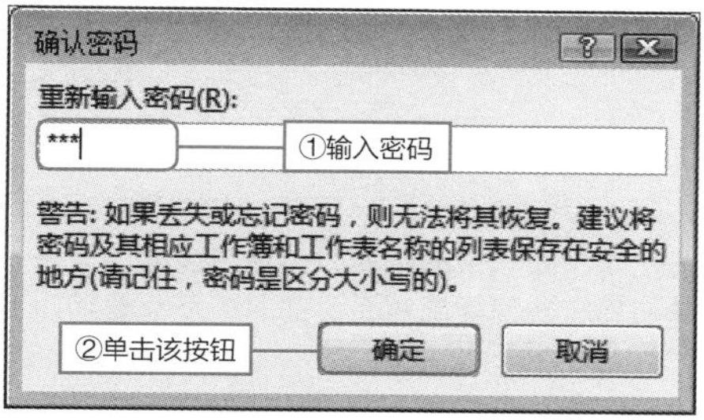

Hint

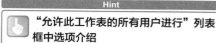

“允许此工作表的所有用户进行”列表框中选项介绍

在“允许此工作表的所有用户进行”列表框中勾选相应的选项，就意味着在保护工作表后，该选项操作可以继续使用。

例如，勾选“选定锁定单元格”、“选定未锁定的单元格”选项，其他选项未选中。在该工作表中只能选定锁定以及未锁定的单元格，而不能进行设置单元格格式、设置列/行格式、插入行或列、删除行或列等操作。

6 此时，若对选中区域中的单元格进行编辑，会打开系统提示，提示该单元格已受保护，单击“确定”按钮即可返回。

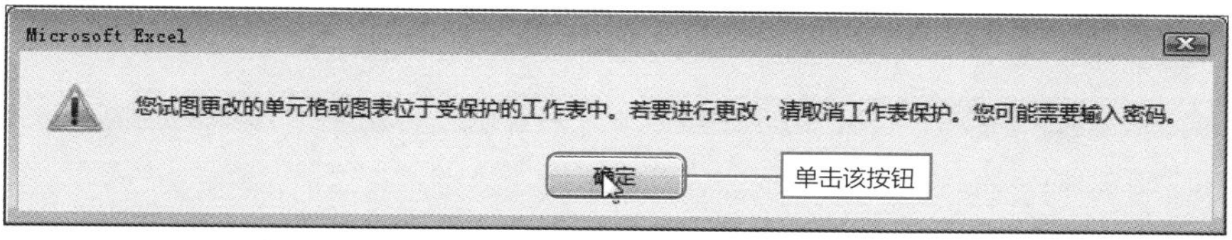

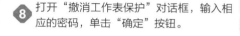

7 若需要对锁定区域中的数据进行更改，可单击“审阅”选项卡上的“撤消工作表保护”按钮。

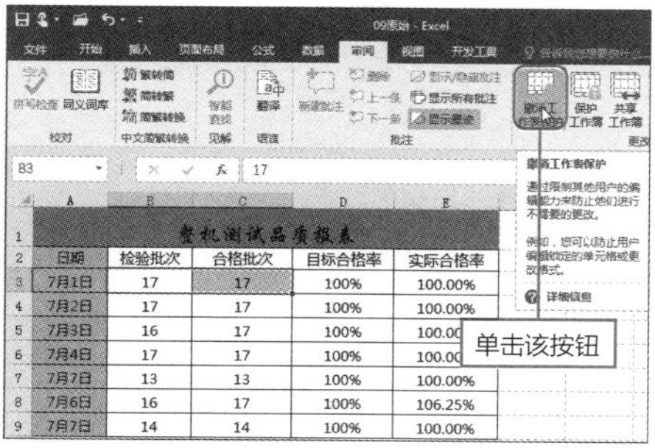

8 打开“撤消工作表保护”对话框，输入相应的密码，单击“确定”按钮。

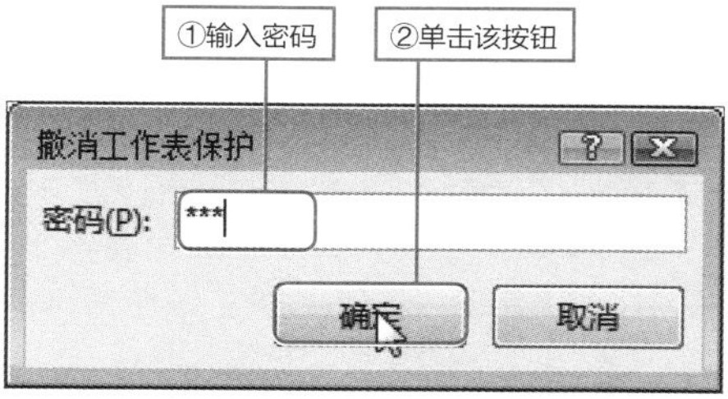

9 如果输入的密码错误，会弹出相应的提示框，提示用户密码输入不正确。

Question

179

巧用冻结窗格功能

语音视频教学179

实例 冻结窗格

• Level ◆◆◆

2016 2013 2010

在进行数据分析时，特别是比较不同项目的数据时，往往需要将某一部分数据保持可见状态，并与其它数据实施对比。此时，就需要用到Excel的冻结窗格功能。

1 打开工作簿，切换至“视图”选项卡。

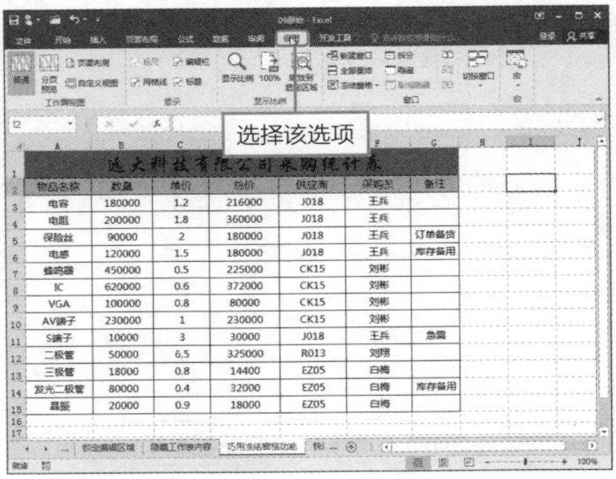

2 选择需要冻结行的单元格，如A9单元格，然后单击“冻结窗格”按钮，从展开的列表中选择“冻结拆分窗格”选项。

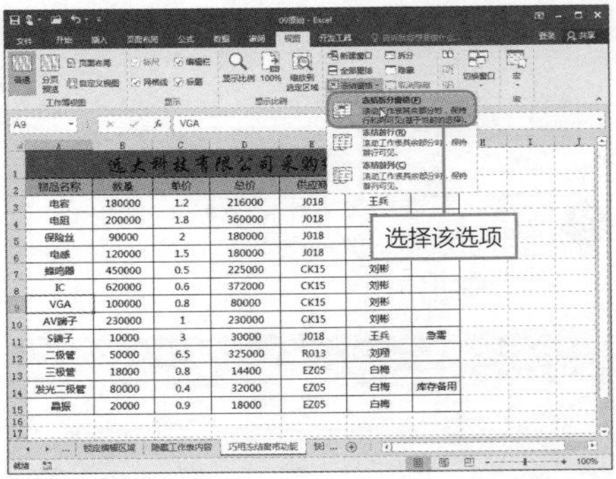

3 随后即可将表格从所选处冻结，滚动鼠标滚轮，可查看除冻结行之外的数据，同时，在冻结窗格处会看到一条灰色的线。

Hint

取消冻结窗格

单击“冻结窗格”按钮，选择“取消冻结窗格”选项即可。

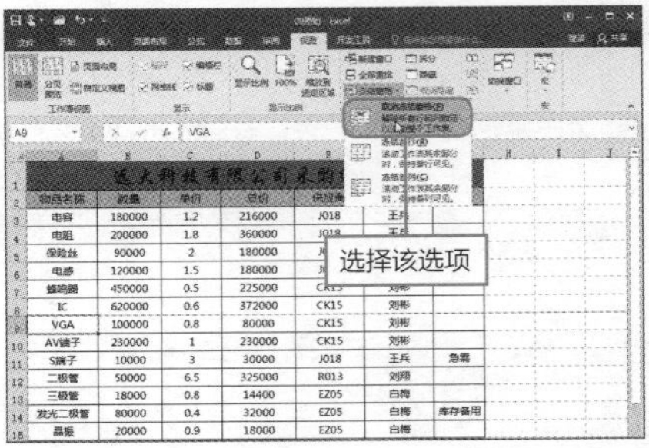

Question

180

● Level

◆◆◆

2016 2013 2010

快速冻结工作表的首行或首列

语音视频
教学180

实例 冻结工作表的首行或首列

在对工作表进行分析时，可能会需要将工作表的表头一直显示出来，使用户可以清晰的查看表格中数据的含义，就需要将表格的首行或首列冻结，下面将对其进行介绍。

❶ 打开工作簿，单击“视图”选项卡上的“冻结窗格”按钮。

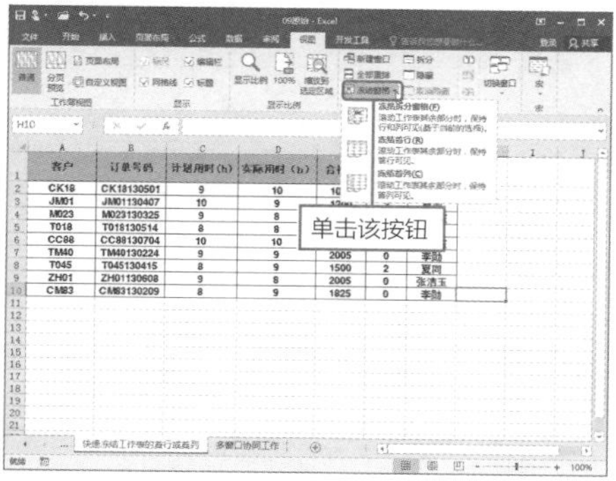

❷ 冻结首行。在列表中选择“冻结首行”选项，浏览数据时，首行一直显示在工作表的顶部。

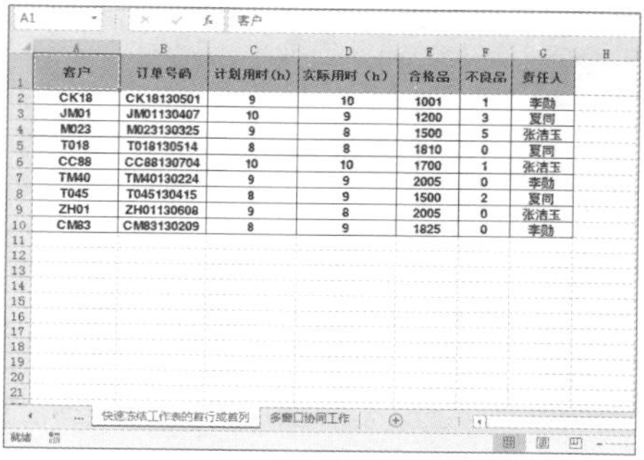

❸ 冻结首列。在列表中选择“冻结首列”选项，浏览数据时，首列一直显示在工作表的顶部。

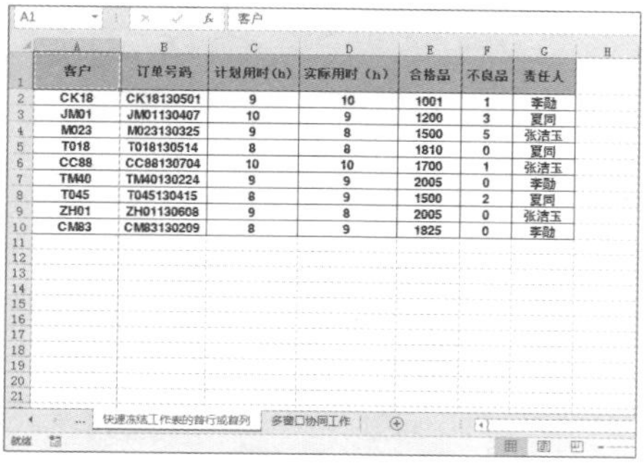

Hint

关于冻结首行或首列的介绍

在进行冻结操作过程中，可以通过选择“冻结窗格”列表中的“冻结首行”或“冻结首列”选项分别锁定首行或首列。但是，需要注意的是，这两个选项不能同时选中，即不能同时锁定工作表的首行和首列。

Question 181

一招解决用户对Excel文件误操作的难题

语音视频教学181

● Level ◆◆◆

2016 2013 2010

实例 将Excel文件转换为PDF文件

如果用户只是需要将工作表数据发送给其他用户进行查看，而不是随意的修改，那么可以将当前工作表以PDF的格式进行保存，这样既减小了体积方便传送，又避免了误操作或被篡改的可能。

1 打开“文件”菜单，选择“另存为”选项。

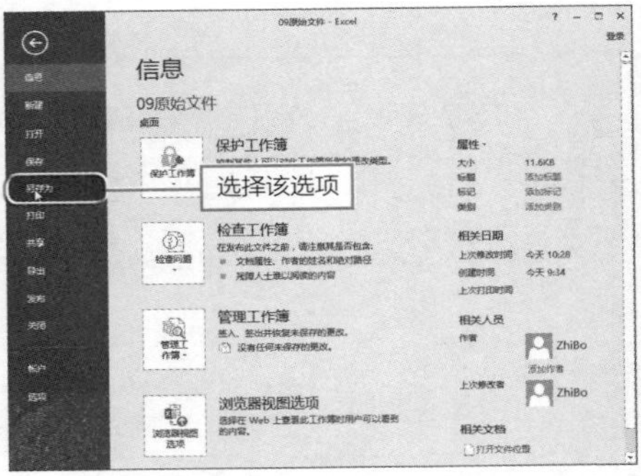

2 在“另存为”面板右侧的“这台电脑”列表中选择当前文件夹。

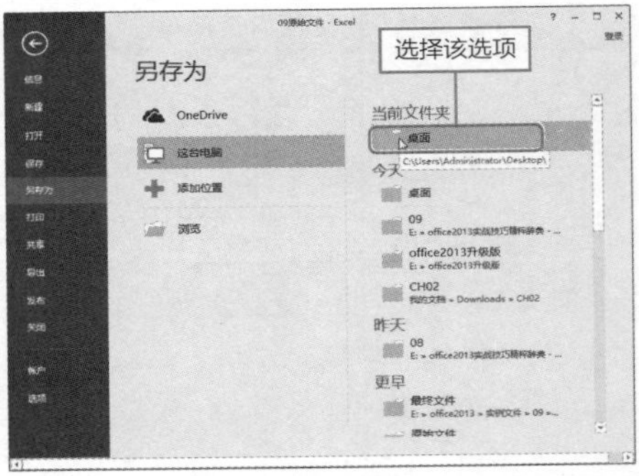

3 打开“另存为”对话框，设置保存类型为“PDF”，单击“选项”按钮。

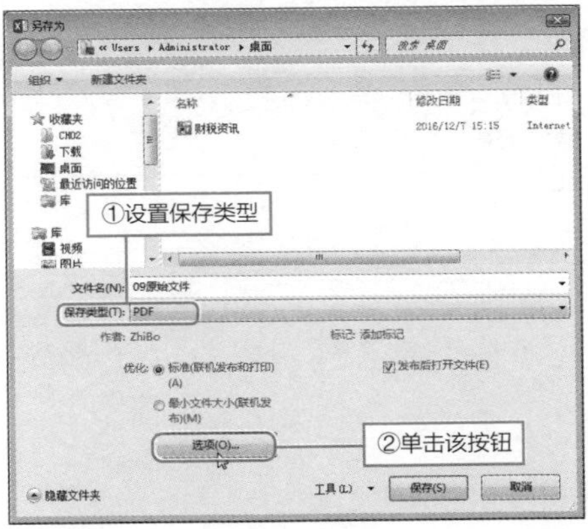

4 打开“选项”对话框，对发布的选项进行设置，设置完成后，单击“确定”按钮，返回上一级对话框，单击“保存”按钮。

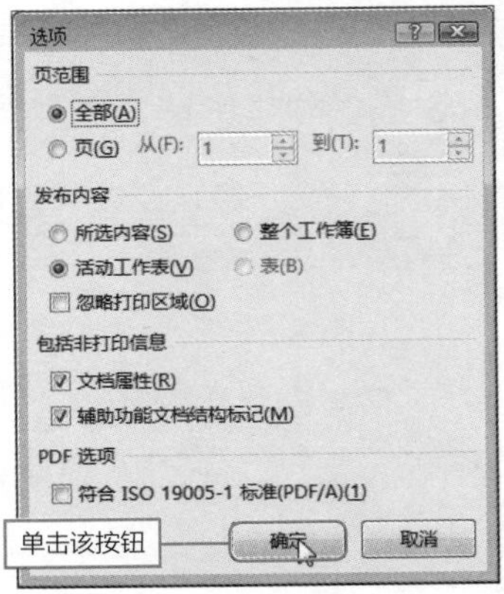

Question
182

● Level ◆◆◇

2016 2013 2010

让工作表的网格线“浮出水面”

语音视频教学182

实例 将工作表中的网格线打印到纸张中

通常情况下，网格线是不能被打印出来的，若想要在纸张中显示出网格线，可以在打印前进行适当设置，下面对其进行介绍。

1 打开“文件”菜单，选择“打印”选项。

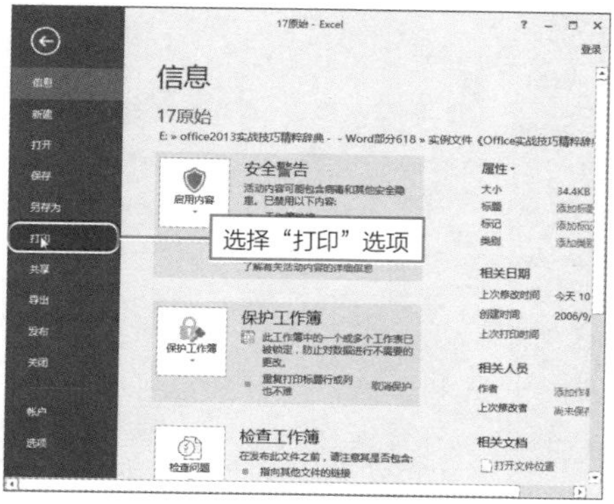

2 单击“设置”选项下的“页面设置”按钮。

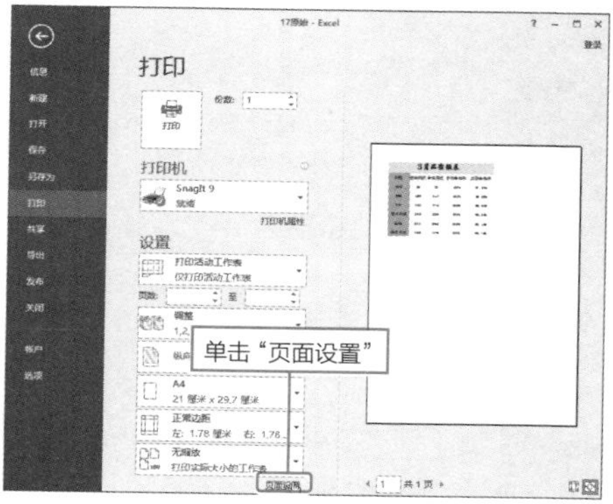

3 打开“页面设置”对话框，在“工作表”选项卡，勾选“网格线”复选框，单击“确定”按钮，然后单击“打印”按钮进行打印即可。

Hint

网格线的应用范围

Excel中的网格线从A1单元格开始，到工作表中包含数据的最后一个单元格结束。下图为显示网格线后的打印预览效果。

3月品质报表

制程	检验批次	合格批次	目标合格率	实际合格率
来料	80	78	100%	97.50%
SMT	150	147	100%	98.00%
DIP	180	178	100%	98.89%
板卡测试	300	280	100%	93.33%
组装	270	265	100%	98.15%
整机测试	450	449	100%	99.78%

Question **183**

● Level ◆◆◆

2016 2013 2010

轻松将行号和列标一同打印

语音视频教学183

实例 打印行号和列标

使用打印出来的数据进行分析时，无法准确定位单元格中数据的位置，这就需要在打印工作表之前添加行号和列标，下面对其进行介绍。

❶ 打开“文件”菜单，选择“打印”选项。

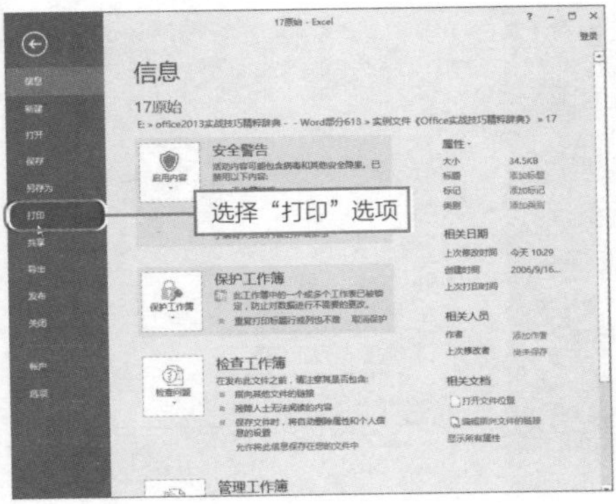

❷ 单击“设置”选项下的“页面设置”按钮。

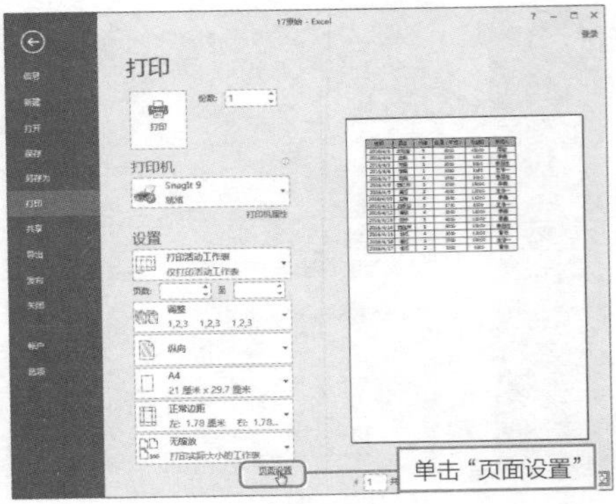

❸ 打开“页面设置”对话框，在“工作表”选项卡，勾选“行号列标”选项前的复选框，单击“确定”按钮。

❹ 返回工作表，单击“打印”按钮进行打印即可。

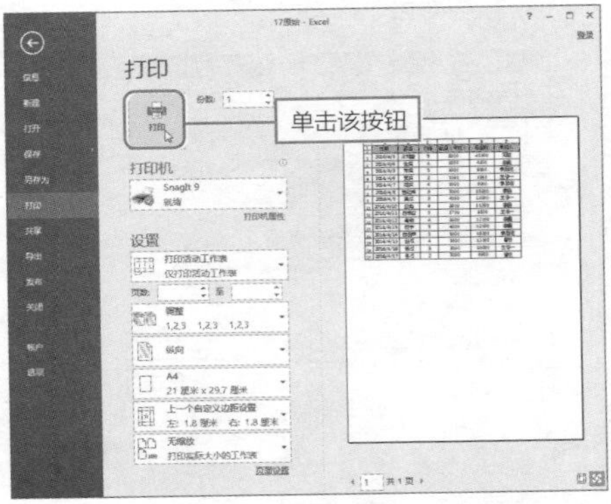

Question

184

● Level ◆◆◆

2016 2013 2010

重复打印标题行或列也不难

语音视频教学184

实例　每页自动打印指定的标题行或列

若数据表中的数据非常多，占用了多页工作表，为了可以清晰了解工作表中的数据，可以在每页的上方都重复打印标题行或列，下面对其进行介绍。

1 打开工作表，切换至“页面布局”选项卡，单击“打印标题”按钮。

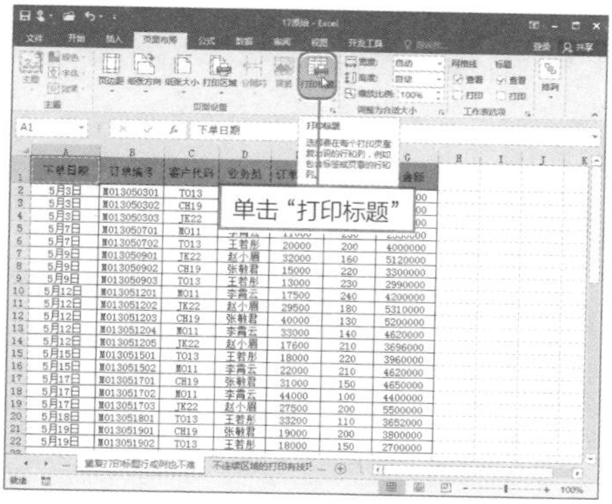

2 打开“页面设置”对话框，单击“顶端标题行”右侧“范围选取”按钮。

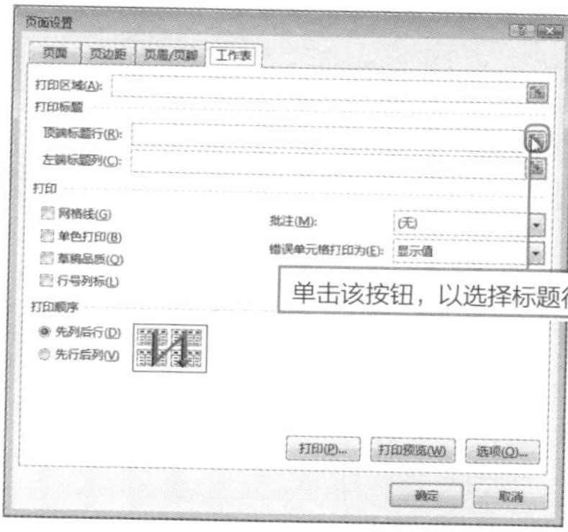

3 单击标题行，然后单击“范围选取”按钮，返回到“页面设置”对话框。

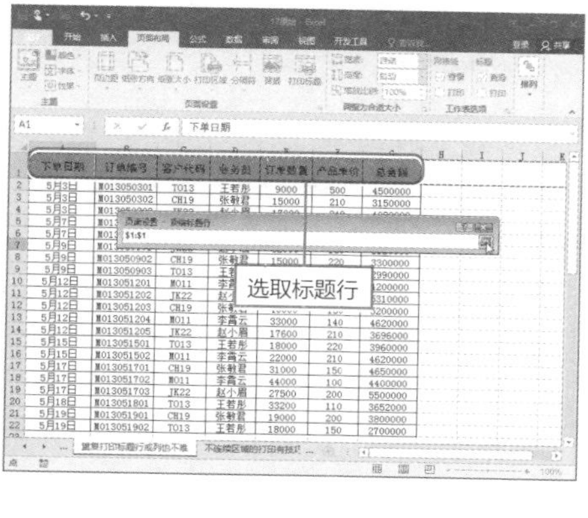

4 按照同样的方法，设置标题列和打印区域，然后执行“文件>打印>打印”命令。

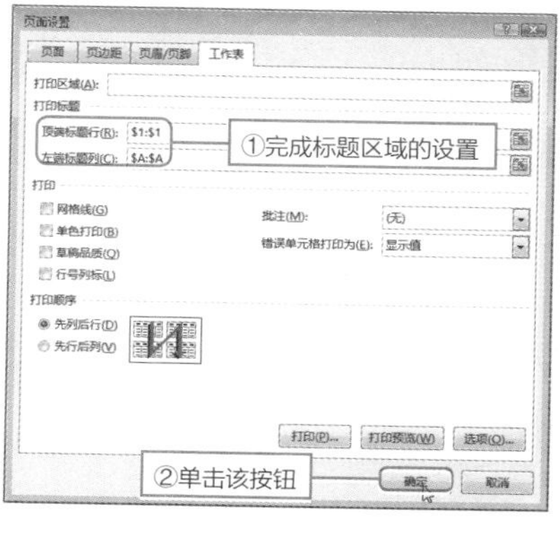

Question

185 不连续区域的打印有技巧

语音视频教学185

● Level ◆◆◆

2016 2013 2010

实例 打印工作表的不连续区域

若只想打印工作表中的部分内容，则可以逐一选择工作表中的数据区域，之后再进行打印。需要说明的是，在打印时要对打印的内容进行相应的设置。

❶ 打开工作表，按住Ctrl键不放的同时，选取多个不连续区域。

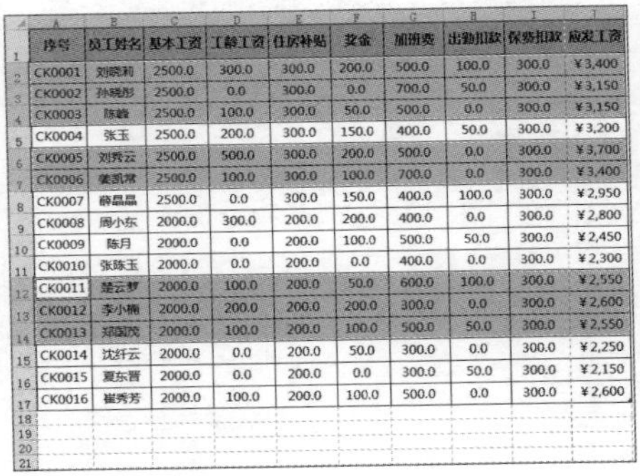

序号	员工姓名	基本工资	工龄工资	住房补贴	奖金	加班费	出勤扣款	保险扣款	应发工资
CK0001	刘晓莉	2500.0	300.0	300.0	200.0	500.0	100.0	300.0	¥3,400
CK0002	孙晓彤	2500.0	0.0	300.0	0.0	700.0	50.0	300.0	¥3,150
CK0003	陈峰	2500.0	100.0	300.0	50.0	500.0	0.0	300.0	¥3,150
CK0004	张玉	2500.0	200.0	300.0	150.0	400.0	50.0	300.0	¥3,200
CK0005	刘秀云	2500.0	500.0	300.0	200.0	500.0	0.0	300.0	¥3,700
CK0006	姜凯常	2500.0	100.0	300.0	100.0	700.0	0.0	300.0	¥3,400
CK0007	薛晶晶	2500.0	0.0	300.0	150.0	400.0	100.0	300.0	¥2,950
CK0008	周小东	2000.0	300.0	200.0	200.0	400.0	0.0	300.0	¥2,800
CK0009	陈月	2000.0	0.0	200.0	100.0	500.0	50.0	300.0	¥2,450
CK0010	张陈玉	2000.0	0.0	200.0	0.0	400.0	0.0	300.0	¥2,300
CK0011	楚云梦	2000.0	100.0	200.0	50.0	600.0	100.0	300.0	¥2,550
CK0012	李小楠	2000.0	200.0	200.0	200.0	300.0	0.0	300.0	¥2,600
CK0013	郑国茂	2000.0	100.0	200.0	100.0	500.0	50.0	300.0	¥2,550
CK0014	沈纤云	2000.0	0.0	200.0	50.0	300.0	0.0	300.0	¥2,250
CK0015	夏东晋	2000.0	0.0	200.0	0.0	300.0	50.0	300.0	¥2,150
CK0016	崔秀芳	2000.0	100.0	200.0	100.0	500.0	0.0	300.0	¥2,600

❷ 打开“文件”菜单，选择“打印”选项。

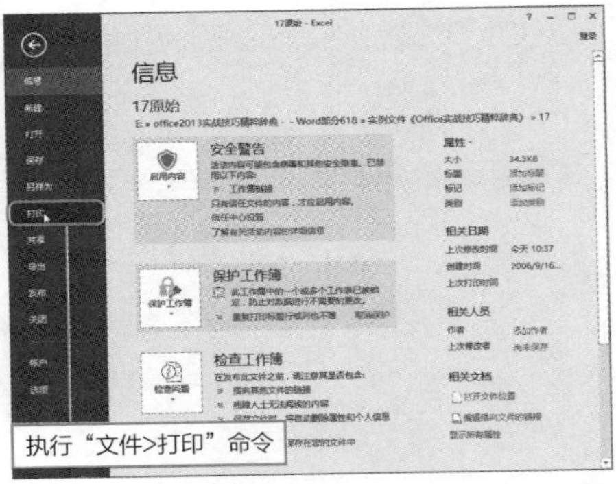

❸ 在“设置”选项，选择“打印选定区域”选项，然后单击“打印”按钮打印。

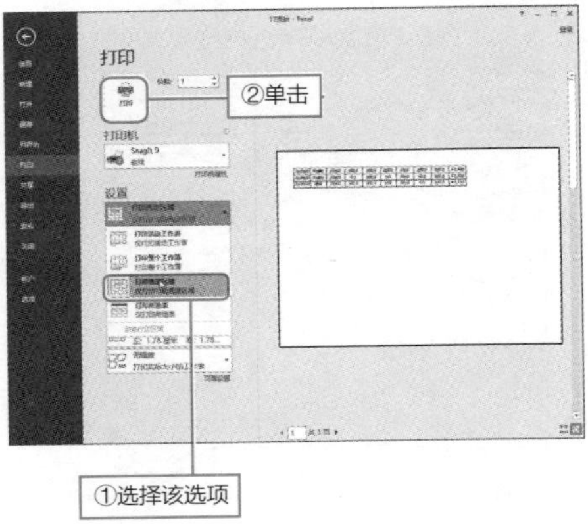

Hint

关于多区域打印的介绍

在按照选定区域进行打印时，通常会被分为多页进行打印，比如选择了六个区域，那么将会占到六个打印页面。

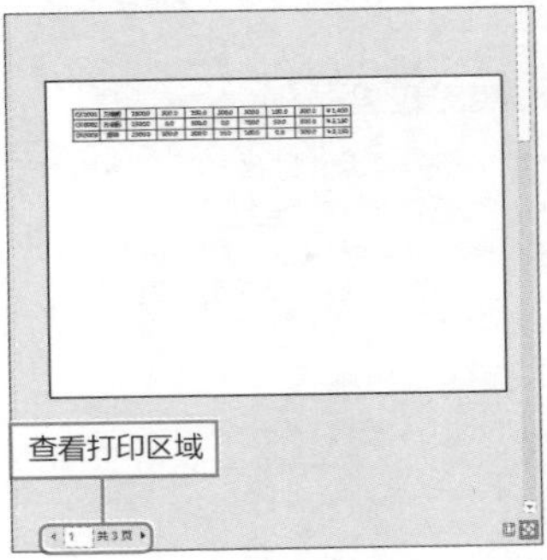

Question

186

● Level ◆◆◆

2016 2013 2010

巧实现多工作表打印

语音视频教学186

实例 一次打印多个工作表

打印工作表时，通常只打印默认的工作表，如果要打印多个工作表，该怎样打印呢？下面将对其操作方法进行介绍。

❶ 打开需要打印的工作簿，按住Ctrl键不放的同时，选取多个工作表。

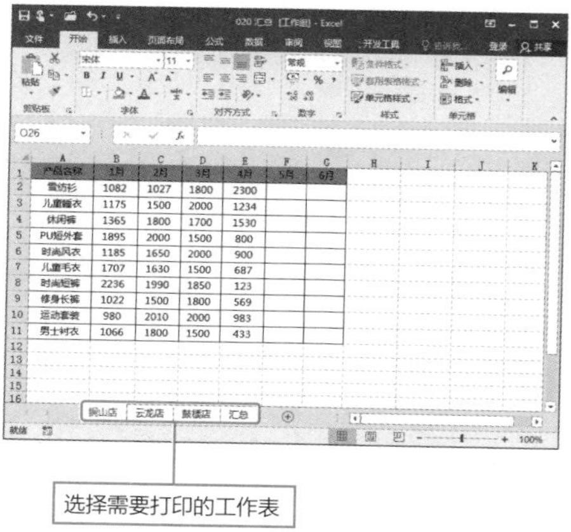

❷ 打开“文件”菜单，选择“打印”选项。

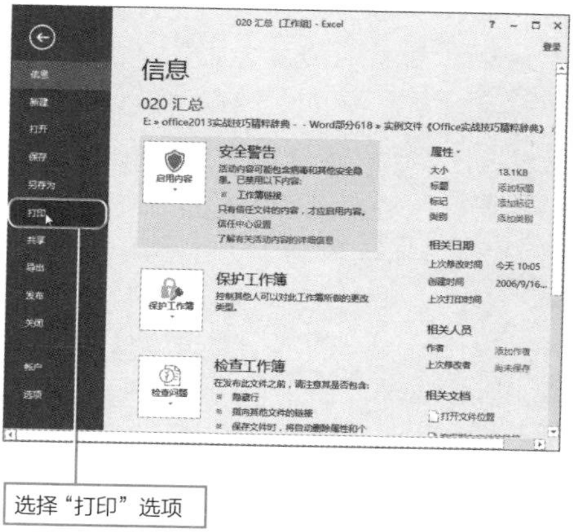

❸ 在“设置”选项，选择“打印活动工作表”选项，然后单击“打印”按钮打印。

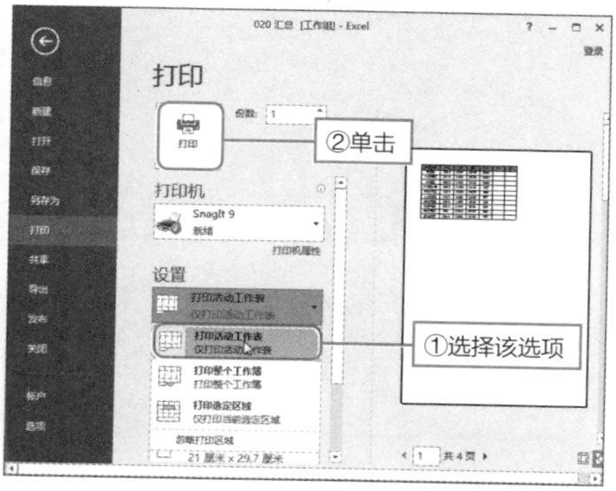

Hint

如何打印连续多个工作表

若要选择连续多个工作表，可以按住Shift键的同时，选取第一个工作表，然后选择最后一个工作表。若要打印所有工作表，可以直接使用“打印整个工作簿”功能。

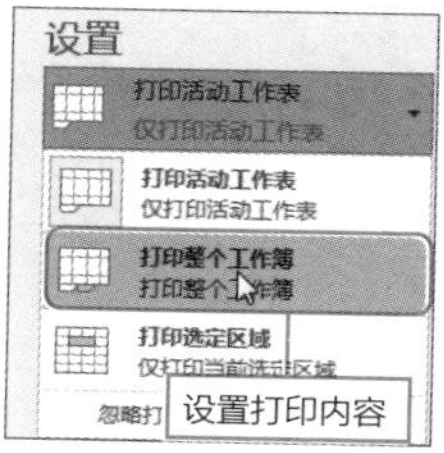

Question

187

● Level ◆◆◆

2016 2013 2010

页眉、页脚如何打印我做主

语音视频教学187

实例 添加系统内置的页眉与页脚

当打印的工作表包含多页内容时，为了防止打印操作结束后工作表的顺序相混淆。此时，用户可以为其添加页眉与页脚，下面将对其相关操作进行介绍。

❶ 打开工作表，执行“文件>打印”命令，单击“页面设置”按钮。

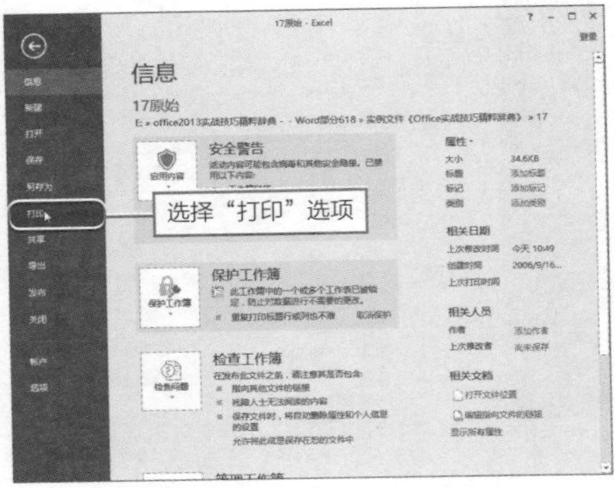

❷ 打开“页面设置”对话框，在“页眉/页脚”选项卡，单击“页脚”下拉按钮，选择合适的页脚样式即可。

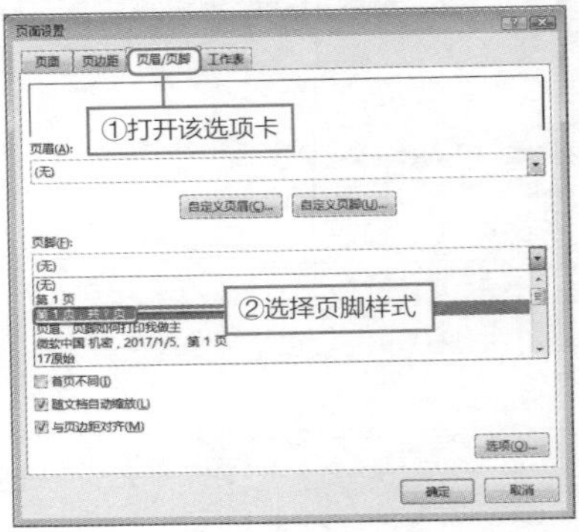

❸ 单击“确定”按钮，在预览效果中，可以看到页脚已经添加了相应内容。

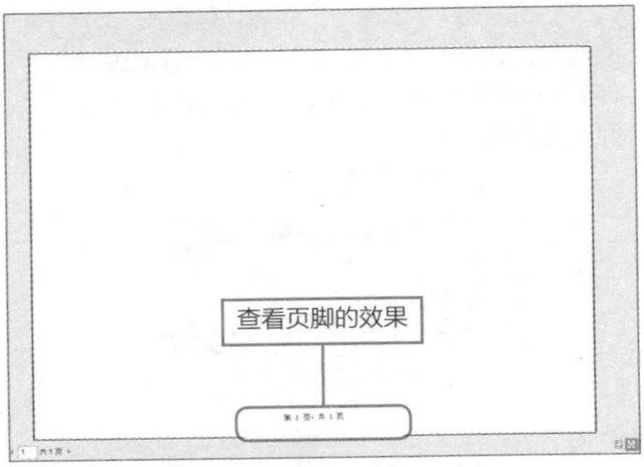

❹ 若想要删除页眉和页脚，则可以在对应的选项组中，选择“无”选项。

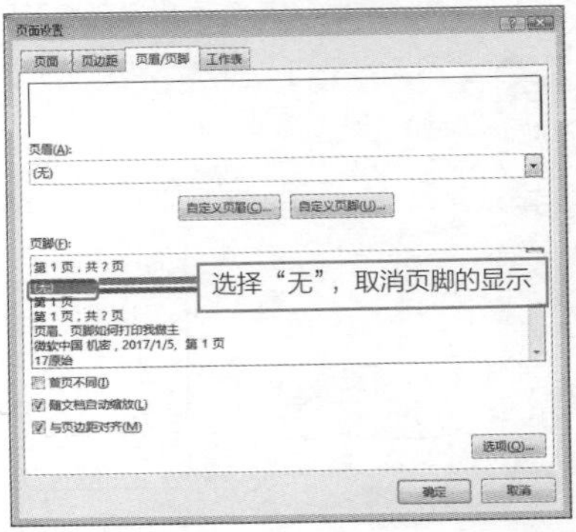

Question

188

● Level

◆◆◆

2016 2013 2010

打印日期巧添加

语音视频教学188

实例　在文档页眉/页脚处添加打印日期

若想要在打印工作表时，将当前日期也一起打印出来，需要对页眉和页脚进行相应的设置，下面将以在页眉中添加打印日期为例进行介绍。

1 打开工作表，执行“文件>打印”命令，单击“页面设置”按钮。

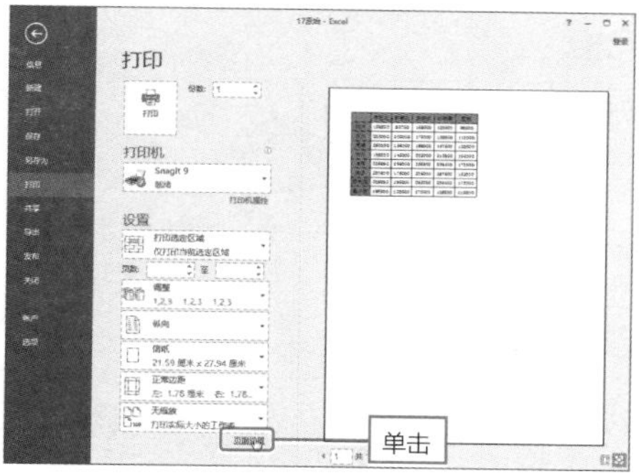

2 打开“页面设置”对话框，在“页眉/页脚”选项卡，单击“自定义页眉”按钮。

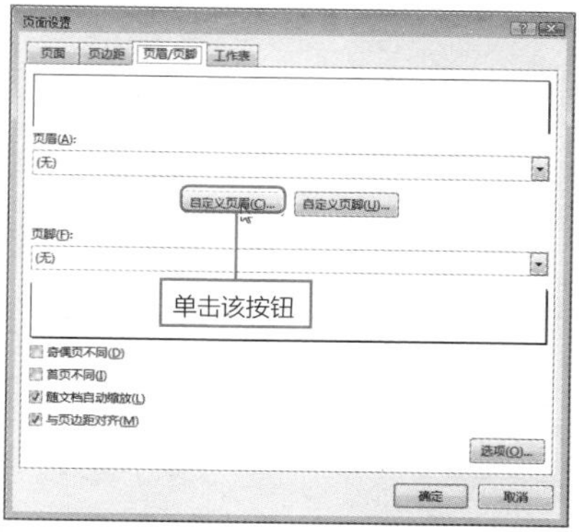

3 打开“页眉”对话框，将鼠标光标定位在中间的列表框中，单击“插入日期”按钮，然后单击“确定”按钮。

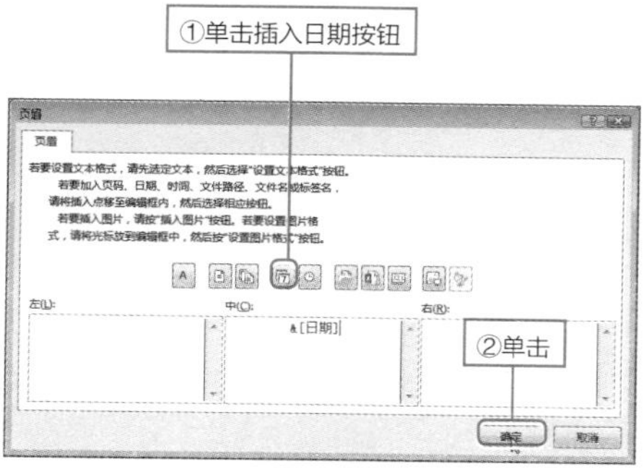

4 返回至“页面设置”对话框后，可以看到页眉处添加的日期，单击“确定”按钮，然后打印工作表即可。

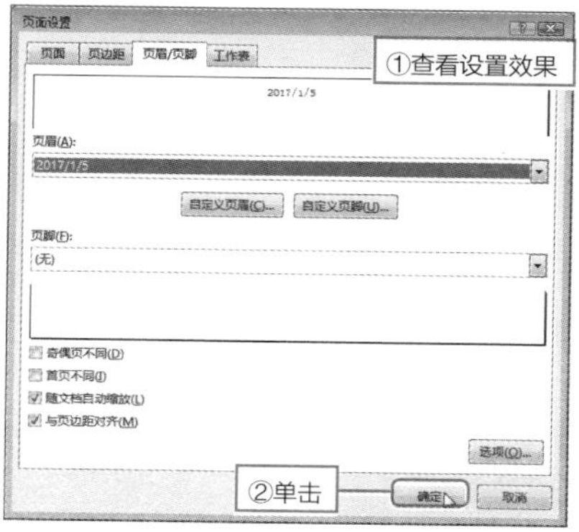

第8章 189~220

Excel单元格操作技巧

Question 189

• Level ◆◆◇

2016 2013 2010

教你如何选择单元格

语音视频教学189

实例　单元格的选择

想要在工作表中执行输入数据、编辑数据等操作，其第一步就是选择单元格，接下来才能进行后续操作，下面将介绍如何在工作表中选择单元格。

1 选择单个单元格。在需要选定的单元格上方单击鼠标左键，即可将其选择。

车号	使用者	所在部门	使用日期	开始使用时间	交车时间	车辆消耗费	报销费
苏C45672	尹南	业务部	2015/2/1	8:00	15:30	90	80
苏C45672	陈露	业务部	2015/2/3	14:00	20:00	60	60
苏C56789	陈露	业务部	2015/2/5	9:00	17:30	80	90
苏C65872	尹南	业务部	2015/2/3	12:20	15:30	110	100
苏C45669	尹南	业务部	2015/2/7	9:00	19:30	30	20
苏C23500	陈露	业务部	2015/2/1	8:00	20:30	120	110
苏C45678	陈露	业务部	2015/2/2	9:00	21:30	60	60
苏C54789	杨清清	宣传部	2015/2/2	8:30	22:00	70	60
苏C25460	杨清清	宣传部	2015/2/4	14:20	7:30	70	60
苏C54678	杨清清	宣传部	2015/2/6	14:00	8:30	50	50
苏C45987	沈玉	营业部	2015/2/7	10:00	9:30	30	20
苏C45678	沈玉	营业部	2015/2/6	11:00	14:30	110	80
苏C45678	沈玉	营业部	2015/2/6	8:50	15:30	120	100
苏C54678	柳晓琳	人力资源部	2015/2/6	10:00	20:30	120	90
苏C23500	陈小麦	人力资源部	2015/2/3	7:30	13:30	50	50
苏C56789	陈小麦	人力资源部	2015/2/7	9:20	14:30	30	20
苏C25460	陈小麦	人力资源部	2015/2/1	16:00	20:30	80	40
苏C54678	江雨薇	策划部	2015/2/1	13:00	21:30	90	50
苏C65872	江雨薇	策划部	2015/2/1	8:30	17:30	100	90
苏C81860	江雨薇	策划部	2015/4/2	9:00	18:30	110	100
苏C81860	江雨薇	策划部	2015/4/7	20:50	7:30	120	110

在此单击

2 选择连续多个单元格。在需要选择区域的左上角按住鼠标左键不放，拖动鼠标即可选择连续多个单元格。

拖动鼠标选取

3 选择不连续多个单元格。按住Ctrl键的同时，鼠标选取多个单元格或单元格区域即可。

按住Ctrl键拖动选取多个区域

4 选择所有单元格。只需单击工作表左上角的“全选”按钮，即可选择工作表内的所有单元格。

单击该按钮

Question

190

• Level ◆◆◆

2016 2013

轻松搞定行高和列宽

语音视频教学190

实例 行高和列宽的调整

运用Excel工作表进行数据统计时，经常会根据需要对行高和列宽进行更改。常见的操作包括手动调节，通过对话框精确调整，或是通过系统自动调整等多种方式。

1 手动调整行高和列宽。将鼠标光标移至该行边界，待鼠标指针变成十字形，拖动边界至合适位置释放鼠标。调整列宽只需拖动该列的左/右边界进行调节即可。

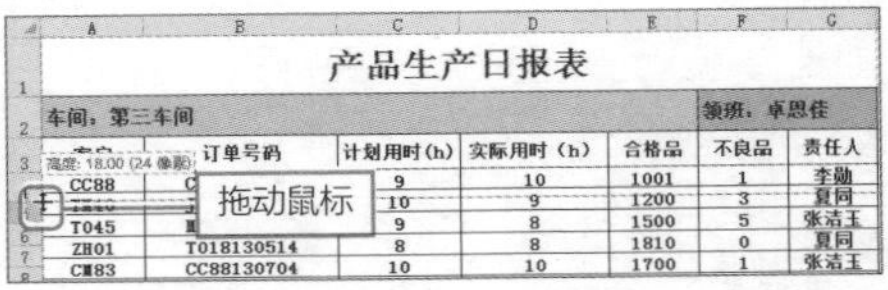

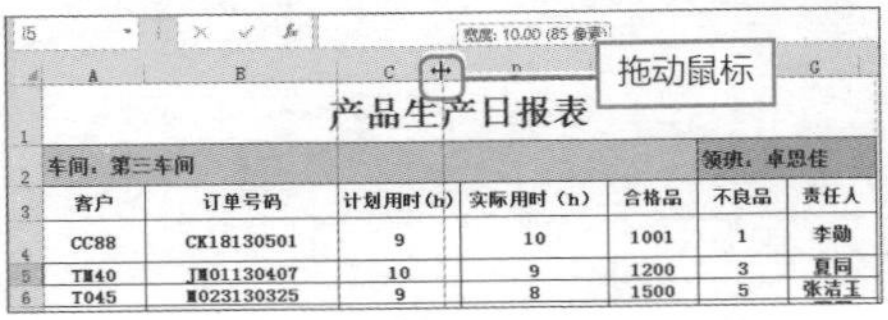

2 自动调整行高和列宽。选择单元格区域，单击“开始”选项卡上“格式”按钮，从下拉列表中选择“自动调整行高”/“自动调整列宽”选项即可。

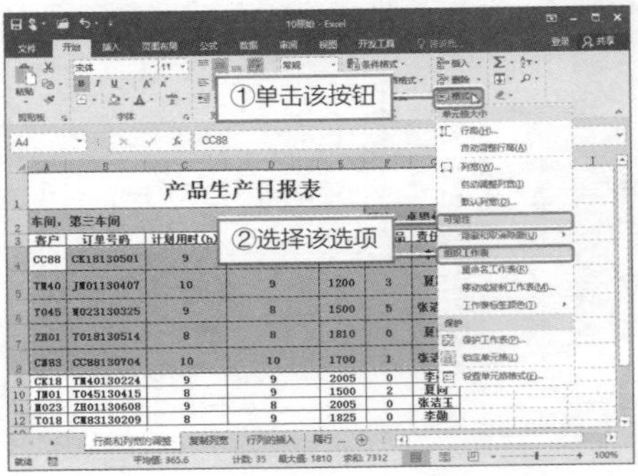

3 精确设置行高和列宽。在需要设置行高或列宽的行标题/列标题上右击，从快捷菜单中选择“行高（或列宽）”命令。

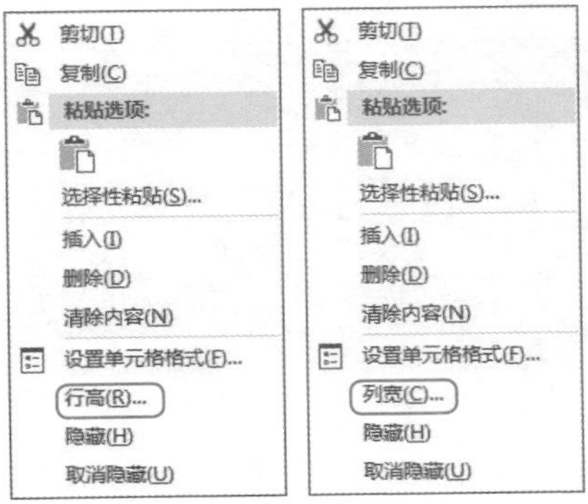

4 随后将弹出“行高（或列宽）”对话框，从中即可对行高（或列宽）值进行设定，最后单击“确定”按钮返回。

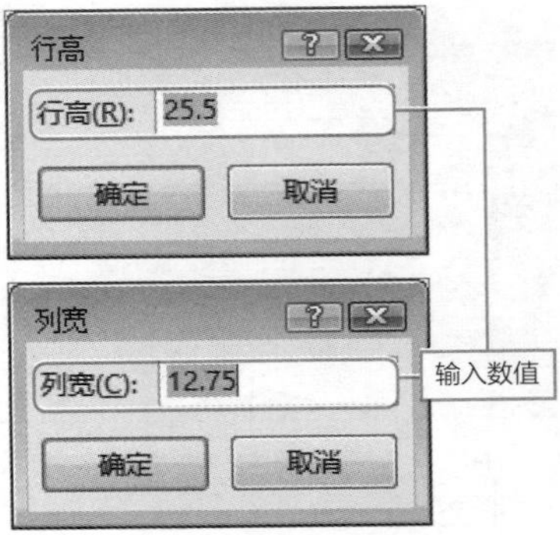

5 调整所有行的行高以适应内容。若要快速调整工作表中所有行的行高以适应内容，只需单击“全选”按钮，然后双击任意两个行标题之间的边界即可。

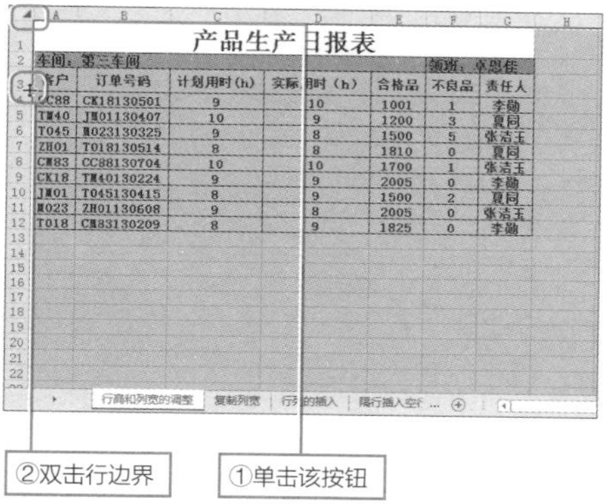

6 调整所有列的列宽以适应内容。若要快速调整工作表中所有列的列宽以适应内容，首先要单击“全选”按钮，然后双击任意两个列标题之间的边界即可。

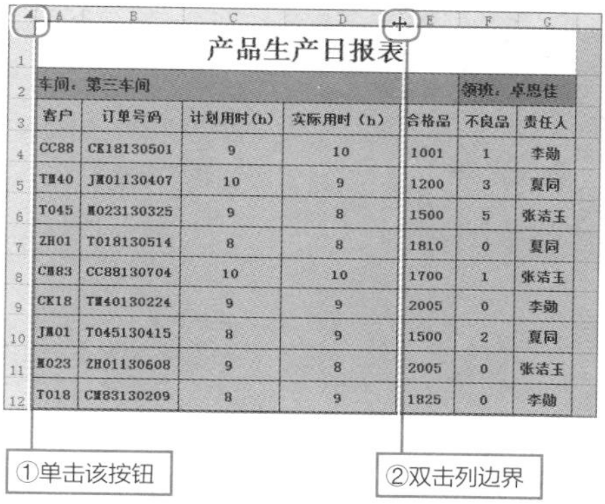

Hint

如何调整多行的行高?

（1）连续多行行高的调整

选择连续单元格区域后，选择连续区域中任一行边界拖动即可。

（2）不连续多列列宽的调整

按住Ctrl键的同时依次单击列标题，然后进行手动调整或精确调整。

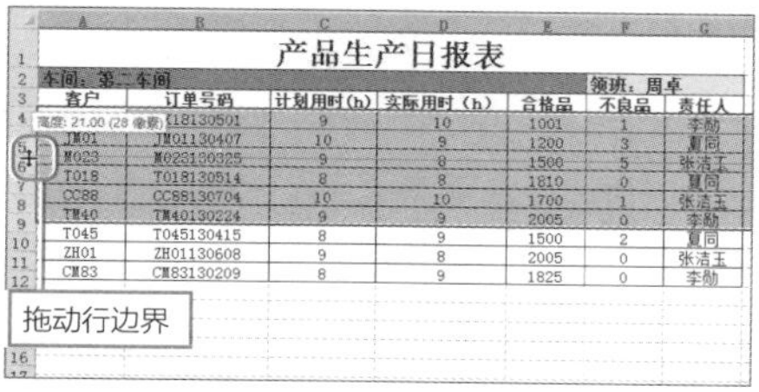

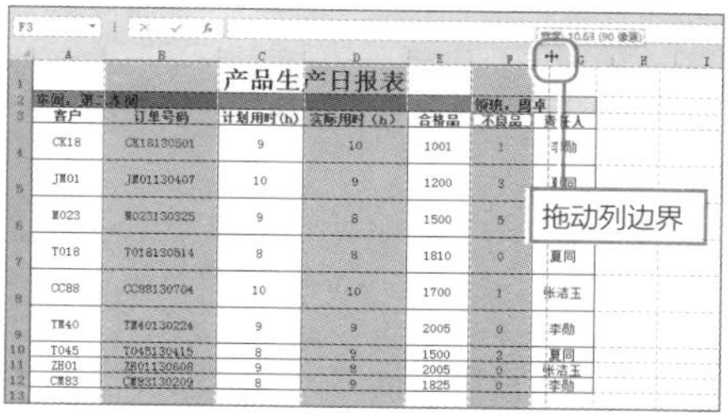

比较不同调整方式之间的优劣性

（1）手动调节简单、便捷，但是调整后的结果不够精确，影响表格的整体美观性。

（2）对话框设置行高和列宽，调整后的结果较为精确，但是用户有时并不能很好把握行高或列宽的值。

（3）如果只是需要行高或列宽与表格内容相匹配，那么可以采用调整行高或列宽以使用内容进行调整。

总的来说，在进行调整时，需根据自身的需要来选择调整方式，也可以采用不同方式相结合的方法进行调整。

Question

191 复制列宽有妙招

语音视频
教学191

● Level ◆◆◆

2016 2013 2010

实例 通过复制使列宽与另一列的列宽相匹配

在制作表格时，如果希望将某一列的列宽设置为与另一列列宽相同，那么可以通过复制的方式来实现，下面将对其操作进行介绍。

❶ 在具有所需列宽的列中选择D4单元格，切换至“开始”选项卡，单击“复制”按钮。

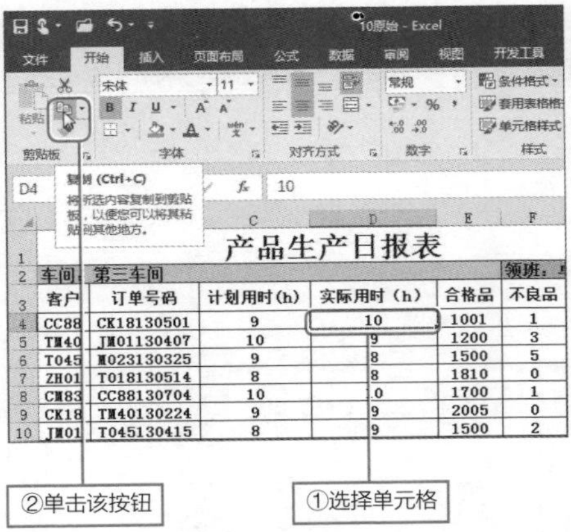

❷ 选中目标列中的C2单元格，单击“粘贴”按钮，展开其下拉列表，从中选择“选择性粘贴”选项。

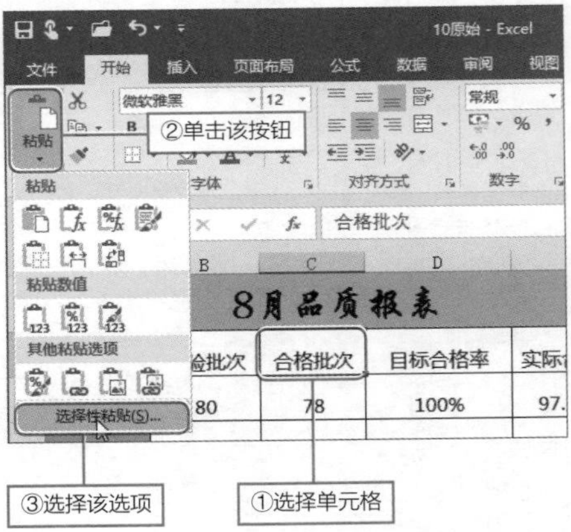

❸ 弹出“选择性粘贴”对话框，选中“列宽”单选按钮。

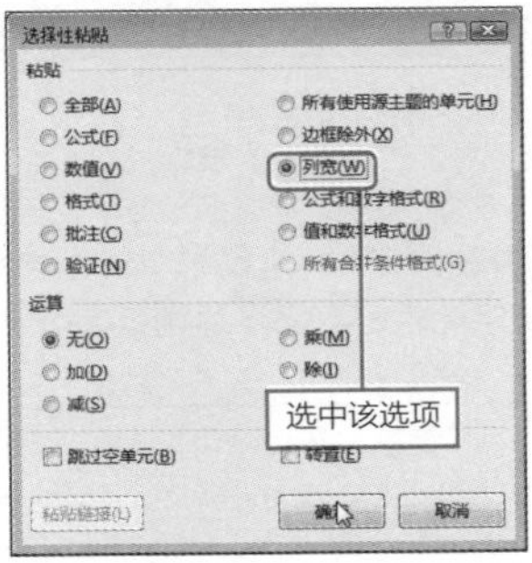

❹ 单击“确定”按钮，随后即可发现目标列和所选列的列宽相一致。

8月品质报表
制程
检验批次
合格批次
目标合格率
实际合格率
DIP 80 78 100% 97.50%
板卡测试 180 147 100% 81.67%
组装 180 178 100% 93.54%
整机测试 300 280 100% 93.33%
来料 270 268 100% 99.26%
SMT 480 449 100% 93.54%

Question

192 闪电插入行或列

● Level ◆◆◆

2016 2013 2010

语音视频教学192

实例 多种方式插入行或列

在制作表格时，如果需要在表格中间添加一行或一列数据，那么应先插入一行/列。在此，将介绍几种既便捷又准确的插入方法。

① 快捷键插入法。选中数据行，在键盘上按下Ctrl+Shift+=组合键即可在所选行插入一个新行。

② 右键插入法。选择数据行，右键单击，从弹出的快捷菜单中选择“插入”命令即可在所选位置插入新行。

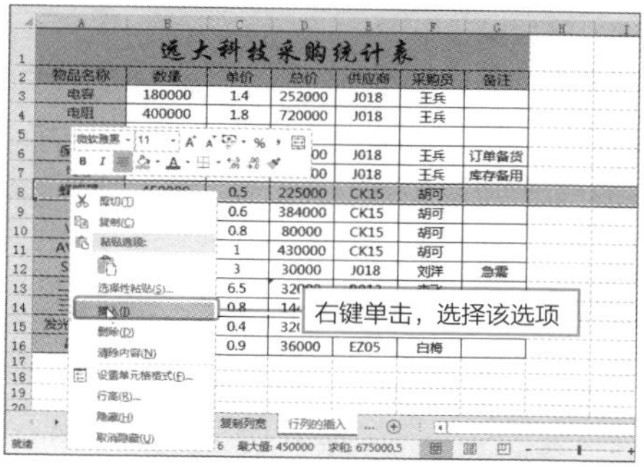

③ 功能区按钮插入法。选择数据行，单击“开始”选项卡上的“插入”按钮可直接插入新行。

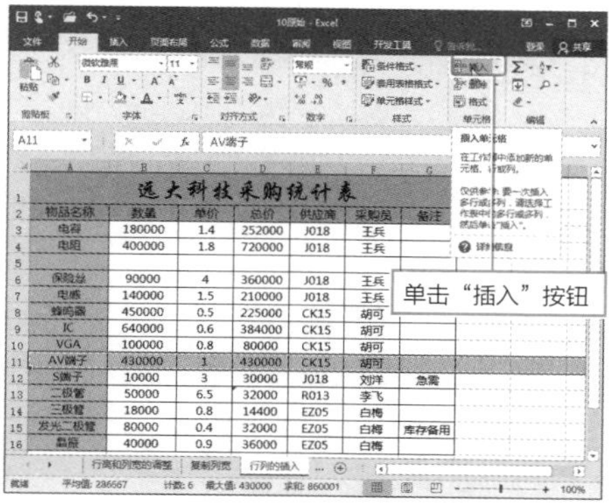

④ 单元格插入法。选择任意单元格。右键单击，从快捷菜单中选择“插入”命令。弹出“插入”对话框，从中选择“整行”单选按钮并单击“确定”按钮即可插入。

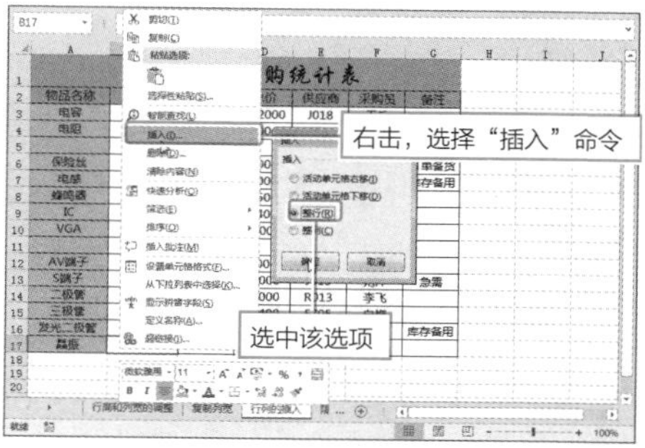

Question 193

轻而易举实现行列的交叉插入

语音视频教学193

● Level ◆◆◆

2016 2013 2010

实例 行列的交叉插入

在制作工作表时，如果需要交叉插入行/列，首先会想到之前介绍的方法逐一进行插入，但是会花费用户大量时间，那么该如何操作呢？

1 轻松插入行。按住Ctrl 键，分别单击要交叉插入行的行号，然后右键单击，从快捷菜单中选择“插入”命令。

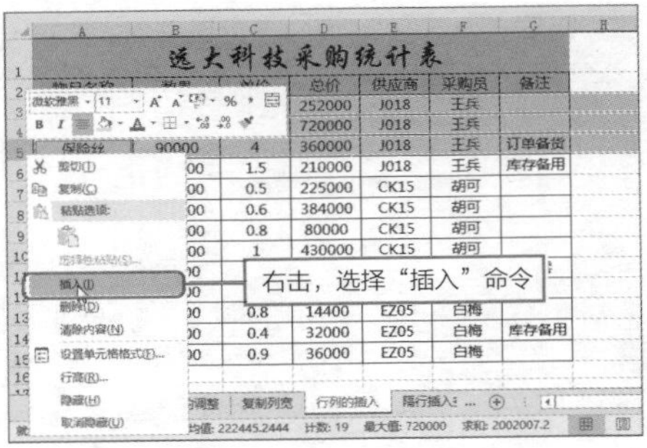

2 执行插入操作后，即可以看到在所选行处插入了空行。

3 交叉插入列也很简单。分别选中多列并右击，从弹出的快捷菜单中选择“插入”命令即可。

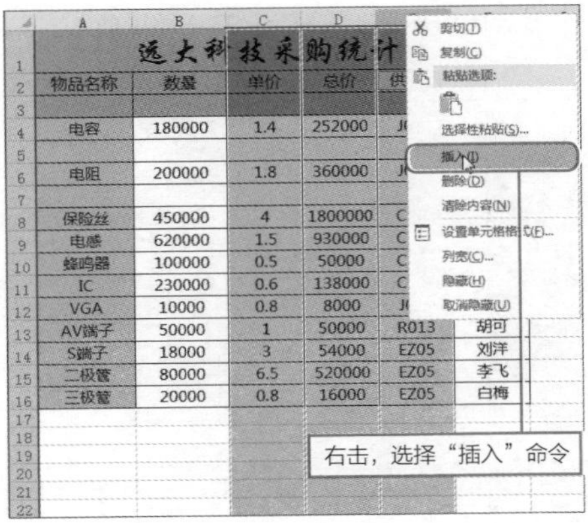

Hint

交叉插入行或列时的注意事项

在选择行或列时，注意一定是按住Ctrl键的同时逐一选择，而不能采用鼠标拖选的方法。若拖动鼠标选择多行，执行插入操作后会插入连续的多行，不能实现交叉插入。

Question

194

● Level
◆◆◆

2016 2013

隔行插入，辅助列来帮助

语音视频
教学194

实例　隔行插入空行

在实际工作中，若需要隔行插入空行，该如何实现呢？可以借助辅助列以及数据的排序来达到目的，下面将对其相关操作进行详细的介绍。

❶ 打开工作表，在A列前插入一个辅助列，然后在A2:A7单元格区域输入1～6；在A8:A13单元格区域输入1.1～6.1。

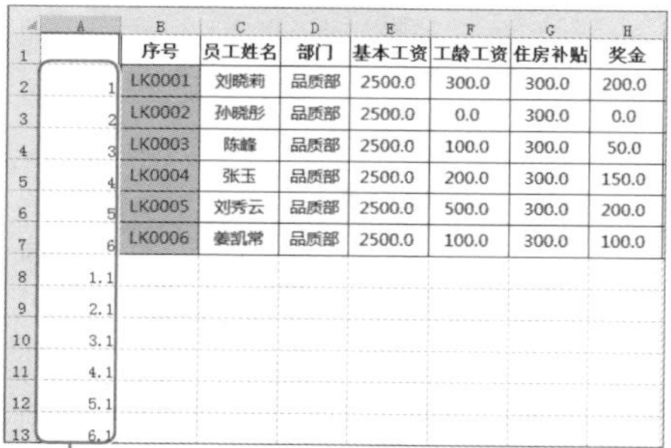

	A	B	C	D	E	F	G	H
1		序号	员工姓名	部门	基本工资	工龄工资	住房补贴	奖金
2	1	LK0001	刘晓莉	品质部	2500.0	300.0	300.0	200.0
3	2	LK0002	孙晓彤	品质部	2500.0	0.0	300.0	0.0
4	3	LK0003	陈峰	品质部	2500.0	100.0	300.0	50.0
5	4	LK0004	张玉	品质部	2500.0	200.0	300.0	150.0
6	5	LK0005	刘秀云	品质部	2500.0	500.0	300.0	200.0
7	6	LK0006	姜凯常	品质部	2500.0	100.0	300.0	100.0
8	1.1							
9	2.1							
10	3.1							
11	4.1							
12	5.1							
13	6.1							

创建辅助列

❷ 选中A2:A13单元格区域，单击“开始”选项卡中的“排序和筛选”按钮，从下拉列表中选择“升序”选项。

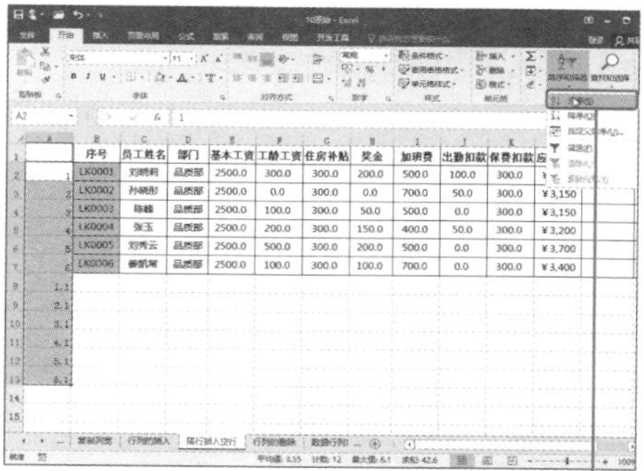

选择“升序”选项

❸ 弹出“排序提醒”对话框，选中“扩展选定区域”单选按钮，然后单击“排序”按钮即可。

①选中该选项　②单击“排序”按钮

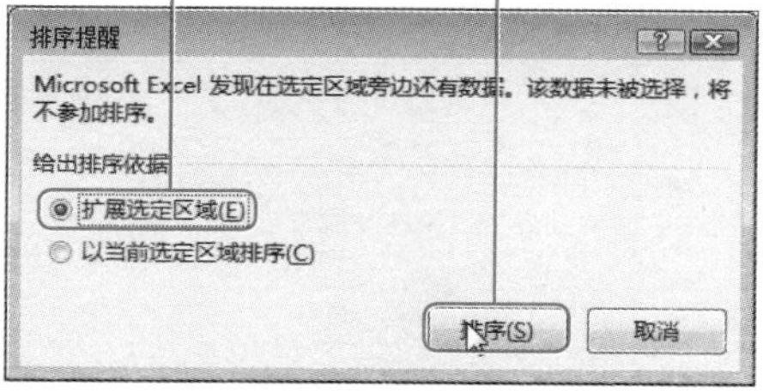

❹ 单击A列列标，通过右键快捷菜单删除A列。然后对表格边框进行简单的设置，即可完成隔行插入的操作。

	A	B	C	D	E	F	G	H	I
1	序号	员工姓名	部门	基本工资	工龄工资	住房补贴	奖金	加班费	出勤扣款
2	LK0001	刘晓莉	品质部	2500.0	300.0	300.0	200.0	500.0	100.0
3									
4	LK0002	孙晓彤	品质部	2500.0	0.0	300.0	0.0	700.0	50.0
5									
6	LK0003	陈峰	品质部	2500.0	100.0	300.0	50.0	500.0	0.0
7									
8	LK0004	张玉	品质部	2500.0	200.0	300.0	150.0	400.0	50.0
9									
10	LK0005	刘秀云	品质部	2500.0	500.0	300.0	200.0	500.0	0.0
11									
12	LK0006	姜凯常	品质部	2500.0	100.0	300.0	100.0	700.0	0.0

Question

195 行列的快速删除有妙招

语音视频教学195

• Level ◆◆◆

2016 2013

实例 行/列的删除

前面介绍了多种方法插入行/列的操作，但是，对于一些不再需要的行/列，为了不影响表格的准确性和美观性，应及时将其删除，在此，将对行与列的删除操作进行介绍。

1. 单元格删除法。选中要删除行中的任一单元格。右键单击，从快捷菜单中选择“删除”命令。

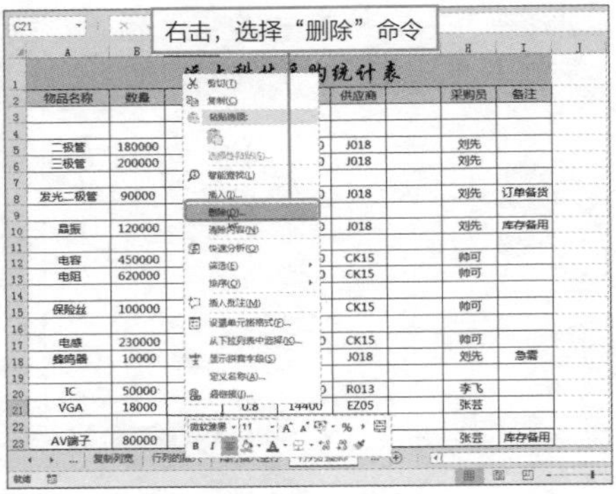

2. 弹出“删除”对话框，选择“整行”单选按钮，然后单击“确定”按钮即可删除单元格所在的行。

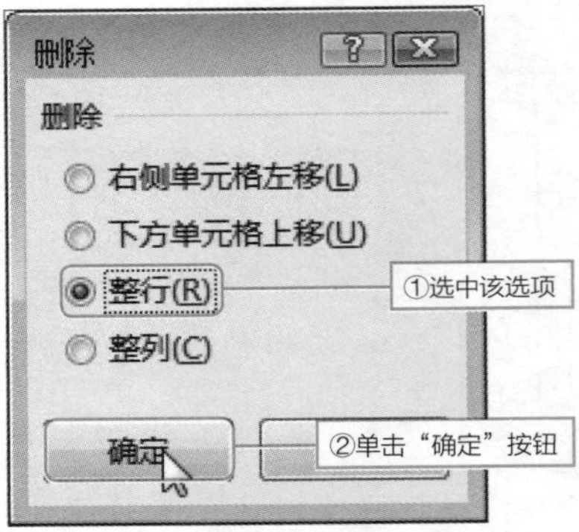

3. 右键删除法。选择要删除的行，右键单击，从弹出的快捷菜单中选择“删除”命令即可。

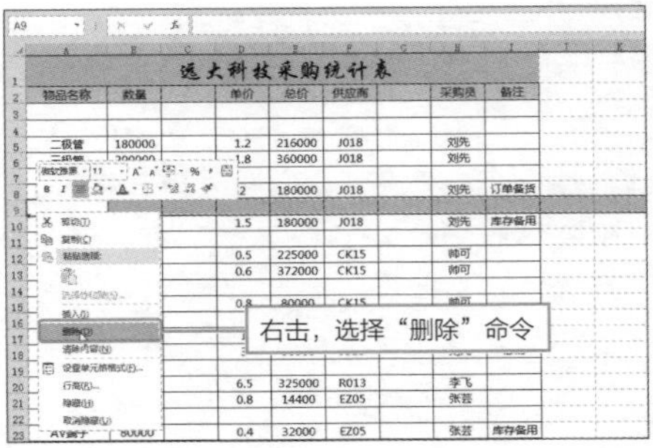

4. 功能区按钮删除法。选择要删除的行，切换至“开始”选项卡，单击“删除”按钮即可。

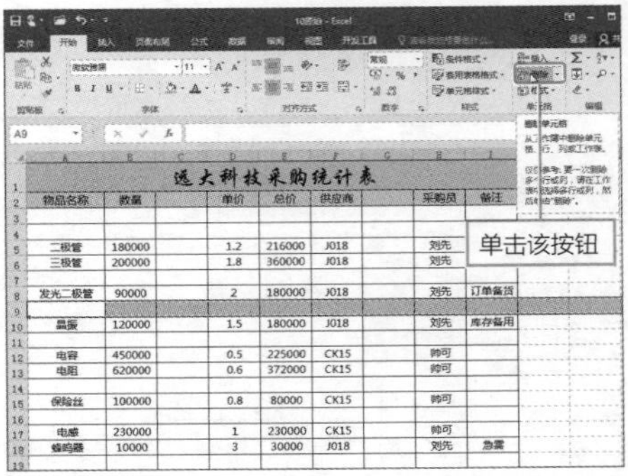

Question **196**

● Level ◆◆◆

2016 2013 2010

瞬间消灭表格内所有空行

语音视频教学196

实例　一次性删除表格内所有空行

在一个工作表中，若存在很多空行，为了使工作表简单易懂、美观大方，可以将其删除。那么如何才能瞬间删除这些空行呢？下面将对其操作进行介绍。

❶ 排序筛选法。选择数据区域，单击"排序和筛选"按钮，从下拉列表中选择"升序"选项。

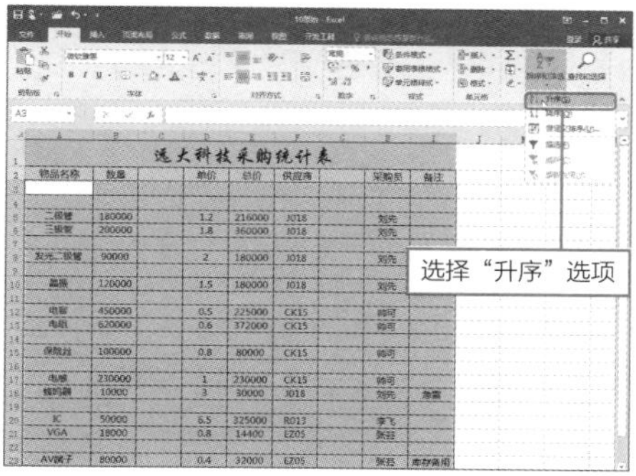

❷ 随后所有空行会集中出现，选择所有空行，将其删除即可。

❸ 数据筛选法。选定数据区域，单击"排序和筛选"按钮，选择"筛选"选项。在任意列的筛选条件列表中只勾选"空白"复选框，单击"确定"按钮。

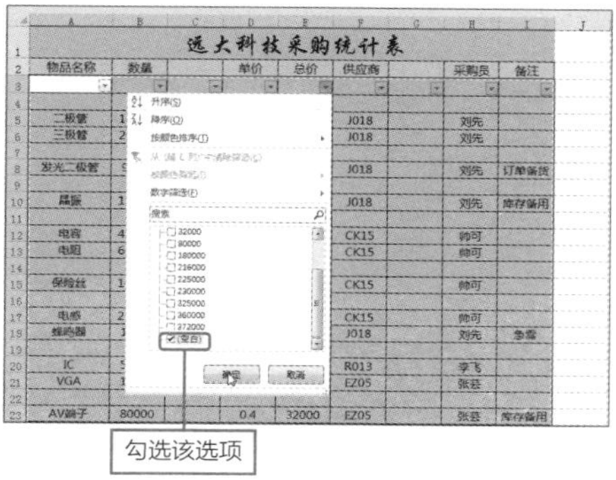

❹ 将筛选出所有空行，空行行号显示为蓝色，选中所有空行，执行删除操作。然后单击列筛选下三角按钮，从下拉列表中勾选"全选"复选框即可显示工作表。

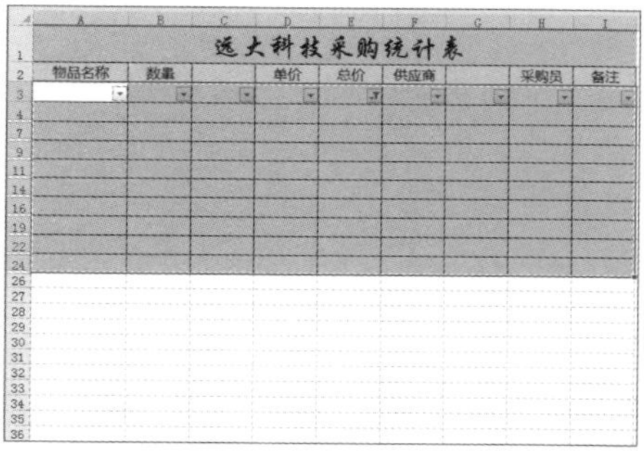

1 2 3 4 5 6 7 8 9 10 11 12 13 14 15 16 17 18 Excel单元格操作技巧

Question

197

• Level ◆◆◆

2016 2013

行列也玩捉迷藏

语音视频教学197

实例 隐藏工作表中的行/列

对于一些不想要展示给其他人的数据行或数据列，用户可以将其隐藏起来。当需要编辑时，再将其显示即可。工作表中行/列隐藏操作介绍如下。

❶ 功能区按钮隐藏法。选择需要隐藏的行，单击“格式”按钮，从下拉菜单中选择“隐藏和取消隐藏>隐藏行”命令。

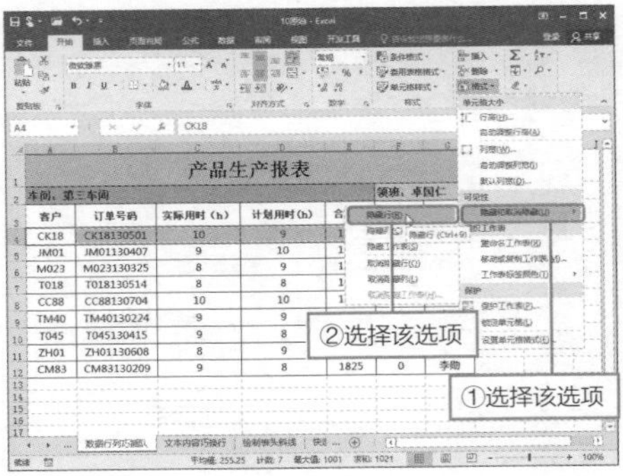

❷ 右键菜单隐藏法。选择需要隐藏的行，右键单击，从快捷菜单中选择“隐藏”命令即可。隐藏列操作与隐藏行相同。

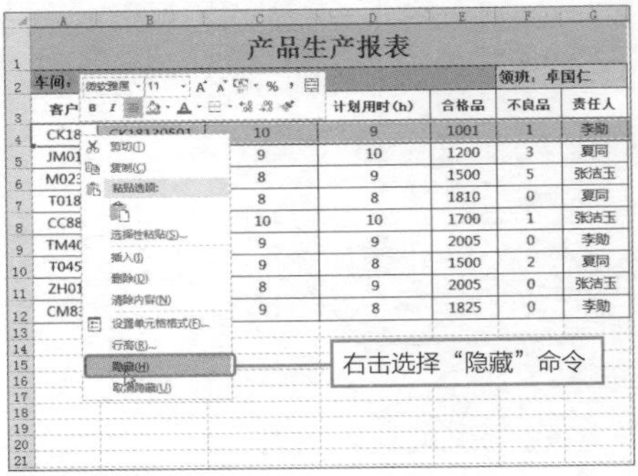

❸ 一次性隐藏多行或多列。只需选中多行或多列，执行隐藏操作即可。执行隐藏操作后，观察行号或列号可以发现隐藏的行数或列数。

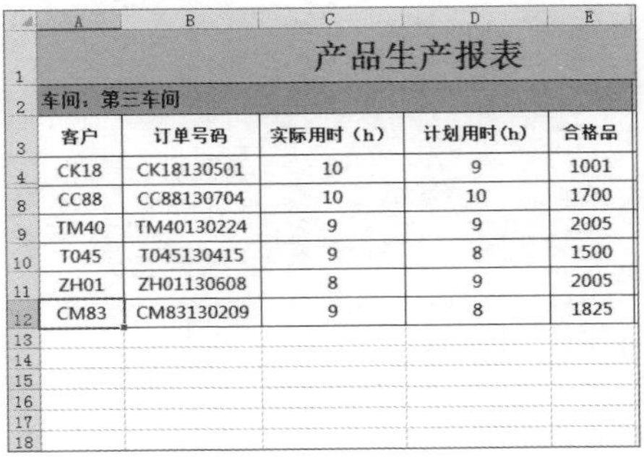

	A	B	C	D	E
1	产品生产报表				
2	车间：第三车间				
3	客户	订单号码	实际用时（h）	计划用时(h)	合格品
4	CK18	CK18130501	10	9	1001
8	CC88	CC88130704	10	10	1700
9	TM40	TM40130224	9	9	2005
10	T045	T045130415	9	8	1500
11	ZH01	ZH01130608	8	9	2005
12	CM83	CM83130209	9	8	1825

Hint

显示隐藏的行或列

选中隐藏行并右击，从右键菜单中选择“取消隐藏”命令即可。取消列的隐藏与之相同，读者可以自行体验。

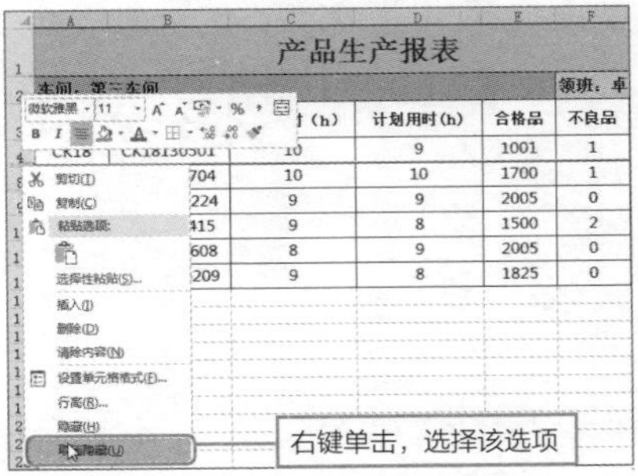

Question
198 文本内容巧换行

语音视频教学198

● Level ◆◆◆

2016 2013 2010

实例　单元格内文本的自动换行

在单元格内输入大量的文字信息，会导致表格凌乱，影响视觉效果。这时，用户可以通过设置让表格内的文本自动换行，下面将对这一操作进行介绍。

1 选择单元格区域，单击“开始”选项卡上“对齐方式”组的对话框启动器按钮。

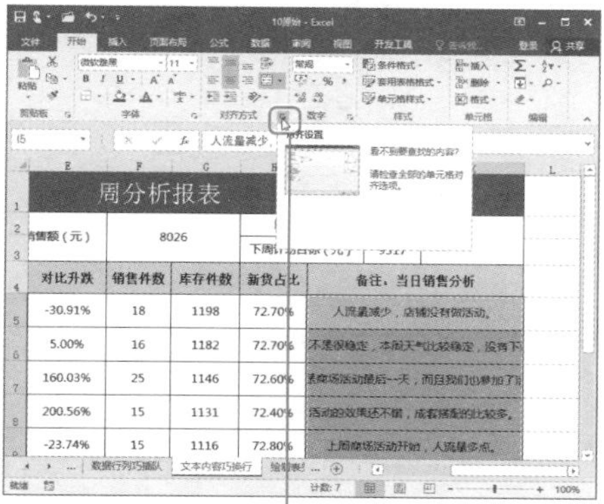

单击该按钮

2 弹出“设置单元格格式”对话框，切换至“对齐”选项卡，从中勾选“自动换行”复选框。

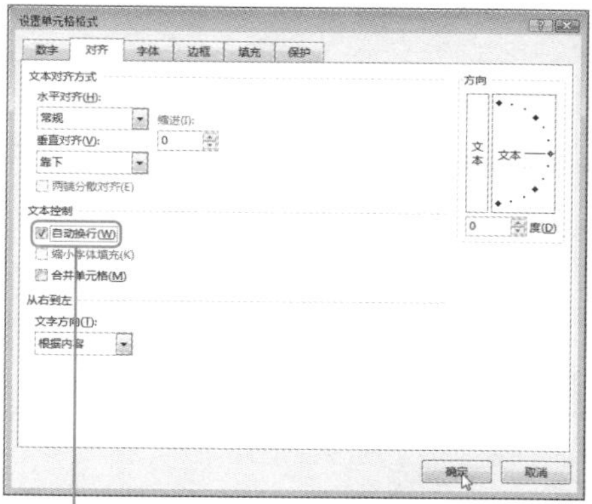

勾选该选项

3 单击“确定”按钮，关闭对话框，随后即可看到所选区域中的文本已经自动换行。

C	D	E	F	G	H	I	K
周分析报表							
9331	实际完成销售额（元）		8026		目标达成率	86.01%	
					下周计划目标（元）	9317	
上周销售	本周销售	对比升跌	销售件数	库存件数	新货占比	备注：当日销售分析	
2009	1388	-30.91%	18	1198	72.70%	人流量减少，店铺没有做活动。	
586	1076	5.00%	16	1182	72.70%	上周天气不是很稳定， 本周天气比较稳定，没有下雨天气。	
603	1568	160.03%	25	1146	72.60%	30号是商场活动最后一天， 而且我们也参加了活动。	
356	1070	200.56%	15	1131	72.40%	活动的效果还不错，成套搭配的比较多。	
1015	774	-23.74%	15	1116	72.80%	上周商场活动开始，人流量多点。	
1597	1150	-27.99%	13	1103	72.70%	天气比较炎热，人流量不是很多，再加上货品很多 不是齐色齐码了。	
1697	1000	-41.07%	11	1092	72.60%	天气炎热，货品不足。	
7863	8026	2.07%				新货到货件数	0

Hint

手动强制换行

在需要换行的位置按Alt+Enter组合键即可。手动换行不受列宽的影响，可以在任意位置换行。如下为手动换行与自动换行的对比。

上周天气不是很稳定，本周天气比较 稳定，没有下雨天气。
30号是商场活动最后一天，而且我们 也参加了活动。

上周天气不是很稳定， 本周天气比较稳定，没有下雨天气。
30号是商场活动最后一天， 而且我们也参加了活动。

Question

199 巧妙绘制表头斜线

语音视频教学199

• Level ◆◆◆

2016 2013 2010

实例 表头斜线的绘制

在制作表格的过程中，为了表示行列数据，经常需要为表头绘制斜线，下面将介绍这一效果的实现过程。

1. 选择需绘制斜线的单元格，右键单击，从弹出的快捷菜单中选择“设置单元格格式”命令。或者在选中单元格后，按Ctrl+1组合键。

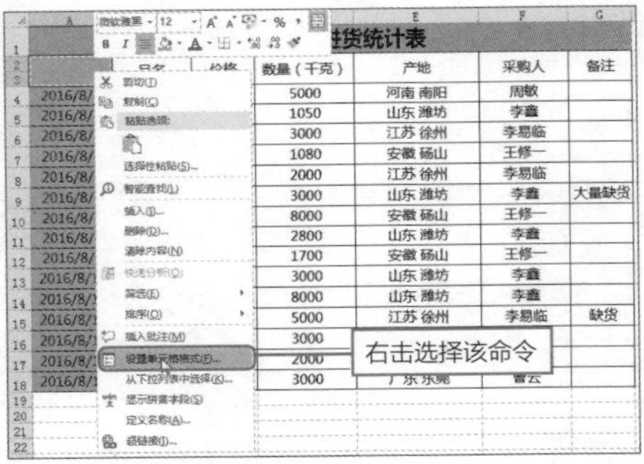

2. 打开“设置单元格格式”对话框，切换至“边框”选项卡，单击右下角的斜线按钮。

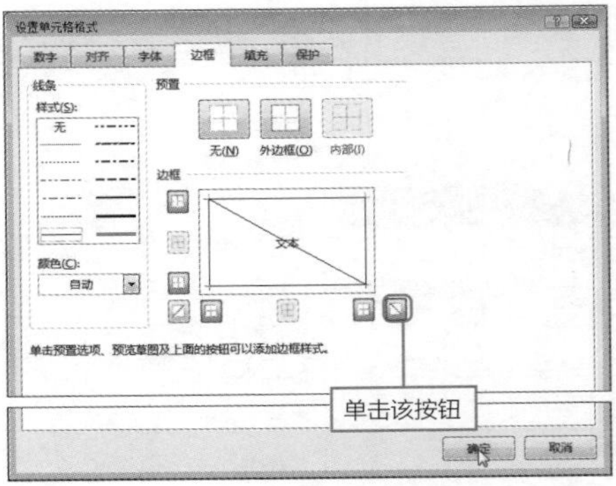

3. 设置完成后，单击“确定”按钮，关闭对话框。返回工作表，查看绘制的斜线效果。

友好超市进货统计表						
	品名	价格	数量（千克）	产地	采购人	备注
2016/8/1	土鸡蛋	9	5000	河南 南阳	周敏	
2016/8/2	生菜	8	1050	山东 潍坊	李鑫	
2016/8/3	芹菜	3	3000	江苏 徐州	李易临	
2016/8/8	菠菜	2	1080	安徽 砀山	王修一	
2016/8/5	花菜	8	2000	江苏 徐州	李易临	
2016/8/6	西红柿	5	3000	山东 潍坊	李鑫	大量缺货
2016/8/7	黄瓜	3	8000	安徽 砀山	王修一	
2016/8/8	豆角	8	2800	山东 潍坊	李鑫	
2016/8/9	四季豆	5	1700	安徽 砀山	王修一	
2016/8/10	青椒	8	3000	山东 潍坊	李鑫	
2016/8/11	茄子	3	8000	山东 潍坊	李鑫	
2016/8/12	西葫芦	3	5000	江苏 徐州	李易临	缺货
2016/8/13	丝瓜	8	3000	广东 东莞	曹云	
2016/8/18	苦瓜	5	2000	安徽 砀山	王修一	
2016/8/15	冬瓜	2	3000	广东 东莞	曹云	

Hint

怎样为多个单元格绘制斜线?

在制表时，有时为了标识表中的多个单元格为无效单元格，则需为其添加斜线。其实道理是相同的。

同时选中需添加斜线的多个单元格，然后通过按Ctrl+1组合键或通过右键快捷菜单命令，打开“设置单元格格式”对话框，在“边框”选项卡中进行设置，设置完成后单击“确定”按钮即可。

Question 200

● Level ◆◆◆

2016 2013 2010

在有斜线的单元格内输入文字

语音视频教学200

实例　在绘制有斜线的单元格内输入对应的文字

在表头绘制出斜线后，怎样输入文字对标题行与标题列命名呢？通过设置单元格格式和强制换行的方法都可以实现，下面将对其进行介绍。

1 手动强制换行法。将鼠标光标定位到需要上下分开的文字中间，按Alt+Enter组合键手动换行，然后在上方文字前键入空格，调整使位置更加合理即可。

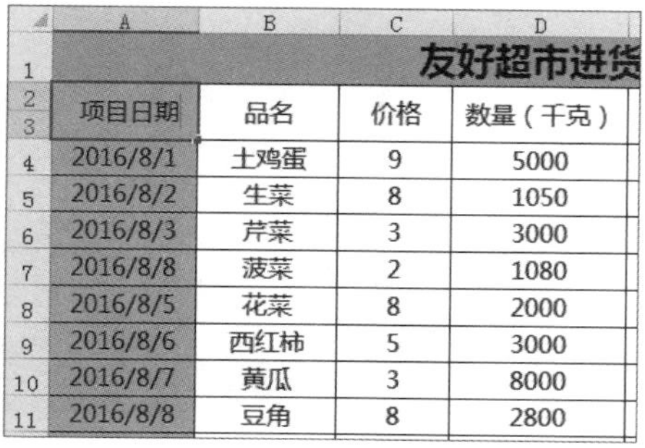

项目日期	品名	价格	数量（千克）
2016/8/1	土鸡蛋	9	5000
2016/8/2	生菜	8	1050
2016/8/3	芹菜	3	3000
2016/8/8	菠菜	2	1080
2016/8/5	花菜	8	2000
2016/8/6	西红柿	5	3000
2016/8/7	黄瓜	3	8000
2016/8/8	豆角	8	2800

2 设置单元格格式法。选择上方文字，按Ctrl+1组合键，在打开的“设置单元格格式”对话框中勾选“上标”复选框，用同样的方法设置下方文字为下标格式。

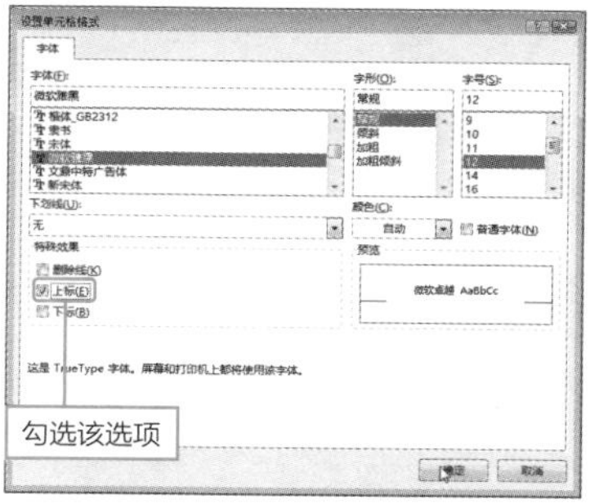

3 设置完成后，单击“确定”按钮，关闭对话框，返回工作表，查看设置效果并进行适当调整。

友好超市进货统计表

项目/日期	品名	价格	数量（千克）	产地	采购人	备注
2016/8/1	土鸡蛋	9	5000	河南 南阳	周敏	
2016/8/2	生菜	8	1050	山东 潍坊	李鑫	
2016/8/3	芹菜	3	3000	江苏 徐州	李易临	
2016/8/8	菠菜	2	1080	安徽 砀山	王修一	
2016/8/5	花菜	8	2000	江苏 徐州	李易临	
2016/8/6	西红柿	5	3000	山东 潍坊	李鑫	大量缺货
2016/8/7	黄瓜	3	8000	安徽 砀山	王修一	
2016/8/8	豆角	8	2800	山东 潍坊	李鑫	
2016/8/9	四季豆	5	1700	安徽 砀山	王修一	
2016/8/10	青椒	8	3000	山东 潍坊	李鑫	
2016/8/11	茄子	3	8000	山东 潍坊	李鑫	
2016/8/12	西葫芦	3	5000	江苏 徐州	李易临	缺货
2016/8/13	丝瓜	8	3000	广东 东莞	曹云	
2016/8/18	苦瓜	5	2000	安徽 砀山	王修一	
2016/8/15	冬瓜	2	3000	广东 东莞	曹云	

Hint

在斜线内键入文字时注意事项

在含有斜线的单元格中输入文字后，如果既不调整行高或列宽，也不用空格调整文字位置，输入后的效果会很差。虽然通过设置文字被分为上下方文字，但是它们还是一个整体，同样可以执行对齐等单元格应有操作。

友好超市进货统计表

项目/日期	品名	价格	数量（千克）	产地	采购人
2016/8/1	土鸡蛋	9	5000	河南 南阳	周敏
2016/8/2	生菜	8	1050	山东 潍坊	李鑫
2016/8/3	芹菜	3	3000	江苏 徐州	李易临
2016/8/8	菠菜	2	1080	安徽 砀山	王修一
2016/8/5	花菜	8	2000	江苏 徐州	李易临
2016/8/6	西红柿	5	3000	山东 潍坊	李鑫
2016/8/7	黄瓜	3	8000	安徽 砀山	王修一
2016/8/8	豆角	8	2800	山东 潍坊	李鑫
2016/8/9	四季豆	5	1700	安徽 砀山	王修一

Question

201 快速填充所有空白单元格

语音视频教学201

实例 为所有空白单元格填充数据

● Level ◆◆◆

2016 2013 2010

在制作表格时，经常会需要在单元格中填充大量相同的数据，这时，可以先将这些单元格留白，然后将该数据快速批量输入到留白的单元格内，下面将对其进行介绍。

1. 选择区域，单击“开始”选项卡中的“查找和选择”按钮，展开其下拉列表。

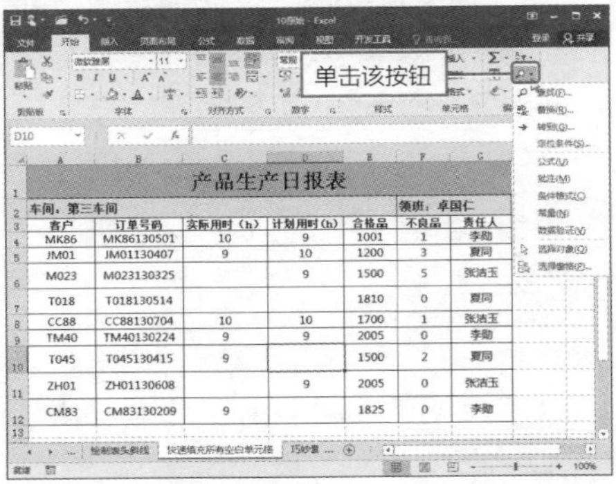

2. 选择“替换”选项，弹出“查找和替换”对话框，在“替换为”文本框中输入8，单击“全部替换”按钮即可。

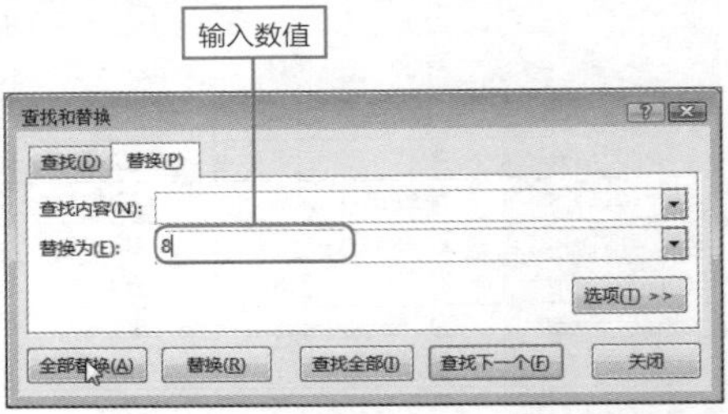

3. 或者是选择“定位条件”选项，打开“定位条件”对话框，选中“空值”单选按钮并单击“确定”按钮。

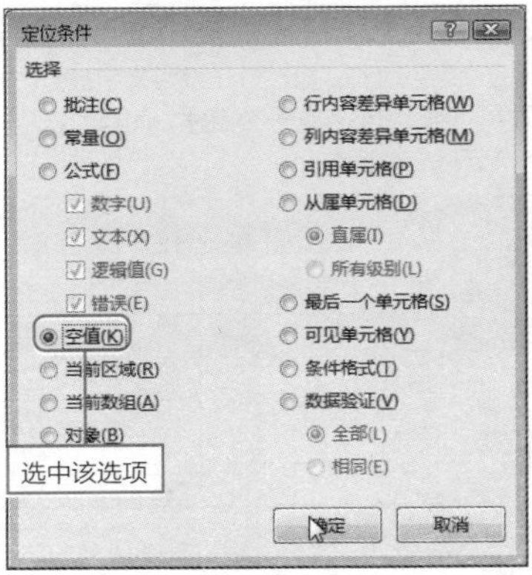

4. 将返回到工作表，输入8后按下Ctrl+Enter组合键即可完成填充操作。

产品生产日报表

车间：第三车间					领班：卓国仁	
客户	订单号码	实际用时（h）	计划用时（h）	合格品	不良品	责任人
MK86	MK86130501	10	9	1001	1	李勋
JM01	JM01130407	9	10	1200	3	夏同
M023	M023130325	8	9	1500	5	张洁玉
T018	T018130514	8	8	1810	0	夏同
CC88	CC88130704	10	10	1700	1	张洁玉
TM40	TM40130224	9	9	2005	0	李勋
T045	T045130415	9	8	1500	2	夏同
ZH01	ZH01130608	8	9	2005	0	张洁玉
CM83	CM83130209	9	8	1825	0	李勋

Question

202

● Level ◆◆◆

2016 2013 2010

巧妙套用单元格样式

语音视频教学202

实例　快速套用单元格样式

在实际工作中经常需要为标题、数字、注释等设置特定的单元格样式，以增强其可读性和规范性，方便后期的数据处理。用户可以直接使用Excel中预置的一些样式，以实现单元格格式的快速设置。

❶ 选择C3:C15单元格区域，单击“开始”选项卡中的“单元格样式”按钮。

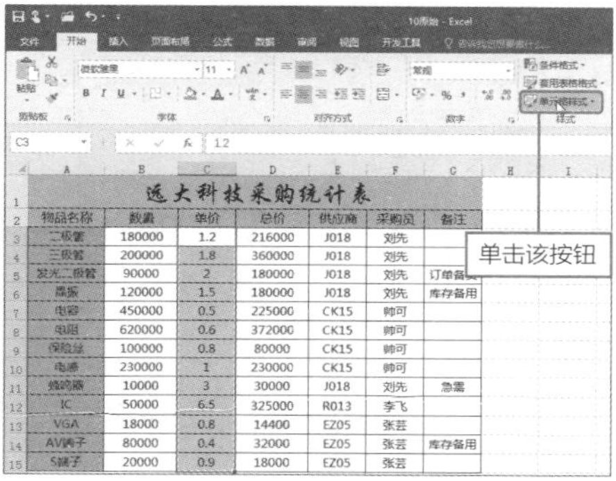

❷ 展开其下拉列表，从中选择所需样式即可。

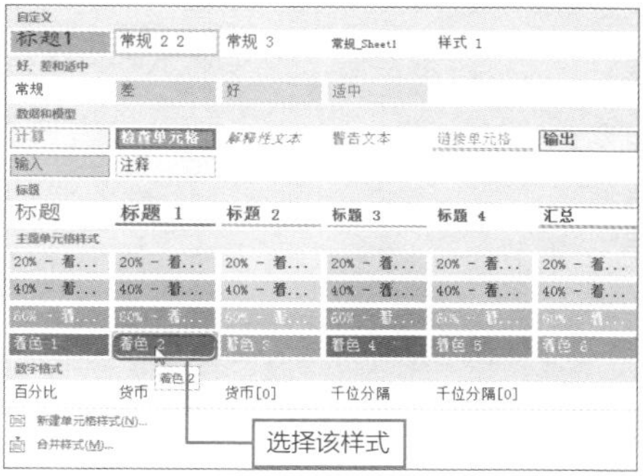

❸ 可以看到，工作表内选定区域的单元格已经应用了所选样式。

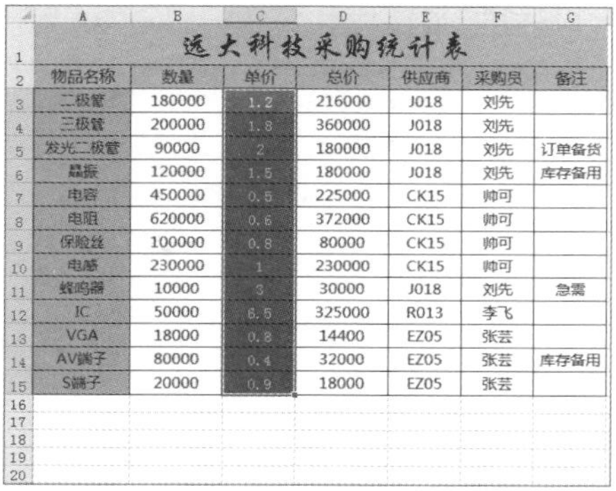

远大科技采购统计表

物品名称	数量	单价	总价	供应商	采购员	备注
二极管	180000	1.2	216000	J018	刘先	
三极管	200000	1.8	360000	J018	刘先	
发光二极管	90000	2	180000	J018	刘先	订单备货
晶振	120000	1.5	180000	J018	刘先	库存备用
电容	450000	0.5	225000	CK15	帅可	
电阻	620000	0.6	372000	CK15	帅可	
保险丝	100000	0.8	80000	CK15	帅可	
电感	230000	1	230000	CK15	帅可	
蜂鸣器	10000	3	30000	J018	刘先	急需
IC	50000	6.5	325000	R013	李飞	
VGA	18000	0.8	14400	EZ05	张芸	
AV端子	80000	0.4	32000	EZ05	张芸	库存备用
S端子	20000	0.9	18000	EZ05	张芸	

Hint

创建自定义样式

如用户对系统提供的样式不满意，可以根据需要自定义样式。打开“单元格样式”列表，选择“新建单元格样式”选项，打开“样式”对话框，根据需要进行设置即可。

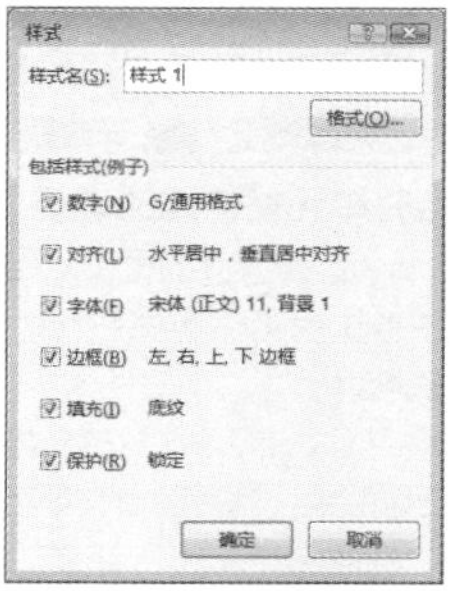

Question

203

● Level ◆◆◆

2016 2013 2010

从其他工作簿中偷取单元格样式

语音视频教学203

实例 合并单元格样式

上一技巧介绍了单元格样式的套用以及自定义方法，那么，如何将自定义的单元格样式在工作簿之间共享呢？下面将对其相关操作进行介绍。

1 打开包含目标单元格样式和需要合并单元格样式的工作簿，单击“单元格样式”按钮，从列表中选择“合并样式”选项。

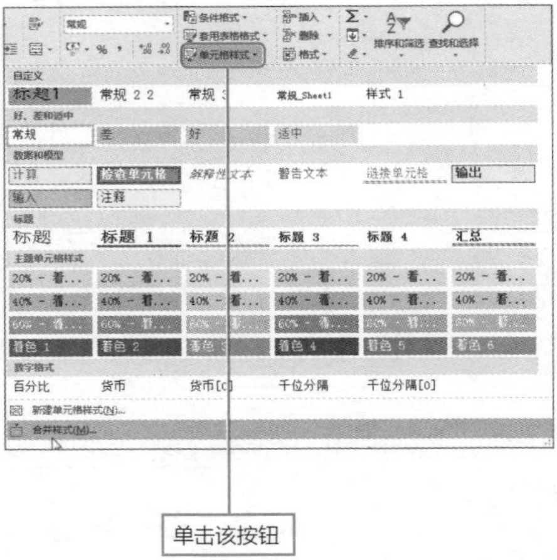

2 打开“合并样式”对话框，在“合并样式来源”列表框中选择需要合并样式的工作簿，单击“确定”按钮。

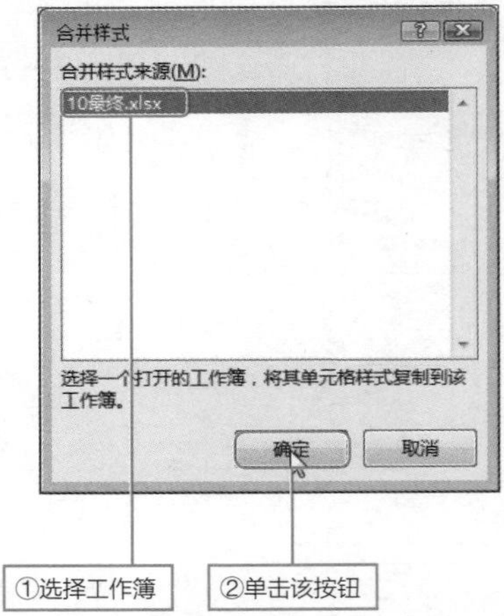

3 打开单元格样式列表，可以看到之前不存在的单元格样式。

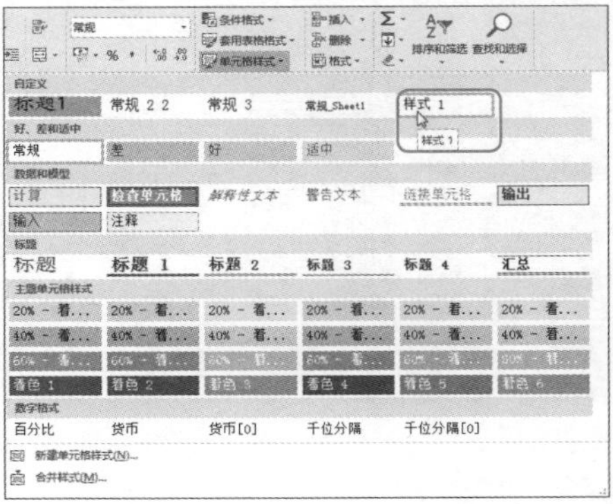

Hint

关于合并单元格样式的说明

由于不同的工作簿之间包含不同的单元格样式，因此为了使工作表协调统一，应用“合并样式”功能是最明智的。

从其他工作簿中提取已经存在的单元格样式，将其复制到当前工作簿中，就可以省去重新定义单元格样式的麻烦，从而轻松实现单元格样式的共享。

Question

204 快速清除单元格格式

语音视频教学204

● Level ◆◆◆

2016 2013 2010

实例　清除表格格式只保留文本内容

为了美化表格，使表格规范化，用户经常使用单元格样式或设置单元格格式使表格变得美观、规范。但是有时只需使用表格内容，而勿需保留格式，这种情况下就应当对单元格格式进行清除。

1 选择D4:D18单元格区域，单击“开始”选项卡“编辑”组中的“清除”按钮。

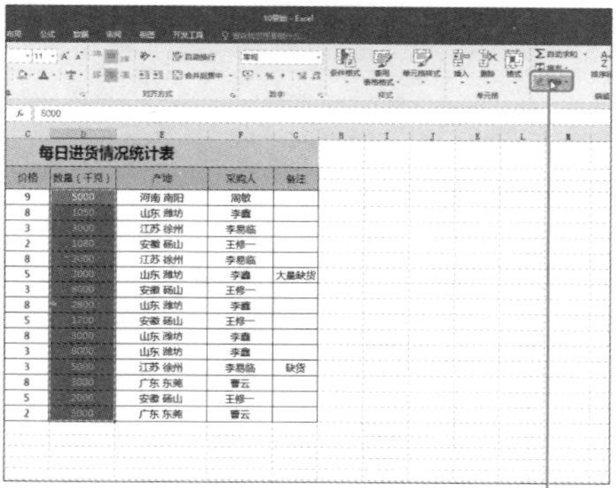

单击“清除”按钮

2 展开其下拉列表，从中选择“清除格式”选项。

选择该选项

3 随后即可将选中区域单元格的格式全部清除。

			每日进货情况统计表			
	品名	价格	数量（千克）	产地	采购人	备注
2016/8/1	土鸡蛋	9	5000	河南 南阳	周敏	
2016/8/2	生菜	8	1050	山东 潍坊	李鑫	
2016/8/3	芹菜	3	3000	江苏 徐州	李易临	
2016/8/8	菠菜	2	1080	安徽 砀山	王修一	
2016/8/5	花菜	8	2000	江苏 徐州	李易临	
2016/8/6	西红柿	5	3000	山东 潍坊	李鑫	大量缺货
2016/8/7	黄瓜	3	8000	安徽 砀山	王修一	
2016/8/8	豆角	8	2800	山东 潍坊	李鑫	
2016/8/9	四季豆	5	1700	安徽 砀山	王修一	
2016/8/10	青椒	8	3000	山东 潍坊	李鑫	
2016/8/11	茄子	3	8000	山东 潍坊	李鑫	
2016/8/12	西葫芦	3	5000	江苏 徐州	李易临	缺货
2016/8/13	丝瓜	8	3000	广东 东莞	曹云	
2016/8/18	苦瓜	5	2000	安徽 砀山	王修一	
2016/8/15	冬瓜	2	3000	广东 东莞	曹云	

Hint

清除格式可以清除哪些内容？

清除格式操作完成后，选中区域表格的边框、字体的设置、文本的对齐方式、货币符号的显示、单元格对齐方式等都会被清除。即清除完成后只保留表格中的内容。

所以，当清除操作完成后，需要对表格进行简单的设置，以保持整个表格的一致性。

Question 205

快速合并单元格

语音视频教学205

• Level ◆◆◆

2016 2013 2010

实例 单元格的合并

在制作工作表的过程中，输入工作表标题、项目汇总名称时，为了可以很好的显示其包含的内容，通常会需要将其所属的单元格合并后再进行输入，下面将介绍如何合并单元格。

1 功能区按钮法。选择需要合并的单元格区域，单击“开始”选项卡中的“合并后居中”右侧下拉按钮，从展开的列表中选择合适的命令即可。

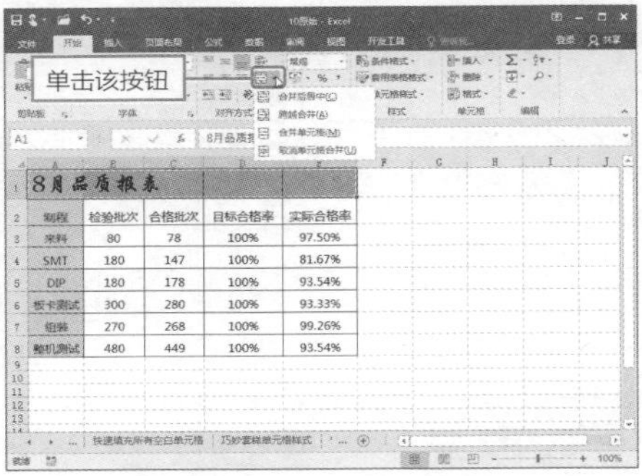

2 右键快捷菜单法。选中需合并单元格区域，右键单击，从弹出的快捷菜单中选择“设置单元格格式”命令。

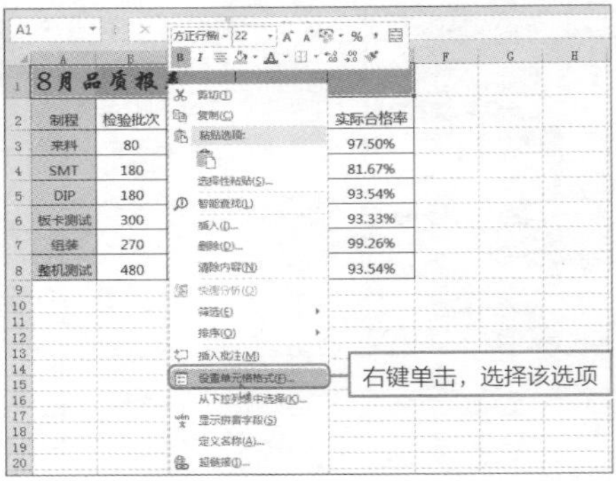

3 打开“设置单元格格式”对话框，在“对齐”选项卡，勾选“合并单元格”选项前的复选框，设置水平、垂直对齐。

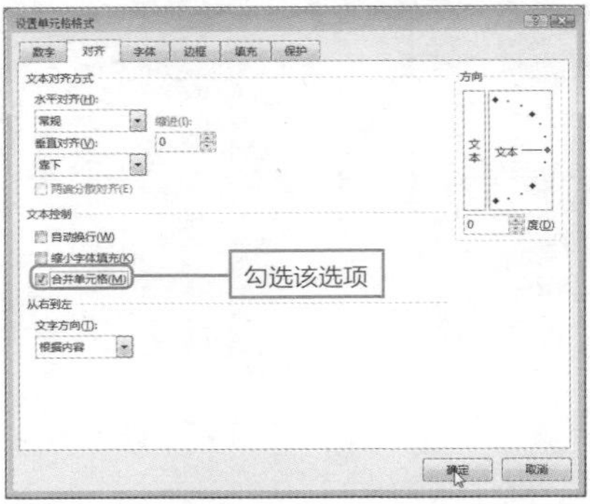

4 设置完成后，单击“确定”按钮，关闭对话框，查看设置效果。

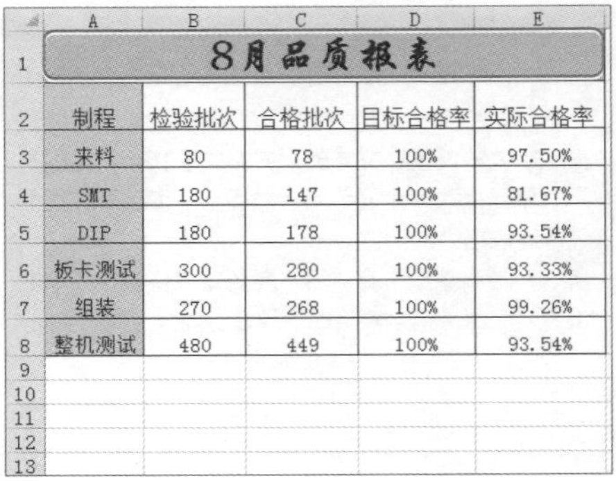

8月品质报表
制程 检验批次 合格批次 目标合格率 实际合格率
来料 80 78 100% 97.50%
SMT 180 147 100% 81.67%
DIP 180 178 100% 93.54%
板卡测试 300 280 100% 93.33%
组装 270 268 100% 99.26%
整机测试 480 449 100% 93.54%

Question

206

● Level ◆◆◆

2016 2013 2010

巧用边框美化表格

语音视频教学206

实例 设置表格边框

想要制作一个漂亮、大方的表格，边框的设计起着画龙点睛的作用，下面就介绍一下如何运用边框来美化表格。

1 选择单元格区域，单击“开始”选项卡上“边框”按钮，选择“线条颜色”选项，从关联菜单中选择合适的颜色。

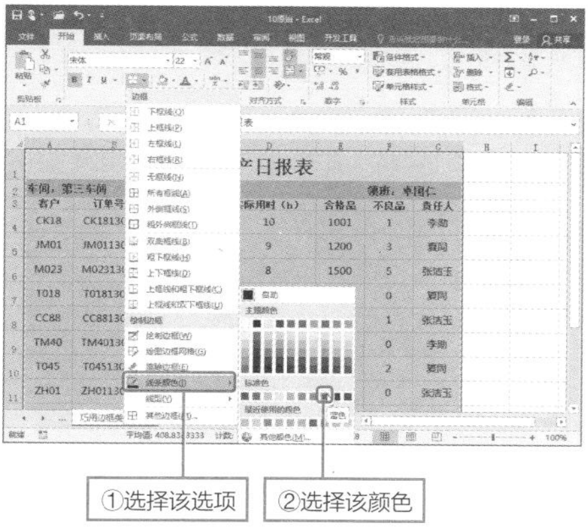

2 再次展开“边框”列表，从中选择“线型”选项，从其关联菜单中选择合适的线型。

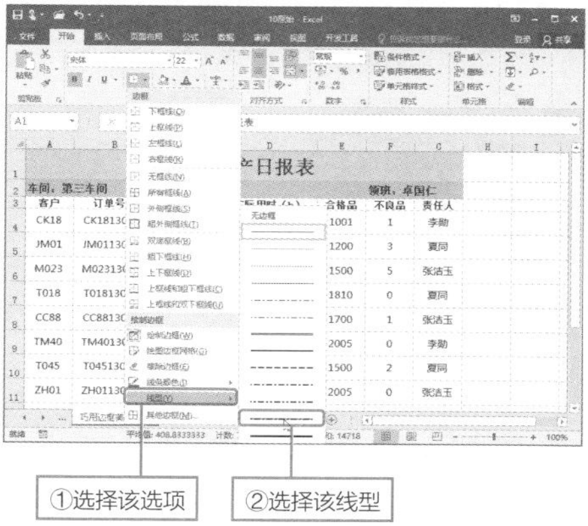

3 打开“边框”列表，选择“所有框线”选项，应用设置效果。

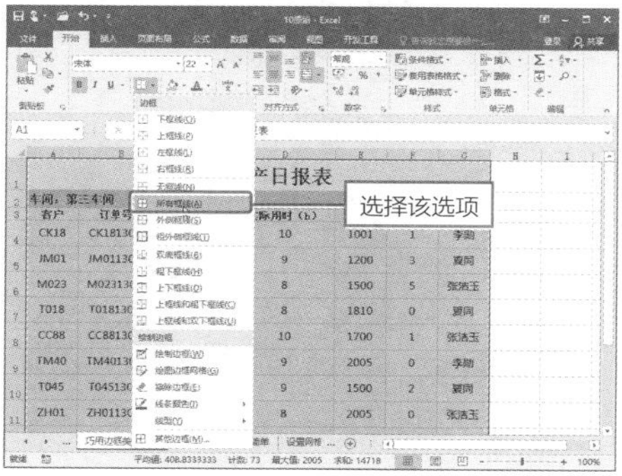

Hint

对话框法美化表格边框

选择单元格区域，在键盘上按下Ctrl+1组合键，打开“设置单元格格式”对话框，切换至“边框”选项卡，从中进行相应设置即可。

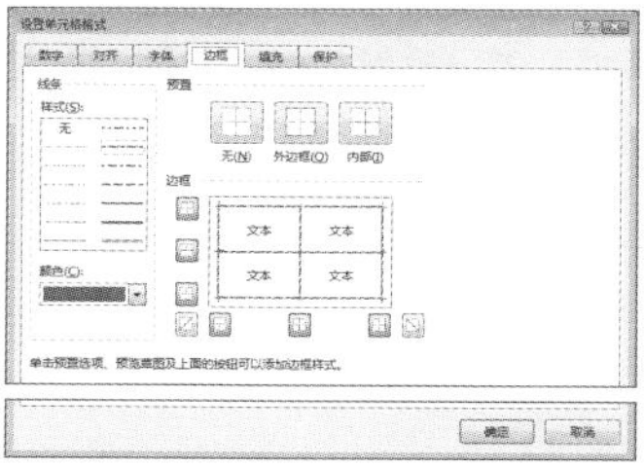

Question 207

• Level ◆◆◆

2016 2013 2010

美化工作表背景很简单

语音视频教学207

实例 为工作表添加一个匹配的背景

如果想让当前操作的工作表更加个性，那么可以为其添加一个漂亮的背景，比如新产品的图片、公司的LOGO，亦或是其他自己喜欢的图片。下面将对该效果的实现进行介绍。

1 打开工作表，切换至“页面布局”选项卡，单击“背景”按钮。

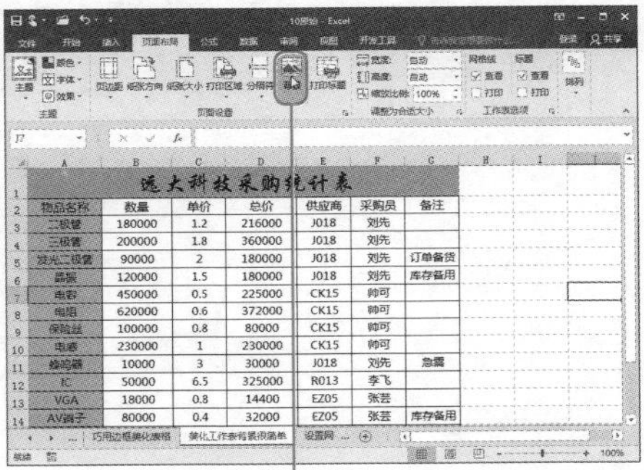

单击

2 打开“插入图片”窗格，单击“来自文件”选项右侧的“浏览”按钮。

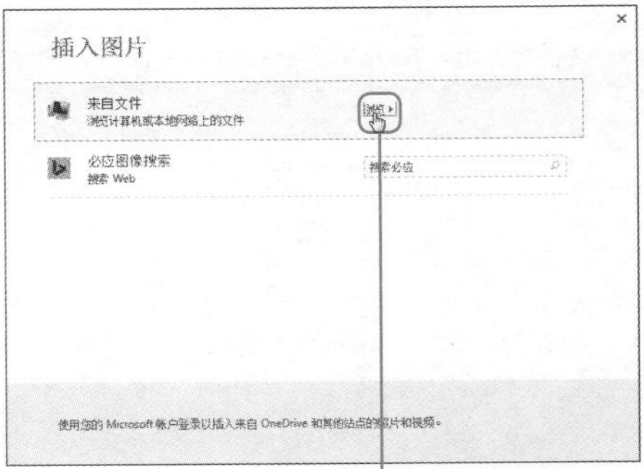

单击“浏览”按钮

3 打开“工作表背景”对话框，从本地磁盘中查找合适的图片，选中该图片，并单击“插入”按钮即可。

选择图片

4 可将所选图片作为当前工作表的背景。

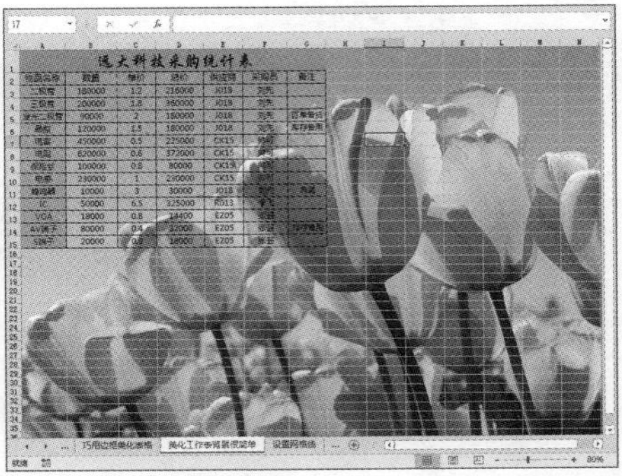

使用图片作为工作表背景

Question **208**

突出显示含有公式的单元格

语音视频教学208

● Level ◆◆◆

2016 2013 2010

实例 定位工作表中含有公式的单元格

当工作表中含有大量数据时，为了快速分清哪些数据是包含公式的数据，哪些数据是源数据，则可以利用定位条件命令将含有公式的单元格全部显示出来。

❶ 打开工作表，单击“开始”选项卡中的“查找和选择”按钮，从下拉列表中选择“定位条件”选项。

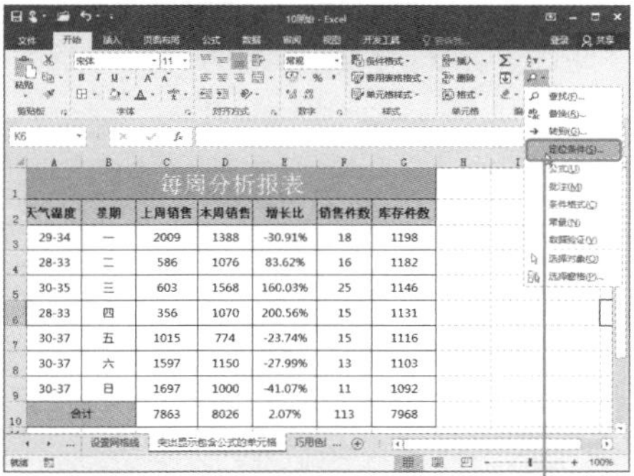

选择该选项

❷ 弹出“定位条件”对话框，选中“公式”单选按钮。

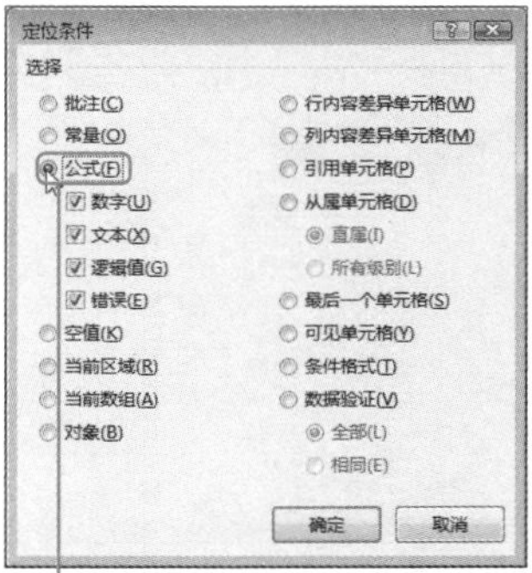

选中该选项

❸ 设置完成后，单击“确定”按钮，关闭对话框，可以看到工作表中包含公式的单元格程选中状态。

每周分析报表
天气温度 星期 上周销售 本周销售 增长比 销售件数 库存件数
29-34 一 2009 1388 -30.91% 18 1198
28-33 二 586 1076 83.62% 16 1182
30-35 三 603 1568 160.03% 25 1146
28-33 四 356 1070 200.56% 15 1131
30-37 五 1015 774 -23.74% 15 1116
30-37 六 1597 1150 -27.99% 13 1103
30-37 日 1697 1000 -41.07% 11 1092
合计 7863 8026 2.07% 113 7968
设置网格线
突出显示包含公式的单元格
巧用色

Hint

“定位条件”对话框各选项含义

“批注”表示带有批注的单元格。

“行内容差异单元格”表示目标区域中每行与其他单元格不同的单元格。

“列内容差异单元格” 表示目标区域中每列与其他单元格不同的单元格。

“常量”表示内容为常量的单元格。

“引用单元格”表示选定单元格或单元格区域中公式引用的单元格。

“空值”表示空白单元格。

“条件格式”表示应用了条件格式的单元格。

Question

209 巧用色阶显示数据大小

语音视频教学209

• Level ◆◆◆

2016 2013 2010

实例 根据单元格数值大小标识颜色

用户可以利用色阶标识数值，使含有数值的单元格突出显示，并直观反应单元格中数值的大小变化。下面将对相关的操作进行详细的介绍。

1 打开工作表，选中D4:D18单元格区域。单击“开始”选项卡中的“条件格式”按钮。

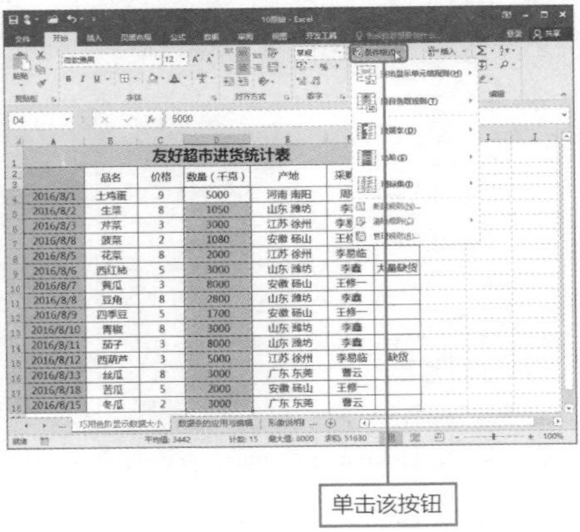

2 从展开的列表中选择“色阶”选项，从展开的关联菜单中选择合适的选项。

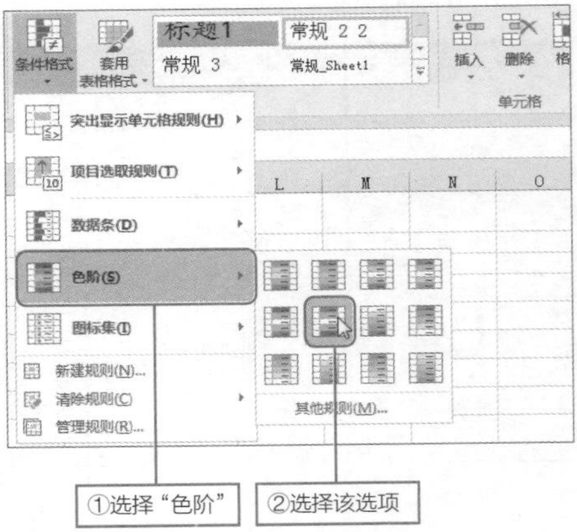

3 随后即可为所选区域应用选定样式的色阶，若用户对当前样式不满意，可以按照同样的方法进行更改。

友好超市进货统计表

	品名	价格	数量（千克）	产地	采购人	备注
2016/8/1	土鸡蛋	9	5000	河南 南阳	周敏	
2016/8/2	生菜	8	1050	山东 潍坊	李鑫	
2016/8/3	芹菜	3	3000	江苏 徐州	李易临	
2016/8/8	菠菜	2	1080	安徽 砀山	王修一	
2016/8/5	花菜	8	2000	江苏 徐州	李易临	
2016/8/6	西红柿	5	3000	山东 潍坊	李鑫	大量缺货
2016/8/7	黄瓜	3	8000	安徽 砀山	王修一	
2016/8/8	豆角	8	2800	山东 潍坊	李鑫	
2016/8/9	四季豆	5	1700	安徽 砀山	王修一	
2016/8/10	青椒	8	3000	山东 潍坊	李鑫	
2016/8/11	茄子	3	8000	山东 潍坊	李鑫	
2016/8/12	西葫芦	3	5000	江苏 徐州	李易临	缺货
2016/8/13	丝瓜	8	3000	广东 东莞	曹云	
2016/8/18	苦瓜	5	2000	安徽 砀山	王修一	
2016/8/15	冬瓜	2	3000	广东 东莞	曹云	

Hint

关于色阶

色阶是在一个单元格区域中显示双色渐变或三色渐变的单元格颜色底纹，可以表示单元格数值的大小。

从效果图中可以看出，应用了“绿-白-红色阶”后，数值越小的单元格，底色越接近红色；数值中等的单元格，底色越接近白色；数值越大的单元格，底色越接近绿色。

Question

210 巧用数据条快速区分正负数据

语音视频教学210

● Level ◆◆◆

2016 2013 2010

实例 数据条功能的应用

条件格式中的“数据条”功能，利用带有颜色的数据条标识数据大小，并且自动区别正、负数据，从而使有差异的数据更易理解，下面将介绍数据条的应用。

1 选择E3:E10单元格区域。单击“开始”选项卡上的“条件格式”按钮。

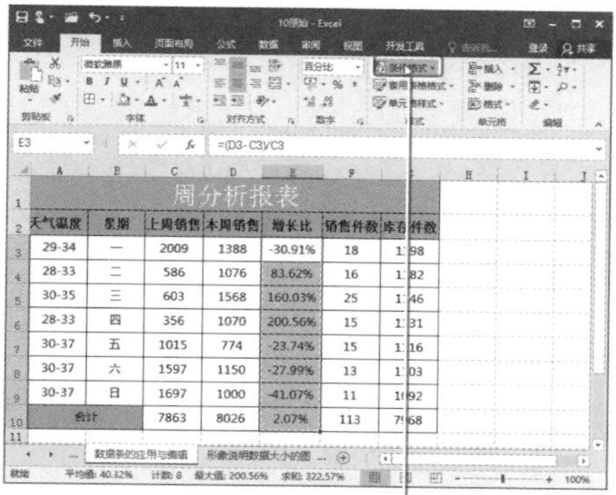

2 从展开的列表中选择“数据条”选项，从展开的关联菜单中选择合适的选项。

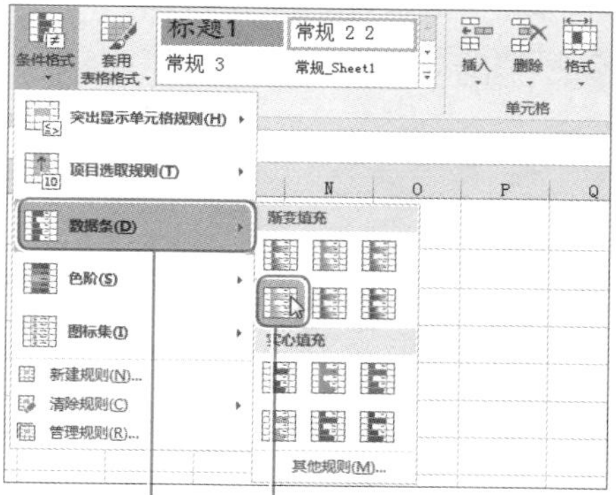

3 随后即可为所选区域应用选定样式的数据条。若用户对当前样式不满意，则可以按照同样的方法进行更改。

周分析报表						
天气温度	星期	上周销售	本周销售	增长比	销售件数	库存件数
29-34	一	2009	1388	-30.91%	18	1198
28-33	二	586	1076	83.62%	16	1182
30-35	三	603	1568	160.03%	25	1146
28-33	四	356	1070	200.56%	15	1131
30-37	五	1015	774	-23.74%	15	1116
30-37	六	1597	1150	-27.99%	13	1103
30-37	日	1697	1000	-41.07%	11	1092
合计		7863	8026	2.07%	113	7968

Hint

关于数据条

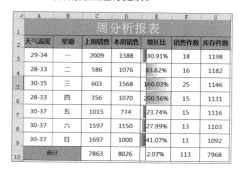

数据条可以将含有数字的单元格显示为某种颜色，不包含数字的单元格不显示颜色。数据条的长度和数值的大小相关，数值越大，数据条越长；数值越小，数据条越短。

当数值为负值时，数据条将反向显示。即负值越小时，数据条反向显示越长。

用户也可以通过设置在单元格只显示数据条而不显示数据。

Question 211

形象说明数据大小的图标集

语音视频教学211

Level ◆◆◆

2016 2013 2010

实例 利用图标集辅助显示数据大小

使用图标集功能同样可以生动形象的辅助说明数据的大小，使数据更加清晰易懂，下面将对图标集的应用进行介绍。

① 打开工作表，选择C3:C8单元格区域。单击“开始”选项卡中的“条件格式”按钮。

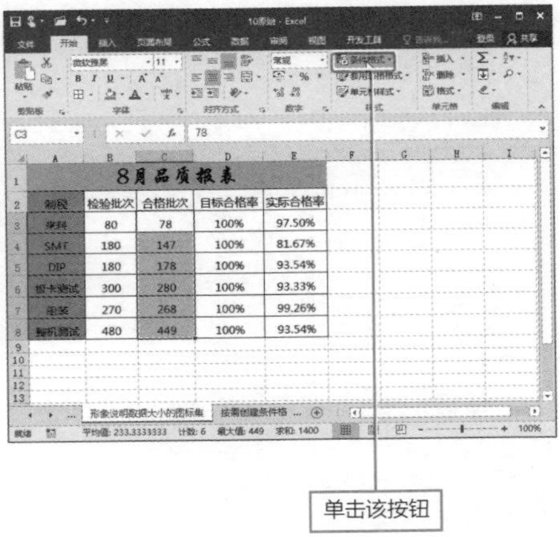

② 从展开的列表中选择“图标集”选项，从关联菜单中选择“三标志”样式。

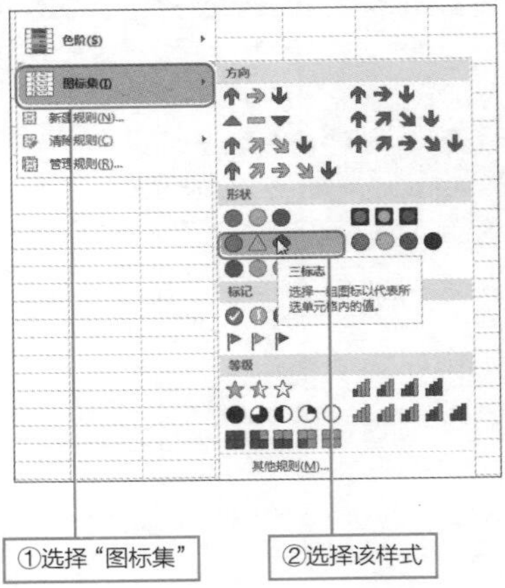

③ 随后即可发现已为所选区域应用了选定样式的图标集。

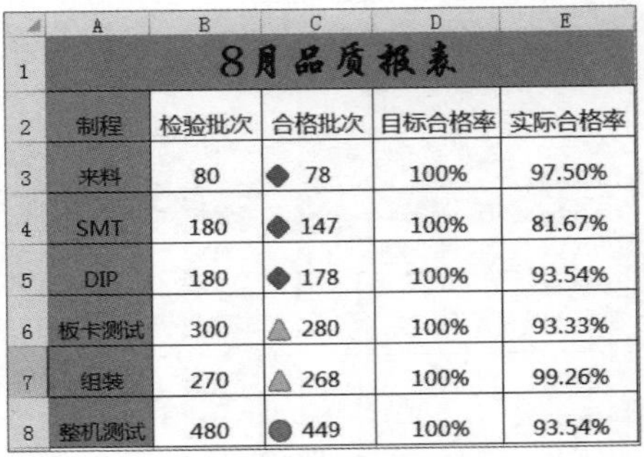

	A	B	C	D	E
1	8月品质报表				
2	制程	检验批次	合格批次	目标合格率	实际合格率
3	来料	80	78	100%	97.50%
4	SMT	180	147	100%	81.67%
5	DIP	180	178	100%	93.54%
6	板卡测试	300	280	100%	93.33%
7	组装	270	268	100%	99.26%
8	整机测试	480	449	100%	93.54%

Hint

关于图标集

单元格区域应用了图标集后，该区域的每个单元格中会显示所应用样式的图标，每个图标代表单元格中值所属的等级。

Question

212

● Level ◆◆◆

2016 2013 2010

按需创建条件格式很简单

语音视频教学212

实例 新建规则的应用

当用户对系统提供给的条件格式不满意时，还可以根据需要为选定的区域自定义规则，下面将对其相关操作进行介绍。

❶ 选择B3:B8单元格区域，单击“条件格式”按钮，从展开的列表中选择“新建规则”选项。

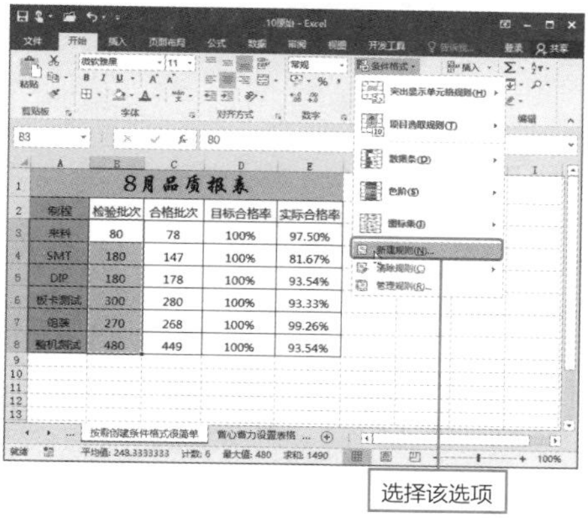

❷ 打开“新建格式规则”对话框，单击“格式样式”下拉按钮，从列表中选择“三色刻度”选项。

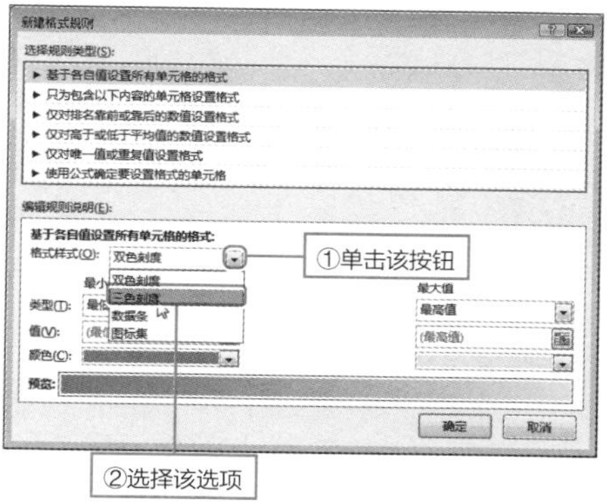

❸ 通过“颜色”选项，依次设置最小值、中间值、最大值的颜色。

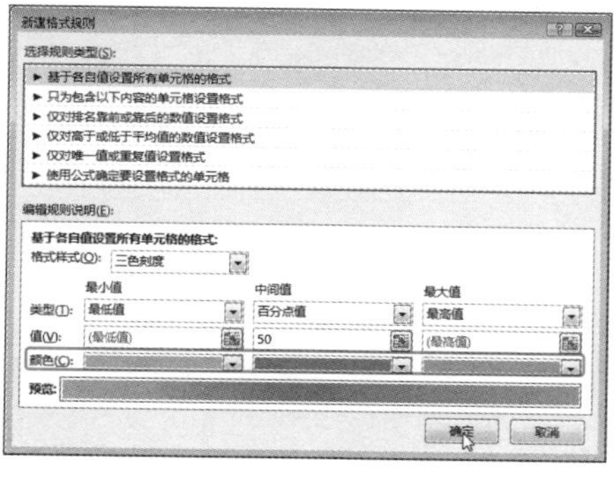

❹ 设置完成后，单击“确定”按钮，关闭对话框，查看自定义条件格式效果。

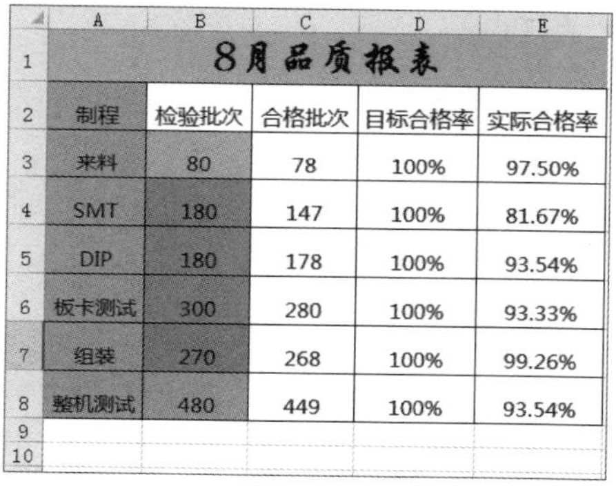

8月品质报表

制程	检验批次	合格批次	目标合格率	实际合格率
来料	80	78	100%	97.50%
SMT	180	147	100%	81.67%
DIP	180	178	100%	93.54%
板卡测试	300	280	100%	93.33%
组装	270	268	100%	99.26%
整机测试	480	449	100%	93.54%

Question 213

快速选定含有条件格式的单元格

语音视频教学213

• Level ◆◆◆

2016 2013 2010

实例 巧用“定位条件”选定应用条件格式的单元格

在实际工作中，用户经常根据需要为单元格设置条件格式、添加批注、设置数据有效性等。如果这些设置了特殊格式的单元格并不是连续的，该如何快速选取这些单元格呢?

1 打开工作表，单击“开始”选项卡中的“查找和选择”按钮。

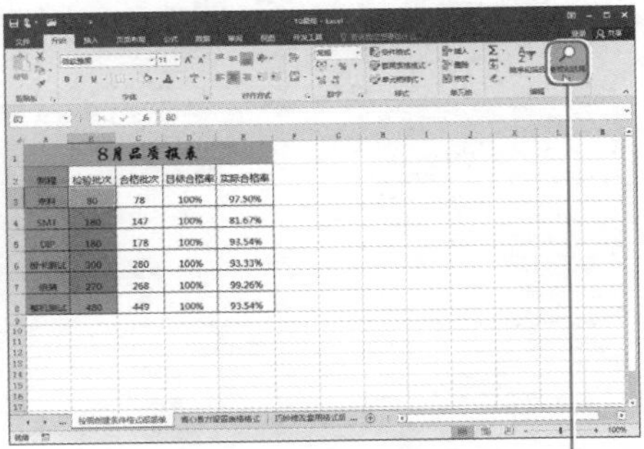

2 从展开的下拉列表中选择“条件格式”选项。

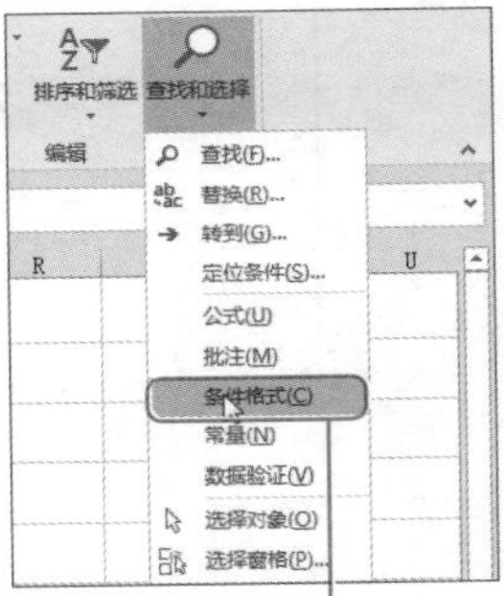

3 可以看到工作表中包含条件格式的单元格全部被选中。

	A	B	C	D	E
1	8月品质报表				
2	制程	检验批次	合格批次	目标合格率	实际合格率
3	来料	80	78	100%	97.50%
4	SMT	180	147	100%	81.67%
5	DIP	180	178	100%	93.54%
6	板卡测试	300	280	100%	93.33%
7	组装	270	268	100%	99.26%
8	整机测试	480	449	100%	93.54%

Hint

如何快速定位到数据区域的第一个单元格和最后一个单元格

在一个数据区域比较大的工作表中，想要快速定位到数据区域的第一个单元格和最后一个单元格，可以通过快捷键来快速实现。

其中按Ctrl+Home组合键，可以快速定位至数据区域的第一个单元格；而按 Ctrl+End组合键，则可快速定位至数据区域的最后一个单元格。

Question

214

● Level ◆◆◆

2016 2013 2010

首/末列的突出显示

语音视频教学214

实例 突出显示第一列和最后一列

用户可以根据需要，在套用表格格式后，通过“设计”选项卡设置工作表，比如将工作表的首/末列突出显示。

❶ 选择应用了表格格式的任意单元格，切换至“表格工具－设计”选项卡。

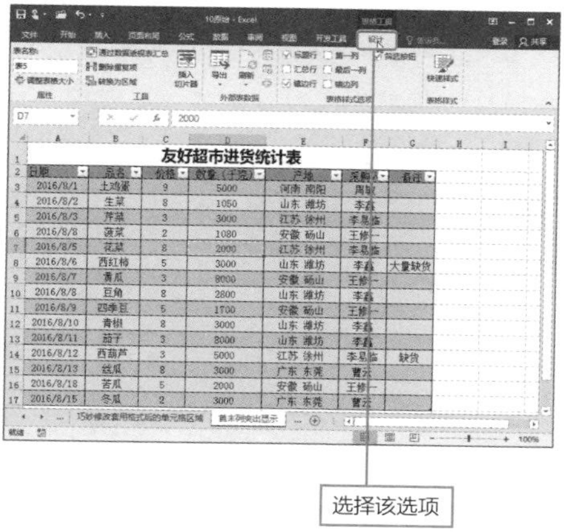

❷ 在“表格样式选项”组中，勾选“第一列”和“最后一列”复选框。

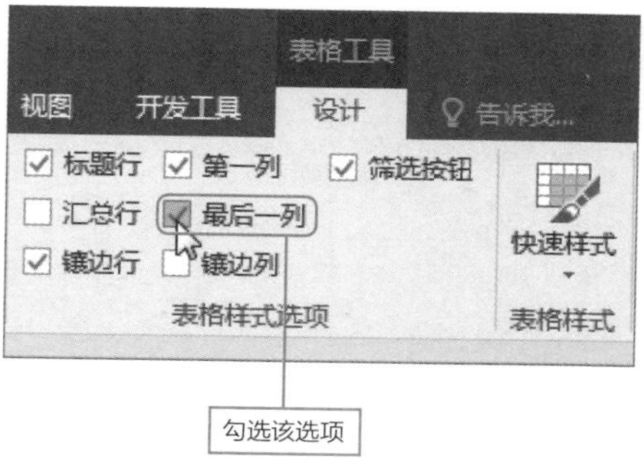

❸ 随后即可看到，表格的第一列和最后一列已经突出显示了。

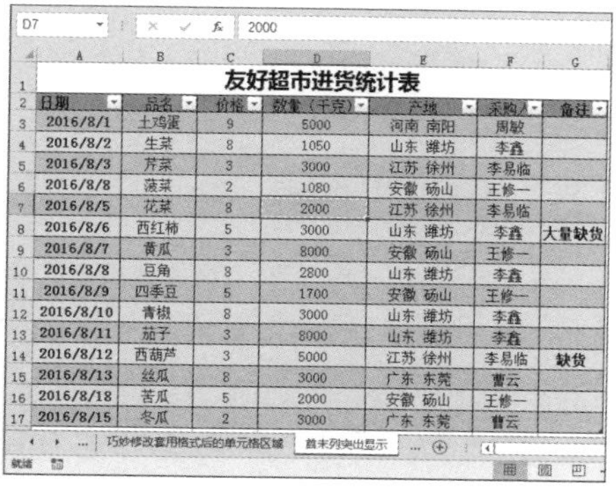

Hint

关于表格样式选项

“第一列”用于显示表中第一列的特殊格式。

“最后一列”用于显示表中最后一列的特殊格式。

“镶边列”以不同方式显示奇数列和偶数列，以方便用户阅读。

“镶边行”以不同方式显示奇数行和偶数行，以方便用户阅读。

“标题行”用于决定是否显示工作表标题行。

“汇总行”用于打开或关闭汇总行。

Question

215 标题行的隐藏与显示

语音视频教学215

• Level ◆◆◆

2016 2013 2010

实例 隐藏标题行

在编辑工作表的过程中，用户可以根据自身需求将标题行进行隐藏/显示，下面将对其具体操作过程进行介绍。

1 选择应用了表格格式的任意单元格，切换至“表格工具 - 设计”选项卡。

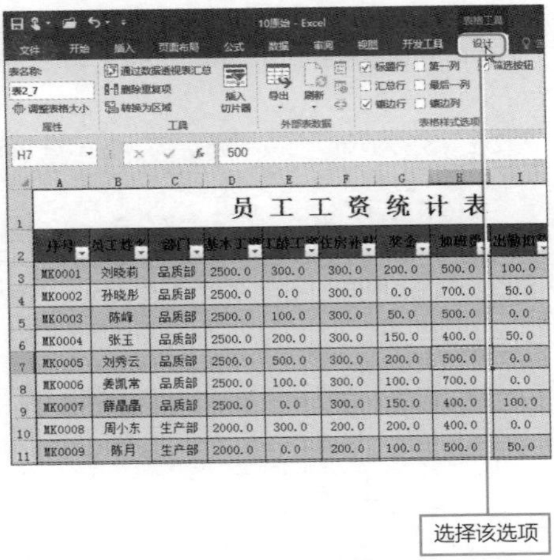

2 在“表格样式选项”组中，取消对“标题行”选项的勾选。

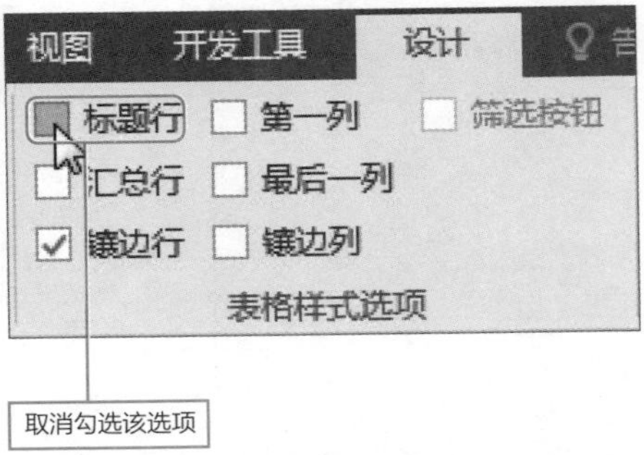

3 随后即可看到，表格中的标题行已经被隐藏起来了。

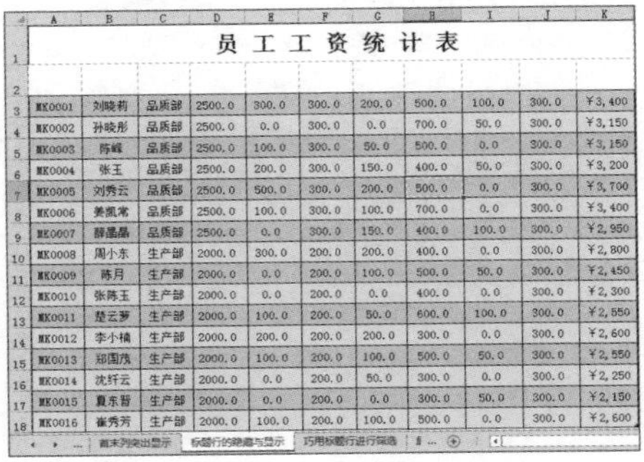

Hint

如何将标题行显示？

若需要将标题行再次显示出来，只需切换至“设计”选项卡，勾选“标题行”前的复选框即可。

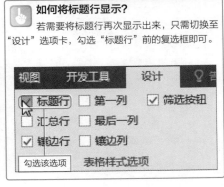

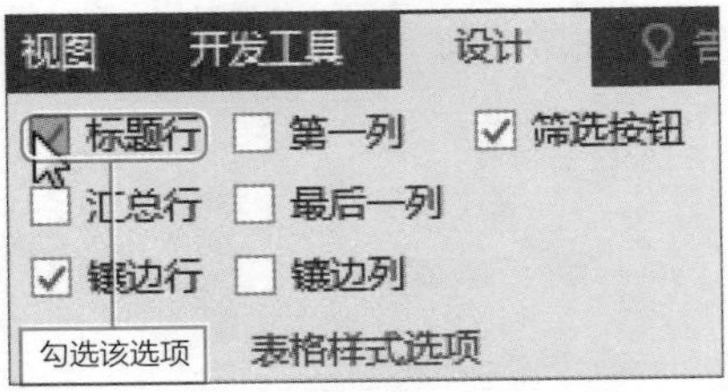

Question
216 巧用标题行进行筛选

语音视频教学216

● Level ◆◆◆

2016 2013 2010

实例　按照指定的条件筛选数据信息

套用表格样式后，标题行会出现筛选按钮，单击相应项目标题按钮，便可以在弹出的列表中对表格中的信息进行筛选，下面将对其具体操作进行介绍。

❶ 打开工作表，单击标题行中的“供应商”筛选按钮。

物品名称	数量	单价	总价	供应商	采购员	备注
二极管	180000	1.2	216000	J018	刘先	
三极管	200000	1.8	360000	J018	刘先	
发光二极管	90000	2	180000	J018	刘先	订单备货
晶振	120000	1.5	180000	J018	刘先	库存备用
电容	450000	0.5	225000	CK15	帅可	
电阻	620000	0.6	372000	CK15	帅可	
保险丝	100000	0.8	80000	CK15	帅可	
电感	230000	1	230000	CK15	帅可	
蜂鸣器	10000	3	30000	J018	刘先	急需
IC	50000	6.5	325000	R013	李飞	
VGA	18000	0.8	14400	EZ05	张芸	
AV端子	80000	0.4	32000	EZ05	张芸	库存备用
S端子	20000	0.9	18000	EZ05	张芸	

❷ 在打开的列表中，取消对“全选”选项的勾选，并勾选“CK15”选项。

❸ 设置完成后，单击“确定”按钮，可以看到，工作表只对供应商为CK15的数据进行了显示。

物品名称	数量	单价	总价	供应商	采购员	备注
电容	450000	0.5	225000	CK15	帅可	
电阻	620000	0.6	372000	CK15	帅可	
保险丝	100000	0.8	80000	CK15	帅可	
电感	230000	1	230000	CK15	帅可	

Hint

自定义表格样式

如果用户对内置的表格样式不满意，还可以自定义表格样式，单击“套用表格格式”按钮，从下拉列表中选择“新建表格样式”选项，在弹出的对话框中进行设置即可。

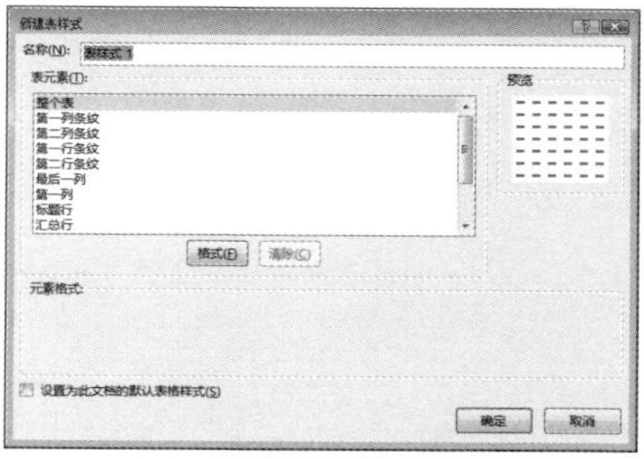

Question 217

撤消表格格式的套用

语音视频教学217

实例 表格格式的清除

• Level ◆◆◆

2016 2013 2010

若用户想撤销对表格格式的套用，也是很容易就能够实现的，其具体操作方法介绍如下。

1 选中套用表格格式区域中的任意单元格，切换至“表格工具－设计”选项卡，单击“表格样式”组的“其他”按钮。

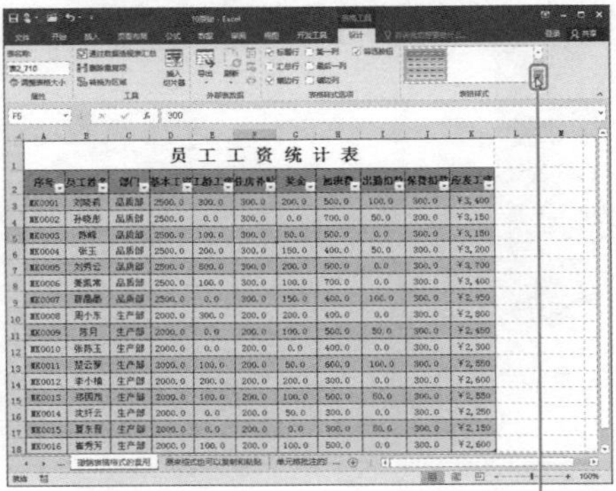

2 从展开的下拉列表底部选择“清除”选项。

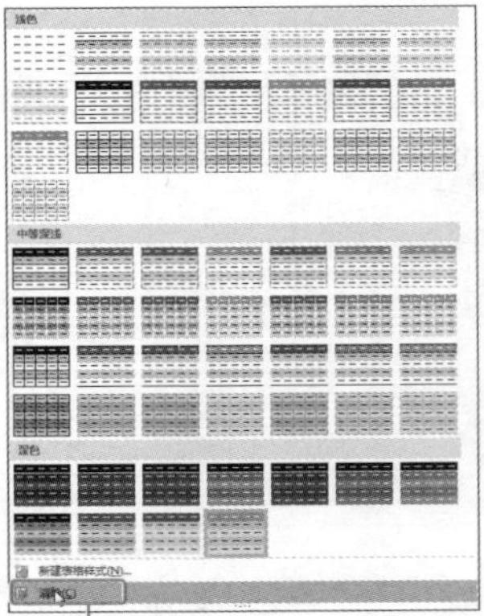

3 返回编辑区，即可发现已经将套用的表格格式清除。

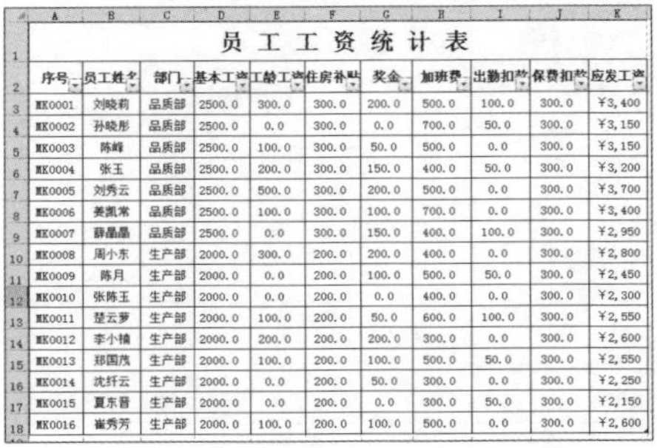

员 工 工 资 统 计 表

序号	员工姓名	部门	基本工资	工龄工资	住房补贴	奖金	加班费	出勤扣款	保费扣款	应发工资
MK0001	刘晓莉	品质部	2500.0	300.0	300.0	200.0	500.0	100.0	300.0	¥3,400
MK0002	孙晓彤	品质部	2500.0	0.0	300.0	0.0	700.0	50.0	300.0	¥3,150
MK0003	陈峰	品质部	2500.0	100.0	300.0	50.0	500.0	0.0	300.0	¥3,150
MK0004	张玉	品质部	2500.0	200.0	300.0	150.0	400.0	50.0	300.0	¥3,200
MK0005	刘秀云	品质部	2500.0	500.0	300.0	200.0	500.0	0.0	300.0	¥3,700
MK0006	姜凯常	品质部	2500.0	100.0	300.0	100.0	700.0	0.0	300.0	¥3,400
MK0007	薛晶晶	品质部	2500.0	0.0	300.0	150.0	400.0	100.0	300.0	¥2,950
MK0008	周小东	生产部	2000.0	300.0	200.0	200.0	400.0	0.0	300.0	¥2,800
MK0009	陈月	生产部	2000.0	0.0	200.0	100.0	500.0	50.0	300.0	¥2,450
MK0010	张陈玉	生产部	2000.0	0.0	200.0	0.0	400.0	0.0	300.0	¥2,300
MK0011	楚云萝	生产部	2000.0	100.0	200.0	50.0	600.0	100.0	300.0	¥2,550
MK0012	李小楠	生产部	2000.0	200.0	200.0	200.0	300.0	0.0	300.0	¥2,600
MK0013	郑国茂	生产部	2000.0	100.0	200.0	100.0	500.0	50.0	300.0	¥2,550
MK0014	沈纤云	生产部	2000.0	0.0	200.0	50.0	300.0	0.0	300.0	¥2,250
MK0015	夏东晋	生产部	2000.0	0.0	200.0	0.0	300.0	50.0	300.0	¥2,150
MK0016	崔秀芳	生产部	2000.0	100.0	200.0	100.0	500.0	0.0	300.0	¥2,600

Hint

其他方法清除表格格式

选中需清除表格格式的单元格区域，单击“开始”选项卡中的“清除”按钮，从下拉列表中选择“清除格式”选项即可。

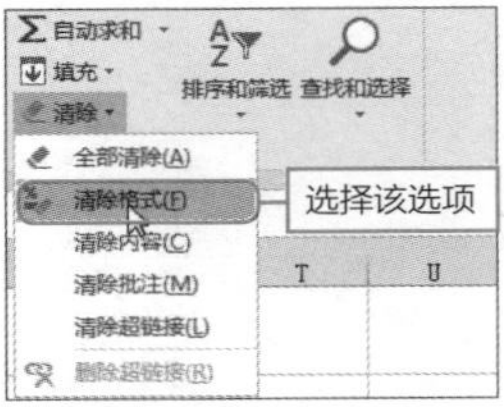

Question 218

原来格式也可以复制和粘贴

语音视频教学218

Level ◆◆◆

2016 2013 2010

实例　复制并粘贴单元格格式

有些时候，用户需要已有的单元格格式，就无需重新进行设计，使用复制与粘贴格式操作，即可轻松实现单元格格式的复制，下面将介绍几种常用的方法。

1 右键菜单法。复制B2单元格，选中G7单元格，右键单击，在快捷菜单中选择“选择性粘贴”选项下的“格式”选项。

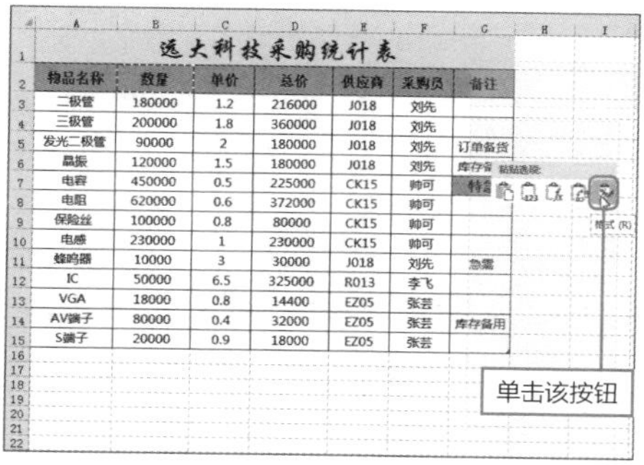

2 功能区按钮法。复制B2单元格，选中G7单元格，单击“开始”选项卡中的“粘贴”下拉按钮，从列表中选择“格式”选项。

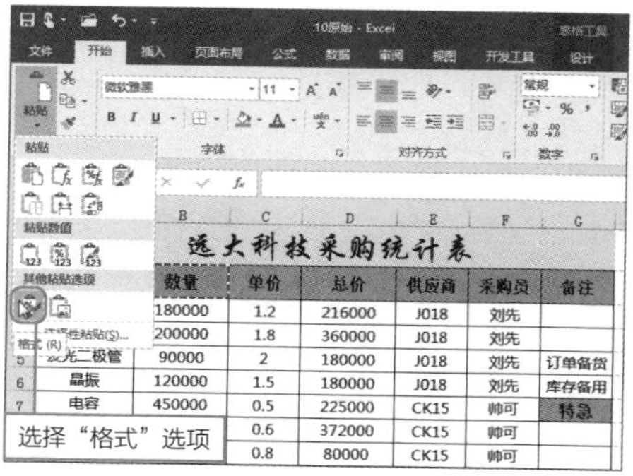

3 “选择性粘贴”对话框法。可选择右键快捷菜单，或功能区按钮的“选择性粘贴”选项，在打开的对话框中选中“格式”单选按钮，然后单击“确定”按钮即可。

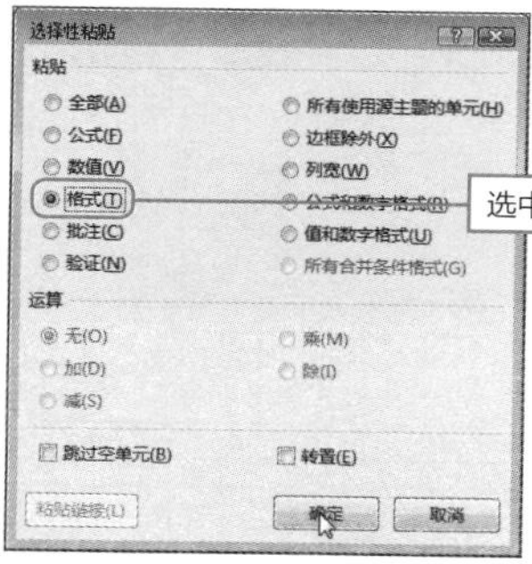

4 随后即可发现粘贴了格式的G7单元格中的字体、字号、颜色以及单元格的大小、填充色均与源单元格B2相同。

Question

219 原来也可以为单元格添加批注

语音视频教学219

实例 批注功能的应用

● Level ◆◆◆

2016 2013 2010

对于工作表中需要注释的名词、特殊的数据，为了让客户或者同事更加清晰其含义，可以为其添加批注。下面将介绍单元格批注的添加。

❶ 打开工作表，选择E2单元格，单击“审阅”选项卡上的“新建批注”按钮。

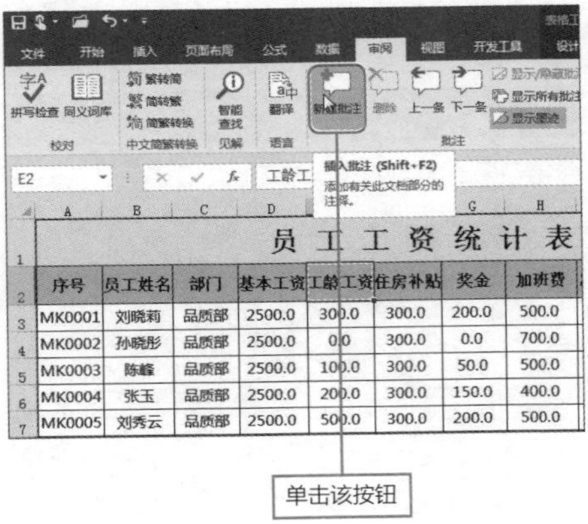

❷ 将在所选单元格处出现一个批注框，鼠标光标自动移至框内，输入批注内容。

❸ 输入完成后，在批注框外单击。将鼠标光标移至E2单元格时，将显示批注内容。

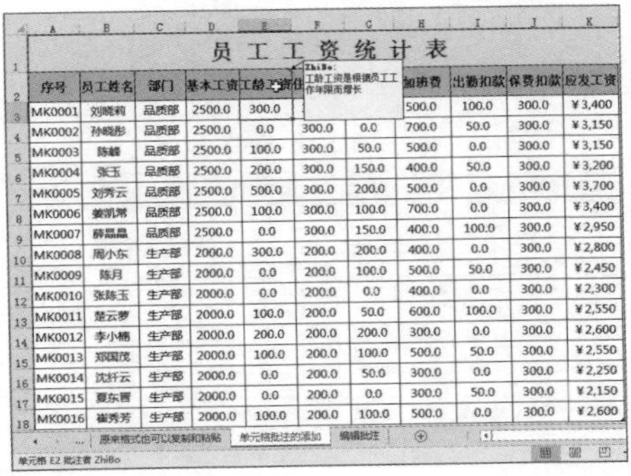

Hint

如何删除批注

若不再需要当前批注内容，可以单击“审阅”选项卡上的“删除”按钮将其删除。

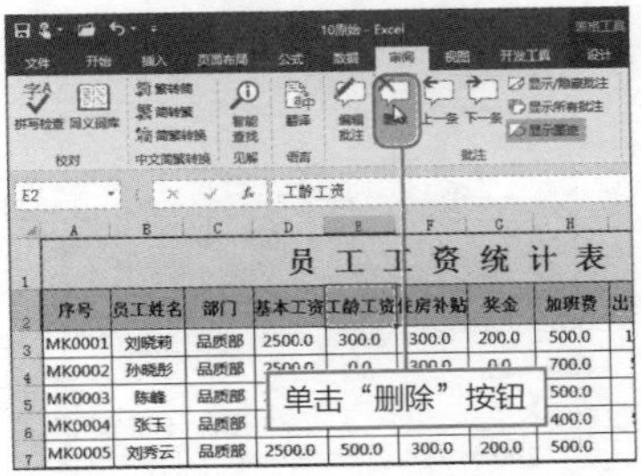

Question

220

● Level ◆◆◆

2016 2013 2010

批注的编辑如此简单

语音视频教学220

实例 编辑批注

创建批注完成后，还可以根据需要对批注进行修改，显示/隐藏批注等，下面将对其进行介绍。

❶ 编辑批注。选择批注后，单击“审阅”选项卡上的“编辑批注”按钮。

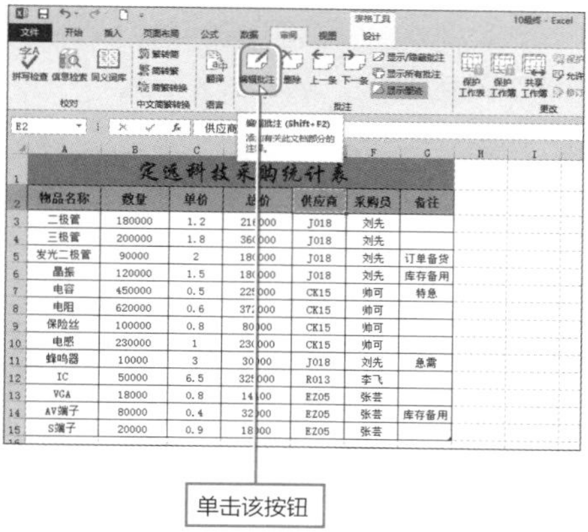

❷ 鼠标光标移至批注框内，根据需要进行编辑即可。编辑完成后，在编辑框外单击可退出编辑。

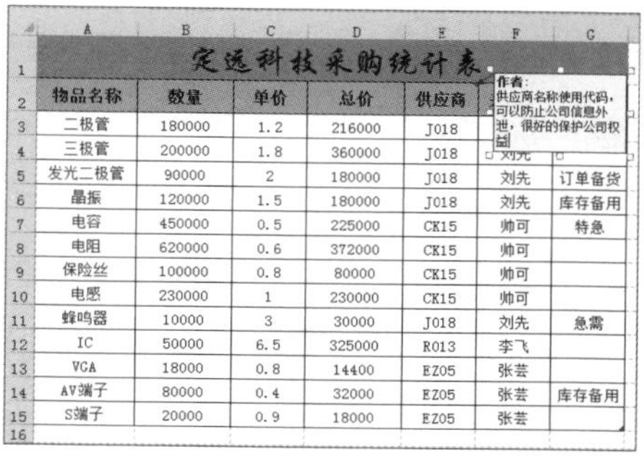

❸ 显示/隐藏批注。默认情况下，批注是隐藏起来的，只有当鼠标移至该单元格，方能显示批注，若用户想要批注一直显示出来，可以单击“审阅”选项卡上的“显示/隐藏批注”按钮，即可将其显示出来。

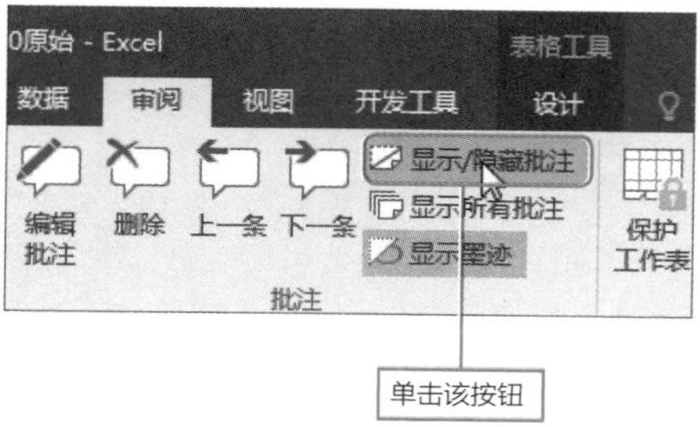

Hint

如何在批注间快速移动

若用户想要查阅添加的批注，可以单击“审阅”选项卡“批注”组的“上一条”和“下一条”按钮，可以在整个工作簿之间的批注间进行移动。

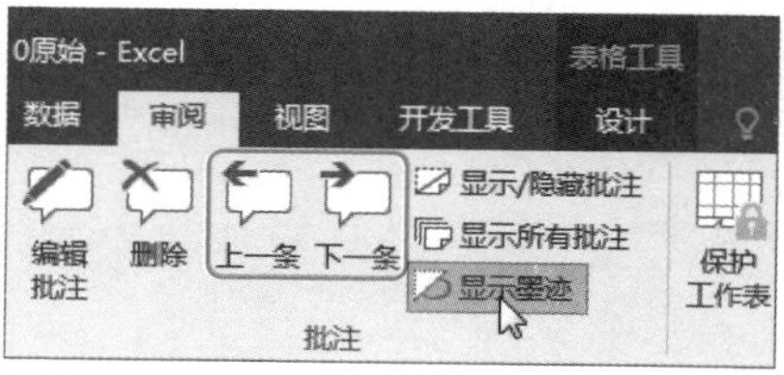

第9章 221~263

数据输入与编辑技巧

- 巧妙对齐单元格中的文本内容
- 巧妙输入首位为0的数据
- 快速输入同一地区的电话号码
- 批量添加千位分隔符
- 快速输入身份证号码
- 输入不同类型的分数花样多
- 自动输入小数点

Question 221

巧妙对齐单元格中的文本内容

语音视频教学221

● Level ◆◆◆

2016 2013 2010

实例 设置单元格文本内容的对齐方式

文本的对齐方式主要分为垂直和水平对齐两种，垂直对齐方式又可以分为顶端对齐、垂直居中和底端对齐3种；水平对齐方式又可分为左对齐、居中和右对齐3种，下面将介绍如何更改文本的对齐方式。

1 对话框设置法。选择A2:F13单元格区域，右键单击，从快捷菜单中选择“设置单元格格式”命令。

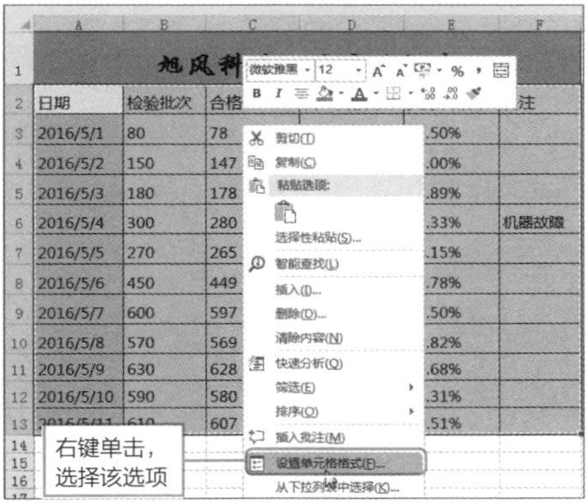

2 也可以按Ctrl+1组合键打开“设置单元格格式”对话框，切换至“对齐”选项卡，设置水平对齐为“居中”、垂直对齐为“居中”。

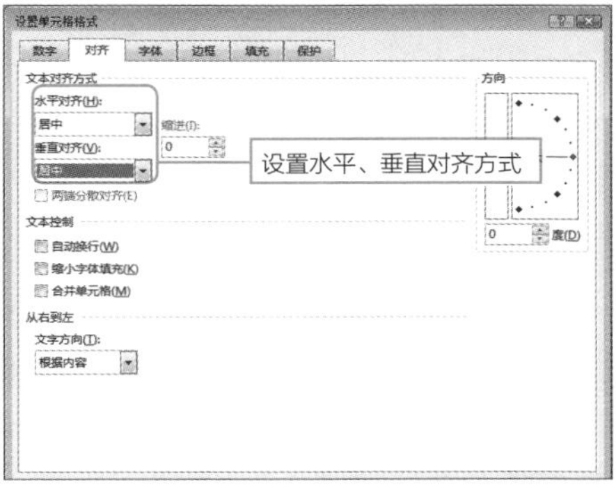

3 设置完成后，单击“确定”按钮，关闭对话框，即可看到选择区域内的文本水平、垂直对齐方式已经发生改变。

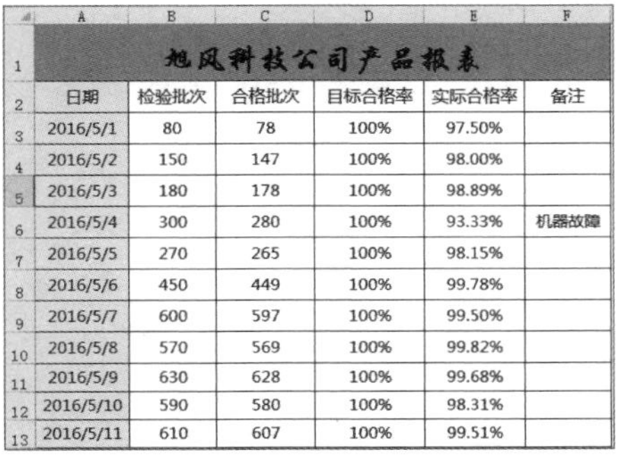

旭风科技公司产品报表

日期	检验批次	合格批次	目标合格率	实际合格率	备注
2016/5/1	80	78	100%	97.50%	
2016/5/2	150	147	100%	98.00%	
2016/5/3	180	178	100%	98.89%	
2016/5/4	300	280	100%	93.33%	机器故障
2016/5/5	270	265	100%	98.15%	
2016/5/6	450	449	100%	99.78%	
2016/5/7	600	597	100%	99.50%	
2016/5/8	570	569	100%	99.82%	
2016/5/9	630	628	100%	99.68%	
2016/5/10	590	580	100%	98.31%	
2016/5/11	610	607	100%	99.51%	

Hint

设置文本对齐的其他方法

选择A2:F13单元格区域后，依次单击“开始”选项卡功能区中的“垂直居中”和“居中”按钮。

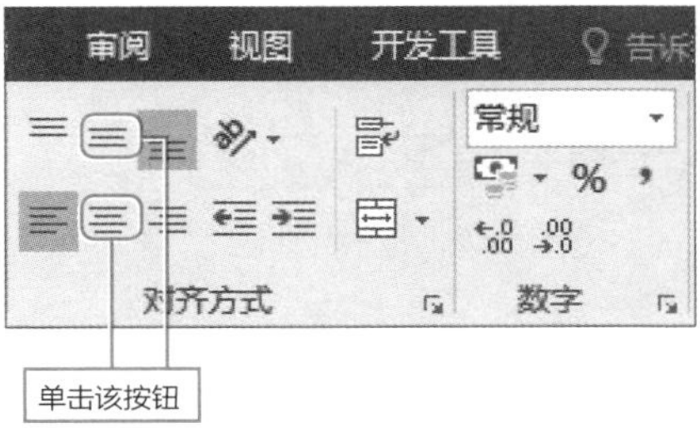

Question

222

● Level
◆◆◆

2016 2013 2010

巧妙输入首位为0的数据

语音视频
教学222

实例	输入以0开头的学号

在输入学生的学号、订单编号、固定电话号码等开头为0的数据后，会发现系统自动取消首位0值的显示，那么该怎样解决这类问题呢？

1 普通输入。在输入订单号之前，先输入一个英文状态下的单引号" ' "，然后输入订单号即可。

	A	B	C	D	E	F	G
			生产报表				
	客户	订单号码	实际用时（h）	计划用时(h)	合格品	不良品	责任人
	T018	'013080501	10	9	1001	1	夏同
	CC88		9	10	1200	3	张洁玉
	TM40		8	9	1500	5	李勋
	T045		8	8	1810	0	夏同
	ZH0	输入订单号	10	10	1700	1	张洁玉
	CM83		9	9	2005	0	李勋
	CK18		9	8	1500	2	李勋
	JM01		8	9	2005	0	夏同
	M023		9	8	1825	0	张洁玉

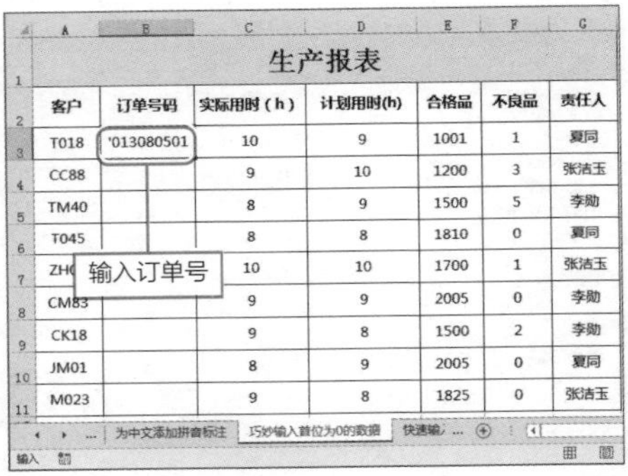

2 功能区按钮输入法。选中B3:B11单元格区域，单击"开始"选项卡上的"数字格式"下拉按钮，选择"文本"选项，输入订单号。

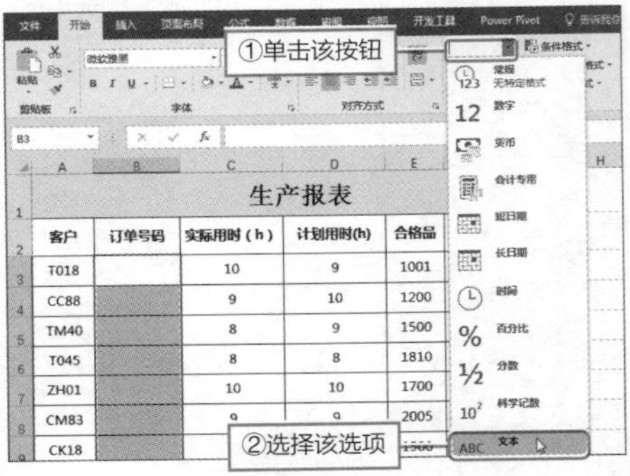

①单击该按钮

②选择该选项

3 对话框设置法。按Ctrl+1组合键打开"设置单元格格式"对话框，在"数字"选项卡设置分类为"文本"。

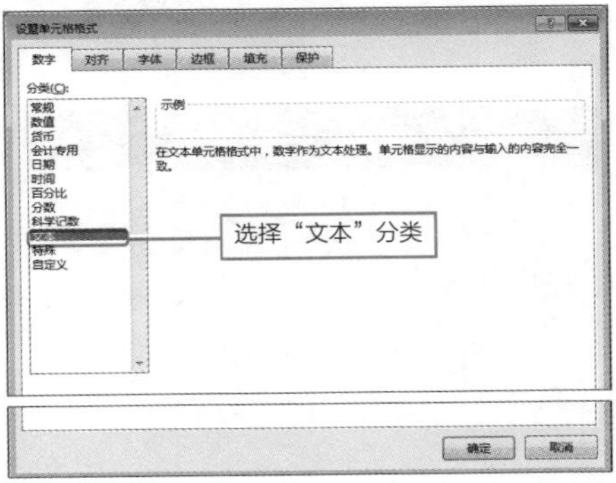

选择"文本"分类

4 设置完成后，单击"确定"按钮，返回工作表，输入订单号即可。

	A	B	C	D	E	F	G
			生产报表				
	客户	订单号码	实际用时（h）	计划用时(h)	合格品	不良品	责任人
	T018	013080501	10	9	1001	1	夏同
	CC88	013080502	9	10	1200	3	张洁玉
	TM40	013080503	8	9	1500	5	李勋
	T045	013080504	8	8	1810	0	夏同
	ZH01	013080505	10	10	1700	1	张洁玉
	CM83	013080506	9	9	2005	0	李勋
	CK18	013080507	9	8	1500	2	李勋
	JM01	013080508	8	9	2005	0	夏同
	M023	013080509	9	8	1825	0	张洁玉

Question 223

● Level ◆◆◆

2016 2013 2010

快速输入同一地区的电话号码

语音视频教学223

实例 完整电话号码与邮编的输入

在公司员工信息统计表中，电话号码和邮编的输入总是会很烦人，针对这些问题，本技巧将介绍一种比较便捷的输入方法。

❶ 首先在G列建立一个不包含区号的辅助列，之后在C3单元格输入公式“="0370-"&G3”。

❷ 输入公式后，按Enter键即可输入包含公式的完整电话号码，接着复制公式到其他单元格，并隐藏辅助列。

❸ 选择D3:D14单元格区域，按Ctrl+1组合键打开“设置单元格格式”对话框，在“数字”选项卡设置分类为“特殊”，类型为“邮政编码”，单击“确定”按钮。

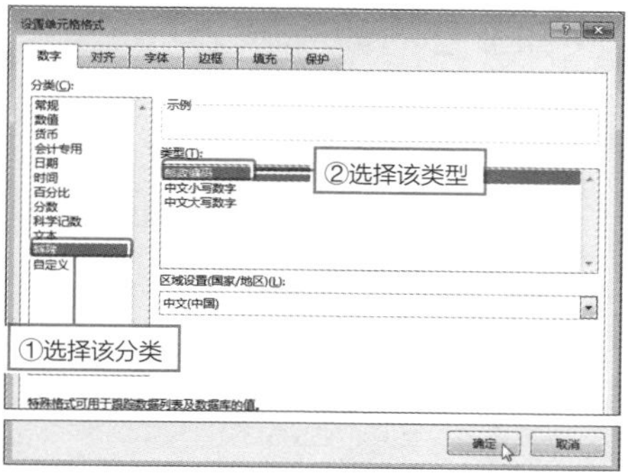

❹ 在邮编项目下的单元格内，输入邮政编码，完成表格的制作。

Question **224**

• Level ◆◆◆

2016 2013 2010

批量添加千位分隔符

语音视频教学224

实例 使用千位分隔符

在Excel工作表中，为数据添加数据分隔符，可以清楚地了解数值的大小。下面将对该操作的执行过程进行介绍。

1 打开工作表，选择B3:B15单元格区域，右键单击，从快捷菜单中选择“设置单元格格式”命令。

2 打开“设置单元格格式”对话框，在“数字”选项卡，设置分类为“数值”，勾选“使用千位分隔符”选项。

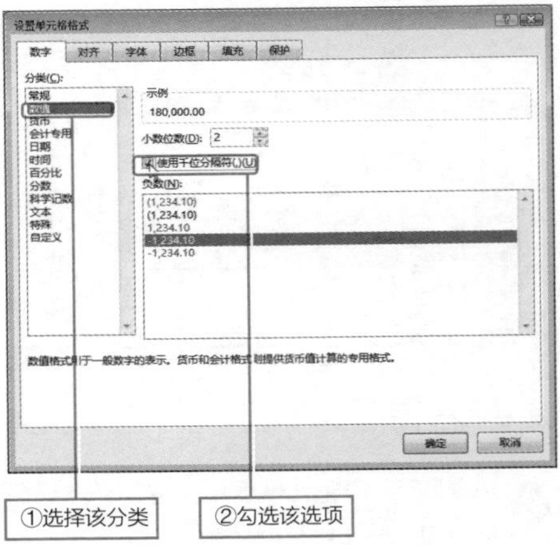

3 设置完成后，单击“确定”按钮，返回工作表，查看设置效果。

远大科技采购统计表

物品名称	数量	单价	总价	供应商	采购员	备注
二极管	180,000.00	1.2	216000	J018	刘先	
三极管	200,000.00	1.8	360000	J018	刘先	
发光二极管	90,000.00	2	180000	J018	刘先	订单备货
晶振	120,000.00	1.5	180000	J018	刘先	库存备用
电容	450,000.00	0.5	225000	CK15	帅可	
电阻	620,000.00	0.6	372000	CK15	帅可	
保险丝	100,000.00	0.8	80000	CK15	帅可	
电感	230,000.00	1	230000	CK15	帅可	
蜂鸣器	10,000.00	3	30000	J018	刘先	急需
IC	50,000.00	6.5	325000	R013	李飞	
VGA	18,000.00	0.8	14400	EZ05	张芸	
AV端子	80,000.00	0.4	32000	EZ05	张芸	库存备用
S端子	20,000.00	0.9	18000	EZ05	张芸	

Hint

其他方法添加千位分隔符

单击“开始”选项卡中“数字”组上的“千位分隔样式”按钮，添加千位分隔符。

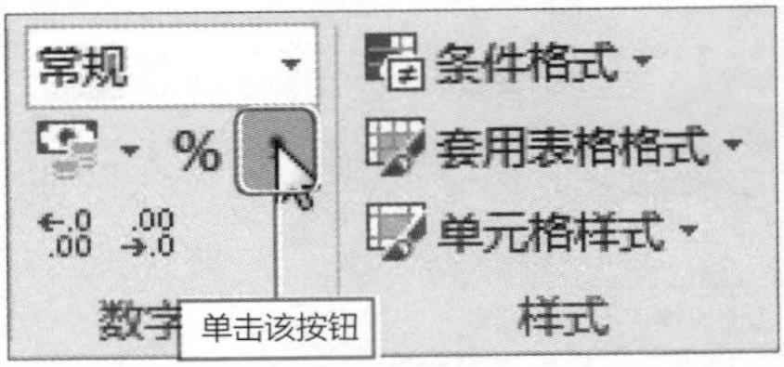

Question 225

快速输入身份证号码

语音视频教学225

Level ◆◆◆

2016 2013

实例 让输入的18位身份证号码完全显示

在Excel2016中，当单元格中输入多于15位数字时，15位以后的数据将变为0。但是，在制作信息统计表等需要输入身份证号码的工作表时，又必须输入身份证号码，该如何输入呢？

❶ 打开工作表，在D3单元格中输入一个18位的身份证号码。

食品加工厂员工信息统计表					
姓名	部门	电话	身份证号码	入职年份	备注
刘晓莉	检验部	0370-8673356	311321198603087000	2006	
孙晓彤	检验部	0370-8673356		2008	
陈峰	检验部	0370-8673125		2010	
张玉	检验部	0370-8678052		2009	
刘秀云	检验部	0370-8673523		2013	
姜凯常	检验部	0370-8673332		2012	
薛晶晶	检验部	0370-8673359		2005	
周小东	生产部	0370-8673582		2011	
陈月	生产部	0370-8503365		2009	
张陈玉	生产部	0370-8679523		2012	
楚云萝	生产部	0370-8673356		2009	
李小楠	生产部	0370-8673356		2012	

❷ 按Enter键确认，发现号码无法完全显示，在键盘上按下Ctrl+1组合键。

食品加工厂员工信息统计表					
姓名	部门	电话	身份证号码	入职年份	备注
刘晓莉	检验部	0370-8673356	3.11321E+17	2006	
孙晓彤	检验部	0370-8673356		2008	
陈峰	检验部	0370-8673125		2010	
张玉	检验部	0370-8678052		2009	
刘秀云	检验部	0370-8673523		2013	
姜凯常	检验部	0370-8673332		2012	
薛晶晶	检验部	0370-8673359		2005	
周小东	生产部	0370-8673582		2011	
陈月	生产部	0370-8503365		2009	
张陈玉	生产部	0370-8679523		2012	
楚云萝	生产部	0370-8673356		2009	
李小楠	生产部	0370-8673356		2012	

❸ 打开“设置单元格格式”对话框，在“数字”选项卡，设置“分类”列为“自定义”，在“类型”文本框中输入内容“@”。

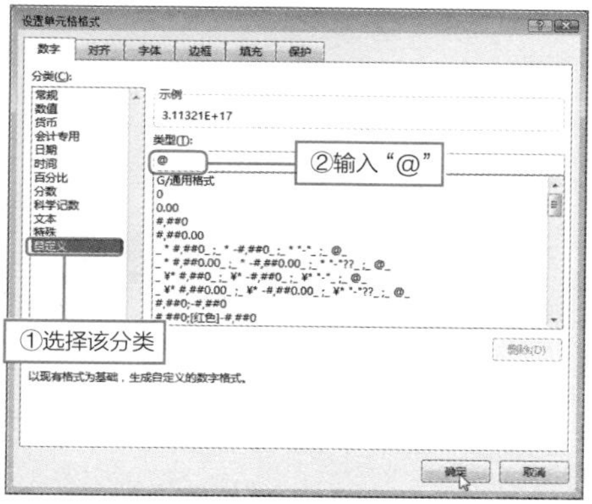

❹ 单击“确定”按钮，关闭对话框，重新输入数据，按Enter键，便可看到身份证号码能够完全显示出来了。

食品加工厂员工信息统计					
姓名	部门	电话	身份证号码	入职年份	备注
刘晓莉	检验部	0370-8673356	311321198603087000	2006	
孙晓彤	检验部	0370-8673356	311321198506177000	2008	
陈峰	检验部	0370-8673125	311321199002017000	2010	
张玉	检验部	0370-8678052	311321198607237000	2009	
刘秀云	检验部	0370-8673523	311321198903087000	2013	
姜凯常	检验部	0370-8673332	3113211988709200000	2012	
薛晶晶	检验部	0370-8673359	311321198310237000	2005	
周小东	生产部	0370-8673582	311321198801257000	2011	
陈月	生产部	0370-8503365	311321198512077000	2009	
张陈玉	生产部	0370-8679523	311321198811287000	2012	
楚云萝	生产部	0370-8673356	311321198609177000	2009	
李小楠	生产部	0370-8673356	311321198812077000	2012	

Question

226 输入不同类型的分数花样多

语音视频教学226

● Level ◆◆◆

2016 2013

实例 不同类型分数的输入

默认情况下，用户在单元格中输入“1/2、4/15”，往往会被Excel自动识别为日期或文本，那么如何才能正确有效的输入分数呢？

❶ 常规法输入分数。输入分数时，应当按照：整数部分（小于1的分数整数部分为0）+空格键+分数部分的步骤输入。例如输入“14/3”，可在单元格内先输入“4”，按空格键，再输入“2/3”，后按Enter键确认即可。输入“4/7”，应先在单元格内输入“0”，按空格键，再输入“4/7”即可。

1	大于1的分数		小于1的分数	
2	输入	显示	输入	显示
3	4 2/3	4 2/3	0 4/7	4/7
4	5 5/6	5 5/6	0 5/8	5/8

❷ 输入指定分母的分数。选择单元格区域，按Ctrl+1组合键打开“设置单元格格式”对话框，在“数字”选项卡设置分类为“分数”，然后在右侧的“类型”列表框中选择相应类型即可。

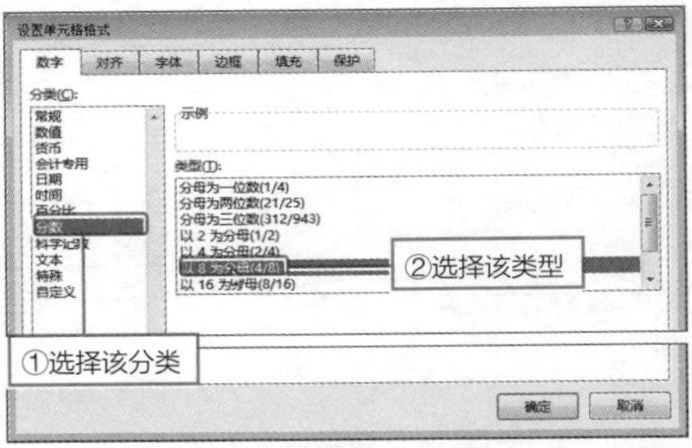

❸ 输入自定义分数。在“数字”选项卡设置分类为“自定义”，然后在右侧的“类型”列表框中进行相应设置即可。

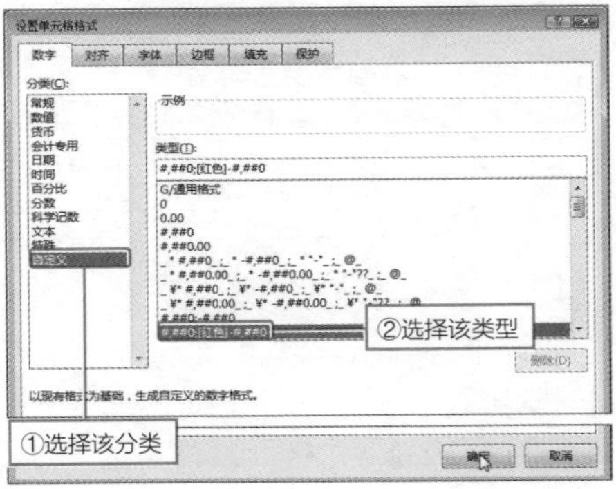

Hint

Excel的自动处理功能

（1）输入的分数大于1

例如“14/3”，Excel会自动进行换算，将分数显示为换算后的“整数＋真分数”。

（2）输入的分数可约分

如“4/12”，（其分子和分母的公约数为4），Excel会自动对其进行约分处理转换为1/3.。

7	大于1的分数		可约分的分数	
8	输入	显示	输入	显示
9	0 14/3	4 2/3	0 4/12	1/3
10	0 35/6	5 5/6	0 3/6	1/2

Question
227

● Level
◆◆◆

2016 2013 2010

自动输入小数点

语音视频
教学227

实例　通过不同方式设置小数点位数

在制作财务报表、工程计算报表时往往会需要在表格中输入大量包含小数位的数据，而频繁的输入小数点会令用户头痛，怎样可以快速准确地将小数输入到工作表中呢？

❶ “Excel选项”对话框设置法。打开“Excel选项”对话框，在“高级”选项右侧区域中勾选“自动插入小数点”复选框，通过“位数”数值框改变小数点位数，单击“确定”按钮返回并输入数据。

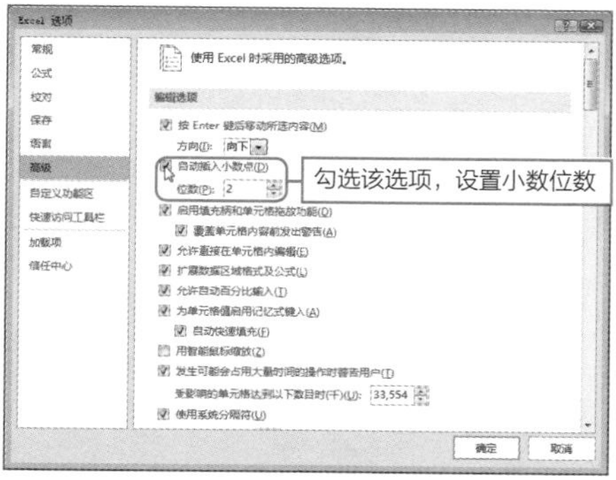

❷ 单元格格式设置法。选择单元格区域，按Ctrl+1组合键打开“设置单元格格式”对话框，在“数字”选项卡，设置分类为“数值”，通过“小数位数”数值框设置小数点位数，最后单击“确定”按钮。

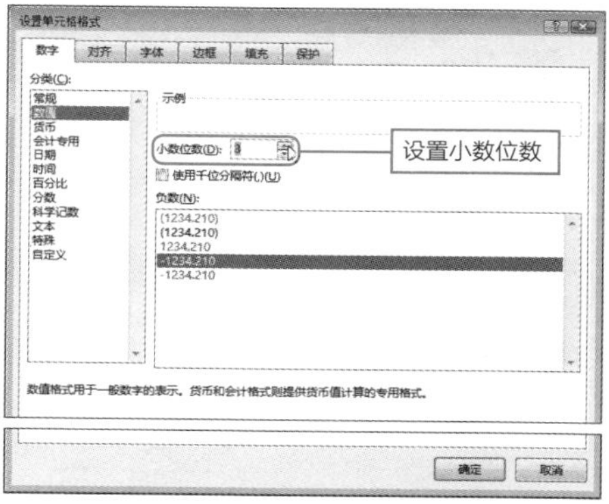

❸ 自定义数据格式法。在默认的“数字”选项中，设置分类为“自定义”，在右侧“类型”下面的方框中设置新的格式类型，单击“确定”按钮即可。

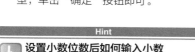

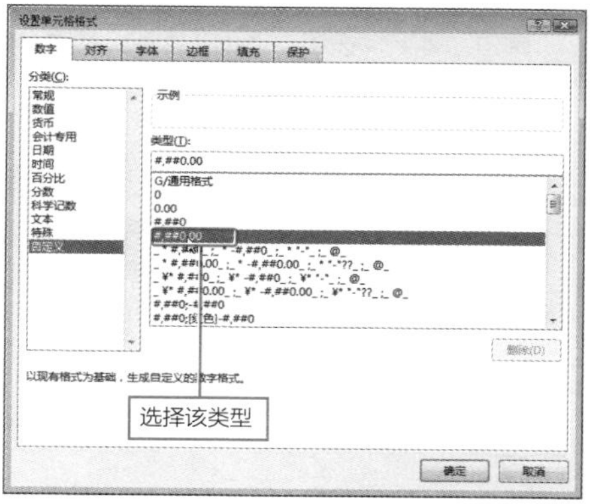

Hint

设置小数位数后如何输入小数

若设置的小数位数为1，则需要把数据放大10倍输入；若设置的小数位数为2，则需要把数据放大100倍输入；若设置的小数位数为3，则需要把数据放大1000倍输入，依次类推输入数据即可。

Question

228

小写数字与大写数字快速转换

语音视频教学228

• Level ◆◆◆

2016 2013

实例 输入中文大小写数字

在财务报表中经常需要输入大写的中文数字，若直接输入会比较麻烦，那么能不能把输入的数字直接转换成中文数字呢？当然可以，下面将对其具体操作进行介绍。

1 选中单元格，右键单击，从弹出的快捷菜单中选择“设置单元格格式”命令。

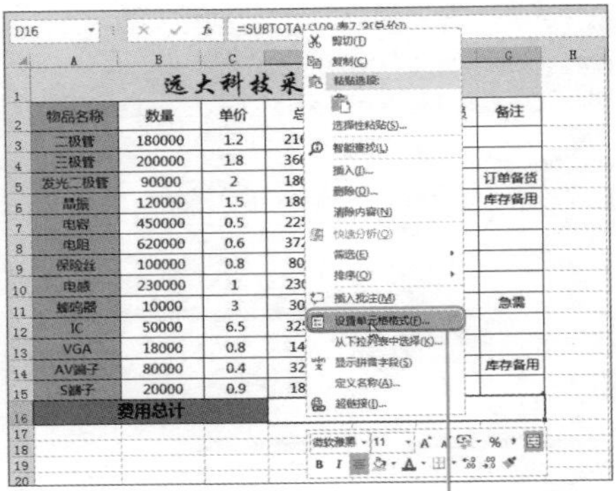

右键单击，选择该选项

2 打开“设置单元格格式”对话框，在“分类”列表框中选择“特殊”选项，在右侧的列表中选择“中文大写数字”类型。

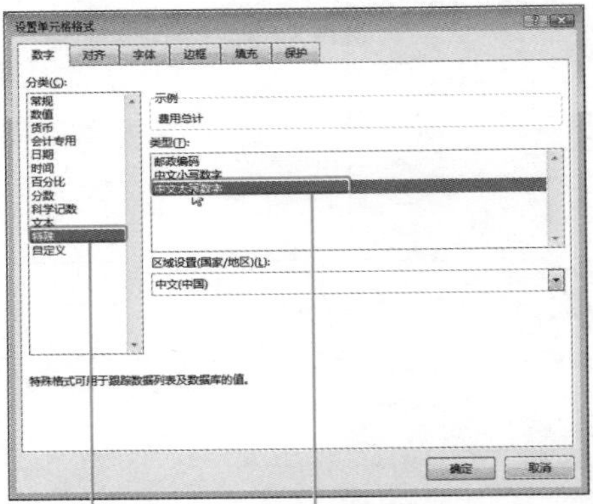

①选择该分类 ②选择该类型

3 单击“确定”按钮，返回工作表，查看转换效果。

远大科技采购统计表

物品名称	数量	单价	总价	供应商	采购员	备注
二极管	180000	1.2	216000	J018	刘先	
三极管	200000	1.8	360000	J018	刘先	
发光二极管	90000	2	180000	J018	刘先	订单备货
晶振	120000	1.5	180000	J018	刘先	库存备用
电容	450000	0.5	225000	CK15	帅可	
电阻	620000	0.6	372000	CK15	帅可	
保险丝	100000	0.8	80000	CK15	帅可	
电感	230000	1	230000	CK15	帅可	
蜂鸣器	10000	3	30000	J018	刘先	急需
IC	50000	6.5	325000	R013	李飞	
VGA	18000	0.8	14400	EZ05	张芸	
AV端子	80000	0.4	32000	EZ05	张芸	库存备用
S端子	20000	0.9	18000	EZ05	张芸	
费用总计			贰佰贰拾陆万贰仟肆佰			

Hint

如何将数字转换为中文小写数字

选择需要转换数字所在的单元格，在键盘上按Ctrl+1组合键，打开“设置单元格格式”对话框，在“数字”选项卡，设置“分类”为“特殊”，然后在列表框中选择“中文小写数字”选项即可。

Question

229 轻松输入特殊符号

语音视频教学229

Level ◆◆◆

2016 2013

实例 在表格中插入特殊字符

在实际工作中，用户经常需要在Excel中插入一些特殊的字符，熟悉它们的输入方法可以给工作带来很大的便利。下面将介绍两种常见的插入符号的方法。

1. 功能区按钮插入法。选中需插入符号的单元格，切换至“插入”选项卡，单击“符号”按钮。

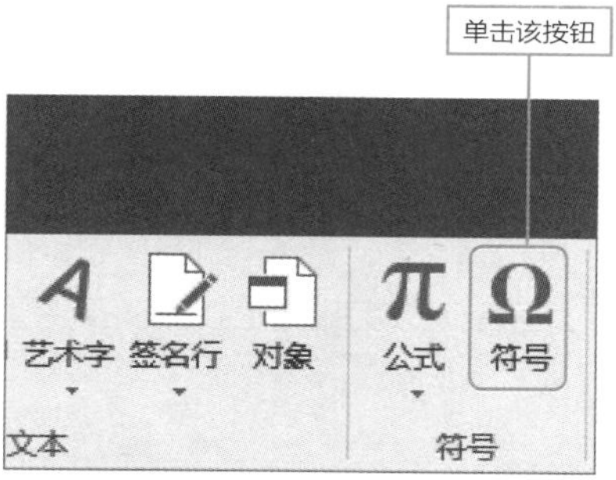

2. 弹出“符号”对话框，几乎所有在电脑上使用的符号都可以找到，从中进行选择即可。

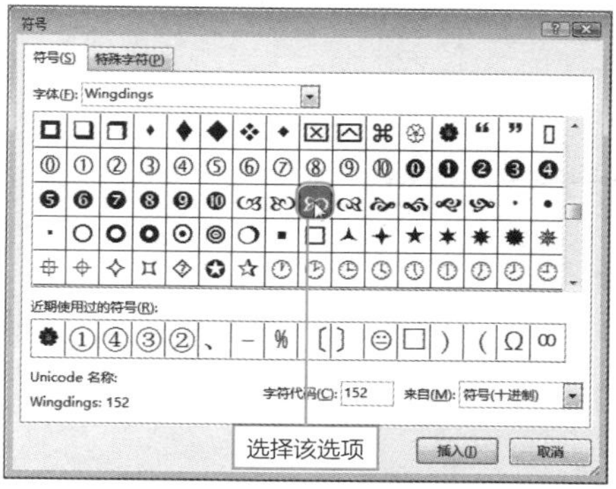

3. 软键盘插入法。以极点五笔输入法为例，右键打开“软键盘”命令，从关联菜单中选择相应分类。

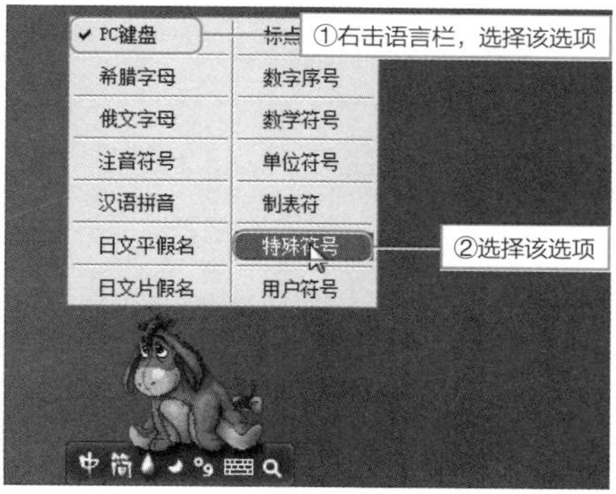

4. 若选择“特殊符号”选项，则会弹出“特殊符号”分类的软键盘，单击相应键盘按钮可插入该按钮上显示的符号。

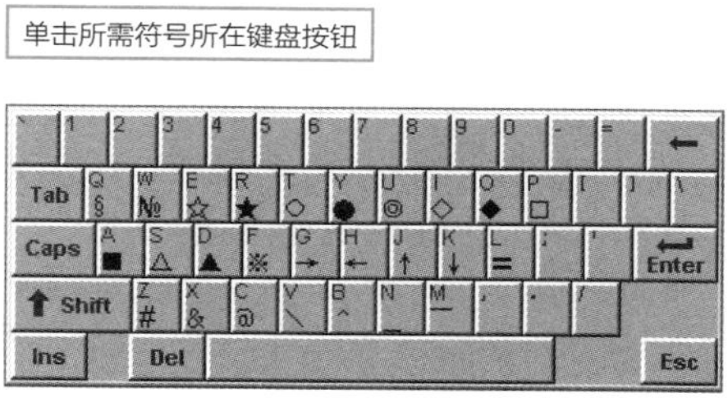

Question
230 拖动鼠标填充等差数列

语音视频教学230

● Level ◆◆◆

2016 2013 2010

实例	拖动鼠标快速生成等差序列

若用户需要在工作表中填充一个等差数列，该如何实现呢？下面将介绍快速生成等差序列的操作方法。

1 在A1、A2单元格中分别输入3、6。

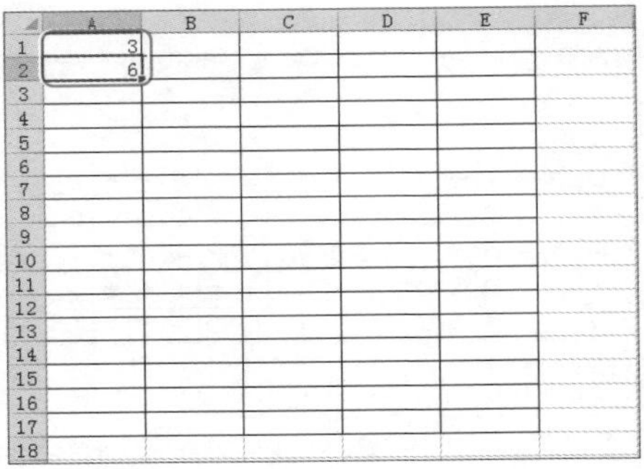

2 选中A1:A2单元格区域，将光标置于区域右下角。

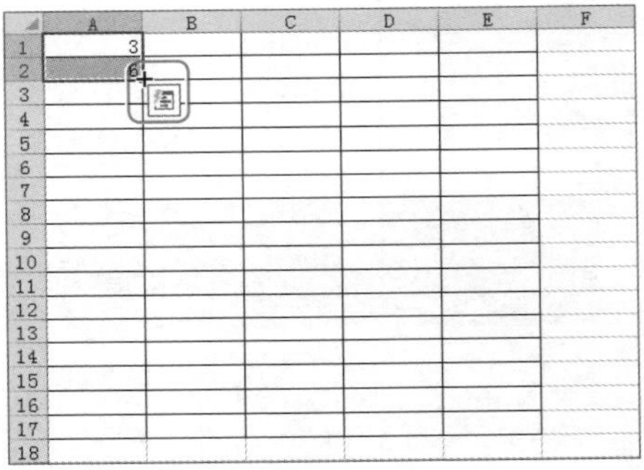

3 鼠标光标变为黑色十字形后，按住鼠标左键不放，向下拖动鼠标，即可生成步长值为3的等差序列。

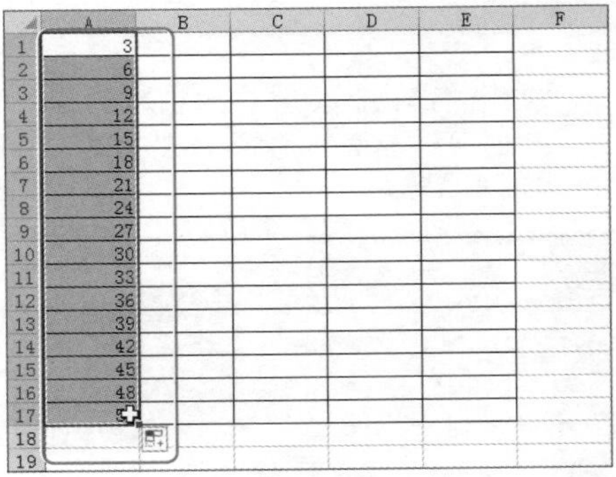

Hint

等差序列是如何定义的?

在一个序列中，如果从第二项起，每一项与它的前一项的差等于同一个常数，这个序列就叫做等差序列。这个常数叫做等差序列的“步长”。步长值既可是一个正值，也可以是一个负值，即该序列既可是规律递增序列，也可以是规律递减序列。

Question

231

● Level ◆◆◆

2016 2013 2010

填充递减序列也不难

语音视频教学231

实例	填充指定步长值和终止值得递减序列

在编辑Excel工作表时，需要在某列中输入一个递减序列，起始值为70，步长值为-8，终止值为0，如何快速输入该序列?

1 在A2单元格中输入70，然后选择A2:A15单元格区域。

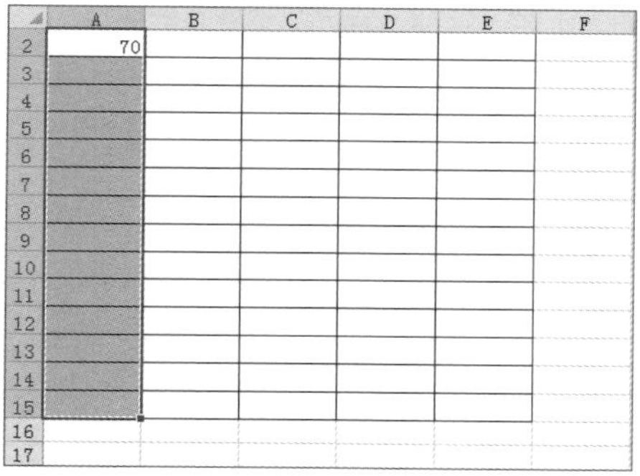

2 单击“开始”选项卡中的“填充”按钮，从下拉列表中选择“序列”选项。

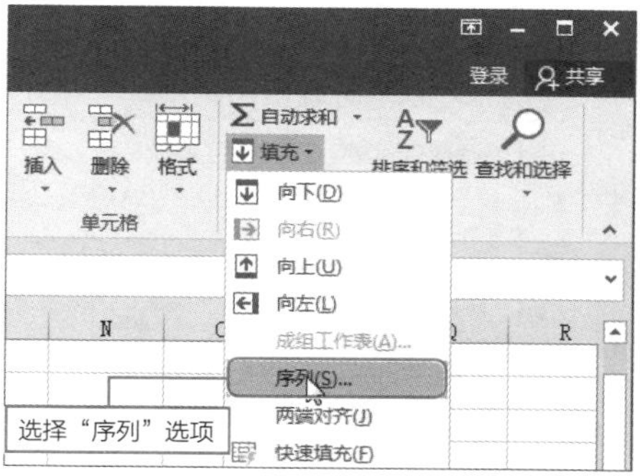

3 打开“序列”对话框，设置“类型”为“等差序列”，“步长值”为-8，“终止值”为0，然后单击“确定”按钮。

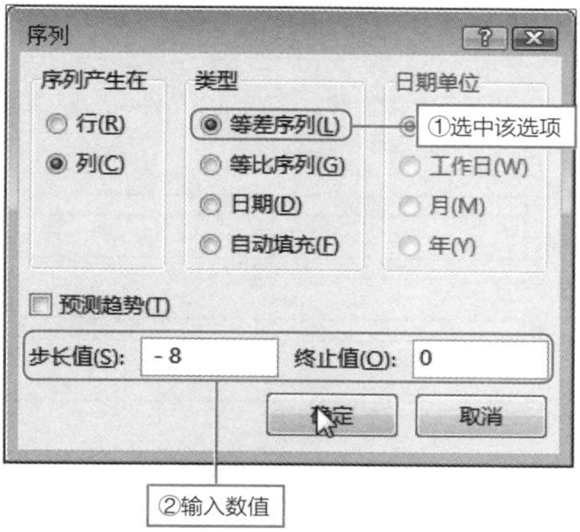

4 将返回到当前工作表区域，可以看到在A列自动填充了一个步长值为-8终止值大于等于0的递减序列。

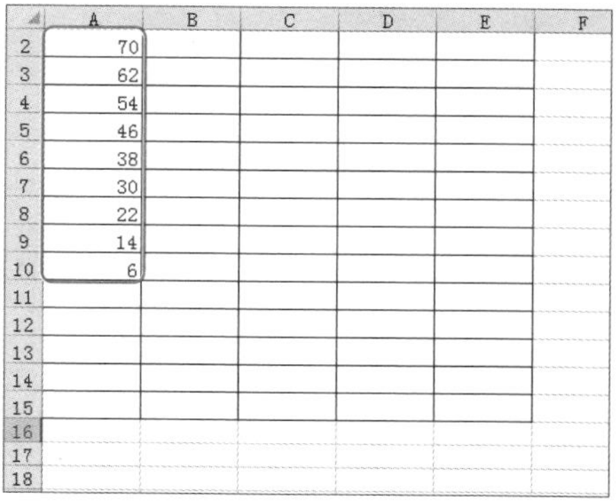

Question

232 自动填充日期值的妙招

语音视频教学232

Level ◆◆◆

2016 2013 2010

实例 在单元格中反向填充日期值

在制作年度工作表、员工月加班报表、周生产报表时，需要频繁的输入日期值，那么除了可以手动输入外，有没有更加快速、简便的方法呢？

1 打开工作表，在A9单元格中输入日期，选中A9单元格。

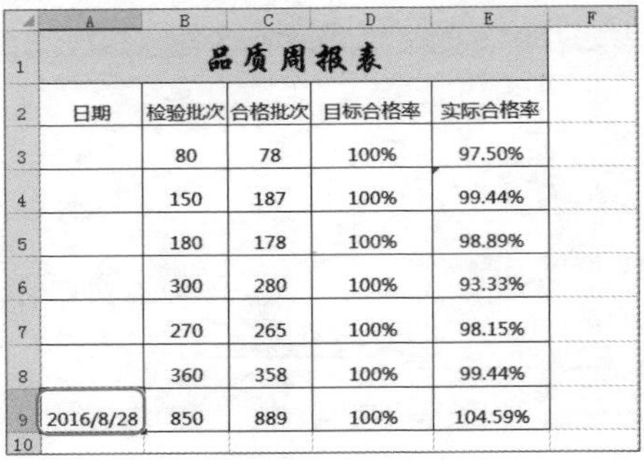
品质周报表
日期 检验批次 合格批次 目标合格率 实际合格率
80 78 100% 97.50%
150 187 100% 99.44%
180 178 100% 98.89%
300 280 100% 93.33%
270 265 100% 98.15%
360 358 100% 99.44%
2016/8/28 850 889 100% 104.59%

2 将鼠标光标置于单元格右下角，鼠标光标变为十字形后按住鼠标左键不放向上拖动鼠标。

品质周报表
日期 检验批次 合格批次 目标合格率 实际合格率
2016/8/22
2016/8/28
向上拖动

3 拖动至合适位置后，释放鼠标左键，完成日期的反向填充。

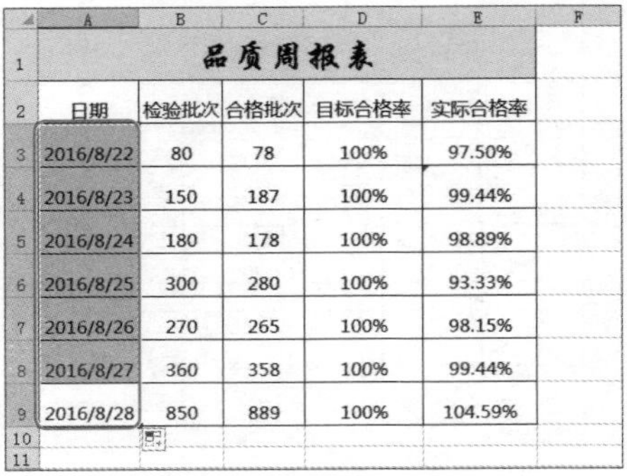
品质周报表
日期 检验批次 合格批次 目标合格率 实际合格率
2016/8/22 80 78 100% 97.50%
2016/8/23 150 187 100% 99.44%
2016/8/24 180 178 100% 98.89%
2016/8/25 300 280 100% 93.33%
2016/8/26 270 265 100% 98.15%
2016/8/27 360 358 100% 99.44%
2016/8/28 850 889 100% 104.59%

Hint

在行中填充序列

在Excel中，不仅可以在列中填充序列，而且可以在行中填充序列；不仅可以在列中进行反向填充，还可以在行中进行反向填充。

3
8
23

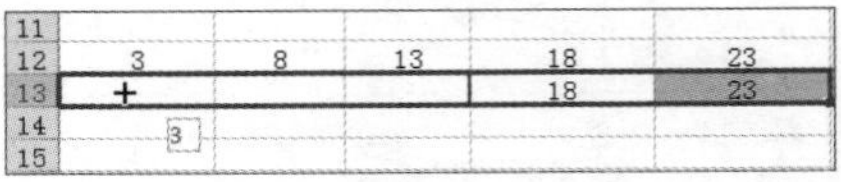
3 8 13 18 23
18 23
3

Question

233

● Level ◆◆◆

2016 2013 2010

快速输入等比序列

语音视频教学233

实例 填充步长为5的等比数列

除了可以在单元格区域填充等差序列和日期值外，还可以在单元格区域填充等比序列，下面将以步长值为5的等比序列的填充为例进行介绍。

❶ 在A1单元格中输入4，然后选中A1:A11单元格区域。单击“开始”选项卡上的“填充”按钮，从列表中选择“序列”选项。

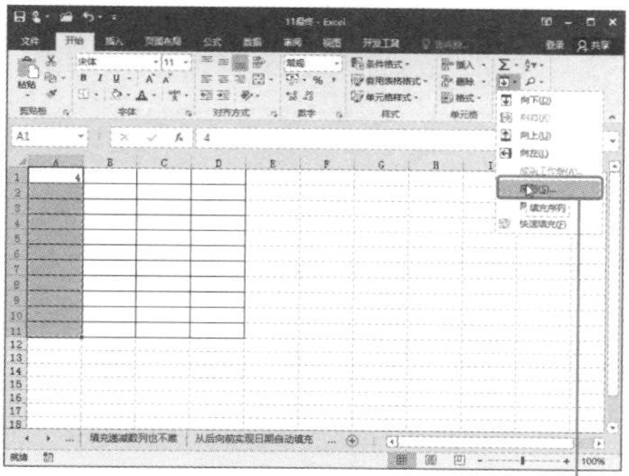

选择“序列”选项

❷ 打开“序列”对话框，设置“类型”为“等比序列”，“步长值”为5，单击“确定”按钮。

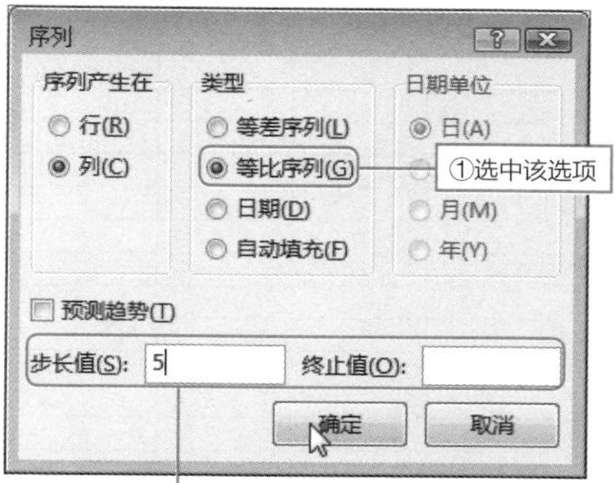

②输入数值

❸ 返回工作表，可以看到在A列自动填充了一个步长值为5的等比序列。

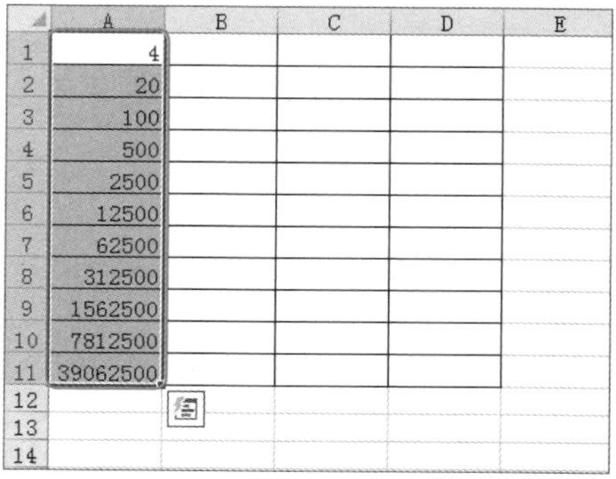

Hint

等比序列是如何定义的？

在一个序列中，如果从第二项起，每一项与它的前一项的比等于同一个常数，这个序列就叫做等比序列。这个常数叫做等比序列的“步长”。步长值既可以是一个正值，也可以是一个负值，既可以为整数，也可以为小数。

Question

234 手动定义等比序列步长

语音视频教学234

Level ◆◆◆

2016 2013 2010

实例 手动填充步长值为5的等比序列

若用户觉得通过“序列”对话框定义等比序列步长比较麻烦，还可以手动指定步长。下面将介绍如何手动自定义等比序列步长。

1. 在A1和A2单元格中分别输入2、10，并将其选中，将光标置于单元格区域右下角，鼠标光标变为十字形。

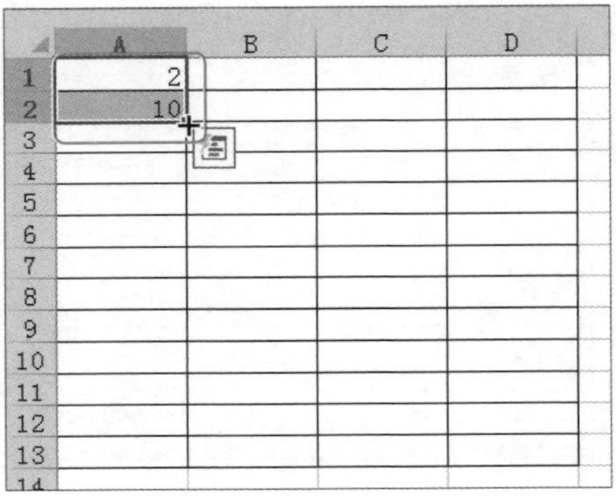

2. 按住鼠标右键不放，向下拖动鼠标，直至目标单元格后释放鼠标右键，将弹出一个快捷菜单。

3. 从右键菜单中选择“等比序列”命令，即可完成步长值为5的等比序列的填充。

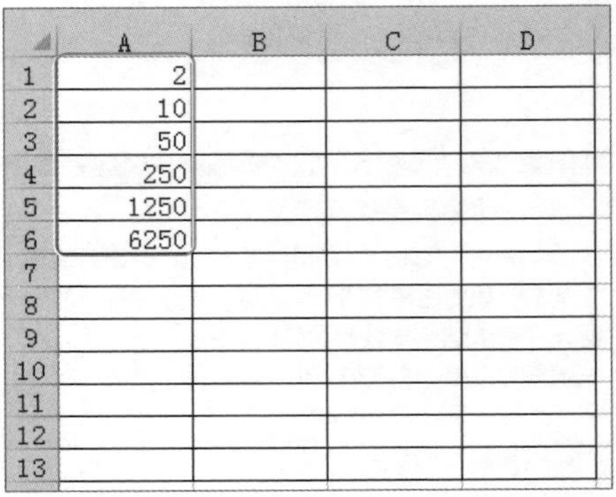

Hint

关于右键菜单中命令的介绍

若选中“等差序列”命令将填充步长值为5的等差序列。若选中“序列”命令，将打开“序列”对话框，用户可以对填充的类型、步长值、终止值等进行重新设置。

Question
235 快速指定等比序列的终止值

语音视频教学235

● Level ◆◆◆

2016 2013 2010

实例　等比序列终止值的指定

若用户想要插入一个既定范围的等比序列，就需要设定等比序列的终止值，下面将对其相关操作进行介绍。

❶ 在A1中输入3，然后选择A1:A16单元格区域。单击“开始”选项卡中的“填充”按钮，从列表中选择“序列”选项。

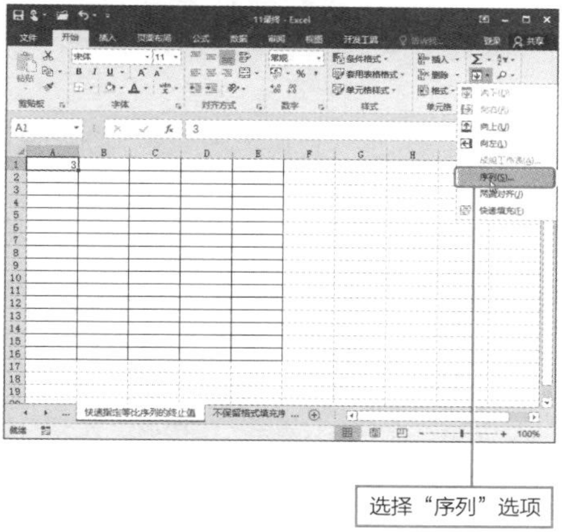

❷ 打开“序列”对话框，设置“类型”为“等比序列”，“步长值”为2、“终止值”为500，然后单击“确定”按钮。

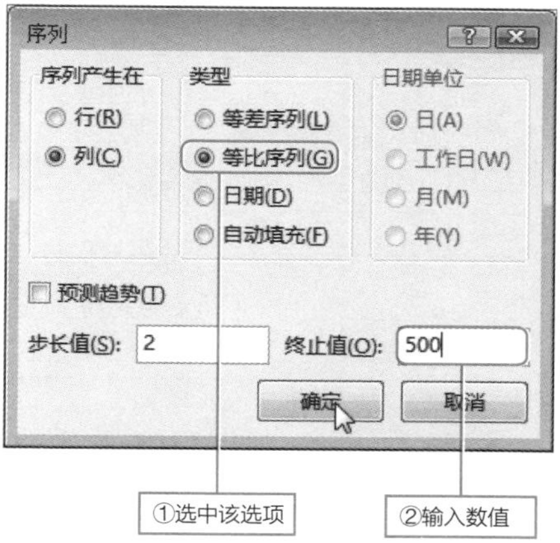

❸ 返回工作表，可以看到在A列生成了符合指定要求的等比序列。

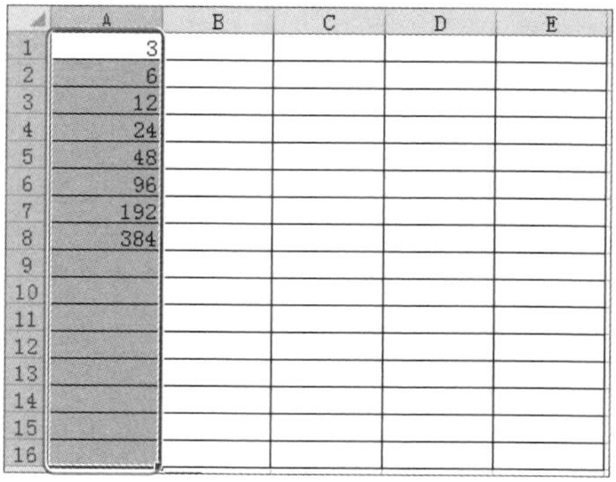

Hint

关于终止值的介绍

由产生的序列可以看出，指定终止值后，将会产生一个最大值不超出终止值的序列。利用终止值可以很好的设置序列产生的范围，为用户提供了极大的便利。

Question

236 不保留格式填充序列

语音视频
教学236

• Level ◆◆◆

2016 2013 2010

实例 在填充序列时，不填充格式

在填充序列时，格式往往随着序列一起被填充到单元格区域，那么有没有方法可以在不保留格式的前提下填充序列呢？

① 选择A4单元格，将光标置于单元格右下角，鼠标光标将变为十字形。

日期	品名	价格	数量（千克）	产地	采购人	备注
2016/7/1	土鸡蛋	9	5000	河南 南阳	周敏	
	生菜	4	1050	山东 潍坊	李鑫	
	芹菜	3	3000	江苏 徐州	李易临	
	菠菜	2	1080	安徽 砀山	王修一	
	花菜	4	2000	江苏 徐州	李易临	
	西红柿	5	3000	山东 潍坊	李鑫	大量缺货
	黄瓜	3	4000	安徽 砀山	王修一	
	豆角	4	2800	山东 潍坊	李鑫	
	四季豆	5	1700	安徽 砀山	王修一	
	青椒	4	3000	山东 潍坊	李鑫	
	茄子	3	4000	山东 潍坊	李鑫	
	西葫芦	3	5000	江苏 徐州	李易临	缺货
	丝瓜	4	3000	广东 东莞	曹云	
	苦瓜	5	2000	安徽 砀山	王修一	
	冬瓜	2	3000	广东 东莞	曹云	

② 按住鼠标左键不放，向下拖动鼠标至A18单元格。

③ 释放鼠标，单击“自动填充选项”按钮，在弹出的快捷菜单中选中“不带格式填充”单选按钮。

④ 从填充结果可以看出，选中该命令后，填充序列的同时，不填充单元格格式。

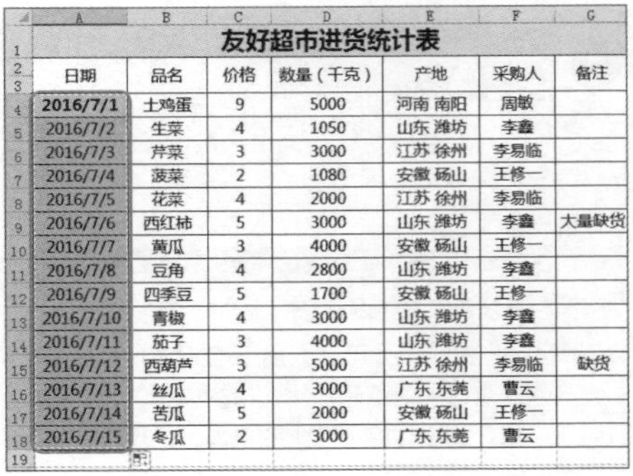

日期	品名	价格	数量（千克）	产地	采购人	备注
2016/7/1	土鸡蛋	9	5000	河南 南阳	周敏	
2016/7/2	生菜	4	1050	山东 潍坊	李鑫	
2016/7/3	芹菜	3	3000	江苏 徐州	李易临	
2016/7/4	菠菜	2	1080	安徽 砀山	王修一	
2016/7/5	花菜	4	2000	江苏 徐州	李易临	
2016/7/6	西红柿	5	3000	山东 潍坊	李鑫	大量缺货
2016/7/7	黄瓜	3	4000	安徽 砀山	王修一	
2016/7/8	豆角	4	2800	山东 潍坊	李鑫	
2016/7/9	四季豆	5	1700	安徽 砀山	王修一	
2016/7/10	青椒	4	3000	山东 潍坊	李鑫	
2016/7/11	茄子	3	4000	山东 潍坊	李鑫	
2016/7/12	西葫芦	3	5000	江苏 徐州	李易临	缺货
2016/7/13	丝瓜	4	3000	广东 东莞	曹云	
2016/7/14	苦瓜	5	2000	安徽 砀山	王修一	
2016/7/15	冬瓜	2	3000	广东 东莞	曹云	

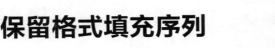

Question
237

● Level ◆◆◆

2016 2013 2010

巧妙添加自定义序列

语音视频教学237

实例 自定义序列的添加

若用户经常需要用到某一固定的序列，可以将其自定义并添加到Excel系统中，以便用户日后的使用。下面将介绍如何添加一个自定义的序列。

1 打开工作簿，执行“文件>选项”命令。

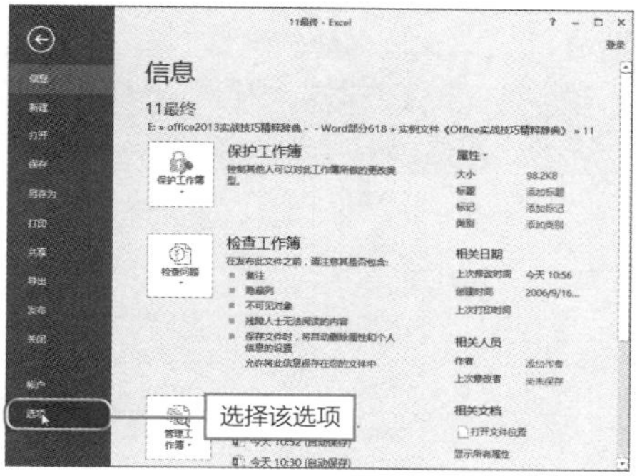

2 打开“Excel选项”对话框，单击“高级”选项右侧区域“编辑自定义列表”按钮。

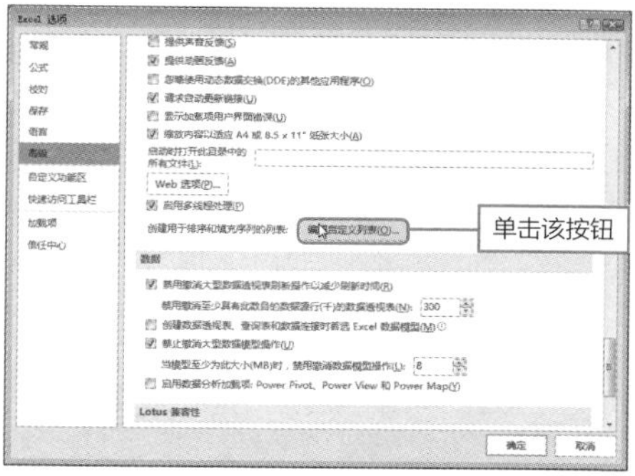

3 打开“自定义序列”对话框，在“输入序列”列表框中输入序列，然后单击“添加”按钮，最后单击“确定”按钮。

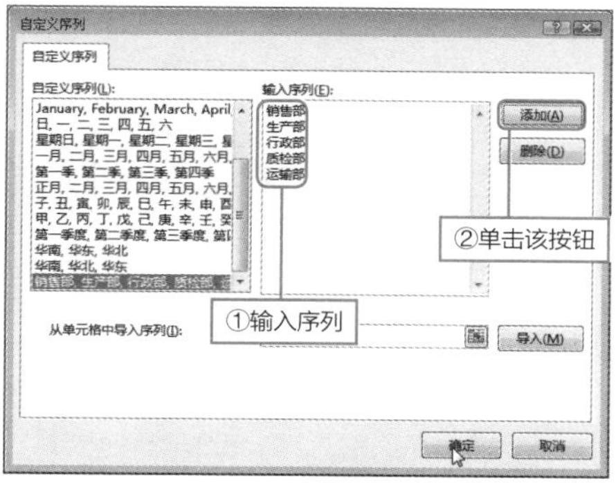

4 返回“Excel选项”对话框，单击“确定”按钮，返回工作表，在A1单元格中输入“生产部”，拖动鼠标，可填充自定义序列。

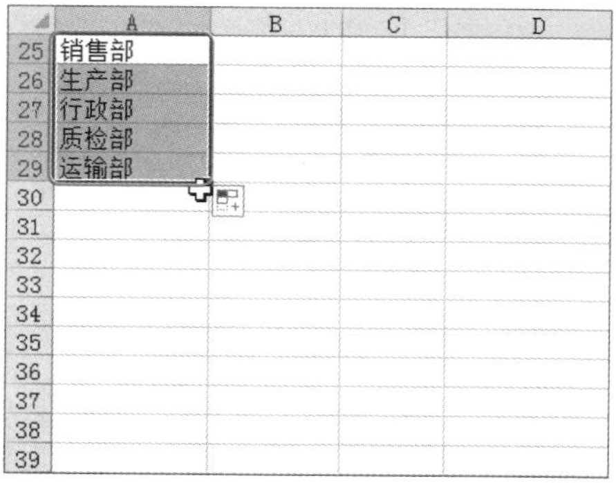

Question

238

● Level ◆◆◆

2016 2013 2010

快速填充公式的技巧

语音视频教学238

实例 巧用鼠标拖动填充法填充公式

如果需要在某单元格区域使用相同的公式，那么完全可以在一个单元格中输入公式后，采用鼠标拖动的方法将公式自动填充至目标区域，下面将对这一操作进行详细的介绍。

1 打开工作表，在E3单元格中输入公式“=(D3-C3)/C3”。

时尚杂志周分析报表						
天气温度	星期	上周销售	本周销售	增长比	销售件数	库存件数
29-34	一	2009	1388	-30.91%	18	1198
28-33	二	586	1076		16	1182
30-35	三	603	1568		25	1146
28-33	四	356	1070		15	1131
30-37	五	1015	774		15	1116
30-37	六	1597	1150		13	1103
30-37	日	1697	1000		11	1092

2 按Enter键确认输入后，将鼠标光标移至E3单元格右下角，鼠标光标变为十字形。

时尚杂志周分析报表						
天气温度	星期	上周销售	本周销售	增长比	销售件数	库存件数
29-34	一	2009	1388	-30.91%	18	1198
28-33	二	586	1076		16	1182
30-35	三	603	1568		25	1146
28-33	四	356	1070		15	1131
30-37	五	1015	774		15	1116
30-37	六	1597	1150		13	1103
30-37	日	1697	1000		11	1092

3 向下拖动鼠标，至合适位置后，释放鼠标左键，即可完成公式的复制操作。

时尚杂志周分析报表						
天气温度	星期	上周销售	本周销售	增长比	销售件数	库存件数
29-34	一	2009	1388	-30.91%	18	1198
28-33	二	586	1076	-30.91%	16	1182
30-35	三	603	1568	-30.91%	25	1146
28-33	四	356	1070	-30.91%	15	1131
30-37	五	1015	774	-30.91%	15	1116
30-37	六	1597	1150	-30.91%	13	1103
30-37	日	1697	1000	-30.91%	11	1092

Hint

验证公式是否被填充

双击E9单元格，可以发现其中的公式为“=(D9-C9)/C9”，可见公式已被填充。

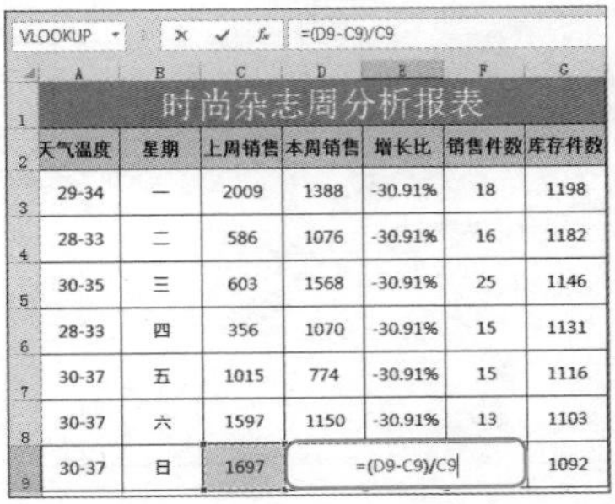

时尚杂志周分析报表						
天气温度	星期	上周销售	本周销售	增长比	销售件数	库存件数
29-34	一	2009	1388	-30.91%	18	1198
28-33	二	586	1076	-30.91%	16	1182
30-35	三	603	1568	-30.91%	25	1146
28-33	四	356	1070	-30.91%	15	1131
30-37	五	1015	774	-30.91%	15	1116
30-37	六	1597	1150	-30.91%	13	1103
30-37	日	1697		=(D9-C9)/C9		1092

Question
239 快速添加货币符号

语音视频教学239

● Level ◆◆◆

2016 2013 2010

实例 货币符号的添加

在财务报表、商品采购表中，经常需要输入各种货币符号，如人民币符号、英镑符号、美元符号等。掌握它们的快速输入方法可以极大的改善用户工作效率，下面将以人民币符号的添加为例进行介绍。

❶ 选中需要添加货币符号的D3:K18单元格区域，单击“开始”选项卡中“数字格式”下拉按钮，从列表中选择“货币”或“会计专用”选项即可。

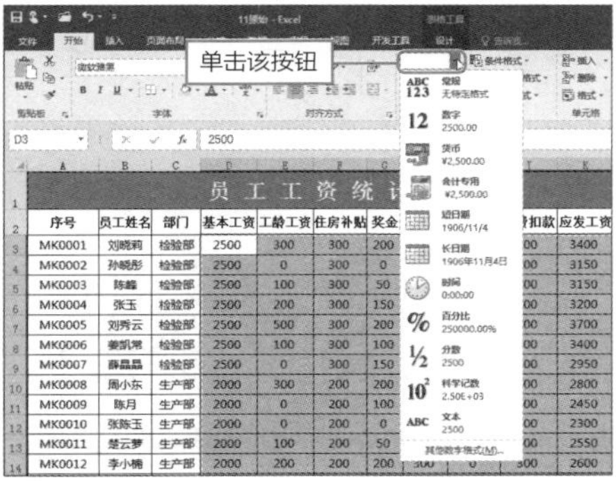

❷ 或者是单击“会计数字格式”下拉按钮，从列表中选择合适的货币符号。

❸ 用户可按Ctrl+1组合键打开“设置单元格格式”对话框，在“数字”选项卡的“货币”或“会计专用”选项中进行设置。

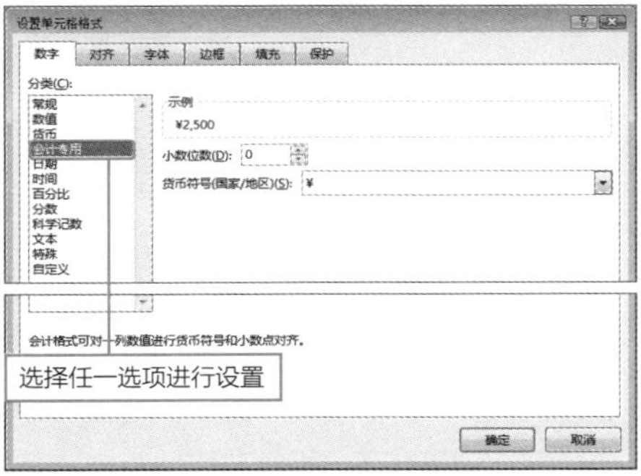

❹ 设置完成后，单击“确定”按钮，返回工作表，可以看到，工作表中的数据已经添加了货币符号。

Question

240 一秒钟输入当前时间

语音视频
教学240

实例 当前日期与时间的输入

● Level ◆◆◆

2016 2013 2010

在制表时，通常会要求输入制表的日期和时间。这时，很多用户会采用手动输入方式，那么还有没有更简洁的方法呢？

1 输入当前日期。选择单元格，然后按Ctrl+；组合键即可输入当前日期。

友好超市进货统计表

日期	品名	价格	数量（千克）	产地	采购人	备注
2016/8/1	土鸡蛋	9	5000	河南 南阳	周敏	
2016/8/2	生菜	8	1050	山东 潍坊	李鑫	
2016/8/3	芹菜	3	3000	江苏 徐州	李易临	
2016/8/8	菠菜	2	1080	安徽 砀山	王修一	
2016/8/5	花菜	8	2000	江苏 徐州	李易临	
2016/8/6	西红柿	5	3000	山东 潍坊	李鑫	大量缺货
2016/8/7	黄瓜	3	8000	安徽 砀山	王修一	
2016/8/8	豆角	8	2800	山东 潍坊	李鑫	
2016/8/9	四季豆	5	1700	安徽 砀山	王修一	
2016/8/10	青椒	8	3000	山东 潍坊	李鑫	
2016/8/11	茄子	3	8000	山东 潍坊	李鑫	
2016/8/12	西葫芦	3	5000	江苏 徐州	李易临	缺货
2016/8/13	丝瓜	8	3000	广东 东莞	曹云	
2016/8/18	苦瓜	5	2000	安徽 砀山	王修一	
2016/8/15	冬瓜	2	3000	广东 东莞	曹云	
制表日期			2016/12/16			

2 输入当前时间。选择单元格，然后按Ctrl+ Shift+；组合键即可输入当前时间。

友好超市进货统计表

日期	品名	价格	数量（千克）	产地	采购人	备注
2016/8/1	土鸡蛋	9	5000	河南 南阳	周敏	
2016/8/2	生菜	8	1050	山东 潍坊	李鑫	
2016/8/3	芹菜	3	3000	江苏 徐州	李易临	
2016/8/8	菠菜	2	1080	安徽 砀山	王修一	
2016/8/5	花菜	8	2000	江苏 徐州	李易临	
2016/8/6	西红柿	5	3000	山东 潍坊	李鑫	大量缺货
2016/8/7	黄瓜	3	8000	安徽 砀山	王修一	
2016/8/8	豆角	8	2800	山东 潍坊	李鑫	
2016/8/9	四季豆	5	1700	安徽 砀山	王修一	
2016/8/10	青椒	8	3000	山东 潍坊	李鑫	
2016/8/11	茄子	3	8000	山东 潍坊	李鑫	
2016/8/12	西葫芦	3	5000	江苏 徐州	李易临	缺货
2016/8/13	丝瓜	8	3000	广东 东莞	曹云	
2016/8/18	苦瓜	5	2000	安徽 砀山	王修一	
2016/8/15	冬瓜	2	3000	广东 东莞	曹云	
制表日期			11:17:00			

3 输入完成后，在单元格外单击即可完成日期和时间的插入。

友好超市进货统计表

日期	品名	价格	数量（千克）	产地	采购人	备注
2016/8/1	土鸡蛋	9	5000	河南 南阳	周敏	
2016/8/2	生菜	8	1050	山东 潍坊	李鑫	
2016/8/3	芹菜	3	3000	江苏 徐州	李易临	
2016/8/8	菠菜	2	1080	安徽 砀山	王修一	
2016/8/5	花菜	8	2000	江苏 徐州	李易临	
2016/8/6	西红柿	5	3000	山东 潍坊	李鑫	大量缺货
2016/8/7	黄瓜	3	8000	安徽 砀山	王修一	
2016/8/8	豆角	8	2800	山东 潍坊	李鑫	
2016/8/9	四季豆	5	1700	安徽 砀山	王修一	
2016/8/10	青椒	8	3000	山东 潍坊	李鑫	
2016/8/11	茄子	3	8000	山东 潍坊	李鑫	
2016/8/12	西葫芦	3	5000	江苏 徐州	李易临	缺货
2016/8/13	丝瓜	8	3000	广东 东莞	曹云	
2016/8/18	苦瓜	5	2000	安徽 砀山	王修一	
2016/8/15	冬瓜	2	3000	广东 东莞	曹云	
制表日期			2016/12/16			
			11:17			

Hint

如何快速转换长短日期

选择单元格，单击“开始”选项卡中“数字格式”下拉按钮，从列表中选择合适的日期格式即可。

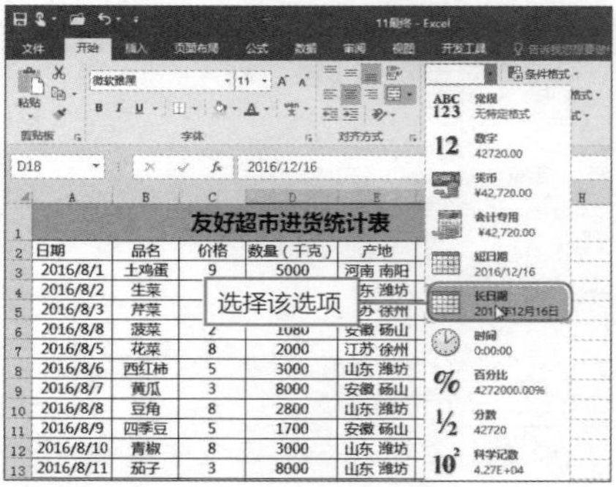

Question

241 修改日期格式很容易

语音视频教学241

● Level ◆◆◆

2016 2013 2010

实例 改变当前日期与时间的格式

在工作表中，完成当前日期与时间的输入后，用户还可对其格式做进一步的调整，使之与工作表更协调、美观。

❶ 打开工作表，选择单元格，在键盘上按下Ctrl+1组合键。

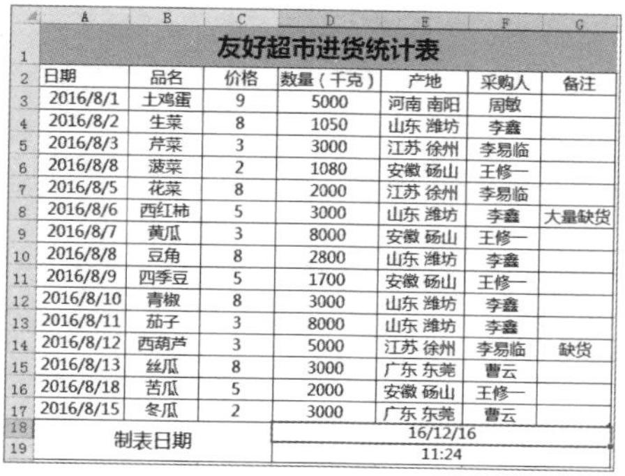

日期	品名	价格	数量（千克）	产地	采购人	备注
2016/8/1	土鸡蛋	9	5000	河南 南阳	周敏	
2016/8/2	生菜	8	1050	山东 潍坊	李鑫	
2016/8/3	芹菜	3	3000	江苏 徐州	李易临	
2016/8/8	菠菜	2	1080	安徽 砀山	王修一	
2016/8/5	花菜	8	2000	江苏 徐州	李易临	
2016/8/6	西红柿	5	3000	山东 潍坊	李鑫	大量缺货
2016/8/7	黄瓜	3	8000	安徽 砀山	王修一	
2016/8/8	豆角	8	2800	山东 潍坊	李鑫	
2016/8/9	四季豆	5	1700	安徽 砀山	王修一	
2016/8/10	青椒	8	3000	山东 潍坊	李鑫	
2016/8/11	茄子	3	8000	山东 潍坊	李鑫	
2016/8/12	西葫芦	3	5000	江苏 徐州	李易临	缺货
2016/8/13	丝瓜	8	3000	广东 东莞	曹云	
2016/8/18	苦瓜	5	2000	安徽 砀山	王修一	
2016/8/15	冬瓜	2	3000	广东 东莞	曹云	
制表日期			16/12/16			
			11:24			

❷ 调整日期格式。打开"设置单元格格式"对话框，选择"日期"分类，从右侧"类型"列表中选择所需格式。

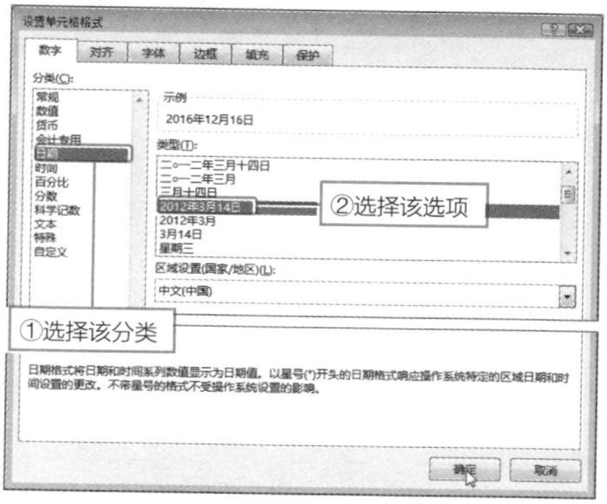

❸ 调整时间格式。选择"时间"分类，从右侧"类型"列表中选择所需格式。

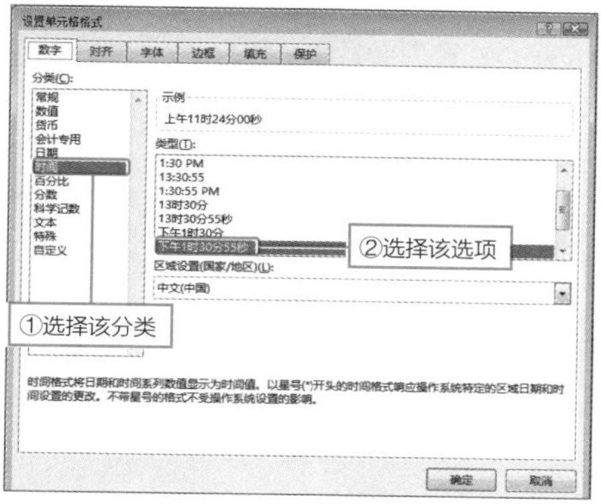

❹ 设置完成后，单击"确定"按钮，关闭对话框，查看设置效果。

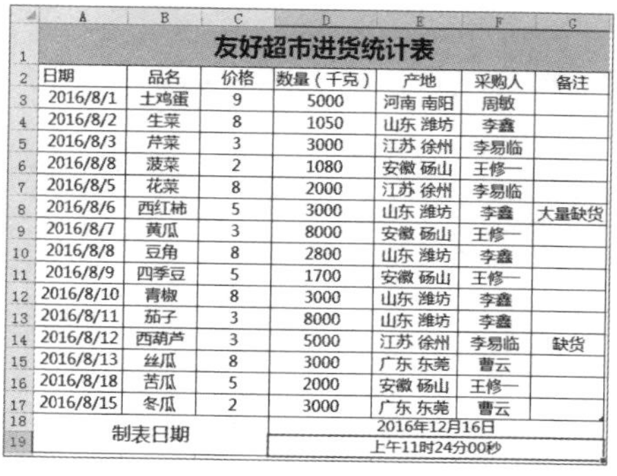

日期	品名	价格	数量（千克）	产地	采购人	备注
2016/8/1	土鸡蛋	9	5000	河南 南阳	周敏	
2016/8/2	生菜	8	1050	山东 潍坊	李鑫	
2016/8/3	芹菜	3	3000	江苏 徐州	李易临	
2016/8/8	菠菜	2	1080	安徽 砀山	王修一	
2016/8/5	花菜	8	2000	江苏 徐州	李易临	
2016/8/6	西红柿	5	3000	山东 潍坊	李鑫	大量缺货
2016/8/7	黄瓜	3	8000	安徽 砀山	王修一	
2016/8/8	豆角	8	2800	山东 潍坊	李鑫	
2016/8/9	四季豆	5	1700	安徽 砀山	王修一	
2016/8/10	青椒	8	3000	山东 潍坊	李鑫	
2016/8/11	茄子	3	8000	山东 潍坊	李鑫	
2016/8/12	西葫芦	3	5000	江苏 徐州	李易临	缺货
2016/8/13	丝瓜	8	3000	广东 东莞	曹云	
2016/8/18	苦瓜	5	2000	安徽 砀山	王修一	
2016/8/15	冬瓜	2	3000	广东 东莞	曹云	
制表日期			2016年12月16日			
			上午11时24分00秒			

Question

242 批量输入相同数据有绝招

语音视频教学242

Level ◆◆◆

2016 2013 2010

实例 在相邻区域快速输入重复数据

在实际工作中，经常需要在相邻的单元格中重复输入相同的数据，如果逐一输入肯定会浪费很多时间，在此，将介绍一种高效率的批量输入技巧。

❶ 在需要输入相同数据的区域上方输入数据。

❷ 选择E3:F3单元格区域，将鼠标光标置于区域右下角，按住鼠标左键不放向下拖动鼠标。

❸ 拖动至合适位置后释放鼠标，单击出现的“自动填充选项”按钮，从列表中选择“复制单元格”选项。

❹ 按照同样的方法，复制其他相同的内容。

Question
243 快速为选定的区域输入数据

语音视频教学243

● Level ◆◆◆

2016 2013 2010

实例 在不连续区域输入相同数据

上述技巧介绍了相邻单元格重复输入的技巧，在此将介绍如何为多个不连续的单元格输入相同的数据，其实操作也是比较简单的，具体的操作方法介绍如下。

❶ 按住Ctrl键的同时，依次选取需要输入数据的区域。

员工工资统计表

序号	员工姓名	部门	基本工资	工龄工资	住房补贴	奖金	加班费	出勤扣款	保费扣款	应发工资
MK0001	刘晓莉	质检部	2500.0			200.0	500.0	100.0		¥3,100
MK0002	孙晓彤	质检部	2500.0	0.0		0.0	700.0	50.0		¥3,150
MK0003	陈峰	质检部	2500.0	100.0		50.0	500.0	0.0		¥3,150
MK0004	张玉	质检部	2500.0			150.0	400.0	50.0		¥3,000
MK0005	刘秀云	质检部	2500.0	500.0		200.0	500.0	0.0		¥3,700
MK0006	姜凯常	质检部	2500.0	100.0		100.0	700.0	0.0		¥3,400
MK0007	薛晶晶	质检部	2500.0	0.0		150.0	400.0	100.0		¥2,950
MK0008	周小东	销售部	2000.0	300.0	200.0	200.0	400.0	0.0		¥3,100
MK0009	陈月	销售部	2000.0	0.0	200.0	100.0	500.0	50.0		¥2,750
MK0010	张陈玉	销售部	2000.0	0.0	200.0	0.0	400.0	0.0		¥2,600
MK0011	楚云萝	销售部	2000.0		200.0	50.0	600.0	100.0		¥2,750
MK0012	李小楠	销售部	2000.0		200.0	200.0		0.0		¥2,400
MK0013	郑国茂	销售部	2000.0	100.0	200.0	100.0	500.0	50.0		¥2,850
MK0014	沈纤云	销售部	2000.0	0.0	200.0	50.0		0.0		¥2,250
MK0015	夏东晋	销售部	2000.0	0.0	200.0	0.0		50.0		¥2,150
MK0016	崔秀芳	销售部	2000.0	100.0	200.0	100.0	500.0	0.0		¥2,900

按住Ctrl键同时选取多个单元格区域

❷ 输入数据，然后按下Ctrl+Enter组合键确认输入。

员工工资统计表

序号	员工姓名	部门	基本工资	工龄工资	住房补贴	奖金	加班费	出勤扣款	保费扣款	应发工资
MK0001	刘晓莉	质检部	2500.0			200.0	500.0	100.0	300	¥3,100
MK0002	孙晓彤	质检部	2500.0	0.0		0.0	700.0	50.0		¥3,150
MK0003	陈峰	质检部	2500.0	100.0		50.0	500.0	0.0		¥3,150
MK0004	张玉	质检部	2500.0			150.0	400.0	50.0		¥3,000
MK0005	刘秀云	质检部	2500.0	500.0		200.0	500.0	0.0		¥3,700
MK0006	姜凯常	质检部	2500.0	100.0		100.0	700.0	0.0		¥3,400
MK0007	薛晶晶	质检部	2500.0	0.0		150.0	400.0	100.0		¥2,950
MK0008	周小东	销售部	2000.0	300.0	200.0	200.0	400.0	0.0		¥3,100
MK0009	陈月	销售部	2000.0	0.0	200.0	100.0	500.0	50.0		¥2,750
MK0010	张陈玉	销售部	2000.0	0.0	200.0	0.0	400.0	0.0		¥2,600
MK0011	楚云萝	销售部	2000.0		200.0	50.0	600.0	100.0		¥2,750
MK0012	李小楠	销售部	2000.0		200.0	200.0		0.0		¥2,400
MK0013	郑国茂	销售部	2000.0	100.0	200.0	100.0	500.0	50.0		¥2,850
MK0014	沈纤云	销售部	2000.0	0.0	200.0	50.0		0.0		¥2,250
MK0015	夏东晋	销售部	2000.0	0.0	200.0	0.0		50.0		¥2,150
MK0016	崔秀芳	销售部	2000.0	100.0	200.0	100.0	500.0	0.0		¥2,900

输入数据后按Ctrl+Enter组合键

❸ 从中可以看到选定的区域已全部填充了相同的数据。

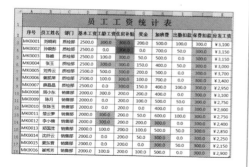

员工工资统计表

序号	员工姓名	部门	基本工资	工龄工资	住房补贴	奖金	加班费	出勤扣款	保费扣款	应发工资
MK0001	刘晓莉	质检部	2500.0	300.0	300.0	200.0	500.0	100.0	300.0	¥3,100
MK0002	孙晓彤	质检部	2500.0	0.0	300.0	0.0	700.0	50.0	300.0	¥3,150
MK0003	陈峰	质检部	2500.0	100.0	300.0	50.0	500.0	0.0	300.0	¥3,150
MK0004	张玉	质检部	2500.0	300.0	300.0	150.0	400.0	50.0	300.0	¥3,000
MK0005	刘秀云	质检部	2500.0	500.0	300.0	200.0	500.0	0.0	300.0	¥3,700
MK0006	姜凯常	质检部	2500.0	100.0	300.0	100.0	700.0	0.0	300.0	¥3,400
MK0007	薛晶晶	质检部	2500.0	0.0	300.0	150.0	400.0	100.0	300.0	¥2,950
MK0008	周小东	销售部	2000.0	300.0	200.0	200.0	400.0	0.0	300.0	¥3,100
MK0009	陈月	销售部	2000.0	0.0	200.0	100.0	500.0	50.0	300.0	¥2,750
MK0010	张陈玉	销售部	2000.0	0.0	200.0	0.0	400.0	0.0	300.0	¥2,600
MK0011	楚云萝	销售部	2000.0	300.0	200.0	50.0	600.0	100.0	300.0	¥2,750
MK0012	李小楠	销售部	2000.0	300.0	200.0	200.0	300.0	0.0	300.0	¥2,400
MK0013	郑国茂	销售部	2000.0	100.0	200.0	100.0	500.0	50.0	300.0	¥2,850
MK0014	沈纤云	销售部	2000.0	0.0	200.0	50.0	300.0	0.0	300.0	¥2,250
MK0015	夏东晋	销售部	2000.0	0.0	200.0	0.0	300.0	50.0	300.0	¥2,150
MK0016	崔秀芳	销售部	2000.0	100.0	200.0	100.0	500.0	0.0	300.0	¥2,900

Hint

如何启用填充柄和单元格拖放功能

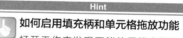

打开工作表发现不能使用填充柄和单元格拖放功能，需执行“文件>选项”命令，打开“Excel选项”对话框，在“高级”选项，勾选“启用填充柄和单元格拖放功能”选项即可。

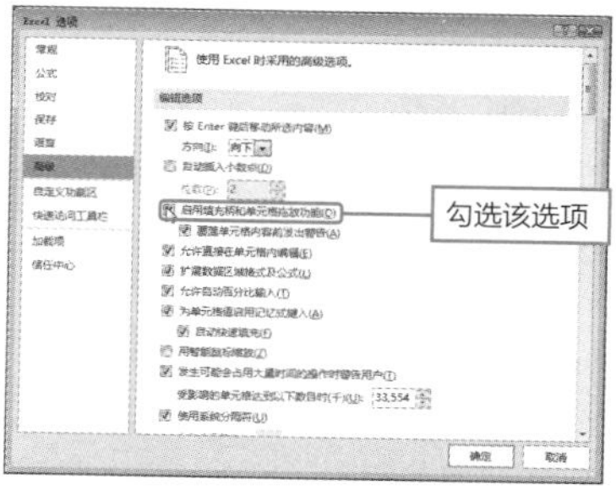

Question

244

轻松实现数据在不同工作表中的备份

语音视频教学244

● Level ◆◆◆

2016 2013 2010

实例 将当前工作表中的数据添加到其他多个工作表中

运用Excel工作时，为了防止数据丢失，通常会将数据复制并粘贴到其他工作表中，但是，除此之外，还有没有更便捷的方法将数据备份到其他工作表中呢？

1 按住Shift键的同时单击包含数据的工作表标签以及03，选择四个工作表。

2 在包含数据的工作表中，选取A2:G9单元格区域。

3 单击“开始”选项卡上的“填充”按钮，从展开的列表中选择“成组工作表”选项。

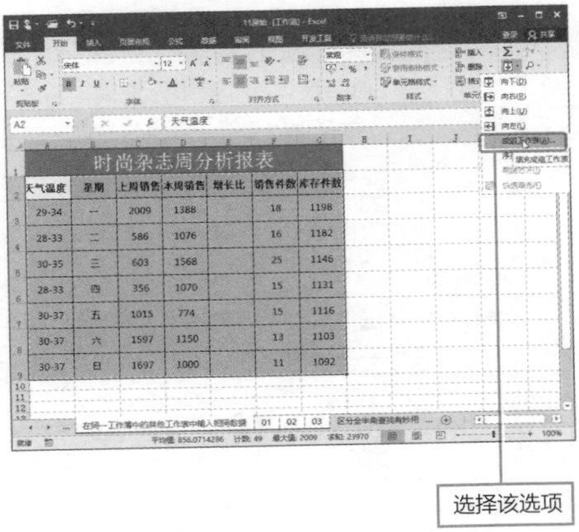

4 弹出“填充成组工作表”对话框，选中“全部”单选按钮，然后单击“确定”按钮即可。

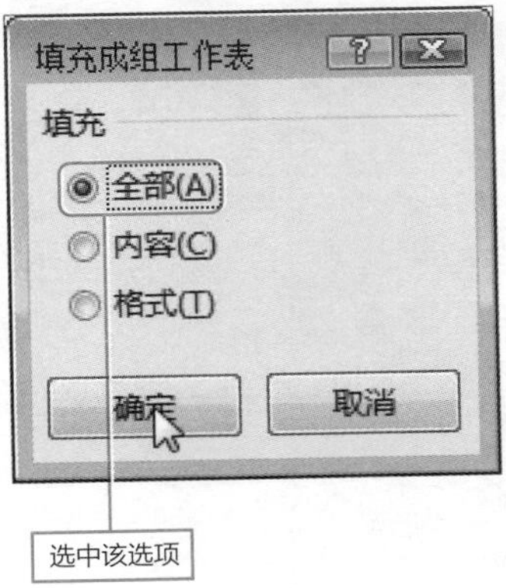

Question

245

查找指定内容有秘诀

语音视频教学245

实例 使用查找功能定位指定内容

● Level ◆◆◆

2016 2013 2010

在一张包含大量数据的工作表中，想要轻而易举的查找到指定的内容是没有那么容易的？这就需要利用Excel提供的查找功能来解决，其具体操作方法介绍如下。

❶ 打开工作表，单击“开始”选项卡中的“查找和选择”按钮，从下拉列表中选择“查找”选项。

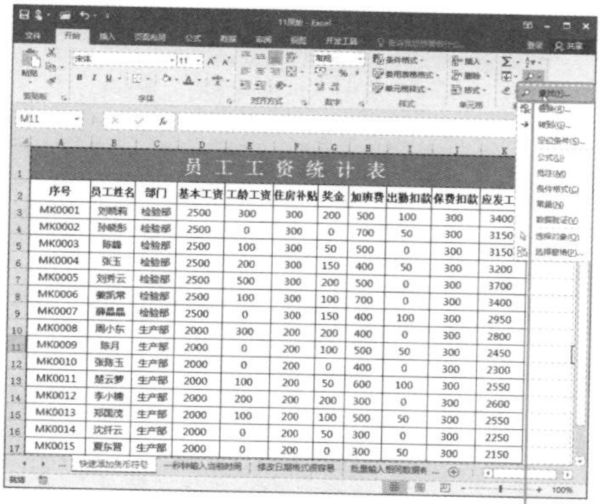

❷ 弹出“查找和替换”对话框，在“查找内容”文本框中输入要查找的内容，然后单击“查找下一个”按钮。

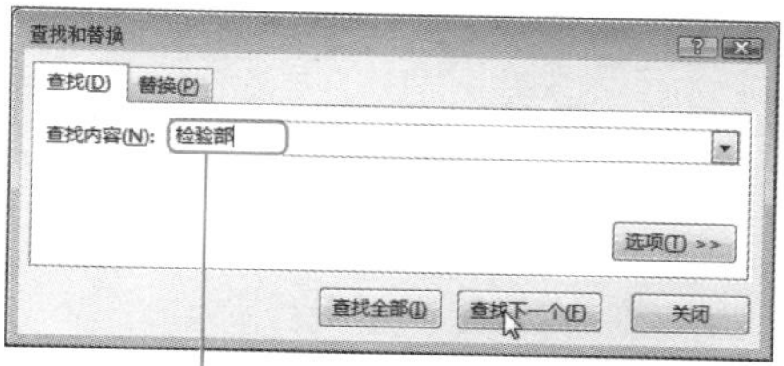

❸ 若单击“查找全部”按钮，则会显示查找到的所有内容。

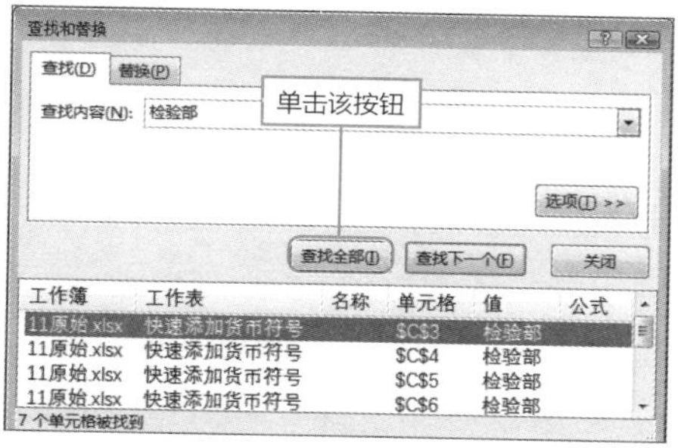

Hint

快速打开“查找和替换”对话框

打开工作表后，在键盘上按Ctrl+F组合键，同样可以打开“查找和替换”对话框，然后根据需要进行查找即可。

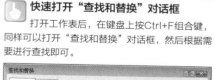

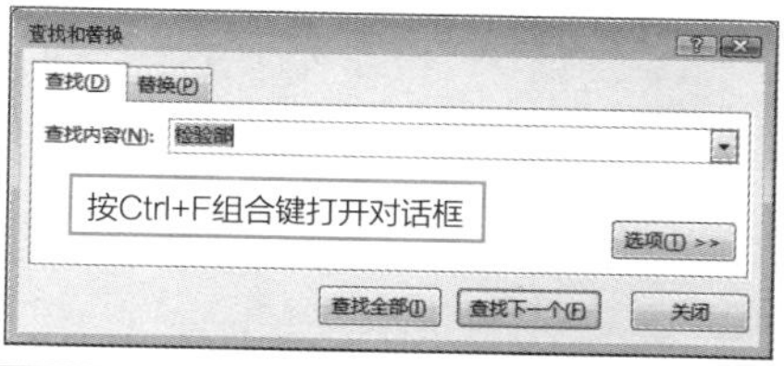

Question 246

在特定区域内查找指定内容有绝招

语音视频教学246

● Level ◆◆◆

2016 2013 2010

实例 设置查找范围，提高查找效率

在Excel中查找指定内容时，为了提高查找效率，可以设置查找范围，以减少系统的工作时间。

1. 指定查找区域。选择C列，按Ctrl+F组合键，打开“查找和替换”对话框。

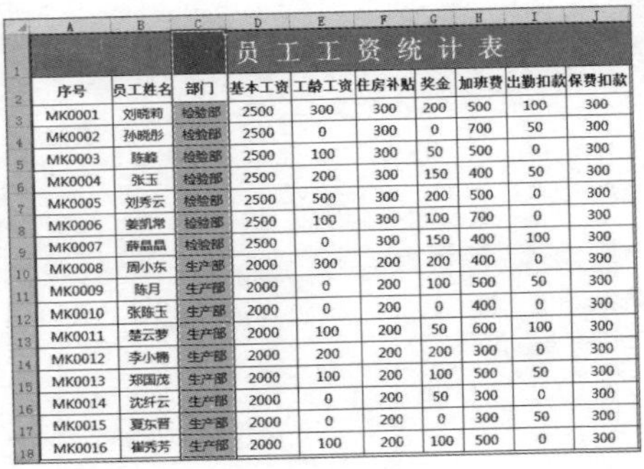

员工工资统计表									
序号	员工姓名	部门	基本工资	工龄工资	住房补贴	奖金	加班费	出勤扣款	保费扣款
MK0001	刘晓莉	检验部	2500	300	300	200	500	100	300
MK0002	孙晓彤	检验部	2500	0	300	0	700	50	300
MK0003	陈峰	检验部	2500	100	300	50	500	0	300
MK0004	张玉	检验部	2500	200	300	150	400	50	300
MK0005	刘秀云	检验部	2500	500	300	200	500	0	300
MK0006	姜凯常	检验部	2500	100	300	100	700	0	300
MK0007	薛晶晶	检验部	2500	0	300	150	400	100	300
MK0008	周小东	生产部	2000	300	200	200	400	0	300
MK0009	陈月	生产部	2000	0	200	100	500	50	300
MK0010	张陈玉	生产部	2000	0	200	0	400	0	300
MK0011	楚云萝	生产部	2000	100	200	50	600	100	300
MK0012	李小楠	生产部	2000	200	200	200	300	0	300
MK0013	郑国茂	生产部	2000	100	200	100	500	50	300
MK0014	沈纤云	生产部	2000	0	200	50	300	0	300
MK0015	夏东晋	生产部	2000	0	200	0	300	50	300
MK0016	崔秀芳	生产部	2000	100	200	100	500	0	300

2. 在“查找内容”文本框中输入“检验部”，设置“按列”搜索，然后单击“查找全部”按钮即可。

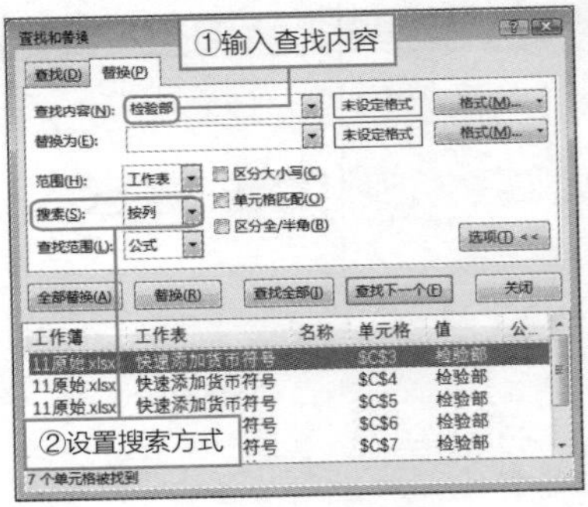

3. 指定工作表。可以设置查找范围为“工作表”，“按行”搜索，然后单击“查找全部”按钮即可。

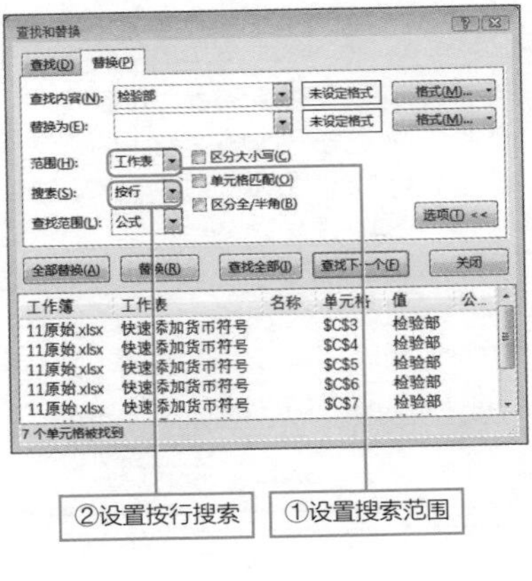

4. 指定工作薄。可以设置查找范围为“工作簿”，“按行”搜索，然后单击“查找全部”按钮即可。

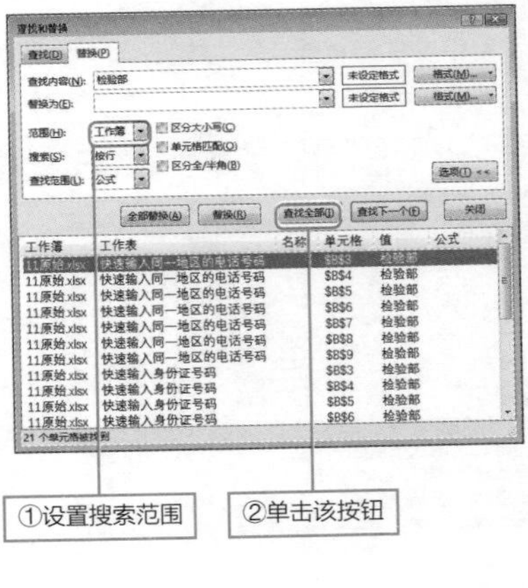

Question
247

区分全半角查找有妙用

语音视频教学247

● Level ◆◆◆

2016 2013 2010

实例　在查找时区分全角与半角

在工作表中录入和编辑数据的过程中，很可能会将字母、标点等全半角混合在了一起并执行了录入操作，这种情况下就需要将其查找出来。下面将介绍如何区分全半角进行查找。

1 打开工作表，选择单元格区域，单击“开始”选项卡上的“查找和选择”按钮，从展开的列表中选择“查找”选项。

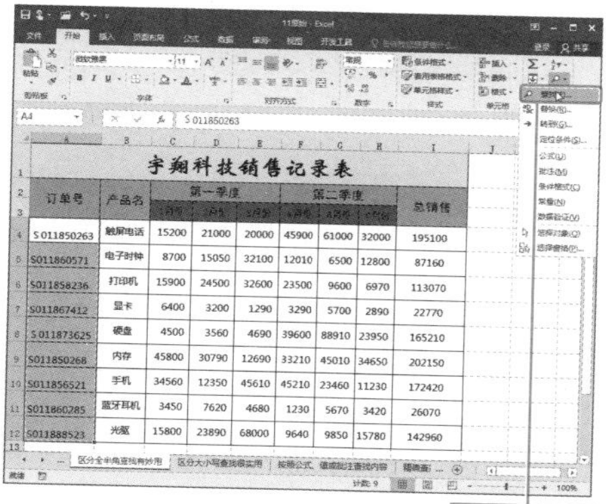

2 或者是选择单元格区域后，直接在键盘上按Ctrl+F组合键，打开“查找和替换”对话框，输入要查找的内容，单击“选项”按钮。

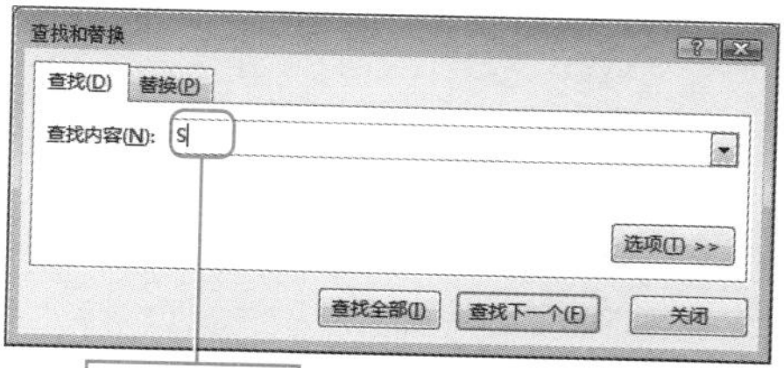

3 勾选“区分全/半角”复选框，单击“查找全部”按钮，即可将全部相关内容查找出来。

Hint

何谓全角与半角

（1）全角是指一个字符占用两个标准字符位置；半角是指一个字符占用一个标准字符位置。
（2）全角半角主要针对标点符号、字母、数字来讲的，全角占两个字节，半角占一个字节。
（3）而对于汉字来说，无论全角还是半角，都会占用两个字节。

Question

248

区分大小写查找很实用

语音视频
教学248

● Level ◆◆◆

2016 2013 2010

实例 在查找时区分字母大小写

在工作表中进行查找字母时，如果不区分大小写，会将所有包含该字母的内容都查找出来，但是有时候只需要查找小写或者大写字母，该怎样进行查找呢？

❶ 打开工作表，选择需要查找内容的B3:B12单元格区域。接着按Ctrl+F组合键。

产品销售统计表					
畅销前十名	款号	上周销售件数	目前库存的数量	补货情况	货品卖点分析
1	JC018	189560	160000	已补货	性价比高，外形抢眼
2	KM136	156980	250000	未补货	个性独特，彰显品质
3	jc035	150000	110000	未补货	经济适用，品质过硬
4	CN486	132000	180000	无需补货	赠送礼品吸引人
5	OP047	110050	90000	已补货	老品牌，口碑好
6	cn892	85632	90000	已补货	产品宣传到位
7	km570	81456	189000	无需补货	打折产品，质量上乘
8	jc965	65890	180000	无需补货	特卖商品，知名品牌
9	OR456	55874	60000	已补货	新产品，质量外观吸引力强
10	GH019	40000	90000	未补货	外观漂亮，价格适中

❷ 打开“查找和替换”对话框，输入要查找的内容，勾选“区分大小写”复选框，然后单击“查找全部”按钮。

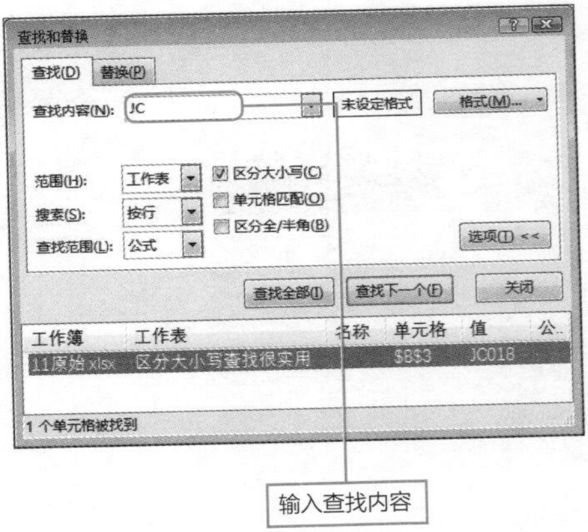

❸ 若未勾选“区分大小写”复选框，则会将全部相关内容查找出来。

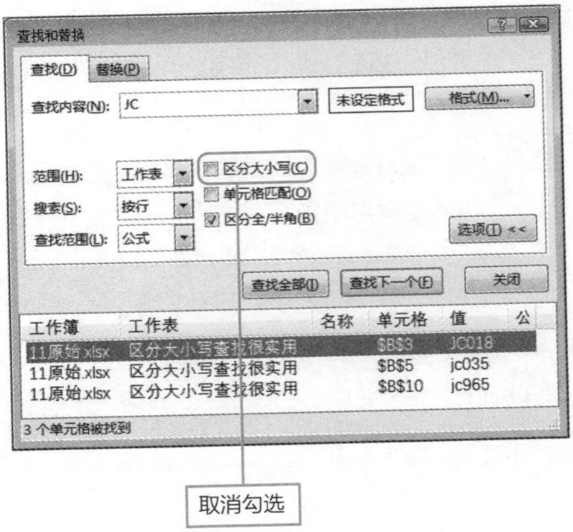

Hint

对话框中选项功能介绍

“选项”按钮用于展开或收起“范围”、“搜索”、“区分大小写”等选项。

“格式”按钮用于打开“查找格式”对话框，可以设置查找内容的格式，进行精确查找。

Question 249

• Level ◆◆◆

2016 2013 2010

按照公式、值、或批注查找内容

语音视频教学249

实例 查找包含公式、批注的内容

在查找的过程中，除了可以区分大小写、全半角内容外，Excel还可以按照公式、值、批注进行查找，下面将对其相关操作进行介绍。

❶ 打开工作表，选择B3:D15单元格区域。在键盘上按Ctrl+F组合键，将打开“查找和替换”对话框。

旭日科技有限公司采购统计表

物品名称	数量	单价	总价	供应商	采购员	备注
二极管	180000	1.2	216000	J018	刘先	
三极管	200000	1.8	360000	J018	刘先	
发光二极管	90000	2	180000	J018	刘先	订单备货
晶振	120000	1.5	180000	J018	刘先	库存备用
电容	450000	0.5	225000	CK15	帅可	特急
电阻	620000	0.6	372000	CK15	帅可	
保险丝	100000	0.8	80000	CK15	帅可	
电感	230000	1	230000	CK15	帅可	
蜂鸣器	10000	3	30000	J018	刘先	急需
IC	50000	6.5	325000	R013	李飞	
VGA	18000	0.8	14400	EZ05	张芸	
AV端子	80000	0.4	32000	EZ05	张芸	库存备用
S端子	20000	0.9	18000	EZ05	张芸	

❷ 在“查找内容”文本框中输入“=”，“查找范围”设置为“公式”，然后单击“查找全部”按钮即可查找出所有相关内容。

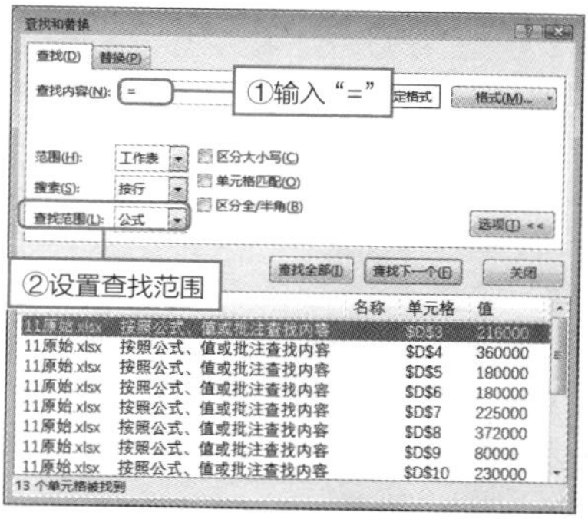

❸ 在“查找内容”文本框中输入“代码”，“查找范围”设置为“批注”，然后单击“查找全部”按钮即可查找出所有相关内容。

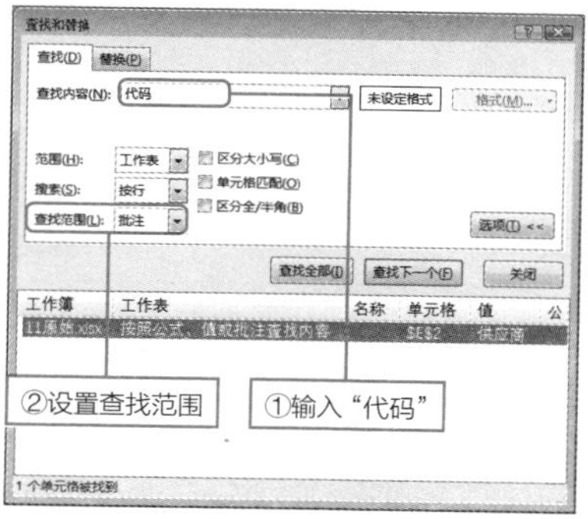

❹ 在“查找内容”文本框中输入“180000”，“查找范围”设置为“值”，然后单击“查找全部”按钮即可查找出所有相关内容。

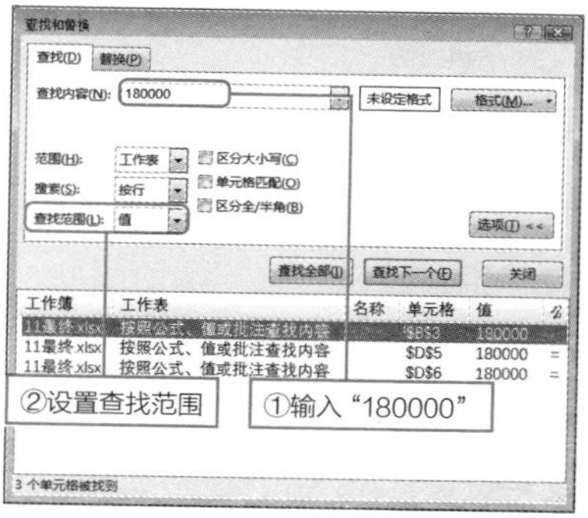

Question

250 精确查找定位准

语音视频教学250

• Level ◆◆◆

2016 2013 2010

实例 查找内容时区分单元格格式

在查找时，用户还可以非常精确的区分数字格式、字体、对齐方式、单元格填充色、边框等进行查找，下面将对其相关操作进行介绍。

❶ 打开工作表，单击“开始”选项卡上的“查找和选择”按钮，从列表中选择“查找”选项。

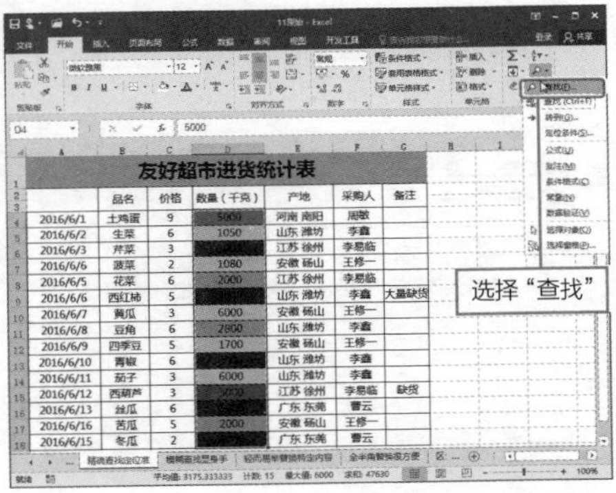

❷ 打开“查找和替换”对话框，在“查找内容”文本框中输入“3”，然后单击“格式”按钮。

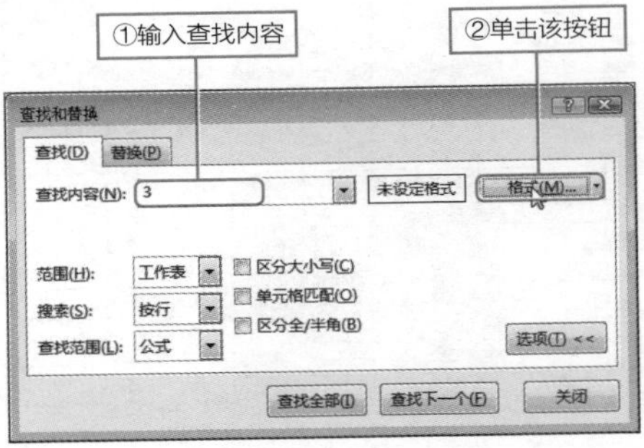

❸ 打开“查找格式”对话框，从中根据需要设置单元格填充色，然后单击“确定”按钮。

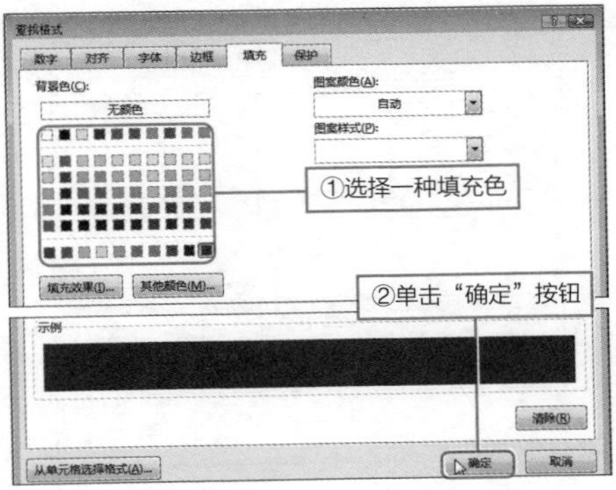

❹ 返回到“查找和替换”对话框，在“格式”按钮左侧可以看到预览效果，然后单击“查找全部”按钮即可。

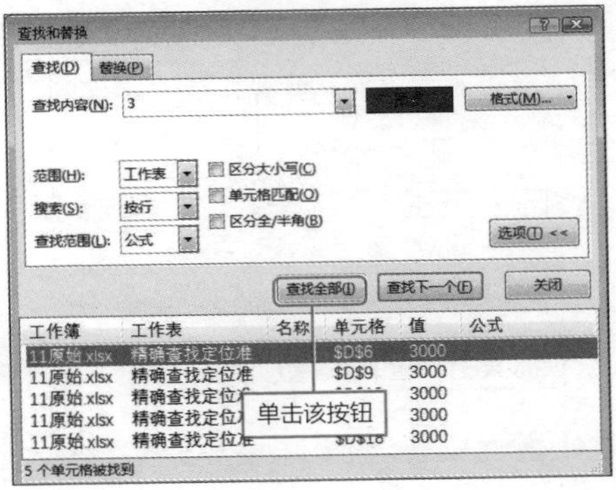

Question

251

● Level

◆◆◆

2016 2013 2010

模糊查找显身手

语音视频
教学251

实例　使用通配符进行查找

在实际工作中，有时候用户并不能准确确定所要查找的内容，此时就需要采用模糊查找的方法对相近内容进行查找，下面将对其进行介绍。

1 按Ctrl+F组合键，打开“查找和替换”对话框。在“查找内容”文本框中输入“?5”，单击“查找全部”按钮即可。

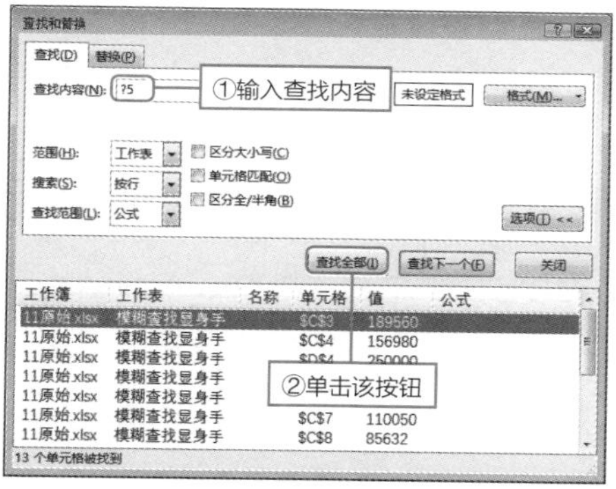

2 需要注意的是问号必须在英文状态下输入，否则将会出现错误。

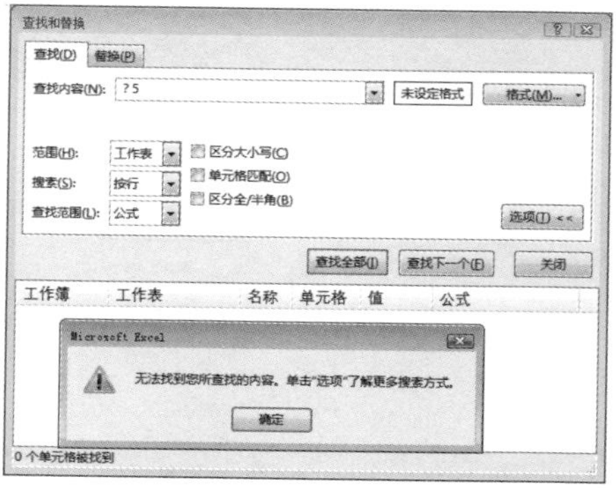

3 在“查找内容”文本框中输入“JC*5”，然后单击“查找全部”按钮可看到查询结果。

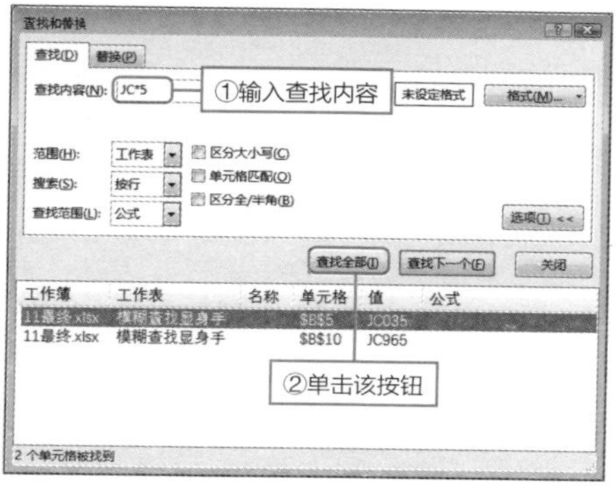

Hint

关于通配符

通配符是一类键盘字符，有星号（*）和问号（?）。

使用星号代替0个或多个字符。如果正在查找以A开头的字符，但不记得字符其余部分，可以输入A*，可查找到AEW、AON、ALONE等。

使用问号（?）代替一个或多个字符。如果输入lo?，可查找到lovey、loved等。

Question 252

• Level ◆◆◆

2016 2013 2010

轻而易举替换特定内容

语音视频教学252

实例 使用替换功能批量修改表中数据

在工作表中修改批量数据时，为了节约用户时间，提高工作效率，可以采用替换功能，下面将对其操作方法进行详细的介绍。

❶ 打开Excel工作表，单击“开始”选项卡中的“查找和选择”按钮，从下拉列表中选择“替换”选项。

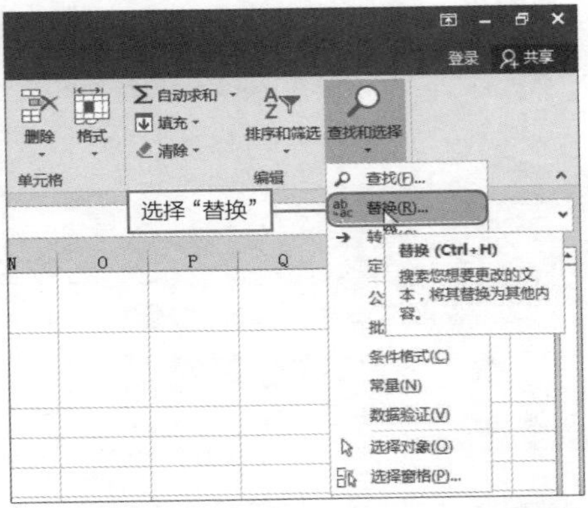

❷ 打开“查找和替换”对话框，从中设置“查找内容”为“江苏徐州”，“替换为”为“山东泰安”，然后单击“全部替换”按钮。

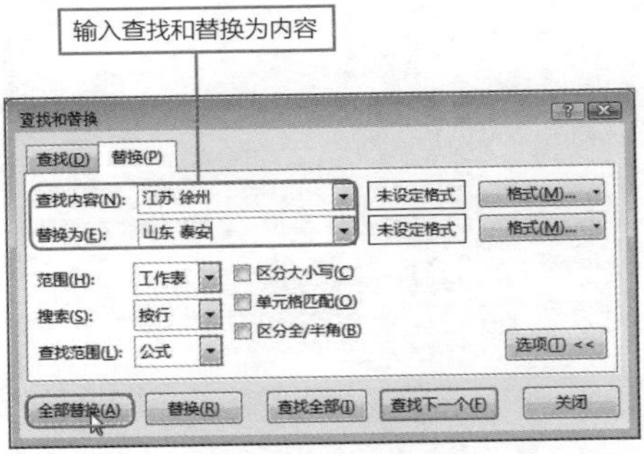

❸ 系统将弹出提示对话框，单击“确定”按钮即可完成替换操作。

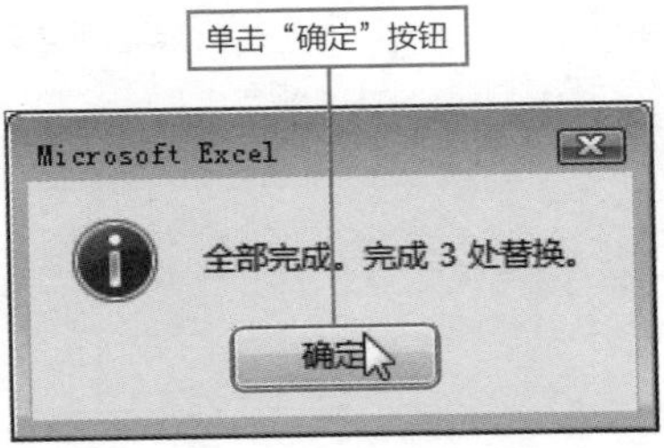

❹ 可以看到，产地项目中所有“江苏徐州”全部替换为“山东泰安”。

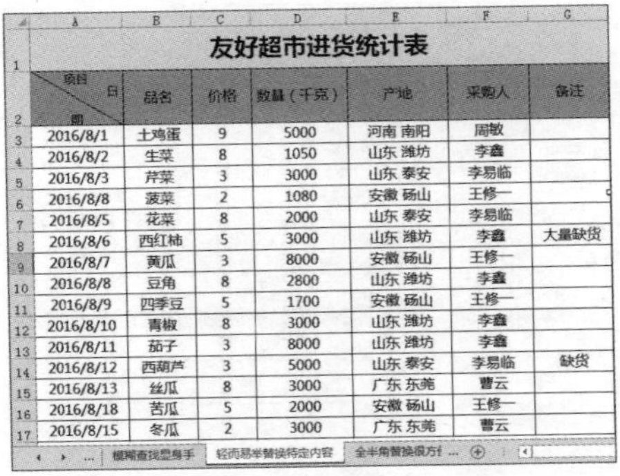

友好超市进货统计表

项目日期	品名	价格	数量（千克）	产地	采购人	备注
2016/8/1	土鸡蛋	9	5000	河南 南阳	周敏	
2016/8/2	生菜	8	1050	山东 潍坊	李鑫	
2016/8/3	芹菜	3	3000	山东 泰安	李易临	
2016/8/8	菠菜	2	1080	安徽 砀山	王修一	
2016/8/5	花菜	8	2000	山东 泰安	李易临	
2016/8/6	西红柿	5	3000	山东 潍坊	李鑫	大量缺货
2016/8/7	黄瓜	3	8000	安徽 砀山	王修一	
2016/8/8	豆角	8	2800	山东 潍坊	李鑫	
2016/8/9	四季豆	5	1700	安徽 砀山	王修一	
2016/8/10	青椒	8	3000	山东 潍坊	李鑫	
2016/8/11	茄子	3	8000	山东 潍坊	李鑫	
2016/8/12	西葫芦	3	5000	山东 泰安	李易临	缺货
2016/8/13	丝瓜	8	3000	广东 东莞	曹云	
2016/8/18	苦瓜	5	2000	安徽 砀山	王修一	
2016/8/15	冬瓜	2	3000	广东 东莞	曹云	

Question 253

全/半角替换很方便

语音视频教学253

实例	执行替换操作时，区分全角和半角

● Level ◆◆◆

2016 2013 2010

在进行替换操作时，有时需要将错误输入的某些半角字符替换为全角字符，这就用到替换功能中的区分全角和半角。

1. 打开Excel工作表，单击“开始”选项卡中的“查找和选择”按钮，从下拉列表中选择“替换”选项。

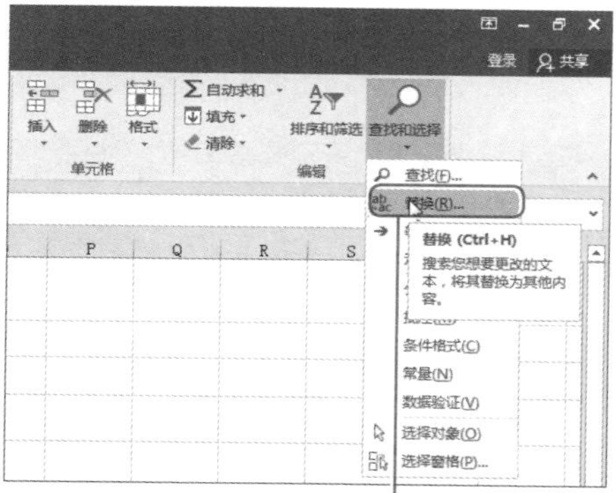

选择“替换”

2. 打开“查找和替换”对话框，从中设置“查找内容”为半角字符S，“替换为”为全角字符Ｓ，勾选“区分全/半角”复选框，然后单击“全部替换”按钮。

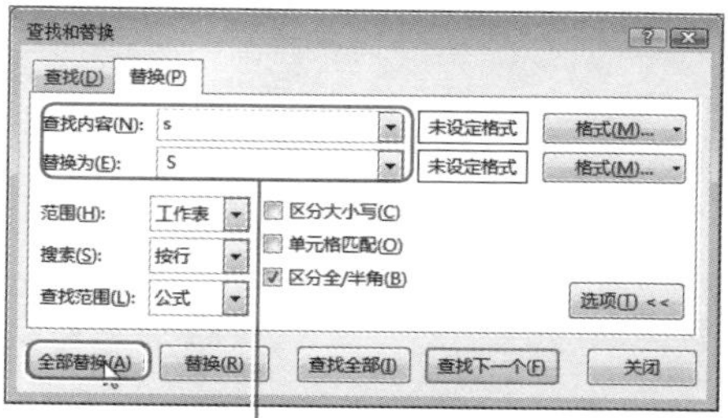

输入查找和替换为内容

3. 系统将弹出相应的提示信息，以说明替换了多少处内容。

单击“确定”按钮

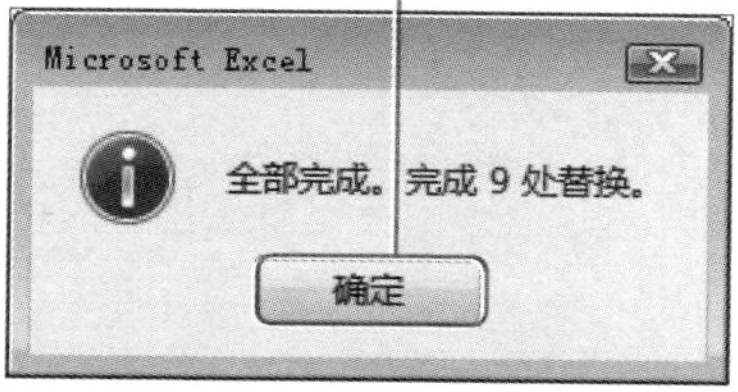

4. 返回工作表，可以看到，工作表中的所有半角字符Ｓ被替换为全角字符S。

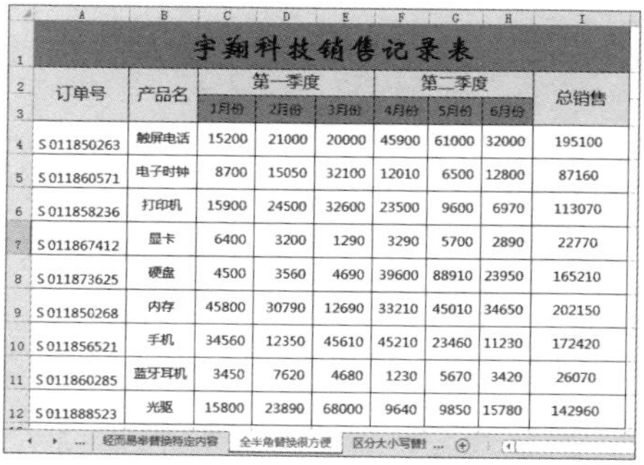

宇翔科技销售记录表

订单号	产品名	第一季度			第二季度			总销售
		1月份	2月份	3月份	4月份	5月份	6月份	
Ｓ011850263	触屏电话	15200	21000	20000	45900	61000	32000	195100
Ｓ011860571	电子时钟	8700	15050	32100	12010	6500	12800	87160
Ｓ011858236	打印机	15900	24500	32600	23500	9600	6970	113070
Ｓ011867412	显卡	6400	3200	1290	3290	5700	2890	22770
Ｓ011873625	硬盘	4500	3560	4690	39600	88910	23950	165210
Ｓ011850268	内存	45800	30790	12690	33210	45010	34650	202150
Ｓ011856521	手机	34560	12350	45610	45210	23460	11230	172420
Ｓ011860285	蓝牙耳机	3450	7620	4680	1230	5670	3420	26070
Ｓ011888523	光驱	15800	23890	68000	9640	9850	15780	142960

Question
254 区分大小写替换效率高

语音视频教学254

● Level ◆◆◆

2016 2013 2010

实例 区分大小写进行替换

在替换字母时，区分大小写进行替换可以提高操作的准确性，下面将对其进行详细介绍。

❶ 打开Excel工作表，单击“开始”选项卡中的“查找和选择”按钮，从下拉列表中选择“替换”选项。

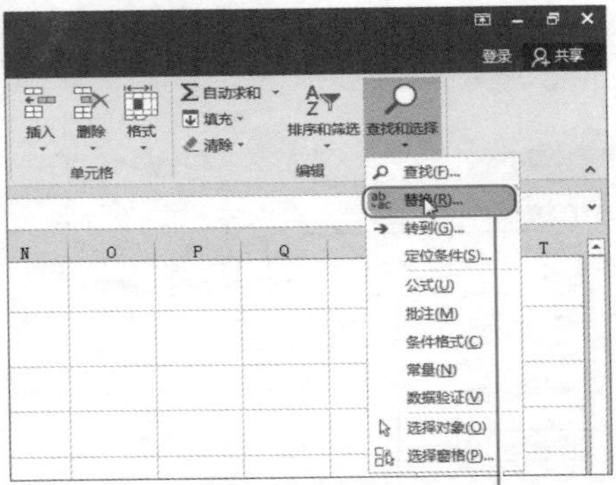

选择“替换”

❷ 打开“查找和替换”对话框，从中设置“查找内容”为jc，“替换为”为JC，勾选“区分大小写”复选框，然后单击“全部替换”按钮。

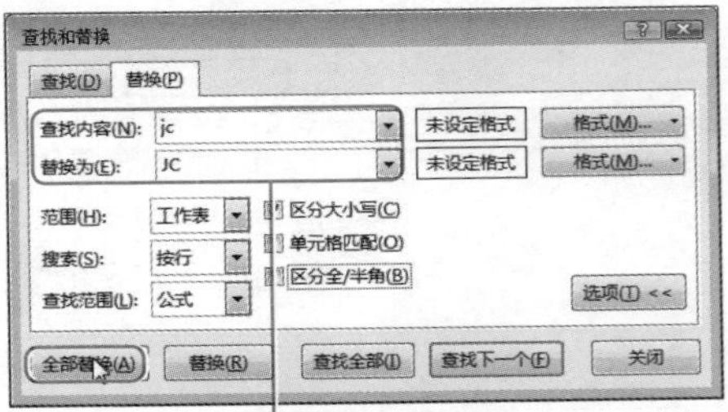

输入查找和替换为内容

❸ 随后系统将给出相应的提示信息，以说明替换了多少处内容。

单击“确定”按钮

❹ 返回工作表，可以看到，工作表中的所有小写jc被替换为大写JC。

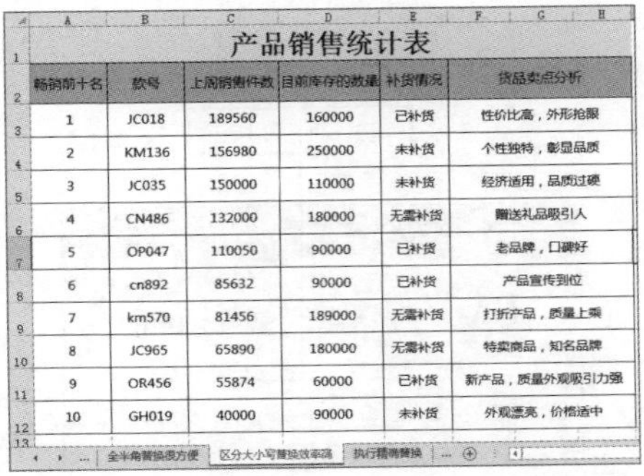

产品销售统计表

畅销前十名	款号	上周销售件数	目前库存的数量	补货情况	货品卖点分析
1	JC018	189560	160000	已补货	性价比高，外形抢眼
2	KM136	156980	250000	未补货	个性独特，彰显品质
3	JC035	150000	110000	未补货	经济适用，品质过硬
4	CN486	132000	180000	无需补货	赠送礼品吸引人
5	OP047	110050	90000	已补货	老品牌，口碑好
6	cn892	85632	90000	已补货	产品宣传到位
7	km570	81456	189000	无需补货	打折产品，质量上乘
8	JC965	65890	180000	无需补货	特卖商品，知名品牌
9	OR456	55874	60000	已补货	新产品，质量外观吸引力强
10	GH019	40000	90000	未补货	外观漂亮，价格适中

Question **255**

快速指定替换操作范围

语音视频教学255

实例 在规定的范围内执行替换操作

● Level ◆◆◆

2016 2013 2010

在执行替换操作之前，为了提高工作效率，节约时间，用户可以为替换操作指定执行范围。下面将对相关的操作方法进行介绍。

❶ 手动选择替换区域。用户可以在执行替换操作之前，先在工作表中选择行/列，或者单元格区域，指定替换操作范围。

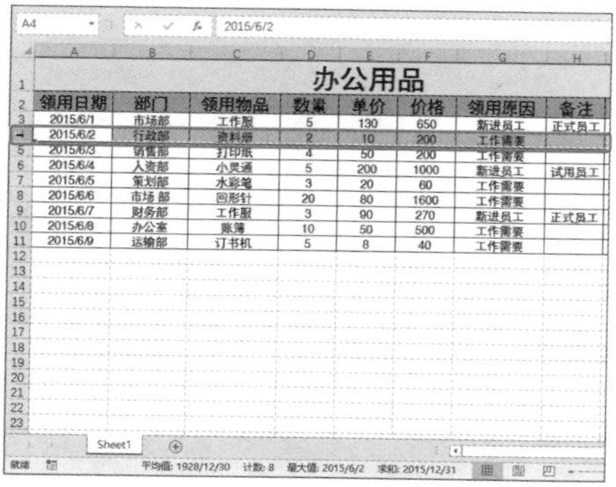

❷ 通过“查找和替换”对话框指定查找范围。通过对话框指定查找范围包括“工作簿”和“工作表”两种情况，用户还可以在搜索选项指定搜索方式，即按行搜索或按列搜索。

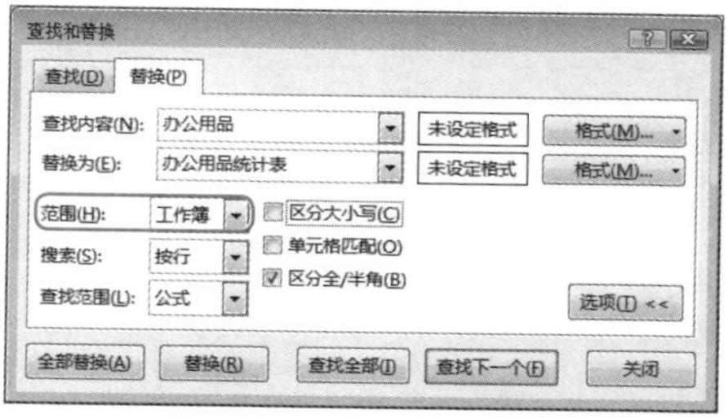

Hint

指定范围规则

若需要执行替换操作的区域比较小，并且各数据特征明显时，则可以采用手动选择的方法。

若需要执行替换操作的区域分布在工作簿中的多个工作表中的不同区域时，则应在对话框中指定“工作簿”为操作范围。

若需要执行替换操作的区域全部集中在一个较大的工作表中时，则可以选择“工作表”为操作范围。

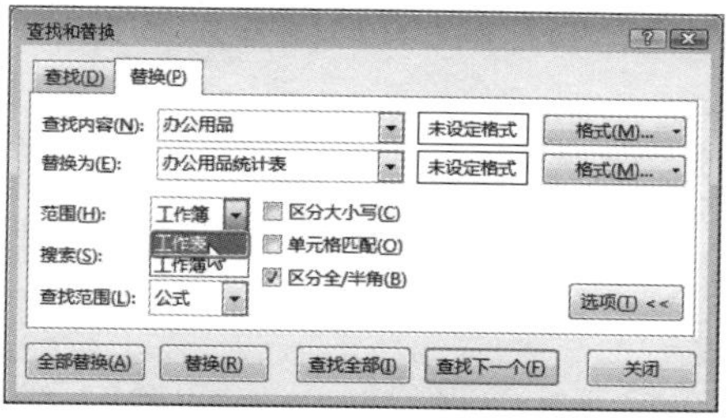

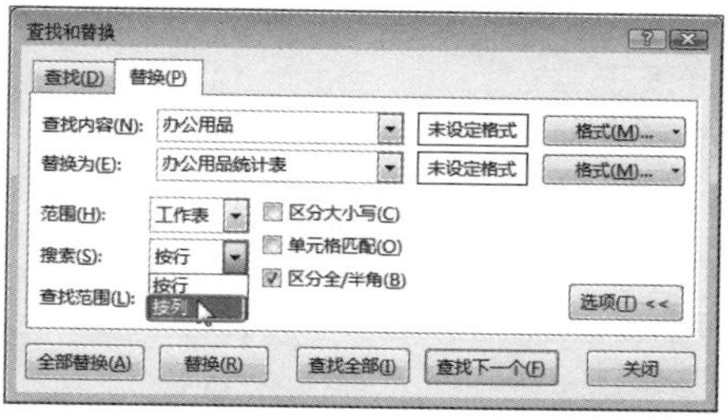

Question

256 执行精确替换

语音视频教学256

• Level ◆◆◆

2016 2013 2010

实例 替换工作表中的单元格格式

在执行替换操作时，不但可以区分全/半角和字母大小写，还可以将原有数据单元格的格式替换，例如数据格式、对齐方式、字体、边框等。

❶ 打开Excel工作表，在键盘上按下Ctrl+H组合键。

	A	B	C	D	E
1	6月品质报表				
2	制程	检验批次	合格批次	目标合格率	实际合格率
3	SMT	80	78	100%	97.50%
4	DIP	150	147	100%	98.00%
5	板卡测试	180	178	100%	98.89%
6	原料	300	280	100%	93.33%
7	组装	270	265	100%	98.15%
8	整机测试	450	449	100%	99.78%

❷ 打开“查找和替换”对话框，从中设置“查找内容”为100，然后单击右侧的“格式”按钮。

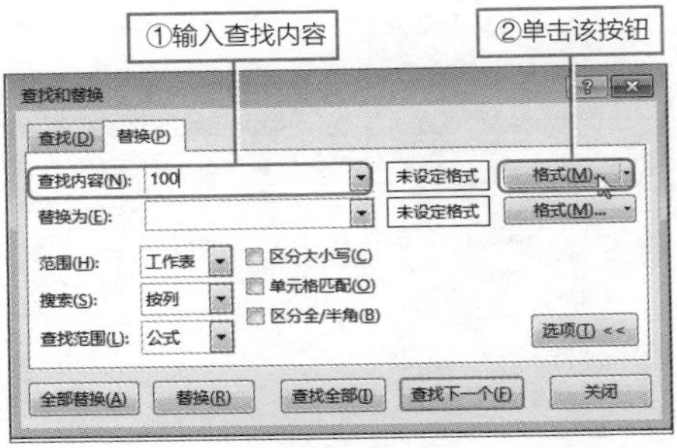

❸ 打开“查找格式”对话框，切换至“字体”选项卡，设置字体为倾斜、11号、单下划线，单击“确定”按钮。

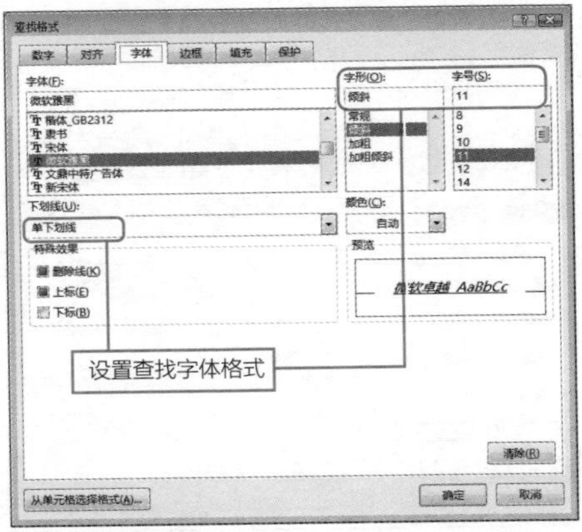

❹ 按照同样的方法设置“替换为”选项中内容的字体格式为加粗倾斜、11号、浅蓝，单击“确定”按钮。

5 返回“查找和替换”对话框，可以看到，在“格式”按钮左侧预览框中可以预览内容格式。

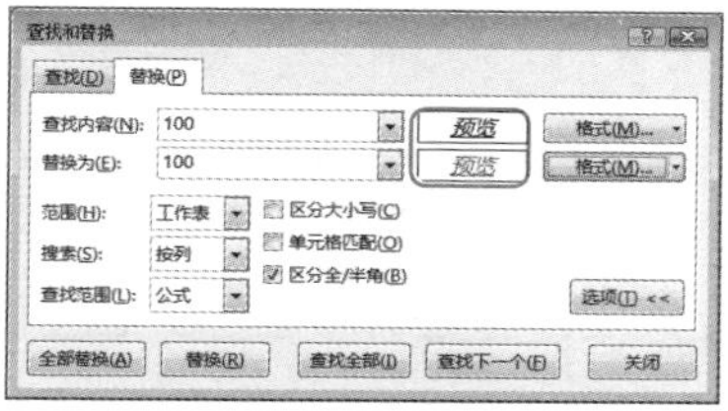

6 单击“查找全部”按钮，在下方显示区域中会列出全部查找内容。

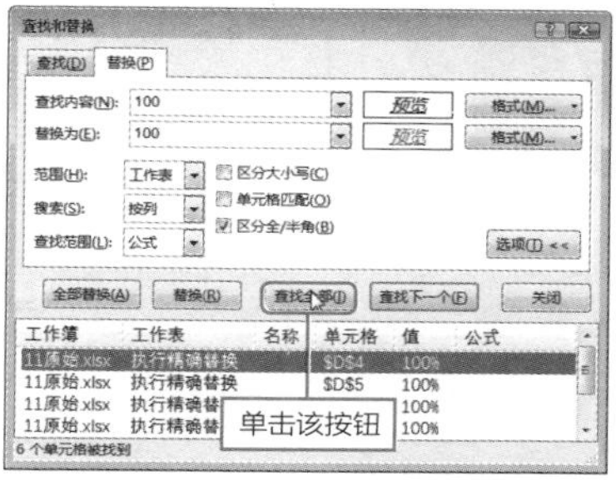

7 由于查找到的内容中，并非全部需要修改，因此需要选择替换的选项后单击“替换”按钮逐一执行替换操作。

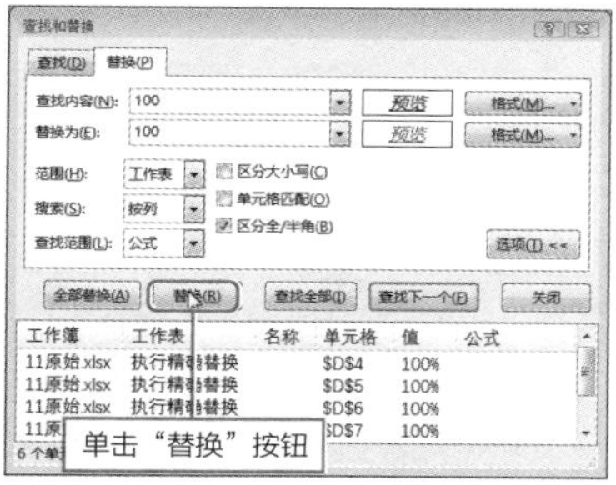

8 如果查找到的内容过多，可勾选“单元格匹配”复选框，然后单击“查找全部”按钮，可将所有符合要求的内容查找出来。

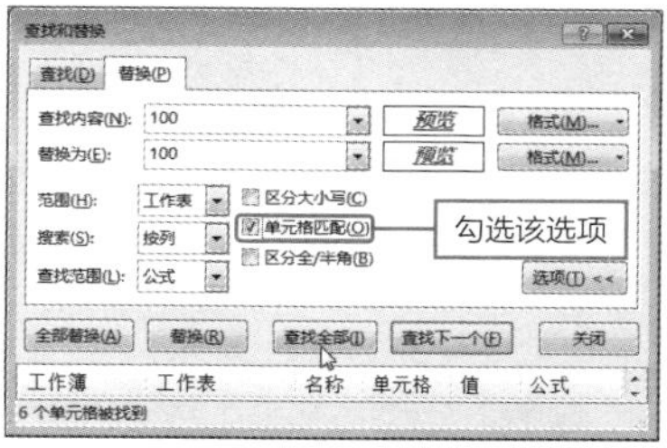

9 单击“全部替换”按钮，系统会给出提示信息，单击“确定”按钮，完成精确替换。

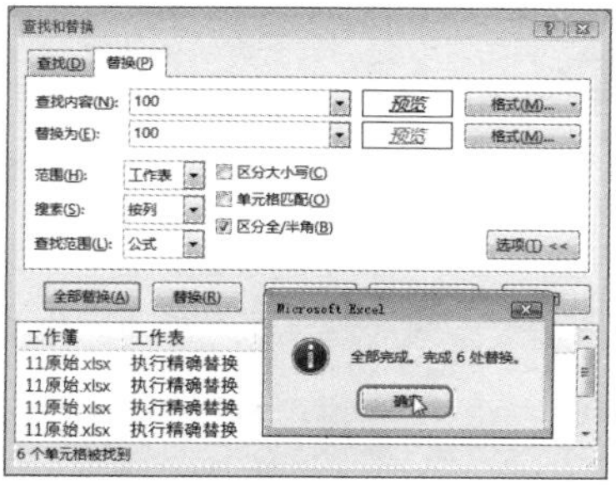

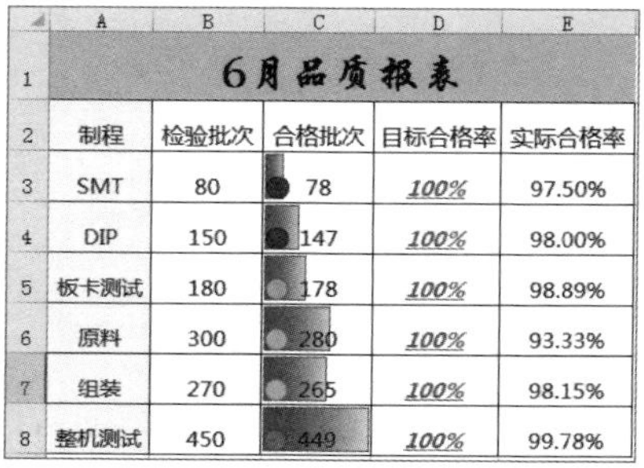

6月品质报表
制程
检验批次
合格批次
目标合格率
实际合格率
SMT 80 78 100% 97.50%
DIP 150 147 100% 98.00%
板卡测试 180 178 100% 98.89%
原料 300 280 100% 93.33%
组装 270 265 100% 98.15%
整机测试 450 449 100% 99.78%

Hint

可以精确替换的内容包括哪些?

在替换格式中可以设置的格式都包括在内，主要有数字格式、对齐方式、字体格式、边框设置、填充色等。

Question

257 瞬间消灭换行符

语音视频教学257

• Level ◆◆◆

2016 2013 2010

实例 批量删除单元格中的换行符

在制作Excel表格过程中，用户为了使单元格的内容整齐、美观，经常会输入一些换行符。但是，怎样才能快速地批量删除这些换行符呢？

❶ 打开工作表，单击“开始”选项卡上的“查找和选择”按钮，从展开的列表中选择“替换”选项。

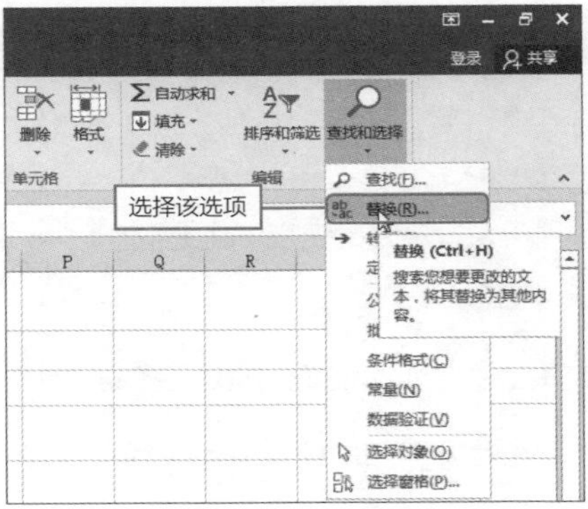

❷ 打开“查找和替换”对话框，将光标置于“查找内容”文本框中，在按住Alt键的同时输入10。“替换为”文本框中不做任何设置。单击“查找全部”按钮查看结果。

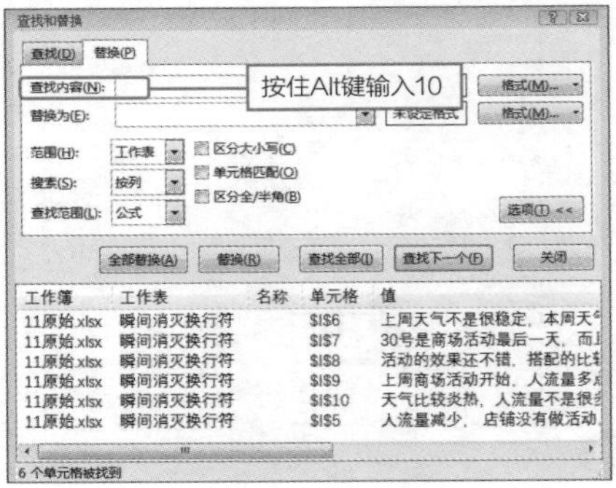

❸ 单击“全部替换”按钮，系统将弹出相应的提示信息。单击“确定”按钮即可完成替换操作。

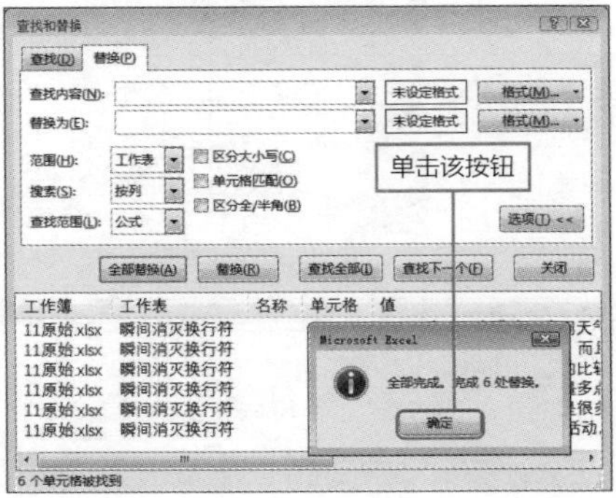

❹ 随后可以看到，工作表中包含换行符的单元格已经全部发生了相应的改变。

Question

258

● Level

◆◆◆

2016 2013 2010

小小通配符用处大

语音视频教学258

实例　使用通配符替换内容

在执行替换操作时，为了将多种表述方式统一，可以使用通配符将不一致的表述语全部查找出来并替换，下面将对其进行详细介绍。

1 单击“开始”选项卡上的“查找和选择”按钮，从列表中选择“替换”选项。

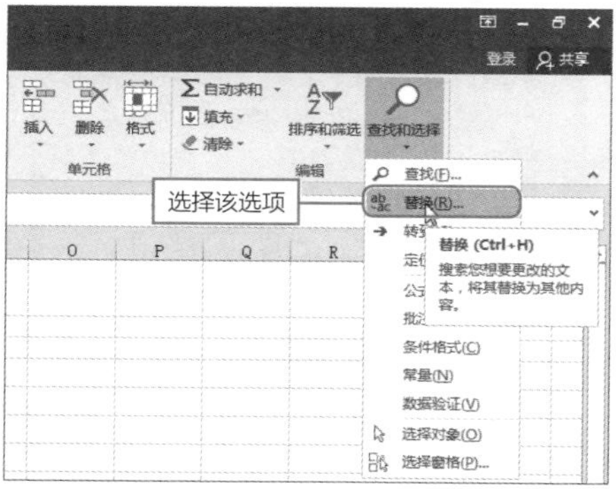

2 打开“查找和替换”对话框，从中设置“查找内容”为“山*安”，“替换为”为“江西南昌”，单击“选项”按钮。

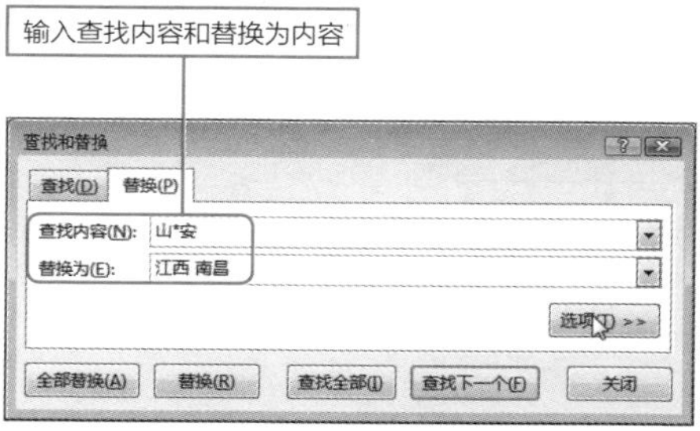

3 勾选“单元格匹配”复选框，单击“查找全部”按钮，确认无误后单击“全部替换”按钮即可。

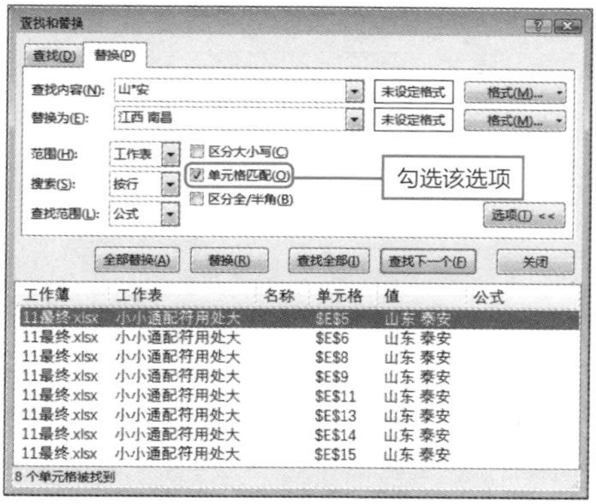

4 假定使用问号通配符，则需要替换的文本之间有几个字符，需要输入几个问号“？”才能正确查找到文本并进行替换。

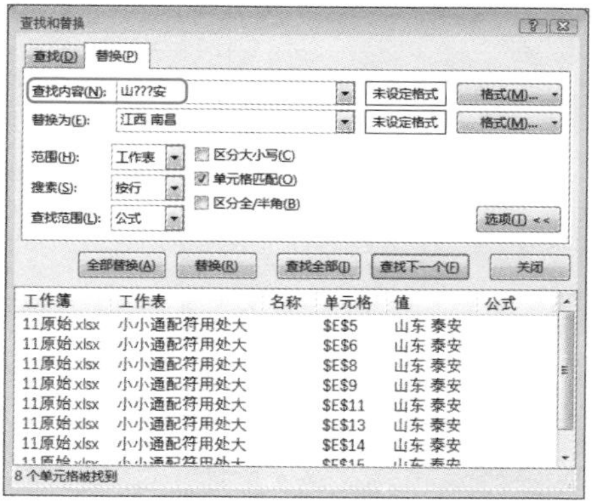

Question

259

● Level ─
◆ ◆ ◆

2016 2013 2010

快速设置单元格数据的有效性

语音视频
教学259

实例 | 在单元格区域设置输入整数的范围

为了保证输入数据的有效性，用户可以设置数据的输入范围。一旦输入出错，系统将会给出相应的警告或提示，以提醒用户重新输入。

① 打开工作表，选择F3:F18单元格区域。单击"数据"选项卡上"数据验证"下拉按钮，从列表中选择"数据验证"选项。

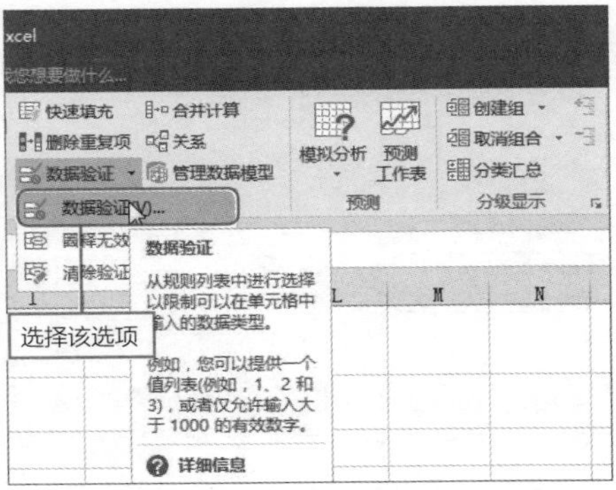

选择该选项

② 弹出"数据验证"对话框，在"设置"选项卡，从"允许"下拉列表中选择"整数"选项。

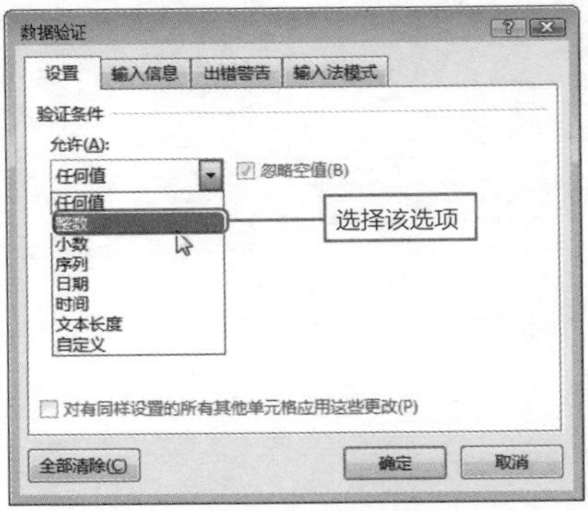

选择该选项

③ 从"数据"选项的下拉列表中选择"介于"选项，然后设置其"最小值"、"最大值"，单击"确定"按钮。

设置验证条件

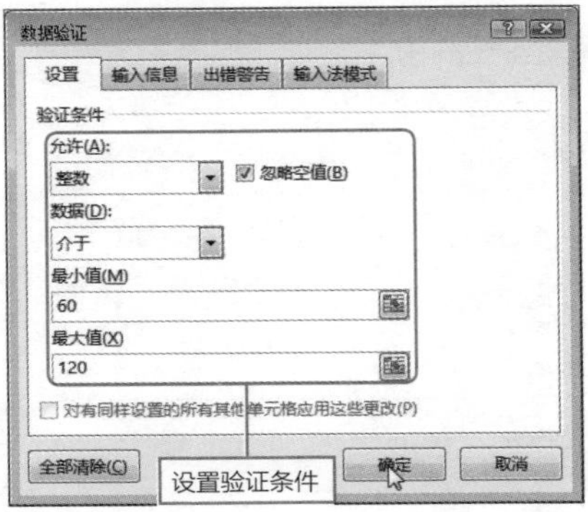

④ 当输入的数据，不在有效范围时，会弹出出错提示对话框，提示用户该数据值为非法。

学生成绩统计表							
学号	姓名	语文	数学	英语	物理	化学	综合
MK0001	刘晓莉	84.0	110.0	89.0	65.0	63.0	65.0
MK0002	孙晓彤	65.0	95.0	75.0	78.0	82.0	69.0
MK0003	陈峰	78.0	65.0	86.0	69.0	99.0	86.0
MK0004	张玉	69.0	69.0	98.0	98.0	85.0	85.0
MK0005	刘秀云	98.0	86.0	65.0	130	76.0	87.0
MK0006	姜凯笑						80.0
MK0007	薛晶晶						86.0
MK0008	周小东						76.0
MK0009	陈月						71.0
MK0010	张东玉						86.0
MK0011	楚云梦	87.0	108.0	98.0	90.0	63.0	98.0
MK0012	李小穗	65.0	120.0	100.0	87.0	65.0	92.0
MK0013	郑国虎	98.0	99.0	78.0	80.0	86.0	97.0
MK0014	沈轩云	98.0	85.0	76.0	86.0	98.0	60.0
MK0015	夏东雷	98.0	76.0	63.0	76.0	92.0	69.0
MK0016	崔秀芳	98.0	98.0	60.0	71.0	97.0	71.0

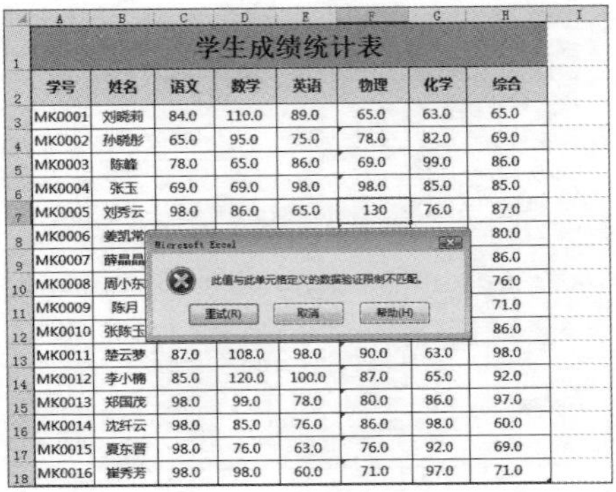

Question 260

Level ◆◆◆

2016 2013 2010

巧设提示信息让错误无处可藏

语音视频教学260

实例　设置提示信息

为了减少输入错误，用户可以设置数据有效性。此外，用户还可设置输入提示信息和出错警告，以避免再次输入错误数据，下面将对其相关操作进行介绍。

❶ 选择单元格区域，单击“数据”选项卡上的“数据验证”按钮，弹出“数据验证”对话框，设置数据有效性。

❷ 切换至“输入信息”选项卡，勾选“选定单元格时显示输入信息”复选框，然后设置标题和输入信息。

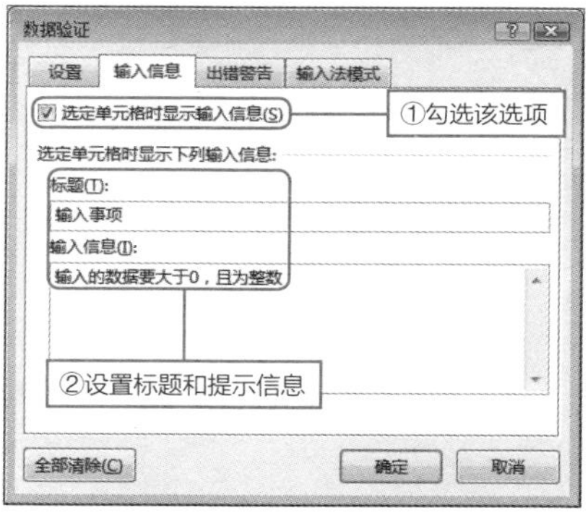

❸ 在“出错警告”选项卡中，勾选“输入无效数据时显示出错警告”复选框，设置出错样式、标题和错误信息，单击“确定”按钮。

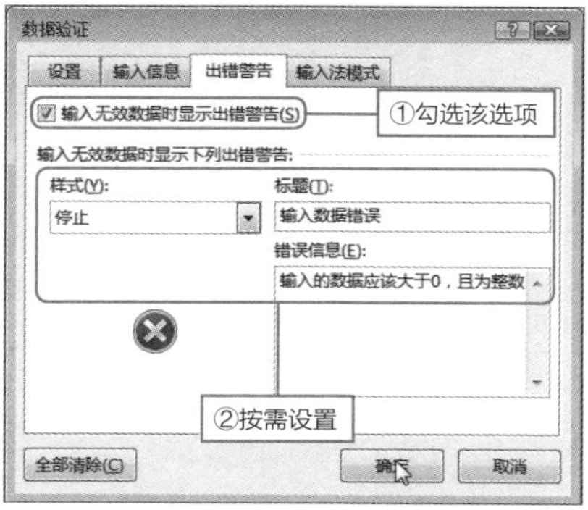

❹ 在F3单元格中输入数据0.1，输入数据时，显示输入信息，按Enter键确认输入后，出现出错提示信息。

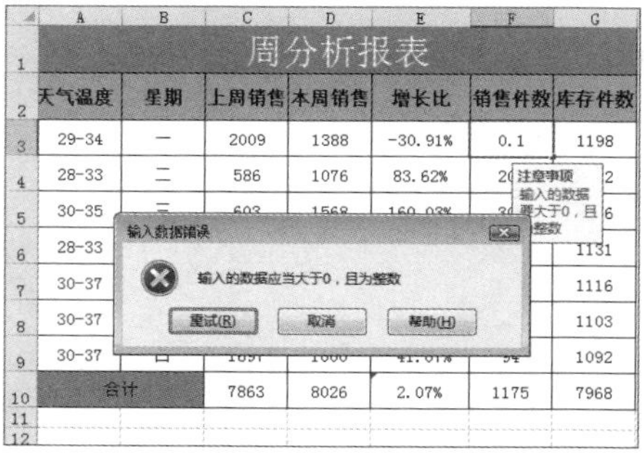

Question

261 巧为项目创建下拉菜单

语音视频教学261

• Level ◆◆◆

2016 2013 2010

实例 单元格下拉菜单的创建

在工作表中，某一项目数据很多时，可以为其创建下拉菜单，以方便数据的录入与查看，下面将对该操作的实现过程进行介绍。

① 打开工作表，选择A1单元格，单击“数据”选项卡上的“数据验证”按钮。

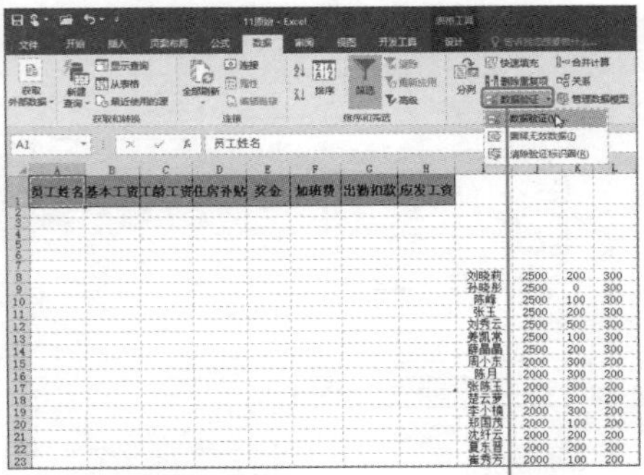

② 打开“数据验证”对话框，切换至“设置”选项卡，设置“允许”为“序列”，单击“范围选取”按钮。

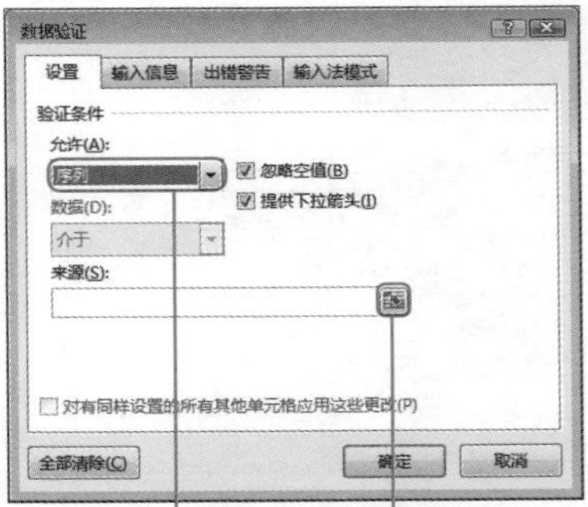

③ 拖动鼠标，选择合适的单元格区域，再次单击“范围选取”按钮。

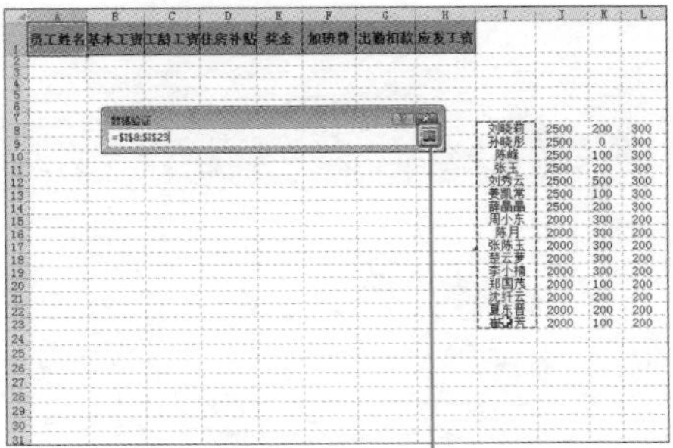

④ 单击“确定”按钮，查看创建下拉菜单效果。

Question

262

● Level

◆◆◆

2016 2013 2010

一招防止录入错误日期

语音视频教学262

实例　强制按顺序录入数据

在制作按日期统计的表格时，为了让输入的数据按照一定的顺序录入，可以通过设置数据验证来实现，下面将对该操作方法进行介绍。

❶ 选择A3:A17单元格区域，设置单元格格式为“长日期”。

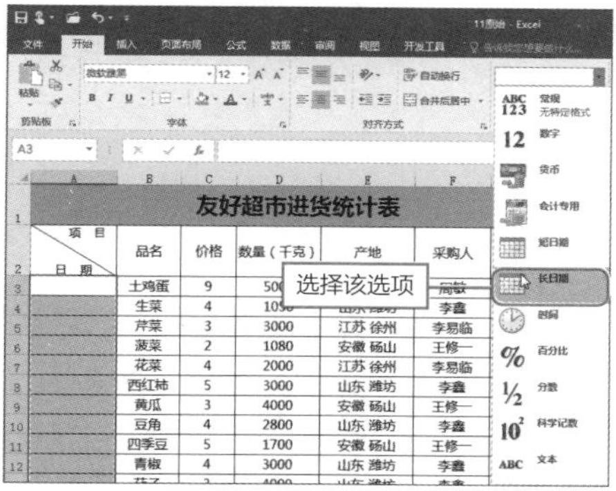

❷ 切换至“数据”选项卡，单击“数据验证”按钮。

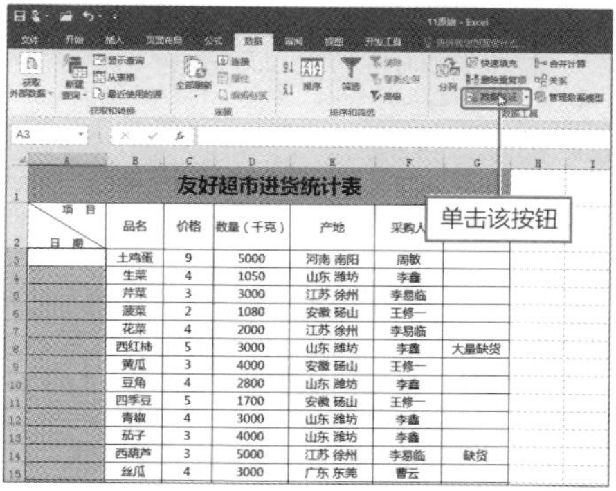

❸ 打开“数据验证”对话框，在“设置”选项卡，设置“允许”为“日期”、“数据”为“大于或等于”、在“开始日期”中输入公式“=MAX($A$2:$A6)”后确定即可。

❹ 返回编辑区，输入数据时会发现，若输入小于之前单元格中的日期，会给出提示信息。

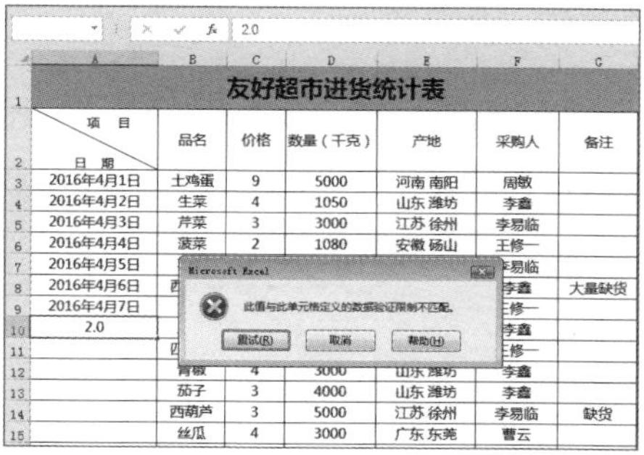

1 2 3 4 5 6 7 8 9 10 11 12 13 14 15 16 17 18 数据输入与编辑技巧

Question

263 快速圈出工作簿中的无效数据

语音视频教学263

• Level ◆◆◆

2016 2013 2010

实例 数据验证在规范表格中的应用

在包含大量数据的表格中，若想要快速的查找出无效数据，会花费大量的精力，下面介绍一种比较快速的方法。

❶ 选择F3:H18单元格区域，单击“数据”选项卡上的“数据验证”按钮。

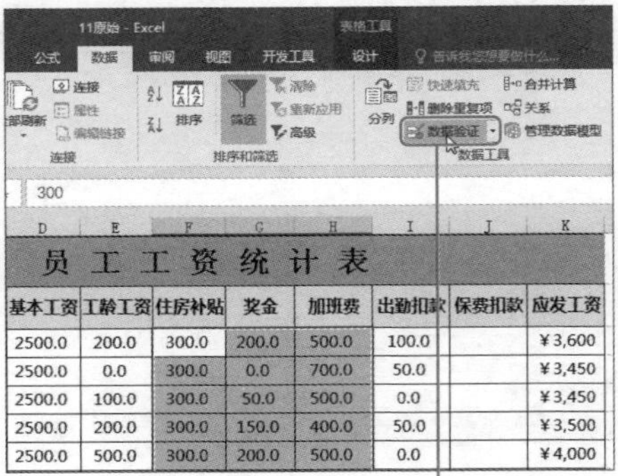

员 工 工 资 统 计 表
基本工资
工龄工资
住房补贴
奖金
加班费
出勤扣款
保费扣款
应发工资

单击该按钮

❷ 打开“数据验证”对话框，在“设置”选项卡，设置数据为大于等于50小于等于600的整数，单击“确定”按钮。

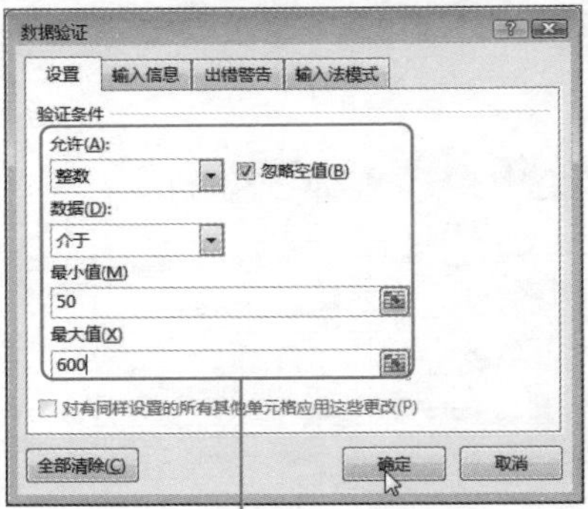

设置验证条件

❸ 单击“数据验证”下拉按钮，从展开的列表中选择“圈释无效数据”选项。

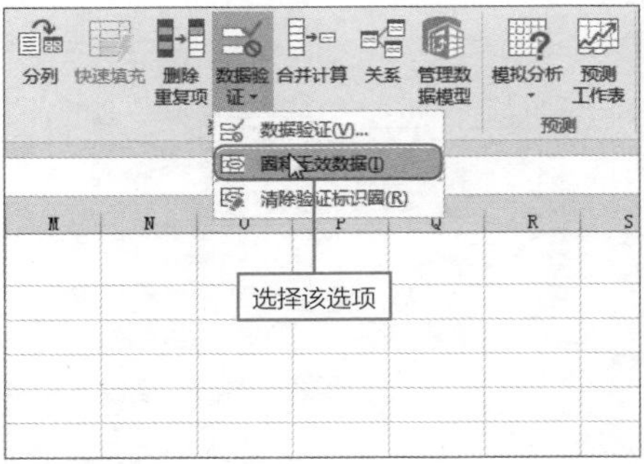

选择该选项

❹ 随后即可将无效的数据用红色的椭圆圈出来。

第10章 264~284

数据的排序、筛选及合并计算

- 一秒钟让数据乖乖排好顺序
- 根据字体颜色排序有秘技
- 单元格颜色排序很容易
- 轻松按照笔划排序
- 我的顺序我做主
- 按行排序想难谁
- 瞬间将排序后的表格恢复原貌

Question

264 一秒钟让数据乖乖排好顺序

语音视频教学264

● Level ◆◆◆

2016 2013 2010

实例 升序排列单元格中的数据

在分析表格中的数据时，若用户想要让某一项的数据从低到高排列，则可以通过单元格排序的方法来实现，下面对其进行介绍。

1. 选择需要排序的D3:D18单元格区域，右键单击，在弹出的快捷菜单中选择“排序>升序”命令。

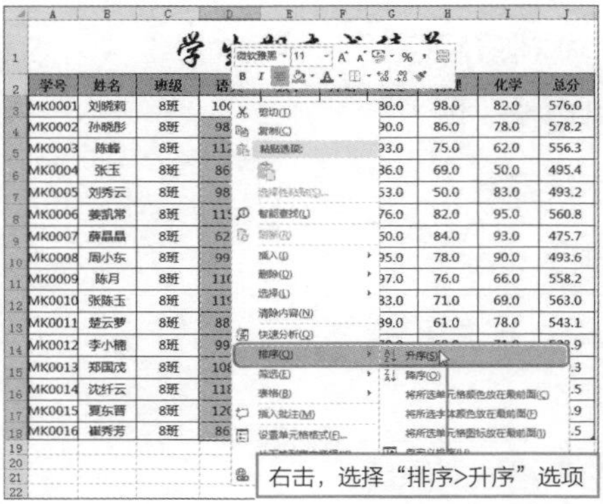

2. 也可以在选择单元格区域后，单击“开始”选项卡上的“排序和筛选”按钮，从展开的列表中选择“升序”选项。

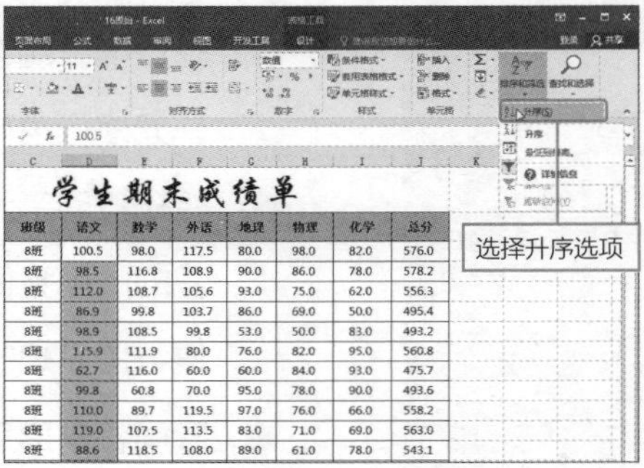

3. 执行升序操作后，可以发现，所选单元格区域中的数据已经按照从小到大的顺序进行排列。

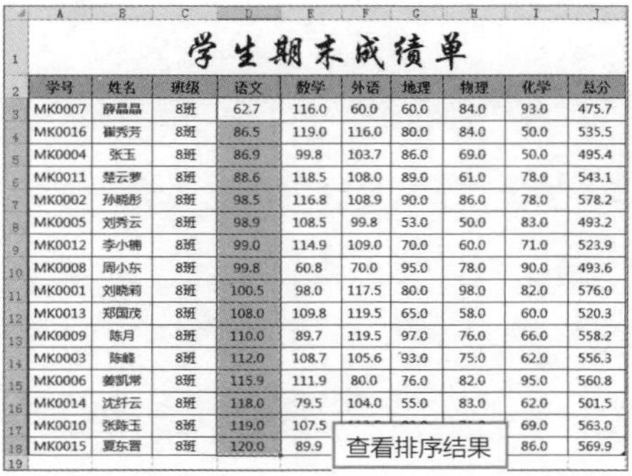

Hint

降序排列也不难

对单元格区域中的数据降序排列也不难，其方法与上述步骤中的方法类似。

除此之外，用户还可以通过“数据”选项卡功能区中的“降序”按钮来排列数据。

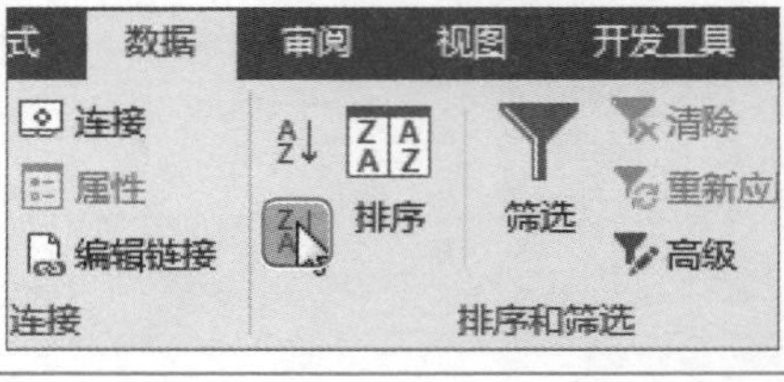

Question
265 根据字体颜色排序有秘技

语音视频教学265

● Level ◆◆◆

2016 2013 2010

实例	根据单元格中字体的颜色进行排序

如果事先对表格中的数据进行了颜色划分，那么在排序时就可以根据颜色进行分析统计。下面将对这一操作的具体过程进行介绍。

1 选择D1:D22单元格区域，单击“数据”选项卡上的“排序”按钮，单击弹出对话框中的“排序”按钮。

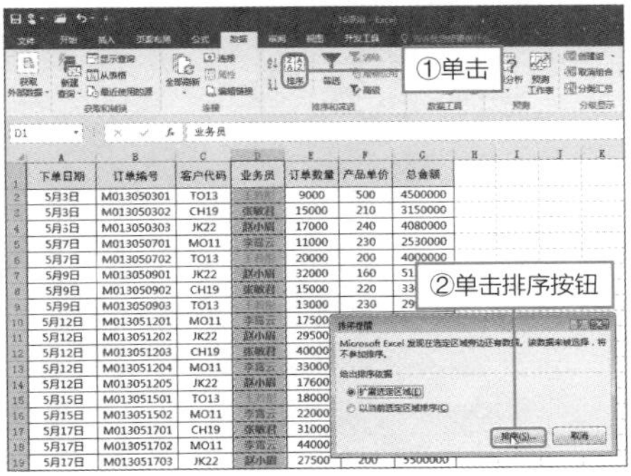

2 弹出“排序”对话框，设置“主要关键字”为“业务员”、“排序依据”为“字体颜色”选项、“次序”为“红色”、“在顶端”，单击“添加条件”按钮。

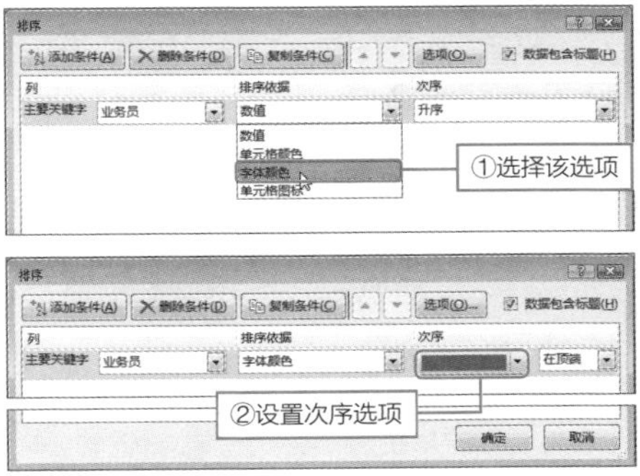

3 根据需要，依次设置次要关键字，设置完成后，单击“确定”按钮。

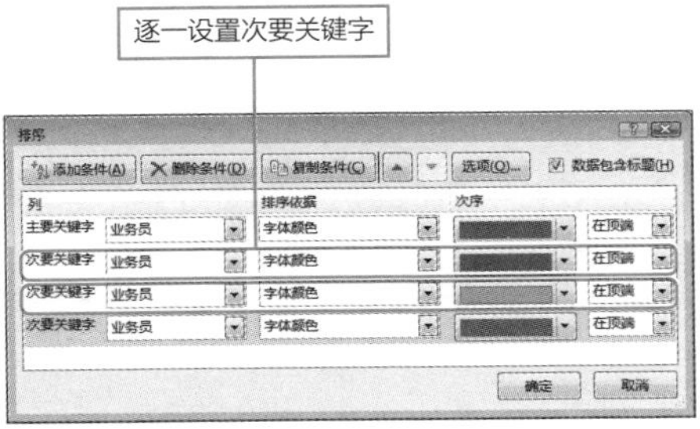

4 返回工作表，可以看到D1:D22单元格区域中的数据已经按照字体颜色排序。

	下单日期	订单编号	客户代码	业务员	订单数量	产品单价	总金额
2	5月3日	M013050302	CH19	张敏君	15000	210	3150000
3	5月9日	M013050902	CH19	张敏君	15000	220	3300000
4	5月12日	M013051203	CH19	张敏君	40000	130	5200000
5	5月17日	M013051701	CH19	张敏君	31000	150	4650000
6	5月19日	M013051901	CH19	张敏君	19000	200	3800000
7	5月3日	M013050303	JK22	赵小娟	17000	240	4080000
8	5月9日	M013050901	JK22	赵小娟	32000	160	5120000
9	5月12日	M013051202	JK22	赵小娟	29500	180	5310000
10	5月12日	M013051205	JK22	赵小娟	17600	210	3696000
11	5月17日	M013051703	JK22	赵小娟	27500	200	5500000
12	5月3日	M013050301	TO13	王若彤	9000	500	4500000
13	5月7日	M013050702	TO13	王若彤	20000	200	4000000
14	5月9[illegible]	[illegible]	TO13	王若彤	13000	230	2990000
15	5月1[illegible]	[illegible]	TO13	王若彤	18000	220	3960000
16	5月18日	M013051801	TO13	王若彤	33200	110	3652000
17	5月19日	M013051902	TO13	王若彤	18000	150	2700000
18	5月7日	M013050701	MO11	李霄云	11000	230	2530000
19	5月12日	M013051201	MO11	李霄云	17500	240	4200000
20	5月12日	M013051204	MO11	李霄云	33000	140	4620000
21	5月15日	M013051502	MO11	李霄云	22000	210	4620000
22	5月17日	M013051702	MO11	李霄云	44000	100	4400000

Question

266 单元格颜色排序很容易

语音视频教学266

● Level ◆◆◆

2016 2013 2010

实例 根据单元格的颜色对数据进行排序

在表格中，为了标识一些数据，使其有所区别，会为其添加单元格填充，若用户想要根据单元格颜色进行排序，也是很容易就可以实现的，下面对其进行介绍。

1 选择D2单元格（青色），右键单击，选择“排序>将所选单元格颜色放在最前面”命令。

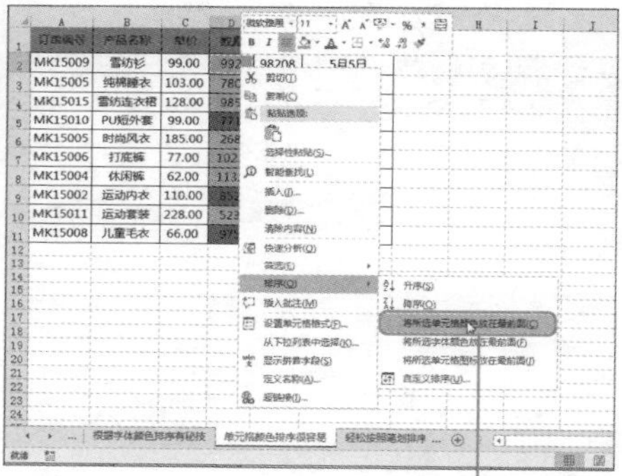

通过右键菜单选择排序方式

2 按照同样的方法，依次调整其他单元格颜色排列的顺序。在此选择排序后的D6单元格（浅绿色）。

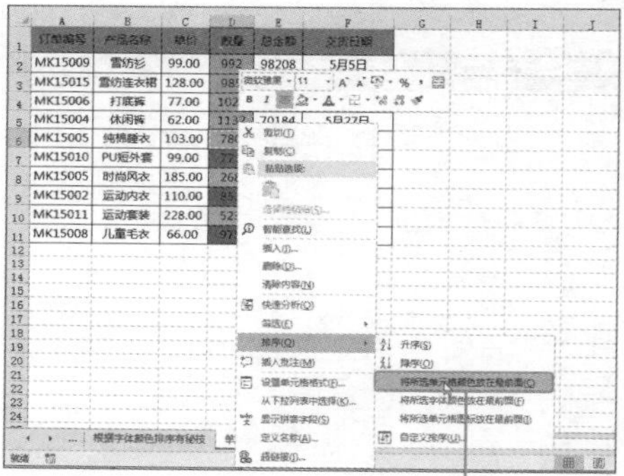

设置排序方式

3 全部排列完毕后，单元格将按照所选的顺序依次进行排列。

订单编号	产品名称	单价	数量	总金额	交货日期
MK15009	雪纺衫	99.00	992	98208	5月5日
MK15015	纯棉睡衣	128.00	985	126080	5月19日
MK15006	雪纺连衣裙	77.00	1023	78771	5月24日
MK15004	PU短外套	62.00	1132	70184	5月27日
MK15005	运动内衣	103.00	780	80340	5月21日
MK15005	运动套装	185.00	268	49580	5月14日
MK15011	儿童毛衣	228.00	523	119244	5月9日
MK15010	时尚风衣	99.00	771	76329	5月25日
MK15002	打底裤	110.00	852	93720	5月18日
MK15008	休闲裤	66.00	975	64350	5月15日

查看排序结果

Hint

通过“排序”对话框排序

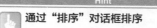

选择D1:D11单元格区域，执行“数据>排序”命令，在打开的“排序”对话框中根据需要进行设置即可。

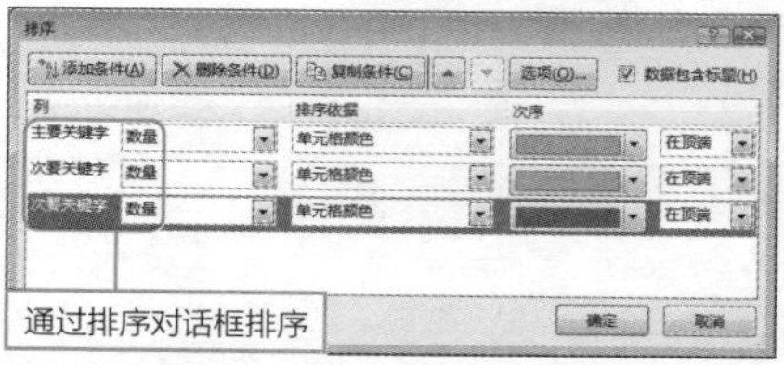

通过排序对话框排序

Question

267

轻松按照笔划排序

语音视频教学267

实例　根据笔划排序

● Level ◆◆◆

2016 2013 2010

在工作表中，对数据内容排序的方法有很多种，当工作表中含有大量汉字信息时，可以根据汉字的笔划进行排序，下面对其进行介绍。

1 选择E1:E16单元格区域，单击“数据”选项卡上的“排序”按钮，单击弹出对话框中的“排序”按钮。

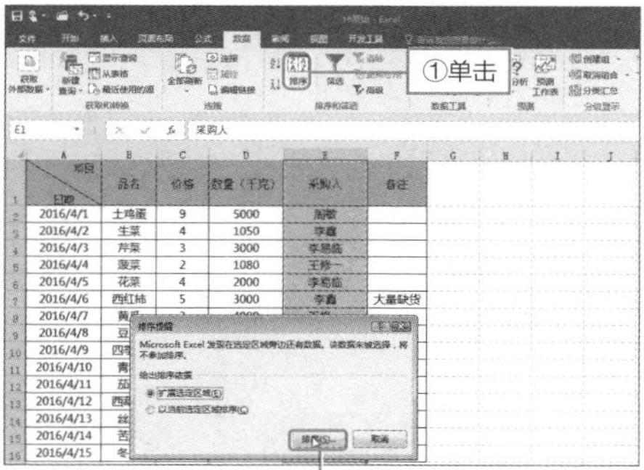

2 弹出“排序”对话框，单击“选项”按钮。

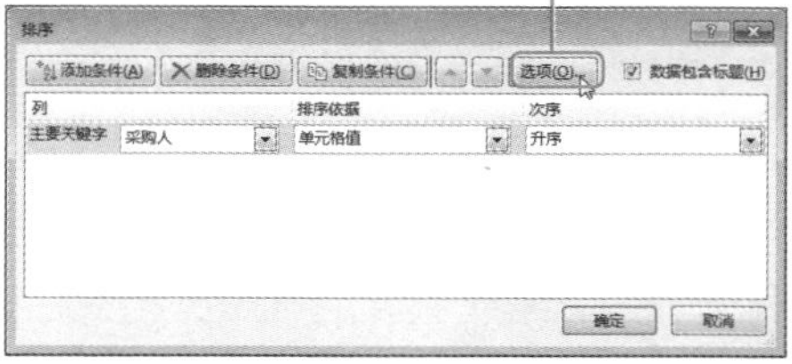

3 弹出“排序选项”对话框，选中“笔划排序”选项，单击“确定”按钮。

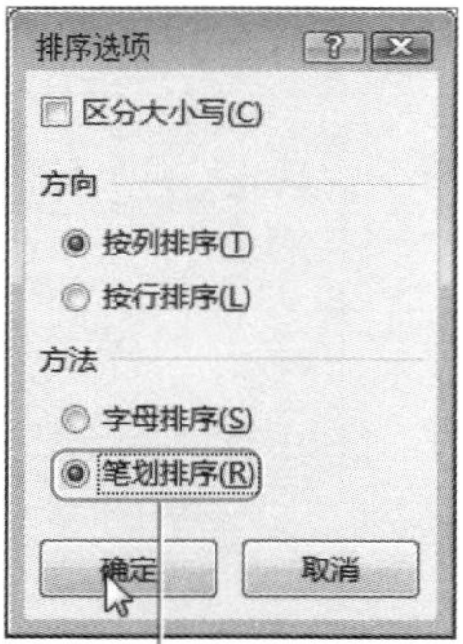

4 返回“排序”对话框，单击“确定”按钮，所选区域即可按照笔划进行排序。

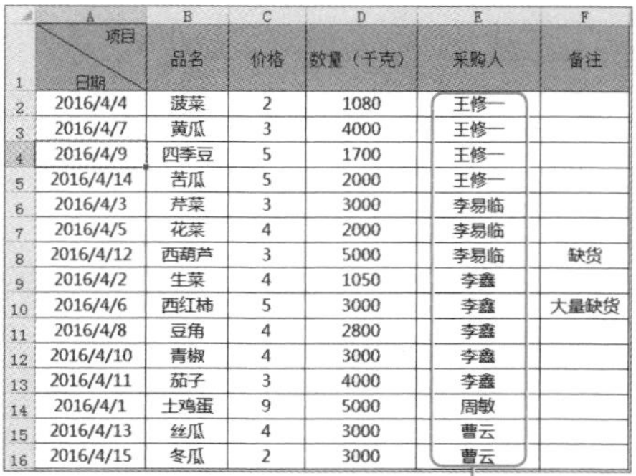

项目/日期	品名	价格	数量（千克）	采购人	备注
2016/4/4	菠菜	2	1080	王修一	
2016/4/7	黄瓜	3	4000	王修一	
2016/4/9	四季豆	5	1700	王修一	
2016/4/14	苦瓜	5	2000	王修一	
2016/4/3	芹菜	3	3000	李易临	
2016/4/5	花菜	4	2000	李易临	
2016/4/12	西葫芦	3	5000	李易临	缺货
2016/4/2	生菜	4	1050	李鑫	
2016/4/6	西红柿	5	3000	李鑫	大量缺货
2016/4/8	豆角	4	2800	李鑫	
2016/4/10	青椒	4	3000	李鑫	
2016/4/11	茄子	3	4000	李鑫	
2016/4/1	土鸡蛋	9	5000	周敏	
2016/4/13	丝瓜	4	3000	曹云	
2016/4/15	冬瓜	2	3000	曹云	

Question

268 我的顺序我做主

语音视频教学268

• Level ◆◆◆

2016 2013 2010

实例 根据自定义序列排序

如果表格中的某项数据具有一定的规律，且能组成一个序列，那么可将该项数据按照自定义的序列进行排序，下面对其操作方法进行介绍。

1. 选择E1:E11单元格区域，单击“数据”选项卡上的“排序”按钮，单击弹出对话框中的“排序”按钮。

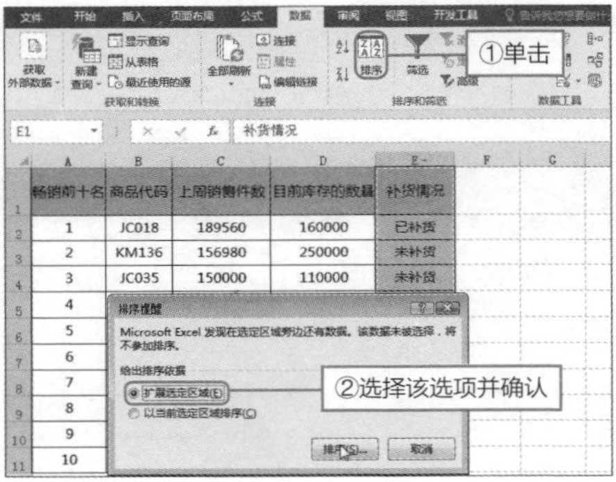

2. 弹出“排序”对话框，单击“次序”下拉按钮，从展开的列表中选择“自定义序列”选项。

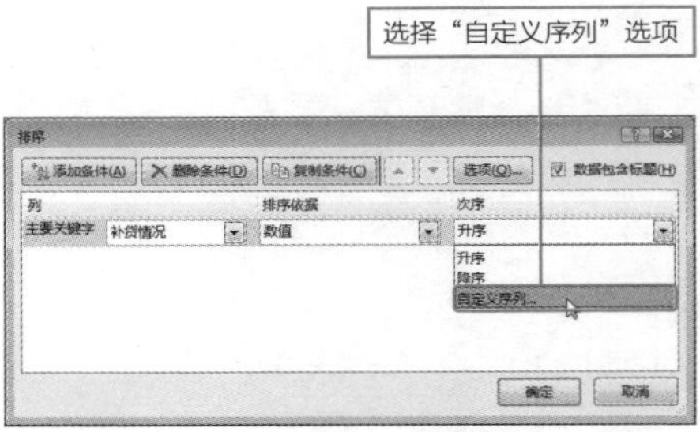

3. 打开“自定义序列”对话框，在“输入序列”列表框中输入自定义序列，单击“添加”按钮后单击“确定”按钮。

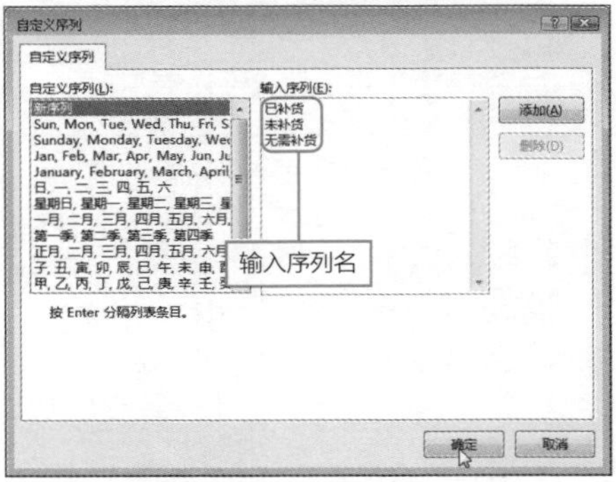

4. 返回“排序”对话框，单击“确定”按钮，可以看到，所选单元格数据按照自定义序列进行了排序。

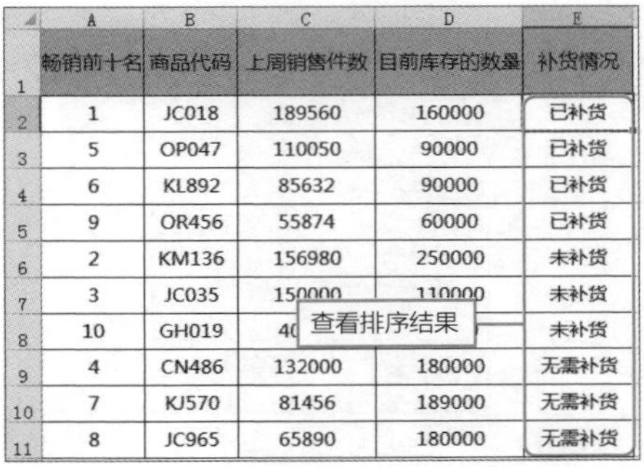

畅销前十名	商品代码	上周销售件数	目前库存的数量	补货情况
1	JC018	189560	160000	已补货
5	OP047	110050	90000	已补货
6	KL892	85632	90000	已补货
9	OR456	55874	60000	已补货
2	KM136	156980	250000	未补货
3	JC035	150000	110000	未补货
10	GH019	[illegible]	[illegible]	未补货
4	CN486	132000	180000	无需补货
7	KJ570	81456	189000	无需补货
8	JC965	65890	180000	无需补货

Question

269

● Level

◆◆◆

2016 2013 2010

按行排序想难谁

语音视频教学269

实例　按行排序

通常情况下，数据表中将根据数据所在的列进行排序。但是，用户也可以根据数据表的行进行排序，下面对其进行介绍。

1 选择A1:F1单元格区域，单击“数据”选项卡上的“排序”按钮，单击弹出对话框中的“排序”按钮。

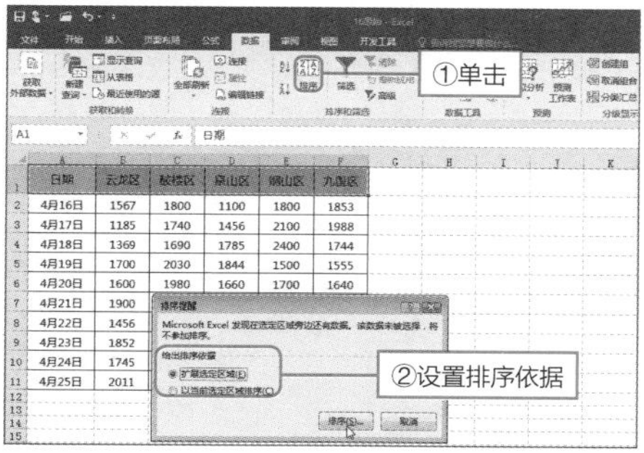

2 弹出“排序”对话框，单击“选项”按钮，弹出“排序选项”对话框，选中“按行排序”单选按钮，单击“确定”按钮。

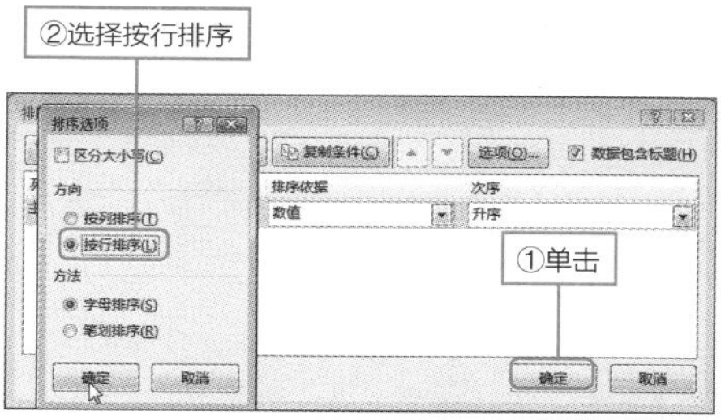

3 返回“排序”对话框，在“主要关键字”下拉列表框中选择“行1”选项，在“次序”下拉列表框中选择“自定义序列”选项。

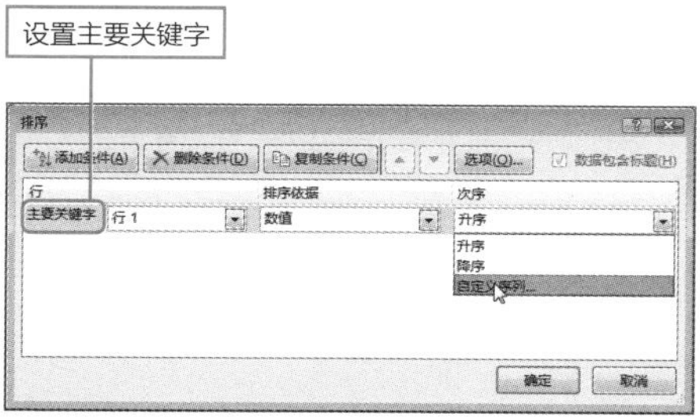

4 打开“自定义序列”对话框，在“输入序列”列表框中输入自定义序列，单击“添加”按钮后单击“确定”按钮，返回“排序”对话框，单击“确定”按钮即可。

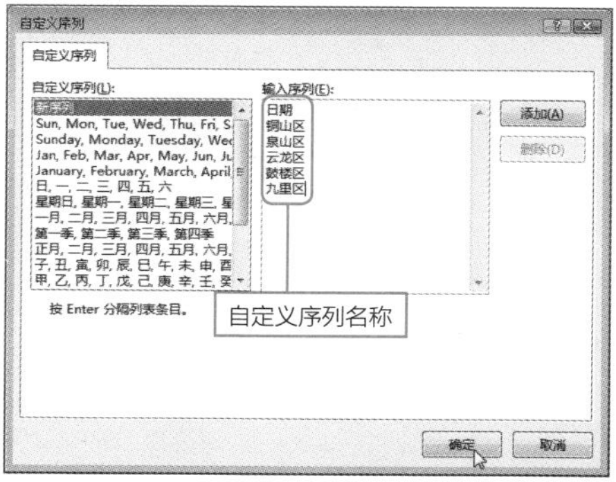

Question 270

瞬间将排序后的表格恢复原貌

语音视频教学270

● Level ◆◆◆

2016 2013 2010

实例 将排序后的表格恢复到初始状态

在对表格中的数据进行多次排序后，用户又希望将表格中的数据恢复到初始状态，该如何操作呢？下面对其进行介绍。

❶ 打开排序后的工作表，选择A列中的数据，单击“数据”选项卡上的“升序”按钮。

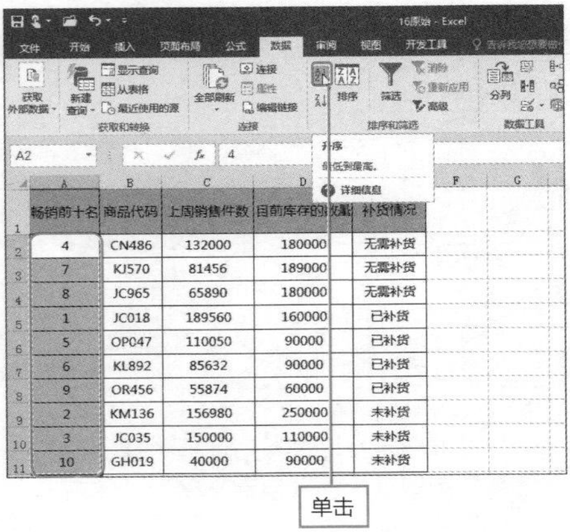

畅销前十名	商品代码	上周销售件数	目前库存的数量	补货情况
4	CN486	132000	180000	无需补货
7	KJ570	81456	189000	无需补货
8	JC965	65890	180000	无需补货
1	JC018	189560	160000	已补货
5	OP047	110050	90000	已补货
6	KL892	85632	90000	已补货
9	OR456	55874	60000	已补货
2	KM136	156980	250000	未补货
3	JC035	150000	110000	未补货
10	GH019	40000	90000	未补货

❷ 打开“排序提醒”对话框，保持默认设置，单击“排序”按钮。

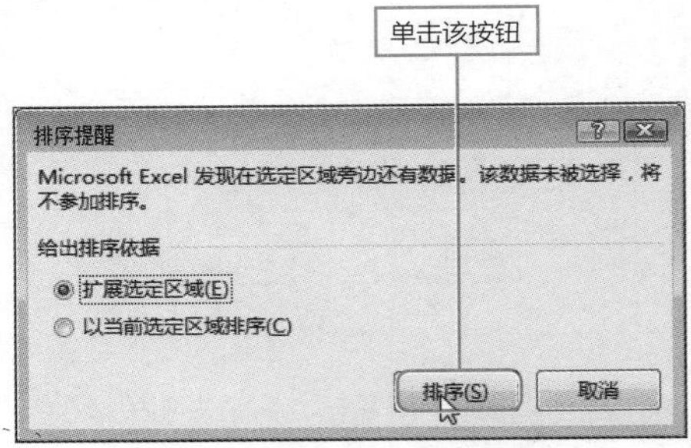

❸ 随后即可将表格中的数据恢复到未排序前的状态。

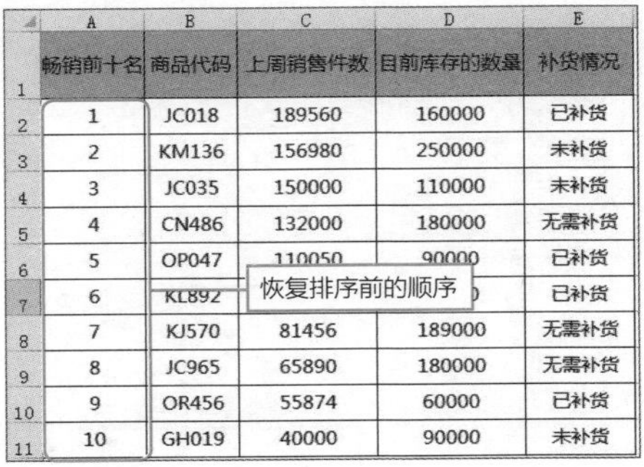

畅销前十名	商品代码	上周销售件数	目前库存的数量	补货情况
1	JC018	189560	160000	已补货
2	KM136	156980	250000	未补货
3	JC035	150000	110000	未补货
4	CN486	132000	180000	无需补货
5	OP047	110050	90000	已补货
6	KL892	[illegible]	[illegible]	已补货
7	KJ570	81456	189000	无需补货
8	JC965	65890	180000	无需补货
9	OR456	55874	60000	已补货
10	GH019	40000	90000	未补货

Hint

辅助列帮你快速恢复排序后的数据

上述情况介绍的是表格中包含具有次序的数据列的情况，对于表格中不包含序号列的表格来说，该怎么办呢？

为了防止无法恢复数据到初始状态。可以在对表格进行排序之前，添加辅助列，并为其填充序列即可。

Question

271 自动筛选显身手

语音视频教学271

Level ◆◆◆

2016 2013 2010

实例 筛选出符合条件的数据

除了可以对表格中的数据进行排序外，还可以在大量的表格数据中筛选出用户想要查看的数据，下面将以筛选出“7班”所有学生的成绩为例进行介绍。

1 将鼠标光标定位至表格中的任意单元格，单击“数据”选项卡上的“筛选”按钮。

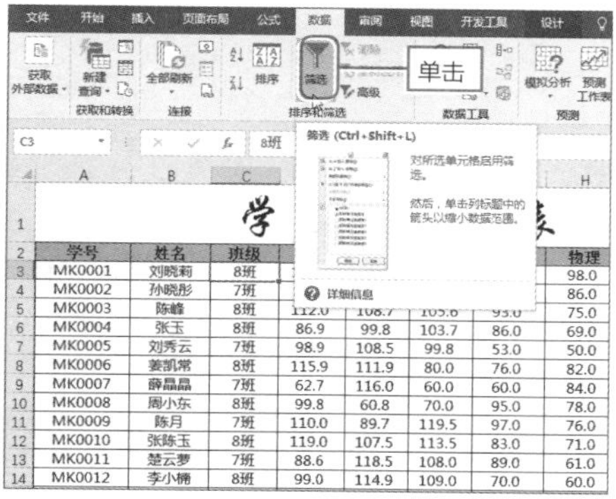

2 数据列标题出现筛选按钮，单击“班级”筛选按钮，在展开的列表中取消对“全选”的选中，然后勾选“7班”选项。

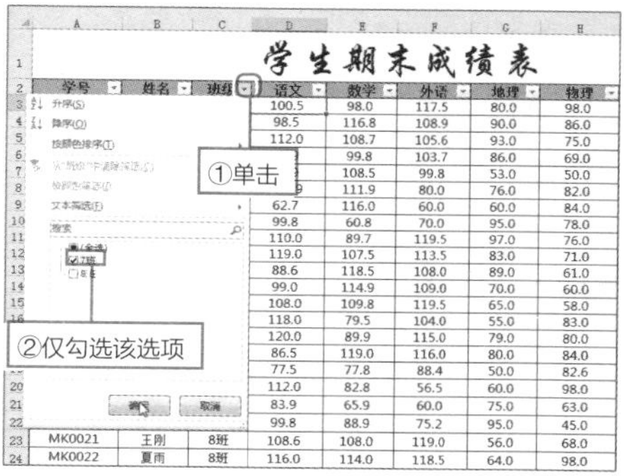

3 设置完成后，单击“确定”按钮，即可筛选出有关“7班”学生的所有成绩。

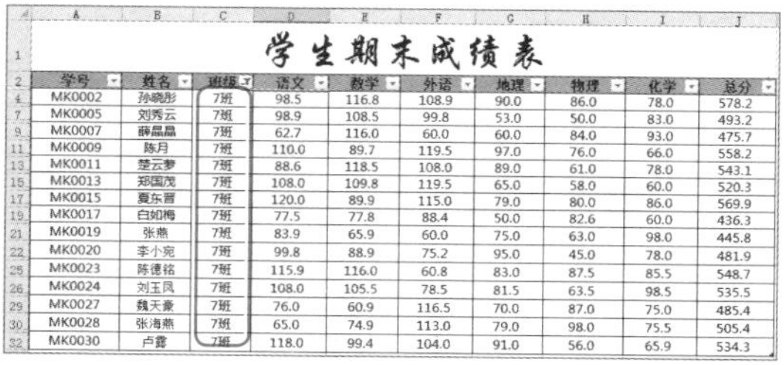

学号	姓名	班级	语文	数学	外语	地理	物理	化学	总分
MK0002	孙晓彤	7班	98.5	116.8	108.9	90.0	86.0	78.0	578.2
MK0005	刘秀云	7班	98.9	108.5	99.8	53.0	50.0	83.0	493.2
MK0007	薛晶晶	7班	62.7	116.0	60.0	60.0	84.0	93.0	475.7
MK0009	陈月	7班	110.0	89.7	119.5	97.0	76.0	66.0	558.2
MK0011	楚云萝	7班	88.6	118.5	108.0	89.0	61.0	78.0	543.1
MK0013	郑国茂	7班	108.0	109.8	119.5	65.0	58.0	60.0	520.3
MK0015	夏东晋	7班	120.0	89.9	115.0	79.0	80.0	86.0	569.9
MK0017	白如梅	7班	77.5	77.8	88.4	50.0	82.6	60.0	436.3
MK0019	张燕	7班	83.9	65.9	60.0	75.0	63.0	98.0	445.8
MK0020	李小宛	7班	99.8	88.9	75.2	95.0	45.0	78.0	481.9
MK0023	陈德铭	7班	115.9	116.0	60.8	83.0	87.5	85.5	548.7
MK0024	刘玉凤	7班	108.0	105.5	78.5	81.5	63.5	98.5	535.5
MK0027	魏天豪	7班	76.0	60.9	116.5	70.0	87.0	75.0	485.4
MK0028	张海燕	7班	65.0	74.9	113.0	79.0	98.0	75.5	505.4
MK0030	卢露	7班	118.0	99.4	104.0	91.0	56.0	65.9	534.3

Hint

筛选功能介绍

在筛选表格中的数据时，根据所选的字段不同，打开的列表中的筛选条件也会发生改变，如文本筛选、颜色筛选、数字筛选、日期筛选等。

Question

272 按需筛选出有用数据

语音视频教学272

● Level ◆◆◆

2016 2013 2010

实例 自定义筛选

若用户想要筛选出表格中某一范围内的数据，该如何操作呢？这就需要用到自定义筛选，下面对其进行介绍。

1 选择表格中的任意数据单元格，单击“数据”选项卡下“排序和筛选”组中的“筛选”按钮。

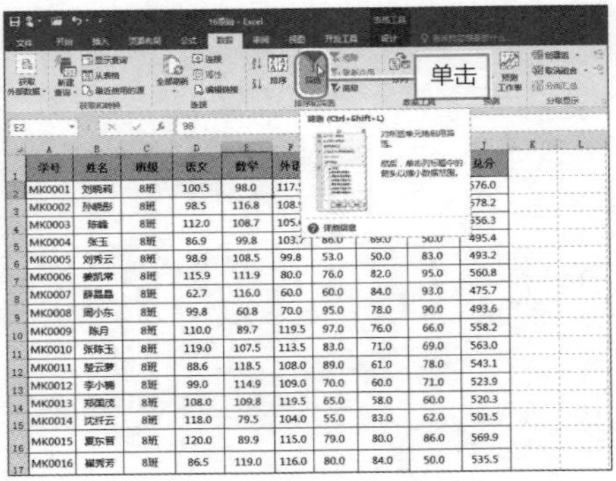

2 单击“数学”列右侧的下拉按钮，在弹出的下拉列表中选择“数字筛选>小于”选项。

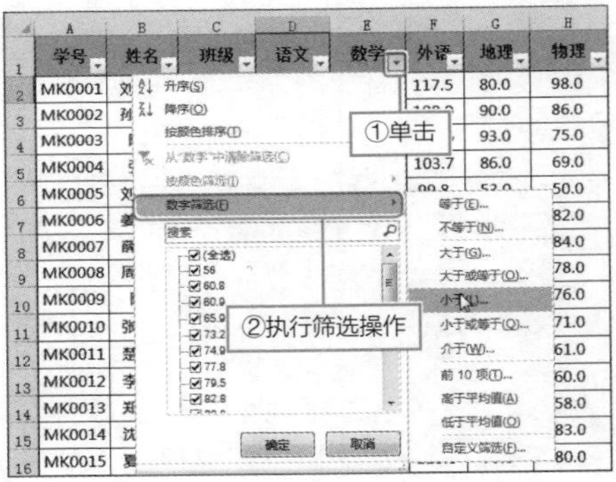

3 弹出“自定义自动筛选方式”对话框，设置数学小于70或大于115。

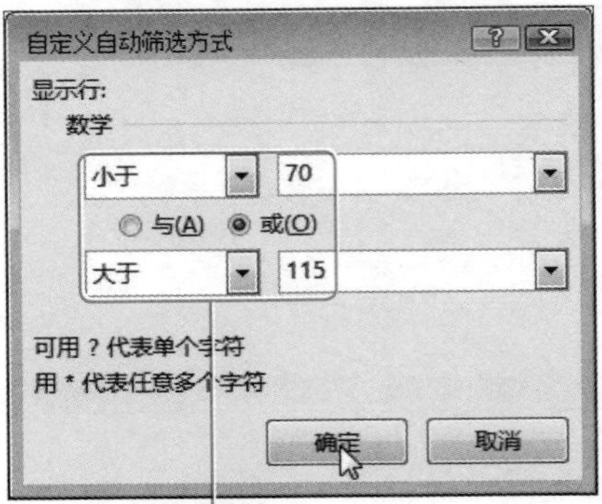

设置筛选条件

4 单击“确定”按钮，筛选出所有数学小于70或者大于115的数据。

查看筛选结果

Question 273

多条件筛选难不倒人

语音视频教学273

Level ◆◆◆

2016 2013 2010

实例 满足多个条件筛选

在对表格中的大量数据进行筛选时，若想要筛选出同时满足多个条件的数据，是不是很困难？其实，这个也不难，在此将对其具体操作进行介绍。

1 打开工作表，然后在C19:E20单元格区域中输入条件。

工号	员工姓名	基本工资	工龄工资	住房补贴	奖金	加班费	出勤扣款	保费扣款	应发工资
CK0001	刘晓莉	2500.0	300.0	300.0	200.0	500.0	100.0	300.0	¥3,400
CK0002	孙晓彤	2500.0	0.0	300.0	0.0	700.0	50.0	300.0	¥3,150
CK0003	陈峰	2500.0	100.0	300.0	50.0	500.0	0.0	300.0	¥3,150
CK0004	张玉	2500.0	200.0	300.0	150.0	400.0	50.0	300.0	¥3,200
CK0005	刘秀云	2500.0	500.0	300.0	200.0	500.0	0.0	300.0	¥3,700
CK0006	姜凯常	2500.0	100.0	300.0	100.0	700.0	0.0	300.0	¥3,400
CK0007	薛晶晶	2500.0	0.0	300.0	150.0	400.0	100.0	300.0	¥2,950
CK0008	周小东	2000.0	300.0	200.0	200.0	400.0	0.0	300.0	¥2,800
CK0009	陈月	2000.0	0.0	200.0	100.0	500.0	50.0	300.0	¥2,450
CK0010	张陈玉	2000.0	0.0	200.0	0.0	400.0	0.0	300.0	¥2,300
CK0011	楚云萝	2000.0	100.0	200.0	50.0	600.0	100.0	300.0	¥2,550
CK0012	李小楠	2000.0	200.0	200.0	200.0	300.0	0.0	300.0	¥2,600
CK0013	郑国茂	2000.0	100.0	200.0	100.0	500.0	50.0	300.0	¥2,550
CK0014	沈纤云	2000.0	0.0	200.0	50.0	300.0	0.0	300.0	¥2,250
CK0015	夏东晋	2000.0	0.0	200.0	0.0	300.0	50.0	300.0	¥2,150
CK0016	崔秀芳	2000.0	100.0	200.0	100.0	500.0	0.0	300.0	¥2,600

基本工资	住房补贴	加班费
2500	300	500

设置筛选条件

2 单击“数据”选项卡下“排序和筛选”组中的“高级”按钮。

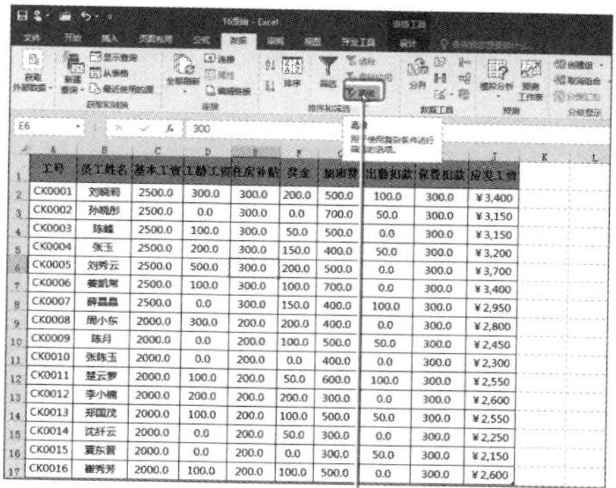

单击“高级”按钮

3 弹出“高级筛选”对话框，分别设置“列表区域”和“条件区域”。

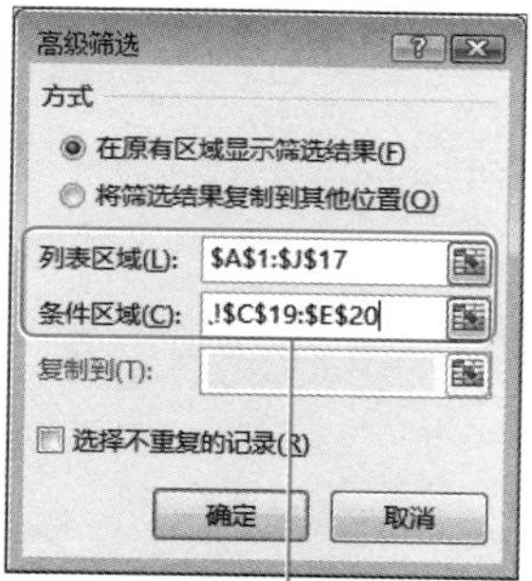

设置筛选区域

4 单击“确定”按钮，即可按照筛选条件筛选出符合条件的数据。

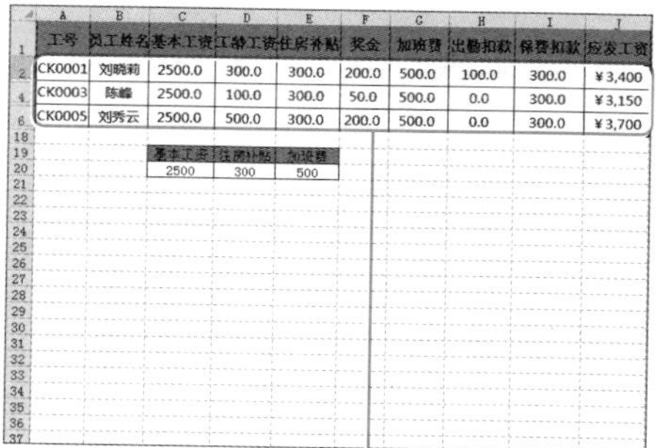

工号	员工姓名	基本工资	工龄工资	住房补贴	奖金	加班费	出勤扣款	保费扣款	应发工资
CK0001	刘晓莉	2500.0	300.0	300.0	200.0	500.0	100.0	300.0	¥3,400
CK0003	陈峰	2500.0	100.0	300.0	50.0	500.0	0.0	300.0	¥3,150
CK0005	刘秀云	2500.0	500.0	300.0	200.0	500.0	0.0	300.0	¥3,700

基本工资	住房补贴	加班费
2500	300	500

查看符合筛选条件的结果

Question

274 满足其中一个条件筛选也不难

语音视频教学274

● Level ◆◆◆

2016 2013 2010

实例 筛选出满足其中一个条件的数据

若在筛选数据时，希望可以将满足多个条件中的某个条件的数据筛选出来，该如何操作呢？下面对其进行介绍。

❶ 打开工作表，然后在B21:C23单元格区域中输入条件。

	A	B	C	D
1	料号	单价	采购数量	总金额
2	S01181256	0.5	150000	75000
3	S01181257	0.7	120000	84000
4	S01181258	0.5	600000	300000
5	S01181259	1	300000	300000
6	S01181260	0.8	120000	96000
7	S01181261	0.7	400000	280000
8	S01181262	0.5	300000	150000
9	S01181263	0.75	500000	375000
10	S01181264	0.5	400000	200000
11	S01181265	0.75	500000	375000
12	S01181266	0.6	400000	240000
13	S01181267	0.5	800000	400000
14	S01181268	0.75	600000	450000
15	S01181269	0.6	500000	300000
16	S01181270	0.5	400000	200000
17	S01181271	0.75	500000	375000
18	S01181272	0.6	400000	240000
19	S01181273	0.5	500000	250000
20				
21		单价	采购数量	
22		0.5		
23			500000	

❷ 单击“数据”选项卡下“排序和筛选”组中的“高级”按钮。

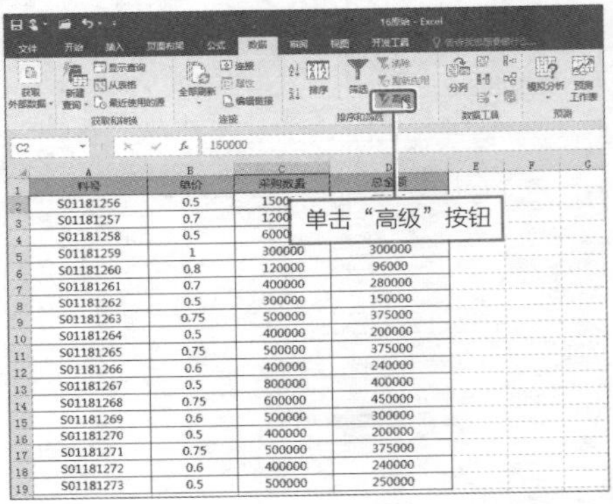

❸ 弹出“高级筛选”对话框，分别设置“列表区域”和“条件区域”。

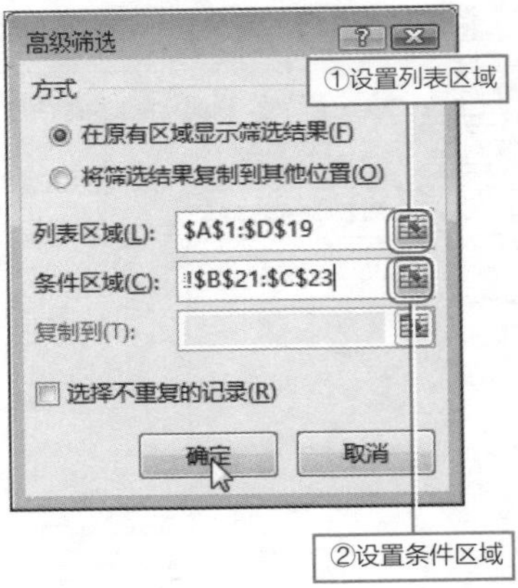

❹ 单击“确定”按钮，即可按照筛选条件筛选出符合条件的数据。

	A	B	C	D
1	料号	单价	采购数量	总金额
2	S01181256	0.5	150000	75000
4	S01181258	0.5	600000	300000
8	S01181262	0.5	300000	150000
9	S01181263	0.75	500000	375000
10	S01181264	0.5	400000	200000
11	S01181265	0.75	500000	375000
13	S01181267	0.5	800000	400000
15	S01181269	0.6	500000	300000
16	S01181270	0.5	400000	200000
17	S01181271	0.75	500000	375000
19	S01181273	0.5	500000	250000
20				
21		单价	采购数量	
22		0.5		
23			500000	

Question

275

● Level ◆◆◆

2016 2013 2010

标记特定数据，高级筛选来顶你

语音视频教学275

实例 巧用高级筛选进行标记

在统计的表格中，用户可以对某些数据备注，可以通过高级筛选来实现，下面以标记缺货商品为例进行介绍。

❶ 打开工作表，在其右侧输入缺货的商品代码，然后单击“数据”选项卡下“排序和筛选”组中的“高级”按钮。

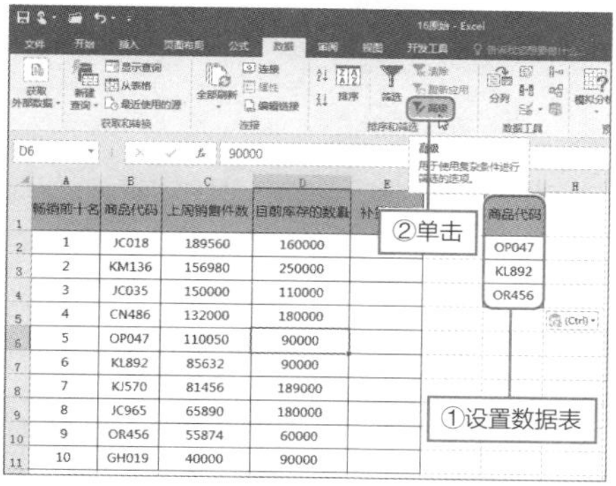

❷ 弹出“高级筛选”对话框，分别设置“列表区域”和“条件区域”。

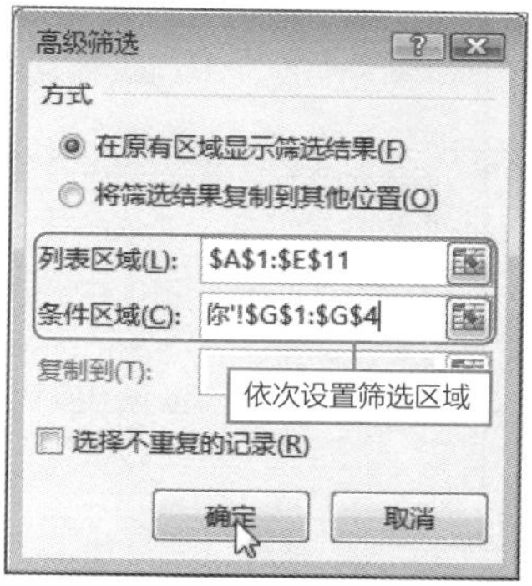

❸ 单击“确定”按钮，筛选出符合条件的数据。

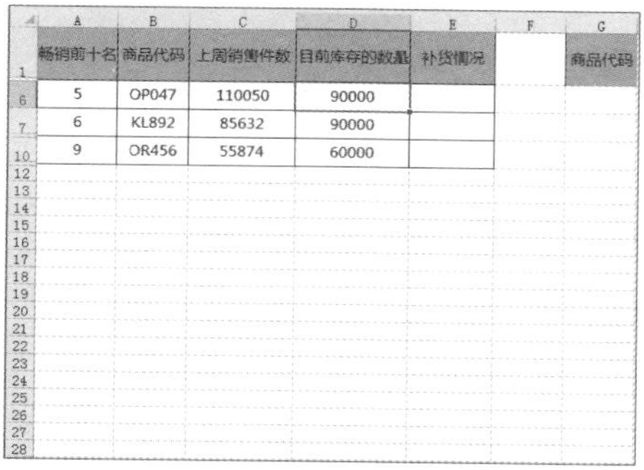

查看筛选结果

❹ 在筛选的结果右侧标记“缺货”，然后单击“排序和筛选”组中的“清除”按钮。

恢复数据表原貌

Question

276 一招选出空白数据行

语音视频教学276

● Level ◆◆◆

2016 2013 2010

实例	筛选空白数据行

通过高级筛选功能，用户还可以将包含有空白数据的行筛选出来，下面将对其具体操作进行介绍。

1 打开工作表，然后在B16:E20单元格区域中输入条件。

2 单击“数据”选项卡下“排序和筛选”组中的“高级”按钮。

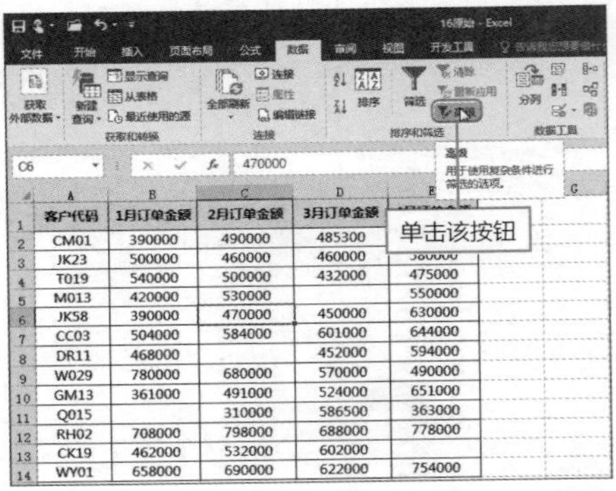

3 弹出“高级筛选”对话框，分别设置“列表区域”和“条件区域”。

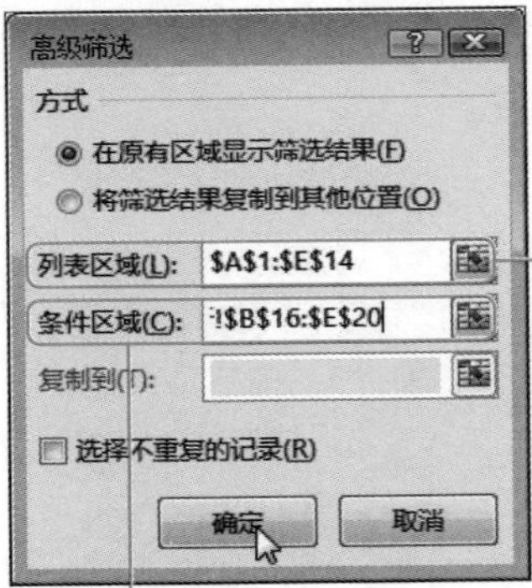

②设置条件区域　①设置列表区域

4 单击“确定”按钮，即可按照筛选条件筛选出包含空白数据的行。

查看筛选结果

Question

277 轻而易举筛选出不重复数据

语音视频教学277

● Level ◆◆◆

2016 2013 2010

实例 筛选出与制定数据不重复的数据

若某列中存在多个重复数据，用户希望将不重复的数据筛选出来，这样的操作也需要通过高级筛选功能来实现，其具体操作介绍如下。

1 打开工作表，然后在B11:B12单元格区域中输入条件。

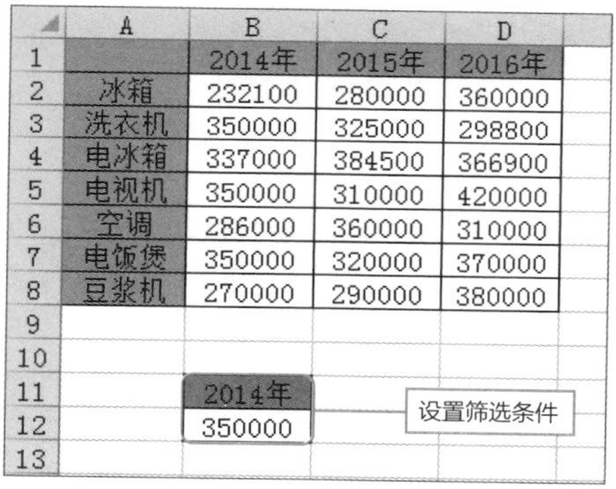

	A	B	C	D
1		2014年	2015年	2016年
2	冰箱	232100	280000	360000
3	洗衣机	350000	325000	298800
4	电冰箱	337000	384500	366900
5	电视机	350000	310000	420000
6	空调	286000	360000	310000
7	电饭煲	350000	320000	370000
8	豆浆机	270000	290000	380000
9				
10				
11		2014年		
12		350000		
13				

2 单击“数据”选项卡下“排序和筛选”组中的“高级”按钮。

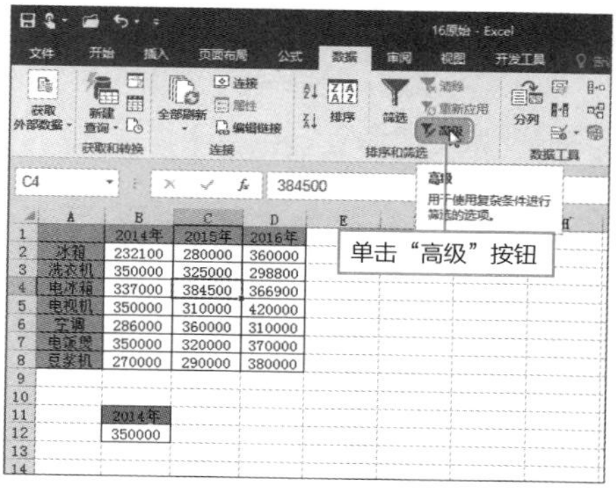

3 弹出“高级筛选”对话框，选中“将筛选结果复制到其他位置”选项，并勾选“选择不重复的记录”选项，然后分别设置“列表区域”、“条件区域”以及“复制到”。

4 单击“确定”按钮，即可筛选出不重复记录。

	A	B	C	D	E
1		2014年	2015年	2016年	
2	冰箱	232100	280000	360000	
3	洗衣机	350000	325000	298800	
4	电冰箱	337000	384500	366900	
5	电视机	350000	310000	420000	
6	空调	286000	360000	310000	
7	电饭煲	350000	320000	370000	
8	豆浆机	270000	290000	380000	
9					
10				232100	
11		2014年		350000	
12		350000		337000	
13				286000	
14				270000	
15					
16					

Question **278**

• Level ◆◆◆

2016 2013 2010

对数据信息进行模糊筛选

语音视频教学278

实例 使用通配符进行数据筛选

若在对表格中的数据进行筛选时，不能够明确筛选条件，可以通过通配符进行模糊筛选，下面对其具体操作进行介绍。

1 打开工作表，然后在C21:C22单元格区域中输入条件。

	A	B	C	D	E	F
1	订单编号	客户代码	业务员	订单数量	产品单价	总金额
2	M013050301	TO13	赵春梅	9000	500	4500000
3	M013050302	CH19	张敏君	15000	210	3150000
4	M013050303	JK22	赵小眉	17000	240	4080000
5	M013050701	MO11	李霄云	11000	230	2530000
6	M013050702	TO13	赵春梅	20000	200	4000000
7	M013050901	JK22	赵小眉	32000	160	5120000
8	M013050902	CH19	张敏君	15000	220	3300000
9	M013050903	TO13	赵春梅	13000	230	2990000
10	M013051201	MO11	李霄云	17500	240	4200000
11	M013051202	JK22	赵小眉	29500	180	5310000
12	M013051203	CH19	张敏君	40000	130	5200000
13	M013051204	MO11	李霄云	33000	140	4620000
14	M013051205	JK22	赵小眉	17600	210	3696000
15	M013051501	TO13	赵春梅	18000	220	3960000
16	M013051502	MO11	李霄云	22000	210	4620000
17	M013051701	CH19	张敏君	31000	150	4650000
18	M013051702	MO11	李霄云	44000	100	4400000
19	M013051703	JK22	赵小眉	27500	200	5500000
20						
21			业务员			
22			赵*			

2 单击“数据”选项卡下“排序和筛选”组中的“高级”按钮。

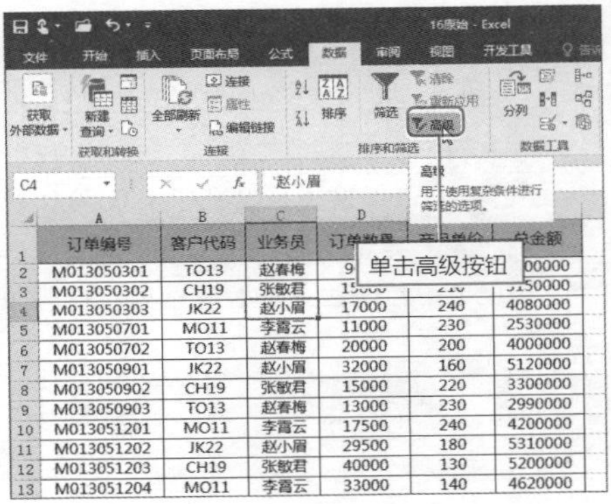

	A	B	C	D	E	F
1	订单编号	客户代码	业务员	订单数量	产品单价	总金额
2	M013050301	TO13	赵春梅	9		00000
3	M013050302	CH19	张敏君	15		50000
4	M013050303	JK22	赵小眉	17000	240	4080000
5	M013050701	MO11	李霄云	11000	230	2530000
6	M013050702	TO13	赵春梅	20000	200	4000000
7	M013050901	JK22	赵小眉	32000	160	5120000
8	M013050902	CH19	张敏君	15000	220	3300000
9	M013050903	TO13	赵春梅	13000	230	2990000
10	M013051201	MO11	李霄云	17500	240	4200000
11	M013051202	JK22	赵小眉	29500	180	5310000
12	M013051203	CH19	张敏君	40000	130	5200000
13	M013051204	MO11	李霄云	33000	140	4620000

3 弹出“高级筛选”对话框，分别设置“列表区域”和“条件区域”。

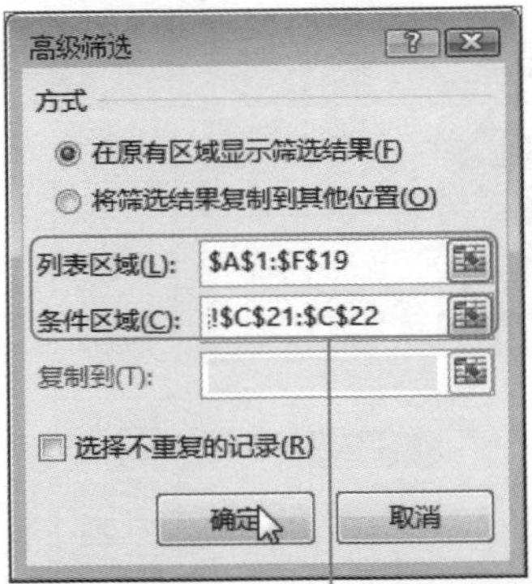

逐一设置列表区域、条件区域

4 单击“确定”按钮，即可筛选出所有赵姓员工的相关信息。

	A	B	C	D	E	F
1	订单编号	客户代码	业务员	订单数量	产品单价	总金额
2	M013050301	TO13	赵春梅	9000	500	4500000
4	M013050303	JK22	赵小眉	17000	240	4080000
6	M013050702	TO13	赵春梅	20000	200	4000000
7	M013050901	JK22	赵小眉	32000	160	5120000
9	M013050903	TO13	赵春梅	13000	230	2990000
11	M013051202	JK22	赵小眉	29500	180	5310000
14	M013051205	JK22	赵小眉	17600	210	3696000
15	M013051501	TO13	赵春梅	18000	220	3960000
19	M013051703	JK22	赵小眉	27500	200	5500000
20						
21			业务员			
22			赵*			

查看筛选结果

Question 279

Level ◆◆◆

2016 2013 2010

汇总指定项很简单

语音视频教学279

实例 按指定的分类字段汇总数据

利用分类汇总可以快速、简便的将关联的数据汇总，让用户可以更加清晰明确的分析数据，下面将对其相关操作进行介绍。

1. 选择F1:F19单元格区域，单击“数据”选项卡上的“升序”按钮，然后单击弹出对话框中的“排序”按钮。

2. 选择表格中的任意单元格，单击“数据”选项卡上的“分类汇总”按钮。

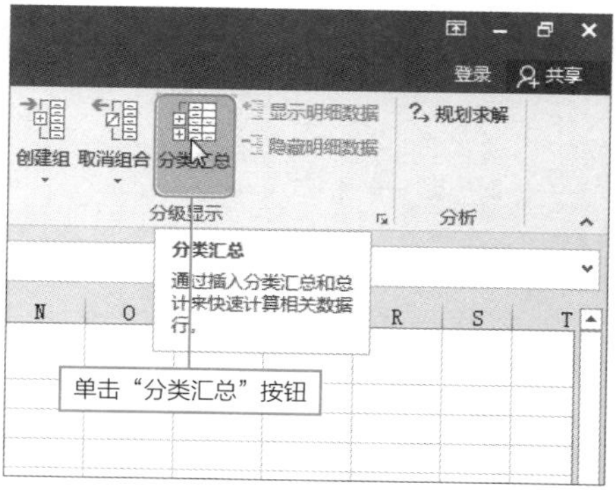

3. 弹出“分类汇总”对话框，设置合适的分类字段，指定合适的汇总项。

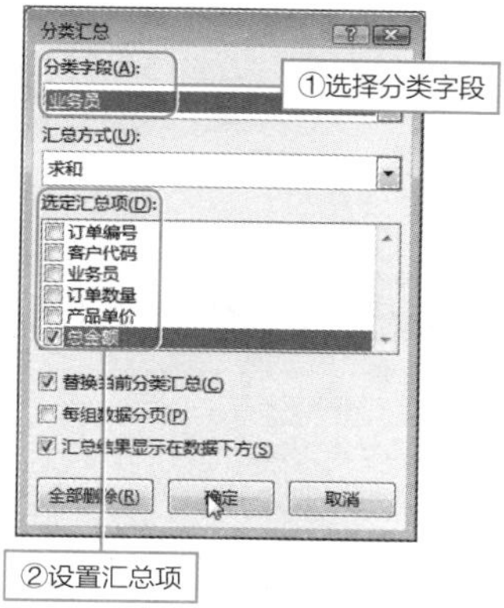

4. 单击“确定”按钮，关闭对话框，查看汇总效果。

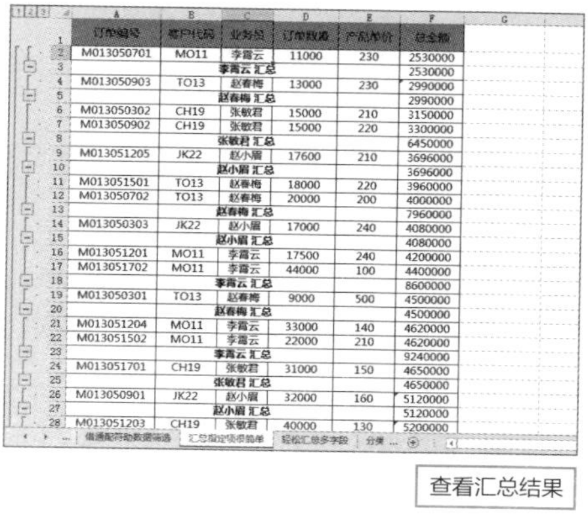

Question
280 轻松汇总多字段

语音视频教学280

• Level ◆◆◆

2016 2013 2010

实例 按照多个字段进行分类汇总

若用户想要对表格中多个字段选项进行汇总，也是很简单就能够实现的，下面将对其进行介绍。

最终效果

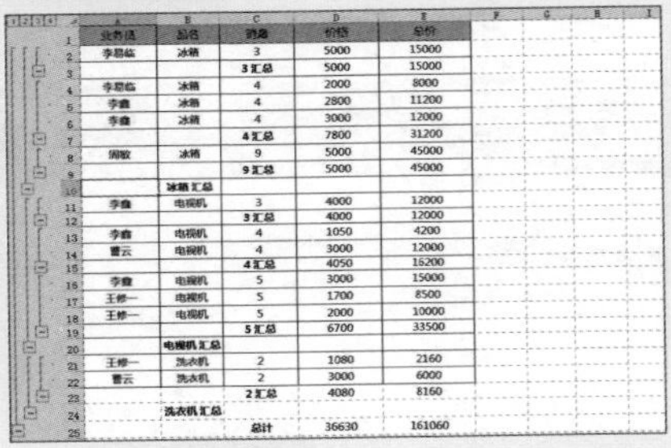

多字段分类汇总结果

❶ 在进行多字段分类操作时，应当首先按照分类字段选项的优先级对工作表进行排序，按照之前技巧讲述的方法，打开“排序”对话框，对主要和次要关键字进行相应设置，设置完成后，单击“确定”按钮。

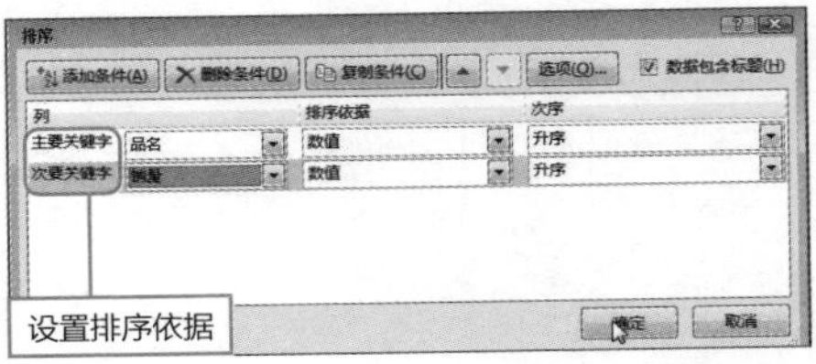

❷ 返回编辑区，单击“数据”选项卡上的“分类汇总”按钮。弹出“分类汇总”对话框，对“品名”字段进行汇总并确认。

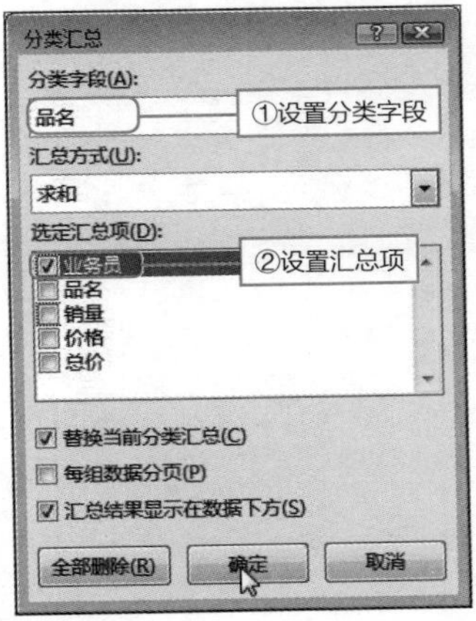

❸ 随后再对“销量”字段进行汇总，注意一定要取消对“替换当前分类汇总”选项的勾选，单击“确定”按钮即可。

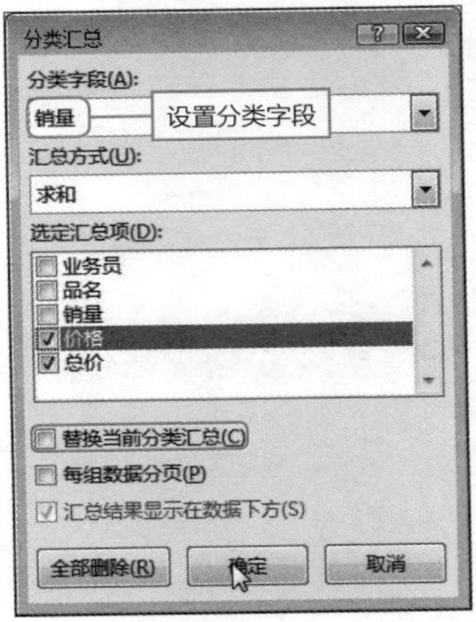

Question
281 分类汇总结果输出有秘诀

语音视频教学281

● Level ◆◆◆

2016 2013 2010

实例 将分类汇总结果复制到新工作表中

分类汇总操作完成后，若用户想要复制汇总数据到新工作表中，当直接复制并粘贴后，发现所有的数据都粘贴在新工作表中，那么如何才能只将汇总结果复制到新工作表呢?

❶ 打开进行了分类汇总的工作表，单击列标题左侧的3，将明细数据隐藏，只保留汇总数据，然后选择A1:G30单元格区域。

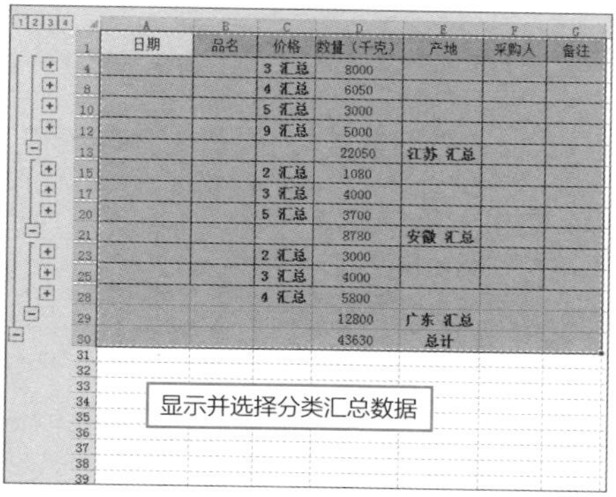

❷ 打开“定位条件”对话框，选中“可见单元格”选项，单击“确定”按钮。

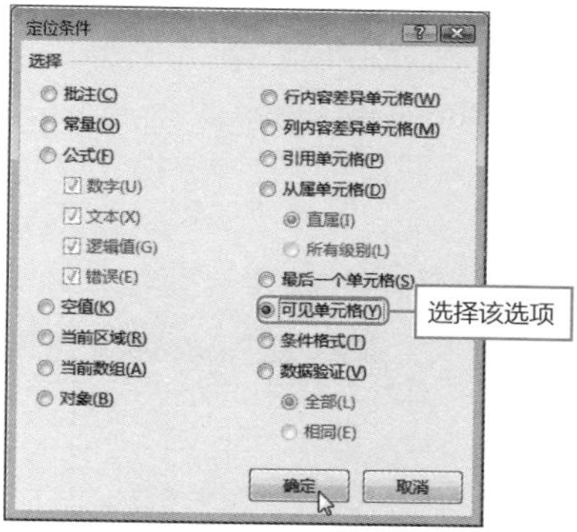

❸ 返回工作表，按Ctrl+C组合键复制单元格。

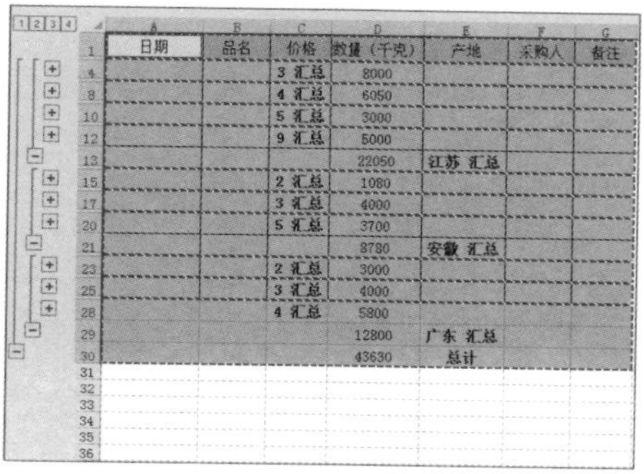

复制选择的内容

❹ 切换至新工作表，按Ctrl+V组合键粘贴即可。

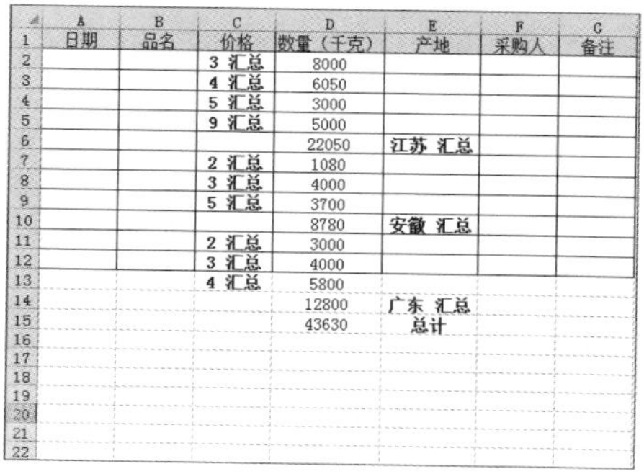

切换至新工作表执行“粘贴”操作

Question

282 轻松合并多个工作表中的数据

语音视频教学282

• Level ◆◆◆

2016 2013 2010

实例 合并计算

若需要将多个地区的统计表汇总到同一工作表中上报给总公司，该如何进行操作呢？通过Excel的合并计算功能可以快速汇总多表数据，下面对其具体操作进行介绍。

1 打开各地区销售报表，新建一个工作表，选择新工作表中的A1单元格。

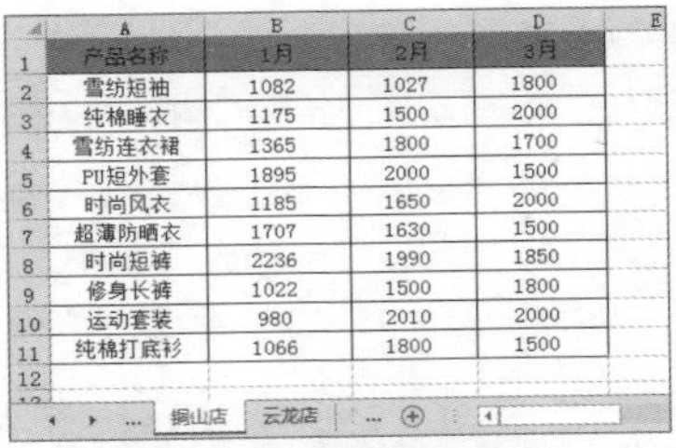

产品名称	1月	2月	3月
雪纺短袖	1082	1027	1800
纯棉睡衣	1175	1500	2000
雪纺连衣裙	1365	1800	1700
PU短外套	1895	2000	1500
时尚风衣	1185	1650	2000
超薄防晒衣	1707	1630	1500
时尚短裤	2236	1990	1850
修身长裤	1022	1500	1800
运动套装	980	2010	2000
纯棉打底衫	1066	1800	1500

产品名称	1月	2月	3月
雪纺短袖	1300	1027	1800
纯棉睡衣	1175	2030	2000
雪纺连衣裙	1500	1800	2400
PU短外套	1895	2000	1500
时尚风衣	1185	2085	2000
超薄防晒衣	1600	1630	1850
时尚短裤	2100	2010	1850
修身长裤	1022	1500	1800
运动套装	1080	2010	2500
纯棉打底衫	1400	1970	2030

产品名称	1月	2月	3月
雪纺短袖	2000	1027	1800
纯棉睡衣	1175	1500	2000
雪纺连衣裙	1765	1800	1985
PU短外套	1850	2000	3000
时尚风衣	1185	1650	2050
超薄防晒衣	2150	2000	1500
时尚短裤	2236	2040	1850
修身长裤	1022	1500	2080
运动套装	980	2010	2000
纯棉打底衫	1066	1981	1500

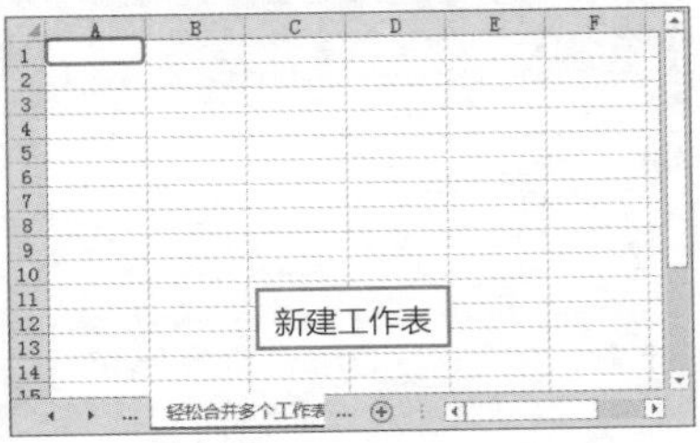

2 单击“数据”选项卡上的“合并计算”按钮。

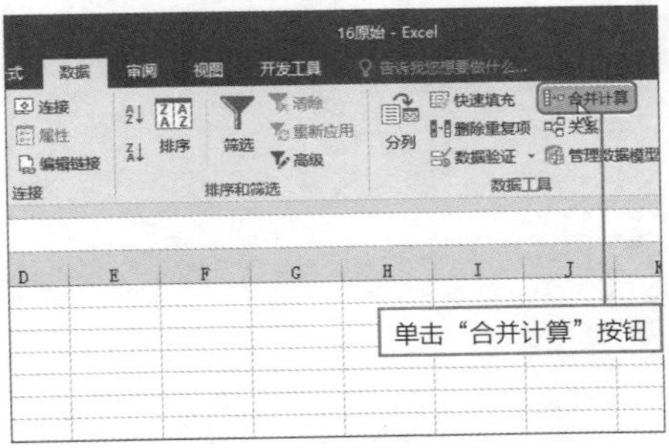

3 打开“合并计算”对话框，设置“函数”类型为求和；单击“引用位置”右侧范围选取按钮。

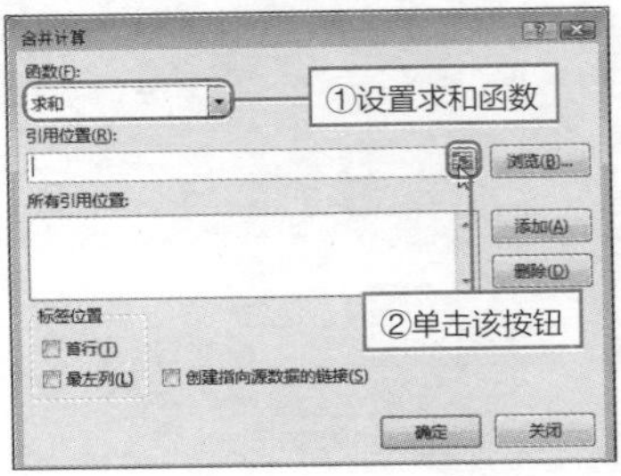

4 切换至需要合并数据的工作表，拖动鼠标选取单元格区域，然后单击“范围选取”按钮。

	A	B	C	D	E
1	产品名称	1月	2月	3月	
2	雪纺短袖	1082	1027	1800	
3	纯棉睡衣	1175	1500	2000	
4	雪纺连衣裙	1365	1800	1700	
5	PU短外套	1895	2000	1500	
6	时尚风衣	1185	1650	2000	
7	超薄防晒衣	1707	1630	1500	
8	时尚短裤	2236	1990	1850	
9	修身长裤	1022	1500	1800	
10	运动套装	980	2010	2000	
11	纯棉打底衫	1066	1800	1500	

5 返回“合并计算”对话框，单击“添加”按钮，将引用位置添加到“所有引用位置”列表框中。

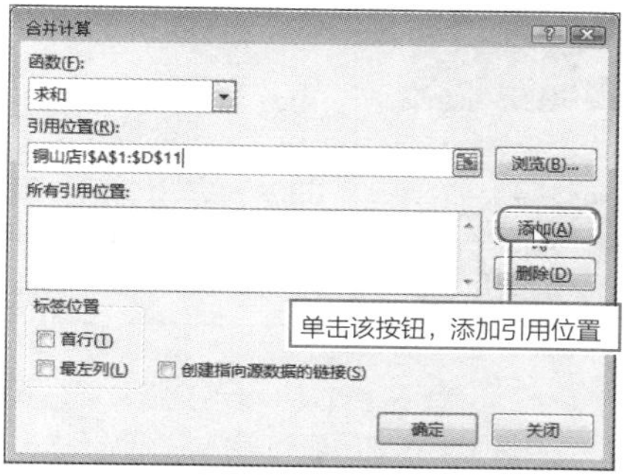

6 再次单击“范围选取”按钮，继续添加引用位置。

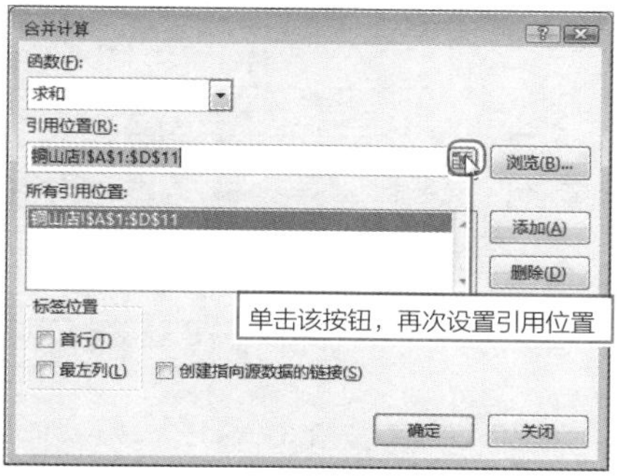

Hint

删除引用位置

若添加的引用位置有误，则可以选择该位置后，单击右侧“删除”按钮删除。

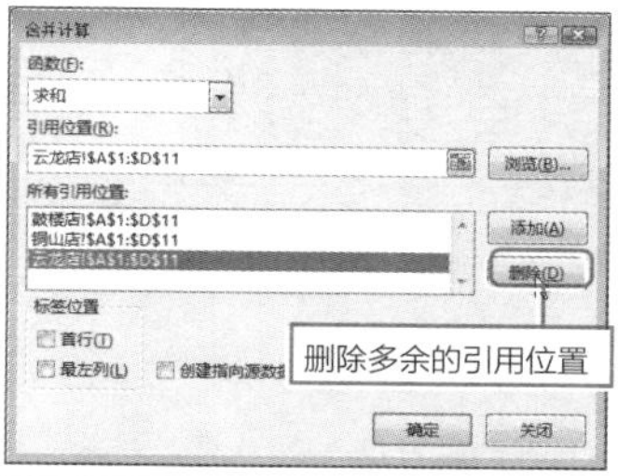

7 接下来在“标签位置”选项下，勾选“首行”和“最左列”选项前的复选框。

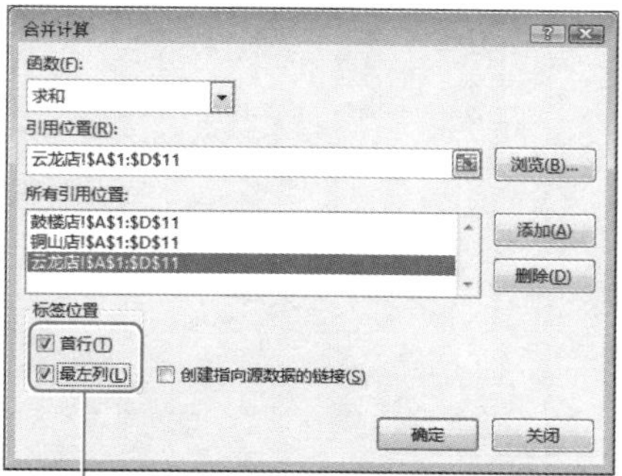

设置标签位置

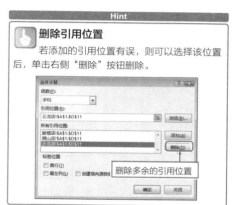

8 单击“确定”按钮，即可完成多表的汇总。

	A	B	C	D
1		1月	2月	3月
2	雪纺短袖	4382	3081	5400
3	纯棉睡衣	3525	5030	6000
4	雪纺连衣裙	4630	5400	6085
5	PU短外套	5640	6000	6000
6	时尚风衣	3555	5385	6050
7	超薄防晒衣	5457	5260	4850
8	时尚短裤	6572	6040	5550
9	修身长裤	3066	4500	5680
10	运动套装	3040	6030	6500
11	纯棉打底衫	3532	5751	5030

查看多表汇总结果

Question

283 巧妙设置自动更新数据源

语音视频教学283

● Level ◆◆◆

2016 2013 2010

实例 使用合并计算功能更新汇总数据

在执行合并计算后，用户又一次更改了源数据，那么原先的汇总结果会不会产生误差呢？如何才能实现合并计算结果随源数据的变化而变化呢？其实并不难，我们将在上一技巧的基础上完成本操作。

1 随着各个地区数据表的更新，在各表中出现了4月份的销售数据。在汇总表中单击“数据”选项卡中的“合并计算”按钮。

	A	B	C	D	E
1	产品名称	1月	2月	3月	4月
2	雪纺衫	1082	1027	1800	2300
3	儿童睡衣	1175	1500	2000	1234
4	休闲裤	1365	1800	1700	1530
5	PU短外套	1895	2000	1500	800
6	时尚风衣	1185	1650	2000	900
7	儿童毛衣	1707	1630	1500	687
8	时尚短裤	2236	1990	1850	123
9	修身长裤	1022	1500	1800	569
10	运动套装	980	2010	2000	983
11	男士衬衣	1066	1800	1500	433
12					

铜山店 云龙店 鼓楼店 汇总

	A	B	C	D	E
1	产品名称	1月	2月	3月	4月
2	雪纺衫	1300	1027	1800	600
3	儿童睡衣	1175	2030	2000	800
4	休闲裤	1500	1800	2400	900
5	PU短外套	1895	2000	1500	899
6	时尚风衣	1185	2085	2000	943
7	儿童毛衣	1600	1630	1850	999
8	时尚短裤	2100	2010	1850	687
9	修身长裤	1022	1500	1800	598
10	运动套装	1080	2010	2500	498
11	男士衬衣	1400	1970	2030	965
12					
13					

铜山店 云龙店 鼓楼店 汇总

	A	B	C	D	E
1	产品名称	1月	2月	3月	4月
2	雪纺衫	2000	1027	1800	1200
3	儿童睡衣	1175	1500	2000	1100
4	休闲裤	1765	1800	1985	3600
5	PU短外套	1850	2000	3000	1280
6	时尚风衣	1185	1650	2050	1698
7	儿童毛衣	2150	2000	1500	3200
8	时尚短裤	2236	2040	1850	4200
9	修身长裤	1022	1500	2080	2300
10	运动套装	980	2010	2000	1000
11	男士衬衣	1066	1981	1500	3690
12					
13					

铜山店 云龙店 鼓楼店 汇总

查看各个数据表内容

2 弹出“合并计算”对话框，选择“求和”函数，并设置引用区域，然后将“标签位置”中的3个复选项全部选中。

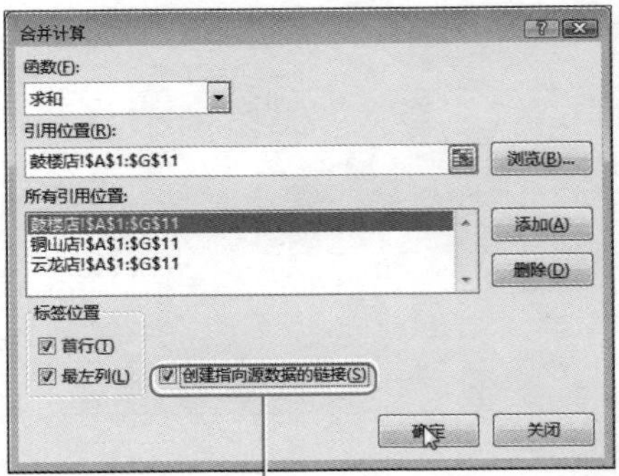

选择该选项

3 单击“确定”按钮进行合并计算。这样，若对表中的数据做出了相应的修改后，汇总结果也会得到实时更新。

	A B	C	D	E	F
1		1月	2月	3月	4月
5	雪纺衫	4382	3081	5400	4100
9	儿童睡衣	3525	5030	6000	3134
13	休闲裤	4630	5400	6085	6030
17	PU短外套	5640	6000	6000	2979
21	时尚风衣	3555	5385	6050	3541
25	儿童毛衣	5457	5260	4850	4886
29	时尚短裤	6572	6040	5550	5010
33	修身长裤	3066	4500	5680	3467
37	运动套装	3040	6030	6500	2481
41	男士衬衣	3532	5751	5030	5088
42					
43					
44					
45					
46					
47					

查看新合并计算结果

Question 284

快速计算重复次数

语音视频教学284

● Level ◆◆◆

2016 2013 2010

实例　合并计算统计次数

在Excel中，使用合并计算功能，能够实现统计功能，下面将以统计各种商品的进货次数为例，介绍使用合并计算统计数量的方法。

❶ 打开工作表，选择E1单元格（用于定位统计数据的显示位置），单击“数据”选项卡上的“合并计算”按钮。

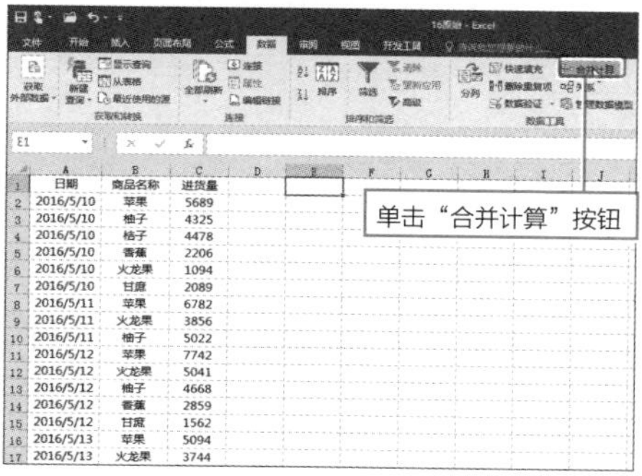

❷ 打开“合并计算”对话框，从中选择“计数”函数，并添加引用位置，勾选“首行”和“最左列”复选框。

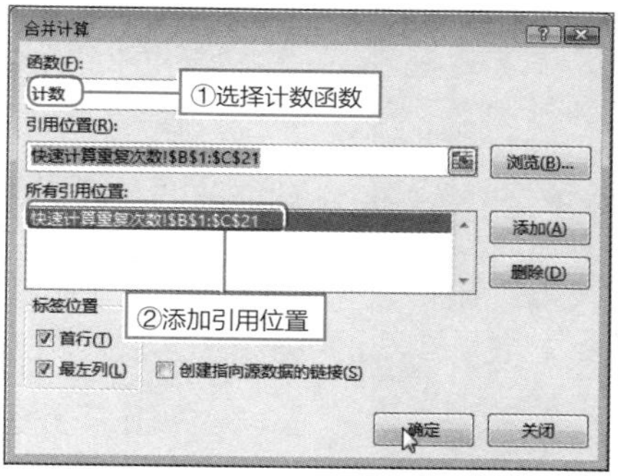

❸ 单击“确定”按钮，得到合并计算的结果，在“进货量”列中计算出各商品的重复次数。

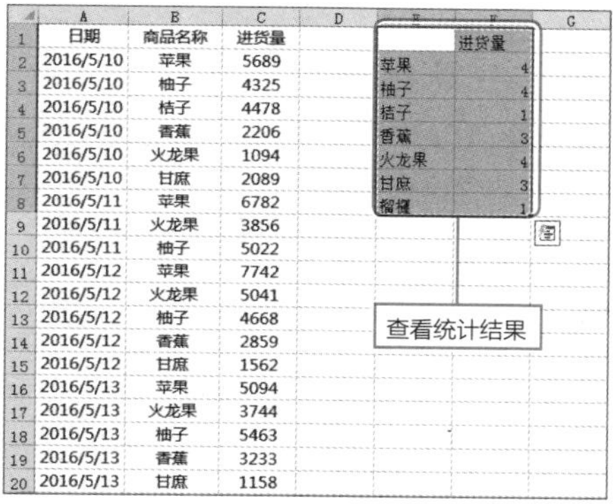

Hint

如何统计总进货量

在“合并计算”对话框中的“函数”选项，选择“求和”函数即可。

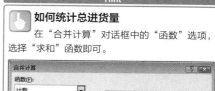

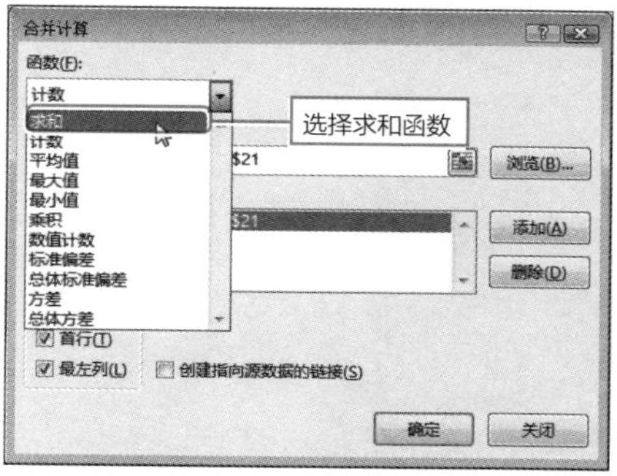

第 11 章 285~302

数据透视表应用技巧

- 轻而易举创建数据透视表
- 一秒钟给行字段或列字段搬个家
- 数据源的快速更换
- 快速查看数据透视表中详细数据
- 迅速展开和折叠字段
- 去繁化简数据透视表
- 巧用数据透视表计算数据

Question
285

● Level ◆◆◆

2016 2013 2010

轻而易举创建数据透视表

语音视频
教学285

实例 数据透视表的创建

数据透视表是一种交互式的表，它可以快速汇总大量数据并能对其进行深入分析，还可以找出一些预料之外的数据关系，下面将介绍如何创建一个数据透视表。

1 打开工作表，选择表格中的任意单元格，单击“插入”选项卡上的“数据透视表”按钮。

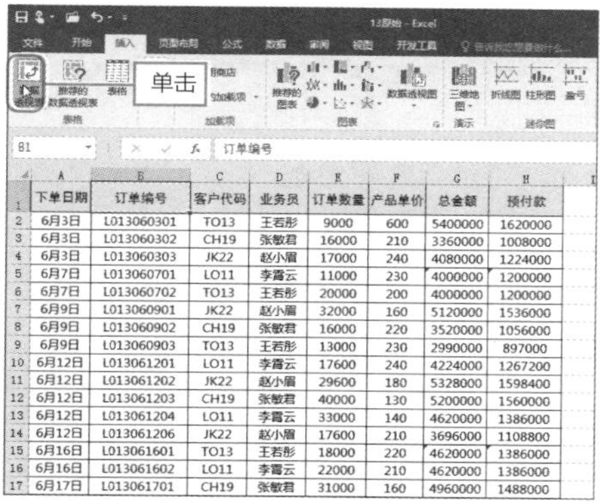

2 打开“创建数据透视表”对话框，保持默认设置，单击“确定”按钮。

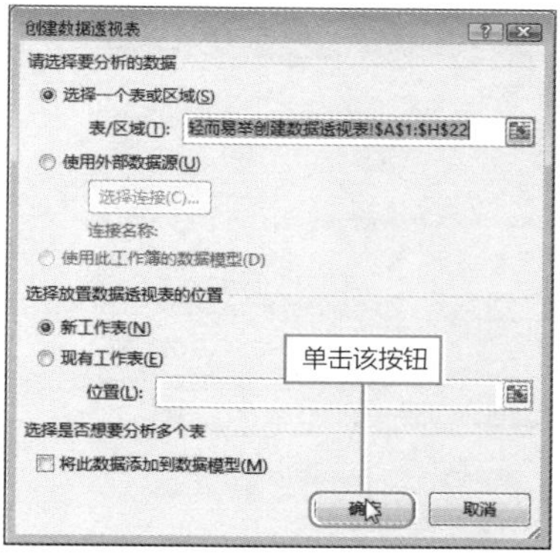

3 在新工作表中可出现数据透视表视图界面。

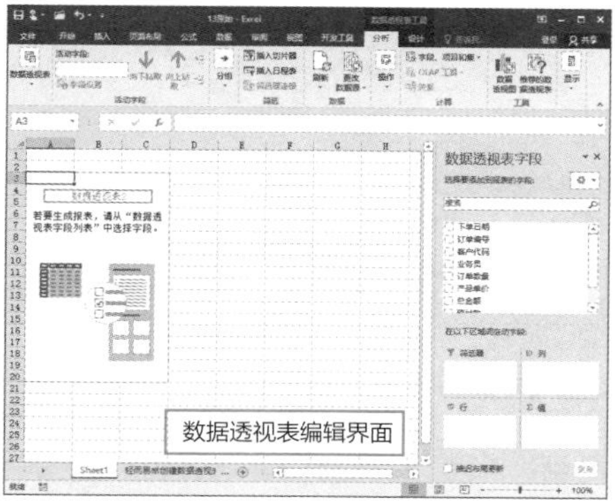

4 在“数据透视表字段”窗格中包含所有字段，选择字段，将其拖至对应区域即可。

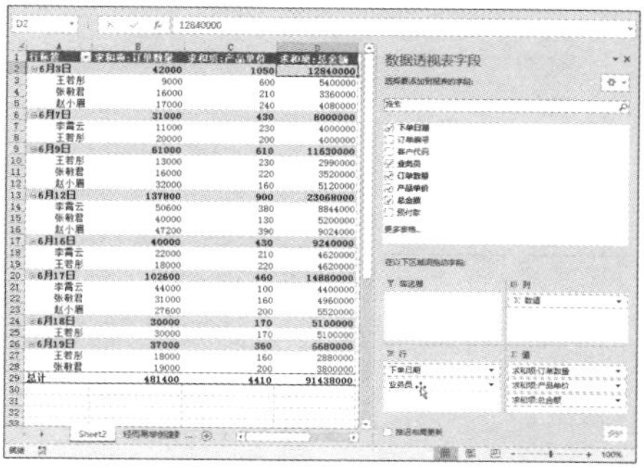

Question 286

一秒钟给行字段或列字段搬个家

语音视频教学286

● Level ◆◆◆

2016 2013 2010

实例 移动数据透视表中的行字段或列字段

在数据透视表中，是无法插入单元格、行或列，也无法移动单元格、行或列。那么如何调整数据透视表中行列中字段的顺序呢？下面对其进行介绍。

❶ 用鼠标右击字段行，从弹出的快捷菜单中选择“移动”命令，从其关联菜单中选择合适的命令即可。

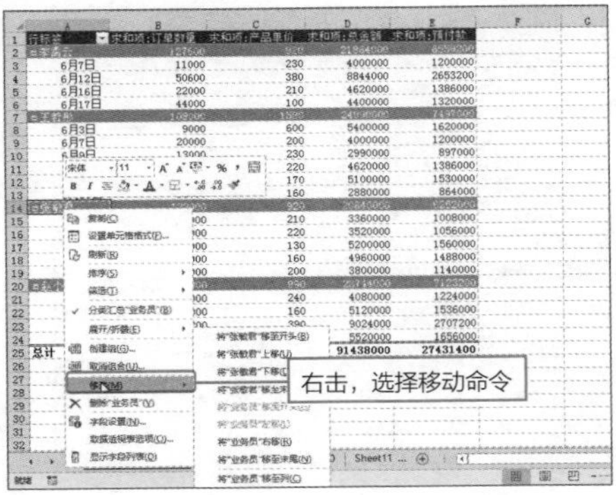

❷ 选择列字段，右键单击，会发现并不存在移动命令，那么可以选择“显示字段列表”命令。

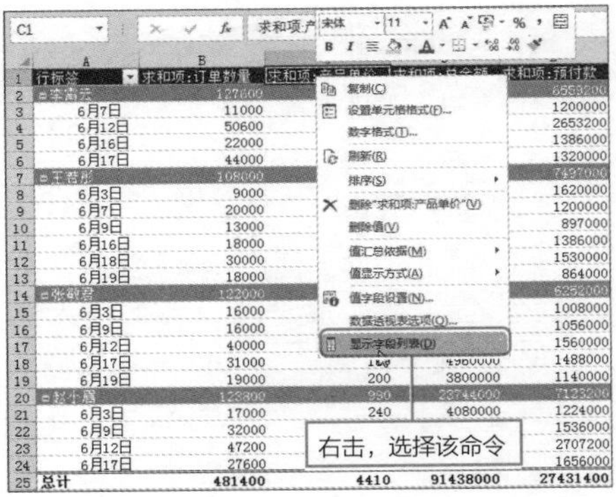

❸ 打开“数据透视表字段”窗格，在列字段所在区域，选择需要移动的列字段，按住鼠标左键不放拖动至合适位置。

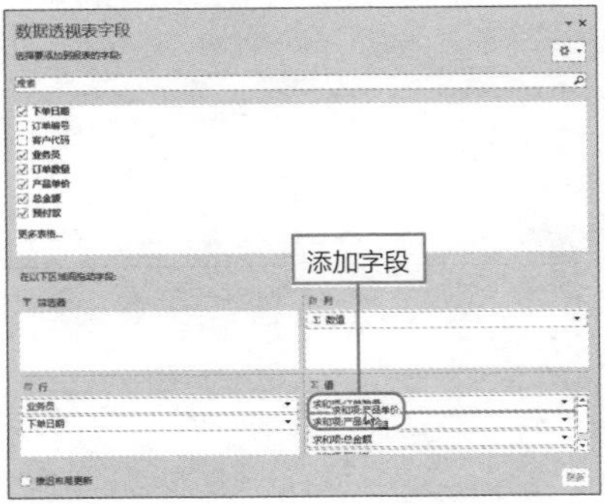

❹ 释放鼠标左键，完成列字段的移动，关闭窗格，查看移动字段效果。

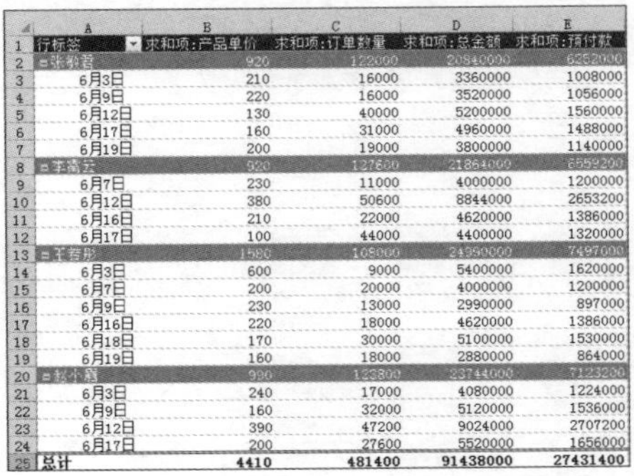

Question

287 数据源的快速更换

语音视频教学287

Level ◆◆◆

2016 2013 2010

实例　数据表源数据的更改

在编辑数据透视表时，为了创建出更合理准确的数据表，需要更换数据源来更新数据透视表，下面将对数据表源数据的更换操作进行介绍。

❶ 打开数据透视表，单击“数据透视表工具－分析”选项卡上的“更改数据源”按钮，从列表中选择“更改数据源”选项。

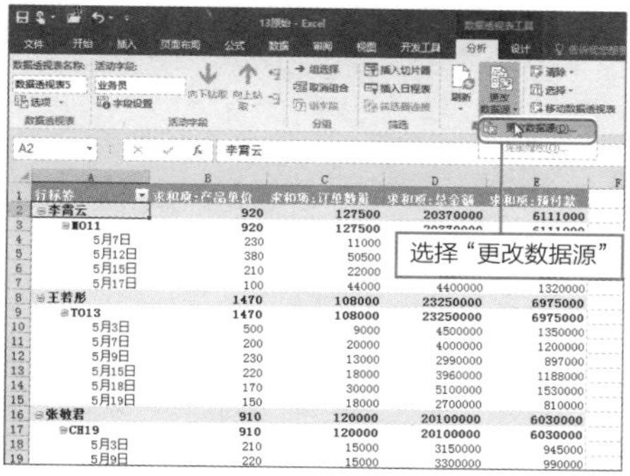

❷ 打开“更改数据透视表数据源”对话框，单击“范围选取”按钮。

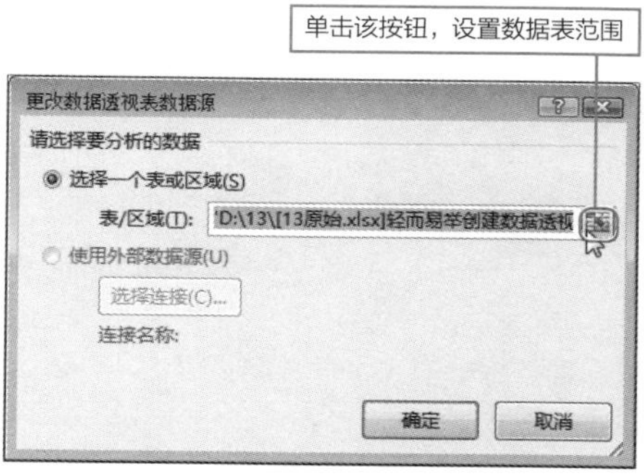

❸ 在源数据工作表中，拖动鼠标选择合适范围的数据，选取完成后，再次单击“范围选取”按钮，返回对话框。

采用拖动鼠标的方法，选择数据表范围

❹ 单击“更改数据透视表数据源”对话框中的“确定”按钮，可以看到，数据透视表中的数据同样发生了更改。

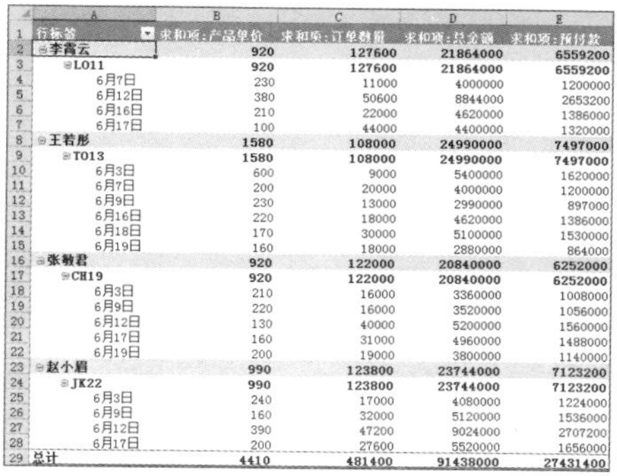

Question

288 快速查看数据透视表中详细数据

语音视频教学288

● Level ◆◆◆

2016 2013

实例	数据透视表详细数据的显示

若用户想要查看某一单元格中的关联数据，可以很容易就能实现，下面对其进行介绍。

① 功能区命令法。选择需要查看的单元格，并单击鼠标右键，从弹出的快捷菜单中选择“显示详细信息”命令。

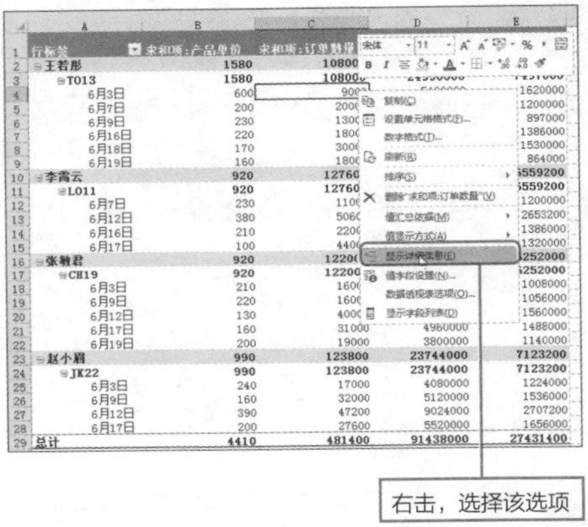

② 随后即可打开一个新工作表，并在新工作表中显示所选单元格的全部信息。

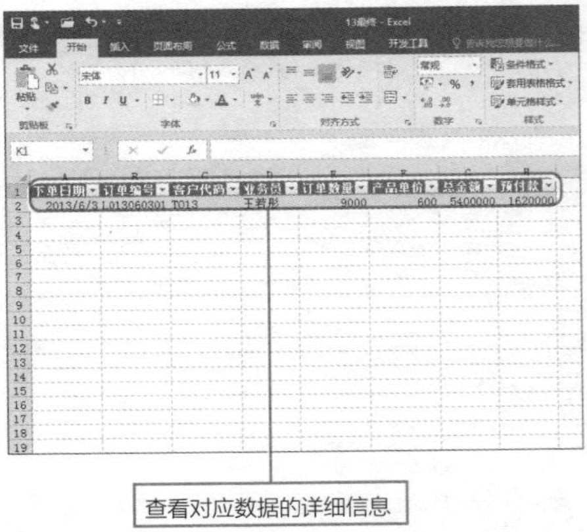

③ 双击查看法。选择C18单元格，在其上双击鼠标左键。

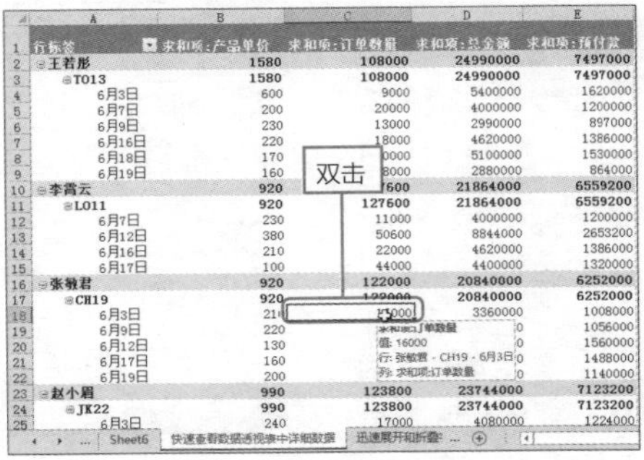

④ 即可打开一个新工作表，并在新工作表中显示C18单元格的全部信息。

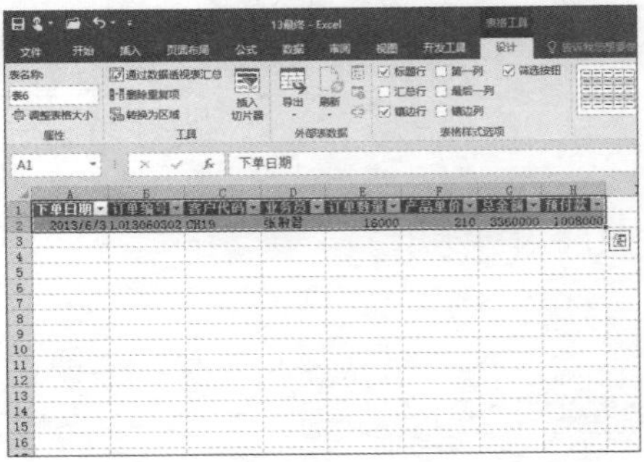

Question
289 迅速展开和折叠字段

语音视频教学289

Level ◆◆◆

2016 2013

实例 数据透视表中字段的展开或折叠

默认情况下，在数据透视表中的展开和折叠字段都是处于打开状态，若是因为操作失误而关闭了这些字段，该如何将其展开和折叠呢？下面对其进行介绍。

❶ 右键菜单法展开和折叠字段。右击想要展开的字段，从快捷菜单中选择“展开/折叠>展开”命令。

❷ 随后即可将所选字段全部展开，若不需要展开所有字段，可以选择“展开/折叠”菜单中的合适选项。

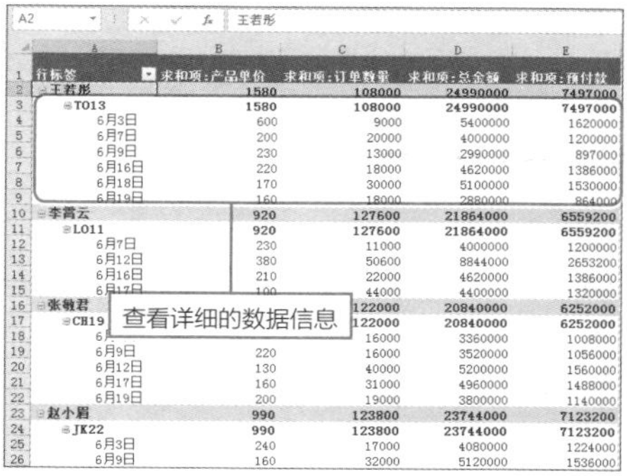

❸ 按钮法展开和折叠字段。直接单击字段左侧的“展开/折叠”按钮，可以展开或折叠字段。

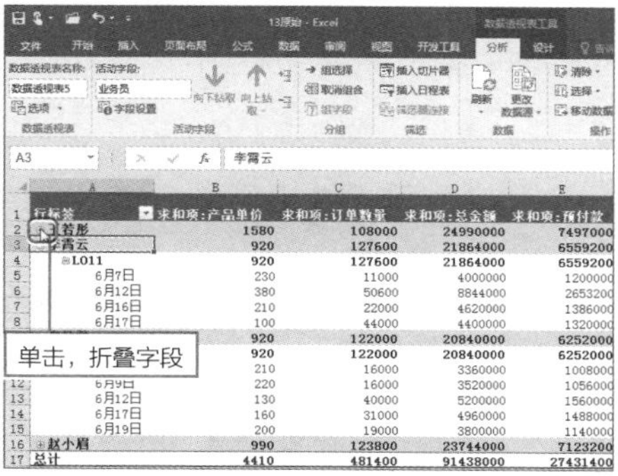

Hint

如何让消失的展开和折叠按钮重新显示

切换至“数据透视表工具 – 分析”选项卡，单击“+/–按钮”即可。

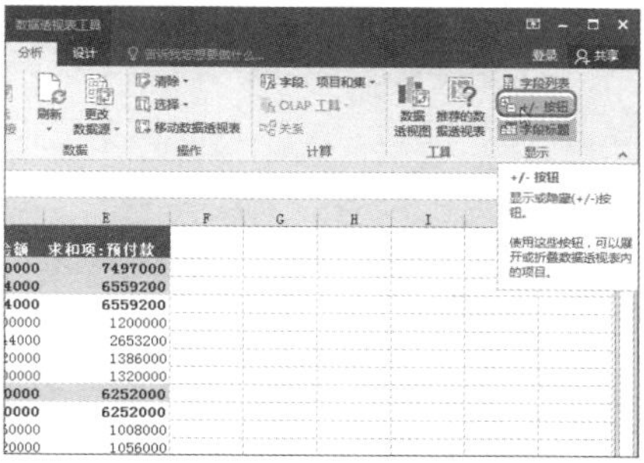

Question
290 去繁化简数据透视表

语音视频教学290

● Level ◆◆◆

2016 2013 2010

实例 组合数据表中的关联项

若用户想要计算销售报表，或者订单表等一类包含日期的工作表中某段时期内的销售额或者订单量，该如何才能实现呢？下面对其进行介绍。

1 打开数据透视表，可以看到其中的数据按照下单日期的先后顺序记录。

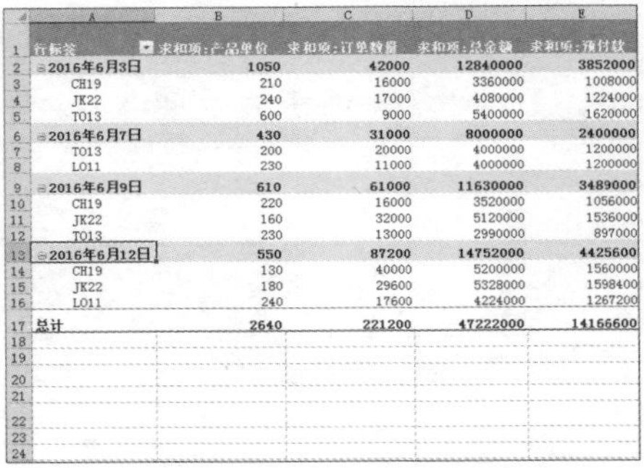

行标签	求和项:产品单价	求和项:订单数量	求和项:总金额	求和项:预付款
2016年6月3日	1050	42000	12840000	3852000
CH19	210	16000	3360000	1008000
JK22	240	17000	4080000	1224000
T013	600	9000	5400000	1620000
2016年6月7日	430	31000	8000000	2400000
T013	200	20000	4000000	1200000
L011	230	11000	4000000	1200000
2016年6月9日	610	61000	11630000	3489000
CH19	220	16000	3520000	1056000
JK22	160	32000	5120000	1536000
T013	230	13000	2990000	897000
2016年6月12日	550	87200	14752000	4425600
CH19	130	40000	5200000	1560000
JK22	180	29600	5328000	1598400
L011	240	17600	4224000	1267200
总计	2640	221200	47222000	14166600

2 在任一日期单元格右击，从快捷菜单中选择“创建组”命令。

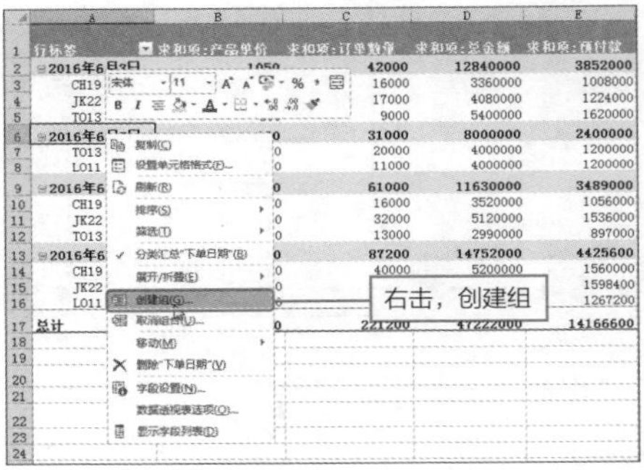

3 打开“组合”对话框，起始和终止日期保持默认，在“步长”列表框中选择“日”选项。

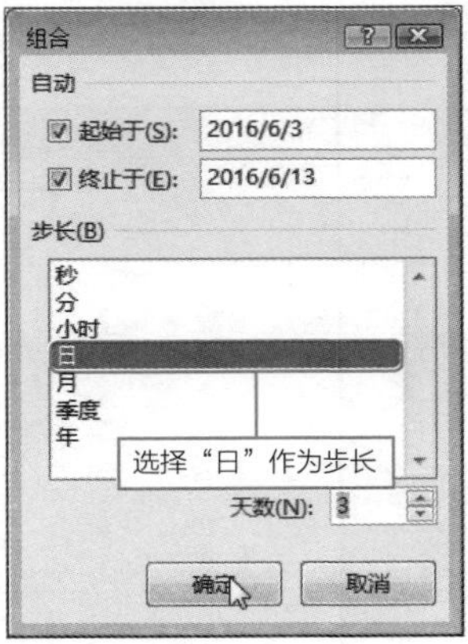

4 设置完成后，单击“确定”按钮，关闭对话框，可以看到，数据透视表中的数据按照设置的分组进行统计。

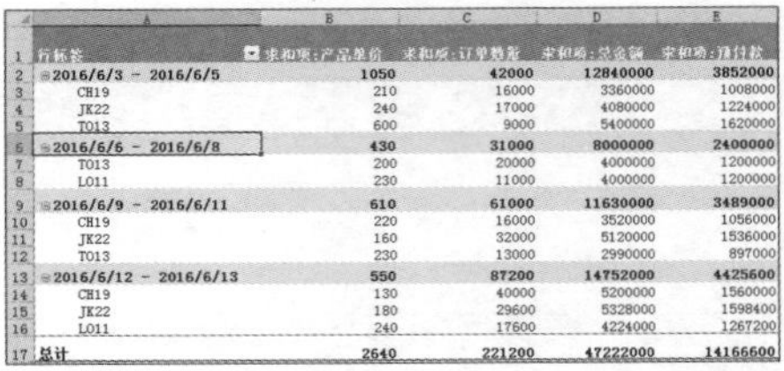

行标签	求和项:产品单价	求和项:订单数量	求和项:总金额	求和项:预付款
2016/6/3 - 2016/6/5	1050	42000	12840000	3852000
CH19	210	16000	3360000	1008000
JK22	240	17000	4080000	1224000
T013	600	9000	5400000	1620000
2016/6/6 - 2016/6/8	430	31000	8000000	2400000
T013	200	20000	4000000	1200000
L011	230	11000	4000000	1200000
2016/6/9 - 2016/6/11	610	61000	11630000	3489000
CH19	220	16000	3520000	1056000
JK22	160	32000	5120000	1536000
T013	230	13000	2990000	897000
2016/6/12 - 2016/6/13	550	87200	14752000	4425600
CH19	130	40000	5200000	1560000
JK22	180	29600	5328000	1598400
L011	240	17600	4224000	1267200
总计	2640	221200	47222000	14166600

Hint

如何选择步长

若透视表中的数据的日期项不在一年内，为了不让不同年份的相同日期组合在一起，还需按住Ctrl键的同时选择“年”。

Question
291 巧用数据透视表计算数据

语音视频教学291

实例　对字段进行计算

● Level ◆◆◆

2016 2013

在使用数据透视表时，用户可以根据需要对各字段进行计算，常见的有：求和、计数、求最大值、求最小值等。下面介绍如何对字段进行计算。

❶ 选择需要计算的字段中的任意单元格，切换至“数据透视表工具－分析”选项卡，单击“字段设置”按钮。

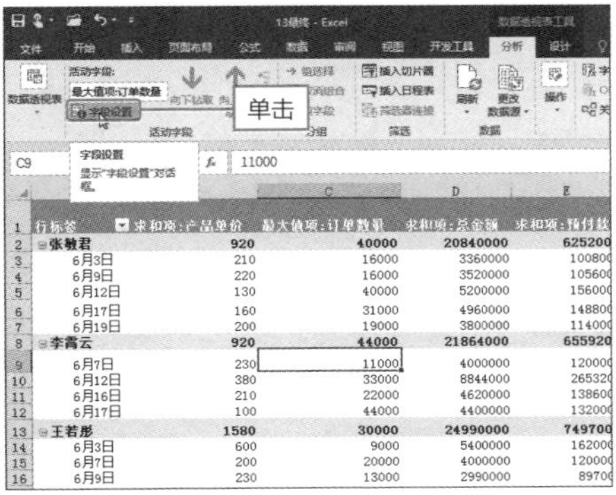

❷ 打开“值字段设置”对话框，在“值汇总方式”选项卡中选择合适的计算类型。

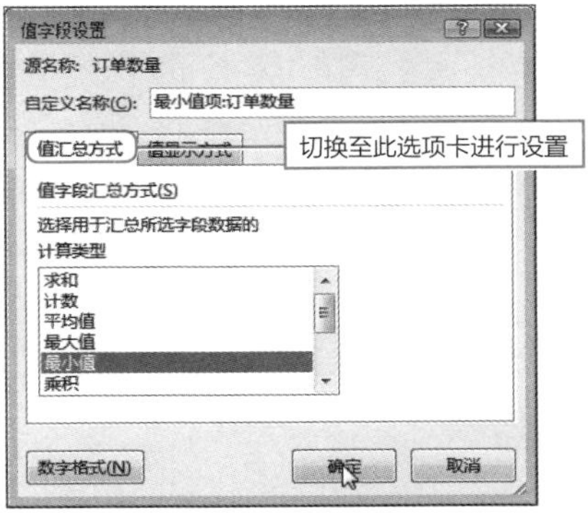

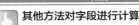

❸ 设置完成后，单击“确定”按钮，可以发现，单元格所在的字段按照指定类型计算出结果。

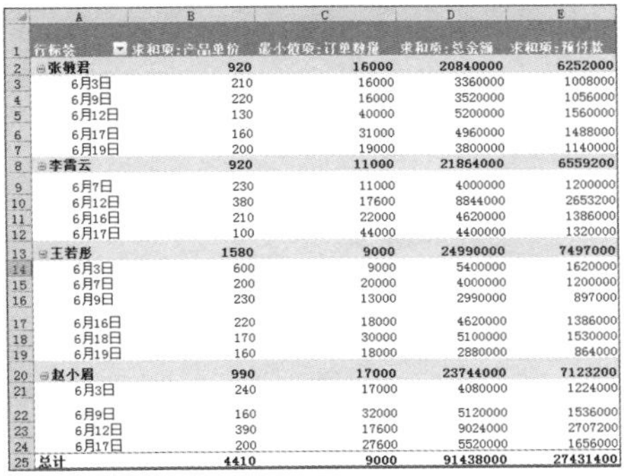

行标签	求和项:产品单价	最小值项:订单数量	求和项:总金额	求和项:预付款
张敏君	920	16000	20840000	6252000
6月3日	210	16000	3360000	1008000
6月9日	220	16000	3520000	1056000
6月12日	130	40000	5200000	1560000
6月17日	160	31000	4960000	1488000
6月19日	200	19000	3800000	1140000
李青云	920	11000	21864000	6559200
6月7日	230	11000	4000000	1200000
6月12日	380	17600	8844000	2653200
6月16日	210	22000	4620000	1386000
6月17日	100	44000	4400000	1320000
王若彤	1580	9000	24990000	7497000
6月3日	600	9000	5400000	1620000
6月7日	200	20000	4000000	1200000
6月9日	230	13000	2990000	897000
6月16日	220	18000	4620000	1386000
6月18日	170	30000	5100000	1530000
6月19日	160	18000	2880000	864000
赵小眉	990	17000	23744000	7123200
6月3日	240	17000	4080000	1224000
6月9日	160	32000	5120000	1536000
6月12日	390	17600	9024000	2707200
6月17日	200	27600	5520000	1656000
总计	4410	9000	91438000	27431400

Hint

其他方法对字段进行计算

选择字段中任意单元格并右击，选择“值汇总依据>最大值”命令即可。

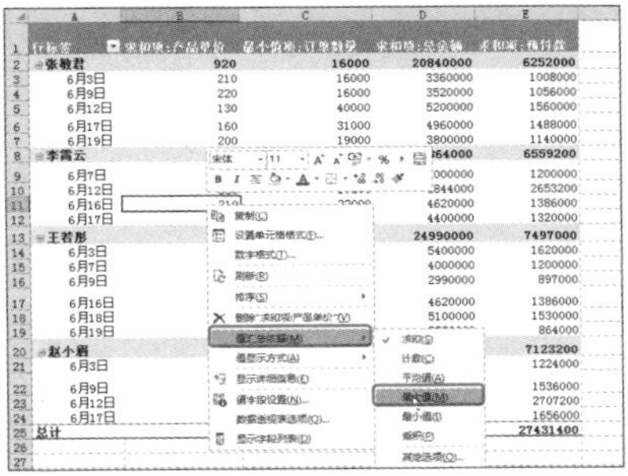

Question

292 巧为数据透视表添加计算项

语音视频教学292

• Level ◆◆◆

2016 2013

实例 快速计算出不同业务员之间的订单总和

计算项是指通过对原有字段进行计算，在表格中插入新的计算字段。只需用户在数据透视表中自定义一个计算项，就可以应用它们，下面将介绍如何添加一个计算项。

❶ 选择任意业务员单元格，切换至“数据透视表工具－分析”选项卡，单击“字段、项目和集”按钮，从列表中选择“计算项”选项。

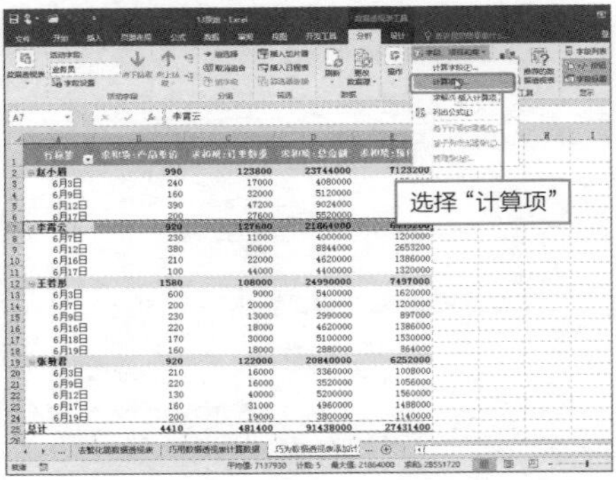

❷ 打开插入计算字段对话框，在“名称”和“公式”文本框中输入合适的名称和公式，单击“确定”按钮。

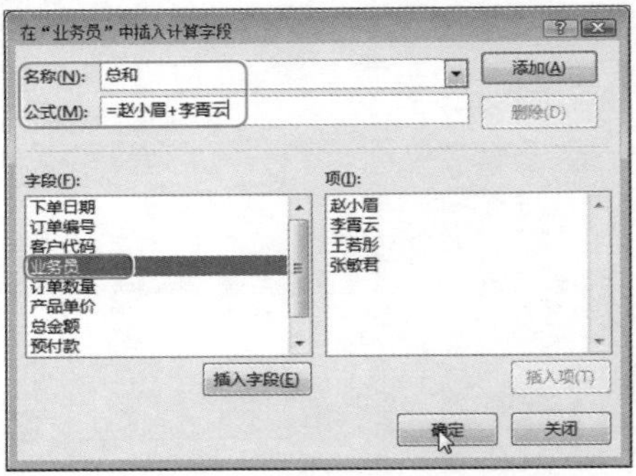

❸ 可以看到，在数据透视表中，已经新增了一个计算项。

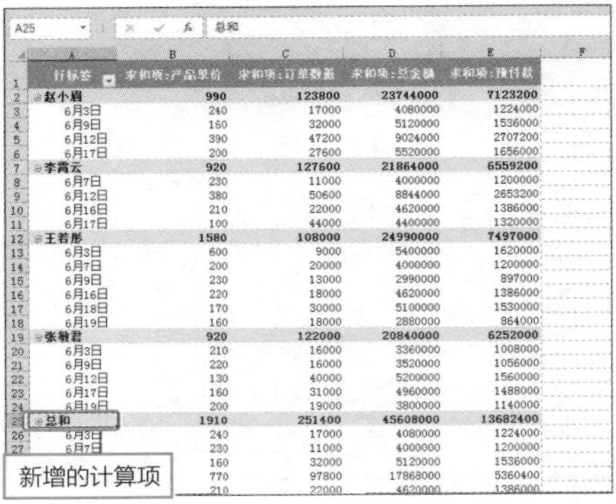

Hint

如何计算待付款项

在“字段、项目和集”列表中选择“计算字段”选项，然后在打开的对话框中适当设置即可。

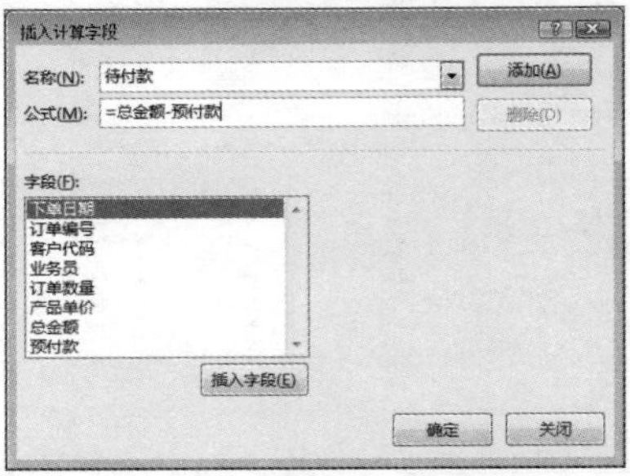

Question

293 更新数据透视表数据花样多

语音视频教学293

实例　更新数据透视表数据

● Level ◆◆◆

2016 2013 2010

在使用数据透视表时，若希望让数据透视表中的数据和源数据保持一致，则可以采取更新数据透视表中的数据，其方法包括自动更新和手动更新。

❶ 设置自动更新。选择数据透视表中的任意单元格，单击“数据透视表工具－分析”选项卡上的“选项”按钮。

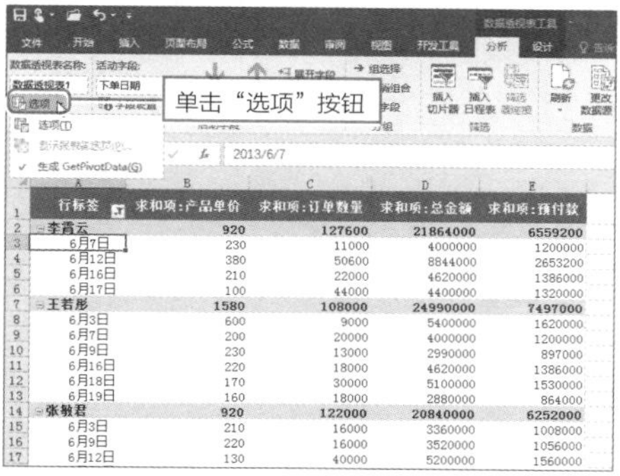

❷ 打开“数据透视表选项”对话框，在“数据”选项卡，勾选“打开文件时刷新数据”选项并确定即可。

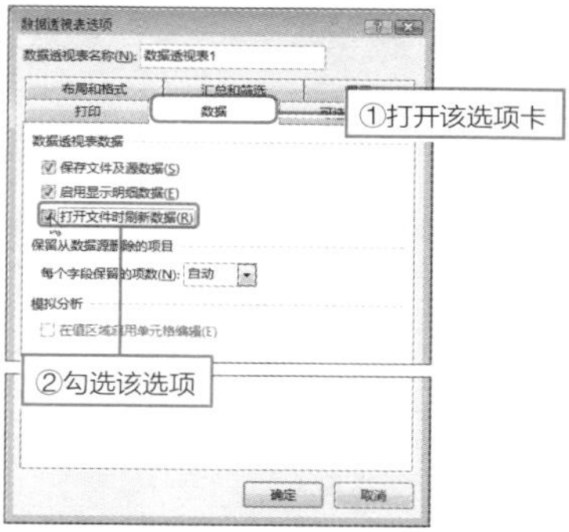

❸ 手动更新数据。在数据透视表上右击，从弹出的快捷菜单中选择“刷新”命令。

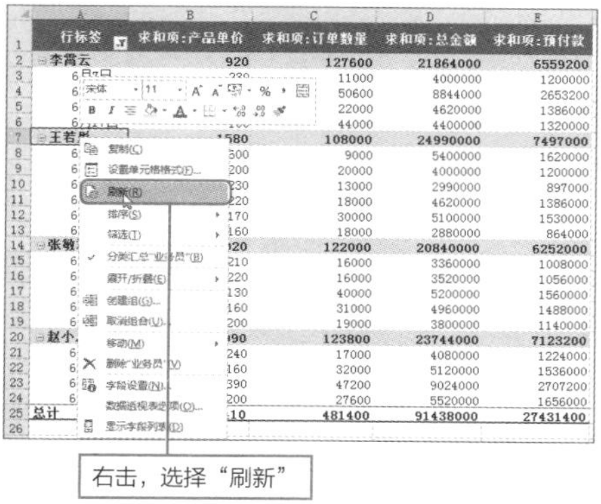

Hint

巧用功能区命令手动更新数据

执行“数据透视表工具－分析>刷新”命令，从展开的列表中选择合适的命令即可。

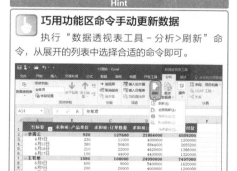

Question

294 创建数据透视图很容易

语音视频
教学294

● Level ◆◆◆

2016 2013 2010

实例	数据透视图的创建

与数据透视表不同，数据透视图是通过图形的形式来表示数据之间的关系，和普通图表一样显示数据系列、类别、数据标记等，下面将介绍如何创建数据透视图。

1 打开工作表，切换至“插入”选项卡，单击“数据透视图”按钮，从列表中选择“数据透视图”选项。

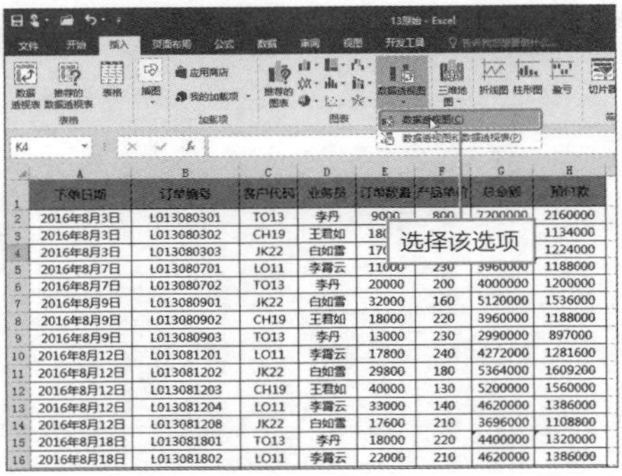

2 打开“创建数据透视图”对话框，保持默认设置。

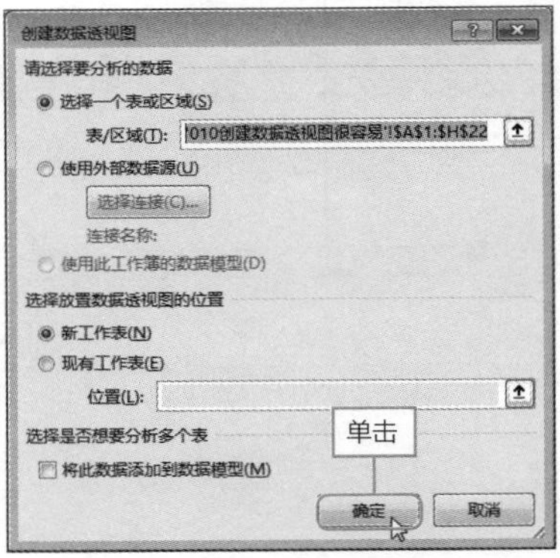

3 设置完成后，单击“确定”按钮，关闭对话框，在编辑区中出现图表区域，在右侧的“数据透视图字段”窗格中进行设置。

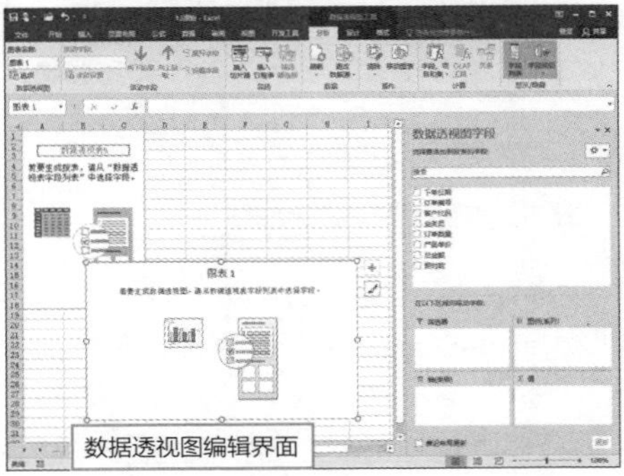

4 分别将“订单数量”字段拖至“筛选”区、将“客户代码”字段拖至“图例（系列）”、将“业务员”字段拖至“轴（类别）”等，完成设置。

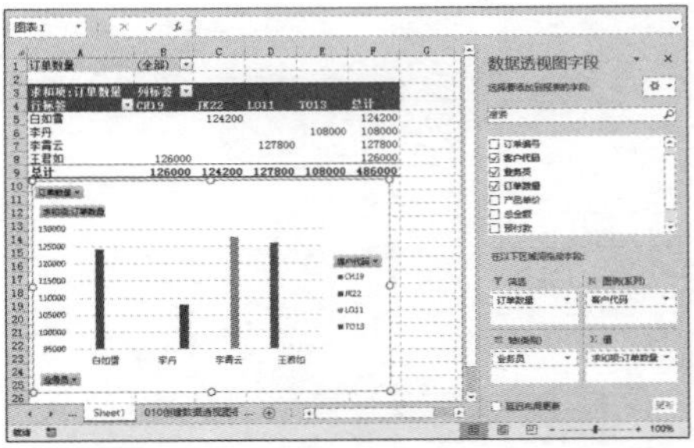

Question
295

● Level
◆◆◆
2016 2013 2010

数据透视图类型的快速更换

语音视频教学295

实例　更改数据透视图类型

在创建数据透视图过程中，为了让数据透视图更加的直观和漂亮，可以多尝试几种不同的图表类型，下面介绍如何更改数据透视图的类型。

1 打开数据透视图，切换至“数据透视图工具－设计”选项卡，单击“更改图表类型”按钮。

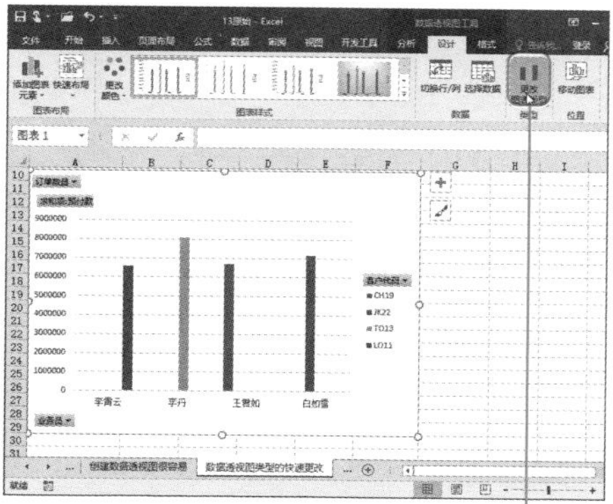

单击该按钮

2 打开“更改图表类型”对话框，有多种类型的图表可供用户选择，选择一种合适的图表类型即可。

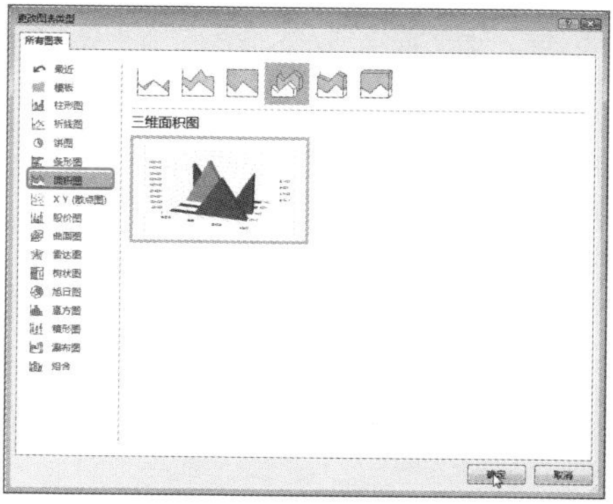

选择合适的图表类型

3 单击“确定”按钮，关闭对话框，返回编辑区会发现图表类型已经发生更改。

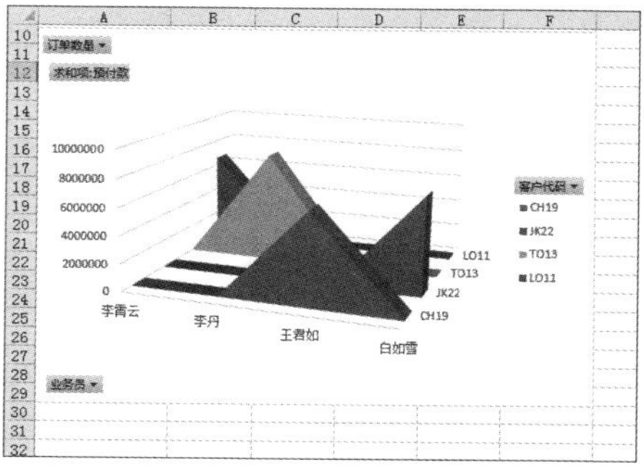

Hint

如何将数据透视图转换为标准图表

将与数据透视图相关联的数据透视表删除，可将数据透视图转换为标准图表。

若工作簿中存在多个数据透视表和数据透视图，则应先找到与数据透视图名称相关联的数据透视表，然后将其删除即可。

Question

296 个性化字段或项的名称

语音视频教学296

● Level ◆◆◆

2016 2013 2010

实例 重命名字段名称

为了让观众更加清晰的了解字段名称，还可以为字段重命名，为其添加一个通俗易懂的名称，下面对其进行介绍。

1 打开数据透视图，单击图表中选择重命名的字段，切换至“数据透视图工具－分析”选项卡。

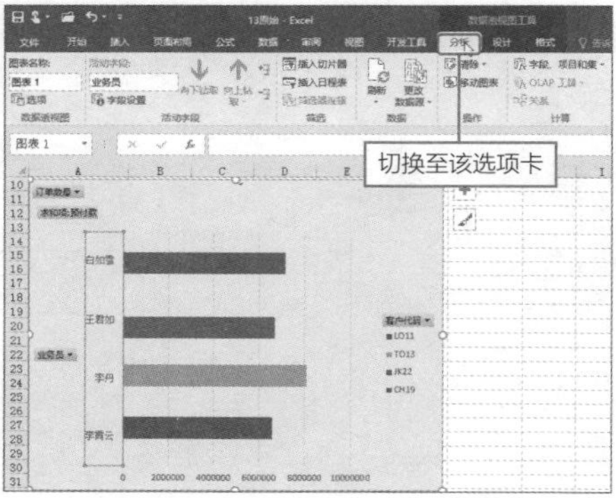

2 在“活动字段”组中“活动字段”下方的文本框中输入字段名称。

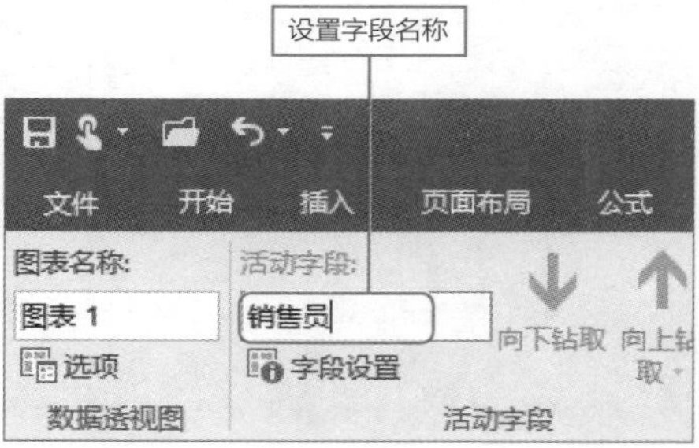

3 输入字段名称后按Enter键确认输入，可以看到字段名称发生了改变。

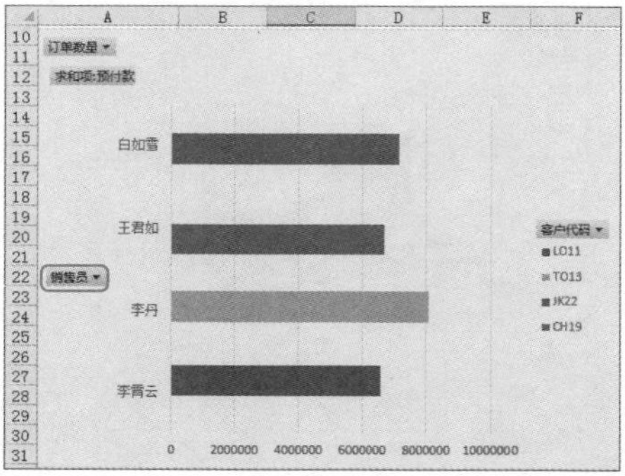

Hint

对话框法

用户可执行“数据透视图工具－分析>字段设置”命令，在打开的对话框中设置字段名称。

Question

297

● Level ◆◆◆

2016 2013 2010

按需筛选数据透视图内容

语音视频教学297

实例　根据数据透视图筛选数据

数据透视图比图表优势之处就在于其具备图表的功能同时，还可以对数据进行筛选，只显示出需要显示的数据，而需要显示全部数据时，又可以将其还原，下面介绍如何通过透视图筛选数据。

❶ 打开工作表，可以发现数据透视图中的字段名称右侧都有一个下拉按钮。

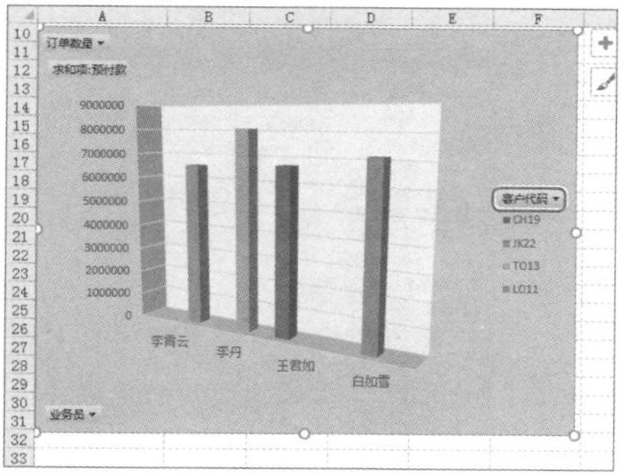

❷ 单击该下拉按钮，从展开的列表中取消对“全选”的选中，然后勾选相应选项。

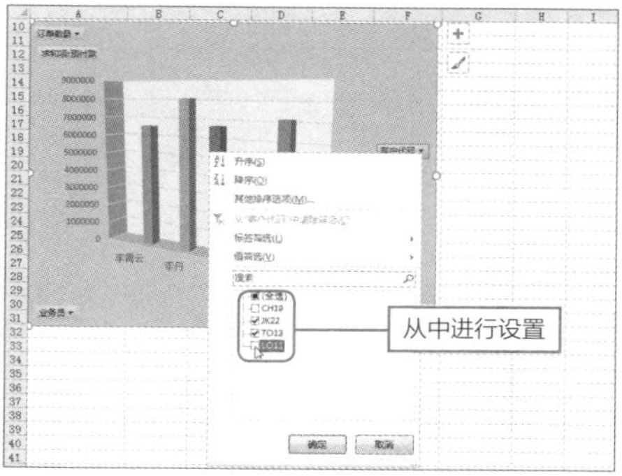

❸ 设置完成后，单击“确定”按钮，可以看到相应的筛选数据，该字段右侧的按钮将发生改变。

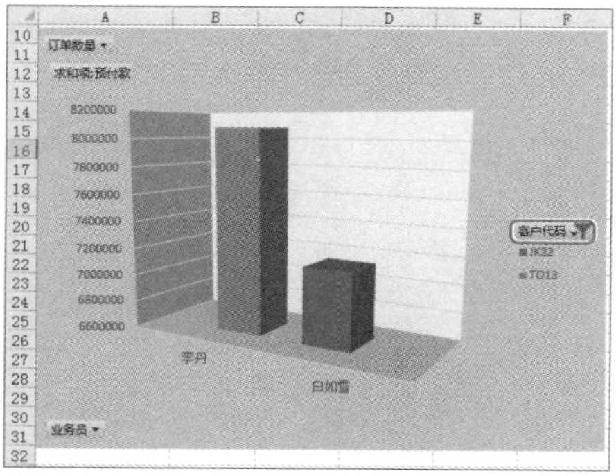

❹ 若用户想要取消筛选，可以打开其字段列表，勾选“全选”选项即可。

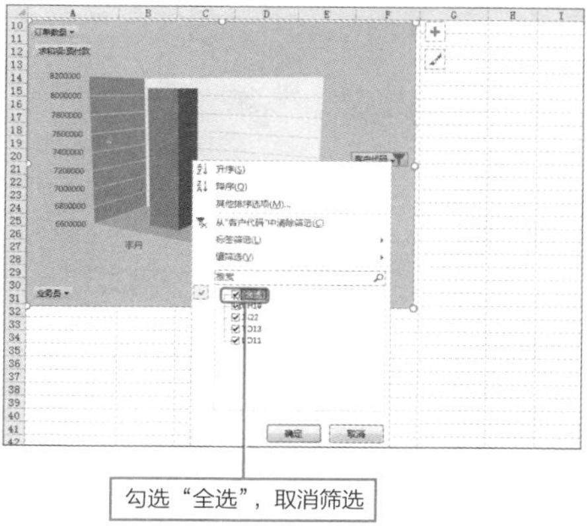

Question

298 恢复数据源数据也不难

语音视频教学298

● Level ◆◆◆

2016 2013 2010

实例 恢复误删了的源数据

当数据透视图或透视表创建完成后，若不小心误删了源数据中的内容，可以通过其他途径将数据找回，下面对其进行介绍。

1 在数据透视表中任意单元格右击，从弹出的快捷菜单中选择“数据透视表选项”命令。

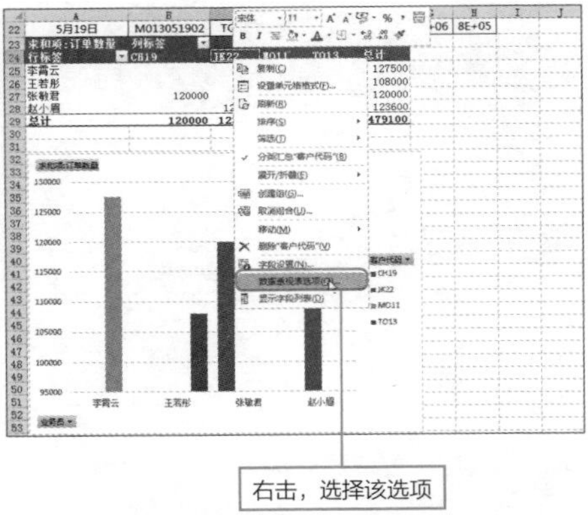

2 打开“数据透视表选项”对话框，切换至“数据”选项卡，勾选“启用显示明细数据”选项。

3 设置完成后，单击“确定”按钮，双击数据透视表区域最后一个单元格。

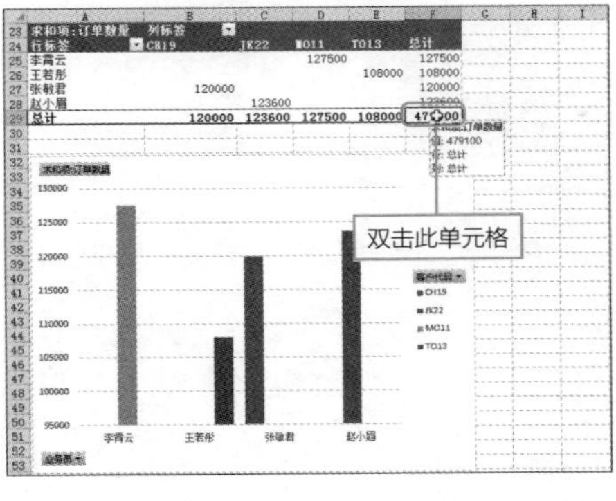

4 即可在新工作表中生成原始数据，需注意的是，此数据是根据数据表的显示情况恢复的，隐藏或筛选过的数据不能恢复。

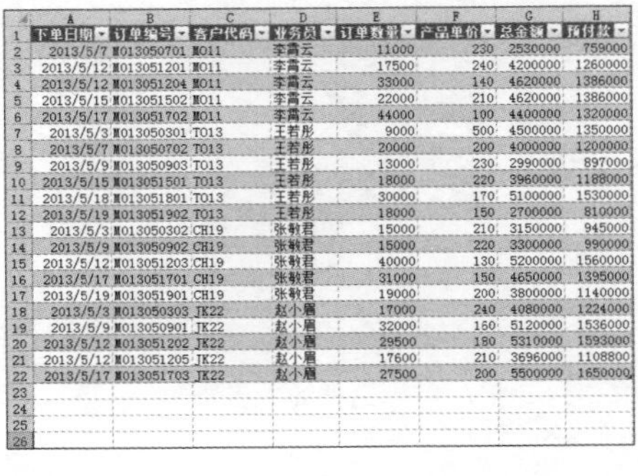

下单日期	订单编号	客户代码	业务员	订单数量	产品单价	总金额	预付款
2013/5/7	M013050701	M011	李青云	11000	230	2530000	759000
2013/5/12	M013051201	M011	李青云	17500	240	4200000	1260000
2013/5/12	M013051204	M011	李青云	33000	140	4620000	1386000
2013/5/15	M013051502	M011	李青云	22000	210	4620000	1386000
2013/5/17	M013051702	M011	李青云	44000	100	4400000	1320000
2013/5/3	M013050301	T013	王若彤	9000	500	4500000	1350000
2013/5/7	M013050702	T013	王若彤	20000	200	4000000	1200000
2013/5/9	M013050903	T013	王若彤	13000	230	2990000	897000
2013/5/15	M013051501	T013	王若彤	18000	220	3960000	1188000
2013/5/18	M013051801	T013	王若彤	30000	170	5100000	1530000
2013/5/19	M013051902	T013	王若彤	18000	150	2700000	810000
2013/5/3	M013050302	CH19	张敏君	15000	210	3150000	945000
2013/5/9	M013050902	CH19	张敏君	15000	220	3300000	990000
2013/5/12	M013051203	CH19	张敏君	40000	130	5200000	1560000
2013/5/17	M013051701	CH19	张敏君	31000	150	4650000	1395000
2013/5/19	M013051901	CH19	张敏君	19000	200	3800000	1140000
2013/5/3	M013050303	JK22	赵小眉	17000	240	4080000	1224000
2013/5/9	M013050901	JK22	赵小眉	32000	160	5120000	1536000
2013/5/12	M013051202	JK22	赵小眉	29500	180	5310000	1593000
2013/5/12	M013051205	JK22	赵小眉	17600	210	3696000	1108800
2013/5/17	M013051703	JK22	赵小眉	27500	200	5500000	1650000

Question

299 数据视图样式大变身

语音视频教学299

● Level ◆◆◆

2016 2013 2010

实例　应用数据透视图样式

创建数据透视图完成后，若觉得当前数据透视图样式太简单，还可以更改数据透视图样式，使其更加美观，下面对其进行介绍。

1 选择数据透视图，切换至“数据透视图工具－设计”选项卡，单击“图表样式”组的“其他”按钮。

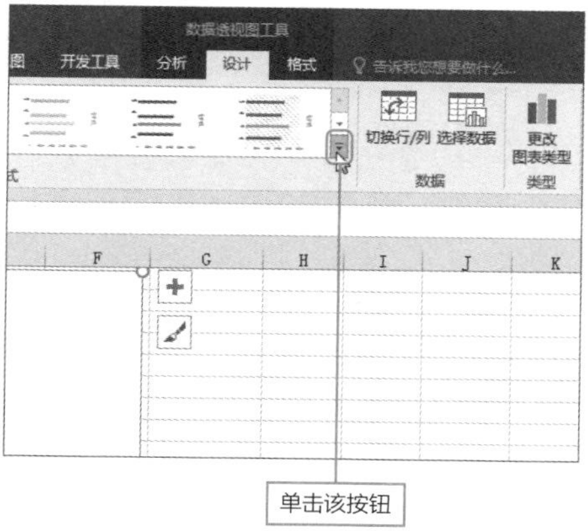

2 在展开的“图表样式”列表中选择“样式12”选项。

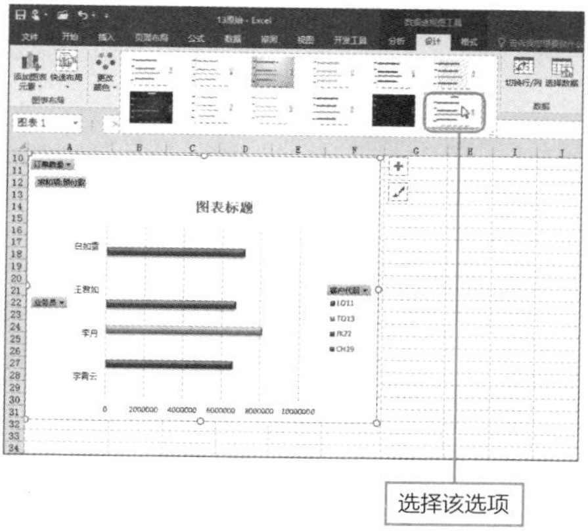

3 在“图表标题”文本框中输入图表标题并确认即可。

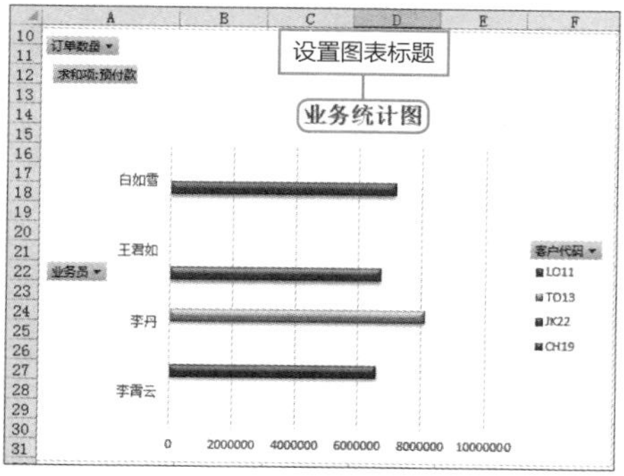

Hint

如何移动图表

选择图表，执行“数据透视图工具－设计>移动图表”命令，打开“移动图表”对话框，设置图表需要移动到的位置并确定即可。

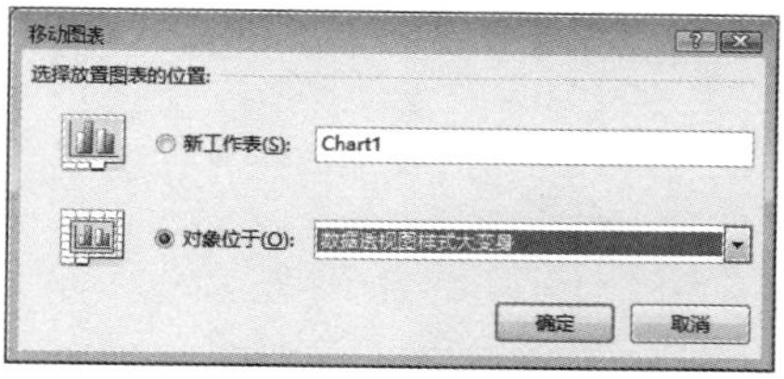

Question 300

● Level ◆◆◆

2016 2013 2010

为数据透视图画个妆

语音视频教学300

实例 美化数据透视图

为了让数据透视图更加的美观，可以像美化图表一样对数据透视图进行美化，下面对其具体操作进行介绍。

1 打开工作表，在数据透视图图表区双击鼠标，可打开“设置图表区格式”窗格。

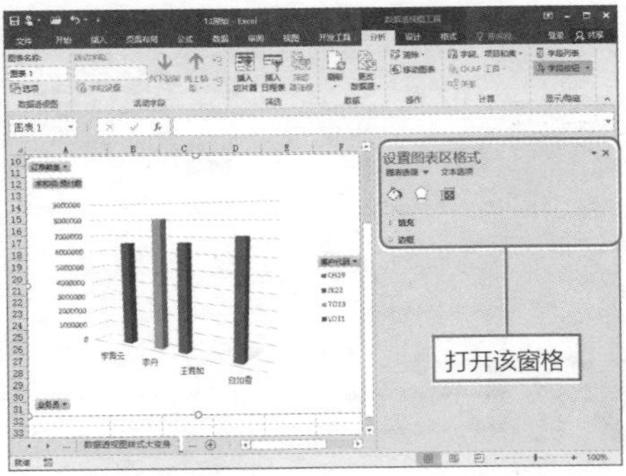

2 在“填充”选项卡，为图表区设置渐变填充效果。

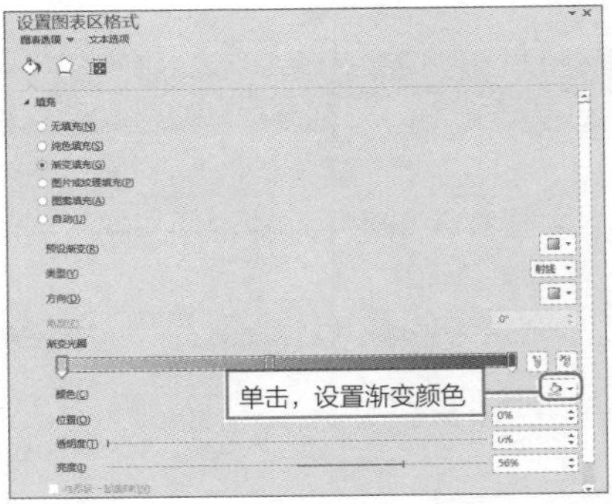

3 保持窗格的打开，在绘图区单击，转换到“设置绘图区格式”窗格，为绘图区设置渐变填充效果，并添加一个合适的边框。

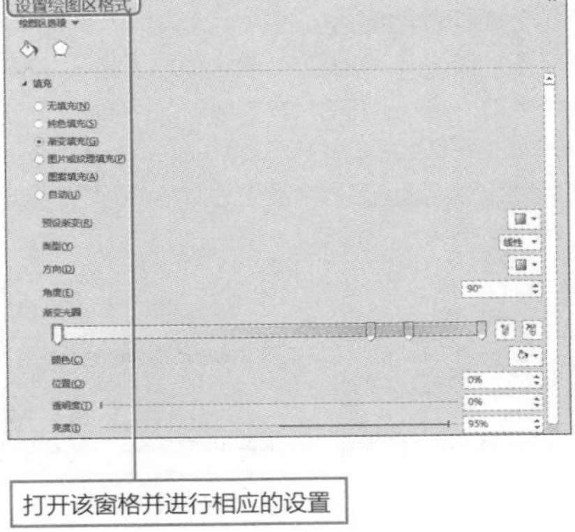

4 执行“数据透视图工具－设计>添加图表元素>数据标签>数据标注”命令，添加数据标签。

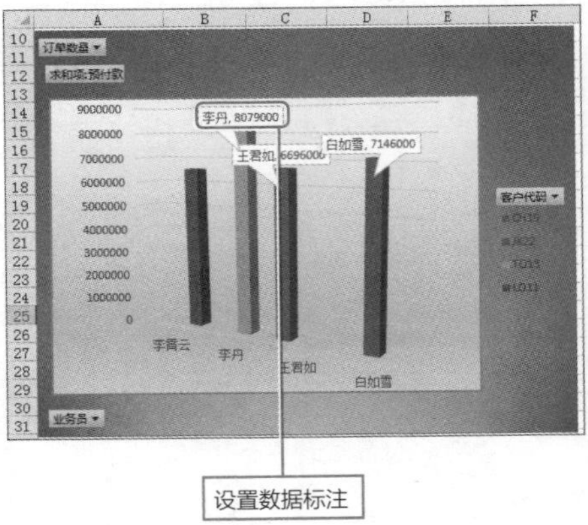

Question

301

● Level

◆◆◆

2016 2013 2010

小小迷你图用处大

语音视频教学301

实例　使用迷你图

在包含大量数据的表格中，若数据之间存在一定的变化，需要分析这些数据的变化趋势，无需通过图表和数据透视图，只需一个小小的迷你图就可以轻松实现，下面对其进行介绍。

❶ 将鼠标光标定位至需要插入迷你图的单元格，切换至“插入”选项卡，单击“迷你图”组中的“折线图”按钮。

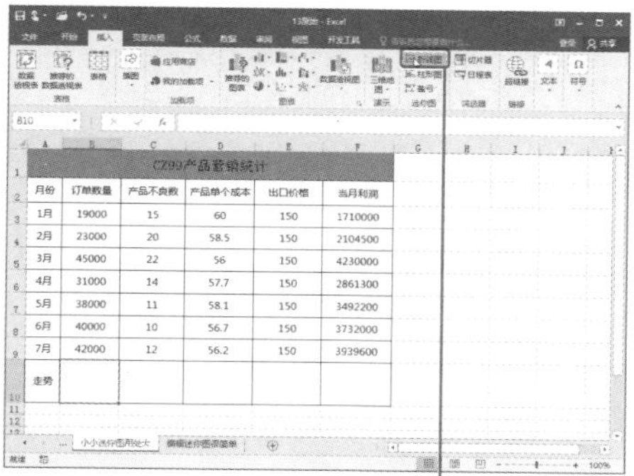

单击该按钮

❷ 打开“创建迷你图”对话框，单击“数据范围”选项右侧的“范围选取”按钮。

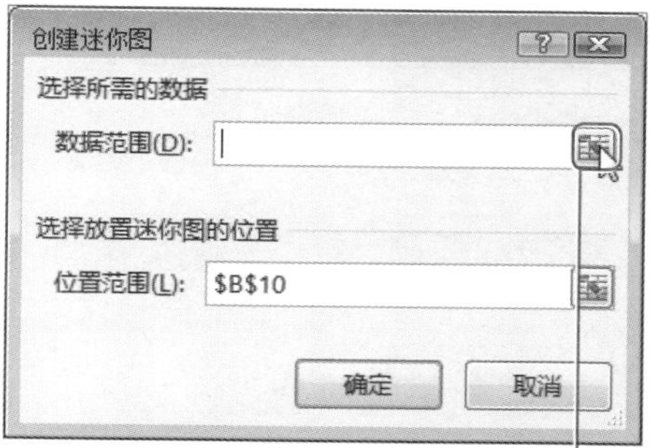

单击，以设置数据范围

❸ 在表格区域拖动鼠标，选取合适的数据范围。

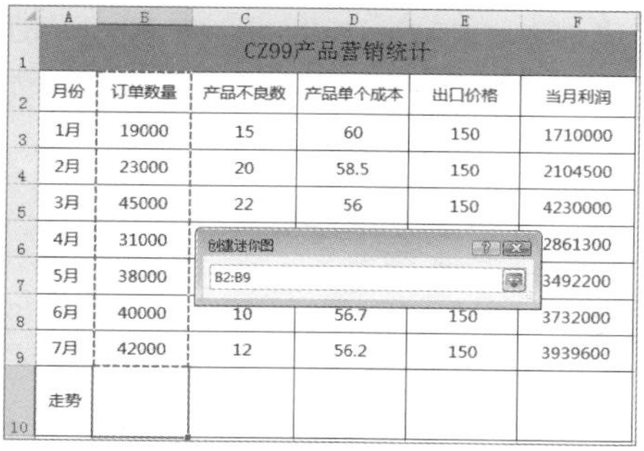

CZ99产品营销统计					
月份	订单数量	产品不良数	产品单个成本	出口价格	当月利润
1月	19000	15	60	150	1710000
2月	23000	20	58.5	150	2104500
3月	45000	22	56	150	4230000
4月	31000				2861300
5月	38000				3492200
6月	40000	10	56.7	150	3732000
7月	42000	12	56.2	150	3939600
走势					

拖动鼠标选择数据

❹ 再次单击“范围选取”按钮，然后单击“确定”按钮，即可创建一个迷你图。

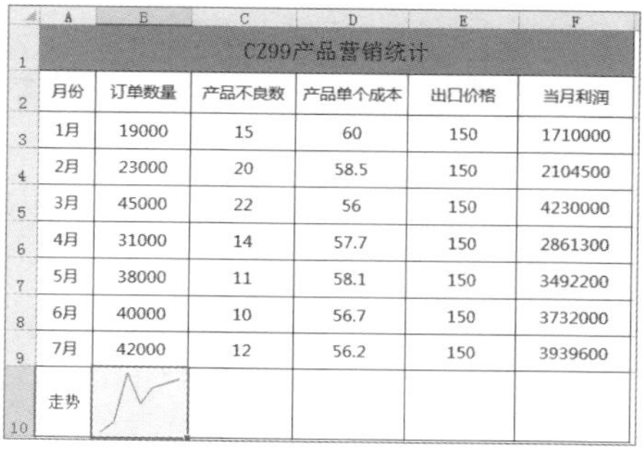

CZ99产品营销统计					
月份	订单数量	产品不良数	产品单个成本	出口价格	当月利润
1月	19000	15	60	150	1710000
2月	23000	20	58.5	150	2104500
3月	45000	22	56	150	4230000
4月	31000	14	57.7	150	2861300
5月	38000	11	58.1	150	3492200
6月	40000	10	56.7	150	3732000
7月	42000	12	56.2	150	3939600
走势					

查看创建的迷你图

Question

302

编辑迷你图很简单

语音视频
教学302

• Level ◆◆◆

2016 2013 2010

实例 根据需要编辑迷你图

创建迷你图完成后，用户还可以根据需要编辑迷你图，包括更改迷你图类型、改变迷你图显示效果、更改迷你图样式等，下面对其进行介绍。

1. 更改迷你图类型。选择迷你图，单击“迷你图工具－设计”选项卡上“类型”组中的“柱形图”按钮，可将折线图转换为柱形图。

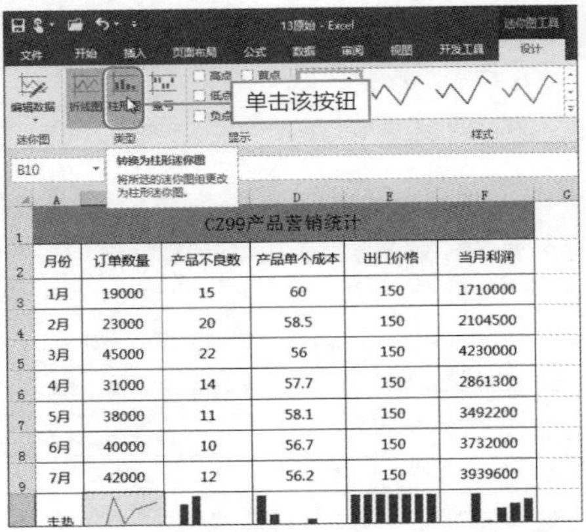

2. 改变迷你图显示效果。在“显示”组中，勾选需要突出显示的选项，可将其突出显示。

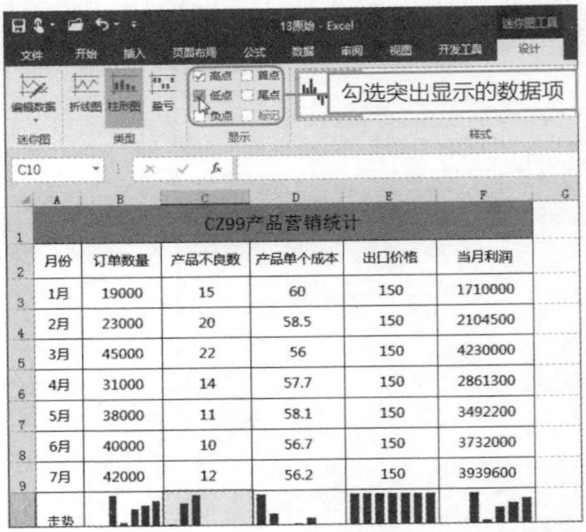

3. 改变迷你图样式。单击“样式”组中的“其他”按钮，从列表中选择合适样式。

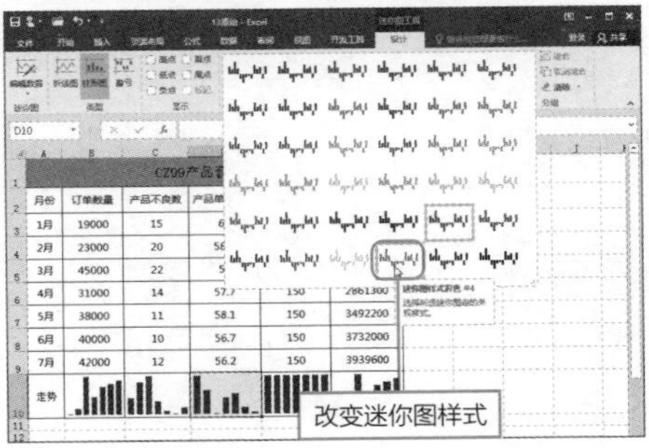

4. 更改迷你图颜色和标记颜色。通过迷你图颜色列表和标记颜色列表，可更改迷你图颜色和标记颜色。

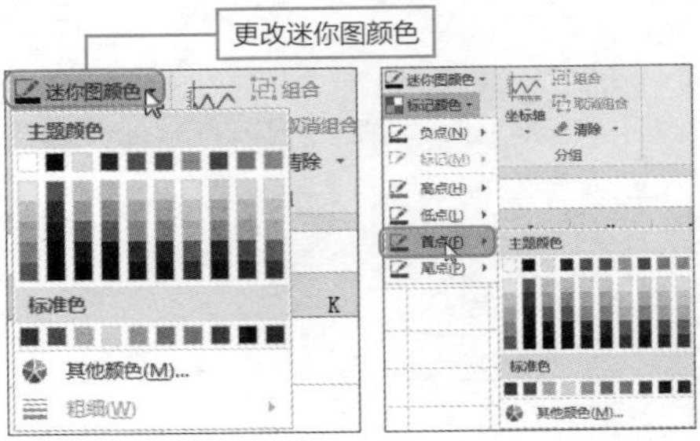

第12章 303~349

Excel图形图表应用技巧

Question **303**

• Level ◆◆◇

2016 2013 2010

在Excel中绘制图形很简单

语音视频教学303

实例	图形的插入

在制作包含有大量数据的表格中，为了明确数据之间的归属关系，让这些数据可以一目了然的展示给观众，用户可以通过绘制图形进行辅助说明。下面将对图形的绘制操作进行介绍。

1 打开工作表，切换至“插入”选项卡，单击“形状”按钮，从展开的列表中选择“燕尾形箭头”选项。

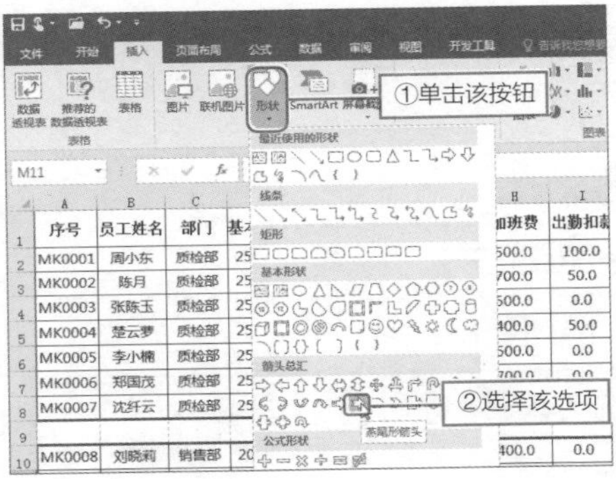

2 鼠标光标变为十字形，按住鼠标左键不放，拖动鼠标绘制形状。

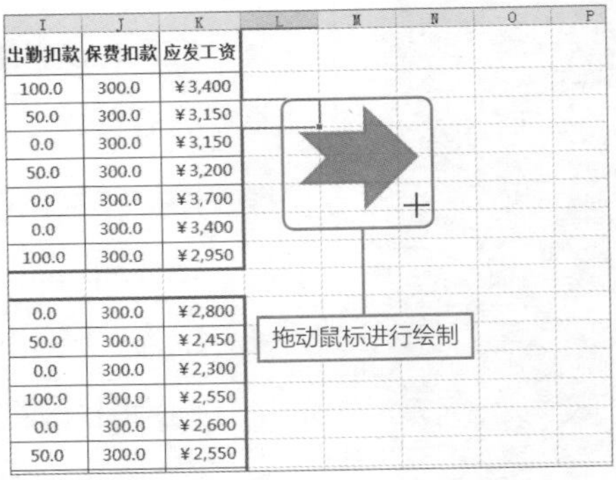

3 释放鼠标左键，完成图形绘制，切换至合适的输入法，输入说明文本。

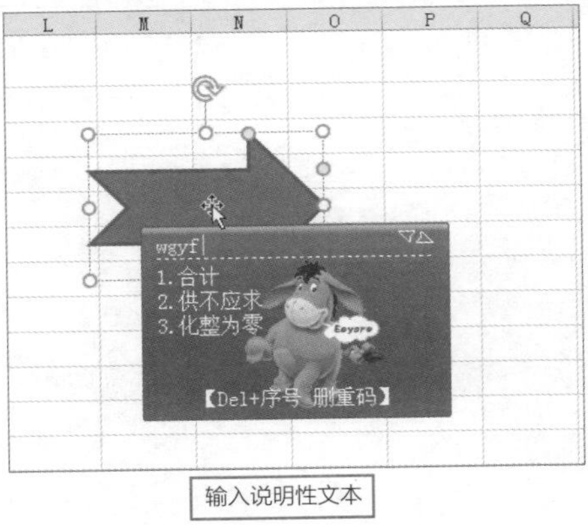

4 按照同样的方法绘制其他图形，并应用合适的样式。

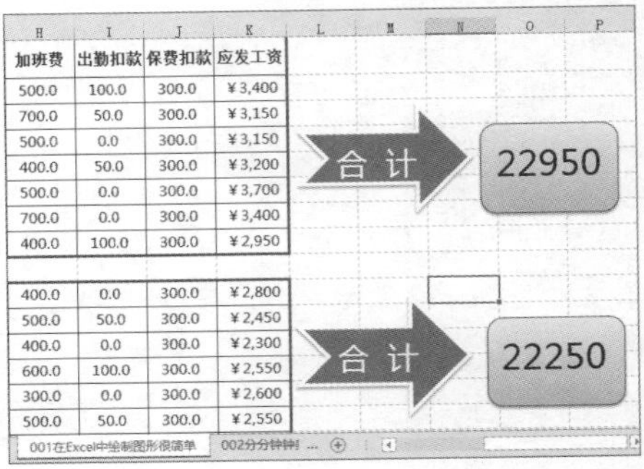

Question

304 分分钟钟美化图形

语音视频
教学304

● Level ◆◆◆

2016 2013

实例　图形的美化很简单

当完成图形的绘制操作后，若默认的图形样式不美观，则可以根据需要美化图形，下面将对其具体实施方法进行介绍。

1 应用图形快速样式。选择图形，单击“绘图工具－格式”选项卡上“形状样式”组的“其他”按钮，从展开的列表中选择合适的形状样式即可。

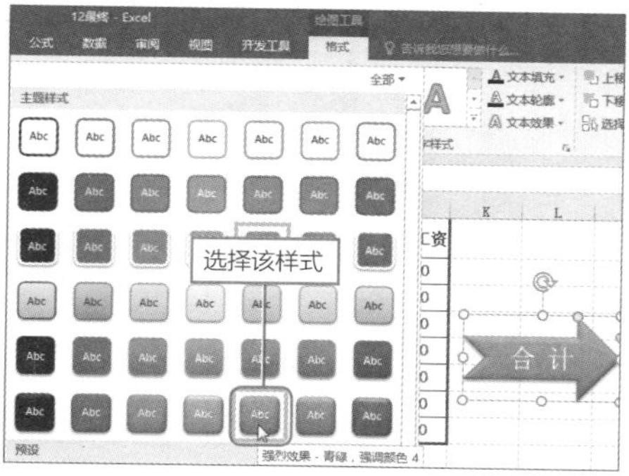

2 更改图形填充色。通过“形状填充”、“形状轮廓”、“形状效果”列表中的相应命令，可以更改图形的填充色、轮廓以及样式，美化图形。

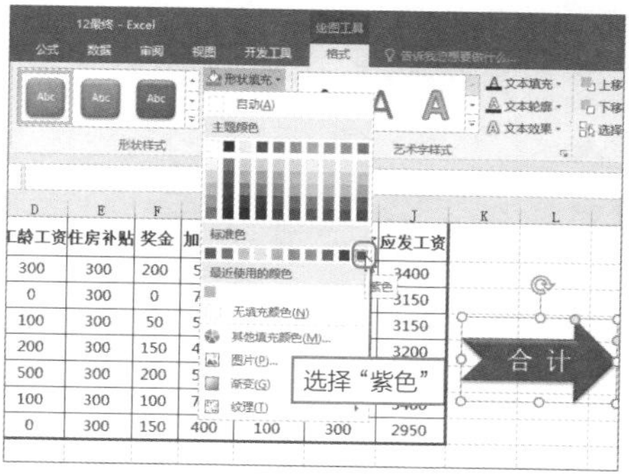

3 设置形状格式窗格自定义图形样式。单击“形状样式”组的对话框启动器按钮。

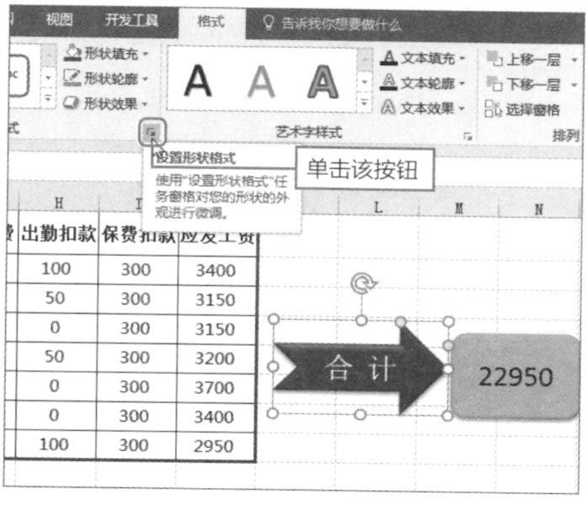

4 在“设置形状格式”窗格中，可以自定义形状的填充色、轮廓、效果，还可以调整图形的大小。

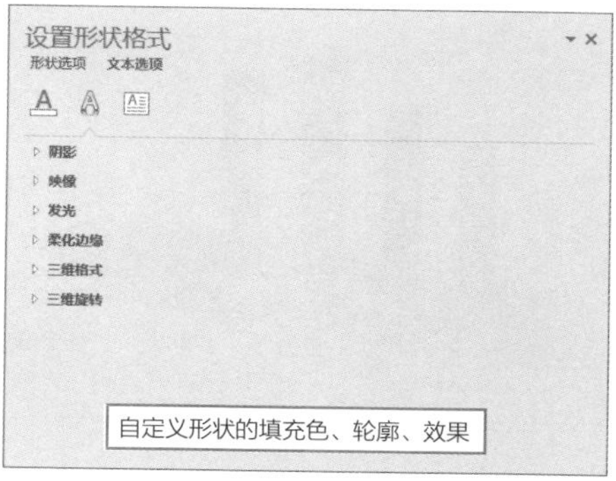

Question

305 图形分分合合很简单

语音视频教学305

● Level ◆◆◆

2016 2013 2010

实例 图形的组合和拆分

在添加了多个图形后，每次移动和复制这些图形时，都需要全部将其选中，将多个图形组合为一个图形进行操作会省去很多麻烦，下面对其进行介绍。

❶ 通过功能区命令组合。选择图形，执行"绘图工具－格式>排列>组合>组合"命令可将所选图形组合。

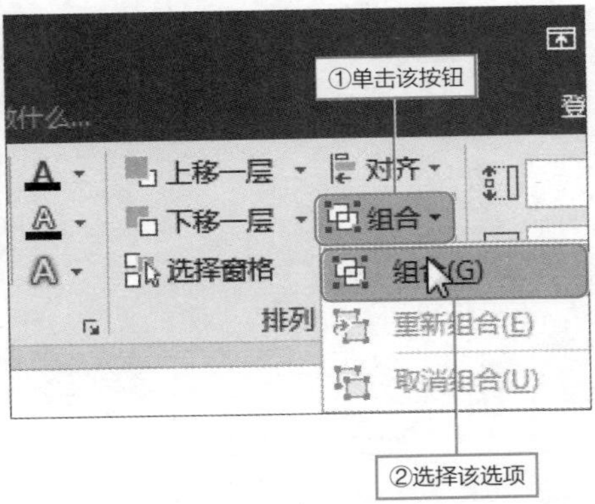

❷ 通过右键菜单命令组合。选择图形后右键单击，从弹出的快捷菜单中选择"组合>组合"命令即可。

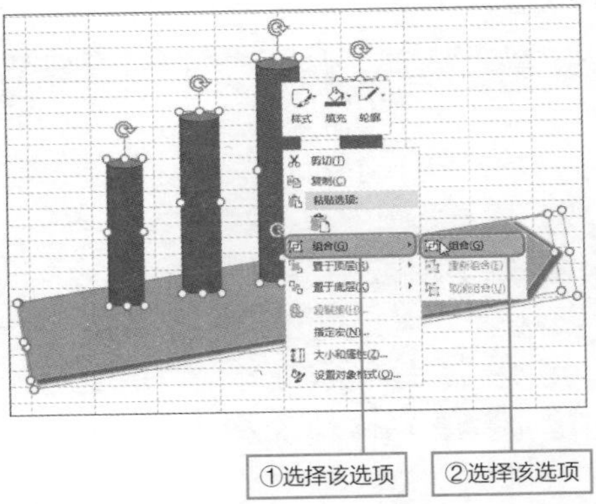

❸ 组合图形后，这些图形将变为一个大图形，方便图形的移动和复制等。

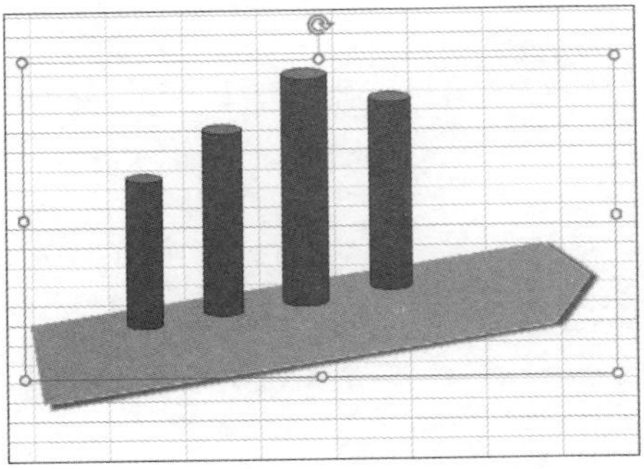

Hint

拆分图形

选择图形后，通过功能区中的按钮，或者是右键菜单命令，均可实现拆分操作。

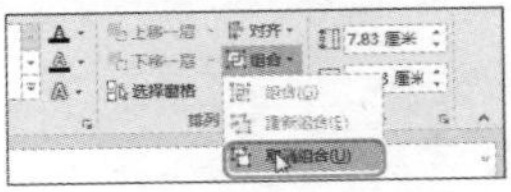

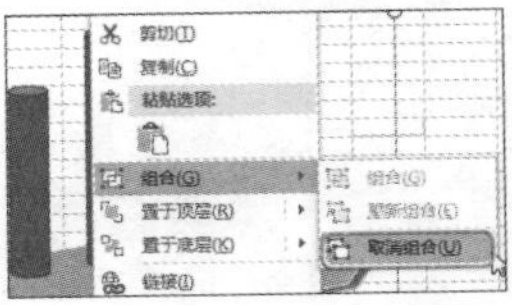

1 2 3 4 5 6 7 8 9 10 11 12 13 14 15 16 17 18 Excel图形图表应用技巧

Question
306

● Level ◆◆◆

2016 2013 2010

快速插入SmartArt图形

语音视频教学306

实例	SmartArt图形的应用

在对抽象的数据进行说明时，用户可以插入一个形象化的图形，进行辅助说明，比如SmartArt图形。下面将对SmartArt图形的应用操作进行介绍。

1 打开工作表，切换至“插入”选项卡，单击“SmartArt”按钮。

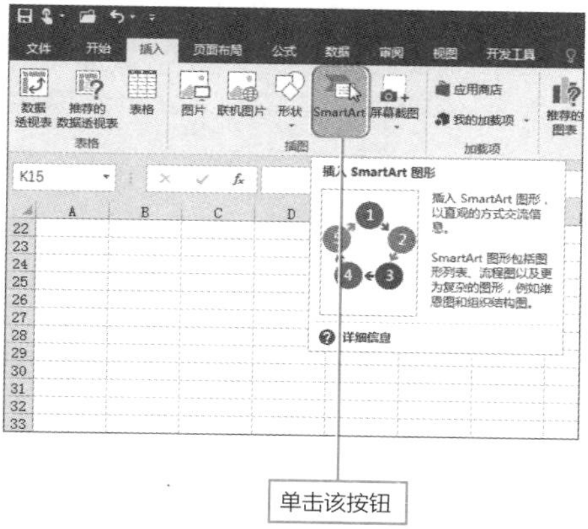

2 弹出“选择SmartArt图形”对话框，在“流程”选项右侧的列表框中，选择“垂直蛇形流程”选项，单击“确定”按钮。

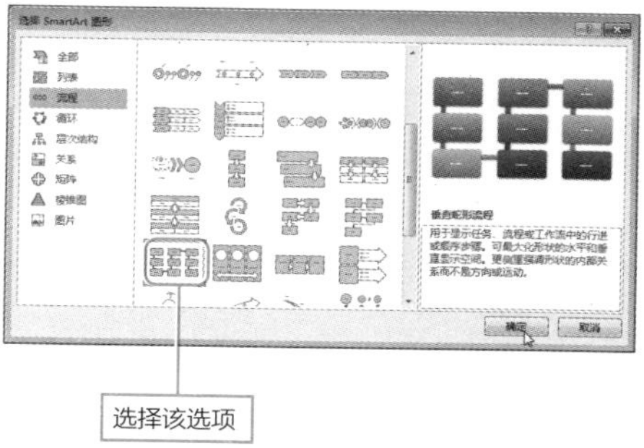

3 单击SmartArt图形左侧的“展开”按钮打开“文本窗格”，输入文本。

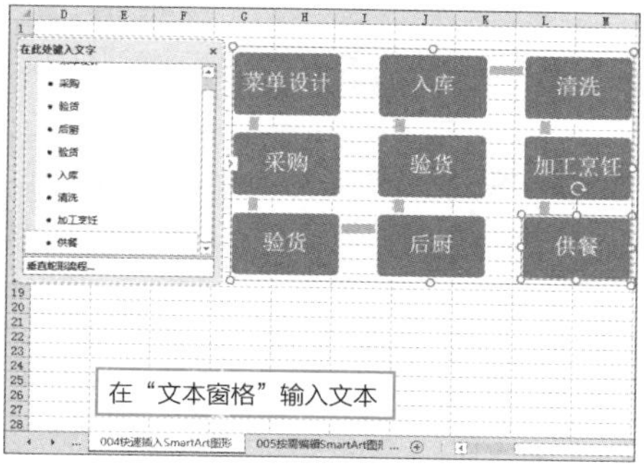

4 输入文本完成后，关闭文本窗格，并适当调整SmartArt图形即可。

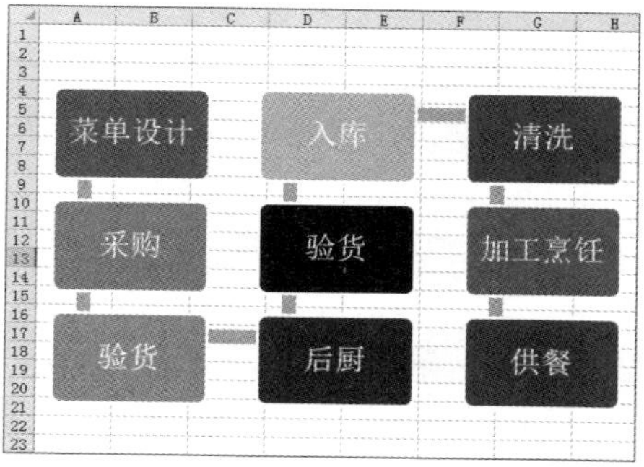

Question

307 按需编辑SmartArt图形

语音视频教学307

Level ◆◆◆

2016 2013 2010

实例	SmartArt图形的编辑

插入SmartArt图形后，用户还可以根据需要对SmartArt图形进行编辑，包括SmartArt图形的颜色更改、形状添加、布局调整等，下面将对其进行介绍。

1 添加形状。选择SmartArt图形中的图形，执行“SmartArt工具－设计>添加形状>在后面添加形状”命令即可。

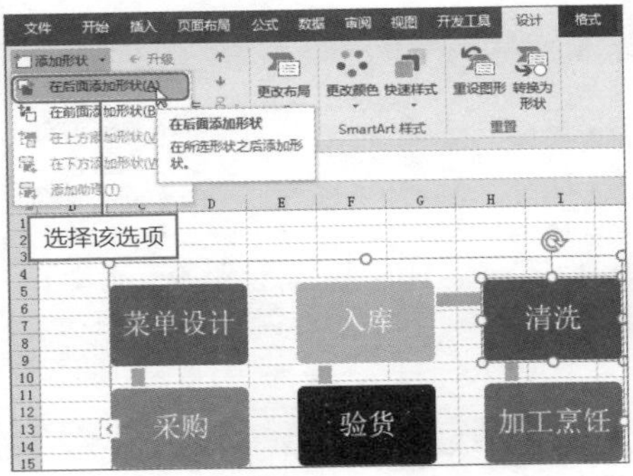

2 更改图形布局。单击“SmartArt工具－设计”选项卡上“版式”组中的“更改布局”按钮，可从展开的列表中选择合适的布局。

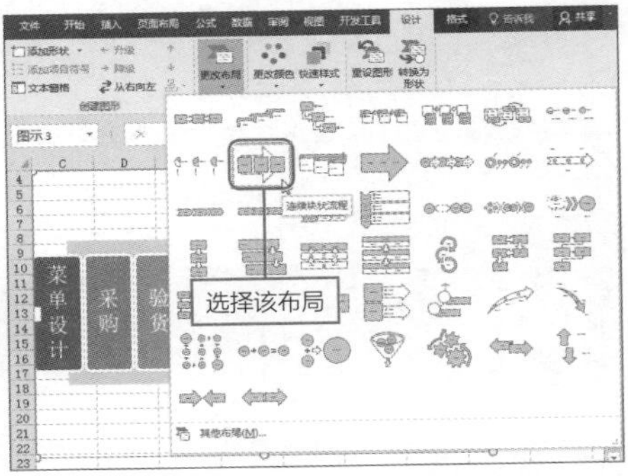

3 更改图形颜色。单击“SmartArt工具－设计”选项卡上的“更改颜色”按钮，从列表中选择合适的颜色方案。

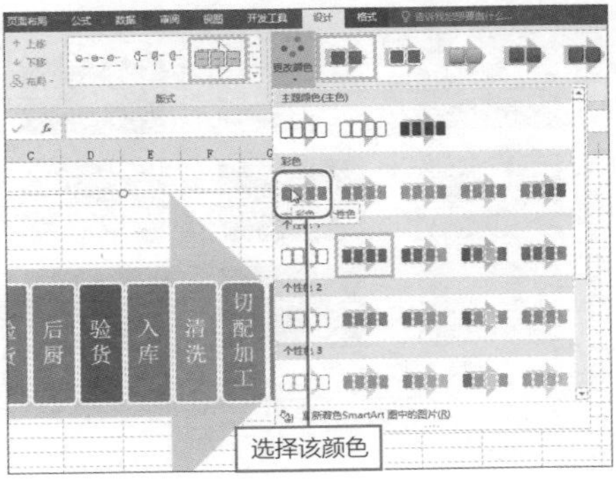

4 更改SmartArt图形样式。执行“SmartArt工具－设计>SmartArt样式>其他”按钮，从列表中进行选择即可。

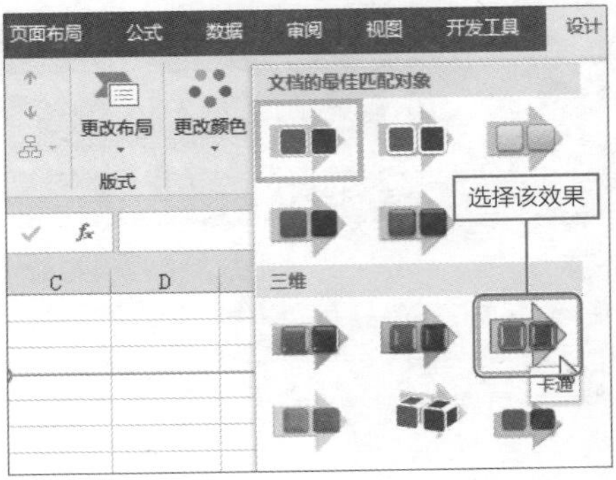

Question
308

利用图片辅助说明数据

语音视频
教学308

● Level
◆◆◆

2016 2013 2010

实例　图片的插入

为了更好的对表格中的数据进行说明，还可以在表格中插入与数据相关联的图片，下面将对其具体操作方法进行介绍。

❶ 打开工作表，切换至“插入”选项卡，单击“图片”按钮。

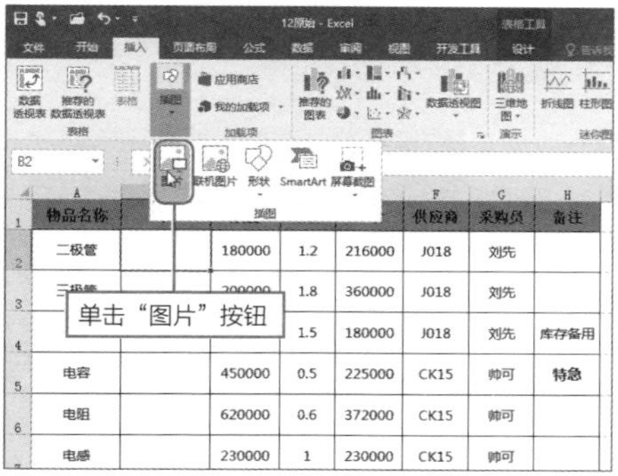

❷ 打开“插入图片”对话框，选择合适的图片，单击“插入”按钮。

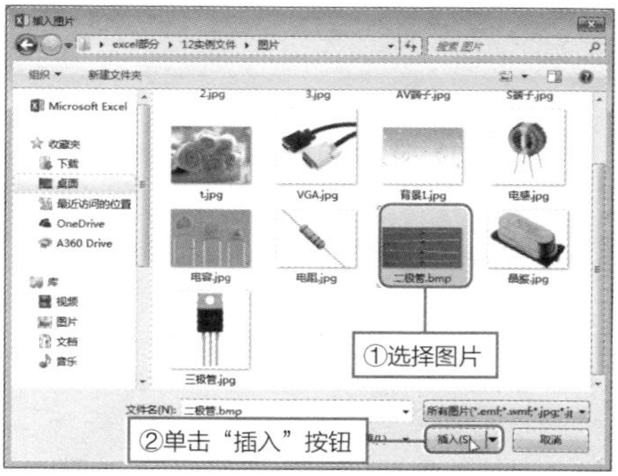

❸ 插入图片后，调整图片的大小、删除图片背景，然后将其移至合适的位置即可。

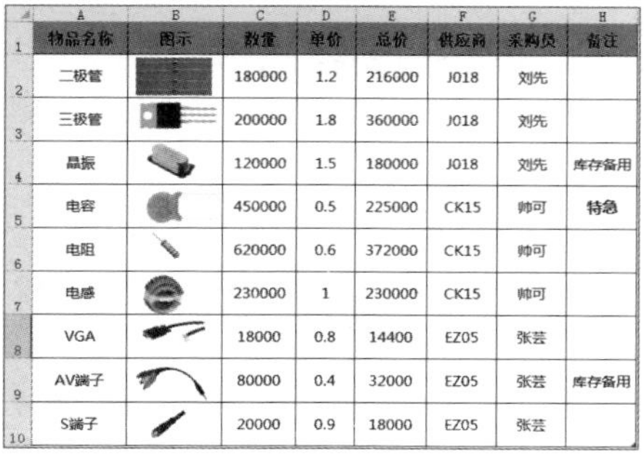

物品名称	图示	数量	单价	总价	供应商	采购员	备注
二极管		180000	1.2	216000	J018	刘先	
三极管		200000	1.8	360000	J018	刘先	
晶振		120000	1.5	180000	J018	刘先	库存备用
电容		450000	0.5	225000	CK15	帅可	特急
电阻		620000	0.6	372000	CK15	帅可	
电感		230000	1	230000	CK15	帅可	
VGA		18000	0.8	14400	EZ05	张芸	
AV端子		80000	0.4	32000	EZ05	张芸	库存备用
S端子		20000	0.9	18000	EZ05	张芸	

Hint

插入联机图片

若当前电脑处于联网状态，还可以在“插入”选项卡选择“联机图片”选项，在打开的对话框中输入关键词搜索图片并插入即可。

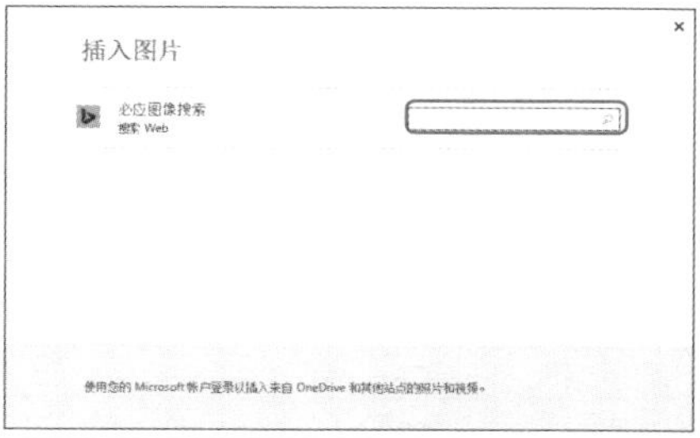

Question

309 图片背景巧删除

语音视频教学309

Level ◆◆◆

2016 2013 2010

实例 删除图片背景

为了让插入的图片更加的美观，可以将无用的背景删除，下面将介绍如何删除图片背景的操作。

① 选择图片，切换至“图片工具－格式”选项卡，单击“删除背景”按钮。

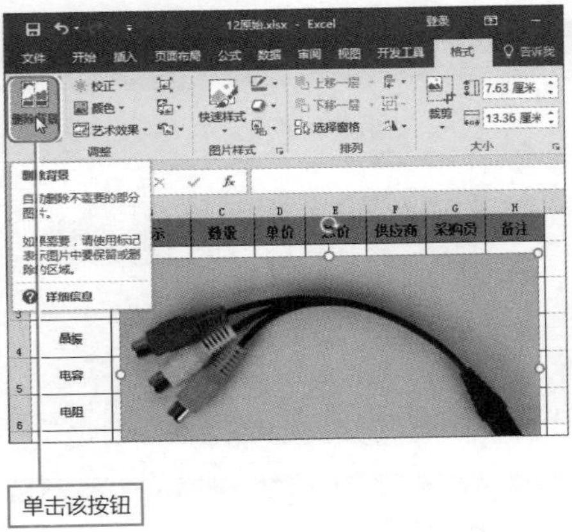

② 图片四周会出现控制点，拖动控制点，调整删除背景区域。

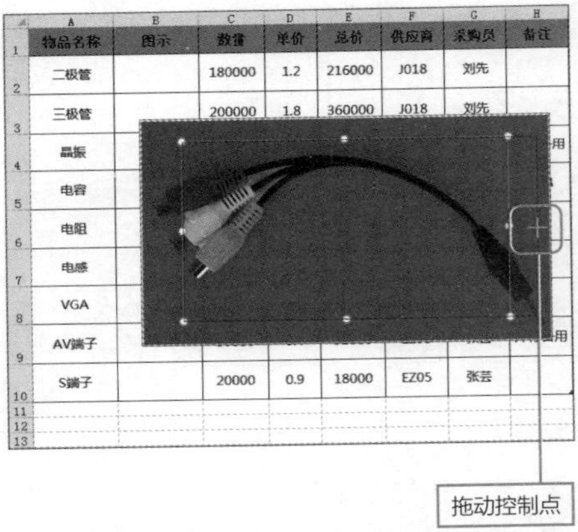

③ 调整完成后，在图片外单击，完成图片背景的删除操作。

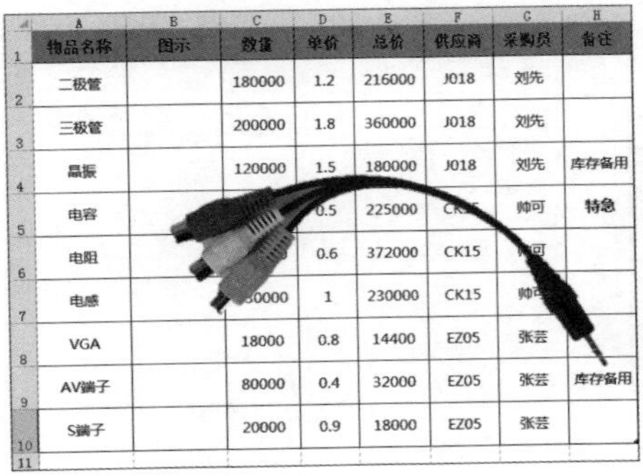

Hint

如何还原被更改的图片

如果用户需要将更改的图片还原至初始状态，那么可以在选择图片后，执行“图片工具－格式>调整>重设图片”命令，从展开的列表中选择相应的命令即可。

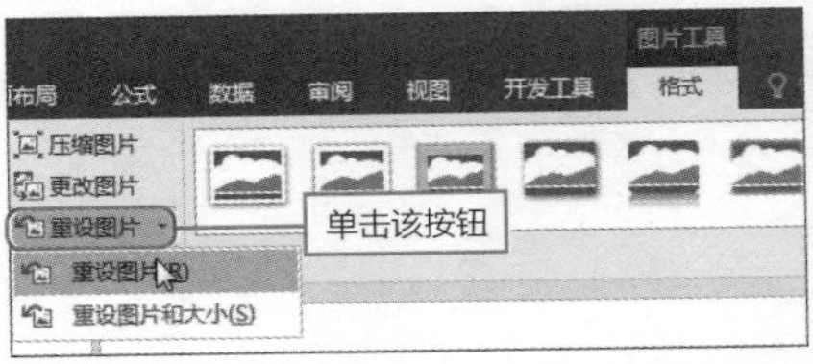

Question

310 利用文本框为图片添加文字

语音视频教学310

● Level ◆◆◆

2016 2013 2010

实例	在图片上添加文字

当插入图片后，如果还想对图片进行简单的说明，那么可以使用文本框添加文本，下面将介绍利用文本框添加文本的操作。

❶ 打开工作表，切换至“插入”选项卡，单击“文本框”下拉按钮，从展开的列表中选择“横排文本框”选项。

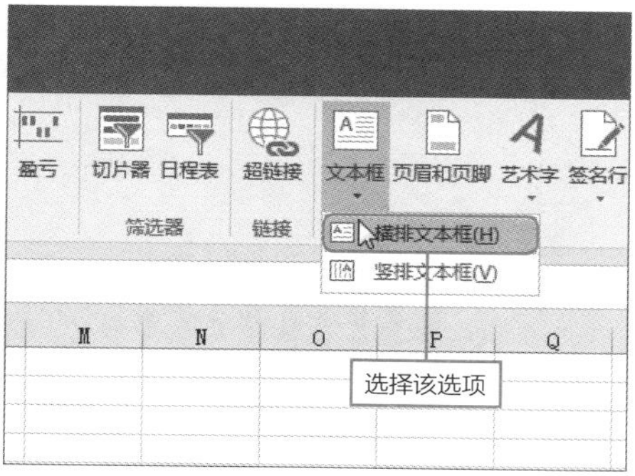

❷ 按住鼠标左键不放，拖动鼠标，绘制合适大小的文本框。

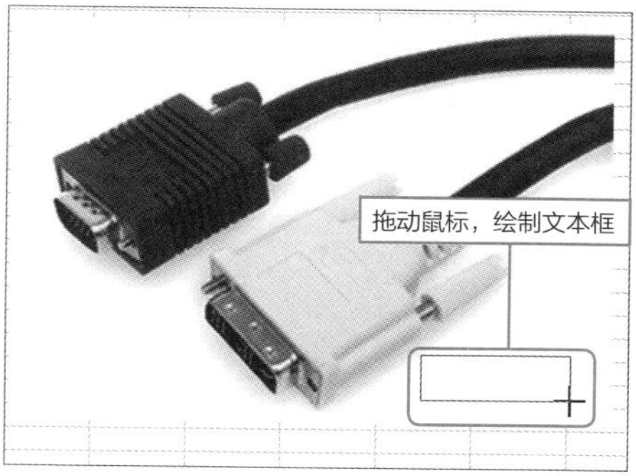

❸ 绘制完成后，鼠标光标自动定位至文本框内，输入需要的文本内容，并调整字号大小。

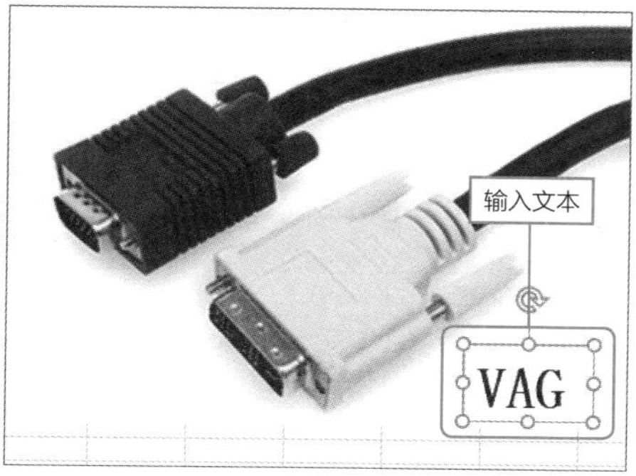

❹ 切换至“绘图工具－格式”选项卡，单击“形状填充”按钮，从列表中选择合适的颜色进行填充。

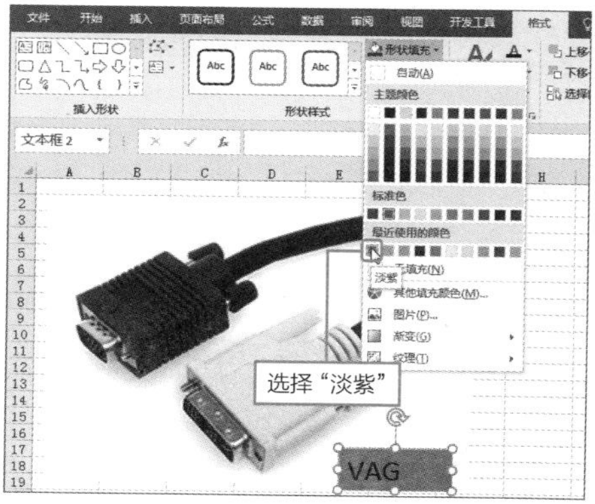

Question **311**

• Level ◆◆◆

2016 2013

快速创建图表

语音视频教学311

实例	图表的应用

若想将表格中的数据更加直观的反映给受众，则可以将表格中的数据以图表的形式显示出来，下面将对图表的创建操作进行介绍。

❶ 选择所要创建图表的数据区域，单击“插入”选项卡上的“柱形图”按钮，从展开的列表中选择“三维簇状柱形图”选项。

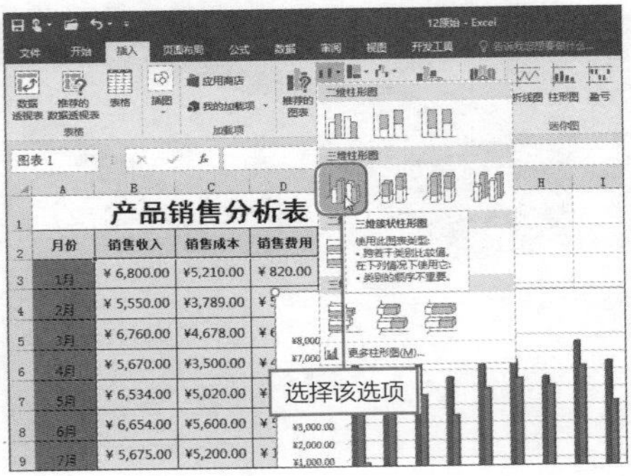

❷ 随后即可在页面中插入一个三维簇状柱形图。

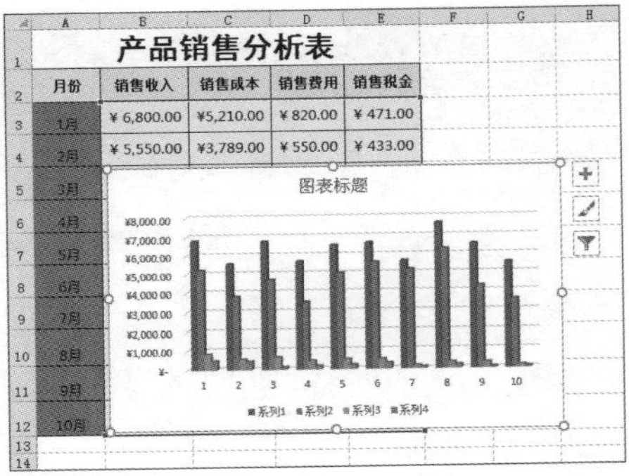

❸ 插入最适合图表。Excel 2016提供了推荐图表功能，选择数据后，单击“插入”选项卡上的“推荐的图表”按钮。

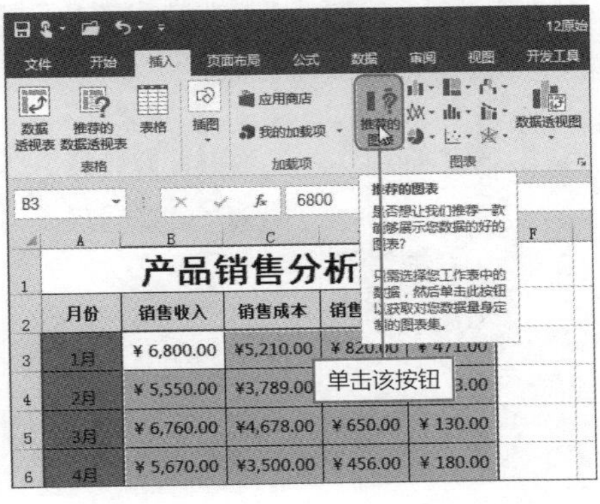

❹ 打开“插入图表”对话框，选择“簇状条形图”选项，单击“确定”按钮即可。

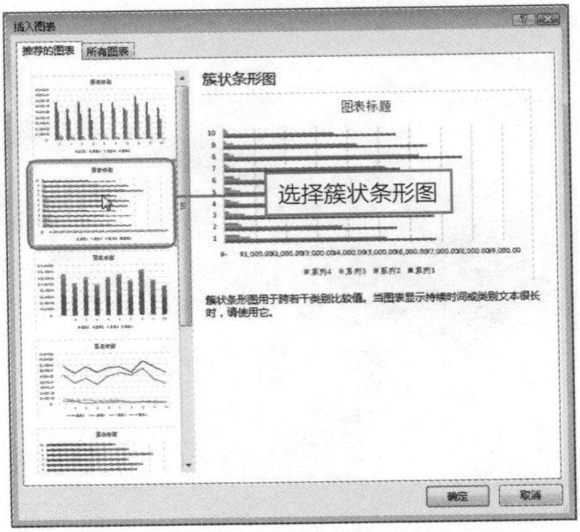

Question 312

● Level ◆◆◆

2016 2013

快速为图表添加标题

语音视频教学312

实例	图表标题的添加

添加图表后，为了可以更加明确的说明图表中的内容，需要为图表添加一个清晰、明确的标题，下面对其相关操作进行介绍。

❶ 功能区命令添加法。选择图表，执行“图表工具－设计>添加图表元素>图表标题>图表上方”命令即可。

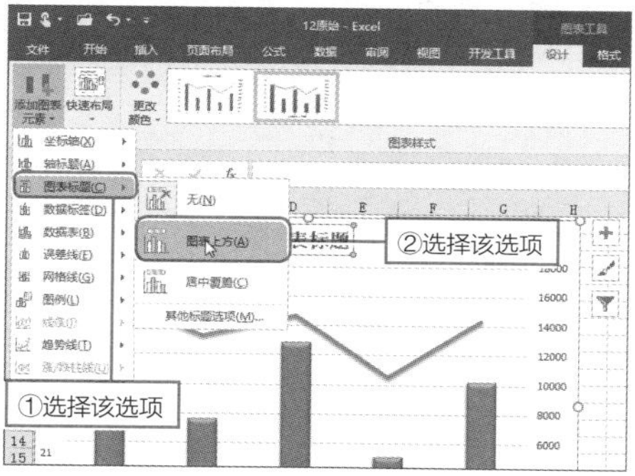

❷ 悬浮面板设置法。选择图表，右侧将出现悬浮面板，单击“图表元素”按钮，勾选“图表标题>图表上方”选项。

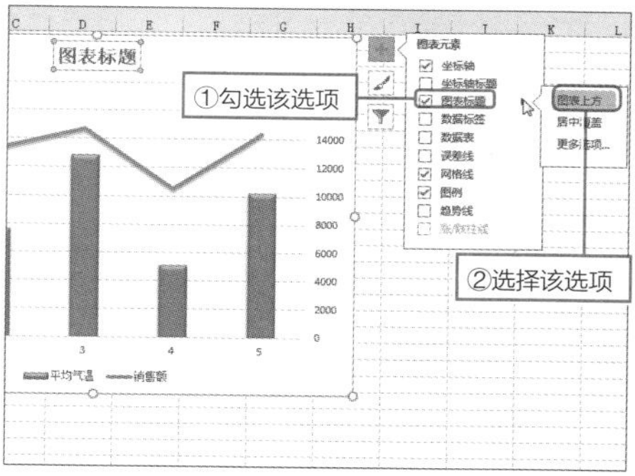

❸ 当图表上方出现标题框后，开始输入标题，重复上一步骤，选择“更多选项”选项，打开“设置图表标题格式”窗格，对标题进行详细设计。

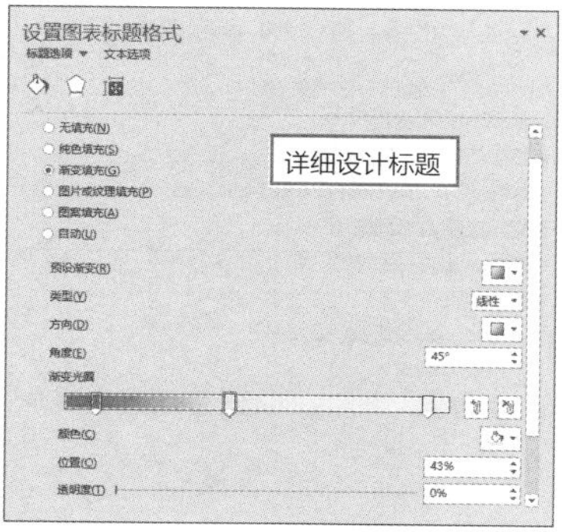

❹ 设计完成后，关闭“设置图表标题格式”窗格，查看设计效果。

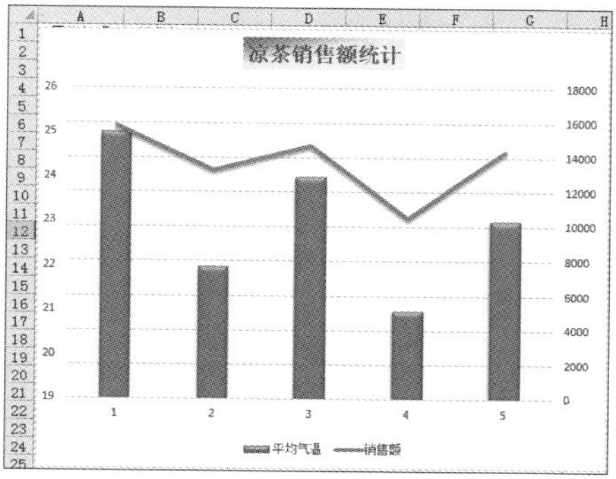

1 2 3 4 5 6 7 8 9 10 11 12 13 14 15 16 17 18 Excel图形图表应用技巧

Question

313 不相邻区域图表的创建有秘笈

语音视频教学313

● Level ◆◆◆

2016 2013 2010

实例 使用不相邻的行列数据创建图表

在创建图表的过程中，为了形成对比，用户可以根据表格中不相邻行或列中的数据创建图表，其操作也是比较简单的，具体介绍如下。

❶ 打开工作表，按住Ctrl键的同时，选择B1:B11和D1:D11单元格区域。

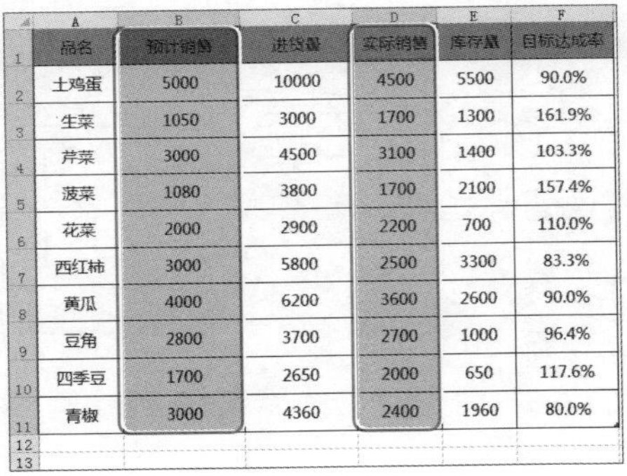

品名	预计销售	进货量	实际销售	库存量	目标达成率
土鸡蛋	5000	10000	4500	5500	90.0%
生菜	1050	3000	1700	1300	161.9%
芹菜	3000	4500	3100	1400	103.3%
菠菜	1080	3800	1700	2100	157.4%
花菜	2000	2900	2200	700	110.0%
西红柿	3000	5800	2500	3300	83.3%
黄瓜	4000	6200	3600	2600	90.0%
豆角	2800	3700	2700	1000	96.4%
四季豆	1700	2650	2000	650	117.6%
青椒	3000	4360	2400	1960	80.0%

❷ 切换至“插入”选项卡，单击“推荐的图表”按钮。

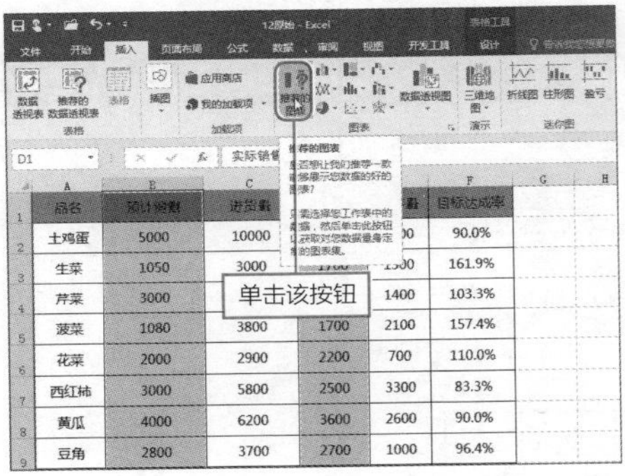

❸ 弹出“插入图表”对话框，选择合适的图表，单击“确定”按钮。

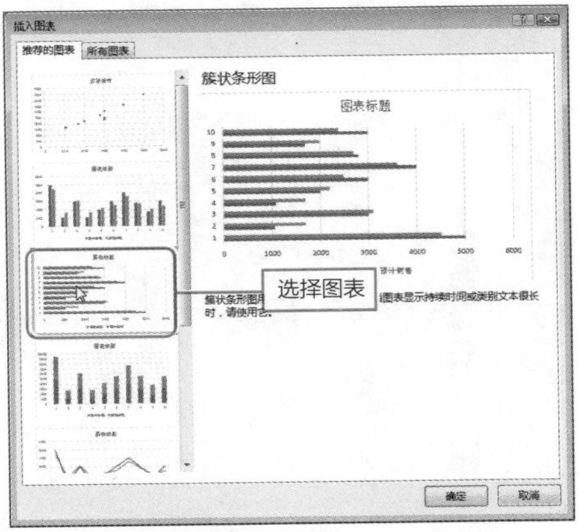

❹ 在图表上方的文本框中，输入图表标题，并根据需要调整标题字号大小，然后调整图表的大小和位置。

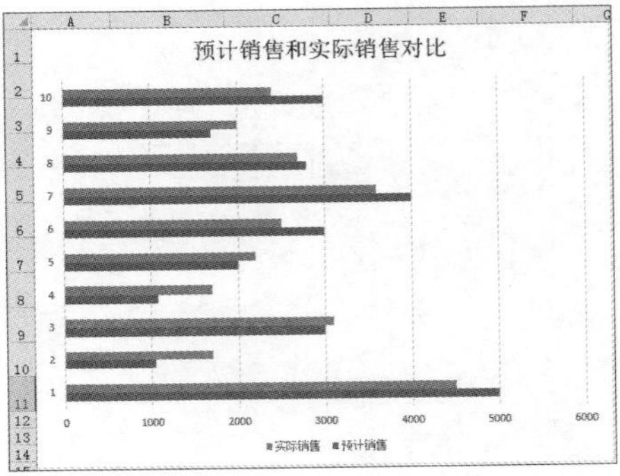

Question 314

● Level ◆◆◆

2016 2013 2010

图表的填充效果任你定

语音视频教学314

实例 设置数据系列填充

除了可以通过更改数据系列的填充色美化图表外，还可以通过设置数据系列的填充效果更改图表外观，吸引观众的注意，下面对其相关操作进行介绍。

❶ 应用图形快速样式。选择数据系列，切换至“图表工具－格式”选项卡，单击“形状样式”组的“其他”按钮，从列表中选择满意的形状样式即可。

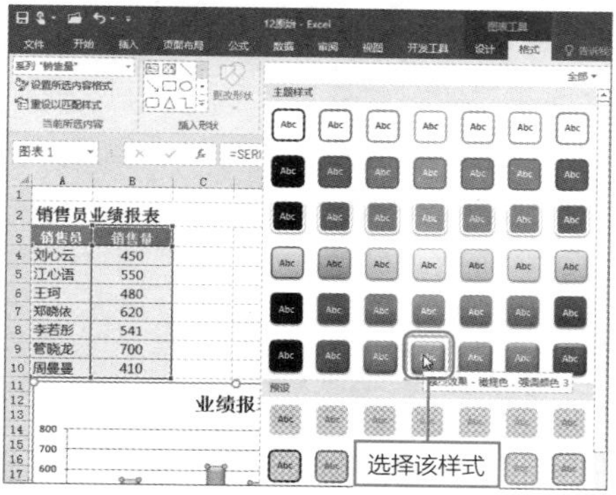

❷ 应用提供的形状效果。执行“图表工具－格式>形状效果”命令，从展开的菜单中选择相应命令，并从其关联菜单中选择合适的效果即可。

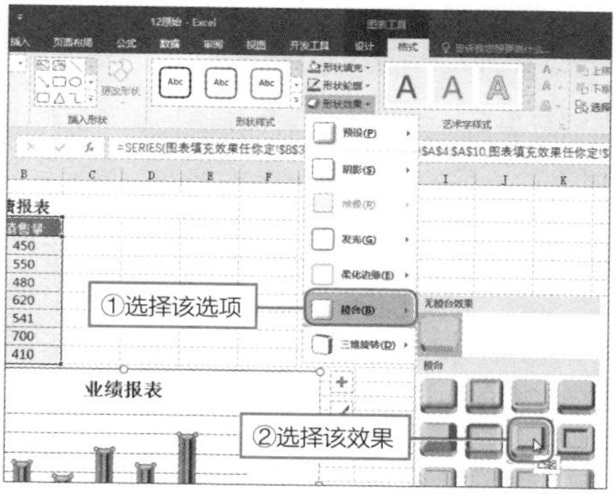

❸ 自定义形状效果。单击“形状样式”组的对话框启动器按钮，在打开窗格的“效果”选项卡中进行详细设计即可。

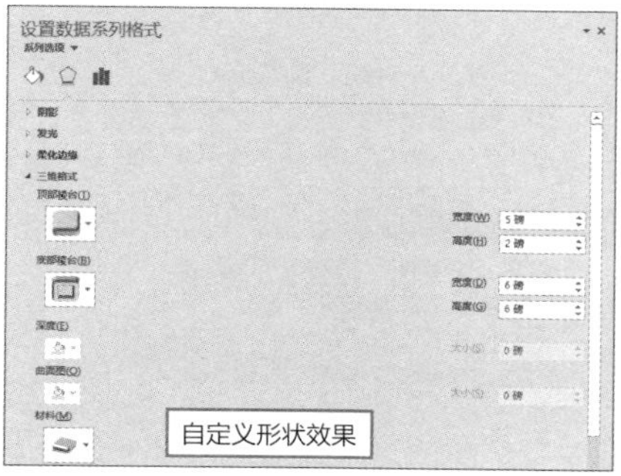

Hint

如何应用图表快速样式

选择图表，执行“图表工具－设计>图表样式>其他”命令，从列表中选择合适样式即可。

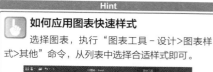

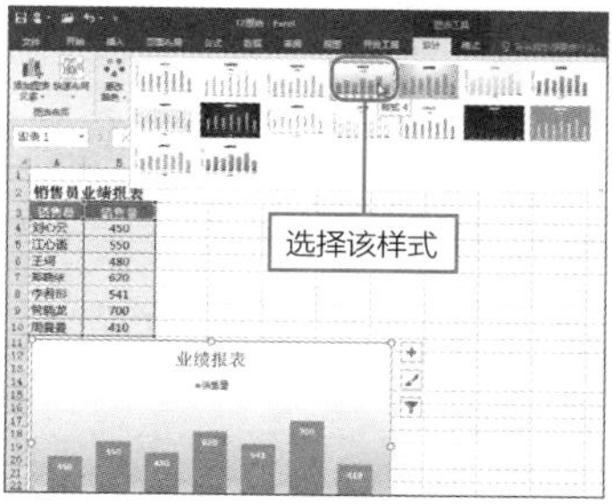

Question

315

● Level ◆◆◆

2016 2013 2010

快速加入数据标签

语音视频教学315

实例 给数据系列添加标签

为了让图表中的数据清晰的显示出变化趋势，用户可以为数据系列添加标签，其具体操作介绍如下。

1 功能区命令添加。选择图表，执行“图表工具－设计>添加图表元素>数据标签>数据标签外”命令即可。

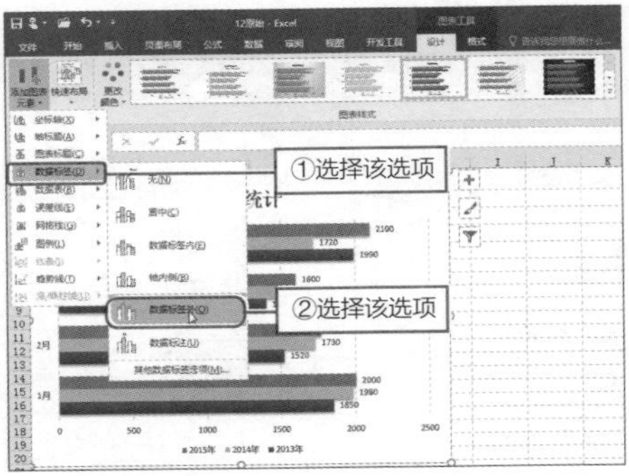

2 悬浮面板添加。选择图表，右侧出现悬浮面板，单击“图表元素”按钮，勾选“数据标签>数据标签外”选项。

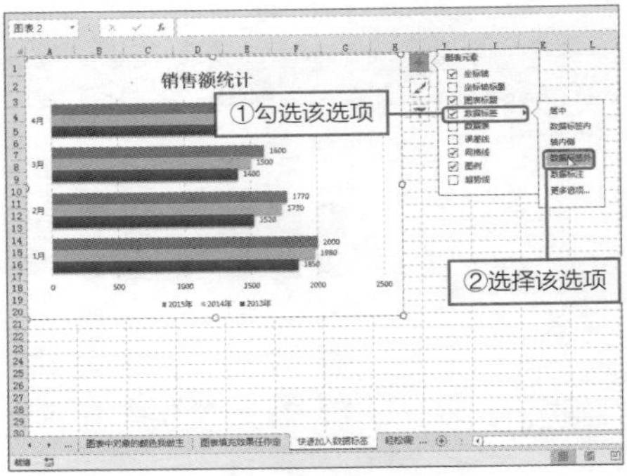

3 出现数据标签后，重复上述操作，在列表中选择“更多选项”选项，打开“设置数据标签格式”窗格，可对标签进行详细设计。

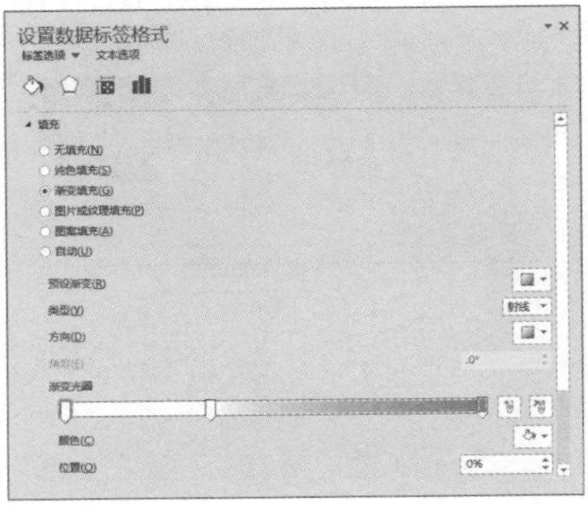

4 逐一对数据系列标签进行设置，设置完成后，关闭“设置数据标签格式”窗格，查看设置效果。

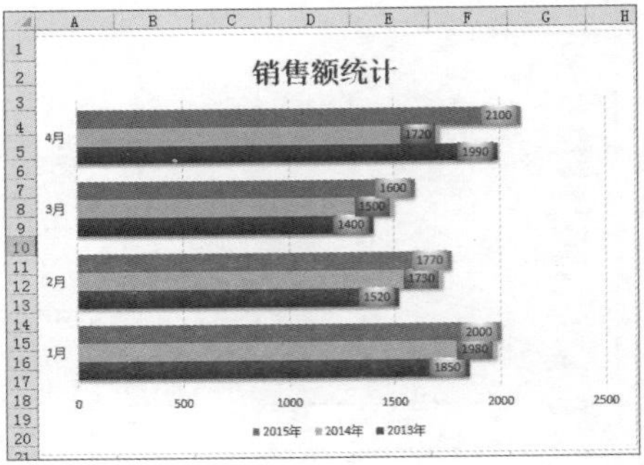

Question

316

● Level ◆◆◆

2016 2013 2010

巧为图表添加靓丽背景

语音视频教学316

实例 图表背景的设置

为了让图表更加的活泼和美观，可以在图表中插入一个简单、大方的背景，美化图表，下面将对相关操作进行介绍。

❶ 选择图表，执行“图表工具－格式>形状填充”命令，从列表中选择合适的颜色填充，或者在相应选项的关联菜单中选择。

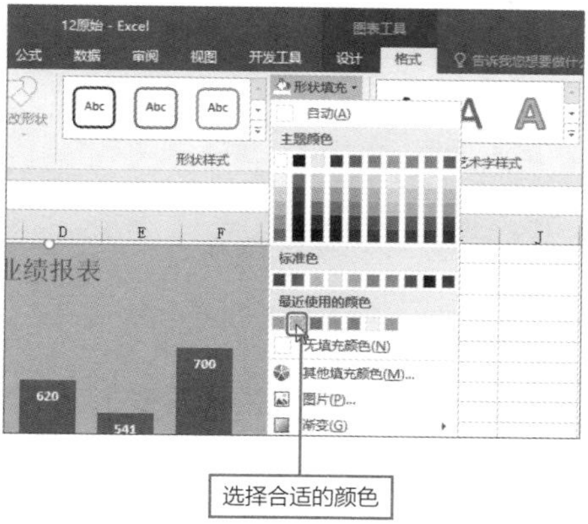

❷ 若选择“图片”选项，会打开“插入图片”窗格，单击“来自文件”右侧的“浏览”按钮。

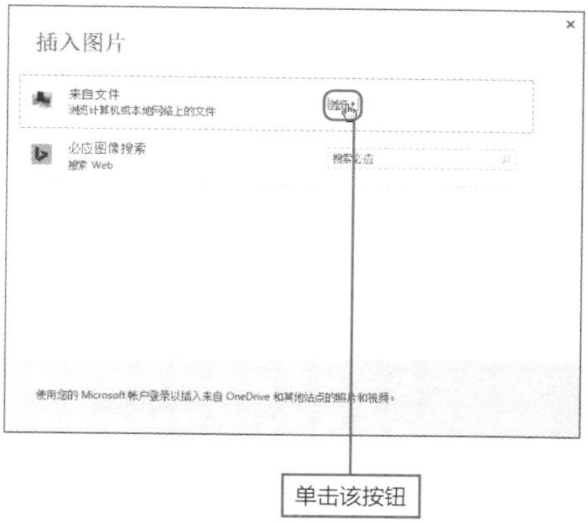

❸ 打开“插入图片”对话框，选择图片，单击“插入”按钮。

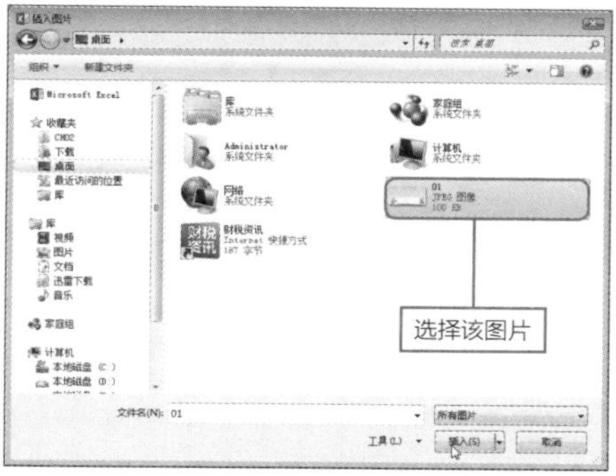

❹ 即可将所选图片作为当前图表的背景。

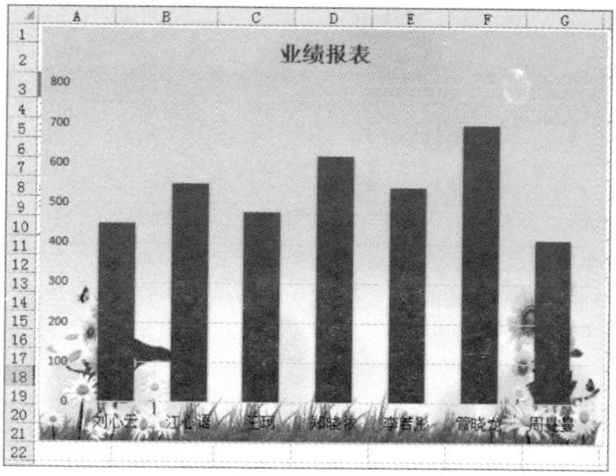

Question

317 巧妙设置背景透明的图表

语音视频教学317

Level ◆◆◆

2016 2013 2010

实例 为图表背景设置透明度

若图表背景中图片太过靓丽，影响了数据的显示，可以通过调整插入图片的透明度来实现，下面对其具体操作进行介绍。

1 选择图表并右击，从弹出的快捷菜单中选择“设置图表区域格式”命令。

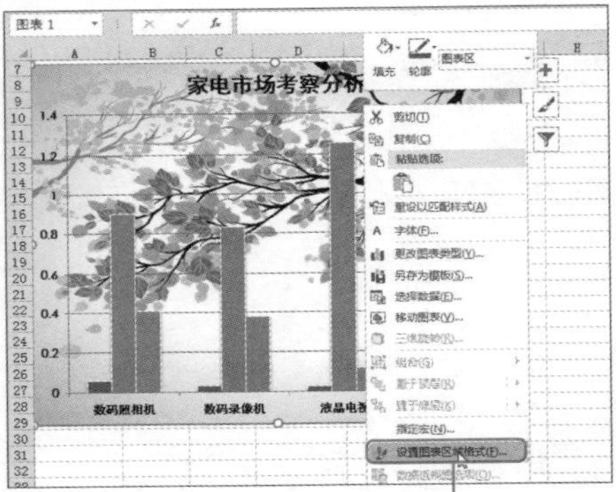

右键单击，选择该选项

2 打开“设置图表区格式”窗格，拖动透明度滑块，可调整图表背景透明度。

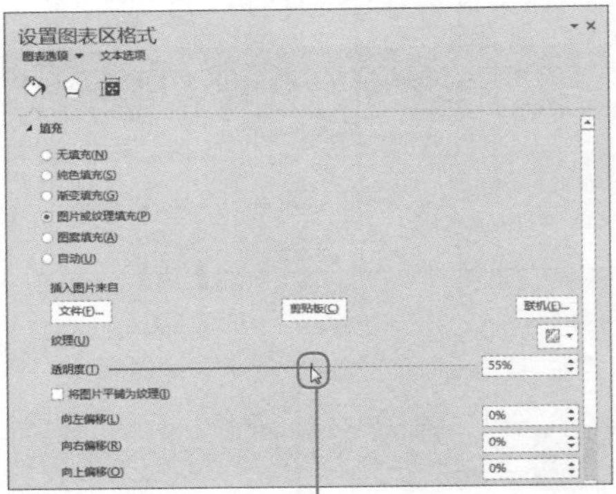

拖动鼠标调整透明度

3 设置完成后，关闭“设置图表区格式”窗格查看设置效果。

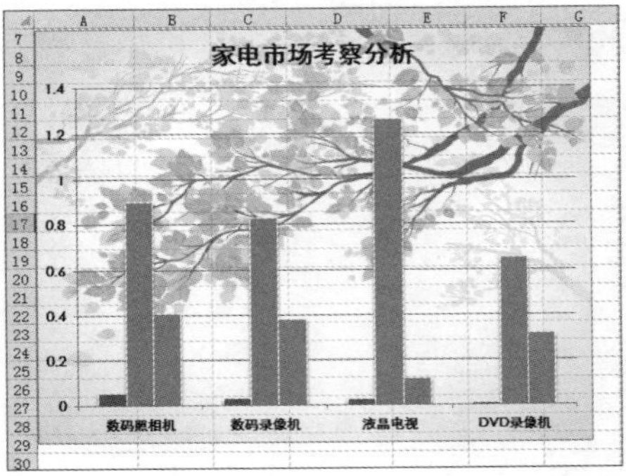

Hint

如何快速删除图表中的图例

虽然数据标签可以直观的显示数据变化，但是当数据量过多时，会让整个图表变得臃肿不堪，此时就应将图例删除。

直接将图例选中，在键盘上按Delete键即可快速删除图例。

Question **318**

● Level ◆◆◆

2016 2013 2010

原来图表也会一成不变

语音视频教学318

实例	快速制作静态图表

所谓静态图表，顾名思义就是制作好的图表不会随着工作表中数据的变化而变化，有利于阶段性数据的比较，下面介绍如何制作一个静态图表。

❶ 创建图表完成后，选择图表中需要静态显示的数据系列。

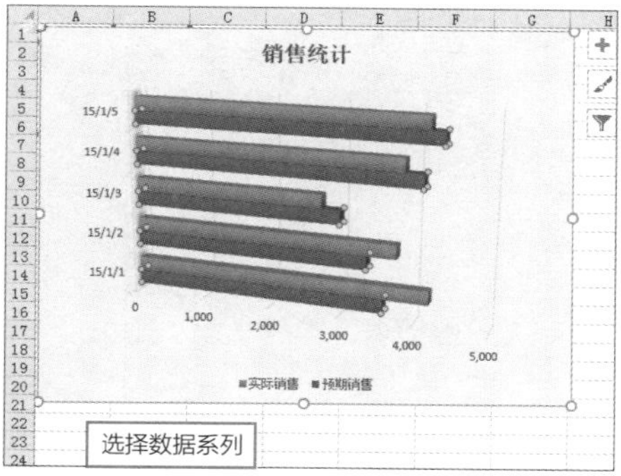

❷ 此时，在Excel的编辑框中，会显示选择数据系列的函数，将其选中。

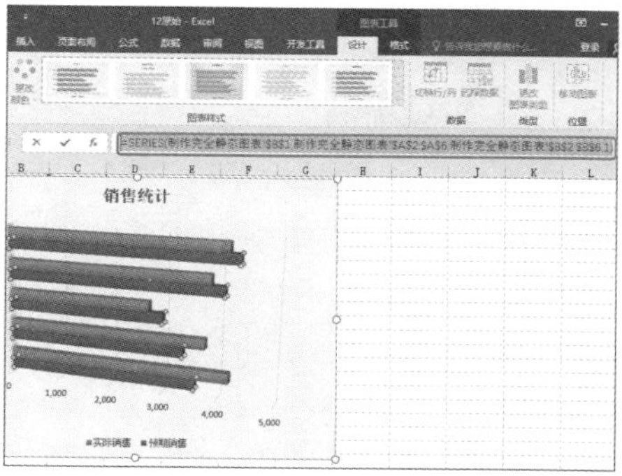

❸ 选择数据系列函数后，在键盘上按下F9键，将公式转换为数组。此时，图表变为静态图表。

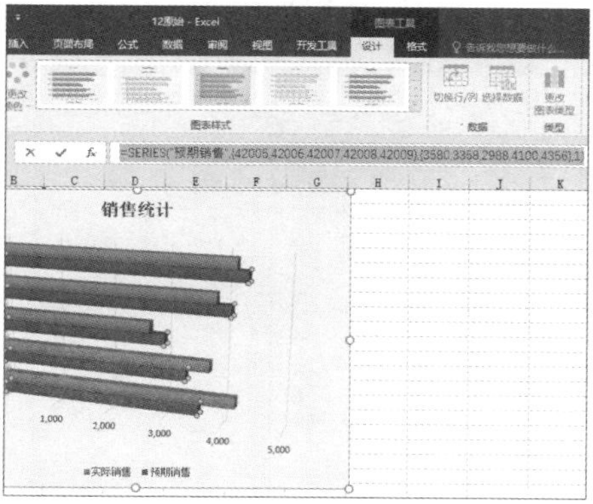

Hint

图表介绍之柱形图和折线图

柱形图：通常用来比较一段时间内两个或多个项目的相对大小，由一系列垂直条组成。例如，不同月份的销售额对比、不同产品的销售量对比、不同人员的业务量对比等。

折线图：用来表示某项目在一段时间内的变化趋势。例如，如果需要研究的数据一段时间呈上升趋势，一段时间呈下降趋势，就可以通过趋势图来进行描述。若需要研究的数据有几种情况，折线图就有几条不同的线，比如4种商品的不同月份的销售量变化，就有4条折线可以相互对比。

Question

319

● Level ◆◆◆

2016 2013 2010

将图表转换为图片

语音视频
教学319

实例	图表转换为图片

大家都知道，动态图表中的数据会随着原始数据的变化而变化，这非常有利于对数据变化的实时显示。但也给那些需要静态比对的用户带来了麻烦，这时，可以采用将图表转换为图片的方法来解决。

1 选择图表，单击“开始”选项卡中的“复制”下拉按钮，从列表中选择“复制为图片”选项。

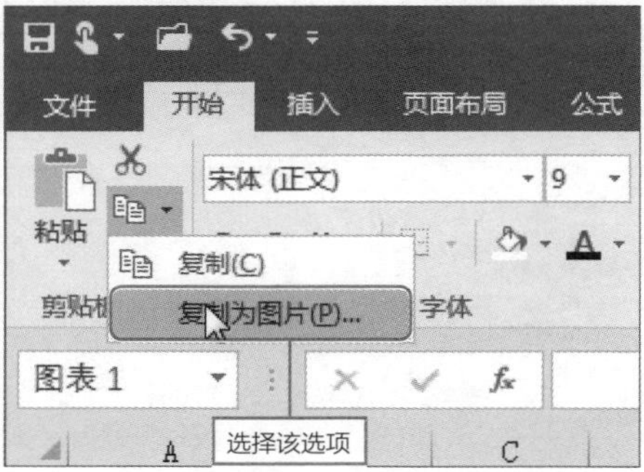

2 打开“复制图片”对话框，适当设置后单击“确定”按钮。

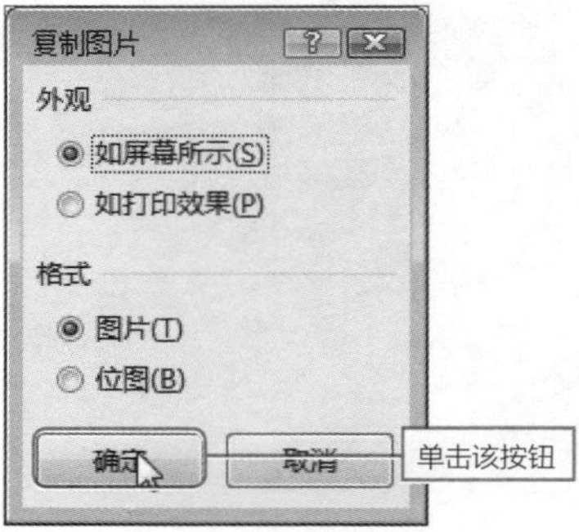

3 选择目标工作表中的任意单元格，单击“粘贴”按钮，完成图表向图片的转换。

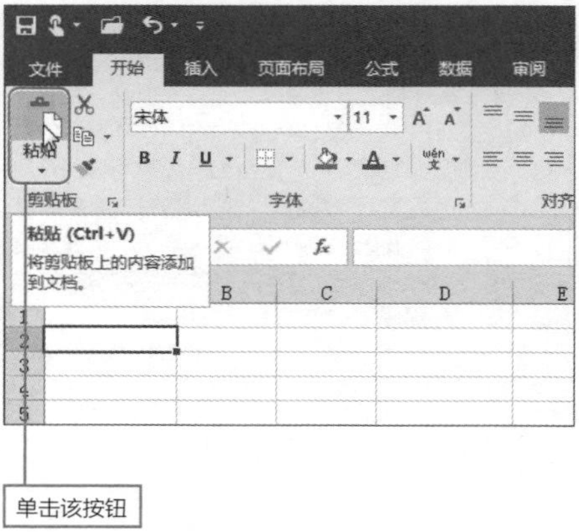

Hint

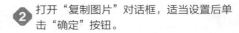

右键菜单法将图表转换为图片

选择图表，右键单击后选择“复制”命令，然后再次右键单击选择“粘贴>图片”命令。

Question

320

● Level

◆◆◆

2016 2013 2010

移动图表到其他工作表中

语音视频
教学320

实例 移动图表

若在利用数据对其他工作表中的内容进行说明时，需要用到当前图表，可以将图表移动到其他工作表中，下面对其进行介绍。

❶ 选择图表，切换至“图表工具－设计”选项卡，单击“移动图表”按钮。

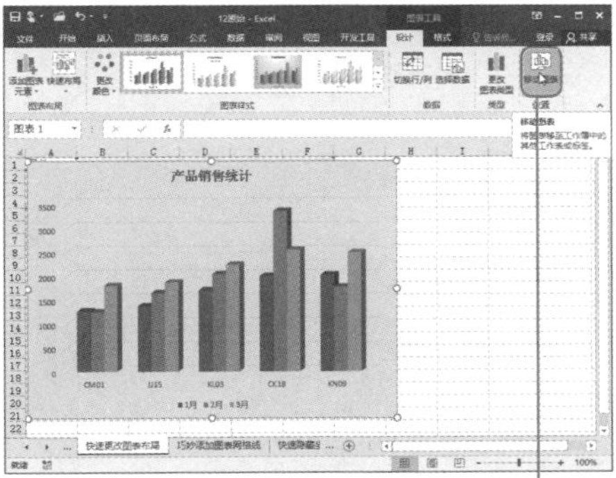

❷ 移动至新工作表。打开“移动图表”对话框，选中“新工作表”单选按钮，在右侧的文本框中输入新工作表名称并确定，即可将其移至新工作表。

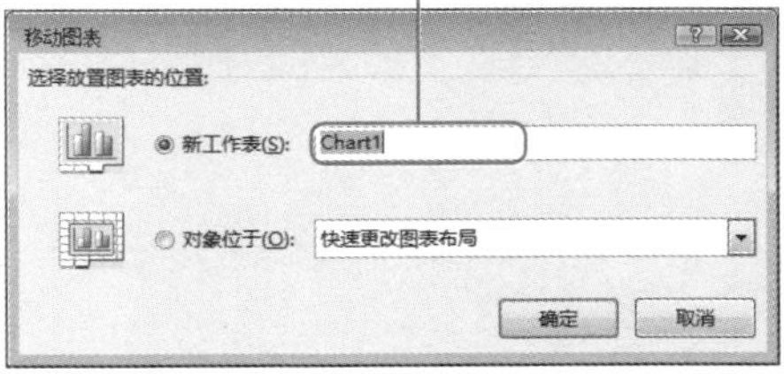

❸ 移至已经存在的工作表。选中“对象位于”单选按钮，单击该选项右侧下拉按钮，从展开的列表中选择需要目标工作表，然后单击“确定”按钮，关闭对话框即可完成工作表的移动。

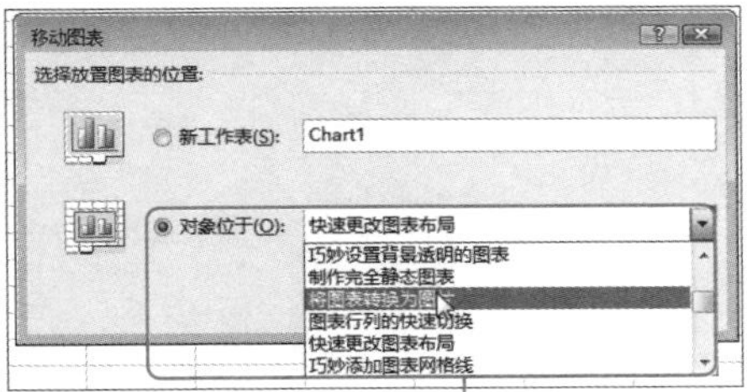

Hint

如何将图表复制并粘贴

方法一：功能区按钮复制粘贴法。选择图表，单击“开始”选项卡上的“复制”按钮，然后选择目标位置，单击“粘贴”按钮即可。

方法二：右键菜单命令复制粘贴。选择图表，右键单击，选择“复制”命令，然后同样利用右键菜单，将其粘贴至目标位置。

方法三：快捷键复制粘贴。选择图表，按Ctrl+ C组合键，然后选择目标位置，按Ctrl+ V组合键粘贴即可。

Question

321 巧妙添加图表网格线

语音视频教学321

● Level ◆◆◆

2016 2013 2010

实例	图表网格线的设置

对于包含大量数据的图表来说，数据系列之间的关系就变得不容易区分，为了可以更好的标识数据，可以对图表的网格线进行适当的设置，其具体操作介绍如下。

1. 选择图表，切换至“图表工具－设计”选项卡，单击“添加图表元素”按钮。

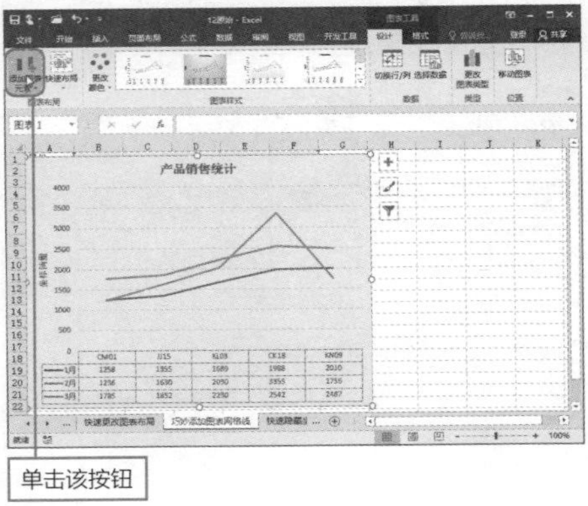

2. 从展开的列表中选择“网格线”选项，从其关联菜单中进行选择即可。

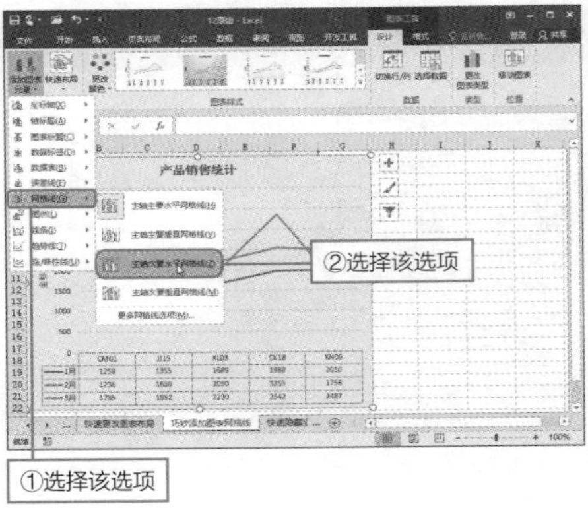

3. 若用户想要对网格线的颜色和粗细进行设置，可以选择“更多网格线选项”选项，在打开的窗格中进行设置。

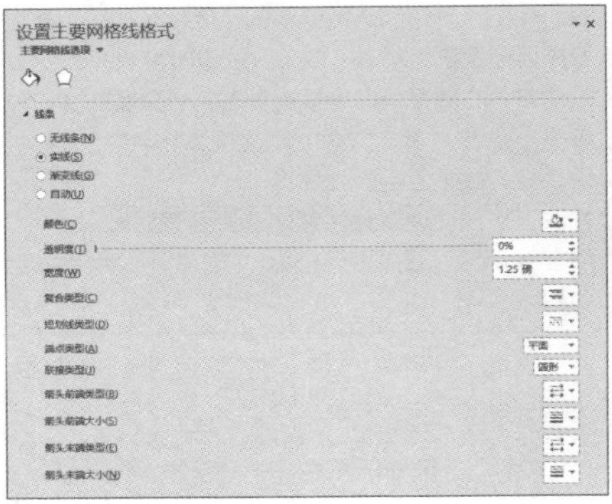

4. 设置完成后，关闭窗格，查看所设置网格线的效果。

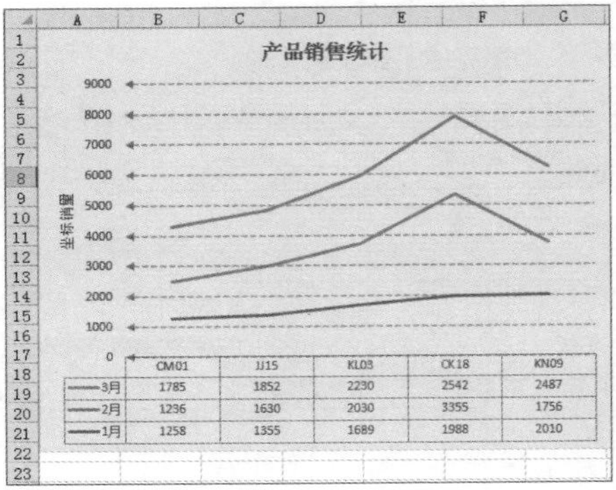

Question 322

快速隐藏坐标轴

语音视频教学322

Level ◆◆◆

2016 2013 2010

实例　取消坐标轴的显示

图表通常会有两个坐标轴，其主要用来对数据进行度量和分类，以便绘制数据。为了避免图表过于复杂，或者不需要将坐标轴显示出来，可以将其隐藏。

1. 选择图表，切换至“图表工具－设计”选项卡，单击“添加图表元素”按钮。

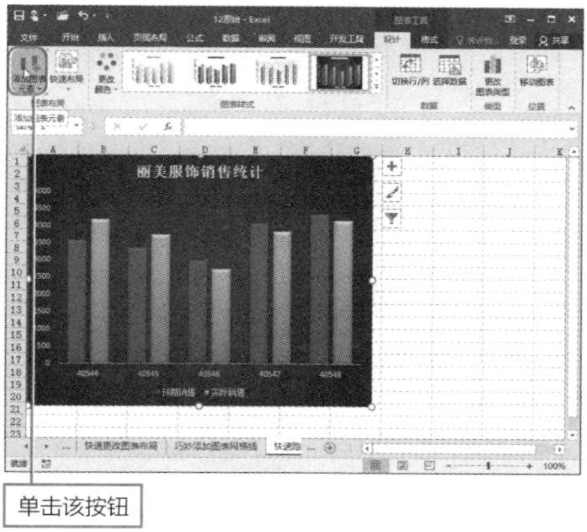

2. 从展开的列表中选择“坐标轴”选项，从其关联菜单中选择“主要横坐标轴”选项。

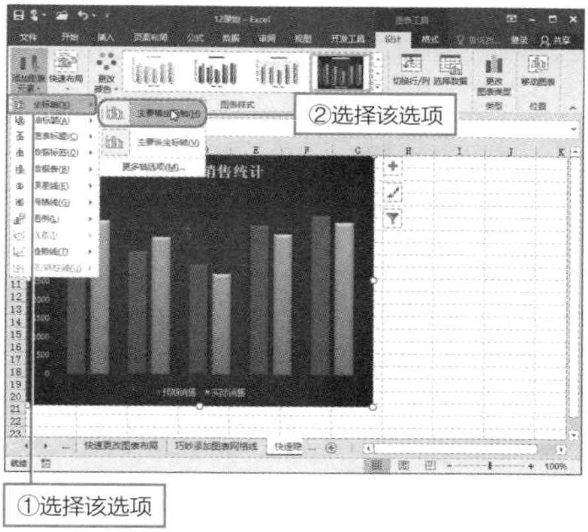

3. 将横坐标轴隐藏后，按照同样的方法隐藏主要纵坐标轴即可。

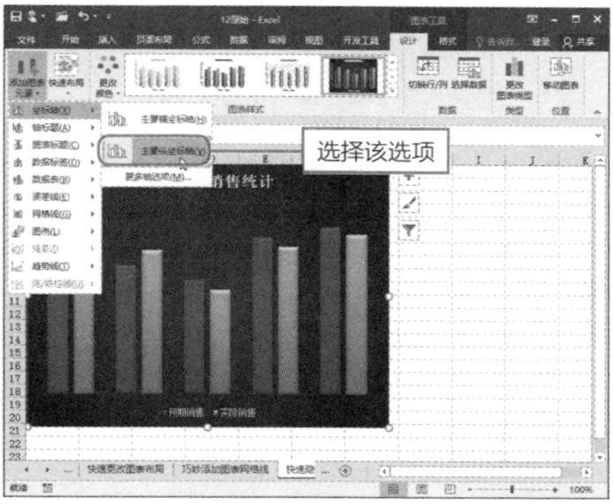

Hint

如何对坐标轴格式进行设置？

若用户想对坐标轴进行详细设计，可选择“更多轴选项”选项，在打开的窗格中进行设置即可。

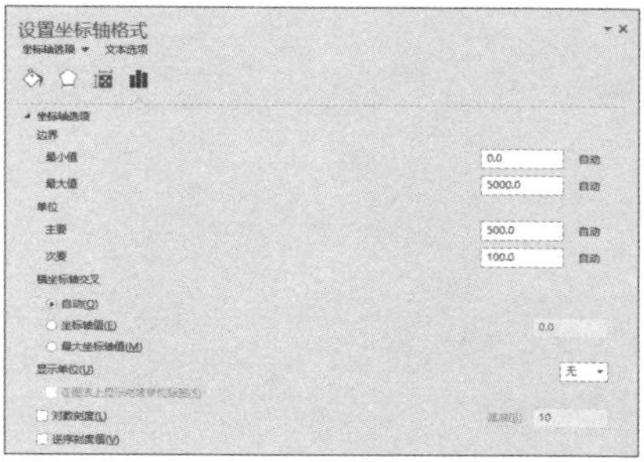

Question

323 隐藏接近于零的数据标签

语音视频教学323

● Level ◆◆◆

2016 2013 2010

实例 隐藏接近于0%的标签

在处理数据时，经常会用到饼图，当部分源数据过小时，可以将接近0%的数据隐藏起来。下面将对该效果的实现方法进行介绍。

1 选择源数据，单击“插入”选项卡上的“饼图”按钮，从列表中选择饼图样式。

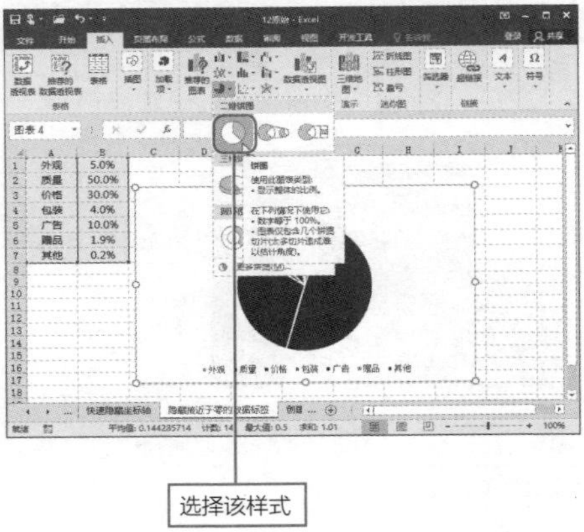

2 更改图表布局，显示数据标签并将其选择，右键单击，从弹出的快捷菜单中选择“设置数据标签格式”命令。

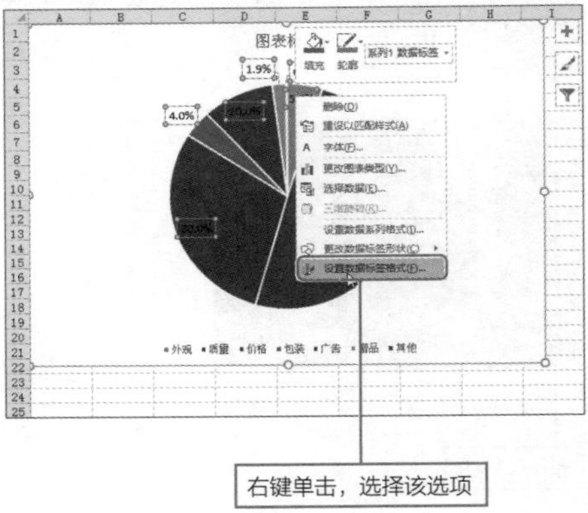

3 打开“设置数据标签格式”窗格，在“数字”选项，设置“类型”为“数字”，在“格式代码”文本框中输入代码。

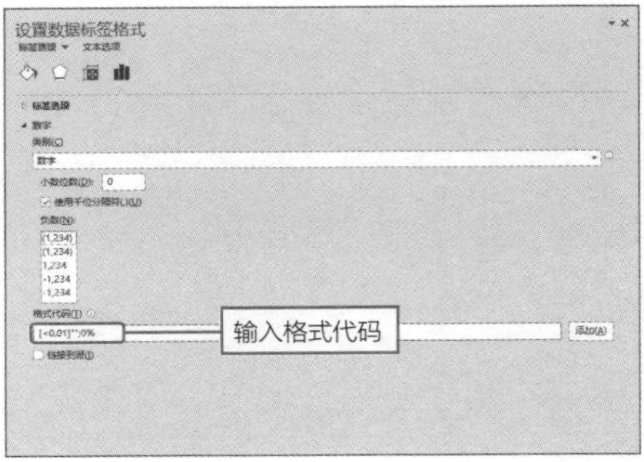

4 输入完成后，在“自定义”列表中，可以看到刚刚输入的代码，关闭窗格，即可完成设置。

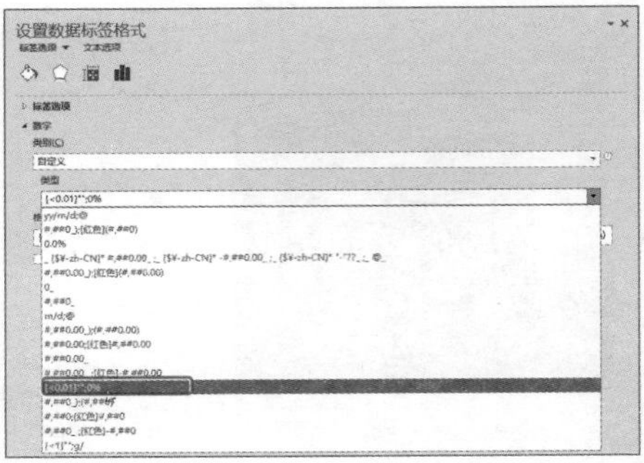

Question

324

● Level ◆◆◆

2016 2013 2010

创建突出显示的饼图

语音视频教学324

实例	分离需要突出显示的数据块

为了突出显示某数据块的特殊性，在饼状图中可以将此区域设置成从饼图中分离出来的样式，以强调其特殊性或重要性。下面介绍两种设置分离饼图的方法。

1 鼠标拖动法。鼠标选择需要分离的扇形数据块，按住鼠标左键不放拖动鼠标，至满意位置后释放鼠标左键即可。

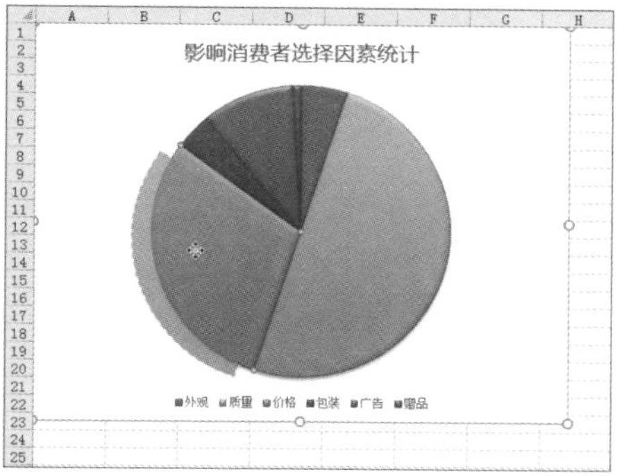

2 设置数据点格式法。选择需要突出显示的数据块，右键单击，从快捷菜单中选择“设置数据点格式”命令。

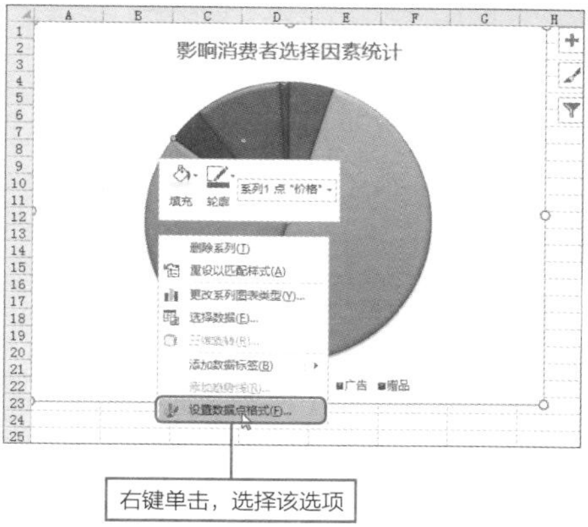

3 打开“设置数据点格式”窗格，拖动“点爆炸型”滑块，调整分离位置。

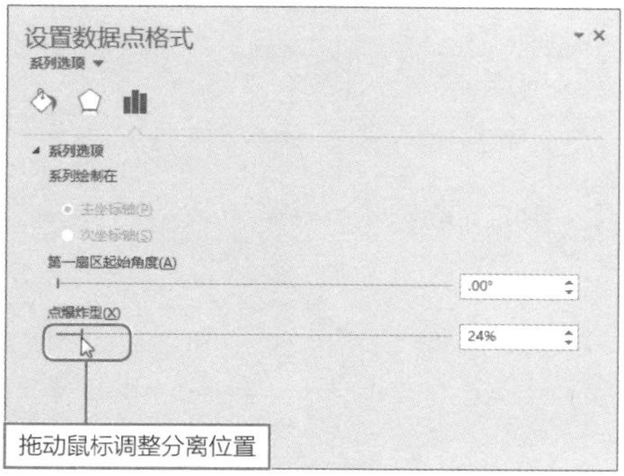

4 设置完成后，关闭“设置数据点格式”窗格，完成数据块的分离。

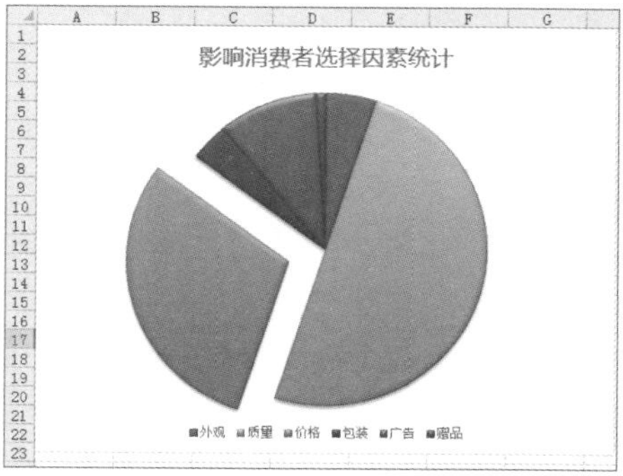

Question

325 在图表中处理负值

语音视频教学325

Level ◆◆◆

2016 2013 2010

实例 让图表中的负值突出显示

如果创建的图表中包含负值，且又希望受众可以注意到这些数据，那么就应设置负值突出显示，其具体操作介绍如下。

1 选择图表，执行“图表工具－设计>添加图表元素>数据标签>下方”命令。

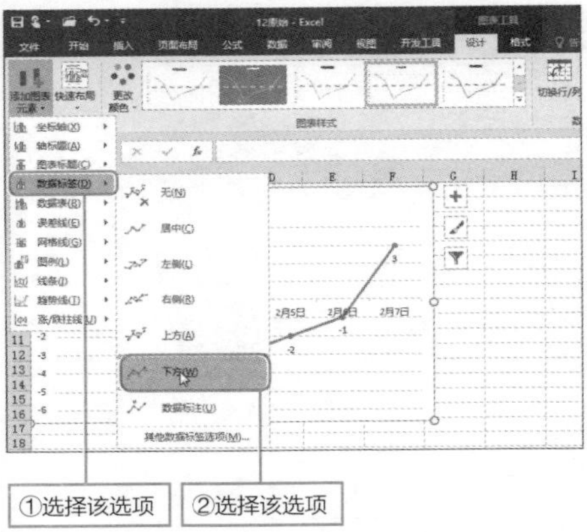

2 选择数据标签，右键单击，从弹出的快捷菜单中选择“设置数据标签格式”命令。

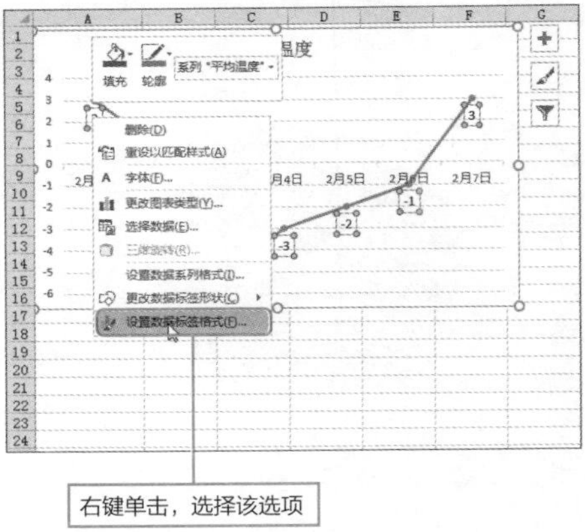

3 在打开窗格中的“数字”选项卡，设置“类别”为“数字”。

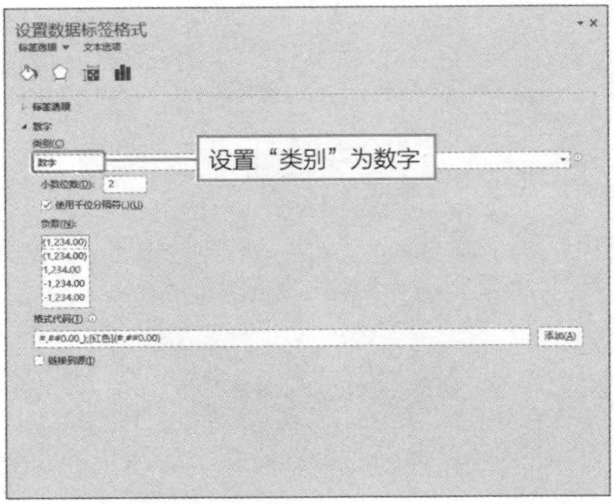

4 设置完成后，关闭对话框，返回工作表查看效果。

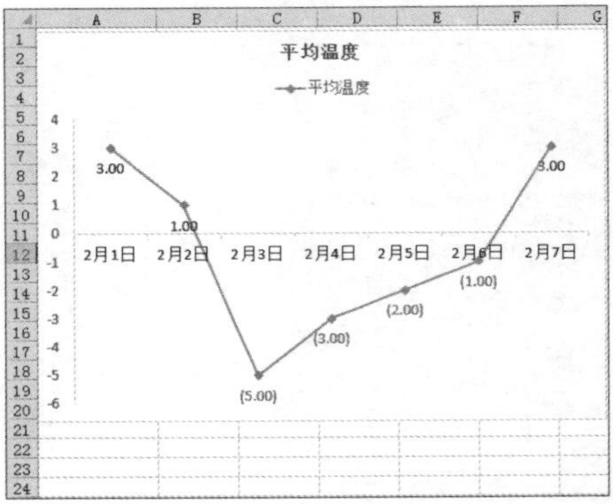

Question **326**

● Level ◆◆◆

2016 2013 2010

快速切换图表类型

语音视频教学326

实例　图表类型的更改

插入图表后，如果用户觉得当前图表类型不能契合主题，那么可以根据需要更改图表的类型。

1. 选择图表，切换至“图表工具-设计”选项卡。

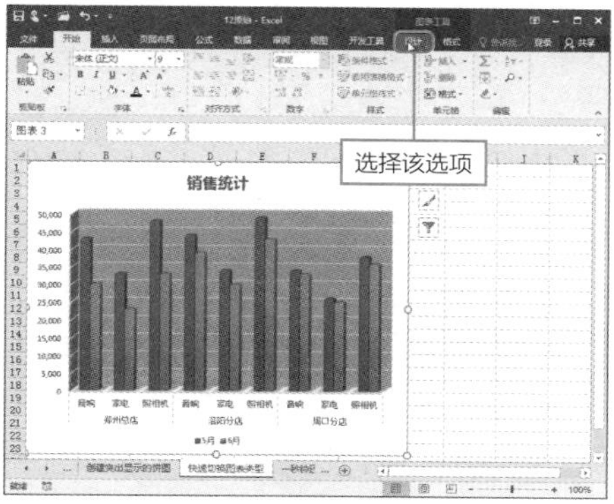

2. 单击“类型”组中的“更改图表类型”按钮。

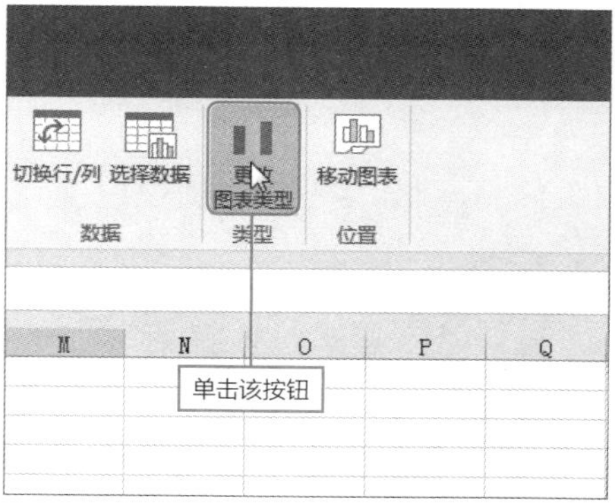

3. 打开“更改图表类型”对话框，选择合适的图表类型。

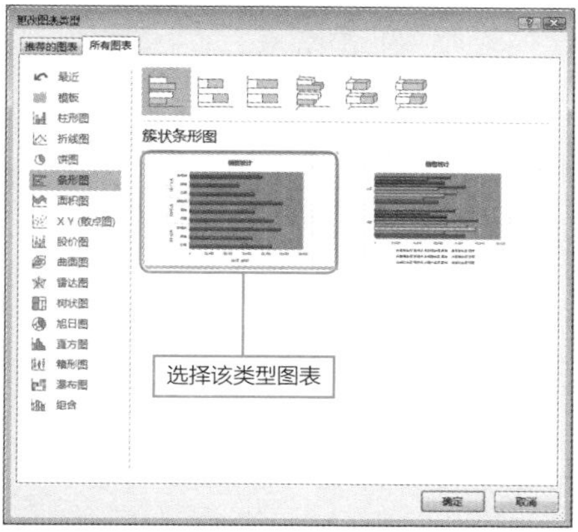

4. 设置完成后，单击“确定”按钮，查看设置效果。

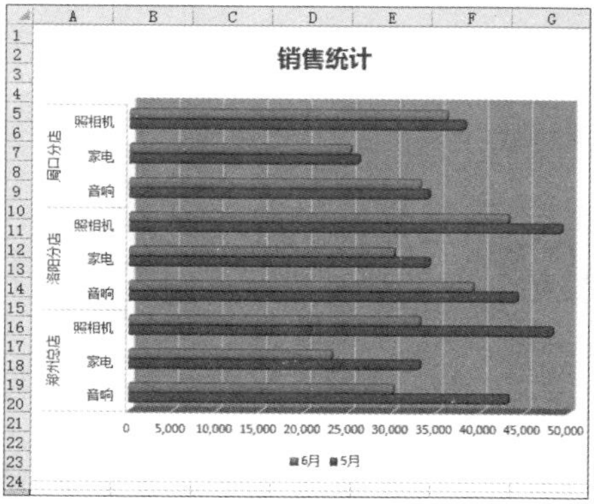

Question

327 一秒钟还原图表到最初样式

语音视频教学327

● Level ◆◆◆

2016 2013 2010

实例 将图表还原至未更改状态

在美化图表时，可能会将图表改的面目全非，若用户想要重新设计图表，可以将图表还原到最初样式再进行更改，那么如何将图表还原呢？

❶ 选择图表，切换至“图表工具－格式”选项卡。

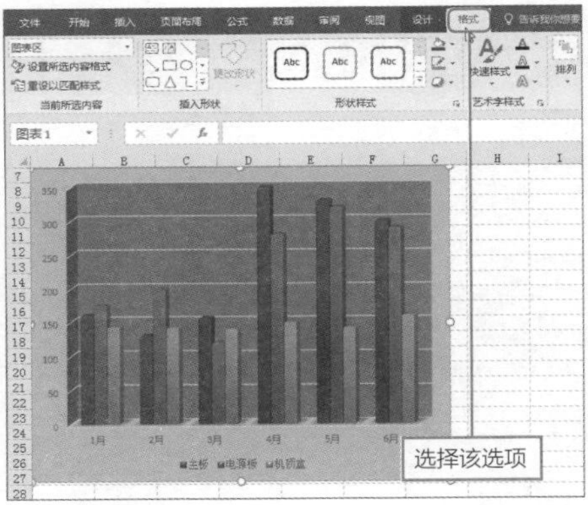

❷ 单击“当前所选内容”组中的“重设以匹配样式”按钮。

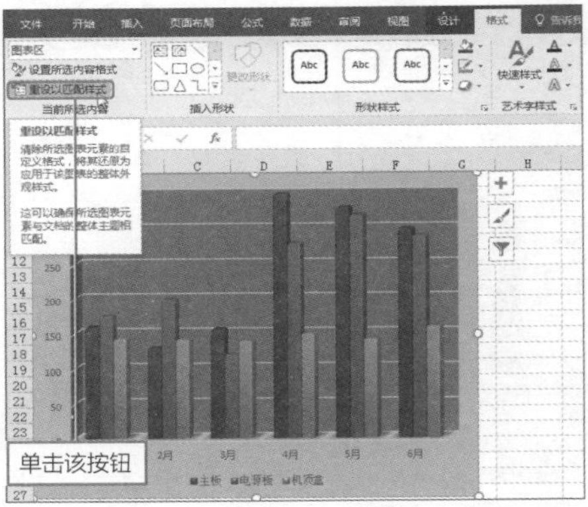

❸ 随后可以看到，工作表中的图表样式发生了改变。

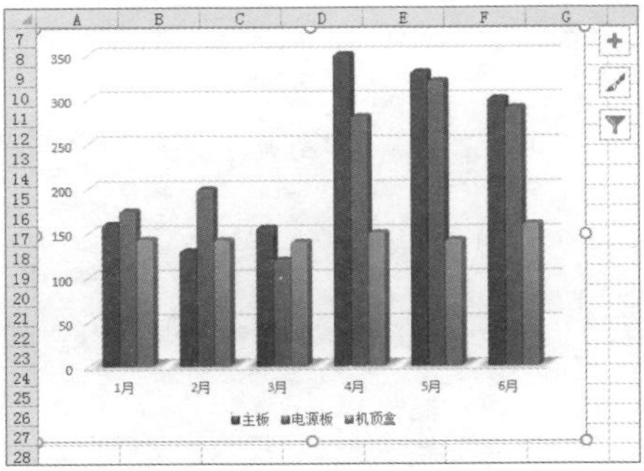

Hint

图表工具栏消失了，如何重新显示？

在功能区中右击选择“自定义功能区”命令，在打开的对话框中勾选“设计”和“格式”选项即可，如下图所示。

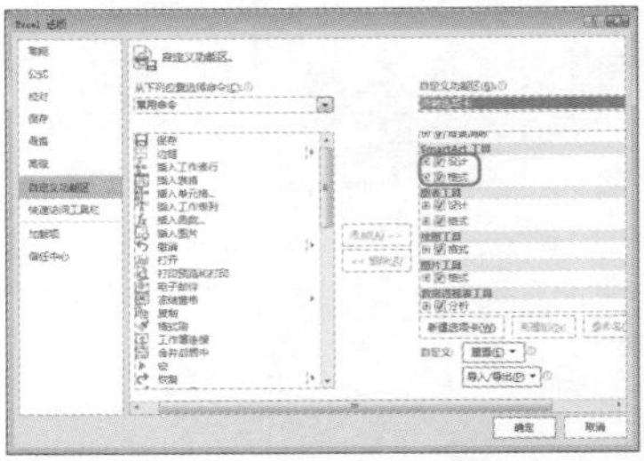

Question
328 巧妙显示被隐藏的数据

语音视频教学328

● Level ◆◆◆

2016 2013 2010

实例　在图表中显示隐藏行或列中的数据

在制作图表时，工作表中包含了隐藏的数据，而用户又希望在图表中可以显示这些隐藏数据，该如何才能实现呢？

❶ 打开工作表，切换至“图表工具－设计”选项卡，单击“选择数据”按钮。

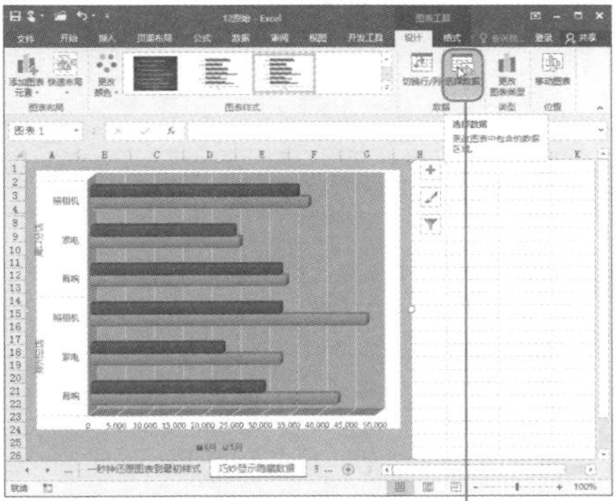

单击该按钮

❷ 打开“选择数据源”对话框，单击“隐藏的单元格和空单元格”按钮。

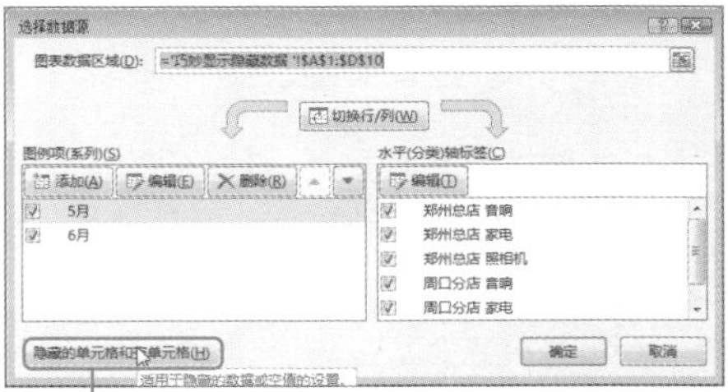

单击该按钮

❸ 弹出“隐藏和空单元格设置”对话框，勾选“显示隐藏行列中的数据”选项，单击“确定”按钮。

勾选该选项

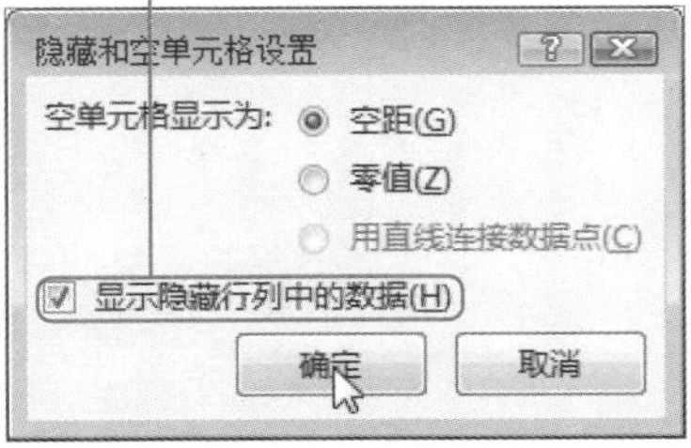

❹ 返回至“选择数据源”对话框，单击“确定”按钮，查看显示效果。

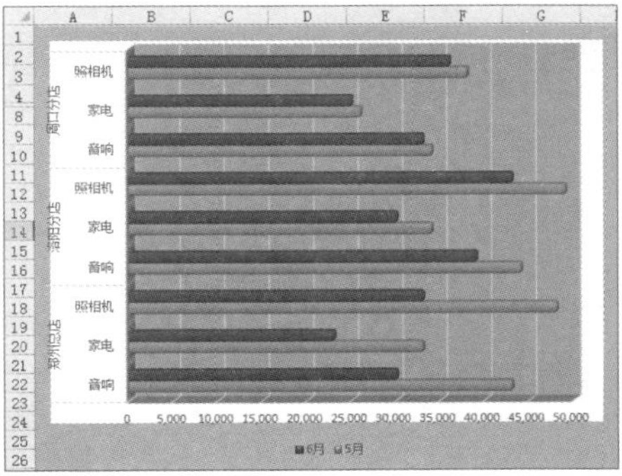

Question

329 最值显示有绝招

语音视频教学329

• Level ◆◆◆

2016 2013 2010

实例 突出显示图表中的最大值和最小值

在利用图表分析数据时，若想要图表中的最大值和最小值突出显示，则可以先通过函数分析，再用插入图表的方法来实现。关于函数的更多介绍可以关注后面章节的内容。

❶ 打开工作表，在C2单元格中输入公式“=IF(B2=MAX($B$2:$B$19),B2,NA())”。

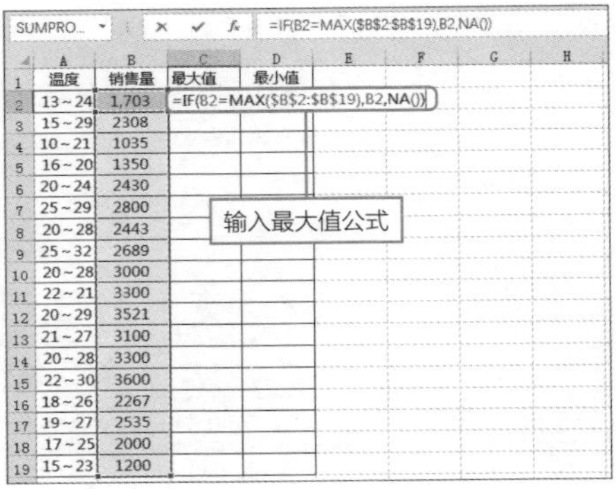

❷ 按Enter键确认输入，并向下复制公式，然后输入计算最小值公式“=IF(B2=MIN($B$2:$B$19),B2,NA())”。

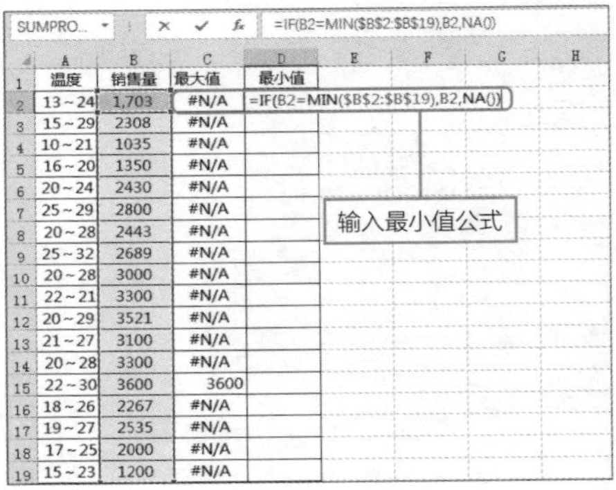

❸ 同样复制最小值公式，选择整个表格，单击“插入”选项卡上的“插入折线图”按钮，从列表中选择“带数据标记的折线图”选项。

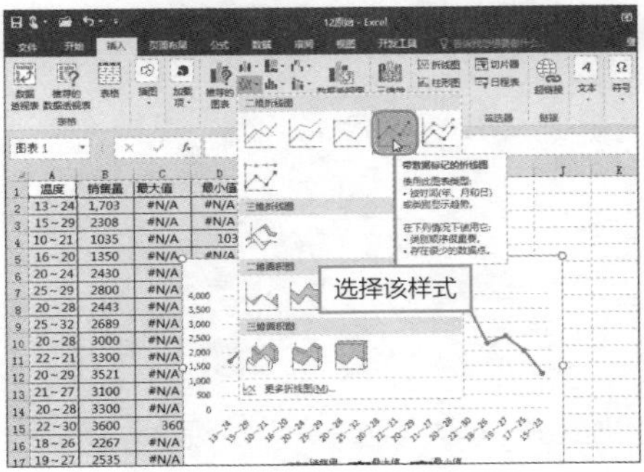

❹ 输入图表标题，可以看到，折线图中已经显示了最大值和最小值。

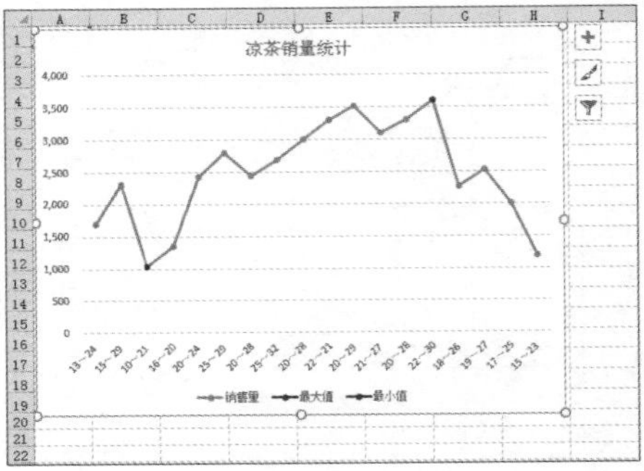

5 右击最大值数据点，从快捷菜单中选择“添加数据标签”命令。

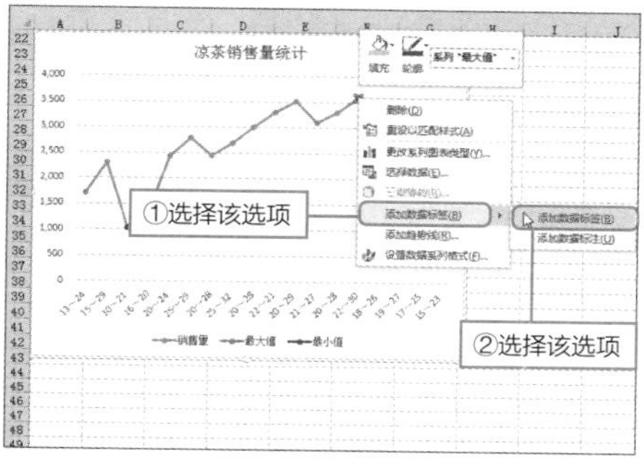

6 此时，在最大值数据点右侧，显示出数据标签，标记出工作表中的最大值。

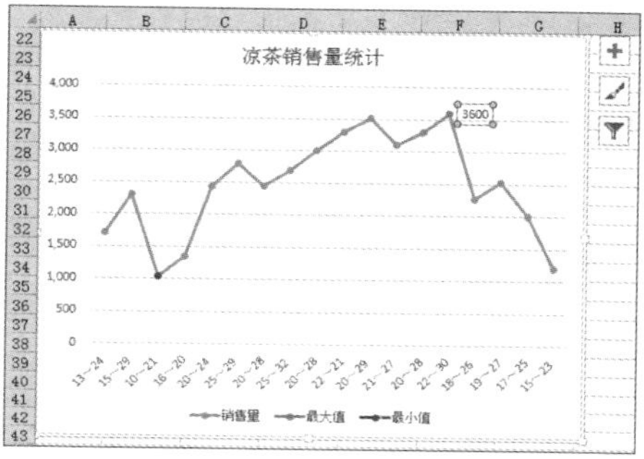

7 再次右击最大值数据点，从快捷菜单中选择“设置数据标签格式”命令。

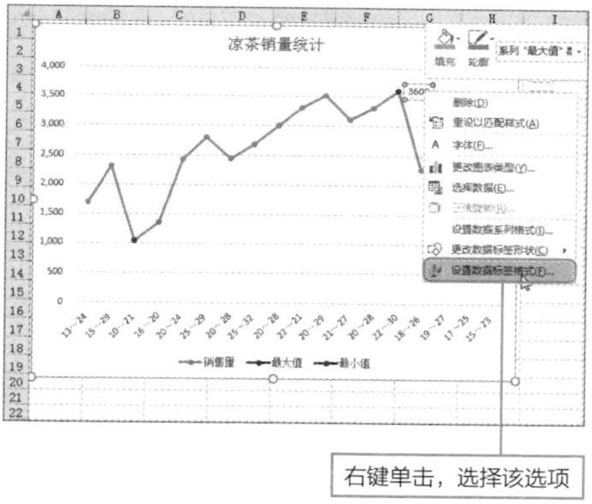

8 在打开的“设置数据标签格式”窗格中，勾选“系列名称”选项。

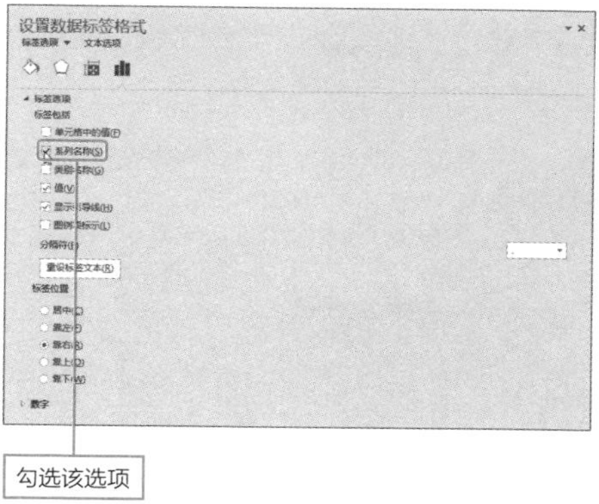

9 然后选择最小值数据点，按照上述方法进行设置。

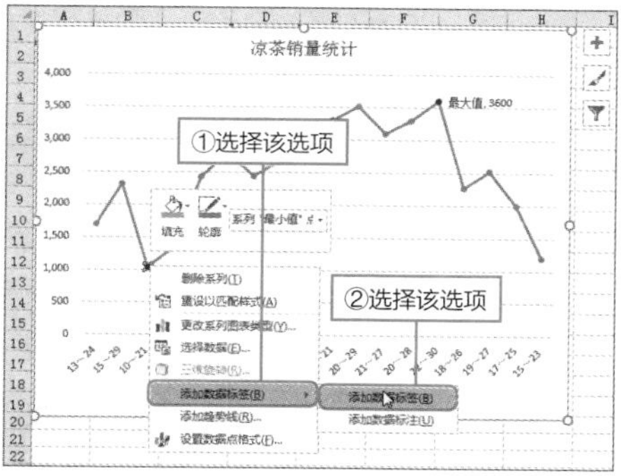

10 设置完成后，关闭“设置数据标签格式”窗格，查看设置效果。

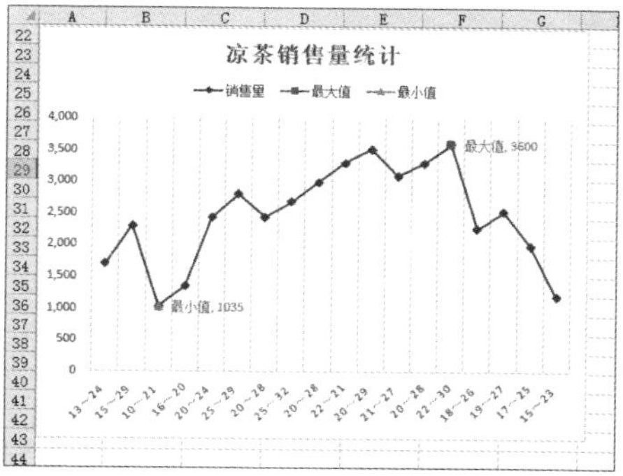

Question

330

由高到低给条形图表排个队

语音视频教学330

● Level ◆◆◆

2016 2013 2010

实例 更改条形图表排列顺序

默认情况下，条形图表中的数据系列是按照与所反映的原始数据相反排列的。若用户需要将条形图中的数据从高到低排列，可以按照以下操作方法进行。

❶ 选择B2:B11单元格区域，单击“开始”选项卡上的“降序”按钮，然后单击“提示”对话框中的“排序”按钮。

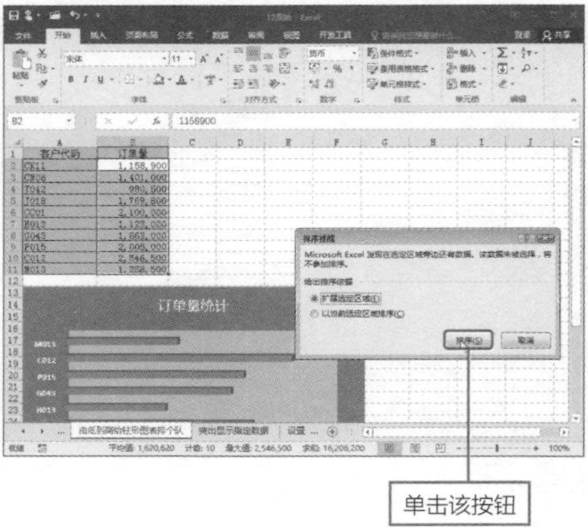

❷ 选择纵坐标轴，单击“图表工具-格式”选项卡上的“设置所选内容格式”按钮。

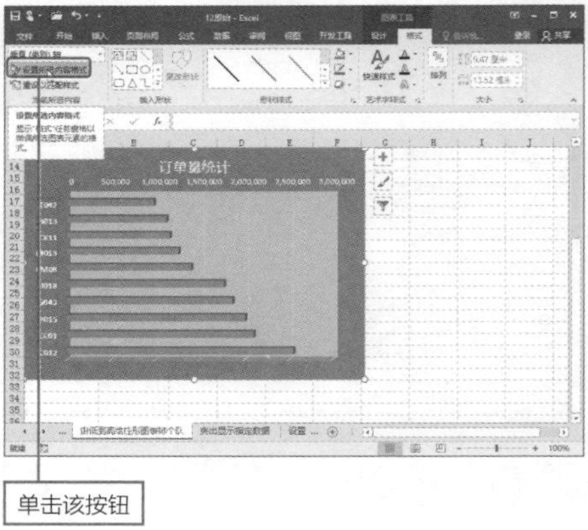

❸ 打开“设置坐标轴格式”窗格，选中“最大分类”单选按钮，并勾选“逆序类别”选项。

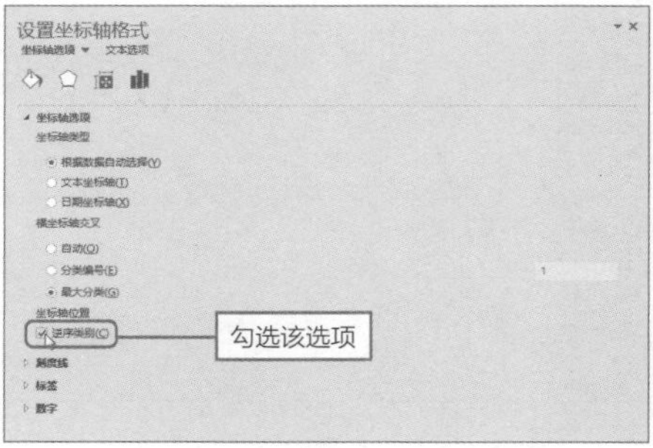

❹ 设置完成后，关闭窗格，查看设置效果。

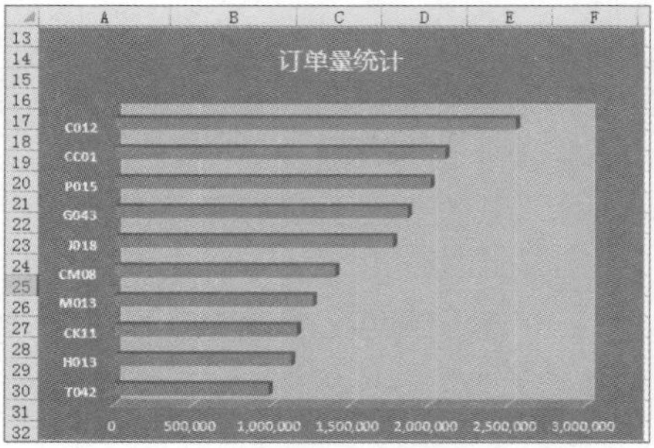

Question 331

突出显示指定数据

语音视频教学331

实例　特殊数据的突出显示

Level ◆◆◆

2016 2013 2010

在颜色和样式相同的柱形图表中，为了突出显示某一项目的数据，可以对相应柱形的样式进行更改，下面对其进行介绍。

1 打开工作表，选择图表中需要突出显示的柱形，执行“图表工具－格式>形状填充”命令，从列表中选择“淡紫”。

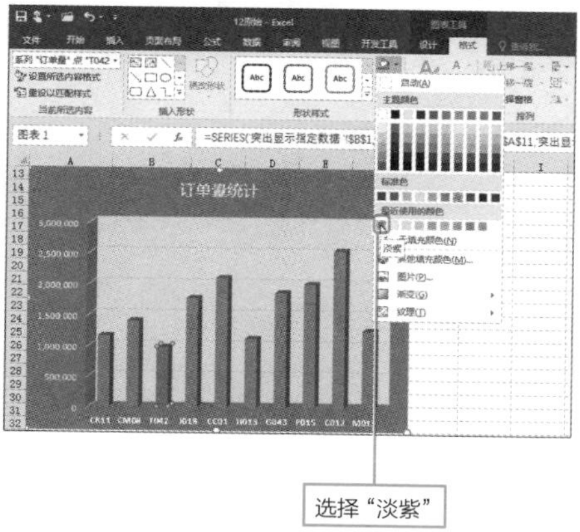

2 还可以通过更改形状样式突出显示，只需单击“图表工具－格式”选项卡“形状样式”组的“其他”按钮。

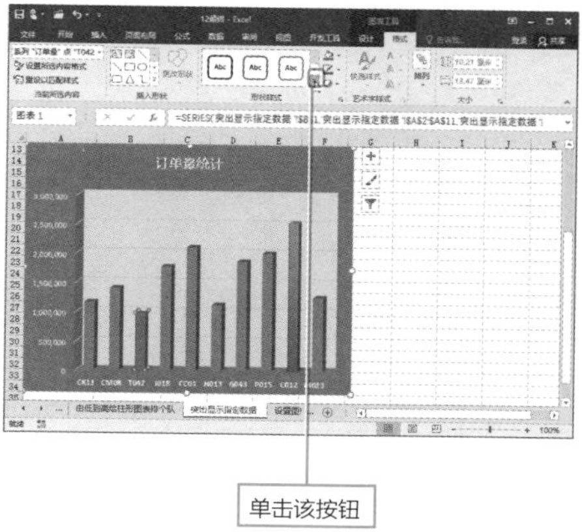

3 从形状样式列表中选择合适的样式。

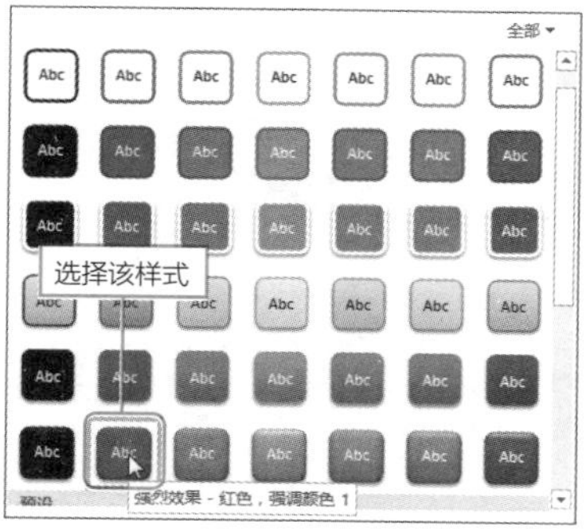

4 即可将所选柱形突出显示。

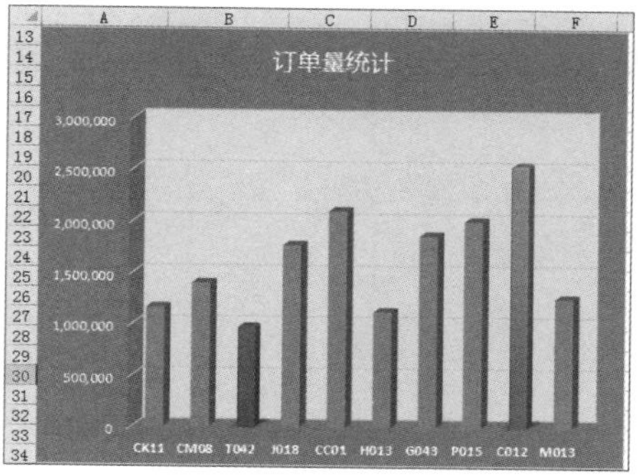

Question

332 设置图表区边框为圆角

语音视频教学332

Level ◆◆◆

2016 2013 2010

实例	将图表区边框设置为圆角

对于想要凸显图表个性的用户来说，美化图表时将图表区边框设置为圆角，会有意想不到的效果哦！下面对其进行介绍。

1 选择图表并右击，从快捷菜单中选择“设置图表区域格式”命令。

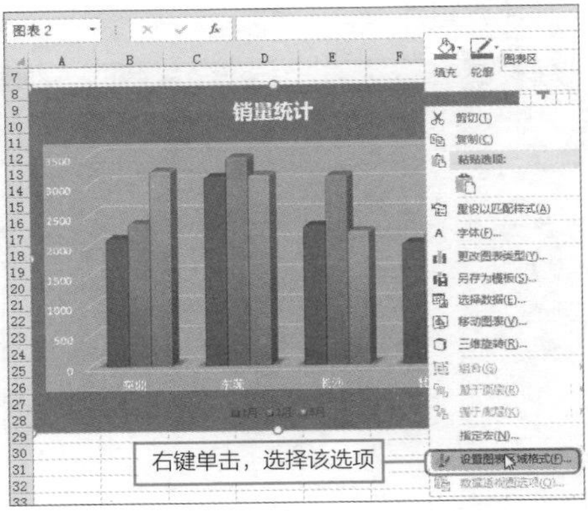

2 打开“设置图表区格式”窗格，在“边框”选项，勾选“圆角”复选框。

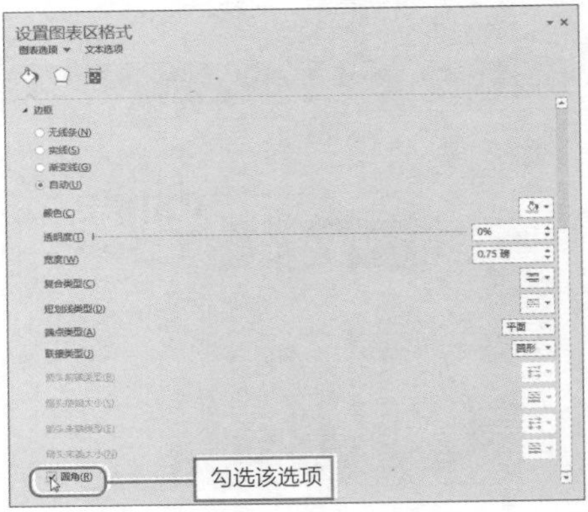

3 设置完成后，关闭窗格，查看设置效果。

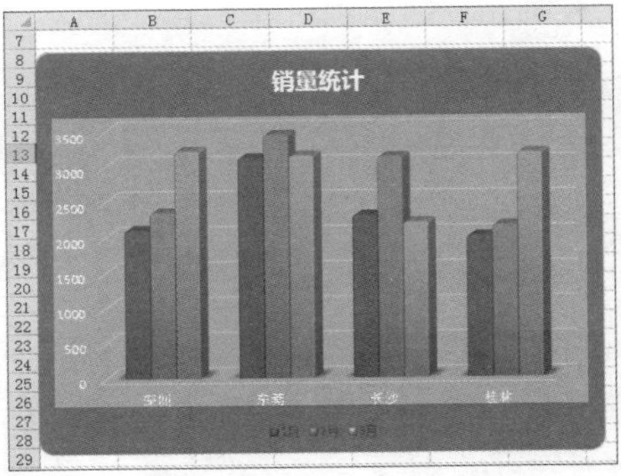

Hint

如何更改图表区颜色

选择图表，执行“图表工具－格式>形状填充”命令，从列表中选择合适的颜色即可。

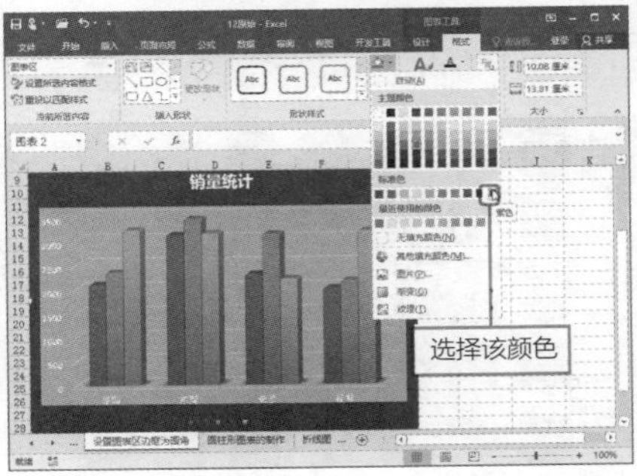

Question 333

● Level ◆◆◆

2016 2013 2010

圆柱形图表的设计

语音视频教学333

实例	制作圆柱形图表

圆柱形图表在视觉效果上个人的感觉比较亲和，但是在Excel 2016中，用户插入图表时，并不能直接插入一个圆柱形图表，那么，如何插入一个圆柱形图表呢？下面对其进行介绍。

1 选择工作表中的源数据，单击“插入”选项卡上的“插入柱形图”按钮，从展开的列表中选择“三维簇状柱形图”选项。

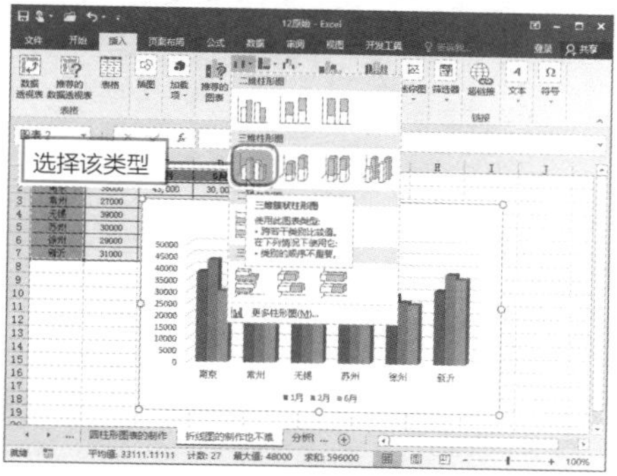

2 输入图表标题，选择图表中的数据系列，单击“图表工具－格式”选项卡上的“设置所选内容格式”按钮。

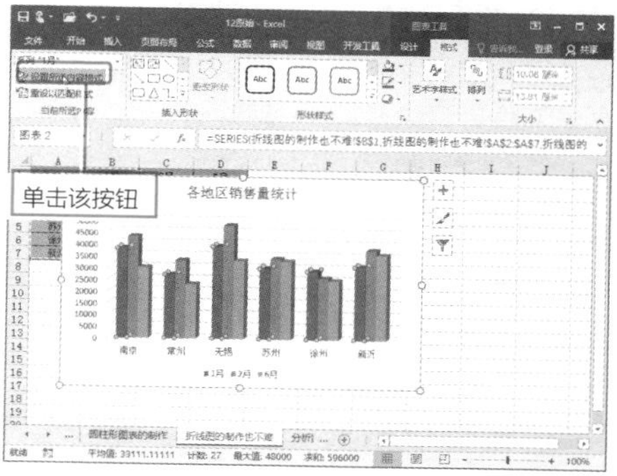

3 在打开的窗格中，选中“圆柱图”单选按钮。

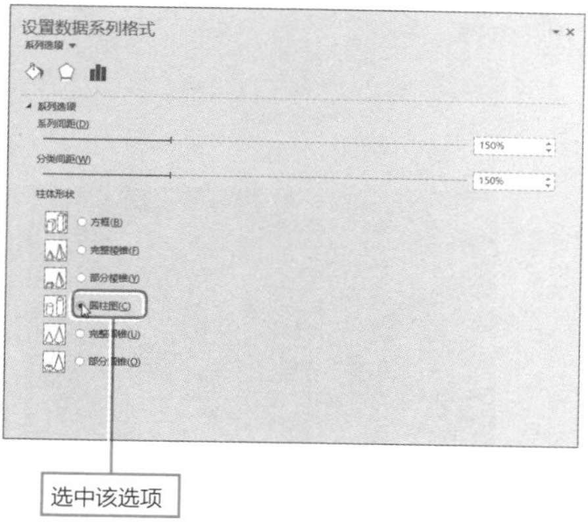

4 按照同样的方法设置其他数据系列，然后关闭窗格，并为图表应用快速样式。

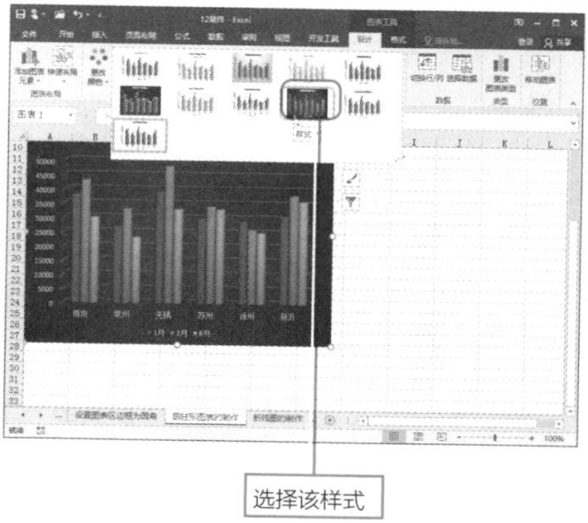

Question

334 折线图的制作也不难

语音视频教学334

• Level ◆◆◆

2016 2013 2010

实例 制作折线图

折线图是用一个单位长度表示一定数量，根据数量的多少描出点，用线段依次将各个点连接，以绘制出线段的上升或下降表示数据的增减，可以清晰的表现数据变化情况，下面介绍如何制作折线图。

1 选择数据，单击“插入”选项卡上的“插入折线图”按钮，从列表中选择“带数据标记的折线图”选项。

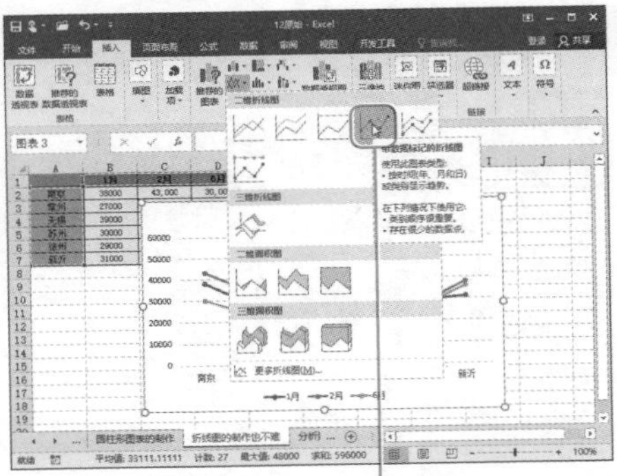

选择该类型

2 输入图表标题，单击“图表工具－设计”选项卡上“图表样式”组的“其他”按钮，从列表中选择“样式11”。

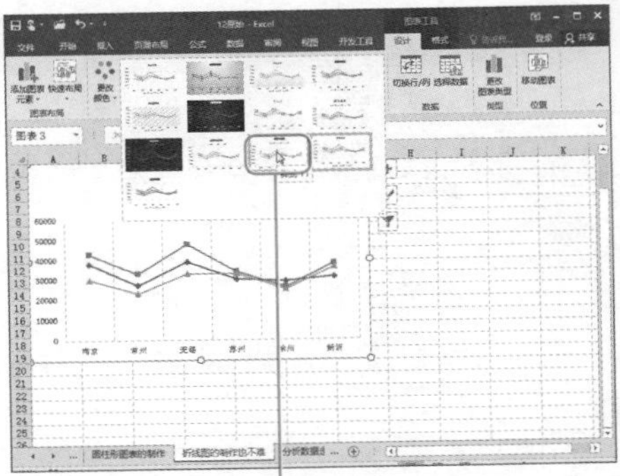

选择该样式

3 在绘图区右键单击，选择“设置绘图区格式”命令，在打开的窗格中适当设置。

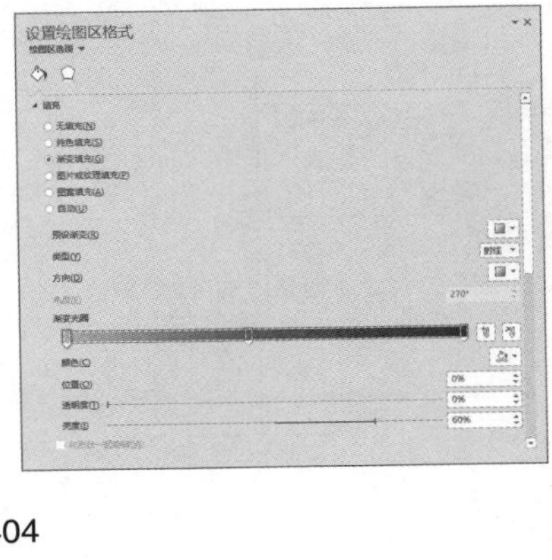

4 设置完成后，关闭窗格，查看制作的折线图效果。

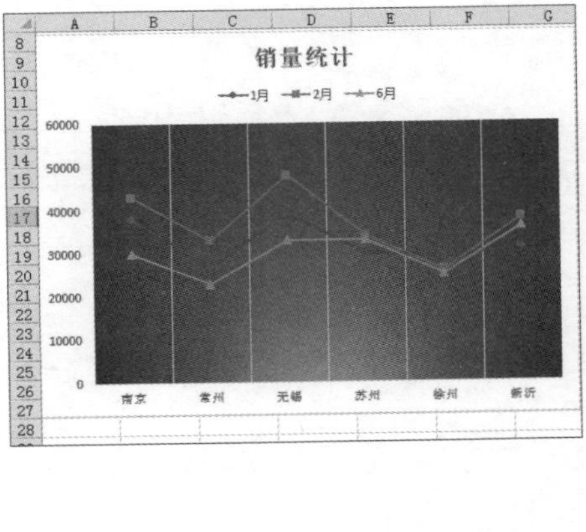

Question

335

分析数据走向，趋势线来帮忙

语音视频教学335

● Level ◆◆◆

2016 2013 2010

实例 图表趋势线的添加

若用户想要清除标识多个数据之间的规律，明确数据之间的关系和趋势，就需要在图表中添加趋势线，下面对其进行介绍。

1 选择数据，单击“插入”选项卡上的“插入柱形图”按钮，从展开的列表中选择“簇状柱形图”选项。

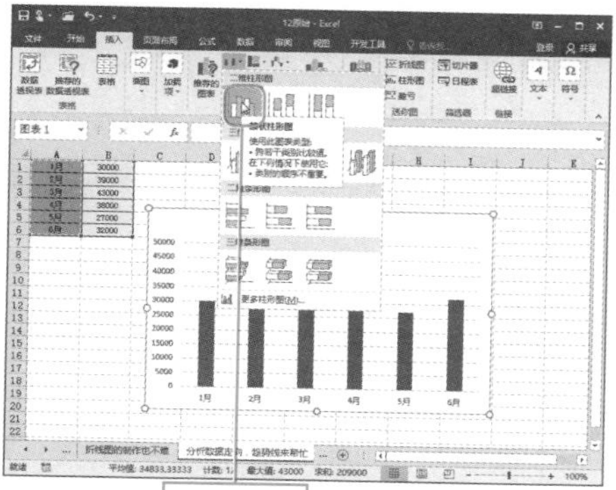

选择该选项

2 输入图表标题，选择图表，执行“图表工具－设计>添加图表元素>趋势线>线性”命令。

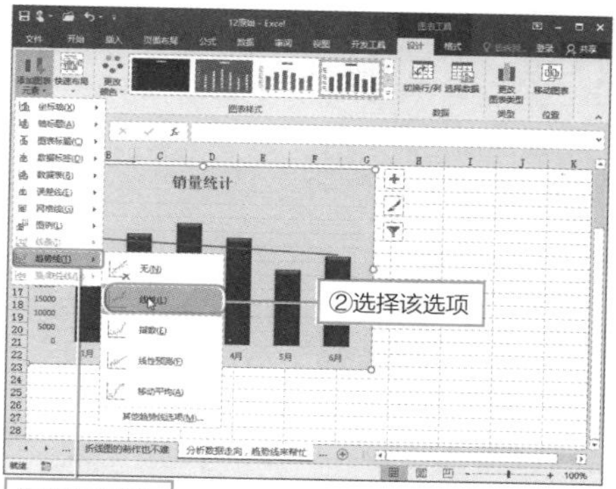

①选择该选项

3 双击趋势线，在打开的“设置趋势线格式”窗格中进行详细设计。

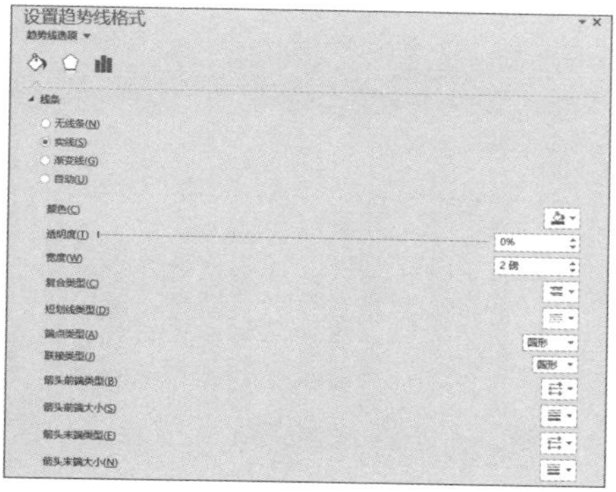

4 设置完成后，关闭窗格，查看设置趋势线效果。

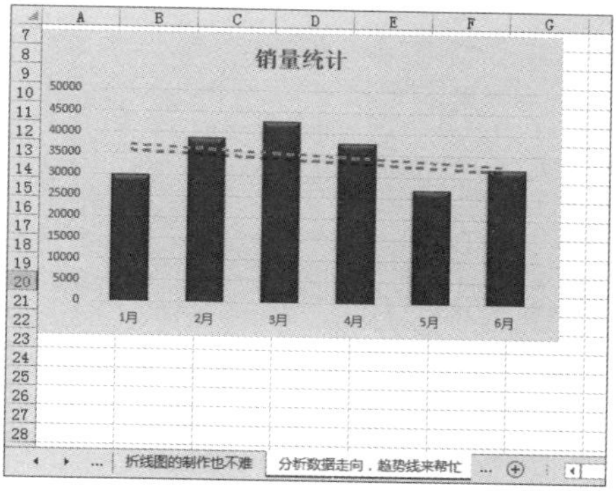

Question

336 为图表添加误差线

语音视频教学336

● Level ◆◆◆

2016 2013 2010

实例 误差线的添加

误差线可以形象展示数据的随机波动性，用户可以通过为数据系列添加误差线来指出数据的潜在误差，下面介绍如何添加误差线的操作。

1 选择数据，单击“插入”选项卡上的“插入柱形图”按钮，从展开的列表中选择“簇状柱形图”选项。

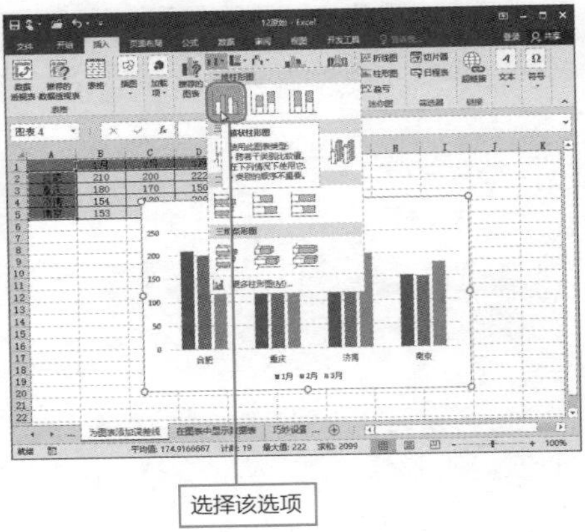

2 输入图表标题，选择图表，执行“图表工具－设计>添加图表元素>误差线>百分比”命令。

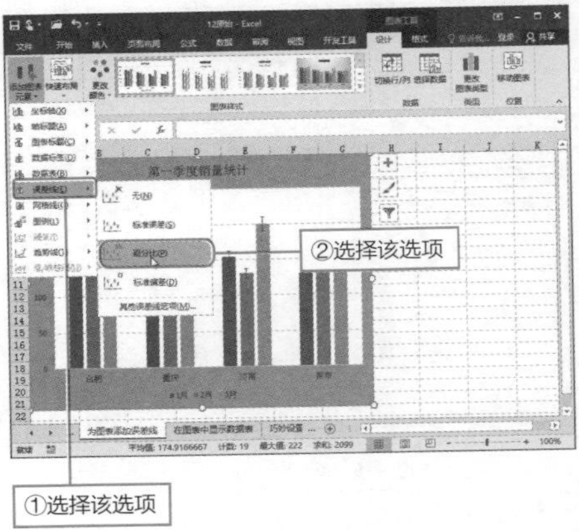

3 双击误差线，在打开的“设置误差线格式”窗格中进行详细设计。

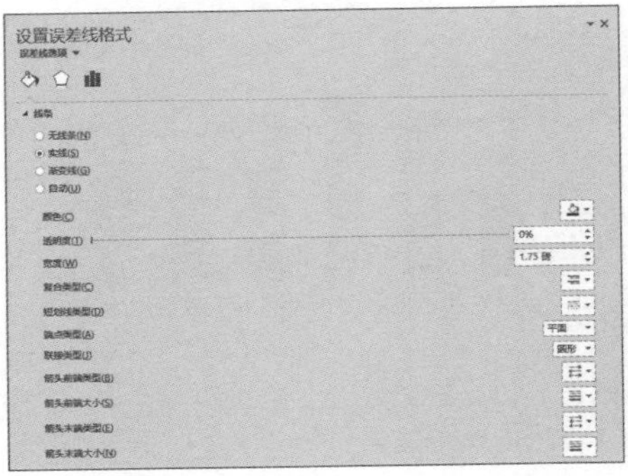

4 设置完成后，关闭窗格，查看设置误差线效果。

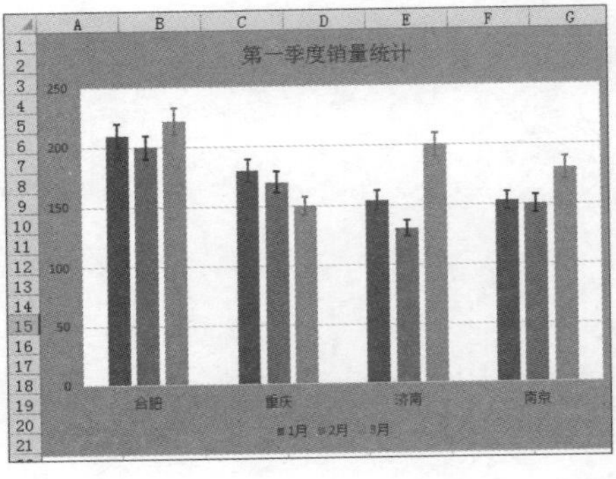

Question

337

● Level ◆◆◆

2016 2013 2010

在图表中显示数据表

语音视频教学337

实例 显示图表的数据表

若用户想要图表中的各项数据清晰的显示在图表中，可以通过设置将数据表显示出来，下面对其进行介绍。

❶ 选择数据，单击“插入”选项卡上的“插入条形图”按钮，从展开的列表中选择“三维簇状条形图”选项。

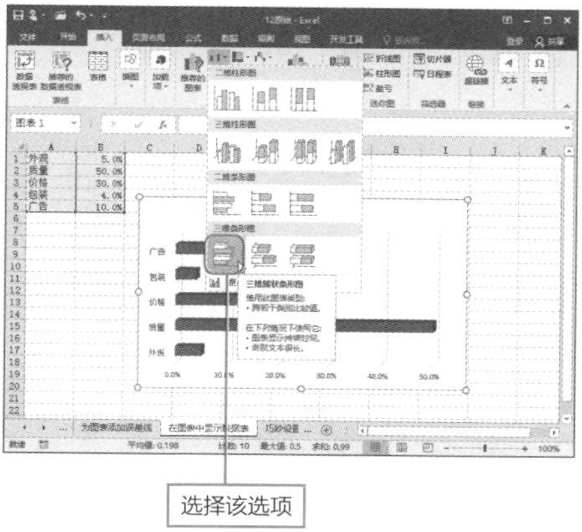

❷ 输入图表标题，选择图表，执行“图表工具－设计>添加图表元素>数据表>显示图例项标示”命令。

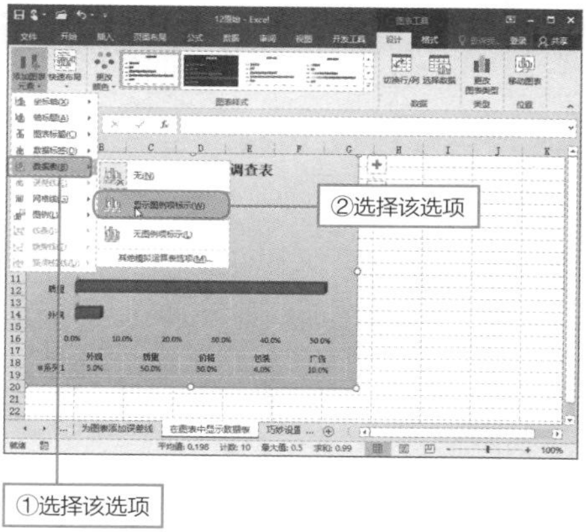

❸ 双击数据表，在打开的“设置模拟运算表格式”窗格中进行详细设计。

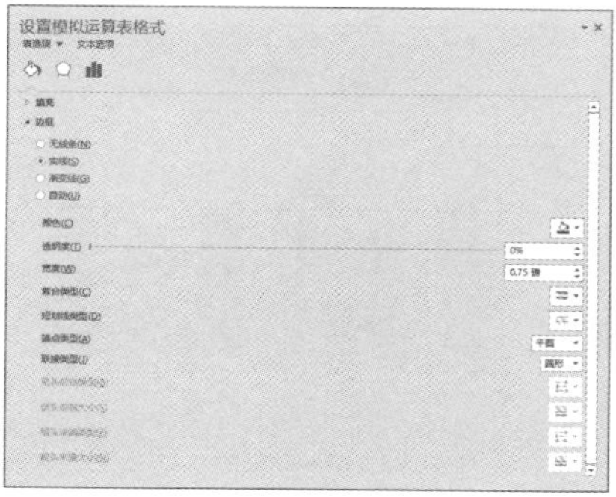

❹ 设置完成后，关闭窗格，查看设置数据表效果。

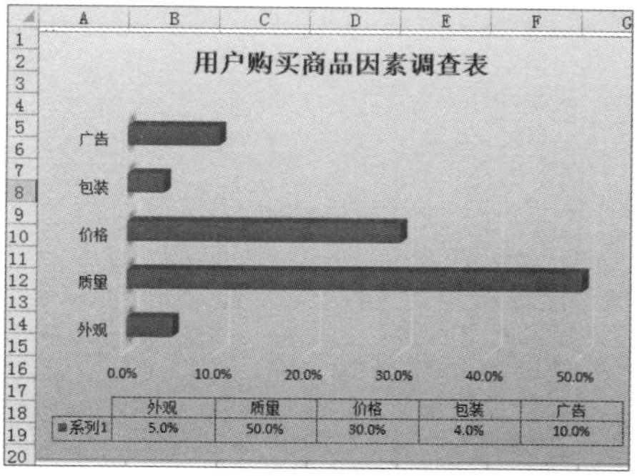

Question 338

巧妙设置三维图表的透明度

语音视频教学338

● Level ◆◆◆

2016 2013 2010

实例 三维图表透明度的设置

在三维图表中，会经常遇到前面的数据遮挡了后面数据的情况，造成观察数据时，无法清晰观察，可以通过设置数据系列透明度来改善这一状况，下面对其进行介绍。

1. 选择数据，单击“插入”选项卡上的“插入柱形图”按钮，从展开的列表中选择“三维柱形图”选项。

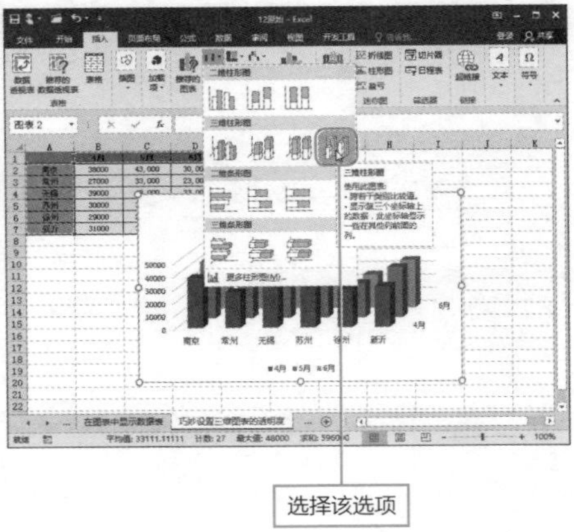

2. 选择数据系列，右键单击，从快捷菜单中选择“设置数据系列格式”命令。

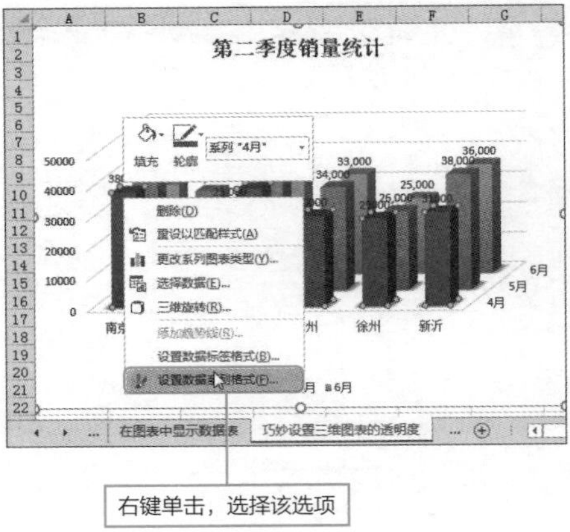

3. 在打开窗格中的“填充”选项，设置图形填充，并设置透明度为20%。

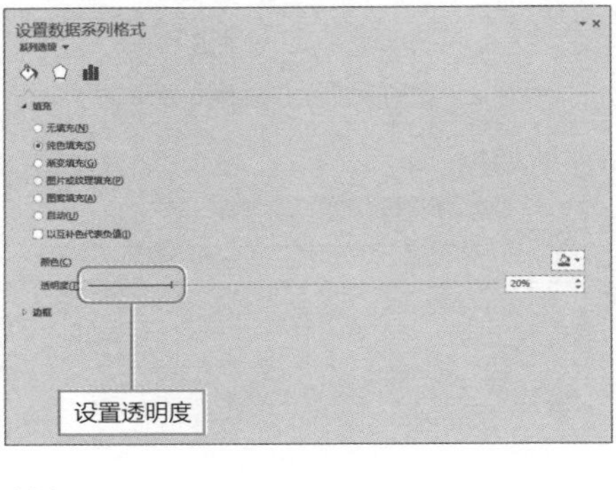

4. 按照同样的方法依次设置其他数据系列的透明度，然后关闭窗格即可。

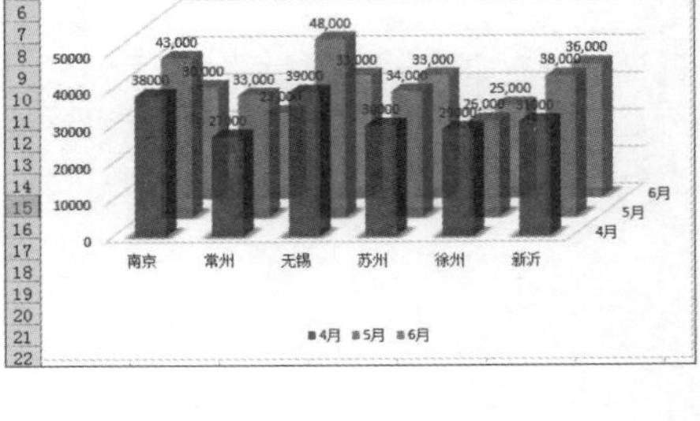

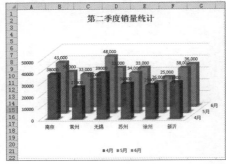

Question **339**

创建上下对称图表很简单

语音视频教学339

● Level ◆◆◆

2016 2013 2010

实例　上下对称柱形图的创建

在实际应用中，若用户想要对一段时间的收入和支出数据进行比较，可以通过上下对称的图表来实现，下面对其进行介绍。

❶ 选择数据，执行“插入>插入柱形图>簇状柱形图”命令。

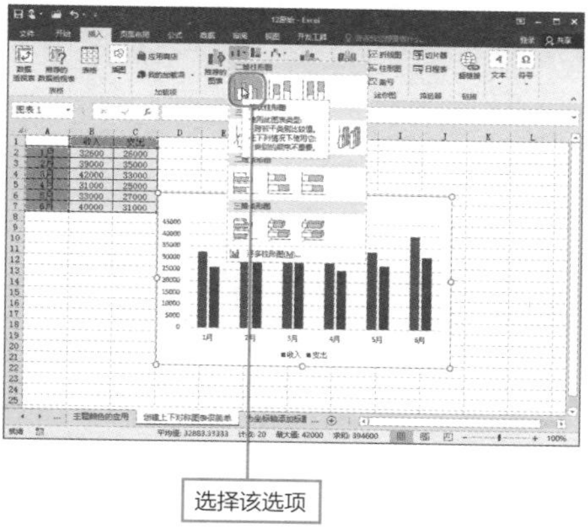

❷ 插入柱形图，删除图表标题，右键单击数据系列，从快捷菜单中选择“设置数据系列格式”命令。

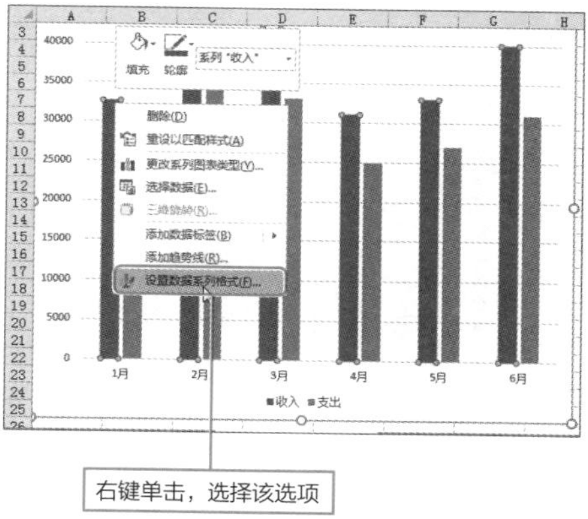

❸ 在打开窗格中的“系列选项”选项下，选中“次坐标轴”单选按钮。

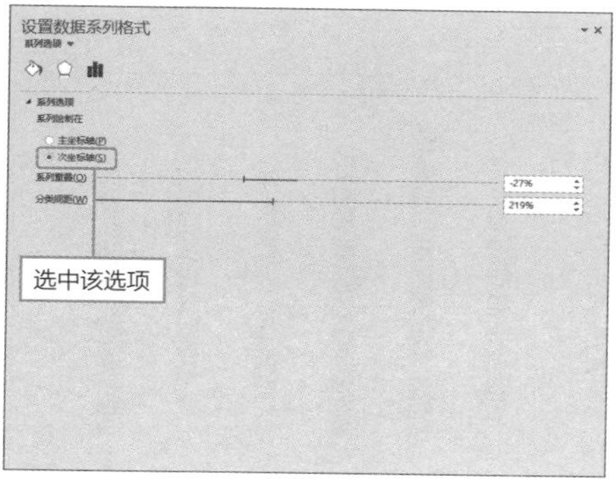

❹ 选择次坐标轴，右键单击，从快捷菜单中选择“设置坐标轴格式”命令。

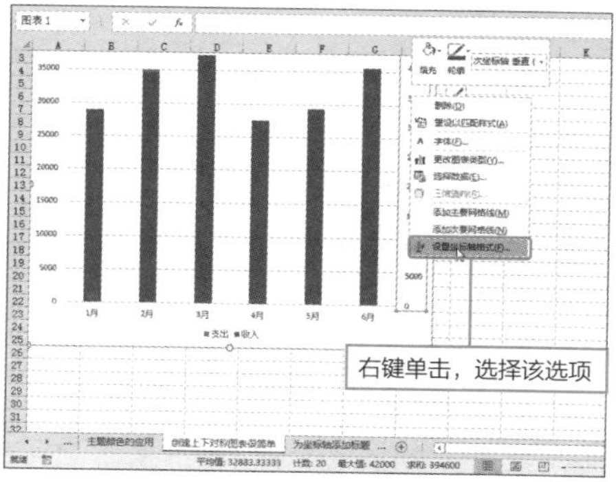

5 在打开窗格中的“坐标轴”选项下，设置“边界”的“最小值”为-40000，“最大值”为40000。

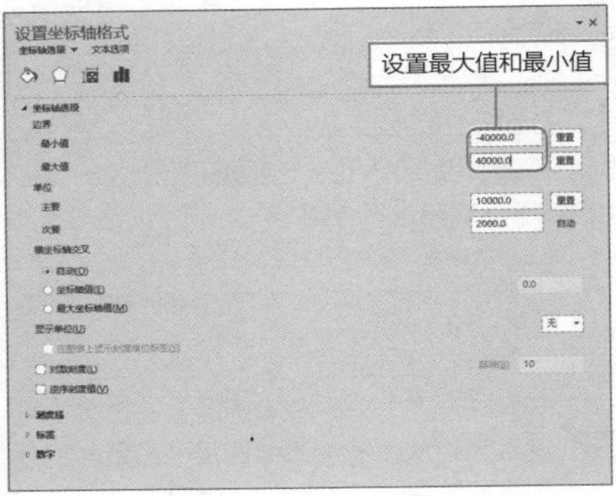

6 设置“显示单位”为“千”，勾选“逆序刻度值”选项。

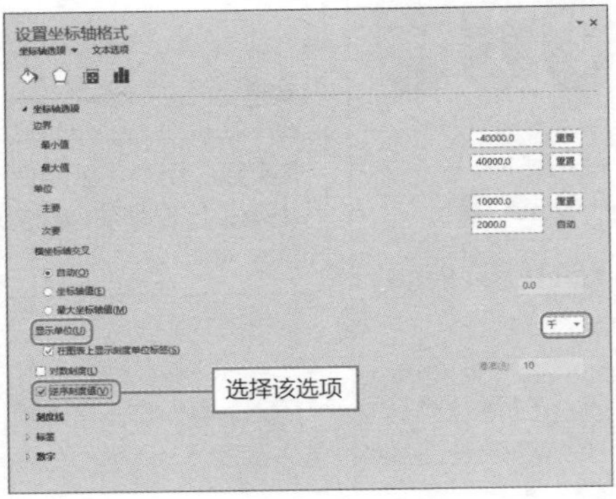

7 保持窗格打开状态，单击图表的垂直轴，同样设置“边界”的“最小值”为-40000，“最大值”为40000。

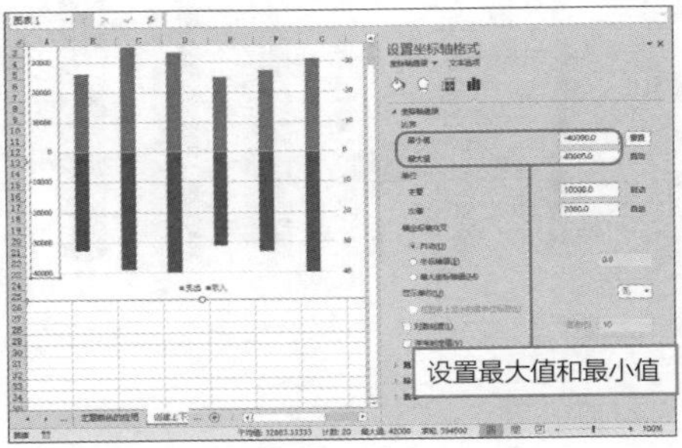

8 继续保持窗格打开状态，选择图表中的水平轴，在“标签”选项，设置“标签位置”为“高”。

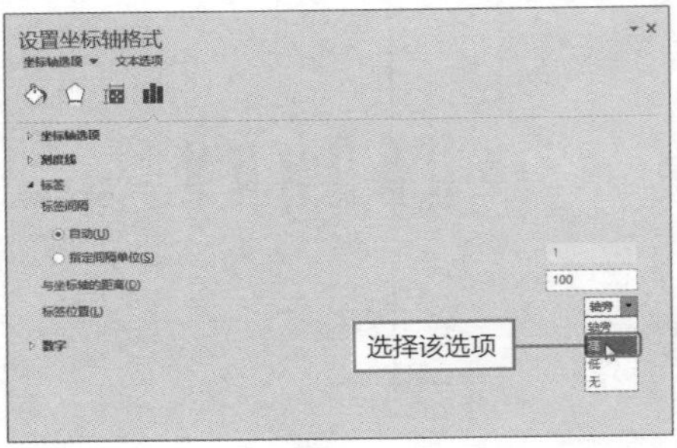

9 关闭窗格，选择图表，执行“图表工具-设计>添加图表元素>数据标签>数据标签外”命令。

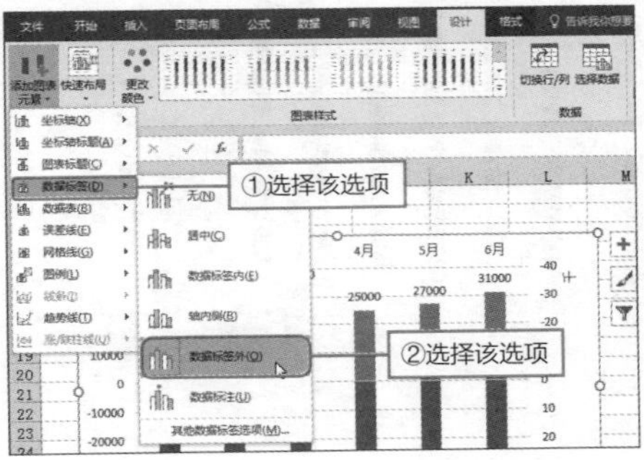

10 显示数据标签，查看最终效果。

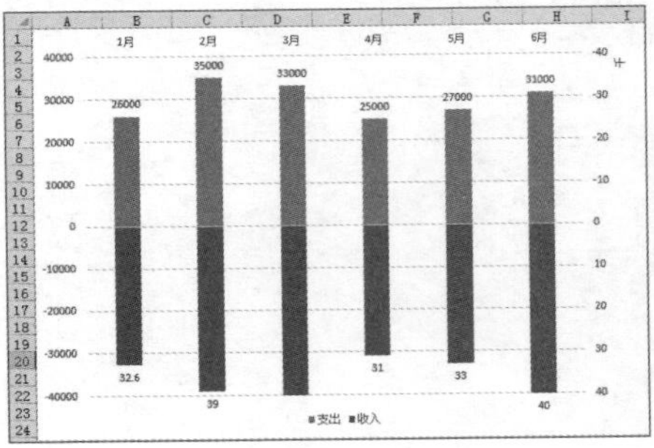

Question

340

● Level

◆◆◆

2016 2013 2010

为图表添加轴标题

语音视频教学340

实例	坐标轴标题的添加

为了可以清晰标识图表内容，可以为图表的坐标轴添加轴标题，下面介绍如何添加坐标轴标题。

❶ 选择图表，切换至“图表工具－设计”选项卡，单击“添加图表元素”按钮。

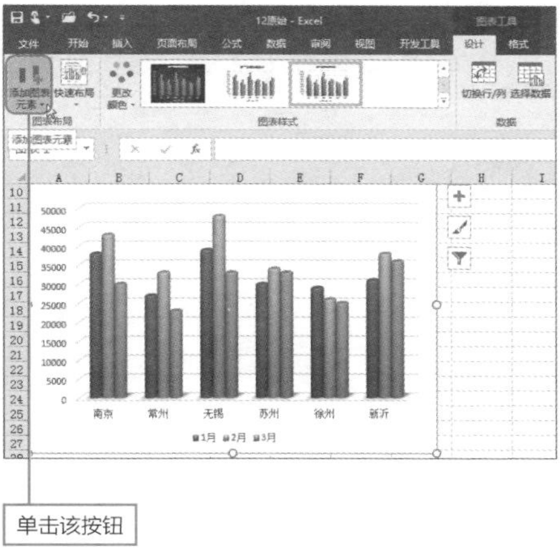

❷ 从展开的列表中选择“轴标题”选项，从关联菜单中选择“主要纵坐标轴”选项。

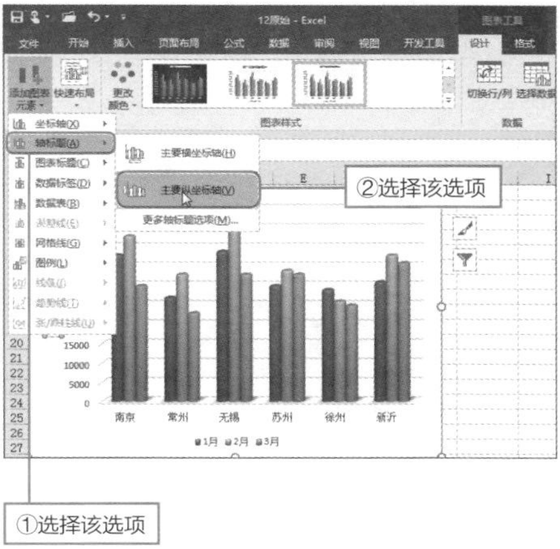

❸ 此时，纵坐标旁边会出现一个文本框，在文本框中输入纵坐标标题即可。

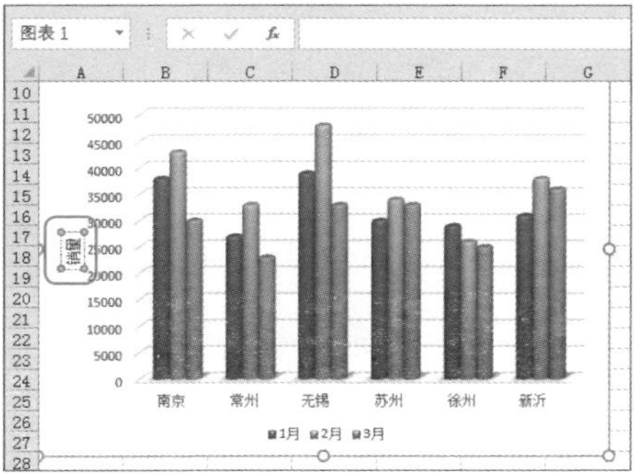

❹ 输入标题后，还可以对字体大小，文本框填充色进行适当设置。

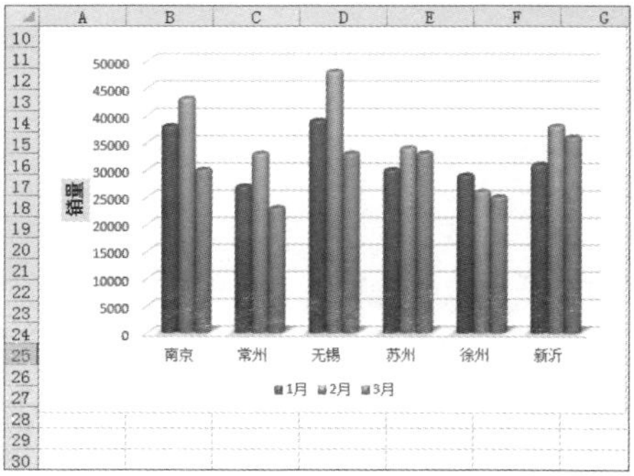

Question

341 巧妙增粗柱形图

语音视频教学341

• Level ◆◆◆

2016 2013 2010

实例 加粗柱形图，使数据一目了然

当图表中的数据系列较少时，可以加粗数据系列，使数据看起来更加直观。柱形的粗细与数据大小无关，可以自由设置，下面对其进行介绍。

最终效果

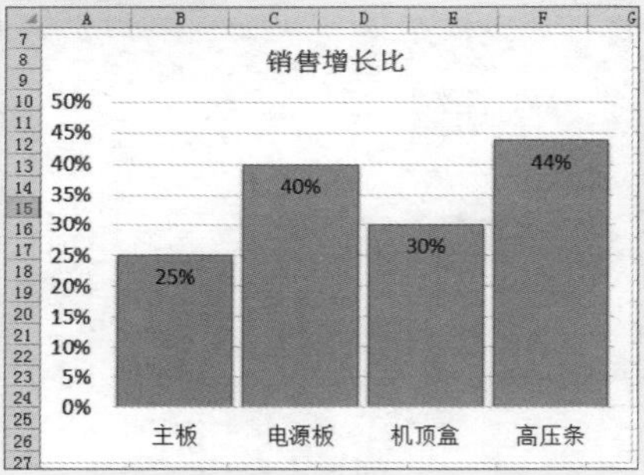

系列间距为18%显示效果

1. 选择数据系列，切换至“图表工具－格式”选项卡，单击“设置所选内容格式”按钮。

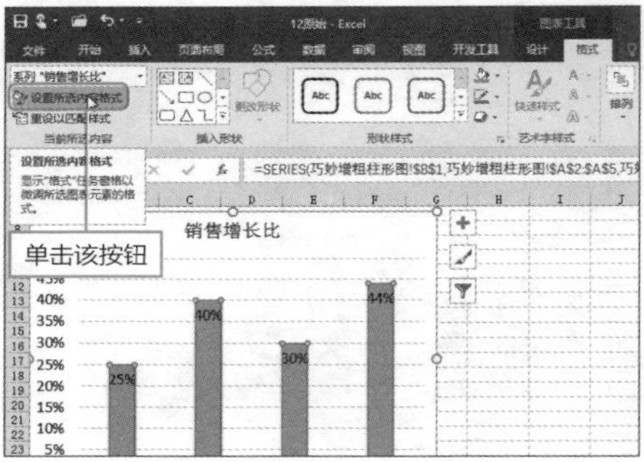

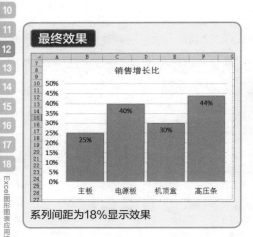

2. 打开“设置数据系列格式”窗格，按住鼠标左键不放，向左拖动“分类间距”选项滑块调节分类间距。

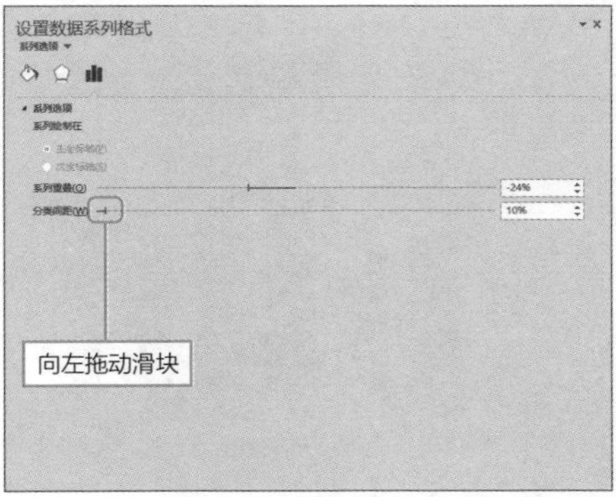

Hint

如何自定义数据标签格式?

只需双击数据标签，在打开的窗格中，对数据标签进行设置即可。

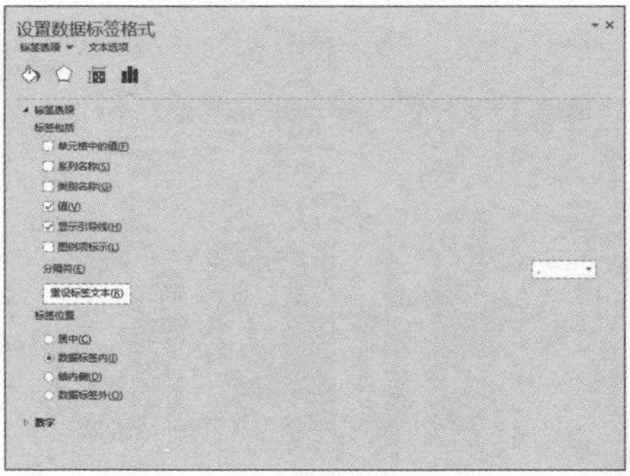

Question

342

● Level

◆◆◆

2016 2013 2010

一招防止他人篡改图表

语音视频教学342

实例　锁定图表，对其进行保护

为了防止辛苦制作完成的图表被他人篡改，保护图表内容或位置，可以设置图表的状态为锁定，从而保护图表，下面对其进行介绍。

❶ 选择A1:D5单元格区域，右键单击，从快捷菜单中选择“设置单元格格式”命令。

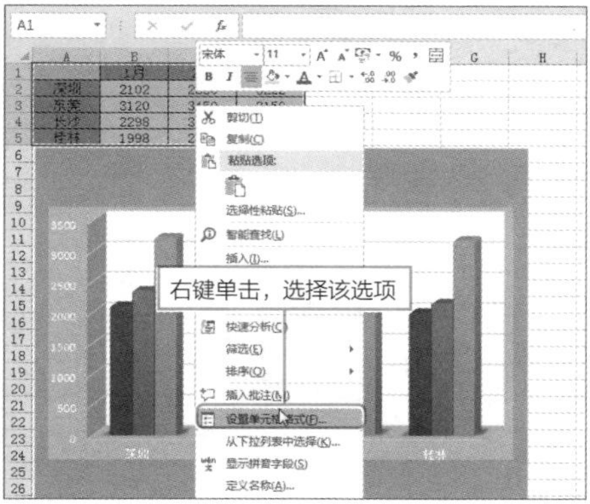

❷ 打开“设置单元格格式”对话框，勾选“锁定”选项前的复选框。

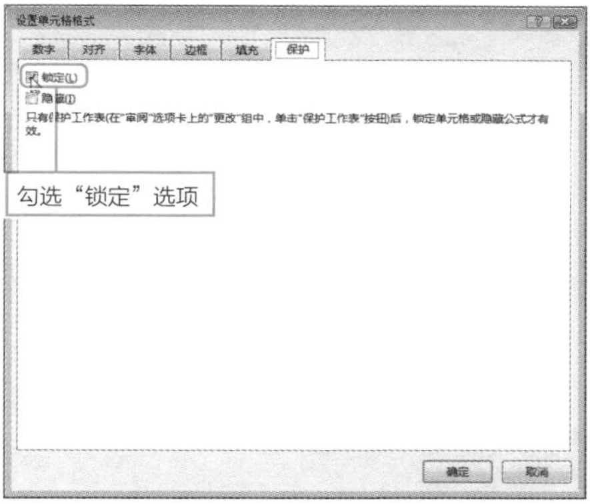

❸ 关闭对话框，切换至“审阅”选项卡，单击“保护工作表”按钮。

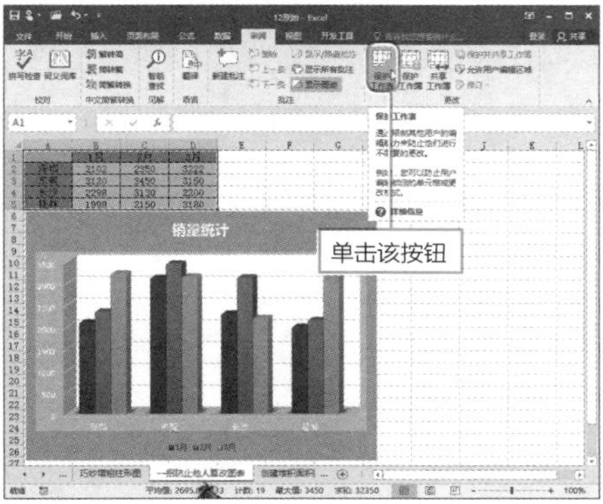

❹ 打开“保护工作表”对话框，勾选允许操作的项目，单击“确定”按钮即可。

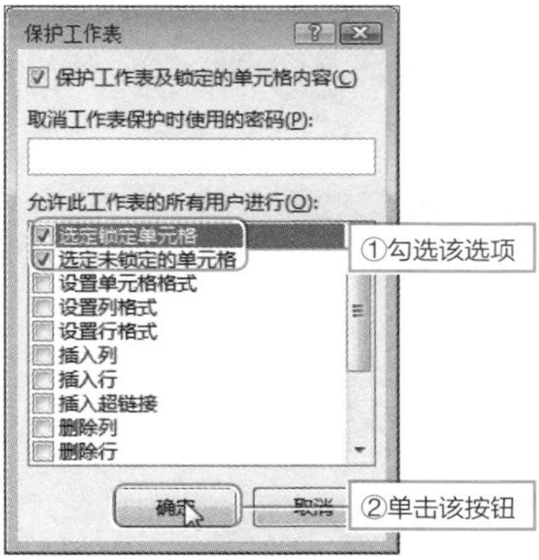

Question
343

• Level
◆◆◆
2016 2013 2010

堆积面积图的设计妙招

语音视频
教学343

实例 快速创建堆积面积图

堆积面积图与折线图的功能类似，用于表示总数量的变化以及每个系列数据的变化倾向。可以在堆积图的面积内填充色彩，突出显示图表所表现的数据变化。

❶ 选择表格数据，单击“插入”选项卡上的“插入折线图或面积图”按钮，从展开的列表中选择“堆积面积图”选项。

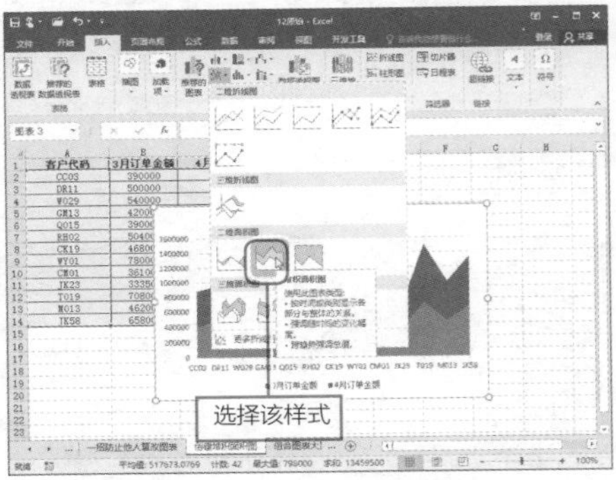

❷ 切换至“图表工具－设计”选项卡，单击“更改颜色”按钮，从展开的列表中选择“颜色3”。

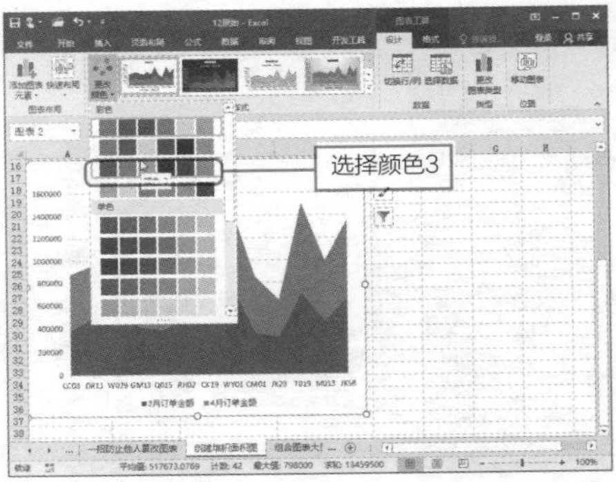

❸ 单击“图表样式”组的“其他”按钮，从列表中选择合适的图表样式即可。

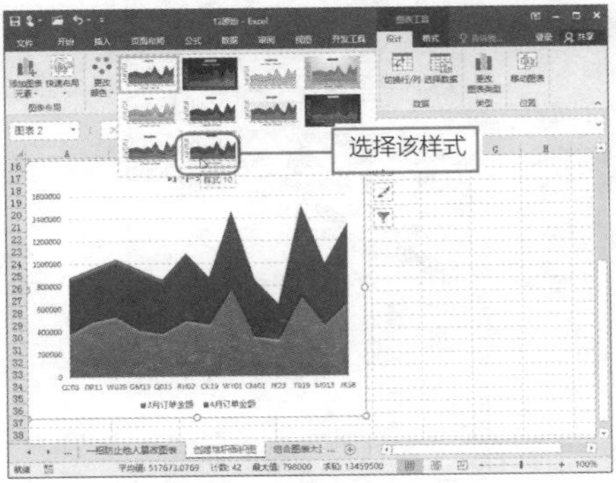

❹ 还可以通过“图表工具－格式”选项卡上的“形状填充”按钮，为图表填充合适的颜色。

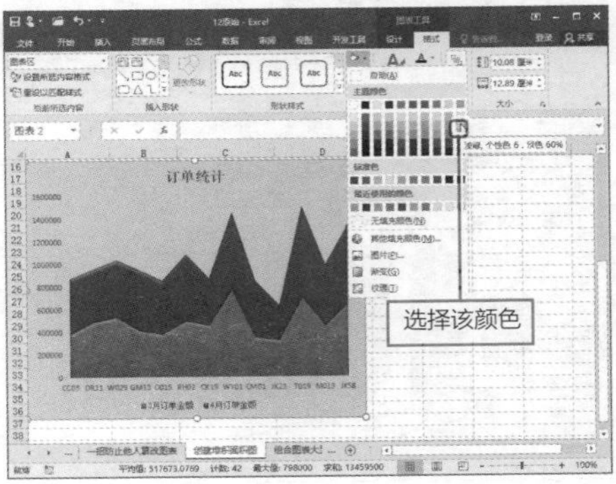

Question

344

● Level ◆◆◆

2016 2013 2010

组合图表大显身手

语音视频教学344

实例　组合图表的应用

与之前的版本不同，Excel 2016让用户可以直接在页面中插入组合图表，方便数据的比对和说明，下面介绍如何创建一个组合图表。

1 选择A1:D7单元格区域，切换至“插入”选项卡，单击“插入组合图表”按钮，可以从展开的列表中选择一种合适的样式。

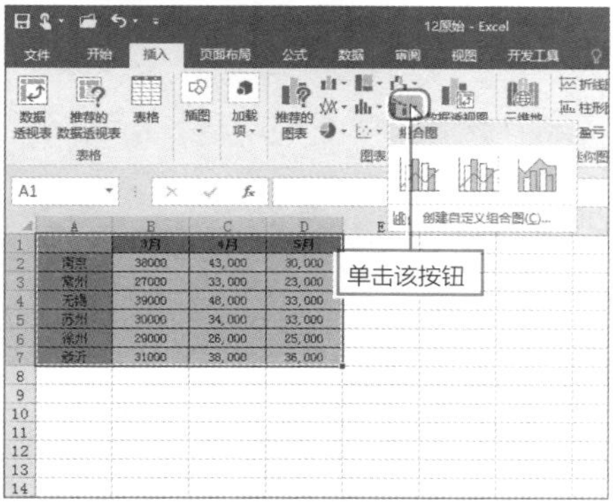

2 若选择“创建自定义组合图”选项，在打开对话框中的“为您的数据系列选择图表类型和轴”选项下进行适当设置。

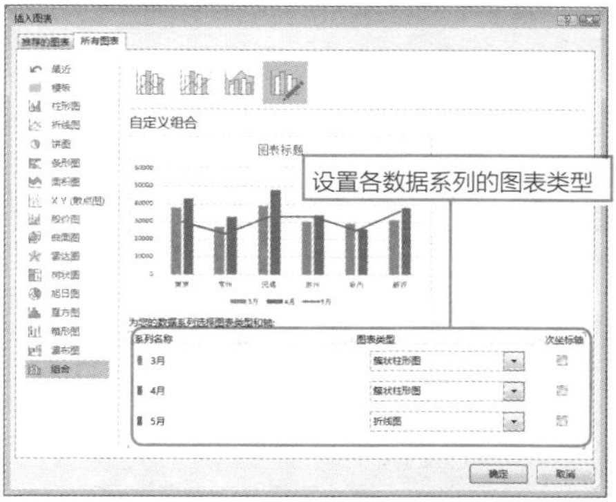

3 单击“确定”按钮，关闭对话框，输入图表标题，应用图表样式。

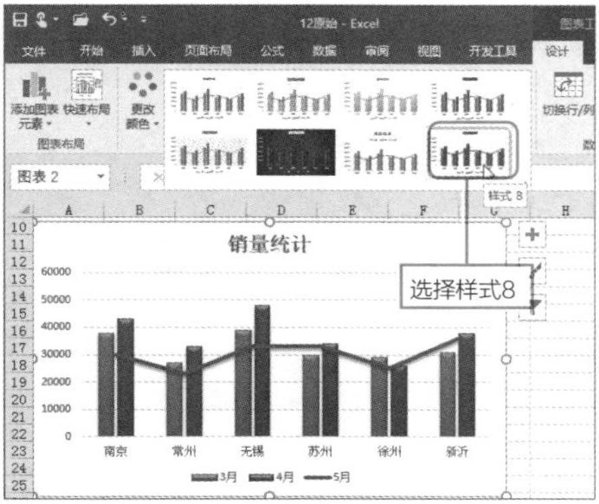

4 保持图表的选中，为图表添加数据表，并设置数据表显示图例项标示。

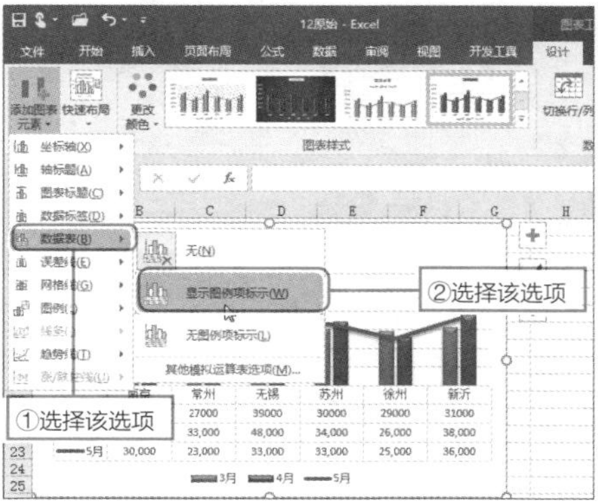

Question

345 美化折线图数据标记

语音视频教学345

实例 折线数据标记格式的设置

Level ◆◆◆

2016 2013 2010

默认情况下，折线图中数据标记只有几种简单的几何图形，若用户想要突出显示数据标记，则可以对标记的格式进行更改，下面对其进行介绍。

1. 选择数据标记，右键单击，从快捷菜单中选择“设置数据系列格式”命令。

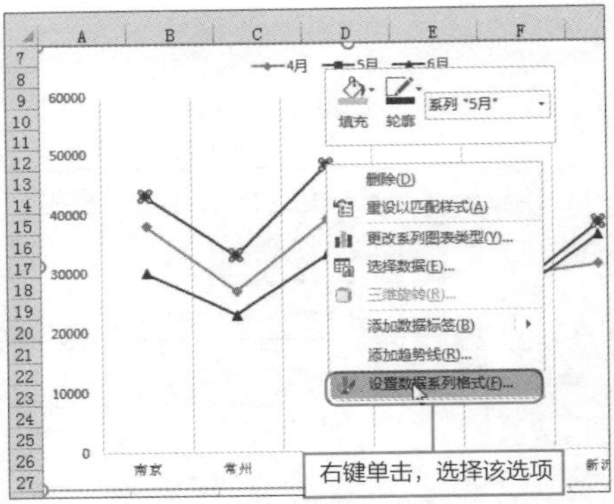

2. 打开窗格中的“标记”选项卡，在“数据标记选项”设置“大小”为12，单击“文件”按钮。

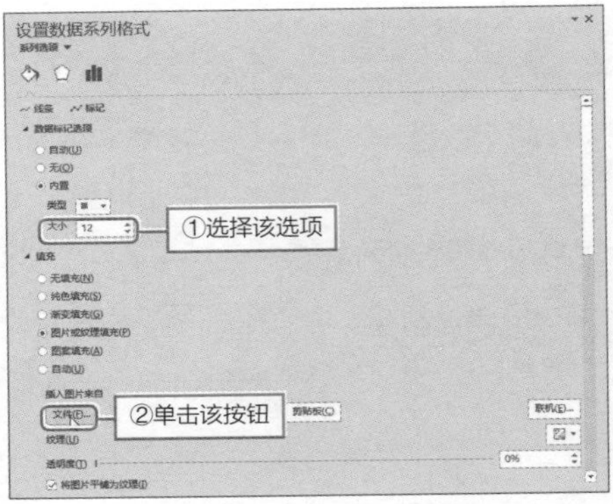

3. 在打开的“插入图片”对话框中选择合适的图片，单击“插入”按钮。

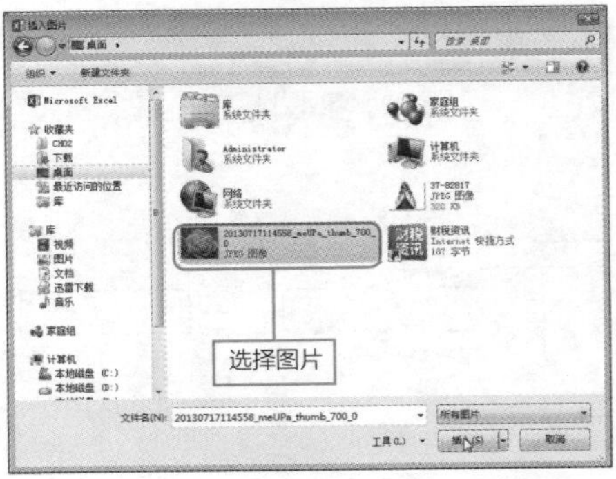

4. 按照同样的方法，设置其他数据系列标签格式即可。

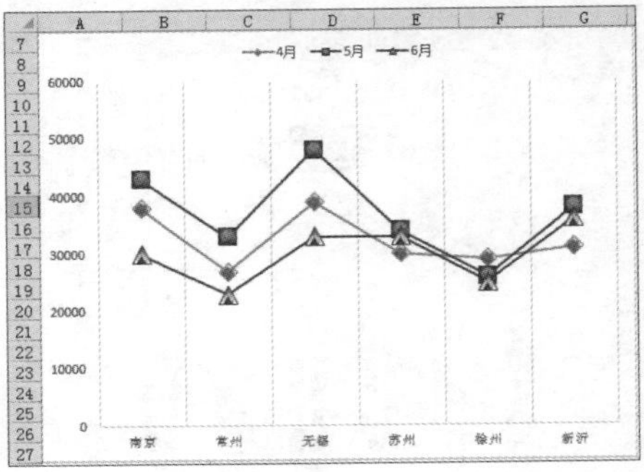

Question 346

轻松创建股价图

语音视频教学346

Level ◆◆◆

2016 2013 2010

实例 使用推荐的图表进行创建股价图

股价图经常用来显示股价的波动，其数据在工作表中的组织方式非常重要，下面对其创建进行介绍。

1. 选择A1:F22单元格区域，切换至“插入”选项卡，单击“推荐的图表”按钮。

2. 打开“插入图表”对话框，选择“所有图表”选项卡中“股价图”选项的“成交量-开盘-盘高-盘低-收盘图”选项，并确定即可。

3. 删除图表标题后，选择图表，切换至“图表工具-设计”选项卡，单击“更改颜色”按钮，从展开的列表中选择“颜色2”。

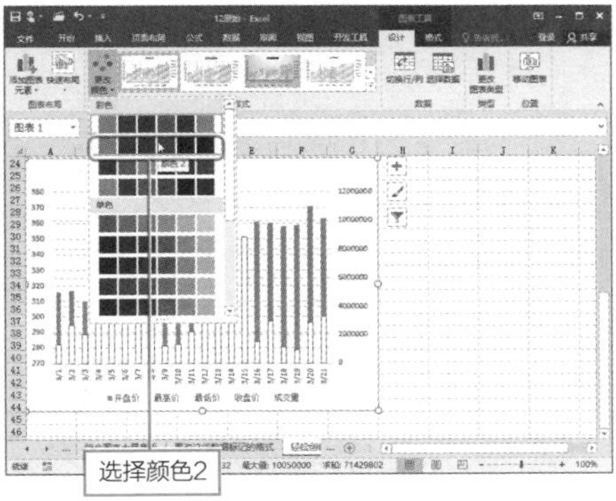

4. 保持对图表的选中，选择“图表样式”组中的“样式7”即可。

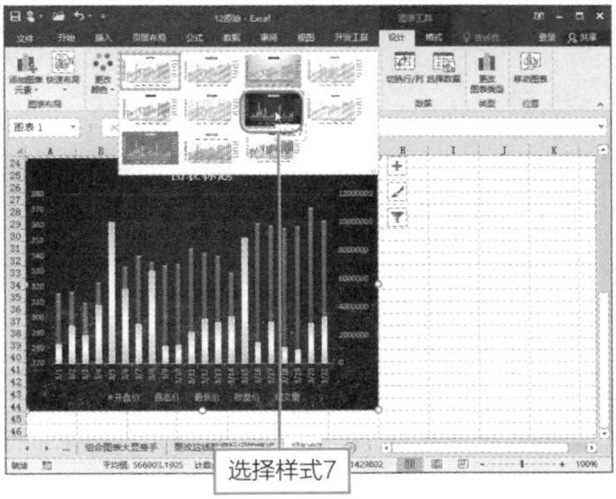

Question 347

● Level ◆◆◆

2016 2013 2010

折线图中垂直线的添加

语音视频教学347

实例 为折线图添加垂直线

若折线图中的系列比较多，需要比对不同项目之间同一时期之间的数据就会比较棘手，这时，可以通过在折线图之间添加垂直线来辅助数据的比对，下面对其进行介绍。

1. 选择图表，切换至“图表工具－设计”选项卡，单击“添加图表元素”按钮。

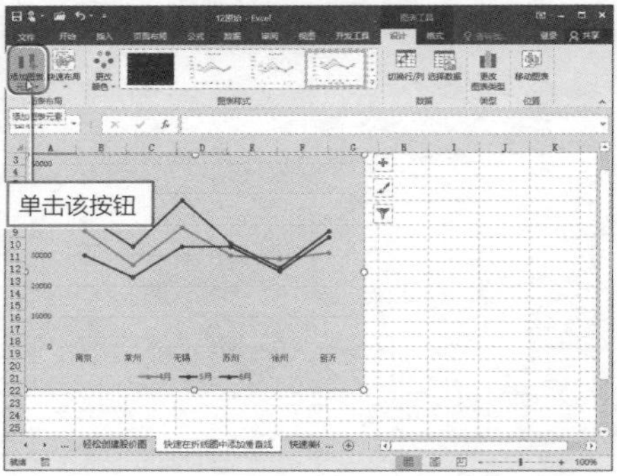

2. 从展开的列表中选择“线条”选项，从其关联菜单中选择“高低点连线”选项。

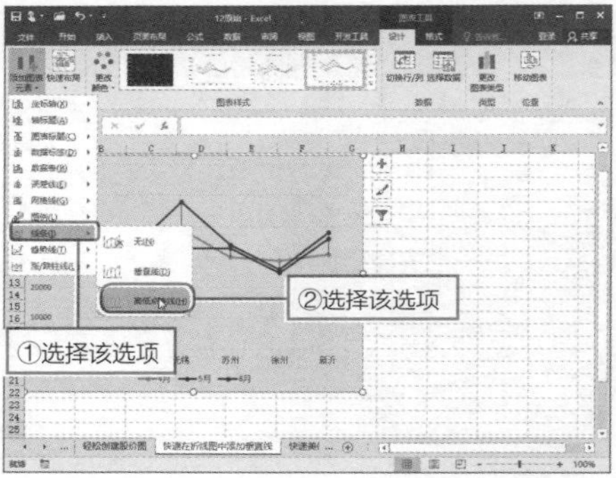

3. 双击出现的垂直线，在打开的“设置高低点连线格式”窗格中，对垂直线的颜色、粗细、箭头前端类型等进行设置。

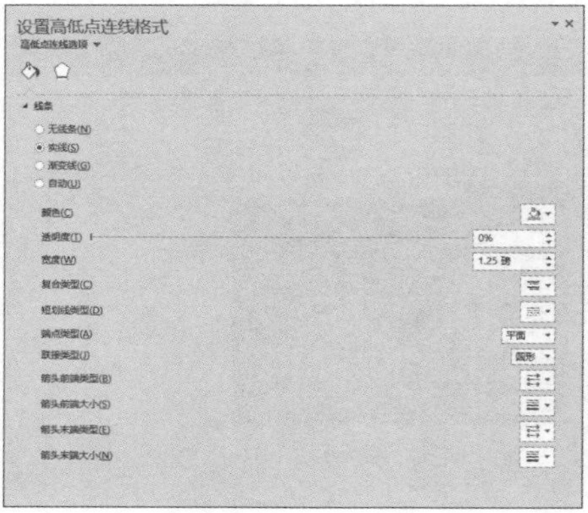

4. 设置完成后，关闭窗格，查看设置垂直线效果。

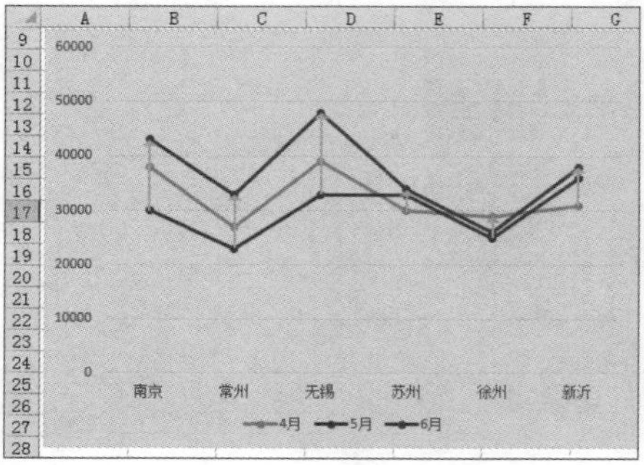

Question
348 快速美化三维图表

语音视频教学348

Level ◆◆◆

2016 2013 2010

实例	三维图表的美化

三维图表能给观众带来更强大的视觉冲击，并且可以更形象的反映出数据之间的关系。下面将介绍如何美化制作完成的三维图表，让图表更加的突出。

❶ 设置图表区格式。选择图表右键单击，出现浮动工具栏，单击“填充”按钮，从列表中选择“浅蓝”。

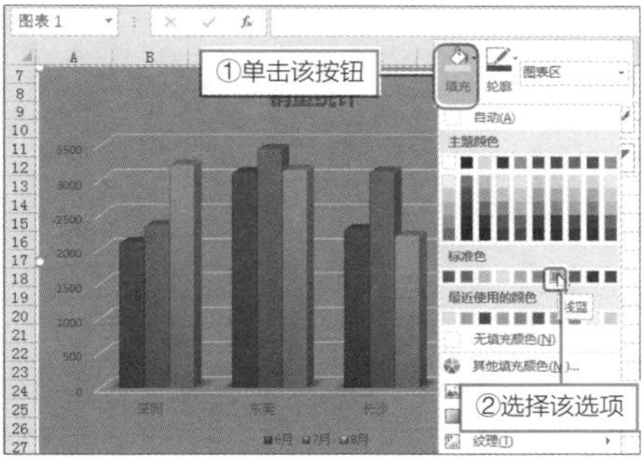

❷ 设置绘图区格式。选择绘图区并右击，通过浮动工具栏中的填充面板，为绘图区填充“浅黄”。

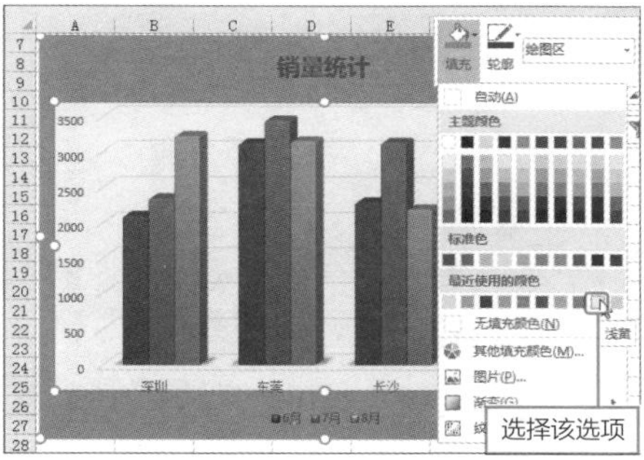

❸ 设置三维旋转。依次设置背景墙和地板格式填充，并更改标题文本颜色为黑色。然后在图表上右击选择“三维旋转”命令。

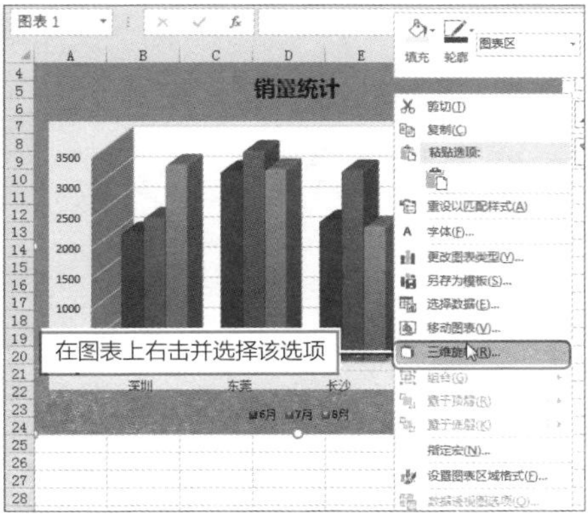

❹ 打开“设置图表区格式”窗格，在“三维旋转”选项，设置“X旋转”为“40°”、“Y旋转”为“70°”，“深度”为“120”。设置完成后，关闭窗格即可。

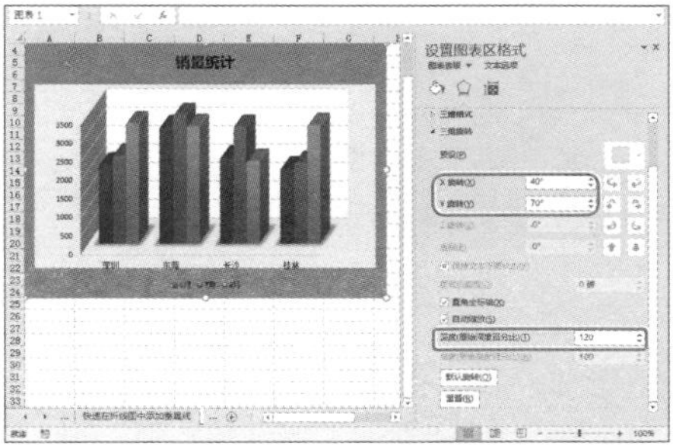

Question

349

巧妙将图表另存

语音视频
教学349

• Level ◆◆◆

2016 2013 2010

实例 将自定义的图表保存为模板

若用户制作完成一个非常漂亮的图表，并且希望在以后的工作中能以当前图表为模板创建图表，可以将该图表保存为模板，下面介绍将自定义的图表保存为模板的操作。

❶ 选择自定义的图表，右键单击，从快捷菜单中选择“另存为模板”命令。

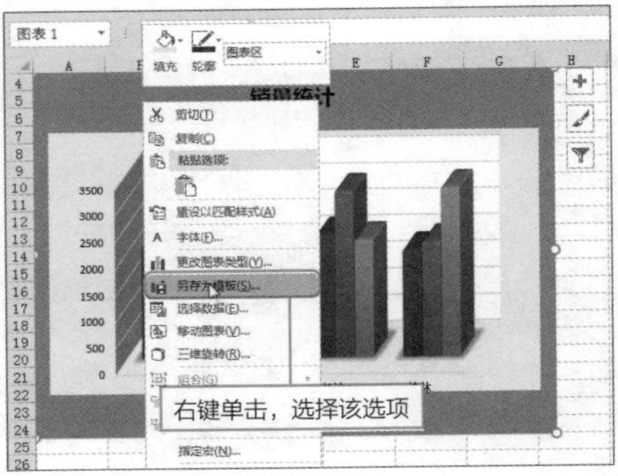

❷ 打开“保存图表模板”对话框，输入文件名后单击“保存”按钮进行保存。

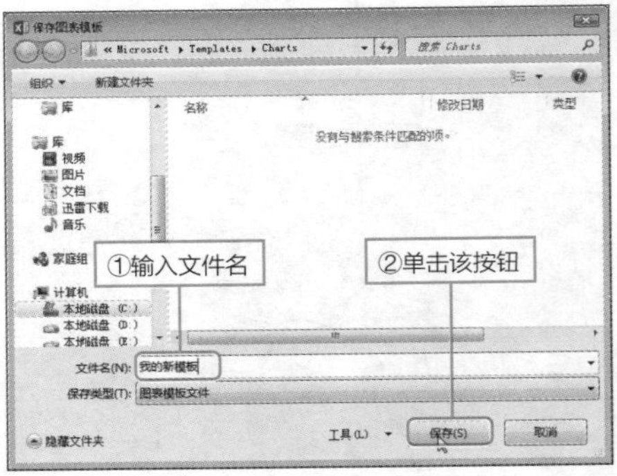

❸ 在插入图表时，若想要插入模板图表，在选择数据后，单击“图表”组的对话框启动器按钮。

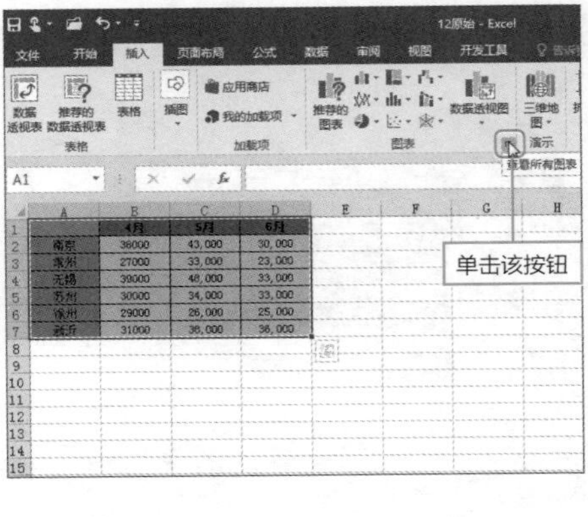

❹ 打开“插入图表”对话框，选择“所有图表”选项卡上的“模板”选项，可看到保存的模板，选择合适的模板并确定即可。

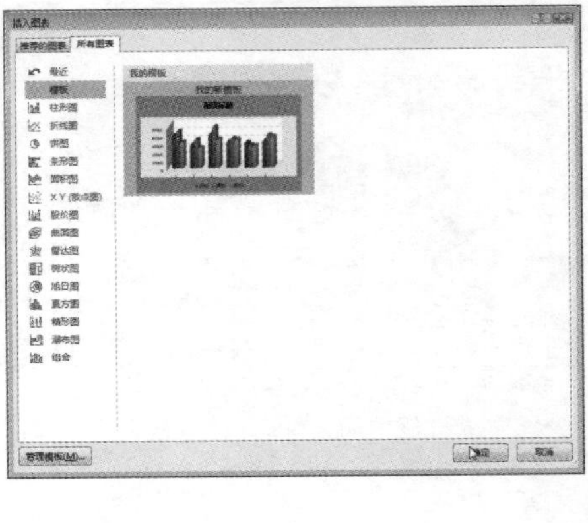

第13章 350~396

公式与函数应用技巧

Question

350 快速创建公式

语音视频教学350

● Level ◆◆◆

2016 2013 2010

实例 公式的创建

在利用工作表统计数据时，如果要计算相关数据的总和、平均值、最大值、最小值、百分比等，通过手动一一计算肯定是不可取的，这时该怎么办呢？别忘了公式的应用，下面对其进行介绍。

❶ 打开工作表，在F3单元格中输入“=”，接着鼠标单击B3单元格。

三月份销售部工资表					
姓名	基本工资	收入提成	请假费	加班费	实发工资
徐晓红	1400	400	60	100	=B3
马卫国	1800	385	20	700	
周言	1500	250	230	500	
乔蕾		325	60	400	
魏家中	900	425	200	100	
孙茂国	1200	270	270	250	

❷ 输入一个“+”，然后，单击C3单元格，输入相应的公式。

三月份销售部工资表					
姓名	基本工资	收入提成	请假费	加班费	实发工资
徐晓红	1400	400	60		=B3+C3-D3+E3
马卫国	1800	385	20	700	
周言	1500	250	230	500	
乔蕾	220		60	400	
魏家中	900	425	200	100	
孙茂国	1200	270	270	250	

❸ 在键盘上按下Enter键确认输入，在F3单元格中显示计算结果。

三月份销售部工资表					
姓名	基本工资	收入提成	请假费	加班费	实发工资
徐晓红	1400	400	60	100	1840
马卫国	1800	385	20	700	
周言	1500	250	230	500	
乔蕾	2200	325	60	400	
魏家中	900	425	200	100	
孙茂国	1200	270	270	250	

Hint

直接输入法

选择F4单元格，直接输入公式“=B4+C4-D4+E4”，按Enter键确认输入即可。

三月份销售部工资表					
姓名	基本工资	收入提成	请假费	加班费	实发工资
徐晓红	1400	400	60	100	1840
马卫国	1800	385	20		=B4+C4-D4+E4
周言	1500	250	230	500	
乔蕾	2200	325	60	400	
魏家中	900	425	200	100	
孙茂国	1200	270	270	250	

Hint

什么是公式？

在Excel工作表中，公式是用户在系统规范下，运用常量数据、单元格引用、运算符以及函数等元素自由设计出能够计算处理数据的式子。

Question

351

给公式起一个别致的名称

语音视频教学351

● Level ◆◆◆

2010 2007

实例 定义公式名称

在利用Excel工作时，为了增强公式的可读性、便于简化和修改公式，可以为部分公式定义名称，下面对其进行介绍。

❶ 选择需定义名称的E3:E17单元格区域，单击“公式”选项卡上的“定义名称”按钮。

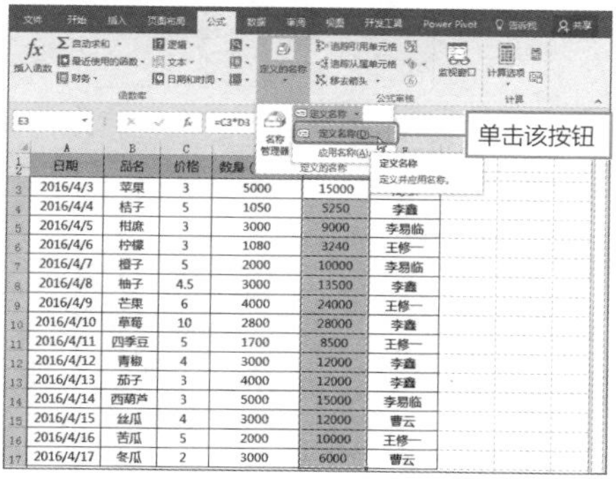

❷ 弹出“新建名称”对话框，按需设置名称、范围、引用位置，设置完成后，单击“确定”按钮即可。

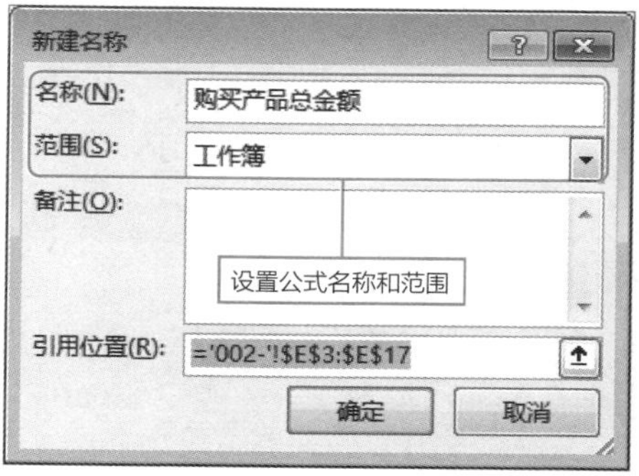

❸ 若用户想要编辑公式名称，可以执行“公式>名称管理器”命令，单击打开对话框中的“编辑”按钮，在打开的“编辑名称”对话框中对公式名称进行编辑即可。

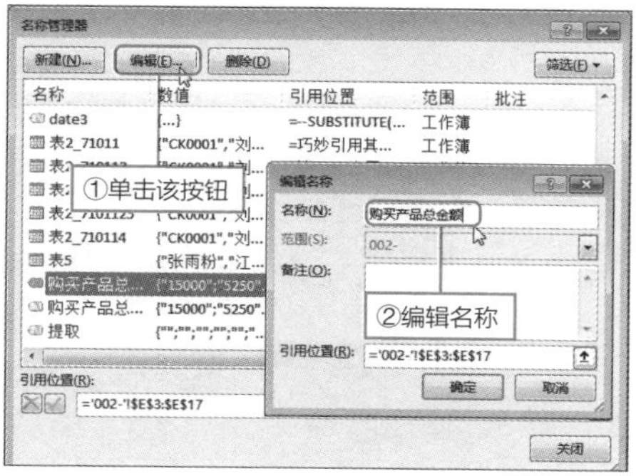

Hint

定义名称时注意事项

公式的名称可以由任意字符和数据组合在一起，但是不能以数字开头，更不能全部由数字组成，而且不能与单元格地址重复。

名称中不能包含空格，但可以使用下划线或点号代替；不能使用除下划线、点号以及反斜线以外的符号；允许使用句号，但是不能在名称开头使用。

在定义名称时，应遵循通俗易懂、简短明确的原则，并且需要注意，Excel不区分名称标识中使用的英文大小写。

Question

352 防止他人篡改公式有绝招

语音视频教学352

Level ◆◆◆

2016 2013 2010

实例 隐藏工作表中的公式

若用户不想要他人看到并随意修改工作表中的公式，可以通过单元格设置，将工作表中的公式保护起来，下面对其进行介绍。

1 打开工作表，单击“开始”选项卡上的“查找和选择”按钮，从列表中选择“定位条件”选项。

2 打开“定位条件”对话框，选中“公式”单选按钮，单击“确定”按钮，可将工作表中所有包含公式的单元格选中。

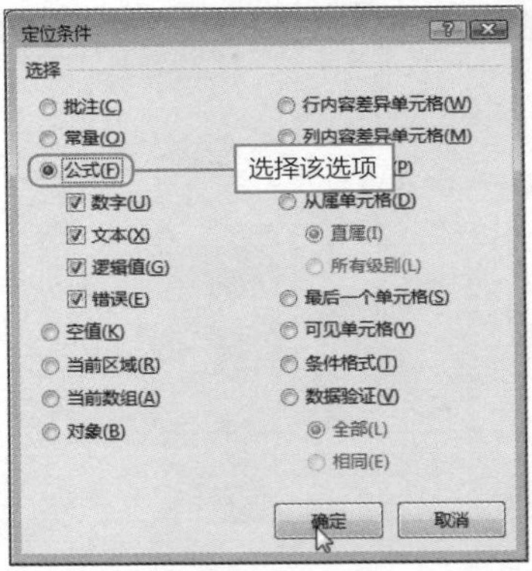

3 按Ctrl+1组合键打开“设置单元格格式”对话框，勾选“锁定”和“隐藏”复选框，单击“确定”按钮。

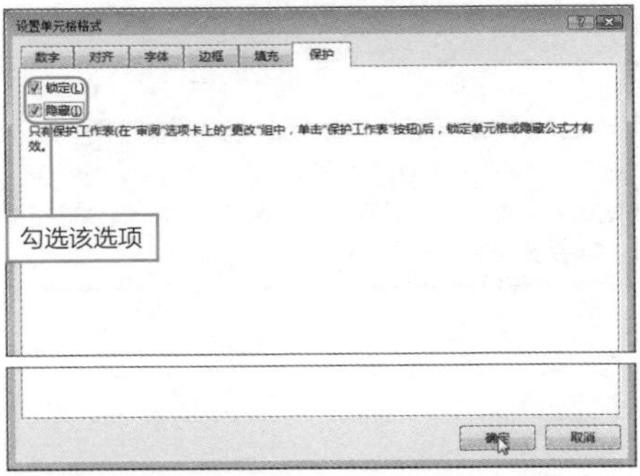

4 切换至“审阅”选项卡，单击“保护工作表”按钮，然后单击打开对话框中的“确定”按钮即可。

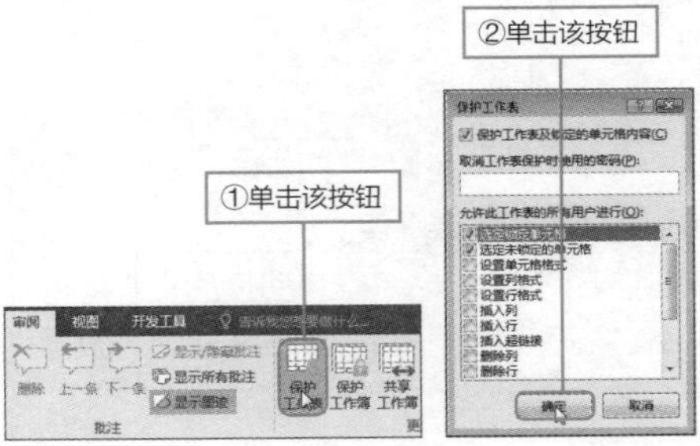

Question 353

● Level ◆◆◆

2016 2013 2010

巧妙引用其他工作簿中单元格数据

语音视频教学353

实例 引用其他工作簿中的数据

在Excel中，不但可以引用同一工作簿同一工作表中的单元格数据，还可以引用其他工作簿中的数据进行计算，下面对其进行详细介绍。

1. 选择C2单元格，输入公式“=SUM([员工工资明细.xlsx]01!C2:I2)”。

	A	B	C
1	序号	员工姓名	应发工资
2	CK0001		=SUM('[员工工资明细]01'!C2:I2)
3	CK0002	孙晓彤	
4	CK0003	陈峰	
5	CK0004	张玉	
6	CK0005	刘秀云	
7	CK0006	姜凯常	
8	CK0007	薛晶晶	
9	CK0008	周小东	
10	CK0009	陈月	
11	CK0010	张陈玉	
12	CK0011	楚云萝	
13	CK0012	李小楠	
14			

输入公式

2. 按Enter键确认输入，打开“更新值：员工工资明细”对话框，选择相应工作簿后，单击“确定”按钮。

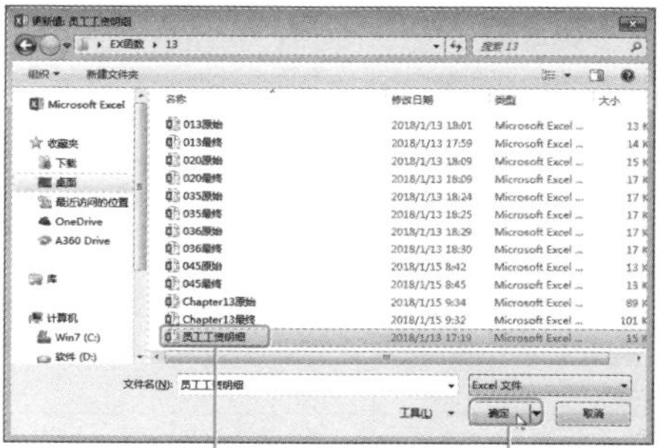

①选择工作簿　②单击该按钮

3. 将C2单元格中的公式向下复制到其他单元格即可。

	A	B	C
1	序号	员工姓名	应发工资
2	CK0001	刘晓莉	¥4,200
3	CK0002	孙晓彤	¥3,850
4	CK0003	陈峰	¥3,750
5	CK0004	张玉	¥3,900
6	CK0005	刘秀云	¥4,300
7	CK0006	姜凯常	¥4,000
8	CK0007	薛晶晶	¥3,750
9	CK0008	周小东	¥3,400
10	CK0009	陈月	¥3,150
11	CK0010	张陈玉	¥2,900
12	CK0011	楚云萝	¥3,350
13	CK0012	李小楠	¥3,200

Hint

引用其他工作表表达形式介绍

若想要引用同一工作簿中其他工作表中的数据，其表达形式为：工作表名称!单元格引用。

若想要引用其他工作簿中的工作表中的数据，则需按照如下表达形式：[工作簿名称]工作表名称!单元格引用。

若被引用的工作簿名称中有一个或多个空格，则需用单引号将其引起来。

Question 354

单元格引用花样多

语音视频教学354

Level ◆◆◆

2010 2007

实例 多种方式引用单元格

在一个公式中，用户可以引用工作表中不同单元格中的数据，也可以在多个公式中引用同一单元格中的数据，下面介绍几种引用单元格数据的方法。

1 相对引用。相对引用是指相对于包含公式的单元格的相对位置。例如，单元格C1包含公式“＝A1”，在复制包含相对引用的公式时，Excel将自动调整复制公式中的引用，以便引用相对于当前公式位置的其他单元格。

	A	B	C
1	12		=A1
2	23		
3	35		

	A	B	C
1	12		12
2	23		23
3	35		35

2 绝对引用。绝对引用是指引用单元格的绝对名称，必须在引用的行号和列号前加上美元符号$，这样就是单元格的绝对引用。例如，如果将C5单元格中的公式复制到任何一个单元格其值都不会改变。

	A	B	C
5	12		=$A$1
6	23		
7	35		

	A	B	C
5	12		12
6	23		12
7	35		12

3 混合引用。既包含绝对引用又包含相对引用的引用方式称为混合引用，可以分为绝对引用列相对引用行和相对引用列绝对引用行两种。

C9 =$A9+$B9

	A	B	C
8	数据1	数据2	绝对引用列
9	12	10	22
10	27	4	31
11	16	23	39
12	9	55	64

C15 =A$15+B$15

	A	B	C
14	数据1	数据2	绝对引用行
15	12	10	22
16	27	4	22
17	16	23	22
18	9	55	22

Hint

如何在不同的引用方式之间进行切换

如果创建了一个公式并希望将相对引用更改为其他引用方式，可以选定包含该公式的单元格，在编辑栏中选择要更改的引用并按F4键，每次按F4键时，Excel会在以下组合间切换：

- 绝对列与绝对行($A$1)
- 相对列与绝对行(A$1)
- 绝对列与相对行($C1)
- 相对列与相对行(C1)

Question
355

禁止自动重算数据也不难

语音视频教学355

实例　计算机重算功能的禁用

● Level
◆◆◆

2010　2007

默认情况下，当修改公式中引用的单元格中的数据时，计算机会自动重算这些数据并显示计算结果。若用户想要禁用此项功能，该如何操作呢?

1. 打开工作簿，打开“文件”菜单，选择“选项”选项。

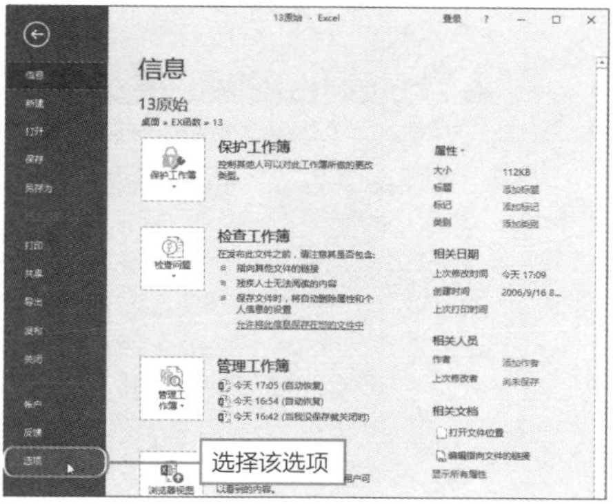

2. 打开“Excel选项”对话框，在“公式”选项，选中“手动重算”单选按钮，并确定。

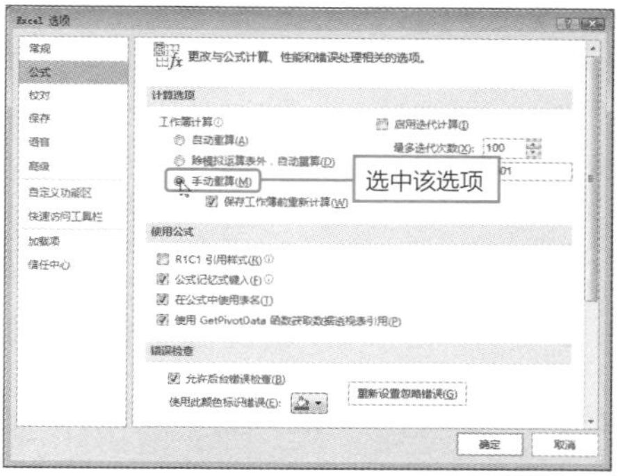

3. 返回工作表，修改C列单元格中的数据，会发现E列中的数据并未发生变化，需要选择包含公式的单元格手动重算数据。

	A	B	C	D	E
1	3月品质报表				
2	制程	检验批次	合格批次	目标合格率	实际合格率
3	来料	80	78	100%	97.50%
4	SMT	150	147	100%	98.00%
5	DIP	180	178	100%	98.89%
6	板卡测试	300	280	100%	93.33%
7	组装	270	265	100%	98.15%
8	整机测试	450	449	100%	99.78%

	A	B	C	D	E
1	3月品质报表				
2	制程	检验批次	合格批次	目标合格率	实际合格率
3	来料	80	79	100%	97.50%
4	SMT	150	135	100%	98.00%
5	DIP	180	177	100%	98.89%
6	板卡测试	300	292	100%	93.33%
7	组装	270	267	100%	98.15%
8	整机测试	450	445	100%	99.78%

	A	B	C	D	E
1	3月品质报表				
2	制程	检验批次	合格批次	目标合格率	实际合格率
3	来料	80	79	100%	98.75%
4	SMT	150	135	100%	90.00%
5	DIP	180	177	100%	98.33%
6	板卡测试	300	292	100%	97.33%
7	组装	270	267	100%	98.89%
8	整机测试	450	445	100%	98.89%

Hint

有关手动重算的说明

在“Excel选项”对话框，选中“手动重算”选项后，系统将会自动勾选“保存工作簿前重新计算”选项前的复选框。

假设工作簿被设置为手动重算，则修改数据后，想要重新计算结果，可以通过F9键来重新计算公式。

Question **356**

● Level ◆◆◆

2016 2013 2010

巧用运算符合并单元格内容

语音视频教学356

实例 将多个单元格中的内容通过公式合并

在制作订单统计、出货明细表时，通常会需要一个订单号，通常情况下，若公司订单号是根据客户代码和下单日期组成，可以将客户栏和下单日期栏中的数据合并到订单号码栏中，下面对其进行介绍。

1 选择C3单元格，在编辑栏中输入公式“=A3&B3”。

	A	B	C	D	E	F
1	7月出货明细					
2	客户	下单日期	订单号码	数量PCS	单价	交货数量
3	CK18	2016/3/5	=A3&B3	10000	200	6000
4	J013	2016/1/5		6500	150	6500
5	T012	2016/2/8		9000	300	9000
6	M015	2016/3/9		12000	360	10000
7	T043	2016/2/1		20000	100	20000
8	CM03	2016/4/8		3000	260	3000

2 按Enter键确认输入，选择C3单元格，将公式以序列填充的方式向下复制。

	A	B	C	D	E	F
1	7月出货明细					
2	客户	下单日期	订单号码	数量PCS	单价	交货数量
3	CK18	2016/3/5	CK1842434	10000	200	6000
4	J013	2016/1/5	J01342374	6500	150	6500
5	T012	2016/2/8	T01242408	9000	300	9000
6	M015	2016/3/9	M01542438	12000	360	10000
7	T043	2016/2/1	T04342401	20000	100	20000
8	CM03	2016/4/8	CM0342468	3000	260	3000

3 选择C3:C8单元格区域，按Ctrl+C组合键复制，然后单击“开始”选项卡上的“粘贴”下拉按钮，从列表中选择“值”选项。

	A	B	C	D	E	F
1	7月出货明细					
2		日期	订单号码	数量PCS	单价	交货数量
3		/3/5	CK1842434	10000	200	6000
4	J013	2016/1/5	J01342374	6500	150	6500
5	T012	2016/2/8	T01242408	9000	300	9000
6	M015	2016/3/9	M01542438	12000	360	10000
7	T043	2016/2/1	T04342401	20000	100	20000
8	CM03	2016/4/8	CM0342468	3000	260	3000

4 这样，C列中的内容即可转换为数值的方式，而非公式。

	A	B	C	D	E	F
1	7月出货明细					
2	客户	下单日期	订单号码	数量PCS	单价	交货数量
3	CK18	2016/3/5	CK1841338	10000	200	6000
4	J013	2016/1/5	J01341279	6500	150	6500
5	T012	2016/2/8	T01241313	9000	300	9000
6	M015	2016/3/9	M01541342	12000	360	10000
7	T043	2016/2/1	T04341306	20000	100	20000
8	CM03	2016/4/8	CM0341372	3000	260	3000

Question

357

● Level ◆◆◆

2010 2007

查看公式求值过程

语音视频教学357

实例　分步查看公式计算结果

在利用公式计算数据时，用户所能直接看到的是公式的最终结果，若想要查看其求值过程，该如何操作呢？

1 打开工作簿，选择需要查看求值过程J10单元格。

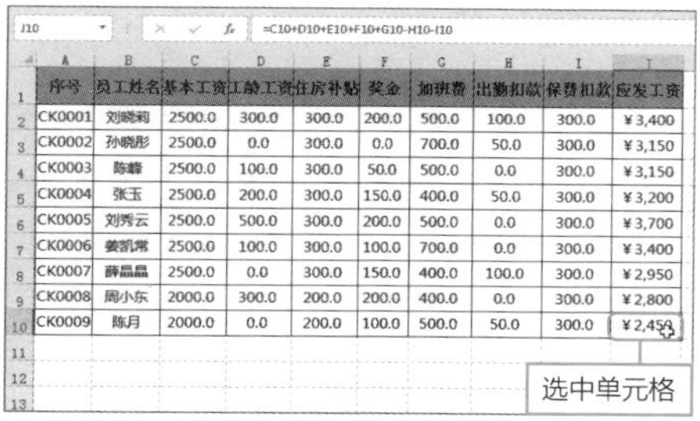

2 切换至“公式”选项卡，单击“公式求值”按钮。

3 单击打开对话框中的“步入”按钮，然后单击“步出”按钮，可带入C10单元格的值。

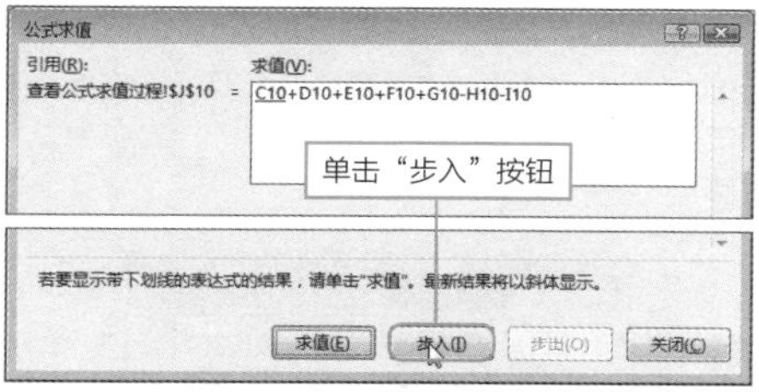

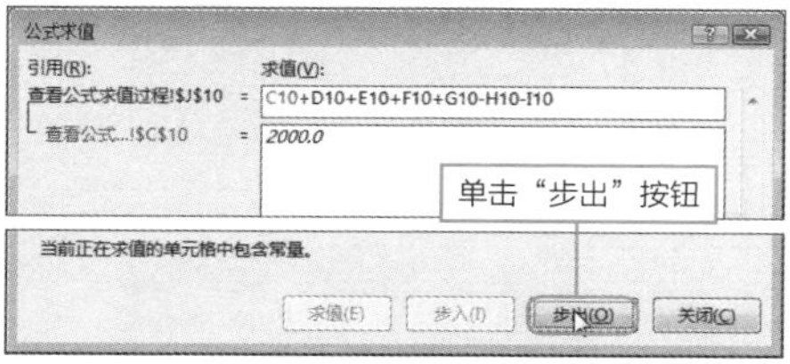

4 同理带入D10单元格的值，单击“求值”按钮求值后再继续求值直至计算结束。

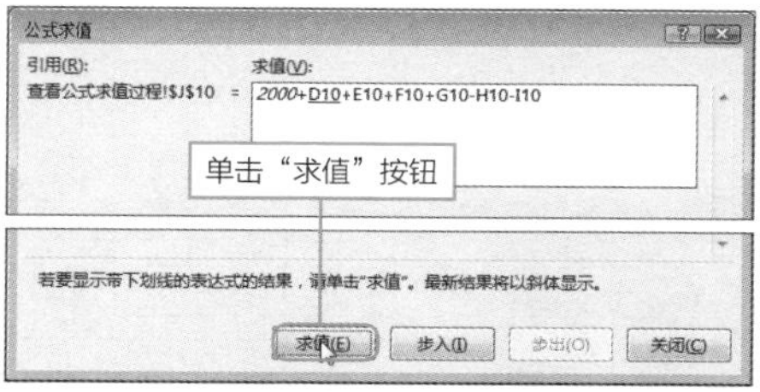

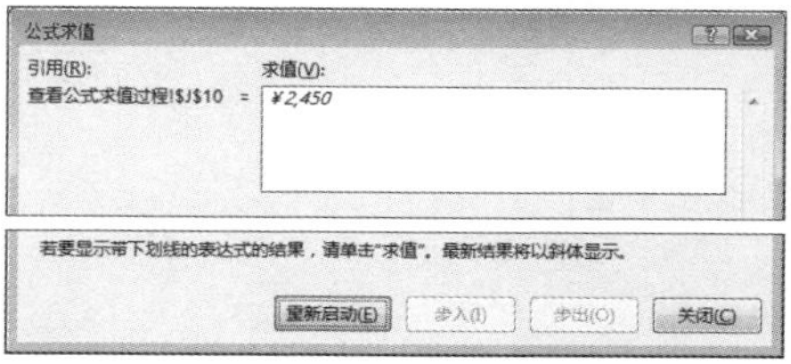

Question

358 快速修改表格错误公式

语音视频教学358

实例 利用错误检查功能修改出错公式

• Level ◆◆◆

2016 2013 2010

在输入公式计算数据时，会因为各种各样的原因导致输入表格中的公式不小心产生错误并给出提示。那么该如何通过系统的错误检查功能修改出错的公式呢?

1 打开工作表，切换至“公式”选项卡，单击“错误检查”按钮。

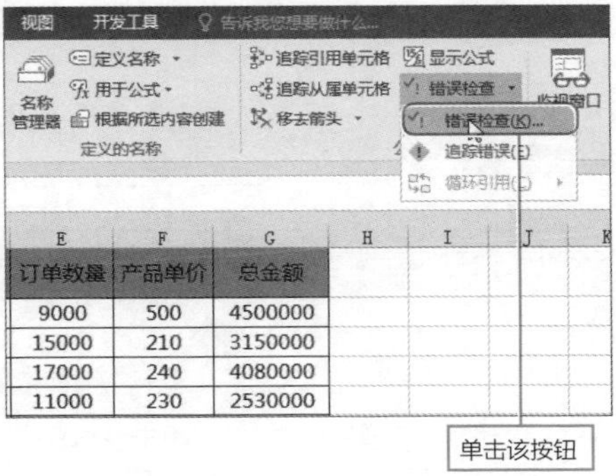

2 打开“错误检查”对话框，会显示公式出错原因，用户可以单击“从上部复制公式”按钮来修改公式，若有多处错误，可以通过“上一个”、“下一个”按钮进行查看。

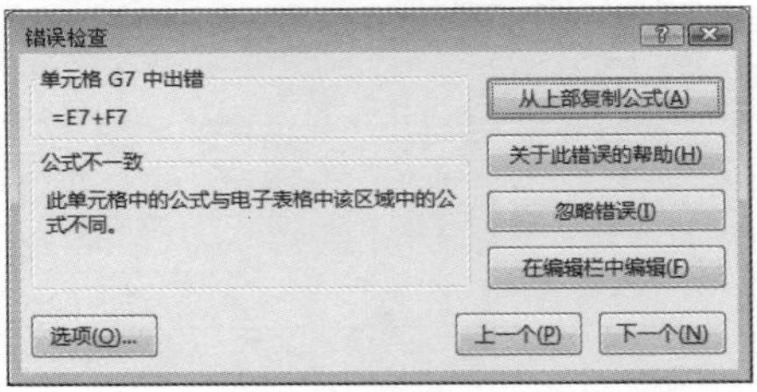

3 更正公式后，关闭对话框，可以看到，工作表中不一致的公式已经得到了更正，显示出正确数据。

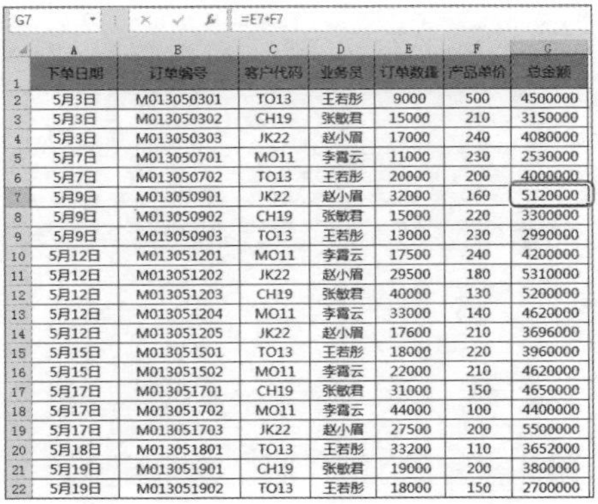
G7 =E7+F7

	下单日期	订单编号	客户代码	业务员	订单数量	产品单价	总金额
2	5月3日	M013050301	TO13	王若彤	9000	500	4500000
3	5月3日	M013050302	CH19	张敏君	15000	210	3150000
4	5月3日	M013050303	JK22	赵小眉	17000	240	4080000
5	5月7日	M013050701	MO11	李霄云	11000	230	2530000
6	5月7日	M013050702	TO13	王若彤	20000	200	4000000
7	5月9日	M013050901	JK22	赵小眉	32000	160	5120000
8	5月9日	M013050902	CH19	张敏君	15000	220	3300000
9	5月9日	M013050903	TO13	王若彤	13000	230	2990000
10	5月12日	M013051201	MO11	李霄云	17500	240	4200000
11	5月12日	M013051202	JK22	赵小眉	29500	180	5310000
12	5月12日	M013051203	CH19	张敏君	40000	130	5200000
13	5月12日	M013051204	MO11	李霄云	33000	140	4620000
14	5月12日	M013051205	JK22	赵小眉	17600	210	3696000
15	5月15日	M013051501	TO13	王若彤	18000	220	3960000
16	5月15日	M013051502	MO11	李霄云	22000	210	4620000
17	5月17日	M013051701	CH19	张敏君	31000	150	4650000
18	5月17日	M013051702	MO11	李霄云	44000	100	4400000
19	5月17日	M013051703	JK22	赵小眉	27500	200	5500000
20	5月18日	M013051801	TO13	王若彤	33200	110	3652000
21	5月19日	M013051901	CH19	张敏君	19000	200	3800000
22	5月19日	M013051902	TO13	王若彤	18000	150	2700000

Hint

其他方法更正出错公式

在公式出错的单元格，会出现一个出错按钮，单击该按钮，从列表中选择“从上部复制公式”选项可更正公式。

语音视频
教学359

Question
359

闪电般复制公式

● Level
◆ ◆ ◆

2016 2013 2010

| 实例 | 将公式复制到其他单元格 |

若表格中需要大量相同公式，就无需逐个输入，而是需要通过复制公式的方法，快速填充公式，下面对其进行介绍。

1 鼠标拖动法。将鼠标光标移至公式所在单元格E2的右下角，当光标变为十字形后，按住鼠标左键不放向下拖动。

| E2 | ▼ | : | × | ✓ | fx | =C2*D2 |

	A	B	C	D	E	F
1	订单编号	产品名称	单价	数量	总金额	交货日期
2	LL28009	雪纺短袖	99.00	992	98208	5月5日
3	LL28005	纯棉睡衣	103.00	780		5月21日
4	LL28028	雪纺连衣裙	128.00	985		5月19日
5	LL28010	PU短外套	99.00	771		5月25日
6	LL28005	时尚风衣	185.00	268		向下拖动鼠标
7	LL28006	超薄防晒衣	77.00	1023		
8	LL28004	时尚短裤	62.00	1132		5月27日
9	LL28002	修身长裤	110.00	852		5月18日
10	LL28011	运动套装	228.00	523		5月9日
11	LL28008	纯棉打底衫	66.00	975		5月28日

2 拖动至E11单元格后，释放鼠标左键，即可将公式复制到目标单元格。

| E2 | ▼ | : | × | ✓ | fx | =C2*D2 |

	A	B	C	D	E	F
1	订单编号	产品名称	单价	数量	总金额	交货日期
2	LL28009	雪纺短袖	99.00	992	98208	5月5日
3	LL28005	纯棉睡衣	103.00	780	80340	5月21日
4	LL28028	雪纺连衣裙	128.00	985	126080	5月19日
5	LL28010	PU短外套	99.00	771	76329	5月25日
6	LL28005	时尚风衣	185.00	268	49580	5月14日
7	LL28006	超薄防晒衣	77.00	1023	78771	5月24日
8	LL28004	时尚短裤	62.00	1132	70184	5月27日
9	LL28002	修身长裤	110.00	852	93720	5月18日
10	LL28011	运动套装	228.00	523	119244	5月9日
11	LL28008	纯棉打底衫	66.00	975	64350	5月28日

3 功能区命令法。选择E2单元格，单击"开始"选项卡上的"复制"按钮。

单击"复制"按钮

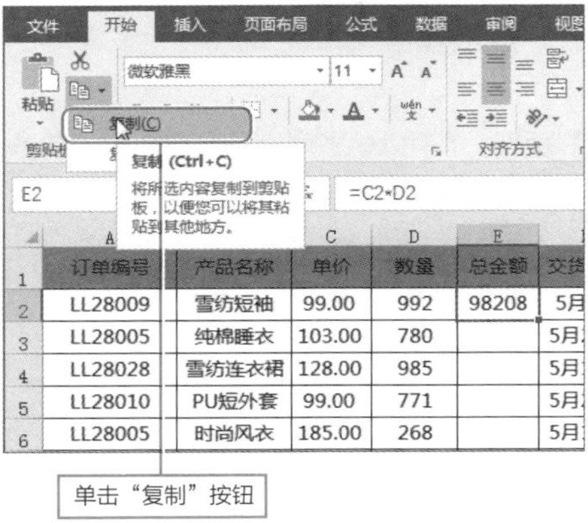

4 选择E3:E11单元格区域，单击"粘贴"下拉按钮，从列表中选择"公式"选项即可。

选择"公式"选项

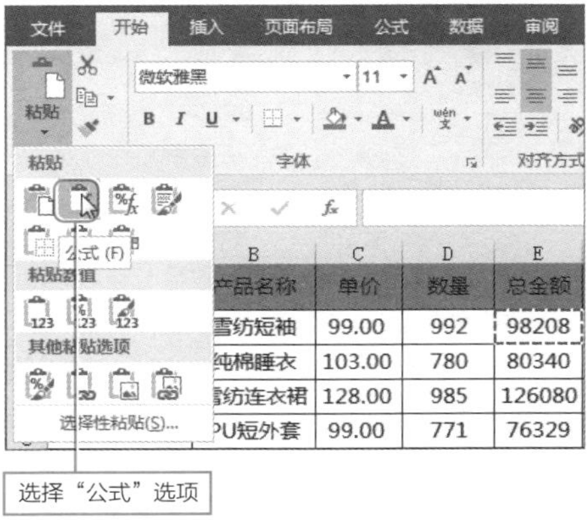

Question 360

快速插入函数

语音视频教学360

• Level ◆◆◆

2016 2013 2010

实例 函数的应用

对表格中的数据进行简单计算时，可以通过简单的加、减、乘、除来实现，但是，若需要进行比较复杂的计算时，就需要利用函数来计算，下面介绍如何在表格中插入函数。

1 选择C18单元格，单击“公式”选项卡上的“插入函数”按钮。

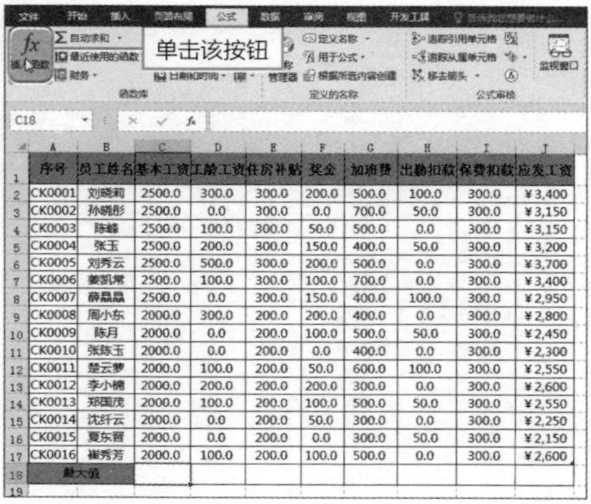

2 打开“插入函数”对话框，单击“或选择类别”右侧下拉按钮，从列表中选择“统计”选项。

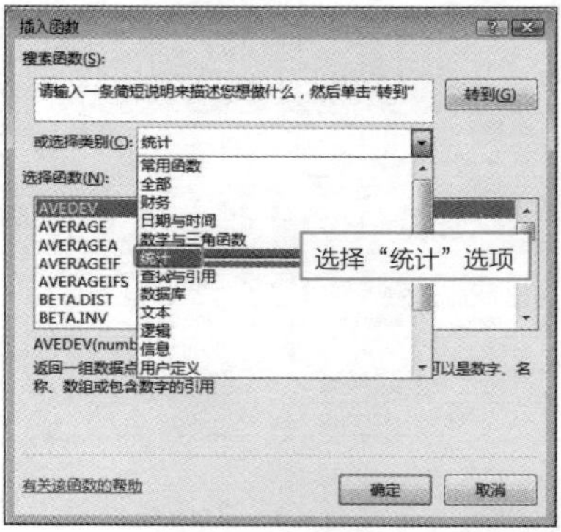

3 在“选择函数”列表框中，选择函数类型为AVERAGE，单击“确定”按钮。

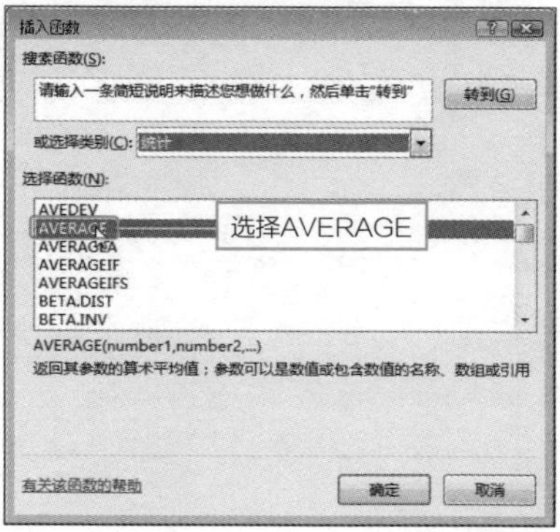

4 打开“函数参数”对话框，设置参数区域，单击“确定”按钮，即可完成函数的插入操作。

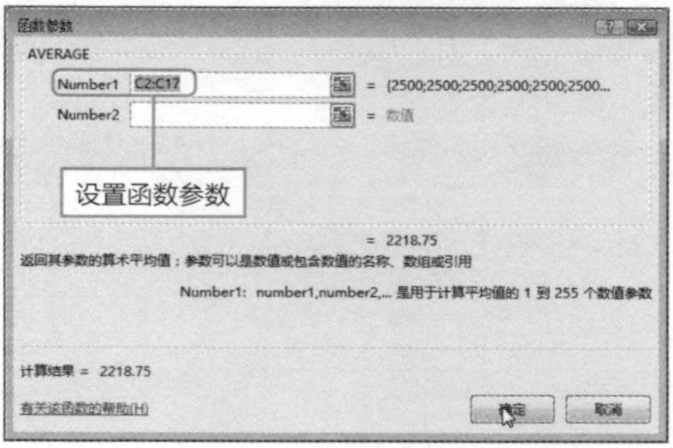

Question
361 单元格引用与从属关系大揭秘

● Level ◆◆◆

2016 2013 2010

实例 追踪引用/从属单元格

如果用户需要查看某个单元格中的数据与其他单元格的关系，就需要用到追踪引用单元格和追踪从属单元格功能。

1. 追踪引用单元格。选择需要追踪的G2单元格，单击“公式”选项卡上的“追踪引用单元格”按钮。

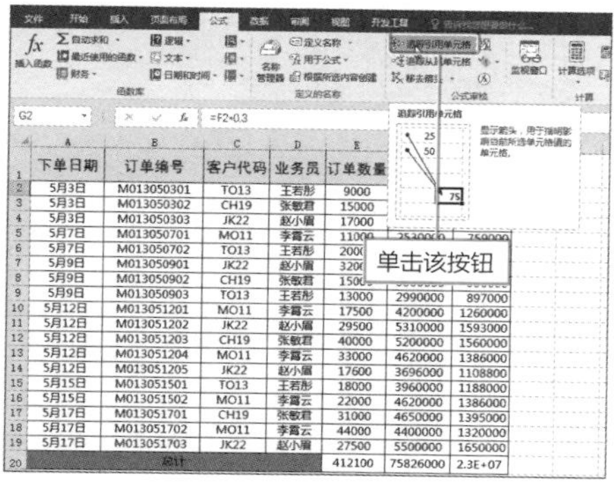

2. 将出现一个箭头，从F2单元格开始，指向G2单元格，表示G2单元格中内容引用了F2单元格内容。

3. 追踪从属单元格。选择需要追踪的G2单元格，单击“公式”选项卡上的“追踪从属单元格”按钮。

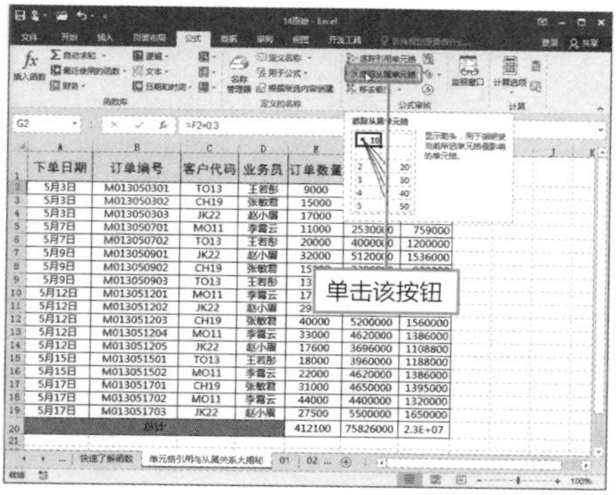

4. 将出现一个箭头，从G2单元格开始，指向G20单元格，表示G2单元格中内容从属于G20单元格内容。

Question

362 多个工作表快速求和

语音视频教学362

● Level ◆◆◆

2016 2013 2010

实例 计算同一工作簿多个工作表相同位置数值的和

若用户需要统计几个月份销售额的总和，而不同月份销售额统计表格位于不同的工作表中，该如何快速求和呢？

1 打开工作簿，可以看到，不同月份工作表销售统计表格式一致。

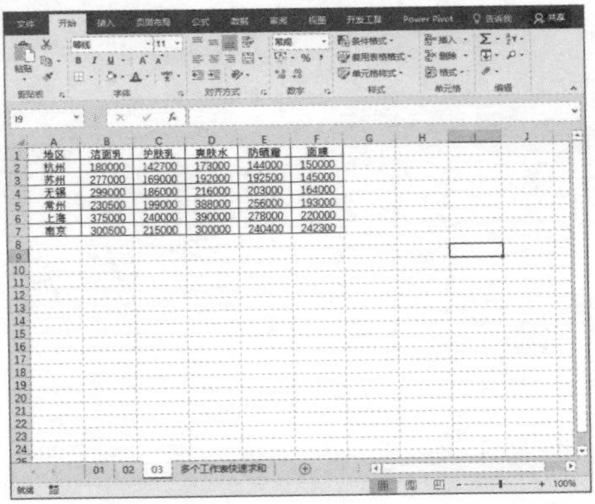

2 选择需要计算统计结果的A2单元格，输入公式“=SUM('01:03'!B2:F7)”。

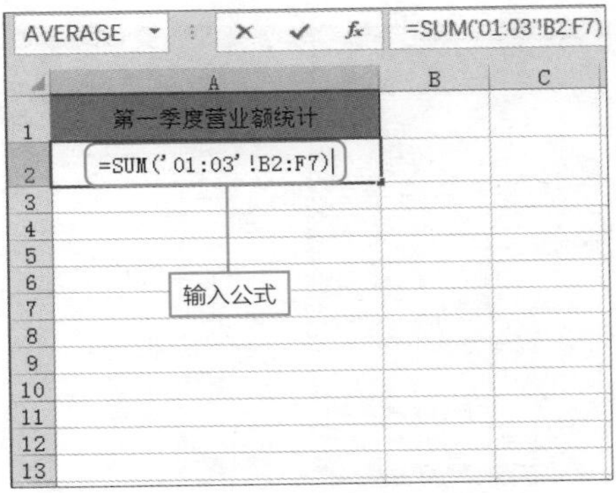

3 输入完成后，在键盘上按Enter键确认，即可计算出第一季度的营业额。

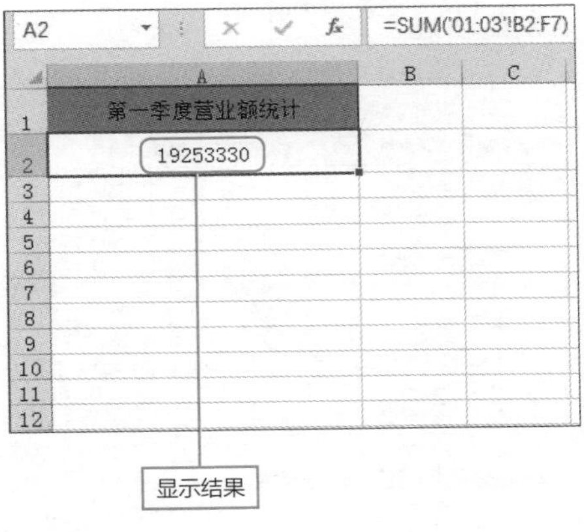

Hint

工作簿多工作表求和公式说明

求和公式为：=SUM(Sheet1: SheetN!单元格/单元格区域)。

在上述公式中，Sheet1代表需要求和的第一个工作表表名。SheetN代表需要求和的最后一个工作表表名。

单元格/单元格区域，表示需要求和的单元格，或者单元格区域。

在进行求和时，若其他关联工作表中的数据发生改变，则公式结果也会随之发生改变。

Question 363

快速计算最大值/最小值

语音视频教学363

Level ◆◆◆

2016 2013 2010

实例 利用函数求最大值和最小值

在利用函数统计数据时，通常会需要计算某项产品销售额的最大/最小值，某段时期内最大/最小利润等，下面介绍如何通过最大/最小值函数求数据的最大/最小值。

Hint

关于MAX函数和MIN函数

MAX 函数返回一组值中的最大值，语法格式如下:

MAX(number1, [number2], ...)

其中参数number1是必需的，后续参数是可选的。参数可以是数字或者是包含数字的名称、数组或引用。但若参数是一个数组或引用，则只使用其中的数字，而空白单元格、逻辑值或文本将被忽略。如若参数不包含任何数字，则MAX返回0（零）。如果参数为错误值或为不能转换为数字的文本，将会导致错误。MIN函数同MAX函数，不再赘述。

1. MAX函数求最大值。选择B8单元格，在单元格中输入公式“=MAX(B2:B7)”，然后按Enter键确认输入即可。

AVERAGE　=MAX(B2:B7)

	A	B	C	D	E	F
1		啤酒	白酒	葡萄酒	养生酒	洋酒
2	杭州	125820	89700	165000	125600	99800
3	苏州	223000	103000	175000	138500	115000
4	无锡	250030	156000	198000	197400	132000
5	常州	198500	142000	352000	213600	164000
6	上海	325890	198000	335600	235400	173000
7	南京	287500	175000	274000	187400	142300
8	=MAX(B2:B7)					
9	最小值					
10						

输入公式

2. MIN函数求最小值。选择B9单元格，在单元格中输入公式“=MIN(B2:B7)”，然后按Enter键确认输入即可。

AVERAGE　=MIN(B2:B7)

	A	B	C	D	E	F
1		啤酒	白酒	葡萄酒	养生酒	洋酒
2	杭州	125820	89700	165000	125600	99800
3	苏州	223000	103000	175000	138500	115000
4	无锡	250030	156000	198000	197400	132000
5	常州	198500	142000	352000	213600	164000
6	上海	325890	198000	335600	235400	173000
7	南京	287500	175000	274000	187400	142300
8	最大值	325890				
9		=MIN(B2:B7)				
10						

输入公式

3. 选择B8和B9单元格，将公式向右复制即可。

	A	B	C	D	E	F
1		啤酒	白酒	葡萄酒	养生酒	洋酒
2	杭州	125820	89700	165000	125600	99800
3	苏州	223000	103000	175000	138500	115000
4	无锡	250030	156000	198000	197400	132000
5	常州	198500	142000	352000	213600	164000
6	上海	325890	198000	335600	235400	173000
7	南京	287500	175000	274000	187400	142300
8	最大值	325890	198000	352000	235400	173000
9	最小值	125820	89700	165000	125600	99800
10						
11						
12						

Question
364 圆周率巧计算

语音视频教学364

● Level ◆◆◆

2016 2013 2010

实例 利用函数计算圆周率

圆周率是圆的周长和直径的比值，在计算圆形的面积和体积时需要用到该函数，下面对其进行详细介绍。

> **Hint**
>
> **PI函数介绍**
>
> PI函数格式如下：
>
> PI()
>
> 不用指定任何参数，在单元格或编辑栏中直接输入函数“=PI()”。若参数指定为文本或者数值等，则会出现“输入的公式包含错误”信息。
>
> 使用该函数可以求出圆周率的近似值。
>
> 圆周率是一个无理数，PI函数精确到小数点第15位。

❶ 求圆周率。打开工作表，选择B1单元格，输入公式“=PI()”。

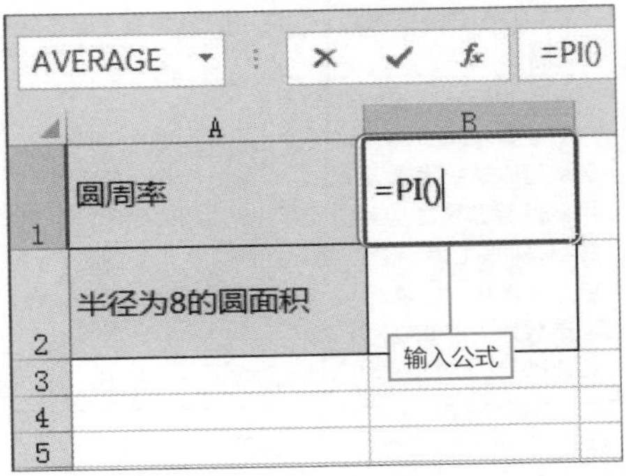

❷ 按Enter键确认输入，得到圆周率的近似值。

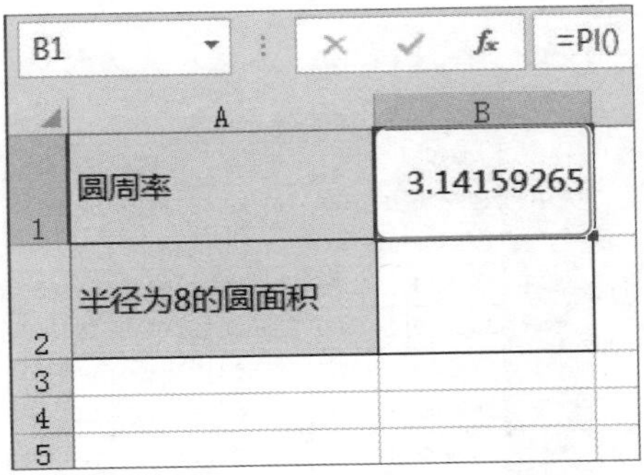

❸ 求圆面积。在单元格B2中输入公式“=PI()*8^2”并按Enter键确认输入即可。

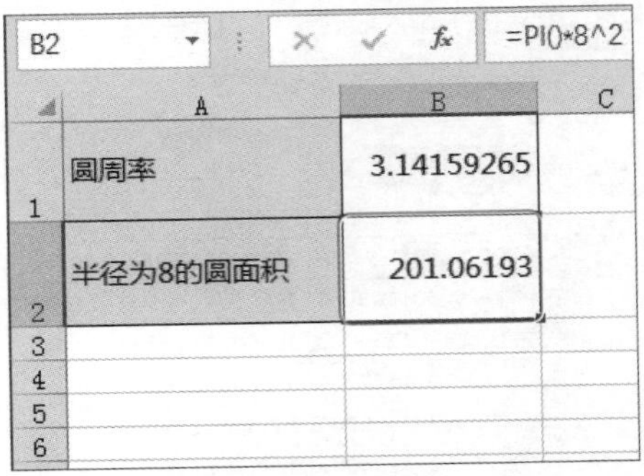

Question

365

平方根计算不求人

语音视频教学365

实例 通过函数求平方根

Level ◆◆◆

2016 2013 2010

在Excel中的数学和三角函数中提供了用于计算数据平方根的函数SQRT，下面介绍如何使用该函数计算数据平方根。

Hint

SQRT函数介绍

SQRT函数格式如下：

SQRT(number)

参数为需要计算平方根的数，如果参数为负数，则会返回错误值”#NUM!”；如果参数为数值意外的文本，则会返回错误值”#VALUE!”。

使用SQRT函数可求出正数的正平方根。求负平方根可用运算符^，例如公式“=X^0.5”；也可以用POWER 函数。求负数的虚数平方根用IMSQRT。

1 打开工作表，选择B2单元格，单击编辑栏左侧的“插入函数”按钮。

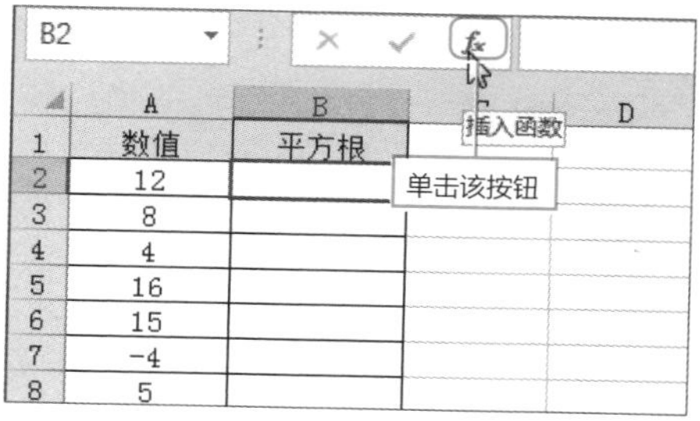

2 弹出“插入函数”对话框，在“或选择类别”下拉列表框中选择“数学与三角函数”选项，在“选择函数”列表框中选择SQRT选项，单击“确定”按钮。

3 弹出“函数参数”对话框，在其中的文本框中设置参数为A2，单击“确定”按钮，求得函数的计算结果。然后再使用填充柄填充公式到其他单元格即可。

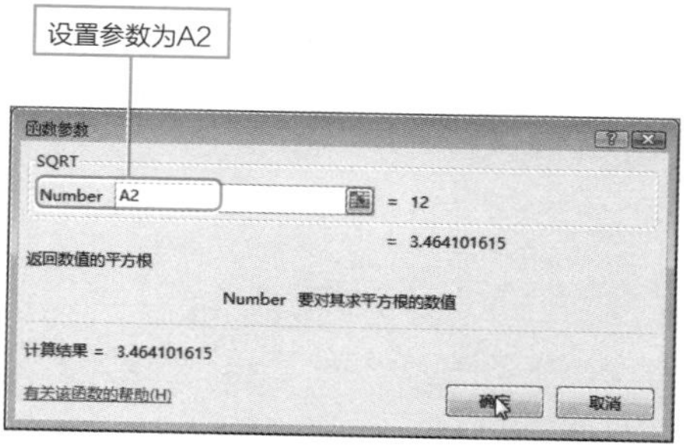

Question 366

瞬间计算绝对值

语音视频教学366

Level ◆◆◆

2016 2013 2010

实例 求实数的绝对值

绝对值是一个非负数，正数和0的绝对值是它本身，负数的绝对值是它的相反数。在Excel中，利用ABS函数可以快速计算出数值的绝对值，下面将对其进行介绍。

Hint

ABS函数介绍

ABS函数格式如下：

ABS(number)

参数为需要计算绝对值的实数，如果参数为数值意外的文本，则会返回错误值”#VALUE!”。

使用ABS函数可求数值的绝对值，绝对值不考虑正负问题，求多个元素的绝对值时需要用IMABS函数。

1 打开工作表，选择B2单元格，单击编辑栏左侧的“插入函数”按钮。

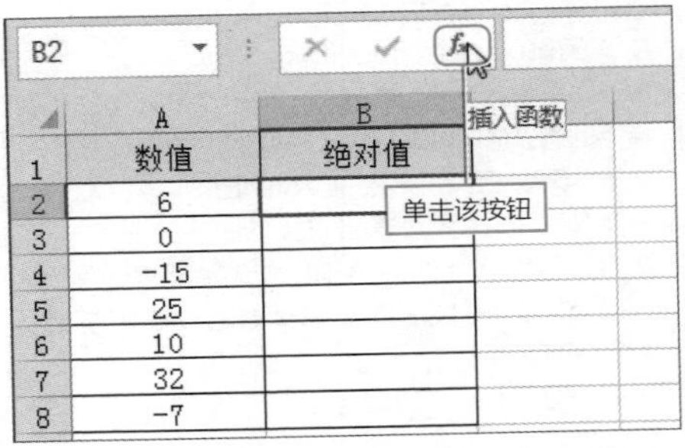

2 弹出“插入函数”对话框，在“或选择类别”下拉列表框中选择“数学与三角函数”选项，在“选择函数”列表框中选择ABS选项，单击“确定”按钮。

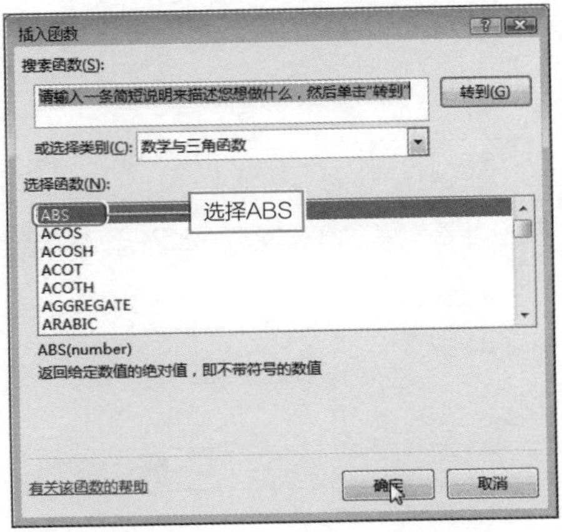

3 弹出“函数参数”对话框，在其中的文本框中设置参数为A2，单击“确定”按钮，求得函数的计算结果。然后再使用填充柄填充公式到其他单元格即可。

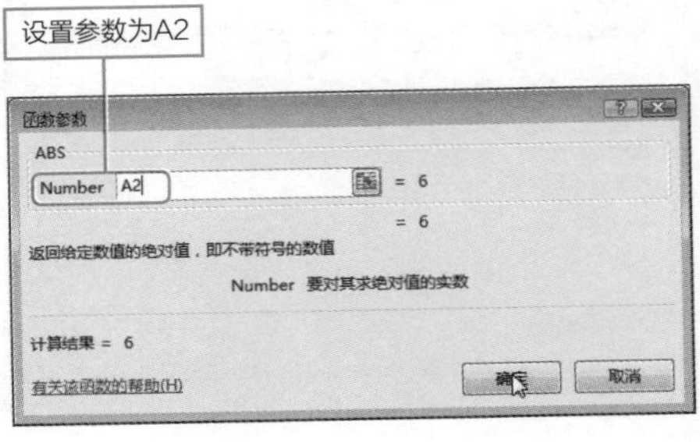

Question 367

快速替换字符串中指定位置处的任意文本

语音视频教学367

实例　利用REPLACE函数查找并替换指定字符串

Level ◆◆◆

2016 2013 2010

如果需要在某一文本字符串中替换指定位置处的任意文本，这就需要REPLACE函数来实现，下面对其进行介绍。

Hint

REPLACE函数介绍

REPLACE函数格式如下：

Replace(old_text,start_num,num_chars,new_text)

其中，old_text为要替换其部分字符的文本；start_num为old_text中要替换为new_text的字符位置；num_chars为old_text中希望REPLACE使用 new_text来进行替换的字符数；new_text为将替换old_text中字符的文本。若直接指定参数为文本，需要加双引号，否则会返回错误值。

1. 打开工作表，选择B2单元格，单击编辑栏左侧的“插入函数”按钮，打开“插入函数”对话框，选择REPLACE函数并确认。

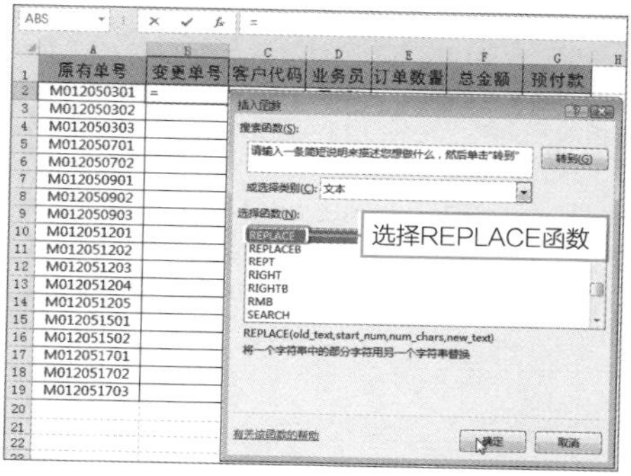

2. 弹出“函数参数”对话框，设置参数old_text为“A2”；start_num为“3”；num_chars为“4”；new_text为"1306"，单击“确定”按钮。

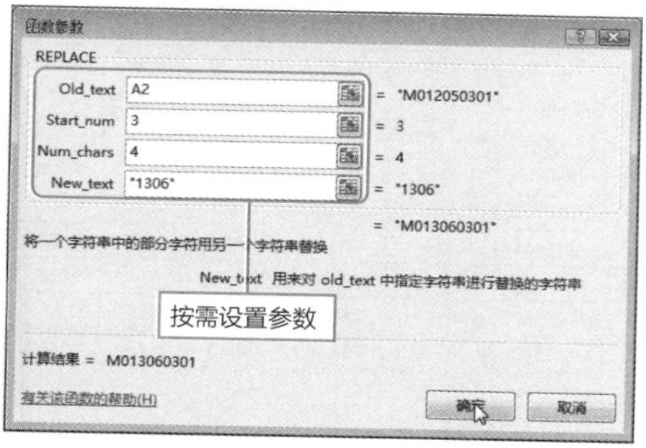

3. 随后即可得出新单号，并以序列填充方式，向下填充公式即可。

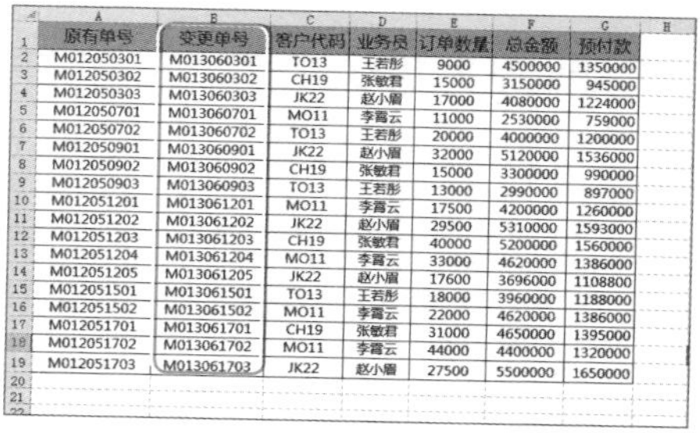

原有单号	变更单号	客户代码	业务员	订单数量	总金额	预付款
M012050301	M013060301	TO13	王若彤	9000	4500000	1350000
M012050302	M013060302	CH19	张敏君	15000	3150000	945000
M012050303	M013060303	JK22	赵小眉	17000	4080000	1224000
M012050701	M013060701	MO11	李霄云	11000	2530000	759000
M012050702	M013060702	TO13	王若彤	20000	4000000	1200000
M012050901	M013060901	JK22	赵小眉	32000	5120000	1536000
M012050902	M013060902	CH19	张敏君	15000	3300000	990000
M012050903	M013060903	TO13	王若彤	13000	2990000	897000
M012051201	M013061201	MO11	李霄云	17500	4200000	1260000
M012051202	M013061202	JK22	赵小眉	29500	5310000	1593000
M012051203	M013061203	CH19	张敏君	40000	5200000	1560000
M012051204	M013061204	MO11	李霄云	33000	4620000	1386000
M012051205	M013061205	JK22	赵小眉	17600	3696000	1108800
M012051501	M013061501	TO13	王若彤	18000	3960000	1188000
M012051502	M013061502	MO11	李霄云	22000	4620000	1386000
M012051701	M013061701	CH19	张敏君	31000	4650000	1395000
M012051702	M013061702	MO11	李霄云	44000	4400000	1320000
M012051703	M013061703	JK22	赵小眉	27500	5500000	1650000

Question

368 替换字符串中指定文本也不难

语音视频教学368

Level ◆◆◆

2016 2013 2010

实例 SUBSTITUTE函数的应用

若用户想要快速的替换某一字符串中指定的字符，可以通过SUBSTITUTE函数来实现，下面将举例对其进行说明。

Hint

SUBSTITUTE 函数介绍

其格式如下：

SUBSTITUTE(text,old_text,new_text,instance_num)

其中，参数text为需要替换其中字符的文本，或对含有文本的单元格的引用；old_text为需要替换的旧文本；new_text 用于替换old_text的文本；instance_num为一数值，用来指定以new_text 替换第几次出现的old_text。如果指定了instance_num，则只有满足要求的old_text被替换；否则将用new_text替换text中出现的所有old_text。

1. 选择B2单元格，单击编辑栏左侧“插入函数”按钮，在打开的对话框中的“搜索函数”文本框中，直接输入函数，单击“转到”按钮。

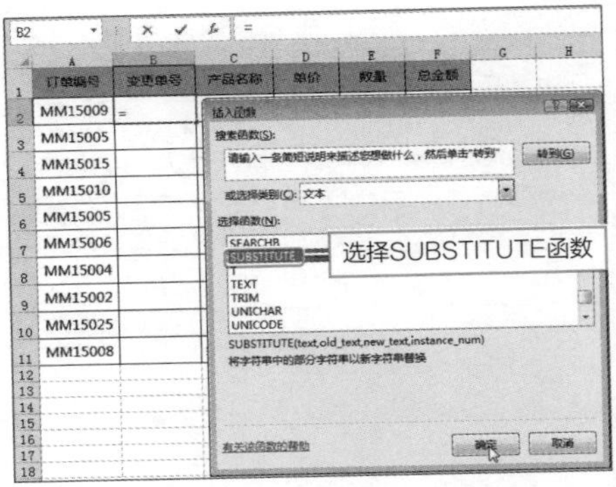

2. 单击“插入函数”对话框中的“确定”按钮，打开“函数参数”对话框，依次设置各参数，然后单击“确定”按钮。

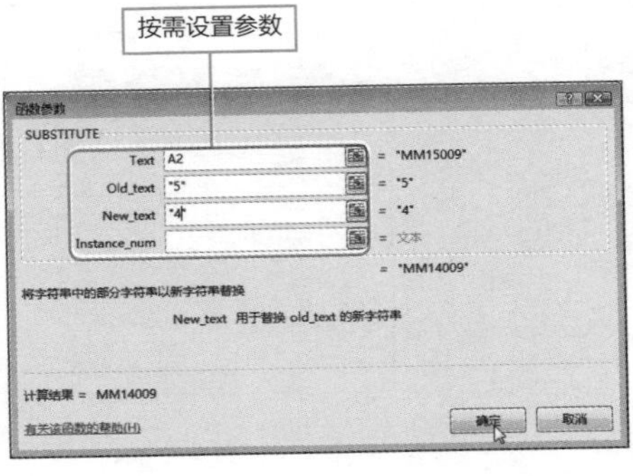

3. 随后即可将指定的字符全部替换为新字符，接着向下复制公式可得到其他值。

订单编号	变更单号	产品名称	单价	数量	总金额
MM15009	MM14009	雪纺短袖	99.00	992	98208
MM15005	MM14004	纯棉睡衣	103.00	780	80340
MM15015	MM14014	雪纺连衣裙	128.00	985	126080
MM15010	MM14010	PU短外套	99.00	771	76329
MM15005	MM14004	时尚风衣	185.00	268	49580
MM15006	MM14006	超薄防晒衣	77.00	1023	78771
MM15004	MM14004	时尚短裤	62.00	1132	70184
MM15002	MM14002	修身长裤	110.00	852	93720
MM15025	MM14024	运动套装	228.00	523	119244
MM15008	MM14008	纯棉打底衫	66.00	975	64350

Question

369

● Level ◆◆◆

2016 2013 2010

一秒钟完成表格校对

语音视频教学369

实例 EXACT函数的应用

在核实由不同人员完成的同一个工作表数据时，或者是检查用户几次的统计数据时，为了能既快又准的完成校验工作，可以使用EXACT函数进行比对，其具体操作过程介绍如下。

Hint

EXACT函数介绍

EXACT函数是用于检测两个字符串是否完全相同，其语法格式为：

EXACT(text1,text2)

其中，参数text1和text2分别表示需要比较的文本字符串，也可以是引用单元格中的文本字符串，如果两个参数完全相同，EXACT函数返回TRUE值；否则返回FALSE值参数。并且函数可以区分字母大小写、全角半角以及字符之间的空格。

1. 打开包含统计数据的工作表。

	A	B	C	D	E
1	订单编号	产品名称	单价	数量	总金额
2	MK15009	雪纺短袖	99.00	992	98208
3	MK15005	纯棉睡衣	103.00	780	80340
4	MK15015	雪纺连衣裙	128.00	985	126080
5	MK15011	PU短外套	99.00	771	76329
6	MK15005	时尚风衣	185.00	268	49580
7	MK15006	超薄防晒衣	77.00	1023	78771
8	MK15004	时尚短裤	62.00	1132	70184
9	MK15002	修身长裤	110.00	852	93720
10	MK15025	运动套装	228.00	523	119244
11	MK15008	纯棉打底衫	66.00	975	64350

	A	B	C	D	E
1	订单编号	产品名称	单价	数量	总金额
2	MK15009	雪纺短袖	99.00	992	98208
3	MK15005	纯棉睡衣	103.00	780	80340
4	MK15015	雪纺连衣裙	128.00	985	126080
5	MK15010	PU短外套	99.00	771	76329
6	MK15005	时尚风衣	185.00	268.1	49598.5
7	MK15006	超薄防晒衣	77.00	1023	78771
8	MK15004	时尚短裤	62.00	1132	70184
9	MK15002	修身长裤	110.00	852	93720
10	MK15025	运动套装	228.00	523	119244
11	MK15008	纯棉打底衫	66.00	973	64218

2. 在新工作表中的A2单元格输入公式“='001'! A1='002'!A1”，A15单元格中输入公式“=EXACT('001'!A1, '002'!A1)”。

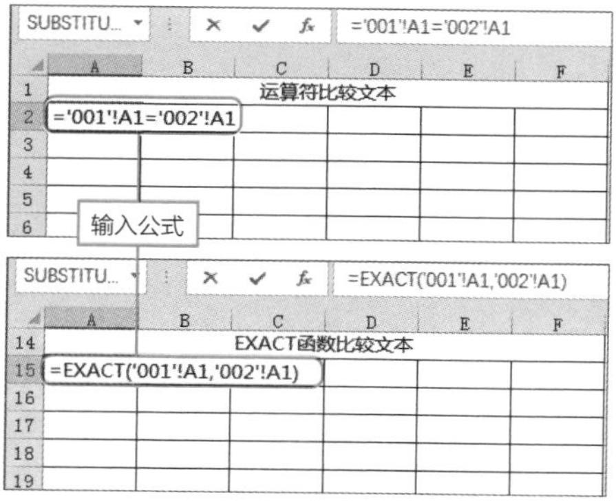

3. 按Enter键确认输入后，将公式复制到其他单元格。可以发现，EXACT函数比运算符能更精确的校对数据。

	A	B	C	D	E	F
1	运算符比较文本					
2	TRUE	TRUE	TRUE	TRUE	TRUE	TRUE
3	TRUE	TRUE	TRUE	TRUE	TRUE	TRUE
4	TRUE	TRUE	TRUE	TRUE	TRUE	TRUE
5	TRUE	TRUE	TRUE	TRUE	TRUE	TRUE
6	FALSE	TRUE	TRUE	TRUE	TRUE	TRUE
7	TRUE	TRUE	TRUE	FALSE	FALSE	TRUE
8	TRUE	TRUE	TRUE	TRUE	TRUE	TRUE
9	TRUE	TRUE	TRUE	TRUE	TRUE	TRUE
10	TRUE	TRUE	TRUE	TRUE	TRUE	TRUE
11	TRUE	TRUE	TRUE	TRUE	TRUE	TRUE
12	TRUE	TRUE	TRUE	FALSE	FALSE	TRUE
13						
14	EXACT函数比较文本					
15	TRUE	TRUE	TRUE	TRUE	TRUE	TRUE
16	TRUE	TRUE	TRUE	TRUE	TRUE	TRUE
17	TRUE	TRUE	TRUE	TRUE	TRUE	TRUE
18	TRUE	TRUE	TRUE	TRUE	TRUE	TRUE
19	FALSE	TRUE	TRUE	TRUE	TRUE	TRUE
20	TRUE	TRUE	TRUE	FALSE	FALSE	TRUE
21	TRUE	TRUE	TRUE	TRUE	TRUE	TRUE
22	TRUE	TRUE	TRUE	TRUE	TRUE	TRUE
23	TRUE	TRUE	TRUE	TRUE	TRUE	TRUE
24	TRUE	TRUE	TRUE	TRUE	TRUE	TRUE
25	TRUE	TRUE	TRUE	FALSE	FALSE	TRUE

Question

370 提取字符串花样多

语音视频教学370

● Level ◆◆◆

2016 2013 2010

实例 多种函数提取指定字符数的字符串

在日常工作中，用户经常会需要从一串文本中提取需要的信息，这就需要用到文本提取函数，下面对其进行一一介绍。

Hint

LEFT函数介绍

其格式如下：

LEFT(string, num_chars)

其中，参数string 指定要提取子串的字符串。 num_chars指定子串长度返回值String。

函数执行成功时返回string字符串左边n个字符，发生错误时返回空字符串（""）。如果任何参数的值为NULL，Left()函数返回NULL。如果num_chars的值大于string字符串的长度，那么Left()函数返回整个string字符串，但并不增加其它字符。

使用LEFT函数可以从一个文本字符串的第一个字符开始返回指定个数的字符。字符串中不分全角半角，其中的句号、逗号、空格作为一个字符计算。当计数单位不是字符而是字节时，需要使用LEFTB函数，LEFTB函数与LEFT函数具有相同的功能，只是计数单位不同。

① LEFT函数提取文本。选择B2单元格，输入公式“=LEFT(A2,4)”。

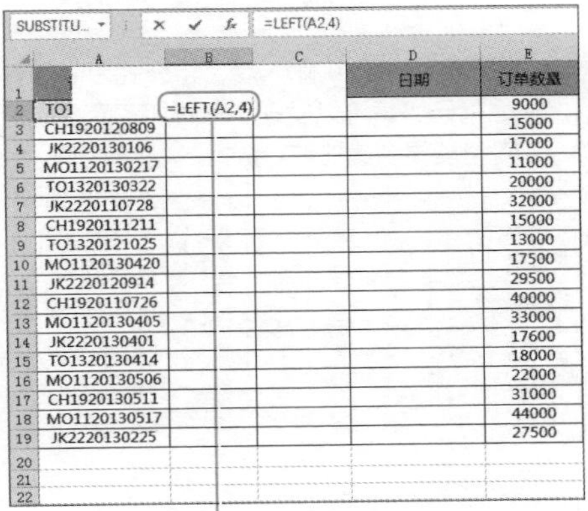

SUBSTITU... =LEFT(A2,4)

	A	B	C	D	E
1				日期	订单数量
2	TO1	=LEFT(A2,4)			9000
3	CH1920120809				15000
4	JK2220130106				17000
5	MO1120130217				11000
6	TO1320130322				20000
7	JK2220110728				32000
8	CH1920111211				15000
9	TO1320121025				13000
10	MO1120130420				17500
11	JK2220120914				29500
12	CH1920110726				40000
13	MO1120130405				33000
14	JK2220130401				17600
15	TO1320130414				18000
16	MO1120130506				22000
17	CH1920130511				31000
18	MO1120130517				44000
19	JK2220130225				27500
20					
21					
22					

② 按Enter键确认输入，然后复制公式到其他单元格，提取客户代码。

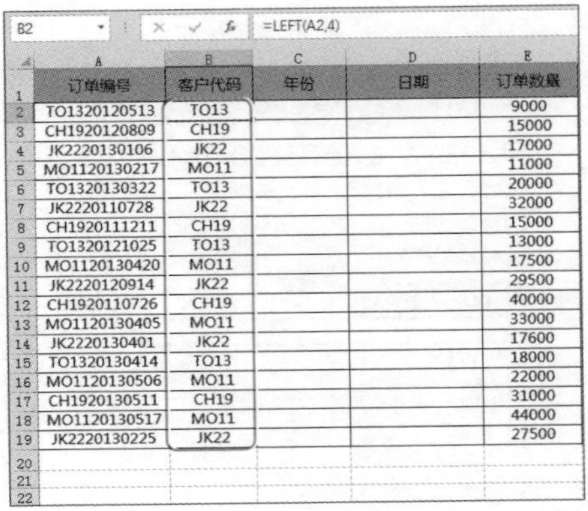

B2 =LEFT(A2,4)

	A	B	C	D	E
1	订单编号	客户代码	年份	日期	订单数量
2	TO1320120513	TO13			9000
3	CH1920120809	CH19			15000
4	JK2220130106	JK22			17000
5	MO1120130217	MO11			11000
6	TO1320130322	TO13			20000
7	JK2220110728	JK22			32000
8	CH1920111211	CH19			15000
9	TO1320121025	TO13			13000
10	MO1120130420	MO11			17500
11	JK2220120914	JK22			29500
12	CH1920110726	CH19			40000
13	MO1120130405	MO11			33000
14	JK2220130401	JK22			17600
15	TO1320130414	TO13			18000
16	MO1120130506	MO11			22000
17	CH1920130511	CH19			31000
18	MO1120130517	MO11			44000
19	JK2220130225	JK22			27500
20					
21					
22					

3 MID函数提取文本。选择C2单元格，输入公式“=MID(A2,5,4)”。

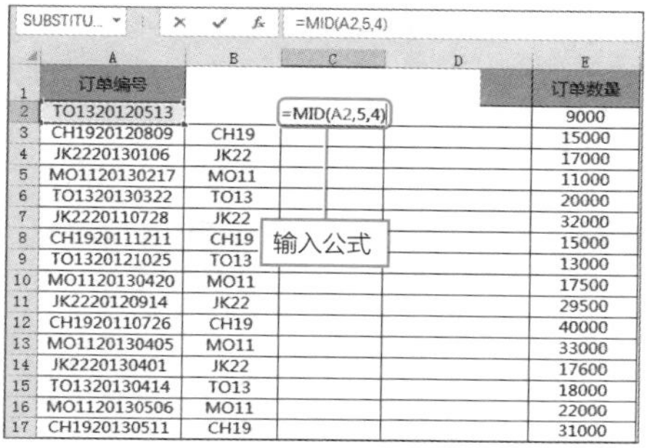
SUBSTITU... =MID(A2,5,4)

	A	B	C	D	E
1	订单编号				订单数量
2	TO1320120513		=MID(A2,5,4)		9000
3	CH1920120809	CH19			15000
4	JK2220130106	JK22			17000
5	MO1120130217	MO11			11000
6	TO1320130322	TO13			20000
7	JK2220110728	JK22			32000
8	CH1920111211	CH19			15000
9	TO1320121025	TO13			13000
10	MO1120130420	MO11			17500
11	JK2220120914	JK22			29500
12	CH1920110726	CH19			40000
13	MO1120130405	MO11			33000
14	JK2220130401	JK22			17600
15	TO1320130414	TO13			18000
16	MO1120130506	MO11			22000
17	CH1920130511	CH19			31000

4 按Enter键确认输入，然后复制公式到其他单元格，提取年份。

C2 =MID(A2,5,4)

	A	B	C	D	E
1	订单编号	客户代码	年份	日期	订单数量
2	TO1320120513	TO13	2012		9000
3	CH1920120809	CH19	2012		15000
4	JK2220130106	JK22	2013		17000
5	MO1120130217	MO11	2013		11000
6	TO1320130322	TO13	2013		20000
7	JK2220110728	JK22	2011		32000
8	CH1920111211	CH19	2011		15000
9	TO1320121025	TO13	2012		13000
10	MO1120130420	MO11	2013		17500
11	JK2220120914	JK22	2012		29500
12	CH1920110726	CH19	2011		40000
13	MO1120130405	MO11	2013		33000
14	JK2220130401	JK22	2013		17600
15	TO1320130414	TO13	2013		18000
16	MO1120130506	MO11	2013		22000
17	CH1920130511	CH19	2013		31000

5 RIGHT 函数提取文本。选择D2单元格，输入公式“=RIGHT(A2,4)”。

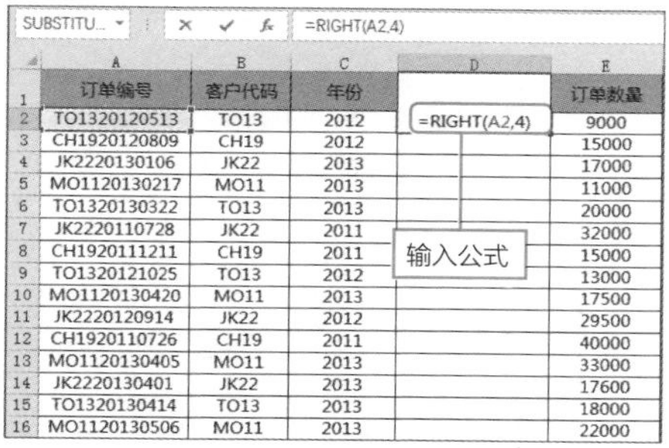
SUBSTITU... =RIGHT(A2,4)

	A	B	C	D	E
1	订单编号	客户代码	年份		订单数量
2	TO1320120513	TO13	2012	=RIGHT(A2,4)	9000
3	CH1920120809	CH19	2012		15000
4	JK2220130106	JK22	2013		17000
5	MO1120130217	MO11	2013		11000
6	TO1320130322	TO13	2013		20000
7	JK2220110728	JK22	2011		32000
8	CH1920111211	CH19	2011		15000
9	TO1320121025	TO13	2012		13000
10	MO1120130420	MO11	2013		17500
11	JK2220120914	JK22	2012		29500
12	CH1920110726	CH19	2011		40000
13	MO1120130405	MO11	2013		33000
14	JK2220130401	JK22	2013		17600
15	TO1320130414	TO13	2013		18000
16	MO1120130506	MO11	2013		22000

6 按Enter键确认输入，然后复制公式到其他单元格，提取日期。

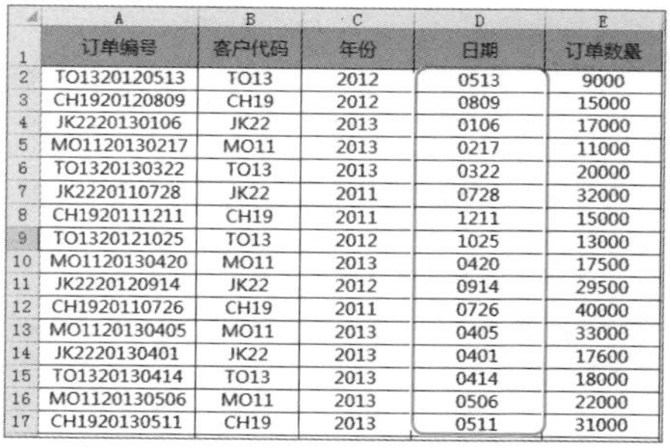

	A	B	C	D	E
1	订单编号	客户代码	年份	日期	订单数量
2	TO1320120513	TO13	2012	0513	9000
3	CH1920120809	CH19	2012	0809	15000
4	JK2220130106	JK22	2013	0106	17000
5	MO1120130217	MO11	2013	0217	11000
6	TO1320130322	TO13	2013	0322	20000
7	JK2220110728	JK22	2011	0728	32000
8	CH1920111211	CH19	2011	1211	15000
9	TO1320121025	TO13	2012	1025	13000
10	MO1120130420	MO11	2013	0420	17500
11	JK2220120914	JK22	2012	0914	29500
12	CH1920110726	CH19	2011	0726	40000
13	MO1120130405	MO11	2013	0405	33000
14	JK2220130401	JK22	2013	0401	17600
15	TO1320130414	TO13	2013	0414	18000
16	MO1120130506	MO11	2013	0506	22000
17	CH1920130511	CH19	2013	0511	31000

Hint

MID函数介绍

其格式为：

MID(text, start_num, num_chars)

其中，参数text为要提取字符的文本字符串。start_num为文本中要提取的第一个字符的位置。 文本中第一个字符的start_num为1，以此类推。num_chars为指定希望MID从文本中返回字符的个数。若start_num大于文本长度，则MID返回空文本 ("")。若start_num小于文本长度，但start_num加上num_chars超过了文本的长度，则MID只返回至多直到文本末尾的字符。如果start_num小于1或为负数，则MID返回错误值#VALUE!。

Hint

RIGHT函数介绍

其格式为：

RIGHT(text,num_chars)

参数text为包含要提取字符的文本字符串。num_chars为指定希望 right 提取的字符数。

num_chars必须大于或等于零。若num_chars大于文本长度，则返回所有文本。若省略num_chars，则假定其值为1。

Question

371 大小写转换不求人

语音视频教学371

● Level ◆◆◆

2016 2013 2010

实例 运用函数转换字母大小写

若表格中输入的字母大小写混杂，用户需要将表格中的字母转换为全部大写或者全部小写的格式，需要利用UPPER函数和LOWER函数，下面对上述函数进行介绍。

Hint

UPPER函数和LOWER函数

UPPER函数可以将所有字母转换为大写形式，其格式如下：

UPPER（text）

参数text为需要转换为大写字母的文本或文本所在的单元格。

LOWER函数可以将所有字母转换为小写形式，其格式为：

LOWER（text）

参数text为需要转换为小写字母的文本或文本所在的单元格。

❶ 选择B2单元格，输入公式“=UPPER(A2)”。

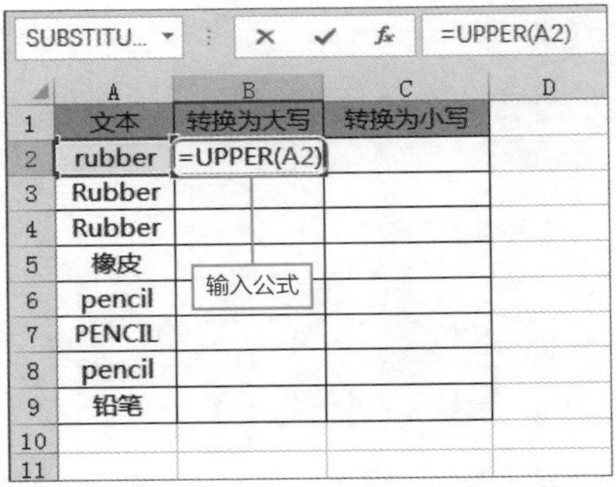

SUBSTITU... | =UPPER(A2)

	A	B	C	D
1	文本	转换为大写	转换为小写	
2	rubber	=UPPER(A2)		
3	Rubber			
4	Rubber			
5	橡皮			
6	pencil			
7	PENCIL			
8	pencil			
9	铅笔			
10				
11				

❷ 按Enter键确认输入，然后选择C2单元格，输入公式“=LOWER(A2)”。

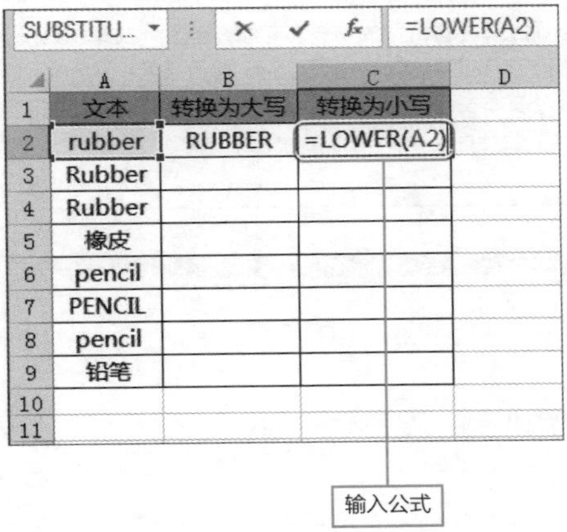

SUBSTITU... | =LOWER(A2)

	A	B	C	D
1	文本	转换为大写	转换为小写	
2	rubber	RUBBER	=LOWER(A2)	
3	Rubber			
4	Rubber			
5	橡皮			
6	pencil			
7	PENCIL			
8	pencil			
9	铅笔			
10				
11				

❸ 按Enter键确认输入，然后将公式复制到其他单元格即可。

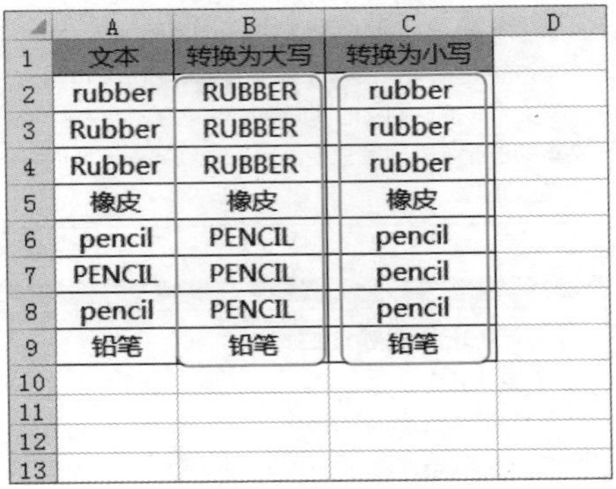

	A	B	C	D
1	文本	转换为大写	转换为小写	
2	rubber	RUBBER	rubber	
3	Rubber	RUBBER	rubber	
4	Rubber	RUBBER	rubber	
5	橡皮	橡皮	橡皮	
6	pencil	PENCIL	pencil	
7	PENCIL	PENCIL	pencil	
8	pencil	PENCIL	pencil	
9	铅笔	铅笔	铅笔	
10				
11				
12				
13				

Question 372

Level ◆◆◆

2016 2013 2010

屏蔽公式错误值有妙招

语音视频教学372

实例 ISERR函数的应用

在通过公式计算表格中的数据时，会因为各种各样的原因导致公式无法得到正确结果而返回一个错误值。若用户想要避免此类错误的发生，则可以利用错误判断函数协助处理，下面将对其操作进行介绍。

Hint

错误判断函数简介

常见的错误判断函数有ISERR函数、ISNA函数以及ISERROR函数。

其中ISERR函数格式如下：

ISERR(value)

参数为需要进行检验的数值。

其中ISNA函数格式如下：

ISNA (value)

参数用于指定是否为#N/A错误值的数值。

其中ISERROR函数格式如下：

ISERROR (value)

参数指定用于检验是否为错误值的数据。

❶ 打开工作表，在销售统计表中，当上周销售量为0时，返回错误值“#DIV/0!”。

	A	B	C	D	E
1	商品品名	上周销售	本周销售	两周对比	屏蔽错误
2	PU外套	2009	1388	69.09%	
3	风衣	586	1076	183.62%	
4	牛仔裤	603	1568	260.03%	
5	针织衫	356	1070	300.56%	
6	雪纺长裙	0	774	#DIV/0!	
7	纯棉衬衣	1597	1150	72.01%	
8	运动装	0	1000	#DIV/0!	

❷ 若要屏蔽此类错误，需要在E2单元格中输入公式“=IF(ISERR(C2/B2),0,C2/B2)”。

SUBSTITU… =IF(ISERR(C2/B2),0,C2/B2)

	A	B	C	D	E	F
1	商品品名	上周销售	本周销售	两周对比	屏蔽错误	
2	PU外套	2009	1388	=IF(ISERR(C2/B2),0,C2/B2)		
3	风衣	586	1076	183.62%		
4	牛仔裤	603	1568	260.03%		
5	针织衫	356	1070	300.56%		
6	雪纺长裙	0	774	#DIV/0!		
7	纯棉衬衣	1597	1150	72.01%		
8	运动装	0	1000	#DIV/0!		

输入公式

❸ 按Enter键确认输入，然后将公式复制到其他单元格即可。

	A	B	C	D	E
1	商品品名	上周销售	本周销售	两周对比	屏蔽错误
2	PU外套	2009	1388	69.09%	69%
3	风衣	586	1076	183.62%	184%
4	牛仔裤	603	1568	260.03%	260%
5	针织衫	356	1070	300.56%	301%
6	雪纺长裙	0	774	#DIV/0!	0%
7	纯棉衬衣	1597	1150	72.01%	72%
8	运动装	0	1000	#DIV/0!	0%

Question
373 巧妙判断是否满足多条件

语音视频教学373

• Level ◆◆◆

2016 2013 2010

实例 AND函数的应用

若用户想要判断某一项目是否满足多条件，可以通过AND函数来实现，下面对其进行详细介绍。

Hint

AND函数介绍

AND函数格式如下：

AND(logical1, logical2, ...)

参数logical1必需，指定要测试的第一个条件。logical2可选指定要测试的其他条件，最多可包含255个条件。参数的计算结果必须是逻辑值（如TRUE或FALSE），或者参数必须是包含逻辑值的数组或引用。若数组或引用参数中包含文本或空白单元格，则这些值将被忽略。若指定的单元格区域未包含逻辑值，则AND函数将返回#VALUE!错误值。

1 选择F3单元格，单击编辑栏左侧的“插入函数”按钮，弹出“插入函数”对话框，选择AND函数。

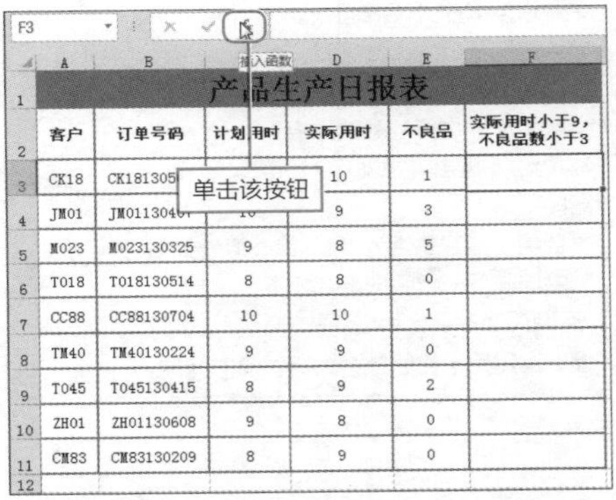

	A	B	C	D	E	F
1	产品生产日报表					
2	客户	订单号码	计划用时	实际用时	不良品	实际用时小于9，不良品数小于3
3	CK18	CK181305		10	1	
4	JM01	JM0113040		9	3	
5	M023	M023130325	9	8	5	
6	T018	T018130514	8	8	0	
7	CC88	CC88130704	10	10	1	
8	TM40	TM40130224	9	9	0	
9	T045	T045130415	8	9	2	
10	ZH01	ZH01130608	9	8	0	
11	CM83	CM83130209	8	9	0	
12						

2 打开“函数参数”对话框，指定logical1为：“D3<9”，logical2为：“E3<3”，然后单击“确定”按钮。

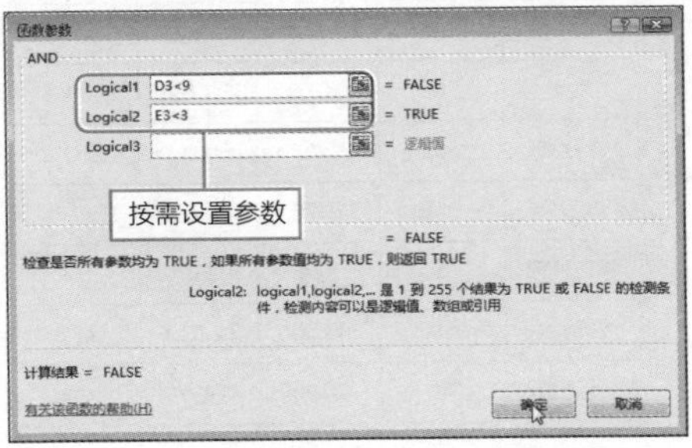

3 将F3单元格中的公式复制到其他单元格，得出判断结果。

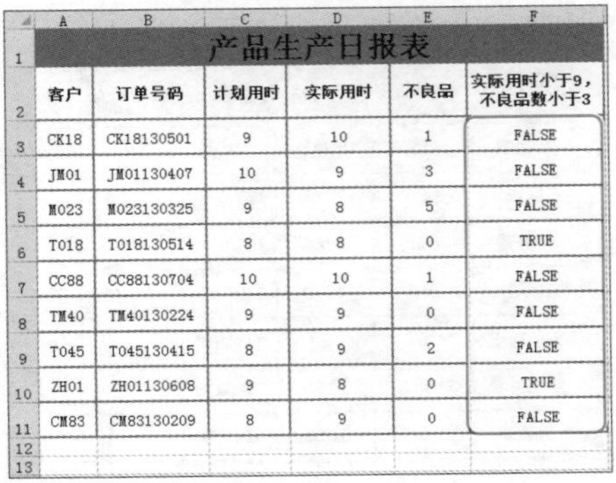

	A	B	C	D	E	F
1	产品生产日报表					
2	客户	订单号码	计划用时	实际用时	不良品	实际用时小于9，不良品数小于3
3	CK18	CK18130501	9	10	1	FALSE
4	JM01	JM01130407	10	9	3	FALSE
5	M023	M023130325	9	8	5	FALSE
6	T018	T018130514	8	8	0	TRUE
7	CC88	CC88130704	10	10	1	FALSE
8	TM40	TM40130224	9	9	0	FALSE
9	T045	T045130415	8	9	2	FALSE
10	ZH01	ZH01130608	9	8	0	TRUE
11	CM83	CM83130209	8	9	0	FALSE
12						
13						

公式与函数应用技巧

Question **374**

● Level ◆◆◆

2016 2013 2010

OR 逻辑函数很好用

语音视频教学374

实例 OR函数应用

在统计表中，若用户需要判断表格中的数据是否满足给出的多个条件中的一个条件，可以通过OR函数实现，下面对其进行介绍。

Hint

OR函数介绍

OR函数格式如下：

OR(logical1, logical2, ...)

参数Logical1 是必需的，后续逻辑值是可选的。最多可包含255个条件，测试结果可以为TRUE或FALSE。参数必须能计算为逻辑值或者为包含逻辑值的数组或引用。如果数组或引用参数中包含文本或空白单元格，则这些值将被忽略。如果指定的区域中不包含逻辑值，则返回错误值 #VALUE!。可以使用OR数组公式以查看数组中是否出现了某个值。

1 选择E2单元格，单击编辑栏左侧的“插入函数”按钮，弹出“插入函数”对话框，选择OR函数。

	A	B	C	D	E
1	产品名称	单价	数量	总金额	单价大于100，销量大于80000
2	雪纺短袖	99.00		8208	
3	纯棉睡衣	103.00	780	80340	
4	雪纺连衣裙	128.00	985	126080	
5	PU短外套	99.00	771	76329	
6	时尚风衣	185.00	268	49580	
7	超薄防晒衣	77.00	1023	78771	
8	时尚短裤	62.00	1132	70184	
9	修身长裤	110.00	852	93720	
10	运动套装	228.00	523	119244	
11	纯棉打底衫	66.00	975	64350	

2 打开“函数参数”对话框，指定logical1为：“B2>100”，logical2为：“C2>80000”，然后单击“确定”按钮。

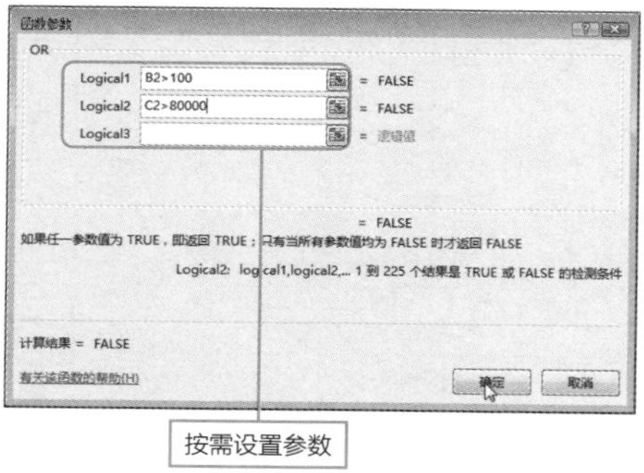

3 将E2单元格中的公式复制到其他单元格，得出判断结果。

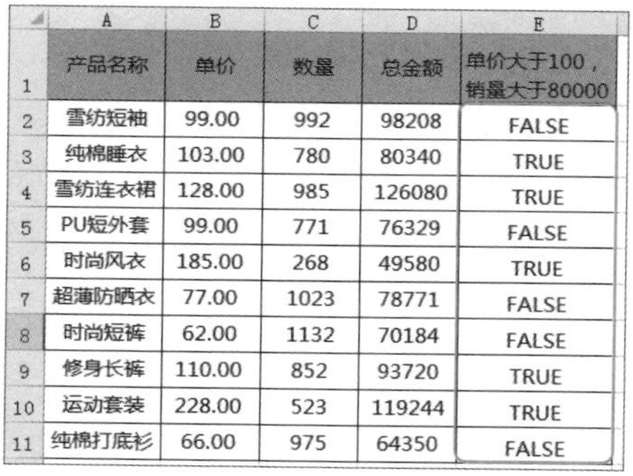

	A	B	C	D	E
1	产品名称	单价	数量	总金额	单价大于100，销量大于80000
2	雪纺短袖	99.00	992	98208	FALSE
3	纯棉睡衣	103.00	780	80340	TRUE
4	雪纺连衣裙	128.00	985	126080	TRUE
5	PU短外套	99.00	771	76329	FALSE
6	时尚风衣	185.00	268	49580	TRUE
7	超薄防晒衣	77.00	1023	78771	FALSE
8	时尚短裤	62.00	1132	70184	FALSE
9	修身长裤	110.00	852	93720	TRUE
10	运动套装	228.00	523	119244	TRUE
11	纯棉打底衫	66.00	975	64350	FALSE

Question

375

巧用NOT函数

语音视频教学375

• Level ◆◆◆

2016 2013 2010

实例 NOT函数应用

NOT函数的意义很简单，用于对参数值求反，如果要使一个值不等于某个特定值，就可以使用NOT函数。下面介绍NOT函数求进货数量不大于3000的蔬菜。

Hint

NOT函数介绍

NOT函数格式如下：

NOT(logical)

参数Logical必需，为计算结果为TRUE或FALSE的任何值或表达式。但是，若指定多个表达式，会返回错误值。

如果逻辑值为FALSE，函数NOT返回TRUE；如果逻辑值为TRUE，函数NOT返回FALSE。

1 选择G3单元格，单击编辑栏左侧的“插入函数”按钮，弹出“插入函数”对话框，选择NOT函数。

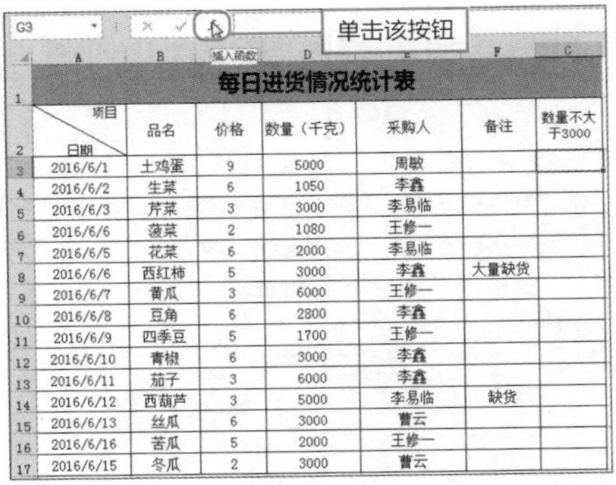

项目/日期	品名	价格	数量（千克）	采购人	备注	数量不大于3000
2016/6/1	土鸡蛋	9	5000	周敏		
2016/6/2	生菜	6	1050	李鑫		
2016/6/3	芹菜	3	3000	李易临		
2016/6/6	菠菜	2	1080	王修一		
2016/6/5	花菜	6	2000	李易临		
2016/6/6	西红柿	5	3000	李鑫	大量缺货	
2016/6/7	黄瓜	3	6000	王修一		
2016/6/8	豆角	6	2800	李鑫		
2016/6/9	四季豆	5	1700	王修一		
2016/6/10	青椒	6	3000	李鑫		
2016/6/11	茄子	3	6000	李鑫		
2016/6/12	西葫芦	3	5000	李易临	缺货	
2016/6/13	丝瓜	6	3000	曹云		
2016/6/16	苦瓜	5	2000	王修一		
2016/6/15	冬瓜	2	3000	曹云		

2 打开“函数参数”对话框，指定logical为：“D3>3000”，然后单击“确定”按钮。

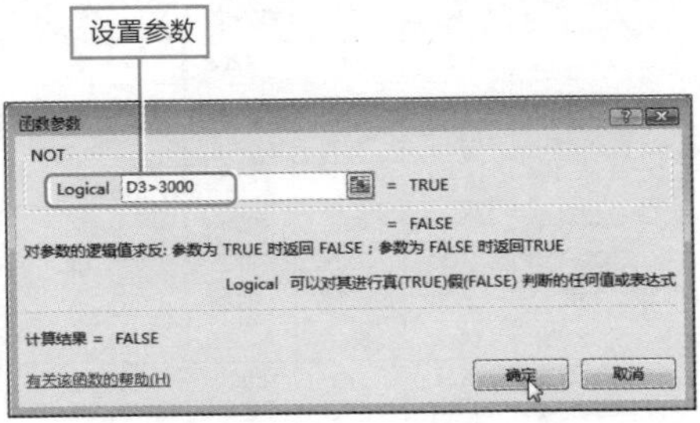

3 将G3单元格中的公式复制到其他单元格，得出判断结果。

每日进货情况统计表

项目/日期	品名	价格	数量（千克）	采购人	备注	数量不大于3000
2016/6/1	土鸡蛋	9	5000	周敏		FALSE
2016/6/2	生菜	6	1050	李鑫		TRUE
2016/6/3	芹菜	3	3000	李易临		TRUE
2016/6/6	菠菜	2	1080	王修一		TRUE
2016/6/5	花菜	6	2000	李易临		TRUE
2016/6/6	西红柿	5	3000	李鑫	大量缺货	TRUE
2016/6/7	黄瓜	3	6000	王修一		FALSE
2016/6/8	豆角	6	2800	李鑫		TRUE
2016/6/9	四季豆	5	1700	王修一		TRUE
2016/6/10	青椒	6	3000	李鑫		TRUE
2016/6/11	茄子	3	6000	李鑫		FALSE
2016/6/12	西葫芦	3	5000	李易临	缺货	FALSE
2016/6/13	丝瓜	6	3000	曹云		TRUE
2016/6/16	苦瓜	5	2000	王修一		TRUE
2016/6/15	冬瓜	2	3000	曹云		TRUE

Question
376

● Level ◆◆◆

2016 2013 2010

妙用 IF 函数

语音视频教学376

实例　IF函数判断是否需要补货

若用户想要判断某一项目是否满足条件，并且对满足不满足的项都进行标记，该如何操作呢，下面对其进行介绍。

Hint

IF函数介绍

IF函数格式如下：

IF(logical_test,[value_if_true, value_if_false)

其中，参数logical_test必需，为计算结果为逻辑值或表达式。参数value_if_true可选为 logical_test参数的计算结果为TRUE时所要返回的值。参数value_if_false可选为logical_test参数的计算结果为FALSE时所要返回的值。最多可以使用64个IF函数作为value_if_true和value_if_false参数进行嵌套以构造更详尽的测试。

❶ 选择G3单元格，单击编辑栏左侧的“插入函数”按钮，弹出“插入函数”对话框，选择IF函数。

兴旺公司出货明细						
客户	下单日期	交期	订单号码	数量PCS	交货数量	交货情况
CK18	2016/3/5	2016/5/30	CK18130305	10000	6000	
J013	2016/1/5	2016/5/15	J013130105	6500	6500	
T012	2016/2/8	2016/5/25	T012130208	9000	9000	
M015	2016/3/9	2016/5/29	M015130309	12000	10000	
T043	2016/2/1	2016/5/22	T043130201	20000	20000	
CM03	2016/4/8	2016/5/19	CM03130408	3000	3000	
T018	2016/5/1	2016/5/30	T018130501	12000	6000	
J220	2016/2/25	2016/5/18	J220160225	13000	13000	
CH19	2016/3/17	2016/5/23	CH19130317	11000	10000	

❷ 打开“函数参数”对话框，指定logical_test为：“F3<E3”；value_if_true为：“未完成”；value_if_false为：“已完成”，然后单击“确定”按钮。

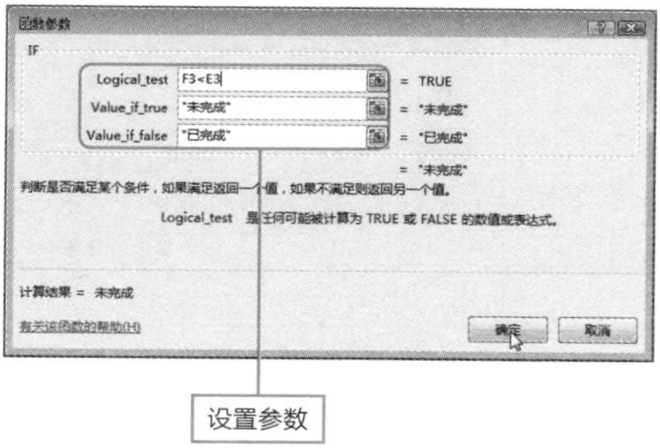

❸ 将G3单元格中的公式复制到其他单元格，得出判断结果。

兴旺公司出货明细						
客户	下单日期	交期	订单号码	数量PCS	交货数量	交货情况
CK18	2016/3/5	2016/5/30	CK18130305	10000	6000	未完成
J013	2016/1/5	2016/5/15	J013130105	6500	6500	已完成
T012	2016/2/8	2016/5/25	T012130208	9000	9000	已完成
M015	2016/3/9	2016/5/29	M015130309	12000	10000	未完成
T043	2016/2/1	2016/5/22	T043130201	20000	20000	已完成
CM03	2016/4/8	2016/5/19	CM03130408	3000	3000	已完成
T018	2016/5/1	2016/5/30	T018130501	12000	6000	未完成
J220	2016/2/25	2016/5/18	J220160225	13000	13000	已完成
CH19	2016/3/17	2016/5/23	CH19130317	11000	10000	未完成

Question

377 模糊求和很简单

语音视频教学377

• Level ◆◆◆

2016 2013 2010

实例 使用通配符结合函数模糊求和

模糊求和是指条件有一定规律但是又不确定具体内容时进行的求和。使用SUMIF函数可以轻松实现对符合条件的值进行求和，下面对其进行介绍。

Hint

SUMIF函数介绍

SUMIF函数格式如下：

SUMIF(range, criteria,[sum_range)

其中，参数range必需，为用于条件计算的单元格区域。参数criteria必需，为用于确定对哪些单元格求和的条件。参数sum_range可选，为要求和的实际单元格。如果省略sum_range参数，会在范围参数中求和。可以在criteria参数中使用通配符（包括问号 (?) 和星号 (*)）。问号匹配任意单个字符；星号匹配任意一串字符。如果要查找实际的问号或星号，请在该字符前键入波形符 (~)。

❶ 选择E13单元格，单击编辑栏左侧的“插入函数”按钮，弹出“插入函数”对话框，选择SUMIF函数。

	A	B	C	D	E
1	畅销前十名	商品代码	上周销售件数	目前库存的数量	补货情况
2	1	JC0		160000	已补货
3	2	KM1		250000	未补货
4	3	JC035	150000	110000	未补货
5	4	CN486	132000	180000	无需补货
6	5	OP047	110050	90000	已补货
7	6	KL892	85632	90000	已补货
8	7	KJ570	81456	189000	无需补货
9	8	JC965	65890	180000	无需补货
10	9	OR456	55874	60000	已补货
11	10	GH019	40000	90000	未补货
12					
13	商品代码以K开头的总库存量				

❷ 打开“函数参数”对话框，根据需要依次指定各参数，然后单击“确定”按钮。

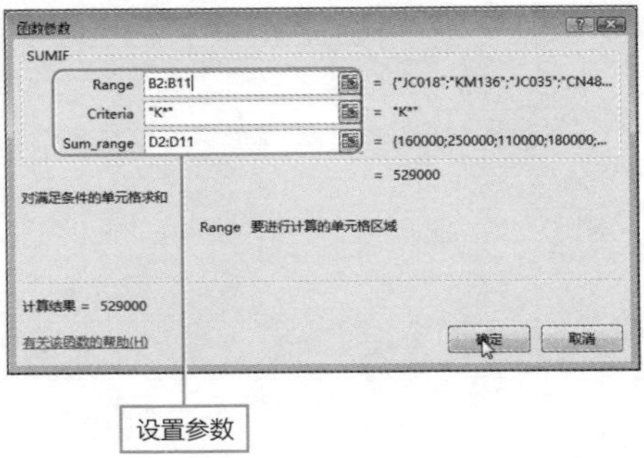

❸ 在E13单元格中，显示出计算出的结果。

	A	B	C	D	E
1	畅销前十名	商品代码	上周销售件数	目前库存的数量	补货情况
2	1	JC018	189560	160000	已补货
3	2	KM136	156980	250000	未补货
4	3	JC035	150000	110000	未补货
5	4	CN486	132000	180000	无需补货
6	5	OP047	110050	90000	已补货
7	6	KL892	85632	90000	已补货
8	7	KJ570	81456	189000	无需补货
9	8	JC965	65890	180000	无需补货
10	9	OR456	55874	60000	已补货
11	10	GH019	40000	90000	未补货
12					
13	商品代码以K开头的总库存量				529000

Question **378**

● Level ◆◆◆

2016 2013 2010

指定范围求和，星号*来帮忙

语音视频教学378

实例 利用星号*求指定范围数据总和

若用户想要计算指定范围内数据的总和，可以利用星号*来实现，下面对其进行介绍。

❶ 选择F13单元格，输入公式“=SUM((B2:F11>1700)*(B2:F11<2200)*B2:F11)”。

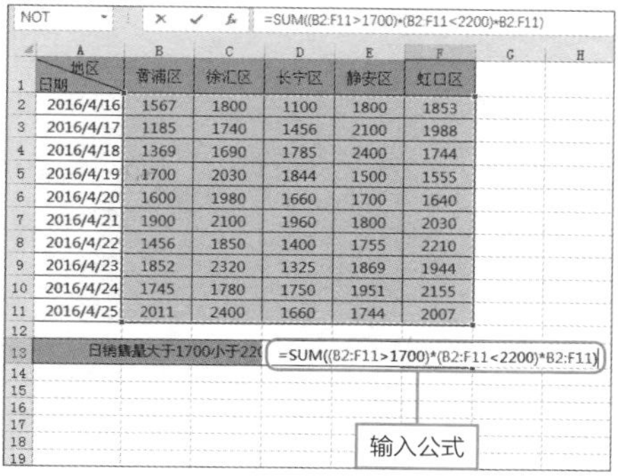

NOT | =SUM((B2:F11>1700)*(B2:F11<2200)*B2:F11)

	A	B	C	D	E	F
1	地区 日期	黄浦区	徐汇区	长宁区	静安区	虹口区
2	2016/4/16	1567	1800	1100	1800	1853
3	2016/4/17	1185	1740	1456	2100	1988
4	2016/4/18	1369	1690	1785	2400	1744
5	2016/4/19	1700	2030	1844	1500	1555
6	2016/4/20	1600	1980	1660	1700	1640
7	2016/4/21	1900	2100	1960	1800	2030
8	2016/4/22	1456	1850	1400	1755	2210
9	2016/4/23	1852	2320	1325	1869	1944
10	2016/4/24	1745	1780	1750	1951	2155
11	2016/4/25	2011	2400	1660	1744	2007
13	日销售量大于1700小于220(			=SUM((B2:F11>1700)*(B2:F11<2200)*B2:F11)		

❷ 按Enter键确认后，会出现计算错误，这是因为公式中包含数组所致。

F13 | =SUM((B2:F11>1700)*(B2:F11<220

	A	B	C	D	E	F
1	地区 日期	黄浦区	徐汇区	长宁区	静安区	虹口区
2	2016/4/16	1567	1800	1100	1800	1853
3	2016/4/17	1185	1740	1456	2100	1988
4	2016/4/18	1369	1690	1785	2400	1744
5	2016/4/19	1700	2030	1844	1500	1555
6	2016/4/20	1600	1980	1660	1700	1640
7	2016/4/21	1900	2100	1960	1800	2030
8	2016/4/22	1456	1850	1400	1755	2210
9	2016/4/23	1852	2320	1325	1869	1944
10	2016/4/24	1745	1780	1750	1951	2155
11	2016/4/25	2011	2400	1660	1744	2007
13	日销售量大于1700小于2200的销售总和					#VALUE!

❸ 当公式为数组公式时，输入完成后，应按Ctrl+Shift+Enter组合键确认输入。

F13 | {=SUM((B2:F11>1700)*(B2:F11<220

	A	B	C	D	E	F
1	地区 日期	黄浦区	徐汇区	长宁区	静安区	虹口区
2	2016/4/16	1567	1800	1100	1800	1853
3	2016/4/17	1185	1740	1456	2100	1988
4	2016/4/18	1369	1690	1785	2400	1744
5	2016/4/19	1700	2030	1844	1500	1555
6	2016/4/20	1600	1980	1660	1700	1640
7	2016/4/21	1900	2100	1960	1800	2030
8	2016/4/22	1456	1850	1400	1755	2210
9	2016/4/23	1852	2320	1325	1869	1944
10	2016/4/24	1745	1780	1750	1951	2155
11	2016/4/25	2011	2400	1660	1744	2007
13	日销售量大于1700小于2200的销售总和					54867

Hint

如何统计日销售量大于1700小于2200的个数

选择F15单元格，输入公式“=SUM((B2:F11>1700)*(B2:F11<2200))”即可。

NOT | =SUM((B2:F11>1700)*(B2:F11<2200))

	A	B	C	D	E	F
1	地区 日期	黄浦区	徐汇区	长宁区	静安区	虹口区
2	2016/4/16	1567	1800	1100	1800	1853
3	2016/4/17	1185	1740	1456	2100	1988
4	2016/4/18	1369	1690	1785	2400	1744
5	2016/4/19	1700	2030	1844	1500	1555
6	2016/4/20	1600	1980	1660	1700	1640
7	2016/4/21	1900	2100	1960	1800	2030
8	2016/4/22	1456	1850	1400	1755	[illegible]
9	2016/4/23	1852	2320	1325	1869	[illegible]
10	2016/4/24	1745	1780	1750	1951	2155
11	2016/4/25	2011	2400	1660	1744	2007
13	日销售量大于1700小于2200的销售总和					54867
15	所有日销售量大于1700小		=SUM((B2:F11>1700)*(B2:F11<2200))			

Question

379 批量计算有诀窍

语音视频教学379

• Level ◆◆◆

2016 2013 2010

实例 利用数组公式进行计算

对于需要计算出多个结果的数据来说，可以利用数组公式进行计算，下面对其进行介绍。

1 打开工作表，选择需要保存计算结果的E4:E18单元格区域。

日期	品名	价格	数量（千克）	总金额	采购人	备注
2016/4/1	苹果	9	5000		周敏	
2016/4/2	桔子	4	1050		李鑫	
2016/4/3	橙子	3	3000		李易临	
2016/4/4	香蕉	2	1080		王修一	
2016/4/5	柚子	4	2000		李易临	
2016/4/6	西兰花	5	3000		李鑫	大量缺
2016/4/7	黄瓜	3	4000		王修一	
2016/4/8	豆角	4	2800		李鑫	
2016/4/9	四季豆	5	1700		王修一	
2016/4/10	青椒	4	3000		李鑫	
2016/4/11	茄子	3	4000		李鑫	
2016/4/12	西葫芦	3	5000		李易临	缺货
2016/4/13	丝瓜	4	3000		曹云	
2016/4/14	苦瓜	5	2000		王修一	
2016/4/15	冬瓜	2	3000		曹云	

2 输入公式“=C4:C18*D4:D18”。

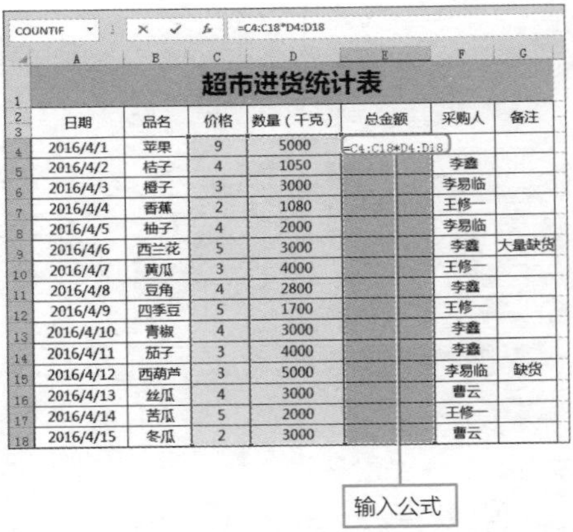

日期	品名	价格	数量（千克）	总金额	采购人	备注
2016/4/1	苹果	9	5000	=C4:C18*D4:D18)		
2016/4/2	桔子	4	1050		李鑫	
2016/4/3	橙子	3	3000		李易临	
2016/4/4	香蕉	2	1080		王修一	
2016/4/5	柚子	4	2000		李易临	
2016/4/6	西兰花	5	3000		李鑫	大量缺货
2016/4/7	黄瓜	3	4000		王修一	
2016/4/8	豆角	4	2800		李鑫	
2016/4/9	四季豆	5	1700		王修一	
2016/4/10	青椒	4	3000		李鑫	
2016/4/11	茄子	3	4000		李鑫	
2016/4/12	西葫芦	3	5000		李易临	缺货
2016/4/13	丝瓜	4	3000		曹云	
2016/4/14	苦瓜	5	2000		王修一	
2016/4/15	冬瓜	2	3000		曹云	

3 输入完成后，应按Ctrl+Shift+Enter组合键确认输入，即可计算出商品的金额。

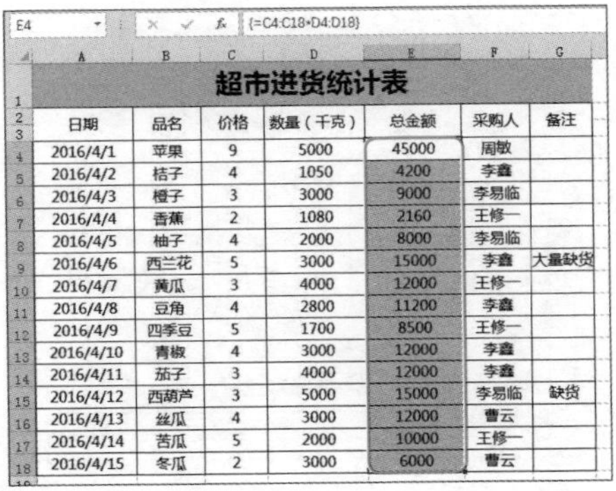

日期	品名	价格	数量（千克）	总金额	采购人	备注
2016/4/1	苹果	9	5000	45000	周敏	
2016/4/2	桔子	4	1050	4200	李鑫	
2016/4/3	橙子	3	3000	9000	李易临	
2016/4/4	香蕉	2	1080	2160	王修一	
2016/4/5	柚子	4	2000	8000	李易临	
2016/4/6	西兰花	5	3000	15000	李鑫	大量缺货
2016/4/7	黄瓜	3	4000	12000	王修一	
2016/4/8	豆角	4	2800	11200	李鑫	
2016/4/9	四季豆	5	1700	8500	王修一	
2016/4/10	青椒	4	3000	12000	李鑫	
2016/4/11	茄子	3	4000	12000	李鑫	
2016/4/12	西葫芦	3	5000	15000	李易临	缺货
2016/4/13	丝瓜	4	3000	12000	曹云	
2016/4/14	苦瓜	5	2000	10000	王修一	
2016/4/15	冬瓜	2	3000	6000	曹云	

Hint

数组公式使用原则1

（1）输入数组公式之前，需正确选择用于保存计算结果的单元格区域。

（2）输入数组公式后，需按Ctrl+Shift+Enter组合键，此时，系统将在输入公式的两边自动添加大括号{}，表示该公式为数组公式。单击数组公式中任意一个单元格，在编辑栏中会出现带有大括号，表示该公式为数组公式。

（3）在数组公式所涉及的单元格中，不能编辑、清除或移动单元格，也不能插入或删除其中任何一个单元格。

Question **380**

巧妙提取大量数据

语音视频教学380

实例　OFFSET函数的应用

● Level ◆◆◆

2016 2013 2010

若用户想要从包含大量数据的表格中提取单元格或单元格区域引用，可以通过OFFSET函数来实现，下面对其进行介绍。

Hint

OFFSET函数简介

OFFSET函数格式如下：

OFFSET(reference, rows, cols, height,width)

参数Reference是以其为偏移量的底数的引用。参数Rows为需要左上角单元格引用的向上或向下行数。参数Cols为需要结果的左上角单元格引用的从左到右的列数。参数Height可选，为需要返回的引用的行高。参数Width可选，为需要返回的引用的列宽。

若rows和cols的偏移使引用超出了工作表边缘，则OFFSET返回，错误值 #REF!。

❶ 选择G1:H19单元格区域，单击编辑栏左侧的“插入函数”按钮，在打开的对话框中选择“OFFSET”函数。

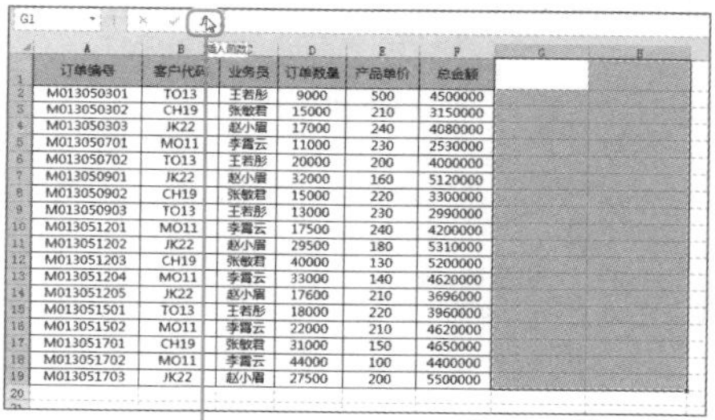

	A	B	C	D	E	F	G	H
1	订单编号	客户代码	业务员	订单数量	产品单价	总金额		
2	M013050301	TO13	王若彤	9000	500	4500000		
3	M013050302	CH19	张敏君	15000	210	3150000		
4	M013050303	JK22	赵小眉	17000	240	4080000		
5	M013050701	MO11	李霄云	11000	230	2530000		
6	M013050702	TO13	王若彤	20000	200	4000000		
7	M013050901	JK22	赵小眉	32000	160	5120000		
8	M013050902	CH19	张敏君	15000	220	3300000		
9	M013050903	TO13	王若彤	13000	230	2990000		
10	M013051201	MO11	李霄云	17500	240	4200000		
11	M013051202	JK22	赵小眉	29500	180	5310000		
12	M013051203	CH19	张敏君	40000	130	5200000		
13	M013051204	MO11	李霄云	33000	140	4620000		
14	M013051205	JK22	赵小眉	17600	210	3696000		
15	M013051501	TO13	王若彤	18000	220	3960000		
16	M013051502	MO11	李霄云	22000	210	4620000		
17	M013051701	CH19	张敏君	31000	150	4650000		
18	M013051702	MO11	李霄云	44000	100	4400000		
19	M013051703	JK22	赵小眉	27500	200	5500000		
20								

单击该按钮

❷ 打开“函数参数”对话框，依次设置各参数。

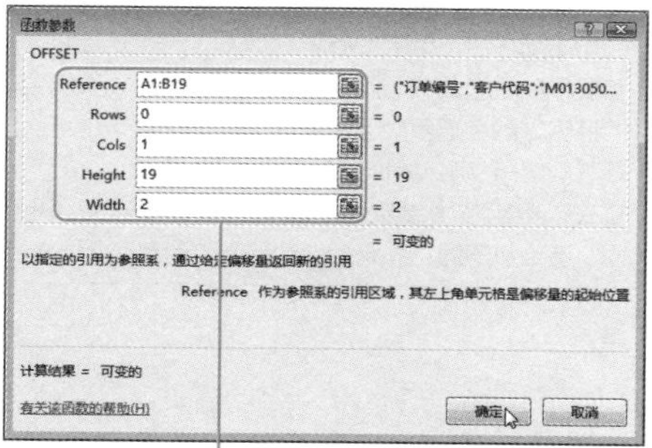

设置参数

❸ 按住Ctrl+Shift组合键的同时单击“确定”按钮即可。

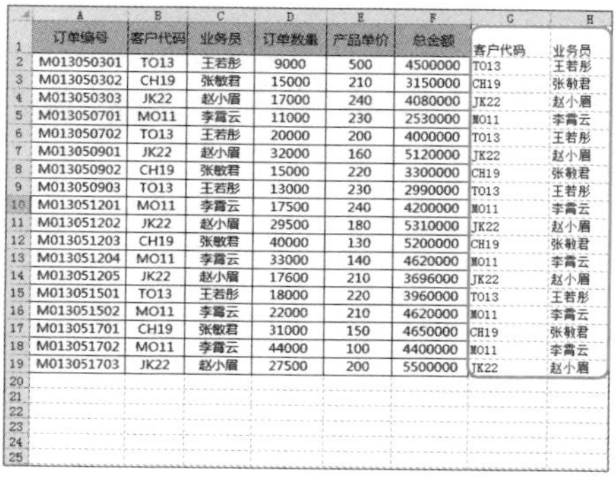

	A	B	C	D	E	F	G	H
1	订单编号	客户代码	业务员	订单数量	产品单价	总金额	客户代码	业务员
2	M013050301	TO13	王若彤	9000	500	4500000	TO13	王若彤
3	M013050302	CH19	张敏君	15000	210	3150000	CH19	张敏君
4	M013050303	JK22	赵小眉	17000	240	4080000	JK22	赵小眉
5	M013050701	MO11	李霄云	11000	230	2530000	MO11	李霄云
6	M013050702	TO13	王若彤	20000	200	4000000	TO13	王若彤
7	M013050901	JK22	赵小眉	32000	160	5120000	JK22	赵小眉
8	M013050902	CH19	张敏君	15000	220	3300000	CH19	张敏君
9	M013050903	TO13	王若彤	13000	230	2990000	TO13	王若彤
10	M013051201	MO11	李霄云	17500	240	4200000	MO11	李霄云
11	M013051202	JK22	赵小眉	29500	180	5310000	JK22	赵小眉
12	M013051203	CH19	张敏君	40000	130	5200000	CH19	张敏君
13	M013051204	MO11	李霄云	33000	140	4620000	MO11	李霄云
14	M013051205	JK22	赵小眉	17600	210	3696000	JK22	赵小眉
15	M013051501	TO13	王若彤	18000	220	3960000	TO13	王若彤
16	M013051502	MO11	李霄云	22000	210	4620000	MO11	李霄云
17	M013051701	CH19	张敏君	31000	150	4650000	CH19	张敏君
18	M013051702	MO11	李霄云	44000	100	4400000	MO11	李霄云
19	M013051703	JK22	赵小眉	27500	200	5500000	JK22	赵小眉
20								
21								
22								
23								
24								
25								

1 2 3 4 5 6 7 8 9 10 11 12 13 14 15 16 17 18 公式与函数应用技巧

Question

381 巧用N函数修正数据

语音视频教学381

Level ◆◆◆

2016 2013 2010

实例 使用N函数修正表格数据

若用户表格中同一项的数据类型不一致，在计算时，就会导致计算错误的产生，那么该如何改变这一现状呢？此时，别忘记可以使用N函数来实现快速修正操作。

Hint

N函数简介

N函数可以将参数中指定的不是数值形式的数据转换为数值形式，其格式如下：

N(value)

参数为需要转换为数值的值或值所在的单元格。

若参数指定文本，则返回0；若参数指定日期则返回日期序列号；若指定数字，则返回数字；若参数指定错误值，则返回错误值；若参数指定逻辑值TRUE，则返回1；若参数指定逻辑值FALSE，则返回0。

❶ 打开工作表，选择C2单元格，输入公式“=N(B2)”。

NOT | =N(B2)

	A	B	C	D	E
1	产品名称	单价	修正单价	数量	总金额
2	雪纺短袖	99.00	=N(B2)	992	98208
3	纯棉睡衣	¥ 103.00		780	80340
4	雪纺连衣裙	128.00		985	126080
5	PU短外套	¥ 99.00		771	76329
6	时尚风衣	185.00		268	49580
7	超薄防晒衣	77.00		1023	78771
8	时尚短裤	¥ 62.00		1132	70184
9	修身长裤	110.00		852	93720
10	运动套装	¥ 228.00		523	119244
11	纯棉打底衫	¥ 66.00		975	64350

输入公式

❷ 按Enter键确认输入，并向下复制公式即可。

J6

	A	B	C	D	E
1	产品名称	单价	修正单价	数量	总金额
2	雪纺短袖	99.00	99.00	992	98208
3	纯棉睡衣	¥ 103.00	103.00	780	80340
4	雪纺连衣裙	128.00	128.00	985	126080
5	PU短外套	¥ 99.00	99.00	771	76329
6	时尚风衣	185.00	185.00	268	49580
7	超薄防晒衣	77.00	77.00	1023	78771
8	时尚短裤	¥ 62.00	62.00	1132	70184
9	修身长裤	110.00	110.00	852	93720
10	运动套装	¥ 228.00	228.00	523	119244
11	纯棉打底衫	¥ 66.00	66.00	975	64350

Hint

数组公式使用原则2

若要编辑或清除数组公式，应先选择整个数组，然后在编辑栏中修改或删除数组公式。最后按Ctrl+Shift+Enter组合键确认即可。

若要移动数组公式，则需选中整个数组公式所包含的范围，然后把整个区域拖放到目标位置，也可执行“剪切-粘贴”操作实现。

公式以数组作为参数时，所有的数组维数必须相同。若维数不同，系统会自动扩展该参数。

Question

382

轻松获取当前工作簿或工作表名

语音视频教学382

实例 CELL函数的应用

Level ◆◆◆

2016 2013 2010

在日常工作中，有时会需要使用当前工作表或当前工作簿的名称，这时就可以通过CELL函数来获取，下面将对该函数的使用方法进行介绍。

Hint

CELL函数简介

CELL函数格式如下：

CELL（info-type，reference）

参数info_type为文本值，指定所需的单元格信息的类型。若指定”filename”，则返回包含引用的文件名和文件类型。若指定“format”，则返回指定的单元格格式对应的文本常数。参数reference指定需要检查信息的单元格。

如果省略 reference，则在 info_type 中指定的信息将返回给最后更改的单元格。

❶ 打开工作表，在A2单元格中输入公式“=CELL("filename")”并确认，将一下子返回工作表路径、工作簿名称以及工作表名称。

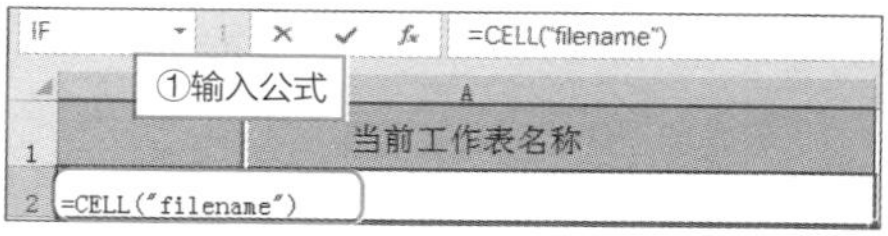

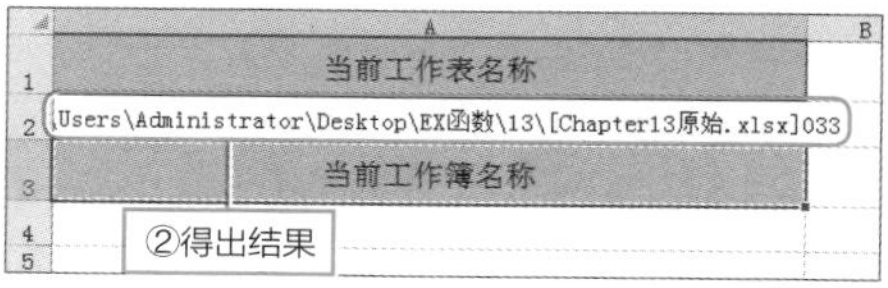

❷ 若用户只想获取当前工作表名称，则可输入公式“=MID(CELL("filename"), FIND("]",CELL("filename"))+1,255)”或者公式“=REPLACE(CELL("filename"),1, FIND("]",CELL("filename")),"")”，输入完成后，按Enter键确认输入即可。

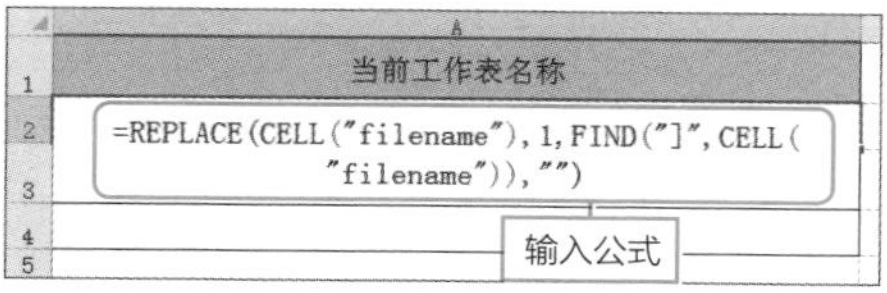

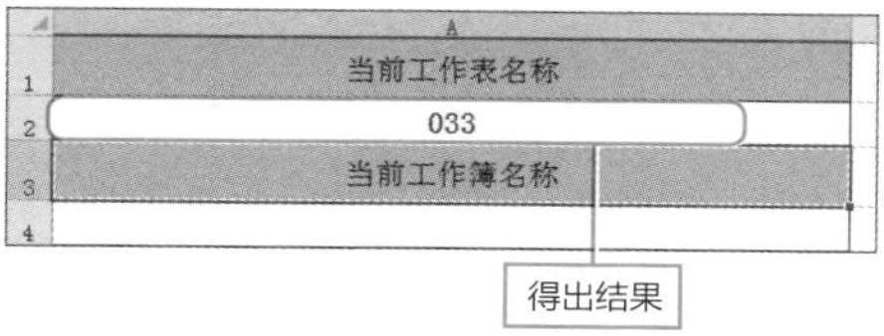

❸ 若用户只想获取当前工作簿名称可输入公式“=MID(CELL("filename",$A$1),FIND("[",CELL("filename",$A$1))+1,FIND("]",CELL("filename",$A$1))-FIND("[",CELL("filename",$A$1))-1)”，然后按Enter键确认输入即可。

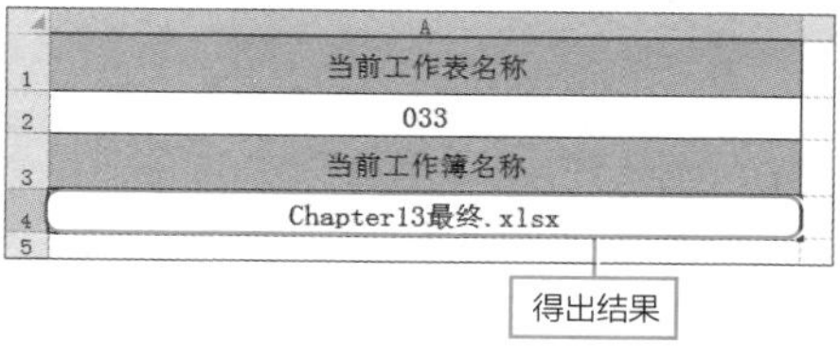

Question

383

● Level ◆◆◆

2016 2013 2010

三维引用不重复数据

语音视频教学383

实例 COUNTIF函数的应用

在工作表中，有时候会需要在大量的数据中找出不重复的数据，如果通过人工查找，会花费大量时间且准确性不高，需要利用Excel提供的函数快速实现，下面介绍如何通过COUNTIF函数查找不重复数据。

Hint

COUNTIF函数简介

COUNTIF函数格式如下：

COUNTIF(range, criteria)

参数range为要计数的一个或多个单元格，包括数字或包含数字的名称、数组或引用。空值和文本值将被忽略。

参数criteria为定义要进行计数的单元格的数字、表达式、单元格引用或文本字符串。可以在条件中使用通配符，即问号 (?) 和星号 (*)。条件不区分大小写。

❶ 打开工作表，选择D3:D11单元格区域。

	A	B	C	D
1	商品销售统计			
2	品名	产地	单价	商品来自哪些地区
3	苹果	烟台	7	
4	柚子	海南	6	
5	香蕉	海南	6	
6	荔枝	四川	18	
7	龙眼	广东	14	
8	火龙果	广东	10	
9	西瓜	广东	2	
10	猕猴桃	海南	9	
11	甘蔗	湖南	5	

❷ 在编辑栏中输入公式“=INDEX($B$3:$B$11,SMALL(IF(COUNTIF(OFFSET ($B$3,,,ROW($B$3:$B$11)-ROW($B$2)),$B$3:$B$11)=1,ROW($B$3:$B$11)-ROW($B$2)),ROW($B$3:$B$11)-ROW($B$2)))”。

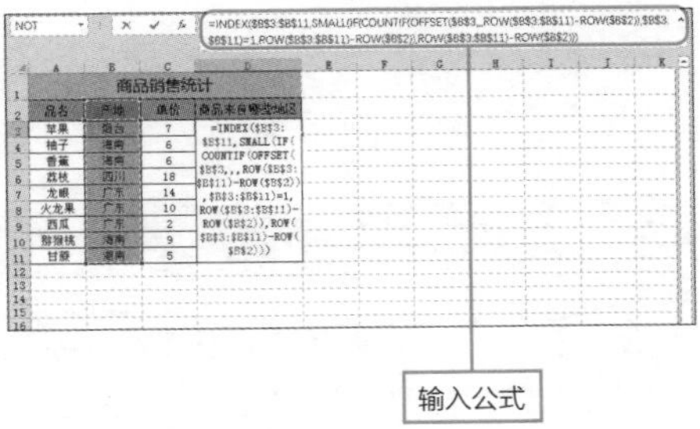

❸ 输入完成后，按Ctrl+Shift+Enter组合键确认即可。

	A	B	C	D
1	商品销售统计			
2	品名	产地	单价	商品来自哪些地区
3	苹果	烟台	7	烟台
4	柚子	海南	6	海南
5	香蕉	海南	6	四川
6	荔枝	四川	18	广东
7	龙眼	广东	14	湖南
8	火龙果	广东	10	#NUM!
9	西瓜	广东	2	#NUM!
10	猕猴桃	海南	9	#NUM!
11	甘蔗	湖南	5	#NUM!
12				

Question

384

• Level ◆◆◆

2016 2013 2010

多工作表查询也不难

语音视频教学384

实例　查询商品销售信息

若用户需要从多个工作表中查询某一商品的相关信息，可以通过VLOOKUP函数快速查找，下面对其进行介绍。

Hint

VLOOKUP函数简介

VLOOKUP函数格式如下：

VLOOKUP(lookup_value,table_array, col_index_num, range_lookup)

参数lookup_value为在表格或区域的第一列中搜索的值。参数 lookup_value可以是值或引用。参数table_array为包含数据的单元格区域。 参数col_index_num为参数table_array中必须返回的匹配值的列号。参数range_lookup可选，是一个逻辑值，指定希望VLOOKUP查找精确匹配值还是近似匹配值。

1. 打开Excel工作簿，要求在销售统计1、销售统计2和销售统计3中的数据中查询"纯棉睡衣"三个月份的销售数据。

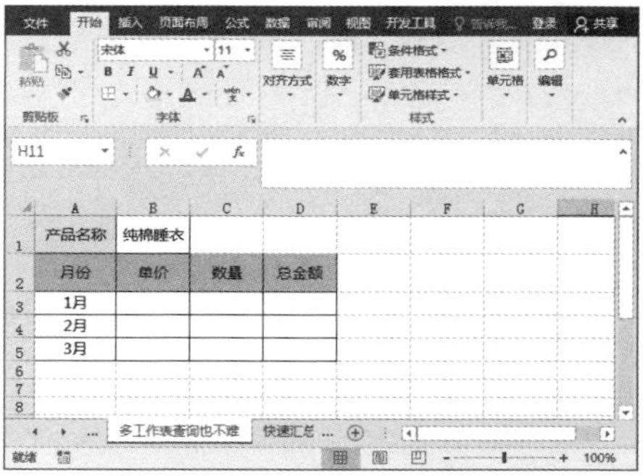

2. 选择B3:D5单元格区域，在编辑栏中输入公式"=VLOOKUP($B$1, INDIRECT("销售统计"&{1;2;3}&"!A3:D12"),{2,3,4},0)"。

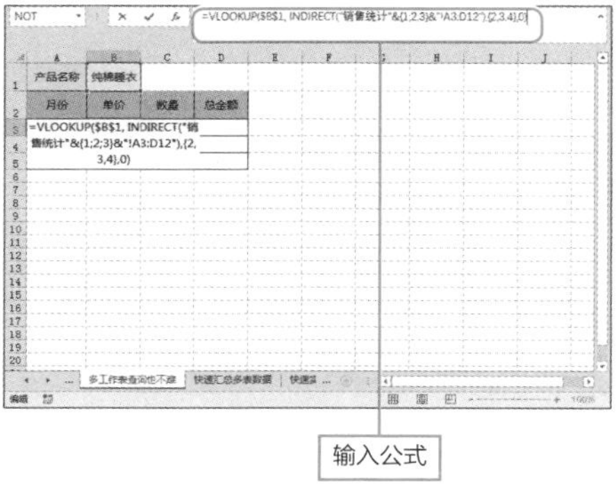

3. 输入完成后，按Ctrl+Shift+Enter组合键确认即可查询出相关信息。

	A	B	C	D
1	产品名称	纯棉睡衣		
2	月份	单价	数量	总金额
3	1月	103	825	84975
4	2月	103	752	77456
5	3月	103	1010	104030
6				
7				

Question

385 快速汇总多表数据

语音视频
教学385

• Level ◆◆◆

2016 2013 2010

实例 求某商品销售总和

如用户想要在多个工作表中求出某一商品的销售总额，可以通过函数来实现，下面对其进行介绍。

Hint

INDIRECT函数简介

INDIRECT函数格式如下：
INDIRECT(ref_text, a])
参数ref_text为对单元格的引用，此单元格包含 a1样式的引用、r1c1样式的引用、定义为引用的名称或对作为文本字符串的单元格的引用。如果ref_text不是合法的单元格引用，则indirect返回错误值#ref!。
参数A1可选，为一个逻辑值，用于指定包含在单元格ref_text中的引用的类型。

1 打开Excel工作簿，要求根据销售统计1、销售统计2和销售统计3中的数据计算出“纯棉睡衣”第一季度的销售额。

2 选择B2单元格，在编辑栏中输入公式“=SUM(SUMIF(INDIRECT("销售统计"&{1;2;3}&"!A3:A12"),A2,INDIRECT("销售统计"&{1;2;3}&"!D3:D12")))”。

输入公式

3 输入完成后，按Enter键确认，即可计算出纯棉睡衣在第一季度的销售额。

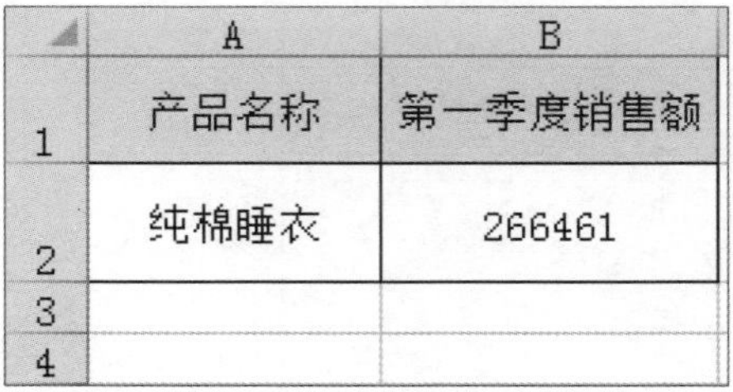

Question 386

快速实现数字转英文序数

语音视频教学386

● Level ◆◆◆

2016 2013 2010

实例　将数字转换为英文序数

将数字转换为英文序数是一个比较复杂的问题。因为它没有一个十分固定的模式，实现起来变得比较麻烦。但是，通过Excel函数，可以轻松将英文基数词转换为序数词。

Hint

关于英文序数的介绍

大多数的数字变成英文序数都是以“th”作为后缀，但是以“1”、“2”、“3”结尾的数字却分别以“st”、“nd”、“rt”结尾的。而且，“11”、“12”、“13”这3个数字却又符合规律以“th”结尾。

在分析数据时，应先判断数字是否以“11”、“12”、“13”结尾，是则加上“th”后缀；不是则检查最后一个数字是否已“1”、“2”、“3”结尾，是就添加“st”、“nd”、“rt”；如果不属于以上两种情况，则添加“th”。

❶ 打开工作表，选择B1单元格，输入公式“=A1&IF(OR(--RIGHT(A1,2)={11,12,13}),"th",IF(OR(--RIGHT(A1)={1,2,3}),CHOOSE(RIGHT(A1),"st","nd","rd"),"th"))”。

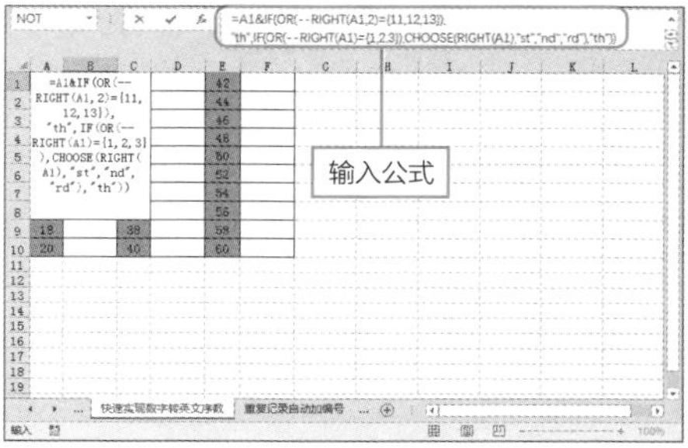

❷ 按Enter键确认输入，拖动鼠标，向下复制公式。

	A	B	C	D	E	F
1	2	2nd	22		42	
2	4	4th	24		44	
3	6	6th	26		46	
4	8	8th	28		48	
5	10	10th	30		50	
6	12	12th	32		52	
7	14	14th	34		54	
8	16	16th	36		56	
9	18	18th	38		58	
10	20	20th	40		60	
11						
12						

❸ 选择B1:B10单元格区域，复制公式，分别粘贴至D1:D10和F1:F10单元格区域。

	A	B	C	D	E	F
1	2	2nd	22	22nd	42	42nd
2	4	4th	24	24th	44	44th
3	6	6th	26	26th	46	46th
4	8	8th	28	28th	48	48th
5	10	10th	30	30th	50	50th
6	12	12th	32	32nd	52	52nd
7	14	14th	34	34th	54	54th
8	16	16th	36	36th	56	56th
9	18	18th	38	38th	58	58th
10	20	20th	40	40th	60	60th
11						
12						

Question

387 快速标记工作表中的重复记录

语音视频教学387

● Level ◆◆◆

2016 2013 2010

实例 为重复的数据自动添加编号

若表格中存在大量重复数据，但是又不能删除这些重复数据，又希望可以为这些重复的数据添加编号，方便日后对这些数据的查询和统计，这时就可以通过函数来实现。

1 添加数字编号。打开工作表，选择C2单元格，输入公式“=B2&IF(COUNTIF($B$2:$B51,B2)>1,COUNTIF(B$2:B2,B2),"")”。然后确认输入即可。

SUMPRO... =B2&IF(COUNTIF($B$2:$B51,B2)>1, COUNTIF(B$2:B2,B2),"")

	姓名	籍贯	加数字编号	加字母编号1	加字母编号2
2	=B2&IF(COUNTIF($B$2:$B51,B2)>1, COUNTIF(B$2:B2,B2),"")				
3					
4	王董色	江苏			
5	周敏丽	山东			
6	钱柳若	江苏			
7	彭丝若	安徽			
8	赵卓力	江苏			
9	李子辛	江苏			
10	吴家瑞	上海			
11	周若董	山东			
12	李玲玲	江苏			
13	钟爱芳	安徽			
14	王霞	江苏			
15	阮永利	山东			
16	王玉新	江苏			
17	王萌萌	广东			
18	周梦雨	江苏			
19	李离欣	山东			
20	张玉祁	江苏			

输入公式

2 添加字母编号。选择D2单元格，输入公式“=B2&IF(COUNTIF(B$2:B51,B2)>1, CHAR(64+COUNTIF(B$2:B2, B2)),"")”，然后确认输入即可。

SUMPRO... =B2&IF(COUNTIF(B$2:B51,B2)>1, CHAR(64+COUNTIF(B$2:B2,B2)),"")

	姓名	籍贯	加数字编号	加字母编号1	加字母编号2
2	张雨粉		=B2&IF(COUNTIF(B$2:B51,B2)>1, CHAR(64+COUNTIF(B$2:B2,B2)),"")		
3	李思思				
4	王董色	江苏	江苏2		
5	周敏丽	山东	山东1		
6	钱柳若	江苏	江苏3		
7	彭丝若	安徽	安徽1		
8	赵卓力	江苏	江苏4		
9	李子辛	江苏	江苏5		
10	吴家瑞	上海	上海		
11	周若董	山东	山东2		
12	李玲玲	江苏	江苏6		
13	钟爱芳	安徽	安徽2		
14	王霞	江苏	江苏7		
15	阮永利	山东	山东3		
16	王玉新	江苏	江苏8		
17	王萌萌	广东	广东		
18	周梦雨	江苏	江苏9		
19	李离欣	山东	山东4		
20	张玉祁	江苏	江苏10		
21	王飞	江苏	江苏11		

输入公式

3 会发现，当重复数据超过26个时，会出现符号和小写字母。

	姓名	籍贯	加数字编号	加字母编号1	加字母编号2
33	邹雪衣	江苏	江苏22	江苏V	
34	王雪晴	江苏	江苏23	江苏W	
35	刘琳灵	江苏	江苏24	江苏X	
36	张曼怡	江苏	江苏25	江苏Y	
37	周晓晓	江苏	江苏26	江苏Z	
38	李嘉宁	江苏	江苏27	江苏[	
39	张安心	海南	海南	海南	
40	王恩恩	江苏	江苏28	江苏\	
41	周小爱	江苏	江苏29	江苏]	
42	张曼西	江苏	江苏30	江苏^	
43	周念恩	江苏	江苏31	江苏_	
44	倪虹	江苏	江苏32	江苏`	
45	张霞赏	江苏	江苏33	江苏a	
46	周童童	江苏	江苏34	江苏b	
47	夏雨欣	江苏	江苏35	江苏c	
48	王紫逸	江苏	江苏36	江苏d	
49	胡筱云	江苏	江苏37	江苏e	
50	刘云罗	江苏	江苏38	江苏f	
51	张敏君	江苏	江苏39	江苏g	

4 修正字母编号。将公式修正为“=B2&IF(COUNTIF(B:B,B2)>1,SUBSTITUTE(ADDRESS(1,COUNTIF(B$2:B2, B2),4),1,),"")”即可。

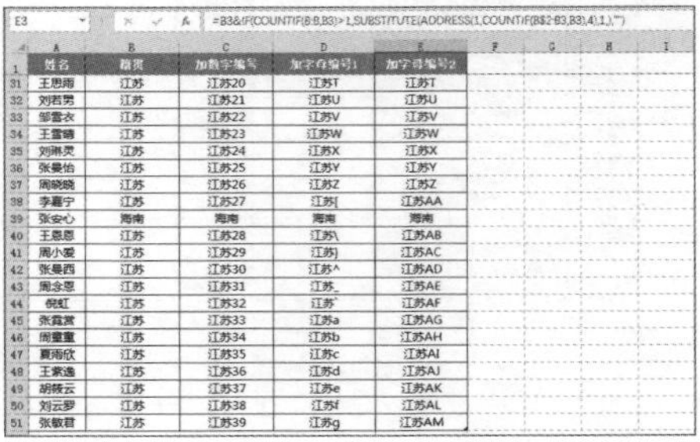

E3 =B3&IF(COUNTIF(B:B,B3)>1,SUBSTITUTE(ADDRESS(1,COUNTIF(B$2:B3,B3),4),1,),"")

	姓名	籍贯	加数字编号	加字母编号1	加字母编号2
31	王思雨	江苏	江苏20	江苏T	江苏T
32	刘若男	江苏	江苏21	江苏U	江苏U
33	邹雪衣	江苏	江苏22	江苏V	江苏V
34	王雪晴	江苏	江苏23	江苏W	江苏W
35	刘琳灵	江苏	江苏24	江苏X	江苏X
36	张曼怡	江苏	江苏25	江苏Y	江苏Y
37	周晓晓	江苏	江苏26	江苏Z	江苏Z
38	李嘉宁	江苏	江苏27	江苏[	江苏AA
39	张安心	海南	海南	海南	海南
40	王恩恩	江苏	江苏28	江苏\	江苏AB
41	周小爱	江苏	江苏29	江苏]	江苏AC
42	张曼西	江苏	江苏30	江苏^	江苏AD
43	周念恩	江苏	江苏31	江苏_	江苏AE
44	倪虹	江苏	江苏32	江苏`	江苏AF
45	张霞赏	江苏	江苏33	江苏a	江苏AG
46	周童童	江苏	江苏34	江苏b	江苏AH
47	夏雨欣	江苏	江苏35	江苏c	江苏AI
48	王紫逸	江苏	江苏36	江苏d	江苏AJ
49	胡筱云	江苏	江苏37	江苏e	江苏AK
50	刘云罗	江苏	江苏38	江苏f	江苏AL
51	张敏君	江苏	江苏39	江苏g	江苏AM

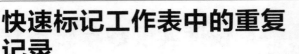

Question 388

快速统计日记账中的余额

语音视频教学388

Level ◆◆◆

2016 2013 2010

实例 计算日记账的累计余额

在对每天的收入和支出进行统计时，如何快速计算出累计余额呢？下面对其进行介绍。

1 打开工作表，选择D2单元格，输入公式“=SUM(B2:B2)-SUM(C2:C2)”。

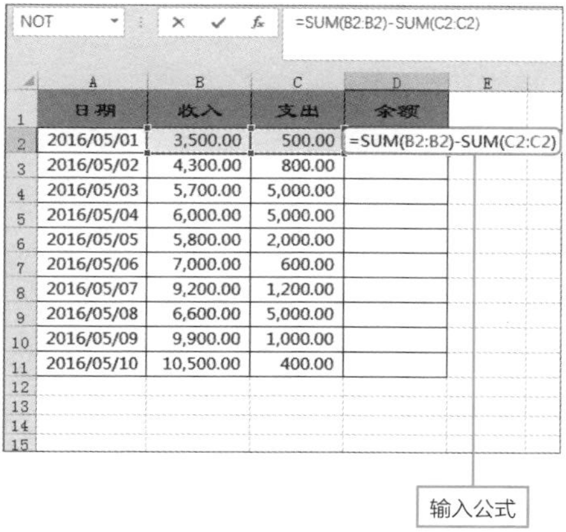

	A	B	C	D
1	日期	收入	支出	余额
2	2016/05/01	3,500.00	500.00	=SUM(B2:B2)-SUM(C2:C2)
3	2016/05/02	4,300.00	800.00	
4	2016/05/03	5,700.00	5,000.00	
5	2016/05/04	6,000.00	5,000.00	
6	2016/05/05	5,800.00	2,000.00	
7	2016/05/06	7,000.00	600.00	
8	2016/05/07	9,200.00	1,200.00	
9	2016/05/08	6,600.00	5,000.00	
10	2016/05/09	9,900.00	1,000.00	
11	2016/05/10	10,500.00	400.00	

2 将鼠标光标定位至需要改变单元格引用的单元格处，按两次F4键，将其转换为相对引用列绝对引用行的形式。

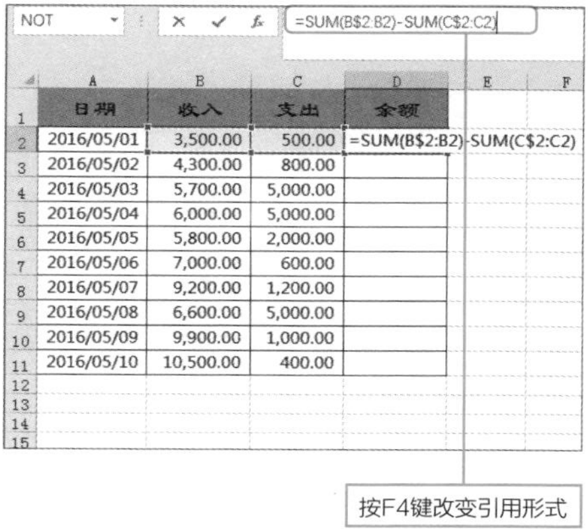

	A	B	C	D
1	日期	收入	支出	余额
2	2016/05/01	3,500.00	500.00	=SUM(B$2:B2)-SUM(C$2:C2)
3	2016/05/02	4,300.00	800.00	
4	2016/05/03	5,700.00	5,000.00	
5	2016/05/04	6,000.00	5,000.00	
6	2016/05/05	5,800.00	2,000.00	
7	2016/05/06	7,000.00	600.00	
8	2016/05/07	9,200.00	1,200.00	
9	2016/05/08	6,600.00	5,000.00	
10	2016/05/09	9,900.00	1,000.00	
11	2016/05/10	10,500.00	400.00	

3 按Enter键确认输入，可以计算出D2单元格中的数据。

	A	B	C	D
1	日期	收入	支出	余额
2	2016/05/01	3,500.00	500.00	3,000.00
3	2016/05/02	4,300.00	800.00	
4	2016/05/03	5,700.00	5,000.00	
5	2016/05/04	6,000.00	5,000.00	
6	2016/05/05	5,800.00	2,000.00	
7	2016/05/06	7,000.00	600.00	
8	2016/05/07	9,200.00	1,200.00	
9	2016/05/08	6,600.00	5,000.00	
10	2016/05/09	9,900.00	1,000.00	
11	2016/05/10	10,500.00	400.00	

4 将鼠标光标移至D2单元格右下角，按住鼠标左键向下拖动鼠标复制公式即可。

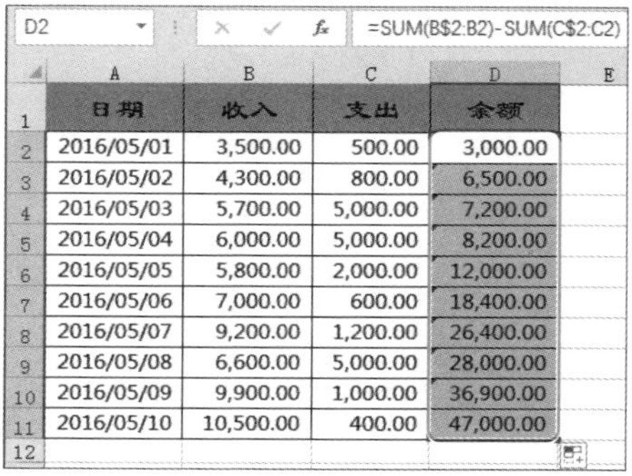

	A	B	C	D
1	日期	收入	支出	余额
2	2016/05/01	3,500.00	500.00	3,000.00
3	2016/05/02	4,300.00	800.00	6,500.00
4	2016/05/03	5,700.00	5,000.00	7,200.00
5	2016/05/04	6,000.00	5,000.00	8,200.00
6	2016/05/05	5,800.00	2,000.00	12,000.00
7	2016/05/06	7,000.00	600.00	18,400.00
8	2016/05/07	9,200.00	1,200.00	26,400.00
9	2016/05/08	6,600.00	5,000.00	28,000.00
10	2016/05/09	9,900.00	1,000.00	36,900.00
11	2016/05/10	10,500.00	400.00	47,000.00

Question

389 日期与数字格式的转换

语音视频教学389

• Level ◆◆◆

2016 2013 2010

实例 TEXT函数的应用

利用TEXT函数可以将日期转换为不同的数字格式，也可以将文本转换为日期，下面介绍如何利用该函数快速在日期和文本之间进行转换。

Hint

TEXT函数介绍

TEXT函数可以将数值转换为指定格式的文本，其格式如下：

TEXT(value, format_text)

参数value为数值、计算结果为数值的公式，或对包含数值的单元格的引用。参数format_text为用双引号引起的文本字符串的数字格式。例如，“m/d/yyyy”或“#,##0.00”。有关详细的格式准则，请单击Excel右上角的帮助按钮，打开帮助文件进行详细了解。

❶ 将日期转换为文本。选择B3单元格，输入公式“=TEXT(A3,"yyyymmdd")”，然后确认输入即可。

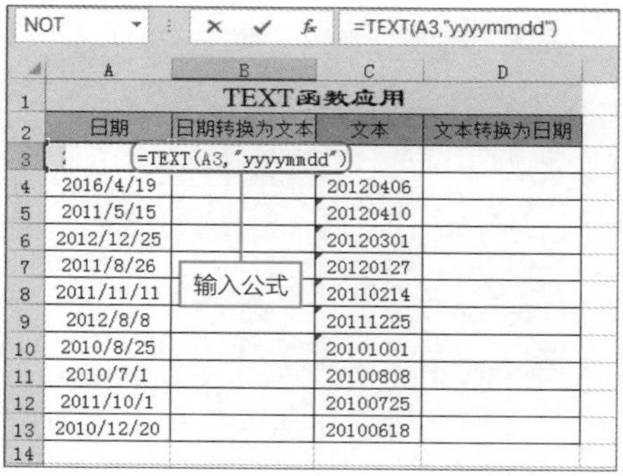

	A	B	C	D
1	TEXT函数应用			
2	日期	日期转换为文本	文本	文本转换为日期
3		=TEXT(A3,"yyyymmdd")		
4	2016/4/19		20120406	
5	2011/5/15		20120410	
6	2012/12/25		20120301	
7	2011/8/26		20120127	
8	2011/11/11		20110214	
9	2012/8/8		20111225	
10	2010/8/25		20101001	
11	2010/7/1		20100808	
12	2011/10/1		20100725	
13	2010/12/20		20100618	
14				

❷ 向下复制公式，更改参数format_text的数字格式，可将日期更改为其他格式。

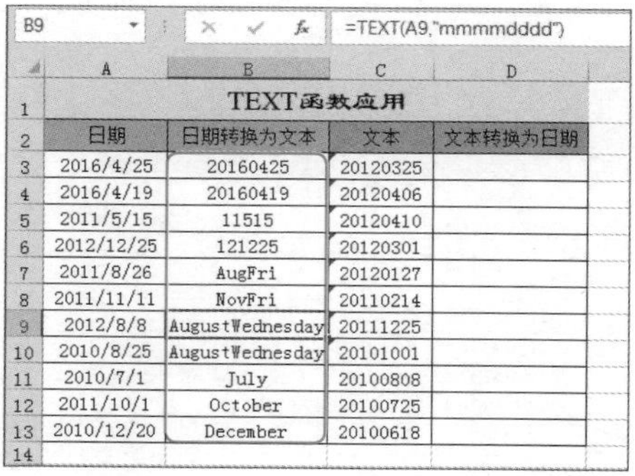

	A	B	C	D
1	TEXT函数应用			
2	日期	日期转换为文本	文本	文本转换为日期
3	2016/4/25	20160425	20120325	
4	2016/4/19	20160419	20120406	
5	2011/5/15	11515	20120410	
6	2012/12/25	121225	20120301	
7	2011/8/26	AugFri	20120127	
8	2011/11/11	NovFri	20110214	
9	2012/8/8	AugustWednesday	20111225	
10	2010/8/25	AugustWednesday	20101001	
11	2010/7/1	July	20100808	
12	2011/10/1	October	20100725	
13	2010/12/20	December	20100618	
14				

❸ 将文本转换为日期。选择D3单元格，输入公式“=--TEXT(C3,"0-00-00")”并确认。

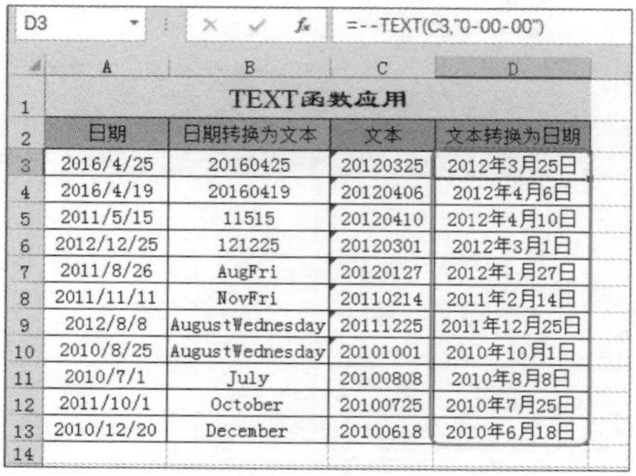

	A	B	C	D
1	TEXT函数应用			
2	日期	日期转换为文本	文本	文本转换为日期
3	2016/4/25	20160425	20120325	2012年3月25日
4	2016/4/19	20160419	20120406	2012年4月6日
5	2011/5/15	11515	20120410	2012年4月10日
6	2012/12/25	121225	20120301	2012年3月1日
7	2011/8/26	AugFri	20120127	2012年1月27日
8	2011/11/11	NovFri	20110214	2011年2月14日
9	2012/8/8	AugustWednesday	20111225	2011年12月25日
10	2010/8/25	AugustWednesday	20101001	2010年10月1日
11	2010/7/1	July	20100808	2010年8月8日
12	2011/10/1	October	20100725	2010年7月25日
13	2010/12/20	December	20100618	2010年6月18日
14				

Question

390

快速将中文日期文本转换为日期值

语音视频教学390

Level ◆◆◆

2016 2013 2010

实例　DATE函数的应用

若表格中存在大量中文日期文本，用户想要将这些中文日期文本转为日期值，该怎样才能实现呢？

Hint

DATE函数介绍

使用DATE函数，可以返回代表指定日期的序列号，其语法格式如下：

DATE(year,month,day)

参数Year可以包含一到四位数字。 Excel将根据计算机所使用的日期系统来解释year参数。 默认情况下，Microsoft Excel for Windows将使用1900日期系统。

参数month是一个正整数或负整数，表示一年中从1月至12月（一月到十二月）的各个月。如果month大于12，则month会将该月份数与指定年中的第一个月相加。如果month小于1，month则从指定年份的一月份开始递减该月份数，然后再加上1个月。

参数Day是 一个正整数或负整数，表示一月中从1日到31日的各天。如果day大于月中指定的天数，则day会将天数与该月中的第一天相加。

1. 选择B2单元格，输入公式“=DATE(1898+MATCH(LEFT(A2,4),TEXT(ROW($1899:$2099),"[DBNum1]0000"),0),MONTH(MATCH(SUBSTITUTE(MID(A2,6,7),"元","一"),TEXT(ROW($1:$365),"[DBNum1]m月d日"),0)),DAY(MATCH(SUBSTITUTE(MID(A2,6,7),"元","一"),TEXT(ROW($1:$365),"[DBNum1]m月d日"),0)))”。

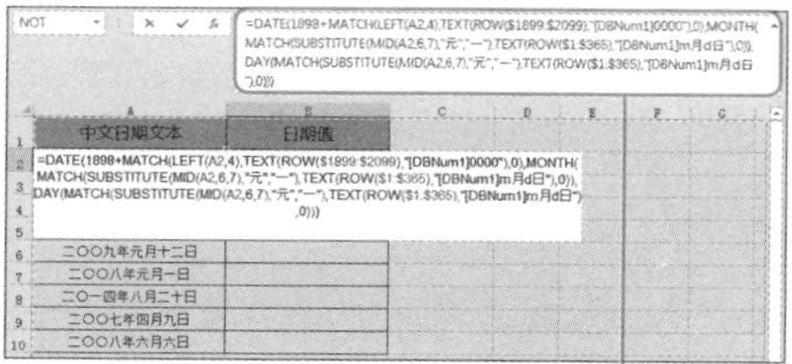

输入公式

2. 输入完成后，按Ctrl+Shift+Enter组合键确认输入，然后将公式向下复制到其他单元格即可。

	A	B
1	中文日期文本	日期值
2	二〇一三年三月四日	2013/3/4
3	二〇一一年十二月十三日	2011/12/13
4	二〇一五年十月二十日	2015/10/20
5	二〇一三年十一月三十日	2013/11/30
6	二〇〇九年元月十二日	2009/1/12
7	二〇〇八年元月一日	2008/1/1
8	二〇一四年八月二十日	2014/8/20
9	二〇〇七年四月九日	2007/4/9
10	二〇〇八年六月六日	2008/6/6
11		
12		

Question

391 巧用嵌套函数划分等级

语音视频教学391

● Level ◆◆◆

2016 2013 2010

实例 巧用IF函数为评定优秀员工

在进行复杂的运算时，单个函数就无法满足用户需求，需要多个函数嵌套使用，下面介绍嵌套函数的使用方法与技巧。

1. 打开工作表，选择E3单元格，单击编辑栏左侧的“插入函数”按钮。

2. 打开“插入函数”对话框，选择IF函数，单击“确定”按钮。

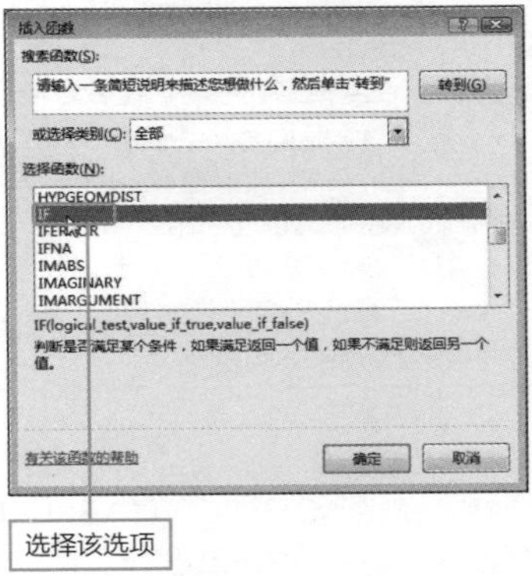

3. 打开“函数参数”对话框，鼠标光标定位至“Logical_test”右侧文本框中，单击工作表左上方“名称框”下拉按钮，选择“AND”选项。

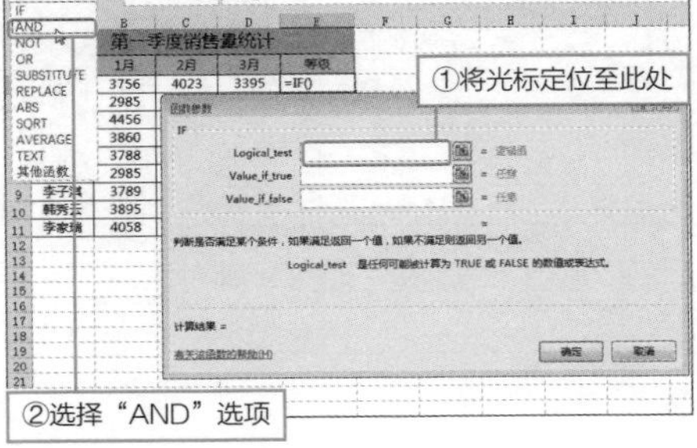

4. 打开AND函数的“函数参数”对话框，依次设置Logical1为“B3>3500”、Logical2为“C3>3500”、Logical3为“D3> 3500”，然后单击编辑栏公式中的IF函数。

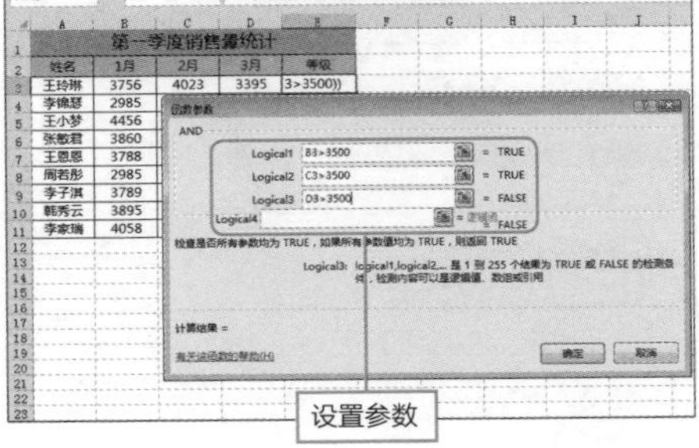

5 返回IF函数的“函数参数”对话框，指定参数Value_if_true为“一级”，将光标定位至Value_if_false文本框，然后从名称框列表中选择IF选项。

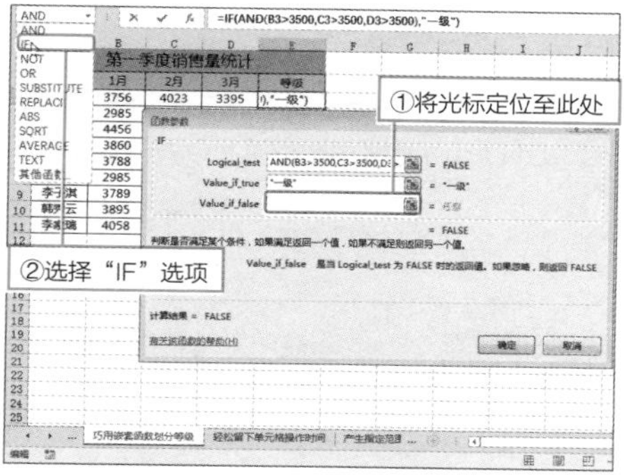

6 打开IF函数的“函数参数”对话框，按照步骤3中的方法指定参数“Logical_test”为AND函数，并依次设置AND函数各参数，设置完成后，单击编辑栏公式中嵌套的IF函数。

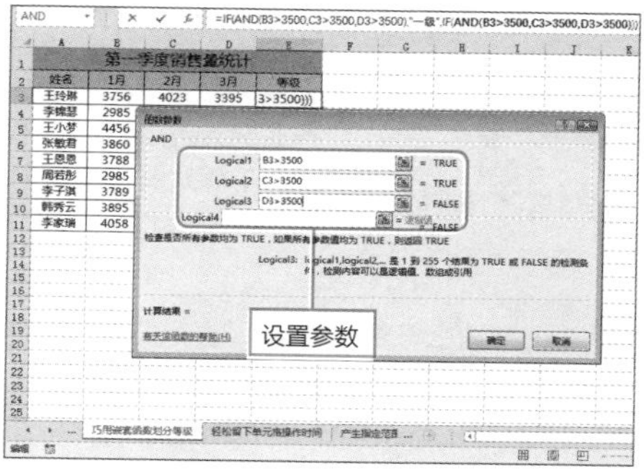

7 返回嵌套的IF函数的“函数参数”对话框，根据需要分别指定Value_if_true和Value_if_false参数，单击编辑栏公式中的IF函数。

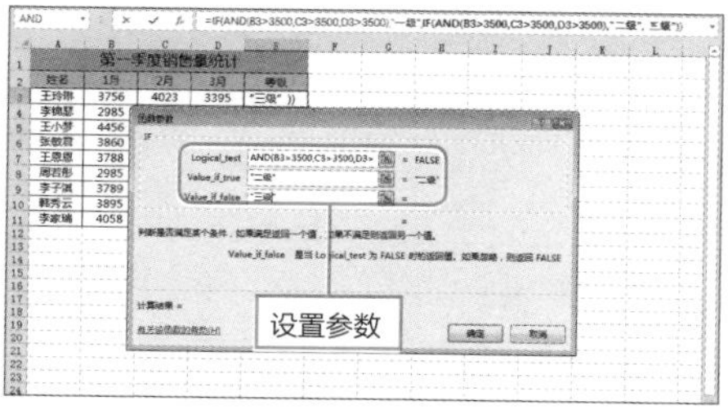

8 返回IF函数的“函数参数”对话框，单击“确定”按钮。

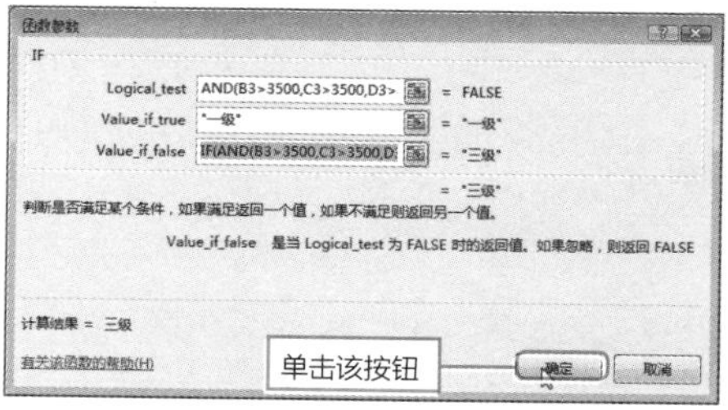

9 算出E3单元格中的值，然后将公式复制到其他单元格即可。

	A	B	C	D	E
1	第一季度销售量统计				
2	姓名	1月	2月	3月	等级
3	王玲琳	3756	4023	3395	三级
4	李锦瑟	2985	3988	4012	三级
5	王小梦	4456	3988	3745	一级
6	张敏君	3860	4522	4023	一级
7	王恩恩	3788	3852	4003	一级
8	周若彤	2985	3058	3365	三级
9	李子淇	3789	3852	3741	一级
10	韩秀云	3895	3028	2744	三级
11	李家瑞	4058	3851	4233	一级
12					
13					
14					

Hint

嵌套函数注意事项

嵌套函数一般以逻辑函数中的IF和AND为前提条件，与其他函数组合使用。可以利用“插入函数”对话框，以正常参数指定的顺序嵌套函数。从嵌套的函数返回原来的函数时，不能单击“函数参数”对话框中的“确定”按钮，而是单击编辑公式中需要返回的函数。

Question

392 轻松留下单元格操作时间

语音视频教学392

● Level ◆◆◆

2016 2013 2010

实例 记录单元格操作时间

若用户希望可以对表格中的数据改动时，自动记录下单元格的最后操作时间，可以通过IF函数、COUNTBLANK函数以及NOW函数来实现，下面对其进行介绍。

Hint

COUNTBLANK函数和NOW函数介绍

COUNTBLANK 函数格式如下：

COUNTBLANK(column)

参数column为包含要计数的空白单元的列。返回值是一个整数。如果找不到满足条件的行，则返回空白。

NOW函数格式如下：

NOW()

返回值是一个日期，该函数没有参数，Excel可将日期存储为可用于计算的序列号，且序列号右边的数字表示时间，左边的数字表示日期。函数返回值仅在计算工作表或运行含有该函数的宏时才发生改变，不会持续更新。

1 选择E2单元格，输入公式“=IF(COUNTBLANK($A2:$D2),"",NOW())”。

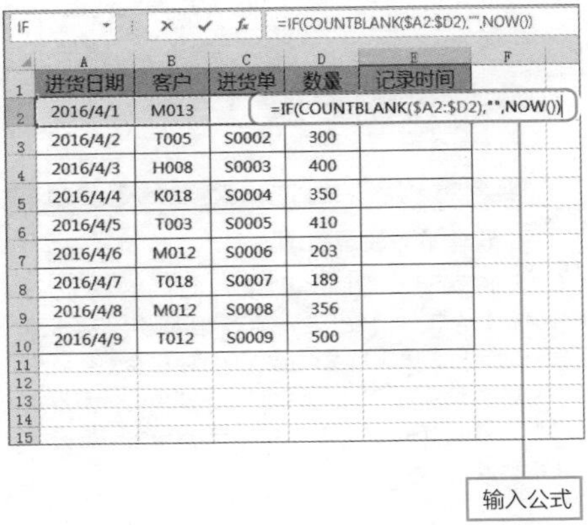

进货日期	客户	进货单	数量	记录时间
2016/4/1	M013			
2016/4/2	T005	S0002	300	
2016/4/3	H008	S0003	400	
2016/4/4	K018	S0004	350	
2016/4/5	T003	S0005	410	
2016/4/6	M012	S0006	203	
2016/4/7	T018	S0007	189	
2016/4/8	M012	S0008	356	
2016/4/9	T012	S0009	500	

2 输入完成后，按Enter键确认输入，并向下复制公式即可。

进货日期	客户	进货单	数量	记录时间
2016/4/1	M013	S0001	450	9:43:34 AM
2016/4/2	T005	S0002	300	9:43:34 AM
2016/4/3	H008	S0003	400	9:43:34 AM
2016/4/4	K018	S0004	350	9:43:34 AM
2016/4/5	T003	S0005	410	9:43:34 AM
2016/4/6	M012	S0006	203	9:43:34 AM
2016/4/7	T018	S0007	189	9:43:34 AM
2016/4/8	M012	S0008	356	9:43:34 AM
2016/4/9	T012	S0009	500	9:43:34 AM

Question **393**

● Level ◆◆◆

2016 2013 2010

产生指定范围内的随机数

语音视频教学393

实例 RAND函数的应用

RAND函数可以返回大于0且小于1的随机数，每次打开工作表都会返回新的随机数。下面介绍如何利用RAND函数产生指定范围内的随机数。

Hint

RAND函数介绍

RAND函数格式如下:

RAND()

不指定任何参数，在单元格或编辑栏内直接输入RAND()即可。如果参数指定文本或数字，会出现“输入的公式包含错误”的提示信息。

该函数在以下几种情况下产生新的随机数。

（1）打开工作表时。

（2）单元格内容发生变化时。

（2）按F9键或Shift+F9键时。

① 打开工作表，选择A2单元格，输入公式“=INT(RAND()*10+51)”。

② 输入完成后，按Enter键确认输入，然后向其他单元格复制公式即可。

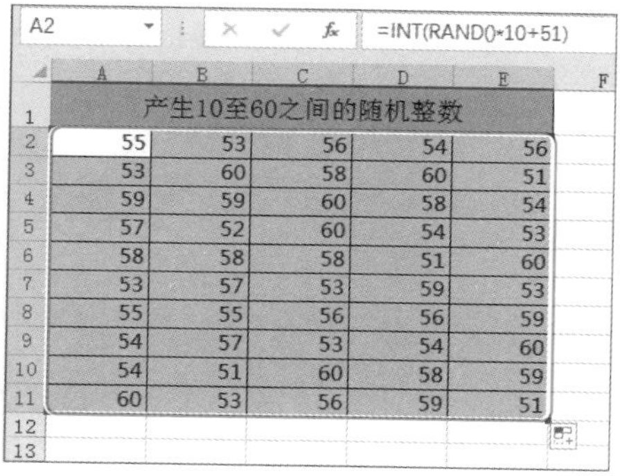

	A	B	C	D	E
1	产生10至60之间的随机整数				
2	55	53	56	54	56
3	53	60	58	60	51
4	59	59	60	58	54
5	57	52	60	54	53
6	58	58	58	51	60
7	53	57	53	59	53
8	55	55	56	56	59
9	54	57	53	54	60
10	54	51	60	58	59
11	60	53	56	59	51

Hint

一次性产生多个随机数

选择多个单元格或单元格区域，输入上述公式，然后按Ctrl+Shift+Enter组合键确认。

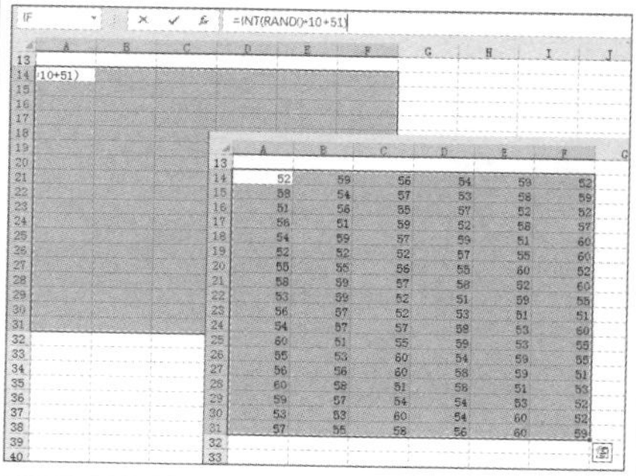

公式与函数应用技巧

Question 394

排列与组合函数的运算

语音视频教学394

Level ◆◆◆

2016 2013 2010

实例 函数PERMUT与COMBIN的应用

在数学运算中，排列和组合运算是一个让人头痛的运算。但是在Excel中，通过PERMUT与COMBIN函数可以快速计算出排列数和组合数，下面对其进行介绍。

Hint

PERMUT与COMBIN函数介绍

PERMUT函数格式如下：

PERMUT(number,number-chosen)

参数number不可缺省，表示对象个数的整数，参数number-chosen不可缺省，表示每个排列中对象个数的整数。

COMBIN函数格式如下：

COMBIN (number,number-chosen)

参数number不可缺省，表示项目的数量，参数number-chosen不可缺省，表示每个组合中项目的数量。

❶ 利用PERMUT函数计算排列数。选择B1单元格，输入公式“=PERMUT (B2, B3)”，然后按Enter键确认输入即可。

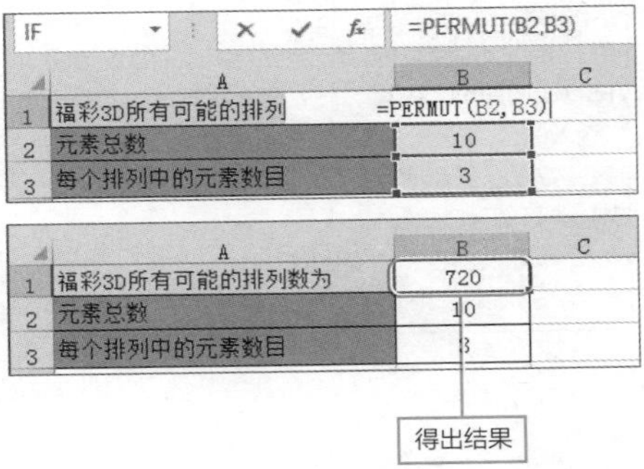

❷ 利用COMBIN函数计算组合数。选择B1单元格，输入公式“=COMBIN(B2, B3)”，然后按Enter键确认输入即可。

Hint

排列组合公式简介

在数学计算中，排列数的计算公式如下：

$$P_n^r = n(n-1)...(n-r+1) = \frac{n!}{(n-r)!}$$

组合数的计算公式如下：

$$C_n^r = \frac{P_n^r}{r!} = \frac{n!}{r!(n-r)!}$$

其中，参数number对应公式中的n，参数number-chosen对应公式中的K。

Question

395 单个区域排名花样多

语音视频教学395

● Level ◆◆◆

2016 2013 2010

实例　不同函数进行区域排名

在销售额统计、订单量统计等报表中，经常需要根据销售额的大小，订单量的多少，对表格中的数据进行排名，有多种方法可以实现，下面对其进行介绍。

Hint

RANK函数介绍

RANK函数格式如下：

RANK(number,ref,order)

参数number指定需要找到排位的数字。参数ref指定数字列表数组或对数字列表的引用。参数order指定排位方式，若指定1，则按照升序排列，若指定0或省略，则按照降序排列。

1 RANK函数排名。选择C2单元格，输入降序排列公式“=RANK(B2,B$2:B$13)”，然后选择D2单元格，输入升序排列公式“=RANK(B2,B$2:B$13,1)”。

D2　=RANK(B2,B$2:B$13,1)

月份	销售量	RANK降序	RANK升序	COUNTIF降序	COUNTIF升序	SUM降序	SUM升序
1月	892	10	3				
2月	985	7	6				
3月	888	11	2				
4月	1093	4	9				
5月	1156	2	11				
6月	961	8	5				
7月	776	12	1				
8月	1068	5	8				
9月	1015	6	7				
10月	923	9	4				
11月	1149	3	10				
12月	1374	1	12				

输入公式，得出结果

2 COUNTIF函数排名。选择E2单元格，输入降序排列公式“=COUNTIF(B$2:B$13,">"&B2)+1”，然后选择F2单元格，输入升序排列公式=“COUNTIF(B$2:B$13, "<"&B2)+1”。

F2　=COUNTIF(B$2:B$13,"<"&B2)+1

月份	销售量	RANK降序	RANK升序	COUNTIF降序	COUNTIF升序	SUM降序	SUM升序
1月	892	10	3	10	3		
2月	985	7	6	7	6		
3月	888	11	2	11	2		
4月	1093	4	9	4	9		
5月	1156	2	11	2	11		
6月	961	8	5	8	5		
7月	776	12	1	12	1		
8月	1068	5	8	5	8		
9月	1015	6	7	6	7		
10月	923	9	4	9	4		
11月	1149	3	10	3	10		
12月	1374	1	12	1	12		

输入公式，得出结果

3 SUM函数排名。选择G2单元格，输入降序排列公式“=SUM(--(B$2:B$13>B2))+1”，然后选择H2单元格，输入升序排列公式“=SUM(--(B$2:B$13<B2))+1”。

H2　{=SUM(--(B$2:B$13<B2))+1}

月份	销售量	RANK降序	RANK升序	COUNTIF降序	COUNTIF升序	SUM降序	SUM升序
1月	892	10	3	10	3	10	3
2月	985	7	6	7	6	7	6
3月	888	11	2	11	2	11	2
4月	1093	4	9	4	9	4	9
5月	1156	2	11	2	11	2	11
6月	961	8	5	8	5	8	5
7月	776	12	1	12	1	12	1
8月	1068	5	8	5	8	5	8
9月	1015	6	7	6	7	6	7
10月	923	9	4	9	4	9	4
11月	1149	3	10	3	10	3	10
12月	1374	1	12	1	12	1	12

输入公式，得出结果

Question

396 巧用数据库函数处理采购数据

语音视频教学396

● Level ◆◆◆

2016 2013 2010

实例 DSUM函数的应用

数据库是包含一组相关数据的列表，其中包含相关信息的行称为记录，包含数据的列称为字段。DSUM函数能从数据清单或者数据库的列中返回指定条件的数字之和。

Hint

DSUM函数介绍

DSUM函数格式如下：

DSUM(database, field, criteria)

参数database为构成列表或数据库的单元格区域。

参数field为指定函数所使用的列。

参数criteria为包含指定条件的单元格区域。 可以为参数指定criteria任意区域，只要此区域包含至少一个列标签，并且列标签下至少有一个在其中为列指定条件的单元格。

1 打开工作表，选择D15单元格，单击编辑栏左侧的“插入函数”按钮，从弹出的“插入函数”对话框中选择DSUM函数。

	A	B	C	D
1	料号	单价	采购数量	总金额
2	M01181256	0.5	1500	750
3	M01181257	0.7	1200	840
4	M01181258	0.5	6000	3000
5	M01181259	1	3000	3000
6	M01181260	0.8	1200	960
7	M01181261	0.7	4000	2800
8	M01181262	0.5	3000	1500
9	M01181263	0.75	5000	3750
10	料号	单价	采购数量	总金额
11		0.5		
12				
13				
14				
15	采购单价为0.5的物品花费金额			

2 打开“函数参数”对话框，指定参数Database为“A1:D9”、参数 Field为“D1”、参数 Criteria为“A10:D11”，然后单击“确定”按钮。

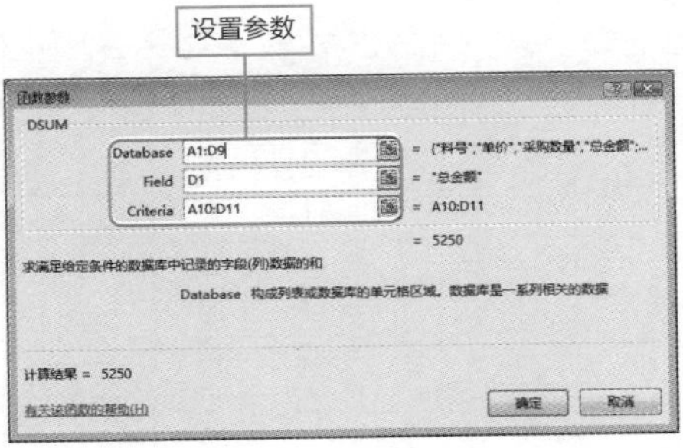

3 返回工作表，可以看到D15单元格中显示出计算结果。

	A	B	C	D
1	料号	单价	采购数量	总金额
2	S01181256	0.5	1500	750
3	S01181257	0.7	1200	840
4	S01181258	0.5	6000	3000
5	S01181259	1	3000	3000
6	S01181260	0.8	1200	960
7	S01181261	0.7	4000	2800
8	S01181262	0.5	3000	1500
9	S01181263	0.75	5000	3750
10	料号	单价	采购数量	总金额
11		0.5		
12				
13				
14				
15	采购单价为0.5的物品花费金额			5250

第14章 397~411

Excel高级应用技巧

Question **397**

利用COUNTA函数统计已完成单数

语音视频教学397

实例 COUNTA函数的应用

● Level ◆◆◆

2016 2013 2010

COUNTA函数可以统计单元格区域中不为空的单元格个数，下面介绍如何使用COUNTA函数统计已完成订单数。

Hint

COUNTA函数介绍

COUNTA函数格式如下：

COUNTA(value1, value2, ...)

参数value1必需，表示要计数的值的第一个参数。

参数value2, ...可选，表示要计数的值的其他参数，最多可包含255个参数。

COUNTA函数计算包含任何类型的信息（包括错误值和空文本（""））的单元格，但是不会对空单元格进行计数。

1. 打开工作表，选择G12单元格，单击编辑栏左侧的“插入函数”按钮，从弹出的“插入函数”对话框中选择COUNTA函数。

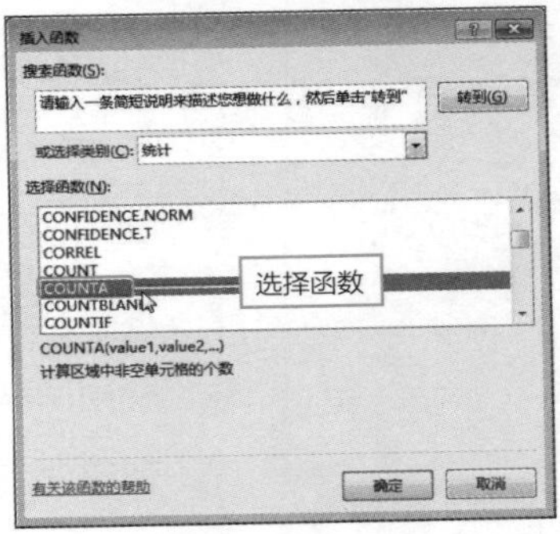

2. 打开“函数参数”对话框，指定参数“Value”为“G3:G11”，然后单击“确定”按钮。

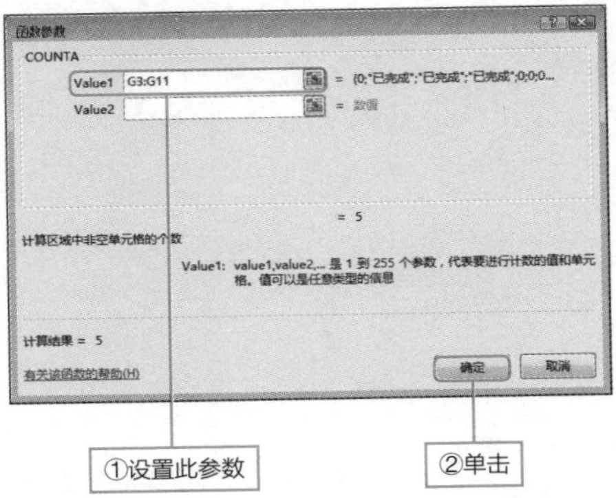

3. 返回工作表，可以看到G12单元格中显示出计算结果。

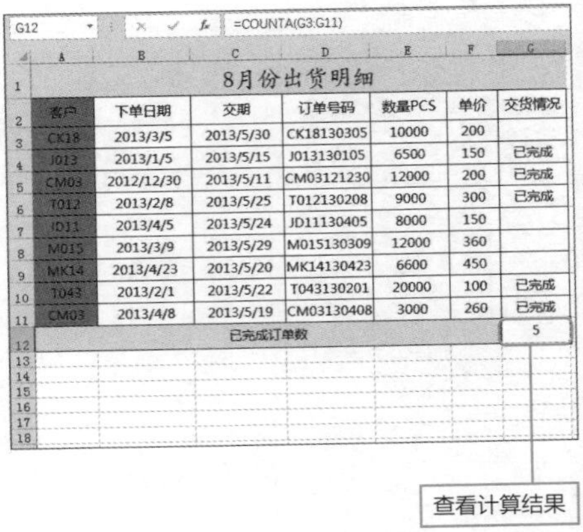

客户	下单日期	交期	订单号码	数量PCS	单价	交货情况
CK18	2013/3/5	2013/5/30	CK18130305	10000	200	
J013	2013/1/5	2013/5/15	J013130105	6500	150	已完成
CM03	2012/12/30	2013/5/11	CM03121230	12000	200	已完成
T012	2013/2/8	2013/5/25	T012130208	9000	300	已完成
JD11	2013/4/5	2013/5/24	JD11130405	8000	150	
M015	2013/3/9	2013/5/29	M015130309	12000	360	
MK14	2013/4/23	2013/5/20	MK14130423	6600	450	
T043	2013/2/1	2013/5/22	T043130201	20000	100	已完成
CM03	2013/4/8	2013/5/19	CM03130408	3000	260	已完成
已完成订单数						5

Excel高级应用技巧

Question

398 利用MAXA函数求最大销售额

语音视频教学398

● Level ◆◆◆

2016 2013 2010

实例 MAXA函数的应用

MAXA函数可以计算出参数列表中的最大值，下面将介绍利用MAXA函数计算最大销售额。

Hint

MAXA函数介绍

MAXA函数格式如下：

MAXA(column)

参数column为需要查找的单元格区域。

MAXA函数采用某一列作为参数，并且查找以下类型值中的最大值：

数字

日期

逻辑值（例如 TRUE 和 FALSE）。计算结果为TRUE的行将作为1计数；计算结果为FALSE的行将作为0（零）计数。

❶ 打开工作表，选择G15单元格，单击编辑栏左侧的“插入函数”按钮，从弹出的“插入函数”对话框中选择MAXA函数。

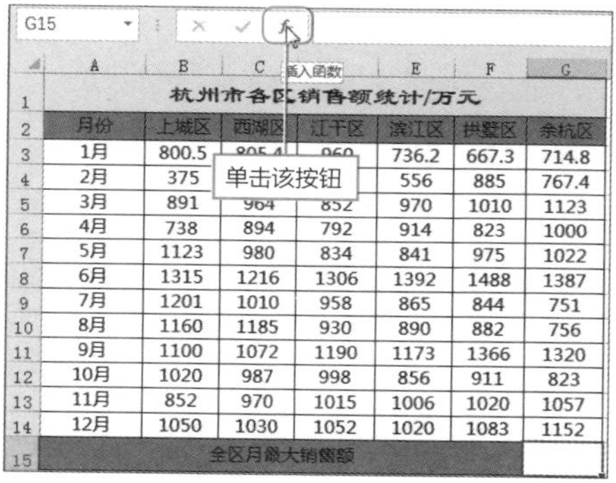

	A	B	C	D	E	F	G
1	杭州市各区销售额统计/万元						
2	月份	上城区	西湖区	江干区	滨江区	拱墅区	余杭区
3	1月	800.5	805.4	960	736.2	667.3	714.8
4	2月	375	[illegible]	[illegible]	556	885	767.4
5	3月	891	964	852	970	1010	1123
6	4月	738	894	792	914	823	1000
7	5月	1123	980	834	841	975	1022
8	6月	1315	1216	1306	1392	1488	1387
9	7月	1201	1010	958	865	844	751
10	8月	1160	1185	930	890	882	756
11	9月	1100	1072	1190	1173	1366	1320
12	10月	1020	987	998	856	911	823
13	11月	852	970	1015	1006	1020	1057
14	12月	1050	1030	1052	1020	1083	1152
15	全区月最大销售额						

❷ 打开“函数参数”对话框，指定参数Value为“B3:G14”，然后单击“确定”按钮。

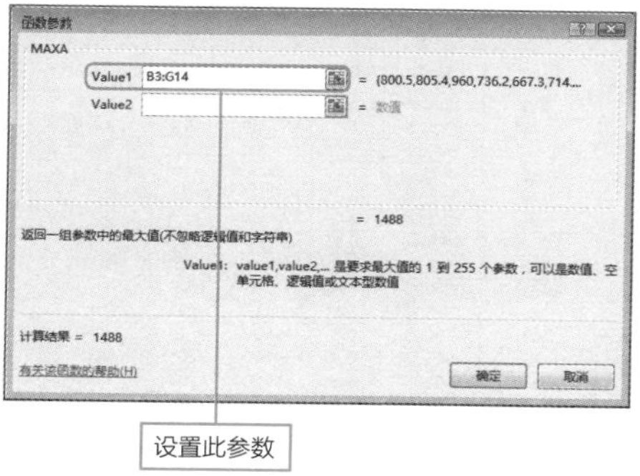

❸ 返回工作表，可以看到G15单元格中显示出计算结果。

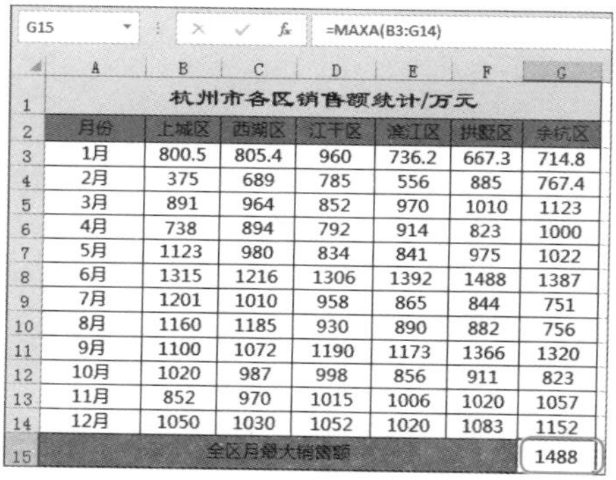

	A	B	C	D	E	F	G
1	杭州市各区销售额统计/万元						
2	月份	上城区	西湖区	江干区	滨江区	拱墅区	余杭区
3	1月	800.5	805.4	960	736.2	667.3	714.8
4	2月	375	689	785	556	885	767.4
5	3月	891	964	852	970	1010	1123
6	4月	738	894	792	914	823	1000
7	5月	1123	980	834	841	975	1022
8	6月	1315	1216	1306	1392	1488	1387
9	7月	1201	1010	958	865	844	751
10	8月	1160	1185	930	890	882	756
11	9月	1100	1072	1190	1173	1366	1320
12	10月	1020	987	998	856	911	823
13	11月	852	970	1015	1006	1020	1057
14	12月	1050	1030	1052	1020	1083	1152
15	全区月最大销售额						1488

Question 399

利用RMB函数为数值添加货币符号

语音视频教学399

实例 RMB函数的应用

Level ◆◆◆

2016 2013 2010

在Excel中，使用RMB函数可以将数字转换为带有小数位的文本，并添加货币符号，所添加的货币符号由当前计算机的语言设置决定，下面将对其进行介绍。

Hint

RMB函数介绍

RMB函数格式如下：

语法

RMB(number, decimals)

参数number必需，可以是数字，也可以是对包含数字的单元格的引用，或是计算结果为数字的公式。

参数decimals可选，指定小数点右边的位数。如果 decimals为负数，则number从小数点往左按相应位数四舍五入。如果省略decimals，则假设其值为2。

① 打开工作表，选择F3单元格，单击编辑栏左侧的“插入函数”按钮，从弹出的“插入函数”对话框中选择RMB函数。

物品名称	数量	单价	总价	供应商	添加货币符号
二极管	180000	1.2	216000	J018	
三极管	200000	1.8	360000	J018	
发光二极管	90000	2	180000	J018	
晶振	120000	1.5	180000	J018	
电容	450000	0.5	225000	CK15	
电阻	620000	0.6	372000	CK15	
保险丝	100000	0.8	80000	CK15	
电感	230000	1	230000	CK15	
蜂鸣器	10000	3	30000	J018	
IC	50000	6.5	325000	R013	
VGA	18000	0.8	14400	EZ05	
AV端子	80000	0.4	32000	EZ05	
S端子	20000	0.9	18000	EZ05	

② 打开“函数参数”对话框，指定参数Number为“C3”、参数 Decimals为“2”，然后单击“确定”按钮。

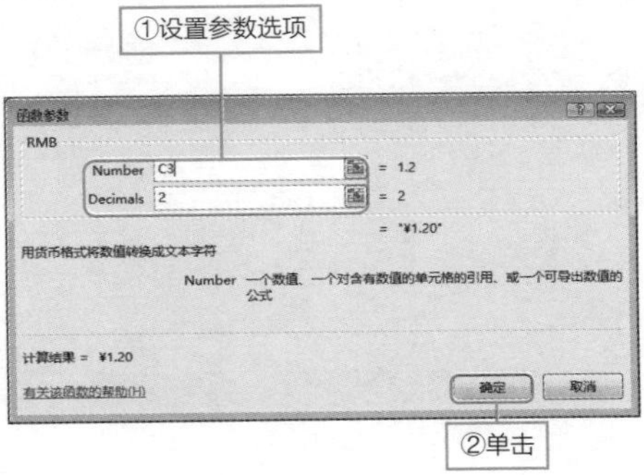

③ 返回工作表，可以看到F3单元格中显示出计算结果。随后向下复制公式即可。

物品名称	数量	单价	总价	供应商	添加货币符号
二极管	180000	1.2	216000	J018	¥1.20
三极管	200000	1.8	360000	J018	¥1.80
发光二极管	90000	2	180000	J018	¥2.00
晶振	120000	1.5	180000	J018	¥1.50
电容	450000	0.5	225000	CK15	¥0.50
电阻	620000	0.6	372000	CK15	¥0.60
保险丝	100000	0.8	80000	CK15	¥0.80
电感	230000	1	230000	CK15	¥1.00
蜂鸣器	10000	3	30000	J018	¥3.00
IC	50000	6.5	325000	R013	¥6.50
VGA	18000	0.8	14400	EZ05	¥0.80
AV端子	80000	0.4	32000	EZ05	¥0.40
S端子	20000	0.9	18000	EZ05	¥0.90

Question 400

快速删除字符串中多余的空格

语音视频教学400

实例　TRIM函数应用

Level ◆◆◆

2016 2013 2010

在表格中输入数据时，可能会因为一些原因，导致输入的字符串中包含多余的空格，那么如何将这些多余的空格删除呢？下面对其进行介绍。

Hint

TRIM函数介绍

TRIM函数格式如下：

TRIM(text)

参数text为含有空格的文本或者单元格引用，若直接指定文本，需加双引号，否则将返回错误值#VALUE!。

TRIM函数可以删除文本中的多余空格。对于插入在字符串开头和结尾中的空格同样可以删除；对于插入在字符中的多个空格，只保留一个，其他则全部删除。此外，该函数对于从其他程序中获取的带有不规则空格的文本同样适用。

❶ 打开工作表，选择F2单元格，单击编辑栏左侧的“插入函数”按钮，从弹出的“插入函数”对话框中选择TRIM函数。

F2
插入函数
单击该按钮
订单编号 产品名称 单价 数量 总金额 删除空格
MM15009 雪纺 短袖 99.00 992 98208
MM15005 780 80340
MM15015 雪纺 连衣裙 128.00 985 126080
MM15010 PU 短外套 99.00 771 76329
MM15005 时尚风衣 185.00 268 49580
MM15006 超薄 防晒衣 77.00 1023 78771
MM15004 时尚 短裤 62.00 1132 70184
MM15002 修身 长裤 110.00 852 93720
MM15025 运动 套装 228.00 523 119244
MM15008 纯棉 打底衫 66.00 975 64350

❷ 打开“函数参数”对话框，指定参数Text为“B2”，然后单击“确定”按钮即可得到结果。

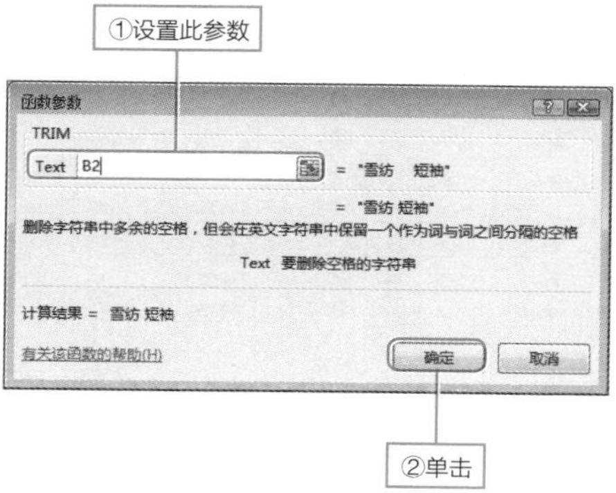

❸ 随后拖动鼠标向下复制公式，即可完成其他单元格删除空格的操作。

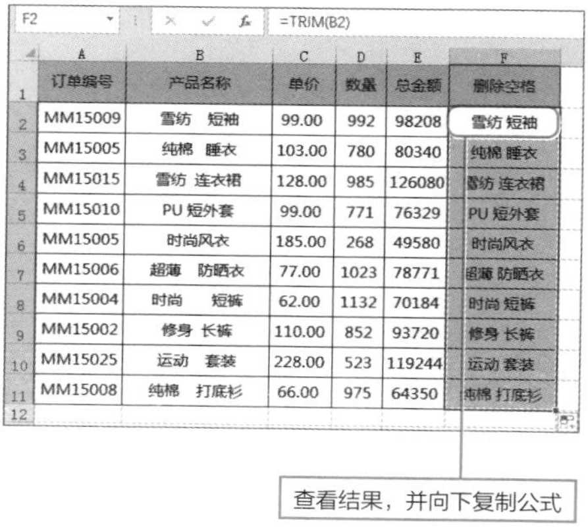
F2
=TRIM(B2)
订单编号 产品名称 单价 数量 总金额 删除空格
MM15009 雪纺 短袖 99.00 992 98208 雪纺 短袖
MM15005 纯棉 睡衣 103.00 780 80340 纯棉 睡衣
MM15015 雪纺 连衣裙 128.00 985 126080 雪纺 连衣裙
MM15010 PU 短外套 99.00 771 76329 PU 短外套
MM15005 时尚风衣 185.00 268 49580 时尚风衣
MM15006 超薄 防晒衣 77.00 1023 78771 超薄 防晒衣
MM15004 时尚 短裤 62.00 1132 70184 时尚 短裤
MM15002 修身 长裤 110.00 852 93720 修身 长裤
MM15025 运动 套装 228.00 523 119244 运动 套装
MM15008 纯棉 打底衫 66.00 975 64350 纯棉 打底衫
查看结果，并向下复制公式

Question

401

利用MMULT函数计算商品销售额

语音视频教学401

实例 MMULT函数的应用

• Level ◆◆◆

2016 2013 2010

在计算商品销售额时，若其位于同一个表格中，直接将数据相乘即可得到结果，但是，若它们分布在不同的表格中，该如何计算销售额呢？下面对其进行介绍。

Hint

MMULT函数介绍

MMULT函数格式如下：

MMULT(array1,array2)

参数array1和array2指定要进行矩阵乘法运算的数组或单元格区域引用。array1的列数必须和array2的行数相等。如果单元格是空白单元格或含有字符串，或是array1的列数和array2的行数不相等，会返回错误值#VALUE!。

❶ 打开工作表，选择F3:F8单元格区域，单击编辑栏左侧的“插入函数”按钮，从打开的“插入函数”对话框中选择MMULT函数。

F3
插入函数
单击该按钮
上海市各区商品销量统计
品名
地区
销售额
价目表
黄浦区 1050 600 730 1150
徐汇区 1250 500 800 1200
长宁区 1000 460 660 1300
静安区 2100 560 700 1200
普陀区 2500 700 800 1400
闸北区 2350 800 600 1100
液晶电视 3800
洗衣机 1800
冰箱 2880
电动车 3000

❷ 打开“函数参数”对话框，指定参数Array1为“B3:E8”，参数Array2为“I3:I6”，按住Ctrl+Shift组合键的同时单击“确定”按钮。

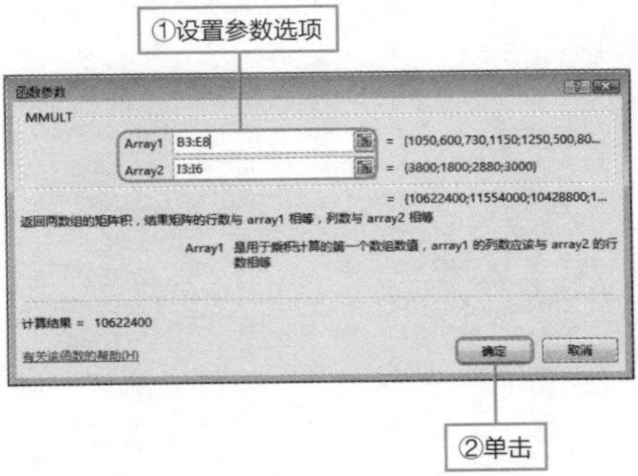

❸ 返回工作表，可以看到F3:F8单元格区域已经显示出计算结果。

F3
{=MMULT(B3:E8,I3:I6)}
上海市各区商品销量统计
品名 地区 液晶电视 洗衣机 冰箱 电动车 销售额
黄浦区 1050 600 730 1150 10622400
徐汇区 1250 500 800 1200 11554000
长宁区 1000 460 660 1300 10428800
静安区 2100 560 700 1200 14604000
普陀区 2500 700 800 1400 17264000
闸北区 2350 800 600 1100 15398000
价目表
液晶电视 3800
洗衣机 1800
冰箱 2880
电动车 3000
查看计算结果

Question

402

利用SUMPRODUCT函数计算预付款

语音视频教学402

实例 SUMPRODUCT函数的应用

Level ◆◆◆

2016 2013 2010

通常情况下，计算商品的总金额时，总是先计算出一种商品金额，然后再进行求和，使用SUMPRODUCT函数可以让用户直接求和，下面对其进行介绍。

Hint

SUMPRODUCT函数介绍

SUMPRODUCT函数可以在给定的几个数组中将数组间对应的元素相乘，并返回乘积之和，其格式如下：

SUMPRODUCT(array1, array2, array3, ...)

参数array1必需，为相应元素需要进行相乘并求和的第一个数组参数。参数array2, array3,... 可选，为2到255个数组参数，其相应元素需要进行相乘并求和。

需要注意的是，数组参数必须具有相同的维数。否则，函数SUMPRODUCT将返回#VALUE! 错误值#REF!。

❶ 打开工作表，选择F14单元格，单击编辑栏左侧的“插入函数”按钮，从“插入函数”对话框中选择SUMPRODUCT函数。

	A	B	C	D	E	F
1	订单编号	客户代码	业务员	订单数量	产品单价	预付百分比
2	L013050301	TO	[illegible]	9000	500	10%
3	L013050302	CH	[illegible]	15000	210	15%
4	L013050303	JK22	赵小眉	17000	240	12%
5	L013050701	LO11	李霄云	11000	230	10%
6	L013050702	TO13	王若彤	20000	200	20%
7	L013050901	JK22	赵小眉	32000	160	15%
8	L013050902	CH19	张敏君	15000	220	11%
9	L013050903	TO13	王若彤	13000	230	18%
10	L013051201	LO11	李霄云	17500	240	20%
11	L013051202	JK22	赵小眉	29500	180	22%
12	L013051203	CH19	张敏君	40000	130	17%
13	L013051204	LO11	李霄云	33000	140	15%
14	订单预付款总计					

❷ 打开“函数参数”对话框，指定参数Array1为“D2:D13”，参数Array2为“E2: E13”，参数Array3为“F2:F13”，并单击“确定”按钮。

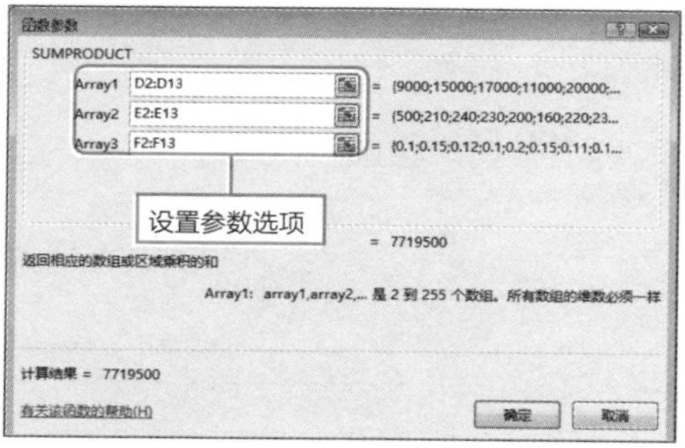

❸ 返回工作表，可以看到F14单元格中显示出计算结果。

	A	B	C	D	E	F
1	订单编号	客户代码	业务员	订单数量	产品单价	预付百分比
2	L013050301	TO13	王若彤	9000	500	10%
3	L013050302	CH19	张敏君	15000	210	15%
4	L013050303	JK22	赵小眉	17000	240	12%
5	L013050701	LO11	李霄云	11000	230	10%
6	L013050702	TO13	王若彤	20000	200	20%
7	L013050901	JK22	赵小眉	32000	160	15%
8	L013050902	CH19	张敏君	15000	220	11%
9	L013050903	TO13	王若彤	13000	230	18%
10	L013051201	LO11	李霄云	17500	240	20%
11	L013051202	JK22	赵小眉	29500	180	22%
12	L013051203	CH19	张敏君	40000	130	17%
13	L013051204	LO11	李霄云	33000	140	15%
14	订单预付款总计					7719500
15						

Question **403**

利用DATEVALUE函数计算日期相隔天数

语音视频教学403

● Level ◆◆◆

2016 2013 2010

实例 DATEVALUE函数的应用

通常情况下，计算两个日期相差天数可以直接相减，但是，如果两个日期不是以完整的日期形式保存在单元格中，就需要利用DATEVALUE函数来计算，下面对其进行介绍。

Hint

DATEVALUE函数介绍

DATEVALUE函数可以将日期值从字符串转换为序列号，其格式如下：

DATEVALUE(date_text)

参数date_text 为表示日期的文本。

在执行转换时，DATEVALUE函数使用客户端计算机的区域设置和日期/时间设置来理解文本值。如果当前日期/时间设置以月/日/年的格式表示日期，则字符串“1/8/2009”将转换为与2009年1月8日等效的datetime值。若输入日期值以外的文本，或者指定Excel日期格式以外的格式，会返回错误值。

❶ 打开订货记录表，可以看到下单日期和交货日期以日的形式表示，若直接用日期相减，则返回错误值#VALUE!。

F2 =E2-D2

	A	B	C	D	E	F
1	产品名称	单价	数量	下单日期	交货日期	相隔天数
2	儿童棉裤	99	1992	1日	18日	#VALUE!
3	纯棉睡衣	103	1780	2日	22日	
4	儿童棉裤	128	1985	3日	30日	
5	PU短外套	99	1771	7日	28日	
6	时尚风衣	185	1268	5日	19日	
7	超薄防晒衣	77	1023	4日	25日	
8	时尚短裤	62	1132	3日	26日	
9	修身长裤	110	1852	7日	27日	
10	运动套装	228	1523	5日	15日	
11	纯棉打底衫	66	1975	7日	23日	
12						
13	2016年					
14	5月					

计算错误反馈

❷ 需要选中F2单元格，输入公式“=DATEVALUE($A$13&$A$14 &E2)-DATEVALUE($A$13&$A$14 &D2)”。

SUMPRO... =DATEVALUE($A$13&$A$14&E2)-DATEVALUE($A$13&$A$14&D2)

	A	B	C	D	E	F
1	产品名称	单价	数量	下单日期	交货日期	相隔天数
2	儿童棉裤	99	=DATEVALUE($A$13&$A$14&E2)-DATEVALUE($A$13&$A$14&D2)			
3	纯棉睡衣	103	1780	2日	22日	
4	儿童棉裤	128	1985	3日	30日	
5	PU短外套	99	1771	7日	28日	
6	时尚风衣	185	1268	5日	19日	
7	超薄防晒衣	77	1023	4日	25日	
8	时尚短裤	62	1132	3日	26日	
9	修身长裤	110	1852	7日	27日	
10	运动套装	228	1523	5日	15日	
11	纯棉打底衫	66	1975	7日	23日	
12						
13	2016年					
14	5月					

在F2单元格中直接输入相应的公式

❸ 输入完成后，按Enter键确认输入，并向下复制公式即可。

F2 =DATEVALUE($A$13&$A$14&E2)-DATEVALUE($A$13&$A$14&D2)

	A	B	C	D	E	F
1	产品名称	单价	数量	下单日期	交货日期	相隔天数
2	儿童棉裤	99	1992	1日	18日	17
3	纯棉睡衣	103	1780	2日	22日	20
4	儿童棉裤	128	1985	3日	30日	27
5	PU短外套	99	1771	7日	28日	21
6	时尚风衣	185	1268	5日	19日	14
7	超薄防晒衣	77	1023	4日	25日	21
8	时尚短裤	62	1132	3日	26日	23
9	修身长裤	110	1852	7日	27日	20
10	运动套装	228	1523	5日	15日	10
11	纯棉打底衫	66	1975	7日	23日	16
12						
13	2016年					
14	5月					

复制公式进行快速计算

Question 404

轻松判断奇偶数

语音视频教学404

● Level ◆◆◆

2016 2013 2010

实例　ISEVEN函数与ISODD函数的应用

利用ISEVEN函数与ISODD函数可以轻松判断出数值的奇偶性，返回TRUE或FALSE，下面对其进行介绍。

Hint

ISEVEN函数与ISODD函数介绍

ISEVEN函数用于检测一个数值是否为偶数，其格式如下：

ISEVEN(number)

参数number指定用于检测的数据，或数据所在的单元格，检测时，自动忽略小数点后的数字，如果指定空白单元格，则作为0计算。如果输入文本等数值外的数据，则返回错误值#VALUE!。

ISODD函数用于检测一个数值是否为奇数，其格式如下：

ISODD(number)

1 选择C3单元格，在编辑栏中输入公式“=ISEVEN(A3)”，然后按Enter键确认。

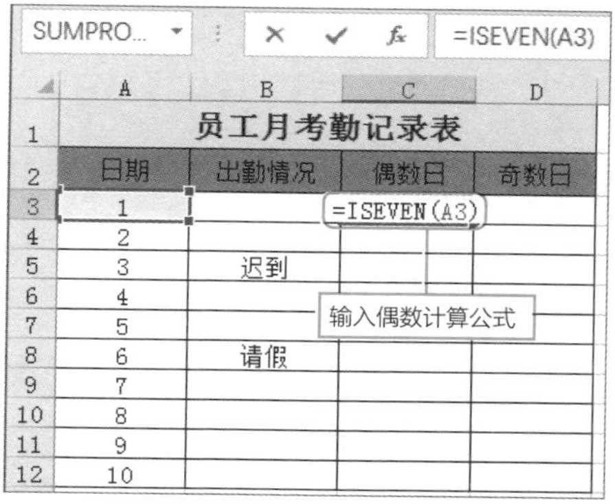

2 选择D3单元格，输入计算奇数日公式“=ISODD(A3)”，然后按Enter键确认。

3 以序列填充方式向下复制公式，即可完成偶数日、奇数日的判定。

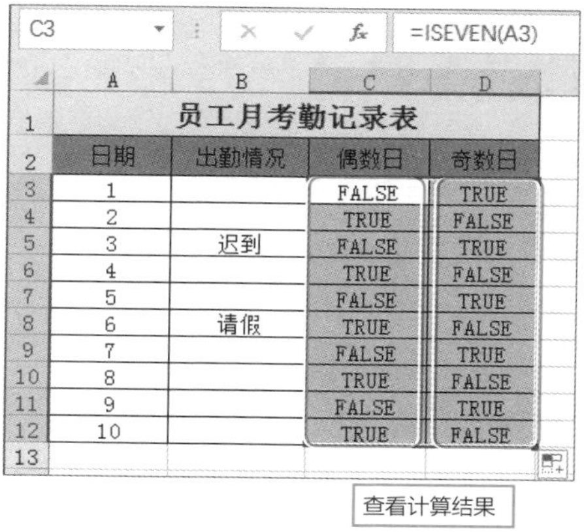

Question

405

快速提取身份证中的出生日期

语音视频教学405

Level ◆◆◆

2016 2013 2010

实例 MID函数的应用

18位身份证号码组成规则如下：第7、8、9、10为出生年份（四位数）；第11、第12位为出生月份；第13、第14位为出生日期；第17位代表性别，奇数为男，偶数为女；第18位为校验码。

Hint

MID函数介绍

MID函数可以从文本字符串中指定的起始位置返回指定长度的字符，其格式如下：

MID(text, start_num, num_chars)

其中，参数text为包含要提取字符的文本字符串。

参数start_num为文本中要提取的第一个字符的位置。

参数num_chars指定希望MID从文本中返回字符的个数。

如果start_num大于文本长度，则MID返回空文本 ("")。

如果start_num小于文本长度，但start_num加上num_chars超过了文本的长度，则MID只返回至多直到文本末尾的字符。

如果start_num小于1，则MID返回错误值#VALUE!。

如果num_chars为负数，则MID返回错误值#VALUE!。

如果num_bytes为负数，则MID返回错误值#VALUE!。

❶ 选择D2单元格，输入公式“=MID(B2,7,4)&"年"&MID(B2,11,2)&"月"&MID(B2,13,2)&"日"”。

SUMPRO... =MID(B2,7,4)&"年"&MID(B2,11,2)&"月"&MID(B2,13,2)&"日"

	A	B	C	D
1	姓名	身份证号码	性别	出生日期
2	王飞龙	=MID(B2,7,4)&"年"&MID(B2,11,2)&"月"&MID(B2,13,2)&"日"		
3	彭罗云	510221197312010229	女	
4	赵卓信	132426196306201230	男	
5	李浩然	140121197002284204	女	
6	王琳玲	350583197810120072	男	
7	张坤鹏	511801195209255206	女	
8	李敏敏	620123197905131515	男	
9	张云超	411421198305167713	男	
10	周小梦	411421197808257321	女	

在单元格中准确输入计算公式

❷ 输入完成后，按Enter键确认输入，然后向下复制公式即可。

	A	B	C	D
1	姓名	身份证号码	性别	出生日期
2	王飞龙	110221196908152232	男	1969年08月15日
3	彭罗云	510221197312010229	女	1973年12月01日
4	赵卓信	132426196306201230	男	1963年06月20日
5	李浩然	140121197002284204	女	1970年02月28日
6	王琳玲	350583197810120072	男	1978年10月12日
7	张坤鹏	511801195209255206	女	1952年09月25日
8	李敏敏	620123197905131515	男	1979年05月13日
9	张云超	411421198305167713	男	1983年05月16日
10	周小梦	411421197808257321	女	1978年08月25日

复制公式进行快速计算

Question

406 巧妙升级身份证位数

语音视频教学406

● Level ◆◆◆

2016 2013 2010

实例 MOD和ROW函数的应用

18位身份证号码校验码的计算方法为：首先将前17位数字分别与7、9、10、5、8、4、2、1、6、3、7、9、10、5、8、4、2相乘，然后将结果相加，最后用相加结果除以11。

Hint

MOD函数介绍

MOD函数可以求两数相除时的余数，其格式如下：

MOD(number, divisor)

参数number为要在执行除法后找到其余数的数字即被除数。参数divisor为要除以的数字，即除数。其返回值是一个整数，如果除数为0（零），MOD将返回一个错误。

Hint

ROW函数介绍

ROW函数可以返回引用的行号，其格式如下：

ROW(reference)

参数指定需要得到其行号的单元格或单元格区域。选择区域时，返回位于区域首行的单元格行号。如果省略参数，则会返回ROW函数所在的单元格行号。

1. 选择D2单元格，输入公式“=REPLACE(B2,7,,19)&MID("10X98765432",MOD(SUM(MID(REPLACE(B2,7,,19),ROW($1:$10),1)*MOD(2^(18-ROW($1:$10)),11)),11),1)”。

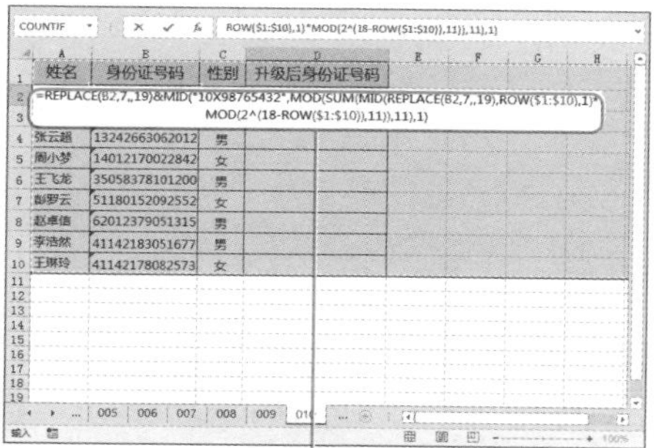

直接输入计算公式

2. 输入完成后，按Enter键确认输入，然后向下复制公式即可。

姓名	身份证号码	性别	升级后身份证号码
张坤鹏	11022169081522	男	110221196908152236
李敏敏	51022173120102	女	510221197312010220
张云超	13242663062012	男	132426196306201236
周小梦	14012170022842	女	140121197002284206
王飞龙	35058378101200	男	350583197810120073
彭罗云	51180152092552	女	511801195209255200
赵卓信	62012379051315	男	620123197905131554
李浩然	41142183051677	男	411421198305167717
王琳玲	41142178082573	女	411421197808257327

向下复制公式

Question

407

● Level ◆◆◆

2016 2013 2010

根据生日计算生肖很简单

语音视频教学407

实例 根据公立生日计算生肖

生肖也称为属相，是中国和东亚地区的一些民族用来代表年份和人的出生年的十二种动物。生肖的周期为12年。每一个人在其出生年都有一种动物作为生肖，下面介绍一种简单计算生肖的方法。

Hint

YEAR、MONTH、DAY函数简介

YEAR函数格式如下：

YEAR(serial_number)

参数serial_number为一个日期值。返回与日期对应的年份，返回值为1900～9999。

MONTH函数格式如下：

MONTH(serial_number)

参数serial_number为一个日期值，返回一个1～12的整数。

DAY函数格式如下：

DAY(serial_number)

参数serial_number为要查找的天数日期。

1 选择D2单元格，在编辑栏中输入公式“=MID("鼠牛虎兔龙蛇马羊猴鸡狗猪",MOD(YEAR(B2)-4,12)+1,1)”

SUMPRO... =MID("鼠牛虎兔龙蛇马羊猴鸡狗猪",MOD(YEAR(B2)-4,12)+1,1)

	A	B	C	D	E
1	姓名	出生日期	性别	生肖	CHOOSE函数计算
2	=MID("鼠牛虎兔龙蛇马羊猴鸡狗猪",MOD(YEAR(B2)-4,12)+1,1)				
3	李敏敏	1998年3月4日	女		
4	张云超	1984年7月14日	男		
5	周小梦	2001年6月4日	女		
6	王飞龙	1983年8月25日	男		
7	彭罗云	1974年7月10日	女		
8	赵卓信	1989年3月25日	男		
9	李浩然	1993年5月7日	男		
10	王琳玲	1974年9月21日	女		

直接输入计算公式

2 按Enter键确认输入，然后以序列填充方式向下复制公式，完成生肖的计算。

	A	B	C	D	E
1	姓名	出生日期	性别	生肖	CHOOSE函数计算
2	张坤鹏	1980年5月26日	男	猴	
3	李敏敏	1998年3月4日	女	虎	
4	张云超	1984年7月14日	男	鼠	
5	周小梦	2001年6月4日	女	蛇	
6	王飞龙	1983年8月25日	男	猪	
7	彭罗云	1974年7月10日	女	虎	
8	赵卓信	1989年3月25日	男	蛇	
9	李浩然	1993年5月7日	男	鸡	
10	王琳玲	1974年9月21日	女	虎	

复制公式进行计算

Hint

CHOOSE函数计算生肖

在E2单元格输入公式“=CHOOSE(MOD(YEAR(B2)-4,12)+1,"鼠","牛","虎","兔","龙","蛇","马","羊","猴","鸡","狗","猪")”同样可以计算生肖。

E2 =CHOOSE(MOD(YEAR(B2)-4,12)+1,"鼠","牛","虎","兔","龙","蛇","马","羊","猴","鸡","狗","猪")

	A	B	C	D	E
1	姓名	出生日期	性别	生肖	CHOOSE函数计算
2	张坤鹏	1980年5月26日	男	猴	猴
3	李敏敏	1998年3月4日	女	虎	虎
4	张云超	1984年7月14日	男	鼠	鼠
5	周小梦	2001年6月4日	女	蛇	蛇
6	王飞龙	1983年8月25日	男	猪	猪
7	彭罗云	1974年7月10日	女	虎	虎
8	赵卓信	1989年3月25日	男	蛇	蛇
9	李浩然	1993年5月7日	男	鸡	鸡
10	王琳玲	1974年9月21日	女	虎	虎

Question **408**

Level ◆◆◆

2016 2013 2010

角度格式显示及转换

语音视频教学408

实例 RADIANS与DEGREES函数的应用

弧度和角度是数学中常用的两个概念。用弧度作单位来度量角的制度叫弧度制，用度（°）、分（′）、秒（″）来度量角的大小的制度叫做角度制。下面介绍如何在两种角度格式之间进行转换。

Hint

RADIANS与DEGREES函数简介

RADIANS函数将角度转化为弧度，其格式如下：

RADIANS（angle）

参数angle为需要转换为弧度的角度。

DEGREES函数将弧度转化为角度，其格式如下：

DEGREES（angle）

参数angle为需要转换为角度的弧度。

❶ 传统转换法。分别在B3单元格中输入公式“=A3*180/PI()”，D3单元格中输入公式“=C3*PI()/180”，并复制到其他单元格。

SUMPRO... =A3*180/PI()

	A	B	C	D
1	传统转算法			
2	弧度	转换为角度	角度	转换为弧度
3	3.1415927	=A3*180/PI()	45	
4	1.070796		60	
5	0.785398		90	

D3 =C3*PI()/180

	A	B	C	D
1	传统转算法			
2	弧度	转换为角度	角度	转换为弧度
3	3.1415927	180.0000027	45	0.785398163
4	1.070796	61.35209152	60	1.047197551
5	0.785398	44.99999064	90	1.570796327

❷ 快速转换法。分别在B9、D9单元格输入公式“=DEGREES(A9)”、“=RADIANS(C9)”。

SUMPRO... =DEGREES(A9)

	A	B	C	D
7	快速转算法			
8	弧度	转换为角度	角度	转换为弧度
9	3.1415927	=DEGREES(A9)	45	
10	1.070796		60	
11	0.785398		90	
12	0.5		120	
13	0.62346		180	
14	1		360	

SUMPRO... =RADIANS(C9)

	A	B	C	D
7	快速转算法			
8	弧度	转换为角度	角度	转换为弧度
9	3.1415927	180.0000027	45	=RADIANS(C9)
10	1.070796		60	
11	0.785398		90	
12	0.5		120	
13	0.62346		180	
14	1		360	

❸ 输入完成后，分别复制公式到其他单元格，完成角度格式的转换。

分别向下复制公式，计算其他值

D9 =RADIANS(C9)

	A	B	C	D
7	快速转算法			
8	弧度	转换为角度	角度	转换为弧度
9	3.1415927	180.0000027	45	0.785398163
10	1.070796	61.35209152	60	1.047197551
11	0.785398	44.99999064	90	1.570796327
12	0.5	28.64788976	120	2.094395102
13	0.62346	35.7216267	180	3.141592654
14	1	57.29577951	360	6.283185307
15				
16				
17				
18				
19				

Question

409 四舍五入计算有绝招

语音视频
教学409

• Level ◆◆◆

2016 2013 2010

实例 ROUND函数的应用

所谓的四舍五入，即将需要保留小数的最后一位数字与5相比较，不足5则舍弃，达到5则进位。ROUND函数是进行四舍五入运算最合适的函数之一，下面介绍如何通过ROUND函数进行四舍五入计算。

Hint

ROUND函数介绍

ROUND函数可求出按指定位数对数字四舍五入后的值，其格式如下：

ROUND(number, num_digits)

参数number为要四舍五入的数字。参数num_digits为要进行四舍五入运算的位数。

如果num_digits 大于0（零），则将数字四舍五入到指定的小数位数。如果num_digits等于0，则将数字四舍五入到最接近的整数。

如果num_digits小于0，则将数字四舍五入到小数点左边的相应位数。

❶ 打开工作表，选择C2单元格，单击编辑栏左侧的“插入函数”按钮，从“插入函数”对话框中选择ROUND函数。

❷ 打开“函数参数”对话框，指定参数number为“$A$2”，参数Num_Digits为“B2”，并单击“确定”按钮。

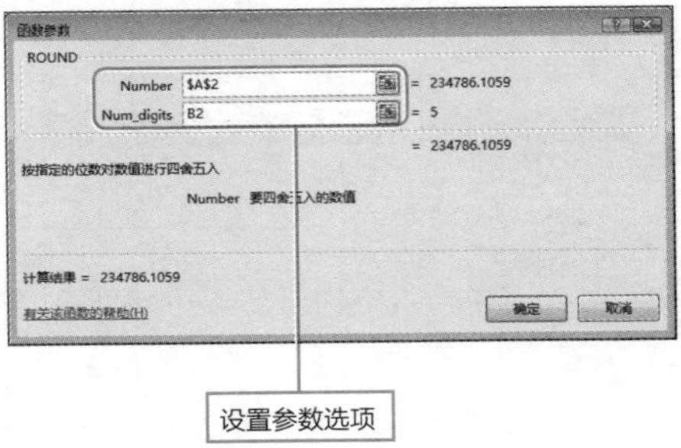

❸ 返回工作表，将C2单元格中的公式复制到其他单元格即可。

C2
=ROUND($A$2,B2)
数值
位数
舍入结果
234786.10589
234786.1059
234786.1060
234786.1100
234786.1000
234786.0000
234790.0000
234800.0000
235000.0000
230000.0000
200000.0000
复制公式，查看结果

Question 410

轻松计算数组矩阵的逆矩阵

语音视频教学410

Level ◆◆◆

2016 2013 2010

实例 MINVERSE函数的应用

MINVERSE函数可以返回数组中存储的矩阵的逆矩阵。但数组的行数和列数必须保持相等，下面对其进行介绍。

Hint

MINVERSE函数介绍

MINVERSE函数可求出按指定位数对数字四舍五入后的值，其格式如下：

MINVERSE(array)

参数array可以是单元格区域，例如，A1:F15；也可以是数组常量，例如，{1,3,5;4,7,9;5,8,10}；也可以是单元格区域或数组常量的名称。

若数组中包含空白单元格或包含文字的单元格，则返回错误值#VALUE!。

若数组的行数和列数不相等，则函数同样返回错误值#VALUE!。

对于返回结果为数组的公式，必须以数组公式的形式进行输入。

1. 打开工作表，选择A7:D10单元格区域，单击编辑栏左侧的“插入函数”按钮，从“插入函数”对话框中选择MINVERSE函数。

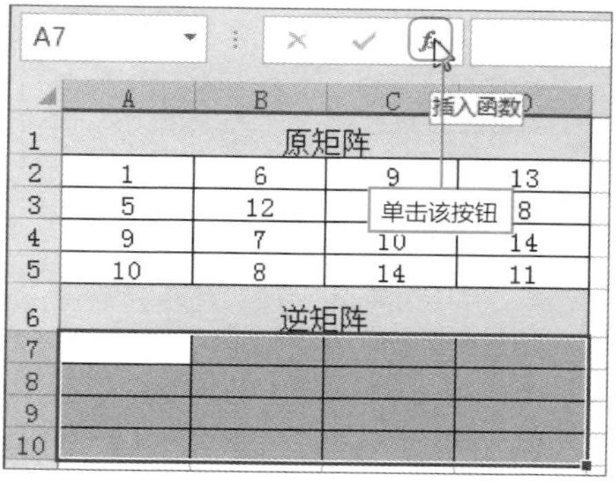

2. 打开“函数参数”对话框，指定参数array为“A2:D5”，按住Ctrl+Shift组合键的同时单击“确定”按钮。

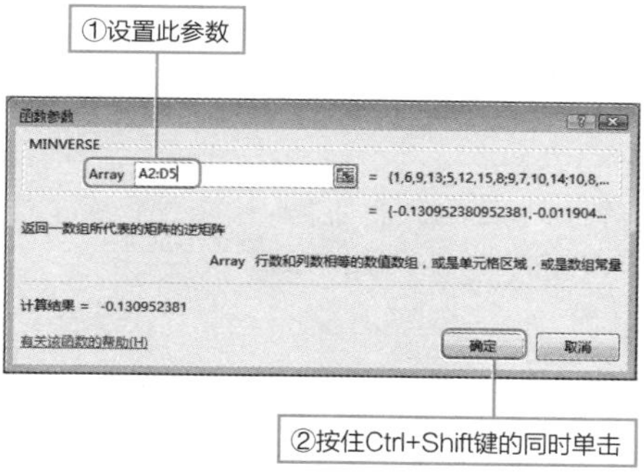

3. 返回工作表，在A7:D10单元格区域中显示出计算结果。

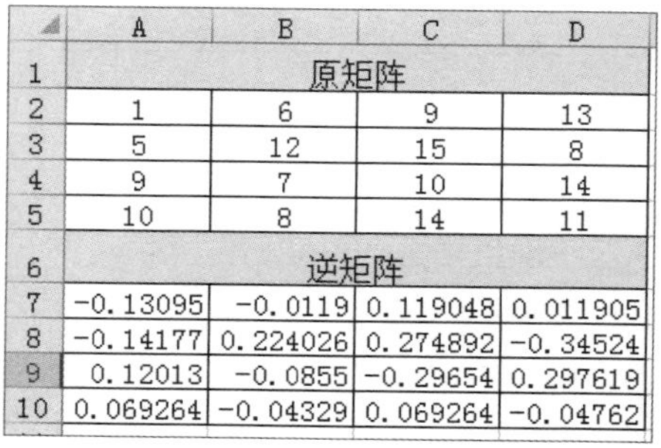

	A	B	C	D
1	原矩阵			
2	1	6	9	13
3	5	12	15	8
4	9	7	10	14
5	10	8	14	11
6	逆矩阵			
7	-0.13095	-0.0119	0.119048	0.011905
8	-0.14177	0.224026	0.274892	-0.34524
9	0.12013	-0.0855	-0.29654	0.297619
10	0.069264	-0.04329	0.069264	-0.04762

Question

411

● Level ◆◆◆

2016 2013 2010

求解多元一次方程

语音视频教学411

实例 MINVERSE函数和MMULT函数的综合应用

在数学计算中，求解多元一次方程的方法有多种，但是，求解过程却比较繁琐，且容易出错，下面介绍如何通过Excel提供的函数求解方程。

❶ 将方程组中X、Y、Z前的系数提取出来组成一个3*3的数组，将等号右边的值提取出来组成一个3*1的数组。

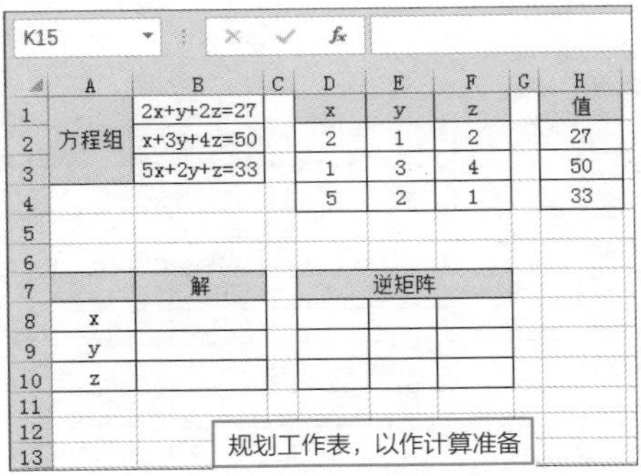

❷ 选择D8:F10单元格区域，输入公式“=MINVERSE(D2:F4)”后按Ctrl+Shift+Enter组合键确认输入。

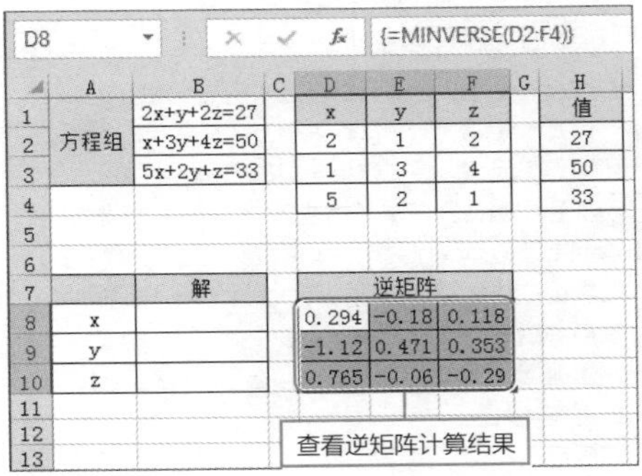

❸ 选择B8:B10单元格区域，输入公式“=MMULT(D8:F10,H2:H4)”。

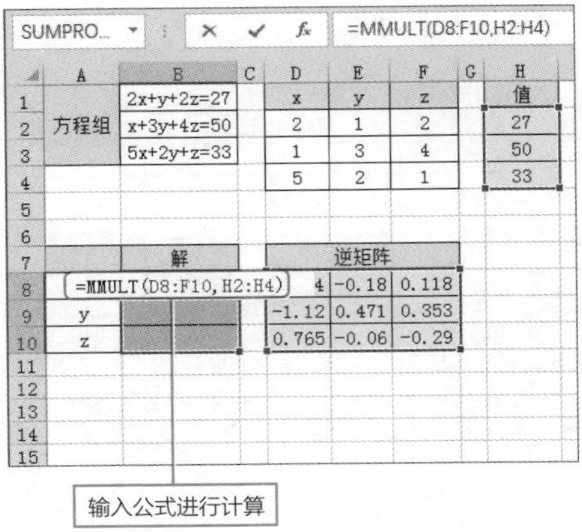

❹ 按Ctrl+Shift+Enter组合键确认输入，即可求出方程的解。

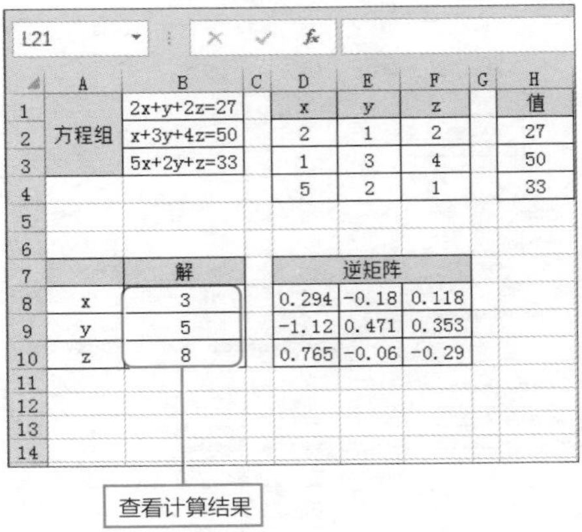

L21
解
x 3
y 5
z 8
逆矩阵
0.294 -0.18 0.118
-1.12 0.471 0.353
0.765 -0.06 -0.29
查看计算结果

第15章 412~424

PowerPoint入门必备技能

- 创建富有特色的演示文稿
- 按需保存演示文稿很必要
- 根据Word文件轻松制作演示文稿
- 轻松选定需要的幻灯片
- 复制/移动幻灯片也不难
- 瞬间隐藏幻灯片
- 巧妙设置渐变背景

Question

412 创建富有特色的演示文稿

Level ◆◆◆

2016 2013 2010

实例 根据需要创建演示文稿

PowerPoint 2016带给用户全新的体验，与以往版本相比，在创建演示文稿时有了较大的变化。它不再是在开启的同时默认创建一个空白演示文稿，而是让用户在打开的界面中根据需要进行选择。

1. 启动PowerPoint 2016程序，将会在开始界面看到一些内置的模板，选择一种合适的主题，这里选择“天体”效果。

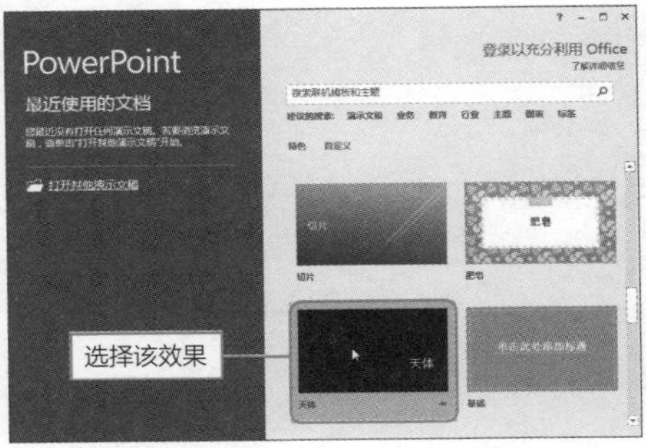

2. 在弹出的窗口右侧，将会出现几种不同的颜色方案，选择一种合适的颜色方案，单击“创建”按钮。

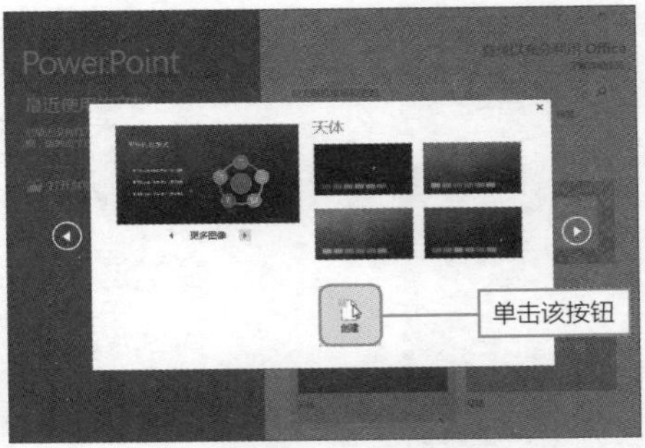

3. 随后便可创建一个包含特定内容的演示文稿，从中根据需要输入合适的文本信息、插入图片、图形等。

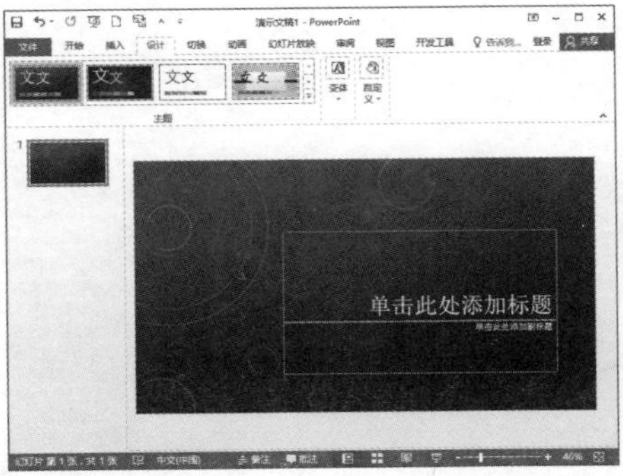

按需输入文本、插入图片、图形等

Hint

如何根据联机模板创建演示文稿?

在“搜索联机模板和主题”搜索框中输入关键字/词，单击“搜索”按钮进行搜索，然后在搜索列表中选择合适的模板即可。

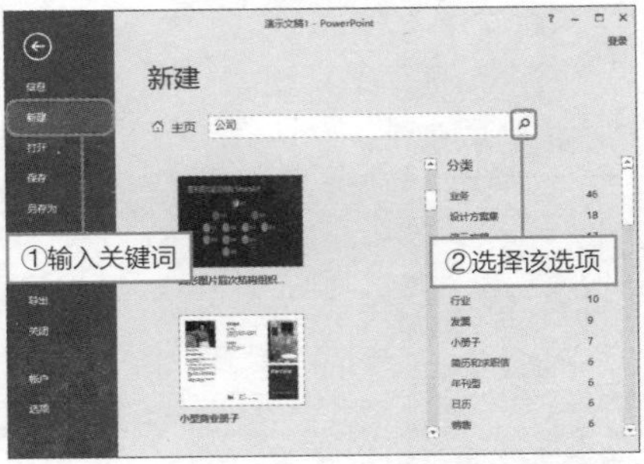

Question

413 按需保存演示文稿很必要

● Level ◆◆◆

2016 2013 2010

实例 保存演示文稿

创建完成一个演示文稿后，需要将其以适当的名称保存在合适位置，才能在以后的工作中迅速方便的查找到该文件。若不进行保存操作，那么所有花费在制作演示文稿上的心血都将付诸东流。

❶ 当演示文稿制作完成后，单击快速访问工具栏上的“保存”按钮，或者执行“文件>保存”命令。

❷ 随后将默认选择“另存为”选项下的“这台电脑”选项，接着单击“浏览”按钮。

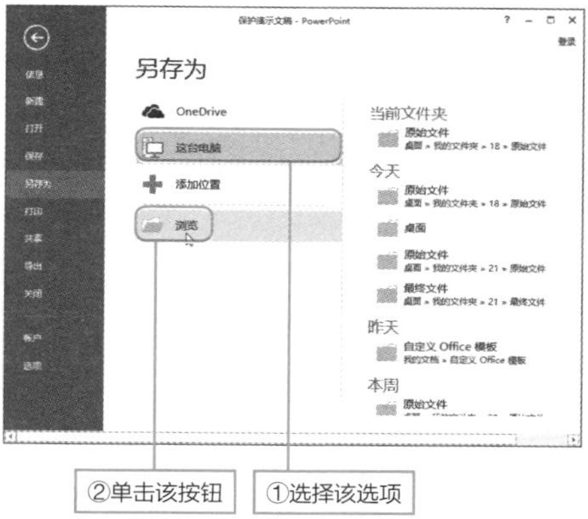

❸ 打开“另存为”对话框，设置保存路径、文件名、保存类型，单击“保存”按钮。

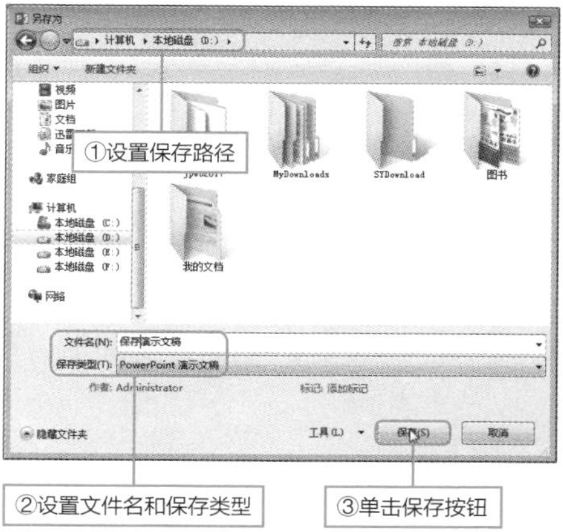

Hint

如何快速保存已经保存过的演示文稿

对于已经保存过的演示文稿来说，对其修改完毕后，再次进行保存时，只需在键盘上按下Ctrl+S组合键即可。

若需要将当前演示文稿保存到其他位置或者以其他类型或文件名进行保存，只需执行“文件>另存为”命令，然后进行保存即可。

Question 414

根据Word文件轻松制作演示文稿

语音视频教学414

• Level ◆◆◆

2016 2013 2010

实例 利用Word文件制作演示文稿

若在制作演示文稿时，有已经做好的相关Word文档，可以根据已有的文件快速制作演示文稿，而无须用户逐页复制文本内容到演示文稿中。

1 启动PowerPoint程序，执行“文件>打开”命令，单击“浏览”按钮。

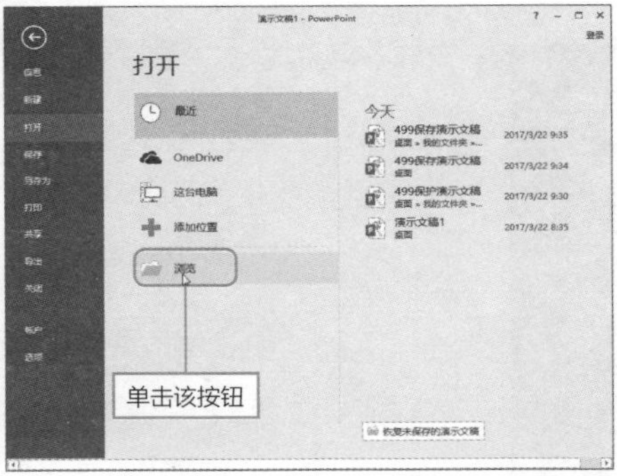

2 打开“打开”对话框，单击“文件类型”下拉按钮，选择“所有文件”选项。

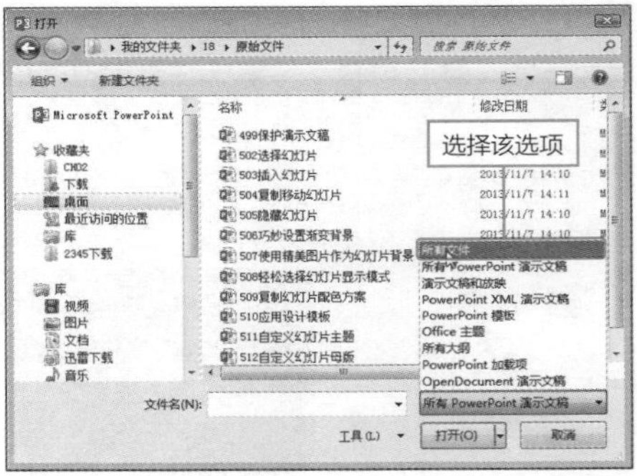

3 选择现有的用于制作样式文稿的Word文件，单击“打开”按钮。

4 将Word文件中的内容导入演示文稿，然后根据需要，为其应用合适的主题，并进行简单调整即可。

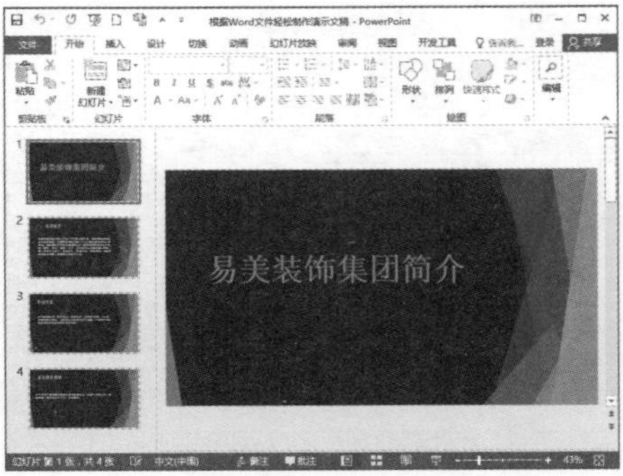

应用合适的主题并进行调整

Question

415 轻松选定需要的幻灯片

Level ◆◆◆

2016 2013 2010

实例 幻灯片的选择方法

如果想要对幻灯片进行设置，首先需要将其选中，才能继续进行操作，下面以在普通视图中选择幻灯片为例进行介绍。

1. 选择单张幻灯片。在缩略图窗格中，单击需要的幻灯片缩略图，即可将其选中。

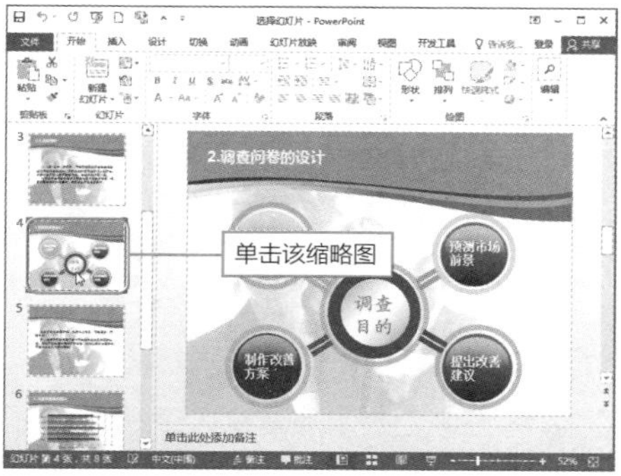

2. 选择连续幻灯片。单击第一张幻灯片后，按住Shift键的同时选择另外一张幻灯片，可将两张幻灯片之间的所有幻灯片选中。

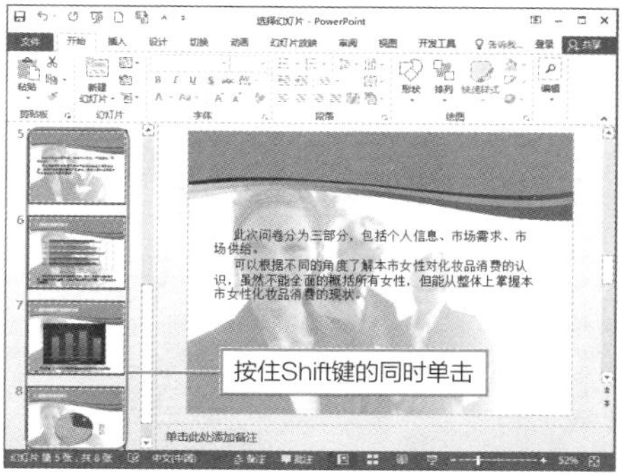

3. 选择不连续幻灯片。按住Ctrl键不放，鼠标依次单击需要的幻灯片将其选中。

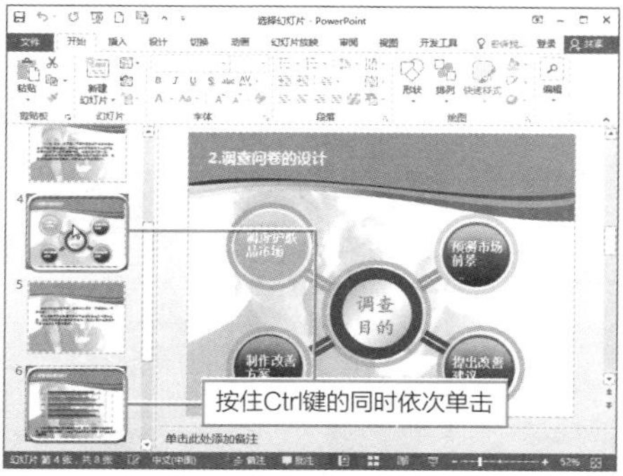

4. 选择所有幻灯片。选择任意一张幻灯片后，在键盘上按下Ctrl+A组合键可将所有幻灯片选中。

Question

416 复制/移动幻灯片也不难

• Level ◆◆◆

2016 2013 2010

实例 幻灯片的复制和移动

播放幻灯片时，需要按照一定的次序进行播放，若需要添加相同格式的幻灯片，可以通过复制操作来实现，下面介绍如何快速复制或移动幻灯片。

1. 功能区按钮法复制幻灯片。选择要复制的幻灯片，单击“开始”选项卡上的“复制”按钮。

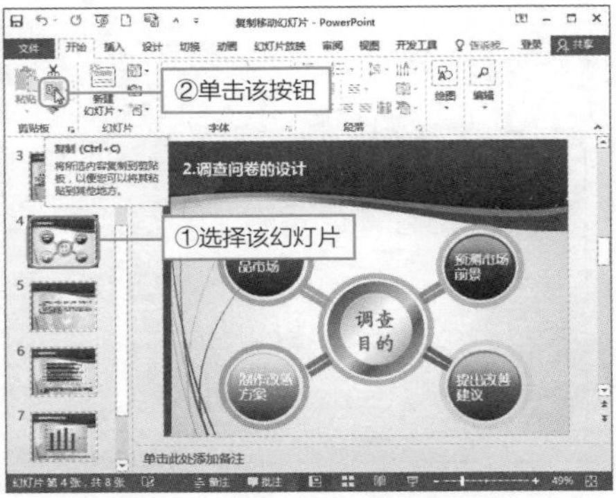

2. 在需要粘贴的位置插入光标，单击“粘贴”下拉按钮，从列表中选择“使用目标主题”选项。

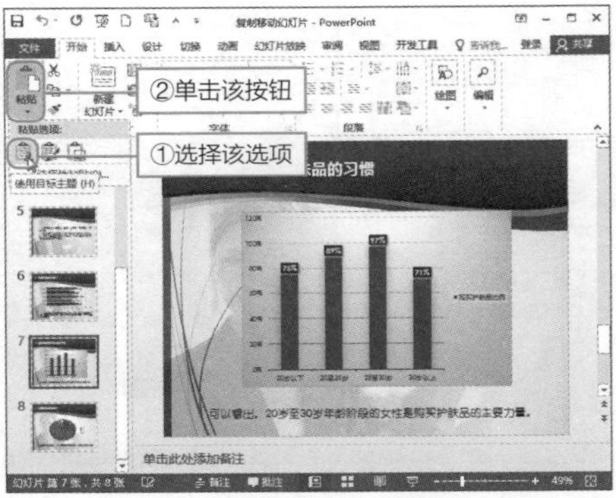

3. 右键菜单法复制幻灯片。可以选择幻灯片后，右键单击，从快捷菜单中选择“复制”命令。

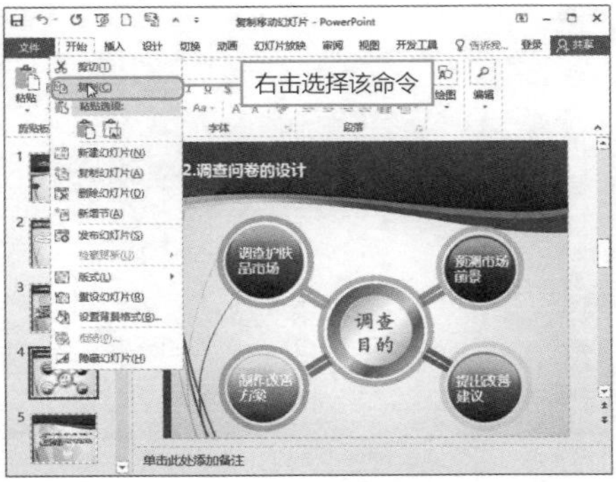

4. 鼠标+键盘法复制幻灯片。选择幻灯片，在键盘上按住Ctrl键不放，鼠标拖动至合适位置，释放鼠标左键后松开Ctrl键。

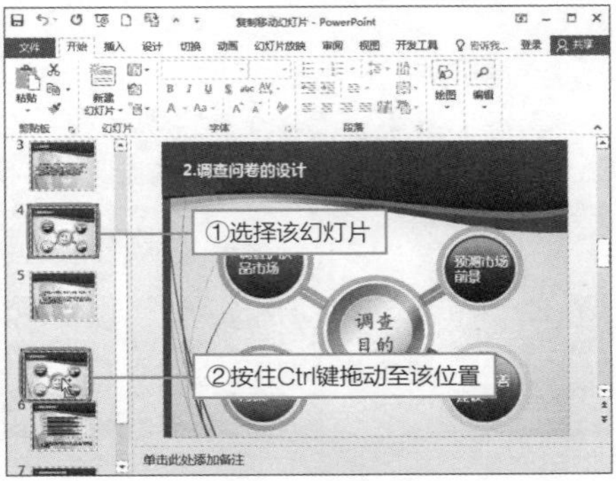

5 功能区按钮法移动幻灯片。选择想要剪切的幻灯片，单击“开始”选项卡上的“剪切”按钮。

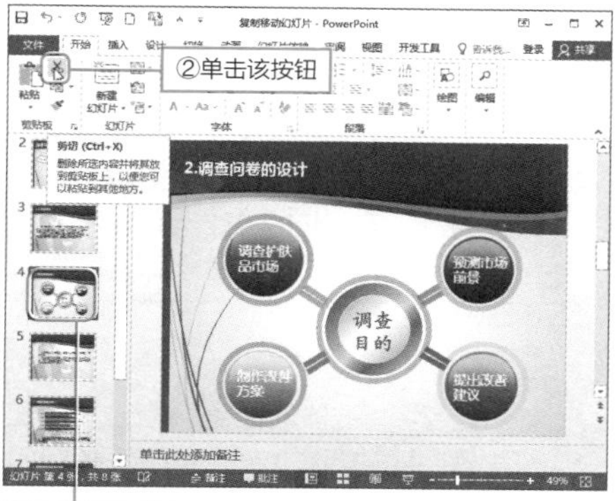

①选择该幻灯片

6 在需要的位置插入光标，单击“粘贴”下拉按钮，从列表中选择“使用目标主题”选项。

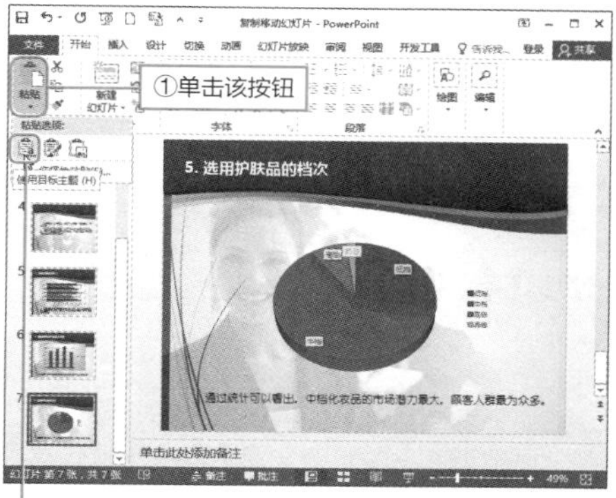

②选择该选项

7 右键菜单法移动幻灯片。可以选择幻灯片后，右键单击，从快捷菜单中选择“剪切”命令，然后将幻灯片粘贴至需要移动的位置即可。

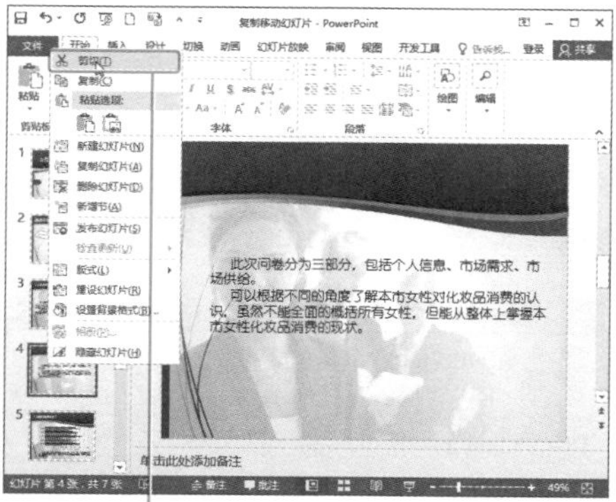

右击选择该命令

8 鼠标移动幻灯片。选择幻灯片，鼠标拖动至合适的位置，释放鼠标左键完成幻灯片的移动。

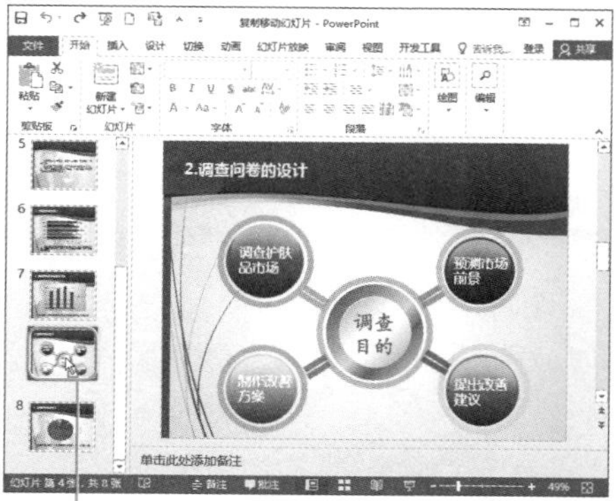

拖动至合适位置

Hint

快捷键在复制、移动幻灯片中的应用

除了上述介绍的方法可以复制和移动幻灯片外，还可以选择幻灯片后，通过Ctrl+C组合键复制幻灯片，然后通过Ctrl+V组合键将其粘贴至合适位置。若选择幻灯片后直接按Ctrl+D组合键，便会在当前幻灯片下方得到复制的幻灯片。

若选择幻灯片后，按Ctrl+X组合键剪切幻灯片，然后通过Ctrl+V组合键将其粘贴至需要的位置，这样便实现了移动操作。

Question
417

● Level ◆◆◆

2016 2013 2010

瞬间隐藏幻灯片

语音视频教学417

实例 幻灯片的隐藏

在进行幻灯片播放操作时，若想要某些幻灯片不播放，但是又不想删除这些幻灯片，可以将这些幻灯片隐藏起来，其具体的操作步骤如下。

1 右键菜单法。选择需要隐藏的幻灯片，右键单击，从弹出的快捷菜单中选择“隐藏幻灯片”命令。

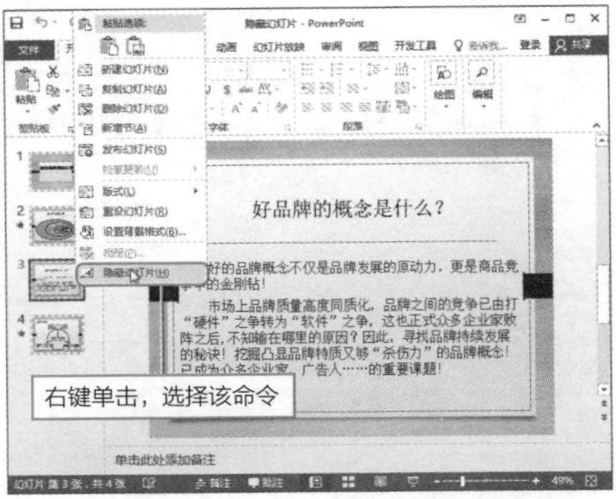

2 随后便可将所选的幻灯片隐藏。当隐藏幻灯片后，其缩略图中左上角的序号会出现隐藏符号。

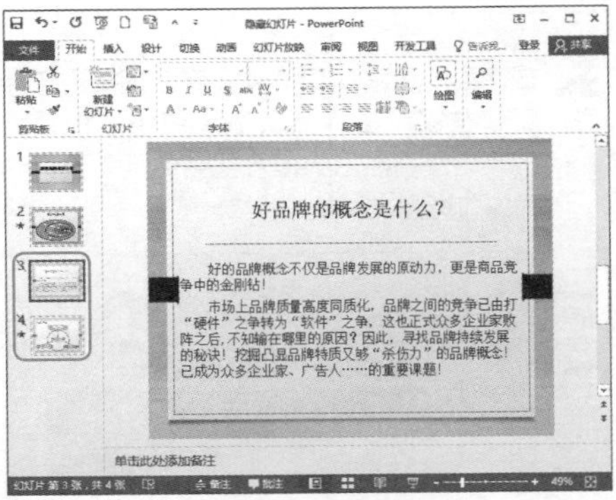

3 功能区命令法。选择幻灯片，单击“幻灯片放映”选项卡上的“隐藏幻灯片”按钮可将所选幻灯片隐藏。

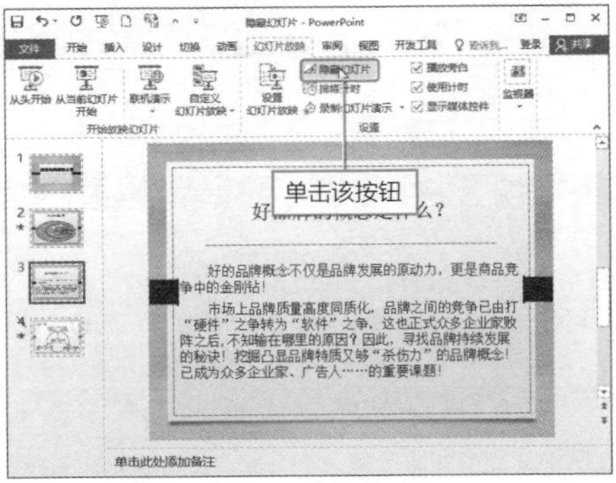

Hint

如何取消幻灯片的隐藏

幻灯片被隐藏后，若需要将其显示出来，可以按照以下的方法进行操作。

选中隐藏的幻灯片，单击鼠标右键，在打开的快捷菜单中，再次选择“隐藏幻灯片”命令，或者单击“幻灯片放映”选项卡上的“隐藏幻灯片”按钮，都可以取消对幻灯片的隐藏。

Question

418

● Level ◆◆◆

2016 2013 2010

巧妙设置渐变背景

语音视频教学418

实例 设置具有渐变效果背景的幻灯片

您是否已经对单一的背景厌倦了呢？那么，自己动手设置幻灯片的背景吧，下面将介绍幻灯片渐变背景的设计方法与技巧。

1 选择幻灯片，单击“设计”选项卡上的“设置背景格式”按钮。

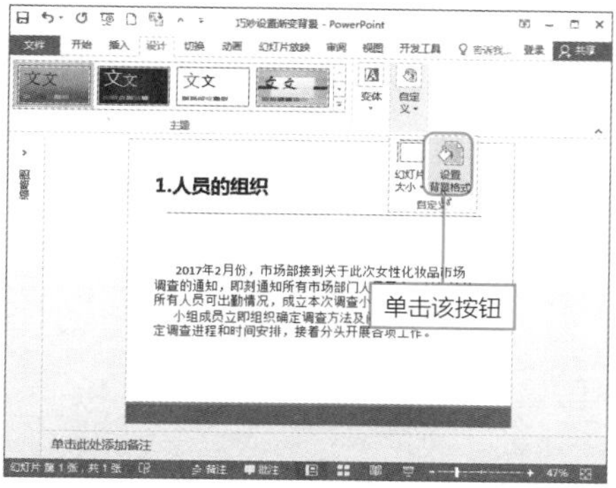

2 打开“设置背景格式”窗格，选中“渐变填充”单选按钮，可以单击“预设渐变”按钮，从其列表中选择一种合适的渐变。

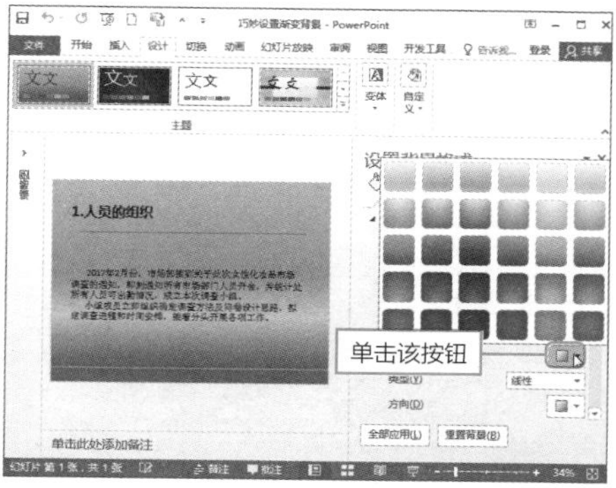

3 在“类型”、“方向”、“角度”选项进行设置，还可以通过“添加渐变光圈”和“删除渐变光圈”按钮增减光圈，以便于设置更丰富的渐变效果。

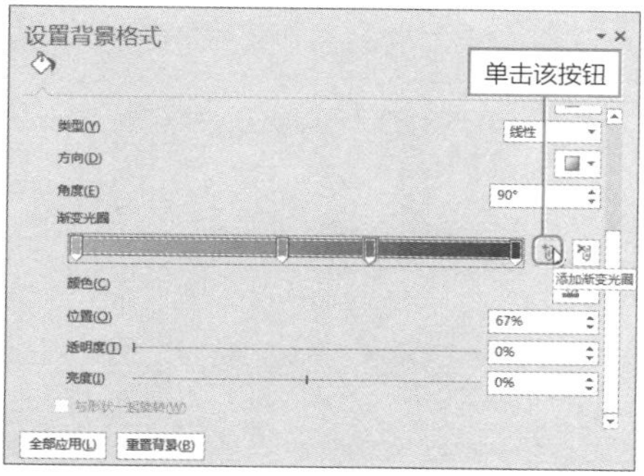

4 逐一选择停止点，并通过其右侧的“颜色”按钮，为其添加合适的颜色，然后设置合适的透明度和亮度，最后单击“全部应用”按钮即可。

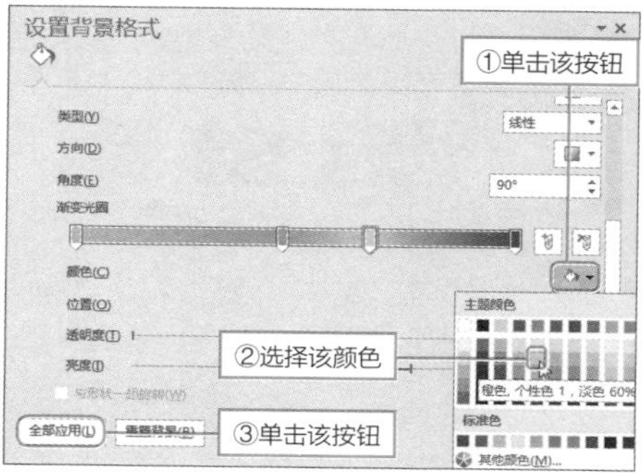

Question

419 使用精美图片作为幻灯片背景

语音视频教学419

• Level ◆◆◆

2016 2013 2010

实例 为幻灯片设置图片背景

在制作公司宣传、学校课件、广告策划类的演示文稿时，用户还可以将相关的精美图片设置为演示文稿的背景，下面将介绍如何为幻灯片设置图片背景。

1 选择幻灯片，单击“设计”选项卡上的“设置背景格式”按钮。

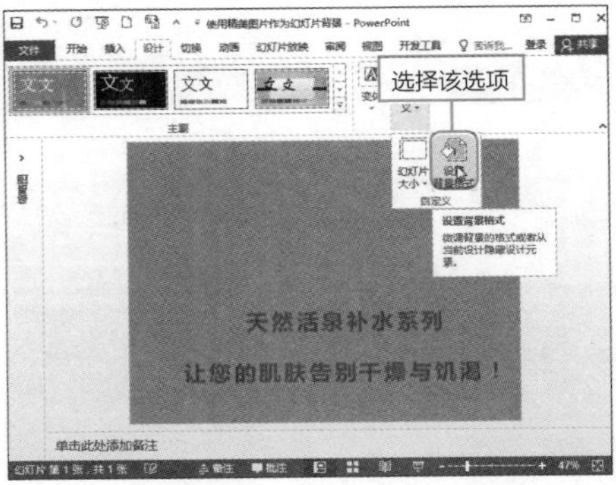

2 打开“设置背景格式”窗格，选中“图片或纹理填充”单选按钮，单击“插入图片来自”选项下的“文件”按钮。

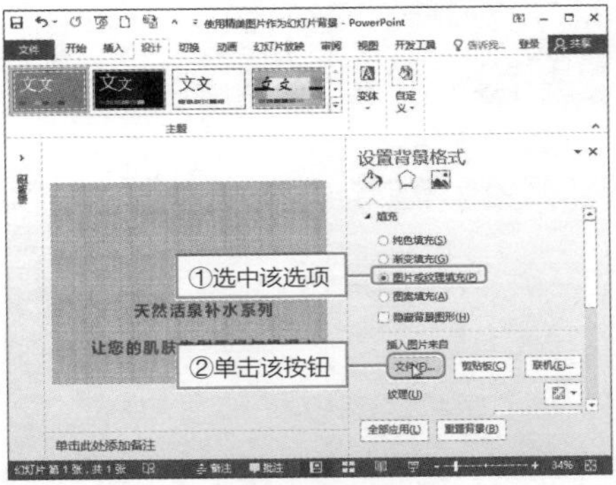

3 打开“插入图片”对话框，选择图片后，单击“插入”按钮。

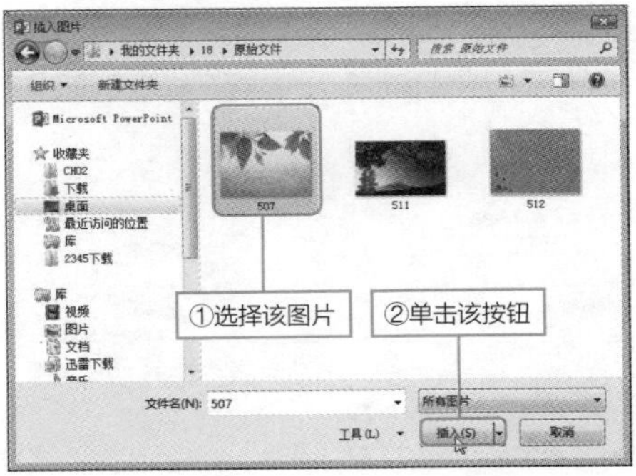

4 在“向上偏移”右侧的文本框中，设置偏移量为“-20%”，单击“全部应用”按钮，关闭“设置背景格式”窗格。

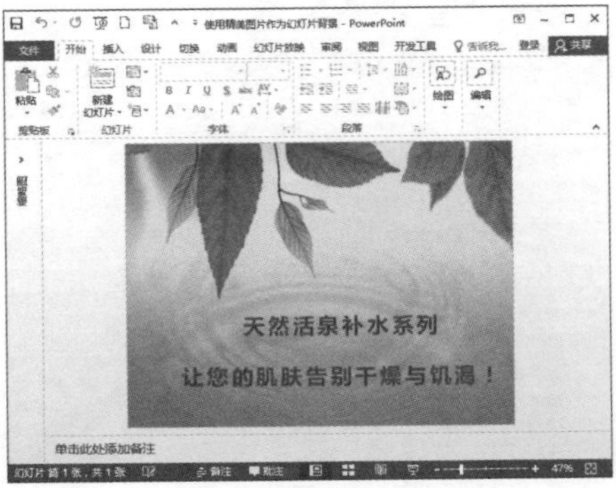

Question
420

● Level
◆◆◆

2016 2013 2010

应用设计模板

语音视频
教学420

实例 设计主题的应用

PowerPoint提供了多种不同的主题，可供用户进行选择，选择某种主题后，还会给出几种不同的变体，用户可以根据需要，对当前幻灯片进行美化。

❶ 打开演示文稿，选择需要应用主题的幻灯片，单击“设计”选项卡上的“主题”组上的“其他”按钮。

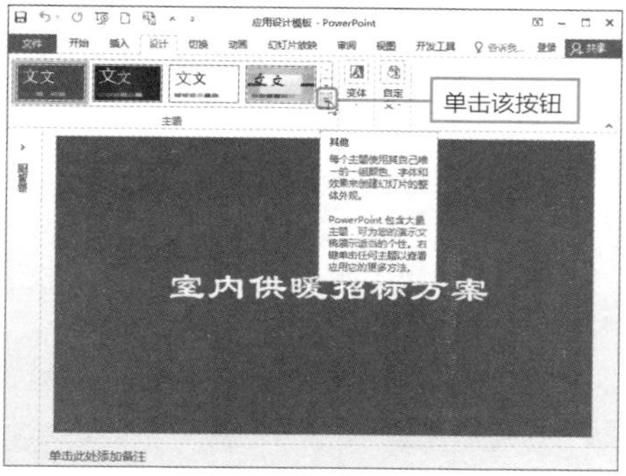

❷ 打开主题列表，在展开的列表中选择合适的主题即可，当鼠标光标停留在某一主题上时，将会实时显现应用该主题效果。

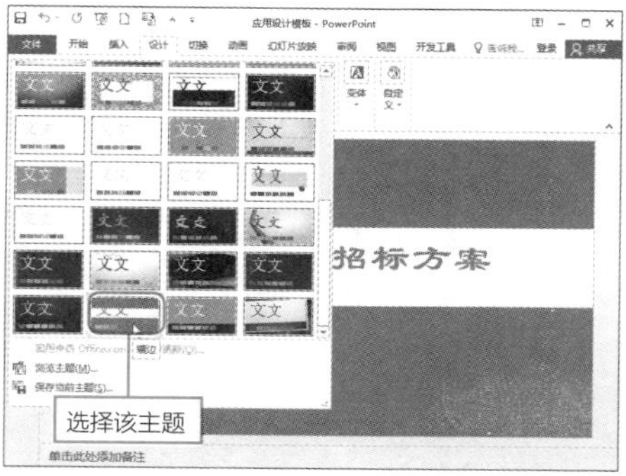

❸ 在“变体”组中显示该主题的变体，根据需要进行选择，或执行“变体>其他>颜色”命令，在展开的列表中选择一种主题色。

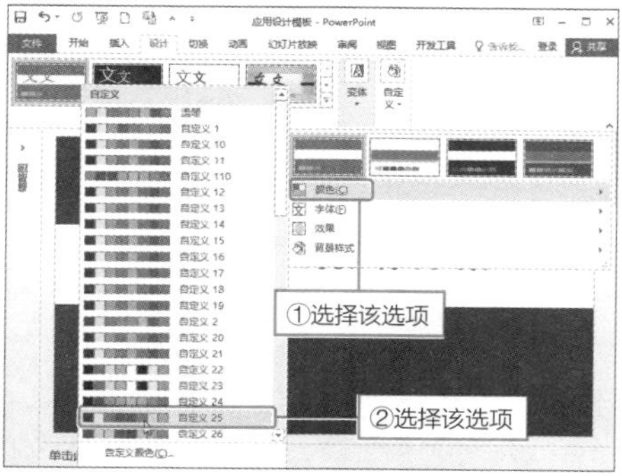

Hint

应用多个主题

若想要应用多个主题，可以在主题上右键单击，从快捷菜单中选择“应用于选定幻灯片”选项。

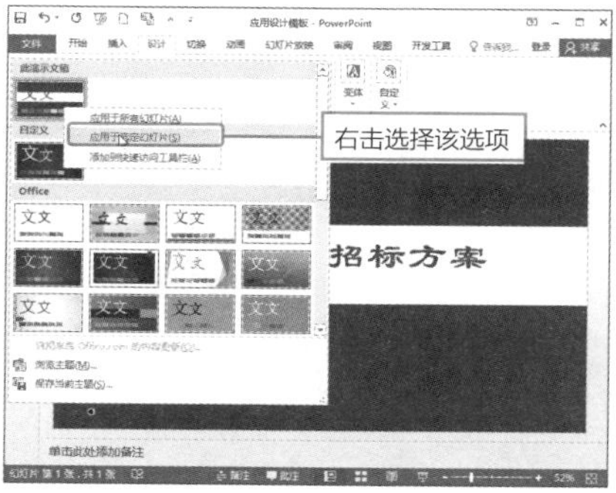

Question

421 自定义幻灯片母版

语音视频教学421

● Level ◆◆◆

2016 2013 2010

实例 设置幻灯片母版

使用幻灯片母版，可以确定幻灯片中共同出现的内容以及各个构成要素的格式，用户可在创建每张幻灯片时，直接套用设置好的格式，从而节约工作时间，提高工作效率。

1 打开演示文稿，切换至“视图”选项卡，单击“幻灯片母版”按钮。

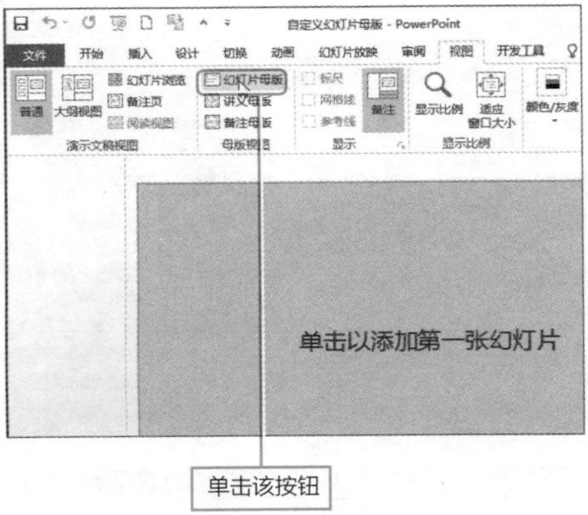

2 选择标题幻灯片中的标题占位符，通过“开始”选项卡上的“字体”列表上的命令，设置标题字体。

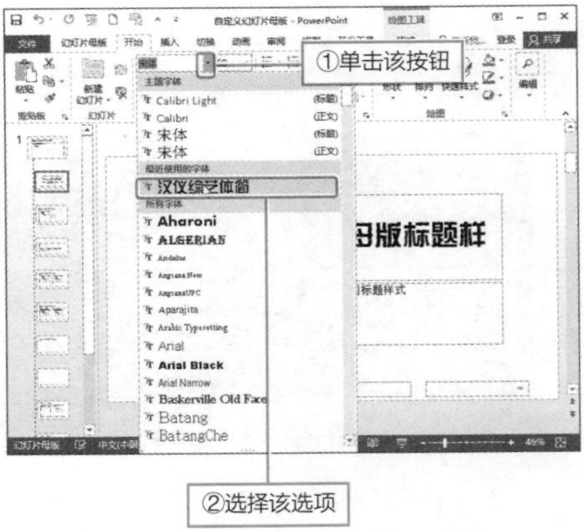

3 再次选择该标题占位符，按住鼠标左键不放，将该占位符移至幻灯片合适位置。

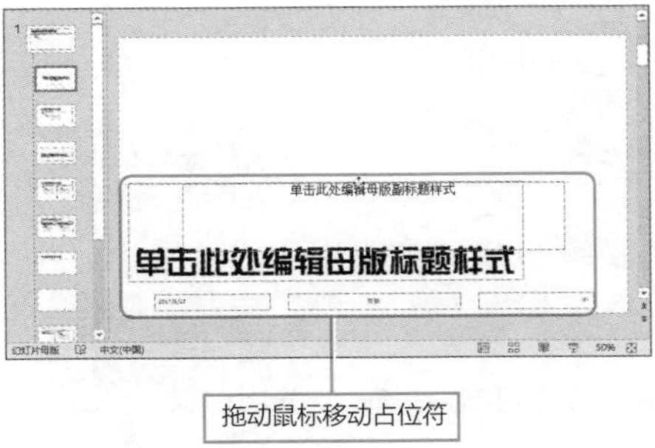

4 选中副标题、时间、页脚以及编号占位符，按Delete键将其删除。

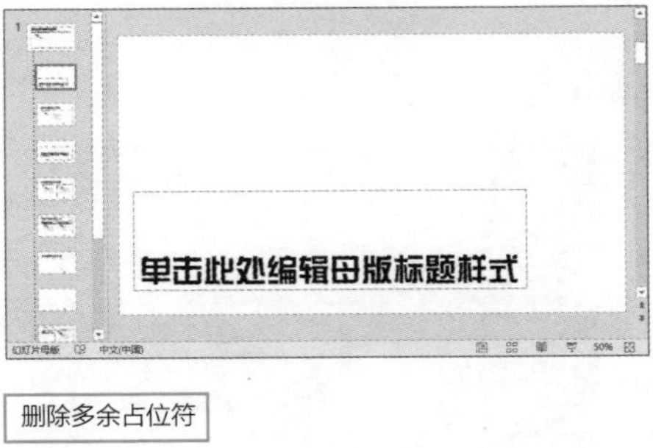

5 单击“幻灯片母版”选项卡上的“插入占位符”按钮，选择“图片”选项。

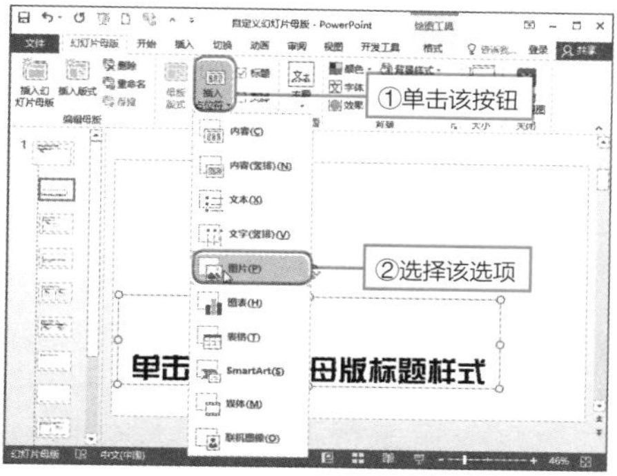

6 鼠标光标变为十字形，拖动鼠标绘制占位符，然后复制出其他两个占位符。

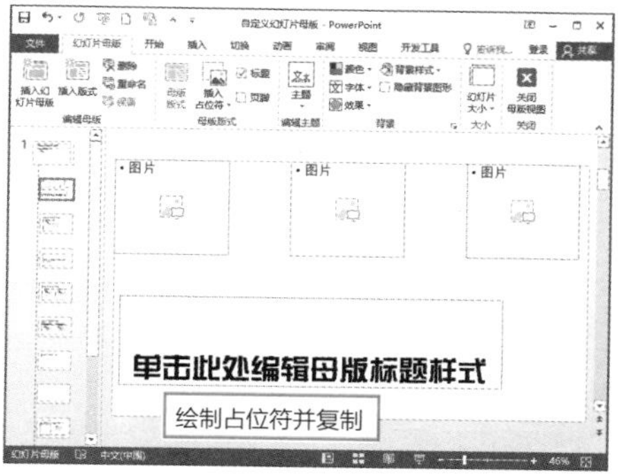

7 再次选中母版幻灯片，单击“插入”选项卡上的“图片”按钮。

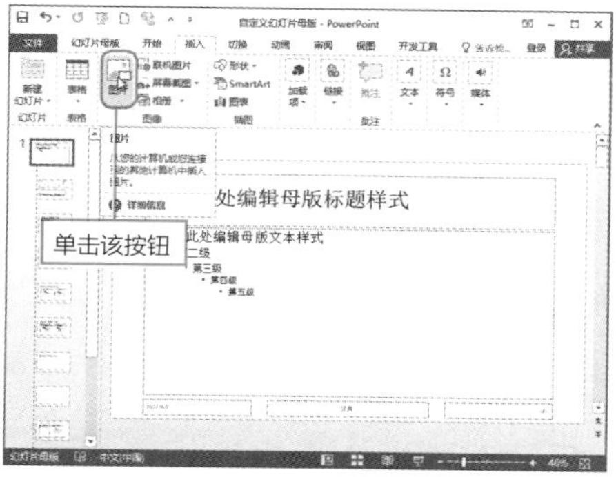

8 在打开的“插入图片”对话框中，选择图片，单击“插入”按钮。

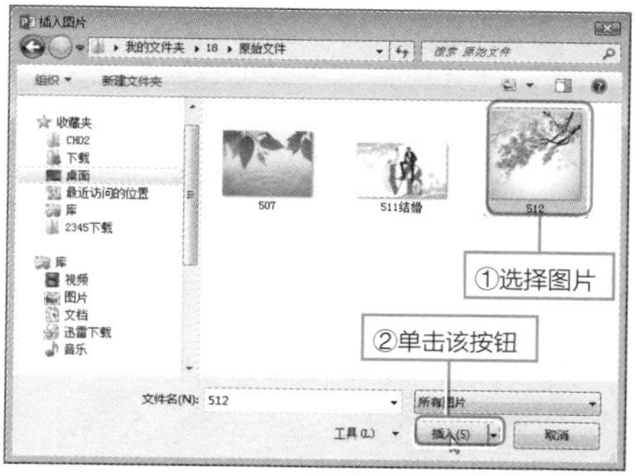

9 调整图片大小，并执行“图片工具－格式>下移一层>置于底层”命令。将图片移至底层后，退出母版视图即可。

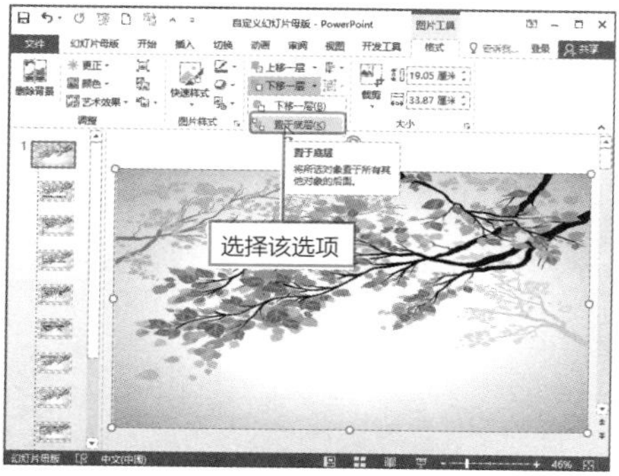

Hint

关于幻灯片母版的说明

幻灯片母版根据版式和用途的不同分为“Office主题”母版、“标题幻灯片”母版、“标题内容”母版和“节标题”母版等，它们共同决定幻灯片的样式。

为什么在设置幻灯片背景时都会选择“Office主题”母版呢？这是因为“Office主题”母版中的内容会在所有幻灯片中显示，因此更改该母版的幻灯片背景后，所有幻灯片的背景都会发生改变。

Question 422

讲义母版大变脸

语音视频教学422

• Level ◆◆◆

2016 2013 2010

实例 修改讲义母版的显示方式

讲义母版可按照讲义的方式打印演示文稿（每个页面可以包含一、二、三、四、六或九张幻灯片），供用户在会议中使用。下面将介绍如何对讲义母版进行修改。

1. 启动PowerPoint程序，切换至“视图”选项卡，单击“讲义母版”按钮。

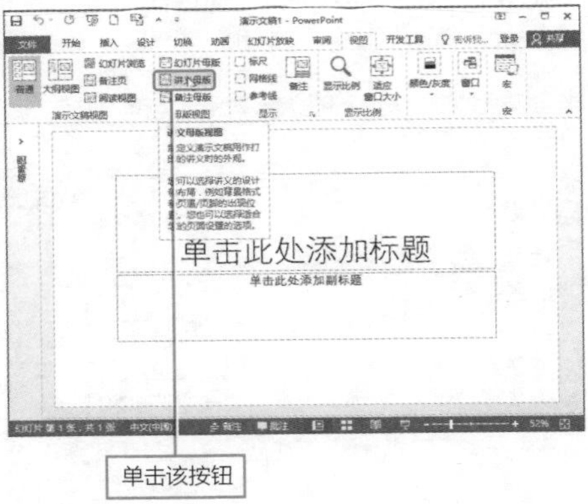

2. 单击“幻灯片大小”按钮，从列表中选择“自定义幻灯片大小”选项。

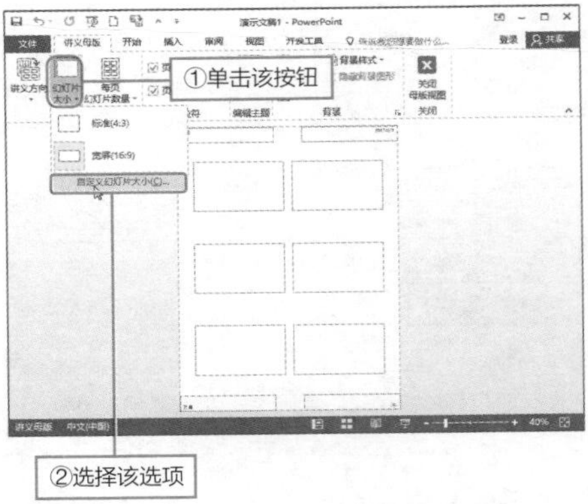

3. 在打开的“幻灯片大小”对话框中，对母版宽度、高度或幻灯片大小等进行设置。最后单击“确定”按钮。

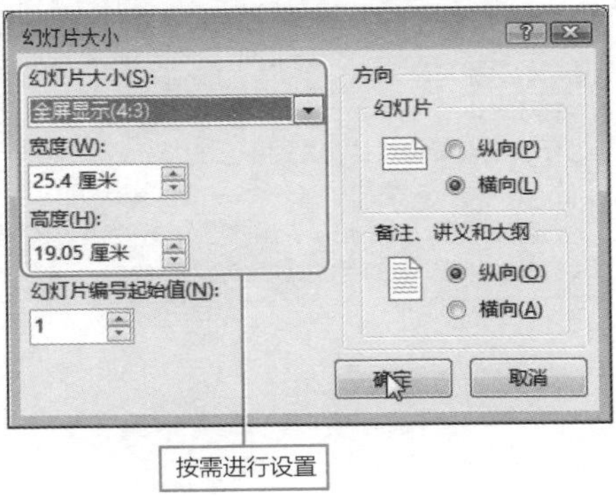

4. 在“占位符”组中，根据需要勾选“页眉”、“页脚”、“日期”以及“页码”复选框，可将对应占位符显示出来。

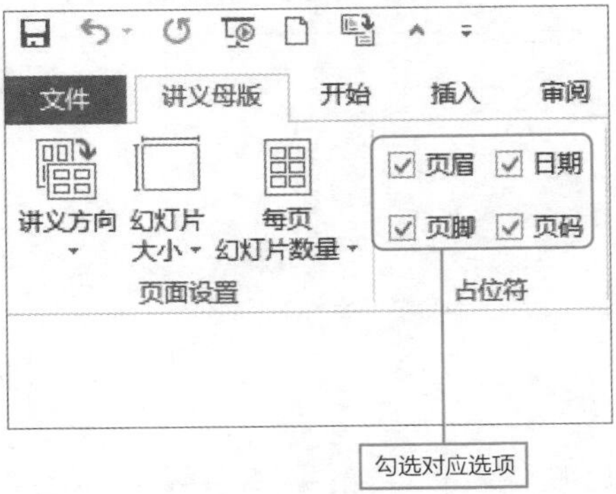

Question

423

● Level

◆◆◆

2016 2013 2010

自定义备注母版

语音视频教学423

实例 设置备注母版格式

在制作演示文稿时，通常将需要展示的内容放在幻灯片里，而那些无需展示的文本内容，则可以写在备注页中，备注母版的设置方法同讲义母版相似，下面将对其进行介绍。

1 启动PowerPoint程序，切换至“视图”选项卡，单击“备注母版”按钮。

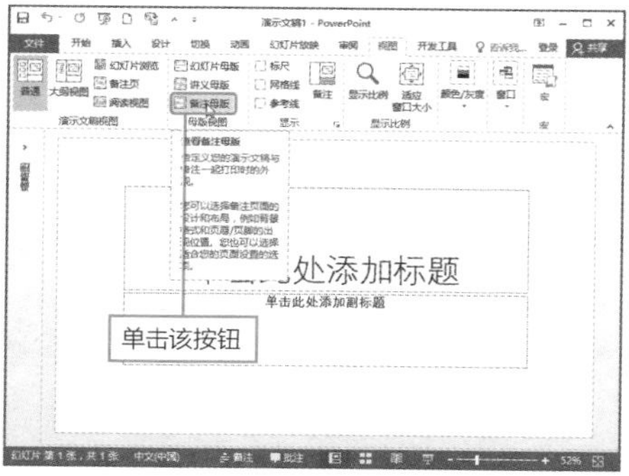

2 选择占位符中所有文本，右键单击，从快捷菜单中选择“字体”命令。

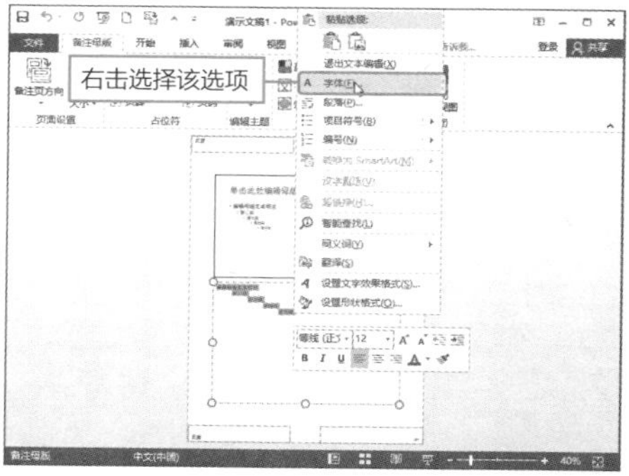

3 打开“字体”对话框，从中对文本的字体、颜色、字号进行设置，最后单击“确定”按钮返回。

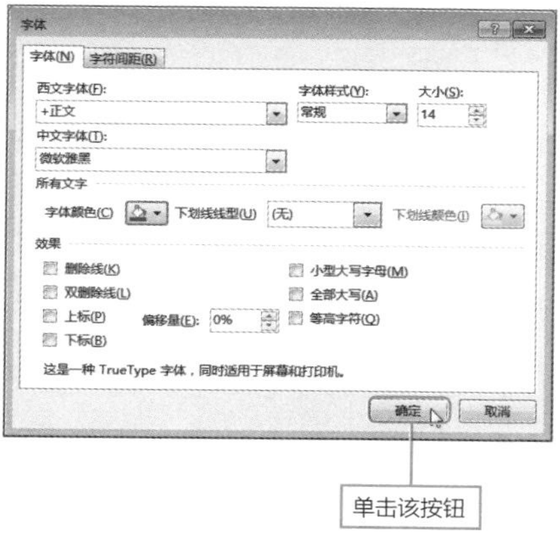

4 通过“背景样式>设置背景格式”命令，设置背景格式，然后单击“关闭母版视图”按钮，退出备注母版。

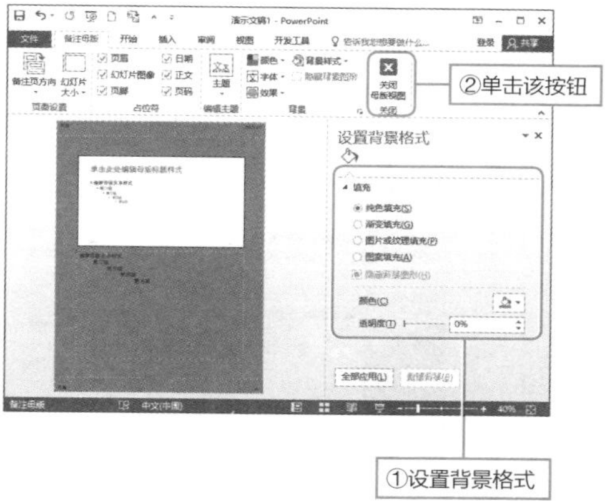

Question

424

● Level

◆◆◆

2016 2013 2010

保护演示文稿

语音视频教学424

实例 演示文稿的保护

为了防止他人对演示文稿的篡改，保护演示文稿，可以根据需要对演示文稿进行保护，包括标记为最终版本、为演示文稿加密等，下面将对其进行介绍。

1 打开“文件”菜单，单击“保护演示文稿”按钮，展开其下拉列表。

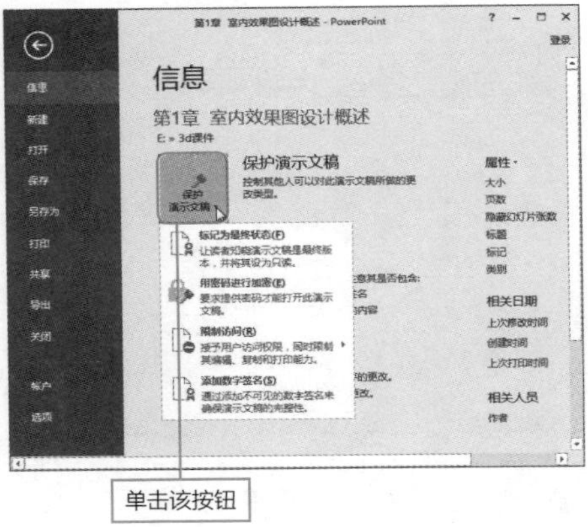

2 选择“标记为最终状态”选项，单击提示对话框中的“确定”按钮。

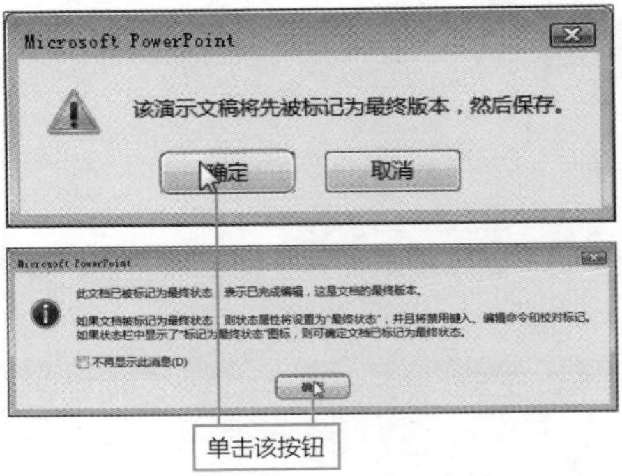

3 演示文稿被标记为最终版本，所有人都可以访问该演示文稿，但若想对其编辑时，需要单击“仍然编辑”按钮。

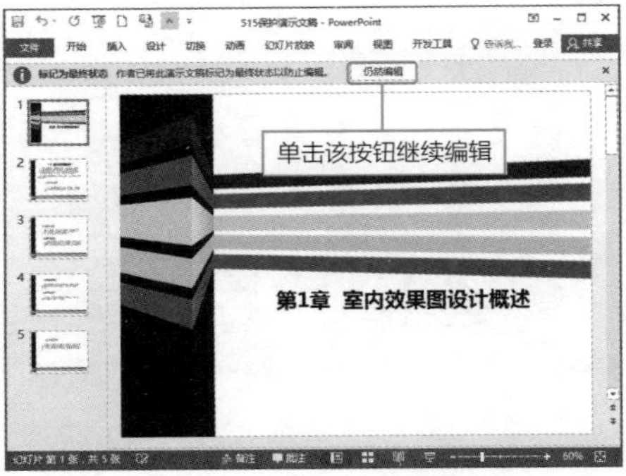

Hint

为演示文稿加密

若选择“用密码进行加密”选项，会弹出“加密文档”对话框，输入密码确认后，弹出“确认密码”对话框，再次输入密码确认即可加密演示文稿。

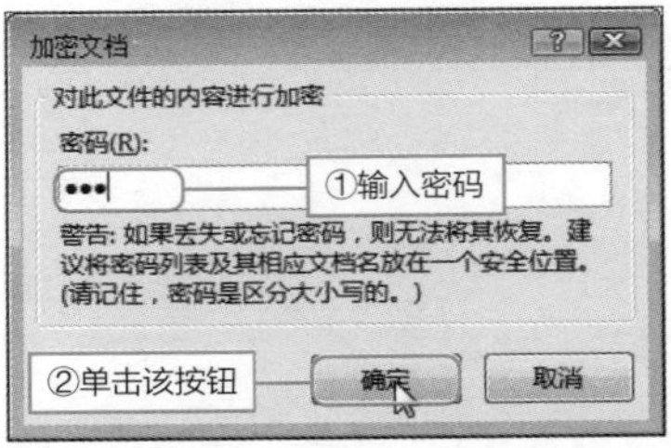

第16章 425~463

常规幻灯片编辑技巧

Question

425

自定义幻灯片页面格式

语音视频教学425

Level ◆◆◆

2016 2013 2010

实例 幻灯片页面设置

启动PowerPoint 2016后，默认创建的幻灯片为宽屏、横向显示，若想对幻灯片的大小、方向进行更改，可通过设置幻灯片页面格式来实现。

1. 打开演示文稿，单击“设计”选项卡上的“幻灯片大小”按钮。

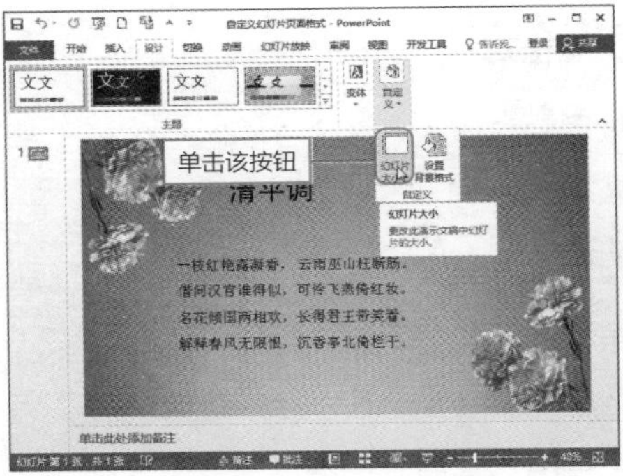

2. 在列表中选择标准或宽屏显示，若想自定义幻灯片大小，则选择“自定义幻灯片大小”选项。

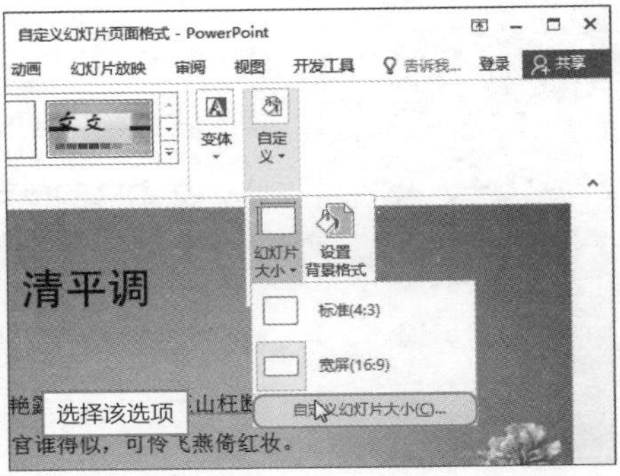

3. 打开“幻灯片大小”对话框，设置幻灯片大小为：A4纸张、纵向显示，还可设置幻灯片编号的起始值，设置完成后，单击“确定”按钮。

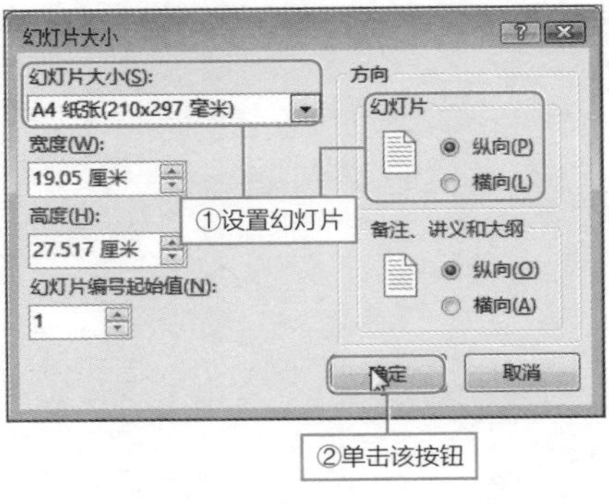

4. 弹出提示对话框，提示用户正在缩放幻灯片，最后单击“确保适合”按钮，即可按比例大小进行缩放。

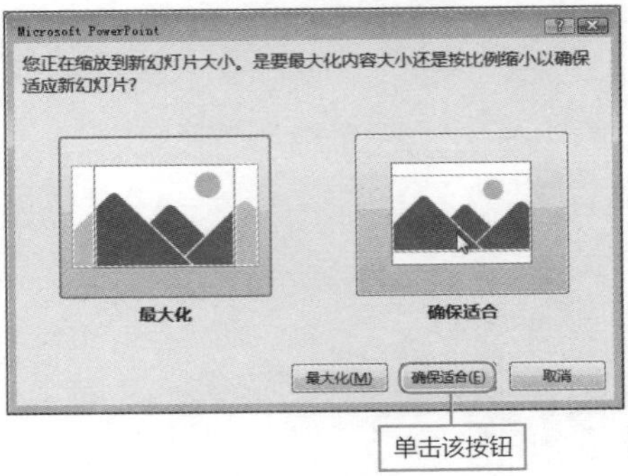

Question

426

● Level ◆◆◆

2016 2013 2010

快速输入幻灯片标题

语音视频
教学426

实例 使用占位符添加文本

创建演示文稿后，在页面中总是会看到一些“单击此处添加标题”、“在此处添加内容”的虚线方框，这些方框称为文本占位符，下面将对文本占位符的相关知识及使用方法进行介绍。

1 打开演示文稿，可以看到“单击此处添加标题”、“单击此处添加副标题”的虚线框。

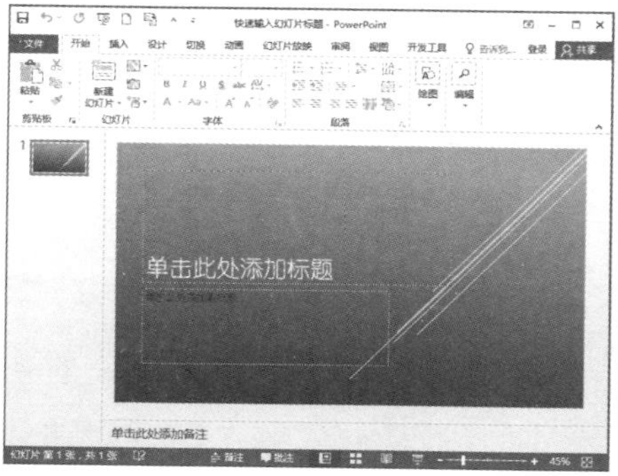

2 在虚线框中单击鼠标，待光标定位至文本框中，即可开始输入文本。输入的文本将会自动套用系统设定的格式。

3 当在文本占位符中输入的文本长度超过占位符的宽度时，文本便会自动换行。

4 若需要输入多段文本，可按Enter键重新开始一个段落，当文字过多，或者缩小占位符，文本字号将会自动缩小显示。

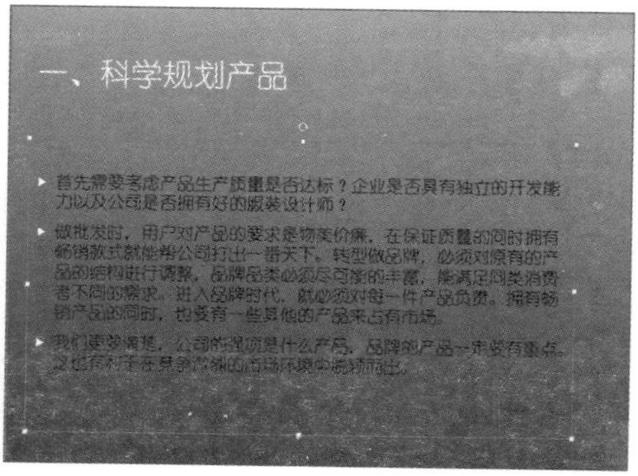

Question

427

● Level ◆◆◆

2016 2013 2010

文本框的使用技巧

语音视频教学427

实例 使用文本框添加文本

若用户想要随心所欲的在页面中输入文本，就要用到文本框，文本框是用来编辑文字的方框，其使用方法与WORD中的使用方法相类似。

1 切换至“插入”选项卡，单击“文本框”下拉按钮，从列表中选择“横排文本框”选项。

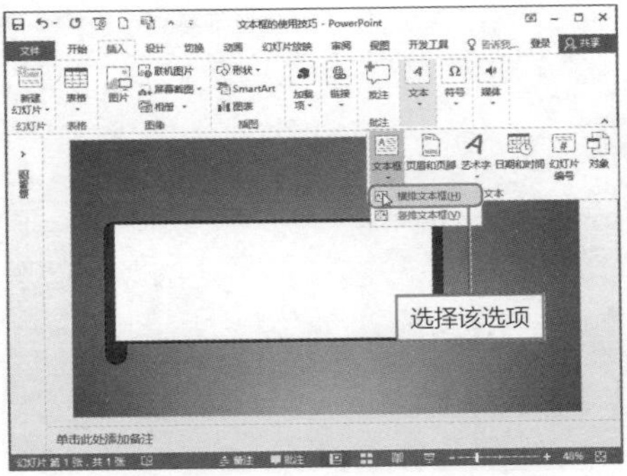

2 将鼠标光标移至幻灯片页面，按住鼠标左键不放，鼠标光标变为黑色十字形，拖动鼠标绘制文本框。

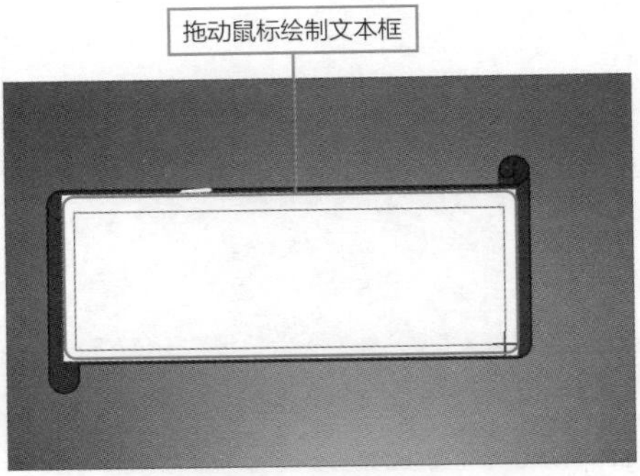

3 绘制完成后，释放鼠标左键，鼠标光标将自动定位到绘制的文本框中，输入文本信息。

Hint

如何输入纵向排列的文字

只需从“文本框”列表中选择“竖排文本框”选项，绘制文本框并输入文本即可。

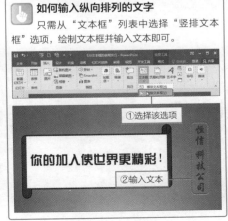

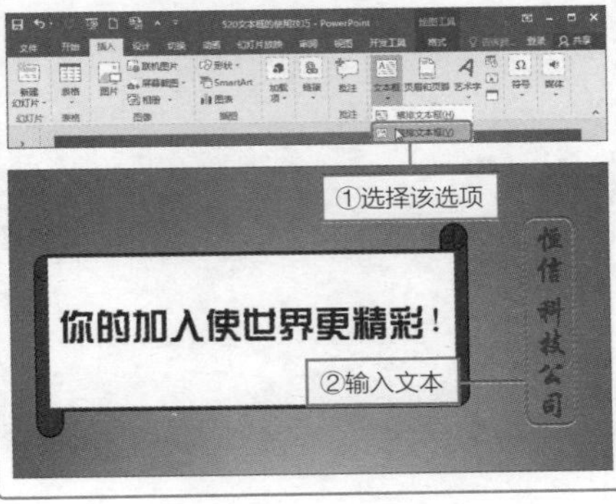

Question

428

● Level ◆◆◆

2016 2013 2010

文字排列方式的更改

语音视频教学428

实例 更改文字排列方式

在幻灯片中可以通过更改文字的排列方式来改变视觉效果。如在某些场合中，将演示文稿中横向排列的文字改为竖排，会收到意想不到的惊喜效果。

1 打开演示文稿，选择文本框，单击“开始”选项卡上的“文字方向”按钮。

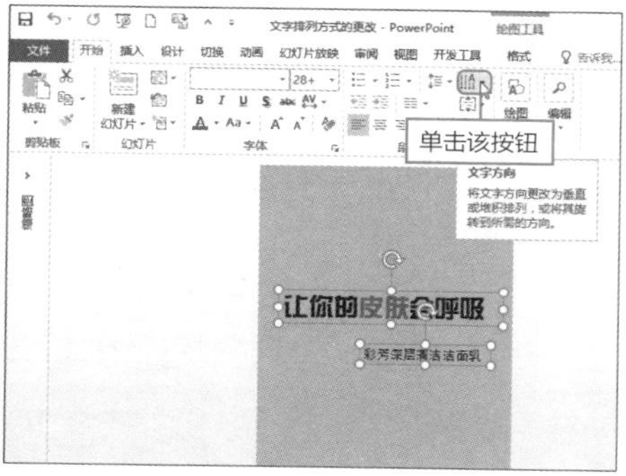

2 展开其下拉列表，从中选择“竖排”选项。

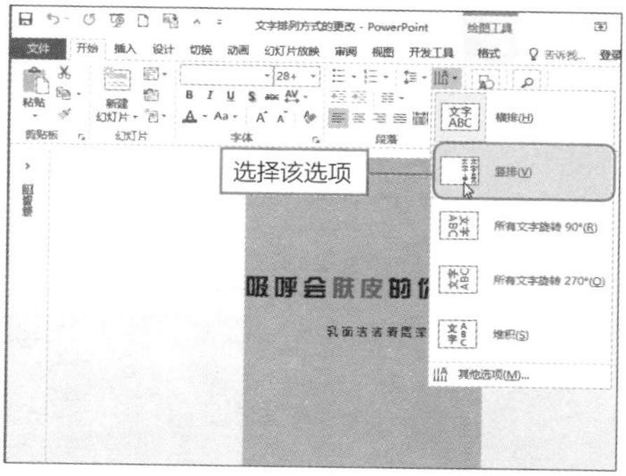

3 在设置完成后，若发现文本没有自动竖排显示，这时就需要调整文本框的大小促使其正确显示。

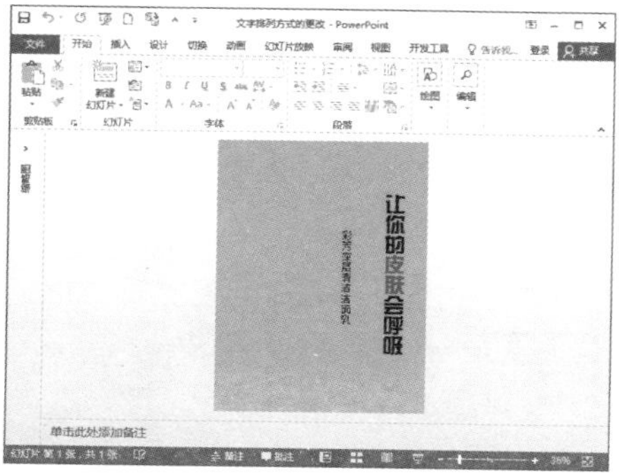

Hint

字符间距的更改

若想更改文本的字符间距，可以选择文本，单击“开始”选项卡上的“字符间距”按钮，从展开的列表中进行选择。

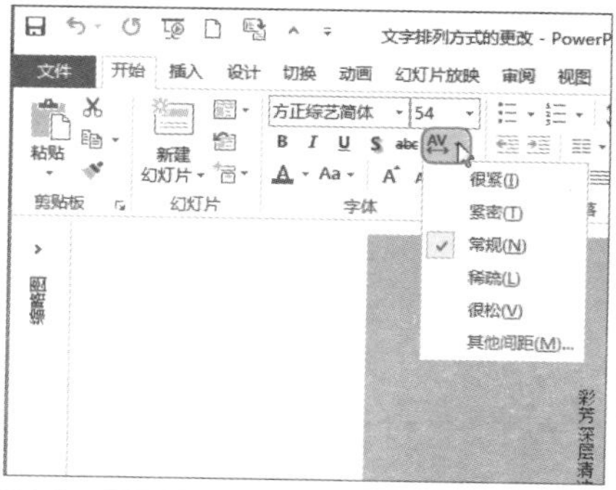

Question
429 管理演示文稿有秘诀

语音视频教学429

实例 使用节管理幻灯片

● Level ◆◆◆

2010 2007

若一个演示文稿中，包含多页幻灯片，则在编辑和查阅幻灯片过程中，容易混淆幻灯片内容，这就需要使用节管理幻灯片的功能，下面将对其进行介绍。

❶ 将光标定位至需添加节处，单击“开始”选项卡上的“节”按钮，从列表中选择“新增节”选项。

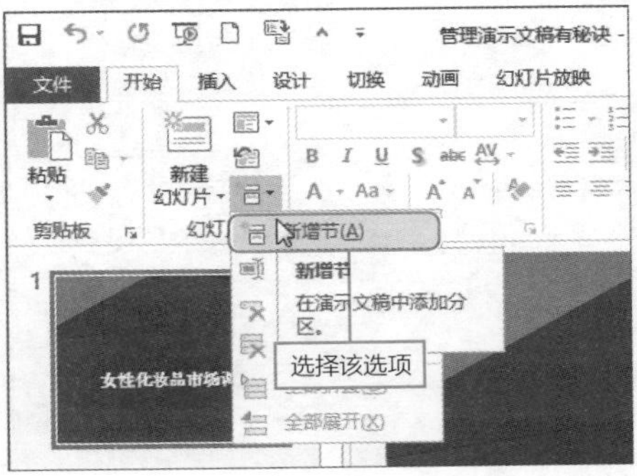

❷ 新增一个节，右键单击，从弹出的快捷菜单中选择“重命名节”选项。

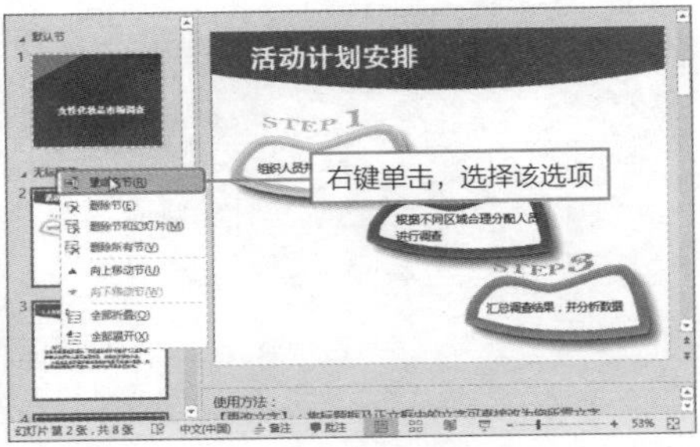

❸ 打开“重命名节”对话框，输入节名，单击“重命名”按钮即可。

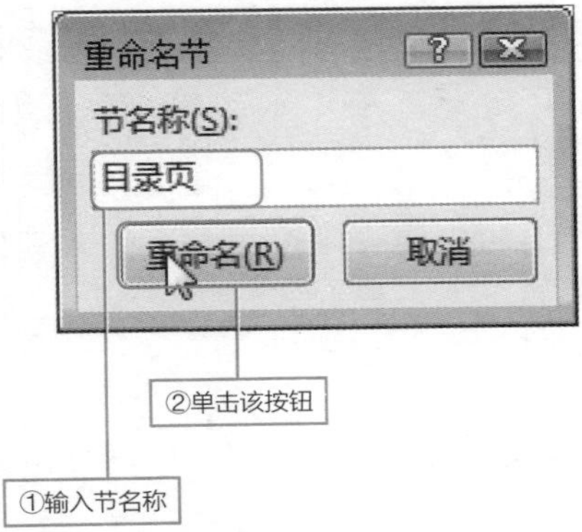

Hint

如何展开和折叠节

若想快速查看其他节幻灯片，可折叠无关节的幻灯片，双击节名称即可将其折叠，再次双击节可将其展开。

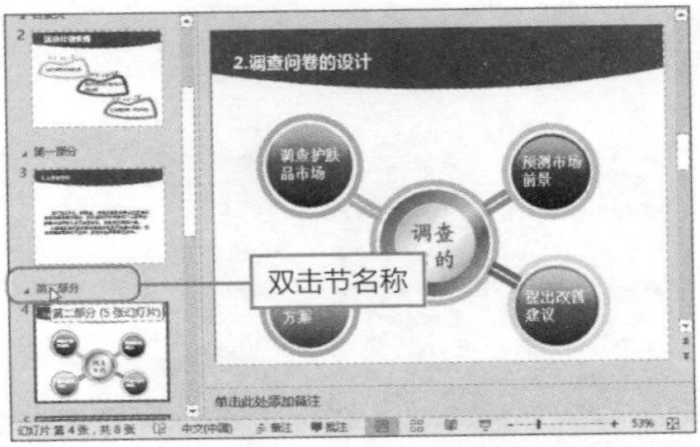

Question

430

● Level ◆◆◆

2016 2013 2010

幻灯片页面的美化

语音视频教学430

实例 设置页眉与页脚

为了使幻灯片页面中的内容更加的全面，显示出日期和时间、当前幻灯片编号等信息，可以为其添加页眉和页脚内容，下面将对其相关操作进行详细介绍。

❶ 打开演示文稿，单击“插入”选项卡中的“页眉和页脚”按钮。

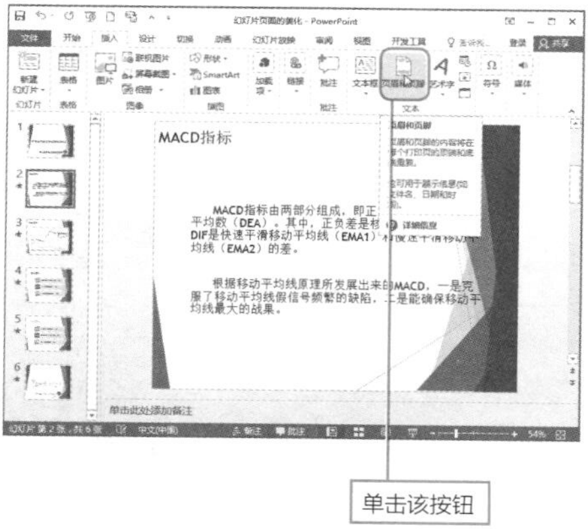

❷ 打开“页眉和页脚”对话框，切换至“幻灯片”选项卡，勾选“日期和时间”、“幻灯片编号”、“页脚”选项前的复选框。

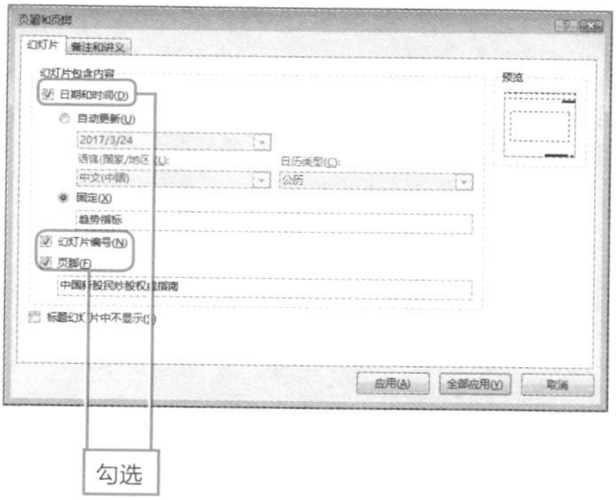

❸ 设置完成后，单击“全部应用”按钮，可为演示文稿内的所有幻灯片应用设置。

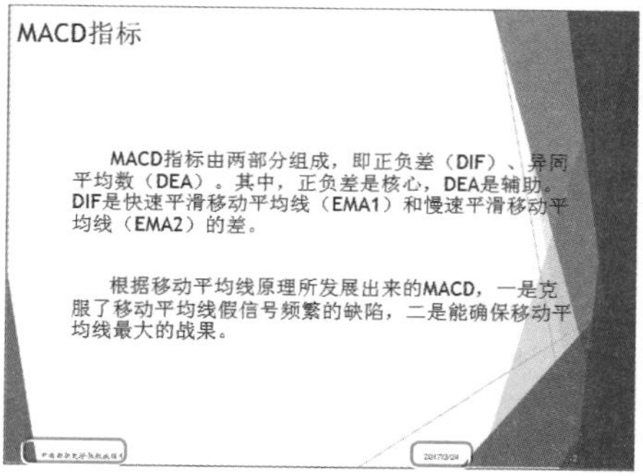
MACD指标
MACD指标由两部分组成，即正负差（DIF）、异同平均数（DEA）。其中，正负差是核心，DEA是辅助。DIF是快速平滑移动平均线（EMA1）和慢速平滑移动平均线（EMA2）的差。
根据移动平均线原理所发展出来的MACD，一是克服了移动平均线假信号频繁的缺陷，二是能确保移动平均线最大的战果。
2017/3/24

Hint

如何让标题幻灯片不显示页眉和页脚

如果为演示文稿中的所有幻灯片应用了页眉和页脚，但是，又不想让标题幻灯片也显示，那么可以在“页眉和页脚”对话框中，勾选“标题幻灯片中不显示”复选框即可。

Question

431

统一调整页眉和页脚的位置

语音视频教学431

● Level ◆◆◆

2016 2013 2010

实例 页眉和页脚位置的更改

为了使页脚更加的美观，还可以调整其在幻灯片页面中的位置，若想要统一的对其进行更改，需要进入母版视图进行操作，其具体的操作步骤如下。

1 打开演示文稿，单击“视图”选项卡上的“幻灯片母版”按钮。

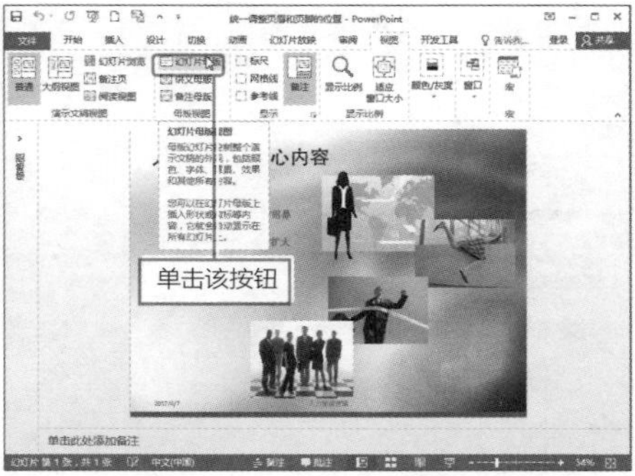

2 选择母版幻灯片，在幻灯片页面，选择页脚占位符，按住鼠标左键不放，将其移至右下脚，释放鼠标左键。

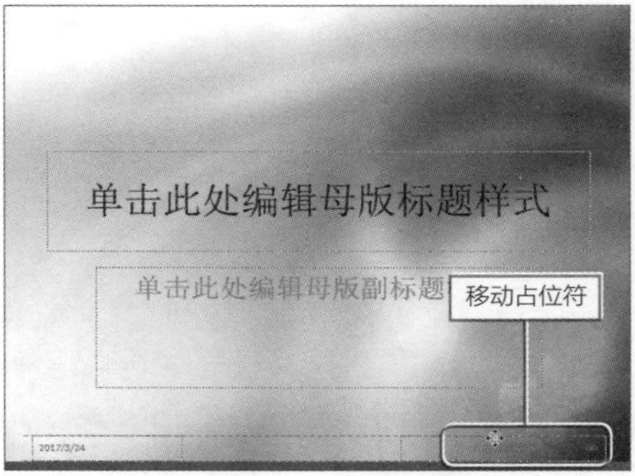

3 将编号占位符移至幻灯片底部的中间位置，然后切换至“开始”选项卡，设置页脚占位符中的字体为红色、14号。

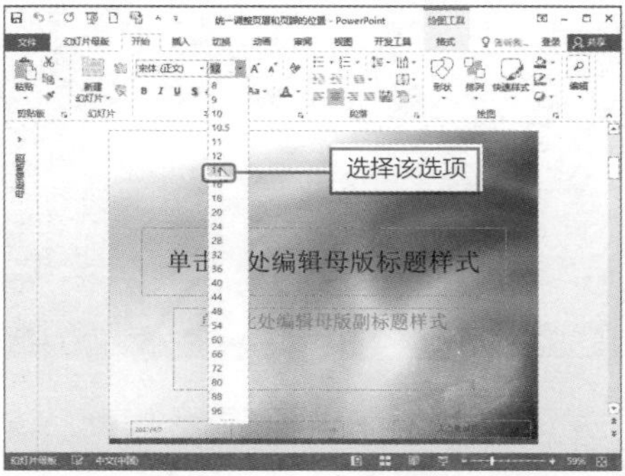

4 切换至“幻灯片母版”选项卡，单击“关闭母版视图”按钮，退出母版视图。

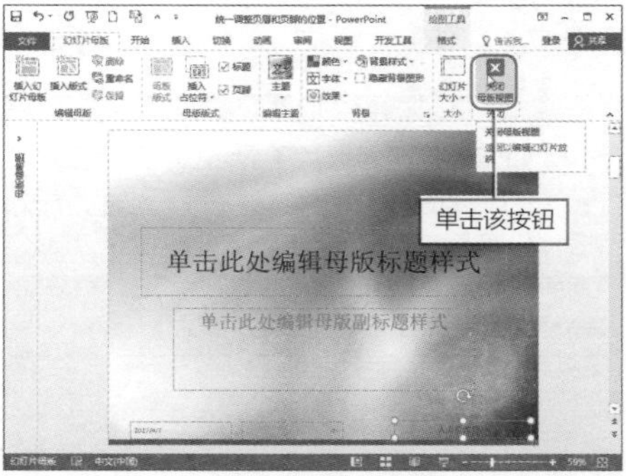

Question 432

• Level ◆◆◆

2016 2013 2010

快速插入图片文件

语音视频教学432

实例 图片的插入与设置

在制作幻灯片的过程中，为了增强视觉效果，通常会插入一些图片辅助说明或者作为装饰，下面将介绍图片的插入操作。

1 选择幻灯片，单击“插入”选项卡上的“图片”按钮。

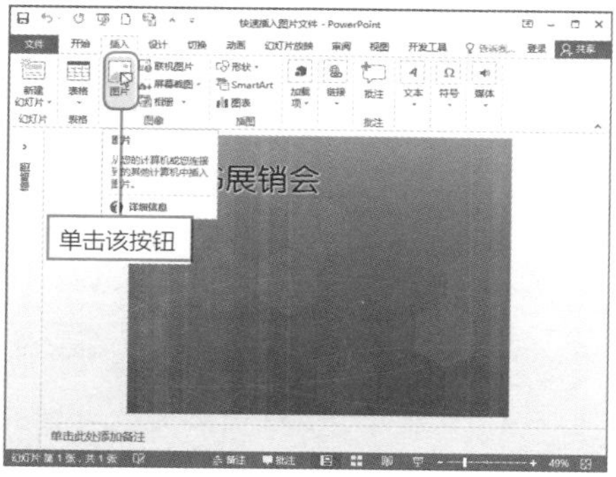

2 打开“插入图片”对话框，按住Ctrl键的同时，选择需要的图片，单击“插入”按钮。

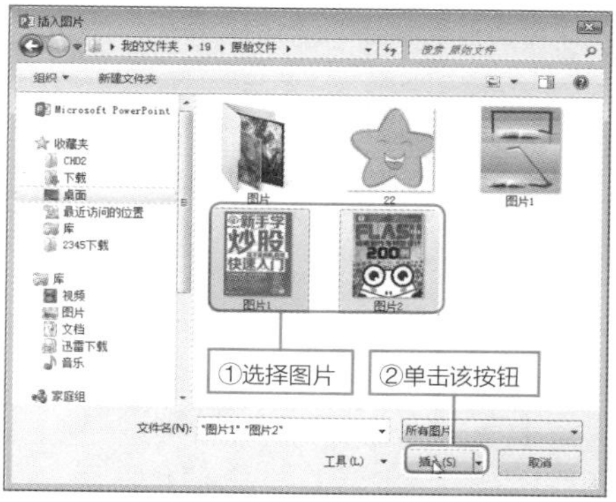

3 将图片插入到幻灯片页面，在图片上单击鼠标左键选中图片，然后按住鼠标左键不放，将图片移至合适位置。

4 鼠标光标移至图片右下角控制点，按住鼠标左键不放，拖动鼠标，即可调整图片的大小。

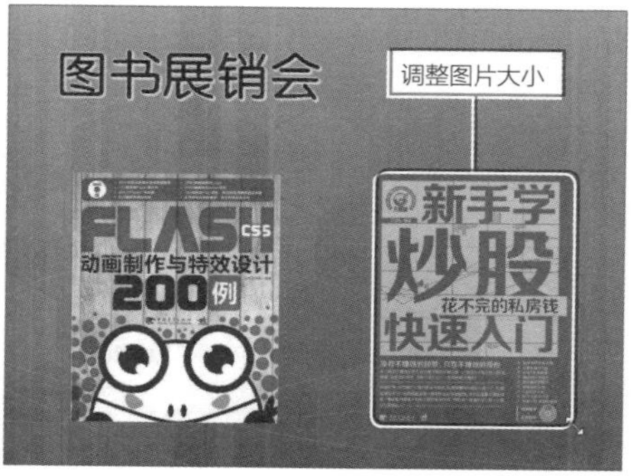

Question 433

一秒钟更换图片有秘笈

语音视频教学433

• Level ◆◆◆

2016 2013 2010

实例 快速更改图片

若想要更改当前幻灯片中的图片，通常情况下会将图片删除再重新插入，但是这样势必要重新对图片进行设置。那么有没有更便捷的更换措施呢，既可以更改图片，又能保留对原有图片的设置?

1 打开演示文稿，选择图片，单击“图片工具－格式”选项卡上的“更改图片”按钮。

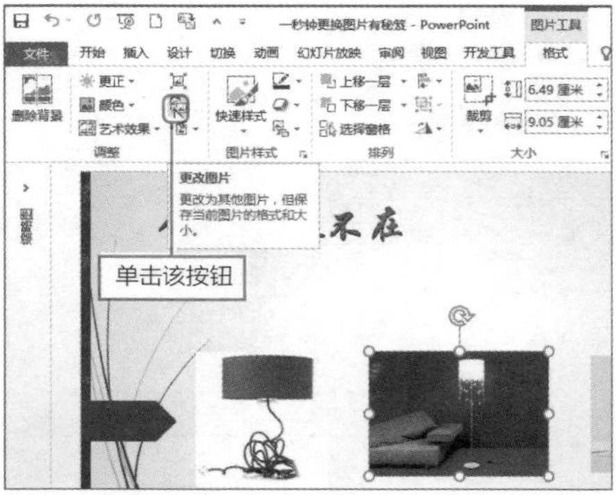

2 打开“插入图片”窗格，单击“来自文件”右侧的“浏览”按钮。

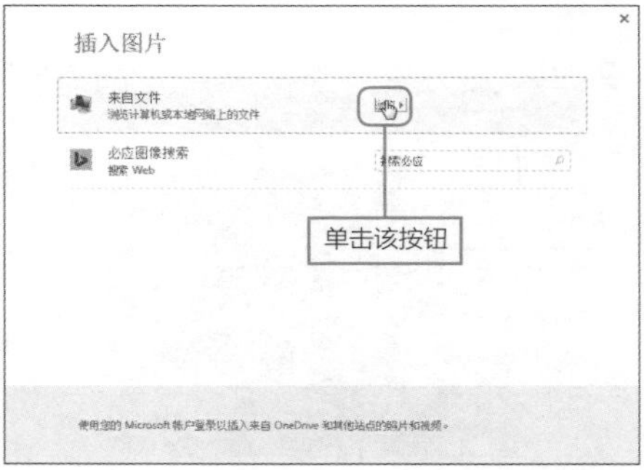

3 打开“插入图片”对话框，选择需要的图片，单击“插入”按钮即可。

Hint

快速还原被更改了的图片

若将图片设置的面目全非后，想要重新设置图片，只需执行“图片工具－格式>重设图片”命令，选择重设图片或者重设图片和大小。

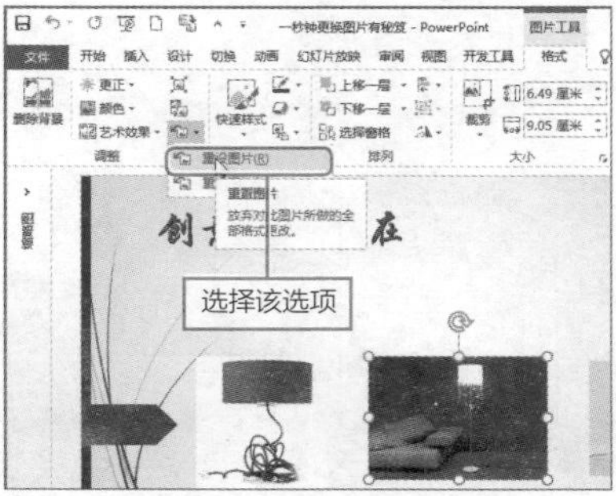

Question

434

● Level
◆◆◆

2016 2013 2010

为图片脱掉多余的外衣

语音视频教学434

实例	删除图片背景

插入幻灯片页面中的图片都会自带一个背景，若自带的背景与幻灯片背景相互冲突，可以将图片的背景删除，下面将介绍如何删除图片的背景。

❶ 打开演示文稿，选择图片，单击“图片工具-格式”选项卡上的“删除背景”按钮。

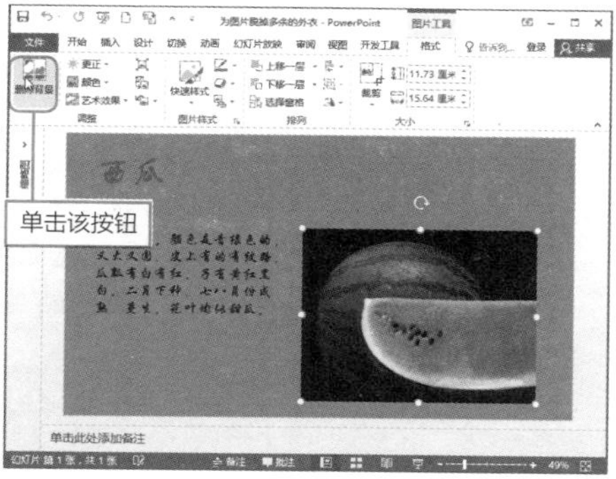

❷ 切换至“背景消除”选项卡，单击“标记要保留的区域”按钮。

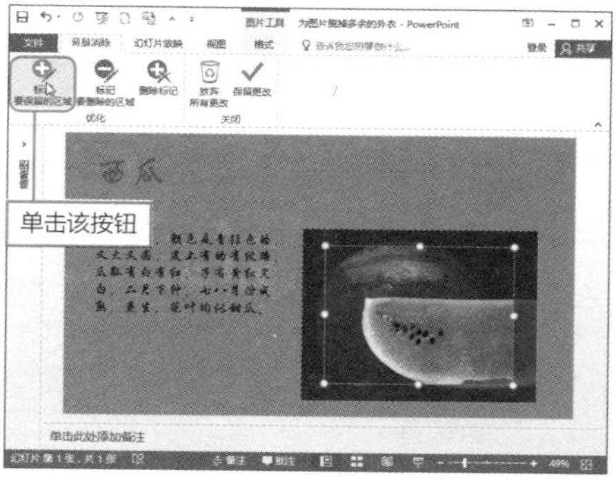

❸ 鼠标光标将变为笔样式，依次在需要保留的区域单击，标记完成后，单击“保留更改”按钮。

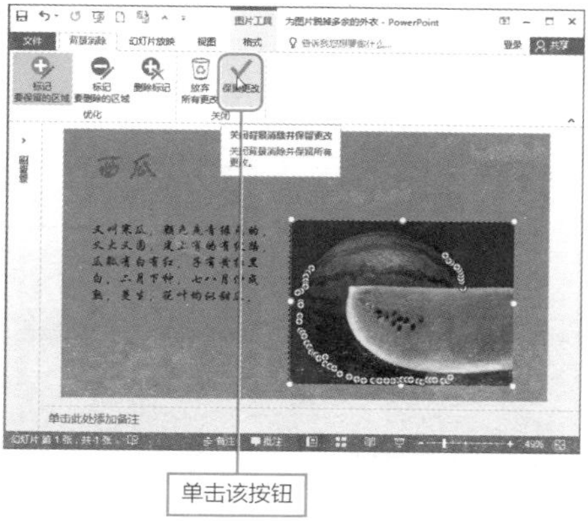

❹ 也可以直接在图片外单击鼠标左键即可。

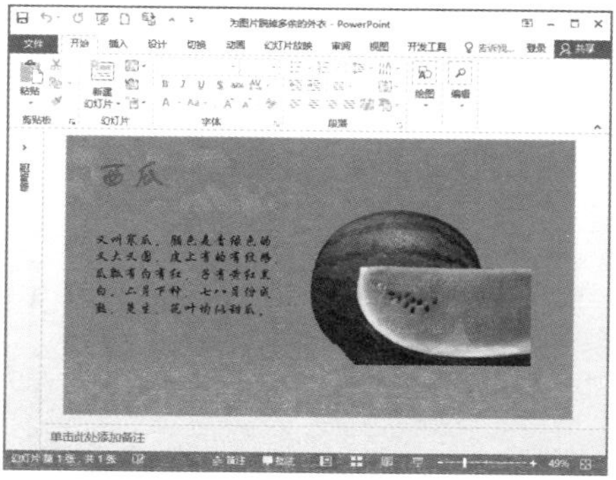

删除图片背景效果

Question 435

• Level ◆◆◆

2016 2013 2010

瞬间给图片化个妆

语音视频教学435

实例 应用图片快速样式

PowerPoint提供了多种图片快速样式，可以让用户无需对图片进行详细设计，即可得到漂亮、大方的艺术效果，本技巧将对其进行详细介绍。

1 打开演示文稿，选择图片，单击“图片工具－格式”选项卡上的“其他”按钮。

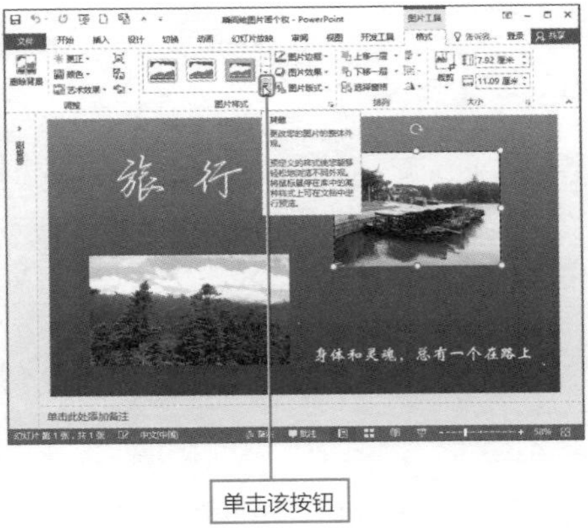

2 从展开的列表中选择合适的选项。

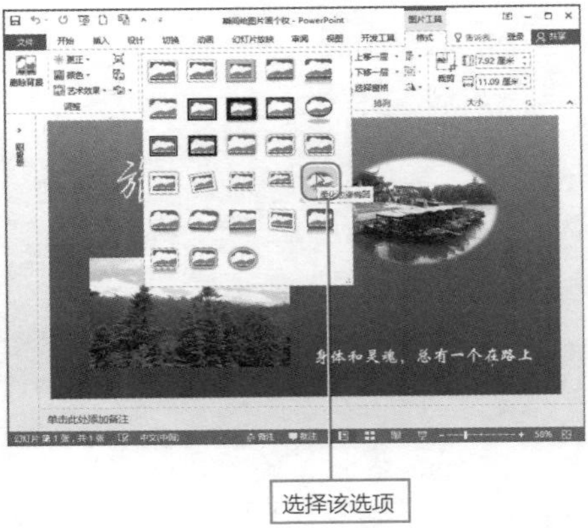

3 按照同样的方法为另外一张图片应用艺术效果。

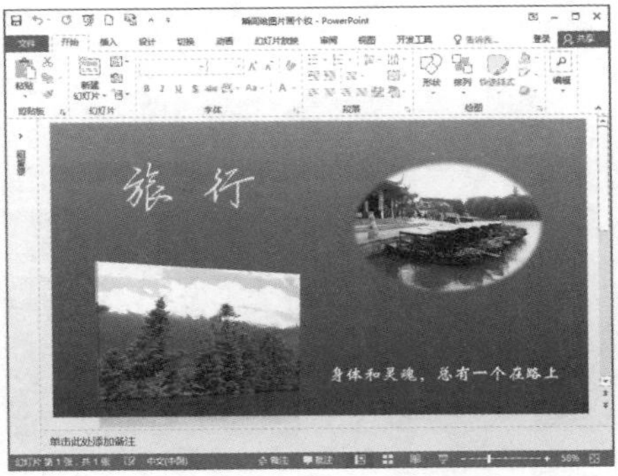

Hint

如何将幻灯片中的图片保存起来

若在其他演示文稿中看到一些精美的图片，可以将其保存起来，在图片上右击并选择“另存为图片”命令，根据提示保存图片即可。

Question

436

框框条条不麻烦

语音视频教学436

● Level ◆◆◆

2016 2013 2010

实例 为图片添加边框

插入页面中的图片，有时候会显得不够突出和美观，需要为其添加一个精美的边框进行区别和美化，下面将对其进行详细的介绍。

1 打开演示文稿，选择图片，单击“图片工具－格式”选项卡上的“图片边框”按钮，从列表中选择“浅绿”。

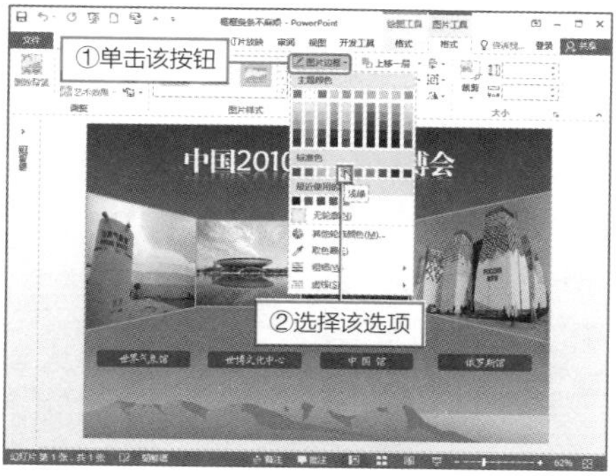

2 还可以选择“其他轮廓颜色”选项，在打开的“颜色”对话框中的“自定义”选项卡，自定义轮廓颜色。

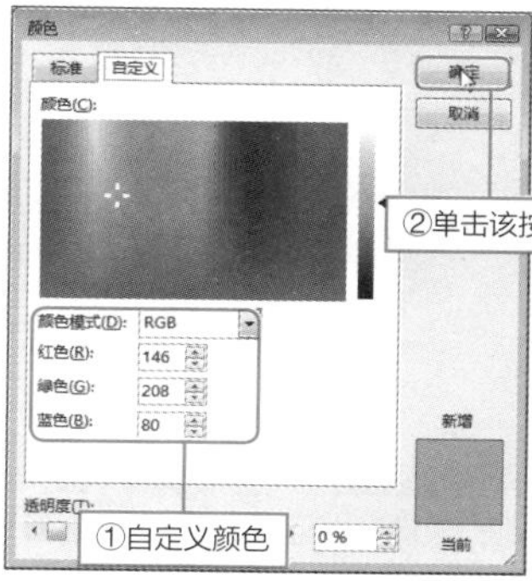

3 继续打开“图片边框”列表，通过“粗细”和“虚线”关联菜单设置边框。

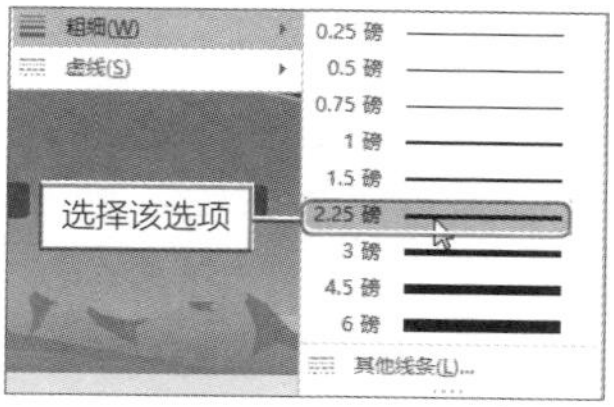

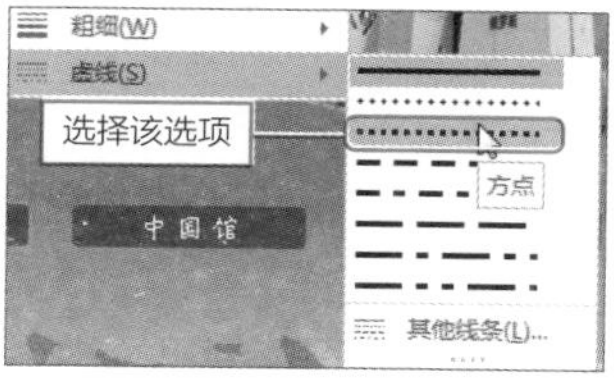

Hint

如何使用取色器功能

在“图片边框”列表中选择“取色器”选项，鼠标光标将变为吸管形状，在合适的颜色上单击，将选择该颜色作为图片的边框。

1 2 3 4 5 6 7 8 9 10 11 12 13 14 15 16 17 18
常规幻灯片编辑技巧

Question

437

• Level ◆◆◆

2016 2013 2010

为图片应用特殊效果也不难

语音视频教学437

实例 为图片设置阴影、映像、发光效果

直接插入页面中的图片会显得比较单调，用户还可以为图片添加阴影、映像、发光效果，让图片充满立体感，并且更加的美观，下面将对其进行具体介绍。

❶ 选择图片，切换至“图片工具－格式”选项卡，单击“图片效果”按钮。

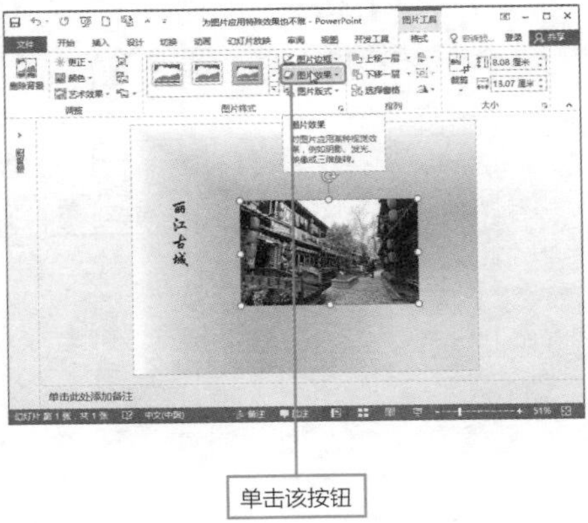

❷ 从列表中选择“预设”选项，将展开其关联菜单，从中选择合适的预设效果。

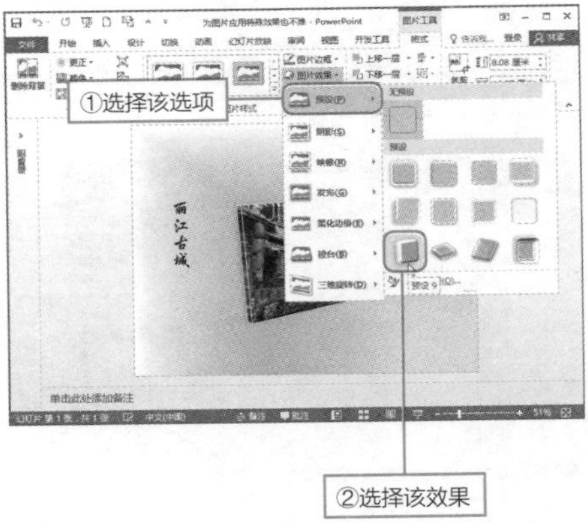

❸ 还可以选择“阴影”、“映像”、“发光”等选项，在其关联菜单中选择合适的效果即可。

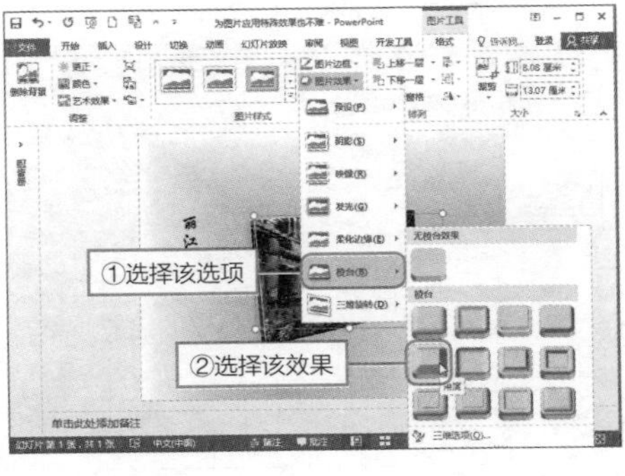

Hint

如何自定义图片效果

若用户想要自定义图片效果，只需在图片上右击，然后选择“设置图片格式”命令，在打开窗格中的“效果”选项卡进行设置即可。

Question
438 将图片转换为SmartArt图形

语音视频教学438

● Level ◆◆◆

2016 2013 2010

实例　套用图片版式很简单

当一张幻灯片中包含有多张图片时，如何合理的排放这些图片会令用户犯愁，这时，可以利用系统提供的图片版式，快速排列图片，下面将对其进行介绍。

❶ 选择图片，单击“图片工具－格式”选项卡上的“图片版式”按钮。

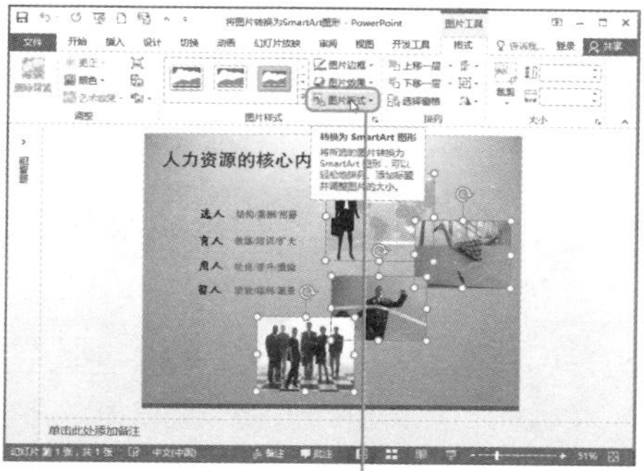

单击该按钮

❷ 从展开的列表中选择“水平图片列表”选项。

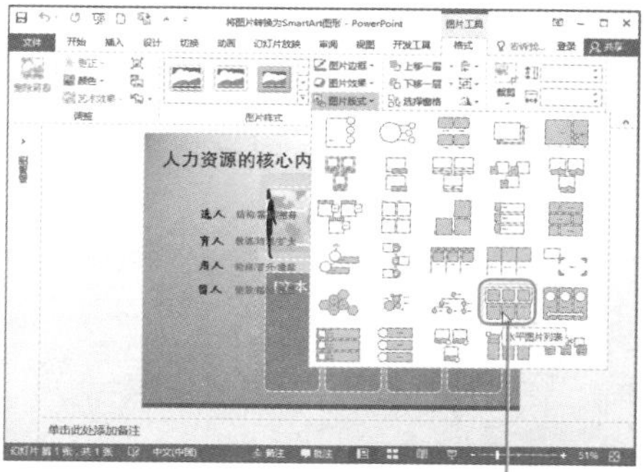

选择该选项

❸ 将自动打开SmartArt图形的文本窗格，根据需要将幻灯片页面中的内容复制到文本窗格。

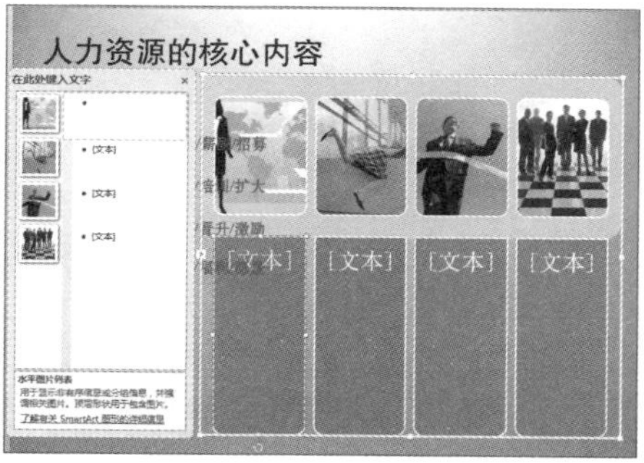

❹ 调整图形的大小和文本字号大小，然后将图形移至合适的位置即可。

调整图形大小，更改文本格式

1 2 3 4 5 6 7 8 9 10 11 12 13 14 15 16 17 18 常规幻灯片编辑技巧

Question

439 添加图形很简单

语音视频教学439

• Level ◆◆◆

2016 2013 2010

实例 绘制图形

为了更好的对幻灯片中的内容进行辅助说明，通常都会利用形状来实现，比如矩形、圆形、箭头、线条等。下面将介绍如何利用插入形状命令绘制一个流程图。

❶ 打开演示文稿，选择幻灯片，切换至“插入”选项卡，单击“形状”按钮，从列表中选择“矩形”选项。

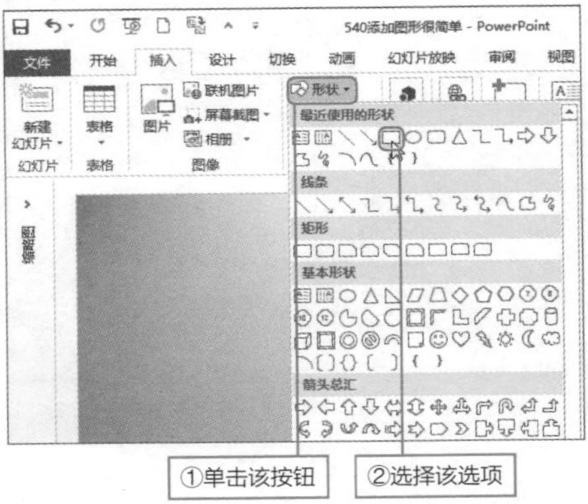

❷ 鼠标光标变为十字形，按住鼠标左键不放，拖动鼠标即可绘制一个矩形。

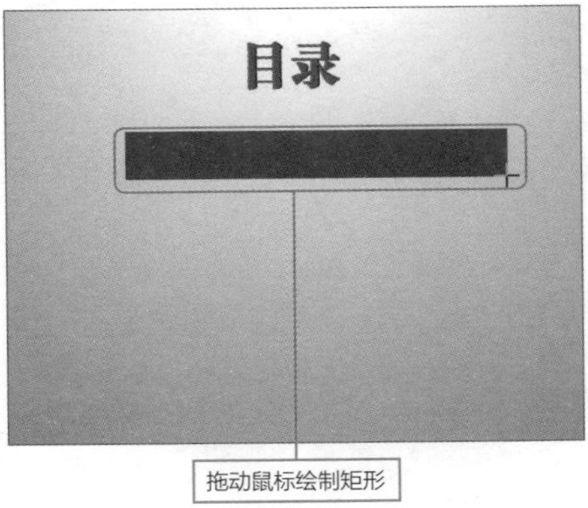

❸ 执行“插入>形状>菱形”命令，按住Shift键的同时拖动鼠标可绘制一个正菱形，绘制完成后，释放鼠标左键即可。

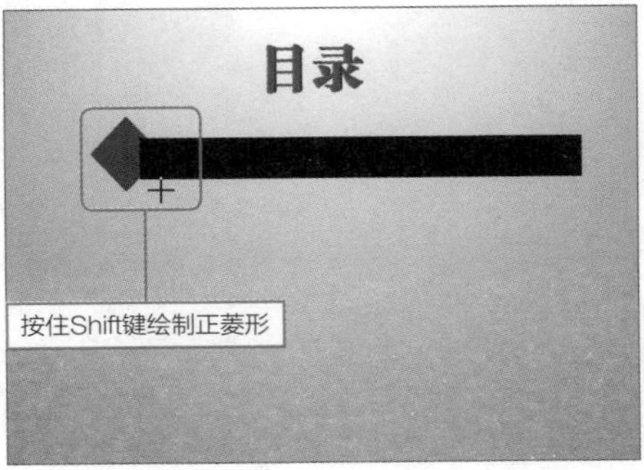

❹ 复制出多个菱形和矩形，为其填充合适的颜色，然后设置图形的样式，最后根据需要输入文本即可。

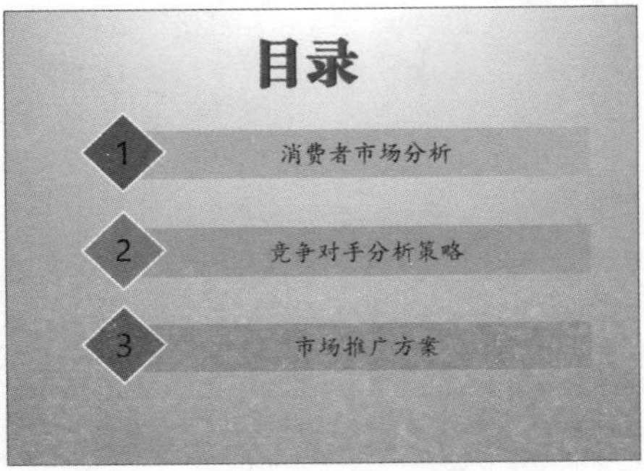

Question

440

● Level

◆◆◆

2016 2013 2010

手动绘制图形也不难

语音视频
教学440

实例　手动绘制图形

若系统提供的自选图形不能够令用户满意，用户还可以通过“曲线”、“任意多边形”命令结合自选图形，绘制出更加复杂美观的图形，下面将对其操作进行详细介绍。

❶ 打开演示文稿，切换至“视图”选项卡，勾选“网格线”和“参考线”复选框。

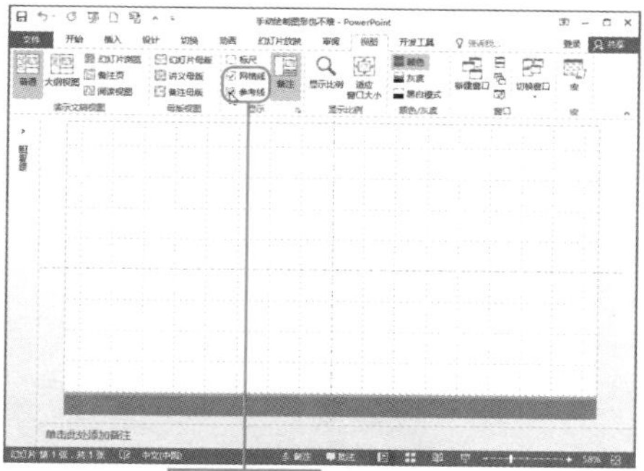

勾选该选项

❷ 切换至“插入”选项卡，单击“形状”下拉按钮，从展开的列表中选择“曲线”选项。

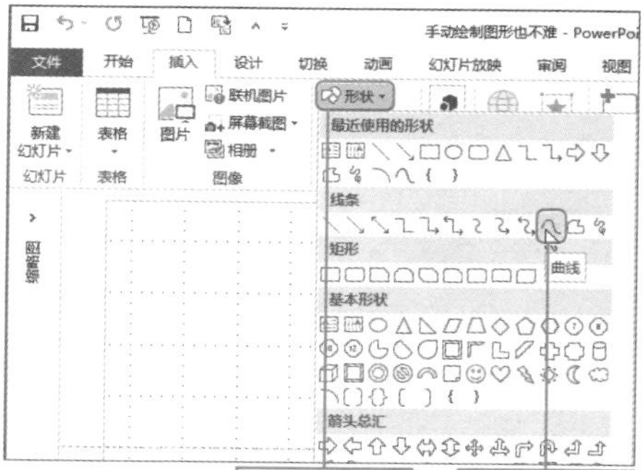

①单击该按钮　②选择该选项

❸ 鼠标光标变为十字形，在幻灯片页面合适位置单击鼠标左键，确定第一点。

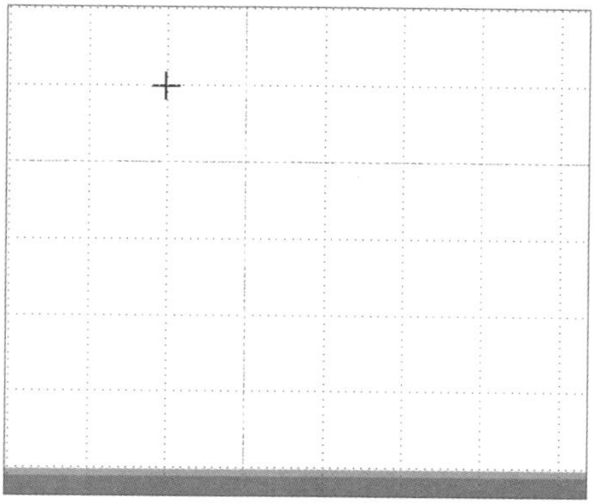

❹ 释放鼠标左键，拖动鼠标，在拐点处单击鼠标左键确定第二点。

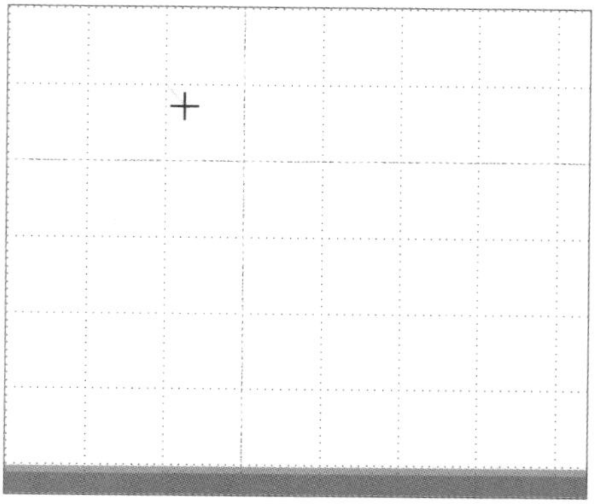

5 继续拖动鼠标绘制图形，在与第一点重合处，单击鼠标左键，完成绘制。

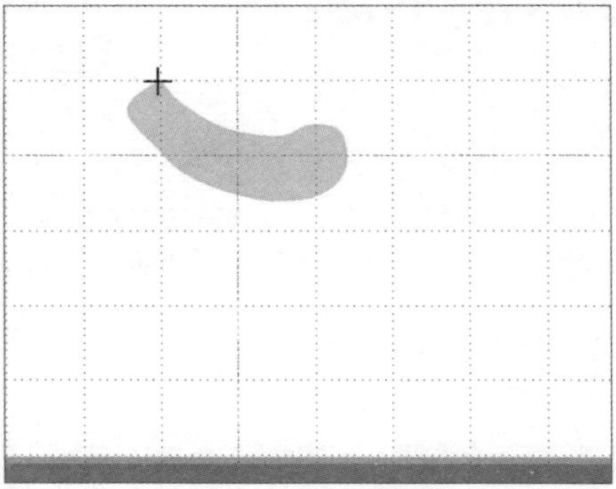

6 按照同样的方法，绘制另外一个图形，构成茄子形状。

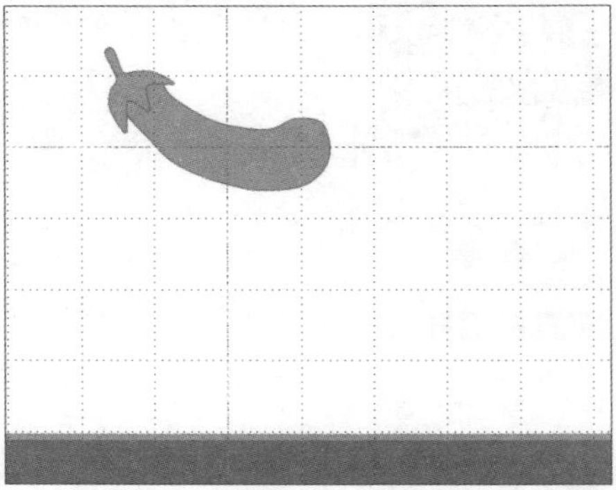

7 选择图形，右键单击，从弹出的快捷菜单中选择“编辑顶点”命令。

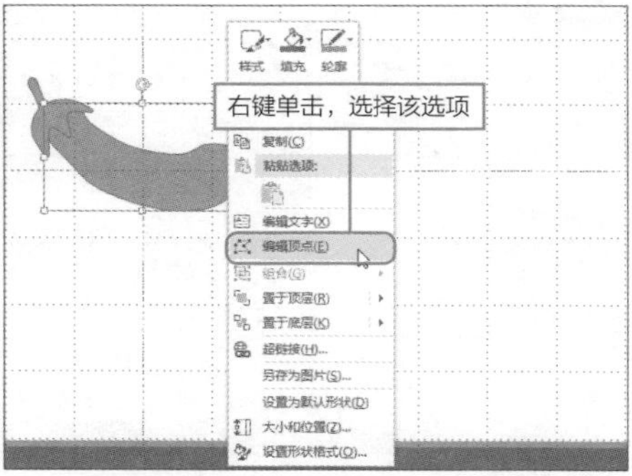

8 形状上方会出现许多黑点，选中一个顶点，拖动鼠标，调整顶点位置。

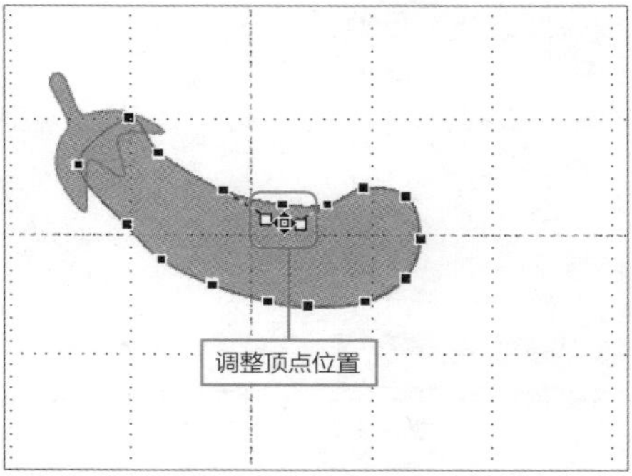

9 编辑图形完成后，为图形填充合适的颜色。

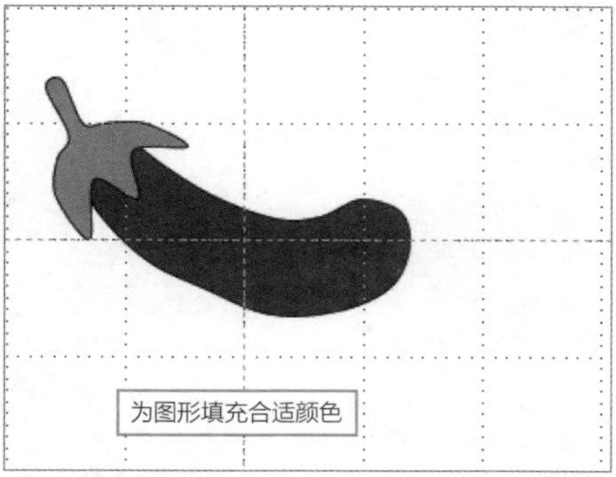

10 取消网格线和参考线的显示。随后右击图片，执行“组合>组合”命令。

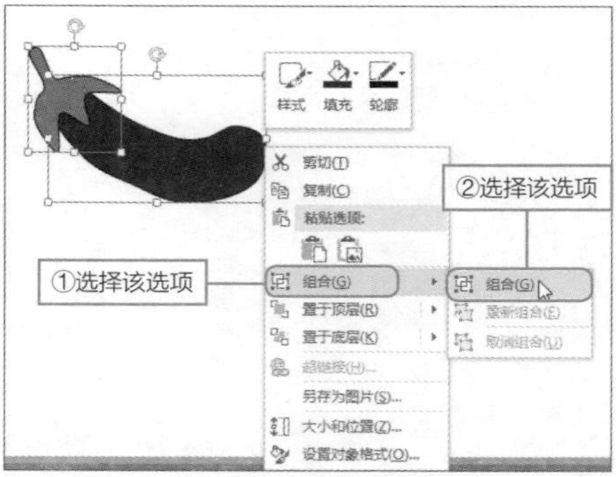

Question

441

Level ◆◆◆

2016 2013 2010

图形的转换和编辑很简单

语音视频教学441

实例 图形的编辑

插入图形后，若发现图形形状和当前内容不是很匹配，则可以根据需要转换图形或者对图形进行编辑，其具体的操作步骤如下。

1 打开演示文稿，单击“绘图工具－格式”选项卡上的“编辑形状”按钮。

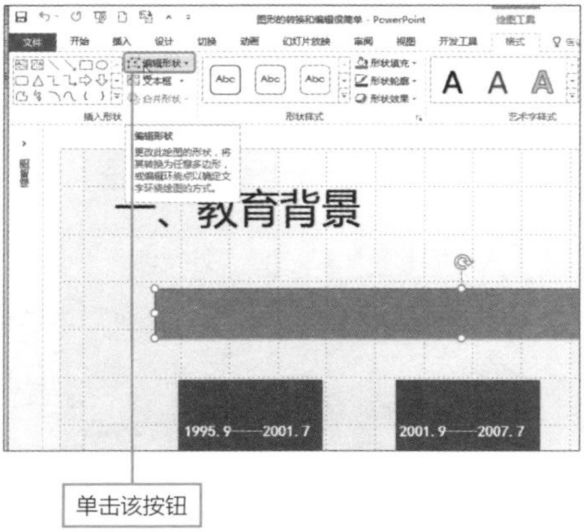

2 从展开的列表中选择“更改形状”选项，从其关联菜单中选择“右箭头”选项。

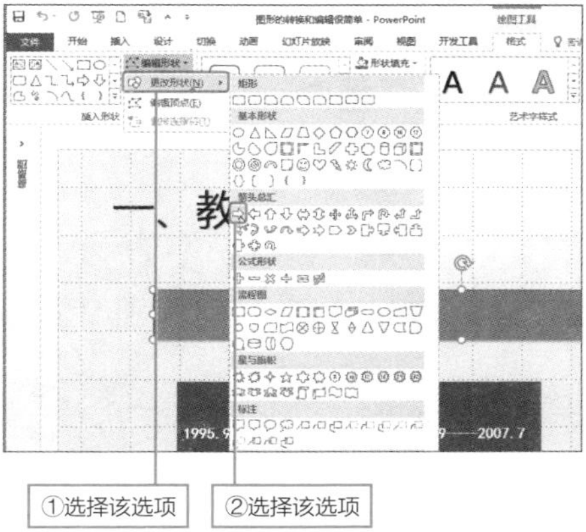

3 接着执行“绘图工具－格式>编辑形状>编辑顶点”命令，调节图形顶点位置。

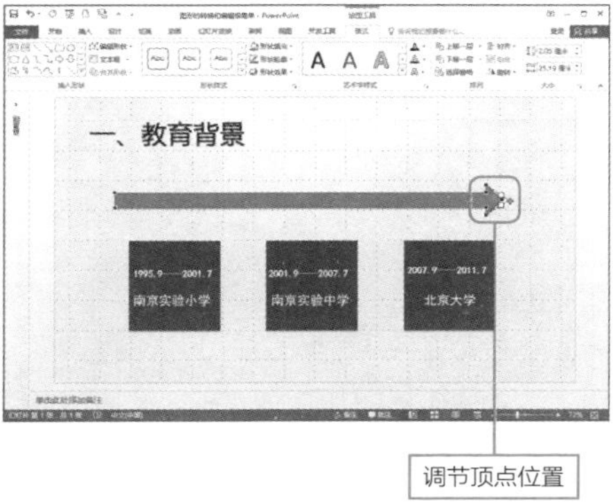

4 按照同样的方法，更改其他图形，完成对图形的编辑。

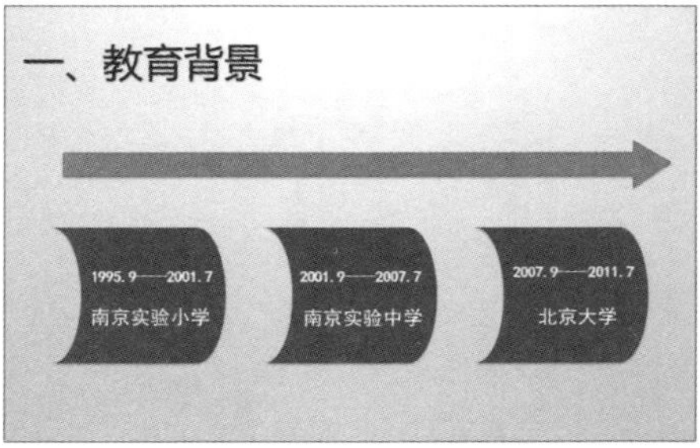

Question

442 让图形色彩缤纷起来

语音视频教学442

Level ◆◆◆

2016 2013 2010

实例 图形填充的设置

插入幻灯片页面中的图形都会根据当前主题，自动填充一种颜色，但是，若默认的颜色不美观，则用户可以根据需要为图形填充合适的颜色。

1 打开演示文稿，单击“绘图工具－格式”选项卡上的“形状填充”按钮。

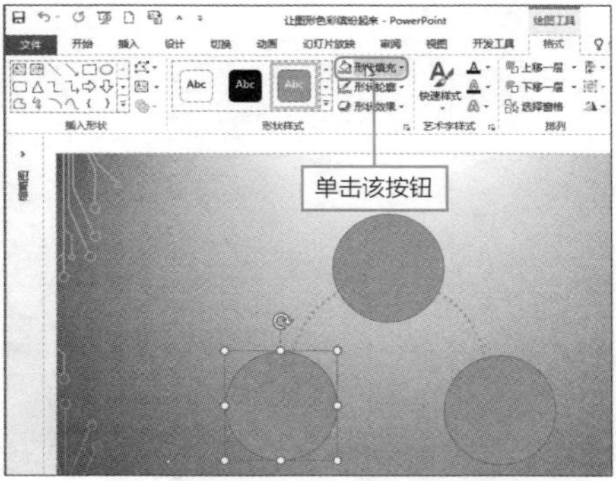

2 从展开的列表中选择“浅蓝”。

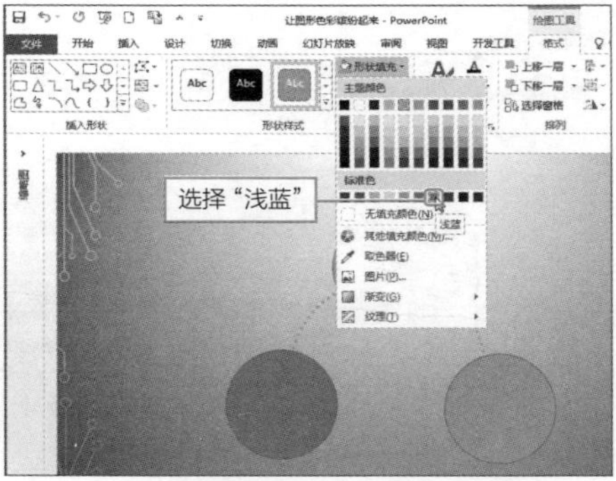

3 若填充列表中的颜色都不能满足用户需求，可以选择“其他填充颜色”选项，打开“颜色”对话框，在“标准”或者“自定义”选项卡进行设置即可。

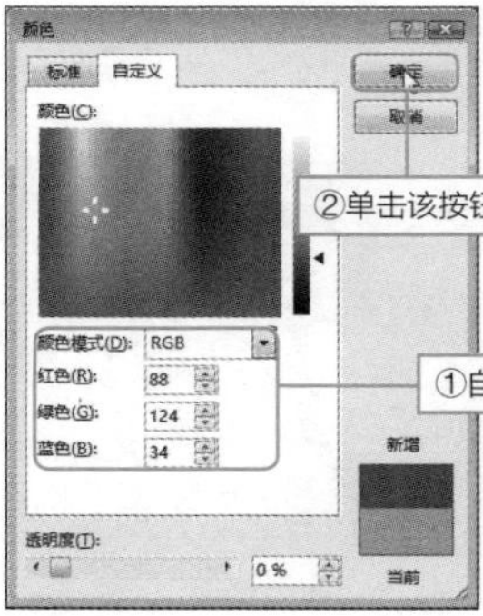

Hint

如何让图形无轮廓显示

若想要图形无轮廓显示，只需执行“绘图工具－格式>形状轮廓>无轮廓”命令即可。

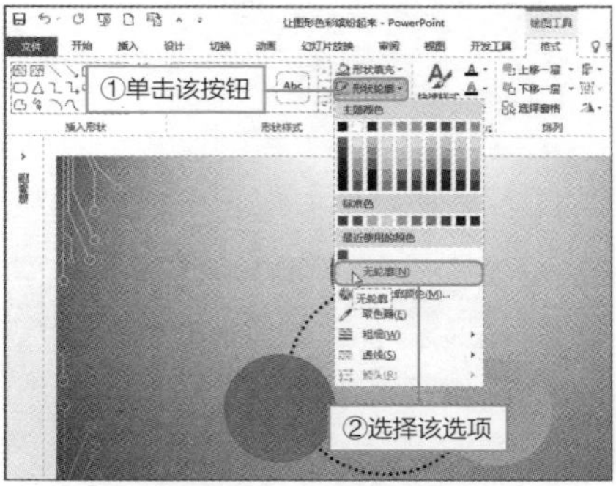

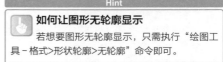

Question
443

精确调整图形的位置

语音视频教学443

Level ◆◆◆

2016 2013 2010

实例　图形位置的更改

幻灯片中图形的摆放位置决定着页面效果的优劣。那么如何才能将图形摆放整齐，或者使其出现在合适位置呢？下面将介绍几种调整图形位置的方法。

❶ 鼠标拖动法。选择需要调整的图形，按住鼠标左键不放将其拖动至合适位置，然后释放鼠标左键，即可完成图形位置的调整。

❷ 功能区命令快速对齐法。选择所有图形，切换至“绘图工具－格式”选项卡，单击“对齐”按钮。

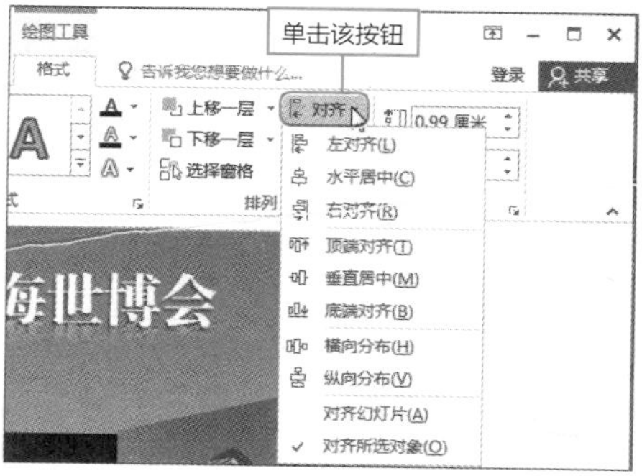

❸ 从展开的列表中分别选择“底端对齐”与“横向分布”选项，可快速将图形对齐。

横向分布图形

Hint

如何利用窗格进行精确调整

在图形上右击，选择“设置形状格式”命令，在打开窗格的“大小与属性”选项卡中，对“位置”选项进行精确设置。

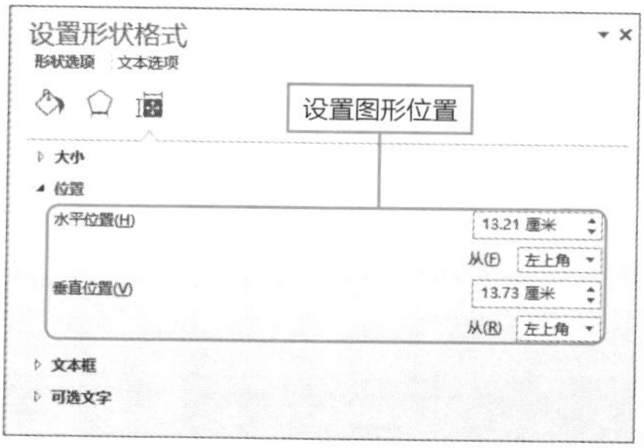

Question

444 创建立体图形效果

语音视频教学444

Level ◆◆◆

2016 2013 2010

实例 设置图形立体效果

若用户觉得插入页面中的图形在表达数据时不够形象，还可以为其设置立体效果，PowerPoint提供了强大的立体效果设计功能，下面将对其进行详细介绍。

最终效果

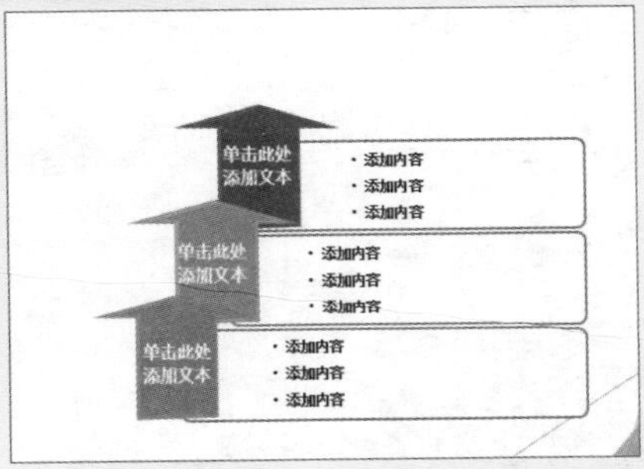

设置图形立体效果

❶ 打开演示文稿，通过“绘图工具－格式”选项卡上的“形状填充”按钮，为页面中的各个形状填充颜色，并设置图形轮廓。

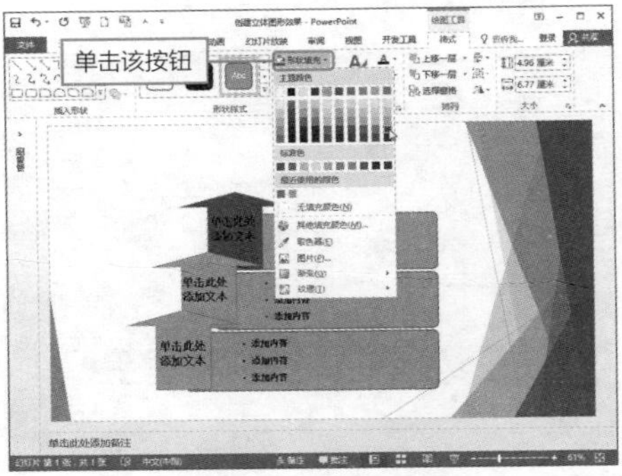

❷ 选择箭头形状上的文本框，设置字体为“微软雅黑”，字体颜色为“白色”。

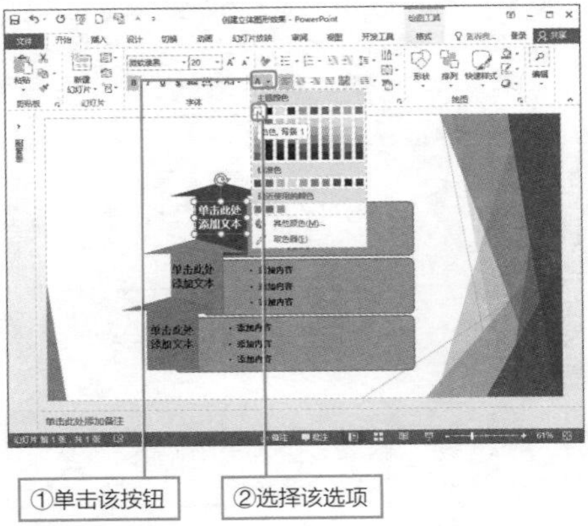

❸ 选择箭头形状和其上方的文本框，右键单击，选择“组合>组合”命令。

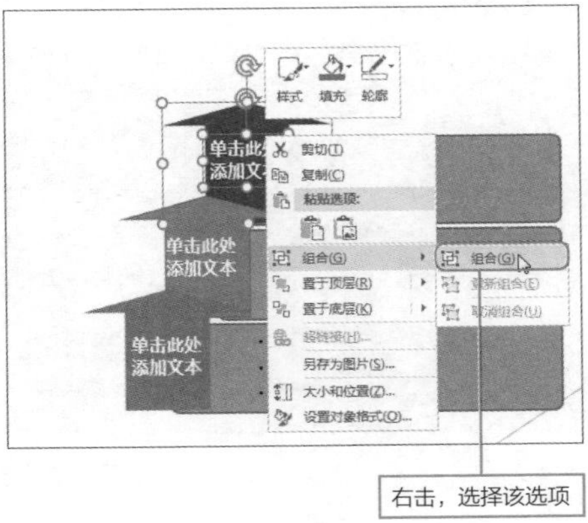

4 将组合好的箭头和文本框选择，单击“形状样式”组的对话框启动器按钮。

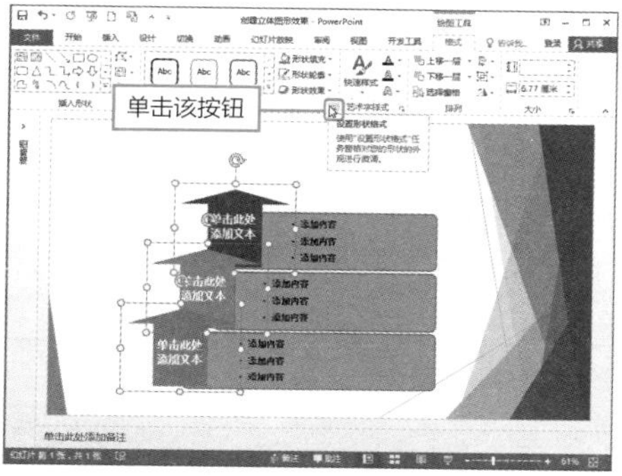

5 打开“设置形状格式”窗格，切换至“效果”选项卡，选择“三维格式”选项。

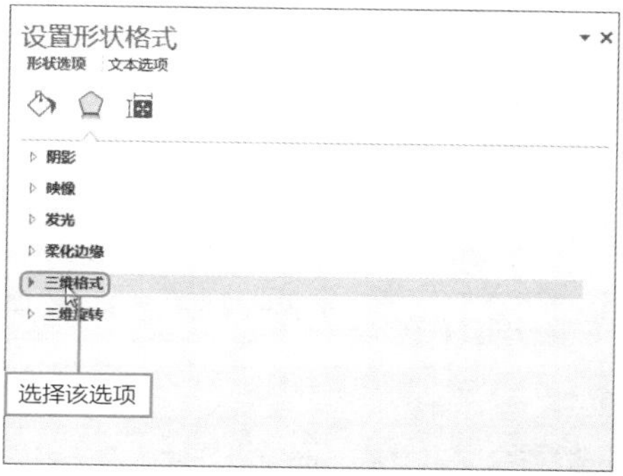

6 单击“顶部棱台”按钮，从列表中选择“角度”效果。

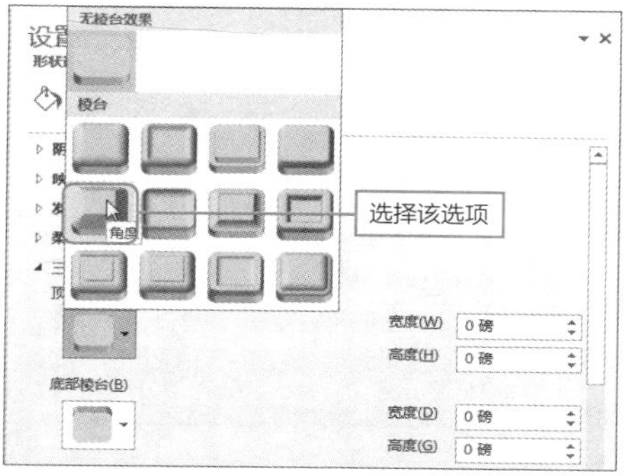

7 设置底部棱台效果，并为棱台效果设置合适的高度和宽度。

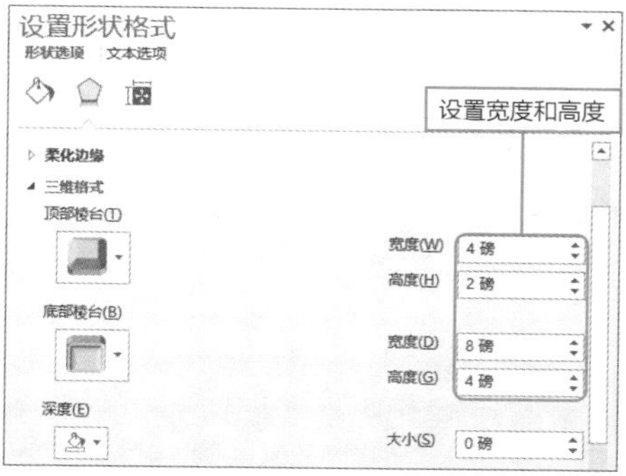

8 设置“材料”为“亚光效果”；“光源”为“发光”；“角度”为“30°”。

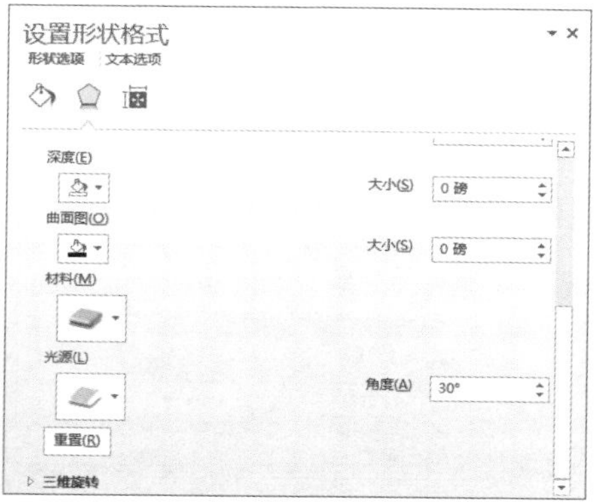

9 在“三维旋转”选项，设置预设为“右透视”，更改“透视”值为“45°”。

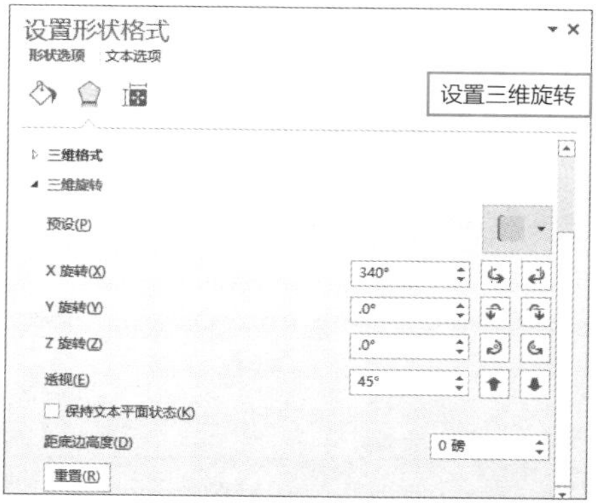

Question

445 快速制作美观大方的表格

语音视频
教学445

● Level ◆◆◆

2016 2013 2010

实例 表格的设计与插入

为了实际工作的需要，常常在幻灯片中创建一些表格以进行数据说明。那么如何才能创建出漂亮的表格呢？其实非常的简单，只需通过系统提供的表格功能即可实现。

1 打开演示文稿，选择幻灯片，单击“插入”选项卡上的“表格”按钮，在展开的列表中选择插入表格的行列数。

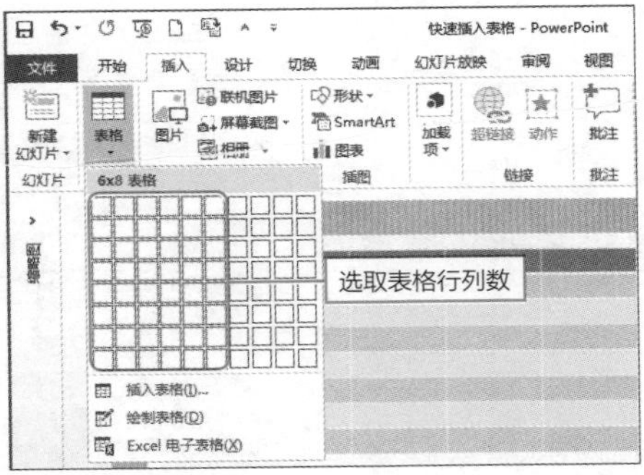

2 通过表格面板插入的表格行数小于8列数小于10，超过此数目，可以在列表中选择“插入表格”选项，打开“插入表格”对话框，设置行列数，单击“确定”按钮。

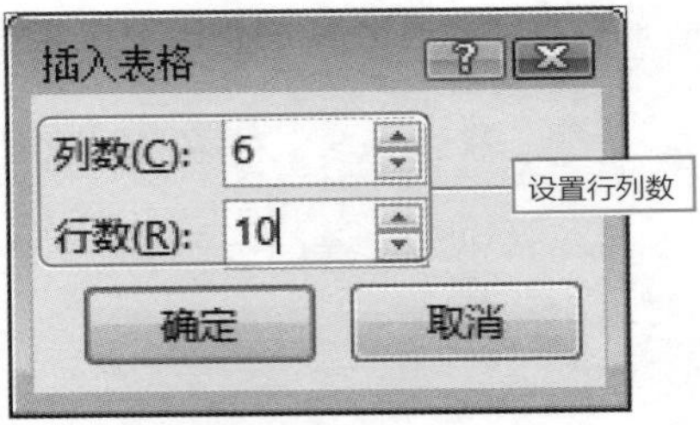

3 根据需要，在表格中输入数据内容，并且调整表格至合适大小，最后将其移至幻灯片页面的合适位置即可。

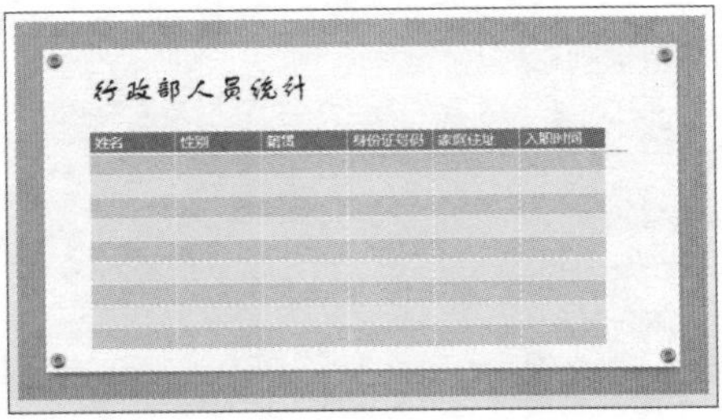

Hint

如何快速应用表格样式

单击“表格工具－设计”选项卡上“表格样式”组的“其他”按钮，从展开的列表中选择合适的样式即可。

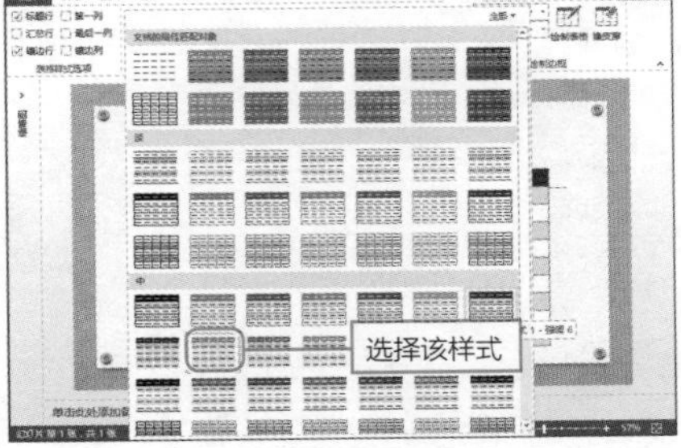

Question
446

● Level
◆◆◆
2016 2013 2010

插入Excel表格

语音视频教学446

实例 Excel表格的创建

为了可以在PowerPoint中实现数据处理功能，用户可以在幻灯片中插入Excel工作表，下面将对其相关操作进行介绍。

1 打开演示文稿，单击“插入”选项卡上的“表格”按钮，从展开的列表中选择“Excel电子表格”选项。

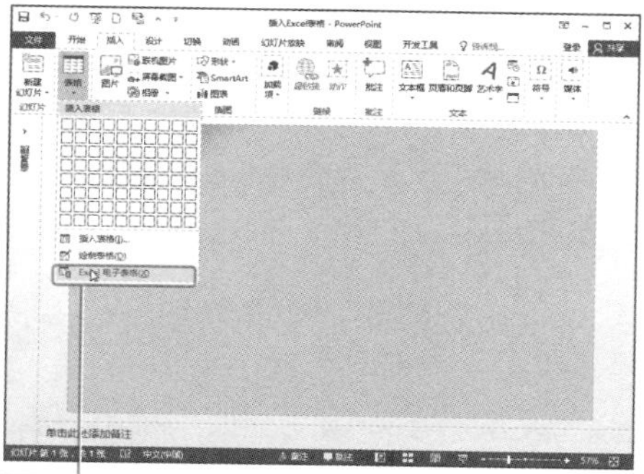

选择该选项

2 返回编辑区，通过鼠标拖动表格的角部控制点，调整表格窗口的大小和显示范围。

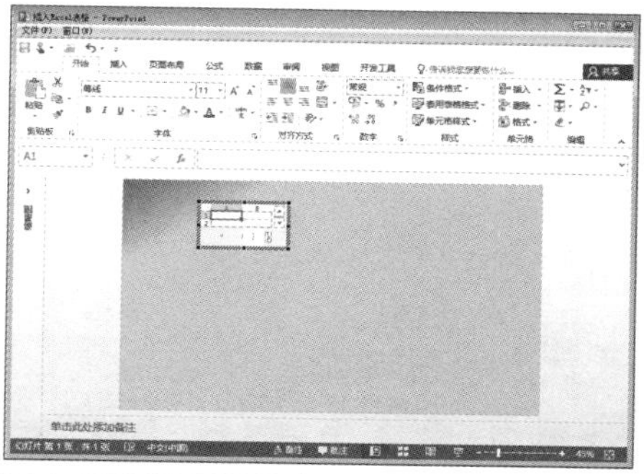

拖动鼠标，调整表格大小

3 在工作表中输入数据，根据需要设置单元格的样式。

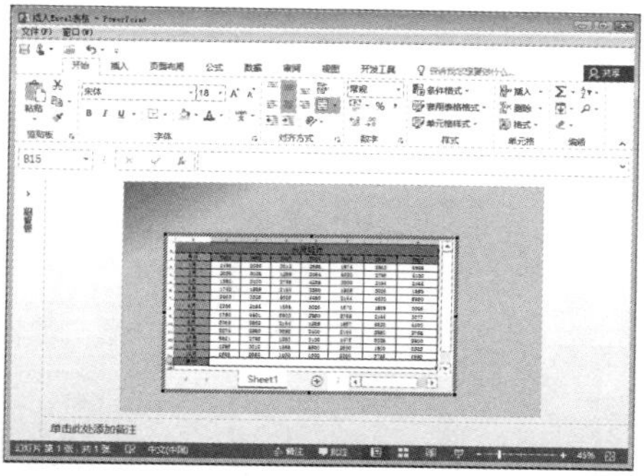

输入数据，设置单元格样式

4 选择单元格后在编辑栏中输入公式“=SUM(B3:H14)”，计算数据总和。

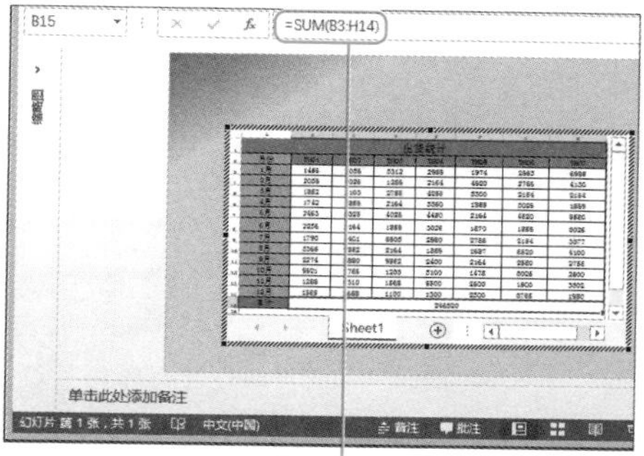

输入公式

Question

447 灵活调用外部Excel文件

语音视频教学447

• Level ◆◆◆

2016 2013 2010

实例 插入外部Excel文件

在编辑幻灯片时，若需要引用已经编辑完成的Excel工作表，则可以将其插入到幻灯片中，以省去重复制作的麻烦。

1. 打开演示文稿，单击“插入”选项卡上的“对象”按钮。

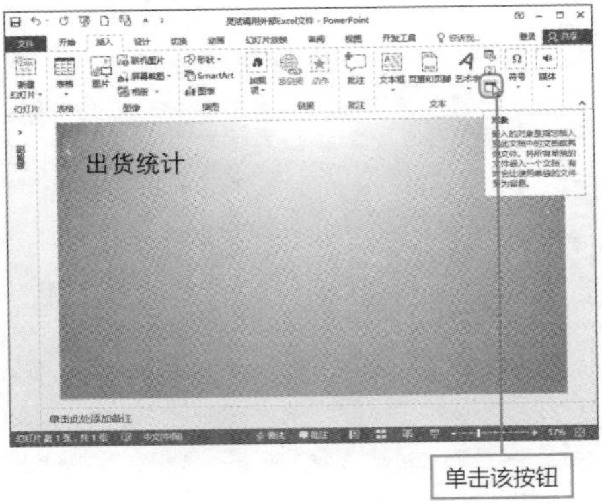

2. 打开“插入对象”对话框，选中“由文件创建”单选按钮，单击“浏览”按钮。

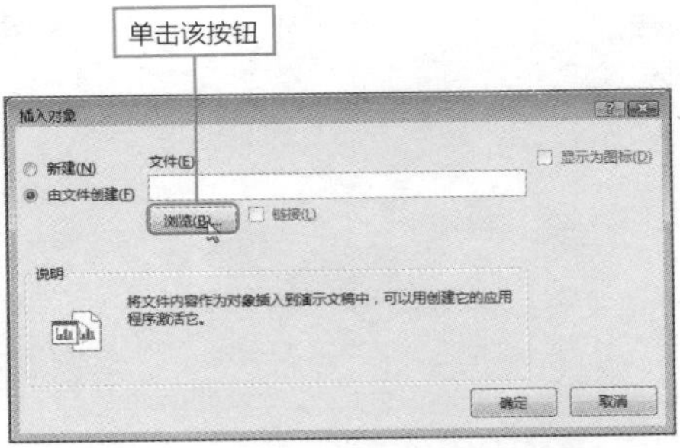

3. 打开“浏览”对话框，选择Excel文件，单击“确定”按钮。

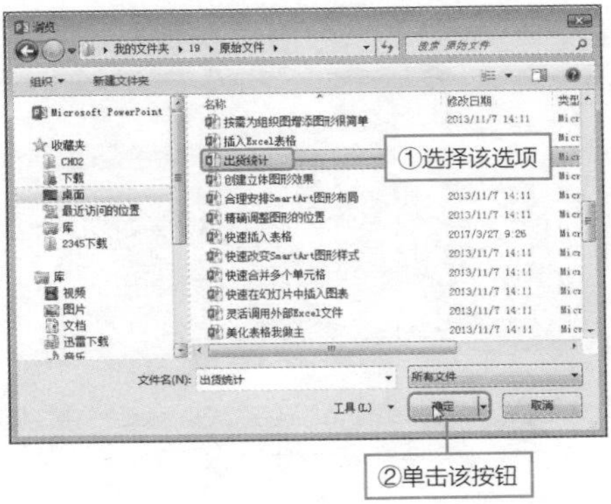

4. 将外部的Excel文件插入到当前幻灯片页面，随后适当调整表格的大小和位置即可。

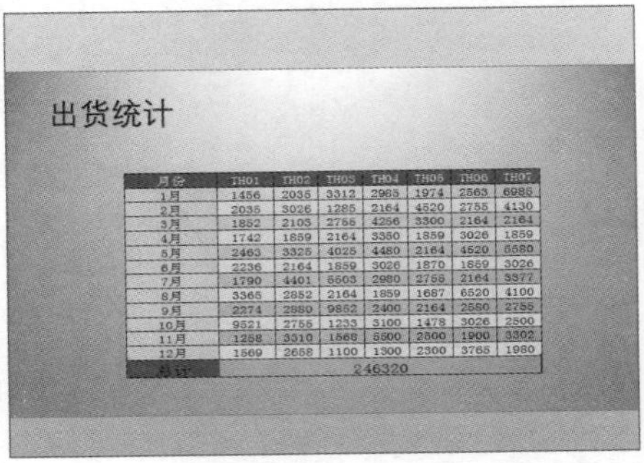

Question

448

快速合并多个单元格

语音视频教学448

• Level ◆◆◆

2016 2013 2010

实例　单元格的合并

在表格中输入数据时，经常会需要为多个相关联的项目输入总称，这就需要用到单元格的合并，下面将为其进行具体介绍。

❶ 功能区命令法。选择单元格，单击“表格工具－布局”选项卡上的“合并单元格”按钮。

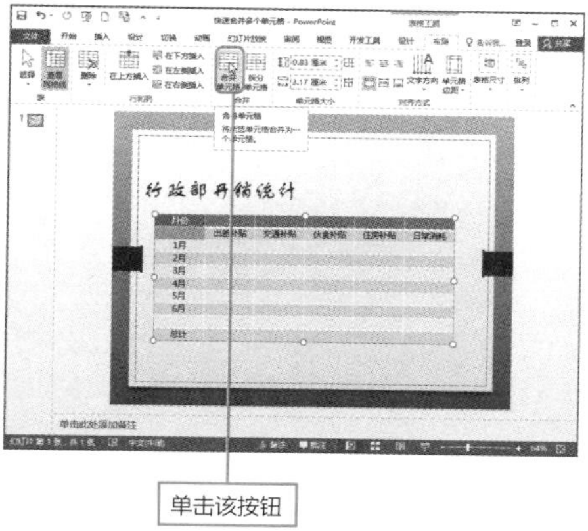

❷ 右键菜单法。选择单元格并右击，从弹出的快捷菜单中选择“合并单元格”命令。

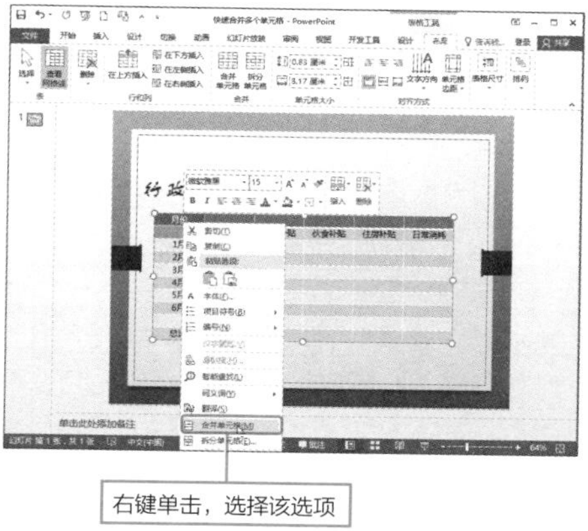

❸ 擦除框线法。执行“表格工具－设计>橡皮擦”命令，依次单击多余框线。

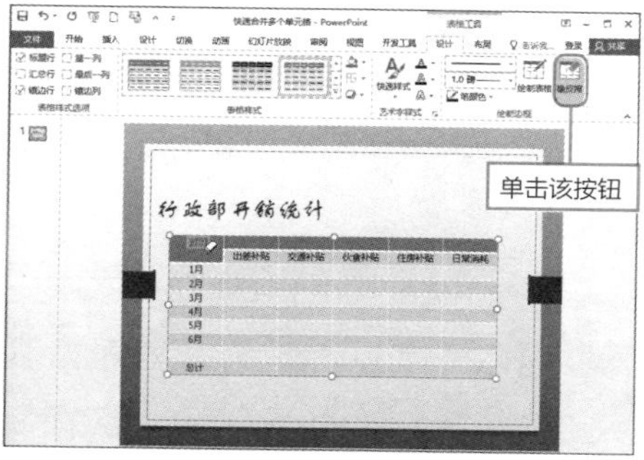

❹ 合并单元格后，在合并的单元格内输入合适的文本即可。

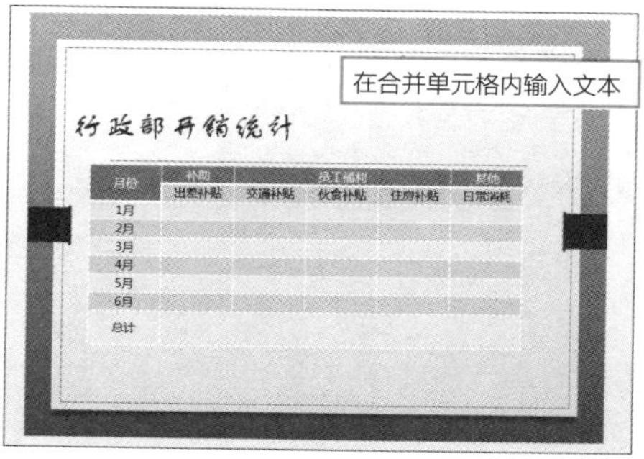

Question

449

● Level ─
◆◆◆

2016 **2013** **2010**

美化表格我做主

语音视频
教学449

| 实例 | 设置表格底纹 |

若幻灯片页面中表格的颜色不够靓丽，缺少吸引力，则可以根据需要为表格设置一个绚丽的背景，下面将对其进行介绍。

1 选择单元格，单击"表格工具－设计"选项卡上的"底纹"按钮。

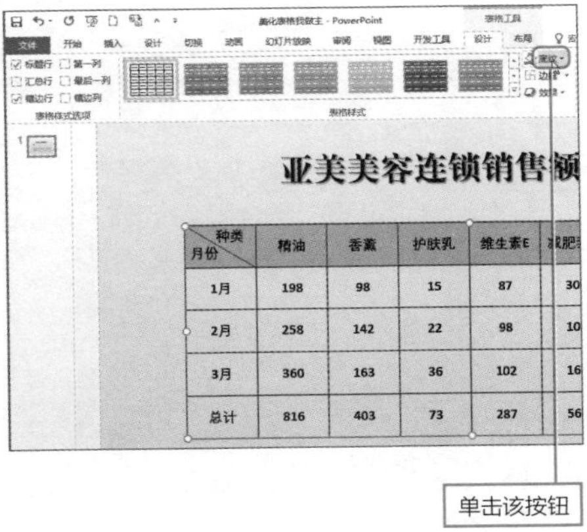

2 展开"底纹"颜色列表，从面板中选择"浅蓝"。

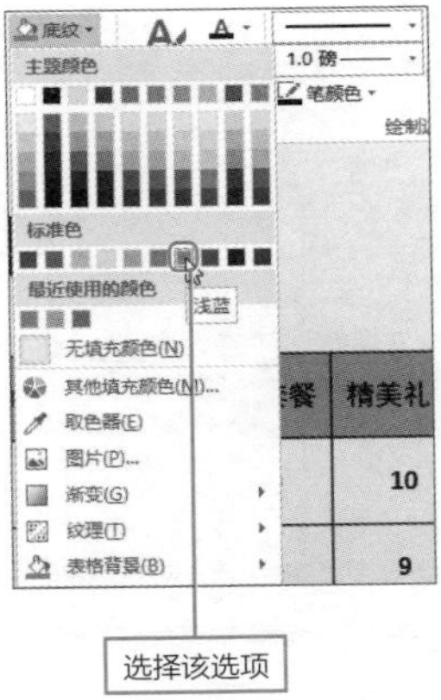

单击该按钮

选择该选项

3 还可以选择"取色器"选项，则鼠标光标将变为吸管性质，在合适的颜色上单击鼠标左键，可为选择的单元格填充相同的颜色。

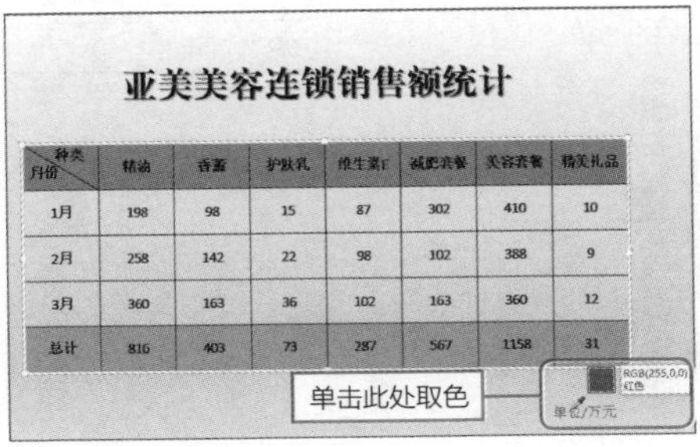

4 按照同样的方法，设置其他单元格的颜色，然后根据实际情况，设置深色背景单元格内的文字颜色为"白色"。

亚美美容连锁销售额统计

种类 月份	精油	香薰	护肤乳	维生素E	减肥瘦身	美容套餐	精美礼品
1月	198	98	15	87	302	410	10
2月	258	142	22	98	102	388	9
3月	360	163	36	102	163	360	12
总计	816	403	73	287	567	1158	31

单击此处取色

亚美美容连锁销售额统计

种类 月份	精油	香薰	护肤乳	维生素E	减肥瘦身	美容套餐	精美礼品
1月	198	98	15	87	302	410	10
2月	258	142	22	98	102	388	9
3月	360	163	36	102	163	360	12
总计	816	403	73	287	567	1158	31

单位/万元

Question

450

● Level ◆◆◆

2016 2013 2010

为表格添加精美边框

语音视频教学450

实例　设置表格框线

幻灯片页面中的表格，都会按照默认框线效果进行显示。若想要更改框线的显示，也是很容易实现的，下面将对其相关操作进行介绍。

❶ 选择表格，单击“表格工具－设计”选项卡上的“笔颜色”按钮，从列表中选择“绿色”。

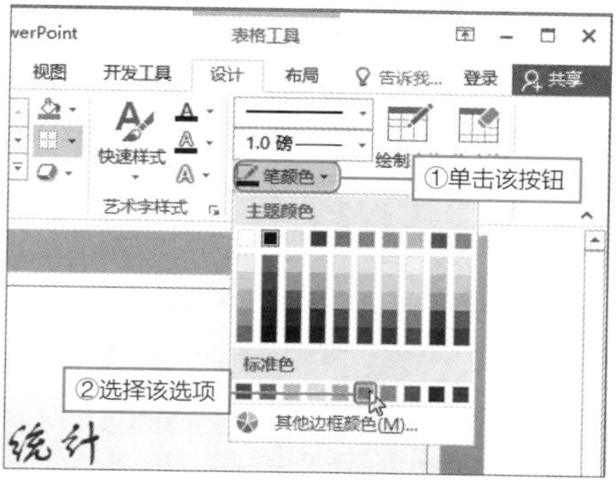

❷ 单击“笔样式”按钮，从列表中选择合适的框线样式。

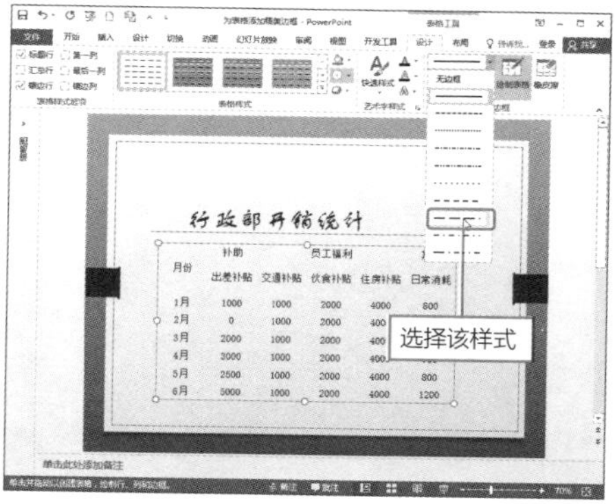

❸ 单击“笔划粗细”按钮，设置框线宽度为“2.25磅”。

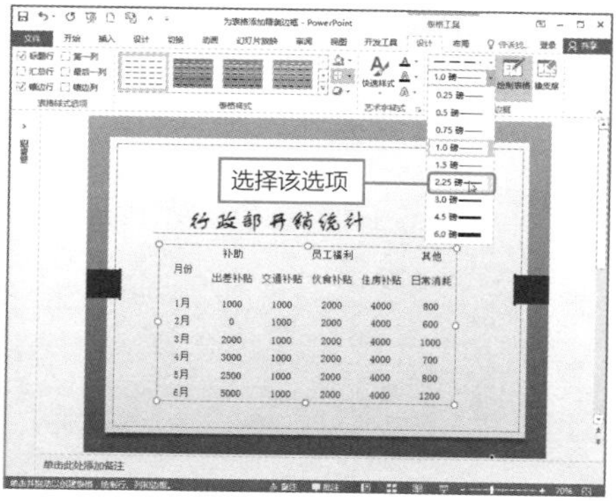

❹ 单击“边框”按钮，从列表中选择“所有框线”选项。

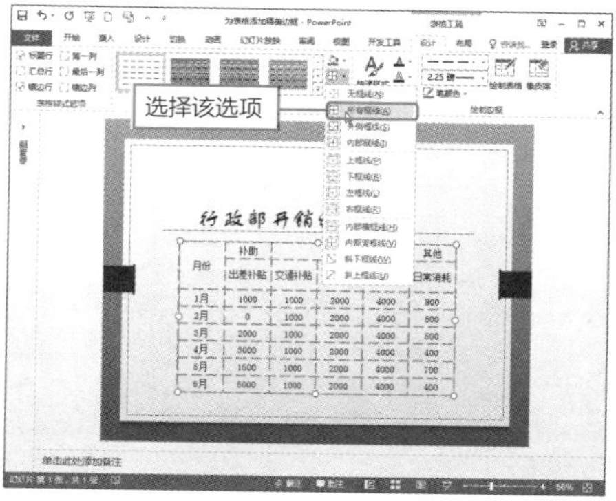

Question

451 轻松创建组织结构图

语音视频教学451

• Level ◆◆◆

2016 2013 2010

实例 应用SmartArt图形

在对某些事物的关系等进行说明时，通常会用到循环图、结构图、流程图等，若是一点点绘制出来，会加重工作负担，可以通过系统提供的SmartArt图形功能快速实现。

1 打开演示文稿，切换至“插入”选项卡，单击“SmartArt”按钮。

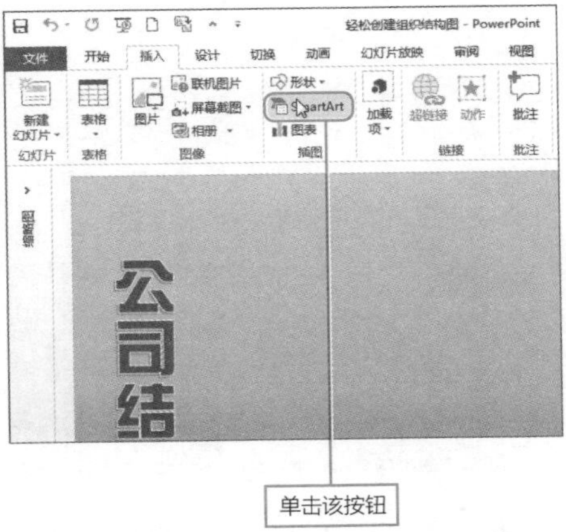

2 弹出“选择SmartArt图形”对话框，切换至“层次结构”选项，选择“层次结构”选项，单击“确定”按钮。

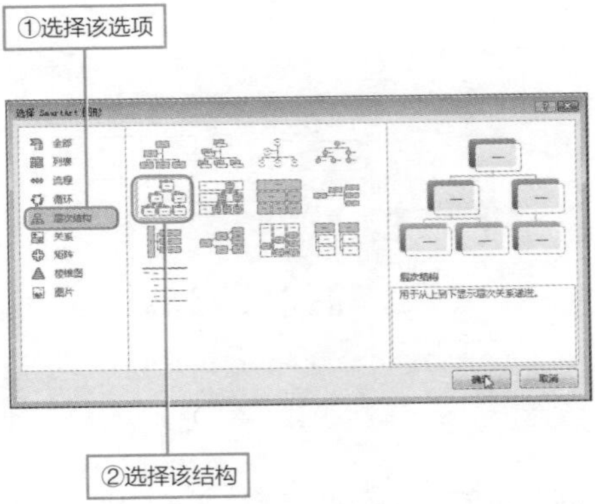

3 打开文本窗格，根据需要输入相应的文本。

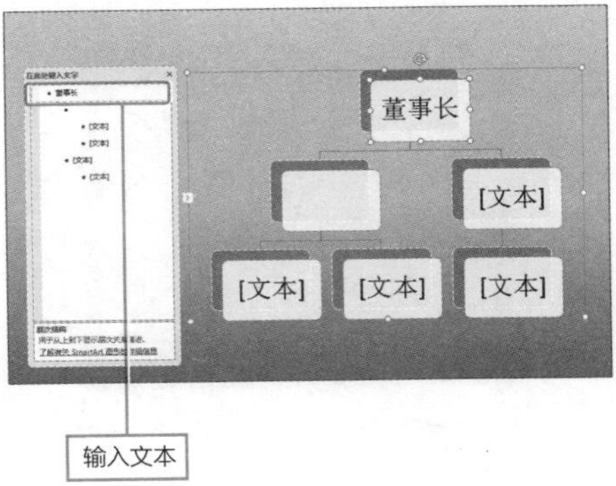

4 输入文本后，根据需要调整SmartArt图形的位置和大小即可。

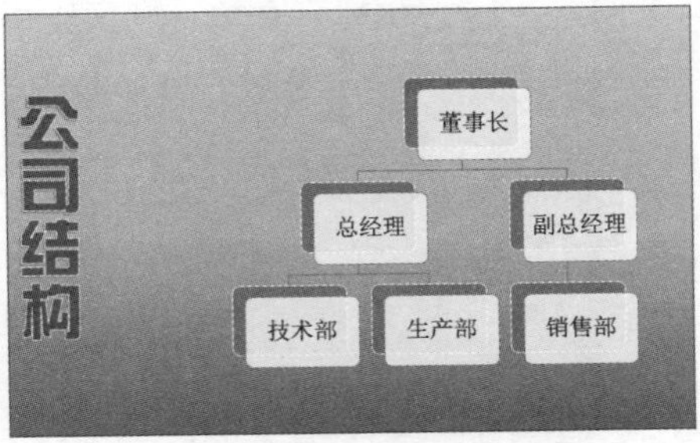

Question
452 按需为组织图增添图形很简单

语音视频教学452

Level ◆◆◆

2016 2013 2010

实例　为SmartArt图形添加形状

默认插入的SmartArt图形只有固定的几个形状，在实际应用中，这些形状并不能满足工作的需求。这时就需要自己动手根据需要添加形状了。

1. 选择SmartArt图形，切换至“SmartArt工具－设计”选项卡。

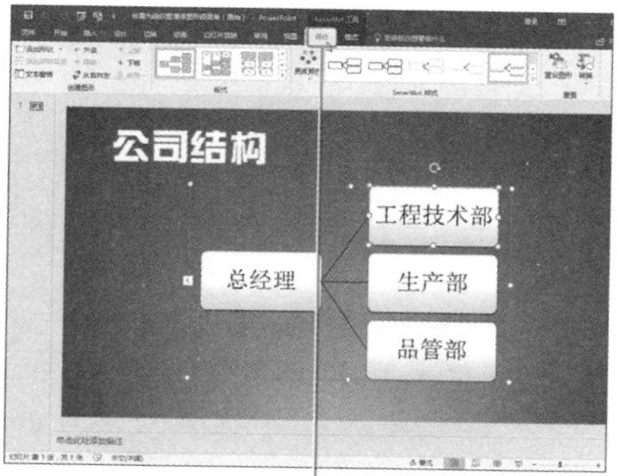

选择该选项

2. 单击“添加形状”右侧下拉按钮，从展开的列表中选择“在后面添加形状”选项。

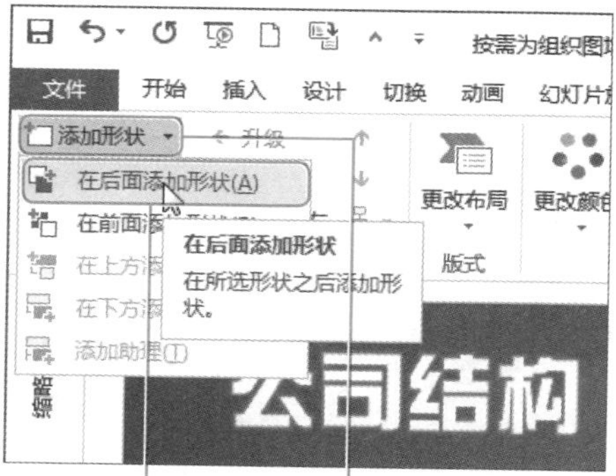

②选择该选项　①单击该按钮

3. 按照同样的方法添加需要的形状，并输入文本，调整形状的大小，然后将SmartArt图形移至页面合适位置即可。

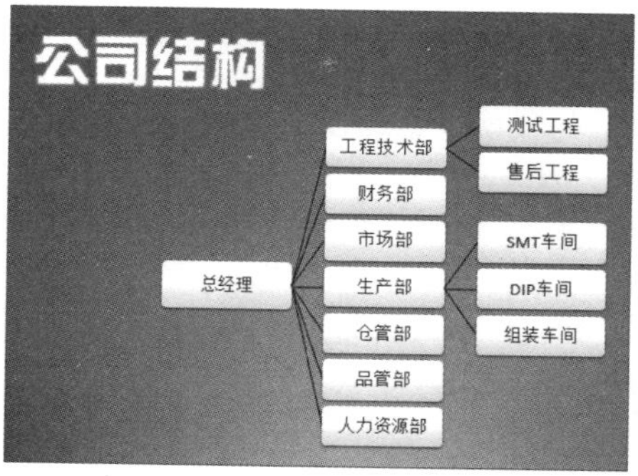

Hint

如何删除组织结构图中多余形状

若添加的形状有剩余，可以将其选择后，直接在键盘上按Delete键删除即可。

也可以选择形状后，右键单击，从其快捷菜单中选择“剪切”命令，将多余的形状减除。

Question

453 合理安排SmartArt图形的布局

语音视频教学453

● Level ◆◆◆

2016 2013 2010

实例 SmartArt图形布局的调整

若用户选择了一种布局方式并制作完成后，发现当前布局并不合理，这时不必惊慌，无需将当前图形删除后重新插入图形录入文字，而只需更改SmartArt的布局即可。

1 选择SmartArt图形，切换至“SmartArt工具－设计”选项卡，单击“版式”组上的“其他”按钮。

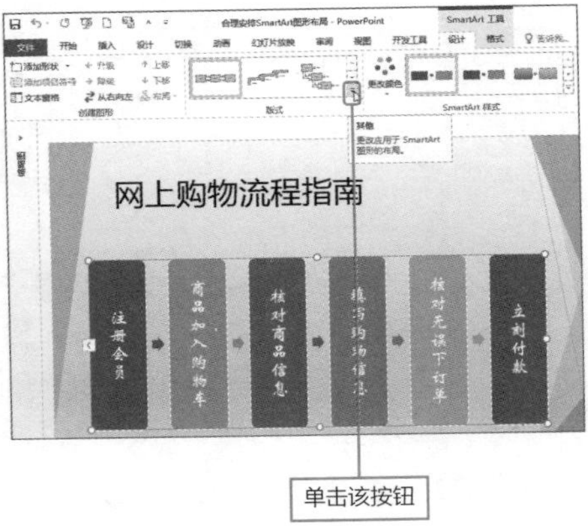

2 从展开的列表中选择合适的布局方式即可，这里选择“交错流程”选项。

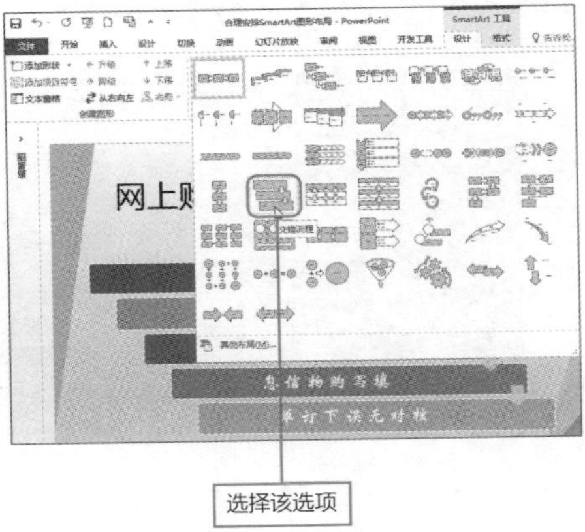

3 若列表中的排列方式都不能够令用户满意，可以选择“其他布局”选项，在打开的“选择SmartArt图形”对话框中选择合适的布局，单击“确定”按钮。

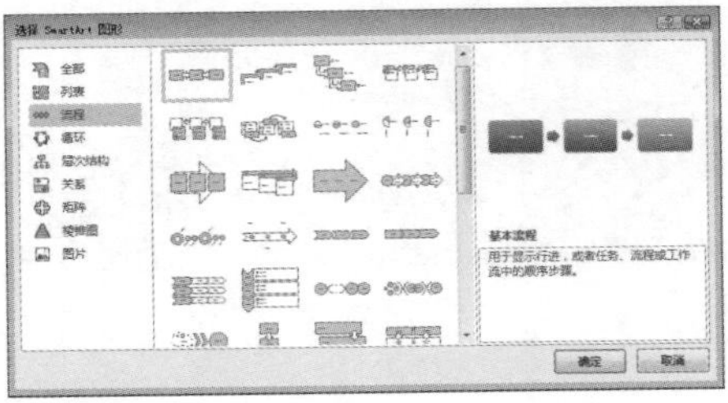

4 适当调整图形的大小和位置即可。

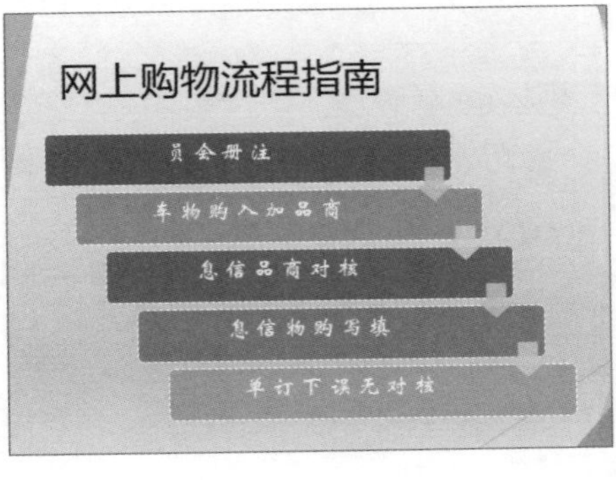

Question

454

• Level

◆◆◆

2016 2013 2010

SmartArt图形颜色巧更改

语音视频教学454

实例	更改SmartArt图形颜色

插入幻灯片中的SmartArt图形会根据当前幻灯片主题色有一个默认的颜色，若用户对当前图形的颜色不满意，可以根据需要进行更改。

1 选择图形，切换至“SmartArt工具－设计”选项卡，单击“更改颜色”按钮。

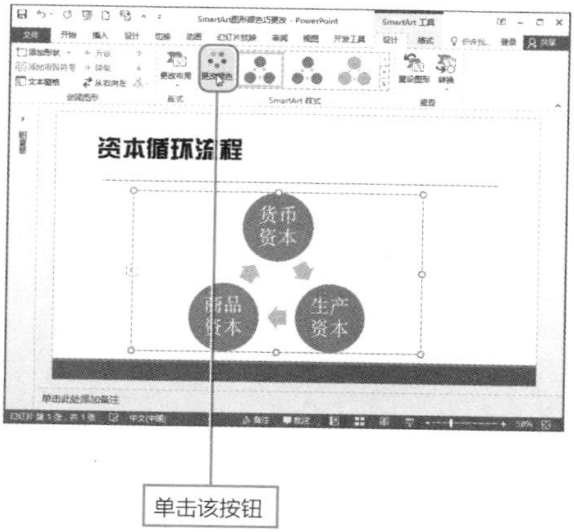

2 从展开的列表中选择合适的选项。

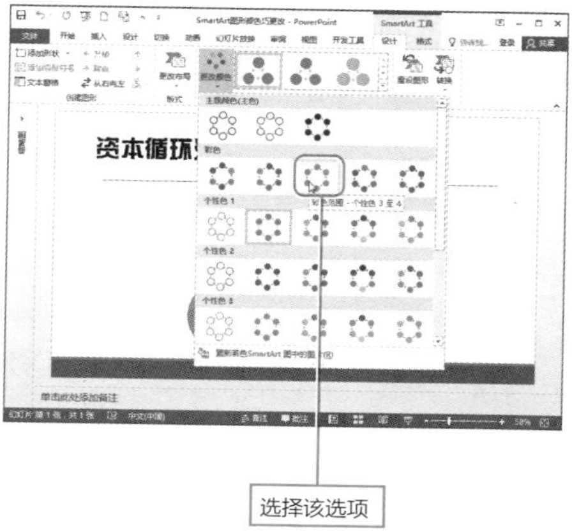

3 随后便可以看到SmartArt图形的颜色将会变为所选颜色样式。

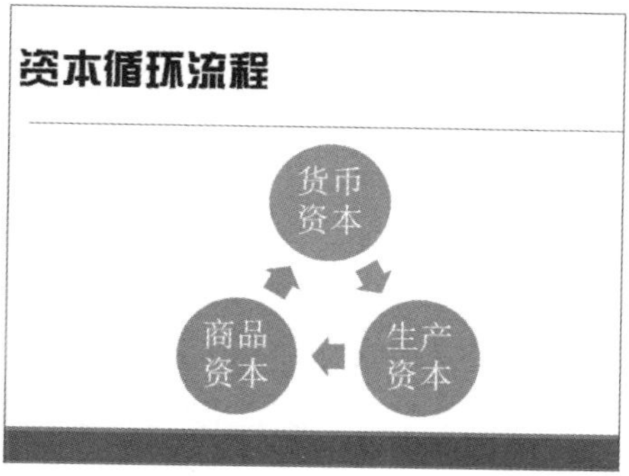

Hint

巧妙为图形中的单个形状更改颜色

选择SmartArt图形中的单个形状，切换至“SmartArt工具－格式”选项卡，单击“形状填充”按钮，从列表中选择合适颜色。

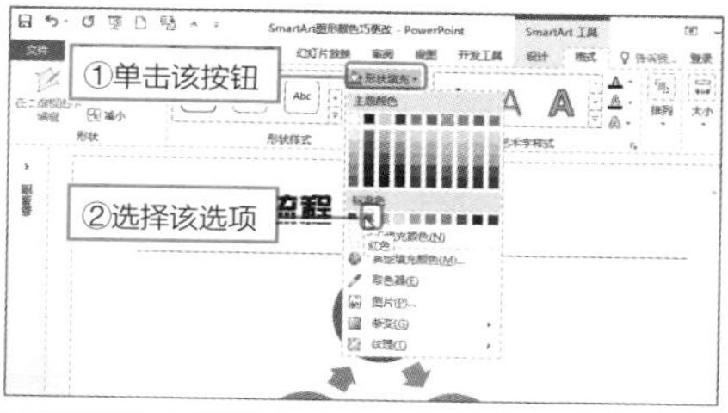

Question

455 快速改变SmartArt图形样式

语音视频教学455

● Level ◆◆◆

2016 2013 2010

实例	SmartArt图形样式的更改

若对默认的SmartArt图形样式不满意，则可以根据需要对其进行更改。PowerPoint系统提供了多种不同的样式，用户无需逐一对SmartArt图形中的形状进行设置，即可修改图形。

1 选择SmartArt图形，切换至“SmartArt工具 - 设计”选项卡，单击“SmartArt样式”组的“其他”按钮。

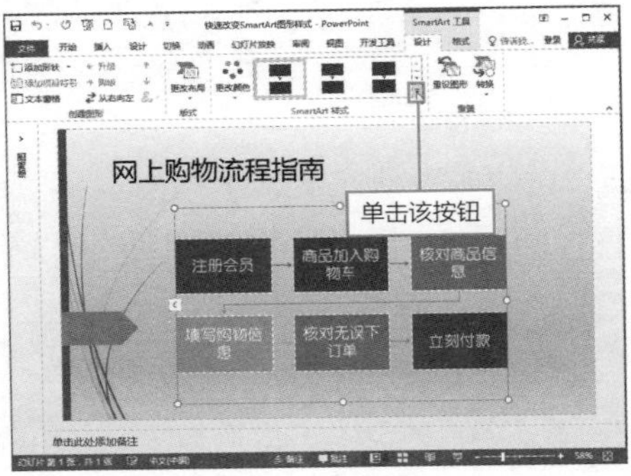

2 从展开的列表中选择“嵌入”选项。

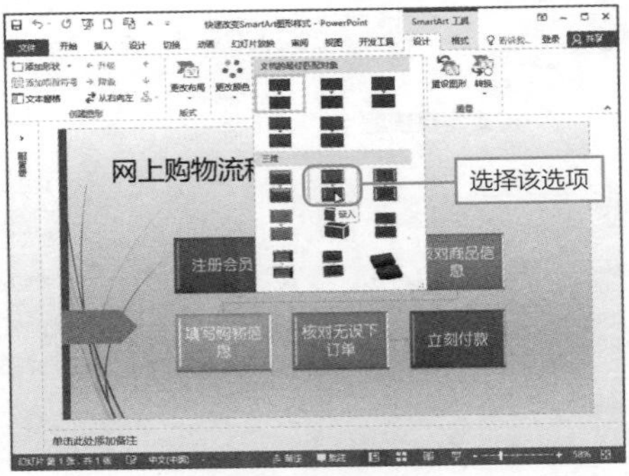

3 选择的SmartArt图形即可应用所选样式。

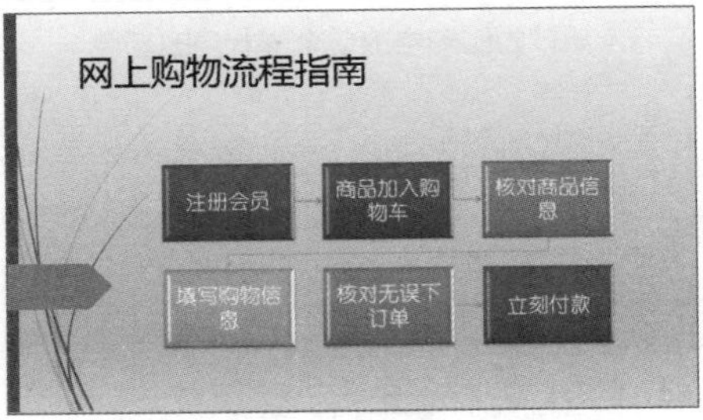

Hint

如何将图形中的形状更改为其他形状

选择形状，执行“SmartArt工具 - 格式>更改形状>流程图：终止”命令即可。

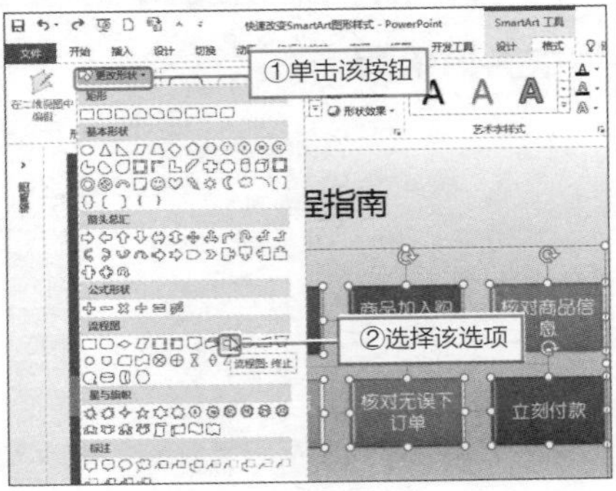

Question

456

● Level

◆◆◆

2016 2013 2010

快速在幻灯片中插入图表

语音视频教学456

实例　图表的插入操作

在进行年度总结、市场调查报告的编写时，通常会用到大量的数据，这时候，就需要使用图表，图表可以让数据更加直观、形象的呈现给受众，下面就介绍如何使用图表。

1 打开演示文稿，切换至“插入”选项卡，单击“图表”按钮。

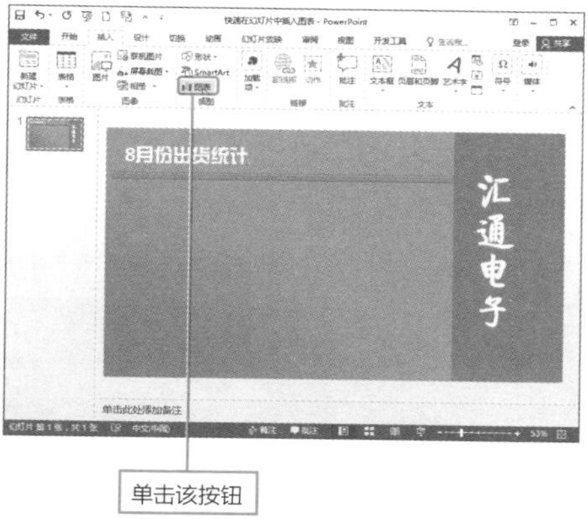

2 打开“插入图表”对话框，选择“三维簇状柱形图”选项，单击“确定”按钮。

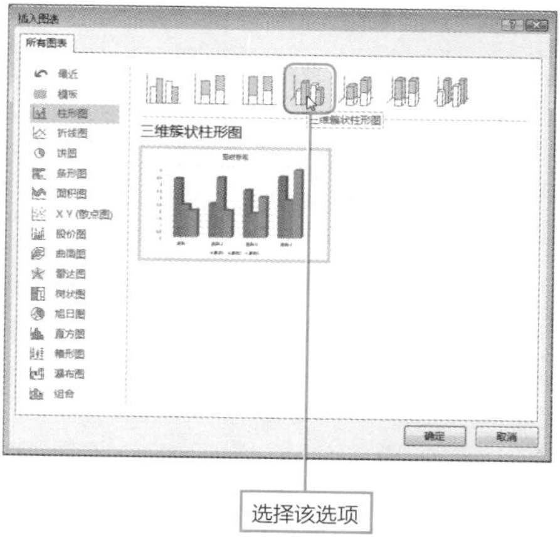

3 在自动弹出的工作表中，按照要求输入合理有效的数据。

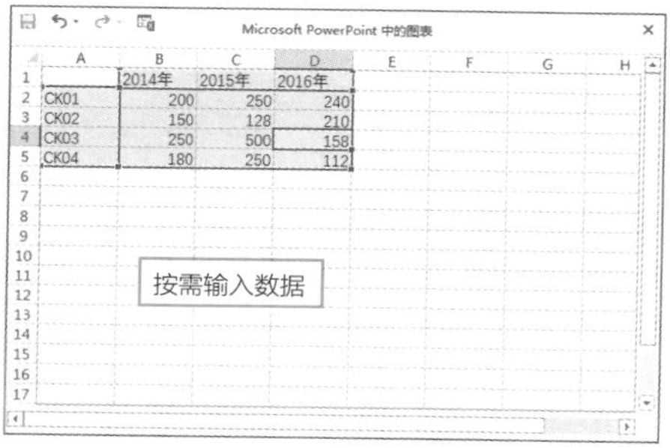

4 关闭工作表，调整所插入图表的大小和位置即可。

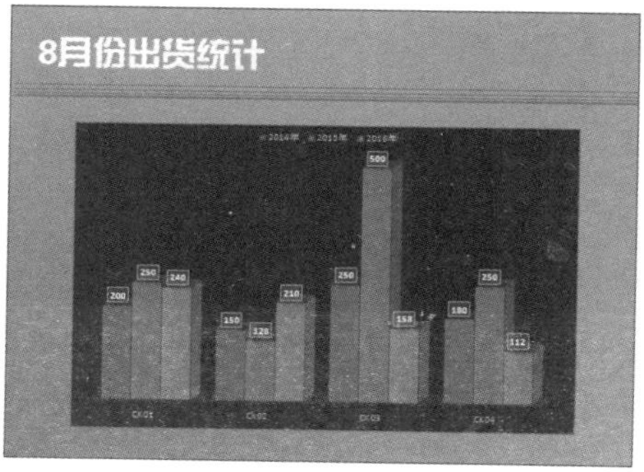

Question

457 轻松改变图表的类型

语音视频教学457

● Level ◆◆◆

2016 2013 2010

实例 图表类型的更改

完成图表的创建后，发现所选择的图表类型不能明确的表达数据信息，若重新创建图表，则需要再次录入数据，为了避免重复劳动外，用户可以直接对图表进行更改。

1 打开演示文稿，选择图表，单击“图表工具－设计”选项卡上的“更改图表类型”按钮。

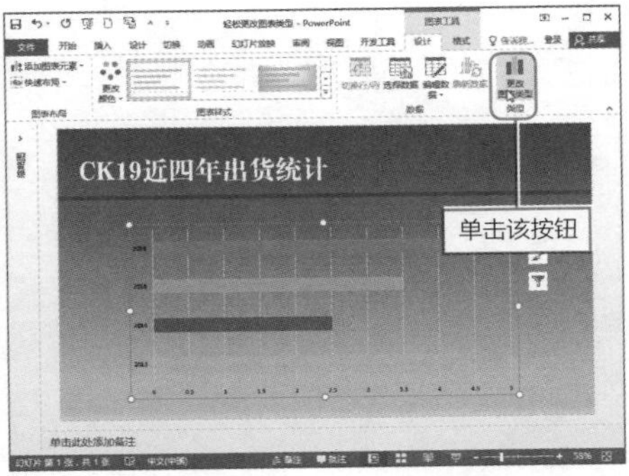

2 打开“更改图表类型”对话框，选择合适的图表类型，单击“确定”按钮。

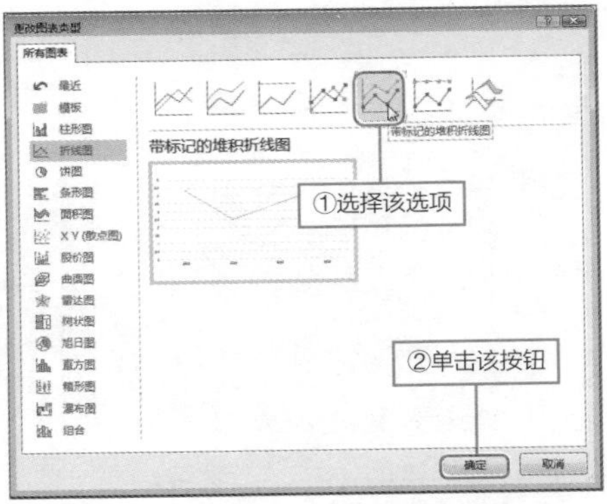

3 随后即可发现原有图表已经发生变化。

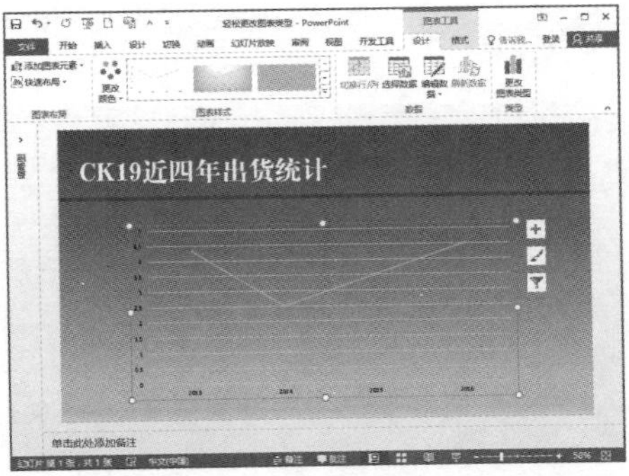

Hint

更改图表颜色

单击“图表工具－设计”选项卡上的“更改颜色”按钮，从展开的列表中选择即可。

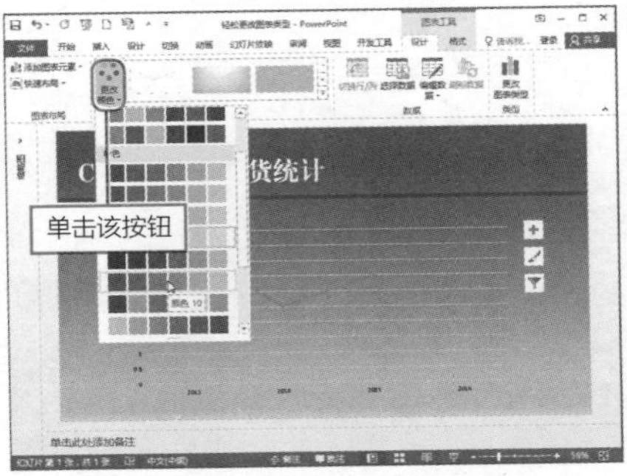

Question
458 让图表的布局更加美观

语音视频
教学458

● Level ◆◆◆

2016 2013 2010

实例 图表布局的更改方法

当插入图表后，用户可以根据需要对图表的标题、数据标签、图例等属性进行设置，以使图表的布局更加的美观。

❶ 常规更改法。选择图表，单击“图表工具-设计”选项卡上的“快速布局”按钮。

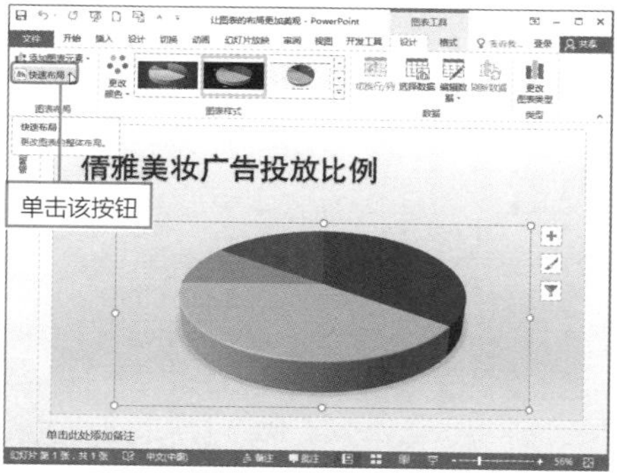

❷ 从展开的列表中选择合适的布局即可，这里选择“布局4”选项。

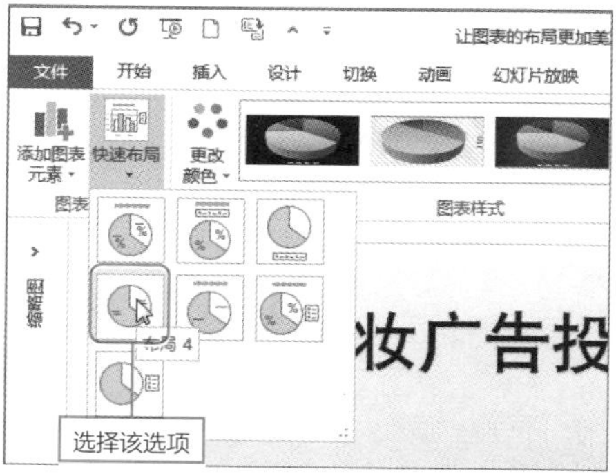

❸ 浮动选项更改法。选中图表，单击右侧的“图表元素”按钮，勾选“数据标签”选项，然后从其关联菜单中选择“数据标签外”选项。

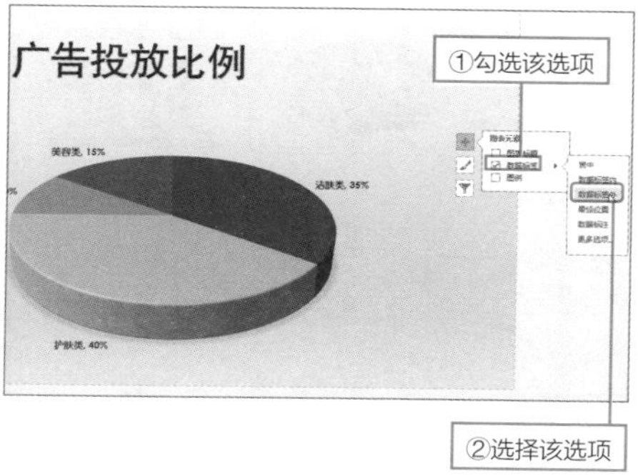

❹ 功能区按钮更改法。单击“添加图表元素”按钮，从列表中选择合适的选项，然后从其关联菜单中再进行选择即可。

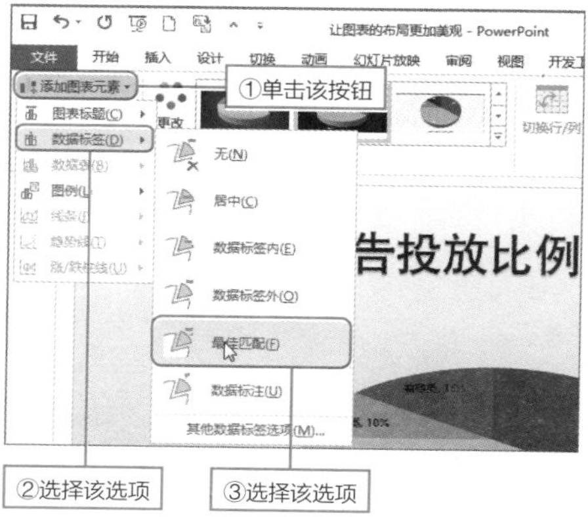

Question 459

将设置好的图表保存为模板

语音视频教学459

Level ◆◆◆

2016 2013 2010

实例 将图表保存为模板

在工作中，经常会需要用到同一类型的模板，为了节约办公时间，可以将已经设置好的图表作为模板保存起来，在下次使用时，就无需从头开始设置，直接调用模板进行制作即可。

1 打开演示文稿，右击图表，从弹出的快捷菜单中选择“另存为模板”命令。

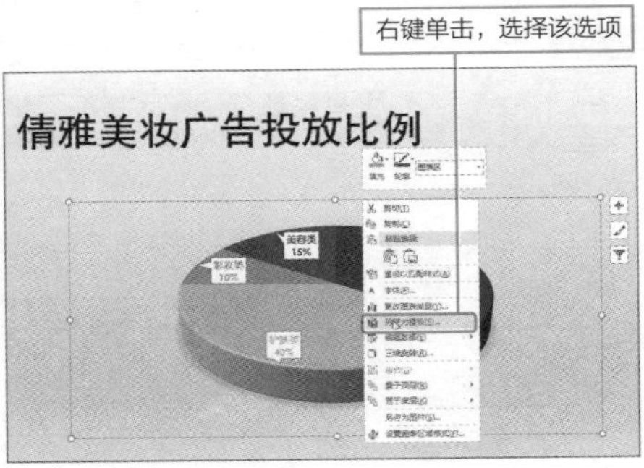

2 打开“保存图表模板”对话框，输入文件名，单击“保存”按钮。

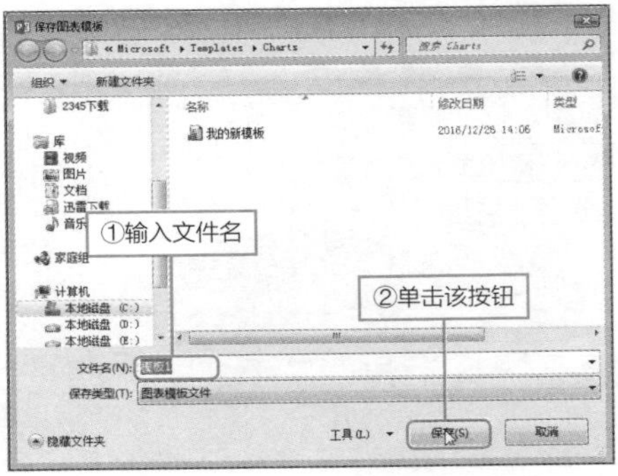

3 在使用时，只需切换至“插入”选项卡，单击“图表”按钮。

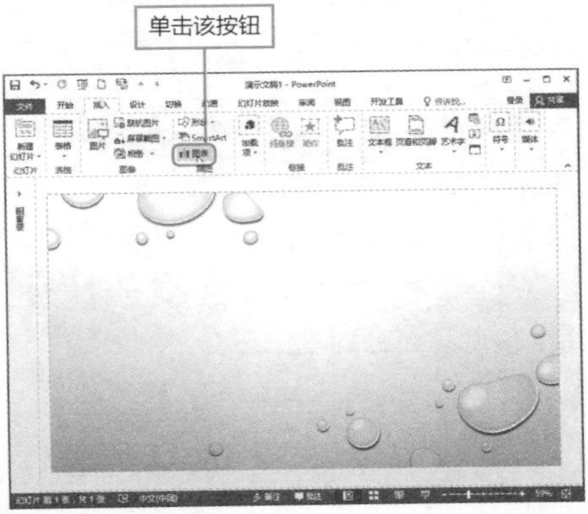

4 打开“插入图表”对话框，切换至“模板”选项并从中进行选择，最后单击“确定”按钮。

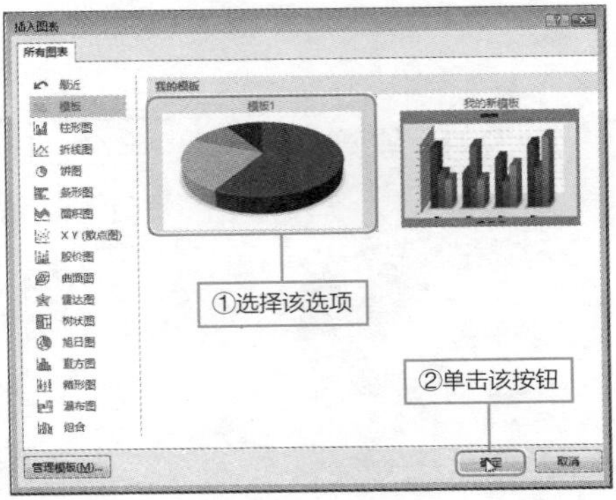

Question

460

● Level ◆◆◆

2016 2013 2010

一秒钟创建艺术字效果

语音视频教学460

实例 应用艺术字

在制作宣传类、广告类、策划类的演示文稿时，为了突出显示某个重点，或者公司名称，通常会将这些字体艺术化处理，下面介绍如何在幻灯片页面中直接插入艺术字。

1 打开演示文稿，单击“插入”选项卡上的“艺术字”按钮。

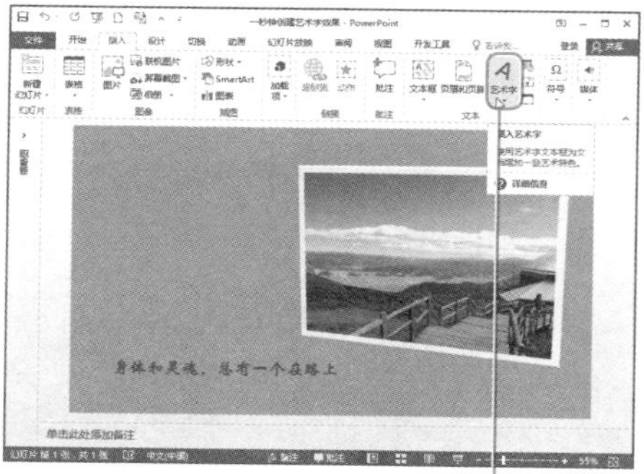

2 从展开的列表中选择“填充-黑色，文本1，轮廓-背景1，清晰阴影-背景1”选项。

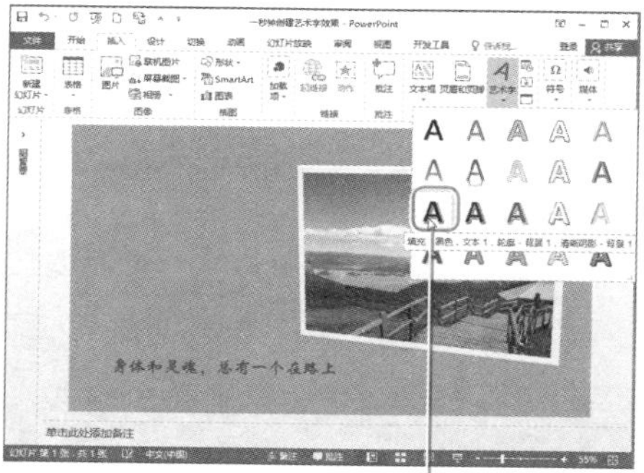

3 在页面中会出现“请在此放置您的文字”占位符。

4 将光标定位至占位符中，输入文本，更改文本字体，并将其移至页面中的合适位置即可。

Question
461

● Level ◆◆◆

2016 2013 2010

为艺术字文本设置合适的颜色

语音视频
教学461

实例 更改艺术字填充效果

默认的艺术字颜色是根据当前幻灯片的主题颜色提供的，若用户觉得当前艺术字颜色不够醒目，则可以对艺术字的填充色进行更改，其具体操作过程介绍如下。

1 选择文本，单击“绘图工具－格式”选项卡上的“文本填充”按钮，从展开的列表中选择合适的颜色即可。

单击该按钮

2 若对列表中的颜色不满意，则可以选择“其他填充颜色”选项，在打开的“颜色”对话框中选择合适的颜色。

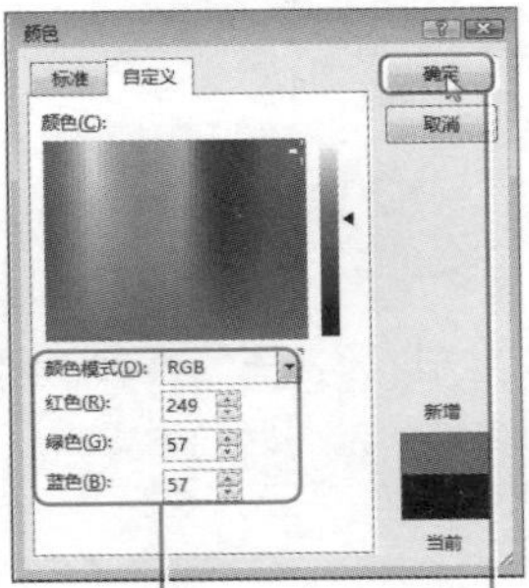

①自定义颜色　②单击该按钮

3 若在“文本填充”列表中选择“图片”选项，可以根据提示使用文件夹中的图片或者剪贴画对艺术字进行填充。

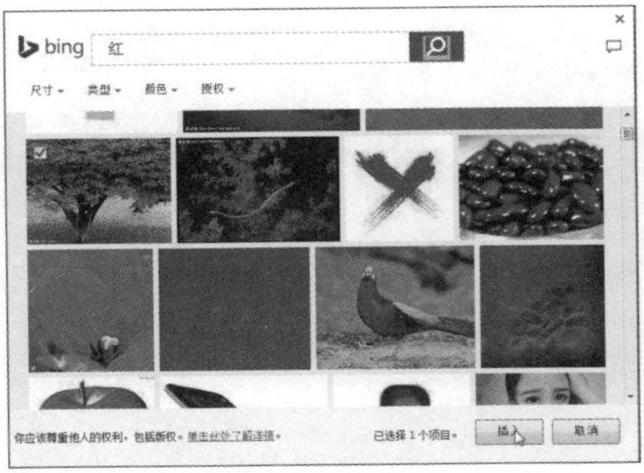

Hint

取色器有妙用

为了让文本颜色和幻灯片页面颜色匹配，可以使用幻灯片中的一种颜色作为文本填充色。选择“取色器”选项，鼠标光标将变为吸管的形状，吸取合适的颜色对文本进行填充即可。

Question 462

巧妙设置艺术字边框

Level ◆◆◆

2016 2013 2010

语音视频教学462

实例 更改艺术字边框效果

为了让艺术字效果更佳，还可以为艺术字设置边框，其中包括边框颜色、边框粗细以及边框线型，下面将对其进行介绍。

1 设置边框颜色。选择文本，单击“绘图工具－格式”选项卡上的“文本轮廓”按钮，从展开的列表中选择合适的颜色。

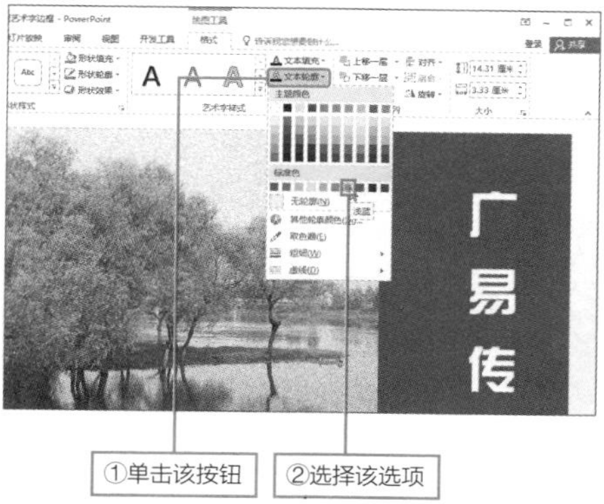

2 设置边框粗细。从展开的列表中选择“粗细”选项，从其关联菜单中选择“1.5磅”选项。

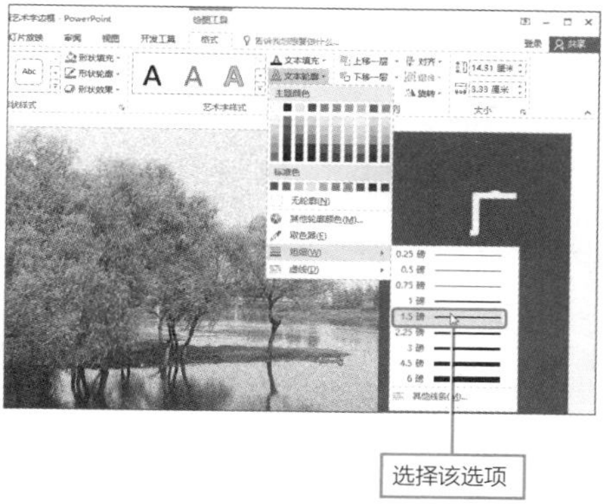

3 设置边框线型。从展开的列表中选择“虚线”选项，然后从其关联菜单中选择“长划线”选项。

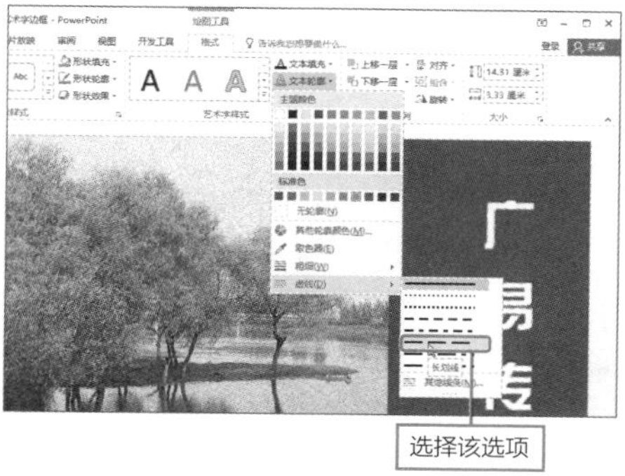

Hint

巧妙自定义艺术字边框

单击“艺术字样式”组的对话框启动器按钮，在打开的窗格中选择“文本选项>文本填充与轮廓”命令，在“文本边框”选项进行设置。

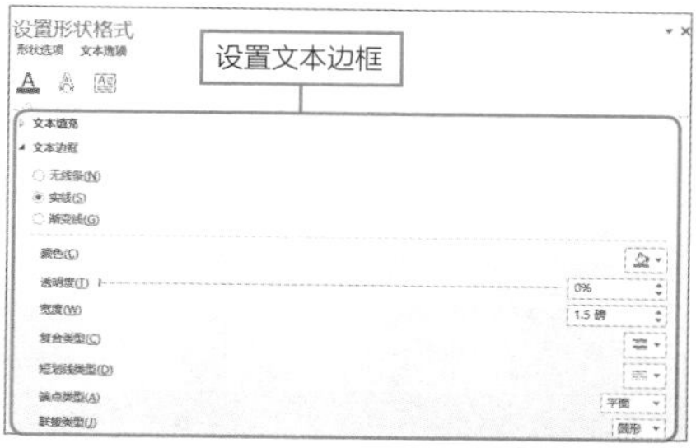

Question
463 艺术字特殊效果的设置

语音视频教学463

实例 为艺术字设置阴影、映像等效果

● Level ◆◆◆

2016 2013 2010

为了使幻灯片中的艺术字标题更加的绚丽多彩、引人注目，用户可以为其应用阴影、映像等效果，以增强文字的立体感。在此将对常见的特殊效果设置操作进行介绍。

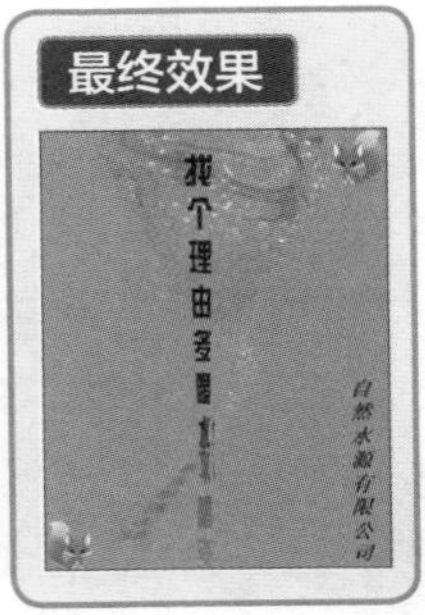

❶ 设置阴影效果。选择文本，单击“绘图工具－格式”选项卡上的“文本效果”按钮，选择“阴影”选项，从其关联菜单中选择合适的选项。

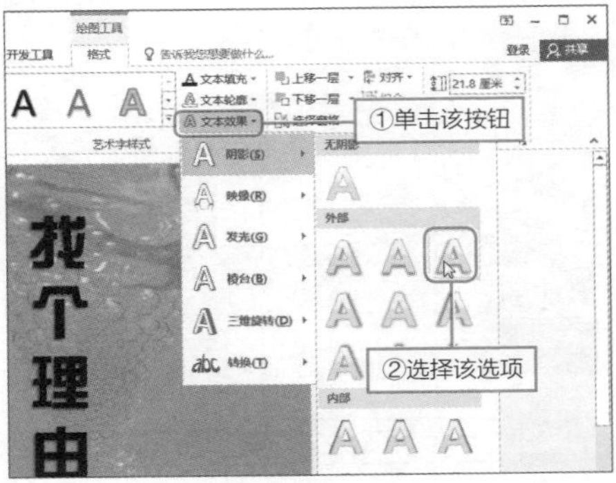

❷ 设置映像效果。从“文本效果”列表中选择“映像”选项，从其关联菜单中选择“紧密映像，4pt偏移量”选项。

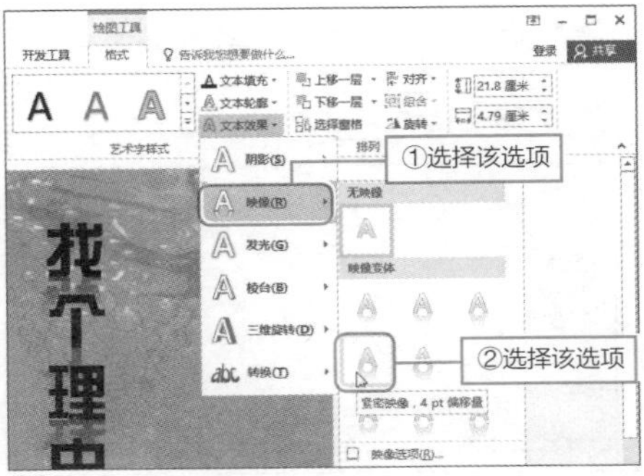

❸ 转换文本。从“文本效果”列表中选择“转换”选项，从其关联菜单中选择“倒梯形”选项。

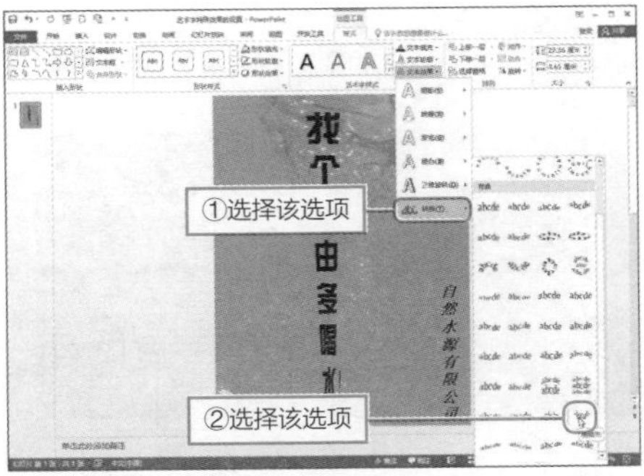

第17章 464~490

动态幻灯片编辑技巧

Question

464 借用视频文件增加演示效果

语音视频教学464

• Level ◆◆◆

2016 2013 2010

实例 在幻灯片中插入视频文件

在制作幻灯片时，为了更好的向观众说明某项观点，或者介绍某种事物，用户可以在页面中插入相关的视频文件，以增强演示文稿对观众的视觉冲击力。

❶ 选择幻灯片，切换至“插入”选项卡，单击“视频”按钮。

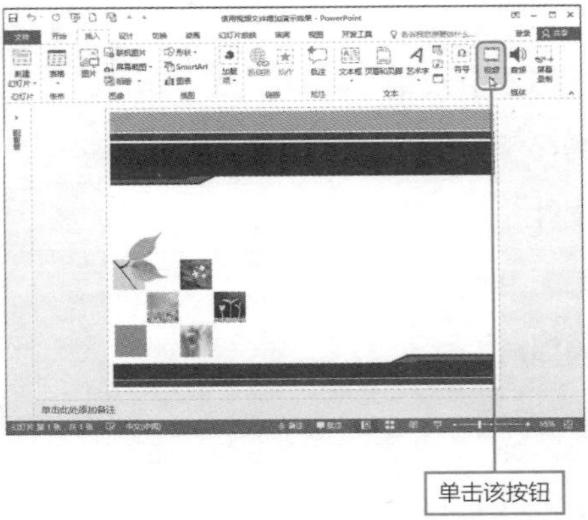

❷ 在展开的列表中选择“PC上的视频”选项。

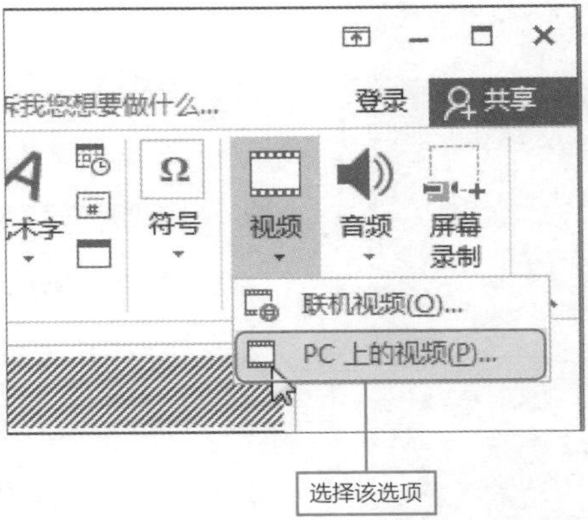

❸ 打开“插入视频文件”对话框，选择合适的视频。单击“插入”按钮。

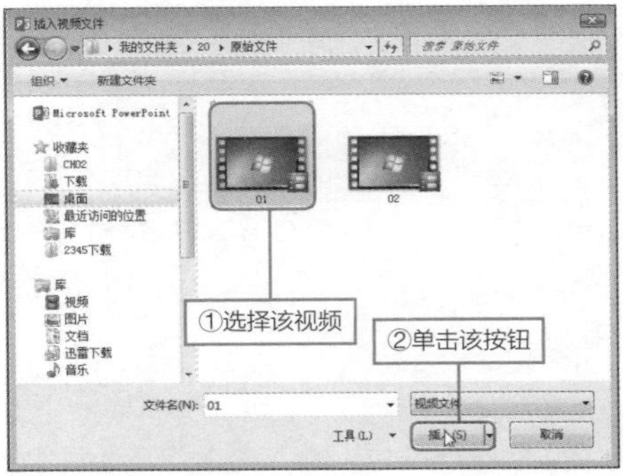

❹ 调整视频窗口的大小和位置，单击窗口下方的“播放/暂停”按钮，预览视频播放效果。

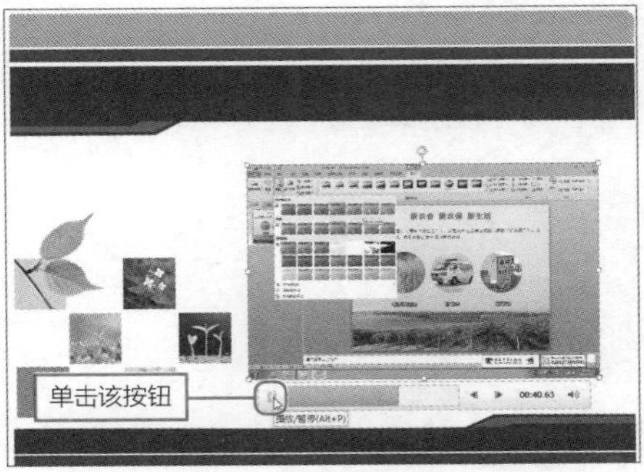

Question 465

装饰视频文件的显示效果

语音视频教学465

Level ◆◆◆

2016 2013 2010

实例　美化视频

在幻灯片页面中插入视频后，还可以根据需要对视频文件进行美化，使其与整个幻灯片背景相协调，下面将对其进行详细介绍。

1 应用快速样式。选择视频，单击“视频工具－格式”选项卡上“视频样式”组的“其他”按钮，从展开的列表中选择合适样式。

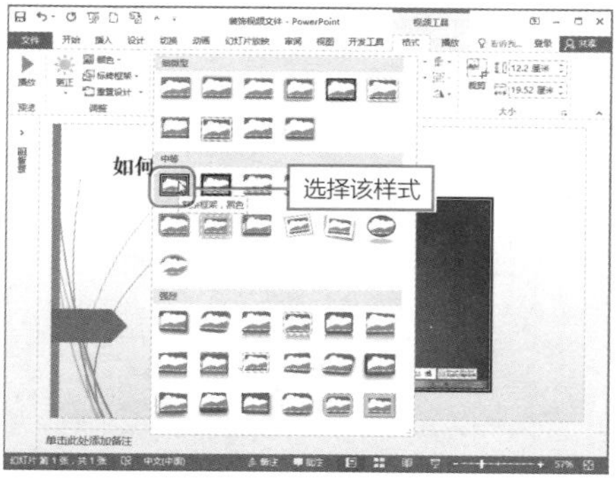

2 更改视频形状。单击“视频形状”按钮，从展开的列表中选择合适的形状即可。

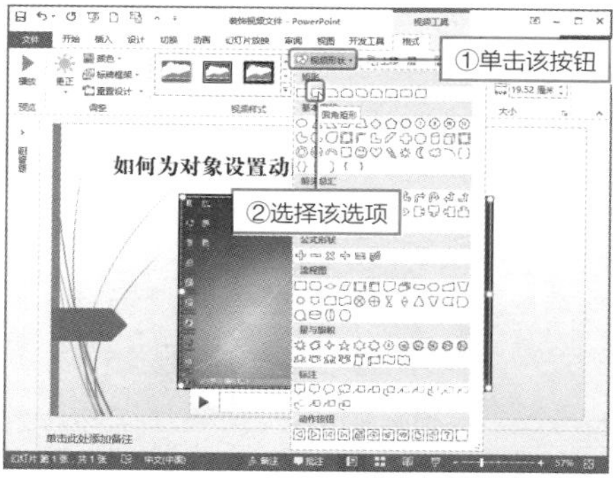

3 设置视频边框。单击“视频边框”按钮，从展开的列表中，可以设置视频边框颜色、粗细、线型等。

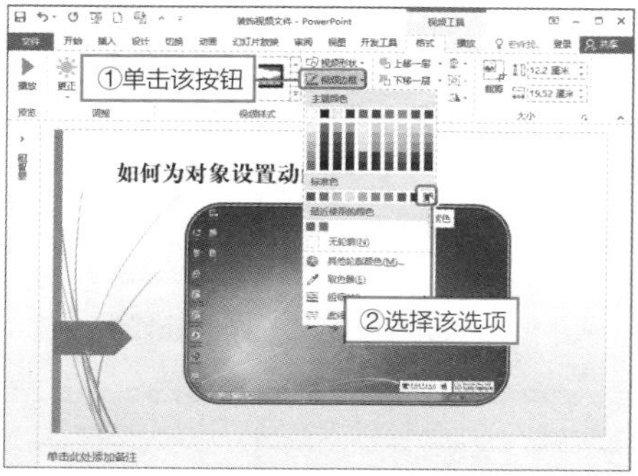

4 设置视频效果。单击“视频效果”按钮，从展开的列表中选择相应选项，然后从其关联菜单中选择即可。

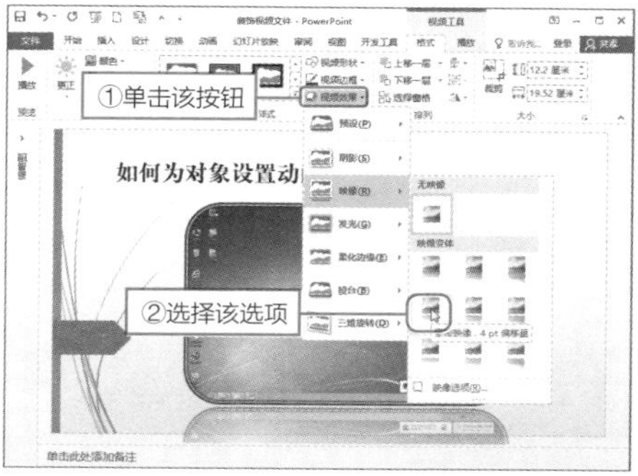

Question

466 按需裁剪视频文件

语音视频
教学466

• Level ◆◆◆

2016 2013 2010

实例	裁剪视频文件

若插入视频文件后，发现插入的视频过长，或者有冗余部分，可以对视频进行裁剪，保留最精华的部分，下面将介绍如何对视频进行裁剪。

❶ 选择视频，切换至“视频工具-播放”选项卡，单击“编辑”组的“剪裁视频”按钮。

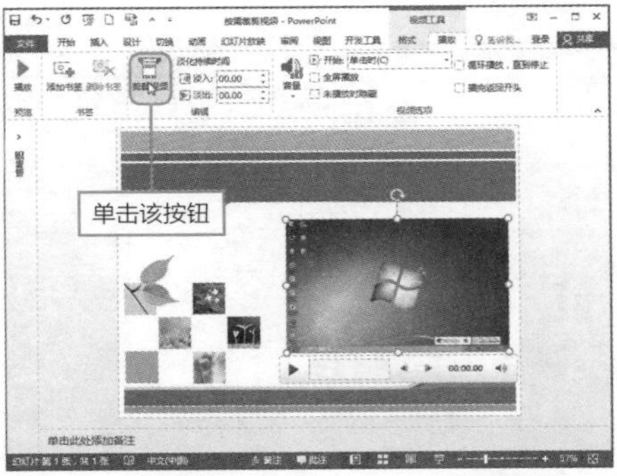

❷ 弹出“剪裁视频”对话框，设置视频的“开始时间”与“结束时间”。

❸ 设置完成后，单击“确定”按钮返回页面，为了让视频的出现更加的自然，可以通过“编辑”组的“淡入”和“淡出”数值框设置视频的淡入和淡出时间。

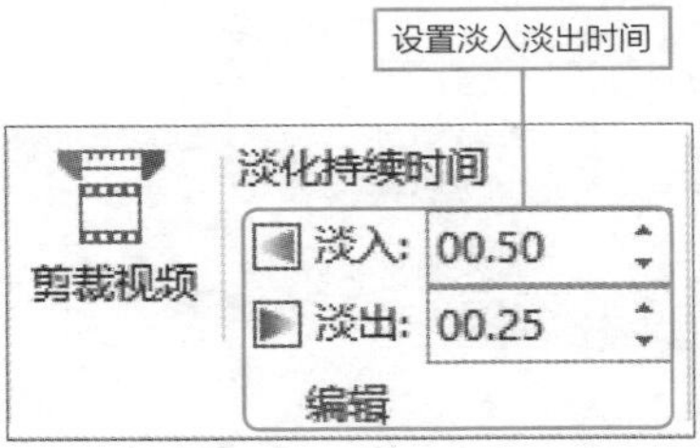

❹ 单击“播放”按钮，预览视频裁剪后的效果。

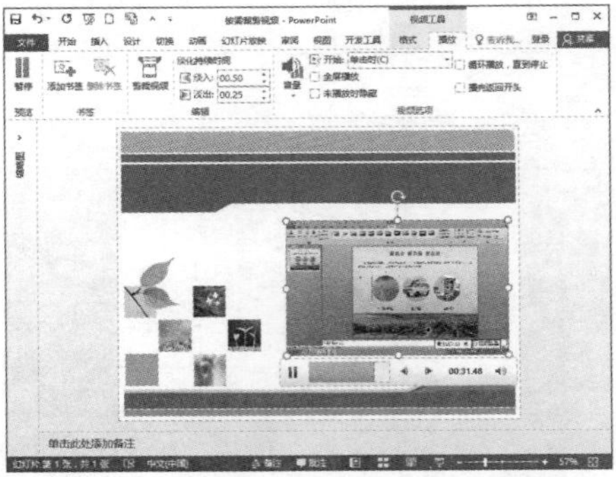

预览裁剪视频效果

Question 467

Level ◆◆◆

2016 2013 2010

在视频中也能插入书签

语音视频教学467

实例　为视频添加书签

书签是用于标记阅读到什么地方，记录阅读进度而夹在书里的小薄片儿。在演示文稿的视频中也能添加书签，以指定在特定的时间点开始播放视频。下面将对这一神奇的操作进行介绍。

1. 播放视频至某个时间点，切换至“视频工具－播放”选项卡。

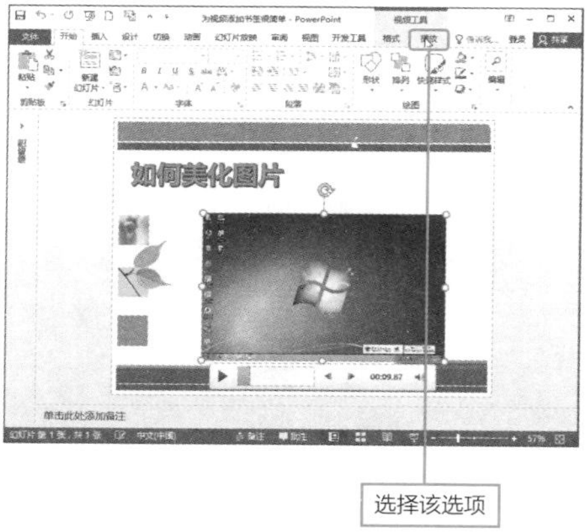

2. 单击“书签”组中的“添加书签”按钮。

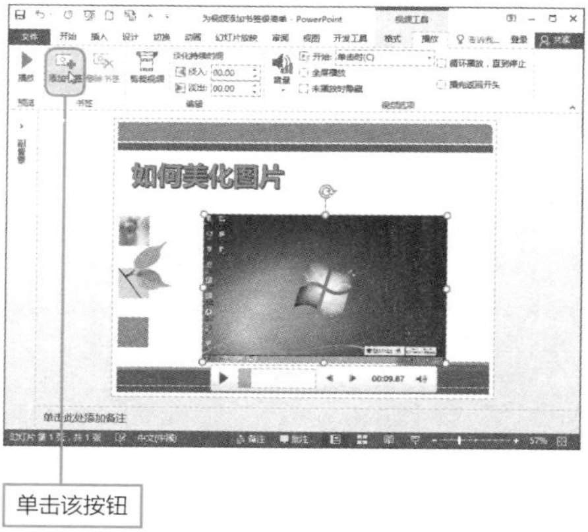

3. 切换至“动画”选项卡，选择书签，在“动画”组中选择“搜寻”动画效果。

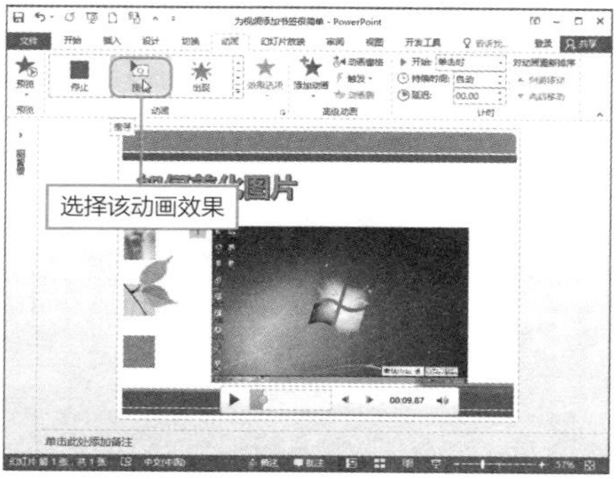

4. 单击“计时”组中“开始”右侧的下拉按钮，从展开的列表中选择“与上一动画同时”选项，并设置动画延迟时间为“00.25”。

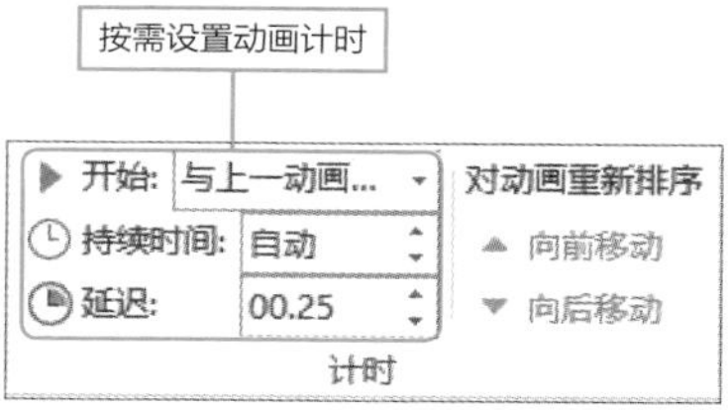

Question

468 巧妙设计视频的播放形式

语音视频教学468

● Level ◆◆◆

2016 2013

实例	视频的播放设置

为了配合演讲，用户需要对视频的播放形式进行设置，比如视频的开始方式、音量大小、是否全屏播放、是否循环播放等，下面将对这些效果的设置进行介绍。

❶ 设置视频开始方式。选择视频，切换至“视频工具－播放”选项卡，单击“开始”右侧下拉按钮，从列表中选择“自动”选项。

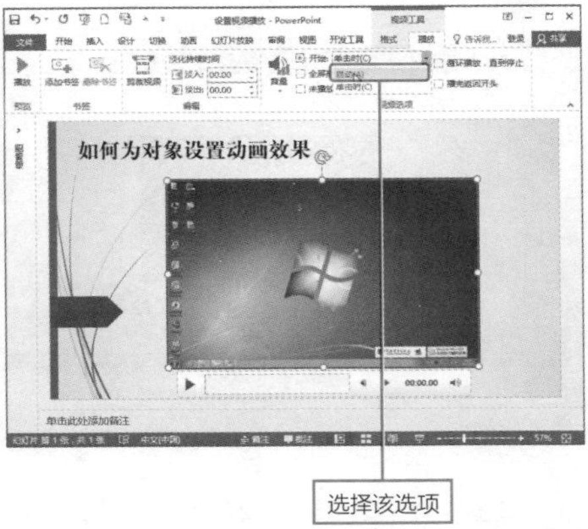

❷ 调节播放时音量。单击“音量”按钮，从展开的列表中选择“中”。

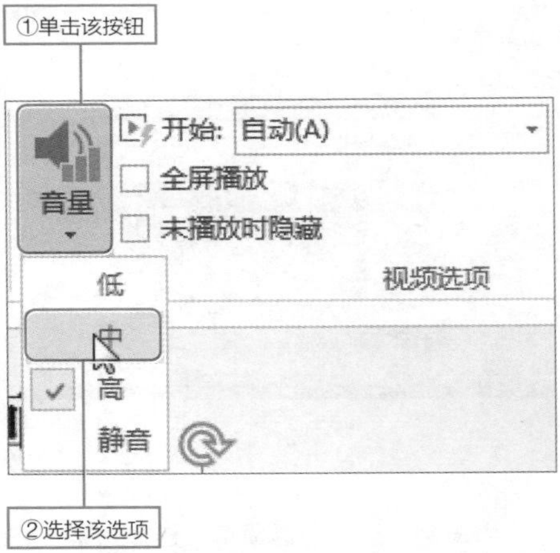

❸ 设置全屏播放以及未播放时隐藏。在“视频选项”组中勾选“全屏播放”和“未播放时隐藏”复选框即可。

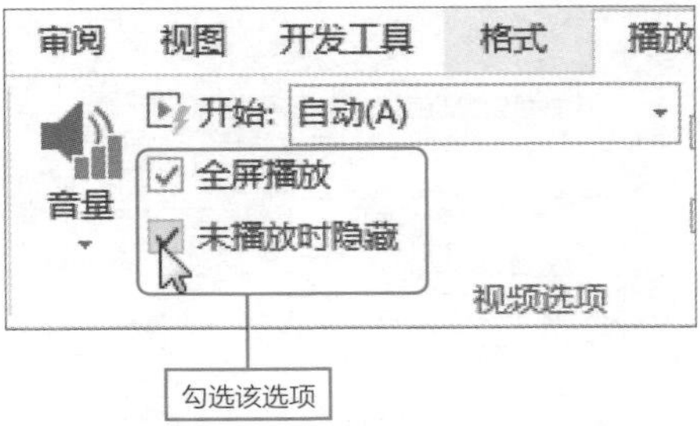

❹ 设置循环播放。在“视频选项”组中，勾选“循环播放，直到停止”以及“播完返回开头”复选框即可。

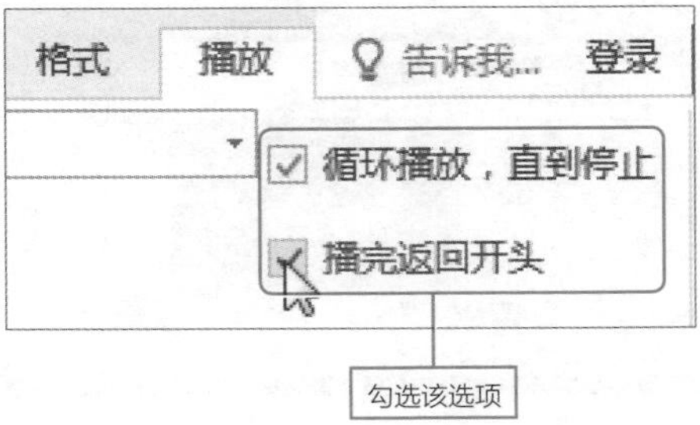

Question

469

● Level ◆◆◆

2016 2013

播放Flash动画很容易

语音视频教学469

实例 在幻灯片中添加Flash动画

在幻灯片中不仅可以插入视频文件，还可以插入精美的Flash动画文件，下面将对Flash动画的插入和播放进行介绍。

❶ 选择文本，切换至“插入”选项卡，单击“链接”按钮。

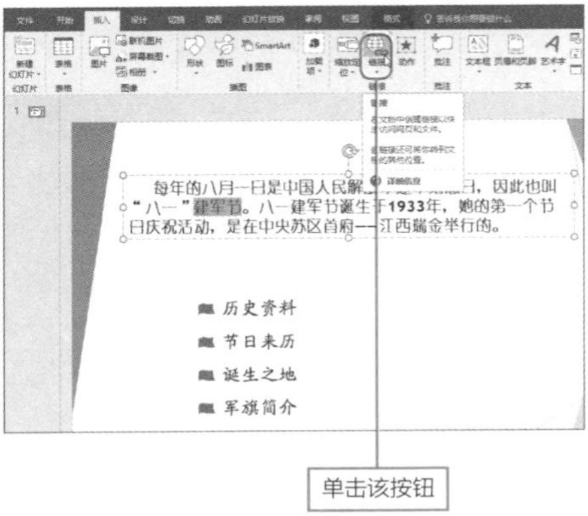

❷ 打开“插入超链接”对话框。在“链接到”选项中选择“现有文件或网页”选项，在“查找范围”选项中选择“当前文件夹”选项，然后选择适当的文件，单击“确定”按钮。

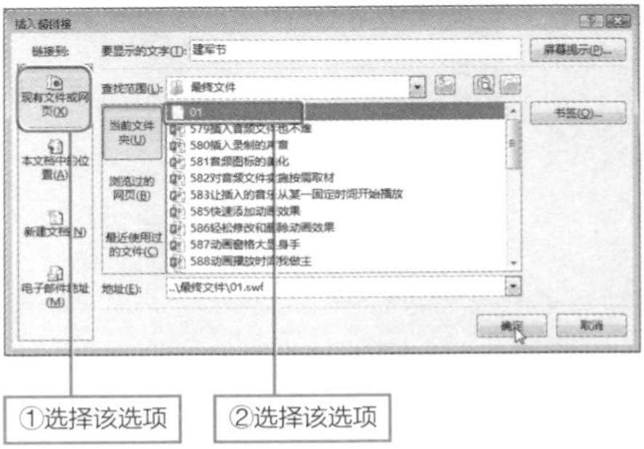

❸ 放映幻灯片，将鼠标移至超链接处，会出现超链接提示，单击超链接文本。

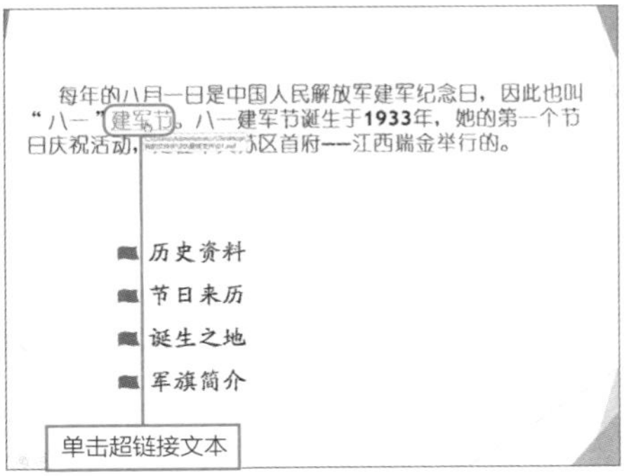

❹ 在打开动画文件之前，会弹出一个提示对话框，单击“确定”按钮，即可打开动画文件。

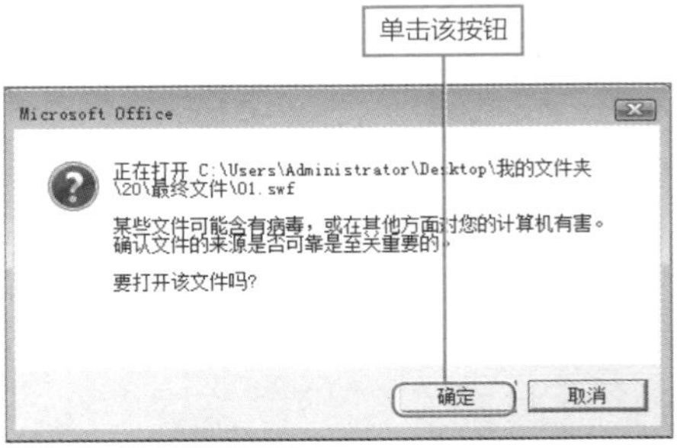

Question 470

插入音频文件也不难

语音视频教学470

实例 音频文件的插入

Level ◆◆◆

2016 2013 2010

在演示文稿中不仅可以插入视频文件，还可以插入指定的音频文件，常见的有背景音乐、动作音效等。下面将以插入幻灯片背景音乐为例进行介绍。

1 选择幻灯片，切换至“插入”选项卡，单击“媒体”组的“音频”下拉按钮。

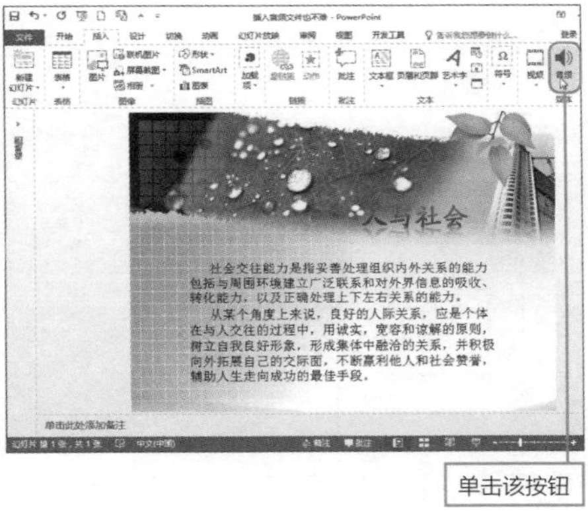

2 从展开的列表中选择“PC上的音频”选项。

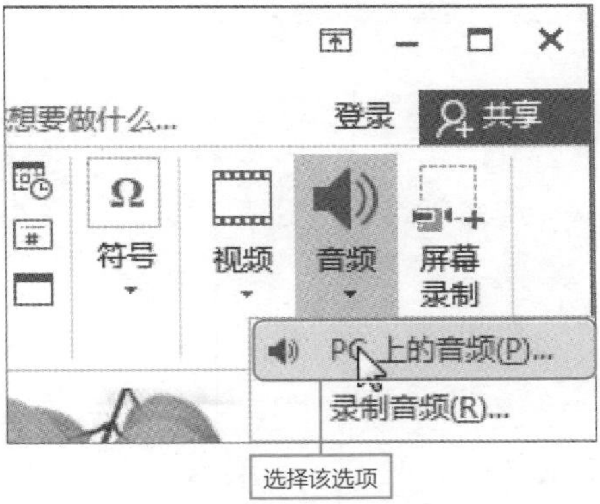

3 打开“插入音频”对话框，选择需要插入的音频文件，单击“插入”按钮。

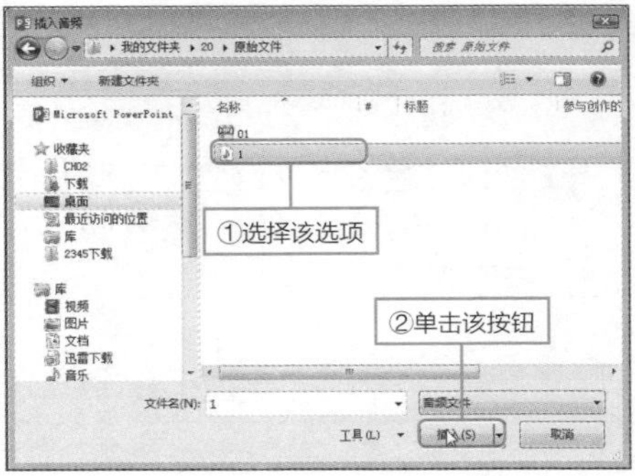

4 将音频文件插入到幻灯片，幻灯片中会显示小喇叭图标，将其移至幻灯片的合适位置即可。

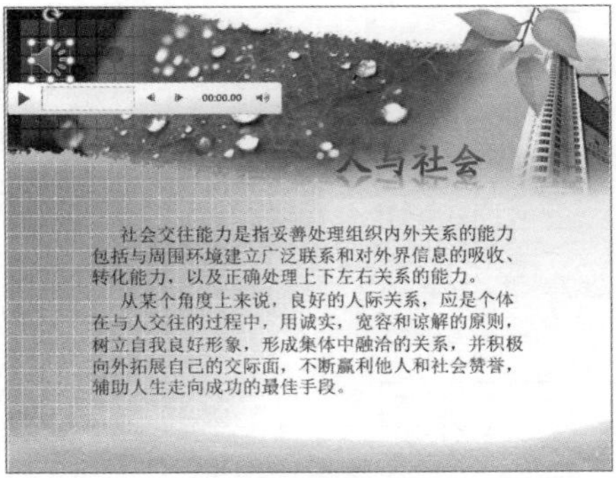

Question

471

● Level ◆◆◆

2016 2013 2010

音频图标的美化

语音视频教学471

实例 美化声音图标

插入音频文件后，为了美化幻灯片界面，通常会对音频文件的显示效果进行设置，下面将介绍如何美化声音图标。

❶ 选择音频，切换至“音频工具－格式”选项卡上，单击“更改图片”按钮。

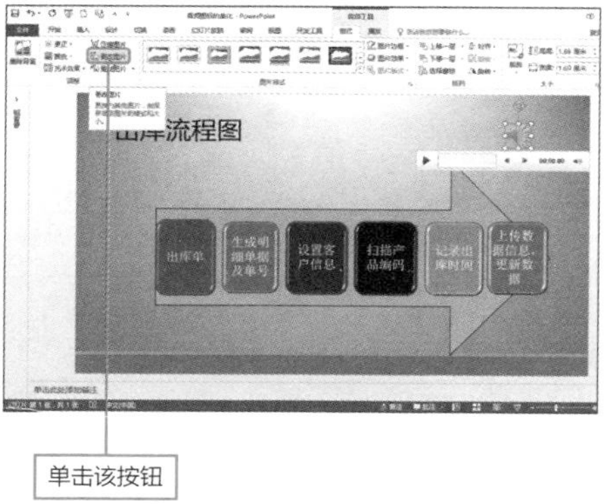

❷ 打开“插入图片”窗格，在文本框中输入关键词“声音”，单击“搜索”按钮。

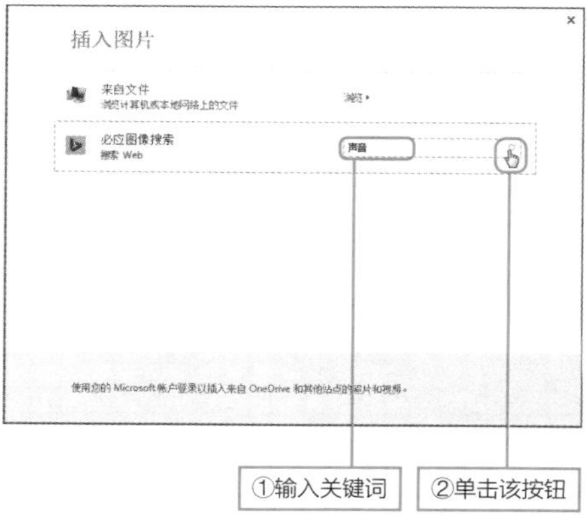

❸ 在展开的搜索列表中，选择合适的剪贴画，单击“插入”按钮。

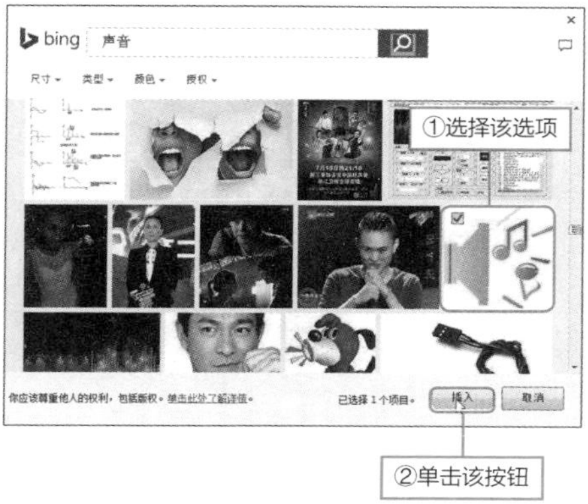

❹ 更改声音图标完成后，可以在“格式”选项卡像美化图片一样，继续进行美化。

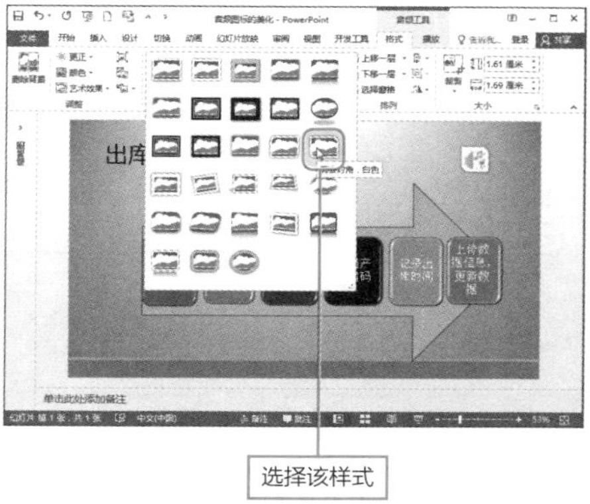

Question

472 对音频文件实施按需取材

语音视频教学472

• Level ◆◆◆

2016 2013 2010

实例 裁剪音频文件

如果插入幻灯片页面中的音乐过长，用户希望只播放高潮部分的音乐，则可以根据需要将多余的部分裁剪，下面将介绍如何剪裁音频，并设置淡入和淡出效果。

① 打开演示文稿，选择音频，切换至“音频工具-播放”选项卡。

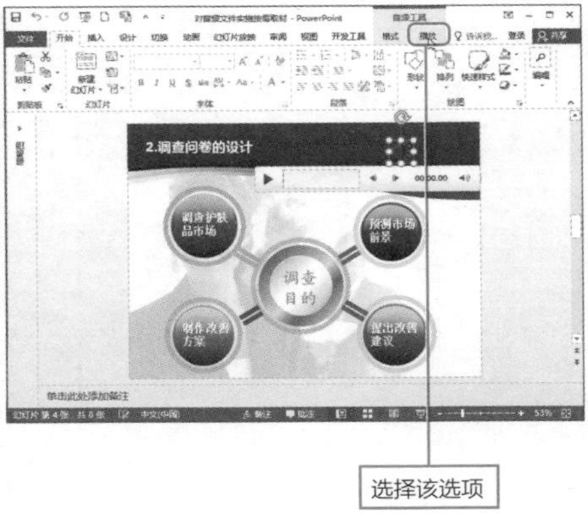

② 单击“编辑”组上的“剪裁音频”按钮。

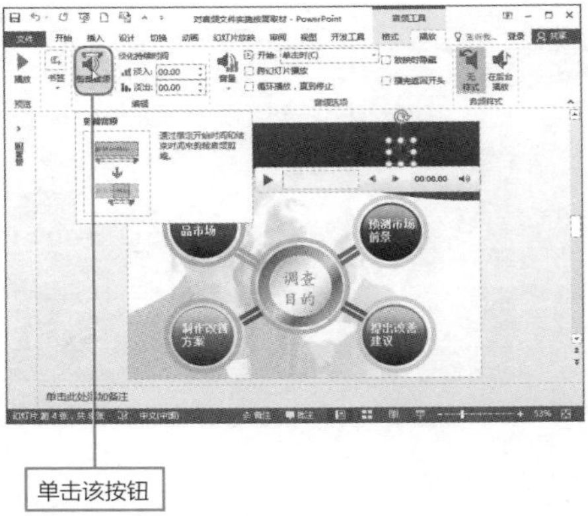

③ 打开“剪裁音频”对话框，拖动控制手柄调整开始时间和结束时间，也可以通过“开始时间”和“结束时间”数值框来设置，设置完成后，单击“确定”按钮。

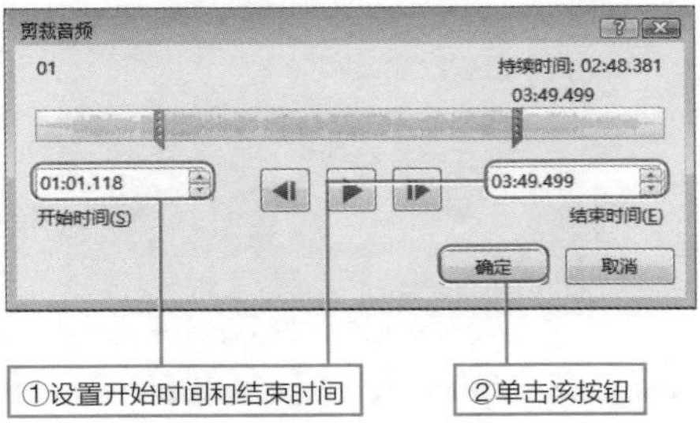

④ 为了让声音的出现更加的自然，可以通过“编辑”组的“淡入”和“淡出”数值框设置声音的淡入和淡出时间。

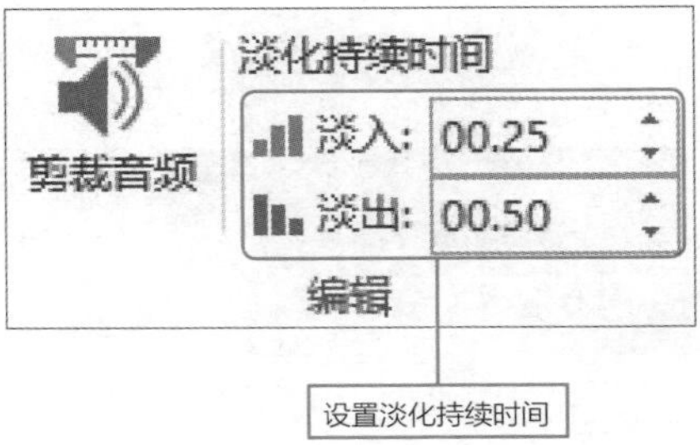

Question

473

让插入的音乐从某一固定时间开始播放

语音视频教学473

● Level ◆◆◆

2016 2013 2010

实例 为音频添加书签

用户在播放音频时，如果想从某个时间点开始播放，那么可以为音频添加书签，以通过触发动画跳转至指定的时间点，下面将对这一效果的实现进行详细介绍。

1 选择音频，调整播放进度至合适点后，切换至“音频工具－播放”选项卡。单击“书签”组的“添加书签”按钮。

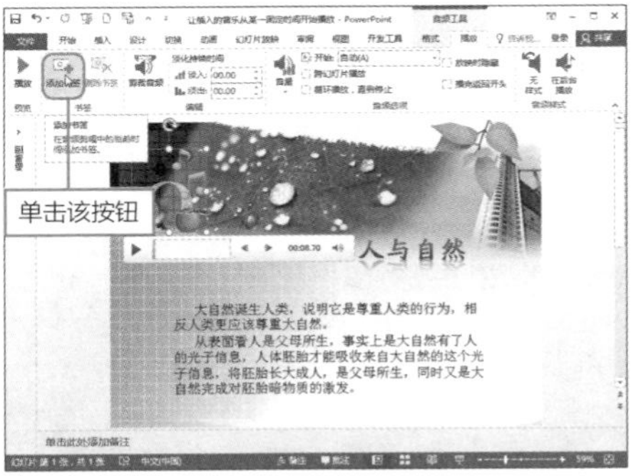

2 切换至“动画”选项卡，选择“动画”组的“搜寻”动画效果。

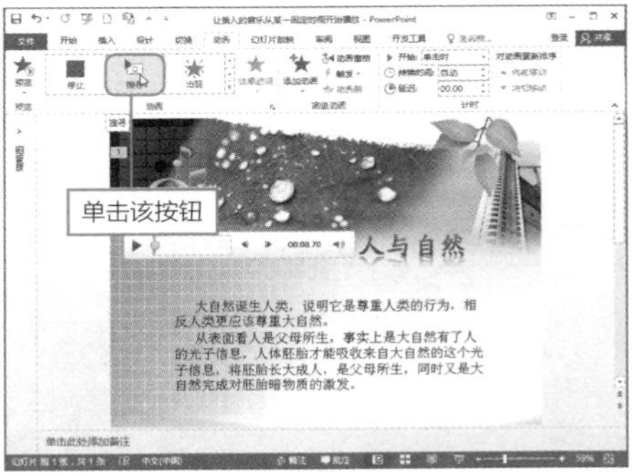

3 单击“计时”组中“开始”右侧下拉按钮，从展开的列表中选择“与上一动画同时”选项。

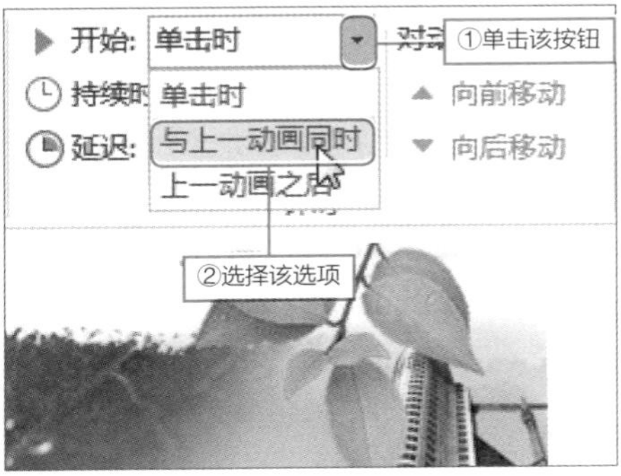

Hint

如何删除书签

选择书签，单击“音频工具－播放”选项卡上的“删除书签”按钮即可。

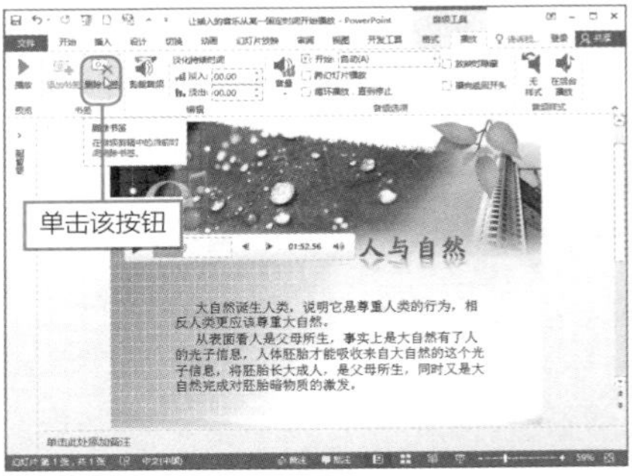

Question

474 让插入的音乐循环播放

语音视频教学474

● Level ◆◆◆

2016 2013 2010

实例 循环播放幻灯片中的音乐

若想让插入的音乐在多张幻灯片中循环播放，则可以通过选项设置来实现其需求。在此，将对其该效果的制作方法进行介绍。

① 选择音频，切换至“音频工具－播放”选项卡。

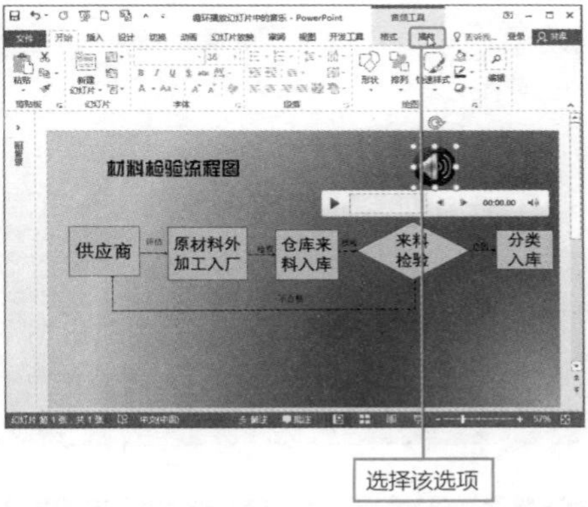

② 随后直接单击“音频样式”组的“在后台播放”按钮，即可让音乐跨幻灯片循环播放，且在播放时会隐藏声音图标。

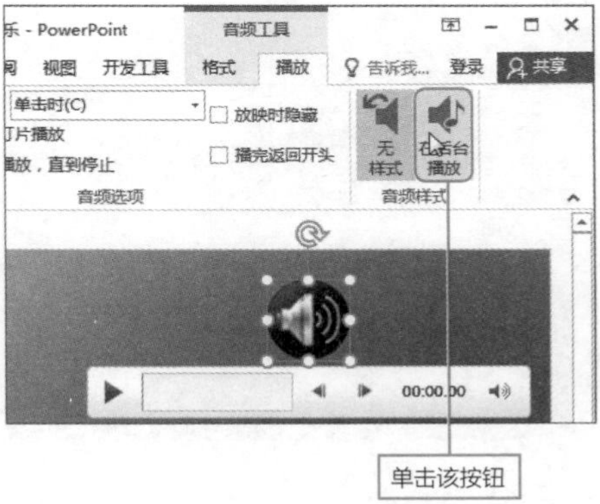

③ 若勾选“音频选项”组中的“跨幻灯片播放”以及“循环播放，直到停止”复选框，则也可实现音乐的循环播放。不同的是，在播放过程中会显示声音图标。

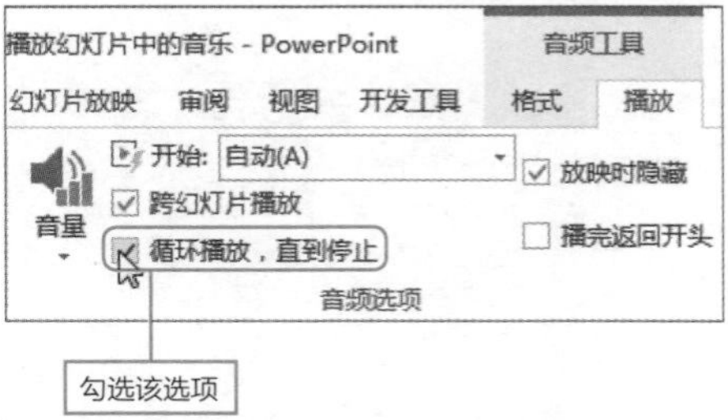

Hint

如何让音乐播放完毕后返回开头

在“音频选项”组中勾选“播完返回开头”复选框即可。

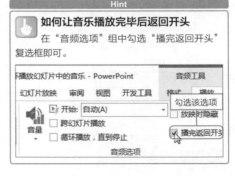

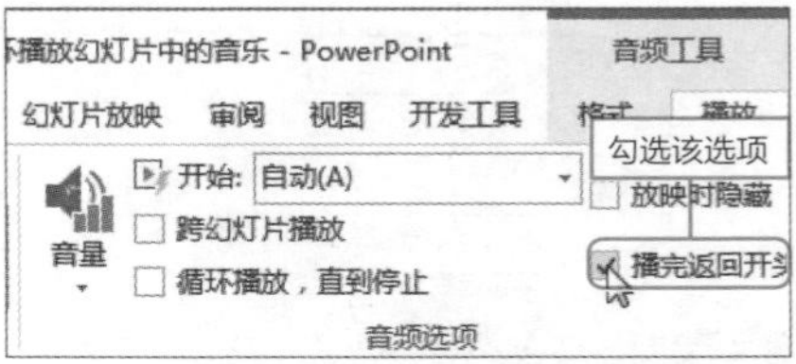

Question

475

● Level ◆◆◆

2016 2013 2010

快速添加动画效果

语音视频教学475

实例 进入动画效果的设置

为了让整个演示文稿的显示效果更佳，可以为演示文稿中的特定对象添加动画效果，从而使整个画面更加动感，更加引人注目。在此，将以最常见的进入动画效果为例进行介绍。

1 选择文本对象，切换至“动画”选项卡，单击“动画”组中的“其他”按钮。

2 从展开的列表中选择“随机线条”效果。

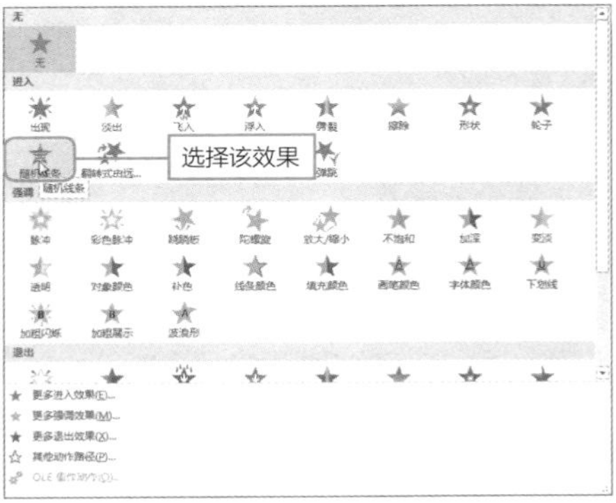

3 若在动画列表中没有找到满意的进入动画效果，则可以选择“更多进入效果”选项，打开“更改进入效果”对话框，从中进行选择，最后单击“确定”按钮。

4 为了使该效果更加符合实际需要，用户可以为其指定效果。即单击“效果选项”按钮，从展开的列表中选择“垂直”选项。

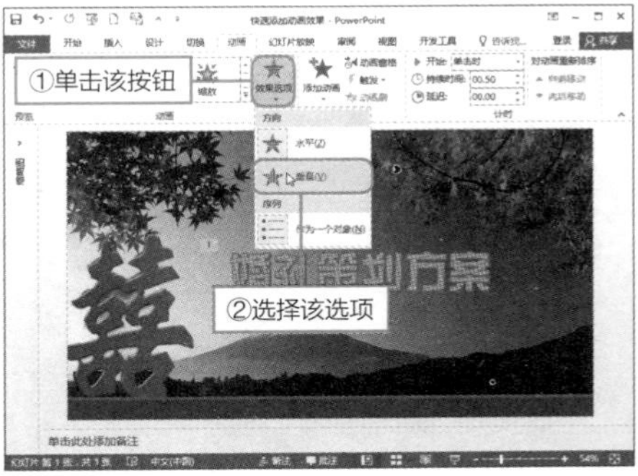

Question **476**

● Level ◆◆◆

2016 2013 2010

轻松修改和删除动画效果

语音视频教学476

实例 更改和删除动画效果

添加动画效果后，若用户对当前动画效果不满意，想要更改为其他动画效果，或者觉得当前动画多余，想要将其删除，该如何操作呢？在此，将对上述两种情况进行介绍。

1. 选择动画对象，切换至“动画”选项卡，单击“动画”组的“其他”按钮。

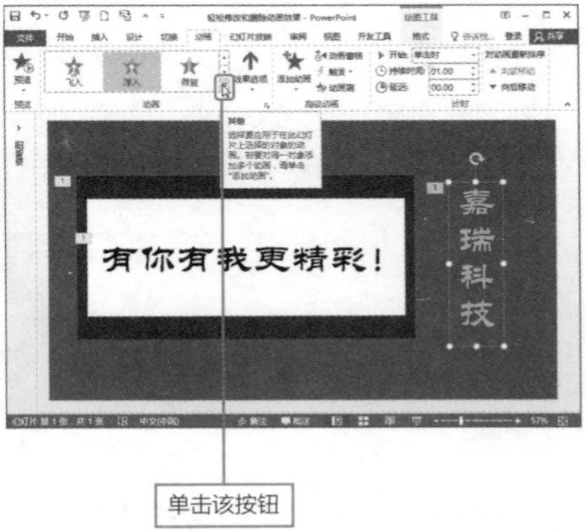

2. 从展开的列表中选择“随机线条”动画效果。

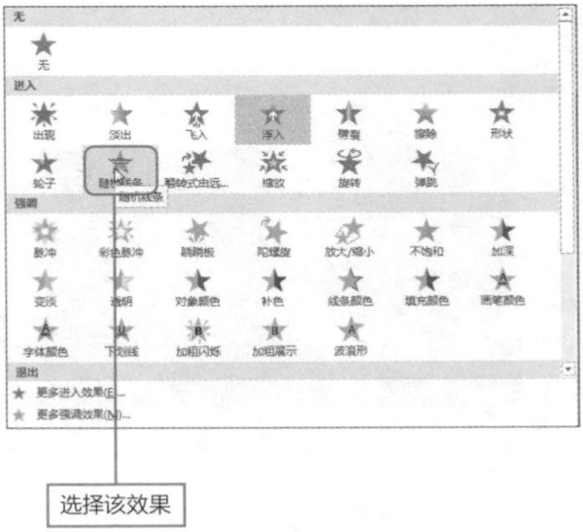

3. 单击“效果选项”按钮，从展开的列表中选择“垂直”选项。这样即可更改原有的动画效果。

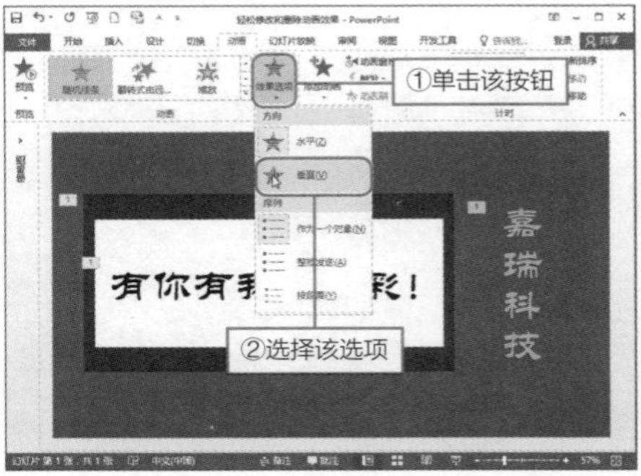

Hint

删除动画效果

选择动画对象，在打开的动画列表中选择“无”选项。或者是选择动画标签，在键盘上直接按Delete键即可删除。

Question 477

● Level ◆◆◆

2016 2013 2010

动画窗格大显身手

语音视频教学477

实例　调整动画排列顺序

若一页幻灯片内，包含多个动画对象，在设置完成动画效果后，发现动画先后顺序混乱，这时就需要调整动画的排列顺序，那如何快速调整，其实很简单，只要利用动画窗格即可实现。

1 选择任一动画对象，切换至“动画”选项卡，单击“动画窗格”按钮。

2 打开动画窗格，选择对象，使用鼠标将其拖动至合适的位置即可。

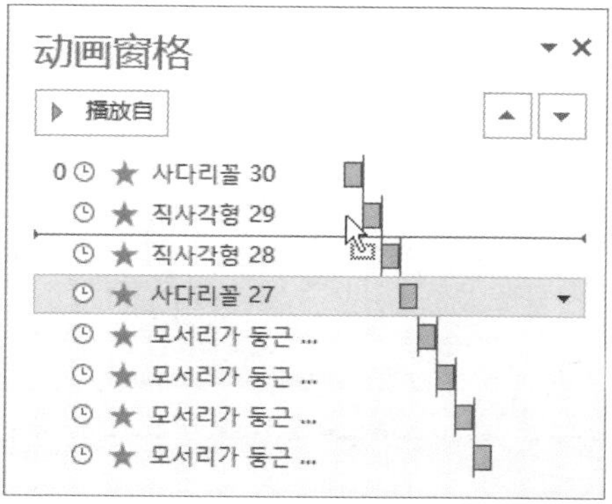

3 用户还可以通过单击动画窗格右上角的“上移”▲或“下移”▼按钮，调整动画播放顺序。调整完毕后，单击“预览”按钮，预览动画效果。

Hint

通过功能区按钮调整动画播放顺序

选择动画对象后，切换至“动画”选项卡，单击“计时”组中的“向前移动”或者“向后移动”按钮，也可调整动画的播放顺序。

Question

478

动画播放时间我做主

语音视频教学478

Level ◆◆◆

2016 2013 2010

实例 设置动画播放持续时间

为了让动画效果更加的逼真和自然，可以调整动画的播放速度，即动画播放持续时间，下面将对该操作过程进行介绍。

1 选择对象，设置动画效果为“飞入”，“自右侧”。

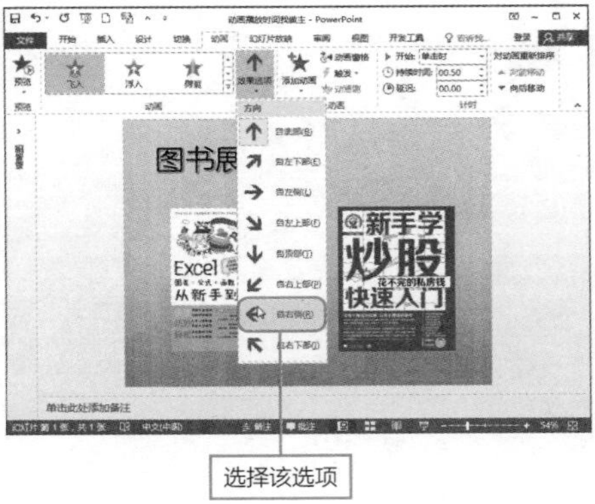

2 单击“开始”右侧的下拉按钮，从展开的列表中选择“上一动画之后”选项。

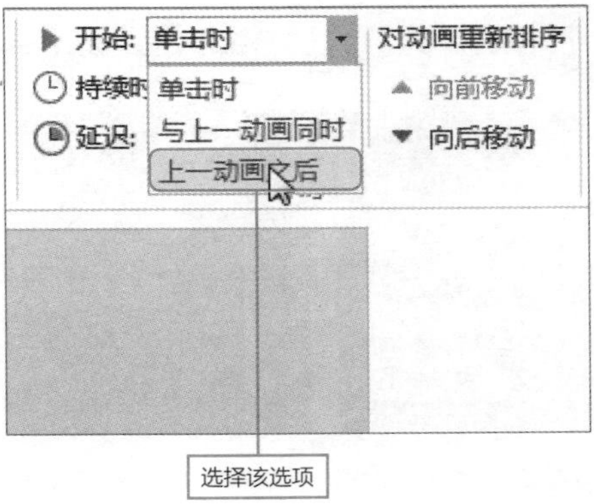

3 通过设置“计时”组中“持续时间”数值框，来调整动画的播放时间。持续时间越长播放速度就越慢，否则播放速度就越快。

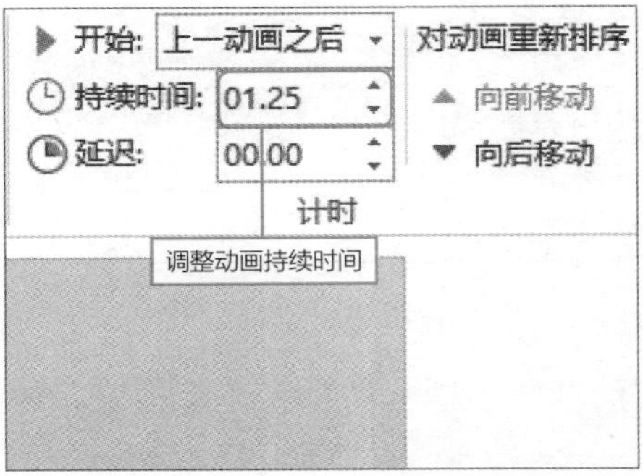

4 设置完成后单击“预览”按钮预览动画效果。若还不满意，则可按照上述方法继续修改动画播放速度。

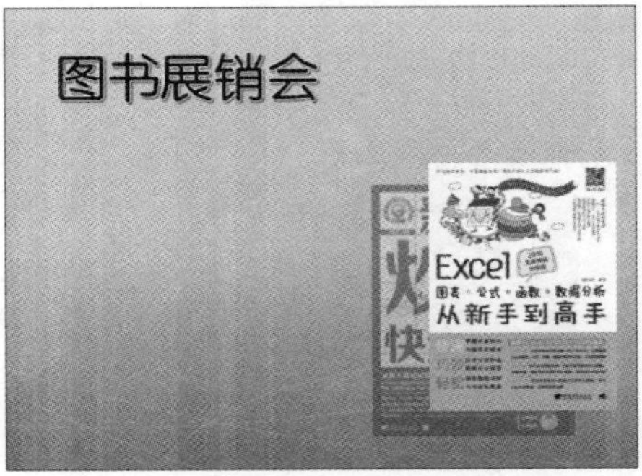

Question

479 单击其他对象播放动画

语音视频教学479

● Level ◆◆◆

2016 2013 2010

实例 设置动画触发方式

所谓“触发”即指因为某一触动而引起的连锁反应。在播放动画时，为了更好的控制动画播放，用户也可以设置动画开始时的触发方式，下面将对其具体的操作方法进行介绍。

1 选择图片，切换至“动画”选项卡，单击“动画”组的“其他”按钮，从展开的列表中选择“轮子”选项。

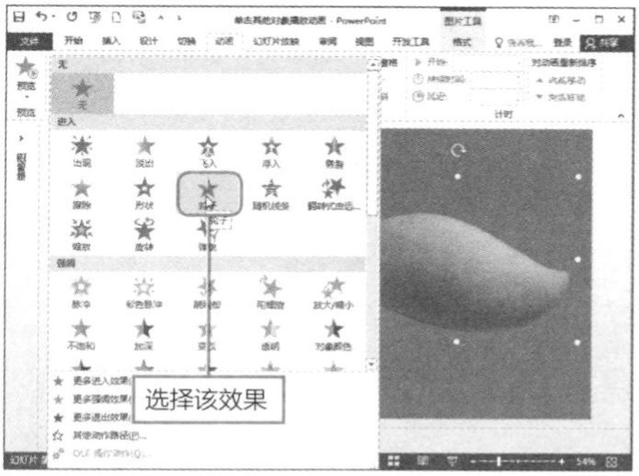

2 单击“效果选项”按钮，从展开的列表中选择“4轮辐图案”选项。

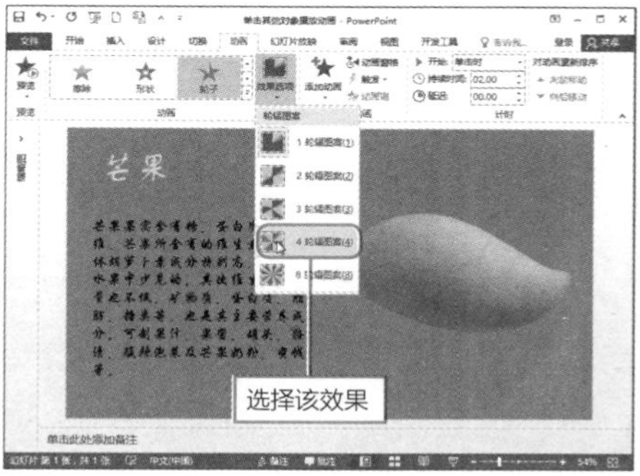

3 单击“触发”按钮，从展开的列表中选择“单击”选项，然后从其级联菜单中选择“矩形6”选项。

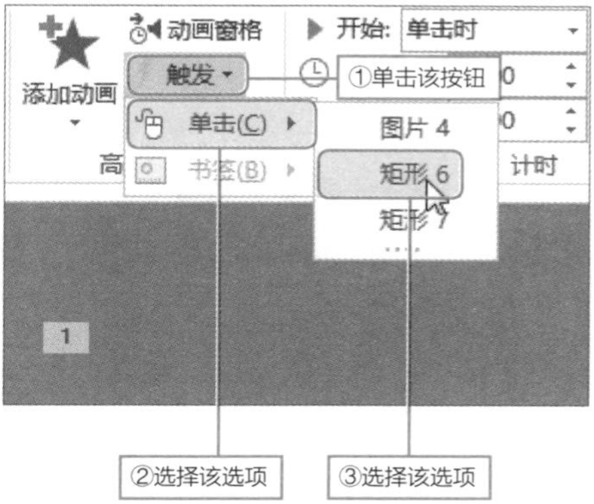

4 按F5键放映幻灯片，单击“芒果”文本所在的矩形6，将播放动画。

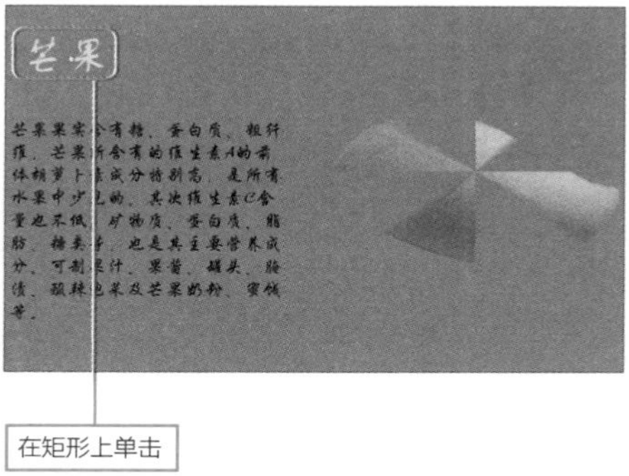

Question

480 动画刷，用处大

语音视频教学480

● Level ◆◆◆

2016 2013 2010

实例 动画效果的批量设置

在某些情况下，需要为多个对象设置同样的动画效果，为了避免重复劳动，用户可以采用格式刷功能进行动画效果的复制，在此将对这一奇妙的操作进行介绍。

❶ 选择图片，为其应用“飞入”、“自左侧”动画效果，然后单击“添加动画”按钮，从列表中选择“轮子”效果。

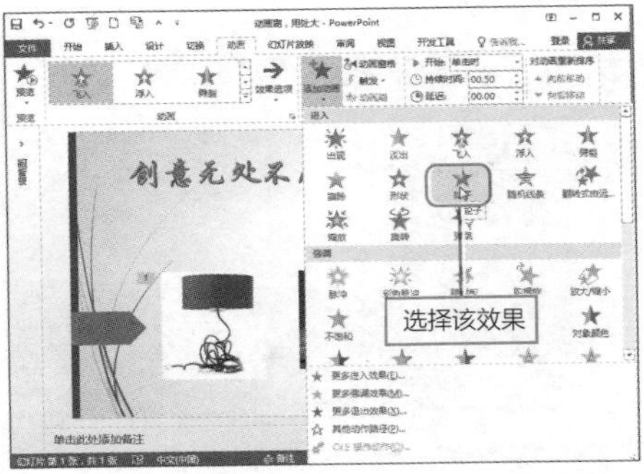

❷ 在“计时”组中设置开始方式为“上一动画之后”，持续时间为“01.00”。

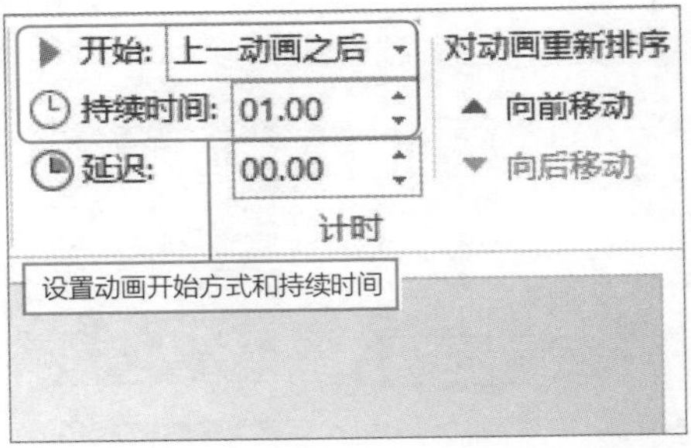

❸ 在第一个动画效果设置好之后，双击“高级动画”组的“动画刷”按钮。

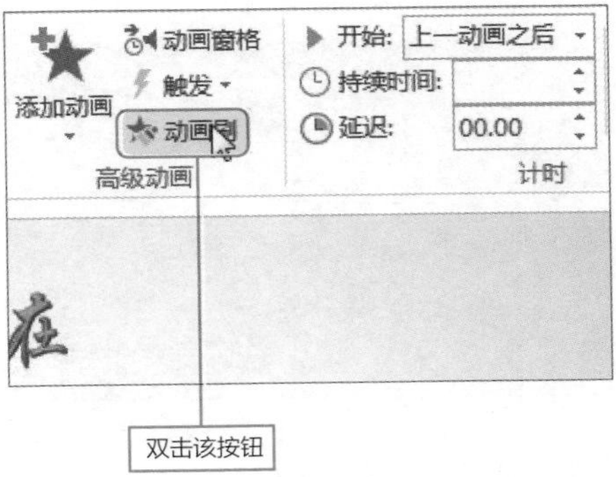

❹ 当鼠标光标变为小刷子样式后，依次在需要应用该动画效果的对象上单击即可。

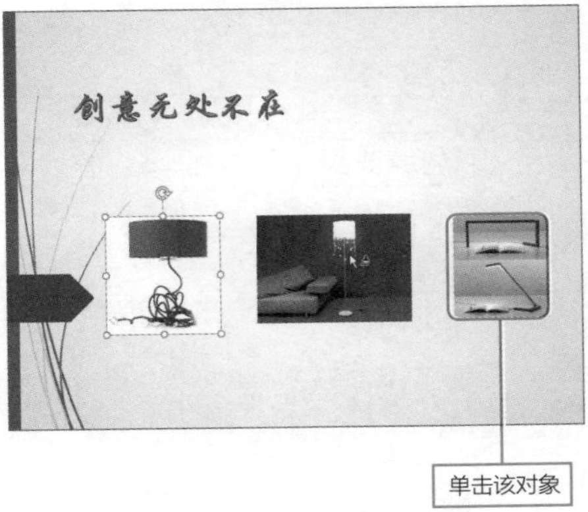

Question

481

● Level
◆◆◆

2016 2013 2010

快速设置退出动画效果

语音视频教学481

实例 退出动画的应用

动画效果包含进入、退出、强调等，在此将对退出动画效果的应用进行介绍。其中退出动画效果包括使对象飞出幻灯片、从视图中消失或者从幻灯片中旋出等。

1 选择文本对象，切换至“动画”选项卡，单击“动画”组的“其他”按钮。

2 从展开的动画列表中选择“擦除”动画效果。

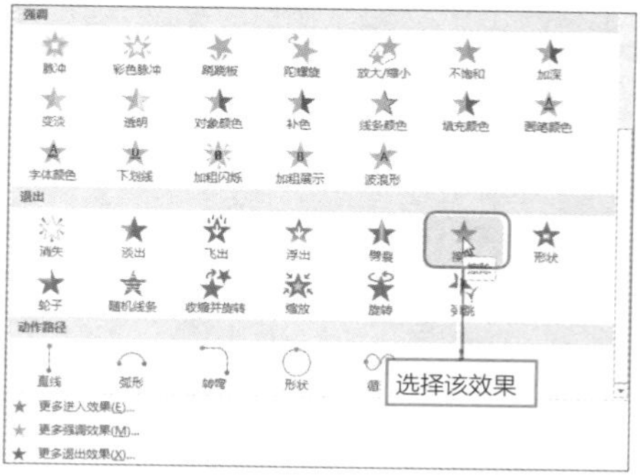

3 单击“预览”按钮，预览退出动画效果。

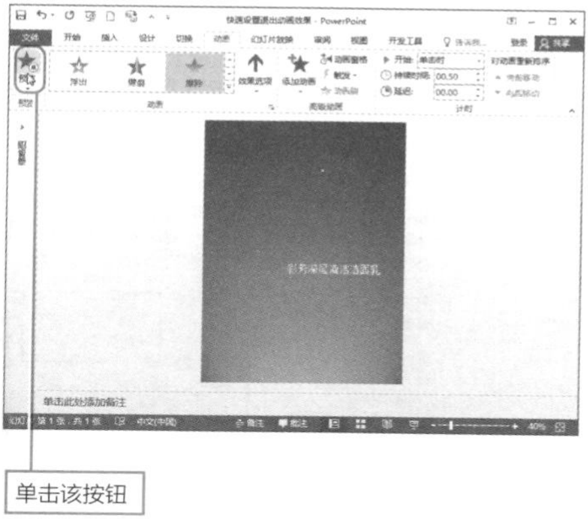

Hint

更多退出动画效果

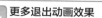

若想设置其他退出效果，则可以从展开的动画列表中选择“更多退出效果”选项，然后在打开的对话框中进行选择即可。

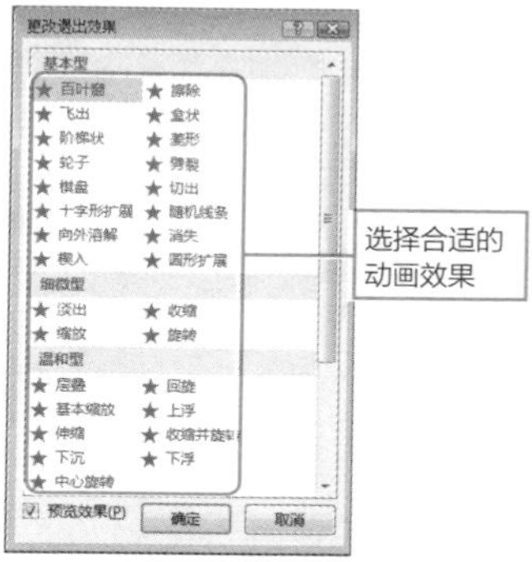

Question

482 强调动画效果用处大

语音视频教学482

Level ◆◆◆

2016 2013 2010

实例 强调动画效果的创建

为了突出某些文本或对象的显示效果，常会为其添加一些强调效果，其中常见的强调效果包括使对象缩小或放大、更改颜色或沿着其中心旋转等。

1 选择文本对象，切换至“动画”选项卡，单击“动画”组的“其他”按钮。

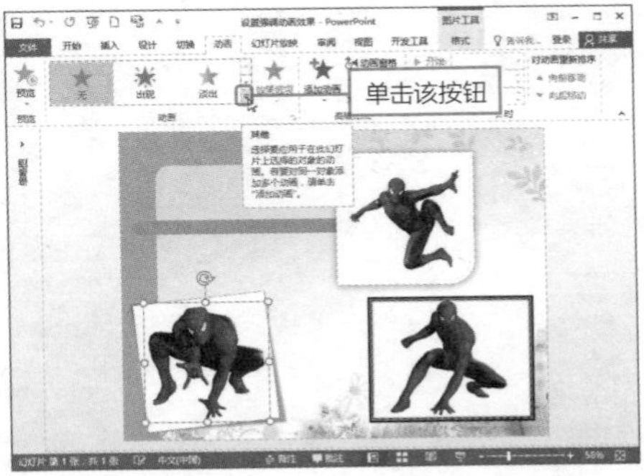

2 从展开的动画列表中选择“线条颜色”动画效果。

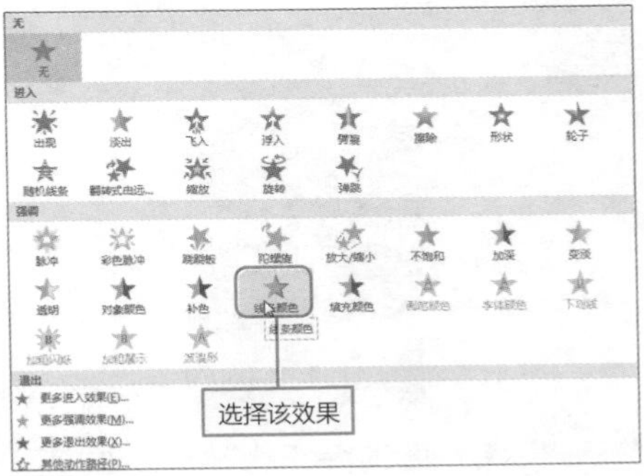

3 按F5键放映幻灯片，查看强调动画效果。

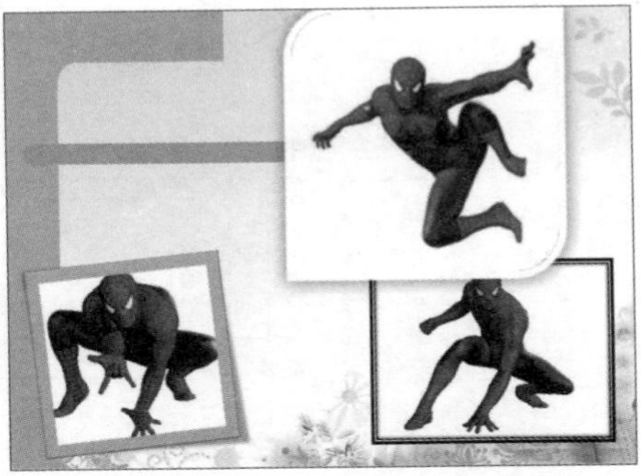

Hint

更多强调动画效果

若想要应用更多的强调效果，则可以从展开的动画列表中选择“更多强调效果”选项，然后在打开的对话框中进行选择即可。

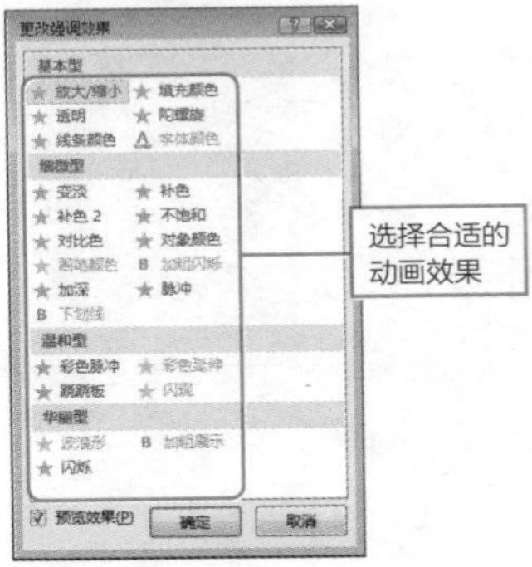

Question

483

● Level

◆◆◆

2016 2013 2010

路径动画的设计技巧

语音视频
教学483

实例　路径动画的添加

在幻灯片中，使用路径动画可以使对象上下、左右或者沿特定的形状移动。下面将介绍路径动画的应用方法与实现技巧。

❶ 选择文本对象，切换至“动画”选项卡，单击“动画”组的“其他”按钮。

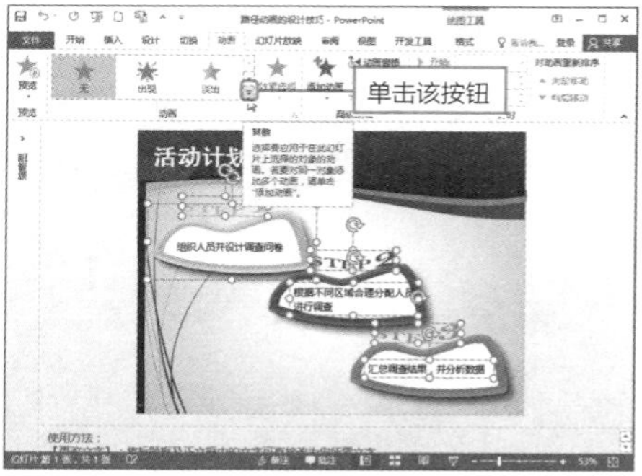

❷ 从展开的动画列表中选择“转弯”动画效果。

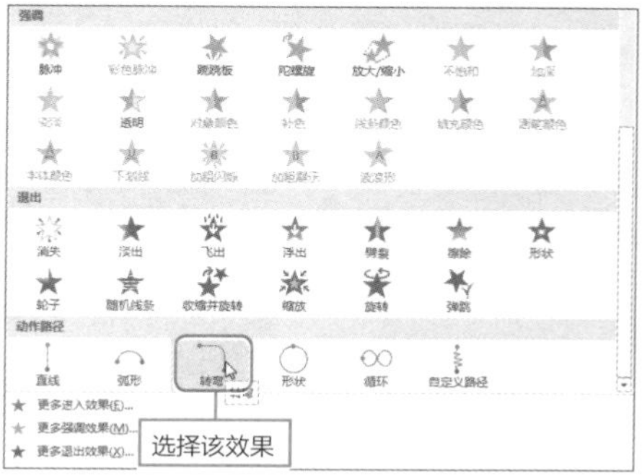

❸ 单击“效果选项”按钮，从展开的列表中选择“右下”选项。这样即可完成文本从当前位置到右下角运动效果的制作。

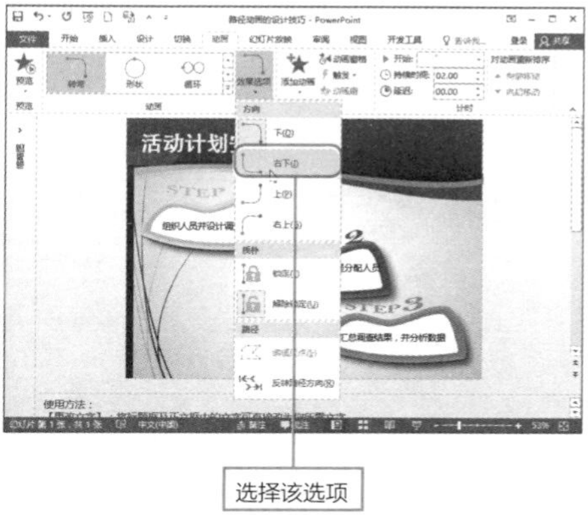

Hint

更多动作路径动画

若想要应用更多的路径效果，则可以从展开的动画列表中选择“其他动作路径”选项，然后在打开的对话框中进行选择即可。

1 2 3 4 5 6 7 8 9 10 11 12 13 14 15 16 17 18 动态幻灯片编辑技巧

Question

484 轻松设置对象的运动路径

语音视频教学484

Level ◆◆◆

2016 2013 2010

实例 自定义动画运动路径

为对象应用路径动画效果后，用户还可以根据需要更改其运动路径，使其按用户的需要进行运动，下面将对自定义动画运动路径的操作进行介绍。

1 打开演示文稿，切换至“动画”选项卡，从中可以看到设置了动作路径的对象上方显示右运动路径。

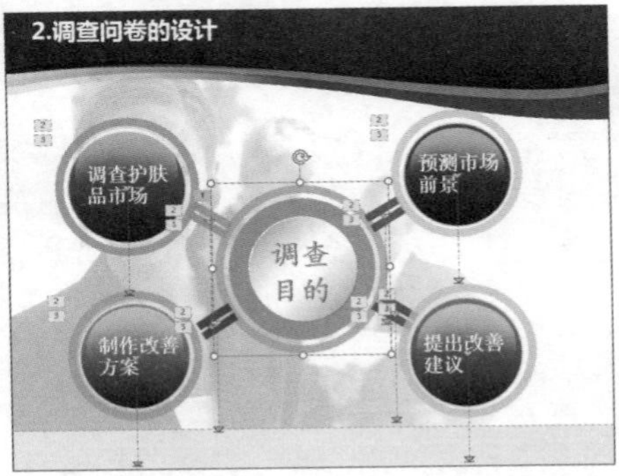

2 绿色三角形代表对象动作起始点，红色为终止点，选择需要调节的点，鼠标拖动至合适位置，会显示一个代表位置的虚影。

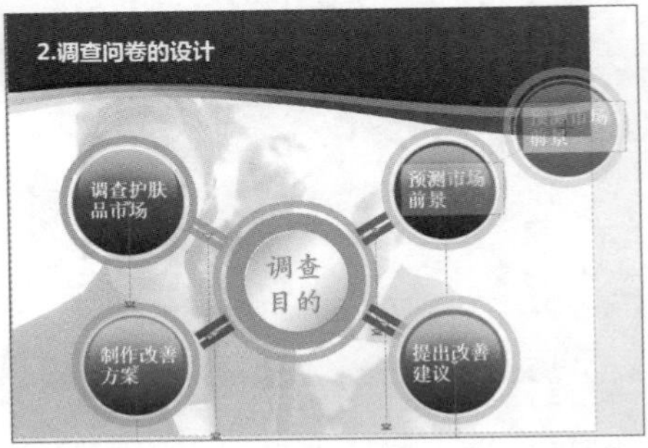

3 选择动作路径的终止点或者开始点，右键单击，从弹出的快捷菜单中选择“反转路径方向”命令，可反转动作路径。

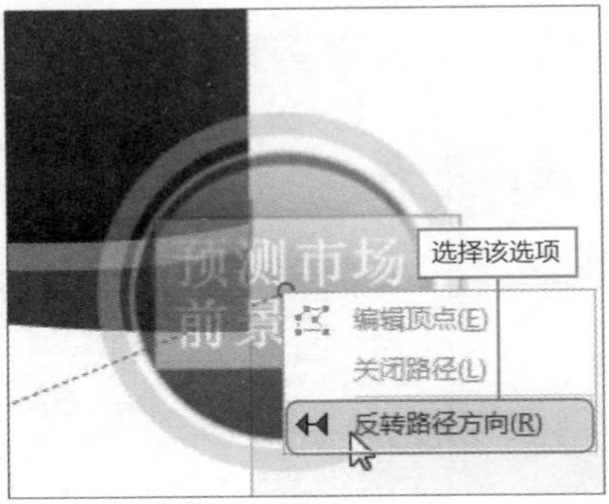

4 按照同样的方法，依次改变其他对象的动作路径，然后打开“动画窗格”，调整对象运动路径并预览动画效果。

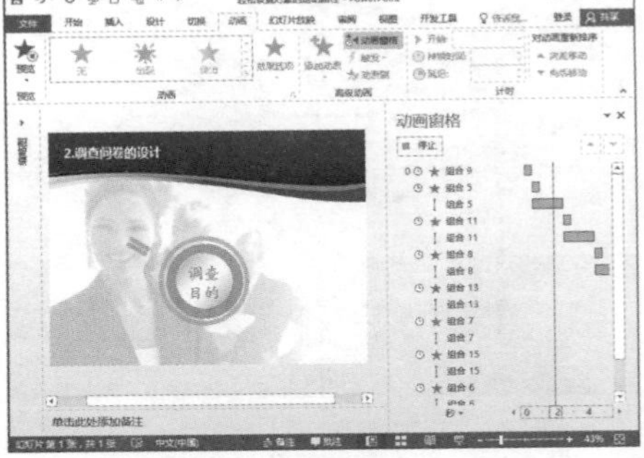

Question

485

● Level

◆◆◆

2016 2013 2010

组合动画效果的设计有妙招

语音视频教学485

实例　为同一对象添加多种动画效果

在幻灯片中，为了特效需求，用户可以为同一对象指定两种或是两种以上的动画效果，比如进入动画与强调动画的综合应用。在此便是将“飞入”效果与“放大/缩小”效果应用到了同一对象中。

❶ 选择图片对象，为其设置“飞入”动画效果，单击“效果选项”按钮，从展开的列表中选择“自右侧”选项。

❷ 单击“添加动画”按钮，从展开的列表中选择“放大/缩小”动画效果。

❸ 单击“动画”组的对话框启动器按钮，在打开对话框的“效果”选项卡中，设置尺寸为“120%”，单击“确定”按钮。

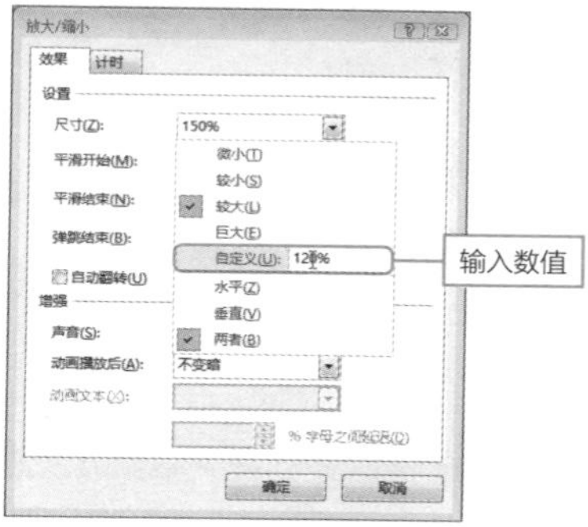

❹ 设置所有动画的开始方式为“上一动画之后”，打开动画窗格，调整动画的排列顺序，然后预览动画效果。

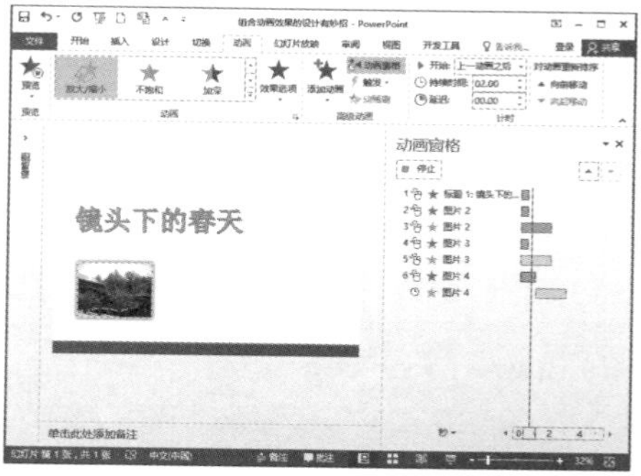

Question
486 让段落文本逐字出现在观众视线

语音视频教学486

Level ◆◆◆

2016 2013 2010

实例 设置文本效果按字/词播放

在设置文本对象的动画效果时，若想让段落中的文本逐字/词的出现在观众视线，该如何设置呢？

1. 选择文本对象，切换至“动画”选项卡，设置动画效果为“淡出”。

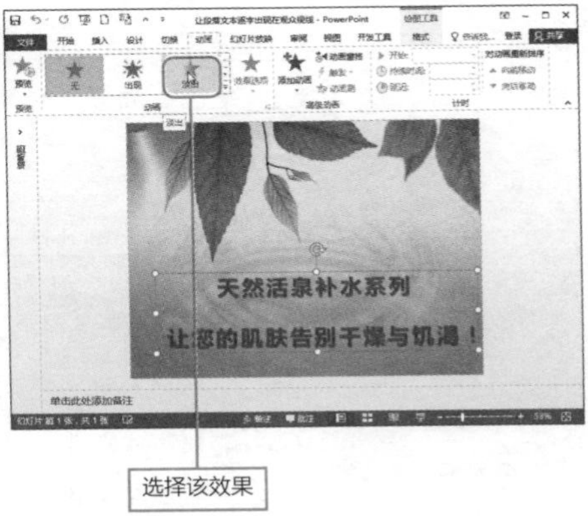

2. 单击“动画”组的对话框启动器按钮。

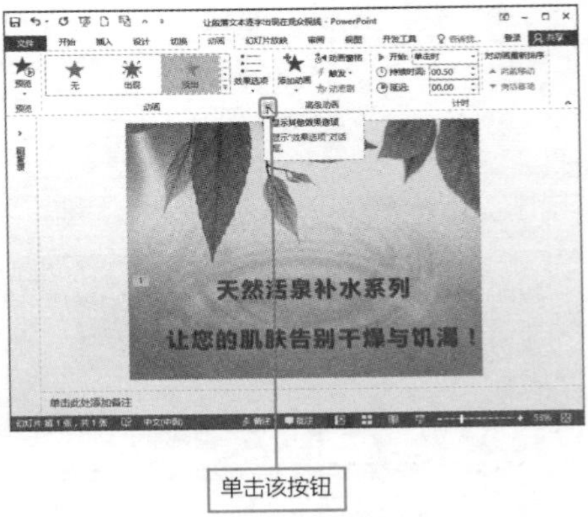

3. 打开“淡出”对话框，在“效果”选项卡，单击“动画文本”右侧的下拉按钮，从展开的列表中选择“按字/词”选项。

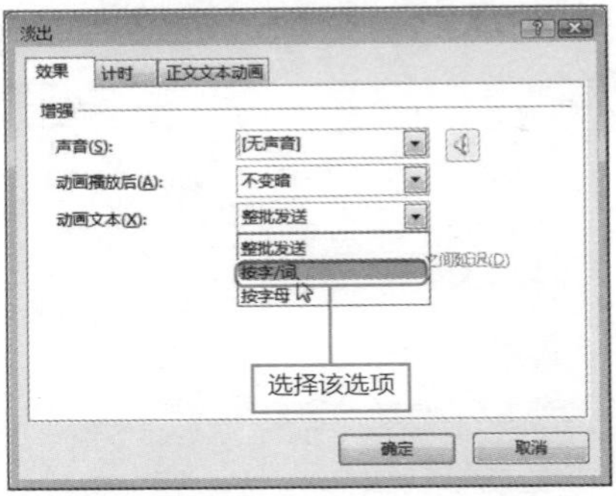

4. 设置完成后单击“确定”按钮，关闭对话框。接着单击“预览”按钮，预览动画效果。

Question 487

为动画添加合适的声音效果

语音视频教学487

• Level ◆◆◆

2016 2013 2010

实例　动画声音效果的添加

放映动画时，若想要动画效果更加的引人瞩目，还可以为其添加声音效果，下面将对其具体操作进行介绍。

1 选择图表，设置动画效果为“飞入”、“自右侧”、“按系列”。

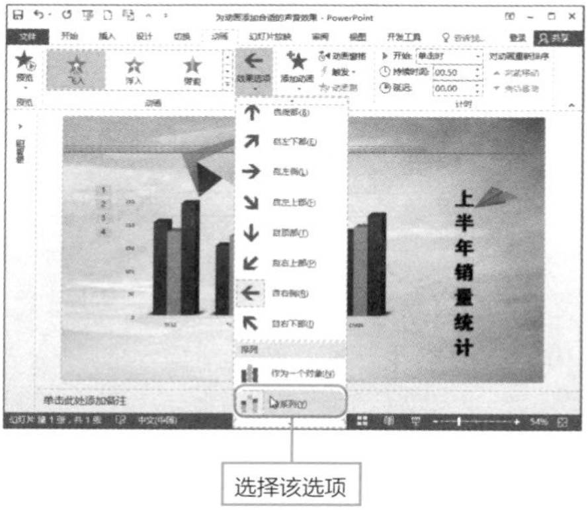

2 单击“动画”组的对话框启动器按钮。

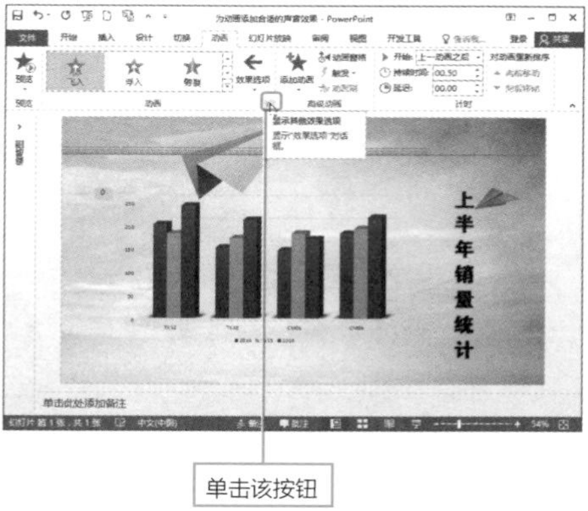

3 打开“飞入”对话框，在“效果”选项卡，单击“声音”右侧下拉按钮，从展开的列表中选择“其他声音”选项。

4 打开“添加音频”对话框，选择合适的音频文件，单击“确定”按钮即可。

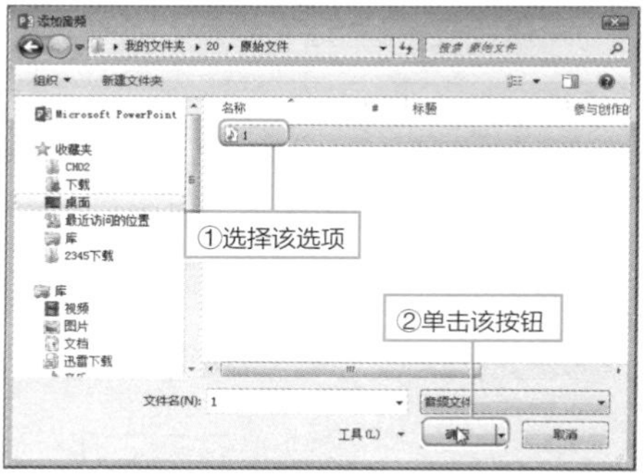

Question

488 为幻灯片添加切换效果

语音视频教学488

• Level ◆◆◆

2016 2013 2010

实例 幻灯片切换效果的添加

在放映幻灯片时，为了使演示效果更加突出，用户可以为幻灯片页面添加动感的切换效果，如淡出、推进、闪光、百叶窗、时钟、涟漪、平移、旋转等，在此将对其基本设置操作进行介绍。

1 选择幻灯片，切换至“切换”选项卡，单击“切换到此幻灯片”组中的“其他”按钮。

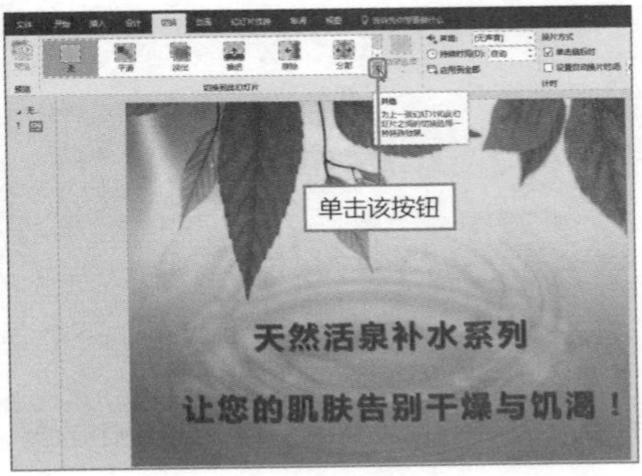

2 从展开的切换效果列表中选择“悬挂”效果。

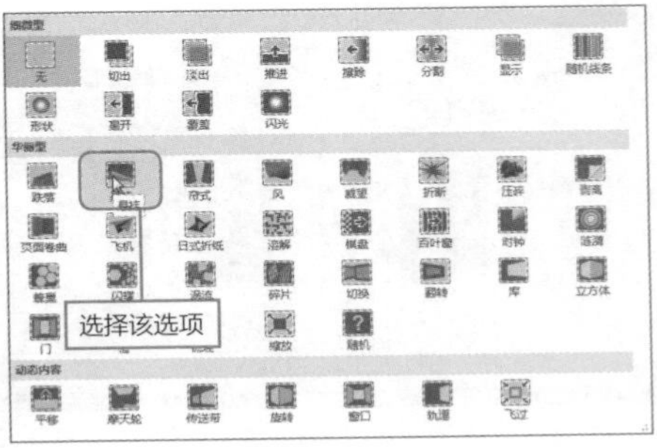

3 单击“效果选项”按钮，从列表中选择“向右”选项。

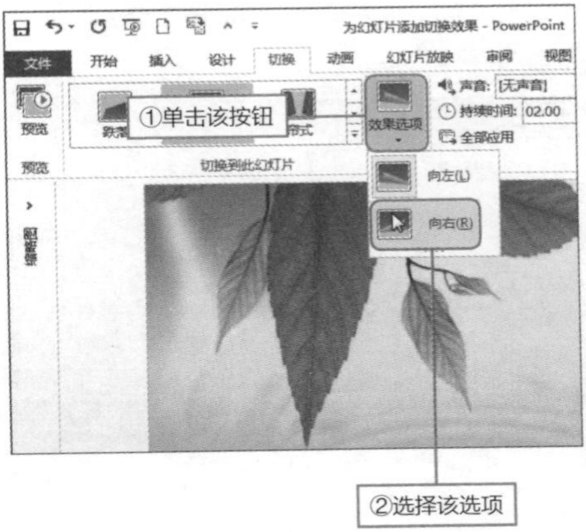

4 单击“预览”按钮，预览幻灯片切换效果。

预览切换效果

Question

489

● Level ◆◆◆

2016 2013 2010

幻灯片的切换特效由我定

语音视频
教学489

实例　幻灯片切换声音的添加以及持续时间的设置

为幻灯片添加切换效果后，不仅可以根据需要为其添加一个相匹配的声音效果，还可以自定义幻灯片换片的持续时间，在此，将对其相关操作进行详细介绍。

1 选择幻灯片，设置切换效果为“风”，单击“效果选项”按钮，从列表中选择“向左”选项。

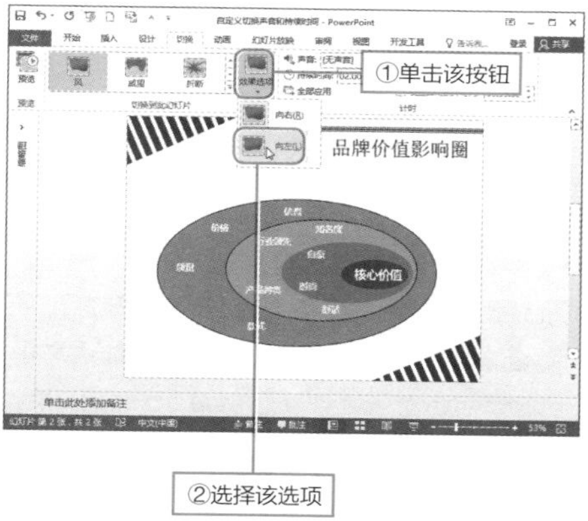

2 单击“声音”右侧下拉按钮，从展开的列表中选择“风声”选项。

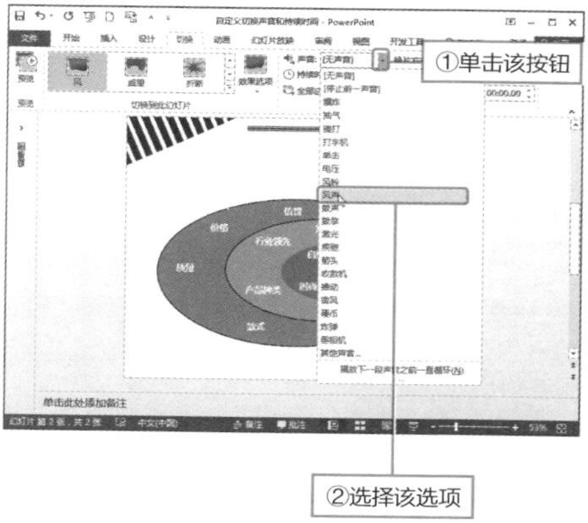

3 通过“持续时间”右侧的数值框，调整幻灯片切换效果的持续时间，然后单击“预览”按钮，预览幻灯片切换效果。

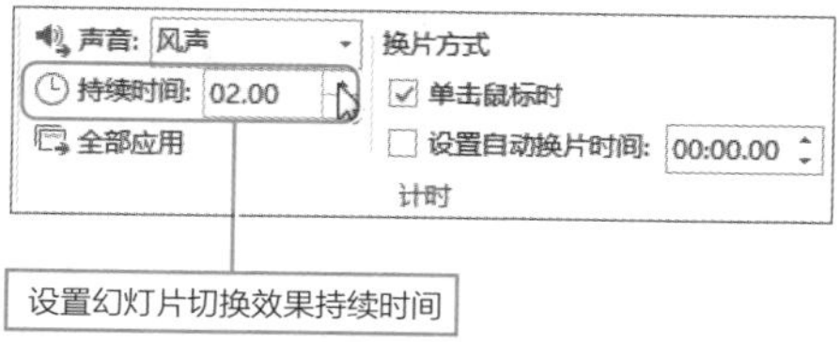

Hint

灵活应用换片方式

换片方式可分为两种，一种是单击鼠标时，一种是自动换片。

其中，换片方式为单击鼠标时，放映幻灯片时，需要在页面中单击鼠标，才能切换至下一张幻灯片。而幻灯片方式为自动换片时，放映幻灯片时，经过特定的秒数会自动切换至下一张幻灯片。

Question

490 为所有幻灯片快速应用同一切换效果

• Level ◆◆◆

2016 2013 2010

实例 幻灯片切换效果的统一应用

当幻灯片的切换效果设计完成后，若希望为演示文稿内的所有幻灯片都设置为该切换效果，该如何操作呢？下面将对其进行介绍。

1 选择幻灯片，设置切换效果为“梳理”，单击“效果选项”按钮，从列表中选择“垂直”选项。

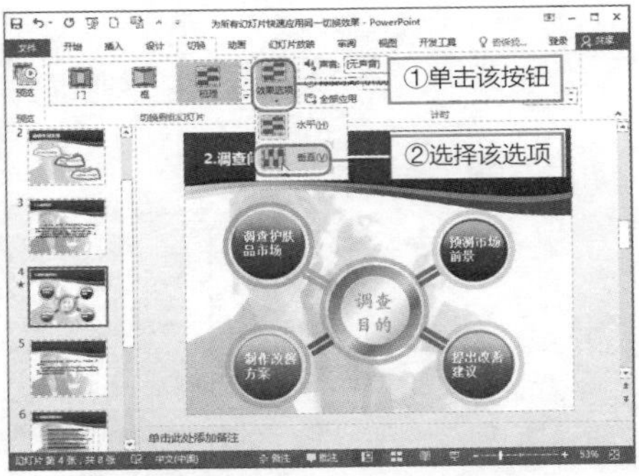

2 在“计时”组中设计切换声音为“风铃”，持续时间为“01.50”。

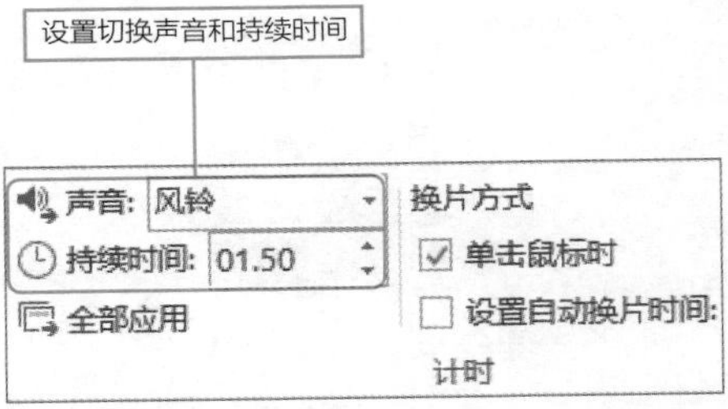

3 单击“全部应用”按钮，即可为所有幻灯片应用当前切换效果。

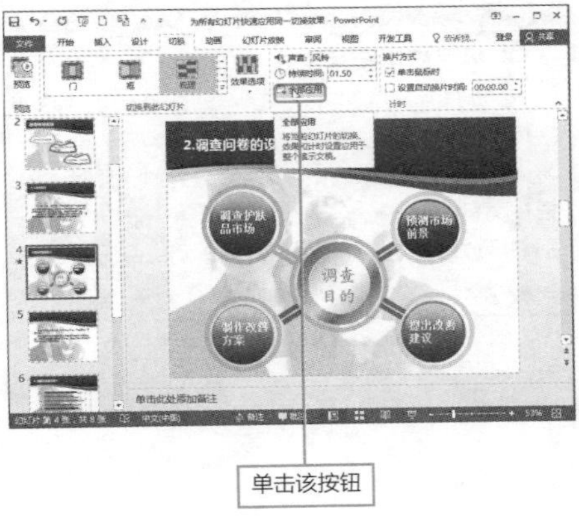

4 设置完成后，单击“预览”按钮，预览幻灯片切换效果。

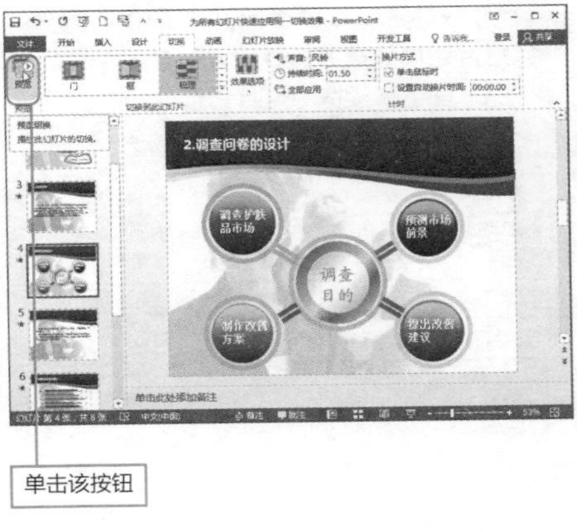

第 18 章 491~508

幻灯片放映技巧

- 添加动作按钮有技巧
- 链接到文件有技巧
- 快速设置屏幕提示信息
- 轻松放映幻灯片
- 轻松设置幻灯片自动播放
- 把握文稿演示时间
- 实现循环放映也不难

Question 491

添加动作按钮有技巧

语音视频教学491

● Level ◆◆◆

2016 2013 2010

实例 动作按钮的添加

若演示文稿内包含多张幻灯片，为了更好的控制幻灯片的播放，可以在每张幻灯片的合适位置添加动作按钮，如指向下一张、上一张、返回导航页等。

1. 选择幻灯片，单击“插入”选项卡上的“形状”按钮，从展开的列表中选择“动作按钮：第一张”选项。

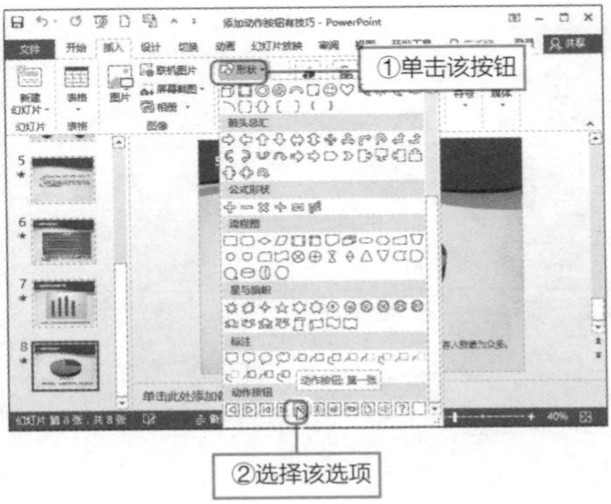

2. 鼠标光标变为十字形，拖动鼠标绘制合适大小的动作按钮。

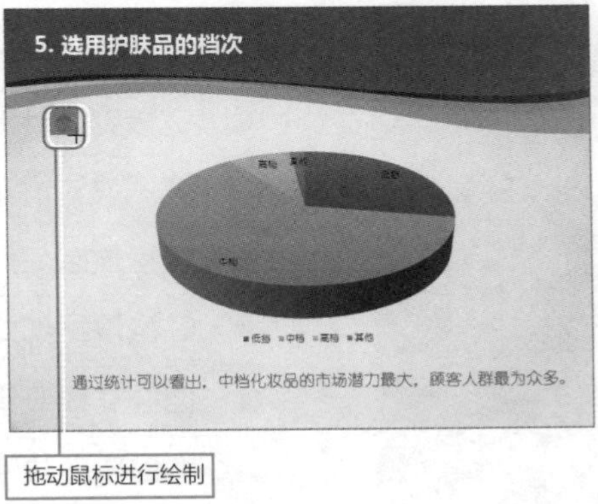

3. 将自动打开“操作设置”对话框，选中“超链接到”单选按钮，单击右侧下拉按钮，从列表中选择“幻灯片…”选项。

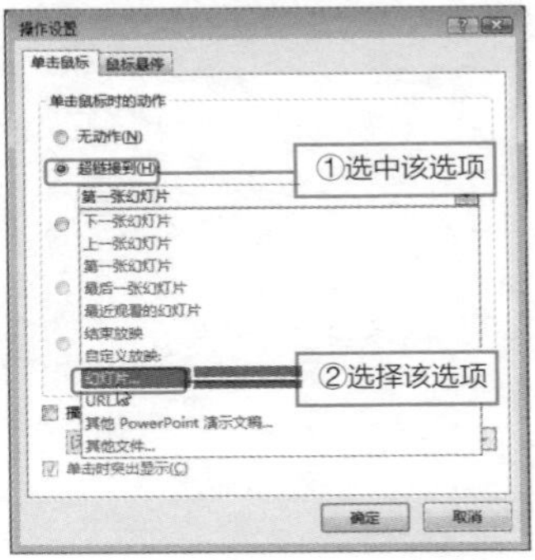

4. 打开“超链接到幻灯片”对话框，选择“幻灯片2”选项，单击“确定”按钮，返回上一级对话框，单击“确定”按钮即可。

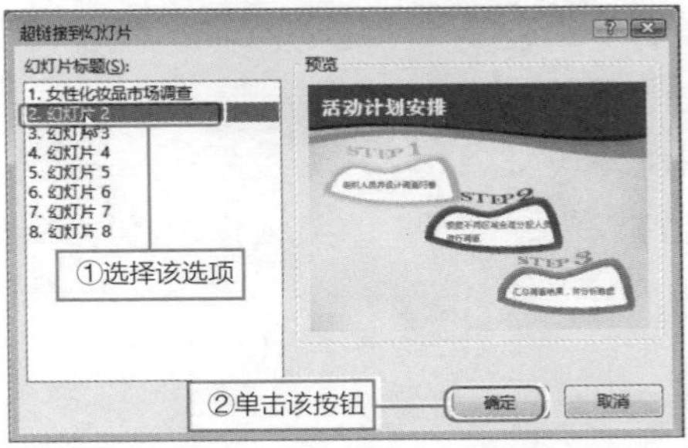

Question
492 链接到文件有技巧

语音视频教学492

实例 将现有文件中的内容链接到当前对象

● Level ◆◆◆

2016 2013 2010

为了更加详细的对当前对象进行说明，可以通过链接到文件的方法来实现，下面将介绍如何将现有文件中的内容链接到当前对象。

❶ 选中要添加超链接的对象，切换至“插入”选项卡。在“链接”组中单击“超链接”按钮。

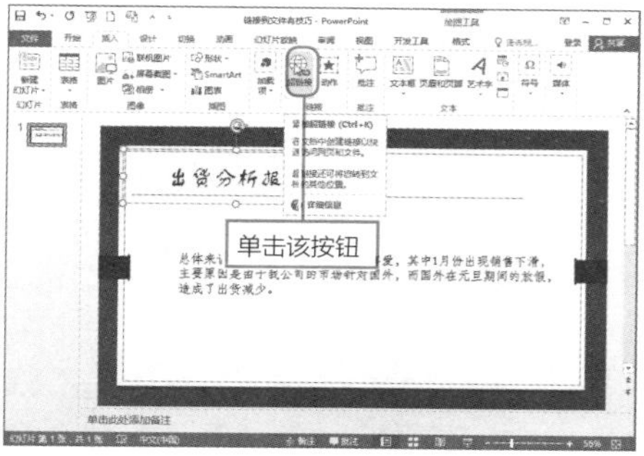

❷ 在“链接到”区域单击“现有文件或网页”按钮，单击“查找范围”右侧的“浏览文件”按钮。

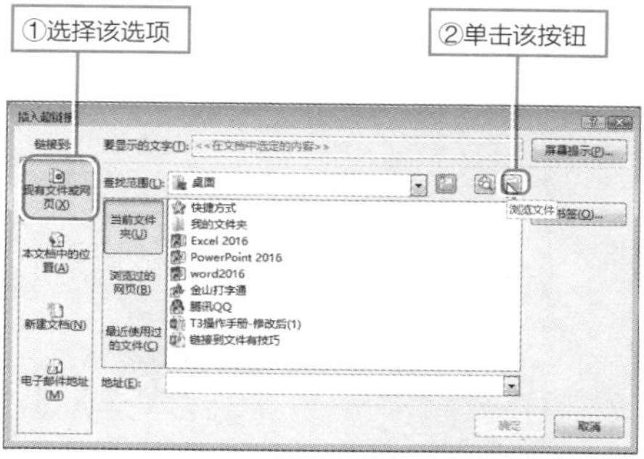

❸ 打开“链接到文件”对话框，选择合适的文件，单击“确定”按钮，将返回“插入超链接”对话框，单击“确定”按钮即可完成超链接的添加。

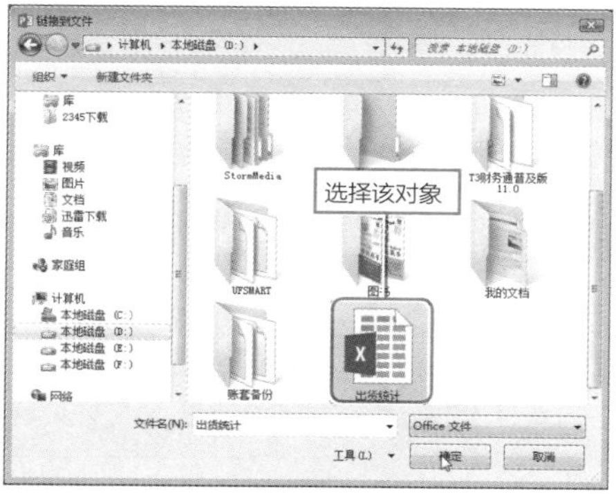

Hint

如何打开超链接？

选择添加了超链接的对象，右键单击，从弹出的快捷菜单中选择“打开超链接”命令。

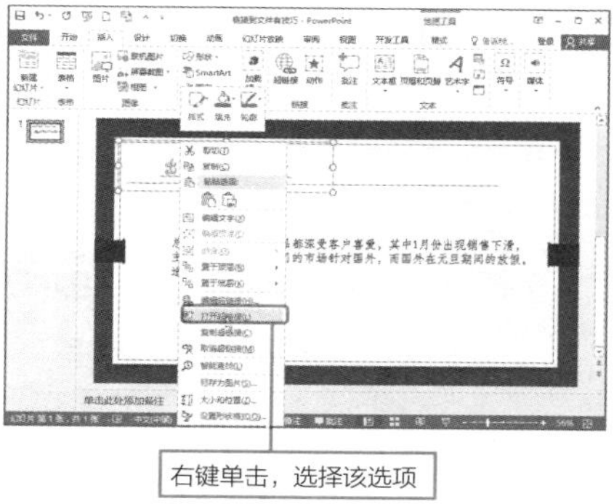

Question

493

● Level ◆◆◆

2016 2013 2010

快速设置屏幕提示信息

语音视频教学493

实例 屏幕提示信息的添加

为对象添加超链接后，为了让其他用户可以对超链接内容有一定的了解，可以设置对应的屏幕提示信息，当鼠标指向超链接对象时，屏幕提示文字便会自动出现。

1 选中添加了超链接的对象，切换至“插入”选项卡。单击“链接”组中的“链接”按钮。

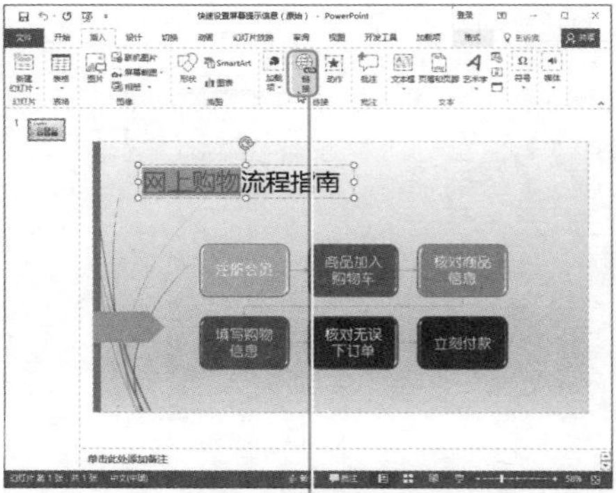

单击该按钮

2 弹出“编辑超链接”对话框，单击右侧的“屏幕提示”按钮。

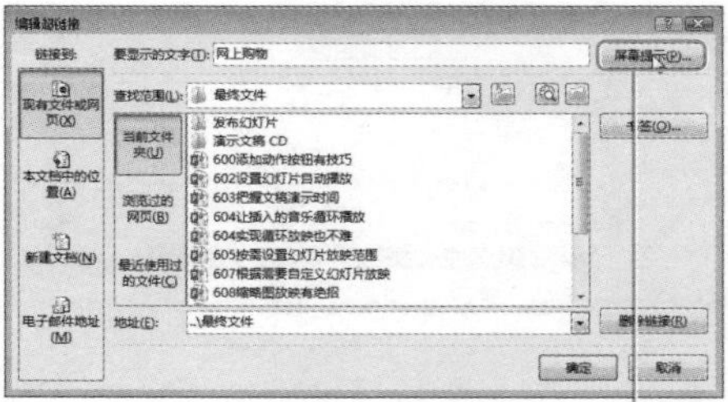

单击该按钮

3 弹出“设置超链接屏幕提示”对话框，在“屏幕提示文字”编辑框中输入提示信息，单击“确定”按钮。

①输入提示文字

②单击该按钮

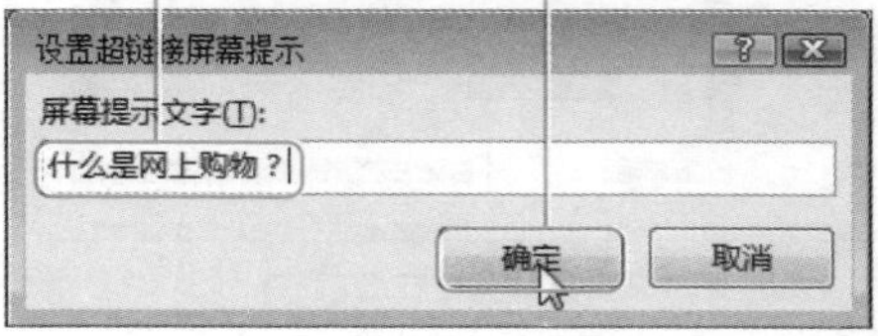

4 放映幻灯片时，当鼠标移至超链接处，会显示提示信息。

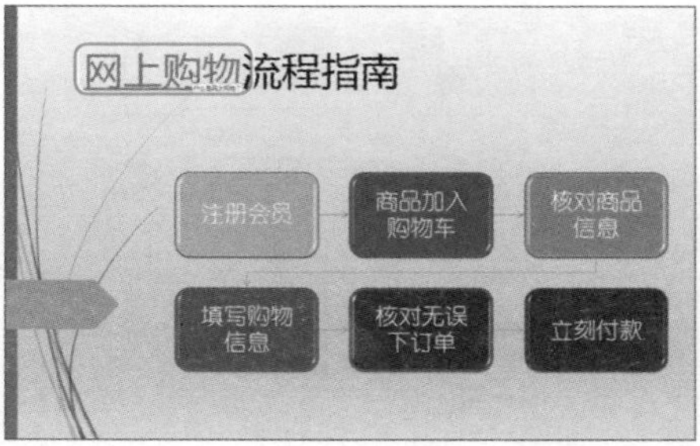

Question
494 轻松放映幻灯片

• Level ◆◆◆

2016 2013 2010

实例	幻灯片的放映

制作演示文稿的终极目的还是为了演讲，那么如何将制作完成的演示文稿放映给观众呢？其操作是很容易就可以实现的，下面将对其进行介绍。

1 打开演示文稿，选择“幻灯片放映”选项卡。

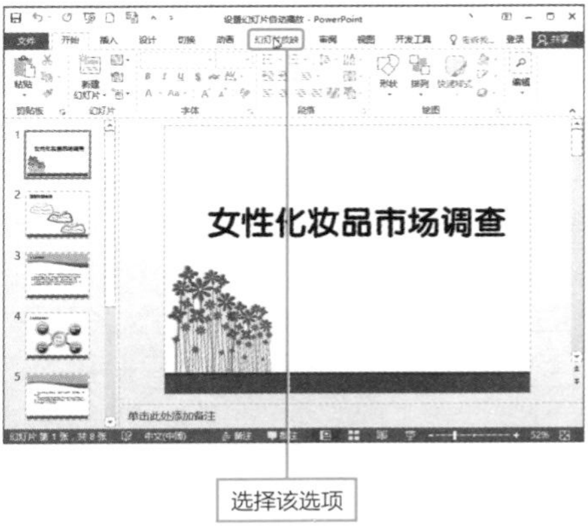

2 从头开始放映。单击“从头开始”按钮即可从第一张幻灯片开始放映。

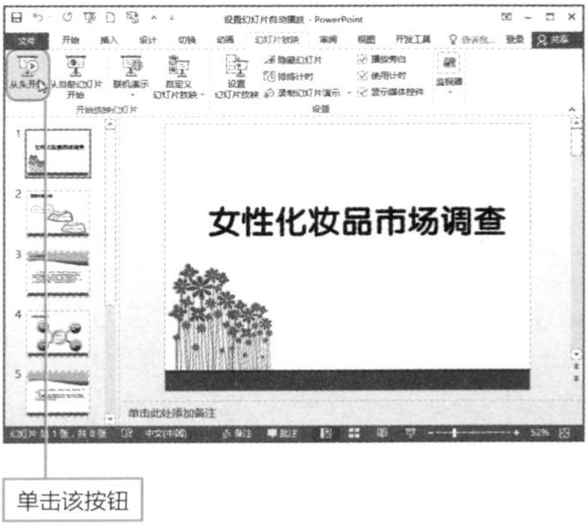

3 从当前幻灯片开始放映。选中第3张幻灯片，单击“从当前幻灯片开始”按钮，可从第3张幻灯片开始向后放映。

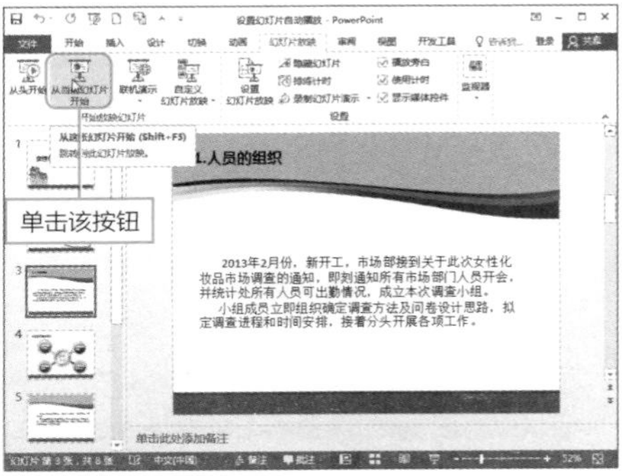

Hint

快捷方式放映幻灯片

在键盘上按F5键可以从头开始放映幻灯片。选择幻灯片，直接按Shift+F5组合键可以从当前编辑区中的幻灯片开始放映。

还可以单击任务栏中的“幻灯片放映”按钮从当前幻灯片编辑区显示的幻灯片开始放映。

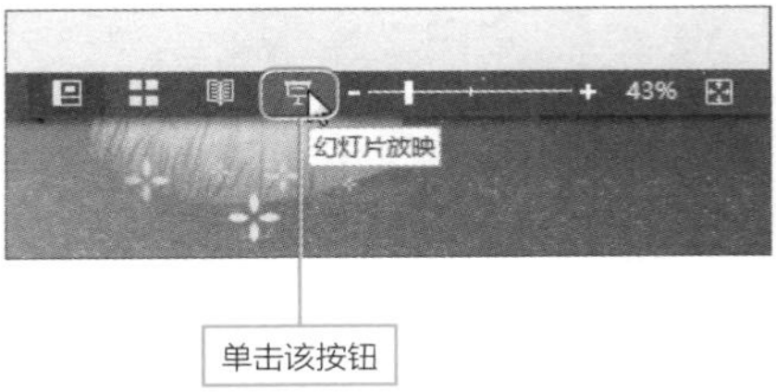

Question
495 轻松设置幻灯片自动播放

语音视频教学495

• Level ◆◆◆

2016 2013 2010

实例 让幻灯片自动播放

放映幻灯片时若使用鼠标一张一张的翻页放映，是不是有点麻烦呢？可以尝试一下幻灯片的自动播放，下面将对其进行介绍。

❶ 打开演示文稿，切换至“切换”选项卡，选中第1张幻灯片。

选择该幻灯片

❷ 勾选“设置自动换片时间”选项前的复选框，通过右侧的数值框设置换片时间。

设置自动换片时间

❸ 选中第2张幻灯片，按照同样的方法进行设置，然后依次设置其他幻灯片即可。

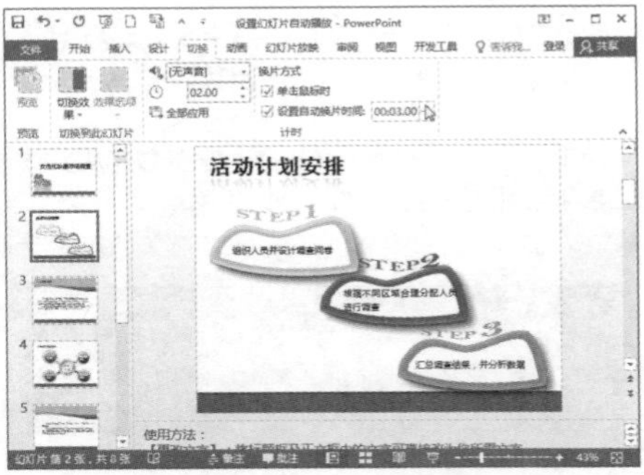

Hint

如何按统一的时间间隔播放幻灯片？

设置任意一张幻灯片的换片时间后，单击“全部应用”按钮即可。

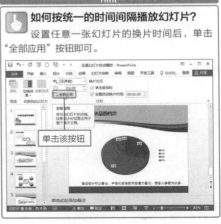

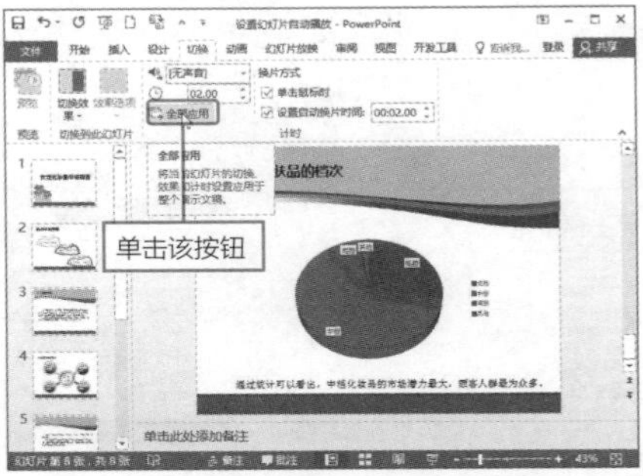

单击该按钮

Question

496 把握文稿演示时间

语音视频教学496

● Level ◆◆◆

2016 2013 2010

实例 排练计时的应用

在演讲过程中，把握好演讲节奏才能让演讲者在整个演讲过程中立于不败之地，那该如何控制演示文稿播放节奏呢？排练计时功能会给你带来意想不到的惊喜，下面将对其进行介绍。

❶ 打开演示文稿，单击“幻灯片放映”选项卡上的“排练计时”按钮。

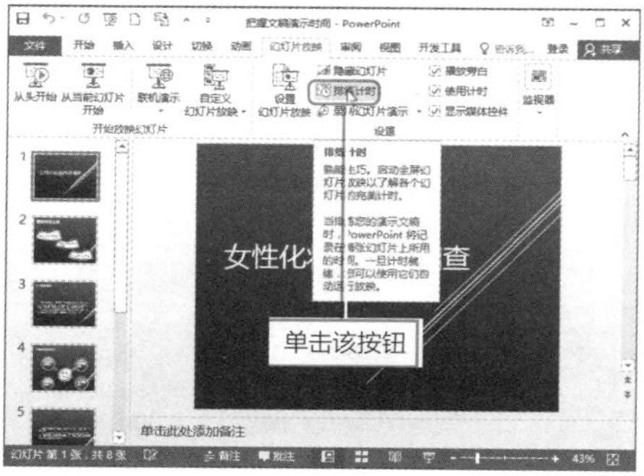

❷ 自动进入放映状态，左上角会显示“录制”工具栏，中间时间代表当前幻灯页面放映所需时间，右边时间代表放映所有幻灯片累计所需时间。

❸ 根据实际需要，设置每张幻灯片停留时间，翻到最后一张时，单击鼠标左键，会出现提示对话框，询问用户是否保留幻灯片排练时间，单击“是”按钮。

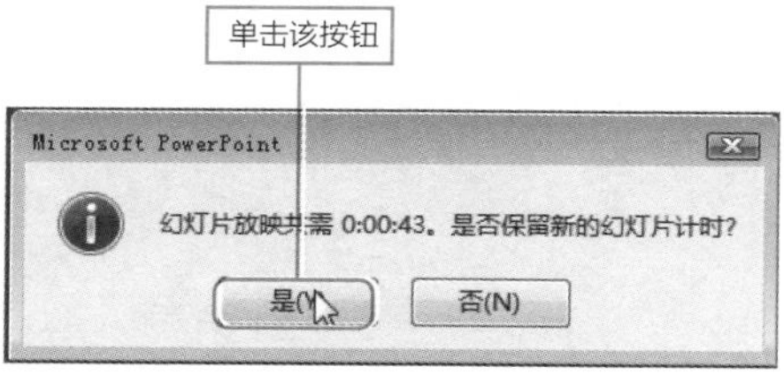

❹ 返回至演示文稿，出现一个浏览界面，显示每张幻灯片放映所需时间。

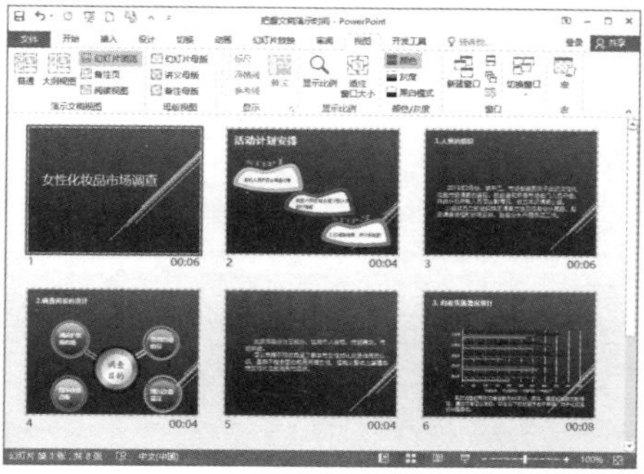

进入幻灯片浏览界面

Question

497 实现循环放映也不难

语音视频教学497

• Level ◆◆◆

2016 2013 2010

实例	让幻灯片循环播放

在某些场合，会需要将做成的演示文稿从头到尾不停的循环放映，那么，该如何设置才能让幻灯片达到自动循环播放的效果呢？下面将对其相关操作进行详细介绍。

1 打开演示文稿，在“切换”选项卡中的“计时”组中，设置每张幻灯片的自动换片时间。

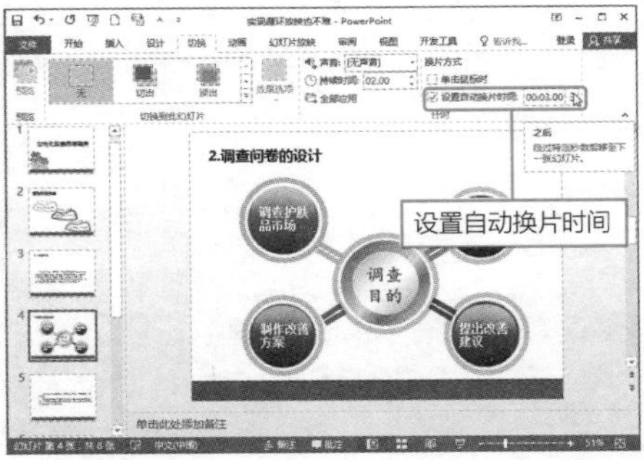

2 切换至“幻灯片放映”选项卡，单击“设置幻灯片放映”按钮。

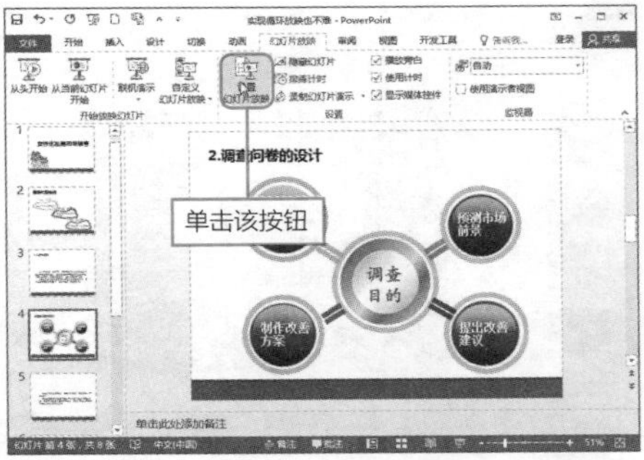

3 打开“设置放映方式”对话框，在“放映选项”选区，勾选“循环放映，按ESC键终止”复选框，然后单击“确定”按钮即可。

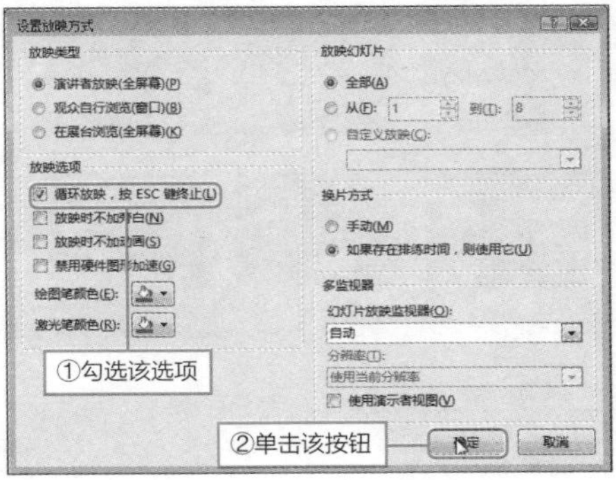

Hint

终止重复播放的幻灯片

若需要终止重复播放的幻灯片，只需直接在键盘上按Esc键即可。

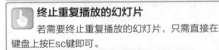

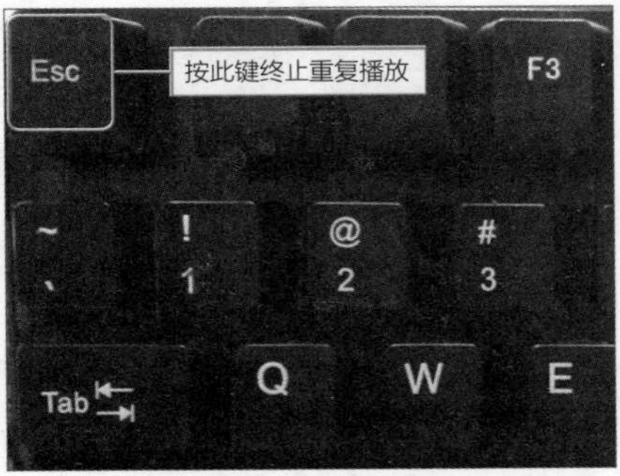

1 2 3 4 5 6 7 8 9 10 11 12 13 14 15 16 17 18 幻灯片放映技巧

Question
498

● Level
◆◆◆

2016 2013 2010

按需设置幻灯片的放映范围

语音视频
教学498

实例 幻灯片放映范围的设置

若在某些特定情况下，并不需要将演示文稿中的所有幻灯片放映出来，而是需要播放某个范围内的幻灯片，该如何设置呢？

1 打开演示文稿，选择“幻灯片放映”选项卡。

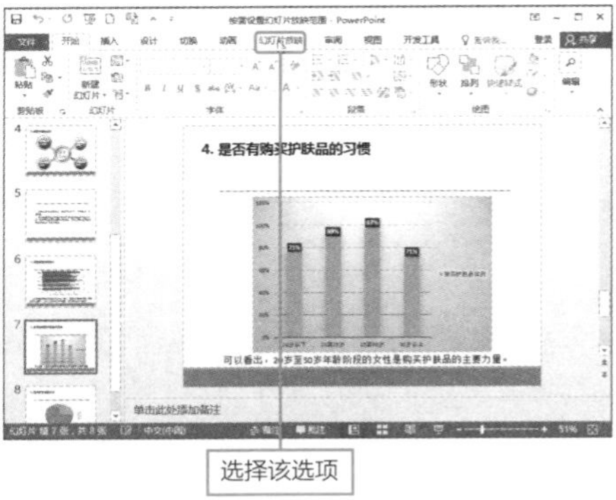

2 单击该选项卡功能区中的“设置幻灯片放映”按钮。

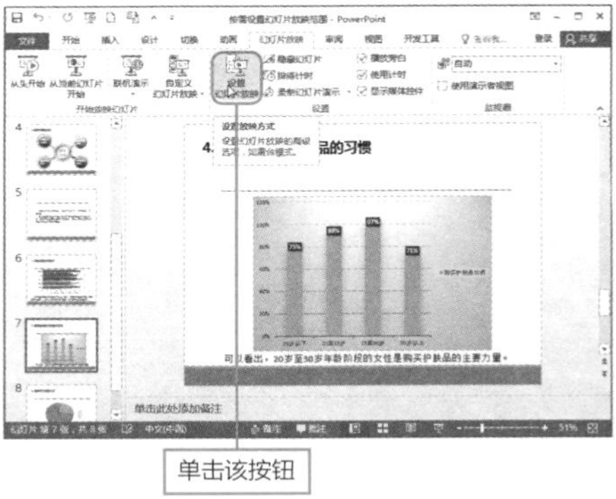

3 打开“设置放映方式”对话框，选中“放映幻灯片”选项下的“从……到”单选按钮，通过该选项的两个数值框设置范围，设置完成后，单击“确定”按钮即可。

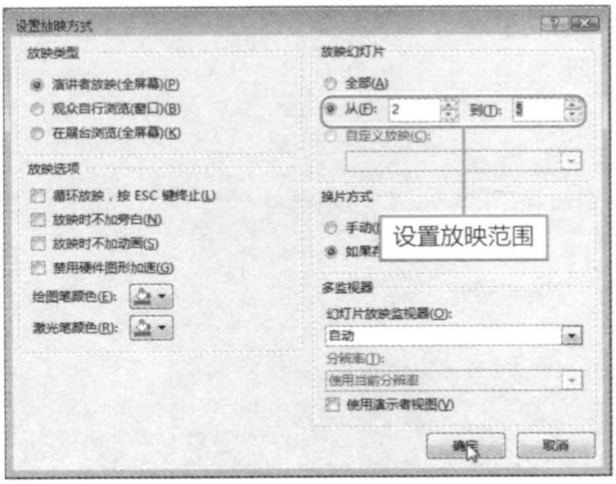

Hint

设置放映不连续范围的幻灯片

若用户希望放映不连续范围的幻灯片，可以选中该幻灯片，右键单击，从快捷菜单中选择“隐藏幻灯片”命令。

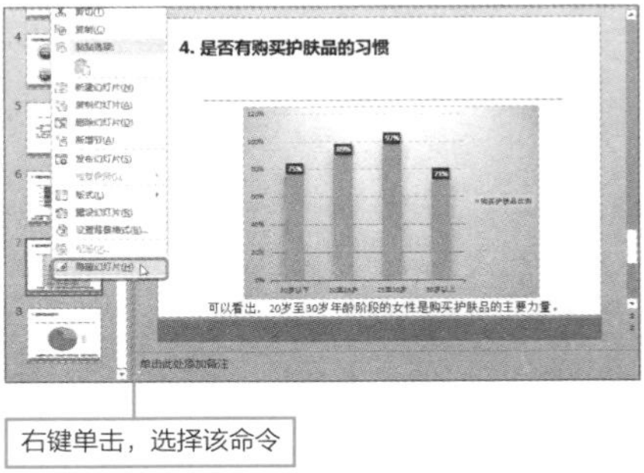

Question

499 根据需要自定义幻灯片放映

语音视频教学499

● Level ◆◆◆

2016 2013 2010

实例 自定义幻灯片放映

若用户需播放演示文稿内指定的几张幻灯片，则可以自定义放映幻灯片。这些幻灯片可以是连续的，也可以是不连续的，下面将对其进行介绍。

1. 打开演示文稿，单击“幻灯片放映”选项卡上的“自定义幻灯片放映”按钮，从列表中选择“自定义放映”选项。

2. 打开“自定义放映”对话框，单击“新建”按钮。

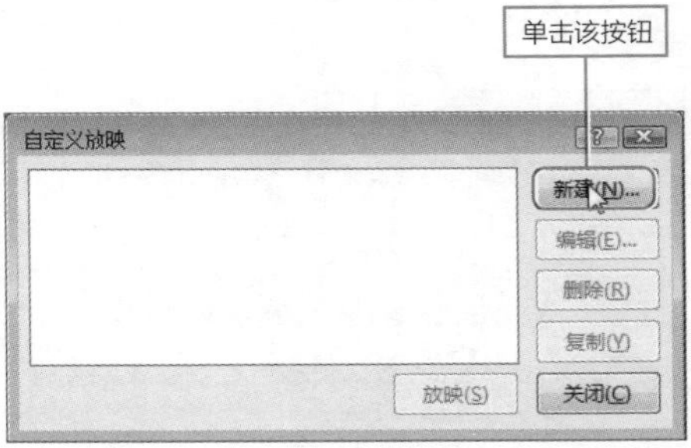

3. 打开“定义自定义放映”对话框，在“幻灯片放映名称”右侧文本框中输入“公司文化”，从“在演示文稿中的幻灯片”列表中，选中想要放映的幻灯片，单击“添加”按钮，然后单击“确定”按钮，将返回上一级对话框，单击“放映”按钮即可。

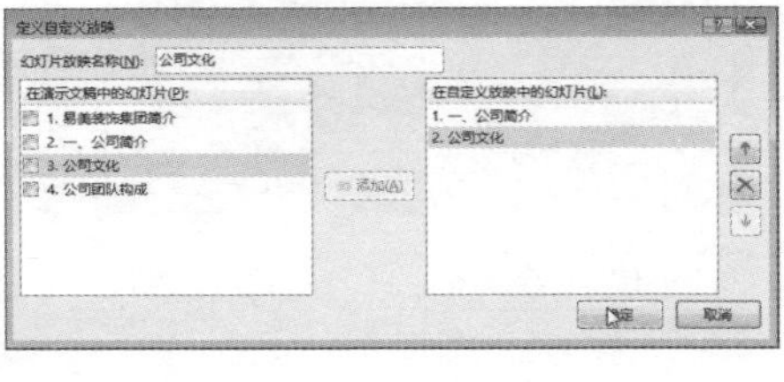

Hint

如何播放自定义放映的幻灯片

单击“自定义幻灯片放映”按钮，从弹出的列表中选择“公司文化”选项。

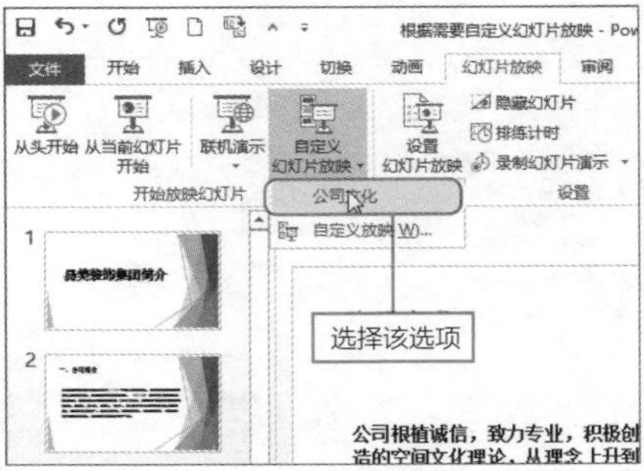

Question

500

● Level
◆◆◆

2016 2013 2010

录制幻灯片演示很简单

语音视频教学500

实例　录制幻灯片

在放映幻灯片之前，为了更加全面的了解幻灯片的主要内容和播放速度，可以通过录制幻灯片来实现，下面将对其进行介绍。

1 打开演示文稿，选择“幻灯片放映”选项卡。单击“录制幻灯片演示”下拉按钮，从下拉列表中选择“从头开始录制”选项。

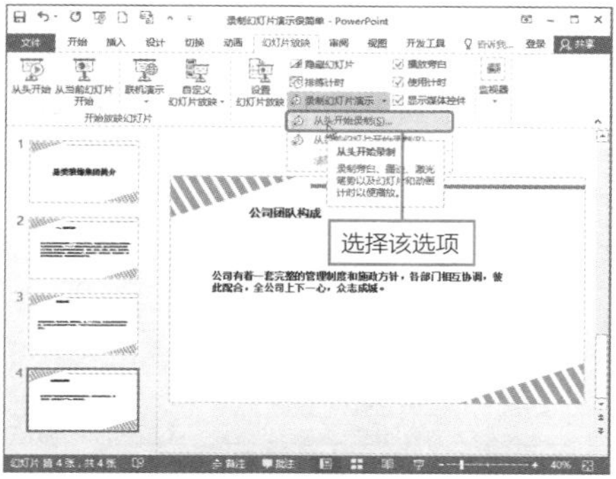

2 打开“录制幻灯片演示”对话框，根据需要勾选相应选项前的复选框，单击“开始录制”按钮。

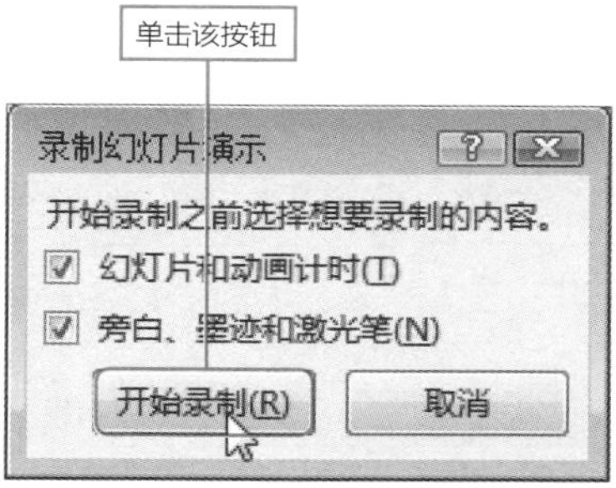

3 将自动进入放映状态，左上角会显示“录制”工具栏，并开始录制旁白，单击“下一项”按钮，可切换至下一张幻灯片，单击“暂停”按钮，可以暂停录制。

4 录制完成后，幻灯片的右下角都会有一个声音图标，声音为录制的旁白。

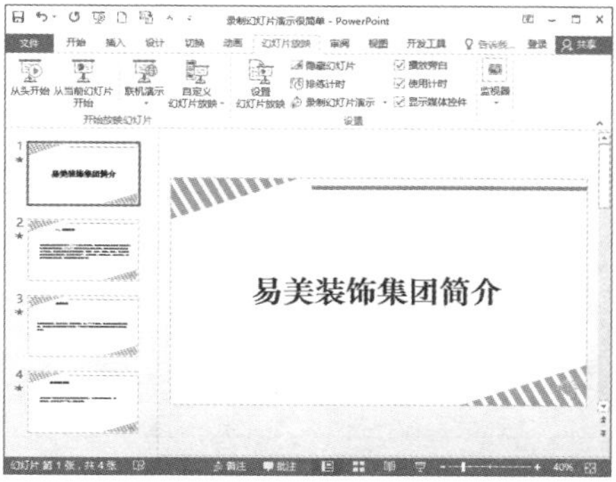

Question

501 如何突出重点内容

语音视频教学501

实例 使用画笔和荧光笔功能

● Level ◆◆◆

2016 2013 2010

在利用幻灯片进行演讲的过程中，对于一些需要强调的内容，可以通过画笔或者荧光笔功能来进行标记，下面将对其进行介绍。

1 打开演示文稿，按F5键放映幻灯片，右键单击，从弹出的快捷菜单中选择“指针选项”选项，从其关联菜单中选择“笔”命令。

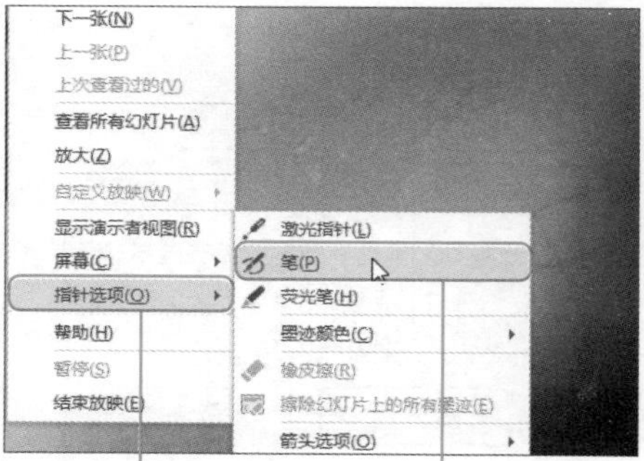

①右键单击，选择该命令　②选择该选项

2 设置完成后，拖动鼠标即可在幻灯片中的对象上进行标记。

3 绘制完成后，按Esc键退出，将弹出一个对话框，询问用户是否保留墨迹注释，单击“保留”按钮，则保留标记墨迹，若单击“放弃”按钮，则清除标记墨迹。

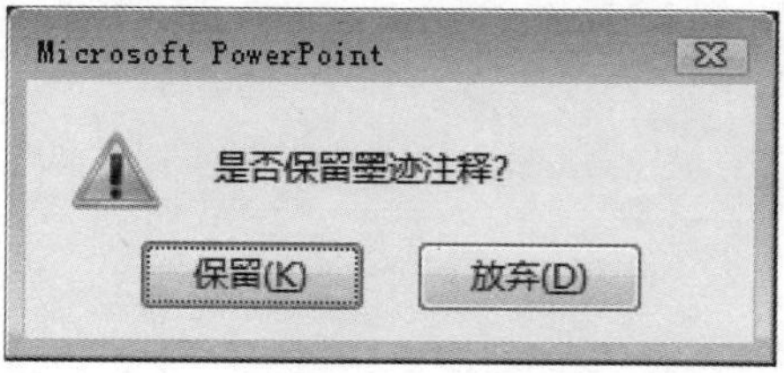

Hint

巧妙使用激光笔

若用户只希望突出显示某个地方，也可以采用激光笔突出显示，只需按住Ctrl键的同时，单击鼠标左键即可显示激光笔。

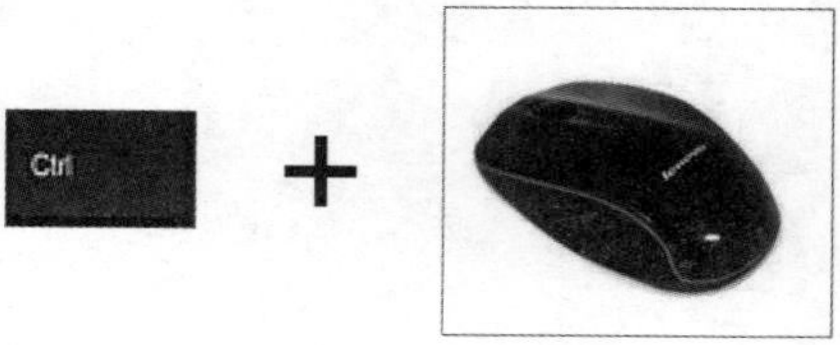

Question

502 如何快速对标记进行编辑

● Level ◆◆◆

2016 2013 2010

实例 编辑墨迹

对幻灯片中的内容进行标记后，若觉得当前墨迹颜色和线条不够美观，还可以对其进行修改，也可以删除、隐藏和显示墨迹。

1. 更改墨迹颜色。选中墨迹，切换至“墨迹书写工具—笔”选项卡，执行“颜色>其他墨迹颜色”命令，在打开的“颜色”对话框中选择合适的颜色即可。

2. 更改墨迹线条。单击“墨迹书写工具—笔”选项卡中的“粗细”按钮，从列表中选择合适的线条即可。

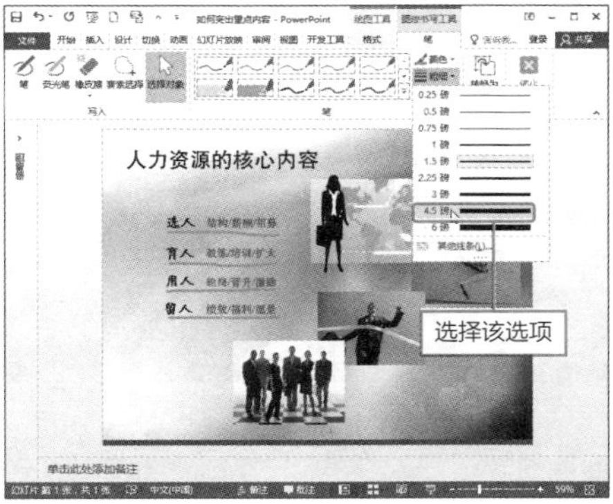

3. 删除墨迹。选中墨迹，直接在键盘上按下Delete键即可将其删除。

Hint

隐藏和显示墨迹

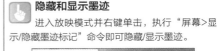

进入放映模式并右键单击，执行“屏幕>显示/隐藏墨迹标记”命令即可隐藏/显示墨迹。

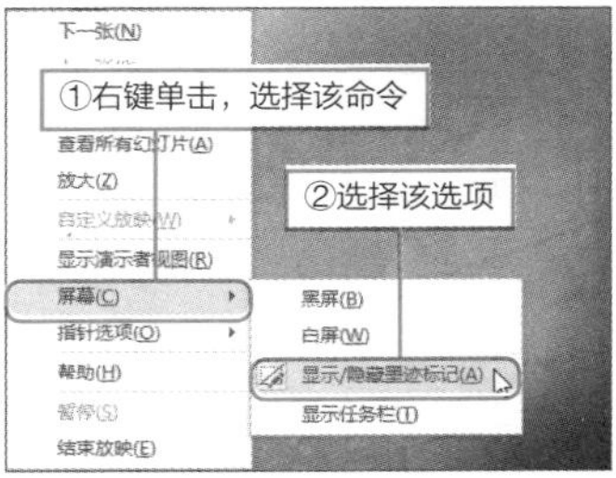

Question

503 快速调整播放顺序

● Level ◆◆◆

2016 2013 2010

实例 在放映过程中跳到指定的幻灯片

在放映过程中，经常会需要引用其他幻灯片中的内容来对当前幻灯片进行说明。那么，如何在播放过程中切换至其他幻灯片呢？

❶ 右键菜单法。在播放幻灯片时，右键单击，从快捷菜单中选择“查看所有幻灯片”命令，弹出所有幻灯片列表，在相应幻灯片缩略图上单击即可。

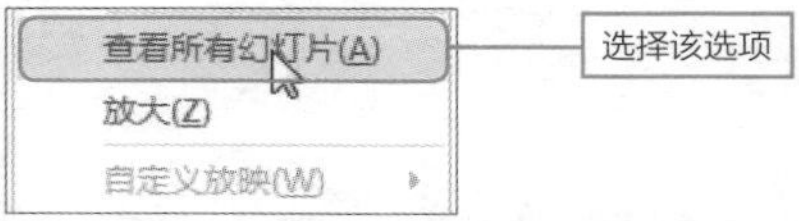

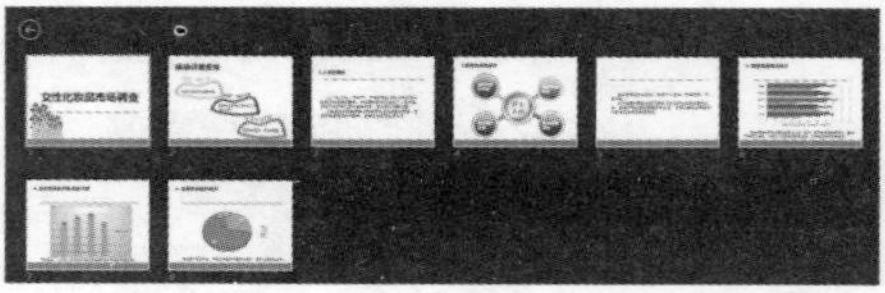

❷ 浮动按钮法。单击幻灯片左下角的“查看所有幻灯片”按钮，弹出所有幻灯片列表，在相应幻灯片缩略图上单击即可。

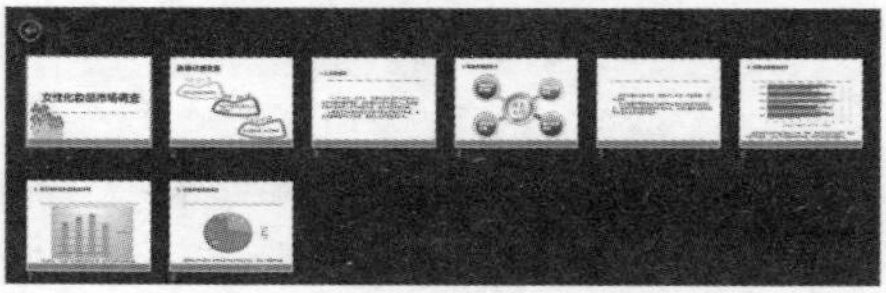

❸ 对话框法。在播放过程中，在键盘上按Ctrl+S组合键，在弹出的对话框中的“幻灯片标题”列表中选择需定位的幻灯片，单击“定位至”按钮即可。

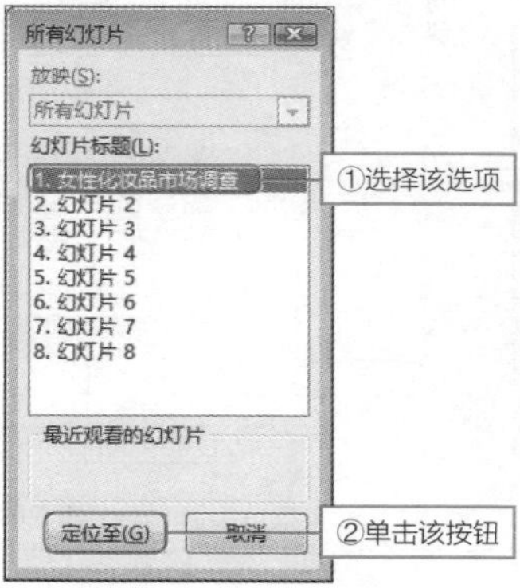

Hint

键盘快捷键查看法

在键盘上按下需要切换至幻灯片的页码，并按Enter键确认即可。例如，用户想切换至第2页，可以在键盘上按2+Enter键即可实现。

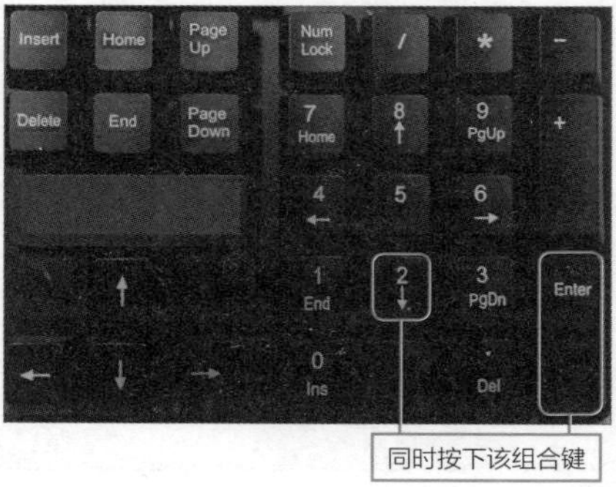

Question

504

如何在放映过程中添加文本

语音视频
教学504

● Level ◆◆◆

2016 2013 2010

实例 放映幻灯片时添加文本

通常情况下，放映幻灯片过程中无法对幻灯片中的内容进行编辑，若用户想要在放映幻灯片时，添加一些结论性的文本，可通过插入文本框控件来实现，下面介绍如何使用文本框控件。

1 打开“文件”菜单，从中选择“选项”选项。

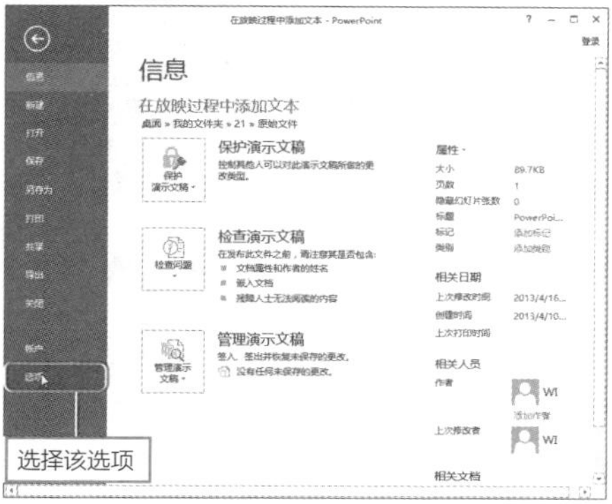

2 打开“PowerPoint选项”对话框，在“自定义功能区”选项，勾选“开发工具”复选框。

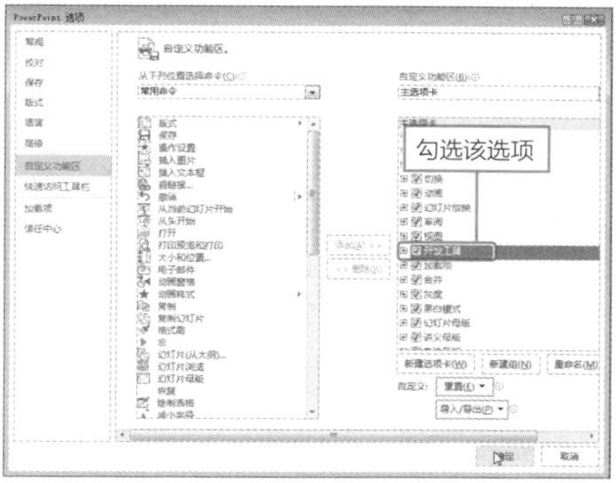

3 单击“确定”按钮，返回至演示文稿，将出现“开发工具”选项卡，单击该选项卡中的“文本框（ActiveX控件）”按钮。

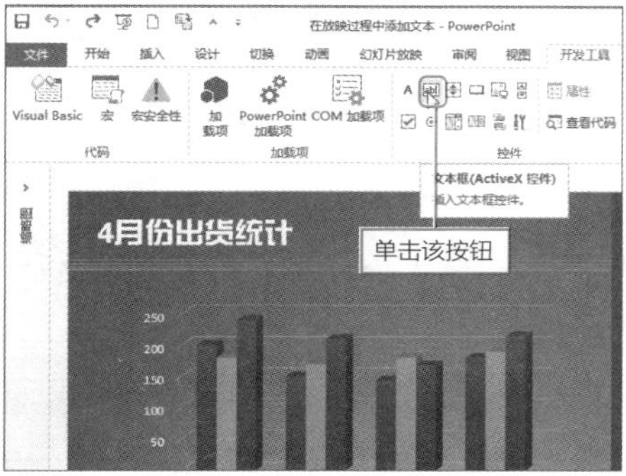

4 拖动鼠标绘制合适大小的文本框控件，按F5键播放时，就可以随心的在文本框处添加文本了。

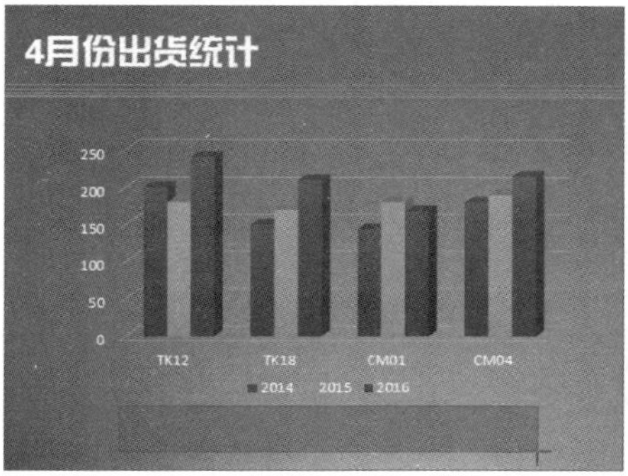

Question

505 放映时隐藏鼠标有一招

实例 放映幻灯片时隐藏鼠标

● Level ◆◆◆

2016 2013 2010

默认情况下，鼠标箭头在放映幻灯片时会以正常光标显示，若用户觉得鼠标光标的存在影响整个画面的美观，可以根据需要将其隐藏，需要显示光标时，再将其显示。

1 打开演示文稿，切换至“幻灯片放映”选项卡，单击“从头开始”按钮。

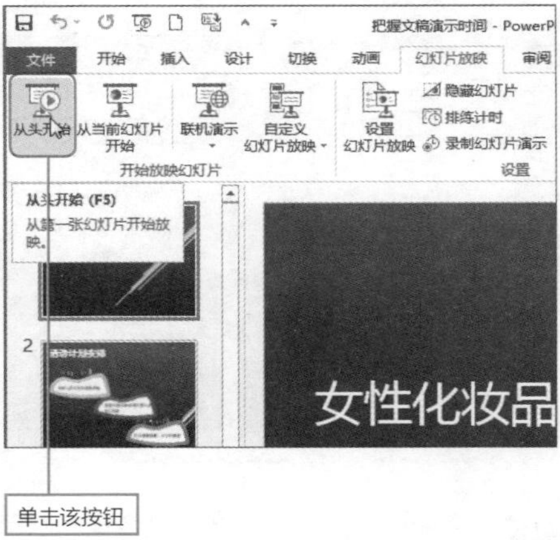

2 在放映幻灯片过程中，在幻灯片页面上右击。

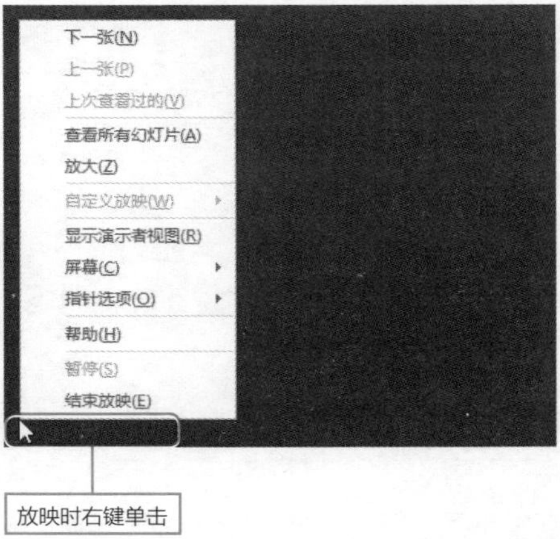

3 从快捷菜单中选择“指针选项”命令，从关联菜单中选择“箭头选项”命令，然后再选择“永远隐藏”命令。

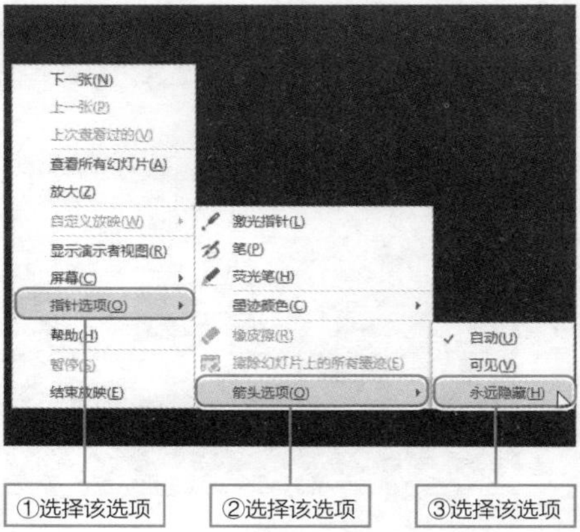

Hint

组合键在隐藏鼠标指针时的妙用

在播放幻灯片时，只需在键盘上按下Ctrl+H组合键即可隐藏指针和按钮。

按Ctrl+A组合键可重新显示隐藏的指针和将指针改变成箭头。

Question
506 在放映幻灯片时运行其他程序

● Level ◆◆◆

2016 2013 2010

实例　放映过程中调用应用程序

若在放映幻灯片时，发现需要调用其它程序对演示文稿中的内容进行辅助说明，该如何进行操作呢？PowerPoint 2016提供的程序切换功能，让你勿需退出放映模式，即可轻松调用其他程序。

1. 放映幻灯片时，右键单击，从弹出的菜单中选择“屏幕”命令，从其关联菜单中选择“显示任务栏”选项。

①选择该选项　②选择该选项

2. 将显示任务栏，鼠标光标移至左下角，单击开始菜单。

单击“开始”菜单

3. 在开始面板中选择需要的程序即可，这里选择“Internet Explorer”。

单击该图标

4. 输入要查询的内容，这里输入“玫瑰”，单击“百度一下”按钮进行搜索。

输入文本进行搜索

Question

507 让文件在没有PPT程序的电脑上照常播放

语音视频教学507

• Level ◆◆◆

2016 2013 2010

实例 演示文稿的打包

演示文稿制作完成后，为了避免因其他电脑上没有安装PowerPoint而导致不能进行正常放映，用户可以将演示文稿及其链接的媒体文件进行打包。

1 打开演示文稿，切换至“文件”菜单，选择“导出”选项。

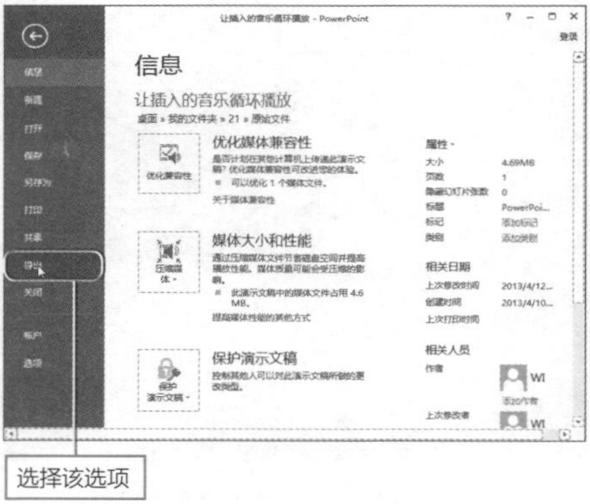

2 选择“将演示文稿打包成CD”选项，然后单击右侧“打包成CD”按钮。

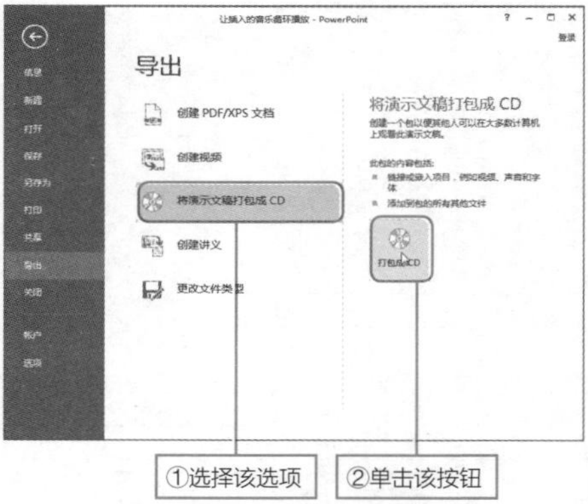

3 弹出“打包成CD”对话框，单击“添加”按钮。

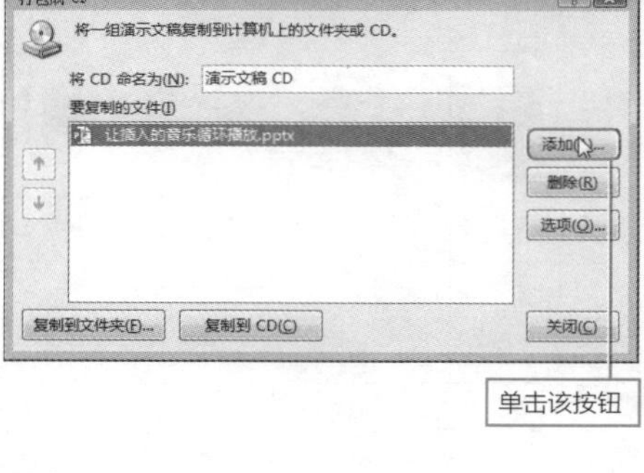

4 弹出“添加文件”对话框，选择合适的演示文稿，单击“添加”按钮。

5 返回至“打包成CD”对话框，单击“选项”按钮，打开“选项”对话框，从中对演示文稿的打包进行设置，单击“确定”按钮，这里使用默认设置。

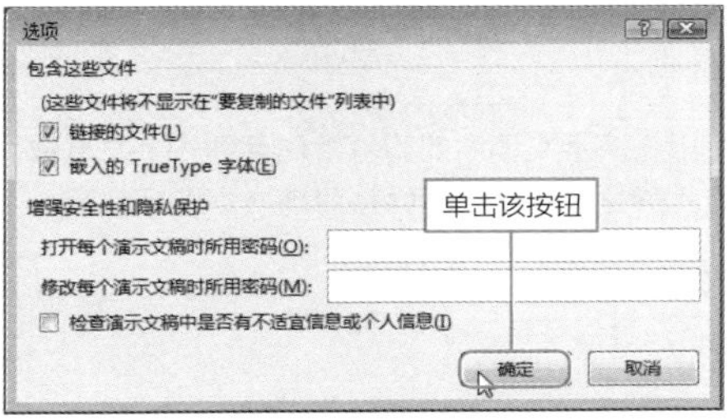

6 再次返回至“打包成CD”对话框，单击“复制到文件夹”按钮。

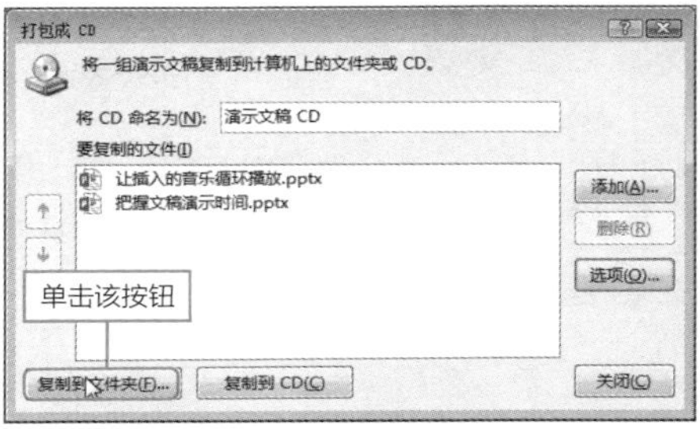

7 弹出“复制到文件夹”对话框，输入文件夹名称，单击“浏览”按钮。

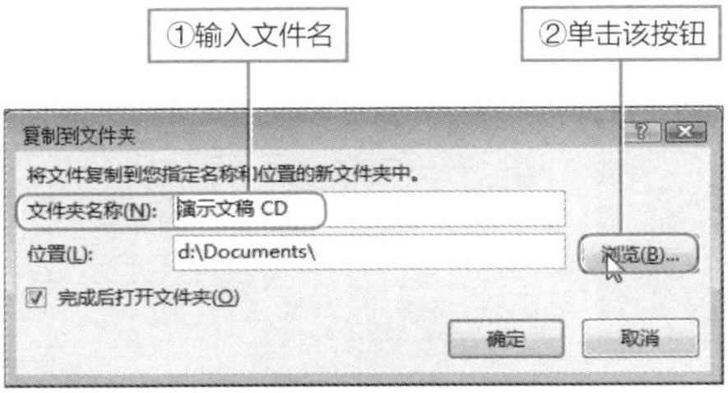

8 打开“选择位置”对话框，选择合适的位置，单击“选择”按钮。

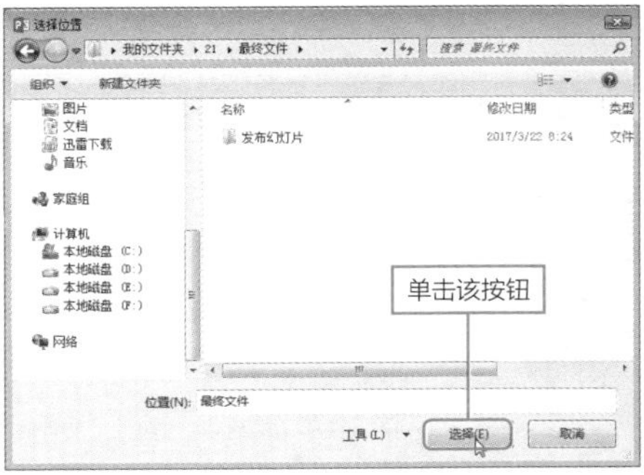

9 单击“复制到文件夹”对话框的“确定”按钮，弹出提示对话框，单击“是”按钮，系统开始复制文件，并弹出“正在将文件复制到文件夹”对话框。

10 复制完成后，自动弹出“演示文稿CD”文件夹，在该文件夹中可以看到系统保存了所有与演示文稿相关的内容。

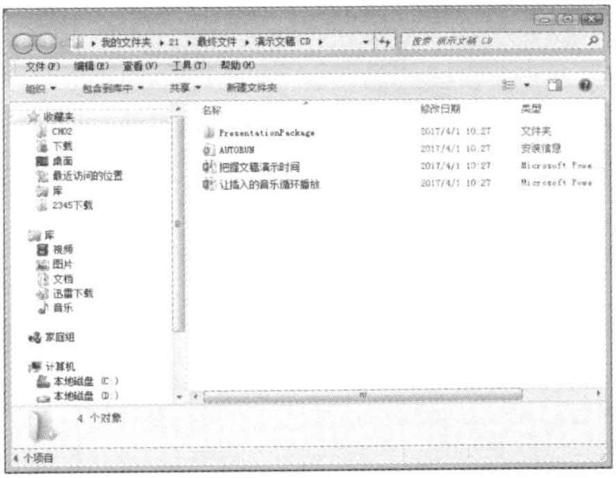

Question

508 快速提取幻灯片

语音视频教学508

Level ◆◆◆

2016 2013 2010

实例	幻灯片的发布

为了实现资源共享，用户可以将演示文稿中的幻灯片储存到一个共享位置中，方便对其中各个幻灯片的逐一访问，下面将对该操作进行介绍。

1 打开演示文稿，打开“文件”菜单，选择“共享”选项。

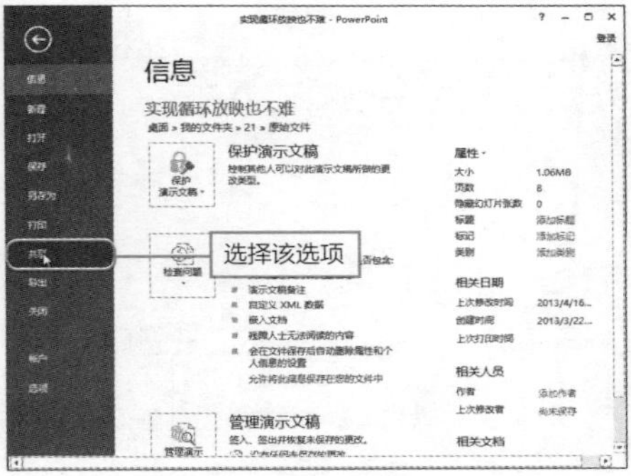

2 选择“发布幻灯片”选项，然后单击右侧“发布幻灯片”按钮。

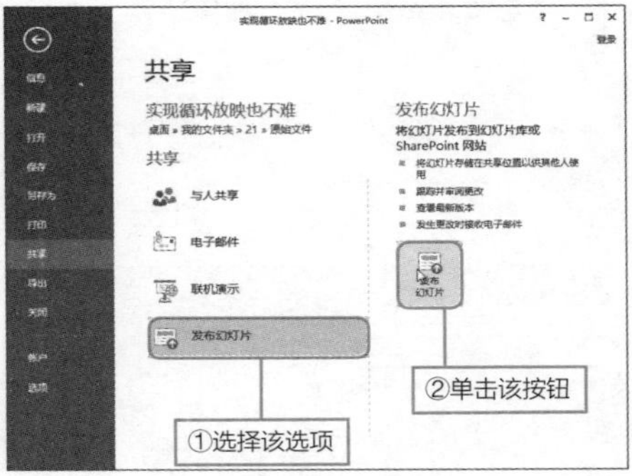

3 弹出“发布幻灯片”对话框，单击“全选”按钮，然后单击“浏览”按钮。

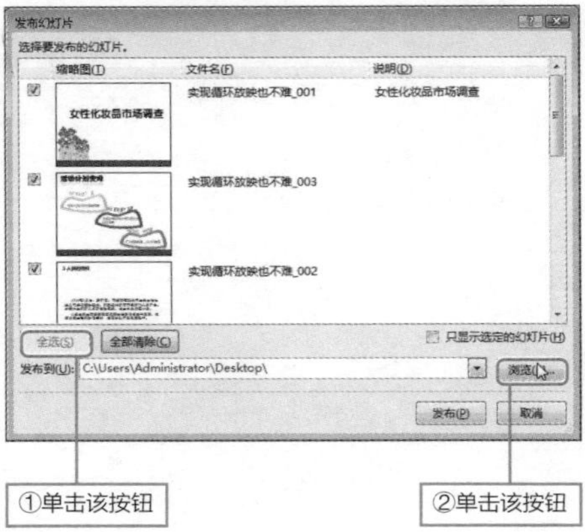

4 弹出“选择幻灯片库”对话框，选择合适的存储位置，单击“选择”按钮，返回上一级对话框，单击“发布”按钮即可。